化学研究生核心课程名家丛书

量子化学

——基本原理和从头计算法

(下册)

(第二版)

徐光宪　黎乐民　王德民　陈敏伯　编著

科学出版社

北　京

内 容 简 介

《量子化学——基本原理和从头计算法》（第二版）分为上、中、下三册。上册讲述量子力学的基本原理、处理问题的基本方法和数学工具以及最重要的普遍性结论，中册介绍重要的量子化学计算方法，下册介绍量子化学研究的高级理论方法。本书是下册，共有 9 章，第 17 章介绍二次量子化方法，第 18、19 章详细介绍格林函数方法的原理、各种形式的格林函数及其某些应用，第 20、21 章分别介绍置换群的表示和线性变换群的张量表示，第 22 章介绍李群和李代数的基础知识、表示理论以及在化学和物理中的一些应用，第 23、24 章简要介绍量子散射理论，第 25 章比较详细地介绍光化学基元过程理论和应用示例。

本书可作为量子化学专业研究生教材或者教学参考书，也可供对量子化学基础知识要求比较高的大学高年级学生以及相关专业的教师和科研人员学习参考。

图书在版编目(CIP)数据

量子化学：基本原理和从头计算法. 下/徐光宪等编著. —2 版. —北京：科学出版社，2008

21 世纪高等院校教材

ISBN 978-7-03-020186-7

I.量… II.徐… III.量子化学—高等学校—教材 IV.O64

中国版本图书馆 CIP 数据核字(2008) 第 027306 号

责任编辑：杨淑兰 丁 里／责任校对：桂伟利

责任印制：张 伟／封面设计：耕者设计工作室

科学出版社 出版

北京东黄城根北街 16 号

邮政编码：100717

http://www.sciencep.com

北京中科印刷有限公司 印刷

科学出版社发行 各地新华书店经销

*

1989 年 5 月第 一 版 开本：B5(720×1000)

2008 年 3 月第 二 版 印张：38

2023 年11月第十二次印刷 字数：724 000

定价：118.00 元

(如有印装质量问题，我社负责调换)

第 二 版 序

《量子化学 —— 基本原理和从头计算法》第一版是在我们为北京大学化学系和中国科学院化学研究所的研究生开设量子化学课程编写的讲义的基础上写成的，从 1980 年开始分上、中、下三册陆续出版. 上册主要讲述量子力学的基本原理、量子力学处理化学问题的基本方法和得到的普遍性重要结论，同时介绍用量子化学方法处理问题必须掌握的数学基础知识，如矩阵运算、线性常微分方程的解法和特殊函数、群论基础知识等. 中册讲述重要的量子化学计算方法，比较详尽地介绍其理论基础、计算公式、计算过程和具体计算中涉及的问题，并注意介绍量子化学计算方法的新进展，尽量接近学科发展前沿. 下册介绍重要的高级理论方法，为读者深入开展量子化学研究打基础. 该书自出版发行以来，得到读者较好的评价. 有较多学校采用为教材，也成为很多出国留学人员携带的参考书. 读者对该书全面系统介绍量子化学内容和论述详尽、容易读懂的特色表示肯定. 也有读者来信指出该书存在的一些问题，如一些印刷错误和表述不够严谨之处. 我们衷心感谢读者对我们的鼓励和批评指教.

近三十年来，得益于计算技术进步提供的有力支持，量子化学得到迅速的发展. 量子化学计算在化学和相邻学科中发挥的作用越来越大，有越来越多的人在自己的工作中采用量子化学方法. 很多人有深入学习量子化学知识的要求，需要比较全面系统的教材. 另一方面，由于量子化学的蓬勃发展，近年来有很多新的重要研究成果，在量子化学教材中显然应该增添相关的内容. 因此我们觉得有必要将《量子化学 —— 基本原理和从头计算法》一书修订再版. 第二版除了保持第一版的特色和订正个别印刷错误以及叙述不够清楚或者不够严格之处以外，还补充了近年来量子化学进展的新成果，特别是以下内容：

(1) 第一版中册有 "自洽场 Xα 方法" 一章，详细介绍多重散射 Xα 方法. 该方法由于精度不够高，近年来很少有人使用. 另一方面，密度泛函理论及其高精度计算方法进展很大，应用范围甚至超过了传统的从头计算法. 因此在第二版中删去了 "自洽场 Xα 方法" 一章，补充了 "密度泛函理论及其高精度计算方法" 一章.

(2) 第一版中册有 "模型势方法" 一章. 有效势方法近年来得到广泛应用，特别是对含重元素体系的计算用得更多. 原有这一章的内容显得太简单，因此也进行了改写.

(3) 增加了第 25 章，介绍光与物质相互作用基元过程的理论处理方法和得到的结果.

本套书的修订再版工作由徐光宪和黎乐民总负责, 王德民协助徐光宪修订第 1~5 章、第 9、10 章和附录 1, 黎乐民负责修订第 6~8 章、第 11~16 章、第 20~22 章和附录 2, 王德民负责修订第 17~19 章, 陈敏伯负责修订第 23、24 章, 并撰写第 25 章.

由于本书涉及面很广, 我们的知识水平有限, 不妥乃至错误之处在所难免, 敬请读者不吝赐教, 继续提出批评指正意见.

编者

2007 年 6 月 28 日

第一版序

量子化学是用量子力学原理研究原子、分子和晶体的电子层结构、化学键理论、分子间作用力、化学反应理论、各种光谱、波谱和电子能谱的理论, 以及无机和有机化合物、生物大分子和各种功能材料的结构和性能关系的科学.

量子化学是从 1927 年 Heitler 和 London 研究氢分子结构开始的, 五十年来已发展成为一门独立的, 同时也与化学各分支学科, 以及物理、生物、计算数学等互相渗透的学科. 自从六十年代以来, 由于量子化学从头计算法的发展和大型电子计算机的应用, 使原子、分子和晶体的电子能级和电荷分布的计算, 已经从量子化学专家们的研究对象, 扩大到为其他有关的科研工作者提供必要的信息数据的手段.

本书是我们为北京大学化学系和中国科学院化学研究所的量子化学研究生开设的第一门量子化学课程的教材. 学习量子化学需要比较广泛的数学和物理学基础, 例如线性代数、群论、复变函数、数学物理方程以及理论力学、电动力学、量子力学等. 这些课程一般大学化学系毕业的学生没有学过. 如要一一补起来, 则时间不够. 因此本书在写法上力求深入浅出, 只要具备大学化学系毕业的基础, 熟悉微积分、常微分方程和物质结构课程的内容就能看懂. 其他必要的数学基础如线性代数、群论等在本书中作详细介绍. 从头计算法必需的量子化学积分计算法在国外的量子化学书上也很少讨论, 我们特别写了专章介绍, 免得读者去查阅许多分散的文献资料. 每章后面附有习题和参考文献, 以便读者确实能掌握量子化学的计算方法. 另一方面, 为了压缩本书和篇幅, 有些定理的严格数学证明, 不得不省略, 在数学严谨性上有时也不得不有所牺牲. 这些省略希望并不影响对量子化学原理的正确理解和实际运算能力.

本书编写时间十分匆促, 且限于我们的水平, 难免有错误不当之处, 请读者批评指正, 以便重版时改正.

第一版序

目　录

第二版序

第一版序

第 17 章　多粒子体系的二次量子化方法 ······ 1

17.1　产生算符和湮灭算符 ······ 3

17.1.1　粒子占据数表示 ······ 3

17.1.2　产生算符和湮灭算符 ······ 4

17.1.3　对易关系 ······ 5

17.1.4　归一化粒子占据数态的获得 (玻色子) ······ 7

17.1.5　粒子数算符 ······ 9

17.1.6　归一化粒子占据数态的获得 (费米子) ······ 9

17.2　场算符 ······ 10

17.3　Schrödinger 方程和力学量的二次量子化形式 ······ 11

17.3.1　粒子占据数表示中的 Schrödinger 方程 (玻色子) ······ 11

17.3.2　力学量的二次量子化形式 ······ 18

17.3.3　粒子占据数表示中的 Schrödinger 方程 (费米子) ······ 21

17.4　三种表象 ······ 21

17.4.1　Schrödinger 表象 ······ 21

17.4.2　Heisenberg 表象 ······ 21

17.4.3　相互作用表象 ······ 22

17.4.4　场算符在三种表象中的表示 ······ 27

17.5　量子统计概要 ······ 28

17.5.1　系综及平均 ······ 28

17.5.2　统计算符 (密度算符) ······ 30

17.5.3　平衡态系综中的统计算符 ······ 32

17.6　Wick 定理 ······ 35

17.6.1　算符的正规乘积、编时乘积和收缩 ······ 35

17.6.2　引理 ······ 37

17.6.3　Wick 定理 ······ 39

参考文献 ······ 39

第 18 章　Green 函数方法原理 ······ 41

18.1　Green 函数 ······ 43

18.1.1 定义 …… 43
18.1.2 Green 函数的运动方程 …… 44
18.2 微扰展开 …… 44
18.2.1 展开式 …… 44
18.2.2 Green 函数展开的前几项 …… 46
18.3 图形方法 (用坐标–时间表示) …… 49
18.3.1 图形表示 …… 49
18.3.2 由图写出数学表达式 …… 53
18.4 Green 函数的周期性和 Fourier 变换 …… 55
18.4.1 准周期性 …… 56
18.4.2 Fourier 变换 …… 58
18.5 图形方法 (用坐标–频率表示) …… 59
18.5.1 展开 …… 59
18.5.2 零级 Green 函数 …… 60
18.5.3 一级 Green 函数 …… 60
18.5.4 数学表达式 …… 64
18.6 图形方法 (用量子数–频率表示) …… 65
18.6.1 变换 …… 65
18.6.2 零级 Green 函数 …… 65
18.6.3 一级 Green 函数 …… 66
18.6.4 一般作图法和表达式规则 …… 67
18.7 零级 Green 函数的表达式 …… 67
18.7.1 有关公式回顾 …… 67
18.7.2 零级 Green 函数三种表示 …… 69
18.8 Dyson 方程 …… 73
18.8.1 自能 …… 73
18.8.2 正规自能和非正规自能 …… 75
18.8.3 Dyson 方程 …… 77
18.9 Green 函数的传播特性 …… 81
参考文献 …… 82
第 19 章 各种形式的 Green 函数及某些应用 …… 83
19.1 密度算符对外场微扰的线性响应 …… 85
19.2 响应函数、关联函数和谱函数 …… 87
19.2.1 力学量对于外场微扰的线性响应 …… 87
19.2.2 响应函数、关联函数和谱函数 …… 88

19.2.3 响应函数与关联函数的关系 …… 90
19.2.4 响应函数的 Fourier 变换, 谱函数 …… 91
19.3 谱函数与各种特殊 Green 函数的关系及其 Lehmann 表示 …… 92
19.3.1 五种特殊 Green 函数 …… 92
19.3.2 关联函数与因果 Green 函数的关系 …… 93
19.4 Green 函数的矩阵形式 …… 97
19.4.1 Liouville 算符 (超算符) …… 97
19.4.2 Green 函数的矩阵形式 …… 98
19.4.3 Green 函数的产生算符和湮灭算符表示 …… 100
19.4.4 高阶 $\hat{\boldsymbol{F}}^{(n)}$ 的产生 …… 102
19.5 Green 函数的连分式表示 …… 104
19.5.1 投影算符 …… 104
19.5.2 Green 函数的连分式表示 …… 106
19.5.3 超矢量和超矩阵 …… 109
19.6 一级连分式近似 …… 111
19.6.1 单粒子 Green 函数及其物理意义 …… 111
19.6.2 一级连分式近似 …… 115
19.7 二级连分式近似 …… 119
19.8 分子电离能及亲和能计算实例 …… 120
19.8.1 N_2, H_2O 和 H_2S 分子的电离能 …… 120
19.8.2 C_2, P_2, O_3, SO_2 分子的亲和能 …… 121
19.9 双粒子 Green 函数与激发态的关系 …… 122
参考文献 …… 122
第 20 章 置换群的表示 …… 123
20.1 置换群不可约表示的特征标 …… 125
20.1.1 不可约表示的标记, Young 图和 Young 表 …… 125
20.1.2 子群与母群不可约表示特征标的关系 …… 126
20.1.3 求置换群不可约表示特征标的 Frobenius 公式 …… 130
20.1.4 图解方法 …… 137
20.1.5 不可约表示特征标的循环公式 …… 145
20.2 正交表示 …… 150
20.2.1 不可约表示按子群链的分解 …… 150
20.2.2 不可约正交表示矩阵的构造 …… 153
20.3 自然表示 …… 163
20.3.1 群代数 …… 163

20.3.2 置换群代数按左理想与双侧理想的分解 …… 172
20.3.3 自然表示 …… 181
20.4 内积与 Clebsch-Gordan 系数, 外积 …… 184
20.4.1 不可约表示的内积及其约化 …… 184
20.4.2 Clebsch-Gordan 系数 …… 187
20.4.3 外积表示及其约化 …… 194
参考文献 …… 199
第 21 章 线性变换群的张量表示 …… 201
21.1 线性变换群表示空间的约化 …… 203
21.1.1 n 维空间的线性变换群 …… 203
21.1.2 张量空间 …… 205
21.1.3 全线性群的张量表示 …… 210
21.1.4 张量空间按对称类的约化 …… 213
21.1.5 Young 算符 …… 214
21.2 全线性群表示与置换群表示的联系 …… 219
21.2.1 全线性群张量表示矩阵的约化形式 …… 219
21.2.2 全线性群不可约张量表示的特征标 …… 222
21.2.3 线性群表示与置换群表示的特征标的关系 …… 225
21.2.4 全线性群直积表示的约化 …… 228
21.2.5 无自旋量子化学 …… 232
21.3 线性群不可约表示的分支律 …… 236
21.3.1 全线性群的张量表示系统 …… 236
21.3.2 全线性群、幺模群、酉群和特殊酉群的不可约表示间的关系 …… 242
21.3.3 $GL(n, C)$ 群的不可约表示限于其子群 $GL(n-1, C)$ 时的分支律 …… 244
21.3.4 全线性群的不可约表示在正交群及旋转群中的约化性质 …… 245
21.3.5 全线性群的不可约表示在辛群中的约化性质 …… 252
21.3.6 酉群和特殊酉群的不可约表示对旋转群和辛群的分支律 …… 258
21.4 $SO(3)$ 和 $SU(2)$ 群的不可约表示 …… 262
21.4.1 $SO(3)$ 群的不可约表示 …… 262
21.4.2 $SU(2)$ 与 $SO(3)$ 群元素的联系 …… 266
21.4.3 $SU(2)$ 群的不可约表示与 $SO(3)$ 群的双值表示 …… 269
21.4.4 直积表示的约化和耦合系数, $3-j$ 符号 …… 271
21.4.5 重耦合系数, $6-j$ 和 $9-j$ 符号 …… 276
21.5 广义的 Wigner-Eckart 定理和不可约张量方法 …… 283
21.5.1 不可约张量算符集 …… 283

21.5.2 不可约张量算符的矩阵元 …… 285
21.5.3 Racah 因子分解定理 …… 291
21.6 多电子原子状态的分类和能量计算 …… 293
21.6.1 两种耦合方案的群论含义 …… 293
21.6.2 从 $SU(2j+1)$ 和 $SO(2j+1)$ 到 $SO(3)$ 的不可约表示分支律, 前辈数 …… 295
21.6.3 亲缘系数 …… 301
21.6.4 多电子态函数矩阵元的计算 …… 307
参考文献 …… 312
第 22 章 Lie 群和 Lie 代数 …… 313
22.1 连续群, Lie 群 …… 315
22.1.1 群流形和参数空间 …… 315
22.1.2 连续群, Lie 群 …… 315
22.1.3 变换 Lie 群 …… 317
22.1.4 连通性, 混合连续群 …… 319
22.1.5 多度连通性与泛覆盖群 …… 320
22.2 无穷小群生成元和产生有限群元 …… 323
22.2.1 无穷小 Lie 群生成元 …… 323
22.2.2 产生有限群元 …… 326
22.2.3 变换 Lie 群的无穷小算符 …… 329
22.2.4 有限变换的算符 …… 334
22.2.5 无穷小算符的对易关系与结构常数 …… 337
22.3 Lie 代数 …… 338
22.3.1 Lie 代数的定义和例子 …… 338
22.3.2 Lie 群和 Lie 代数的关系 …… 342
22.3.3 几个有关的名词和概念 …… 343
22.3.4 Lie 代数的正规表示 …… 348
22.4 Lie 代数的结构和分类 …… 349
22.4.1 Lie 代数的度量矩阵 (度量张量) …… 349
22.4.2 半单 Lie 代数的标准基和正则对易关系 …… 353
22.5 复单 Lie 代数的根系和分类 …… 364
22.5.1 复单 Lie 代数的根系和根图 …… 364
22.5.2 单纯根, Dynkin 图和复单 Lie 代数的分类 …… 370
22.6 与 Lie 群的表示有关的一些问题 …… 379
22.6.1 连续群表示的复杂性 …… 379
22.6.2 群积分 …… 379

22.6.3 多值表示与群流形的多度连通性的联系 …… 386
22.7 Lie 代数的表示 …… 386
22.7.1 Lie 代数的表示, 定义和一般特征 …… 386
22.7.2 权和权空间 …… 387
22.7.3 权的一些性质 …… 392
22.7.4 表示的权系的结构 …… 394
22.7.5 表示的直积的权和直积的约化 …… 396
22.7.6 半单 Lie 代数的不可约表示 …… 398
22.7.7 半单 Lie 代数的 Casimir 算符 …… 402
22.8 常用三参数 Lie 代数的表示 …… 408
22.8.1 初始表示 …… 408
22.8.2 一般表示 …… 410
22.8.3 酉表示 …… 411
22.9 Lie 代数应用示例 …… 414
22.9.1 多电子原子体系状态的分类 …… 414
22.9.2 氢原子的能级 —— 简并群 $SO(4)$ …… 422
22.9.3 各向同性谐振子的能级 —— 简并群 $SU(3)$ …… 424
22.10 谱产生代数和动力学群 …… 427
22.10.1 谱产生代数 …… 427
22.10.2 动力学群 …… 432
参考文献 …… 439
第 23 章 简单的量子散射理论 …… 441
23.1 二体问题中质心运动的分离 …… 443
23.2 粒子在势场中的散射 …… 446
23.2.1 截面的定义 …… 446
23.2.2 微分截面与波函数 …… 448
23.2.3 分波法解球对称势场中的散射 …… 452
参考文献 …… 458
第 24 章 量子散射的形式理论 …… 459
24.1 单粒子的散射 …… 461
24.1.1 散射过程和时间演化 …… 461
24.1.2 渐近条件和 Møller 波算符 …… 464
24.1.3 正交定理 …… 466
24.1.4 渐近完备性 …… 467
24.1.5 散射算符 …… 468

24.2 从 S 矩阵求截面 ········ 469
24.2.1 能量守恒 ········ 470
24.2.2 动量表示中的 S 矩阵元 ········ 470
24.2.3 截面 ········ 472
24.2.4 光学定理 ········ 475
24.3 单粒子散射的不含时理论 ········ 476
24.3.1 Green 算符及其 Lippmann-Schwinger 方程 ········ 476
24.3.2 $\hat{\boldsymbol{T}}$ 算符及其 Lippmann-Schwinger 方程 ········ 479
24.3.3 Møller 波算符 ········ 480
24.3.4 散射算符 $\hat{\boldsymbol{S}}$ ········ 483
24.3.5 Born 近似 ········ 485
24.3.6 Born 级数的 Feynman 图表示 ········ 488
24.3.7 散射定态 ········ 491
24.4 多通道散射的形式理论 ········ 497
24.4.1 通道的 Hamilton 算符和渐近态 ········ 499
24.4.2 散射算符 $\hat{S}$ ········ 504
24.4.3 多通道体系的动量表示 ········ 505
24.4.4 能量守恒与壳面 $\boldsymbol{T}$ 矩阵 ········ 506
24.4.5 截面 ········ 509
24.4.6 多通道散射的不含时理论 ········ 514
参考文献 ········ 521
第 25 章　光化学基元过程理论 ········ 523
25.1 基本知识 ········ 525
25.1.1 光化学基元过程 ········ 525
25.1.2 单重激发态 S_1 ········ 525
25.1.3 三重激发态 T_1 ········ 526
25.1.4 实验结果 ········ 527
25.2 含时微扰法 ········ 527
25.2.1 Fermi 黄金规则 ········ 527
25.2.2 弛豫速率常数的普遍表式 ········ 532
25.2.3 Franck-Condon 因子 ········ 534
25.2.4 多原子分子的速率常数 ········ 539
25.2.5 Lorentz 峰形 ········ 542
25.2.6 $T = 0K$ 时位移振子的跃迁速率常数 ········ 544
25.2.7 $T \neq 0K$ 时位移振子的跃迁速率常数 ········ 549

25.3 光的吸收 ······ 560
25.3.1 量子理论 ······ 560
25.3.2 分子的随机取向 ······ 563
25.3.3 光吸收速率常数与吸收系数 ······ 563
25.3.4 电偶极矩矩阵元 ······ 564
25.4 矩阵元 H'_{ba} 的讨论 ······ 570
25.4.1 三重态 - 三重态跃迁 ······ 571
25.4.2 单重态 - 单重态跃迁 ······ 572
25.4.3 非辐射跃迁过程的 H'_{ba} ······ 576
25.4.4 $\left\langle \Phi_b \middle| \frac{\partial \Phi_a}{\partial Q_j} \right\rangle$ 的求算 ······ 579
25.4.5 对称性禁阻跃迁 ······ 581
25.5 密度矩阵方法 ······ 582
25.5.1 量子 Liouville 方程 ······ 582
25.5.2 Pauli 主方程 ······ 584
25.5.3 应用: 吸收与辐射 ······ 589
参考文献 ······ 591

第 17 章

多粒子体系的二次量子化方法

17.1 产生算符和湮灭算符

17.2 场算符

17.3 Schrödinger 方程和力学量的二次量子化形式

17.4 三种表象

17.5 量子统计概要

17.6 Wick 定理

在由全同粒子组成的体系中, 特别是体系中的粒子数有变化时, 二次量子化方法特别有用, 其中引入状态的粒子占据数表示.

在一个粒子间无相互作用 (自由的) 多粒子体系中, 每个粒子自身的动量守恒, 因此占据各量子态的粒子数也守恒. 然而, 在有相互作用的多粒子体系中, 每个粒子自身的动量不再守恒, 因而占据各量子态的粒子数也不守恒. 对于这种体系, 人们只能考虑不同粒子占据数分布的概率. 这就要求描述体系波函数的自变量不再是坐标或动量, 而是粒子占据数分布 $\Phi(n_1n_2\cdots,t)$, 其中 n_i 是第 i 量子态上的粒子数. $|\Phi|^2$ 的意义就是某种粒子数分布 $\{n_1n_2\cdots\}$ 的概率. 这样, 相应的物理量 (如体系的 Hamilton 量) 算符也应是能作用于 $\Phi(n_1n_2\cdots,t)$ 上的形式.

二次量子化方法能将波函数和算符在粒子占据数表示中表示出来.

17.1　产生算符和湮灭算符

17.1.1　粒子占据数表示

对于 N 个费米子 (如电子) 体系, 设有一组正交归一化单粒子波函数 $\{\psi_\nu,\nu=\alpha,\beta,\gamma,\cdots\}$, 则由 Hartree-Fock 理论, N 个费米子体系波函数为

$$|\alpha\beta\gamma\cdots\rangle=\frac{1}{\sqrt{N!}}\begin{vmatrix}\psi_\alpha(1) & \psi_\alpha(2) & \psi_\alpha(3) & \cdots\\ \psi_\beta(1) & \psi_\beta(2) & \psi_\beta(3) & \cdots\\ \psi_\gamma(1) & \psi_\gamma(2) & \psi_\gamma(3) & \cdots\\ & \vdots & & \end{vmatrix}\tag{17.1.1}$$

式中, $|\alpha\beta\gamma\cdots\rangle$ 可理解为在单粒子态 $\alpha(\psi_\alpha)$ 上有一个粒子, 在 β 态上有一个粒子, 等等. 实际上, $|\alpha\beta\gamma\cdots\rangle$ 就体现了粒子数在各种态上的分布. 如果是玻色子体系, 各个态上的粒子数可以大于 1, 则分布景象就更明显了, 如图 17.1.1 所示.

所以, 对应于图 17.1.1, 粒子数分布可表示为

$$|\alpha\beta\gamma\cdots\rangle\xrightarrow{\text{费米子}}|1_\alpha1_\beta1_\gamma0_\delta0\cdots\rangle$$

$$N=\Sigma n_i=1+1+1+0+0+\cdots=3$$

$$|n_\alpha n_\beta n_\gamma\cdots\rangle\xrightarrow{\text{玻色子}}|2_\alpha4_\beta1_\gamma3_\delta000\cdots\rangle$$

$$N=\sum_t n_i=2+4+1+3+0+0\cdots=10$$

可见, N 个粒子体系的状态可以用粒子在单粒子态上的占据数 $|\alpha\beta\gamma\cdots\rangle(|n_\alpha n_\beta n_\gamma\cdots\rangle)$ 来描述. 这就是所谓粒子占据数表示.

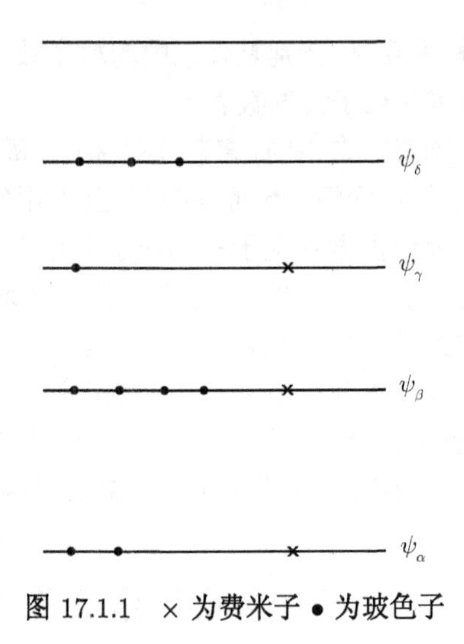

图 17.1.1　× 为费米子 • 为玻色子

17.1.2　产生算符和湮灭算符

定义产生算符 $\hat{\boldsymbol{c}}_\alpha^\dagger, \hat{\boldsymbol{c}}_\beta^\dagger, \cdots$ 为

$$|\alpha\beta\gamma\cdots\rangle = \hat{\boldsymbol{c}}_\alpha^\dagger \hat{\boldsymbol{c}}_\beta^\dagger \hat{\boldsymbol{c}}_\gamma^\dagger \cdots |\rangle \tag{17.1.2}$$

$$\hat{\boldsymbol{c}}_\alpha^\dagger |\alpha\beta\gamma\cdots\rangle = 0 \qquad (\text{对于费米子}) \tag{17.1.3}$$

即

$$\hat{\boldsymbol{c}}_\alpha^\dagger \hat{\boldsymbol{c}}_\alpha^\dagger |\beta\gamma\cdots\rangle = 0$$

其中 $|\rangle$ 为真空态. 式 (17.1.2) 表明, $\hat{\boldsymbol{c}}_\alpha^\dagger, \hat{\boldsymbol{c}}_\beta^\dagger$ 和 $\hat{\boldsymbol{c}}_\gamma^\dagger$ 等分别对没有粒子的真空态产生一个 α 态粒子、一个 β 态粒子和一个 γ 态粒子, 等等. 式 (17.1.3) 表明 α 态上已有一个费米子, 不能再产生一个 α 态粒子, 故 $\hat{\boldsymbol{c}}_\alpha^\dagger$ 作用的结果只能为零.

定义湮灭算符 $\hat{\boldsymbol{c}}_\alpha$ 为

$$\hat{\boldsymbol{c}}_\alpha |\alpha\beta\gamma\cdots\rangle = |\beta\gamma\cdots\rangle \tag{17.1.4}$$

$$\hat{\boldsymbol{c}}_\alpha |\beta\gamma\cdots\rangle = 0 \tag{17.1.5}$$

即

$$\hat{\boldsymbol{c}}_\alpha \hat{\boldsymbol{c}}_\alpha |\alpha\beta\gamma\cdots\rangle = 0$$

式 (17.1.4) 表明, $\hat{\boldsymbol{c}}_\alpha$ 算符作用在 $|\alpha\beta\gamma\cdots\rangle$ 上, 湮灭了 α 态上一个粒子. 式 (17.1.5) 表明, $\hat{\boldsymbol{c}}_\alpha$ 作用在 $|\beta\gamma\cdots\rangle$ 上, 由于已没有 α 态粒子, 无从湮灭, 故 $\hat{\boldsymbol{c}}_\alpha$ 作用的结果只能为零.

17.1.3　对易关系

1. 费米子

由式 (17.1.1) 可知

$$|\beta\alpha\gamma\cdots\rangle = -|\alpha\beta\gamma\cdots\rangle \tag{17.1.6}$$

按照式 (17.1.2), 式 (17.1.6) 可写为

$$\hat{\boldsymbol{c}}_\beta^\dagger\hat{\boldsymbol{c}}_\alpha^\dagger\hat{\boldsymbol{c}}_\gamma^\dagger\cdots|\rangle = -\hat{\boldsymbol{c}}_\alpha^\dagger\hat{\boldsymbol{c}}_\beta^\dagger\hat{c}_\gamma^\dagger\cdots|\rangle$$

移项即得

$$(\hat{\boldsymbol{c}}_\beta^\dagger\hat{\boldsymbol{c}}_\alpha^\dagger + \hat{\boldsymbol{c}}_\alpha^\dagger\hat{\boldsymbol{c}}_\beta^\dagger)\hat{\boldsymbol{c}}_\gamma^\dagger\cdots|\rangle = 0$$

因为 $\hat{\boldsymbol{c}}_\gamma^\dagger\cdots|\rangle$ 是任意的, 故必有如下反对易关系:

$$\hat{\boldsymbol{c}}_\beta^\dagger\hat{\boldsymbol{c}}_\alpha^\dagger + \hat{\boldsymbol{c}}_\alpha^\dagger\hat{\boldsymbol{c}}_\beta^\dagger = 0$$

通常记为

$$[\hat{\boldsymbol{c}}_\alpha^\dagger, \hat{c}_\beta^\dagger]_+ \equiv \hat{\boldsymbol{c}}_\alpha^\dagger\hat{\boldsymbol{c}}_\beta^\dagger + \hat{\boldsymbol{c}}_\beta^\dagger\hat{\boldsymbol{c}}_\alpha^\dagger = 0 \tag{17.1.7}$$

对式 (17.1.2) 取伴态, 得

$$\langle\cdots\gamma\beta\alpha| = \langle|\cdots\hat{\boldsymbol{c}}_\gamma\hat{\boldsymbol{c}}_\beta\hat{\boldsymbol{c}}_\alpha$$

这个态也符合式 (17.1.6) 的交换反对称性. 因而对于湮灭算符也有类似的反对易关系

$$[\hat{\boldsymbol{c}}_\alpha, \hat{\boldsymbol{c}}_\beta]_+ \equiv \hat{\boldsymbol{c}}_\alpha\hat{\boldsymbol{c}}_\beta + \hat{\boldsymbol{c}}_\beta\hat{\boldsymbol{c}}_\alpha = 0 \tag{17.1.8}$$

下面再推导产生算符与湮灭算符之间的对易关系. 考虑算符 $(\hat{\boldsymbol{c}}_\alpha\hat{\boldsymbol{c}}_\alpha^\dagger + \hat{\boldsymbol{c}}_\alpha^\dagger\hat{\boldsymbol{c}}_\alpha)$ 作用在 $|\beta\gamma\cdots\rangle$ 态上, 由于 $|\beta\gamma\cdots\rangle$ 中 α 态未被占据, 故

$$\begin{aligned}
&(\hat{\boldsymbol{c}}_\alpha\hat{\boldsymbol{c}}_\alpha^\dagger + \hat{\boldsymbol{c}}_\alpha^\dagger\hat{\boldsymbol{c}}_\alpha)|\beta\gamma\cdots\rangle \\
=&\hat{\boldsymbol{c}}_\alpha\hat{\boldsymbol{c}}_\alpha^\dagger|\beta\gamma\cdots\rangle \qquad [\text{由式 (17.1.5)}] \\
=&\hat{\boldsymbol{c}}_\alpha|\alpha\beta\gamma\cdots\rangle \\
=&|\beta\gamma\cdots\rangle
\end{aligned} \tag{17.1.9}$$

再将 $(\hat{\boldsymbol{c}}_\alpha\hat{\boldsymbol{c}}_\alpha^\dagger + \hat{\boldsymbol{c}}_\alpha^\dagger\hat{\boldsymbol{c}}_\alpha)$ 作用在 $|\alpha\beta\gamma\cdots\rangle$ 态上, 有

$$\begin{aligned}
&(\hat{\boldsymbol{c}}_\alpha\hat{\boldsymbol{c}}_\alpha^\dagger + \hat{\boldsymbol{c}}_\alpha^\dagger\hat{\boldsymbol{c}}_\alpha)|\alpha\beta\gamma\cdots\rangle \\
=&\hat{\boldsymbol{c}}_\alpha^\dagger\hat{\boldsymbol{c}}_\alpha|\alpha\beta\gamma\cdots\rangle \\
=&|\alpha\beta\gamma\cdots\rangle
\end{aligned} \tag{17.1.10}$$

可见, $(\hat{\boldsymbol{c}}_\alpha\hat{\boldsymbol{c}}_\alpha^\dagger+\hat{\boldsymbol{c}}_\alpha^\dagger\hat{\boldsymbol{c}}_\alpha)$ 不论作用在 $|\beta\gamma\cdots\rangle$(没有 α 态粒子) 态或 $|\alpha\beta\gamma\cdots\rangle$($\alpha$ 态上有一个粒子) 态上, 由式 (17.1.9) 和式 (17.1.10) 可知, 其本征值都为 1, 故得

$$[\hat{\boldsymbol{c}}_\alpha,\hat{\boldsymbol{c}}_\alpha^\dagger]_+\equiv\hat{\boldsymbol{c}}_\alpha\hat{\boldsymbol{c}}_\alpha^\dagger+\hat{\boldsymbol{c}}_\alpha^\dagger\hat{\boldsymbol{c}}_\alpha=1 \tag{17.1.11}$$

再考虑算符 $(\hat{\boldsymbol{c}}_\beta\hat{\boldsymbol{c}}_\alpha^\dagger+\hat{\boldsymbol{c}}_\alpha^\dagger\hat{\boldsymbol{c}}_\beta)(\alpha\neq\beta)$, 由前述可知

$$\begin{aligned}&\hat{\boldsymbol{c}}_\beta\hat{\boldsymbol{c}}_\alpha^\dagger\hat{\boldsymbol{c}}_\beta^\dagger\hat{\boldsymbol{c}}_\gamma^\dagger\cdots|\rangle\\&=-\hat{\boldsymbol{c}}_\beta\hat{\boldsymbol{c}}_\beta^\dagger\hat{\boldsymbol{c}}_\alpha^\dagger\hat{\boldsymbol{c}}_\gamma^\dagger\cdots|\rangle\qquad\qquad[\text{由式 (17.1.7)}]\\&=-\hat{\boldsymbol{c}}_\alpha^\dagger\hat{\boldsymbol{c}}_\gamma^\dagger\cdots|\rangle\\&=-\hat{\boldsymbol{c}}_\alpha^\dagger\hat{\boldsymbol{c}}_\beta\hat{\boldsymbol{c}}_\beta^\dagger\hat{\boldsymbol{c}}_\gamma^\dagger\cdots|\rangle\end{aligned}$$

移项即得

$$(\hat{\boldsymbol{c}}_\beta\hat{\boldsymbol{c}}_\alpha^\dagger+\hat{\boldsymbol{c}}_\alpha^\dagger\hat{\boldsymbol{c}}_\beta)|\beta\gamma\cdots\rangle=0 \tag{17.1.12}$$

其中利用了 $\hat{\boldsymbol{c}}_\beta\hat{\boldsymbol{c}}_\beta^\dagger|\rangle=|\rangle$ 关系, 即 $\hat{\boldsymbol{c}}_\beta\hat{\boldsymbol{c}}_\beta^\dagger$ 作用在真空态上, 产生一个 β 态粒子又被湮灭, 仍然是真空态.

再将 $(\hat{\boldsymbol{c}}_\beta\hat{\boldsymbol{c}}_\alpha^\dagger+\hat{\boldsymbol{c}}_\alpha^\dagger\hat{\boldsymbol{c}}_\beta)$ 作用在没有 β 态粒子的 $|\gamma\delta\cdots\rangle$ 上也得零, 即

$$(\hat{\boldsymbol{c}}_\beta\hat{\boldsymbol{c}}_\alpha^\dagger+\hat{\boldsymbol{c}}_\alpha^\dagger\hat{\boldsymbol{c}}_\beta)|\gamma\delta\cdots\rangle=0 \tag{17.1.13}$$

所以 $(\hat{\boldsymbol{c}}_\beta\hat{\boldsymbol{c}}_\alpha^\dagger+\hat{\boldsymbol{c}}_\alpha^\dagger\hat{\boldsymbol{c}}_\beta)$ 无论作用在有无 β 态粒子的任意态上都得零, 故

$$[\hat{\boldsymbol{c}}_\beta,\hat{\boldsymbol{c}}_\alpha^\dagger]_+\equiv\hat{\boldsymbol{c}}_\beta\hat{\boldsymbol{c}}_\alpha^\dagger+\hat{\boldsymbol{c}}_\alpha^\dagger\hat{\boldsymbol{c}}_\beta=0\qquad(\alpha\neq\beta) \tag{17.1.14}$$

归纳式 (17.1.7)、式 (17.1.8)、式 (17.1.11) 和式 (17.1.14), 得费米子的产生算符与湮灭算符的对易关系如下:

$$\begin{cases}[\hat{\boldsymbol{c}}_\alpha,\hat{\boldsymbol{c}}_\beta^\dagger]_+=\delta_{\alpha\beta}\\[\hat{\boldsymbol{c}}_\alpha,\hat{\boldsymbol{c}}_\beta]_+=[\hat{\boldsymbol{c}}_\alpha^\dagger,\hat{\boldsymbol{c}}_\beta^\dagger]_+=0\end{cases} \tag{17.1.15}$$

其中第二式表示费米子的产生算符之间或湮灭算符之间彼此反对易.

2. 玻色子

对于玻色子, 也有类似的对易关系

$$\begin{cases}[\hat{\boldsymbol{c}}_\alpha,\hat{\boldsymbol{c}}_\beta^\dagger]_-\equiv\hat{\boldsymbol{c}}_\alpha\hat{\boldsymbol{c}}_\beta^\dagger-\hat{\boldsymbol{c}}_\beta^\dagger\hat{\boldsymbol{c}}_\alpha=\delta_{\alpha\beta}\\[\hat{\boldsymbol{c}}_\alpha,\hat{\boldsymbol{c}}_\beta]_-=[\hat{\boldsymbol{c}}_\alpha^\dagger,\hat{\boldsymbol{c}}_\beta^\dagger]_-=0\end{cases} \tag{17.1.16}$$

其中第二式表示玻色子的产生算符之间或湮灭算符之间彼此对易, 这反映了波函数对于两个全同玻色子交换是对称的. 由于玻色子不受 Pauli 原理限制, 在单粒子态

上可以存在任意个玻色子, 故式 (17.1.3) 不成立. 可将费米子和玻色子产生算符和湮灭算符的对易关系合并为

$$\begin{cases} [\hat{\boldsymbol{c}}_\alpha, \hat{\boldsymbol{c}}_\beta^\dagger]_\pm = \delta_{\alpha\beta} \\ [\hat{\boldsymbol{c}}_\alpha, \hat{\boldsymbol{c}}_\beta]_\pm = [\hat{\boldsymbol{c}}_\alpha^\dagger, \hat{\boldsymbol{c}}_\beta^\dagger]_\pm = 0 \end{cases} \tag{17.1.17}$$

式中, + 只适用于费米子, − 只适用于玻色子.

17.1.4　归一化粒子占据数态的获得(玻色子)

可以证明, n_α 个玻色子处于单粒子态 α 的归一化波函数可表示为

$$|n_\alpha\rangle = \frac{1}{\sqrt{n_\alpha!}}(\hat{\boldsymbol{c}}_\alpha^\dagger)n_\alpha|\rangle \tag{17.1.18}$$

证明:

$$\begin{aligned} \langle|\hat{\boldsymbol{c}}_\alpha^{n_\alpha}\hat{\boldsymbol{c}}_\alpha^{\dagger n_\alpha}|\rangle &= \langle|\hat{\boldsymbol{c}}_\alpha^{n_\alpha-1}\hat{\boldsymbol{c}}_\alpha\hat{\boldsymbol{c}}_\alpha^\dagger\hat{\boldsymbol{c}}_\alpha^{\dagger n_\alpha-1}|\rangle \\ &= \langle|\hat{\boldsymbol{c}}_\alpha^{n_\alpha-1}(1+\hat{\boldsymbol{c}}_\alpha^\dagger\hat{\boldsymbol{c}}_\alpha)\hat{\boldsymbol{c}}_\alpha^{\dagger n_\alpha-1}|\rangle \qquad [\text{由式 (17.1.17)}] \\ &= \langle|\hat{\boldsymbol{c}}_\alpha^{n_\alpha-1}\hat{\boldsymbol{c}}_\alpha^{\dagger n_\alpha-1}|\rangle + \langle|\hat{\boldsymbol{c}}_\alpha^{n_\alpha-1}\hat{\boldsymbol{c}}_\alpha^\dagger\hat{\boldsymbol{c}}_\alpha\hat{\boldsymbol{c}}_\alpha^\dagger\hat{\boldsymbol{c}}_\alpha^{\dagger n_\alpha-2}|\rangle \\ &= \langle|\hat{\boldsymbol{c}}_\alpha^{n_\alpha-1}\hat{\boldsymbol{c}}_\alpha^{\dagger n_\alpha-1}|\rangle + \langle|\hat{\boldsymbol{c}}_\alpha^{n_\alpha-1}\hat{\boldsymbol{c}}_\alpha^\dagger(1+\hat{\boldsymbol{c}}_\alpha^\dagger\hat{\boldsymbol{c}}_\alpha)\hat{\boldsymbol{c}}_\alpha^{\dagger n_\alpha-2}|\rangle \\ &= 2\langle|\hat{\boldsymbol{c}}_\alpha^{n_\alpha-1}\hat{\boldsymbol{c}}_\alpha^{\dagger n_\alpha-1}|\rangle + \langle|\hat{\boldsymbol{c}}_\alpha^{n_\alpha-1}\hat{\boldsymbol{c}}_\alpha^{\dagger^2}\hat{\boldsymbol{c}}_\alpha\hat{\boldsymbol{c}}_\alpha^\dagger\hat{\boldsymbol{c}}_\alpha^{\dagger n_\alpha-3}|\rangle \\ &\cdots \end{aligned}$$

再利用 $\hat{\boldsymbol{c}}_\alpha|\rangle = 0$, 得

$$\begin{aligned} \langle|\hat{\boldsymbol{c}}_\alpha^{n_\alpha}\hat{\boldsymbol{c}}_\alpha^{\dagger n_\alpha}|\rangle &= n_\alpha\langle|\hat{\boldsymbol{c}}_\alpha^{n_\alpha-1}\hat{\boldsymbol{c}}_\alpha^{\dagger n_\alpha-1}|\rangle \\ &= n_\alpha(n_\alpha-1)\langle|\hat{\boldsymbol{c}}_\alpha^{n_\alpha-2}\hat{\boldsymbol{c}}_\alpha^{\dagger n_\alpha-2}|\rangle \\ &\cdots \\ &= n_\alpha! \end{aligned}$$

于是归一化波函数即为式 (17.1.18) 所示, 即

$$|n_\alpha\rangle = \frac{1}{\sqrt{n_\alpha!}}\hat{\boldsymbol{c}}_\alpha^{\dagger n_\alpha}|\rangle$$

这就是用产生算符 $\hat{\boldsymbol{c}}_\alpha^\dagger$ 对真空态 $|\rangle$ 作用 n_α 次, 就得到在 α 态上有 n_α 个玻色子的波函数, 其归一化常数为 $\dfrac{1}{\sqrt{n_\alpha!}}$. 由此可得

$$\begin{aligned} \hat{\boldsymbol{c}}_\alpha^\dagger|n_\alpha\rangle &= \frac{1}{\sqrt{n_\alpha!}}\hat{\boldsymbol{c}}_\alpha^{\dagger n_\alpha+1}|\rangle \\ &= \frac{1}{\sqrt{n_\alpha!}}\sqrt{(n_\alpha+1)!}|n_\alpha+1\rangle \\ &= \sqrt{n_\alpha+1}|n_\alpha+1\rangle \end{aligned} \tag{17.1.19}$$

其伴式为

$$\langle n_\alpha|\hat{\boldsymbol{c}}_\alpha = \sqrt{n_\alpha+1}\langle n_\alpha+1| \tag{17.1.20}$$

类似地, 可证明

$$\hat{\boldsymbol{c}}_\alpha|n_\alpha\rangle = \sqrt{n_\alpha}|n_\alpha-1\rangle \tag{17.1.21}$$

证明:

$$\begin{aligned}
\hat{\boldsymbol{c}}_\alpha|n_\alpha\rangle &= \frac{1}{\sqrt{n_\alpha!}}\hat{\boldsymbol{c}}_\alpha\hat{\boldsymbol{c}}_\alpha^\dagger\hat{\boldsymbol{c}}_\alpha^{\dagger n_\alpha-1}|\rangle \\
&= \frac{1}{\sqrt{n_\alpha!}}(1+\hat{\boldsymbol{c}}_\alpha^\dagger\hat{\boldsymbol{c}}_\alpha)\hat{\boldsymbol{c}}_\alpha^{\dagger n_\alpha-1}|\rangle \\
&= \frac{1}{\sqrt{n_\alpha!}}\hat{\boldsymbol{c}}_\alpha^{\dagger n_\alpha-1}|\rangle + \frac{1}{\sqrt{n_\alpha!}}\hat{\boldsymbol{c}}_\alpha^\dagger\hat{\boldsymbol{c}}_\alpha\hat{\boldsymbol{c}}_\alpha^\dagger\hat{\boldsymbol{c}}_\alpha^{\dagger n_\alpha-2}|\rangle \\
&= \frac{1}{\sqrt{n_\alpha!}}\hat{\boldsymbol{c}}_\alpha^{\dagger n_\alpha-1}|\rangle + \frac{1}{\sqrt{n_\alpha!}}\hat{\boldsymbol{c}}_\alpha^\dagger(1+\hat{\boldsymbol{c}}_\alpha^\dagger\hat{\boldsymbol{c}}_\alpha)\hat{\boldsymbol{c}}_\alpha^{\dagger n_\alpha-2}|\rangle \\
&= \frac{2}{\sqrt{n_\alpha!}}\hat{\boldsymbol{c}}_\alpha^{\dagger n_\alpha-1}|\rangle + \frac{1}{\sqrt{n_\alpha!}}\hat{\boldsymbol{c}}_\alpha^{\dagger 2}\hat{\boldsymbol{c}}_\alpha\hat{\boldsymbol{c}}_\alpha^\dagger\hat{\boldsymbol{c}}_\alpha^{\dagger n_\alpha-3}|\rangle \\
&\cdots \\
&= n_\alpha\frac{1}{\sqrt{n_\alpha!}}\hat{\boldsymbol{c}}_\alpha^{\dagger n_\alpha-1}|\rangle \\
&= n_\alpha\frac{1}{\sqrt{n_\alpha!}}\sqrt{(n_\alpha-1)!}|n_\alpha-1\rangle \\
&= \sqrt{n_\alpha}|n_\alpha-1\rangle
\end{aligned} \tag{17.1.22}$$

其伴式为

$$\langle n_\alpha|\hat{\boldsymbol{c}}_\alpha^\dagger = \sqrt{n_\alpha}\langle n_\alpha-1| \tag{17.1.23}$$

由于不同单粒子态上的产生算符之间或湮灭算符之间彼此对易, 故一般玻色子体系态为

$$|n_1n_2\cdots n_\alpha\cdots\rangle = \frac{1}{\sqrt{\prod_i(n_i!)}}\hat{\boldsymbol{c}}_1^{\dagger n_1}\hat{\boldsymbol{c}}_2^{\dagger n_2}\cdots\hat{\boldsymbol{c}}_\alpha^{\dagger n_\alpha}\cdots|\rangle \tag{17.1.24}$$

由于 $\hat{\boldsymbol{c}}_\alpha^\dagger$ 和 $\hat{\boldsymbol{c}}_\alpha$ 只对 α 态起作用, 故由式 (17.1.19) 和式 (17.1.21) 可得

$$\hat{\boldsymbol{c}}_\alpha^\dagger|n_1n_2\cdots n_\alpha\cdots\rangle = \sqrt{n_\alpha+1}|n_1n_2\cdots(n_\alpha+1)\cdots\rangle \tag{17.1.25}$$

$$\hat{\boldsymbol{c}}_\alpha|n_1n_2\cdots n_\alpha\cdots\rangle = \sqrt{n_\alpha}|n_1n_2\cdots(n_\alpha-1)\cdots\rangle \tag{17.1.26}$$

式中, n_α 为在 α 态上有 n_α 个玻色子, $(n_\alpha\pm1)$ 为在 α 态有 $(n_\alpha\pm1)$ 个玻色子.

17.1.5　粒子数算符

由式 (17.1.25) 和式 (17.1.26) 可得

$$\begin{aligned}\hat{\boldsymbol{c}}_\alpha^\dagger\hat{\boldsymbol{c}}_\alpha|n_1n_2\cdots n_\alpha\cdots\rangle &= \sqrt{n_\alpha}\hat{\boldsymbol{c}}_\alpha^\dagger|n_1n_2\cdots(n_\alpha-1)\cdots\rangle\\ &= \sqrt{n_\alpha}\sqrt{n_\alpha}|n_1n_2\cdots n_\alpha\cdots\rangle\\ &= n_\alpha|n_1n_2\cdots n_\alpha\cdots\rangle\end{aligned}$$

由此可定义单粒子态 α 的粒子数算符

$$\hat{n}_\alpha \equiv \hat{\boldsymbol{c}}_\alpha^\dagger\hat{\boldsymbol{c}}_\alpha \tag{17.1.27}$$

它的本征波函数即为 $|n_1n_2\cdots n_\alpha\cdots\rangle$, 其本征值为 n_α, 这就反映了在 α 态上有 n_α 个玻色子. 体系总粒子数算符为

$$\hat{\boldsymbol{N}} = \sum_\alpha n_\alpha = \sum_\alpha \hat{\boldsymbol{c}}_\alpha^\dagger\hat{\boldsymbol{c}}_\alpha \tag{17.1.28}$$

17.1.6　归一化粒子占据数态的获得(费米子)

对于费米子体系, n_α 只能是 0 或 1. 于是, 费米子体系的一般态由式 (17.1.24) 可得

$$|\alpha\beta\gamma\cdots\rangle = \hat{\boldsymbol{c}}_\alpha^\dagger\hat{\boldsymbol{c}}_\beta^\dagger\hat{\boldsymbol{c}}_\gamma^\dagger\cdots|\rangle = |1_\alpha1_\beta1_\gamma\cdots\rangle$$

即在 α、β 和 γ 态上各有一个费米子, 在 $\cdots$ 各态中, 可能有的态有一个费米子, 有的态一个也没有.

至于 $\hat{\boldsymbol{c}}_\alpha^\dagger$ 和 $\hat{\boldsymbol{c}}_\alpha$ 对一般态的作用可证明如下:

$$\begin{aligned}\hat{\boldsymbol{c}}_\alpha^\dagger|n_1\cdots n_\alpha\cdots\rangle &= \hat{\boldsymbol{c}}_\alpha^\dagger\hat{\boldsymbol{c}}_1^{\dagger n_1}\hat{\boldsymbol{c}}_2^{\dagger n_2}\cdots\hat{\boldsymbol{c}}_{\alpha-1}^{\dagger n_{\alpha-1}}\cdots|\underbrace{000\cdots}_{\text{全为0}}n_\alpha\underbrace{000\cdots}_{\text{全为0}}\rangle\\ &= (-1)^{\sum\limits_{i=1}^{\alpha-1}n_i}|\cdots1_\alpha\cdots\rangle\delta_{n_\alpha0}\end{aligned} \tag{17.1.29}$$

$$\hat{\boldsymbol{c}}_\alpha|n_1\cdots n_\alpha\cdots\rangle = (-1)^{\sum\limits_{i=1}^{\alpha-1}n_i}|\cdots0_\alpha\cdots\rangle\delta_{n_\alpha1} \tag{17.1.30}$$

式 (17.1.29) 和式 (17.1.30) 右边的因子 $(-1)^{\sum\limits_{i=1}^{\alpha-1}n_i}$ 来源于不同单粒子态上的产生算符或湮灭算符是反对易的, $\hat{\boldsymbol{c}}_\alpha^\dagger$ 要与 $\hat{\boldsymbol{c}}_1^{\dagger n_1}\hat{\boldsymbol{c}}_2^{\dagger n_2}\cdots\hat{\boldsymbol{c}}_{\alpha-1}^{\dagger n_{\alpha-1}}$ 等交换多次, 才能作用于 α 态, 每交换一个 $\hat{\boldsymbol{c}}_i^\dagger$ 就要改号, 故交换到最右方

$$\hat{\boldsymbol{c}}_1^{\dagger n_1}\hat{\boldsymbol{c}}_2^{\dagger n_2}\cdots\hat{\boldsymbol{c}}_{\alpha-1}^{\dagger n_{\alpha-1}}\hat{\boldsymbol{c}}_\alpha^\dagger$$

后的符号为

$$(-1)^{n_1+n_2+\cdots+n_{\alpha-1}} = (-1)^{\sum\limits_{i=1}^{\alpha-1}n_i}$$

17.2 场 算 符

以后会看到, 用产生算符或湮灭算符的线性组合去处理问题更为方便.

设 $\{\phi_\lambda(\tau)\}$ 为一组完全的正交归一的单粒子态, τ 为单粒子的空间坐标. 定义场算符 $\hat{\psi}(\tau)$ 和 $\hat{\psi}^\dagger(\tau)$ 为

$$\hat{\boldsymbol{\psi}}(\tau)=\sum_\lambda \phi_\lambda(\tau)\hat{\boldsymbol{c}}_\lambda \tag{17.2.1}$$

$$\hat{\boldsymbol{\psi}}^\dagger(\tau)=\sum_\lambda \phi^*_\lambda(\tau)\hat{\boldsymbol{c}}^\dagger_\lambda \tag{17.2.2}$$

式中, λ 为单粒子态量子数完备集合, $\hat{\boldsymbol{c}}^\dagger_\lambda$ 和 $\hat{\boldsymbol{c}}_\lambda$ 分别为产生算符和湮灭算符. 已经知道产生算符 $\hat{\boldsymbol{c}}^\dagger_\lambda$ 的作用是在单粒子态 λ 上产生一个粒子, 则场算符 $\hat{\boldsymbol{\psi}}^\dagger(\tau_0)$ 的作用是在空间 (场) 位置 τ_0 点产生一个粒子. 实际上, 将 $\hat{\boldsymbol{\psi}}^\dagger(\tau_0)$ 作用在真空态 $|\rangle$ 上, 即

$$\hat{\boldsymbol{\psi}}^\dagger(\tau_0)|\rangle=\sum_\lambda \phi^*_\lambda(\tau_0)\hat{\boldsymbol{c}}^\dagger_\lambda|\rangle$$

再将它投影到坐标表示的基矢 $\langle\tau|$ 上, 即

$$\langle\tau|\hat{\boldsymbol{\psi}}^\dagger(\tau_0)|\rangle=\sum_\lambda \phi^*_\lambda(\tau_0)\langle\tau|\hat{\boldsymbol{c}}^\dagger_\lambda|\rangle=\sum_\lambda \phi^*_\lambda(\tau_0)\phi_\lambda(\tau)=\delta(\tau-\tau_0) \tag{17.2.3}$$

这表示 $\hat{\boldsymbol{\psi}}^\dagger(\tau_0)|\rangle$ 也是一个粒子在空间 τ_0 的态, 从而 $\hat{\boldsymbol{\psi}}^\dagger(\tau_0)$ 一定是在 τ_0 处产生一个粒子的算符, 因为真空态 $|\rangle$ 并没有粒子. 相应的 $\hat{\boldsymbol{\psi}}(\tau_0)$ 则表示在空间 τ_0 点湮灭一个粒子的算符. 在 τ_0 所产生或湮灭的粒子的量子数 λ 并不确定.

场算符也有一定的对易关系如下:

$$\begin{cases}[\hat{\boldsymbol{\psi}}(\tau),\hat{\boldsymbol{\psi}}^\dagger(\tau')]_\pm=\delta(\tau-\tau') & (17.2.4)\\ [\hat{\boldsymbol{\psi}}(\tau),\hat{\boldsymbol{\psi}}(\tau')]_\pm=[\hat{\boldsymbol{\psi}}^\dagger(\tau),\hat{\boldsymbol{\psi}}^\dagger(\tau')]_\pm=0 & (17.2.5)\end{cases}$$

式中, + 只适用于费米子, − 只适用于玻色子.

证明: 对于式 (17.2.4), 有

$$\begin{aligned}[\hat{\boldsymbol{\psi}}(\tau),\hat{\boldsymbol{\psi}}^\dagger(\tau')]_\pm &=\hat{\boldsymbol{\psi}}(\tau)\hat{\boldsymbol{\psi}}^\dagger(\tau')\pm\hat{\boldsymbol{\psi}}^\dagger(\tau')\hat{\boldsymbol{\psi}}(\tau)\\ &=\sum_{\lambda,\lambda'}\phi_\lambda(\tau)\phi^*_{\lambda'}(\tau')(\hat{\boldsymbol{c}}_\lambda\hat{\boldsymbol{c}}^\dagger_{\lambda'}\pm\hat{\boldsymbol{c}}^\dagger_{\lambda'}\hat{\boldsymbol{c}}_\lambda)\\ &=\sum_{\lambda,\lambda'}\phi_\lambda(\tau)\phi^*_{\lambda'}(\tau')\delta_{\lambda\lambda'}\\ &=\sum_\lambda\phi_\lambda(\tau)\phi^*_\lambda(\tau')\\ &=\delta(\tau-\tau')\end{aligned}$$

这就是式 (17.2.4). 仿此可以证明式 (17.2.5).

将式 (17.2.1) 与熟知的展开式 $\psi = \sum \phi_i c_i$ 比较, 后者是任意波函数展为完备函数集的线性组合, 它描述粒子的二象性, 进行过一次量子化 (如能量, 动量等的量子化本征值). 现在又将 ψ 当作算符 $\hat{\psi}$, 使场成为具有粒子性的波场, 这就是再一次量子化, 即第二次量子化. 一次量子化与二次量子化方法等价地描述微观粒子. 二者可由一系列酉变换互相转化.

17.3 Schrödinger 方程和力学量的二次量子化形式

17.3.1 粒子占据数表示中的 Schrödinger 方程(玻色子)

1. λ 表示中的 Schrödinger 方程

N 个粒子体系的波函数 $\varPsi(\tau_1\tau_2\cdots\tau_N,t)$ 可用单粒子态 $\{\phi_\lambda(\tau)\}$ 乘积为基矢展开如下:

$$\varPsi(\tau_1\cdots\tau_N,t) = \sum_{\lambda_1\cdots\lambda_N} C(\lambda_1\cdots\lambda_N,t)\phi_{\lambda_1}(\tau_1)\cdots\phi_{\lambda_N}(\tau_N) \tag{17.3.1}$$

式中, λ_k 表示第 k 个粒子的量子数集合.

为方便计算, 下面不考虑自旋. 上述 $\varPsi$ 应满足 Schrödinger 方程

$$i\hbar\frac{\partial}{\partial t}\varPsi(\tau_1\cdots\tau_N,t) = \hat{\boldsymbol{H}}\varPsi(\tau_1\cdots\tau_N,t) \tag{17.3.2}$$

式中, Hamilton 量 $\hat{\boldsymbol{H}}$ 为

$$\hat{\boldsymbol{H}} = \sum_{k=1}^{N}\hat{\boldsymbol{T}}(\tau_k) + \frac{1}{2}\sum_{k\neq l=1}^{N}\hat{\boldsymbol{V}}(\tau_k,\tau_l) \tag{17.3.3}$$

式中, $\hat{\boldsymbol{T}}(\tau_k)$ 为第 k 个粒子的动能加上在外场 U 中的势能, 即

$$\hat{\boldsymbol{T}}(\tau_k) = -\frac{\hbar^2}{2m}\nabla^2_{\tau_k} + \hat{\boldsymbol{U}}(\tau_k) \tag{17.3.4}$$

$\boldsymbol{V}$ 为第 k 个粒子与第 l 个粒子之间的相互作用. 将式 (17.3.1) 代入式 (17.3.2), 并用 $\phi^*_{\lambda_1}(\tau_1)\cdots\phi^*_{\lambda_N}(\tau_N)$ 乘方程两边再积分, 得

$$\int[\phi^*_{\lambda_1}(\tau_1)\cdots\psi^*_{\lambda_N}(\tau_N)]\Big[i\hbar\frac{\partial}{\partial t}\sum_{\lambda_1'\cdots\lambda_N'}C(\lambda_1'\cdots\lambda_N',t)\phi_{\lambda_1'}(\tau_1)\cdots\times\phi_{\lambda_N'}(\tau_N)\Big]\mathrm{d}\tau_1\cdots\mathrm{d}\tau_N$$

$$= \int[\phi^*_{\lambda_1}(\tau_1)\cdots\phi^*_{\lambda_N}(\tau_N)]\Big[\sum_{k=1}^{N}\hat{\boldsymbol{T}}(\tau_k) + \frac{1}{2}\sum_{k\neq l=1}^{N}\hat{\boldsymbol{V}}(\tau_k,\tau_l)\Big]$$

$$\times\Big[\sum_{\lambda_1'\cdots\lambda_N'} C(\lambda_1'\cdots\lambda_N',t)\phi_{\lambda_1'}(\tau_1)\cdots\phi_{\lambda_N'}(\tau_N)\Big]\mathrm{d}\tau_1\cdots\mathrm{d}\tau_N$$

利用 $\phi_{\lambda_k}(\tau_k)$ 的正交归一性, 由上式得系数 C 的运动方程为

$$\begin{aligned}
&i\hbar\frac{\partial}{\partial t}C(\lambda_1\cdots\lambda_N,t)\\
=&\sum_{k=1}^{N}\sum_{W}\int \mathrm{d}\tau_k\phi_{\lambda_k}^*(\tau_k)\hat{\boldsymbol{T}}(\tau_k)\phi_W(\tau_k)\times C(\lambda_1\cdots\lambda_{k-1}W\lambda_{k+1}\cdots\lambda_N,t)\\
&+\frac{1}{2}\sum_{\substack{k=1\\l=1\\(k\neq l)}}^{N}\sum_{W}\sum_{W'}\iint \mathrm{d}\tau_k\mathrm{d}\tau_l\phi_{\lambda_k}^*(\tau_k)\phi_{\lambda_l}^*(\tau_l)\hat{\boldsymbol{V}}(\tau_k,\tau_l)\\
&\times\phi_W(\tau_k)\phi_{W'}(\tau_l)C(\lambda_l\cdots\lambda_{k-1}W\lambda_{k+1}\cdots\lambda_{l-1}W'\lambda_{l+1}\cdots\lambda_N,t)
\end{aligned}\tag{17.3.5}$$

这是 λ 表示中的 Schrödinger 方程. 容易证明, Ψ 对于全同粒子交换对称性也反映到 C 上, 即

$$\begin{aligned}
\Psi(\cdots\tau_i\cdots\tau_j\cdots)&=\pm\Psi(\cdots\tau_j\cdots\tau_i\cdots)\\
C(\cdots\lambda_i\cdots\lambda_j\cdots)&=\pm C(\cdots\lambda_j\cdots\lambda_i\cdots)
\end{aligned}$$

2. 粒子占据数表示中的 Schrödinger 方程

上述 $C(\lambda_1\cdots\lambda_N,t)$ 的含义是 N 个粒子中每一个粒子都可以独立地在量子数 λ 中取一定数值, 对于给定的一组 $(\lambda_1\cdots\lambda_N)$, N 个粒子中可能有若干个粒子所取的 λ 值相同, 如图 17.3.1 所示. 于是, 我们也可以从粒子在各 λ 值上的占据数来写出 C. 对应图 17.3.1 的 C 函数应为 $(N=11)$

$$\begin{array}{cccccccccccc}
C(1 & 4 & 2 & 1 & 4 & 2 & 2 & 4 & 4 & 3 & 4, & t)\\
\lambda_1 & \lambda_2 & \lambda_3 & \lambda_4 & \lambda_5 & \lambda_6 & \lambda_7 & \lambda_8 & \lambda_9 & \lambda_{10} & \lambda_{11} &
\end{array}$$

$$\Rightarrow C'(2\qquad 3\qquad 1\qquad 5\qquad \underbrace{\cdots,}\qquad t)\tag{17.3.6}$$

2	3	1	5	$\cdots$
λ=1态有 2 个粒子占据	λ=2态有 3 个粒子占据	λ=3态有 1 个粒子占据	λ=4态有 5 个粒子占据	其他态无粒子占据

左边的 C 标出了 11 个粒子各自的量子数. 由于是全同粒子, 不能区分谁是第一, 谁是第二, 所以左边 C 的写法不是唯一的. 例如, 也可以写成

$$\begin{array}{cccccccccccc}
C(1 & 1 & 2 & 2 & 2 & 3 & 4 & 4 & 4 & 4 & 4, & t)\\
\lambda_1 & \lambda_2 & \lambda_3 & \lambda_4 & \lambda_5 & \lambda_6 & \lambda_7 & \lambda_8 & \lambda_9 & \lambda_{10} & \lambda_{11} &
\end{array}$$

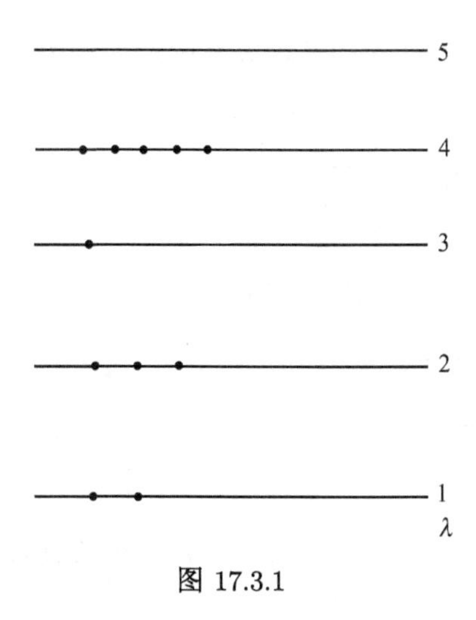

图 17.3.1

式 (17.3.6) 右边的 C' 是将相同量子数的粒子归在一起, 并标出粒子个数, 按 $\lambda=1,2,\cdots$ 的顺序写出. 显然, 不论 C 的写法如何, 对应的 C' 总是相同的. 两者等价地描述了 11 个粒子体系的状态.

一般说来, 粒子占据数波函数可写为

$$C'(n_1 n_2 \cdots n_\infty, t)$$

其中 n_i 即在量子数 $\lambda=i$ 态有 n_i 个粒子占据. 下面的冗长讨论就是为了获得粒子占据数波函数所服从的运动方程.

从 N 个粒子体系的波函数 $\Psi(\tau_1\cdots\tau_N,t)$ 是归一化的以及单粒子的波函数 $\{\phi_\lambda(\tau)\}$ 是正交归一的, 可以得出

$$\sum_{\lambda_1\cdots\lambda_N}|C(\lambda_1\cdots\lambda_N,t)|^2=\sum_{n_1\cdots n_\infty}|C'(n_1\cdots n_\infty,t)|^2\sum_{\substack{\lambda_1\cdots\lambda_N\\(n_1\cdots n_\infty)}}1=1 \tag{17.3.7}$$

式 (17.3.7) 等号两边求和的变换是这样的, 对应于一种固定的占据数分布, 在 N 个粒子中, 对于 $(\lambda_1\cdots\lambda_N)$ 可以有许多选取方法 (其实这是普通的组合问题). 首先, 对一组固定占据数求和, 其中每个 $(\lambda_1\cdots\lambda_N)$ 都等于同一个 $C'(n_1\cdots n_\infty,t)$, 故有

$$\begin{aligned}\sum_{\substack{\lambda_1\cdots\lambda_n\\(n_1\cdots n_\infty)}}|C(\lambda_1\cdots\lambda_n,t)|^2&=\sum_{\substack{\lambda_1\cdots\lambda_N\\(n_1\cdots n_\infty)}}|C'(n_1\cdots n_\infty,t)|^2\\&=|C'(n_1\cdots n_\infty,t)|^2\sum_{\substack{\lambda_1\cdots\lambda_N\\(n_1\cdots n_\infty)}}1\end{aligned} \tag{17.3.8}$$

式中, 加和是在指定 $(n_1\cdots n_\infty)$ 的某种分布中对各种组合 $(\lambda_1\cdots\lambda_N)$ 求和. 其次, 对各种占据数分布求和, 即将式 (17.3.8) 再对各种 $(n_1\cdots n_\infty)$ 求和, 得

$$\begin{aligned}&\sum_{n_1\cdots n_\infty}\sum_{\substack{\lambda_1\cdots\lambda_N\\(n_1\cdots n_\infty)}}|C(\lambda_1\cdots\lambda_N,t)|^2\\&=\sum_{\lambda_1\cdots\lambda_N}|C(\lambda_1\cdots\lambda_N,t)|^2\\&=\sum_{n_1\cdots n_\infty}|C'(n_1\cdots n_\infty,t)|^2\sum_{\substack{\lambda_1\cdots\lambda_N\\(n_1\cdots n_\infty)}}1=1\end{aligned}\tag{17.3.9}$$

这就是式 (17.3.7).

现在要问, 在 $\sum\limits_{\lambda_1\cdots\lambda_N}|C(\lambda_1\cdots\lambda_N,t)|^2$ 中有多少项具有相同的 $C'(n_1\cdots n_\infty,t)$? 也就是问 $\sum\limits_{\substack{\lambda_1\cdots\lambda_N\\(n_1\cdots n_\infty)}}1$ 是多少? 这个问题实际上就是将 N 个粒子分成 n_1 一组, n_2 一组, ……, 问有几种分法. 显然, 它等于

$$\frac{N!}{n_1!n_2!\cdots}=\frac{N!}{\prod\limits_{i=1}^{\infty}n_i!}$$

于是, 式 (17.3.9) 成为

$$\sum_{n_1\cdots n_\infty}|C'(n_1\cdots n_\infty,t)|^2\frac{N!}{\prod\limits_{i=1}^{\infty}n_i!}=1\tag{17.3.10}$$

而

$$N=\sum_{i=1}^{\infty}n_i\tag{17.3.11}$$

如果定义一个新函数

$$f(n_1\cdots n_\infty,t)=\frac{N!}{\prod\limits_{i=1}^{\infty}n_i!}C'(n_1\cdots n_\infty,t)\tag{17.3.12}$$

则式 (17.3.10) 就可以写成通常的归一化的简单形式, 即

$$\sum_{n_1\cdots n_\infty}|f(n_1\cdots n_\infty,t)|^2=1\tag{17.3.13}$$

完成式 (17.3.1) 中 $C(\lambda_1\cdots\lambda_N,t)$ 转化为 $C'(n_1\cdots n_\infty,t)$ 以及式 (17.3.1) 的归一化,就可以将 N 个粒子体系的波函数 $\varPsi$ 重新写成下式:

$$\begin{aligned}
\varPsi(\tau_1\cdots\tau_N,t)&=\sum_{\lambda_1\cdots\lambda_N}C(\lambda_1\cdots\lambda_N,t)\phi_{\lambda_1}(\tau_1)\cdots\phi_{\lambda_N}(\tau_N)\\
&=\sum_{\substack{\lambda_1\cdots\lambda_N\\(n_1\cdots n_\infty)}}C'(n_1\cdots n_\infty,t)\phi_{\lambda_1}(\tau_1)\cdots\phi_{\lambda_N}(\tau_N)\\
&=\sum_{n_1\cdots n_\infty}C'(n_1\cdots n_\infty,t)\sum_{\substack{\lambda_1\cdots\lambda_N\\(n_1\cdots n_\infty)}}\phi_{\lambda_1}(\tau_1)\cdots\phi_{\lambda_N}(\tau_N)\\
&=\sum_{n_1\cdots n_\infty}f(n_1\cdots n_\infty,t)\sqrt{\frac{\prod\limits_{i=1}^{\infty}n_i!}{N!}}\sum_{\substack{\lambda_1\cdots\lambda_N\\(n_1\cdots n_\infty)}}\phi_{\lambda_1}(\tau_1)\cdots\phi_{\lambda_N}(\tau_N)\\
&=\sum_{n_1\cdots n_\infty}f(n_1\cdots n_\infty,t)\varPhi_{n_1\cdots n_\infty}(\tau_1\cdots\tau_N)
\end{aligned}\tag{17.3.14}$$

式中

$$\varPhi_{n_1\cdots n_\infty}(\tau_1\cdots\tau_N)\equiv\sqrt{\frac{\prod\limits_{i=1}^{\infty}n_i!}{N!}}\sum_{\substack{\lambda_1\cdots\lambda_N\\(n_1\cdots n_\infty)}}\phi_{\lambda_1}(\tau_1)\cdots\phi_{\lambda_N}(\tau_N)\tag{17.3.15}$$

式 (17.3.15) 的 $\varPhi$ 可以作为基矢. 玻色子体系的波函数可以用它来展开, 因为它具有正交归一性、粒子交换对称性和完备性 [式 (17.3.14)]. 当用一系列 $f(n_1\cdots n_\infty,t)$ 来描述玻色子体系时, 就意味着体系是在粒子占据数表示中被描述的, 因为 f 的自变量就是粒子在各量子态上的占据数 n_i.

下面讨论 f 所服从的运动方程. 首先是要把对粒子数求和变换成对量子态求和. 这样, 方程中就没有总粒子数了. 回到 $C(\lambda_1\cdots\lambda_n,t)$ 的运动方程 (17.3.5), 其右边第一项可写为

$$\sum_{k=1}^{N}\sum_{W=1}^{\infty}\langle\lambda_k|\hat{\boldsymbol{T}}|W\rangle C(\lambda_1\cdots\lambda_{k-1}W\lambda_{k+1}\cdots\lambda_{N,t})\tag{17.3.16}$$

$$=\sum_{k=1}^{N}\sum_{W=1}^{\infty}\langle\lambda_k|\hat{\boldsymbol{T}}|W\rangle C'(n_1\cdots n_{k-1}n_W n_{k+1}\cdots n_\infty,t)\tag{17.3.17}$$

$$=\sum_{\lambda=1}^{\infty}\sum_{W=1}^{\infty}\langle\lambda|\hat{\boldsymbol{T}}|W\rangle n_\lambda C'(n_1\cdots n_{\lambda-1}\cdots n_{W+1}\cdots n_\infty,t)\tag{17.3.18}$$

为帮助理解式 (17.3.16)~ 式 (17.3.18), 我们可以看一个实例. 设 $N=7$, 粒子所处的量子态为

$$\underbrace{\overset{\lambda_1}{1}\quad\overset{\lambda_2}{1}\quad\overset{\lambda_3}{1}}_{\substack{\text{有 3 个粒子在}\\\text{第 1 量子态}}}\quad\underbrace{\overset{\lambda_4}{2}\quad\overset{\lambda_5}{2}\quad\overset{\lambda_6}{2}}_{\substack{\text{有 3 个粒子在}\\\text{第 2 量子态}}}\quad\underbrace{\overset{\lambda_7}{3}}_{\substack{\text{有 1 个粒子在}\\\text{第 3 量子态}}}$$

则有

$$C(1\ 1\ 1\ 2\ 2\ 2\ 3, t)\ \text{和}\ C'(3\ 3\ 1\ 0\ 0\cdots, t)$$

设 $W=4$, 即量子数 λ 取第 4, 则由上述分布可写出

$$\begin{aligned}
&k=1\ \text{第 1 个粒子处于}\ \lambda=1\ \text{态},\ W=4\ \text{代替}\ \lambda_1=1\ \text{位置}\\
&\quad\langle 1|\hat{\boldsymbol{T}}|4\rangle C(4112223)=\langle 1|\hat{\boldsymbol{T}}|4\rangle C'(231100\cdots)\\
&k=2\ \text{第 2 个粒子处于}\ \lambda=1\ \text{态},\ W=4\ \text{代替}\ \lambda_2=1\ \text{位置}\\
&\quad\langle 1|\hat{\boldsymbol{T}}|4\rangle C(1412223)=\langle 1|\hat{\boldsymbol{T}}|4\rangle C'(231100\cdots)\\
&k=3\ \text{第 3 个粒子处于}\ \lambda=1\ \text{态},\ W=4\ \text{代替}\ \lambda_3=1\ \text{位置}\\
&\quad\langle 1|\hat{\boldsymbol{T}}|4\rangle C(1142223)=\langle 1|\hat{\boldsymbol{T}}|4\rangle C'(231100\cdots)
\end{aligned}$$

类似地, 有

$$\begin{aligned}
&k=4\quad\langle 2|\hat{\boldsymbol{T}}|4\rangle C(1114223)=\langle 2|\hat{\boldsymbol{T}}|4\rangle C'(321100\cdots)\\
&k=5\quad\langle 2|\hat{\boldsymbol{T}}|4\rangle C(1112423)=\langle 2|\hat{\boldsymbol{T}}|4\rangle C'(321100\cdots)\\
&k=6\quad\langle 2|\hat{\boldsymbol{T}}|4\rangle C(1112243)=\langle 2|\hat{\boldsymbol{T}}|4\rangle C'(321100\cdots)\\
&k=7\quad\langle 3|\hat{\boldsymbol{T}}|4\rangle C(1112224)=\langle 3|\hat{\boldsymbol{T}}|4\rangle C'(330100\cdots)
\end{aligned}$$

将 $k=1$ 到 7 的右边加起来, 得

$$\begin{aligned}
&3\langle 1|\hat{\boldsymbol{T}}|4\rangle C'(231100\cdots)+3\langle 2|\hat{\boldsymbol{T}}|4\rangle C'(321100\cdots)\\
&+1\langle 3|\hat{\boldsymbol{T}}|4\rangle C'(330100\cdots)+0+0+\cdots\\
=&n_1\langle 1|\hat{\boldsymbol{T}}|4\rangle C'(n_1-1,n_2,n_3,n_4+1,0,0,\cdots)\\
&+n_2\langle 2|\hat{\boldsymbol{T}}|4\rangle C'(n_1,n_2-1,n_3,n_4+1,0,0,\cdots)\\
&+n_3\langle 3|\hat{\boldsymbol{T}}|4\rangle C'(n_1,n_2,n_3-1,n_4+1,0,0,\cdots)+\cdots\\
=&\sum_{\lambda=1}^{\infty}n_\lambda\langle\lambda|\hat{\boldsymbol{T}}|4\rangle C'(\cdots,n_\lambda-1,\cdots,n_4+1,\cdots)
\end{aligned}$$

现在将上式中的 4 改为 W, 再让 W 从 $1\to\infty$ 加和, 就得到式 (17.3.18). 可以看到, n_λ 就等于用 W 态可代替某 E 态的次数. 因为每次替代都得出同样的 $\langle\lambda|\hat{\boldsymbol{T}}|W\rangle C'$. 如上例中 W 态三次代替 $\lambda=1$ 态, 得到三项同样的 $\langle 1|\hat{\boldsymbol{T}}|4\rangle C'(231100\cdots)$, 因而系数 $n_1=3$.

式 (17.3.16)~ 式 (17.3.18) 还可以写得简单一些.

$$\begin{aligned}&\sum_{k=1}^{N}\sum_{W=1}^{\infty}\langle\lambda_k|\hat{\boldsymbol{T}}|W\rangle C(\lambda_1\cdots\lambda_{k-1}W\lambda_{k+1}\cdots\lambda_N,t)\\&=\sum_{i=1}^{\infty}\sum_{j=1}^{\infty}n_j\langle i|\hat{\boldsymbol{T}}|j\rangle C'(n_1\cdots n_i-1\cdots n_j+1\cdots n_\infty,t)\end{aligned}\tag{17.3.19}$$

类似地, 可将式 (17.3.5) 的第二项势能部分写为

$$\begin{aligned}&\frac{1}{2}\sum_{\substack{k=1\\l=1\\(k\neq l)}}^{N}\sum_{W=1}^{\infty}\sum_{W'=1}^{\infty}\langle\lambda_k\lambda_l|\hat{\boldsymbol{V}}|WW'\rangle\times C(\lambda_1\cdots\lambda_{k-1}W\lambda_{k+1}\cdots\lambda_{l-1}W'\lambda_{l+1}\cdots\lambda_N,t)\\&=\frac{1}{2}\sum_{\substack{\lambda=1\\\lambda'=1\\W=1\\W'=1}}^{\infty}n_\lambda(n_\lambda-\delta_{\lambda\lambda'})\langle\lambda\lambda'|\hat{\boldsymbol{V}}|WW'\rangle\\&\times C'(n_1\cdots n_\lambda-1\cdots n_W+1\cdots n_{\lambda'}-1\cdots n_W+1\cdots n_\infty,t)\\&=\frac{1}{2}\sum_{\substack{i,j,k,\\l=1}}^{\infty}n_i(n_i-\delta_{ij})\langle ij|\hat{\boldsymbol{V}}|kl\rangle\\&\times C'(n_1\cdots n_i-1\cdots n_k+1\cdots n_j-1\cdots n_l+1\cdots n_\infty,t)\end{aligned}\tag{17.3.20}$$

将式 (17.3.12)、式 (17.3.19) 和式 (17.3.20) 代入式 (17.3.5), 得出 f 的运动方程.

$$\begin{aligned}&i\hbar\left(\frac{\prod^{\infty}n_i!}{N!}\right)^{\frac{1}{2}}\frac{\partial}{\partial t}f(n_1\cdots n_\infty,t)\\&=\sum_i\langle i|\hat{\boldsymbol{T}}|i\rangle n_i\left(\frac{\cdots n_i!\cdots}{N!}\right)^{\frac{1}{2}}f(n_1\cdots n_i\cdots n_\infty,t)\\&\quad+\sum_{i\neq j}\langle i|\hat{\boldsymbol{T}}|j\rangle n_i\\&\quad\times\left[\frac{\cdots(n_i-1)!\cdots(n_j-1)!\cdots(n_k+1)!\cdots(n_l+1)!\cdots}{N!}\right]^{\frac{1}{2}}\\&\quad\times f(\cdots n_i-1\cdots n_j-1\cdots n_k+1\cdots n_l+1\cdots n_\infty,t)\\&\quad+\sum_{i\neq j\neq k\neq l}\langle ij|\hat{\boldsymbol{V}}|kl\rangle\frac{1}{2}n_in_j\\&\quad\times\left[\frac{\cdots(n_i-1)!\cdots(n_j-1)!\cdots(n_k+1)!\cdots(n_l+1)!\cdots}{N!}\right]^{\frac{1}{2}}\\&\quad\times f(\cdots n_i-1\cdots n_j-1\cdots n_k+1\cdots n_l+1\cdots n_\infty,t)\\&\quad+\sum_{i=j\neq k\neq l}\langle ii|\boldsymbol{V}|kl\rangle\frac{1}{2}n_i(n_i-1)\end{aligned}$$

$$\times\left[\frac{\cdots(n_i-2)!\cdots(n_k+1)!\cdots(n_l+1)!\cdots}{N!}\right]^{\frac{1}{2}}$$
$$\times f(\cdots n_i-2\cdots n_k+1\cdots n_l+1\cdots n_\infty,t)$$
$$+i,j,k,l\text{之间相等或不相等的情况还有 13 种} \tag{17.3.21a}$$

用 $\left(\dfrac{N!}{\prod\limits_{i=1}^{\infty}n_i!}\right)^{\frac{1}{2}}$ 乘式 (17.3.21a) 两边, 得

$$\begin{aligned}
i\hbar\frac{\partial}{\partial t}f(n_1\cdots n_\infty,t) =& \sum_i\langle i|\hat{\boldsymbol{T}}|i\rangle n_i f(n_1\cdots n_i\cdots n_\infty,t)\\
&+\sum_{i\neq j}\langle i|\hat{\boldsymbol{T}}|j\rangle n_i^{\frac{1}{2}}(n_j+1)^{\frac{1}{2}}f(n_1\cdots n_i-1\cdots n_j+1\cdots n_\infty,t)\\
&+\sum_{i\neq j\neq k\neq l}\langle ij|\hat{\boldsymbol{V}}|kl\rangle\frac{1}{2}n_i^{\frac{1}{2}}n_j^{\frac{1}{2}}(n_k+1)^{\frac{1}{2}}(n_l+1)^{\frac{1}{2}}\\
&\times f(n_1\cdots n_i-1\cdots n_j-1\cdots n_k+1\cdots n_l+1\cdots n_\infty,t)\\
&+\sum_{i\neq k\neq l}\langle ii|\hat{\boldsymbol{V}}|kl\rangle\frac{1}{2}n_i^{\frac{1}{2}}(n_i-1)^{\frac{1}{2}}(n_k+1)^{\frac{1}{2}}(n_l+1)^{\frac{1}{2}}\\
&\times f(n_1\cdots n_i-2\cdots n_k+1\cdots n_l+1\cdots n_\infty,t)\\
&+\cdots
\end{aligned} \tag{17.3.21b}$$

这就是粒子占据数表示中的 Schrödinger 方程. 它十分复杂, 但当用产生算符和湮灭算符后就可化成十分简单的形式.

17.3.2 力学量的二次量子化形式

设一波函数 Ψ 用式 (17.3.21) 中的 $f(n_1\cdots n_\infty,t)$ 来展开

$$|\Psi\rangle=\sum_{n_1\cdots n_\infty}f(n_1\cdots n_\infty,t)|n_1\cdots n_\infty\rangle \tag{17.3.22}$$

式中, $|n_1\cdots n_\infty\rangle$ 是粒子占据数表示的基矢. 将式 (17.3.22) 对时间 t 微商, 得

$$i\hbar\frac{\partial}{\partial t}|\Psi\rangle=\sum_{n_1\cdots n_\infty}i\hbar\frac{\partial}{\partial t}f(n_1\cdots n_\infty,t)|n_1\cdots n_\infty\rangle \tag{17.3.23}$$

将式 (17.3.21b) 代入式 (17.3.23), 得

$$\begin{aligned}
i\hbar\frac{\partial}{\partial t}|\Psi\rangle=&\cdots+\sum_{n_1\cdots n_\infty}\sum_{i\neq j}\langle i|\hat{\boldsymbol{T}}|j\rangle n_i^{\frac{1}{2}}(n_j+1)^{\frac{1}{2}}\\
&\times f(n_1\cdots n_i-1\cdots n_j+1\cdots n_\infty,t)|n_1\cdots n_\infty\rangle\\
&+\cdots\qquad(N=\Sigma n_i)
\end{aligned} \tag{17.3.24}$$

再令

$$n_i - 1 = n_i', \qquad n_j + 1 = n_j', \qquad n_k = n_k' \qquad (k \neq i, j)$$
$$\sum_i n_i = \sum_j n_j' = N$$

将上式代入式 (17.3.24) 后再去掉 “′”, 得

$$\begin{aligned} i\hbar\frac{\partial}{\partial t}|\Psi\rangle = & \cdots + \sum_{n_1\cdots n_\infty}\sum_{i\neq j}\langle i|\hat{\boldsymbol{T}}|j\rangle(n_i+1)^{\frac{1}{2}}(n_j)^{\frac{1}{2}} \\ & \times f(n_1\cdots n_i\cdots n_j\cdots n_\infty, t)|n_1\cdots n_i+1\cdots n_j-1\cdots n_\infty\rangle \\ & + \cdots \qquad (N=\Sigma n_i) \end{aligned} \tag{17.3.25}$$

现在利用产生算符和湮灭算符, 式 (17.3.25) 中的

$$\begin{aligned} & (n_i+1)^{\frac{1}{2}}(n_j)^{\frac{1}{2}}|n_1\cdots n_i+1\cdots n_j-1\cdots n_\infty\rangle \\ = & \hat{\boldsymbol{c}}_i^\dagger\hat{\boldsymbol{c}}_j|n_1\cdots n_i\cdots n_j\cdots n_\infty\rangle \end{aligned}$$

这样, 式 (17.3.25) 成为

$$\begin{aligned} i\hbar\frac{\partial}{\partial t}|\Psi\rangle = & \cdots + \sum_{n_1\cdots n_\infty}\sum_{i\neq j}\langle i|\hat{\boldsymbol{T}}|j\rangle\hat{\boldsymbol{c}}_i^\dagger\hat{\boldsymbol{c}}_j f(n_1\cdots n_i\cdots n_j\cdots n_\infty, t) \\ & \times|n_1\cdots n_i\cdots n_j\cdots n_\infty\rangle + \cdots \\ = & \cdots + \sum_{i\neq j}\langle i|\hat{\boldsymbol{T}}|j\rangle\hat{\boldsymbol{c}}_i^\dagger\hat{\boldsymbol{c}}_j|\Psi\rangle + \cdots \end{aligned} \tag{17.3.26}$$

式 (17.3.26) 的各项都可化成这种形式, 于是可写成通常的 Schrödinger 形式

$$i\hbar\frac{\partial}{\partial t}|\Psi\rangle = \hat{\boldsymbol{H}}|\Psi\rangle \tag{17.3.27}$$

式中, Hamilton 量

$$\hat{\boldsymbol{H}} = \underbrace{\sum_{i,j}\langle i|\hat{\boldsymbol{T}}|j\rangle\hat{\boldsymbol{c}}_i^\dagger\hat{\boldsymbol{c}}_j}_{\text{单粒子算符}} + \underbrace{\frac{1}{2}\sum_{\substack{i\neq j\\ k\neq l}}\langle ij|\hat{\boldsymbol{V}}|kl\rangle\hat{\boldsymbol{c}}_i^\dagger\hat{\boldsymbol{c}}_j^\dagger\hat{\boldsymbol{c}}_l\hat{\boldsymbol{c}}_k}_{\text{双粒子算符}} \tag{17.3.28}$$

可见, 在粒子占据数表示中, 当 Hamilton 量 $\hat{\boldsymbol{H}}$ 用产生算符和湮灭算符表示时, Schrödinger 方程的形式不变. $\hat{\boldsymbol{H}}$ 中的矩阵元可由单粒子态求出

$$\langle i|\hat{\boldsymbol{T}}|j\rangle = \int\phi_{\lambda_i}^*(\tau_i)\hat{\boldsymbol{T}}(\tau_i)\phi_{\lambda_j}(\tau_i)\mathrm{d}\tau_i$$
$$\langle ij|\hat{\boldsymbol{V}}|kl\rangle = \int\phi_{\lambda_i}^*(\tau_i)\phi_{\lambda_j}^*(\tau_j)\hat{\boldsymbol{V}}(\tau_i,\tau_j)\phi_{\lambda_k}(\tau_i)\phi_{\lambda_l}(\tau_j)\mathrm{d}\tau_i\mathrm{d}\tau_j$$

相应的波函数 ψ 由粒子占据数的基矢 $|n_1\cdots n_\infty\rangle$ 展开, 计算展开系数 f.

利用场算符, 又可再简化式 (17.3.28) 的 $\hat{\boldsymbol{H}}$, 即

$$\hat{\boldsymbol{H}}=\int\hat{\boldsymbol{\psi}}^{\dagger}(\tau)\hat{\boldsymbol{T}}(\tau)\hat{\boldsymbol{\psi}}(\tau)\mathrm{d}\tau+\frac{1}{2}\int\hat{\boldsymbol{\psi}}^{\dagger}(\tau)\hat{\boldsymbol{\psi}}^{\dagger}(\tau')\hat{\boldsymbol{V}}(\tau,\tau')\hat{\boldsymbol{\psi}}(\tau')\hat{\boldsymbol{\psi}}(\tau)\mathrm{d}\tau\mathrm{d}\tau' \tag{17.3.29}$$

只要将场算符定义式 (17.2.1) 和式 (17.2.2) 代入式 17.3.29, 即可得到证明.

仿照粒子处于 $\phi(\tau)$ 态的概率密度为 $\phi^*(\tau)\phi(\tau)$, 则由场算符 $\hat{\psi}(\tau)$ 构成的算符 $\hat{\boldsymbol{\psi}}^{\dagger}(\tau)\hat{\boldsymbol{\psi}}(\tau)$ 就是粒子数密度算符 $\hat{\boldsymbol{n}}(\tau)$. 实际上, 当第 i 个粒子处在 τ_k 点时, 对粒子数密度的贡献是 $\delta(\tau-\tau_k)$, 故粒子数密度算符为

$$\begin{aligned}\hat{\boldsymbol{n}}(\tau)&=\sum_{k=1}^{N}\delta(\tau-\tau_k)\\&=\sum_{i,j}\int\phi_i^*(\tau')\delta(\tau-\tau')\phi_j(\tau')\hat{\boldsymbol{c}}_i^{\dagger}\hat{\boldsymbol{c}}_j\mathrm{d}\tau'\\&=\sum_{i\neq j}\phi_i^*(\tau)\phi_j(\tau)\hat{\boldsymbol{c}}_i^{\dagger}\hat{\boldsymbol{c}}_j=\boldsymbol{\psi}^{\dagger}(\tau)\boldsymbol{\psi}(\tau)\end{aligned} \tag{17.3.30}$$

总粒子数算符为

$$\hat{\boldsymbol{N}}=\int\mathrm{d}\tau\hat{\boldsymbol{n}}(\tau)=\int\mathrm{d}\tau\hat{\boldsymbol{\psi}}^{\dagger}(\tau)\hat{\boldsymbol{\psi}}(\tau) \tag{17.3.31a}$$

$$=\sum_i\hat{\boldsymbol{c}}_i^{\dagger}\hat{\boldsymbol{c}}_i \tag{17.3.31b}$$

从而粒子数算符为

$$\hat{\boldsymbol{n}}_i=\hat{\boldsymbol{c}}_i^{\dagger}\hat{\boldsymbol{c}}_i \tag{17.3.31c}$$

一般说来, 单粒子算符的二次量子化形式为

$$\hat{\boldsymbol{O}}=\sum_{\alpha=1}^{N}\hat{\boldsymbol{h}}(\alpha)=\sum_{i,j}\langle i|\hat{\boldsymbol{h}}|j\rangle\hat{\boldsymbol{c}}_i^{\dagger}\hat{\boldsymbol{c}}_j$$

$$=\begin{cases}\displaystyle\int\mathrm{d}\tau\hat{\boldsymbol{\psi}}^{\dagger}(\tau)\hat{\boldsymbol{h}}\hat{\boldsymbol{\psi}}(\tau)\\\displaystyle\iint\mathrm{d}\tau\mathrm{d}\tau'\hat{\boldsymbol{\psi}}^{\dagger}(\tau')\langle\tau'|\hat{\boldsymbol{h}}|\tau\rangle\hat{\boldsymbol{\psi}}(\tau)\\\qquad\text{(当 }\hat{\boldsymbol{h}}\text{ 在坐标空间中不对角化时)}\end{cases}$$

而双粒子算符的二次量子化形式为

$$\begin{aligned}\hat{\boldsymbol{V}}&=\sum_{\alpha<\beta}^{N}\hat{\boldsymbol{g}}(\alpha,\beta)=\frac{1}{2}\sum_{\substack{i,j\\k,l}}\langle ij|\hat{\boldsymbol{g}}(1,2)|kl\rangle\hat{\boldsymbol{c}}_i^{\dagger}\hat{\boldsymbol{c}}_j^{\dagger}\hat{\boldsymbol{c}}_l\hat{\boldsymbol{c}}_k\\&=\frac{1}{2}\iint\mathrm{d}\tau\mathrm{d}\tau'\hat{\boldsymbol{\psi}}^{\dagger}(\tau)\hat{\boldsymbol{\psi}}^{\dagger}(\tau')\hat{\boldsymbol{g}}(\tau,\tau')\hat{\boldsymbol{\psi}}(\tau')\hat{\boldsymbol{\psi}}(\tau)\end{aligned}$$

17.3.3　粒子占据数表示中的 Schrödinger 方程(费米子)

对于 N 个费米子体系, 相应于式 (17.3.15) 的应为粒子交换反对称, 即 Slater 行列式

$$\Phi_{n_1\cdots n_\infty}(\tau_1\cdots\tau_N)=\sqrt{\frac{\prod\limits_{i=1}^{\infty}n_i!}{N!}}\sum_P(-1)^P P[\phi_{\lambda_1}(\tau_1)\cdots\phi_{\lambda_N}(\tau_N)] \tag{17.3.32}$$

式中, n_i 由于 Pauli 原理限制, 只能取 0 或 1. 相应的 Hamilton 量及 Schrödinger 方程与式 (17.3.27)~ 式 (17.3.29) 相同.

17.4　三 种 表 象

在量子场论与二次量子化方法中引入 Schrödinger 表象、相互作用表象和 Heisenberg 表象将是很有用的.

17.4.1　Schrödinger 表象

通常用来描述量子体系的方法是 Schrödinger 表象. 其特点是体系状态随时间的变化体现在波函数中, 而体现力学量的算符则不显含时间. Schrödinger 方程为

$$i\hbar\frac{\partial}{\partial t}|\Psi(t)\rangle=\hat{\boldsymbol{H}}|\Psi(t)\rangle \tag{17.4.1}$$

式 (17.4.1) 的形式解为

$$|\Psi(t)\rangle=\mathrm{e}^{-i\frac{\boldsymbol{H}}{\hbar}(t-t_0)}|\Psi(t_0)\rangle \tag{17.4.2}$$

式中, $\mathrm{e}^{-i\boldsymbol{H}t}$ 应理解为指数展开式, 即

$$1-i\hat{\boldsymbol{H}}t+\frac{1}{2!}(-i\hat{\boldsymbol{H}}t)^2+\cdots+\frac{1}{n!}(-i\hat{\boldsymbol{H}}t)^n+\cdots \tag{17.4.3}$$

用以上方法描述量子体系就称为 Schrödinger 表象.

17.4.2　Heisenberg 表象

在 Heisenberg 表象中, 波函数不显含时间, 算符显含时间, 即体系状态随时间的变化从由波函数体现转移到由算符体现.

Heisenberg 表象中的态被定义为

$$|\Psi_{\mathrm{He}}\rangle\equiv\mathrm{e}^{i\boldsymbol{H}t/\hbar}|\Psi(t)\rangle \tag{17.4.4}$$

这个态 $|\Psi_{\mathrm{He}}\rangle$ 是与时间无关的, 因为将式 (17.4.4) 对时间求偏导数得零, 即

$$
\begin{aligned}
\frac{\partial}{\partial t}|\Psi_{\mathrm{He}}\rangle &= \frac{\partial}{\partial t}(\mathrm{e}^{i\hat{\boldsymbol{H}}t/\hbar}|\Psi(t)\rangle) \\
&= \frac{i\hat{\boldsymbol{H}}}{\hbar}\mathrm{e}^{i\hat{\boldsymbol{H}}t/\hbar}|\Psi(t)\rangle + \mathrm{e}^{i\hat{\boldsymbol{H}}t/\hbar}\frac{\partial}{\partial t}|\Psi(t)\rangle \\
&= -\mathrm{e}^{i\hat{\boldsymbol{H}}t/\hbar}\frac{\partial}{\partial t}|\Psi(t)\rangle \qquad [\text{由式 (17.4.1)}] \\
&\quad +\mathrm{e}^{i\hat{\boldsymbol{H}}t/\hbar}\frac{\partial}{\partial t}|\Psi(t)\rangle = 0
\end{aligned} \tag{17.4.5}
$$

在 Schrödinger 表象中任何矩阵元为

$$
\langle\Psi'(t)|\hat{\boldsymbol{Q}}|\Psi(t)\rangle = \langle\Psi'_{\mathrm{He}}|\mathrm{e}^{i\boldsymbol{H}t/\hbar}\hat{\boldsymbol{Q}}\mathrm{e}^{-i\boldsymbol{H}t/\hbar}|\Psi_{\mathrm{He}}\rangle \qquad [\text{由式 (17.4.4)}] \tag{17.4.6}
$$

$$
\equiv \langle\Psi'_{\mathrm{He}}|\hat{\boldsymbol{Q}}_{\mathrm{He}}(t)|\Psi_{\mathrm{He}}\rangle \tag{17.4.7}
$$

式中, $\hat{\boldsymbol{Q}}$ 为 Schrödinger 表象中的算符. 由式 (17.4.6) 和式 (17.4.7) 可看到 Heisenberg 表象中的算符 $\hat{\boldsymbol{Q}}_{\mathrm{He}}(t)$ 与 Schrödinger 表象中算符 $\hat{\boldsymbol{Q}}$ 的关系为

$$
\hat{\boldsymbol{Q}}_{\mathrm{He}}(t) = \mathrm{e}^{i\hat{\boldsymbol{H}}t/\hbar}\hat{\boldsymbol{Q}}\mathrm{e}^{-i\hat{\boldsymbol{H}}t/\hbar} \tag{17.4.8}
$$

如果 $\hat{\boldsymbol{Q}} = \hat{\boldsymbol{H}}$, 则

$$
\hat{\boldsymbol{H}}_{\mathrm{He}}(t) = \mathrm{e}^{i\hat{\boldsymbol{H}}t/\hbar}\hat{\boldsymbol{H}}\mathrm{e}^{-i\hat{\boldsymbol{H}}t/\hbar} = \hat{\boldsymbol{H}}
$$

由此可见, 体系 Hamilton 量在两种表象中相同.

我们可求得 $\hat{\boldsymbol{Q}}_{\mathrm{He}}(t)$ 的运动方程. 将式 (17.4.8) 两边对 t 求导数, 得

$$
\begin{aligned}
i\hbar\frac{\partial}{\partial t}\hat{\boldsymbol{Q}}_{\mathrm{He}}(t) &= i\frac{1}{\hbar}\mathrm{e}^{i\hat{\boldsymbol{H}}t/\hbar}\hat{\boldsymbol{H}}\hat{\boldsymbol{Q}}\mathrm{e}^{-i\hat{\boldsymbol{H}}t/\hbar} - i\frac{1}{\hbar}\mathrm{e}^{i\hat{\boldsymbol{H}}t/\hbar}\hat{\boldsymbol{Q}}\hat{\boldsymbol{H}}\mathrm{e}^{-i\hat{\boldsymbol{H}}t/\hbar} \\
&= \mathrm{e}^{i\boldsymbol{H}t/\hbar}[\hat{\boldsymbol{Q}}, \hat{\boldsymbol{H}}]_{-}\mathrm{e}^{-i\hat{\boldsymbol{H}}t/\hbar} = [\hat{\boldsymbol{Q}}_{\mathrm{He}}(t), \hat{\boldsymbol{H}}]_{-}
\end{aligned} \tag{17.4.9}
$$

17.4.3 相互作用表象

这个表象在实际计算中甚为重要, 因为在这个表象中 Green 函数可作微扰展开 (见第 18 和第 19 章). 设 Hamilton 量为两部分之和

$$
\hat{\boldsymbol{H}} = \hat{\boldsymbol{H}}_0 + \hat{\boldsymbol{H}}' \tag{17.4.10}
$$

式中, $\hat{\boldsymbol{H}}_0$ 常常是单粒子算符, $\hat{\boldsymbol{H}}'$ 是相互作用算符.

定义在相互作用表象中的波函数为

$$
|\Psi_{\mathrm{I}}(t)\rangle \equiv \mathrm{e}^{i\hat{\boldsymbol{H}}_0 t/\hbar}|\Psi(t)\rangle \tag{17.4.11}
$$

其实这也不过是在 t 时刻进行的酉变换. 将式 (17.4.11) 对时间作偏导数, $\Psi_{\rm I}(t)$ 的运动方程为

$$
\begin{aligned}
i\hbar\frac{\partial}{\partial t}\Psi_{\rm I}(t) &= -\hat{\boldsymbol{H}}_0 {\rm e}^{i\hat{\boldsymbol{H}}_0 t/\hbar}|\Psi(t)\rangle + i\hbar {\rm e}^{i\hat{\boldsymbol{H}}_0 t/\hbar}\frac{\partial}{\partial t}|\Psi(t)\rangle \\
&= {\rm e}^{i\hat{\boldsymbol{H}}_0 t/\hbar}[-\hat{\boldsymbol{H}}_0+\hat{\boldsymbol{H}}_0+\hat{\boldsymbol{H}}']{\rm e}^{-i\hat{\boldsymbol{H}}_0 t/\hbar}|\Psi_{\rm I}(t)\rangle \quad [\text{由式 (17.4.1) 和式 (17.4.11)}] \\
&\equiv \hat{\boldsymbol{H}}_{\rm I}'(t)|\Psi_{\rm I}(t)\rangle
\end{aligned}
\tag{17.4.12}
$$

式中, 相互作用表象中的相互作用 $\hat{\boldsymbol{H}}_{\rm I}'(t)$ 与时间有关, 与 Schrödinger 表象中 $\hat{\boldsymbol{H}}'$ 的关系为

$$
\hat{\boldsymbol{H}}_{\rm I}'(t) \equiv {\rm e}^{i\hat{\boldsymbol{H}}_0 t/\hbar}\hat{\boldsymbol{H}}'{\rm e}^{-i\hat{\boldsymbol{H}}_0 t/\hbar} \tag{17.4.13}
$$

从式 (17.4.12) 和式 (17.4.13) 可以看到, 在相互作用表象中波函数与力学量算符都是显含时间的. 一般而言, $\hat{\boldsymbol{H}}_0$ 与 $\hat{\boldsymbol{H}}'$ 不对易, 故式 (17.4.13) 中右边的乘积次序不能随意变动. 相互作用表象中的任意力学量算符 $\hat{\boldsymbol{Q}}_{\rm I}(t)$ 与 Schrödinger 表象中 $\hat{\boldsymbol{Q}}$ 的关系与式 (17.4.13) 一样, 即

$$
\hat{\boldsymbol{Q}}_{\rm I}(t) = {\rm e}^{i\hat{\boldsymbol{H}}_0 t/\hbar}\hat{\boldsymbol{Q}}{\rm e}^{-i\hat{\boldsymbol{H}}_0 t/\hbar} \tag{17.4.14}
$$

这是容易得出的, 即

$$
\begin{aligned}
\langle\Psi'(t)|\hat{\boldsymbol{Q}}|\Psi(t)\rangle &= \langle\Psi_{\rm I}'(t)|{\rm e}^{i\hat{\boldsymbol{H}}_0 t/\hbar}\hat{\boldsymbol{Q}}{\rm e}^{-i\hat{\boldsymbol{H}}_0 t/\hbar}|\Psi_{\rm I}(t)\rangle \qquad [\text{由式 (17.4.11)}] \\
&\equiv \langle\Psi_{\rm I}'(t)|\hat{\boldsymbol{Q}}_{\rm I}(t)|\Psi_{\rm I}(t)\rangle
\end{aligned}
\tag{17.4.15}
$$

由于在相互作用表象中的算符 $\hat{\boldsymbol{Q}}_{\rm I}(t)$ 也显含时间, 因此也应服从运动方程. 将式 (17.4.14) 对时间求偏导数, 得

$$
\begin{aligned}
i\hbar\frac{\partial}{\partial t}\hat{\boldsymbol{Q}}_{\rm I}(t) &= -\hat{\boldsymbol{H}}_0{\rm e}^{i\hat{\boldsymbol{H}}_0 t/\hbar}\hat{\boldsymbol{Q}}{\rm e}^{-i\hat{\boldsymbol{H}}_0 t/\hbar} + {\rm e}^{i\hat{\boldsymbol{H}}_0 t/\hbar}\hat{\boldsymbol{Q}}{\rm e}^{-i\hat{\boldsymbol{H}}_0 t/\hbar}\hat{\boldsymbol{H}}_0 \\
&= -\hat{\boldsymbol{H}}_0\hat{\boldsymbol{Q}}_{\rm I}(t) + \hat{\boldsymbol{Q}}_{\rm I}(t)\hat{\boldsymbol{H}}_0 \qquad [\text{由式 (17.4.14)}] \\
&= [\hat{\boldsymbol{Q}}_{\rm I}(t), \hat{\boldsymbol{H}}_0]_-
\end{aligned}
\tag{17.4.16}
$$

回到波函数 $\Psi_{\rm I}(t)$ 的运动方程 [式 (17.4.12)], 对它作积分运算, 可得一个散射算符 $\hat{\boldsymbol{S}}$

$$
|\Psi_{\rm I}(t)\rangle = \hat{\boldsymbol{S}}(t,t_0)|\Psi_{\rm I}(t_0)\rangle \tag{17.4.17}
$$

$$
\hat{\boldsymbol{S}}(t,t_0) = \sum_{n=0}^{\infty}\left(\frac{-i}{\hbar}\right)^n\frac{1}{n!}\int_{t_0}^{t}{\rm d}t_1\cdots\int_{t_0}^{t}{\rm d}t_n\hat{\boldsymbol{T}}[\hat{\boldsymbol{H}}_{\rm I}'(t_1)\hat{\boldsymbol{H}}_{\rm I}'(t_2)\cdots\hat{\boldsymbol{H}}_{\rm I}'(t_n)] \tag{17.4.18}
$$

$\hat{\boldsymbol{S}}$ 作用在 t_0 时刻的态 $|\Psi_{\rm I}(t_0)\rangle$ 上可得到以后时刻 t 的态 $|\Psi_{\rm I}(t)\rangle$. 证明如下:

对式 (17.4.12) 的时间变量积分, 得积分方程

$$|\varPsi_{\mathrm{I}}(t)\rangle = |\varPsi_{\mathrm{I}}(t_0)\rangle - \frac{i}{\hbar}\int_{t_0}^{t}\hat{\boldsymbol{H}}_{\mathrm{I}}'(t')|\varPsi_{\mathrm{I}}(t')\rangle \mathrm{d}t' \tag{17.4.19}$$

下面进行逐步迭代:

零级: 令式 (17.4.19) 第二项中 $\varPsi_{\mathrm{I}}(t') = 0$, 则得

$$\varPsi_{\mathrm{I}}^{(0)}(t) = |\varPsi_{\mathrm{I}}(t_0)\rangle \tag{17.4.20}$$

一级: 将 $\varPsi_{\mathrm{I}}^{(0)}(t)$ 代替式 (17.4.19) 的被积函数 $\varPsi_{\mathrm{I}}(t')$, 得

$$\varPsi_{\mathrm{I}}^{(1)}(t) = |\varPsi_{\mathrm{I}}(t_0)\rangle + \left(\frac{-i}{\hbar}\right)\int_{t_0}^{t}\hat{\boldsymbol{H}}_{\mathrm{I}}'(t_1)|\varPsi_{\mathrm{I}}(t_0)\rangle \mathrm{d}t_1 \tag{17.4.21}$$

二级: 再将 $\varPsi_{\mathrm{I}}^{(1)}(t)$ 代入式 (17.4.19) 的 $\varPsi_{\mathrm{I}}(t')$, 得

$$\begin{aligned}\varPsi_{\mathrm{I}}^{(2)}(t) =& |\varPsi_{\mathrm{I}}(t_0)\rangle + \left(\frac{-i}{\hbar}\right)\int_{t_0}^{t}\hat{\boldsymbol{H}}_{\mathrm{I}}'(t_1)|\psi_{\mathrm{I}}(t_0)\rangle \mathrm{d}t_1 \\ &+\left(-\frac{i}{\hbar}\right)^2\int_{t_0}^{t}\hat{\boldsymbol{H}}_{\mathrm{I}}'(t_1)\mathrm{d}t_1\int_{t_0}^{t_1}\hat{\boldsymbol{H}}_{\mathrm{I}}'(t_2)|\varPsi_{\mathrm{I}}(t_0)\rangle \mathrm{d}t_2\end{aligned} \tag{17.4.22}$$

……

n 级:

$$\begin{aligned}|\varPsi_{\mathrm{I}}^{(n)}(t)\rangle =& |\varPsi_{\mathrm{I}}(t_0)\rangle + \left(\frac{-i}{\hbar}\right)\int_{t_0}^{t}\hat{\boldsymbol{H}}_{\mathrm{I}}'(t_1)|\varPsi_{\mathrm{I}}(t_0)\rangle \mathrm{d}t_1 + \cdots \\ &+\left(\frac{-i}{\hbar}\right)^n\int_{t_0}^{t}\hat{\boldsymbol{H}}_{\mathrm{I}}'(t_1)\mathrm{d}t_1\cdots\int_{t_0}^{t_{n-1}}\hat{\boldsymbol{H}}_{\mathrm{I}}'(t_n)\mathrm{d}t_n|\varPsi_{\mathrm{I}}(t_0)\rangle \\ &(t > t_1 > t_2 \cdots t_0)\end{aligned} \tag{17.4.23}$$

当 $n \to \infty$ 时, 就得到式 (17.4.17)

$$|\varPsi_{\mathrm{I}}(t)\rangle = \hat{\boldsymbol{S}}(t, t_0)|\varPsi_{\mathrm{I}}(t_0)\rangle \tag{17.4.24}$$

其中

$$\begin{aligned}\hat{\boldsymbol{S}}(t, t_0) =& 1 + \left(\frac{-i}{\hbar}\right)\int_{t_0}^{t}\hat{\boldsymbol{H}}_{\mathrm{I}}'(t_1)\mathrm{d}t_1 \\ &+\left(\frac{-i}{\hbar}\right)^2\int_{t_0}^{t}\mathrm{d}t_1\int_{t_0}^{t_1}\mathrm{d}t_2\hat{\boldsymbol{H}}_{\mathrm{I}}'(t_1)\hat{\boldsymbol{H}}_{\mathrm{I}}'(t_2) + \cdots \\ &(t > t_1 > t_2 > \cdots > t_0)\end{aligned} \tag{17.4.25}$$

应该注意到, 式 (17.4.25) 各项的积分上限并不统一, 为了计算方便, 可以统一到 t. 为此, 我们引入阶跃函数

$$\theta(t)=\begin{cases}1, & t>0 \qquad (17.4.26)\\ 0, & t<0 \qquad (17.4.27)\end{cases}$$

再引入编时算符 $\hat{\boldsymbol{T}}$, 它对不同时刻的算符乘积的作用结果是将它们按时间先后自右向左排列, 即

$$\begin{aligned}&\boldsymbol{T}[\hat{\boldsymbol{Q}}(t_3)\hat{\boldsymbol{Q}}(t_2)\hat{\boldsymbol{Q}}(t_5)\hat{\boldsymbol{Q}}(t_1)\hat{\boldsymbol{Q}}(t_4)\cdots]\\&=\delta^p\hat{\boldsymbol{Q}}(t_1)\hat{\boldsymbol{Q}}(t_2)\hat{\boldsymbol{Q}}(t_3)\hat{\boldsymbol{Q}}(t_4)\hat{\boldsymbol{Q}}(t_5)\cdots\\&\qquad(t_1>t_2>t_3>t_4>t_5\cdots)\end{aligned} \tag{17.4.28}$$

对于费米子, 如果从等号左边变换到右边时需作奇数次对换, 则 $\delta^p=-1$, 如果需作偶数次对换, 则 $\delta^p=+1$. 对于玻色子, δ^p 总是等于 $+1$.

现以 $\hat{\boldsymbol{S}}(t,t_0)$ 中的第二项为例, 说明如何将 $t_1,t_2,\cdots$ 积分上限扩大到统一的 t, 即

$$\begin{aligned}&\int_{t_0}^{t}\mathrm{d}t_1\int_{t_0}^{t_1}\mathrm{d}t_2\hat{\boldsymbol{H}}_{\mathrm{I}}'(t_1)\hat{\boldsymbol{H}}_{\mathrm{I}}'(t_2)\\&=\int_{t_0}^{t}\mathrm{d}t_1\int_{t_0}^{t}\mathrm{d}t_2\hat{\boldsymbol{H}}_{\mathrm{I}}'(t_1)\hat{\boldsymbol{H}}_{\mathrm{I}}'(t_2)\theta(t_1-t_2)\\&=\frac{1}{2}\int_{t_0}^{t}\mathrm{d}t_1\int_{t_0}^{t}\mathrm{d}t_2[\hat{\boldsymbol{H}}_{\mathrm{I}}'(t_1)\hat{\boldsymbol{H}}_{\mathrm{I}}'(t_2)\theta(t_1-t_2)+\hat{\boldsymbol{H}}_{\mathrm{I}}'(t_2)\hat{\boldsymbol{H}}_{\mathrm{I}}'(t_1)\theta(t_2-t_1)]\\&=\frac{1}{2}\int_{t_0}^{t}\mathrm{d}t_1\int_{t_0}^{t}\mathrm{d}t_2\hat{\boldsymbol{T}}[\hat{\boldsymbol{H}}_{\mathrm{I}}'(t_1)\hat{\boldsymbol{H}}_{\mathrm{I}}'(t_2)]\end{aligned} \tag{17.4.29}$$

式中, 第一个等号成立, 是利用阶跃函数; 第二个等号成立, 是利用了积分变量变换; 第三个等号成立, 是利用了编时算符 $\hat{\boldsymbol{T}}$. 这种积分上限的扩大可以推广到其他各项. 于是

$$\begin{aligned}\hat{\boldsymbol{S}}(t,t_0)=&\sum_{n=0}^{\infty}\left(\frac{-i}{\hbar}\right)^n\frac{1}{n!}\int_{t0}^{t}\mathrm{d}t_1\int_{t_0}^{t}\mathrm{d}t_2\int_{t_0}^{t}\mathrm{d}t_3\cdots\\&\int_{t_0}^{t}\mathrm{d}t_n\hat{\boldsymbol{T}}[\hat{\boldsymbol{H}}_{\mathrm{I}}'(t_1)\hat{\boldsymbol{H}}_{\mathrm{I}}'(t_2)\cdots\hat{\boldsymbol{H}}_{\mathrm{I}}'(t_n)]\end{aligned} \tag{17.4.30}$$

算符 $\hat{\boldsymbol{S}}(t,t_0)$ 具有以下特点:

(1) $\hat{\boldsymbol{S}}(t_0,t_0)=1$ (17.4.31)

(2) 对于有限 (既非无穷小, 也非无穷大) 时间, $\hat{\boldsymbol{S}}(t,t_0)$ 可用 Schrödinger 表象来表示, 即

$$\begin{aligned}|\varPsi_{\mathrm{I}}(t)\rangle&=\mathrm{e}^{i\hat{\boldsymbol{H}}_0t/\hbar}|\varPsi(t)\rangle\\&=\mathrm{e}^{i\hat{\boldsymbol{H}}_0t/\hbar}\mathrm{e}^{-i\hat{\boldsymbol{H}}(t-t_0)/\hbar}|\varPsi(t_0)\rangle \qquad [\text{由式 (17.4.2)}]\\&=\mathrm{e}^{i\hat{\boldsymbol{H}}_0t/\hbar}\mathrm{e}^{-i\hat{\boldsymbol{H}}(t-t_0)/\hbar}\mathrm{e}^{-i\hat{\boldsymbol{H}}_0t_0/\hbar}|\varPsi_{\mathrm{I}}(t_0)\rangle\end{aligned} \tag{17.4.32}$$

与式 (17.4.17) 比较, 即得有限时间的

$$\hat{\boldsymbol{S}}(t,t_0)|_{t有限}=\mathrm{e}^{i\hat{\boldsymbol{H}}_0 t/\hbar}\mathrm{e}^{-i\hat{\boldsymbol{H}}(t-t_0)/\hbar}\mathrm{e}^{-i\hat{\boldsymbol{H}}_0 t_0/\hbar} \tag{17.4.33}$$

(3) 酉性

$$\hat{\boldsymbol{S}}^+(t,t_0)\hat{\boldsymbol{S}}(t,t_0)=\hat{\boldsymbol{S}}(t,t_0)\hat{\boldsymbol{S}}^+(t,t_0)=1$$

$$\hat{\boldsymbol{S}}^+(t,t_0)=\hat{\boldsymbol{S}}^{-1}(t,t_0) \tag{17.4.34}$$

(4) 群性

$$\hat{\boldsymbol{S}}(t_1,t_2)\hat{\boldsymbol{S}}(t_2,t_3)=\hat{\boldsymbol{S}}(t_1,t_3)$$

$$\hat{\boldsymbol{S}}(t,t_0)\hat{\boldsymbol{S}}(t_0,t)=1$$

$$\hat{\boldsymbol{S}}(t_0,t)=\hat{\boldsymbol{S}}^{-1}(t,t_0)=\hat{\boldsymbol{S}}^+(t,t_0) \tag{17.4.35}$$

(5) $\hat{\boldsymbol{S}}$ 的运动方程, 由式 (17.4.12) 和式 (17.4.18) 可得

$$i\hbar\frac{\partial}{\partial t}\hat{\boldsymbol{S}}(t,t_0)=\hat{\boldsymbol{H}}'_{\mathrm{I}}(t)\hat{\boldsymbol{S}}(t,t_0) \tag{17.4.36}$$

我们还可以导出 Heisenberg 表象与相互作用表象之间的联系. 由式 (17.4.8) 和式 (17.4.14) 可得

$$\begin{aligned}\hat{\boldsymbol{Q}}_{\mathrm{He}}(t)&=\mathrm{e}^{i\boldsymbol{H}t/\hbar}\hat{\boldsymbol{Q}}\mathrm{e}^{-i\boldsymbol{H}t/\hbar}\\&=\mathrm{e}^{i\boldsymbol{H}t/\hbar}\mathrm{e}^{-i\boldsymbol{H}_0 t/\hbar}\hat{\boldsymbol{Q}}_{\mathrm{I}}(t)\mathrm{e}^{i\boldsymbol{H}_0 t/\hbar}\mathrm{e}^{-i\boldsymbol{H}t/\hbar} &(17.4.37)\\&=\hat{\boldsymbol{S}}(0,t)\hat{\boldsymbol{Q}}_{\mathrm{I}}(t)\hat{\boldsymbol{S}}(t,0)\qquad[\text{由式 (17.4.33)}] &(17.4.38)\end{aligned}$$

在 $t=0$ 时刻, 三种表象的态和算符是重合的, 即

$$|\Psi_{\mathrm{He}}\rangle=|\Psi(0)\rangle=|\Psi_{\mathrm{I}}(0)\rangle=\hat{\boldsymbol{S}}(0,t_0)|\Psi_{\mathrm{I}}(t_0)\rangle \tag{17.4.39}$$

$$\hat{\boldsymbol{Q}}=\hat{\boldsymbol{Q}}_{\mathrm{He}}(0)=\hat{\boldsymbol{Q}}_{\mathrm{I}}(0) \tag{17.4.40}$$

式 (17.4.39) 也告诉我们, 利用 $\hat{\boldsymbol{S}}(0,t_0)$ 可以从 t_0 时刻的相互作用表象的态求得 Heisenberg 表象的态. 而态 $|\Psi_{\mathrm{He}}\rangle$ 与时间无关, 是体系的精确态.

下面我们画出三种表象的联系图:

$$|\Psi_{\mathrm{He}}\rangle=\hat{\boldsymbol{S}}(0,t_0)|\Psi_{\mathrm{I}}(t_0)\rangle$$

$$\hat{\boldsymbol{Q}}_{\mathrm{He}}(t)=\hat{\boldsymbol{S}}(0,t)\hat{\boldsymbol{Q}}_{\mathrm{I}}(t)\hat{\boldsymbol{S}}(t,0)$$

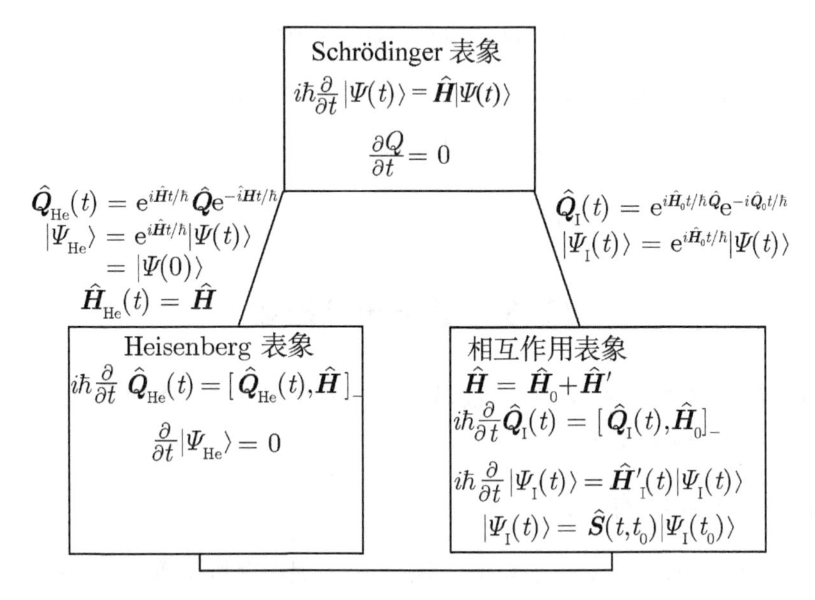

三种表象在 $t=0$ 时刻互相重合

$$|\Psi_{\text{He}}\rangle=|\Psi(0)\rangle=|\Psi_{\text{I}}(0)\rangle$$
$$\hat{\boldsymbol{Q}}_{\text{He}}(0)=\hat{\boldsymbol{Q}}=\hat{\boldsymbol{Q}}_{\text{I}}(0)$$

17.4.4　场算符在三种表象中的表示

对于场算符也可以导出在三种表象中的表示.

由式 (17.3.29) 可知, 在 Schrödinger 表象中二次量子化算符为

$$\hat{\boldsymbol{Q}}=\int\hat{\boldsymbol{\psi}}^{\dagger}(\tau)\hat{\boldsymbol{Q}}(\tau)\hat{\boldsymbol{\psi}}(\tau)\text{d}\tau \tag{17.4.41}$$

对应于 Heisenberg 表象是

$$\begin{aligned}\hat{\boldsymbol{Q}}_{\text{He}}(t)=&\text{e}^{i\boldsymbol{H}t/\hbar}\left[\int\hat{\boldsymbol{\psi}}^{\dagger}(\tau)\hat{\boldsymbol{Q}}(\tau)\hat{\boldsymbol{\psi}}(\tau)\text{d}\tau\right]\text{e}^{-i\boldsymbol{H}t/\hbar}\\=&\int\text{e}^{i\hat{\boldsymbol{H}}t/\hbar}\hat{\boldsymbol{\psi}}^{\dagger}(\tau)\text{e}^{-i\hat{\boldsymbol{H}}t/\hbar}\text{e}^{i\hat{\boldsymbol{H}}t/\hbar}\hat{\boldsymbol{Q}}\text{e}^{-i\hat{\boldsymbol{H}}t/\hbar}\text{e}^{i\hat{\boldsymbol{H}}t/\hbar}\hat{\boldsymbol{\psi}}(\tau)\text{e}^{-i\hat{\boldsymbol{H}}t/\hbar}\text{d}\tau\\=&\int\hat{\boldsymbol{\psi}}_{\text{He}}^{\dagger}(\tau t)\hat{\boldsymbol{Q}}_{\text{He}}(t)\hat{\boldsymbol{\psi}}_{\text{He}}(\tau t)\text{d}\tau\end{aligned} \tag{17.4.42}$$

其中第二个等号成立, 是因为插入 $\text{e}^{-i\hat{\boldsymbol{H}}t/\hbar}\text{e}^{i\hat{\boldsymbol{H}}t/\hbar}=1$. 由式 (17.4.42) 可看到 Heisenberg 和 Schrödinger 表象中场算符的关系与普通算符情况一样, 即

$$\hat{\boldsymbol{\psi}}_{\text{He}}^{\dagger}(\tau t)=\text{e}^{i\hat{\boldsymbol{H}}t/\hbar}\hat{\boldsymbol{\psi}}^{\dagger}(\tau)\text{e}^{-i\hat{\boldsymbol{H}}t/\hbar} \tag{17.4.43}$$

$$\hat{\psi}_{\mathrm{He}}(\tau t)=\mathrm{e}^{i\hat{\boldsymbol{H}}t/\hbar}\hat{\psi}(\tau)\mathrm{e}^{-i\hat{\boldsymbol{H}}t/\hbar} \tag{17.4.44}$$

同样, 在相互作用表象中, 有

$$\hat{\psi}_{\mathrm{I}}^{\dagger}(\tau t)=\mathrm{e}^{i\hat{\boldsymbol{H}}_0t/\hbar}\hat{\psi}^{\dagger}(\tau)\mathrm{e}^{-i\hat{\boldsymbol{H}}_0t/\hbar} \tag{17.4.45}$$

$$\hat{\psi}_{\mathrm{I}}(\tau t)=\mathrm{e}^{i\hat{\boldsymbol{H}}_0t/\hbar}\hat{\psi}(\tau)\mathrm{e}^{-i\hat{\boldsymbol{H}}_0t/\hbar} \tag{17.4.46}$$

17.5 量子统计概要

今后常要计算平均值, 这就涉及服从量子规律的多粒子体系中量子统计平均值问题. 我们将简要地叙述有关内容.

17.5.1 系综及平均

在经典统计物理中, 对于多粒子体系, 某个宏观物理量是通过该体系在宏观长时间内求平均所得. 为了方便, Gibbs 在统计物理学中引入统计系综 (简称系综) 概念. 用系综进行统计是统计物理中的一个基本方法. 可以这样来理解系综, 想像 N 个相同的体系组成一系综, 其中每个体系由 M 个相同粒子组成, 其 Hamilton 量为 $H_1, H_2, \cdots H_N$. 体系与体系之间的热接触用线表示, 表示可以交换热量. 由于各个体系是处于不同位置, 因此是可以区分的, 如图 17.5.1 所示.

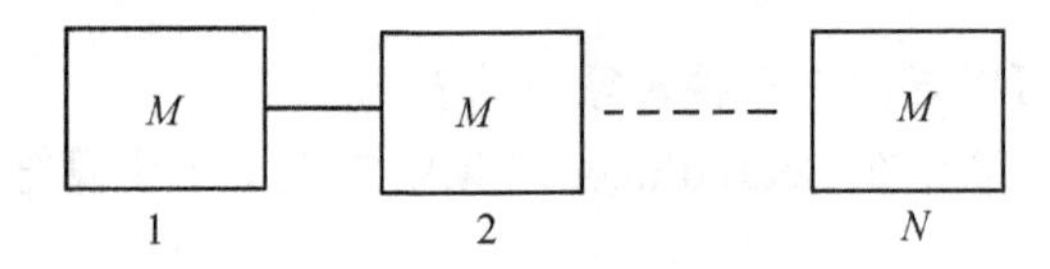

图 17.5.1 系综示意图

系综的总 Hamilton 量等于各个体系 Hamilton 量之和, 以及线上的热交换对 Hamilton 量的贡献, 即

$$H_{总}=\sum_{\alpha=1}^{N}H_{\alpha}+热交换项$$

用一个通俗的例子可说明系综概念, 掷骰子求出现某一面的概率, 其办法之一是在时间进程中进行无数次投掷, 即可求得出现某一面的概率; 办法之二是把无数个相同的骰子发给众人, 让众人在相同的条件下同时掷骰子也可以求得概率. 这两种方法是等价的, 后者就是无数个骰子构成系综, 概率是对系综求得的. 总之, 系综是大量的独立的性质完全相同的体系的集合. 它们处在相同的宏观条件下, 其中每个体系反映了实际体系在不同微观时刻的微观状态. 这样, 对于一个体系求某物理量的时间平均值, 也就是对系综求该物理量的平均值.

设系综中有 N 个体系, 其中有 n_i 个体系处于微观状态 i, 则物理量 Q 的平均值为

$$\overline{Q}=\frac{1}{N}\sum_i n_iQ_i \tag{17.5.1}$$

这种处理方法意味着体系具有一系列确定的微观状态, 也就是说, 在相空间中有一系列相应的确定的点. 这正是经典统计物理的基础.

但是对于量子体系, 由 Heisenberg 测不准原理可知, 体系的状态不可能相应于相空间中一个几何点 (而是一个小体积元). 描述体系的量子态是波函数或态矢量. 如果是一个确定的量子态, 则量子系综中的各体系都处于相同的量子态. 这种情况称为纯量子系综. 对于纯量子系综, 某物理量平均值即为通常量子力学中的平均值表示式

$$\langle\hat{\boldsymbol{Q}}\rangle=\int\psi^*(\boldsymbol{r},t)\hat{\boldsymbol{Q}}\psi(\boldsymbol{r},t)\mathrm{d}\boldsymbol{r}\equiv\langle\psi|\hat{\boldsymbol{Q}}|\psi\rangle \tag{17.5.2}$$

量子统计将研究混合系综. 混合系综中各个体系分布在一系列不同的量子态中. 显然, 上述纯系综是混合系综的特殊情况, 也可以将混合系综看作是许多纯系综的集合, 其中每个纯系综有一定的量子态. 例如, 在与恒温热源接触并保持温度不变的条件下, 系综中各个体系与热源交换能量, 但一般不会都处于同一能量本征值的量子态, 而是分布在各种能量本征值的量子态上. 显然, 这个系综就是混合系综.

设在混合系综中有 N 个体系, 它们分布在一系列量子态 $|1\rangle,|2\rangle,|3\rangle,\cdots,|j\rangle,\cdots$ 上. 属于第 $|j\rangle$ 个量子态的体系有 n_j 个, 当然

$$N=\sum_j n_j \tag{17.5.3}$$

从概率的角度看, N 个体系中属于第 $|j\rangle$ 个量子态的概率为

$$\omega_j=\frac{n_j}{N} \tag{17.5.4}$$

$$\sum_j\omega_i=1$$

对于混合系综的物理量, 其平均值应当是先对混合系综中每个纯系综作量子力学平均, 然后再利用式 (17.5.4) 按概率分布作第二次平均, 即

$$\overline{\langle\hat{\boldsymbol{Q}}\rangle}=\sum_j\omega_j\langle j|\hat{\boldsymbol{Q}}|j\rangle \tag{17.5.5}$$

式中, 左边 $\langle\rangle$ 表示量子力学平均, $\langle\hat{\boldsymbol{Q}}\rangle$ 上的横线 “—” 表示对混合系综中量子态分布概率平均. 故量子统计物理量平均是作二次平均.

17.5.2 统计算符(密度算符)

在经典统计物理中, 相空间中代表体系状态的点的密度 ρ 服从 Liouville 定理和运动方程

$$\frac{\partial \rho}{\partial t} = -[\rho, H]^{①} \tag{17.5.6}$$

式中, H 为体系的 Hamilton 量. 这个方程也代表了系综的状态的运动.

对于量子体系, Von Neumann 提出对应的密度算符 $\hat{\boldsymbol{\rho}}$, 也服从 Liouville 运动方程

$$i\hbar\frac{\partial \hat{\boldsymbol{\rho}}}{\partial t} = [\hat{\boldsymbol{H}}, \hat{\boldsymbol{\rho}}]_- \tag{17.5.7}$$

下面我们逐步进行讨论.

(1) 在混合系综中, 第 j 个量子态 $|j\rangle$ 服从 Schrödinger 方程

$$\hat{\boldsymbol{H}}|j\rangle = i\hbar\frac{\partial}{\partial t}|j\rangle \tag{17.5.8}$$

将 $|j\rangle$ 按一组正交归一函数组 $\{\phi_n\}$ 展开, 得

$$|j\rangle = \sum_n a_{jn}(t)\phi_n(\boldsymbol{r}) \tag{17.5.9}$$

物理量 $\hat{\boldsymbol{Q}}$ 的平均值为

$$\begin{aligned}\langle\hat{\boldsymbol{Q}}\rangle &= \langle j|\hat{\boldsymbol{Q}}|j\rangle \\ &= \Big\langle \sum_m a_{jm}(t)\phi_m|\hat{\boldsymbol{Q}}|\sum_n a_{jn}(t)\phi_n \Big\rangle \\ &= \sum_{m,n} a_{jm}^* a_{jn}\langle\phi_m|\hat{\boldsymbol{Q}}|\phi_n\rangle \end{aligned} \tag{17.5.10}$$

再对整个混合系综求平均, 得

$$\begin{aligned}\overline{\langle\hat{\boldsymbol{Q}}\rangle} &= \frac{1}{N}\sum_{j=1}\Big(\sum_{m,n} a_{jm}^* a_{jn}\langle\phi_m|\hat{\boldsymbol{Q}}|\phi_n\rangle\Big) \\ &= \sum_{m,n}\Big(\frac{1}{N}\sum_{j=1}^{N} a_{jm}^* a_{jn}\Big)\langle\phi_m|\hat{\boldsymbol{Q}}|\phi_n\rangle \\ &= \sum_{m,n}\rho_{nm}\langle\phi_m|\hat{\boldsymbol{Q}}|\phi_n\rangle \end{aligned} \tag{17.5.11}$$

① 这里的 $[\rho, H] = \sum_{i=1}^{3N}\left(\frac{\partial \rho}{\partial q_i}\frac{\partial H}{\partial p_i} - \frac{\partial \rho}{\partial p_i}\frac{\partial H}{\partial q_i}\right)$, 其中 N 为体系中的粒子数.

其中

$$\rho_{nm}=\frac{1}{N}\sum_j a_{jm}^*a_{jn}=\sum_j \omega_j a_{jm}^*a_{jn}$$
$$=\sum_j\langle\phi_n|j\rangle\omega_j\langle j|\phi_m\rangle=\langle\phi_n|\hat{\boldsymbol{\rho}}|\phi_m\rangle \tag{17.5.12}$$

其中

$$\hat{\boldsymbol{\rho}}=\sum_j|j\rangle\omega_j\langle j| \tag{17.5.13}$$

这就是统计算符或密度算符. ρ_{nm} 为密度算符矩阵元.

(2) 由式 (17.5.11) 可知, 物理量在混合系综中的平均值可写成

$$\overline{\langle\hat{\boldsymbol{Q}}\rangle}=\sum_{m,n}\rho_{nm}\langle\phi_m|\hat{\boldsymbol{Q}}|\phi_n\rangle$$
$$=\sum_{m,n}\langle\phi_n|\hat{\boldsymbol{\rho}}|\phi_m\rangle\langle\phi_m|\hat{\boldsymbol{Q}}|\phi_n\rangle$$
$$=\sum_n\langle\phi_n|\hat{\boldsymbol{\rho}}\hat{\boldsymbol{Q}}|\phi_n\rangle=\mathrm{tr}\hat{\boldsymbol{\rho}}\hat{\boldsymbol{Q}} \tag{17.5.14}$$

其中第三个等号成立, 是利用了

$$\sum_m|\phi_m\rangle\langle\phi_m|=1$$

显然, 当 $\hat{\boldsymbol{Q}}=1$ 时,

$$\mathrm{tr}\hat{\boldsymbol{\rho}}=1 \tag{17.5.15}$$

另外, 当 $m=n$ 时

$$\rho_{nn}=\langle\phi_n|\hat{\boldsymbol{\rho}}|\phi_n\rangle=\frac{1}{N}\sum_j|a_{jn}|^2\geqslant 0$$

还有

$$\rho_{nm}=\langle\phi_n|\hat{\boldsymbol{\rho}}|\phi_m\rangle=\langle\phi_m|\hat{\boldsymbol{\rho}}|\phi_n\rangle^*=\rho_{mn}^*$$

综合上述结果可知, $0\leqslant\rho_{nn}\leqslant 1$, 并且是实数, 具有概率意义, 即在混合系综中, 在时刻 t 时, 任一体系处于态 ϕ_n 的概率为 ρ_{nn}.

这种方式简明地将统计算符 $\hat{\boldsymbol{\rho}}$ 与物理量 $\hat{\boldsymbol{Q}}$ 的平均值联系起来. 只要能给出不同系综中 $\hat{\boldsymbol{\rho}}$ 的具体形式, 就能求得物理量在该系综中的平均值. 下面先导出统计算符 $\hat{\boldsymbol{\rho}}$ 所服从的 Liouville 运动方程 [式 (17.5.7)], 然后再给出不同系综中的 $\hat{\boldsymbol{\rho}}$.

对于保守体系, 某纯系综中的体系数目 n_j 不随时间改变, 即 ω_j 不变, 态 $|j\rangle$ 服从 Schrödinger 方程

$$i\hbar\frac{\partial}{\partial t}|j\rangle=\hat{\boldsymbol{H}}|j\rangle \tag{17.5.16}$$

$$-i\hbar\frac{\partial}{\partial t}\langle j| = \langle j|\hat{\boldsymbol{H}} \tag{17.5.17}$$

已知

$$\hat{\boldsymbol{\rho}} = \sum_j |j\rangle\omega_j\langle j| \tag{17.5.18}$$

将 $\hat{\boldsymbol{\rho}}$ 对时间求导数, 得

$$\begin{aligned} i\hbar\frac{\partial}{\partial t}\hat{\boldsymbol{\rho}} &= \sum_j\left\{\left(i\hbar\frac{\partial}{\partial t}|j\rangle\right)\omega_j\langle j| + |j\rangle\omega_j\left(i\hbar\frac{\partial}{\partial_t}\langle j|\right)\right\} \\ &= \sum_j\{\hat{\boldsymbol{H}}|j\rangle\omega_j\langle j| - |j\rangle\omega_j\langle j|\hat{\boldsymbol{H}}\} \\ &= \hat{\boldsymbol{H}}\hat{\boldsymbol{\rho}} - \hat{\boldsymbol{\rho}}\hat{\boldsymbol{H}} = [\hat{\boldsymbol{H}}, \hat{\boldsymbol{\rho}}]_- \end{aligned} \tag{17.5.19}$$

这就是 $\hat{\rho}$ 的运动方程. 它与经典统计物理学中的密度函数 ρ 的运动方程相当, 所以也称 $\hat{\rho}$ 为密度算符.

17.5.3 平衡态系综中的统计算符

(1) 正则系综: 此系综所属的体系具有固定温度、固定体积和固定粒子数，与外界大热源保持热平衡. 如果图 17.5.1 中有热接触线的体系, 只要每个体系足够大, 在物理上就可使得热交换足够小, 以至于认为是完全可以忽略的. 但是, 如果体系中仅有几个粒子, 就不可能有比体系本身小得可以被忽略的热交换了. 所以说, 只要是一个宏观体系, 其热交换项就可全被略去. 符合上述条件的系综称为正则系综. 在系综中发现某体系处于量子态 $|j\rangle$, 具有能量 E_j 的概率为

$$\omega_j = \frac{1}{Z}\mathrm{e}^{-\beta E_j} \tag{17.5.20}$$

其中

$$\hat{\boldsymbol{H}}|j\rangle = E_j|j\rangle \tag{17.5.21}$$

$$\beta = \frac{1}{K_\mathrm{B}T} \tag{17.5.22}$$

式中, K_B 为 Boltzmann 常量. Z 为正则配分函数, 即

$$Z = \sum_j \mathrm{e}^{-\frac{E_j}{K_\mathrm{B}T}} = \sum\langle n_1n_2\cdots|\mathrm{e}^{-\frac{\boldsymbol{H}}{K_\mathrm{B}T}}|n_1n_2\cdots\rangle = \mathrm{tr}\,\mathrm{e}^{-\frac{\boldsymbol{H}}{K_\mathrm{B}T}} \tag{17.5.23}$$

现在要导出统计算符 $\hat{\boldsymbol{\rho}}$. 由 $\hat{\boldsymbol{\rho}}$ 的定义 [式 (17.5.13)] 可求得

$$\begin{aligned}\hat{\boldsymbol{\rho}} &= \sum_j |j\rangle\omega_j\langle j| = \sum_j |j\rangle\frac{\mathrm{e}^{-\beta E_j}}{Z}\langle j| \\ &= \frac{1}{Z}\sum_j |j\rangle\mathrm{e}^{-\beta\hat{\boldsymbol{H}}}\langle j| = \frac{1}{Z}\sum_j \mathrm{e}^{-\beta\hat{\boldsymbol{H}}}|j\rangle\langle j| \\ &= \frac{1}{Z}\mathrm{e}^{-\beta\hat{\boldsymbol{H}}}\sum_j |j\rangle\langle j| = \frac{1}{Z}\mathrm{e}^{-\beta\hat{\boldsymbol{H}}}\end{aligned} \tag{17.5.24}$$

(2) 巨正则系综: 体系的温度 T 固定不变, 化学势 μ 固定不变, 但体系内粒子数可变, 与外界大体系可交换能量及粒子. 实际上, 巨正则系综是推广了的正则系综. 例如, 水与空气之间交换水分子 (图 17.5.2), 这里水分子的个数是变化的. Gibbs 为了研究这种包含交换粒子的过程, 把热力学公式推广为

$$\mathrm{d}E = -P\mathrm{d}V + \tau\mathrm{d}S + \mu\mathrm{d}M$$

式中, M 为粒子数, μ 为粒子的化学势. 图 17.5.3 表示巨正则系综. 在此系综中发现某体系处于量子态 $|j\rangle$ 的概率为

$$\omega_j = \frac{1}{Z_{\mathrm{G}}}\mathrm{e}^{-\frac{E_j^{(N)}}{K_{\mathrm{B}}T}+\frac{\mu N}{K_{\mathrm{B}}T}} \tag{17.5.25}$$

图 17.5.2　水和空气体系示意图

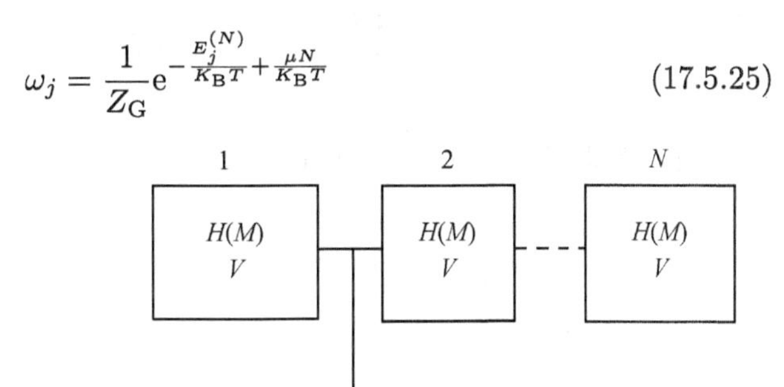

图 17.5.3　巨正则系综示意图

式中, 巨正则配分函数为

$$Z_{\mathrm{G}} = \sum_{N=0}^{\infty}\sum_j{}^{(N)}\mathrm{e}^{-\frac{E_j^{(N)}}{K_{\mathrm{B}}T}+\frac{\mu N}{K_{\mathrm{B}}T}} \tag{17.5.26}$$

式中, N 为粒子数, $\sum\limits_j{}^{(N)}$ 为固定 N 条件下对量子态求和.

与式 (17.5.24) 类似, 可得的巨正则系综的统计算符为

$$\hat{\boldsymbol{\rho}}_{\mathrm{G}}^{(N)} = \frac{1}{Z_{\mathrm{G}}}\mathrm{e}^{-\frac{\hat{\boldsymbol{H}}}{K_{\mathrm{B}}T}+\frac{\mu\hat{\boldsymbol{N}}}{K_{\mathrm{B}}T}} \tag{17.5.27}$$

(3) 当态 $|j\rangle$ 用粒子占据数表示描述, 并且是 Hamilton 算符 $\hat{\boldsymbol{H}}$ 和粒子数算符 $\hat{\boldsymbol{N}}$ 的本征矢, 即

$$\begin{aligned}\hat{\boldsymbol{H}}|\{n\}\rangle \equiv \hat{\boldsymbol{H}}|n_1n_2\cdots\rangle &= \sum_\lambda \varepsilon_\lambda n_\lambda |n_1n_2\cdots\rangle \\ &= E_j|n_1n_2\cdots\rangle \equiv E_j|\{n\}\rangle \end{aligned} \tag{17.5.28}$$

式中, ε_λ 和 n_λ 分别为单粒子轨道 λ 的能量和粒子数. 这样, ω_j 和 Z_{G} 可写为

$$\omega_j = \left\langle \{n\} \middle| \frac{1}{Z_{\mathrm{G}}} \mathrm{e}^{-\frac{\hat{\boldsymbol{H}}}{K_{\mathrm{B}}T} + \frac{\mu\hat{\boldsymbol{N}}}{K_{\mathrm{G}}T}} \middle| \{n\} \right\rangle \tag{17.5.29}$$

$$Z_{\mathrm{G}} = \sum_{\{n\}} \langle\{n\}|\mathrm{e}^{-\frac{\hat{\boldsymbol{H}}}{K_{\mathrm{B}}T} + \frac{\mu\hat{\boldsymbol{N}}}{K_{\mathrm{B}}T}}|\{n\}\rangle = \sum_{\{n\}} \mathrm{e}^{-\frac{1}{K_{\mathrm{B}}T}\sum\limits_\lambda n_\lambda(\varepsilon_\lambda - \mu)} \tag{17.5.30}$$

对于玻色子, $0 \leqslant n_i \leqslant \infty$, 则有

$$\begin{aligned} Z_{\mathrm{G}} &= \sum_{n_1=0}^{\infty} (\mathrm{e}^{-\frac{\varepsilon_1-\mu}{K_{\mathrm{B}}T}})^{n_1} \sum_{n_2=0}^{\infty} (\mathrm{e}^{-\frac{\varepsilon_2-\mu}{K_{\mathrm{B}}T}})^{n_2} \cdots \text{①} \\ &= \prod_i \frac{1}{1-\mathrm{e}^{-(\varepsilon_i-\mu)/K_{\mathrm{B}}T}} \end{aligned} \tag{17.5.31}$$

对于费米子, $0 \leqslant n_i \leqslant 1$, 则有

$$\begin{aligned} Z_{\mathrm{G}} &= \sum_{n_1=0}^{1} \mathrm{e}^{-\frac{1}{K_{\mathrm{B}}T}n_1(\varepsilon_1-\mu)} \sum_{n_2=0}^{1} \mathrm{e}^{-\frac{1}{K_{\mathrm{B}}T}n_2(\varepsilon_2-\mu)} \cdots \\ &= \prod_i (1+\mathrm{e}^{-(\varepsilon_i-\mu)/K_{\mathrm{B}}T}) \end{aligned} \tag{17.5.32}$$

将式 (17.5.31) 和式 (17.5.32) 合并, 可写为

$$Z_{\mathrm{G}} = \prod_i (1 \pm \mathrm{e}^{-(\varepsilon_i-\mu)/K_{\mathrm{B}}T})^{\pm} \tag{17.5.33}$$

式中, + 只适用于费米子, − 只适用于玻色子.

有了这个巨配分函数, 我们可以算出体系的平均总粒子数 $\overline{\langle\hat{\boldsymbol{N}}\rangle}$ 和单粒子能级上平均粒子数 $\overline{\langle\hat{\boldsymbol{n}}_i\rangle}$.

---

① $\sum\limits_{n_j=0}^{\infty}\left(\mathrm{e}^{-\frac{\varepsilon_j-\mu}{K_{\mathrm{B}}T}}\right)^{n_i} = 1+\left(\mathrm{e}^{-\frac{\varepsilon_j-\mu}{K_{\mathrm{B}}T}}\right)^1+\left(\mathrm{e}^{-\frac{\varepsilon_j-\mu}{K_{\mathrm{B}}T}}\right)^2+\cdots \equiv 1+x+x^2+\cdots = \frac{1}{1-x} \equiv \frac{1}{1-\mathrm{e}^{-\frac{\varepsilon_j-\mu}{K_{\mathrm{B}}T}}}$

体系的平均总粒子数为

$$\begin{aligned}\overline{\langle\hat{\boldsymbol{N}}\rangle} &= \mathrm{tr}(\hat{\boldsymbol{N}}\hat{\boldsymbol{\rho}}) \\ &= \frac{\mathrm{tr}(\hat{\boldsymbol{N}}e^{-\beta(\boldsymbol{H}-\mu\boldsymbol{N})})}{Z_{\mathrm{G}}} \qquad [\text{由式 (17.5.27)}] \\ &= \beta^{-1}\frac{\partial}{\partial\mu}\ln Z_{\mathrm{G}} \\ &= \sum_i[\mathrm{e}^{\beta(\varepsilon_i-\mu)}\pm 1]^{\pm 1} \qquad [\text{由式 (17.5.33)}]\end{aligned} \tag{17.5.34}$$

又知

$$\hat{\boldsymbol{N}} = \sum_i \hat{\boldsymbol{n}}_i \tag{17.5.35}$$

比较式 (17.5.34) 和式 (17.5.35) 的右边, 可得

$$\overline{\langle\hat{\boldsymbol{n}}_i\rangle} = [\mathrm{e}^{\beta(\varepsilon_i-\mu)}\pm 1]^{\pm 1} \tag{17.5.36}$$

17.6 Wick 定理

在后面的 Green 函数中会碰到 n 个算符乘积的平均. 利用 Wick 定理, 可以将它化成若干小于 n 个算符乘积平均之和. 这给计算带来很大方便.

17.6.1 算符的正规乘积、编时乘积和收缩

下面引入几个以后有用的算符.

(1) 正规乘积算符 $\hat{\boldsymbol{N}}$, 其作用是将若干个算符 [其中有产生算符 (+) 和湮灭算符 (−)] 之积改变为全部产生算符在左边和全部湮灭算符在右边之积 (这里不论时间先后). 例如:

$$\hat{\boldsymbol{N}}[\hat{\boldsymbol{\psi}}^{(-)}(\tau t)\hat{\boldsymbol{\psi}}^{(+)}(\tau' t')] = -\hat{\boldsymbol{\psi}}^{(+)}(\tau' t')\hat{\boldsymbol{\psi}}^{(-)}(\tau t) \tag{17.6.1}$$

式中, − 号是因为费米子算符的反对易性.

$$\begin{aligned}&\hat{\boldsymbol{N}}[\hat{\boldsymbol{\psi}}_1^{(+)}(\tau_1 t_1)\hat{\boldsymbol{\psi}}_2^{(-)}(\tau_2 t_2)\hat{\boldsymbol{\psi}}_3^{(-)}(\tau_3 t_3)\hat{\boldsymbol{\psi}}_4^{(+)}(\tau_4 t_4)] \\ =&\hat{\boldsymbol{\psi}}_1^{(+)}(\tau_1 t_1)\hat{\boldsymbol{\psi}}_4^{(+)}(\tau_4 t_4)\hat{\boldsymbol{\psi}}_2^{(-)}(\tau_2 t_2)\hat{\boldsymbol{\psi}}_3^{(-)}(\tau_3 t_3)\end{aligned} \tag{17.6.2}$$

式中, $\hat{\psi}_4^{(+)}$ 经过二次对换, 故右边不改号.

$$\begin{aligned}&\hat{\boldsymbol{N}}[\hat{\boldsymbol{\psi}}_1^{(-)}(\tau_1 t_1)\hat{\boldsymbol{\psi}}_2^{(+)}(\tau_2 t_2)\hat{\boldsymbol{\psi}}_3^{(+)}(\tau_3 t_3)\hat{\boldsymbol{\psi}}_4^{(+)}(\tau_4 t_4)] \\ =&-\hat{\boldsymbol{\psi}}_2^{(+)}(\tau_2 t_2)\hat{\boldsymbol{\psi}}_3^{(+)}(\tau_3 t_3)\hat{\boldsymbol{\psi}}_4^{(+)}(\tau_4 t_4)\hat{\boldsymbol{\psi}}_1^{(-)}(\tau_1 t_1)\end{aligned} \tag{17.6.3}$$

式中, $\hat{\psi}_1^{(-)}$ 经过三次对换, 故右边出现 $-$ 号.

一般说来, 若有算符 $\hat{\boldsymbol{X}},\hat{\boldsymbol{Y}},\hat{\boldsymbol{Z}},\cdots,\hat{\boldsymbol{U}},\hat{\boldsymbol{V}}$ 等的乘积, 其中有的是产生算符, 有的是湮灭算符, 则

$$\hat{\boldsymbol{N}}[\hat{\boldsymbol{X}}\hat{\boldsymbol{Y}}\hat{\boldsymbol{Z}}\cdots\hat{\boldsymbol{U}}\hat{\boldsymbol{V}}]=(-1)^p[\underbrace{\hat{\boldsymbol{Y}}\hat{\boldsymbol{U}}\hat{\boldsymbol{V}}}_{\text{产生算符}}\cdots\underbrace{\hat{\boldsymbol{X}}\hat{\boldsymbol{Z}}}_{\text{湮灭算符}}] \tag{17.6.4}$$

式中, p 是对于费米子算符对换的次数. 至于玻色子体系, 不改号, 则取 $p=0$.

(2) 编时乘积算符 $\hat{\boldsymbol{T}}$, 其作用是将若干算符之积改变为按时间次序之积, 使时间最迟的在最左边, 依次下来, 使时间最早的在最右边 (这里不论产生算符和湮灭算符的次序). 例如:

$$\hat{\boldsymbol{T}}[\hat{\boldsymbol{\psi}}_1^{(+)}(\tau_1t_1)\hat{\boldsymbol{\psi}}_2^{(-)}(\tau_2t_2)]=-\hat{\boldsymbol{\psi}}_2^{(-)}(\tau_2t_2)\hat{\boldsymbol{\psi}}_1^{(+)}(\tau_1t_1)\qquad(t_2>t_1) \tag{17.6.5}$$

(3) 收缩任意两个算符 $\hat{\boldsymbol{A}}$ 和 $\hat{\boldsymbol{B}}$ 的收缩的记号为

$$\underbrace{\hat{\boldsymbol{A}}\hat{\boldsymbol{B}}}\ \text{或}\ \hat{\boldsymbol{A}}^{\cdot}\hat{\boldsymbol{B}}^{\cdot}\ \text{或}\ \hat{\boldsymbol{A}}^{c}\hat{\boldsymbol{B}}^{c}\ \text{或}\ \overbrace{\hat{\boldsymbol{A}}\hat{\boldsymbol{B}}} \tag{17.6.6}$$

收缩的定义为

$$\underbrace{\hat{\boldsymbol{A}}\hat{\boldsymbol{B}}}\equiv\hat{\boldsymbol{T}}[\hat{\boldsymbol{A}}\hat{\boldsymbol{B}}]-\hat{\boldsymbol{N}}[\hat{\boldsymbol{A}}\hat{\boldsymbol{B}}] \tag{17.6.7}$$

这表示将编时乘积改变为正规乘积而引起的附加项, 即为收缩. 收缩后不再是算符了, 可能是个数. 由此定义可得到以下几点结论:

(a) 设两个算符 $\hat{\boldsymbol{A}}(t')$ 和 $\hat{\boldsymbol{B}}^{(-)}(t)$, 并且 $t'>t$, 只要 $\hat{\boldsymbol{B}}^{(-)}(t)$ 是湮灭算符, 不论 $\hat{\boldsymbol{A}}(t')$ 是湮灭算符或产生算符, 收缩结果为零, 即

$$\begin{aligned}&\underbrace{\hat{\boldsymbol{A}}(t')\hat{\boldsymbol{B}}^{(-)}(t)}=\hat{\boldsymbol{T}}[\hat{\boldsymbol{A}}(t')\hat{\boldsymbol{B}}^{(-)}(t)]-\hat{\boldsymbol{N}}[\hat{\boldsymbol{A}}(t')\hat{\boldsymbol{B}}^{(-)}(t)]\\&=\hat{\boldsymbol{A}}(t')\hat{\boldsymbol{B}}^{(-)}(t)-\hat{\boldsymbol{A}}(t')\hat{\boldsymbol{B}}^{(-)}(t)=0\end{aligned} \tag{17.6.8}$$

(b) 若 $\hat{\boldsymbol{A}}^{(+)}(t')$ 和 $\hat{\boldsymbol{B}}^{(+)}(t)$ 两个算符为产生算符, 并且 $t'>t$, 收缩也为零, 即

$$\begin{aligned}\underbrace{\hat{\boldsymbol{A}}^{(+)}(t')\hat{\boldsymbol{B}}^{(+)}(t)}&=\hat{\boldsymbol{T}}[\hat{\boldsymbol{A}}^{(+)}(t')\hat{\boldsymbol{B}}^{(+)}(t)]-\hat{\boldsymbol{N}}[\hat{\boldsymbol{A}}^{(+)}(t')\hat{\boldsymbol{B}}^{(+)}(t)]\\&=\hat{\boldsymbol{A}}^{(+)}(t')\hat{\boldsymbol{B}}^{(+)}(t)-\hat{\boldsymbol{A}}^{(+)}(t')\hat{\boldsymbol{B}}^{(+)}(t)=0\end{aligned} \tag{17.6.9}$$

(c) 由式 (17.6.4) 和式 (17.6.7) 可得①

$$\hat{\boldsymbol{N}}[\underbrace{\hat{\boldsymbol{X}}\hat{\boldsymbol{Y}}\hat{\boldsymbol{Z}}\cdots\hat{\boldsymbol{U}}\hat{\boldsymbol{V}}}]=(-1)^p\hat{\boldsymbol{N}}[\underbrace{\hat{\boldsymbol{X}}\hat{\boldsymbol{U}}\hat{\boldsymbol{Y}}\hat{\boldsymbol{Z}}\cdots\hat{\boldsymbol{V}}}] \tag{17.6.10}$$

① 式 (17.6.10) 的收缩只对 $\hat{\boldsymbol{X}}$ 和 $\hat{\boldsymbol{V}}$ 两算符, 与中间的 $\hat{\boldsymbol{Y}}\hat{\boldsymbol{Z}}\cdots\hat{\boldsymbol{U}}$ 无关, 以后皆同.

(d) 由于收缩后不再是算符, 故可以从算符乘积中抽出, 不参加排列顺序的变化, 故可得

$$\begin{aligned}\hat{\boldsymbol{N}}(\underbracket{\hat{\boldsymbol{X}}\hat{\boldsymbol{Y}}\hat{\boldsymbol{Z}}\cdots\hat{\boldsymbol{U}}}\,\hat{\boldsymbol{V}}) &= (-1)^p\hat{\boldsymbol{N}}\,(\underbracket{\hat{\boldsymbol{X}}\hat{\boldsymbol{U}}}\,\hat{\boldsymbol{Y}}\hat{\boldsymbol{Z}}\cdots\hat{\boldsymbol{V}}) \qquad [\text{由式 (17.6.10)}]\\ &= \underbracket{\hat{\boldsymbol{X}}\hat{\boldsymbol{U}}}(-1)^p\hat{\boldsymbol{N}}(\hat{\boldsymbol{Y}}\hat{\boldsymbol{Z}}\cdots\hat{\boldsymbol{V}})\end{aligned} \tag{17.6.11}$$

(e) 由正规乘积和编时乘积的定义可得

$$\underbracket{\hat{\boldsymbol{U}}\hat{\boldsymbol{V}}} = \pm\,\underbracket{\hat{\boldsymbol{V}}\hat{\boldsymbol{U}}} \tag{17.6.12}$$

式中, $-$ 对应于费米子算符, $+$ 对应于玻色子算符.

(f) 由正规乘积定义可知, 湮灭算符 $\hat{\boldsymbol{Z}}^{(-)}$ 右乘 $\hat{\boldsymbol{N}}$ 乘积, 则可将 $\hat{\boldsymbol{Z}}$ 移入 $\hat{\boldsymbol{N}}$ 符号内, 即

$$\hat{\boldsymbol{N}}(\hat{\boldsymbol{X}}\hat{\boldsymbol{Y}}\cdots\hat{\boldsymbol{U}}\hat{\boldsymbol{V}})\hat{\boldsymbol{Z}}^{(-)} = \hat{\boldsymbol{N}}(\hat{\boldsymbol{X}}\hat{\boldsymbol{Y}}\cdots\hat{\boldsymbol{U}}\hat{\boldsymbol{V}}\hat{\boldsymbol{Z}}^{(-)}) \tag{17.6.13}$$

同样, 产生算符 $\hat{\boldsymbol{Z}}^{(+)}$ 左乘 $\hat{\boldsymbol{N}}$ 乘积, 可移入 $\hat{\boldsymbol{N}}$ 符号内, 即

$$\hat{\boldsymbol{Z}}^{(+)}\hat{\boldsymbol{N}}(\hat{\boldsymbol{X}}\hat{\boldsymbol{Y}}\cdots\hat{\boldsymbol{U}}\hat{\boldsymbol{V}}) = \hat{\boldsymbol{N}}(\hat{\boldsymbol{Z}}^{(+)}\hat{\boldsymbol{X}}\hat{\boldsymbol{Y}}\cdots\hat{\boldsymbol{U}}\hat{\boldsymbol{V}}) \tag{17.6.14}$$

17.6.2　引理

为了证明 Wick 定理, 我们先证明一个引理. 设有正规乘积 $\hat{\boldsymbol{N}}(\hat{\boldsymbol{X}}\hat{\boldsymbol{Y}}\cdots\hat{\boldsymbol{U}}\hat{\boldsymbol{V}})$, 另有算符 $\hat{\boldsymbol{Z}}$ 的时间 t_z 比全部 $\hat{\boldsymbol{X}},\hat{\boldsymbol{Y}},\cdots,\hat{\boldsymbol{U}},\hat{\boldsymbol{V}}$ 的时间都早, 则

$$\begin{aligned}\hat{\boldsymbol{N}}[\hat{\boldsymbol{X}}\hat{\boldsymbol{Y}}\cdots\hat{\boldsymbol{U}}\hat{\boldsymbol{V}}]\hat{\boldsymbol{Z}} &= \hat{\boldsymbol{N}}[\hat{\boldsymbol{X}}\hat{\boldsymbol{Y}}\cdots\hat{\boldsymbol{U}}\,\underbracket{\hat{\boldsymbol{V}}\hat{\boldsymbol{Z}}}] + \hat{\boldsymbol{N}}[\hat{\boldsymbol{X}}\hat{\boldsymbol{Y}}\cdots\underbracket{\hat{\boldsymbol{U}}\hat{\boldsymbol{V}}\hat{\boldsymbol{Z}}}]\\ &\quad+\cdots+\hat{\boldsymbol{N}}[\hat{\boldsymbol{X}}\,\underbracket{\boldsymbol{Y}\cdots U\hat{\boldsymbol{V}}\hat{\boldsymbol{Z}}}]\\ &\quad+\hat{\boldsymbol{N}}[\underbracket{\hat{\boldsymbol{X}}\hat{\boldsymbol{Y}}\cdots\hat{\boldsymbol{U}}\hat{\boldsymbol{V}}\hat{\boldsymbol{Z}}}] + \hat{\boldsymbol{N}}[\hat{\boldsymbol{X}}\hat{\boldsymbol{Y}}\cdots\hat{\boldsymbol{U}}\hat{\boldsymbol{V}}\hat{\boldsymbol{Z}}]\end{aligned} \tag{17.6.15}$$

证明: 当 $\hat{\boldsymbol{Z}}^{(-)}$ 为湮灭算符时, 由式 (17.6.8) 可知, 式 (17.6.15) 除最后一项外皆为零, 等式成立, 故只需讨论 $\hat{\boldsymbol{Z}}^{(+)}$ 的情况.

我们先证明, 在式 (17.6.15) 左边 $\hat{\boldsymbol{N}}[\cdots]$ 中都是湮灭算符的情况下, 下式成立.

$$\begin{aligned}\hat{\boldsymbol{N}}[\hat{\boldsymbol{X}}^{(-)}\hat{\boldsymbol{Y}}^{(-)}\cdots\hat{\boldsymbol{U}}^{(-)}\hat{\boldsymbol{V}}^{(-)}]\hat{\boldsymbol{Z}}^{(+)} &= \hat{\boldsymbol{N}}[\hat{\boldsymbol{X}}^{(-)}\boldsymbol{Y}^{(-)}\cdots\hat{\boldsymbol{U}}^{(-)}\,\underbracket{\hat{\boldsymbol{V}}^{(-)}\hat{\boldsymbol{Z}}^{(+)}}]\\ &\quad+\cdots+\hat{\boldsymbol{N}}[\hat{\boldsymbol{X}}^{(-)}\hat{\boldsymbol{Y}}^{(-)}\cdots\hat{\boldsymbol{U}}^{(-)}\hat{\boldsymbol{V}}^{(-)}\hat{\boldsymbol{Z}}^{(+)}]\end{aligned} \tag{17.6.16}$$

我们用数学归纳法证明. 设式 (17.6.16) 对于 n 个湮灭算符

$$\hat{\boldsymbol{X}}^{(-)}\hat{\boldsymbol{Y}}^{(-)}\cdots\hat{\boldsymbol{U}}^{(-)}\hat{\boldsymbol{V}}^{(-)}$$

成立, 现用另一个湮灭算符 $\hat{\boldsymbol{Q}}^{(-)}(t_Q > t_Z)$ 左乘式 (17.6.16) 两边, 得

$$\begin{aligned}\text{左边} &= \hat{\boldsymbol{Q}}^{(-)}\hat{\boldsymbol{N}}[\hat{\boldsymbol{X}}^{(-)}\hat{\boldsymbol{Y}}^{(-)}\cdots\hat{\boldsymbol{U}}^{(-)}\hat{\boldsymbol{V}}^{(-)}]\hat{\boldsymbol{Z}}^{(+)}\\ &= \hat{\boldsymbol{N}}[\hat{\boldsymbol{Q}}^{(-)}\hat{\boldsymbol{X}}^{(-)}\hat{\boldsymbol{Y}}^{(-)}\cdots\hat{\boldsymbol{U}}^{(-)}\hat{\boldsymbol{V}}^{(-)}]\hat{\boldsymbol{Z}}^{(+)}\end{aligned} \tag{17.6.17}$$

$$
\begin{aligned}
\text{右边末项} =& \hat{\boldsymbol{Q}}^{(-)}\hat{\boldsymbol{N}}[\hat{\boldsymbol{X}}^{(-)}\hat{\boldsymbol{Y}}^{(-)}\cdots\hat{\boldsymbol{U}}^{(-)}\hat{\boldsymbol{V}}^{(-)}\hat{\boldsymbol{Z}}^{(+)}] \\
=& (-1)^p\hat{\boldsymbol{Q}}^{(-)}\hat{\boldsymbol{N}}[\hat{\boldsymbol{Z}}^{(+)}\hat{\boldsymbol{X}}^{(-)}\hat{\boldsymbol{Y}}^{(-)}\cdots\hat{\boldsymbol{U}}^{(-)}\hat{\boldsymbol{V}}^{(-)}] \\
=& (-1)^p\hat{\boldsymbol{N}}[\hat{\boldsymbol{Q}}^{(-)}\hat{\boldsymbol{Z}}^{(+)}\hat{\boldsymbol{X}}^{(-)}\hat{\boldsymbol{Y}}^{(-)}\cdots\hat{\boldsymbol{U}}^{(-)}\hat{\boldsymbol{V}}^{(-)}] \\
=& (-1)^p\hat{\boldsymbol{T}}[\hat{\boldsymbol{Q}}^{(-)}\hat{\boldsymbol{Z}}^{(+)}]\hat{\boldsymbol{X}}^{(-)}\boldsymbol{Y}^{(-)}\cdots\hat{\boldsymbol{U}}^{(-)}\hat{\boldsymbol{V}}^{(-)} \\
=& (-1)^p(-\hat{\boldsymbol{N}}[\hat{\boldsymbol{Z}}^{(+)}\hat{\boldsymbol{Q}}^{(-)}] + \underline{\hat{\boldsymbol{Q}}^{(-)}\hat{\boldsymbol{Z}}^{(+)}})\hat{\boldsymbol{X}}^{(-)}\hat{\boldsymbol{Y}}^{(-)}\cdots\hat{\boldsymbol{U}}^{(-)}\hat{\boldsymbol{V}}^{(-)} \\
=& (-1)^{2p}\,\underline{\hat{\boldsymbol{Q}}^{(-)}\hat{\boldsymbol{X}}^{(-)}\hat{\boldsymbol{Y}}^{(-)}\cdots\hat{\boldsymbol{U}}^{(-)}\hat{\boldsymbol{V}}^{(-)}\hat{\boldsymbol{Z}}^{(+)}} \\
&+(-1)^{2p+2}\hat{\boldsymbol{N}}[\hat{\boldsymbol{Q}}^{(-)}\hat{\boldsymbol{X}}^{(-)}\hat{\boldsymbol{Y}}^{(-)}\cdots\hat{\boldsymbol{U}}^{(-)}\hat{\boldsymbol{V}}^{(-)}\hat{\boldsymbol{Z}}^{(+)}] \\
=& \hat{\boldsymbol{N}}[\underline{\hat{\boldsymbol{Q}}^{(-)}\hat{\boldsymbol{X}}^{(-)}\hat{\boldsymbol{Y}}^{(-)}\cdots\hat{\boldsymbol{U}}^{(-)}\hat{\boldsymbol{V}}^{(-)}\hat{\boldsymbol{Z}}^{(+)}}] \\
&+\hat{\boldsymbol{N}}[\hat{\boldsymbol{Q}}^{(-)}\hat{\boldsymbol{X}}^{(-)}\hat{\boldsymbol{Y}}^{(-)}\cdots\hat{\boldsymbol{U}}^{(-)}\hat{\boldsymbol{V}}^{(-)}\hat{\boldsymbol{Z}}^{(+)}]
\end{aligned}
\tag{17.6.18}
$$

对于式 (17.6.16) 的其他全部收缩项左乘的 $\hat{\boldsymbol{Q}}^{(-)}$ 可移入 $\hat{\boldsymbol{N}}$ 符号内, 再与式 (17.6.18) 加起来, 就是 $(n+1)$ 个算符的式 (17.6.16). 显然, 引理对于两个算符是正确的, 所以由数学归纳法可证明对于任意个算符也成立. 两个算符的情况是

$$
\hat{\boldsymbol{Y}}\hat{\boldsymbol{Z}} = \hat{\boldsymbol{T}}(\hat{\boldsymbol{Y}}\hat{\boldsymbol{Z}}) = \underline{\hat{\boldsymbol{Y}}\hat{\boldsymbol{Z}}} + \hat{\boldsymbol{N}}(\hat{\boldsymbol{Y}}\hat{\boldsymbol{Z}})
$$

其实这就是收缩的定义 [式 (17.6.7)].

最后, 讨论 $\hat{\boldsymbol{X}},\hat{\boldsymbol{Y}},\cdots\hat{\boldsymbol{U}},\hat{\boldsymbol{V}}$ 中有湮灭算符, 也有产生算符的情况. 我们已经证明, $\hat{\boldsymbol{X}}^{(-)},\cdots,\hat{\boldsymbol{V}}^{(-)}$ 全部是湮灭算符时式 (17.6.16) 成立. 用产生算符 $\hat{\boldsymbol{Q}}^{(+)}(t_Q > t_Z)$ 左乘式 (17.6.16) 两边, 得

$$
\begin{aligned}
\text{左边} =& \hat{\boldsymbol{Q}}^{(+)}\hat{\boldsymbol{N}}[\hat{\boldsymbol{X}}^{(-)}\hat{\boldsymbol{Y}}^{(-)}\cdots\hat{\boldsymbol{U}}^{(-)}\hat{\boldsymbol{V}}^{(-)}]\hat{\boldsymbol{Z}}^{(+)} \\
=& \hat{\boldsymbol{N}}[\hat{\boldsymbol{Q}}^{(+)}\hat{\boldsymbol{X}}^{(-)}\hat{\boldsymbol{Y}}^{(-)}\cdots\hat{\boldsymbol{U}}^{(-)}\hat{\boldsymbol{V}}^{(-)}]\hat{\boldsymbol{Z}}^{(+)} \qquad \text{[由式 (17.6.14)]} \\
\text{右边} =& \hat{\boldsymbol{N}}[\hat{\boldsymbol{Q}}^{(+)}\underline{\hat{\boldsymbol{X}}^{(-)}\hat{\boldsymbol{Y}}^{(-)}\cdots\hat{\boldsymbol{U}}^{(-)}\hat{\boldsymbol{V}}^{(-)}\hat{\boldsymbol{Z}}^{(+)}}] \\
&+\hat{\boldsymbol{N}}[\hat{\boldsymbol{Q}}^{(+)}\underline{\hat{\boldsymbol{X}}^{(-)}\hat{\boldsymbol{Y}}^{(-)}\cdots\hat{\boldsymbol{U}}^{(-)}\boldsymbol{V}^{(-)}\hat{\boldsymbol{Z}}^{(+)}}] \\
&\;\vdots \\
&+\hat{\boldsymbol{N}}[\hat{\boldsymbol{Q}}^{(+)}\hat{\boldsymbol{X}}^{(-)}\hat{\boldsymbol{Y}}^{(-)}\cdots\hat{\boldsymbol{U}}^{(-)}\underline{\hat{\boldsymbol{V}}^{(-)}\hat{\boldsymbol{Z}}^{(+)}}] \\
&+\hat{\boldsymbol{N}}[\hat{\boldsymbol{Q}}^{(+)}\hat{\boldsymbol{X}}^{(-)}\hat{\boldsymbol{Y}}^{(-)}\cdots\hat{\boldsymbol{U}}^{(-)}\hat{\boldsymbol{V}}^{(-)}\hat{\boldsymbol{Z}}^{(+)}] \\
&+\text{等于零的含 } \hat{\boldsymbol{Q}}^{(+)} \text{ 和 } \hat{\boldsymbol{Z}}^{(+)} \text{ 的收缩项}
\end{aligned}
\tag{17.6.19}
$$

这样, 就证明了既有产生算符, 又有湮灭算符情况的引理.

17.6.3 Wick 定理

Wick 定理由下式表示:

$$
\begin{aligned}
&\hat{\boldsymbol{T}}[\hat{\boldsymbol{X}}\hat{\boldsymbol{Y}}\hat{\boldsymbol{Z}}\cdots\hat{\boldsymbol{U}}\hat{\boldsymbol{V}}\hat{\boldsymbol{W}}]\\
=&\hat{\boldsymbol{N}}[\hat{\boldsymbol{X}}\hat{\boldsymbol{Y}}\hat{\boldsymbol{Z}}\cdots\hat{\boldsymbol{U}}\hat{\boldsymbol{V}}\hat{\boldsymbol{W}}]\\
&+\hat{\boldsymbol{N}}[\underbracket{\hat{\boldsymbol{X}}\hat{\boldsymbol{Y}}}\,\hat{\boldsymbol{Z}}\cdots\hat{\boldsymbol{U}}\hat{\boldsymbol{V}}\hat{\boldsymbol{W}}]+\cdots\hat{\boldsymbol{N}}[\underbracket{\hat{\boldsymbol{X}}\hat{\boldsymbol{Y}}\hat{\boldsymbol{Z}}\cdots\hat{\boldsymbol{U}}\hat{\boldsymbol{V}}\hat{\boldsymbol{W}}}]\\
&+\cdots+\hat{\boldsymbol{N}}[\hat{\boldsymbol{N}}\hat{\boldsymbol{Y}}\hat{\boldsymbol{Z}}\cdots\underbracket{\hat{\boldsymbol{U}}\hat{\boldsymbol{V}}}\,\hat{\boldsymbol{W}}]+\hat{\boldsymbol{N}}[\underbracket{\hat{\boldsymbol{X}}\hat{\boldsymbol{Y}}}\hat{\boldsymbol{Z}}\cdots\underbracket{\hat{\boldsymbol{U}}\hat{\boldsymbol{V}}}\,\hat{\boldsymbol{W}}]\\
&+\hat{\boldsymbol{N}}[\underbracket{\hat{\boldsymbol{X}}\hat{\boldsymbol{Y}}\hat{\boldsymbol{Z}}}\cdots\underbracket{\hat{\boldsymbol{U}}\hat{\boldsymbol{V}}}\,\hat{\boldsymbol{W}}]+\cdots+\hat{\boldsymbol{N}}[\underbracket{\hat{\boldsymbol{X}}\hat{\boldsymbol{Y}}}\,\underbracket{\hat{\boldsymbol{Z}}\cdots\hat{\boldsymbol{U}}}\,\underbracket{\hat{\boldsymbol{V}}\hat{\boldsymbol{W}}}]\\
&+\text{包括一切可能的收缩}
\end{aligned}
\tag{17.6.20}
$$

式 (17.6.20) 表示编时乘积可化为未收缩的 $\hat{\boldsymbol{N}}$ 乘积以及包含各种收缩的 $\hat{\boldsymbol{N}}$ 乘积之和. 各种收缩是指 $\hat{\boldsymbol{X}},\hat{\boldsymbol{Y}},\cdots,\hat{\boldsymbol{V}},\hat{\boldsymbol{W}}$ 内各种可能的一对收缩, 二对收缩, 三对收缩,$\cdots\cdots$, 直至穷尽各种可能收缩为止.

仍用数学归纳法证明. 对于两个算符, Wick 定理显然成立, 这就是收缩定义 [式 (17.6.7)]

$$
\hat{\boldsymbol{T}}(\hat{\boldsymbol{U}}\hat{\boldsymbol{V}})=\hat{\boldsymbol{N}}(\boldsymbol{U}\hat{\boldsymbol{V}})+\underbracket{\hat{\boldsymbol{U}}\hat{\boldsymbol{V}}}
\tag{17.6.21}
$$

设 Wick 定理对 n 个算符成立, 然后用时间早于任何其他算符的算符 $\hat{\boldsymbol{Q}}$ 右乘式 (17.6.20) 两边, 得

$$
\begin{gathered}
\text{左边}=\hat{\boldsymbol{T}}[\hat{\boldsymbol{X}}\hat{\boldsymbol{Y}}\hat{\boldsymbol{Z}}\cdots\hat{\boldsymbol{U}}\hat{\boldsymbol{V}}\hat{\boldsymbol{W}}]\hat{\boldsymbol{Q}}=\hat{\boldsymbol{T}}[\hat{\boldsymbol{X}}\hat{\boldsymbol{Y}}\hat{\boldsymbol{Z}}\cdots\hat{\boldsymbol{U}}\hat{\boldsymbol{V}}\hat{\boldsymbol{W}}\hat{\boldsymbol{Q}}]\\
\text{右边}=\hat{\boldsymbol{Q}}\text{右乘每一项 }\hat{\boldsymbol{N}}\text{ 乘积, 这就可以对每一项利用引理}
\end{gathered}
$$

这样, 右边除了原有全部项 ($\hat{\boldsymbol{Q}}$ 移入 $\hat{\boldsymbol{N}}$ 内) 外, 尚有一切可能的含 $\hat{\boldsymbol{Q}}$ 算符分别与其他各算符的收缩的 $\hat{\boldsymbol{N}}$ 乘积. 这样, 包括原有全部项及含有 $\hat{\boldsymbol{Q}}$ 的收缩项之和恰好就是 $(n+1)$ 个算符的 Wick 定理结果. 要注意的是已经收缩过的算符只是数, 因而不再参加与 $\hat{\boldsymbol{Q}}$ 的收缩.

顺便提一句, 上面的证明是假定了算符 $\hat{\boldsymbol{Q}}$ 的时间比 $\hat{\boldsymbol{X}}\cdots\hat{\boldsymbol{W}}$ 的都早. 如果不是这样, 那么可将 $\hat{\boldsymbol{Q}}$ 与其他算符对换若干次而处于适当位置. 这种对换次数在等式 (17.6.20) 两边各项是一样的, 所以由此引起的正负号都相同, 可以消去, 定理仍然成立.

参考文献

[1] 曾谨言. 量子力学. 北京: 科学出版社, 1981
[2] Л. Д. 朗道, E. M. 栗弗席茨, 量子力学. 严肃译. 北京: 人民教育出版社, 1982
[3] D. S. 萨克森. 初等量子力学. 苏耀中, 叶安祚译. 北京: 高等教育出版社, 1985

[4] A. L. 费特, J. D. 瓦立克. 多粒子系统的量子. 陈俊文, 孙景李, 梁昆淼译. 北京: 科学出版社, 1984
[5] 蔡建华等. 量子统计的格林函数理论. 北京: 科学出版社, 1982
[6] Paul R. Field Theoretical Methods in Chemical Physics. Amsterdam-Oxford-New York: Elsevier Scientific Publishing Company, 1982
[7] Szabo A, Ostlund N S. Modern Quantum Chemistry. New York: MacMillan Publishing Co., 1982
[8] Raimes S. Many-Electron Theory. Amsterdom-London: North-Holland Publishing Company, 1972

第 18 章

Green 函数方法原理

18.1 Green 函数

18.2 微扰展开

18.3 图形方法(用坐标-时间表示)

18.4 Green 函数的周期性和 Fourier 变换

18.5 图形方法(用坐标-频率表示)

18.6 图形方法(用量子数-频率表示)

18.7 零级 Green 函数的表达式

18.8 Dyson 方程

18.9 Green 函数的传播特性

18.1 Green 函数

为了思路清楚, 本章只介绍 Green 函数的数学性质. 至于与物理和化学的联系将在第 19 章中讨论.

18.1.1 定义

定义: Green 函数为 $\hat{\boldsymbol{T}}[\hat{\boldsymbol{\psi}}_{\mathrm{He}}(\tau u)\hat{\boldsymbol{\psi}}_{\mathrm{He}}^{\dagger}(\tau' u')]$ 对统计系综的平均, 即[①]

$$\begin{aligned} G(\tau u, \tau' u') &\equiv -\langle \hat{\boldsymbol{T}}[\hat{\boldsymbol{\psi}}_{\mathrm{He}}(\tau u)\hat{\boldsymbol{\psi}}_{\mathrm{He}}^{\dagger}(\tau' u')]\rangle \\ &= -\mathrm{tr}\frac{\mathrm{e}^{-\beta\hat{\boldsymbol{K}}}}{Z}\hat{\boldsymbol{T}}\hat{\boldsymbol{\psi}}_{\mathrm{He}}(\tau u)\hat{\boldsymbol{\psi}}_{\mathrm{He}}^{\dagger}(\tau' u') \end{aligned} \tag{18.1.1}$$

式中, Hamilton 量

$$\hat{\boldsymbol{K}} = \hat{\boldsymbol{H}}_0 - \mu\hat{\boldsymbol{N}} + \hat{\boldsymbol{H}}' = \hat{\boldsymbol{K}}_0 + \hat{\boldsymbol{K}}' \qquad (\hat{\boldsymbol{K}}_0 = \hat{\boldsymbol{H}}_0 - \mu\hat{\boldsymbol{N}}, \hat{\boldsymbol{K}}' = \hat{\boldsymbol{H}}')$$

场算符

$$\hat{\boldsymbol{\psi}}_{\mathrm{He}}(\tau u) = \mathrm{e}^{\frac{\hat{\boldsymbol{K}}u}{\hbar}}\hat{\boldsymbol{\psi}}(\tau)\mathrm{e}^{-\frac{\hat{\boldsymbol{K}}u}{\hbar}}$$

式中, τ 为空间坐标, $u = it, Z$ 为体系的配分函数.

对于式 (18.1.1), 有

$$\begin{aligned} \boldsymbol{G}(\tau u, \tau' u') &= -\langle \hat{\boldsymbol{T}}\hat{\boldsymbol{\psi}}_{\mathrm{He}}(\tau u)\hat{\boldsymbol{\psi}}_{\mathrm{He}}^{\dagger}(\tau' u')\rangle \\ &= \langle \hat{\boldsymbol{\psi}}_{\mathrm{He}}(\tau u)\hat{\boldsymbol{\psi}}_{\mathrm{He}}^{\dagger}(\tau' u')\rangle \qquad (\text{如果} u > u') \\ &= \mp\langle \hat{\boldsymbol{\psi}}_{\mathrm{He}}^{\dagger}(\tau' u')\hat{\boldsymbol{\psi}}_{\mathrm{He}}(\tau u)\rangle \qquad (\text{如果} u < u') \end{aligned} \tag{18.1.2}$$

式中, 第三个等号右边 − 只适用于玻色子算符, + 只适用于费米子算符.

式 (18.1.2) 也可以表示成阶跃函数形式

$$\begin{aligned} \boldsymbol{G}(\tau u, \tau' u') = -\langle &\hat{\boldsymbol{\psi}}_{\mathrm{He}}(\tau u)\hat{\boldsymbol{\psi}}_{\mathrm{He}}^{\dagger}(\tau' u')\theta(u - u') \\ &\pm\hat{\boldsymbol{\psi}}_{\mathrm{He}}^{\dagger}(\tau' u')\hat{\boldsymbol{\psi}}_{\mathrm{He}}(\tau u)\theta(u' - u)\rangle \end{aligned} \tag{18.1.3}$$

$$\theta(x) = \begin{cases} 1, & x > 0 \\ 0, & x < 0 \end{cases} \tag{18.1.4}$$

① 这个定义是日本松原武生 (T. Matsubara) 于 1955 年提出的, 故也称为松原函数.

18.1.2　Green 函数的运动方程

将式 (18.1.3) 两边对 u 作微商, 得

$$\begin{aligned}
\frac{\partial G(\tau u,\tau' u')}{\partial u} =& -\left\langle \frac{\partial\theta(u-u')}{\partial u}\hat{\boldsymbol{\psi}}_{\text{He}}(\tau u)\hat{\boldsymbol{\psi}}^{\dagger}_{\text{He}}(\tau' u') \pm \frac{\partial\theta(u'-u)}{\partial u}\hat{\boldsymbol{\psi}}^{\dagger}_{\text{He}}(\tau' u')\hat{\boldsymbol{\psi}}_{\text{He}}(\tau u)\right\rangle \\
& - \left\langle \theta(u-u')\frac{\partial\hat{\boldsymbol{\psi}}_{\text{He}}(\tau u)}{\partial u}\hat{\boldsymbol{\psi}}^{\dagger}_{\text{He}}(\tau' u') \pm \theta(u'-u)\hat{\boldsymbol{\psi}}^{\dagger}_{\text{He}}(\tau' u')\frac{\partial\hat{\boldsymbol{\psi}}_{\text{He}}(\tau u)}{\partial u}\right\rangle \\
=& -\delta(u-u')\langle\hat{\boldsymbol{\psi}}_{\text{He}}(\tau u)\hat{\boldsymbol{\psi}}^{\dagger}_{\text{He}}(\tau' u') \pm \hat{\boldsymbol{\psi}}^{\dagger}_{\text{He}}(\tau' u')\hat{\boldsymbol{\psi}}_{\text{He}}(\tau u)\rangle \\
& - \left\langle \hat{\boldsymbol{T}}\frac{\partial\hat{\boldsymbol{\psi}}_{\text{He}}(\tau u)}{\partial u}\hat{\boldsymbol{\psi}}^{\dagger}_{\text{He}}(\tau', u')\right\rangle
\end{aligned} \tag{18.1.5}$$

式中, δ 函数是来自对阶跃函数 θ 的微商. 再看式 (18.1.5) 中的

$$\begin{aligned}
&\langle\hat{\boldsymbol{\psi}}_{\text{He}}(\tau u)\hat{\boldsymbol{\psi}}^{\dagger}_{\text{He}}(\tau' u) \pm \hat{\boldsymbol{\psi}}^{\dagger}_{\text{He}}(\tau' u)\hat{\boldsymbol{\psi}}_{\text{He}}(\tau u)\rangle \\
&= \langle \mathrm{e}^{\frac{\hat{\boldsymbol{K}}u}{\hbar}}\hat{\boldsymbol{\psi}}(\tau)\mathrm{e}^{-\frac{\hat{\boldsymbol{K}}u}{\hbar}}\mathrm{e}^{\frac{\hat{\boldsymbol{K}}u}{\hbar}}\hat{\boldsymbol{\psi}}^{\dagger}(\tau')\mathrm{e}^{-\frac{\hat{\boldsymbol{K}}u}{\hbar}} \\
&\quad \pm \mathrm{e}^{\frac{\hat{\boldsymbol{K}}u}{\hbar}}\hat{\boldsymbol{\psi}}^{\dagger}(\tau')\mathrm{e}^{-\frac{\hat{\boldsymbol{K}}u}{\hbar}}\mathrm{e}^{\frac{\hat{\boldsymbol{K}}u}{\hbar}}\hat{\boldsymbol{\psi}}(\tau)\mathrm{e}^{-\frac{\hat{\boldsymbol{K}}u}{\hbar}}\rangle \\
&= \langle \mathrm{e}^{\frac{\hat{\boldsymbol{K}}u}{\hbar}}\{\hat{\boldsymbol{\psi}}(\tau)\hat{\boldsymbol{\psi}}^{\dagger}(\tau') \pm \hat{\boldsymbol{\psi}}^{\dagger}(\tau')\hat{\boldsymbol{\psi}}(\tau)\}\mathrm{e}^{-\frac{\hat{\boldsymbol{K}}u}{\hbar}}\rangle \\
&= \delta(\tau-\tau')\langle \mathrm{e}^{\frac{\hat{\boldsymbol{K}}u}{\hbar}}\mathrm{e}^{-\frac{\hat{\boldsymbol{K}}u}{\hbar}}\rangle \\
&= \delta(\tau-\tau')
\end{aligned} \tag{18.1.6}$$

式中, 第三个等号的成立是利用了场算符对易关系. 将式 (18.1.6) 代入式 (18.1.5), 得到的 Green 函数的运动方程为

$$\begin{aligned}
&\hbar\frac{\partial G(\tau u,\tau' u')}{\partial u} + \hbar\langle\hat{\boldsymbol{T}}\{[\hat{\boldsymbol{K}},\hat{\boldsymbol{\psi}}_{\text{He}}(\tau u)]_{-}\hat{\boldsymbol{\psi}}^{\dagger}_{\text{He}}(\tau' u')\}\rangle \\
&= -\hbar\delta(\tau-\tau')\delta(u-u')
\end{aligned} \tag{18.1.7}$$

式中

$$[\hat{\boldsymbol{K}},\hat{\boldsymbol{\psi}}_{\text{He}}(\tau u)]_{-} = \hbar\frac{\partial\hat{\boldsymbol{\psi}}_{\text{He}}(\tau u)}{\partial u} \tag{18.1.8}$$

只要将 $\hat{\psi}_{\text{He}}(\tau u) = \mathrm{e}^{\frac{\hat{\boldsymbol{K}}u}{\hbar}}\hat{\psi}(\tau)\mathrm{e}^{-\frac{\hat{\boldsymbol{K}}u}{\hbar}}$ 两边对 u 微商, 即可证明式 (18.1.8).

18.2　微 扰 展 开

18.2.1　展开式

精确的 Green 函数实际上是无法求得的, 只能求得近似式. 为此, 我们要将前

述的 Green 函数转换到相互作用表象中去, 利用散射矩阵算符 $\hat{\boldsymbol{S}}$ 就可以作微扰展开, 然后取其重要项作为近似表示.

由式 (17.4.33) 可知

$$\hat{\boldsymbol{S}}(u,u_0)=\mathrm{e}^{\frac{\hat{\boldsymbol{K}}_0}{\hbar}u}\mathrm{e}^{-\frac{\hat{\boldsymbol{K}}}{\hbar}(u-u_0)}\mathrm{e}^{-\frac{\hat{\boldsymbol{K}}_0}{\hbar}u_0} \tag{18.2.1}$$

取 $u_0=0, u\to\beta\hbar$, 则上式为

$$\hat{\boldsymbol{S}}(\beta\hbar,0)=\mathrm{e}^{\beta\hat{\boldsymbol{K}}_0}\mathrm{e}^{-\beta\hat{\boldsymbol{K}}} \tag{18.2.2}$$

即得

$$\begin{aligned}\mathrm{e}^{-\beta\hat{\boldsymbol{K}}}&=\mathrm{e}^{-\beta\hat{\boldsymbol{K}}_0}\hat{\boldsymbol{S}}(\beta\hbar,0)\\&=\mathrm{e}^{-\beta\hat{\boldsymbol{K}}_0}\sum_{n=0}^{\infty}\left(\frac{-1}{\hbar}\right)^n\frac{1}{n!}\int_0^{\beta\hbar}\cdots\int_0^{\beta\hbar}\mathrm{d}u_1\mathrm{d}u_2\cdots\mathrm{d}u_n\hat{\boldsymbol{T}}[\hat{\boldsymbol{K}}_{\mathrm{I}}'(u_1)\cdots\hat{\boldsymbol{K}}_{\mathrm{I}}'(u_n)]\end{aligned} \tag{18.2.3}$$

将式 (18.2.2) 和式 (18.2.3) 代入式 (18.1.1), 得

$$\begin{aligned}&ZG(\tau u,\tau'u')\\&=-\operatorname{tr}\mathrm{e}^{-\beta\hat{\boldsymbol{K}}}\hat{\boldsymbol{T}}[\mathrm{e}^{\frac{\hat{\boldsymbol{K}}u}{\hbar}}\hat{\boldsymbol{\psi}}(\tau)\mathrm{e}^{-\frac{\hat{\boldsymbol{K}}u}{\hbar}}\mathrm{e}^{\frac{\hat{\boldsymbol{K}}}{\hbar}u'}\hat{\boldsymbol{\psi}}^{\dagger}(\tau')\mathrm{e}^{-\frac{\hat{\boldsymbol{K}}}{\hbar}u'}]\\&=-\operatorname{tr}\mathrm{e}^{-\beta\hat{\boldsymbol{K}}_0}\hat{\boldsymbol{S}}(\beta\hbar,0)\hat{\boldsymbol{T}}[\hat{\boldsymbol{S}}(0,u)\mathrm{e}^{\frac{\hat{\boldsymbol{K}}_0}{\hbar}u}\hat{\boldsymbol{\psi}}(\tau)\mathrm{e}^{-\frac{\hat{\boldsymbol{K}}_0}{\hbar}u}\hat{\boldsymbol{S}}(u,0)\\&\quad\times\boldsymbol{S}(0,u')\mathrm{e}^{-\frac{\hat{\boldsymbol{K}}_0}{\hbar}u'}\hat{\boldsymbol{\psi}}^{\dagger}(\tau')\mathrm{e}^{-\frac{\hat{\boldsymbol{K}}_0}{\hbar}u'}\boldsymbol{S}(u,0)]\end{aligned} \tag{18.2.4}$$

利用

$$\hat{\boldsymbol{\psi}}_{\mathrm{I}}(\tau u)=\mathrm{e}^{\frac{\hat{\boldsymbol{K}}_0}{\hbar}u}\hat{\boldsymbol{\psi}}(\tau)\mathrm{e}^{-\frac{\hat{\boldsymbol{K}}_0}{\hbar}u}$$

和 $\hat{\boldsymbol{S}}$ 的群论性质

$$\hat{\boldsymbol{S}}(\beta\hbar,0)=\hat{\boldsymbol{S}}(\beta\hbar,0)\hat{\boldsymbol{S}}(0,u)\hat{\boldsymbol{S}}(u,0)\hat{\boldsymbol{S}}(0,u')\hat{\boldsymbol{S}}(u',0)$$

以及编时算符 $\hat{\boldsymbol{T}}$ 的功能, 式 (18.2.4) 可改写为

$$\begin{aligned}ZG(\tau u,\tau'u')&=-\operatorname{tr}\mathrm{e}^{-\beta\hat{\boldsymbol{K}}_0}\hat{\boldsymbol{T}}[\hat{\boldsymbol{S}}(\beta\hbar,0)\hat{\boldsymbol{S}}(0,u)\hat{\boldsymbol{S}}(u,0)\hat{\boldsymbol{S}}(0,u')\\&\quad\times\hat{\boldsymbol{S}}(u',0)\hat{\boldsymbol{\psi}}_{\mathrm{I}}(\tau u)\hat{\boldsymbol{\psi}}_{\mathrm{I}}^{\dagger}(\tau'u')]\\&=-\operatorname{tr}\mathrm{e}^{-\beta\hat{\boldsymbol{K}}_0}\hat{\boldsymbol{T}}[\hat{\boldsymbol{S}}(\beta\hbar,0)\hat{\boldsymbol{\psi}}_{\mathrm{I}}(\tau u)\hat{\boldsymbol{\psi}}_{\mathrm{I}}^{\dagger}(\tau'u')]\end{aligned} \tag{18.2.5}$$

配分函数

$$Z = \mathrm{tr}\ \mathrm{e}^{-\beta \hat{\boldsymbol{K}}} = \mathrm{tr}\ \mathrm{e}^{-\beta \hat{\boldsymbol{K}}_0} \hat{\boldsymbol{S}}(\beta\hbar, 0) \qquad [\text{由式}(18.2.3)]$$

因而 Green 函数的微扰展开式为

$$G(\tau u, \tau' u') = -\frac{\mathrm{tr}\ \mathrm{e}^{-\beta \hat{\boldsymbol{K}}_0} \hat{\boldsymbol{T}}[\hat{\boldsymbol{S}}(\beta\hbar, 0)\hat{\boldsymbol{\psi}}_{\mathrm{I}}(\tau u)\hat{\boldsymbol{\psi}}_{\mathrm{I}}^{\dagger}(\tau' u')]}{\mathrm{tr}\ \mathrm{e}^{-\beta \hat{\boldsymbol{K}}_0} \hat{\boldsymbol{S}}(\beta\hbar, 0)} \tag{18.2.6}$$

将 $\hat{S}$ 的具体细节代入式 (18.2.6), 得

$$\begin{aligned} & G(\tau u, \tau' u') \\ = & -\sum_{n=0}^{\infty}\left(\frac{-1}{\hbar}\right)^n \frac{1}{n!}\int_0^{\beta\hbar} \mathrm{d}u_1 \mathrm{d}u_2 \cdots \mathrm{d}u_n \\ & \times \langle \hat{\boldsymbol{T}} \hat{\boldsymbol{K}}_{\mathrm{I}}'(u_1) \cdots \hat{\boldsymbol{K}}_{\mathrm{I}}'(u_n) \hat{\psi}_{\mathrm{I}}(\tau u) \hat{\psi}_{\mathrm{I}}^{\dagger}(\tau' u') \rangle \\ & \sum_{n=0}^{\infty}\left(\frac{-1}{\hbar}\right)^n \frac{1}{n!}\int_0^{\beta\hbar} \mathrm{d}u_1 \mathrm{d}u_2 \cdots \mathrm{d}u_n \langle \hat{\boldsymbol{T}} \hat{\boldsymbol{K}}'{}_{\mathrm{I}}(u_{\mathrm{I}}) \cdots \hat{\boldsymbol{K}}_{\mathrm{I}}'(u_n) \rangle \end{aligned} \tag{18.2.7}$$

式中, $\langle \hat{\boldsymbol{T}} \cdots \rangle$ 表示如下的平均:

$$\langle \hat{\boldsymbol{A}} \hat{\boldsymbol{B}} \rangle \equiv \frac{\mathrm{tr}\ \mathrm{e}^{-\beta \hat{\boldsymbol{K}}_0} \hat{\boldsymbol{A}} \hat{\boldsymbol{B}}}{Z_0} \tag{18.2.8}$$

$$\hat{\boldsymbol{K}}_{\mathrm{I}}'(u) = \int \mathrm{d}\tau_1 \mathrm{d}\tau_2 F(\tau_1, \tau_2) \hat{\boldsymbol{\psi}}_{\mathrm{I}}^{\dagger}(\tau_1 u) \hat{\boldsymbol{\psi}}_{\mathrm{I}}(\tau_2 u) \tag{18.2.9}$$

式中, $F(\tau_1, \tau)$ 是 τ_1 和 τ_2 的势能函数. 下面讨论式 (18.2.7) 的前面几项.

18.2.2　Green 函数展开的前几项

为了方便讨论, 将 tr 前的负号暂时去掉. 另外, 先只考虑式 (18.2.7) 的分子, 以后将会看到分母会被消去.

(1) 第零项

$$T_0 = \langle \hat{\boldsymbol{T}} \hat{\psi}_{\mathrm{I}}(\tau u) \hat{\psi}_{\mathrm{I}}^{\dagger}(\tau' u') \rangle \tag{18.2.10}$$

(2) 第一项

$$T_1 = \left(\frac{-1}{\hbar}\right)\frac{1}{1!}\int_0^{\beta\hbar} \mathrm{d}u_1 \mathrm{d}\tau_1 \mathrm{d}\tau_2 F(\tau_1, \tau_2) \langle \boldsymbol{T} \hat{\boldsymbol{\psi}}_{\mathrm{I}}^{\dagger}(\tau_1 u_1) \hat{\psi}_{\mathrm{I}}(\tau_2 u_1) \hat{\psi}_{\mathrm{I}}(\tau u) \hat{\psi}_{\mathrm{I}}(\tau' u') \rangle \tag{18.2.11}$$

为了处理式 (18.2.11) 中的 $\langle \hat{\boldsymbol{T}} \cdots \rangle$, 就要讨论一下编时算符乘积对基态的平均. 由定义可知, 两个算符的正规乘积对于基态的平均为零 (如有 Bose 凝结时另作处理). 因而有

$$\underbrace{\hat{\boldsymbol{X}} \hat{\boldsymbol{Y}}} = \langle \hat{\boldsymbol{T}}[\hat{\boldsymbol{X}} \hat{\boldsymbol{Y}}] \rangle \tag{18.2.12}$$

再考虑到收缩结果或是零或是非零数, 可知 $\hat{\boldsymbol{X}}$ 和 $\hat{\boldsymbol{Y}}$ 中一定是一个为 $\hat{\psi}_{\rm I}$, 另一个为 $\hat{\psi}_{\rm I}^{\dagger}$. 于是有

$$\begin{aligned}&\langle\hat{\boldsymbol{T}}[\hat{\boldsymbol{X}}\hat{\boldsymbol{Y}}\hat{\boldsymbol{Z}}\hat{\boldsymbol{S}}\cdots\hat{\boldsymbol{U}}\hat{\boldsymbol{V}}\hat{\boldsymbol{W}}]\rangle\\&=\langle\hat{\boldsymbol{T}}[\hat{\boldsymbol{X}}\hat{\boldsymbol{Y}}]\rangle\langle\hat{\boldsymbol{T}}[\hat{\boldsymbol{X}}\hat{\boldsymbol{Z}}]\rangle\cdots\langle\hat{\boldsymbol{T}}[\hat{\boldsymbol{V}}\hat{\boldsymbol{W}}]\rangle\pm\langle\hat{\boldsymbol{T}}[\hat{\boldsymbol{X}}\hat{\boldsymbol{Z}}]\rangle\langle\hat{\boldsymbol{T}}[\hat{\boldsymbol{Y}}\hat{\boldsymbol{S}}]\rangle\cdots\langle\hat{\boldsymbol{T}}[\hat{\boldsymbol{V}}\hat{\boldsymbol{W}}]\rangle\pm\cdots\end{aligned}\tag{18.2.13}$$

式 (18.2.13) 表明若干个相互作用表象中的编时算符乘积对基态的平均等于各种可能的成对编时算符乘积对基态的平均值积之和. 各项前的正负号取决于费米子算符对换总次数的奇偶性, 奇数取 $-$ 号, 偶数取 $+$ 号. 玻色子算符都取 $+$ 号.

利用上述结果作统计平均①, 则式 (18.2.11) 中的

$$\begin{aligned}&\langle\hat{\boldsymbol{T}}\hat{\boldsymbol{\psi}}_{\rm I}^{\dagger}(\tau_1u_1)\hat{\boldsymbol{\psi}}_{\rm I}(\tau_2u_1)\hat{\boldsymbol{\psi}}_{\rm I}(\tau u)\hat{\boldsymbol{\psi}}_{\rm I}^{\dagger}(\tau'u')\rangle\\&=\langle\hat{\boldsymbol{T}}\hat{\boldsymbol{\psi}}_{\rm I}(\tau_2u_1)\hat{\boldsymbol{\psi}}_{\rm I}(\tau u)\hat{\boldsymbol{\psi}}_{\rm I}^{\dagger}(\tau_1u_1)\hat{\boldsymbol{\psi}}_{\rm I}^{\dagger}(\tau'u')\rangle\\&=\langle\hat{\boldsymbol{T}}\hat{\boldsymbol{\psi}}_{\rm I}(\tau_2u_1)\hat{\boldsymbol{\psi}}_{\rm I}^{\dagger}(\tau_1u_1)\rangle\langle\hat{\boldsymbol{T}}\hat{\boldsymbol{\psi}}_{\rm I}(\tau u)\hat{\boldsymbol{\psi}}_{\rm I}^{\dagger}(\tau'u')\rangle\\&\quad+\langle\hat{\boldsymbol{T}}\hat{\boldsymbol{\psi}}_{\rm I}(\tau_2u_1)\hat{\boldsymbol{\psi}}_{\rm I}^{\dagger}(\tau'u')\rangle\langle\hat{\boldsymbol{T}}\hat{\boldsymbol{\psi}}_{\rm I}(\tau u)\hat{\boldsymbol{\psi}}_{\rm I}^{\dagger}(\tau_1u_1)\rangle\end{aligned}\tag{18.2.14}$$

可以看到, 式 (18.2.14) 第一项的两个因子 $\langle\hat{\boldsymbol{T}}\cdots\rangle$ 彼此无关, $F(\tau_1\tau_2)$ 只与第一个因子有作用. 而第二项的两个因子 $\langle\hat{\boldsymbol{T}}\cdots\rangle$ 却相互关联不能分离, 因变量 u_1 在两个因子中都有. 并且 $F(\tau_1,\tau_2)$ 对两个因子都有作用. 所以, 我们称这种项为相连项 (connected 或 linked term), 并记为

$$\begin{aligned}&\langle\hat{\boldsymbol{T}}\hat{\boldsymbol{\psi}}_{\rm I}(\tau_2u_1)\hat{\boldsymbol{\psi}}_{\rm I}(\tau u)\hat{\boldsymbol{\psi}}_{\rm I}^{\dagger}(\tau_1u_1)\hat{\boldsymbol{\psi}}_{\rm I}^{\dagger}(\tau'u')\rangle_{\rm con}\\&=\langle\hat{\boldsymbol{T}}\hat{\boldsymbol{\psi}}_{\rm I}(\tau_2u_1)\hat{\boldsymbol{\psi}}_{\rm I}^{\dagger}(\tau'u')\rangle\langle\hat{\boldsymbol{T}}\hat{\boldsymbol{\psi}}_{\rm I}(\tau u)\hat{\boldsymbol{\psi}}_{\rm I}^{\dagger}(\tau_1u_1)\rangle\end{aligned}\tag{18.2.15}$$

将式 (18.2.9)、式 (18.2.14) 和式 (18.2.15) 代入式 (18.2.11), 得

$$\begin{aligned}T_1=&\langle\hat{\boldsymbol{T}}\hat{\boldsymbol{\psi}}_{\rm I}(\tau u)\hat{\boldsymbol{\psi}}_{\rm I}^{\dagger}(\tau'u')\rangle\left(\frac{-1}{\hbar}\right)\frac{1}{1!}\int_0^{\beta\hbar}{\rm d}u_1\langle\hat{\boldsymbol{T}}\hat{\boldsymbol{K}}_{\rm I}'(u_1)\rangle\\&+\left(\frac{-1}{\hbar}\right)\left(\frac{1}{1!}\right)\int_0^{\beta\hbar}{\rm d}u_1\langle\hat{\boldsymbol{T}}\hat{\boldsymbol{K}}_{\rm I}'(u_1)\hat{\boldsymbol{\psi}}_{\rm I}(\tau u)\hat{\boldsymbol{\psi}}_{\rm I}^{\dagger}(\tau'u')\rangle_{\rm con}\end{aligned}\tag{18.2.16}$$

(3) 第二项

$$T_2=\left(\frac{-1}{\hbar}\right)^2\frac{1}{2!}\int_0^{\beta\hbar}{\rm d}u_1{\rm d}u_2\langle\hat{\boldsymbol{T}}\hat{\boldsymbol{K}}_{\rm I}'(u_1)\hat{\boldsymbol{K}}_{\rm I}'(u_2)\hat{\boldsymbol{\psi}}_{\rm I}(\tau u)\hat{\boldsymbol{\psi}}_{\rm I}^{\dagger}(\tau'u')\rangle\tag{18.2.17}$$

① 松原证明了式 (18.2.13) 也能用于松原函数.

先处理式 (18.2.17) 中的 $\langle\hat{\boldsymbol{T}}\cdots\rangle$. 考虑到式 (18.2.9) 和 Wick 定理, 得

$$
\begin{aligned}
&\langle\hat{\boldsymbol{T}}\hat{\boldsymbol{K}}_{\mathrm{I}}'(u_1)\hat{\boldsymbol{K}}_{\mathrm{I}}'(u_2)\hat{\boldsymbol{\psi}}_{\mathrm{I}}(\tau u)\hat{\boldsymbol{\psi}}_{\mathrm{I}}^{\dagger}(\tau' u')\rangle\\
&=\langle\hat{\boldsymbol{T}}\hat{\boldsymbol{\psi}}_{\mathrm{I}}(\tau u)\hat{\boldsymbol{\psi}}_{\mathrm{I}}^{\dagger}(\tau' u')\rangle\langle\hat{\boldsymbol{T}}\hat{\boldsymbol{K}}_{\mathrm{I}}'(u_1)\hat{\boldsymbol{K}}_{\mathrm{I}}'(u_2)\rangle\\
&\quad+\langle\hat{\boldsymbol{T}}\hat{\boldsymbol{K}}_{\mathrm{I}}'(u_1)\hat{\boldsymbol{\psi}}_{\mathrm{I}}(\tau u)\hat{\boldsymbol{\psi}}_{\mathrm{I}}^{\dagger}(\tau' u')\rangle_{\mathrm{con}}\langle\hat{\boldsymbol{T}}\hat{\boldsymbol{K}}_{\mathrm{I}}'(u_2)\rangle\\
&\quad+\langle\hat{\boldsymbol{T}}\hat{\boldsymbol{K}}_{\mathrm{I}}'(u_2)\hat{\boldsymbol{\psi}}_{\mathrm{I}}(\tau u)\hat{\boldsymbol{\psi}}_{\mathrm{I}}^{\dagger}(\tau' u')\rangle_{\mathrm{con}}\langle\hat{\boldsymbol{T}}\hat{\boldsymbol{K}}_{\mathrm{I}}'(u_1)\rangle\\
&\quad+\langle\hat{\boldsymbol{T}}\hat{\boldsymbol{K}}_{\mathrm{I}}'(u_1)\hat{\boldsymbol{K}}_{\mathrm{I}}'(u_2)\hat{\boldsymbol{\psi}}_{\mathrm{I}}(\tau u)\hat{\boldsymbol{\psi}}_{\mathrm{I}}^{\dagger}(\tau' u')\rangle_{\mathrm{con}}
\end{aligned}
\tag{18.2.18}
$$

于是

$$
\begin{aligned}
T_2=&\langle\hat{\boldsymbol{T}}\hat{\boldsymbol{\psi}}_{\mathrm{I}}(\tau u)\hat{\boldsymbol{\psi}}_{\mathrm{I}}^{\dagger}(\tau' u')\rangle\left(\frac{-1}{\hbar}\right)^2\frac{1}{2!}\int_0^{\beta\hbar}\mathrm{d}u_1\mathrm{d}u_2[\hat{\boldsymbol{T}}\hat{\boldsymbol{K}}_{\mathrm{I}}'(u_1)\hat{\boldsymbol{K}}_{\mathrm{I}}'(u_2)\rangle\\
&+\left(\frac{-1}{\hbar}\right)^2\frac{1}{2!}\int_0^{\beta\hbar}\mathrm{d}u_1\langle\hat{\boldsymbol{T}}\hat{\boldsymbol{K}}_{\mathrm{I}}'(u_1)\hat{\boldsymbol{\psi}}_{\mathrm{I}}(\tau u)\hat{\boldsymbol{\psi}}_{\mathrm{I}}^{\dagger}(\tau' u')\rangle_{\mathrm{con}}\\
&\times\int_0^{\beta\hbar}\mathrm{d}u_2\langle\hat{\boldsymbol{T}}\hat{\boldsymbol{K}}_{\mathrm{I}}'(u_2)\rangle+\left(\frac{-1}{\hbar}\right)^2\frac{1}{2!}\\
&\times\int_0^{\beta\hbar}\mathrm{d}u_2\langle\hat{\boldsymbol{T}}\hat{\boldsymbol{K}}_{\mathrm{I}}'(u_2)\hat{\boldsymbol{\psi}}_{\mathrm{I}}(\tau u)\hat{\boldsymbol{\psi}}_{\mathrm{I}}^{\dagger}(\tau' u')\rangle_{\mathrm{con}}\int_0^{\beta\hbar}\mathrm{d}u_{\mathrm{I}}\langle\hat{\boldsymbol{T}}\hat{\boldsymbol{K}}_{\mathrm{I}}'(u_1)\rangle\\
&+\left(\frac{-1}{\hbar}\right)^2\frac{1}{2!}\int_0^{\beta\hbar}\mathrm{d}u_1\mathrm{d}u_2\langle\hat{\boldsymbol{T}}\hat{\boldsymbol{K}}_{\mathrm{I}}'(u_1)\hat{\boldsymbol{K}}_{\mathrm{I}}'(u_2)\hat{\boldsymbol{\psi}}_{\mathrm{I}}(\tau u)\hat{\boldsymbol{\psi}}_{\mathrm{I}}^{\dagger}(\tau' u')\rangle_{\mathrm{con}}\\
=&\langle\hat{\boldsymbol{T}}\hat{\boldsymbol{\psi}}_{\mathrm{I}}(\tau u)\hat{\boldsymbol{\psi}}_{\mathrm{I}}^{\dagger}(\tau' u')\rangle\left(\frac{-1}{\hbar}\right)^2\frac{1}{2!}\int_0^{\beta\hbar}\mathrm{d}u_1\mathrm{d}u_2\langle\hat{\boldsymbol{T}}\hat{\boldsymbol{K}}_{\mathrm{I}}'(u_1)\hat{\boldsymbol{K}}_{\mathrm{I}}'(u_2)\rangle\\
&+\frac{2!}{1!1!}\frac{1}{2!}\left(\frac{-1}{\hbar}\right)\int_0^{\beta\hbar}\mathrm{d}u_1\langle\hat{\boldsymbol{T}}\hat{\boldsymbol{K}}_{\mathrm{I}}'(u_1)\hat{\boldsymbol{\psi}}_{\mathrm{I}}(\tau u)\hat{\boldsymbol{\psi}}_{\mathrm{I}}^{\dagger}(\tau' u')\rangle_{\mathrm{con}}\\
&\times\left(\frac{-1}{\hbar}\right)\int_0^{\beta\hbar}\mathrm{d}u_1\langle\hat{\boldsymbol{T}}\hat{\boldsymbol{K}}_{\mathrm{I}}'(u_1)\rangle+\left(\frac{-1}{\hbar}\right)^2\frac{1}{2!}\\
&\times\int_0^{\beta\hbar}\mathrm{d}u_1\mathrm{d}u_2\langle\hat{\boldsymbol{T}}\hat{\boldsymbol{K}}_{\mathrm{I}}'(u_1)\hat{\boldsymbol{K}}_{\mathrm{I}}'(u_2)\hat{\boldsymbol{\psi}}_{\mathrm{I}}(\tau u)\hat{\boldsymbol{\psi}}_{\mathrm{I}}^{\dagger}(\tau' u')\rangle_{\mathrm{con}}
\end{aligned}
\tag{18.2.19}
$$

式中, 第二个等号的成立是因为其左边中间二项只是积分变量不同而积分结果是一样的. 故可合并.

将 T_0、T_1 和 T_2 三项加起来, 得

$$
\begin{aligned}
&T_0+T_1+T_1\\
&=\langle\hat{\boldsymbol{T}}\hat{\boldsymbol{\psi}}_{\mathrm{I}}(\tau u)\hat{\boldsymbol{\psi}}_{\mathrm{I}}^{\dagger}(\tau' u')\rangle\left[1+\left(\frac{-1}{\hbar}\right)\frac{1}{1!}\int_0^{\beta\hbar}\mathrm{d}u_1\langle\hat{\boldsymbol{T}}\hat{\boldsymbol{K}}_{\mathrm{I}}'(u_1)\rangle\right.
\end{aligned}
$$

$$
+\left(\frac{-1}{\hbar}\right)^2\frac{1}{2!}\int_0^{\beta\hbar}\mathrm{d}u_1\mathrm{d}u_2\langle\hat{\boldsymbol{T}}\hat{\boldsymbol{K}}_{\mathrm{I}}'(u_1)\hat{\boldsymbol{K}}_{\mathrm{I}}'(u_2)\rangle\Bigg]
$$

$$
+\left(\frac{-1}{\hbar}\right)\frac{1}{1!}\int_0^{\beta\hbar}\mathrm{d}u_1\langle\hat{\boldsymbol{T}}\hat{\boldsymbol{K}}_{\mathrm{I}}'(u_1)\hat{\boldsymbol{\psi}}(\tau u)\hat{\boldsymbol{\psi}}_{\mathrm{I}}^{\dagger}(\tau' u')\rangle_{\mathrm{con}}
$$

$$
\times\left[1+\left(\frac{-1}{\hbar}\right)\int_0^{\beta\hbar}\mathrm{d}u_1\langle\hat{\boldsymbol{T}}\hat{\boldsymbol{K}}_{\mathrm{I}}'(u_1)\rangle\right]
$$

$$
+\left(\frac{-1}{\hbar}\right)^2\frac{1}{2!}\int_0^{\beta\hbar}\mathrm{d}u_1\mathrm{d}u_2\langle\hat{\boldsymbol{T}}\hat{\boldsymbol{K}}_{\mathrm{I}}'(u_1)\hat{\boldsymbol{K}}_{\mathrm{I}}'(u_2)\hat{\boldsymbol{\psi}}_{\mathrm{I}}(\tau u)\hat{\boldsymbol{\psi}}_{\mathrm{I}}^{\dagger}(\tau' u')\rangle_{\mathrm{con}} \tag{18.2.20}
$$

注意到式 (18.2.20) 中 $[\cdots]$ 的内容就是式 (18.2.7) 分母的前几项. 当级数无限增加, 即 $n\to\infty$ 时, $T_0+T_1+T_2+\cdots$ 就会出现与分母相同的因子, 因而可以消去, 所以式 (18.2.7) 就可写为

$$
G(\tau u,\tau' u') = -\sum_{n=0}^{\infty}\left(\frac{-1}{\hbar}\right)^n\frac{1}{n!}\int_0^{\beta\hbar}\mathrm{d}u_1\mathrm{d}u_2\cdots\mathrm{d}u_n
$$

$$
\times\langle\hat{\boldsymbol{T}}\hat{\boldsymbol{K}}_{\mathrm{I}}'(u_1)\cdots\hat{\boldsymbol{K}}_{\mathrm{I}}'(u_n)\hat{\boldsymbol{\psi}}_{\mathrm{I}}(\tau u)\hat{\boldsymbol{\psi}}_{\mathrm{I}}^{\dagger}(\tau' u')\rangle_{\mathrm{con}} \tag{18.2.21}
$$

这个表达式要比式 (18.2.7) 简单得多. 因为不必去计算式 (18.2.7) 中的分母, 只需计算相连项. 这就是连接簇定理 (linked cluster theorem). 但如何确定相连项? Feynman 提出的一种图形方法有助于解决这个问题.

18.3 图形方法(用坐标–时间表示)

18.3.1 图形表示

(1) 先将 Green 函数中的 $\hat{\boldsymbol{K}}_{\mathrm{I}}'(u)$ 改变形式. 在 Schrödinger 表象中

$$
\hat{\boldsymbol{K}}' = \frac{1}{2}\sum_{\substack{\lambda_1,\lambda_2\\ \lambda_3,\lambda_4}}V_{\lambda_1\lambda_3,\lambda_2\lambda_4}\hat{\boldsymbol{C}}_{\lambda_1}^{\dagger}\hat{\boldsymbol{C}}_{\lambda_3}^{\dagger}\hat{\boldsymbol{C}}_{\lambda_4}\hat{\boldsymbol{C}}_{\lambda_2} \tag{18.3.1}
$$

由 17.3.2 节可知

$$
V_{\lambda_1\lambda_3,\lambda_2\lambda_4} = \int\mathrm{d}\tau\mathrm{d}\tau'\phi_{\lambda_1}^*(\tau)\phi_{\lambda_3}^*(\tau')\hat{\boldsymbol{V}}(\tau,\tau')\phi_{\lambda_4}(\tau')\phi_{\lambda_2}(\tau) \tag{18.3.2}
$$

将式 (18.3.2) 代入式 (18.3.1), 得

$$
\hat{\boldsymbol{K}}' = \frac{1}{2}\sum_{\substack{\lambda_1,\lambda_2\\ \lambda_3,\lambda_4}}\int\mathrm{d}\tau\mathrm{d}\tau'\phi_{\lambda_1}^*(\tau)\phi_{\lambda_3}^*(\tau')\hat{\boldsymbol{V}}(\tau,\tau')\phi_{\lambda_4}(\tau')\phi_{\lambda_2}(\tau)\hat{\boldsymbol{C}}_{\lambda_1}^{\dagger}\hat{\boldsymbol{C}}_{\lambda_3}^{\dagger}\hat{\boldsymbol{C}}_{\lambda_4}\hat{\boldsymbol{C}}_{\lambda_2} \tag{18.3.3}
$$

$$= \frac{1}{2}\int \mathrm{d}\tau\mathrm{d}\tau'\hat{\boldsymbol{V}}(\tau,\tau')\hat{\boldsymbol{\psi}}^{\dagger}(\tau)\hat{\boldsymbol{\psi}}^{\dagger}(\tau')\hat{\boldsymbol{\psi}}(\tau')\hat{\boldsymbol{\psi}}(\tau) \tag{18.3.4}$$

变换到相互作用表象, 式 (18.3.4) 可写为

$$\hat{\boldsymbol{K}}_{\mathrm{I}}'(u_1) = \frac{1}{2}\int_0^{\beta\hbar} \mathrm{d}\tau_1\mathrm{d}\tau_2\mathrm{d}u_2\hat{\boldsymbol{V}}_0(\tau_1u_1,\tau_2u_2)\hat{\boldsymbol{\psi}}_{\mathrm{I}}^{\dagger}(\tau_1u_1)\hat{\boldsymbol{\psi}}_{\mathrm{I}}^{\dagger}(\tau_2u_2)\hat{\boldsymbol{\psi}}_{\mathrm{I}}(\tau_2u_2)\hat{\boldsymbol{\psi}}_{\mathrm{I}}(\tau_1u_1) \tag{18.3.5}$$

式中

$$V_0(\tau_1u_1,\tau_2u_2) = V(\tau_1,\tau_2)\delta(u_1-u_2) \tag{18.3.6}$$

τu

$\tau' u'$

图 18.3.1

(2) 图形表示. Feynman 提出将 Green 函数表示成图形. 反过来, 也可由图形写出表达式. 由式 (18.2.7) 和式 (18.2.8) 可知, 零级 Green 函数为

$$\begin{aligned} G_0(\tau u,\tau'u') &= -T_0 = -\langle\hat{\boldsymbol{T}}\hat{\boldsymbol{\psi}}_{\mathrm{I}}(\tau u)\hat{\boldsymbol{\psi}}_{\mathrm{I}}^{\dagger}(\tau'u')\rangle \\ &= -\mathrm{tr}\frac{\mathrm{e}^{-\beta\hat{\boldsymbol{K}}_0}}{Z_0}\hat{\boldsymbol{T}}\hat{\boldsymbol{\psi}}_{\mathrm{I}}(\tau u)\hat{\boldsymbol{\psi}}_{\mathrm{I}}^{\dagger}(\tau'u') \end{aligned} \tag{18.3.7}$$

式中因不包括相互作用, 故称为自由粒子 Green 函数. 对此表达式可以用一根带箭头的实线表示, 箭头方向从端点 $\tau'u'$ 到端点 τu, 如图 18.3.1 所示.

一级 Green 函数.

取式 (18.2.7) 的分子一级项

$$\begin{aligned} T_1 =& -\left(\frac{-1}{\hbar}\right)\frac{1}{1!}\int_0^{\beta\hbar}\mathrm{d}u_1\langle\hat{\boldsymbol{T}}\hat{\boldsymbol{K}}_{\mathrm{I}}'(u_1)\hat{\boldsymbol{\psi}}_{\mathrm{I}}(\tau u)\hat{\boldsymbol{\psi}}_{\mathrm{I}}^{\dagger}(\tau'u')\rangle \\ =& \left(\frac{1}{\hbar}\right)\frac{1}{1!}\frac{1}{2}\int_0^{\beta\hbar}\mathrm{d}\tau_1\mathrm{d}u_1\mathrm{d}\tau_2\mathrm{d}u_2V_0(\tau_1u_1,\tau_2u_2) \\ &\times\langle\hat{\boldsymbol{T}}\hat{\boldsymbol{\psi}}_{\mathrm{I}}^{\dagger}(\tau_1u_1)\hat{\boldsymbol{\psi}}_{\mathrm{I}}^{\dagger}(\tau_2u_2)\hat{\boldsymbol{\psi}}_{\mathrm{I}}(\tau_2u_2)\hat{\boldsymbol{\psi}}_{\mathrm{I}}(\tau_1u_1)\hat{\boldsymbol{\psi}}_{\mathrm{I}}(\tau u)\hat{\boldsymbol{\psi}}_{\mathrm{I}}^{\dagger}(\tau'u')\rangle \qquad [\text{由式}(18.3.5)] \\ =& \left(\frac{1}{\hbar}\right)\left(\frac{1}{2!}\right)\int_0^{\beta\hbar}\mathrm{d}\tau_1\mathrm{d}u_1\mathrm{d}\tau_2\mathrm{d}u_2V_0(\tau_1u_1,\tau_2u_2) \\ &\times[+a_1G_0(\tau_2u_2,\tau_1u_1)G_0(\tau_1u_1,\tau_2u_2)G_0(\tau u,\tau'u') \\ &+a_2G_0(\tau_2u_2,\tau_1u_1)G_0(\tau_1u_1,\tau'u')G_0(\tau u,\tau_2u_2) \\ &+a_3G_0(\tau_2u_2,\tau_2u_2)G_0(\tau_1u_1,\tau_1u_1)G_0(\tau u,\tau'u') \\ &+a_4G_0(\tau_2u_2,\tau_2u_2)G_0(\tau_1u_1,\tau'u')G_0(\tau u,\tau_1u_1) \\ &+a_5G_0(\tau_2u_2,\tau'u')G_0(\tau_1u_1,\tau_2u_2)G_0(\tau u,\tau_1u_1) \\ &+a_6G_0(\tau_2u_2,\tau'u')G_0(\tau_1u_1,\tau_1u_1)G_0(\tau u,\tau_2u_2)] \end{aligned} \tag{18.3.8}$$

式中, 第三个等号的成立是运用了 Wick 定理和式 (18.3.7); $a_1 \sim a_6$ 是对于费米子算符而言的 + 或 −.

从式 (18.3.8) 可以看出, 一级 Green 函数可以表示成零级 Green 函数 G_0 的组合, 从而可以用简单的图 18.3.1 组合成 T_1 各项的图. 现在要对式 (18.3.8) 各项作出图形表示. 需要补充两点作图规则:

(a) 势能函数 $V_0(\tau_1 u_1, \tau_2 u_2)$ 用虚线表示, 如图 18.3.2 所示.

(b) 对于变量 $\tau_1 u_1 = \tau_2 u_2$ 的 $G_0(\tau_1 u_1, \tau_1 u_1)$, 应当理解为 $G_0(\tau_1 u_1, \tau_1 u_1 + 0)$, 对应的图如图 18.3.3 所示. 这样, 式 (18.3.8) 的各项图形如图 18.3.4 所示.

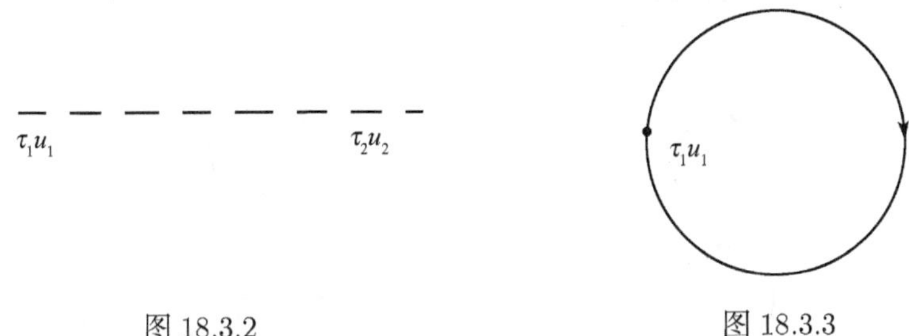

图 18.3.2　　图 18.3.3

从图 18.3.4 可以明显地看到, ①和③具有不相连特点, 称为不相连图. 由连接簇定理可以去掉它们. 相连图②和⑤(以及④和⑥) 实际上是一样的 (拓扑等价), 将 $\tau_1 u_1$ 与 $\tau_2 u_2$ 对换, 两图就相互交换, 并不影响 $V_0(\tau_1 u_1, \tau_2 u_2)$ 函数, 故可合并. 这样, T_1 中的 $\dfrac{1}{2!}$ 就可消去. 于是一级 Green 函数为

$$
\begin{aligned}
G_1(\tau u, \tau' u') = &-\left(\frac{-1}{\hbar}\right)\int_0^{\beta\hbar} \mathrm{d}\tau_1 \mathrm{d}u_1 \mathrm{d}\tau_2 \mathrm{d}u_2 \\
&\times[+a_2 V_0(\tau_1 u_1, \tau_2 u_2) G_0(\tau_2 u_2, \tau_1 u_1) G_0(\tau_1 u_1, \tau' u') G_0(\tau u, \tau_2 u_2) \\
&+a_4 V_0(\tau_1 u_1, \tau_2 u_2) G_0(\tau_2 u_2, \tau_2 u_2) G_0(\tau_1 u_1, \tau' u') G_0(\tau u, \tau_1 u_1)]
\end{aligned} \tag{18.3.9}
$$

式中, a_2 和 a_4 的符号是这样规定的：图 18.3.4②中没有全实线封闭圈 (不指由实线和虚线连成的圈), 取 $a_2 = +1$; 若图 18.3.4 中有 F 个全实线封闭圈, 取系数 a 为 $(-1)^F$. 这个规则只适用于费米子算符. 至于玻色子算符系数 a 总取 +1.

二级 Green 函数.

取式 (18.2.7) 的分子二级项

$$
\begin{aligned}
T_2 = &-\left(\frac{-1}{\hbar}\right)^2 \frac{1}{2!}\int_0^{\beta\hbar} \mathrm{d}u_1 \mathrm{d}u_2 \langle \hat{\boldsymbol{T}} \hat{\boldsymbol{K}}'_{\mathrm{I}}(u_1) \hat{\boldsymbol{K}}'_{\mathrm{I}}(u_2) \hat{\boldsymbol{\psi}}_{\mathrm{I}}(\tau u) \hat{\boldsymbol{\psi}}^{\dagger}_{\mathrm{I}}(\tau' u')\rangle \\
= &-\left(\frac{-1}{\hbar}\right)^2 \frac{1}{2!}\left(\frac{1}{2}\right)^2 \int_0^{\beta\hbar} \mathrm{d}u_1 \mathrm{d}\tau_1 \mathrm{d}u_2 \mathrm{d}\tau_2 \mathrm{d}u_3 \mathrm{d}\tau_3 \mathrm{d}u_4 \mathrm{d}\tau_4 \\
&\times V_0(\tau_1 u_1, \tau_3 u_3) V_0(\tau_2 u_2, \tau_4 u_4)
\end{aligned}
$$

$$\times \langle \hat{\boldsymbol{T}}\hat{\boldsymbol{\psi}}_{\mathrm{I}}^{\dagger}(\tau_1 u_1)\hat{\boldsymbol{\psi}}_{\mathrm{I}}^{\dagger}(\tau_3 u_3)\hat{\boldsymbol{\psi}}_{\mathrm{I}}(\tau_3 u_3)\hat{\boldsymbol{\psi}}_{\mathrm{I}}(\tau_2 u_2)\hat{\boldsymbol{\psi}}_{\mathrm{I}}^{\dagger}(\tau_2 u_2)\hat{\boldsymbol{\psi}}_{\mathrm{I}}^{\dagger}(\tau_4 u_4)$$

$$\times \hat{\boldsymbol{\psi}}_{\mathrm{I}}(\tau_4 u_4)\hat{\boldsymbol{\psi}}_{\mathrm{I}}(\tau_2 u_2)\hat{\boldsymbol{\psi}}_{\mathrm{I}}(\tau u)\hat{\boldsymbol{\psi}}_{\mathrm{I}}^{\dagger}(\tau' u')\rangle \tag{18.3.10}$$

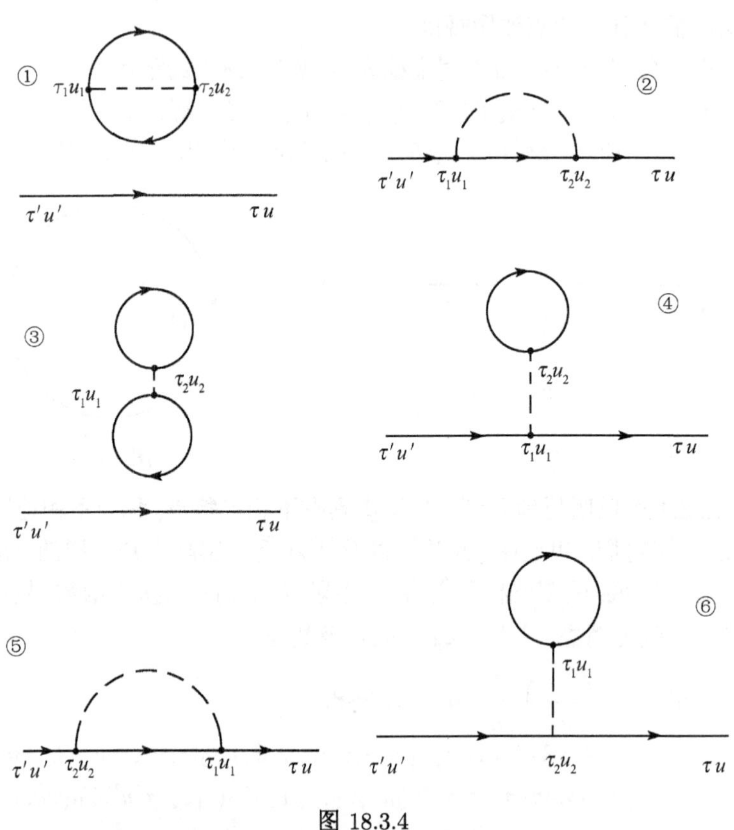

图 18.3.4

式中, 第二个等号的成立是因为代入 $\hat{\boldsymbol{K}}_{\mathrm{I}}'(u_1)$ 和 $\hat{\boldsymbol{K}}_{\mathrm{I}}'(u_2)$ 的表达式 (18.3.5).

对于 T_2, 有 $5! = 120$ 个图, 其中必有应当去掉的不相连图. 我们用下述规则作出拓扑不等价的相连图.

作两条虚线表示两个相互作用 $V_0(\tau_1 u_1, \tau_3 u_3)$ 和 $V_0(\tau_2 u_2, \tau_4 u_4)$, 每条虚线两端标以 $\tau_1 u_1$ 和 $\tau_3 u_3$, 以及 $\tau_2 u_2$ 和 $\tau_4 u_4$. 虚线端点称为内点. 再作两个点表示 τu 和 $\tau' u'$, 这称为外点. 最后作全部可能的连接外点和内点拓扑不等价相连图, 其连线是带箭头的实线, 箭头的方向是这样规定的, 对于每个内点有一个箭头进入, 同时有一个箭头离去; 对于两个外点, 其中一个外点仅有一个箭头离去 (如 $\tau' u'$), 另一个外点仅有一个箭头进入 (如 τu). 每条实线就是零级 Green 函数 G_0. 图 18.3.5 是 T_2 的全部拓扑不等价相连图.

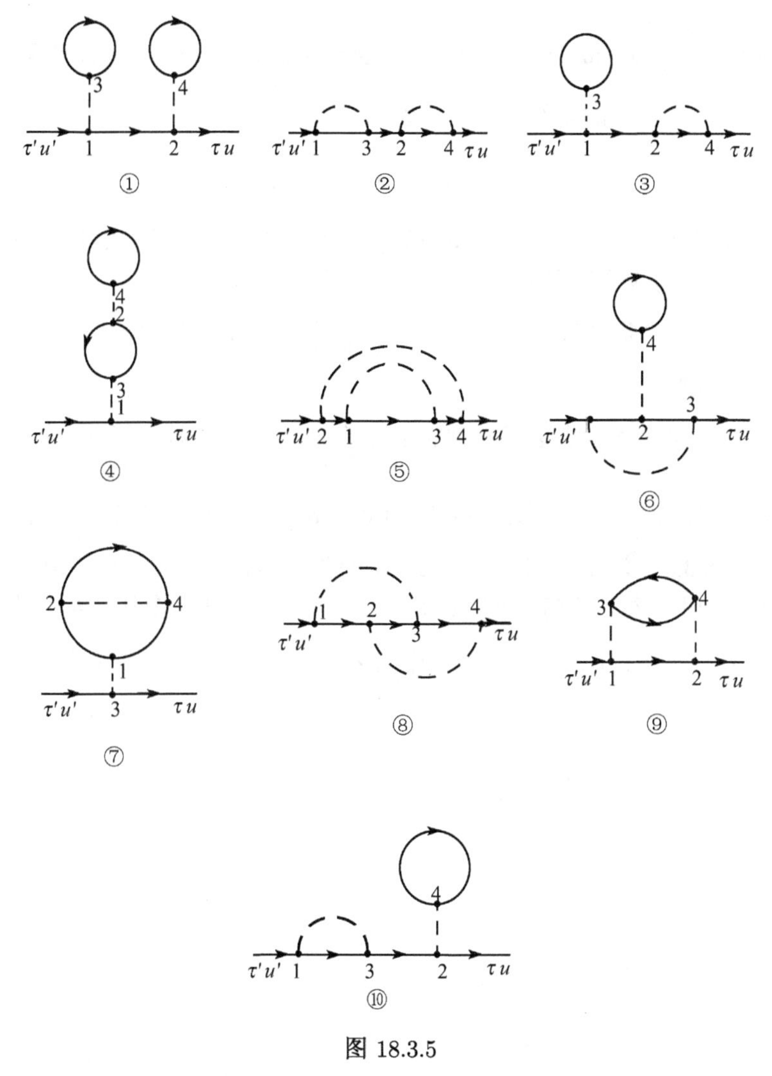

图 18.3.5

图中 $1 \equiv \tau_1 u_1, 2 \equiv \tau_2 u_2, 3 \equiv \tau_3 u_3, 4 \equiv \tau_4 u_4$

18.3.2　由图写出数学表达式

由连接簇定理可知二级项实际上有效的项只是相应于图 18.3.5 中①～⑩十项. 根据下述规则, 由每个图可写出对应的数学表达式. 这些规则如下:

(1) 每条连接端点 $(\tau_i u_i, \tau_j u_j)$ 的虚线代表相互作用

$$V_0(\tau_i u_i, \tau_j u_j)$$

(2) 每条连接端点 $(\tau_k u_k, \tau_l u_l)$ 的实线为零级 Green 函数 $G_0(\tau_k u_k, \tau_l u_l)$, 实线上箭头从 $\tau_l u_l \to \tau_k u_k$.

(3) 积分 $\int_0^{\beta\hbar}\prod_{i=1}^{\text{内点}}\mathrm{d}\tau_i\mathrm{d}u_i$ 的积分变量包括全部内点变量, 不包括外点变量 $(\tau u,\tau'u')$.

(4) 只有一个内点的实线封闭圈代表

$$G_0(\tau_k u_k,\tau_k u_k)=G_0(\tau_k u_k,\tau_k u_k+0)$$

(5) 对于费米子算符, 若一个图中有 F 个实线封闭圈, 则在表达式前乘因子 $(-1)^F$. 对于玻色子算符, 则不必乘此因子, 即取 $F=0$.

(6) 对应于每个图的表达式乘因子 $-\left(\dfrac{-1}{\hbar}\right)^n$, n 为级数, 如 T_2, 则 $n=2$. 这是式 (18.3.10) 的要求.

(7) 对应于每个图的表达式不乘因子 $\left(\dfrac{1}{n!}\right)\left(\dfrac{1}{2}\right)^n$. 去掉因子 $\left(\dfrac{1}{2}\right)^n$ 是因为只取拓扑等价图中的一个为代表, 实际上, 作内点的相互交换可得 $\left(\dfrac{1}{2}\right)^n$ 个等价拓扑图. 例如图 18.3.5 ①, 交换 (1, 3) 与 (2, 4) 的各自的相对位置 [如 (1,3) 变为 (3,1); (2,4) 变为 (4,2)] 可得四个等价图, 如图 18.3.6 所示. 这四个图都是合理的, 都应当保留, 但拓扑等价图只画出一个, 因而应当去掉因子 $\left(\dfrac{1}{2}\right)^2$. 一般是去掉 $\left(\dfrac{1}{2}\right)^n$.

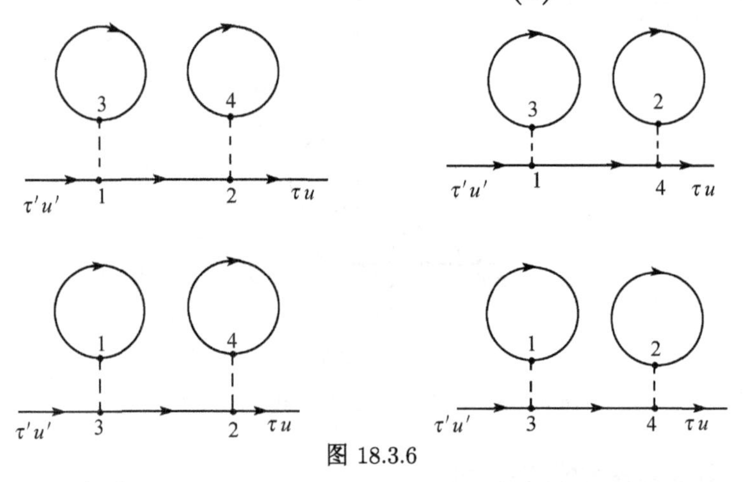

图 18.3.6

去掉因子 $\left(\dfrac{1}{n!}\right)$, 这是因为交换两根相互作用的虚线位置就出现等价拓扑图, 其相当于若干根虚线位置排列方式的数目, 并且由于 $\hat{\boldsymbol{K}}_1'$ 中含有四个费米子算符, 其 $\hat{\boldsymbol{T}}$ 乘积的内交换次序不必改号, 故贡献相同. 仍以图 18.3.5 ①为例, 它实际上可分成二组, 即 (1,3) 与 (2, 4) 左右换位二组, 如图 18.3.7 所示. 每组又可仿图 18.3.6 作出四个, 这样共有八个拓扑等价图, 所以合起来要去掉因子 $\left(\dfrac{1}{n!}\right)\cdot\left(\dfrac{1}{2}\right)^n$.

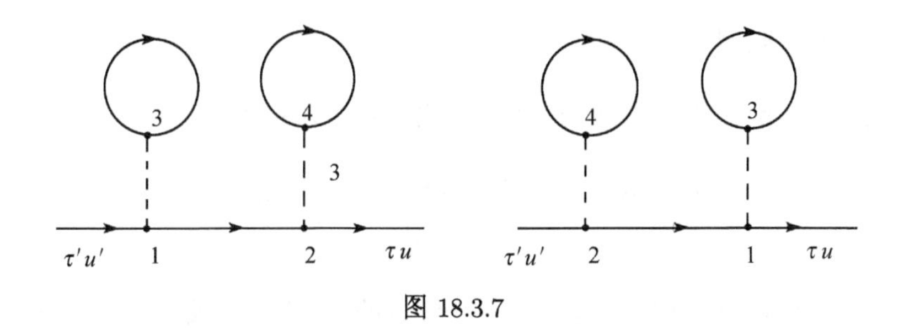

图 18.3.7

现在, 可以根据上述规则写出图 18.3.5 中各个图的对应表达式. 将十个表达式加起来就是二级 Green 函数 G_2. 显然, 这要比直接从式 (18.3.10) 展开简单得多. 那样做共有 $5! = 120$ 项, 对应的图也有 120 个. 从上述分析可知, 真正独立的拓扑不等价的图只有十个, 只要写出对应的表达式即可, 这也就是说, 将 120 项进行归并, 成为仅有十项之和. 例如, 对应于图 18.3.5 ①的表达式为

$$
\begin{aligned}
G_{2(1)} = -(-1)^2\left(\frac{-1}{\hbar}\right)^2 \int_0^{\beta\hbar} & \mathrm{d}\tau_1\mathrm{d}u_1\mathrm{d}\tau_2\mathrm{d}u_2\mathrm{d}\tau_3\mathrm{d}u_3\mathrm{d}\tau_4\mathrm{d}u_4 \\
& \times V_0(\tau_1u_1,\tau_3u_3)V_0(\tau_2u_2,\tau_4u_4)G_0(\tau u,\tau_2u_2) \\
& \times G_0(\tau_2u_2,\tau_1u_1)G_0(\tau_1u_1,\tau'u')
\end{aligned}
$$

其他九个图也可仿此写出来. 这样, 二级 Green 函数 G_2 也就可以较简单地表示出来.

上述处理过程实质上不过是对

$$
\langle\hat{\boldsymbol{T}}\hat{\boldsymbol{K}}_{\mathrm{I}}'(u_1)\cdots\hat{\boldsymbol{K}}_{\mathrm{I}}'(u_n)\hat{\psi}_{\mathrm{I}}(\tau u)\hat{\psi}_{\mathrm{I}}^{\dagger}(\tau'u')\rangle
$$

作符合 Wick 定理的各种排列, 并将这些排列按不等价拓扑图分类. 每个拓扑图代表 $\dfrac{1}{n!}\left(\dfrac{1}{2}\right)^n$ 个与自身等价的拓扑图. 这样, 有几个不等价拓扑图就有几个有效的数学表达式. 将它们加起来就等于第 n 级 Green 函数.

18.4 Green 函数的周期性和 Fourier 变换

为了今后使 Green 函数更便于计算和体现出一定的物理意义, 要考察它的周期性和进行 Fourier 变换.

18.4.1 准周期性

我们先证明两个算符 $\hat{Q}$ 和 $\hat{P}$ 积的平均值有下列特性:

$$\begin{aligned}\langle\hat{\boldsymbol{Q}}_{\rm He}(u)\hat{\boldsymbol{P}}_{\rm He}(u')\rangle &= \langle\hat{\boldsymbol{Q}}_{\rm He}(u-u')\hat{\boldsymbol{P}}_{\rm He}(0)\rangle \\ &= \langle\hat{\boldsymbol{Q}}_{\rm He}(0)\hat{\boldsymbol{P}}_{\rm He}(u'-u)\rangle \end{aligned} \tag{18.4.1}$$

这表明, 求两个算符积的平均值时, 当一个算符的时间转移 (乘负号) 到另一个算符时其值不变. 由式 (18.4.1) 可引出

$$\langle\hat{\boldsymbol{Q}}_{\rm He}(u+s)\hat{\boldsymbol{P}}_{\rm He}(u'+s)\rangle = \begin{cases} \langle\hat{\boldsymbol{Q}}_{\rm He}(u)\hat{\boldsymbol{P}}_{\rm He}(u'+s-s)\rangle \\ = \langle\hat{\boldsymbol{Q}}_{\rm He}(u)\boldsymbol{P}_{\rm He}(u')\rangle & (18.4.2) \\ = \langle\hat{\boldsymbol{Q}}_{\rm He}(s)\hat{\boldsymbol{P}}_{\rm He}(u'+s-u)\rangle & (18.4.3) \end{cases}$$

式 (18.4.2) 表明两个算符的时间都平移 s 后的乘积的平均值不变. 这就是所谓"定态性" (stationarity).

证明：我们先证明式 (18.4.1).

$$\begin{aligned}\langle\hat{\boldsymbol{Q}}_{\rm He}(u)\hat{\boldsymbol{P}}_{\rm He}(u')\rangle &= {\rm tr}\frac{{\rm e}^{-\beta\hat{\boldsymbol{K}}}}{Z}\hat{\boldsymbol{Q}}_{\rm He}(u)\hat{\boldsymbol{P}}_{\rm He}(u') \\ &= {\rm tr}\frac{{\rm e}^{-\beta\hat{\boldsymbol{K}}}}{Z}{\rm e}^{\frac{\hat{\boldsymbol{K}}u}{\hbar}}\hat{\boldsymbol{Q}}{\rm e}^{-\frac{\hat{\boldsymbol{K}}}{\hbar}(u-u')}\hat{\boldsymbol{P}}{\rm e}^{-\frac{\hat{\boldsymbol{K}}}{\hbar}u'} \\ &= \frac{1}{Z}{\rm tr}\ {\rm e}^{-\frac{\hat{\boldsymbol{K}}}{\hbar}u'}{\rm e}^{-\beta\hat{\boldsymbol{K}}}{\rm e}^{\frac{\hat{\boldsymbol{K}}u}{\hbar}}\hat{\boldsymbol{Q}}{\rm e}^{-\frac{\hat{\boldsymbol{K}}}{\hbar}(u-u')}\hat{\boldsymbol{P}} \\ &= \frac{1}{Z}{\rm tr}\ {\rm e}^{-\beta\hat{\boldsymbol{K}}}{\rm e}^{\frac{\hat{\boldsymbol{K}}}{\hbar}(u-u')}\hat{\boldsymbol{Q}}{\rm e}^{-\frac{\hat{\boldsymbol{K}}}{\hbar}(u-u')}\hat{\boldsymbol{P}} \\ &= \frac{1}{Z}{\rm tr}\ {\rm e}^{-\beta\hat{\boldsymbol{K}}}\hat{\boldsymbol{Q}}_{\rm He}(u-u')\hat{\boldsymbol{P}} \\ &= \langle\hat{\boldsymbol{Q}}_{\rm He}(u-u')\hat{\boldsymbol{P}}_{\rm He}(0)\rangle \end{aligned} \qquad \text{(证毕)}$$

式中, 第三个等式的成立是因为若干算符积经循环置换后其迹 tr 不变. 由此可证得式 (18.4.2) 和式 (18.4.3).

由式 (18.1.3), Green 函数也可写为

$$G(\tau u,\tau' u') = \theta(u-u')G^{>}(\tau u,\tau' u') + \theta(u'-u)G^{<}(\tau u,\tau' u') \tag{18..4.4}$$

式中

$$G^{>}(\tau u,\tau' u') = -\langle\hat{\psi}_{\rm He}(\tau u)\hat{\psi}^{\dagger}_{\rm He}(\tau' u')\rangle \qquad (u>u') \tag{18.4.5}$$

$$G^{<}(\tau u,\tau' u')=\mp\langle\hat{\boldsymbol{\psi}}_{\mathrm{He}}^{\dagger}(\tau' u')\hat{\boldsymbol{\psi}}_{\mathrm{He}}(\tau u)\rangle \qquad (u<u') \tag{18.4.6}$$

利用式 (18.4.1), 有

$$G^{>}(\tau u,\tau' u')=G^{>}(\tau 0,\tau'(u'-u))=G^{>}(\tau(u-u'),\tau' 0) \tag{18.4.7}$$

$$G^{<}(\tau u,\tau' u')=G^{<}(\tau 0,\tau'(u'-u))=G^{<}(\tau(u-u'),\tau' 0) \tag{18.4.8}$$

令

$$\xi\equiv u-u' \qquad (-\beta\hbar\leqslant\xi\leqslant\beta\hbar) \tag{18.4.9}$$

则有

$$G(\tau u,\tau' u')=G(\tau\xi,\tau' 0)=\theta(\xi)G^{>}(\tau\xi,\tau' 0)+\theta(-\xi)G^{<}(\tau\xi,\tau' 0) \tag{18.4.10}$$

$$G(\tau(\xi>0),\tau' 0)=G^{>}(\tau\xi,\tau' 0) \tag{18.4.11}$$

$$G(\tau(\xi<0),\tau' 0)=G^{<}(\tau\xi,\tau' 0) \tag{18.4.12}$$

下面推导 $G^{>}$ 与 $G^{<}$ 的关系.

$$\begin{aligned}G^{<}(\tau\xi,\tau' 0)&=\mp\langle\hat{\boldsymbol{\psi}}_{\mathrm{He}}^{\dagger}(\tau' 0)\hat{\boldsymbol{\psi}}_{\mathrm{He}}(\tau\xi)\rangle\\&=\mp Z^{-1}\mathrm{tr}\ \mathrm{e}^{-\beta\hat{\boldsymbol{K}}}\hat{\boldsymbol{\psi}}_{\mathrm{He}}^{\dagger}(\tau' 0)\mathrm{e}^{\frac{\hat{\boldsymbol{K}}}{\hbar}\xi}\boldsymbol{\psi}_{\mathrm{He}}(\tau 0)\mathrm{e}^{-\frac{\hat{\boldsymbol{K}}}{\hbar}\xi}\\&=\mp Z^{-1}\mathrm{tr}\hat{\boldsymbol{\psi}}_{\mathrm{He}}(\tau 0)\mathrm{e}^{-\frac{\hat{\boldsymbol{K}}}{\hbar}\xi}\mathrm{e}^{-\beta\hat{\boldsymbol{K}}}\hat{\boldsymbol{\psi}}_{\mathrm{He}}^{\dagger}(\tau' 0)\mathrm{e}^{\frac{\hat{\boldsymbol{K}}}{\hbar}\xi}\end{aligned} \tag{18.4.13}$$

式中, 最后一个等式的成立是利用了循环置换后其迹 tr 不变. 在式 (18.4.13) 右边插入

$$1=\mathrm{e}^{+\beta\hat{\boldsymbol{K}}}\mathrm{e}^{-\beta\hat{\boldsymbol{K}}}$$

得

$$\begin{aligned}G^{<}(\tau\xi,\tau' 0)&=\mp Z^{-1}\mathrm{tr}\hat{\boldsymbol{\psi}}_{\mathrm{He}}(\tau 0)\mathrm{e}^{-\frac{\hat{\boldsymbol{K}}}{\hbar}\xi+\beta\hbar}\hat{\boldsymbol{\psi}}_{\mathrm{He}}^{\dagger}(\tau' 0)\mathrm{e}^{\frac{\hat{\boldsymbol{K}}}{\hbar}(\xi+\beta\hbar)}\mathrm{e}^{-\beta\hat{\boldsymbol{K}}}\\&=\mp Z^{-1}\mathrm{tr}\ \mathrm{e}^{-\beta\hat{\boldsymbol{K}}}\hat{\boldsymbol{\psi}}_{\mathrm{He}}(\tau 0)\mathrm{e}^{-\frac{\hat{\boldsymbol{K}}}{\hbar}(\xi+\beta\hbar)}\hat{\boldsymbol{\psi}}_{\mathrm{He}}^{\dagger}(\tau' 0)\mathrm{e}^{\frac{\hat{\boldsymbol{K}}}{\hbar}(\xi+\beta\hbar)}\\&=\mp\langle\hat{\boldsymbol{\psi}}_{\mathrm{He}}(\tau 0)\hat{\boldsymbol{\psi}}_{\mathrm{He}}^{\dagger}(\tau',(-\xi-\beta\hbar))\rangle\\&=\mp\langle\hat{\boldsymbol{\psi}}_{\mathrm{He}}(\tau,(\xi+\beta\hbar))\hat{\boldsymbol{\psi}}_{\mathrm{He}}^{\dagger}(\tau' 0) \qquad [\text{由式}(18.4.1)]\\&=\mp G^{>}(\tau(\xi+\beta\hbar),\tau' 0) \qquad [\text{由式}(18.4.11)]\end{aligned} \tag{18.4.14}$$

这表明, $\xi\leqslant 0$ 的 Green 函数值可通过式 (18.4.14) 由 $(\xi+\beta\hbar)>0$ 求出. 这就是所谓准周期性.

18.4.2 Fourier 变换

由于 G 含有编时算符, 因此是时间变量的不连续函数, 这对时间变量的积分是十分困难的. 如果进行 Fourier 变换, 则能得到较简单的表达式, 并且能体现某些物理特征. 让 $G(\tau\xi,\tau'0)$ 作下列展开:

$$G(\tau\xi,\tau'0)=\frac{1}{\beta\hbar}\sum_{n}G(\tau\tau',\omega_n)\mathrm{e}^{-i\omega_n\xi} \tag{18.4.15}$$

式中, 频率

$$\omega_n=\frac{\pi n}{\beta\hbar}\qquad(n=0,\pm1,\pm2,\cdots,\pm\infty) \tag{18.4.16}$$

展开系数

$$G(\tau\tau',\omega_n)=\frac{1}{2}\int_{-\beta\hbar}^{\beta\hbar}\mathrm{d}\xi\mathrm{e}^{i\omega_n\xi}G(\tau\xi,\tau'0) \tag{18.4.17}$$

将式 (18.4.10) 代入式 (18.4.17), 得

$$\begin{aligned}
&G(\tau\tau',\omega_n)\\
&=\frac{1}{2}\int_{-\beta\hbar}^{\beta\hbar}\mathrm{d}\xi\mathrm{e}^{i\omega_n\xi}\theta(\xi)G^{>}(\tau\xi,\tau'0)+\frac{1}{2}\int_{-\beta\hbar}^{\beta\hbar}\mathrm{d}\xi\mathrm{e}^{i\omega_n\xi}\theta(-\xi)G^{<}(\tau\xi,\tau'0)\\
&=\frac{1}{2}\int_{0}^{\beta\hbar}\mathrm{d}\xi\mathrm{e}^{i\omega_n\xi}G^{>}(\tau\xi,\tau'0)\pm\frac{1}{2}\int_{-\beta\hbar}^{0}\mathrm{d}\xi\mathrm{e}^{i\omega_n\xi}G^{>}(\tau(\xi+\beta\hbar),\tau'0)\qquad[\text{由式}(18.4.14)]\\
&=\frac{1}{2}\int_{0}^{\beta\hbar}\mathrm{d}\xi\mathrm{e}^{i\omega_n\xi}G^{>}(\tau\xi,\tau'0)\pm\frac{1}{2}\mathrm{e}^{i\omega_n\beta\hbar}\int_{0}^{\beta\hbar}\mathrm{d}\eta\mathrm{e}^{i\omega_n\eta}G^{>}(\tau\eta,\tau'0)\qquad(\text{令 }\eta=\xi+\beta\hbar)\\
&=\frac{1}{2}(1\pm\mathrm{e}^{-i\omega_n\beta\hbar})\int_{0}^{\beta\hbar}\mathrm{d}\xi\mathrm{e}^{i\omega_n\xi}G^{>}(\tau\xi,\tau'0)
\end{aligned} \tag{18.4.18}$$

式中, + 只用于玻色子算符; − 只用于费米子算符. 因此

$$\frac{1}{2}(1\pm\mathrm{e}^{-i\omega_n\beta\hbar})=\frac{1}{2}(1\pm\mathrm{e}^{-n'\pi i}) \tag{18.4.19}$$

要得非零解, 必须使

$$\mathrm{e}^{-n'\pi i}=\begin{cases}1 & n'\text{为偶数, 玻色子算符}\\-1 & n'\text{为奇数, 费米子算符}\end{cases}$$

因此

$$\omega_n=\begin{cases}\dfrac{2n\pi}{\beta\hbar} & \text{玻色子算符}\\[2ex]\dfrac{(2n+1)\pi}{\beta\hbar} & \text{费米子算符}\end{cases} \tag{18.4.20}$$

代入式 (18.4.18), 得

$$G(\tau\tau',\omega_n)=\int_0^{\beta\hbar}\mathrm{d}\xi\mathrm{e}^{i\omega_n\xi}G^{>}(\tau\xi,\tau'0)=\int_0^{\beta\hbar}\mathrm{d}\xi\mathrm{e}^{i\omega_n\xi}G(\tau\xi,\tau'0) \qquad (18.4.21)$$

式中, 第二个等式的成立是因为积分限大于零时 $G(\tau\xi,\tau'0)$ 总为 $G^{>}(\tau\xi,\tau'0)$. 式 (18.4.21) 的重要性在于 $G(\tau\tau',\omega_n)$ 只需用一个 $G^{>}(\tau\xi,\tau'0)$(不需用 $G^{>}$ 和 $G^{<}$) 来进行积分变换.

上述 Fourier 变换展开实质上是将一个以时间 t 为自变量的函数 $G(t)$ 分解为各种频率 ω 的函数的叠加, 即

$$G(t)=\frac{1}{2\pi}\int_{-\infty}^{\infty}g(\omega)\mathrm{e}^{-i\omega t}\mathrm{d}\omega$$

称 $g(\omega)$ 为 $G(t)$ 的谱.

18.5 图形方法(用坐标–频率表示)

18.5.1 展开

在 18.4 节, 我们已经将以坐标–时间为自变量的 Green 函数变换到以坐标–频率为自变量的 Green 函数, 于是也可以作出相应的图形表示.

可以将 Green 函数 $G(\tau u,\tau' u')$ 写成展开形式 [式 (18.2.21)]

$$G(\tau u,\tau' u')=\sum_{k=0}^{\infty}G_k(\tau u,\tau' u') \qquad (18.5.1)$$

由“定态性”可知

$$G(\tau u,\tau' u')=G(\tau\xi,\tau' 0)=\sum_{k=0}^{\infty}G_k(\tau\xi,\tau' 0) \qquad (18.5.2)$$

由 Fourier 变换可得

$$G(\tau\tau',\omega_n)=\int_0^{\beta\hbar}\mathrm{d}\xi\mathrm{e}^{i\omega_n\xi}G(\tau\xi,\tau'0)=\sum_{k=0}^{\infty}\int_0^{\beta\hbar}\mathrm{d}\xi\mathrm{e}^{i\omega_n\xi}G_k(\tau\xi,\tau'0) \qquad (18.5.3)$$

下面就可以逐项用图表示.

18.5.2 零级 Green 函数

$$G_0(\tau\tau', \omega_n) = \int_0^{\beta\hbar} d\xi e^{i\omega_n \xi} G_0(\tau\xi, \tau' 0) \tag{18.5.4}$$

图 18.5.1

这个零级 Green 函数可用图 18.5.1 表示.

18.5.3 一级 Green 函数

$$\begin{aligned} G_1(\tau\tau', \omega_n) &= \int_0^{\beta\hbar} d\xi e^{i\omega_n \xi} G_1(\tau\xi, \tau' 0) \\ &= \int_0^{\beta\hbar} d\xi e^{i\omega_n \xi} G_1(\tau u, \tau' u') \\ &= \left(\frac{-1}{\hbar}\right) \int_0^{\beta\hbar} d\xi e^{i\omega_n \xi} \int_0^{\beta\hbar} d\tau_1 du_1 d\tau_2 du_2 \\ &\quad \times \{V_0(\tau_1 u_1, \tau_2 u_2) G_0(\tau_2 u_2, \tau_1 \tau_1) G_0(\tau_1 u_1, \tau' u') G_0(\tau u, \tau_2 u_2) \\ &\quad \pm V_0(\tau_1 u_1, \tau_2 u_2) G_0(\tau_2 u_2, \tau_2 u_2) G_0(\tau_1 u_1, \tau' u') G_0(\tau u, \tau_1 u_1) \end{aligned} \tag{18.5.5}$$

[由式(18.3.9)] (18.5.6)

现在要将式 (18.5.6) 右边进行 Fourier 变换展开. 其中

$$\begin{aligned} G_0(\tau_2 u_2, \tau_1 u_1) &= G_0(\tau_2(u_2 - u_1), \tau_1 0) \\ &= \frac{1}{\beta\hbar} \sum_{n'} G_0(\tau_2 \tau_1, \omega_{n'}) e^{-i\omega_{n'}(u_2 - u_1)} \end{aligned} \tag{18.5.7}$$

$$\begin{aligned} G_0(\tau_1 u_1, \tau' u') &= G_0(\tau_1(u_1 - u'), \tau' 0) \\ &= \frac{1}{\beta\hbar} \sum_{n''} G_0(\tau_1 \tau', \omega_{n''}) e^{-i\omega_{n''}(u_1 - u')} \end{aligned} \tag{18.5.8}$$

$$\begin{aligned} G_0(\tau u, \tau_2 u_2) &= G_0(\tau(u - u_2), \tau_2 0) \\ &= \frac{1}{\beta\hbar} \sum_{n'''} G_0(\tau \tau_2, \omega_{n'''}) e^{-i\omega_{n'''}(u - u_2)} \end{aligned} \tag{18.5.9}$$

$$\begin{aligned} G_0(\tau_2 u_2, \tau_2 u_2) &= G_0(\tau_2 0, \tau_2 0) \\ &= \frac{1}{\beta\hbar} \lim_{\eta \to 0} \sum_{n'} G_0(\tau_2 u_2, \omega_{n'}) e^{i\omega_{n'} \eta} \end{aligned} \tag{18.5.10}$$

$$\begin{aligned}G_0(\tau_1 u_1, \tau' u') &= G_0(\tau_1(u_1 - u'), \tau' 0)\\&= \frac{1}{\beta\hbar}\sum_{n''} G_0(\tau_1\tau', \omega_{n''})\mathrm{e}^{-i\omega_{n''}(u_1-u')}\end{aligned} \tag{18.5.11}$$

$$\begin{aligned}G_0(\tau u, \tau_1 u_1) &= G_0(\tau(u - u_1), \tau_1 0)\\&= \frac{1}{\beta\hbar}\sum_{n'''} G_0(\tau\tau_1, \omega_{n'''})\mathrm{e}^{-i\omega_{n'''}(u-u_1)}\end{aligned} \tag{18.5.12}$$

对于 $V_0(\tau_1 u_1, \tau_2 u_2)$, 由式 (18.3.6) 可写成 δ 函数形式, 而 δ 函数又可进行 Fourier 变换展开, 故

$$\begin{aligned}V_0(\tau_1 u_1, \tau_2 u_2) &= V(\tau_1 - \tau_2)\delta(u_1 - u_2)\\&= V(\tau_1 - \tau_2)\frac{1}{\beta\hbar}\sum_{n=-\infty}^{\infty} \mathrm{e}^{\frac{2n\pi i}{\beta\hbar}(u_1-u_2)}\\&= \frac{1}{\beta\hbar}\sum_{n=-\infty}^{\infty} \mathrm{e}^{i\omega_{2n}(u_1-u_2)}V(\tau_1 - \tau_2, \omega_{2n})\end{aligned} \tag{18.5.13}$$

式中

$$V(\tau_1 - \tau_2, \omega_{2n}) = V(\tau_1 - \tau_2) \tag{18.5.14}$$

将式 (18.5.7)~ 式 (18.5.13) 代入式 (18.5.6) 右边, 得

$$\begin{aligned}&G_1(\tau\tau', \omega_n)\\&= \lim_{\eta\to 0}\frac{-1}{\hbar}\left(\frac{1}{\beta\hbar}\right)^4\int_0^{\beta\hbar}\mathrm{d}\xi\mathrm{e}^{i\omega_n\xi}\int_0^{\beta\hbar}\mathrm{d}\tau_1\mathrm{d}u_1\mathrm{d}\tau_2\mathrm{d}u_2\\&\times\Bigg\{\sum_m V(\tau_1 - \tau_2, \omega_{2m})\mathrm{e}^{-i\omega_{2m}(u_1-u_2)}\\&\times\sum_{n'} G_0(\tau_2\tau_1, \omega_{n'})\mathrm{e}^{-i\omega_{n'}(u_2-u_1)}\\&\times\sum_{n''} G_0(\tau_1\tau, \omega_{n''})\mathrm{e}^{-i\omega_{n''}(u_1-u')}\\&\times\sum_{n'''} G_0(\tau\tau_2, \omega_{n'''})\mathrm{e}^{-i\omega_{n'''}(u-u_2)}\\&+(\pm)\sum_m V(\tau_1 - \tau_2, \omega_{2m})\mathrm{e}^{-i\omega_{2m}(u_1-u_2)}\\&\times\sum_{n'} G_0(\tau_2\tau_2, \omega_{n'})\mathrm{e}^{-i\omega_{n'}\eta}\end{aligned}$$

$$
\begin{aligned}
&\times \sum_{n''} G_0(\tau_1\tau', \omega_{n''}) \mathrm{e}^{-i\omega_{n''}(u_1-u')} \\
&\left.\times \sum_{n'''} G_0(\tau\tau_1, \omega_{n'''}) \mathrm{e}^{-i\omega_{n'''}(u-u_1)} \right\}
\end{aligned} \tag{18.5.15}
$$

$$
\begin{aligned}
= &\lim_{\eta\to 0} \left(\frac{-1}{\beta\hbar^2}\right) \sum_{n'} \int \mathrm{d}\tau_1 \mathrm{d}\tau_2 \{V(\tau_1-\tau_2, \omega_{n'}-\omega_n) \\
&\times G_0(\tau_2\tau_1, \omega_{n'}) \times G_0(\tau_1\tau_2, \omega_n) G_0(\tau\tau_2, \omega_n) \\
&+ (\pm) V(\tau_1-\tau_2, 0) G_0(\tau_2\tau_2, \omega_{n'}) \\
&\times \mathrm{e}^{-i\omega_{n'}\eta} G_0(\tau_1\tau', \omega_n) G_0(\tau\tau_1, \omega_n)\}
\end{aligned} \tag{18.5.16}
$$

下面证明式 (18.5.16).

证明: 对于式 (18.5.15)$\{\cdots\}$ 中的第一项, 有积分

$$
\begin{aligned}
S_1 \equiv &\int_0^{\beta\hbar} \mathrm{d}\xi \mathrm{d}u_1 \mathrm{d}u_2 \mathrm{e}^{i\omega_n\xi - i\omega_{2m}(u_1-u_2) - i\omega_{n'}(u_2-u_1)} \\
&\times \mathrm{e}^{-i\omega_{n''}(u_1-u') - i\omega_{n'''}(u-u_2)} \\
= &\int_0^{\beta\hbar} \mathrm{d}\xi \mathrm{e}^{i\omega_n\xi + i\omega_{n''}u' - i\omega_{n'''}u} \int_0^{\beta\hbar} \mathrm{d}u_1 \mathrm{e}^{-i(\omega_{2m}-\omega_{n'}+\omega_{n''})u_1} \\
&\times \int_0^{\beta\hbar} \mathrm{d}u_2 \mathrm{e}^{i(\omega_{2m}-\omega_{n'}+\omega_{n'''})u_2} \\
= &(\beta\hbar)^2 \delta_{(\omega_{2m}-\omega_{n'}+\omega_{n''}),0} \delta_{(\omega_{2m}-\omega_{n'}+\omega_{n'''}),0} \\
&\times \int_0^{\beta\hbar} \mathrm{d}\xi \mathrm{e}^{i\omega_n\xi + i\omega_{n''}u' - i\omega_{n'''}u} \\
= &(\beta\hbar)^2 \delta_{(\omega_{2m}-\omega_{n'}+\omega_{n''}),0} \delta_{(\omega_{2m}-\omega_{n'}+\omega_{n'''}),0} \\
&\times \int_0^{\beta\hbar} \mathrm{d}\xi \mathrm{e}^{i(\omega_n-\omega_{n'}+\omega_{2m})\xi} \\
= &(\beta\hbar)^3 \delta_{(\omega_{2m}-\omega_{n'}+\omega_{n''}),0} \delta_{(\omega_n-\omega_{n'}+\omega_{2m}),0}
\end{aligned} \tag{18.5.17}
$$

第四个等式成立是由于其左边两个 δ 符号决定了 $\omega_{n''}=\omega_{n'''}$, 即

$$\omega_{2m}-\omega_{n'} = -\omega_{n''} \qquad (\text{第一个}\delta\text{符号})$$

$$\omega_{2m}-\omega_{n'} = -\omega_{n'''} \qquad (\text{第二个}\delta\text{符号})$$

故

$$\omega_{n''} = \omega_{n'''} \tag{18.5.18}$$

还有

$$\xi = u - u'$$

同样, 式 (18.5.15)$\{\cdots\}$ 的第二项中有积分

$$S_2 = (\beta\hbar)^3 \mathrm{e}^{-i\omega_{n'}\eta} \delta_{(\omega_{2m}+\omega_{n''}-\omega_{n'''}),0} \delta_{\omega_{2m},0} \delta_{(\omega_n-\omega_{n''}),0} \tag{18.5.19}$$

将 S_1 和 S_2 代入式 (18.5.15), 再利用 δ 符号, 即得式 (18.5.16).

我们可以从式 (18.5.5)$\sim$ 式 (18.5.16) 归纳出高阶项 Green 函数所具有的特征:

(1) 对于 ξ 的积分在各级 Green 函数中都是相同的. 这可由式 (18.5.3) 看到.

(2) 随着级次的升高, 对 $V(\tau_i u_i, \tau_j u_j)$ 积分的个数也增加. 第 k 级 Green 函数包含 $2k$ 个 $V(\tau_i u_i, \tau_j u_j)$ 积分.

(3) 从式 (18.5.19) 可以看到, 第 k 级 Green 函数会出现 $(2k+1)$ 个 δ 符号.

(4) S_1 和 S_2 积分揭示了频率守恒, 这一点特别有意义.

下面我们将讨论以坐标–频率表示的 Green 函数的图形表示. 作图规则如下:

(1) 用带箭头的实线表示 $G_0(\tau_k\tau_l, \omega_n)$, 实线两端分别标有 τ_k, τ_l, 线旁标以 ω_n, 箭头方向从 τ_l 向 τ_k.

(2) 用虚线表示相互作用 $V(\tau_i - \tau_j, \omega_\alpha - \omega_\beta)$, 虚线两端分别标以 τ_i 和 τ_j; 线旁标以 $\omega_\alpha - \omega_\beta$.

(3) 设置两个外点 τ 和 τ'.

(4) 由 S_1 和 S_2 可知, δ 符号显示了频率守恒. 为了在图中能有所体现, 规定进入内点的频率为正, 离开内点的频率为负. 这样, 虚线上的频率为二者之差, 如果在虚线上也标以箭头, 则对每个内点, 进入的频率之和等于离去的频率之和.

由以上的讨论可以看出, 用坐标–频率表示的图形和拓扑性与用坐标-时间表示的图形和拓扑性相同.

例如, 与式 (18.5.16) 的 $\{\cdots\}$ 中第一项对应的图为图 18.5.2, 而与第二项对应的图为图 18.5.3.

(5) 对于第 k 级 Green 函数, 画出 k 条虚线, 每条虚线有两个内点.

(6) 画两个外点 τ 和 τ'.

(7) 用实线连接内点和外点的方法如下:

(a) 一个外点只与一条实线相连. 线旁标以 ω_n.

(b) 一个外点只有一个箭头进入, 另一个外点只有一个箭头离去.

(c) 每个内点只与两条实线相连, 其中一条的箭头进入, 另一条的箭头离去.

(d) 画出相连的拓扑不等价的全部图形.

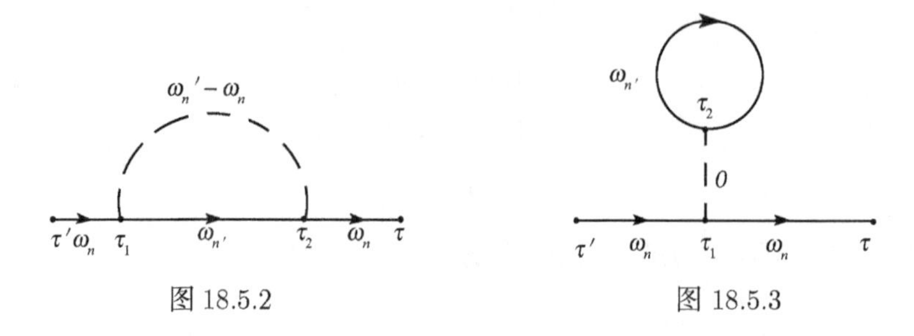

图 18.5.2　　　图 18.5.3

18.5.4 数学表达式

与 18.3 节类似, 可以由图形写出 Green 函数的数学表达式, 具体规则如下:

(1) 每条虚线表示相互作用 V, 虚线的端点和频率是 V 的自变量, 即

$$V(\tau_1-\tau_2,\omega_n)$$

(2) 每一条实线代表一个零级 Green 函数 $G_0(\tau_i\tau_j,\omega_n).\tau_i$ 和 τ_j 就是实线两端点, ω_n 就是实线旁所标频率 $\omega_n.n$ 是奇数为费米子算符, 偶数为玻色子算符.

(3) 对全部内点积分 $\displaystyle\int\prod_i \mathrm{d}\tau_i$, 而不包含外点.

(4) 检查全部内点是否频率之和为零, 如图 18.5.4 所示. 虚线上的箭头可以按图的任一方式确定. 和号 $\sum$ 只对内点求和.

(5) 如果是费米子算符, 则乘以 $(-1)^F$, F 是图中全实线闭合圈的个数. 对于玻色子算符不用这条规则, 即取 $F=0$.

(6) 乘以因子 $\left(\dfrac{-1}{\beta\hbar}\right)^k$, k 是级的数目.

(7) 对于一个实线闭合圈. 乘以因子 $\mathrm{e}^{\pm i\omega_n\eta}$, 这是为了积分收敛.

(8) 不乘因子 $\left(\dfrac{1}{k!}\right)$, 因为只考虑拓扑不等价图.

如果引入产生算符和湮灭算符, 则上述的 τ 和 τ' 成为积分变量. Green 函数可以用量子数–频率来描述, 相应的图形也是如此, 这在 18.6 节讨论.

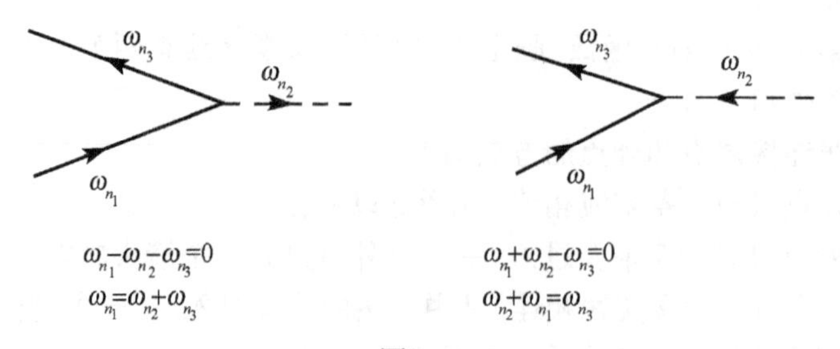

图 18.5.4

18.6 图形方法(用量子数–频率表示)

18.6.1 变换

我们知道, 场算符是

$$\hat{\boldsymbol{\psi}}(\tau) = \sum \hat{c}_\lambda \phi_\lambda(\tau)$$
$$\hat{\boldsymbol{\psi}}^\dagger(\tau) = \sum_\lambda \hat{c}_\lambda^\dagger \phi_\lambda^*(\tau)$$

代入 Green 函数, 得

$$\begin{aligned} G(\tau u, \tau' u') &= -\langle \hat{\boldsymbol{T}} \hat{\boldsymbol{\psi}}(\tau u) \hat{\boldsymbol{\psi}}^\dagger(\tau' u') \rangle \\ &= \sum_{k=0}^{\infty} G_k(\tau u, \tau' u') \qquad [\text{由式}(18.5.1)] \\ &= \sum_{\lambda,\lambda'} \phi_\lambda(\tau) \phi_{\lambda'}^*(\tau') G_{\lambda\lambda'}(u, u') \end{aligned} \tag{18.6.1}$$

其中

$$G_{\lambda\lambda'}(u, u') = -\langle \hat{\boldsymbol{T}} \hat{\boldsymbol{C}}_\lambda(u) \hat{\boldsymbol{C}}_{\lambda'}^\dagger(u') \rangle \tag{18.6.2}$$

根据式 (18.5.1) 和式 (18.6.1), $G_{\lambda\lambda'}(u, u')$ 可展开为

$$G_{\lambda\lambda'}(u, u') = \sum_{k=0}^{\infty} G_{k,\lambda\lambda'}(u, u') \tag{18.6.3}$$

进行 Fourier 变换展开, 利用 $\{\phi\}$ 的正交归一性, 得

$$G_{k,\lambda\lambda'}(\omega_n) = \int \mathrm{d}\tau \mathrm{d}\tau' \phi_\lambda^*(\tau) \phi_{\lambda'}(\tau') G_k(\tau\tau', \omega_n) \tag{18.6.4}$$

18.6.2 零级 Green 函数

取 $k = 0$, 由式 (18.6.4) 可得用量子数–频率表示的零级 Green 函数

$$G_{0,\lambda\lambda'}(\omega_n) = \int \mathrm{d}\tau \mathrm{d}\tau' \phi_\lambda^*(\tau) \phi_{\lambda'}(\tau') G_0(\tau\tau', \omega_n) \tag{18.6.5}$$

可以证明

$$G_{0,\lambda\lambda'}(\omega_n) = G_0(\lambda, \omega_n) \delta_{\lambda\lambda'} \tag{18.6.6}$$

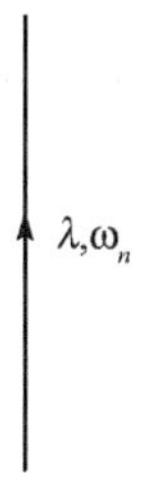

图 18.6.1

这表明非对角矩阵元 $G_{0,\lambda\lambda'}(\omega_n)$ 都为零. 从物理上理解, 零级 Green 函数既然没有相互作用, 就不会有不同量子态间的跃迁. 相应的图形如图 18.6.1 所示. 图 18.6.1 中标以箭头的实线表示零级 Green 函数, 并在线旁标以 λ 和 ω_n.

18.6.3 一级 Green 函数

$$G_{1,\lambda\lambda'}(\omega_n) = \int \mathrm{d}\tau\mathrm{d}\tau' \phi_\lambda^*(\tau)\phi_{\lambda'}(\tau')G_1(\tau\tau',\omega_n) \tag{18.6.7}$$

将式 (18.5.16) 代入式 (18.6.7), 并注意到

$$\begin{aligned} G_1(\tau_i\tau_j,\omega_n) &= \sum_{\lambda_1,\lambda_2} \phi_{\lambda_1}(\tau_i)\phi_{\lambda_2}^*(\tau_j)G_{0,\lambda_1\lambda_2}(\omega_n) \\ &= \sum_{\lambda_1,\lambda_2} \phi_{\lambda_1}(\tau_i)\phi_{\lambda_2}^*(\tau_j)G_0(\lambda_1,\omega_n)\delta_{\lambda_1\lambda_2} \end{aligned} \tag{18.6.8}$$

两边再对 τ,τ',τ_1 和 τ_2 积分, 得

$$\begin{aligned} G_{1,\lambda\lambda'}(\omega_n) = \left(\frac{-1}{\beta\hbar^2}\right) \sum_{\lambda_1,n'} &[V_{\lambda_1\lambda,\lambda_1\lambda'}(\omega_{n'}-\omega_n)G_0(\lambda_1,\omega_{n'})G_0(\lambda',\omega_n)G_0(\lambda,\omega_n) \\ &+ (\pm)V_{\lambda\lambda_1,\lambda_1\lambda'}(0)G_0(\lambda_1,\omega_{n'})\mathrm{e}^{-i\omega_{n'}\eta}G_0(\lambda',\omega_n)G_0(\lambda,\omega_n)] \end{aligned} \tag{18.6.9}$$

式中

$$V_{\lambda_1\lambda_2,\lambda_3\lambda_4}(\omega_n) = \int \mathrm{d}\tau_1\mathrm{d}\tau_2\phi_{\lambda_1}^*(\tau_1)\phi_{\lambda_2}^*(\tau_2)V(\tau_1-\tau_2,\omega_n)\phi_{\lambda_3}(\tau_2)\phi_{\lambda_4}(\tau_1) \tag{18.6.10}$$

图 18.6.2

这是个矩阵元. λ_1 和 λ_2 标记的 $\phi_{\lambda_1}^*(\tau_1)$ 和 $\phi_{\lambda_2}^*(\tau_2)$ 来自产生场算符 $\hat{\psi}^\dagger(\tau_1)$ 和 $\hat{\psi}^\dagger(\tau_2)$; λ_3 和 λ_4 标记的 $\phi_{\lambda_3}(\tau_2)$ 和 $\phi_{\lambda_4}(\tau_1)$ 来自湮灭场算符 $\hat{\psi}(\tau_2)$ 和 $\hat{\psi}(\tau_1)$. 我们规定离开内点的 λ 表示产生场算符的量子数; 进入内点的 λ 表示产生场算符的量子数. 这样, $V_{\lambda_1\lambda_2,\lambda_3\lambda_4}$ 的图形如图 18.6.2 所示. 有了图 18.6.1 和图 18.6.2, 可以画出 $G_{1,\lambda\lambda'}(\omega_n)$ 的两个图形 (图 18.6.3). 图 18.6.3 与前述的本质上一样.

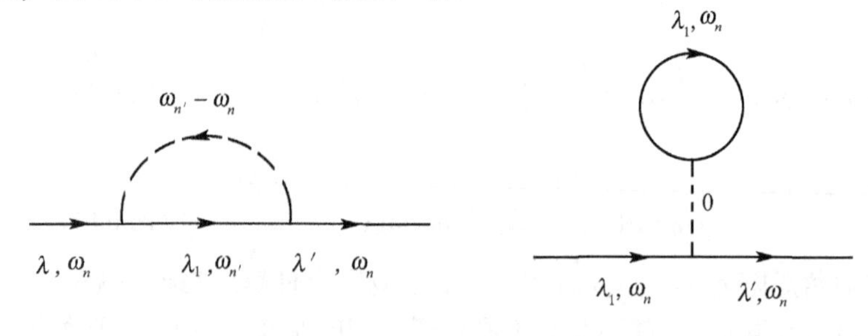

图 18.6.3

18.6.4 一般作图法和表达式规则

这与前述的规则几乎是相同的.

(1) 对第 k 级 Green 函数, 画 k 条虚线, 每条虚线标以箭头和频率. 虚线的两个端点称为内点.

(2) 画两个外点.

(3) 用带箭头并标以量子数和频率的实线连接各个外点和内点:

(a) 每个外点只用一条实线与图的其他部分连接, 这线称为外实线. 除两条外实线外, 其余称为内实线.

(b) 离开外点的外线用 λ, ω_n 标记; 进入外点的外线用 λ', ω_n 标记.

(c) 每个内点必有进入的一条实线和离开的一条实线. 实线标以 λ_i 和频率.

(d) 画全部拓扑不等价相连图.

(4) 每条虚线表示矩阵元 $V_{\lambda_1\lambda_2,\lambda_3\lambda_4}(\omega_n), \lambda_1$ 和 λ_2 标记从内点离去的实线, λ_3 和 λ_4 标记进入内点的实线.

(5) 每条实线表示 $G_0(\lambda_i, \omega_i)$.

(6) 对全部内线的 λ_i 和 ω_i 求和.

(7) 对费米子算符乘因子 $(-1)^F, F$ 为图中封闭全实线圈的个数. 对玻色子取 $F=0$.

(8) 对全实线封闭圈乘以因子 $\mathrm{e}^{\pm i\omega_n\eta}$, 以保证收敛.

(9) 不乘因子 $\dfrac{1}{k!}$.

(10) 乘因子 $\left(\dfrac{-1}{\beta\hbar}\right)^k$.

至此, 我们已给出三种表示的 Green 函数的微扰展开及图形表示方法. 三种表示的共同特征是各级 Green 函数都可由零级 Green 函数组合而成. 因而还应导出零级 Green 函数的表达式. 18.7 节就讨论这个问题.

18.7 零级 Green 函数的表达式

18.7.1 有关公式回顾

在推导零级 Green 函数表达式之前, 复习一些有关公式是有益的. 零级 Green

函数为

$$
\begin{aligned}
G_0(\tau u,\tau' u') &= -\langle \hat{\boldsymbol{T}}\hat{\psi}_{\mathrm{I}}(\tau u)\hat{\boldsymbol{\psi}}_{\mathrm{I}}^{\dagger}(\tau' u')\rangle \\
&= -\sum_{\{n\}}\left\langle \{n\}\left|\frac{\mathrm{e}^{-\beta\hat{\boldsymbol{K}}_0}}{Z_0}\hat{\boldsymbol{T}}\hat{\psi}_{\mathrm{I}}(\tau u)\hat{\boldsymbol{\psi}}_{\mathrm{I}}^{\dagger}(\tau' u')\right|\{n\}\right\rangle
\end{aligned} \tag{18.7.1}
$$

式中, $|\{n\}\rangle$ 为粒子数占据态, Z_0 为零级配分函数.

$$
\begin{aligned}
Z_0 &= \sum_{\{n\}}\mathrm{e}^{-\beta\sum\limits_{\lambda}(\varepsilon_\lambda-\mu)n_\lambda} \qquad [\text{由式}(17.5.30)] \\
&= \prod_{\lambda}[1+\mathrm{e}^{-\beta(\varepsilon_\lambda-\mu)}]^{\pm 1} \qquad [\text{由式}(17.5.33)]
\end{aligned} \tag{18.7.2}
$$

态 $|\{n\}\rangle$ 正交归一, 即

$$
\langle\{n'\}|\{n\}\rangle = \delta_{n_1'n}\delta_{n_2'n}\cdots = \delta_{\{n'\}\{n\}} \tag{18.7.3}
$$

可以选态 $|\{n\}\rangle$ 为 $\hat{\boldsymbol{K}}_0$ 的本征态, 这样

$$
\hat{\boldsymbol{K}}_0|\{n\}\rangle = \sum_{\lambda}(\varepsilon_\lambda-\mu)\hat{\boldsymbol{c}}_\lambda^{\dagger}\hat{\boldsymbol{c}}_\lambda|\{n\}\rangle = \sum_{\lambda}(\varepsilon_\lambda-\mu)\hat{\boldsymbol{n}}_\lambda|\{n\}\rangle \tag{18.7.4}
$$

$\hat{\boldsymbol{K}}_0$ 也可写成

$$
\hat{\boldsymbol{K}}_0 = \sum_{\lambda}\hat{\boldsymbol{K}}_{0\lambda} \tag{18.7.5}
$$

比较式 (18.7.4) 和式 (18.7.5), 得

$$
\hat{\boldsymbol{K}}_{0\lambda} = (\varepsilon_\lambda-\mu)\hat{\boldsymbol{c}}_\lambda^{\dagger}\hat{\boldsymbol{c}}_\lambda \tag{18.7.6}
$$

从而得

$$
\hat{\boldsymbol{K}}_{0\lambda}|\{n\}\rangle = \hat{\boldsymbol{K}}_{0\lambda}|n_1n_2\cdots n_\lambda\cdots\rangle = (\varepsilon_\lambda-\mu)n_\lambda|n_1n_2\cdots n_\lambda\cdots\rangle \tag{18.7.7}
$$

对于无相互作用的 $\hat{\boldsymbol{K}}_0$ 的本征态, 可写为

$$
|n_1n_2\cdots\rangle = |n_1\rangle|n_2\rangle\cdots \tag{18.7.8}
$$

这样, 任意算符 $\hat{\boldsymbol{A}}_\lambda$ 有

$$
\hat{\boldsymbol{A}}_\lambda|n_1n_2\cdots\rangle = \hat{\boldsymbol{A}}_\lambda|n_1\rangle|n_2\rangle\cdots = |n_1\rangle|n_2\rangle\cdots\hat{\boldsymbol{A}}_\lambda|n_\lambda\rangle\cdots \tag{18.7.9}
$$

场算符为 (在相互作用表象中)

$$\hat{\boldsymbol{\psi}}_{\mathrm{I}}(\tau u)=\sum_{\lambda}\phi_{\lambda}(\tau)\hat{\boldsymbol{c}}_{\mathrm{I}\lambda}(u)=\sum_{\lambda}\phi_{\lambda}(\tau)\mathrm{e}^{\frac{u}{\hbar}\hat{\boldsymbol{K}}_0}\hat{\boldsymbol{c}}_{\lambda}\mathrm{e}^{-\frac{u}{\hbar}\hat{\boldsymbol{K}}_0} \tag{18.7.10}$$

$$\hat{\boldsymbol{\psi}}_{\mathrm{I}}^{\dagger}(\tau' u')=\sum_{\lambda'}\phi_{\lambda'}^{*}(\tau')\hat{\boldsymbol{c}}_{\mathrm{I}\lambda'}^{\dagger}(u')=\sum_{\lambda'}\phi_{\lambda'}^{*}(\tau')\mathrm{e}^{\frac{u'}{\hbar}\hat{\boldsymbol{K}}_0}\hat{\boldsymbol{c}}_{\lambda'}^{\dagger}\mathrm{e}^{-\frac{u'}{\hbar}\hat{\boldsymbol{K}}_0} \tag{18.7.11}$$

由定义和式 (18.7.5) 可知

$$\begin{aligned}
\hat{\boldsymbol{c}}_{\mathrm{I}\lambda}(u)&=\mathrm{e}^{\frac{u}{\hbar}\hat{\boldsymbol{K}}_0}\hat{\boldsymbol{c}}_{\lambda}\mathrm{e}^{-\frac{u}{\hbar}\hat{\boldsymbol{K}}_0}\\
&=\mathrm{e}^{\frac{u}{\hbar}\sum\limits_{\alpha}\hat{\boldsymbol{K}}_{0\alpha}}\hat{\boldsymbol{c}}_{\lambda}\mathrm{e}^{-\frac{u}{\hbar}\sum\limits_{\alpha}\hat{\boldsymbol{K}}_{0\alpha}}\\
&=\left[\prod_{\alpha\neq\lambda}\mathrm{e}^{\frac{u}{\hbar}\hat{\boldsymbol{K}}_{0\alpha}}\prod_{\alpha\neq\lambda}\mathrm{e}^{-\frac{u}{\hbar}\hat{\boldsymbol{K}}_{0\alpha}}\right]\mathrm{e}^{\frac{u}{\hbar}\hat{\boldsymbol{K}}_{0\lambda}}\hat{\boldsymbol{c}}_{\lambda}\mathrm{e}^{-\frac{u}{\hbar}\hat{\boldsymbol{K}}_{0\lambda}}\\
&=\mathrm{e}^{\frac{u}{\hbar}\hat{\boldsymbol{K}}_{0\lambda}}\hat{\boldsymbol{c}}_{\lambda}\mathrm{e}^{-\frac{u}{\hbar}\hat{\boldsymbol{K}}_{0\lambda}}
\end{aligned} \tag{18.7.12}$$

同样, 有

$$\hat{\boldsymbol{c}}_{\mathrm{I}\lambda'}^{\dagger}(u')=\mathrm{e}^{\frac{u'}{\hbar}\hat{\boldsymbol{K}}_{0\lambda'}}\hat{\boldsymbol{c}}_{\lambda'}^{\dagger}\mathrm{e}^{-\frac{u'}{\hbar}\hat{\boldsymbol{K}}_{0\lambda'}} \tag{18.7.13}$$

式中利用了下列对易关系:

$$[\hat{\boldsymbol{K}}_{0\alpha},\hat{\boldsymbol{K}}_{0\alpha'}]_{-}=0 \tag{18.7.14}$$

$$[\hat{\boldsymbol{K}}_{0\alpha},\hat{\boldsymbol{c}}_{\lambda}]_{-}=0 \qquad (\text{当}\alpha\neq\lambda\text{时}) \tag{18.7.15}$$

式 (18.7.12) 和式 (18.7.13) 表示 $\hat{\boldsymbol{c}}_{\lambda}$ 和 $\hat{\boldsymbol{c}}_{\lambda}^{\dagger}$ 转换到相互作用表象中去时, 只需用到 $\hat{\boldsymbol{K}}_{0\lambda}$, 而不必涉及整体 $\hat{\boldsymbol{K}}_0$.

18.7.2 零级 Green 函数三种表示

1. 以坐标–时间表示的零级 Green 函数 $G_0(\tau u,\tau' u')$

已知零级 Green 函数为

$$G_0(\tau u,\tau' u')=\theta(u-u')G_0^{>}(\tau u,\tau' u')+\theta(u'-u)G_0^{<}(\tau u,\tau' u') \tag{18.7.16}$$

式中

$$G_0^{>}(\tau u,\tau' u')=-\mathrm{tr}\frac{\mathrm{e}^{-\beta\hat{\boldsymbol{K}}_0}}{Z_0}\hat{\boldsymbol{\psi}}_{\mathrm{I}}(\tau u)\hat{\boldsymbol{\psi}}_{\mathrm{I}}^{\dagger}(\tau' u') \tag{18.7.17}$$

$$G_0^{<}(\tau u,\tau' u')=\mp\mathrm{tr}\frac{\mathrm{e}^{-\beta\hat{\boldsymbol{K}}_0}}{Z_0}\hat{\boldsymbol{\psi}}_{\mathrm{I}}^{\dagger}(\tau' u')\hat{\boldsymbol{\psi}}_{\mathrm{I}}(\tau u) \tag{18.7.18}$$

将式 (18.7.10) 和式 (18.7.11) 代入式 (18.7.17), 得

$$G_0^{>}(\tau u, \tau' u') = \sum_{\lambda\lambda'} \phi_\lambda(\tau)\phi_{\lambda'}^*(\tau') G_{0,\lambda\lambda'}^{>}(u, u') \tag{18.7.19}$$

式中

$$G_{0,\lambda\lambda'}^{>}(u,u') = -\sum_{\{n\}} \left\langle \{n\} \left| \frac{\mathrm{e}^{-\beta \hat{\boldsymbol{K}}_0}}{Z_0} \hat{\boldsymbol{C}}_\lambda(u) \hat{\boldsymbol{c}}_{\lambda'}^\dagger(u') \right| \{n\} \right\rangle \tag{18.7.20}$$

$$= -\sum_{\{n\}} \frac{\mathrm{e}^{-\beta \sum\limits_\alpha (\varepsilon_\alpha - \mu) n_\alpha}}{Z_0} \langle \{n\} | \mathrm{e}^{\frac{u}{\hbar}\hat{\boldsymbol{K}}_{0\lambda}} \hat{\boldsymbol{c}}_\lambda \mathrm{e}^{-\frac{u}{\hbar}\hat{\boldsymbol{K}}_{0\lambda}} \mathrm{e}^{\frac{u'}{\hbar}\hat{\boldsymbol{K}}_{0\lambda'}} \hat{\boldsymbol{c}}_{\lambda'}^\dagger \mathrm{e}^{-\frac{u'}{\hbar}\hat{\boldsymbol{K}}_{0\lambda'}} | \{n\} \rangle$$

$$[\text{由式(18.7.4), 式(18.7.12)和式(18.7.13)}] \tag{18.7.21}$$

$$= -\sum_{\{n\}} \frac{1}{Z_0} \mathrm{e}^{-\beta \sum\limits_\alpha (\varepsilon_\alpha - \mu) n_\alpha} \mathrm{e}^{\frac{u}{\hbar}(\varepsilon_\lambda - \mu) n_\lambda} \mathrm{e}^{-\frac{u'}{\hbar}(\varepsilon_{\lambda'} - \mu) n_{\lambda'}}$$

$$\times \langle \{n\} | \hat{\boldsymbol{c}}_\lambda \mathrm{e}^{-\frac{u}{\hbar}\hat{\boldsymbol{K}}_{0\lambda'}} \mathrm{e}^{\frac{u'}{\hbar}\hat{\boldsymbol{K}}_{0\lambda'}} \hat{\boldsymbol{c}}_{\lambda'}^\dagger | \{n\} \rangle \tag{18.7.22}$$

下面的关键是计算矩阵元.

$$I_{\{n\},\{n\}} = \langle \{n\} | \hat{\boldsymbol{c}}_\lambda \mathrm{e}^{-\frac{u}{\hbar}\hat{\boldsymbol{K}}_{0\lambda}} \mathrm{e}^{\frac{u'}{\hbar}\hat{\boldsymbol{K}}_{0\lambda'}} \hat{\boldsymbol{c}}_{\lambda'}^\dagger | \{n\} \rangle \tag{18.7.23}$$

对于式 (18.7.23), 我们已知

$$\hat{\boldsymbol{c}}_{\lambda'}^\dagger | n_1 n_2 \cdots n_\lambda \cdots n_{\lambda'} \cdots \rangle = \xi_{\lambda'}^\dagger | n_1 n_2 \cdots n_\lambda \cdots n_{\lambda'} + 1 \cdots \rangle \tag{18.7.24}$$

式中, $\xi_{\lambda'}^\dagger$ 为 $\hat{\boldsymbol{c}}_\lambda^\dagger$ 的本征值, 同样有

$$\hat{\boldsymbol{c}}_\lambda | n_1 n_2 \cdots n_\lambda \cdots n_{\lambda'} + 1 \cdots \rangle = \xi_\lambda | n_1 n_2 \cdots n_\lambda - 1 \cdots n_{\lambda'} + 1 \cdots \rangle \tag{18.7.25}$$

还有

$$\hat{\boldsymbol{K}}_{0\lambda'} | n_1 n_2 \cdots n_\lambda \cdots n_{\lambda'} + 1 \cdots \rangle$$

$$= (\varepsilon_{\lambda'} - \mu)(n_{\lambda'} + 1) | n_1 n_2 \cdots n_\lambda \cdots n_{\lambda'} + 1 \cdots \rangle \tag{18.7.26}$$

$$\hat{\boldsymbol{K}}_{0\lambda} | n_1 n_2 \cdots n_\lambda \cdots n_{\lambda'} + 1 \cdots \rangle$$

$$= (\varepsilon_\lambda - \mu) n_\lambda | n_1 n_2 \cdots n_\lambda \cdots n_{\lambda'} + 1 \cdots \rangle \tag{18.7.27}$$

将式 (18.7.24)~ 式 (18.7.27) 代入式 (18.7.23), 并注意到 $|\{n\}\rangle$ 的正交归一化, 得

$$I_{\{n\},\{n\}} = \langle \{n\} | \hat{\boldsymbol{c}}_\lambda \mathrm{e}^{-\frac{u}{\hbar}\hat{\boldsymbol{K}}_{0\lambda}} \mathrm{e}^{\frac{u'}{\hbar}\hat{\boldsymbol{K}}_{0\lambda'}} \hat{\boldsymbol{c}}_{\lambda'}^\dagger | \{n\} \rangle \delta_{\lambda\lambda'}$$

$$
\begin{aligned}
&= \mathrm{e}^{-\frac{(u-u')}{\hbar}(\varepsilon_\lambda-\mu)(n_\lambda+1)}\langle n_1 n_2\cdots n_\lambda\cdots|\hat{\boldsymbol{c}}_\lambda\hat{\boldsymbol{c}}_{\lambda'}^\dagger|n_1 n_2\cdots n_\lambda\cdots\rangle\delta_{\lambda\lambda'}\\
&= \mathrm{e}^{-\frac{(u-u')}{\hbar}(\varepsilon_\lambda-\mu)(n_\lambda+1)}\langle n_\lambda|\hat{\boldsymbol{c}}_\lambda\hat{\boldsymbol{c}}_{\lambda'}^\dagger|n_\lambda\rangle\delta_{\lambda\lambda'}\\
&= \mathrm{e}^{-\frac{(u-u')}{\hbar}(\varepsilon_\lambda-\mu)(n_\lambda+1)}(1\mp n_\lambda)\delta_{\lambda\lambda'}
\end{aligned}
\tag{18.7.28}
$$

最后一个等式的成立是因为

$$
\hat{\boldsymbol{c}}_\lambda\hat{\boldsymbol{c}}_\lambda^\dagger = 1\mp\hat{\boldsymbol{c}}_\lambda^\dagger\hat{\boldsymbol{c}}_\lambda = 1\mp\hat{\boldsymbol{n}}_\lambda = 1\mp\langle n_\lambda|n_\lambda|n_\lambda\rangle \tag{18.7.29}
$$

将式 (18.7.28) 代入式 (18.7.27), 得

$$
\begin{aligned}
G_{0,\lambda\lambda'}^{>}(u,u') &= -\,\delta_{\lambda\lambda'}\mathrm{e}^{-\frac{(u-u')}{\hbar}(\varepsilon_\lambda-\mu)}(1\mp n_\lambda)\sum_{\{n\}}\frac{1}{Z_0}\mathrm{e}^{-\beta\sum\limits_\alpha(\varepsilon_\alpha-\mu)n_\alpha}\\
&= -\,\delta_{\lambda\lambda'}\mathrm{e}^{-\frac{(u-u')}{\hbar}(\varepsilon_\lambda-\mu)}\langle(1\mp\hat{\boldsymbol{n}}_\lambda)
\end{aligned}
\tag{18.7.30}
$$

式中

$$
\begin{aligned}
\langle\hat{\boldsymbol{n}}_\lambda\rangle =& \frac{1}{Z_0}\sum_{\{n\}}\mathrm{e}^{-\beta\sum\limits_\alpha(\varepsilon_\alpha-\mu)n_\alpha}n_\lambda\\
=& \frac{1}{Z_0}\sum_{n_1}\mathrm{e}^{-\beta(\varepsilon_1-\mu)n_1}\sum_{n_2}\mathrm{e}^{-\beta(\varepsilon_2-\mu)n_2}\cdots\sum_{n_\lambda}\mathrm{e}^{-\beta(\varepsilon_\lambda-\mu)n_\lambda}\\
=& \frac{1}{\mathrm{e}^{\beta(\varepsilon_\lambda-\mu)}\mp 1}
\end{aligned}
\tag{18.7.31}
$$

现将式 (18.7.30) 代入式 (18.7.19), 得

$$
\begin{aligned}
G_0^{>}(\tau u,\tau' u') &= \sum_{\lambda,\lambda'}\phi_\lambda(\tau)\phi_{\lambda'}^*(\tau')G_{0,\lambda\lambda'}^{>}(u,u')\\
&= -\sum_\lambda\phi_\lambda(\tau)\phi_\lambda^*(\tau')\mathrm{e}^{-\frac{u-u'}{\hbar}(\varepsilon_\lambda-\mu)}\langle(1\mp\hat{\boldsymbol{n}}_\lambda)\rangle
\end{aligned}
\tag{18.7.32}
$$

类似地, 可得

$$
G_0^{<}(\tau u,\tau' u') = \mp\sum_\lambda\phi_\lambda(\tau)\phi_\lambda^*(\tau')\mathrm{e}^{-\frac{u-u'}{\hbar}(\varepsilon_\lambda-\mu)}\langle\hat{\boldsymbol{n}}_\lambda\rangle \tag{18.7.33}
$$

将式 (18.7.32) 和式 (18.7.33) 代入式 (18.7.16), 得到用坐标–时间表示的零级 Green 函数

$$
\begin{aligned}
G_0(\tau u,\tau' u') =& \sum_i\phi_\lambda(\tau)\phi_\lambda^*(\tau')[-\theta(u-u')\mathrm{e}^{-\frac{u-u'}{\hbar}(\varepsilon_\lambda-\mu)}\langle(1\mp\hat{\boldsymbol{n}}_\lambda)\rangle\\
&\mp\theta(u'-u)\mathrm{e}^{-\frac{u-u'}{\hbar}(\varepsilon_\lambda-\mu)}\langle\hat{\boldsymbol{n}}_\lambda\rangle]
\end{aligned}
\tag{18.7.34}
$$

2. 以量子数–频率表示的零级 Green 函数

由式 (18.7.32) 可知

$$G_0^{\gtrless}(\tau\xi,\tau'0)=-\sum_{\lambda}\phi_\lambda(\tau)\phi_\lambda^*(\tau')\mathrm{e}^{-\frac{\varepsilon_\lambda-\mu}{\hbar}\xi}\langle(1\mp\hat{\boldsymbol{n}}_\lambda)\rangle \tag{18.7.35}$$

式中

$$\xi=u-u'$$

对式 (18.7.35) 进行 Fourier 变换, 即得到以量子数–频率表示的零级 Green 函数 [注意式 (18.4.21)]

$$\begin{aligned}G_0(\tau\tau',\omega_n)&=-\sum_{\lambda}\phi_\lambda(\tau)\phi_\lambda^*(\tau')\langle(1\mp\hat{\boldsymbol{n}}_\lambda)\rangle\int_0^{\beta\hbar}\mathrm{d}\xi\mathrm{e}^{i\omega_n\xi}\mathrm{e}^{-\frac{\xi_\lambda-\mu}{\hbar}\xi}\\&=-\sum_{\lambda}\frac{\phi_\lambda(\tau)\phi_\lambda^*(\tau')}{i\omega_n-\hbar^{-1}(\varepsilon_\lambda-\mu)}\langle(1\mp\hat{\boldsymbol{n}}_\lambda)\rangle[\mathrm{e}^{-\beta(\varepsilon_\lambda-\mu)}\mathrm{e}^{i\omega_n\beta\hbar}-1]\\&=-\sum_{\lambda}\frac{\phi_\lambda(\tau)\phi_\lambda^*(\tau')}{i\omega_n-\hbar^{-1}(\varepsilon_\lambda-\mu)}\end{aligned} \tag{18.7.36}$$

式中, 第三个等式的成立是因为仿计算 $\langle\hat{\boldsymbol{n}}_\lambda\rangle$ 的方法计算 $\langle 1\mp\hat{\boldsymbol{n}}_\lambda\rangle$.

$$\mathrm{e}^{-\beta(\varepsilon_\lambda-\mu)}\mathrm{e}^{i\omega_n\beta\hbar}-1=\frac{1}{1\mp\hat{\boldsymbol{n}}_\lambda} \tag{18.7.37}$$

式 (18.7.36) 比式 (18.7.34) 简单得多, 但仍有复杂的 $\sum\limits_{\lambda}$ 运算.

由式 (18.7.36) 可知

$$G_0(\tau\tau',\omega_n)=\sum_{\alpha}\frac{\phi_\alpha(\tau)\phi_\alpha^*(\tau')}{i\omega_n-\hbar^{-1}(\varepsilon_\alpha-\mu)} \tag{18.7.38}$$

由式 (18.6.5) 和式 (18.6.6) 可知

$$\begin{aligned}G_{0,\lambda\lambda'}(\omega_n)&=G_{0,\lambda\lambda'}(\omega_n)\delta_{\lambda\lambda'}=G_0(\lambda,\omega_n)\delta_{\lambda\lambda'}\\&=\int\mathrm{d}\tau\mathrm{d}\tau'\phi_\lambda^*(\tau)\phi_\lambda(\tau')G_0(\tau\tau',\omega_n)\end{aligned} \tag{18.7.39}$$

将式 (18.7.38) 代入式 (18.7.39), 得

$$\begin{aligned}G_0(\lambda,\omega_n)&=\sum_{\alpha}\int\mathrm{d}\tau\phi_\lambda^*(\tau)\phi_\alpha(\tau)\int\mathrm{d}\tau'\phi_\alpha^*(\tau')\phi_\lambda(\tau')\frac{1}{i\omega_n-\hbar^{-1}(\varepsilon_\alpha-\mu)}\\&=\sum_{\alpha}\delta_{\alpha\lambda}\frac{1}{i\omega_n-\hbar^{-1}(\varepsilon_\alpha-\mu)}\\&=\frac{1}{i\omega_n-\hbar^{-1}(\varepsilon_\lambda-\mu)}\end{aligned} \tag{18.7.40}$$

这是最简单的形式.

18.8 Dyson 方程

18.8.1 自能

我们必须进一步解决 Green 函数微扰展开的求和问题, 否则 Green 函数方法也无法应用. 我们从对 Feymann 图作进一步分析着手.

考虑一级 Green 函数 $G_1(\tau u,\tau' u')$ 中的第二项 [式 (18.3.8)]

$$\begin{aligned}G_{1(2)}(\tau u,\tau' u') = \left(\frac{-1}{\hbar}\right)\int_0^{\beta\hbar} & \mathrm{d}\tau_1\mathrm{d}u_1\mathrm{d}\tau_2\mathrm{d}u_2 V_0(\tau_1 u_1,\tau_2 u_2) \\ & \times G_0(\tau_2 u_2,\tau_1 u_1)G_0(\tau_1 u_1,\tau' u')G_0(\tau u,\tau_2 u_2)\end{aligned} \tag{18.8.1}$$

式中, $G_0(\tau_1 u_1,\tau' u')$ 和 $G_0(\tau u,\tau_2 u_2)$ 包含了非积分变量 τu 和 $\tau' u'$, 而 $V_0(\tau_1 u_1,\tau_2 u_2)$ 和 $G_0(\tau_2 u_2,\tau_1 u_1)$ 只包含积分变量, 故可以将它们二者作为一个整体来对待, 设为

$$\Sigma^{(1(2))}(\bar{1},\bar{2}) \equiv \left(\frac{-1}{\hbar}\right) V_0(\bar{1},\bar{2})G_0(\bar{1}\bar{2}) \tag{18.8.2}$$

式中, $\bar{1}\equiv\tau_1 u_1, \bar{2}\equiv\tau_2 u_2$. 将式 (18.8.2) 代入式 (18.8.1), 得 [参阅式 (18.8.5) 的注①]

$$G_{1(2)}(\tau u,\tau' u') = \int_0^{\beta\hbar} \mathrm{d}\bar{1}\mathrm{d}\bar{2}G_0(\tau u,\bar{1})\Sigma^{(1(2))}(\bar{1},\bar{2})G_0(\bar{2},\tau' u') \tag{18.8.3}$$

对应于式 (18.8.1) 和式 (18.8.3) 的图如图 18.8.1(a) 和 (b) 所示.

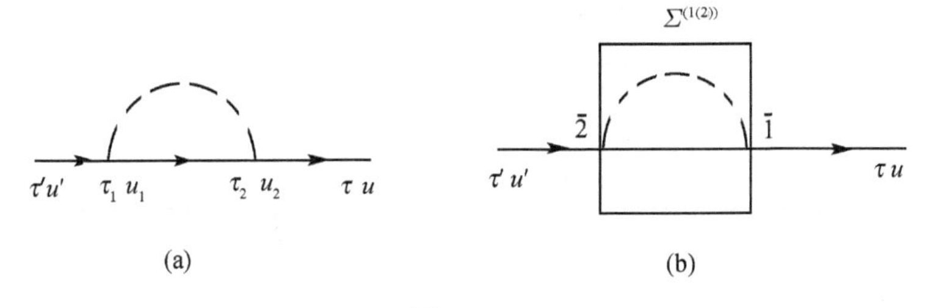

图 18.8.1

可以发现, 其他各级 Green 函数都可以写成式 (18.8.3) 的简单形式, 只是 "Σ" 中的内容各不相同. 这样, 任何复杂的 Green 函数都能归并成图 18.8.1 (b) 的形式. 这无非是一个 Σ 连接两条外线, 一条进入 Σ, 一条离去 Σ . 这两条外线是零级 Green 函数. 以后会知道对 Σ 还可以分解. 再举一个三级 Green 函数的例子. 三级

Green 函数中有一项为

$$
\begin{aligned}
G_{3(1)}(\tau u, \tau' u') = & \left(\frac{-1}{\hbar}\right)^3 \int_0^{\beta\hbar} \mathrm{d}\tau_1 \mathrm{d}u_1 \mathrm{d}\tau_2 \mathrm{d}u_2 \mathrm{d}\tau_3 \mathrm{d}u_3 \mathrm{d}\tau_4 \mathrm{d}u_4 \mathrm{d}\tau_5 \mathrm{d}u_5 \mathrm{d}\tau_6 \mathrm{d}u_6 \\
& \times V_0(\tau_1 u_1, \tau_2 u_2) V_0(\tau_3 u_3, \tau_4 u_4) V_0(\tau_5 u_5, \tau_6 u_6) \\
& \times G_0(\tau u, \tau_6 u_6) G_0(\tau_6 u_6, \tau_4 u_4) G_0(\tau_4 u_4, \tau_2 u_2) \\
& \times G_0(\tau_5 u_5, \tau_1 u_1) G_0(\tau_3 u_3, \tau_5 u_5) G_0(\tau_2 u_2, \tau_3 u_3) G_0(\tau_1 u_1, \tau' u') \\
\equiv & \int_0^{\beta\hbar} \mathrm{d}\bar{1} \mathrm{d}\bar{2} G_0(\tau u, \bar{1}) \Sigma^{(3(1))}(\bar{1}, \bar{2}) G_0(2, \tau' u')
\end{aligned} \tag{18.8.4}
$$

式中

$$G_0(\tau u, \bar{1}) \equiv G_0(\tau u, \tau_6 u_6)^{①} \tag{18.8.5}$$

$$G_0(\bar{2}, \tau' u') \equiv G_0(\tau_1 u_1, \tau' u') \tag{18.8.6}$$

$$
\begin{aligned}
\Sigma^{(3(1))}(\bar{1}, \bar{2}) \equiv & \left(\frac{-1}{\hbar}\right)^3 \int_0^{\beta\hbar} \mathrm{d}\tau_2 \mathrm{d}u_2 \mathrm{d}\tau_3 \mathrm{d}u_3 \mathrm{d}\tau_4 \mathrm{d}u_4 \mathrm{d}\tau_5 \mathrm{d}u_5 \mathrm{d}\tau_6 \mathrm{d}u_6 \\
& \times V_0(\tau_1 u_1, \tau_2 u_2) V_0(\tau_3 u_3, \tau_4 u_4) V_0(\tau_5 u_5, \tau_6 u_6) \\
& \times G_0(\tau_6 u_6, \tau_4 u_4) G_0(\tau_4 u_4, \tau_2 u_2) G_0(\tau_5 u_5, \tau_1 u_1) \\
& \times G_0(\tau_3 u_3, \tau_5 u_5) G_0(\tau_2 u_2, \tau_3 u_3)
\end{aligned} \tag{18.8.7}
$$

与式 (18.8.7) 对应的图为图 18.8.2.

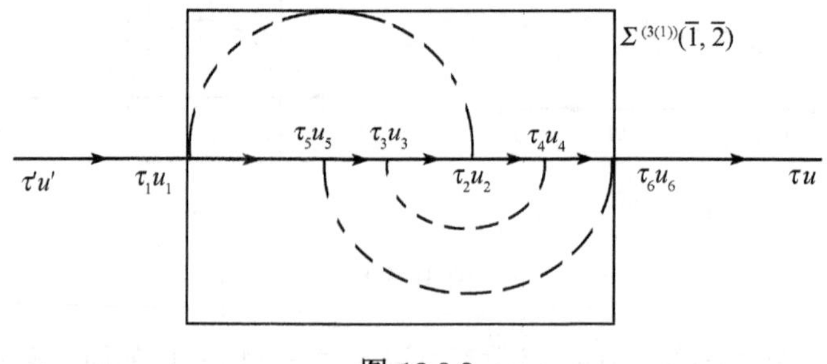

图 18.8.2

① 这里的 $\bar{1}$ 和 $\bar{2}$ 是前述的推广, 意为: 在 $\tau_1 u_1, \tau_2 u_2, \cdots, \tau_6 u_6$ 中将最后一个 $\tau_6 u_6$ 写为 $\bar{1}$, 将最前一个 $\tau_1 u_1$ 写为 $\bar{2}$, 其余类推.

一般说来, 第 k 级 Green 函数中第 j 项为

$$G_{k(j)}(\tau u,\tau' u') = \int \mathrm{d}\bar{1}\mathrm{d}\bar{2} G_0(\tau u,\bar{1}) \Sigma^{(k(j))}(\bar{1},\bar{2}) G_0(\bar{2},\tau' u') \tag{18.8.8}$$

与式 (18.8.8) 对应的图为图 18.8.3.

上述的 Σ 称为自能 (self-energies), 相应的图为自能图, 即将两条外线去掉后留下的图. 从它的表达式不难看出, Σ 之所以称为自能, 是因为其自己与自己相互作用 —— 自己形成的场又作用于自己使自身能量发生变化. 零级 Green 函数因为不包含相互作用, 所以没有自能部分.

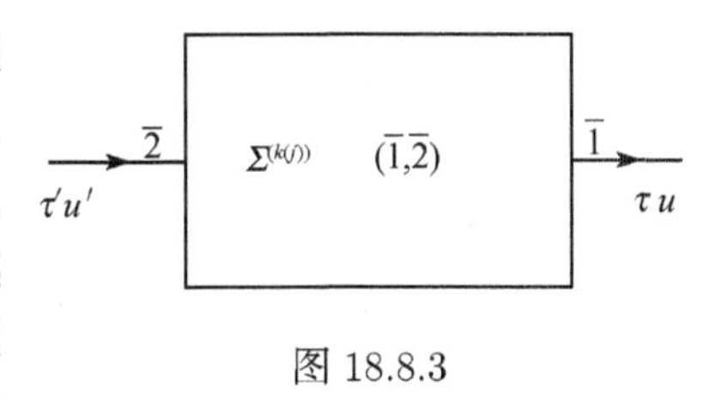

图 18.8.3

18.8.2　正规自能和非正规自能

考虑一级 Green 函数, 它有两个不等价拓扑相连图 (图 18.3.4 中②和④), 相应的自能图也有两个, 如图 18.8.4 所示.

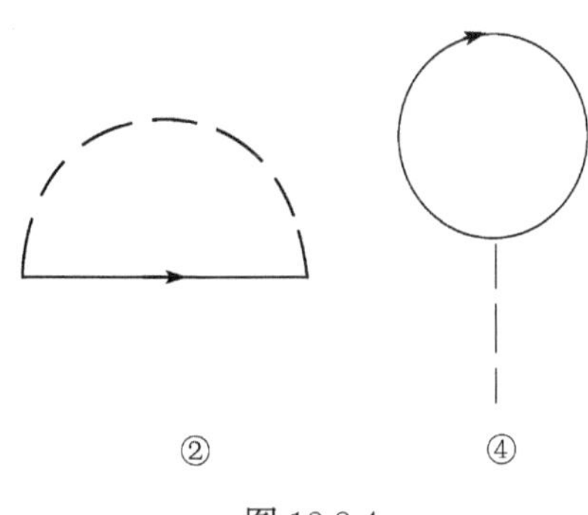

图 18.8.4

至于二级 Green 函数, 有十个不等价拓扑相连图, 相应的就有十个自能图, 如图 18.8.5 所示. 这十个自能图就是将图 18.3.5 的十个图去掉两条外线而得.

观察图 18.8.5, 有两类自能图. 一类是所谓非正规自能 $\underset{\text{非}}{\Sigma}$, 即可以借割断一条实线而被分解成两个自能图. 如图 18.8.5 中的①, ②, ③和⑩. 另一类是所谓正规自能 $\underset{\text{正}}{\Sigma}$, 它无法用上述方法被分解, 如图 18.8.5 中的④~⑨. 正规自能也称为不可约自能, 非正规自能也称为可约自能.

容易想像, 正规自能如造房子的砖块, 由它可以连成高阶非正规自能, 连线就是零级 Green 函数 G_0. 例如, 图 18.8.5 ⑩非正规自能是由两个一级正规自能相连而成, 如图 18.8.6 所示.

再如图 18.8.7 所示, 四级非正规自能由两个一级正规自能和一个二级正规自能连成.

由图 18.8.6 和图 18.8.7 可以看出, 自能的连接可用自能数学表达式表示. 如图 18.8.6 所示, 等号两边可写成

$$\underset{\text{非}}{\Sigma}^{(2(10))} = \underset{\text{正}}{\Sigma}^{(1(4))} G_0 \underset{\text{正}}{\Sigma}^{(1(2))} \tag{18.8.9}$$

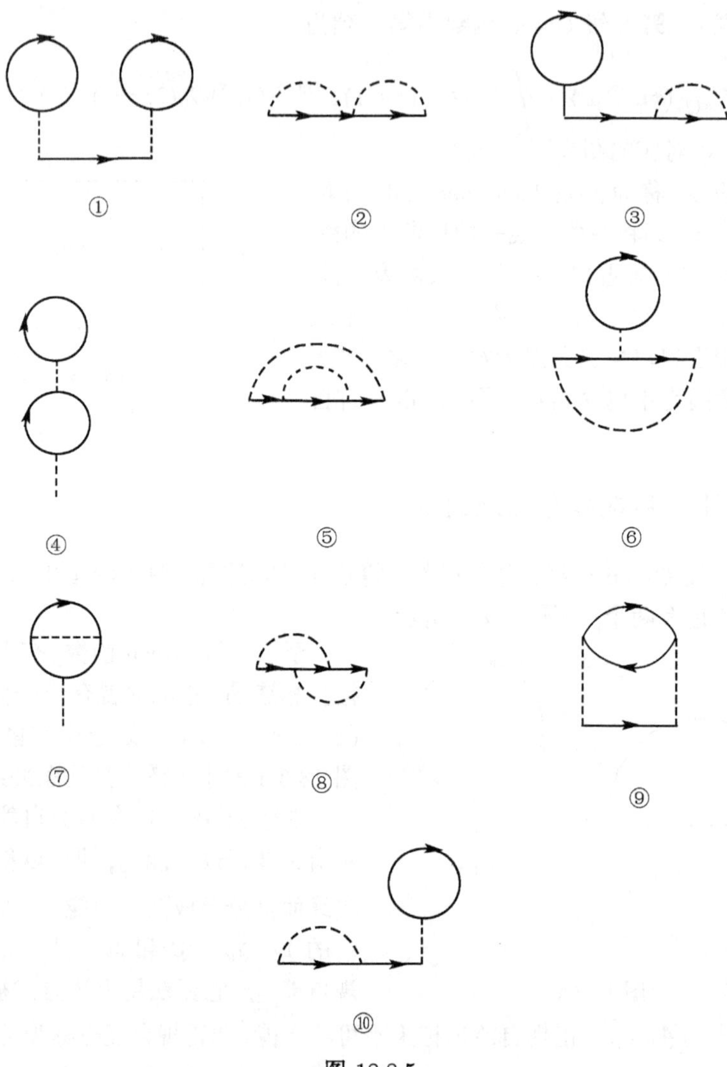

图 18.8.5

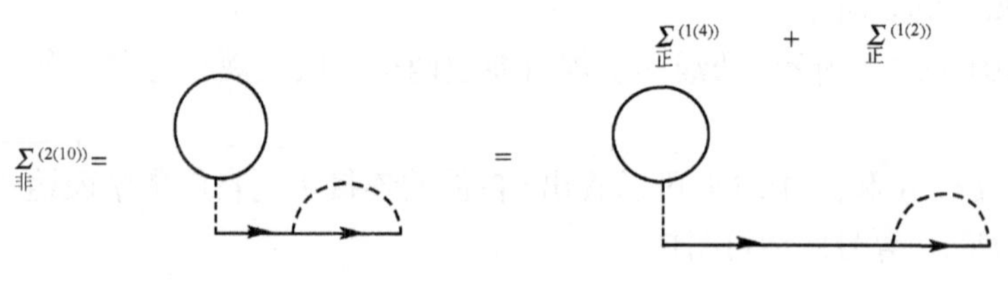

图 18.8.6

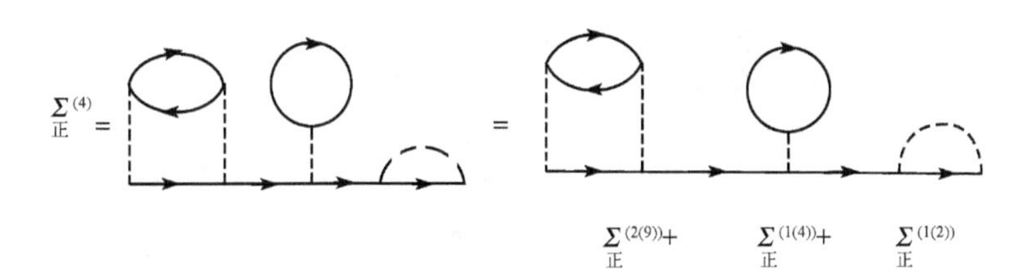

图 18.8.7

对于图 18.8.7, 等号两边可写成

$$\underset{\text{非}}{\Sigma}^{(4)} = \underset{\text{正}}{\Sigma}^{(2(9))} G_0 \underset{\text{正}}{\Sigma}^{(1(4))} G_0 \underset{\text{正}}{\Sigma}^{(1(2))} \tag{18.8.10}$$

总之, 可以写成

$$\underset{\text{非}}{\Sigma} = \Sigma^{(i)} G_0 \Sigma^{(j)} \tag{18.8.11}$$

如果 $\Sigma^{(i)}$ 和 $\Sigma^{(j)}$ 还可以分解, 则再分, 直到正规自能为止, 即

$$\underset{\text{非}}{\Sigma} = \underset{\text{正}}{\Sigma}^{(i)'} G_0 \underset{\text{正}}{\Sigma}^{(i)''} G_0 \underset{\text{正}}{\Sigma}^{(j)'} G_0 \underset{\text{正}}{\Sigma}^{(j)''} \tag{18.8.12}$$

18.8.3　Dyson 方程

一般来说, Green 函数总可以展开成零级, 一级, 二级, ……, Green 函数之和, 即

$$G = G_0 + G_1 + G_2 + \cdots \tag{18.8.13}$$

从前面的讨论可知, $G_1, G_2, \cdots$, 各级 Green 函数都可以写成自能形式, 各级自能都会有若干正规和非正规自能部分. 下面我们从自能图出发来导出 Dyson 方程.

定义完全自能 Σ 是全部自能之和 (一般是无穷多个各式各样正规和非正规自能之和); 定义完全正规自能 Σ^* 是全部正规自能之和 (一般是无穷多个各式各样正规自能之和). 二者如图 18.8.8 和图 18.8.9 所示.

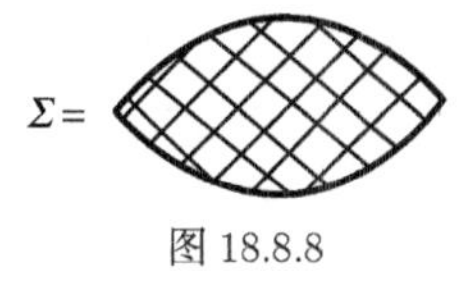

图 18.8.8

用双线 (带箭头) 表示精确的 Green 函数 G; 用带箭头的实线表示零级 Green 函数 G_0. 再注意到非正规自能可由各式各样正规自能用适当方式连成. 于是, 由上述定义可得 Green 函数图形, 如图 18.8.10 所示. 写成表达式, 即为

$$\begin{aligned} G &= G_0 + G_0 \Sigma G_0 \\ &= G_0 + G_0 \Sigma^* G_0 + G_0 \Sigma^* G_0 \Sigma^* G_0 + \cdots \end{aligned} \tag{18.8.14}$$

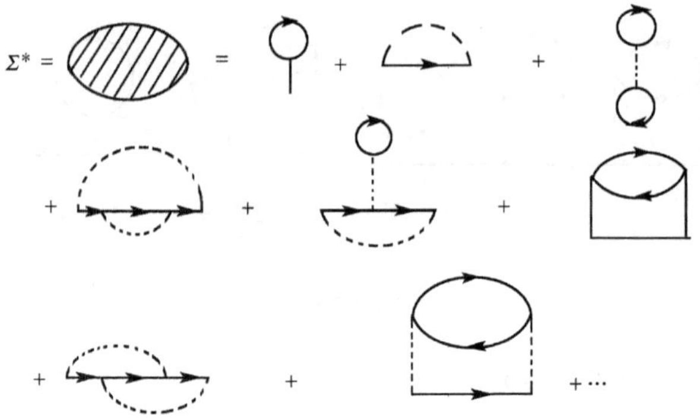

图 18.8.9

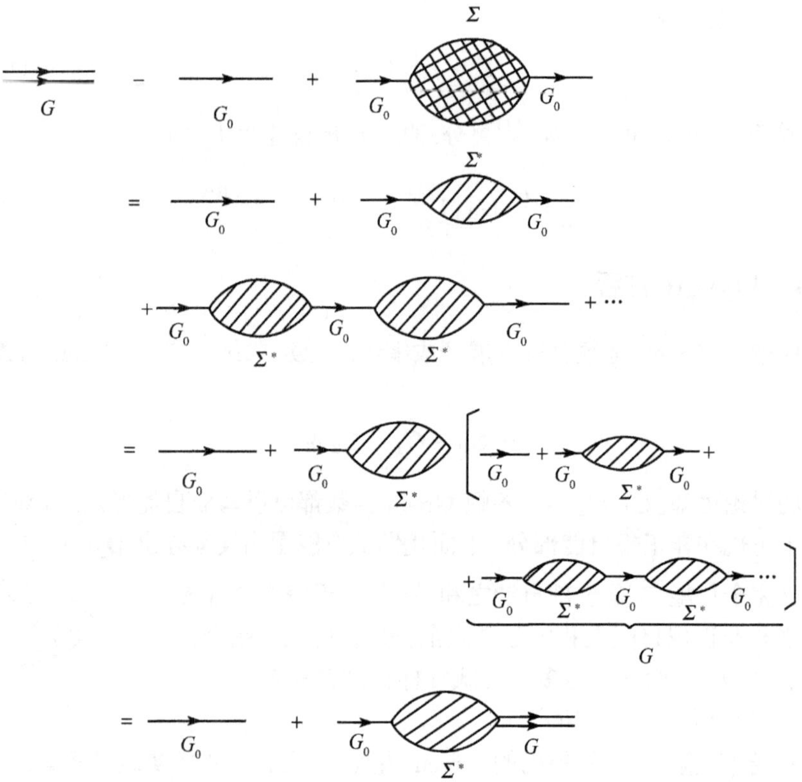

图 18.8.10

$$= G_0 + G_0\Sigma^* G \tag{18.8.15}$$

显然, 式 (18.8.15) 可写成

$$G = \frac{G_0}{1 - G_0 \Sigma^*} \tag{18.8.16}$$

$$= \frac{1}{\dfrac{1}{G_0} - \Sigma^*} \tag{18.8.17}$$

这就是 Dyson 方程. 它是 Green 函数与完全正规自能的关系. 如果能求得完全正规自能, 就可以求得 Green 函数. 当然, 完全正规自能也只能近似求得

由式 (18.8.15), 用迭代法可以写出 G 的各级近似式. 如果要求零级近似, 即略去式 (18.8.15) 的第二项, 得零级近似 Green 函数

$$G^{(0)} \cong G_0 \tag{18.8.18}$$

要进一步求近似 Green 函数 G, 需对 Σ^* 作近似. Σ^* 包含着无穷个不同类型的正规自能, 无法精确求得, 只能作近似处理. 现取 Σ^* 为一级正规自能之和近似 (如图 18.8.11 所示), 则近似 Green 函数为

$$G \cong G_0 + G_0 \Sigma^{(1)*} G_0 + G_0 \Sigma^{(1)*} G_0 \Sigma^{(1)*} G_0 + \cdots \tag{18.8.19}$$

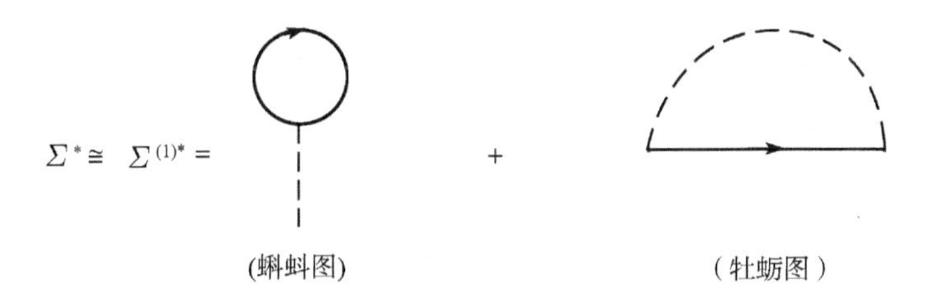

图 18.8.11

与式 (18.8.19) 对应的图为图 18.8.12. 从这里可以看到, 尽管 Σ^* 取了极简单的近似 $\Sigma^{(1)*}$, 但由 Dyson 方程求得的近似 Green 函数 G 仍包含无穷多个图形之和. 必须注意, 这里的无穷多个自能图无非都是由若干个简单的蝌蚪图和牡蛎图连成的, 并没有包含其他类型的正规自能图 (如图 18.8.5 中⑥~⑨), 所以仍然是近似而不是精确的 Green 函数 G. 如果我们取图 18.8.13 中的 Σ^*, 则可得比上面较为精确的 Green 函数 G . 因为现在的 Σ^* 多了一个二级正规自能图, 当它参加连接各种自能图时, 当然会出现更多类型的自能图. 只有当 Σ^* 包含全部正规自能图, 才能求得精确的 Green 函数.

在实际问题中, 可以根据具体物理问题选择由若干个起重要作用的正规自能组成近似 Σ^* 来求近似 Green 函数. 这种方法就是所谓部分和或选择和.

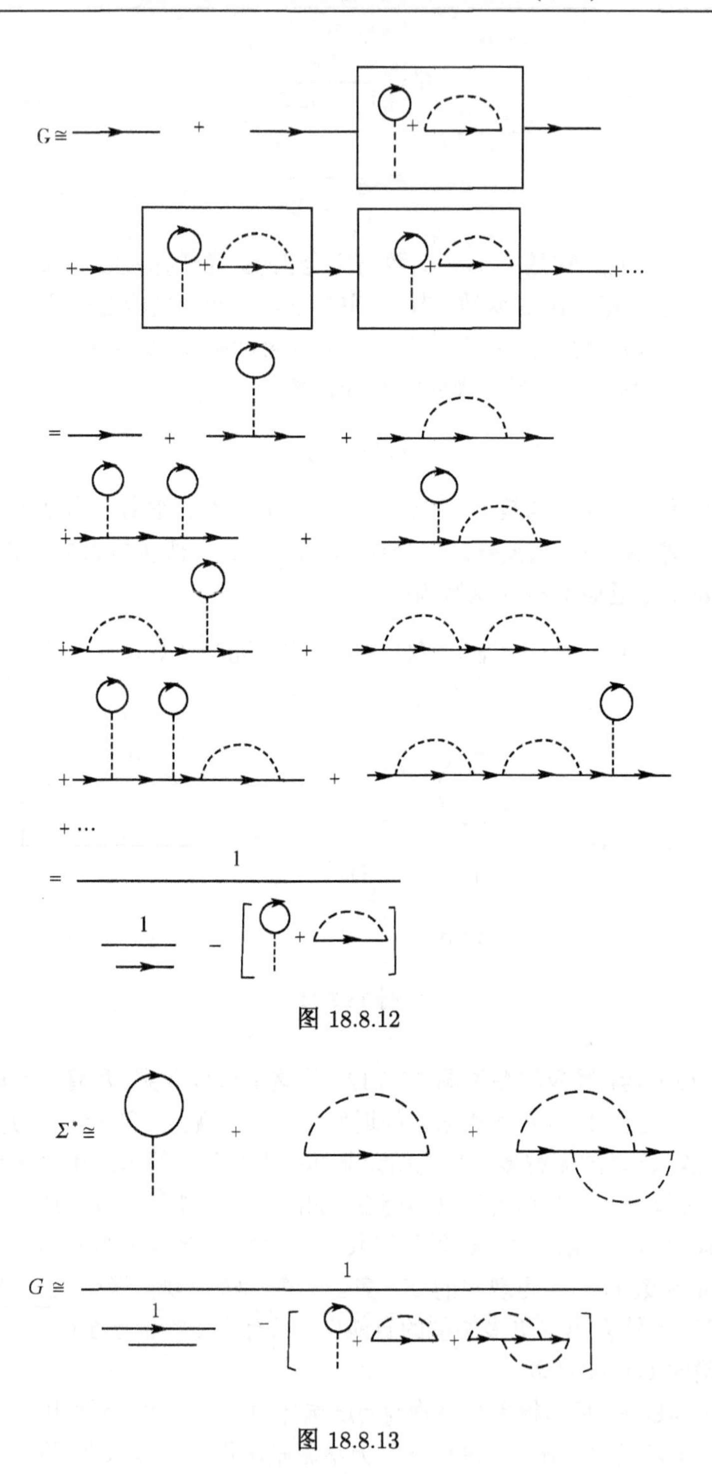

图 18.8.12

图 18.8.13

18.9 Green 函数的传播特性

设 Heisenberg 表象中体系的基态为 $|\psi^0_{\rm He}\rangle$, 则 Green 函数为

$$G(\tau t,\tau' t') = -i\langle\psi^0_{\rm He}|\hat{T}[\hat{\psi}_{\rm He}(\tau t)\hat{\psi}^\dagger_{\rm He}(\tau' t')]|\psi^0_{\rm He}\rangle$$

当 $t > t'$ 时, $\hat{\psi}^\dagger_{\rm He}(\tau' t')|\psi^0_{\rm He}\rangle$ 代表在 τ' 处 t' 时刻向体系基态 $|\psi^0_{\rm He}\rangle$ 投入一个粒子的态, 因为 $\hat{\psi}^\dagger_{\rm He}(\tau t)$ 是产生算符, 而 $\hat{\psi}^\dagger_{\rm He}(\tau t)|\psi^0_{\rm He}\rangle$ 是在 τ 处 t 时刻向基态 $|\psi^0_{\rm He}\rangle$ 投入一个粒子的态. 二者的积为 Green 函数 $\langle\psi^0_{\rm He}|\hat{\psi}_{\rm He}(\tau t)\hat{\psi}^\dagger_{\rm He}(\tau' t')|\psi^0_{\rm He}\rangle$, 它表示在 τ', t' 加一个粒子后, 又在稍后时刻 t 另一地点 τ 发现该粒子的概率. 这就是投入的粒子在体系中随时间在传播.

当 $t < t'$ 时, $\hat{\psi}_{\rm He}(\tau t)|\psi^0_{\rm He}\rangle$ 代表在 τ 处 t 时刻在体系基态 $|\psi^0_{\rm He}\rangle$ 中产生一个空穴. $\hat{\psi}_{\rm He}(\tau' t')|\psi^0_{\rm He}\rangle$ 代表在 τ' 处 t' 时刻在体系基态 $|\psi^0_{\rm He}\rangle$ 中产生一个空穴. 二者的积为 Green 函数

$$\langle\psi^0_{\rm He}|\hat{\psi}^\dagger_{\rm He}(\tau' t')\hat{\psi}_{\rm He}(\tau t)|\psi^0_{\rm He}\rangle,$$

它代表在 τ, t 产生一个空穴后, 又在稍后时刻 t' 另一地点 τ' 发现该空穴的概率. 这就是空穴在体系中随时间在传播.

如果将 Green 函数经 Fourier 变换转换到动量空间中去, 则上述的传播意义为在 t 时刻投入一个动量为 K 的粒子, 此粒子在体系中与其他粒子作用会改变频率, 则在稍后时刻 t' 发现该粒子处于动量为 K' 的概率就是 Green 函数. 对于空穴也可以说同样的话. 所以, Green 函数有时也称为传播子 (propagator).

上面提到的 Green 函数是基态的平均. 严格说来, 体系只在绝对零度时处于纯基态, 所以 $\langle\psi^0_{\rm He}|\hat{T}[\hat{\psi}_{\rm He}(\tau t)\hat{\psi}^\dagger_{\rm He}(\tau' t')]|\hat{\psi}^0_{\rm He}\rangle$ 又称为绝对零度 Green 函数. 当温度高于绝对零度，原则上就会出现各种激发态，从而需有对于巨正则系综的 Green 函数 (本章开头定义的). 这也称为大于 0K Green 函数, 或温度 Green 函数或热力学 Green 函数.

松原将时间 t 变换为虚时间 $u \equiv it$, 所以又称为虚时 Green 函数.

为了使松原函数收敛, 必须要求当 $u > u'$ 时, $e^{-\beta\hbar+(u-u')}$ 中指数 $-\beta\hbar+(u-u') < 0$, 这就要求 $u - u' < \beta\hbar$, 即

$$\xi \equiv u - u' \leqslant \beta\hbar$$

类似地, 有 $\xi \equiv u - u' \geqslant -\beta\hbar$(当 $u' > u$ 时). 总之, 要求 $-\beta\hbar \leqslant \xi \leqslant \beta\hbar$. u, u' 在 $0\sim\beta\hbar$ 范围内变化.

参考文献

[1] Paul R. Field Theoretical Methods in Chemical Physics. Amsterdam-Oxford-New York: Elsevier Scientfic Publishing Company, 1982

[2] Szabo A, Ostlund N S. Modern Quantum Chemisty. New York: MacMillan Publishing Co., 1982

[3] Raimes S. Many-Election Theory. Amsterdam-London: North-Holland Publishing Co.,1972

[4] Mattuck R D. A Guide to Feynmann Diagrams in the Many-Body Problem. New York: McGraw-Hill International Book Co.,1976

[5] Linderberg J, Öhrn Y. Propagarors in Quantum Chemisty. London-New York: Academic Press, 1973

[6] Economou E N. Green's Functions in Quantum Physics. Berlin-Hecidelberg-New York-Tokyo: Springer-Verlag, 1983

[7] Linderberg J, Öhrn Y.Propagators in Quantum Chemistry. Second Edition. Hoboken-New Jersey: John Wiley & Sons Inc., 2004

第 19 章

各种形式的 Green 函数及某些应用

19.1 密度算符对外场微扰的线性响应

19.2 响应函数、关联函数和谱函数

19.3 谱函数与各种特殊 Green 函数的关系及其 Lehmann 表示

19.4 Green 函数的矩阵形式

19.5 Green 函数的连分式表示

19.6 一级连分式近似

19.7 二级连分式近似

19.8 分子电离能及亲和能计算实例

19.9 双粒子 Green 函数与激发态的关系

19.1 密度算符对外场微扰的线性响应

前面讨论的 Green 函数只用于多粒子体系的平衡态. 我们要发展非平衡态的 Green 函数方法. 这对研究在外界作用或内部输运过程中体系力学量的变化有重要意义, 在动力学 (如化学动力学) 和光谱等问题中也有重要应用.

如果外场较弱, 计算可只算到外场的线性项, 体系力学量的变化正比于外界作用强度, 故称为线性响应. 这种响应与 Green 函数可联系起来. 从而由 Green 函数可算出体系力学量随外界作用的变化.

设外场与体系力学量 $\hat{\boldsymbol{B}}$ 作用所引起体系的附加 Hamilton 量为

$$\hat{\boldsymbol{K}}_{\mathrm{e}}(t)=-\hat{\boldsymbol{B}}F(t) \tag{19.1.1}$$

式中, $F(t)$ 为时间函数. 设无外场时平衡体系的 Hamilton 量为 $\hat{\boldsymbol{K}}$, 则当有外场作用时体系的总 Hamilton 量为

$$\hat{\boldsymbol{K}}_{\mathrm{T}}(t)=\hat{\boldsymbol{K}}_{\mathrm{e}}(t)+\hat{\boldsymbol{K}} \tag{19.1.2}$$

为了讨论体系力学量在外场作用下的变化, 必须先考察密度算符在外场作用下的变化. 已知平衡态的密度算符为

$$\begin{aligned}\hat{\boldsymbol{\rho}}_{\mathrm{eq}}(t)&=\frac{\mathrm{e}^{-\beta\hat{\boldsymbol{K}}}}{Z}=\hat{\boldsymbol{\rho}}_{\mathrm{eq}}\\ \frac{\partial\hat{\boldsymbol{\rho}}_{\mathrm{eq}}}{\partial t}&=[\hat{\boldsymbol{K}},\hat{\boldsymbol{\rho}}_{\mathrm{eq}}]_{-}=0\end{aligned} \tag{19.1.3}$$

当有外场作用时, 密度算符 $\hat{\boldsymbol{\rho}}(t)$ 并不是简单地将式 (19.1.3) 中的 $\hat{\boldsymbol{K}}$ 用 $\hat{\boldsymbol{K}}_{\mathrm{T}}(t)$ 代替而成, 可以证明

$$\hat{\boldsymbol{\rho}}(t)=\frac{\mathrm{e}^{-\beta\hat{\boldsymbol{K}}}}{Z}+\frac{1}{i\hbar}\int_0^t\mathrm{d}t'\mathrm{e}^{-\frac{i}{\hbar}\hat{\boldsymbol{K}}(t-t')}[\hat{\boldsymbol{\rho}}_{\mathrm{eq}},\hat{\boldsymbol{B}}]_{-}\mathrm{e}^{\frac{i}{\hbar}\hat{\boldsymbol{K}}(t-t')}F(t') \tag{19.1.4}$$

证明: 密度算符满足以下微分方程:

$$i\hbar\frac{\partial\hat{\boldsymbol{\rho}}(t)}{\partial t}=[\hat{\boldsymbol{K}}_{\mathrm{T}},\hat{\boldsymbol{\rho}}(t)]_{-} \tag{19.1.5}$$

所以真正的 $\hat{\boldsymbol{\rho}}(t)$ 应是从这个方程解出来的. 然而, 又不可能精确地将 $\hat{\boldsymbol{\rho}}(t)$ 解出来, 只能采取微扰近似. 引入参数 λ(先认为小于 1, 最后再取为 1), 令

$$\hat{\boldsymbol{K}}_{\mathrm{T}}(t)=\hat{\boldsymbol{K}}+\lambda\hat{\boldsymbol{K}}_{\mathrm{e}} \tag{19.1.6}$$

再将 $\hat{\rho}(t)$ 按 λ 的幂级数展开, 得

$$\hat{\boldsymbol{\rho}}(t) = \hat{\boldsymbol{\rho}}_{\mathrm{eq}}(t) + \lambda\hat{\boldsymbol{\rho}}_1(t) + \lambda^2\hat{\boldsymbol{\rho}}_2(t) + \cdots \tag{19.1.7}$$

将式 (19.1.6) 和式 (19.1.7) 代入式 (19.1.5), 并只取到 λ 一次项, 得

$$\begin{aligned} &i\hbar\frac{\partial}{\partial t}[\hat{\boldsymbol{\rho}}_{\mathrm{eq}} + \lambda\hat{\boldsymbol{\rho}}_1(t)] \\ &= [(\hat{\boldsymbol{K}} + \lambda\hat{\boldsymbol{K}}_{\mathrm{e}}), \hat{\boldsymbol{\rho}}_{\mathrm{eq}} + \lambda\hat{\boldsymbol{\rho}}_1(t)]_- \\ &= [\hat{\boldsymbol{K}}, \hat{\boldsymbol{\rho}}_{\mathrm{eq}}]_- + \lambda[\hat{\boldsymbol{K}}, \hat{\boldsymbol{\rho}}_1(t)]_- + \lambda[\hat{\boldsymbol{K}}_{\mathrm{e}}, \hat{\boldsymbol{\rho}}_{\mathrm{eq}}]_- + O(\lambda^2) \end{aligned} \tag{19.1.8}$$

比较两边的相同 λ 幂次项, 得

$$i\hbar\frac{\partial\hat{\boldsymbol{\rho}}_{\mathrm{eq}}}{\partial t} = [\hat{\boldsymbol{K}}, \hat{\boldsymbol{\rho}}_{\mathrm{eq}}]_- = 0 \tag{19.1.9}$$

$$i\hbar\frac{\partial\hat{\boldsymbol{\rho}}_1(t)}{\partial t} = [\hat{\boldsymbol{K}}, \hat{\boldsymbol{\rho}}_1(t)]_- + [\hat{\boldsymbol{K}}_{\mathrm{e}}(t), \hat{\boldsymbol{\rho}}_{\mathrm{eq}}]_- \tag{19.1.10}$$

为了获得 $\hat{\boldsymbol{\rho}}_1(t)$, 我们引入一个 $\hat{\boldsymbol{\rho}}_1'(t)$, 使

$$\hat{\boldsymbol{\rho}}_1(t) = \mathrm{e}^{-\frac{i}{\hbar}\hat{\boldsymbol{K}}t}\hat{\boldsymbol{\rho}}_1'(t)\mathrm{e}^{\frac{i}{\hbar}\hat{\boldsymbol{K}}t} \tag{19.1.11}$$

两边对 t 偏微商, 并注意到式 (19.1.10), 得

$$\begin{aligned} i\hbar\frac{\partial\hat{\boldsymbol{\rho}}_1(t)}{\partial t} &= i\hbar\left[\left(-\frac{i}{\hbar}\hat{\boldsymbol{K}}\right)\mathrm{e}^{-\frac{i}{\hbar}\hat{\boldsymbol{K}}t}\hat{\boldsymbol{\rho}}_1'(t)\mathrm{e}^{-\frac{i}{\hbar}\hat{\boldsymbol{K}}t} + \frac{i}{\hbar}\mathrm{e}^{-\frac{i}{\hbar}\hat{\boldsymbol{K}}t}\hat{\boldsymbol{\rho}}_1'(t)\mathrm{e}^{\frac{i}{\hbar}\hat{\boldsymbol{K}}t}\hat{\boldsymbol{K}}\right] \\ &\quad + \mathrm{e}^{-\frac{i}{\hbar}\hat{\boldsymbol{K}}t}i\hbar\frac{\partial\hat{\boldsymbol{\rho}}_1'(t)}{\partial t}\mathrm{e}^{\frac{i}{\hbar}\hat{\boldsymbol{K}}t} \\ &= [\hat{\boldsymbol{K}}, \hat{\boldsymbol{\rho}}_1(t)]_- + \mathrm{e}^{-\frac{i}{\hbar}\hat{\boldsymbol{K}}t}i\hbar\frac{\partial\hat{\boldsymbol{\rho}}_1'(t)}{\partial t}\mathrm{e}^{\frac{i}{\hbar}\hat{\boldsymbol{K}}t} \\ &= [\hat{\boldsymbol{K}}, \hat{\boldsymbol{\rho}}_1(t)]_- + [\hat{\boldsymbol{K}}_{\mathrm{e}}(t), \hat{\boldsymbol{\rho}}_{\mathrm{eq}}]_- \qquad [\text{式}(19.1.10)] \end{aligned} \tag{19.1.12}$$

于是, 得 $\hat{\boldsymbol{\rho}}_1'(t)$ 所满足的微分方程为

$$i\hbar\frac{\partial\hat{\boldsymbol{\rho}}_1'(t)}{\partial t} = \mathrm{e}^{\frac{i}{\hbar}\hat{\boldsymbol{K}}t}[\hat{\boldsymbol{K}}_{\mathrm{e}}(t), \hat{\boldsymbol{\rho}}_{\mathrm{eq}}]_-\mathrm{e}^{-\frac{i}{\hbar}\hat{\boldsymbol{K}}t} \tag{19.1.13}$$

积分得

$$\hat{\boldsymbol{\rho}}_1'(t) = C + \frac{1}{i\hbar}\int_0^t \mathrm{d}t'\mathrm{e}^{\frac{i}{\hbar}\hat{\boldsymbol{K}}t'}[\hat{\boldsymbol{K}}_{\mathrm{e}}(t), \hat{\boldsymbol{\rho}}_{\mathrm{eq}}]_-\mathrm{e}^{-\frac{i}{\hbar}\hat{\boldsymbol{K}}t'} \tag{19.1.14}$$

式中, C 为积分常数. 将式 (19.1.14) 代入式 (19.1.11), 可得

$$\begin{aligned} \hat{\boldsymbol{\rho}}_1(t) &= \mathrm{e}^{-\frac{i}{\hbar}\hat{\boldsymbol{K}}t}C\mathrm{e}^{\frac{i}{\hbar}\hat{\boldsymbol{K}}t} + \frac{1}{i\hbar}\mathrm{e}^{-\frac{i}{\hbar}\hat{\boldsymbol{K}}t}\left\{\int_0^t \mathrm{d}t'\mathrm{e}^{\frac{i}{\hbar}\hat{\boldsymbol{K}}t'}[\hat{\boldsymbol{K}}_{\mathrm{e}}(t'), \hat{\boldsymbol{\rho}}_{\mathrm{eq}}]_-\mathrm{e}^{-\frac{i}{\hbar}\hat{\boldsymbol{K}}t'}\right\}\mathrm{e}^{\frac{i}{\hbar}\hat{\boldsymbol{K}}t} \\ &= C + \frac{1}{i\hbar}\int_0^t \mathrm{d}t'\mathrm{e}^{-\frac{i}{\hbar}\hat{\boldsymbol{K}}(t-t')}[\hat{\boldsymbol{K}}_{\mathrm{e}}(t'), \hat{\boldsymbol{\rho}}_{\mathrm{eq}}]_-\mathrm{e}^{\frac{i}{\hbar}\hat{\boldsymbol{K}}(t-t')} \\ &\equiv C + \frac{1}{i\hbar}\int_0^t \mathrm{d}t' T(t') \end{aligned} \tag{19.1.15}$$

式中

$$T(t') \equiv \mathrm{e}^{\frac{i}{\hbar}\hat{\boldsymbol{K}}t'}[\hat{\boldsymbol{K}}_{\mathrm{e}}(t'), \hat{\boldsymbol{\rho}}_{\mathrm{eq}}]_{-}\mathrm{e}^{-\frac{i}{\hbar}\hat{\boldsymbol{K}}t'}$$

只要定出 C, 就能算出 $\hat{\boldsymbol{\rho}}_1(t)$. 由式 (19.1.7), 令 $\lambda=1$, 得 $\hat{\boldsymbol{\rho}}(t)$ 的一级近似为

$$\hat{\boldsymbol{\rho}}(t) \cong \hat{\boldsymbol{\rho}}_{\mathrm{eq}} + \hat{\boldsymbol{\rho}}_1(t) = \frac{\mathrm{e}^{-\beta\hat{\boldsymbol{K}}}}{Z} + C + \frac{1}{i\hbar}\int_0^t \mathrm{d}t' T(t') \tag{19.1.16}$$

为了确定积分常数 C, 置式 (19.1.16) 变量 $t=0$, 此时外场作用并未加上, 密度算符应为 $\hat{\boldsymbol{\rho}}_{\mathrm{eq}}$. 这样就得

$$\hat{\boldsymbol{\rho}}(0) = \frac{\mathrm{e}^{-\beta\hat{\boldsymbol{K}}}}{Z} + C = \frac{\mathrm{e}^{-\beta\hat{\boldsymbol{K}}}}{Z}$$

故

$$C = 0$$

将 $\hat{\boldsymbol{K}}_{\mathrm{e}}(t') = -\hat{\boldsymbol{B}}F(t')$ 代入式 (19.1.15) 和式 (19.1.16) 就证明了式 (19.1.4).

19.2　响应函数、关联函数和谱函数

19.2.1　力学量对于外场微扰的线性响应

我们要考察在外场作用下, 体系的任一力学量 $\hat{\boldsymbol{A}}$ 是如何响应的.

有外场微扰时, 力学量 $\hat{\boldsymbol{A}}$ 的平均值为

$$\begin{aligned}\langle\hat{\boldsymbol{A}}\rangle(t) &= \mathrm{tr}\hat{\boldsymbol{\rho}}(t)\hat{\boldsymbol{A}} \qquad (19.2.1)\\ &= \sum_{\{n\}}\left\langle\{n\}\left|\frac{\mathrm{e}^{-\beta\hat{\boldsymbol{K}}}}{Z}\hat{\boldsymbol{A}}\right|\{n\}\right\rangle + \frac{1}{i\hbar}\int_0^t \mathrm{d}t'\sum_{\{n\}}\langle\{n\}|\mathrm{e}^{-\frac{i}{\hbar}\hat{\boldsymbol{K}}(t-t')}[\hat{\boldsymbol{\rho}}_{\mathrm{eq}}, \hat{\boldsymbol{B}}]_{-}\\ &\quad\times \mathrm{e}^{\frac{i}{\hbar}\hat{\boldsymbol{K}}(t-t')}\hat{\boldsymbol{A}}|\{n\}\rangle F(t') \qquad [\text{由式(19.1.4)}]\\ &\equiv \langle\hat{\boldsymbol{A}}\rangle_{\mathrm{eq}} + \Delta\langle\hat{\boldsymbol{A}}\rangle(t) \qquad (19.2.2)\end{aligned}$$

式中, $\langle\hat{\boldsymbol{A}}\rangle_{\mathrm{eq}}$ 是无外场微扰平衡体系时的力学量 $\hat{\boldsymbol{A}}$ 的平均值. $\Delta\langle\hat{\boldsymbol{A}}\rangle(t)$ 是有外场与无外场微扰时力学量 $\hat{\boldsymbol{A}}$ 的平均值之差, 其表达式为

$$\Delta\langle\hat{\boldsymbol{A}}\rangle(t) = \langle\hat{\boldsymbol{A}}\rangle(t) - \langle\hat{\boldsymbol{A}}\rangle_{\mathrm{eq}} = \int_0^t \mathrm{d}t'\phi(t-t')F(t') \tag{19.2.3}$$

式中

$$\begin{aligned}\phi(x) &\equiv \frac{1}{i\hbar}\sum_n\langle\{n\}|\mathrm{e}^{-\frac{i}{\hbar}\hat{\boldsymbol{K}}x}[\hat{\boldsymbol{\rho}}_{\mathrm{eq}}, \hat{\boldsymbol{B}}]_{-}\mathrm{e}^{\frac{i}{\hbar}\hat{\boldsymbol{K}}x}\hat{\boldsymbol{A}}|\{n\}\rangle\\ &= \frac{1}{i\hbar}\mathrm{tr}\{\mathrm{e}^{-\frac{i}{\hbar}\hat{\boldsymbol{K}}x}[\hat{\boldsymbol{\rho}}_{\mathrm{eq}}, \hat{\boldsymbol{B}}]_{-}\mathrm{e}^{\frac{i}{\hbar}\hat{\boldsymbol{K}}x}\hat{\boldsymbol{A}}\} \qquad (19.2.4)\end{aligned}$$

是响应函数 (response function). 由它及 $F(t')$ 可算出力学量 $\hat{\boldsymbol{A}}$ 在外场微扰时的改变量 $\Delta\langle\hat{\boldsymbol{A}}\rangle(t)$.

19.2.2 响应函数、关联函数和谱函数

可以导出响应函数的三种形式.

(1) 利用循环后迹不变, 响应函数 [式 (19.2.4)]

$$\begin{aligned}\phi(t) &= \frac{1}{i\hbar}\mathrm{tr}\{\mathrm{e}^{-\frac{i}{\hbar}\hat{\boldsymbol{K}}t}[\hat{\boldsymbol{\rho}}_{\mathrm{eq}},\hat{\boldsymbol{B}}]_-\mathrm{e}^{\frac{i}{\hbar}\hat{\boldsymbol{K}}t}\hat{\boldsymbol{A}}\}\\ &= \frac{1}{i\hbar}\mathrm{tr}[\hat{\boldsymbol{\rho}}_{\mathrm{eq}},\hat{\boldsymbol{B}}]_-\mathrm{e}^{\frac{i}{\hbar}\hat{\boldsymbol{K}}t}\hat{\boldsymbol{A}}\mathrm{e}^{-\frac{i}{\hbar}\hat{\boldsymbol{K}}t}\\ &= \frac{1}{i\hbar}\mathrm{tr}[\hat{\boldsymbol{\rho}}_{\mathrm{eq}},\hat{\boldsymbol{B}}]_-\hat{\boldsymbol{A}}_{\mathrm{He}}(t) \qquad [\text{由式}(17.4.8)]\end{aligned} \tag{19.2.5}$$

(2) 由式 (19.2.5) 可以证明:

$$\phi(t) = \frac{1}{i\hbar}\mathrm{tr}\hat{\boldsymbol{\rho}}_{\mathrm{eq}}[\hat{\boldsymbol{B}},\hat{\boldsymbol{A}}_{\mathrm{He}}(t)]_- = \frac{1}{i\hbar}\langle[\hat{\boldsymbol{B}},\hat{\boldsymbol{A}}_{\mathrm{He}}(t)]_-\rangle \tag{19.2.6}$$

证明: 由式 (19.2.5), 得

$$\begin{aligned}\phi(t) &= \frac{1}{i\hbar}\mathrm{tr}\hat{\boldsymbol{\rho}}_{\mathrm{eq}}\hat{\boldsymbol{B}}\hat{\boldsymbol{A}}_{\mathrm{He}}(t) - \frac{1}{i\hbar}\mathrm{tr}\hat{\boldsymbol{B}}\hat{\boldsymbol{\rho}}_{\mathrm{eq}}\hat{\boldsymbol{A}}_{\mathrm{He}}(t)\\ &= \frac{1}{i\hbar}\mathrm{tr}\hat{\boldsymbol{\rho}}_{\mathrm{eq}}\hat{\boldsymbol{B}}\hat{\boldsymbol{A}}_{\mathrm{He}}(t) - \frac{1}{i\hbar}\mathrm{tr}\hat{\boldsymbol{\rho}}_{\mathrm{eq}}\hat{\boldsymbol{A}}_{\mathrm{He}}(t)\hat{\boldsymbol{B}}\\ &= \frac{1}{i\hbar}\langle\hat{\boldsymbol{B}}\hat{\boldsymbol{A}}_{\mathrm{He}}(t)\rangle - \frac{1}{i\hbar}\langle\hat{\boldsymbol{A}}_{\mathrm{He}}(t)\hat{\boldsymbol{B}}\rangle\end{aligned} \tag{19.2.7}$$

$$\begin{aligned}&= \frac{1}{i\hbar}\langle[\hat{\boldsymbol{B}},\hat{\boldsymbol{A}}_{\mathrm{He}}(t)]_-\rangle\\ &= \frac{1}{i\hbar}\mathrm{tr}\hat{\boldsymbol{\rho}}_{\mathrm{eq}}[\hat{\boldsymbol{B}},\hat{\boldsymbol{A}}_{\mathrm{He}}(t)]_-\end{aligned} \tag{19.2.8}$$

(3) 式 (19.2.7) 的第二项为

$$\begin{aligned}&\frac{1}{i\hbar Z}\mathrm{tr}\mathrm{e}^{-\beta\hat{\boldsymbol{K}}}\hat{\boldsymbol{A}}_{\mathrm{He}}(t)\hat{\boldsymbol{B}}\\ =& \frac{1}{i\hbar Z}\mathrm{tr}\hat{\boldsymbol{B}}\mathrm{e}^{-\beta\hat{\boldsymbol{K}}}\hat{\boldsymbol{A}}_{\mathrm{He}}(t)\\ =& \frac{1}{i\hbar Z}\mathrm{tr}\mathrm{e}^{-\beta\hat{\boldsymbol{K}}}\mathrm{e}^{\beta\hat{\boldsymbol{K}}}\hat{\boldsymbol{B}}\mathrm{e}^{-\beta\hat{\boldsymbol{K}}}\hat{\boldsymbol{A}}_{\mathrm{He}}(t)\\ =& \frac{1}{i\hbar Z}\mathrm{tr}\mathrm{e}^{-\beta\boldsymbol{K}}\mathrm{e}^{\frac{i}{\hbar}(\frac{\hbar}{i}\beta)\hat{\boldsymbol{K}}}\hat{\boldsymbol{B}}\mathrm{e}^{-\frac{i}{\hbar}(\frac{\hbar}{i}\beta)\hat{\boldsymbol{K}}}\hat{\boldsymbol{A}}_{\mathrm{He}}(t)\\ =& \frac{1}{i\hbar}\mathrm{tr}\frac{\mathrm{e}^{-\beta\hat{\boldsymbol{K}}}}{Z}\hat{\boldsymbol{B}}\left(\frac{\hbar}{i}\beta\right)\hat{\boldsymbol{A}}_{\mathrm{He}}(t)\end{aligned} \tag{19.2.9}$$

将式 (19.2.9) 代入式 (19.2.7), 得

$$\begin{aligned}\phi(t) &= \frac{1}{i\hbar}\mathrm{tr}\frac{\mathrm{e}^{-\beta\hat{\boldsymbol{K}}}}{Z}[\hat{\boldsymbol{B}}\hat{\boldsymbol{A}}_{\mathrm{He}}(t) - \hat{\boldsymbol{B}}(\hbar\beta/i)\hat{\boldsymbol{A}}_{\mathrm{He}}(t)] \\ &= \frac{-1}{i\hbar}\langle[\hat{\boldsymbol{B}}(\hbar\beta/i) - \hat{\boldsymbol{B}}]\hat{\boldsymbol{A}}_{\mathrm{He}}(t)\rangle\end{aligned} \tag{19.2.10}$$

注意到 $\hat{\boldsymbol{B}} \equiv \hat{\boldsymbol{B}}(0)$, 式 (19.2.10) 中的

$$\hat{\boldsymbol{B}}(\hbar\beta/i) - \hat{\boldsymbol{B}} = \int_0^\beta \mathrm{d}\lambda \frac{\partial}{\partial\lambda}\hat{\boldsymbol{B}}(\hbar\lambda/i) \tag{19.2.11}$$

式中

$$\frac{\partial}{\partial\lambda}\hat{\boldsymbol{B}}(\hbar\lambda/i) = -i\hbar\dot{\hat{\boldsymbol{B}}}(\hbar\lambda/i) \tag{19.2.12}$$

而在 Heisenberg 表象中

$$\dot{\hat{\boldsymbol{B}}}(\hbar\lambda/i) = \mathrm{e}^{\frac{i}{\hbar}(\frac{\hbar\lambda}{i})\hat{\boldsymbol{K}}}\dot{\hat{\boldsymbol{B}}}\mathrm{e}^{-\frac{i}{\hbar}(\frac{\hbar\lambda}{i})\hat{\boldsymbol{K}}} = \mathrm{e}^{\lambda\hat{\boldsymbol{K}}}\dot{\hat{\boldsymbol{B}}}\mathrm{e}^{-\lambda\hat{\boldsymbol{K}}} \tag{19.2.13}$$

将式 (19.2.13) 代入式 (19.2.11), 得

$$\hat{\boldsymbol{B}}(\hbar\beta/i) - \hat{\boldsymbol{B}} = -i\hbar\int_0^\beta \mathrm{d}\lambda\mathrm{e}^{\lambda\hat{\boldsymbol{K}}}\dot{\hat{\boldsymbol{B}}}\mathrm{e}^{-\lambda\hat{\boldsymbol{K}}} = -i\hbar\int_0^\beta \mathrm{d}\lambda\dot{\hat{\boldsymbol{B}}}(-i\hbar\lambda) \tag{19.2.14}$$

再将式 (19.2.14) 代入式 (19.2.10), 得响应函数为

$$\phi(t) = \int_0^\beta \mathrm{d}\lambda\langle\dot{\hat{\boldsymbol{B}}}(-i\hbar\lambda)\hat{\boldsymbol{A}}_{\mathrm{He}}(t)\rangle \tag{19.2.15}$$

考虑到这个函数的形式, 日本的 Kubo 引出一个一般 Kubo 变换式

$$\tilde{\hat{\boldsymbol{C}}} \equiv \frac{1}{\beta}\int_0^\beta \mathrm{d}\lambda\hat{\boldsymbol{C}}(-i\hbar\lambda) \tag{19.2.16}$$

式中, $\hat{\boldsymbol{C}}$ 为任一算符. 将此变换用于式 (19.2.15), 得 Kubo 型响应函数

$$\phi(t) = \beta\langle\dot{\hat{\boldsymbol{B}}}(-i\hbar\lambda)\tilde{\hat{\boldsymbol{A}}}_{\mathrm{He}}(t)\rangle \tag{19.2.17}$$

这个表达式特别重要. 可以看出, 这里涉及有时间差的两个算符积的平均值, 即下列类型的平均值

$$F_{\hat{\boldsymbol{A}}\hat{\boldsymbol{B}}}(t,t') \equiv \langle\hat{\boldsymbol{A}}(t)\hat{\boldsymbol{B}}(t')\rangle \tag{19.2.18}$$

通常称 $F_{\hat{\boldsymbol{A}}\hat{\boldsymbol{B}}}(t,t')$ 为关联函数 (correlation function).

19.2.3 响应函数与关联函数的关系

我们选择 $\hat{\boldsymbol{K}}$ 的本征函数 $|\{n\}\rangle$ 为基组, 即有下式:

$$\hat{\boldsymbol{K}}|\{n\}\rangle=\sum_j(\varepsilon_j-\mu)n_j|\{n\}\rangle \tag{19.2.19}$$

利用式 (19.2.13) 和式 (19.2.19) 的结果, 式 (19.2.15) 可写为

$$\begin{aligned}\phi(t)=&\sum_{\{n\}}\sum_{\{m\}}\int_0^\beta \mathrm{d}\lambda\left\langle\{n\}\left|\frac{\mathrm{e}^{-\beta\hat{\boldsymbol{K}}}}{Z}\mathrm{e}^{\lambda\hat{\boldsymbol{K}}}\hat{\dot{\boldsymbol{B}}}\right|\{m\}\right\rangle\\&\times\langle\{m\}|\mathrm{e}^{-\lambda\hat{\boldsymbol{K}}}\mathrm{e}^{\frac{i}{\hbar}\hat{\boldsymbol{K}}t}\hat{\boldsymbol{A}}\mathrm{e}^{-\frac{i}{\hbar}\hat{\boldsymbol{K}}t}|\{n\}\rangle\\=&\frac{1}{Z}\sum_{\{n\},\{m\}}\int_0^\beta \mathrm{d}\lambda\mathrm{e}^{-\beta\sum\limits_j(\varepsilon_j-\mu)n_j}\mathrm{e}^{\lambda\sum\limits_j(\varepsilon_j-\mu)(n_j-m_j)}\\&\times\mathrm{e}^{-\frac{it}{\hbar}\sum\limits_j(\varepsilon_j-\mu)(n_j-m_j)}\langle\{n\}|\hat{\dot{\boldsymbol{B}}}|\{m\}\rangle\langle\{m\}|\hat{\boldsymbol{A}}|\{n\}\rangle\end{aligned} \tag{19.2.20}$$

式中, 第一个等式的成立是因为插入 $\sum\limits_{\{m\}}|\{m\}\rangle\langle\{m\}|=1$. 将式 (19.2.20) 中带 λ 的指数部分进行 Taylor 展开, 得

$$\begin{aligned}&\int_0^\beta \mathrm{d}\lambda\mathrm{e}^{\lambda\sum\limits_j(\varepsilon_j-\mu)(n_j-m_j)}\\&=\int_0^\beta \mathrm{d}\lambda\sum_{N=0}^\infty\frac{\lambda^N}{N!}\Big[\sum_j(\varepsilon_j-\mu)(n_j-m_j)\Big]^N\\&=\sum_{N=0}^\infty\frac{\beta^{N+1}}{(N+1)!}\Big[\sum_j(\varepsilon_j-\mu)(n_j-m_j)\Big]^N\end{aligned} \tag{19.2.21}$$

式 (19.2.21) 右边与式 (19.2.20) 的带时间 t 指数部分乘积的结果是

$$\begin{aligned}&\sum_{N=0}^\infty\frac{\beta^{N+1}}{(N+1)!}\Big[\sum_j(\varepsilon_j-\mu)(n_j-m_j)\Big]^N\mathrm{e}^{-\frac{it}{\hbar}\sum\limits_j(\varepsilon_j-\mu)(n_j-m_j)}\\&=\sum_{N=0}^\infty\frac{\beta^{N+1}}{(N+1)!}\left(\frac{-\hbar}{i}\right)^N\frac{\partial^N}{\partial t^N}\mathrm{e}^{-\frac{it}{\hbar}\sum\limits_j(\varepsilon_j-\mu)(n_j-m_j)}\end{aligned} \tag{19.2.22}$$

将式 (19.2.22) 代入式 (19.2.20), 得

$$\begin{aligned}\phi(t)=&\sum_{N=0}^\infty\frac{\beta^{N+1}}{(N+1)!}(i\hbar)^N\frac{\partial^N}{\partial t^N}\sum_{\{n\},\{m\}}\left\langle\{n\}\left|\frac{\mathrm{e}^{-\beta\hat{\boldsymbol{K}}}}{Z}\hat{\dot{\boldsymbol{B}}}\right|\{m\}\right\rangle\langle\{m\}|\mathrm{e}^{\frac{i}{\hbar}\hat{\boldsymbol{K}}t}\hat{\boldsymbol{A}}\mathrm{e}^{-\frac{i}{\hbar}\hat{\boldsymbol{K}}t}|\{n\}\rangle\\=&\sum_{N=0}^\infty\frac{\beta^{N+1}}{(N+1)!}(i\hbar)^N\frac{\partial^N}{\partial t^N}\langle\hat{\dot{\boldsymbol{B}}}\hat{\boldsymbol{A}}_{\mathrm{He}}(t)\rangle\end{aligned} \tag{19.2.23}$$

$$
\begin{aligned}
&= \sum_{N=0}^{\infty} \frac{\beta^{N+1}}{(N+1)!}(i\hbar)^N \frac{\partial^N}{\partial t^N}\langle \hat{\boldsymbol{B}}(-t)\hat{\boldsymbol{A}}\rangle & (19.2.24)\\
&= \frac{-1}{i\hbar}\sum_{N=0}^{\infty} \frac{\beta^{N+1}}{(N+1)!}(i\hbar)^{N+1} \frac{\partial^{N+1}}{\partial t^{N+1}}\langle \hat{\boldsymbol{B}}\hat{\boldsymbol{A}}_{\mathrm{He}}(t)\rangle & (19.2.25)\\
&= \frac{1}{i\hbar}(1-\mathrm{e}^{i\hbar\beta\frac{\partial}{\partial t}})\langle \hat{\boldsymbol{B}}\hat{\boldsymbol{A}}_{\mathrm{He}}(t)\rangle & (19.2.26)\\
&= \frac{1}{i\hbar}(1-\mathrm{e}^{i\hbar\beta\frac{\partial}{\partial t}})F_{\hat{\boldsymbol{B}}\hat{\boldsymbol{A}}}(0,t) \qquad [\text{由式 (19.2.18)}] & (19.2.27)\\
&\overset{\hbar\to 0}{\approx} -\beta\frac{\partial}{\partial t}\langle \hat{\boldsymbol{B}}\hat{\boldsymbol{A}}_{\mathrm{He}}(t)\rangle & (19.2.28)
\end{aligned}
$$

由此可见, 只要知道关联函数 $F_{\hat{\boldsymbol{B}}\hat{\boldsymbol{A}}}$, 就可以算出响应函数 $\phi(t)$, 但从式 (19.2.25) 可看到有高阶以至于无穷阶的微商, 这是极不利的. 为此, 要进行 Fourier 变换.

19.2.4 响应函数的 Fourier 变换, 谱函数

对响应函数 $\phi(t)$ 可进行下列 Fourier 变换:

$$
\phi(\omega) = \frac{1}{2\pi}\int_{-\infty}^{\infty} \mathrm{d}t\mathrm{e}^{-i\omega t}\phi(t) \tag{19.2.29}
$$

再引入一个谱函数 (spectral function)$I(\omega)$. 定义为

$$
\langle \hat{\boldsymbol{B}}\hat{\boldsymbol{A}}_{\mathrm{He}}(t)\rangle = \int_{-\infty}^{\infty} \mathrm{d}\omega'\mathrm{e}^{i\omega' t}I(\omega') \tag{19.2.30}
$$

现在将式 (19.2.26) 和式 (19.2.30) 代入式 (19.2.29), 得

$$
\begin{aligned}
\phi(\omega) &= \frac{1}{2\pi}\frac{1}{i\hbar}\int_{-\infty}^{\infty} \mathrm{d}t\mathrm{e}^{-i\omega t}(1-\mathrm{e}^{i\hbar\beta\frac{\partial}{\partial t}})\int_{-\infty}^{\infty}\mathrm{d}\omega'\mathrm{e}^{i\omega' t}I(\omega')\\
&= \frac{1}{2\pi i\hbar}\int_{-\infty}^{\infty}\mathrm{d}t\mathrm{e}^{-i\omega t}\int_{-\infty}^{\infty}\mathrm{d}\omega'(1-\mathrm{e}^{-\beta\hbar\omega'})\mathrm{e}^{i\omega' t}I(\omega')\\
&= \frac{1}{2\pi i\hbar}\int_{-\infty}^{\infty}\mathrm{d}\omega'\left[(1-\mathrm{e}^{-\beta\hbar\omega'})I(\omega')\int_{-\infty}^{\infty}\mathrm{d}t\mathrm{e}^{i(\omega'-\omega)t}\right]\\
&= \frac{1}{i\hbar}\int_{-\infty}^{\infty}\mathrm{d}\omega'(1-\mathrm{e}^{-\beta\hbar\omega'})I(\omega')\delta(\omega'-\omega)\\
&= \frac{1-\mathrm{e}^{-\beta\hbar\omega}}{i\hbar}I(\omega)\overset{\hbar\to 0}{\approx}\frac{1}{i}\beta\omega I(\omega) \qquad (19.2.31)
\end{aligned}
$$

其中第二个等式是由于

$$
\begin{aligned}
(\mathrm{e}^{i\hbar\beta\frac{\partial}{\partial t}})\mathrm{e}^{i\omega' t} &= \left[1+\frac{1}{1!}\left(i\hbar\beta\frac{\partial}{\partial t}\right)+\frac{1}{2!}\left(i\hbar\beta\frac{\partial}{\partial t}\right)^2+\cdots\right]\mathrm{e}^{i\omega' t} \\
&= \left[1+\frac{1}{1!}(-\beta\hbar\omega')+\frac{1}{2!}(-\beta\hbar\omega')^2+\cdots\right]\mathrm{e}^{i\omega' t} \\
&= \mathrm{e}^{-\beta\hbar\omega'}\mathrm{e}^{i\omega' t}
\end{aligned}
$$

由式 (19.2.30) 可知, 谱函数实际上是关联函数 $F_{\hat{\boldsymbol{B}}\hat{\boldsymbol{A}}}(0,t)$ 的 Fourier 变换, 即

$$
I(\omega) = \frac{1}{2\pi}\int_{-\infty}^{\infty}\mathrm{d}t\mathrm{e}^{-i\omega t}F_{\hat{\boldsymbol{B}}\hat{\boldsymbol{A}}}(0,t) \tag{19.2.32}
$$

$$
= \frac{1}{2\pi}\int_{-\infty}^{\infty}\mathrm{d}t\mathrm{e}^{-i\omega t}F_{\hat{\boldsymbol{B}}\hat{\boldsymbol{A}}}(-t,0) \tag{19.2.33}
$$

$$
= \frac{1}{2\pi}\int_{-\infty}^{\infty}\mathrm{d}t\mathrm{e}^{i\omega t}F_{\hat{\boldsymbol{B}}\hat{\boldsymbol{A}}}(t,0) \tag{19.2.34}
$$

其中式 (19.2.33) 的成立是因为 $F_{\hat{\boldsymbol{B}}\hat{\boldsymbol{A}}}$ 的定态性, 即

$$
F_{\hat{\boldsymbol{B}}\hat{\boldsymbol{A}}}(0,t) = \langle\hat{\boldsymbol{B}}\hat{\boldsymbol{A}}_{\mathrm{He}}(t)\rangle = \langle\hat{\boldsymbol{B}}(-t),\hat{\boldsymbol{A}}_{\mathrm{He}}(0)\rangle = F_{\hat{\boldsymbol{B}}\hat{\boldsymbol{A}}}(-t,0)
$$

式 (19.2.34) 是改变积分变量符号 $t\rightarrow -t$ 而得.

19.3 谱函数与各种特殊 Green 函数的关系及其 Lehmann 表示

本节将谱函数 $I(\omega)$、响应函数 $\phi(\omega)$、关联函数 $F_{\hat{\boldsymbol{B}}\hat{\boldsymbol{A}}}$ 与各种 Green 函数联系起来, 并要给出重要的 Lehmann 表示. 它们彼此的关系如下:

$$
\begin{array}{c}
\text{Lehmann 表示} \\
\downarrow \\
\phi(\omega) \longleftrightarrow I(\omega) \longleftrightarrow \\
\updownarrow \\
F_{\hat{\boldsymbol{B}}\hat{\boldsymbol{A}}}
\end{array}
\left\{
\begin{array}{c}
I_m\bar{G}(\omega) \\
I_m\bar{G}^{\mathrm{A}}(\omega) \\
I_m\bar{G}^{\mathrm{R}}(\omega) \\
I_m\bar{G}^{>}(\omega) \\
I_m\bar{G}^{<}(\omega)
\end{array}
\right\}\text{Lehmann表示}
$$

19.3.1 五种特殊 Green 函数

我们定义五种特殊 Green 函数, 它们都与谱函数和关联函数有联系.

(1)

$$
\bar{G}^{>}_{\hat{\boldsymbol{B}}\hat{\boldsymbol{A}}}(t) = -i\theta(t)\langle\hat{\boldsymbol{B}}(t)\hat{\boldsymbol{A}}\rangle \tag{19.3.1}
$$

(2)

$$\bar{G}^{<}_{\hat{\boldsymbol{B}}\hat{\boldsymbol{A}}}(t) = -i\varUpsilon\theta(-t)\langle\hat{\boldsymbol{A}}\hat{\boldsymbol{B}}(t)\rangle \begin{cases} \varUpsilon = 1, \text{玻色子算符} \\ \varUpsilon = -1, \text{费米子算符} \end{cases} \tag{19.3.2}$$

(3) 因果 Green 函数 (causal Green function)

$$\begin{aligned} \bar{G}(t) &= \bar{G}^{>}_{\hat{\boldsymbol{B}}\hat{\boldsymbol{A}}}(t) + \bar{G}^{<}_{\hat{\boldsymbol{A}}\hat{\boldsymbol{B}}}(t) \\ &= -i\theta(t)\langle\hat{\boldsymbol{B}}(t)\hat{\boldsymbol{A}}\rangle - i\varUpsilon\theta(-t)\langle\hat{\boldsymbol{A}}\hat{\boldsymbol{B}}(t)\rangle \\ &= -i\langle\hat{\boldsymbol{T}}\hat{\boldsymbol{B}}(t)\hat{\boldsymbol{A}}\rangle \end{aligned} \tag{19.3.3}$$

(4) 推迟 Green 函数 (retarded Green function)

$$\bar{G}^{\mathrm{R}}(t) = -i\theta(t)\langle[\hat{\boldsymbol{B}}(t), \hat{\boldsymbol{A}}]_{\pm}\rangle \begin{cases} +, \text{玻色子算符} \\ -, \text{费米子算符} \end{cases} \tag{19.3.4}$$

(5) 超前 Green 函数 (advanced Green function)

$$\bar{G}^{\mathrm{A}}(t) = i\theta(-t)\langle[\hat{\boldsymbol{B}}(t), \hat{\boldsymbol{A}}]_{\pm}\rangle \begin{cases} +, \text{玻色子算符} \\ -, \text{费米子算符} \end{cases} \tag{19.3.5}$$

19.3.2　关联函数与因果 Green 函数的关系

(1) 设基组 $|\{n\}\rangle$ 为 $\hat{\boldsymbol{K}}$ 的本征函数, 则有

$$\hat{\boldsymbol{K}}|\{m\}\rangle = \sum_j(\varepsilon_j - \mu)m_j|\{m\}\rangle \equiv \sum_j \mathrm{e}_j m_j|\{m\}\rangle \tag{19.3.6}$$

$$\hat{\boldsymbol{K}}|\{n\}\rangle = \sum_j(\varepsilon_j - \mu)n_j|\{n\}\rangle \equiv \sum_j \mathrm{e}_j n_j|\{n\}\rangle \tag{19.3.7}$$

又知

$$\hat{\boldsymbol{B}}(t) = \mathrm{e}^{\frac{i}{\hbar}\hat{\boldsymbol{K}}t}\hat{\boldsymbol{B}}\mathrm{e}^{-\frac{i}{\hbar}\hat{\boldsymbol{K}}t} \tag{19.3.8}$$

代入关联函数 [省去 $F_{\hat{\boldsymbol{B}}\hat{\boldsymbol{A}}}(t,0)$ 中的 0]

$$\begin{aligned} F_{\hat{\boldsymbol{B}}\hat{\boldsymbol{A}}}(t) &= \langle\hat{\boldsymbol{B}}(t)\hat{\boldsymbol{A}}\rangle \\ &= \sum_{\{m\}}\left\langle\{m\}\left|\frac{\mathrm{e}^{-\beta\hat{\boldsymbol{K}}}}{Z}\hat{\boldsymbol{B}}(t)\hat{\boldsymbol{A}}\right|\{m\}\right\rangle \\ &= \sum_{\{m\}}\left\langle\{m\}\left|\frac{\mathrm{e}^{-\beta\hat{\boldsymbol{K}}}}{Z}\mathrm{e}^{\frac{i}{\hbar}\hat{\boldsymbol{K}}t}\hat{\boldsymbol{B}}\mathrm{e}^{-\frac{i}{\hbar}\hat{\boldsymbol{K}}t}\hat{\boldsymbol{A}}\right|\{m\}\right\rangle \end{aligned}$$

$$= \sum_{\{m\},\{n\}} \left\langle \{m\} \left| \frac{\mathrm{e}^{-\beta \hat{\boldsymbol{K}}}}{Z} \mathrm{e}^{\frac{i}{\hbar}\hat{\boldsymbol{K}}t} \hat{\boldsymbol{B}} \right| \{n\} \right\rangle \langle \{n\} | \mathrm{e}^{-\frac{i}{\hbar}\hat{\boldsymbol{K}}t} \hat{\boldsymbol{A}} | \{m\} \rangle$$

$$= \sum_{\{m\},\{n\}} \frac{\mathrm{e}^{-\beta \sum\limits_j \mathrm{e}_j m_j}}{Z} \langle \{m\} | \hat{\boldsymbol{B}} | \{n\} \rangle \langle \{n\} | \hat{\boldsymbol{A}} | \{m\} \rangle \mathrm{e}^{-\frac{i}{\hbar} \sum\limits_j \mathrm{e}_j (n_j - m_j) t} \tag{19.3.9}$$

其中第四个等式的成立是因为插入 $\sum\limits_n |\{n\}\rangle\langle\{n\}| = 1$.

(2) 将式 (19.3.9) 代入式 (19.2.34), 可得谱函数 $I(\omega)$ 的 Lehmann 表示

$$I(\omega) = \frac{1}{2\pi} \int_{-\infty}^{\infty} \mathrm{d}t \mathrm{e}^{i\omega t} F_{\hat{\boldsymbol{B}}\hat{\boldsymbol{A}}}(t)$$

$$= \sum_{\{m\},\{n\}} \frac{\mathrm{e}^{-\beta \sum\limits_j \mathrm{e}_j m_j}}{Z} \langle \{m\} | \hat{\boldsymbol{B}} | \{n\} \rangle \langle \{n\} | \hat{\boldsymbol{A}} | \{m\} \rangle \frac{1}{2\pi} \int_{-\infty}^{\infty} \mathrm{d}t \mathrm{e}^{i[\omega - \frac{1}{\hbar} \sum\limits_j \mathrm{e}_j (n_j - m_j)]t}$$

$$= \sum_{\{m\},\{n\}} \frac{\mathrm{e}^{-\beta \sum\limits_j \mathrm{e}_j m_j}}{Z} \langle \{m\} | \hat{\boldsymbol{B}} | \{n\} \rangle \langle \{n\} | \hat{\boldsymbol{A}} | \{m\} \rangle \delta \left[\omega - \frac{1}{\hbar} \sum_j \mathrm{e}_j (n_j - m_j) \right] \tag{19.3.10}$$

实际上这就是频率表示.

(3) 将式 (19.3.9) 代入式 (19.3.3), 再经 Fourier 变换, 可求得因果 Green 函数的 Lehmann 表示 —— 频率表示, 即

$$\bar{G}(t) = \sum_{\{m\},\{n\}} \frac{\mathrm{e}^{-\beta \sum\limits_j \mathrm{e}_j m_j}}{Z} \langle \{m\} | \hat{\boldsymbol{B}} | \{n\} \rangle \langle \{n\} | \hat{\boldsymbol{A}} | \{m\} \rangle (-i) \theta(t) \mathrm{e}^{-\frac{i}{\hbar} \sum\limits_j \mathrm{e}_j (n_j - m_j) t}$$

$$+ \sum_{\{m\},\{n\}} \frac{\mathrm{e}^{-\beta \sum\limits_j \mathrm{e}_j n_j}}{Z} \langle \{m\} | \hat{\boldsymbol{B}} | \{n\} \rangle \langle \{n\} | \hat{\boldsymbol{A}} | \{m\} \rangle (-i) \Upsilon \theta(-t) \mathrm{e}^{\frac{-i}{\hbar} \sum\limits_j \mathrm{e}_j (n_j - m_j) t} \tag{19.3.11}$$

式中, 第二项已作了 $\{m\}$ 与 $\{n\}$ 对换. 因为 $\{m\}$ 与 $\{n\}$ 是傀标, 可以这样做.

现在将式 (19.3.11) 左边进行 Fourier 变换

$$\bar{G}(\omega) = \frac{1}{2\pi} \int_{-\infty}^{\infty} \mathrm{d}t \mathrm{e}^{i\omega t} \bar{G}(t) \tag{19.3.12}$$

将式 (19.3.11) 代入式 (19.3.12) 右边, 包含两项积分. 第一项积分为

$$
\begin{aligned}
S_1 &= (-i)\int_{-\infty}^{\infty} \mathrm{d}t\theta(t)\mathrm{e}^{i[\omega-\frac{1}{\hbar}\sum\limits_j e_j(n_j-m_j)]t} \\
&= (-i)\int_{0}^{\infty} \mathrm{d}t\mathrm{e}^{i[\omega-\frac{1}{\hbar}\sum\limits_j e_j(n_j-m_j)]t} \\
&= \lim_{\eta\to 0}(-i)\int_{0}^{\infty} \mathrm{d}t\mathrm{e}^{i[\omega-\frac{1}{\hbar}\sum\limits_j e_j(n_j-m_j)+i\eta]t} \\
&= \lim_{\eta\to 0}\frac{1}{\omega-\dfrac{1}{\hbar}\sum\limits_j e_j(n_j-m_j)+i\eta} \\
&= P\frac{1}{\omega-\dfrac{1}{\hbar}\sum\limits_j (n_j-m_j)e_j} - \pi i\delta\Big[\omega-\frac{1}{\hbar}\sum_j (n_j-m_j)e_j\Big] \qquad (19.3.13)
\end{aligned}
$$

其中第三个等式是为了保证积分收敛. 最后一个等式成立见本节附注. 类似地, 第二项积分为

$$
\begin{aligned}
S_2 &= \lim_{\eta\to 0}(-i)\int_{-\infty}^{0} \mathrm{d}t\mathrm{e}^{i[\omega-\frac{1}{\hbar}\sum\limits_j e_j(n_j-m_j)-i\eta]t} \\
&= \lim_{\eta\to 0}\frac{1}{\omega-\dfrac{1}{\hbar}\sum\limits_j e_j(n_j-m_j)-i\eta} \\
&= P\frac{1}{\omega-\dfrac{1}{\hbar}\sum\limits_j (n_j-m_j)e_j} + \pi i\delta\Big[\omega-\frac{1}{\hbar}\sum_j (n_j-m_j)e_j\Big] \qquad (19.3.14)
\end{aligned}
$$

式 (19.3.13) 和式 (19.3.14) 中 P 表示主值积分. 将这两个积分 S_1 和 S_2 代入式 (19.3.12), 得因果 Green 函数的 Lehmann 表示

$$
\begin{aligned}
\bar{G}(\omega) =& \frac{1}{Z}\sum_{\{m\},\{n\}} \langle\{m\}|\hat{\boldsymbol{B}}|\{n\}\rangle\langle\{n\}|\hat{\boldsymbol{A}}|\{m\}\rangle\frac{1}{2\pi} \\
&\times\left[\frac{\mathrm{e}^{-\beta\sum\limits_j m_j e_j}}{\omega-\dfrac{1}{\hbar}\sum\limits_j (n_i-m_j)e_j+i\eta} - \Upsilon\frac{\mathrm{e}^{-\beta\sum\limits_j n_j e_j}}{\omega-\dfrac{1}{\hbar}\sum\limits_j (n_j-m_j)e_j-i\eta}\right] \qquad (19.3.15)
\end{aligned}
$$

式 (19.3.15) 的虚部为

$$
-\mathrm{Im}\bar{G}(\omega) = \frac{1}{Z}\sum_{\{m\},\{n\}} \langle\{m\}|\hat{\boldsymbol{B}}|\{n\}\rangle\langle\{n\}|\hat{\boldsymbol{A}}|\{m\}\rangle
$$

$$\times \left(e^{-\beta\sum_j m_j e_j} + \Upsilon e^{-\beta\sum_j n_j e_j}\right)$$

$$\times \delta\left[\omega - \frac{1}{\hbar}\sum_j (n_j - m_j)e_j\right]$$

$$= (1 + \Upsilon e^{-\beta\hbar\omega}) \sum_{\{m\},\{n\}} \frac{e^{-\beta\sum_j e_j m_j}}{Z} \langle\{m\}|\hat{\boldsymbol{B}}|\{n\}\rangle$$

$$\times \langle\{n\}|\hat{\boldsymbol{A}}|\{m\}\rangle\delta\left[\omega - \frac{1}{\hbar}\sum_j (n_j - m_j)e_j\right]$$

$$= (1 + \Upsilon e^{-\beta\hbar\omega})I(\omega) \qquad [\text{由式 } (19.3.10)] \tag{19.3.16}$$

其中第二个等式的成立是因为利用了 δ 函数条件

$$\sum_j n_j e_j = \omega\hbar + \sum_j m_j e_j$$

于是得到谱函数与因果 Green 函数的关系为

$$I(\omega) = \frac{1}{1 + \Upsilon e^{-\beta\hbar\omega}} I_m \bar{G}(\omega) \tag{19.3.17}$$

所以只要算出 Green 函数 $\bar{G}(\omega)$ 就容易求出谱函数, 与前面类似的推导可证明谱函数与其他几个 Green 函数的关系.

$$I(\omega) = I_m \bar{G}^{>}_{\hat{\boldsymbol{B}}\hat{\boldsymbol{A}}}(\omega) \tag{19.3.18}$$

$$I(\omega) = \Upsilon e^{\beta\hbar\omega} I_m \bar{G}^{<}_{\hat{\boldsymbol{A}}\hat{\boldsymbol{B}}}(\omega) \tag{19.3.19}$$

$$I(\omega) = \frac{1}{1 \pm e^{-\beta\hbar\omega}} I_m \bar{G}^{\mathrm{R}}(\omega) \tag{19.3.20}$$

$$I(\omega) = \frac{-1}{1 \pm e^{-\beta\hbar\omega}} I_m \bar{G}^{\mathrm{A}}(\omega) \tag{19.3.21}$$

附注

设有下列积分 (图 19.3.1), 并进行复数 z 变量变换 $z = x + i\eta$, 则

$$\lim_{\eta\to 0}\int_{-\infty}^{\infty} \frac{f(x)}{x + i\eta}\mathrm{d}x = \lim_{\eta\to 0}\int_{-\infty+i\eta}^{\infty+i\eta} \frac{f(z - i\eta)}{z}\mathrm{d}z$$

(积分路线为 A)

$$= \lim_{\eta\to 0}\int_{-\infty}^{-\eta} \frac{f(z)}{z}\mathrm{d}z + \lim_{\eta\to 0}\int_{\curvearrowright} \frac{f(z)}{z}\mathrm{d}z + \lim_{\eta\to 0}\int_{+\eta}^{\infty} \frac{f(z)}{z}\mathrm{d}z$$

(积分路线为 B)

$$= P\int_{-\infty}^{\infty} \frac{f(x)}{x}\mathrm{d}x + \lim_{\eta\to 0}\int_{\curvearrowright} \frac{f(z)}{z}\mathrm{d}z \tag{1}$$

(沿实轴积分)

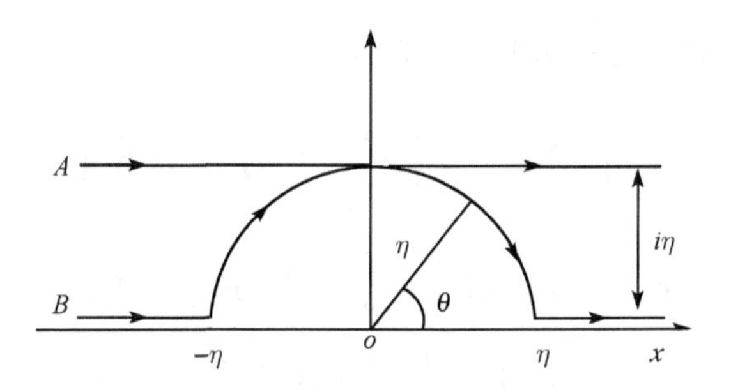

图 19.3.1

式中, $P\int_{-\infty}^{\infty}$ 表示主值积分 (积分取主值), 也可写为 $⨍_{-\infty}^{\infty}$, 第二项积分 $\lim\limits_{\eta\to 0}\int_{\underset{\frown}{-\eta}}^{\eta}$ 的路线是从 $-\eta$ 到 η 的上半圆, 有

$$\begin{aligned}\lim_{\eta\to 0}\int_{\frown}\frac{f(z)}{z}\mathrm{d}z &= \lim_{\eta\to 0}\int\frac{f(\eta\mathrm{e}^{i\theta})}{\eta\mathrm{e}^{i\theta}}\mathrm{d}(\eta\mathrm{e}^{i\theta})\\ &= i\int_{\pi}^{0}f(0)\mathrm{d}\theta = -i\pi f(0) = -i\pi\int_{-\infty}^{\infty}f(x)\delta(x)\mathrm{d}x \end{aligned}\tag{2}$$

将式 (2) 代入式 (1), 并推广到 $r\pm i\eta$ 情况, 得

$$\lim_{\eta\to 0}\int_{-\infty}^{\infty}\frac{f(x)}{x\pm i\eta}\mathrm{d}x = P\int_{-\infty}^{\infty}\frac{f(x)}{x}\mathrm{d}x \mp i\pi\int_{-\infty}^{\infty}f(x)\delta(x)\mathrm{d}x$$

比较上式两边, 得

$$\lim_{\eta\to 0}\frac{f(x)}{x\pm i\eta} = P\frac{f(x)}{x}\mp i\pi f(x)\delta(x)$$

19.4 Green 函数的矩阵形式

为了以后有效地将 Green 函数用于实际问题, 必须引出不同的表现形式.

19.4.1 Liouville 算符(超算符)

已知在 Heisenberg 表象中的某算符 $\hat{\boldsymbol{A}}_i(t)$ 为

$$\hat{\boldsymbol{A}}_i(t) = \mathrm{e}^{\frac{i}{\hbar}\hat{\boldsymbol{K}}t}\hat{\boldsymbol{A}}_i\mathrm{e}^{-\frac{i}{\hbar}\hat{\boldsymbol{K}}t}\tag{19.4.1}$$

将式 (19.4.1) 指数部分进行幂级数展开, 得

$$\begin{aligned}\hat{\boldsymbol{A}}_i(t) &= \sum_{m=0}^{\infty}\left[\sum_{\substack{j,l\\(j+l=m)}}\frac{1}{j!l!}\left(\frac{i}{\hbar}\right)^{l+j}(-1)^l\hat{\boldsymbol{K}}^j\hat{\boldsymbol{A}}_i\hat{\boldsymbol{K}}^l\right]t^m\\ &= \hat{\boldsymbol{A}}_i + \frac{i}{\hbar}[\hat{\boldsymbol{K}},\hat{\boldsymbol{A}}_i]_- t + \frac{1}{2!}\left(\frac{i}{\hbar}\right)^2[\hat{\boldsymbol{K}},[\hat{\boldsymbol{K}},\hat{\boldsymbol{A}}_i]_-]_- t^2 + \cdots\\ &= \hat{\boldsymbol{A}}_i + (i\hat{\boldsymbol{L}}t)\hat{\boldsymbol{A}}_i + \frac{1}{2!}(i\hat{\boldsymbol{L}}t)^2\hat{\boldsymbol{A}}_i + \frac{1}{3!}(i\hat{\boldsymbol{L}}t)^3\hat{\boldsymbol{A}}_i + \cdots\\ &= \mathrm{e}^{i\hat{\boldsymbol{L}}t}\hat{\boldsymbol{A}}_i\end{aligned} \tag{19.4.2}$$

式中定义了一个 Liouville 算符 $\hat{\boldsymbol{L}}$, 满足下列等式:

$$\hat{\boldsymbol{L}}\hat{\boldsymbol{A}}_i \equiv \frac{1}{\hbar}[\hat{\boldsymbol{K}},\hat{\boldsymbol{A}}_i]_- \tag{19.4.3}$$

式 (19.4.1) 和式 (19.4.2) 的伴为

$$\hat{\boldsymbol{A}}_i^{\dagger}(t) = [\mathrm{e}^{\frac{i}{\hbar}\hat{\boldsymbol{K}}t}\hat{\boldsymbol{A}}_i\mathrm{e}^{-\frac{i}{\hbar}\hat{\boldsymbol{K}}t}]^{+} = \mathrm{e}^{\frac{i}{\hbar}\hat{\boldsymbol{K}}t}\hat{\boldsymbol{A}}_i^{\dagger}\mathrm{e}^{-\frac{i}{\hbar}\hat{\boldsymbol{K}}t} = \mathrm{e}^{\frac{i\hat{\boldsymbol{L}}}{\hbar}\hat{\boldsymbol{K}}t}\hat{\boldsymbol{A}}_i^{\dagger} \tag{19.4.4}$$

要注意, 从式 (19.4.2) 到式 (19.4.4) 只是在 $\hat{\boldsymbol{A}}_i$ 右上角上加 + 号. Liouville 算符 $\hat{\boldsymbol{L}}$ 也称超算符 (super-operator), 因为这是作用在另一个算符上的算符, 如式 (19.4.2) 和式 (19.4.4) 所示. $\hat{\boldsymbol{A}}_i$ 和 $\hat{\boldsymbol{A}}_i^{\dagger}$ 可以看成是矢量 $\underline{\hat{\boldsymbol{A}}}$ 和 $\underline{\hat{\boldsymbol{A}}}^{\dagger}$ 的分量.

下面证明一个有用的等式:

$$((i\hat{\boldsymbol{L}})^n\hat{\boldsymbol{A}}_i|\hat{\boldsymbol{A}}_j) = (-1)^n(\hat{\boldsymbol{A}}_i|(i\hat{\boldsymbol{L}})^n\hat{\boldsymbol{A}}_j) = (-1)^n(\hat{\boldsymbol{A}}_i|(i\hat{\boldsymbol{L}})^n|\hat{\boldsymbol{A}}_j) \tag{19.4.5}$$

证明:

$$\begin{aligned}(\mathrm{e}^{i\hat{\boldsymbol{L}}t}\hat{\boldsymbol{A}}_i|\hat{\boldsymbol{A}}_j) &= \sum_{n=0}^{\infty}\frac{t^n}{n!}((i\hat{\boldsymbol{L}})^n\hat{\boldsymbol{A}}_i|\hat{\boldsymbol{A}}_j)\\ &= (\hat{\boldsymbol{A}}_i|\mathrm{e}^{-i\hat{\boldsymbol{L}}t}\hat{\boldsymbol{A}}_j)\\ &= \sum_{n=0}^{\infty}\frac{t^n}{n!}(\hat{\boldsymbol{A}}_i|(-1)^n(i\hat{\boldsymbol{L}})^n\hat{\boldsymbol{A}}_j)\end{aligned}$$

比较第一、三两个等号右边, 即得式 (19.4.5).

19.4.2 Green 函数的矩阵形式

以下我们要论证 Green 函数的一个矩阵形式的通式, 即

$$-iG(z) = \left(\underline{\hat{\boldsymbol{A}}}\middle|\frac{1}{z-i\hat{\boldsymbol{L}}}\middle|\underline{\hat{\boldsymbol{A}}}\right) \tag{19.4.6}$$

证明：考虑式 (19.3.2) 的 Green 函数

$$\begin{aligned}\bar{G}^{<}_{\hat{\boldsymbol{A}}\hat{\boldsymbol{B}}}(t) &= -i\gamma\theta(-t)\langle\hat{\boldsymbol{A}}\hat{\boldsymbol{B}}(t)\rangle \\ &= -i\gamma\theta(-t)\langle\hat{\boldsymbol{A}}\mathrm{e}^{i\hat{\boldsymbol{L}}t}\hat{\boldsymbol{B}}\rangle \qquad [\text{由式}(19.4.2)]\end{aligned} \tag{19.4.7}$$

对式 (19.4.7) 进行 Fourier 变换，得

$$\begin{aligned}\bar{G}^{<}_{\hat{\boldsymbol{A}}\hat{\boldsymbol{B}}}(\omega) &= \frac{-i\gamma}{2\pi}\int_{-\infty}^{\infty}\mathrm{d}t\mathrm{e}^{i\omega t}\theta(-t)\langle\hat{\boldsymbol{A}}\mathrm{e}^{i\hat{\boldsymbol{L}}t}\hat{\boldsymbol{B}}\rangle \\ &= \frac{-i}{2\pi}\gamma\left\langle\hat{\boldsymbol{A}}\int_{-\infty}^{\infty}\mathrm{d}t\mathrm{e}^{(i\omega+i\hat{\boldsymbol{L}}+\eta)t}\hat{\boldsymbol{B}}\right\rangle \\ &= \frac{-i}{2\pi}\gamma\left\langle\hat{\boldsymbol{A}}\frac{1}{(i\omega+\eta)+i\hat{\boldsymbol{L}}}\hat{\boldsymbol{B}}\right\rangle\end{aligned} \tag{19.4.8}$$

最后一个等式是利用了 19.3 节附注中积分的结果. 现在引入复数 $z=\eta+i\omega$，则式 (19.4.8) 成为

$$\frac{2\pi}{i}\bar{G}^{<}_{\hat{\boldsymbol{A}}\hat{\boldsymbol{B}}}(z) = -\gamma\left\langle\hat{\boldsymbol{A}}\frac{1}{z+i\hat{\boldsymbol{L}}}\hat{\boldsymbol{B}}\right\rangle \equiv -\gamma\left(\hat{\boldsymbol{A}}^{\dagger}\left|\frac{1}{z+i\hat{\boldsymbol{L}}}\right|\hat{\boldsymbol{B}}\right) \tag{19.4.9}$$

其中定义了二元积 (binary product)

$$(\hat{\boldsymbol{A}}^{\dagger}|\hat{\boldsymbol{B}}) \equiv \mathrm{tr}\frac{\mathrm{e}^{-\beta\hat{\boldsymbol{K}}}}{Z}\hat{\boldsymbol{A}}\hat{\boldsymbol{B}} \tag{19.4.10}$$

再由式 (19.3.3)，可得以 ω 或 z 为自变量的因果 Green 函数

$$\bar{G}(\omega) = \frac{i}{2\pi}\left\langle\frac{1}{(i\omega-\eta)+i\hat{\boldsymbol{L}}}\hat{\boldsymbol{B}}\hat{\boldsymbol{A}}\right\rangle - \gamma\frac{i}{2\pi}\left\langle\hat{\boldsymbol{A}}\frac{1}{(i\omega+\eta)+i\hat{\boldsymbol{L}}}\hat{\boldsymbol{B}}\right\rangle \tag{19.4.11}$$

或改为以复自变量 z 表示，即为

$$\bar{G}(z) = \frac{i}{2\pi}\left[\left\langle\frac{1}{z+i\hat{\boldsymbol{L}}}\hat{\boldsymbol{B}}\hat{\boldsymbol{A}} - \gamma\left\langle\hat{\boldsymbol{A}}\frac{1}{z+i\hat{\boldsymbol{L}}}\hat{\boldsymbol{B}}\right\rangle\right]\right. \tag{19.4.12}$$

式中的 $(z+i\hat{\boldsymbol{L}})^{-1}$ 可展开为

$$\frac{1}{z\pm i\hat{\boldsymbol{L}}} = \sum_{n=0}^{\infty}\frac{(\mp i\hat{\boldsymbol{L}})^n}{z^{n+1}} \tag{19.4.13}$$

代入式 (19.4.12)，并且省略 2π 因子，取 $\gamma=\pm1$，得

$$\begin{aligned}\frac{2\pi}{i}\bar{G}(z) \Rightarrow \frac{1}{i}\bar{G}(z) &= \sum_{n=0}^{\infty}\frac{1}{z^{n+1}}[\langle(-i\hat{\boldsymbol{L}})^n\hat{\boldsymbol{B}}\hat{\boldsymbol{A}}\rangle \mp \langle\hat{\boldsymbol{A}}(-i\hat{\boldsymbol{L}})^n\hat{\boldsymbol{B}}\rangle] \\ &= \sum_{n=0}^{\infty}\left(\hat{\boldsymbol{B}}^{\dagger}\left|\frac{(i\hat{\boldsymbol{L}})^n}{z^{n+1}}\right|\hat{\boldsymbol{A}}\right) \\ &= \left(\hat{\boldsymbol{B}}^{\dagger}\left|\frac{1}{z-i\hat{\boldsymbol{L}}}\right|\hat{\boldsymbol{A}}\right) \qquad [\text{由式}(19.4.13)]\end{aligned} \tag{19.4.14}$$

其中第二个等式的成立是因为

$$\langle(-i\hat{\boldsymbol{L}})^n\hat{\boldsymbol{B}}\hat{\boldsymbol{A}}\mp\hat{\boldsymbol{A}}(-i\hat{\boldsymbol{L}})^n\hat{\boldsymbol{B}}\rangle=\langle[(-i\hat{\boldsymbol{L}})^n\hat{\boldsymbol{B}},\hat{\boldsymbol{A}}]_{\mp}\rangle \tag{19.4.15}$$

以及定义

$$(\hat{\boldsymbol{B}}^{\dagger}|\hat{\boldsymbol{A}})\equiv\mathrm{tr}\frac{\mathrm{e}^{-\beta\hat{\boldsymbol{K}}}}{Z}[\hat{\boldsymbol{B}},\hat{\boldsymbol{A}}]_{\mp} \tag{19.4.16}$$

现在由式 (19.4.14) 可写出一般的 Green 函数矩阵形式. 引入矢量算符 $\underline{\hat{\boldsymbol{A}}}$ 和 $\underline{\hat{\boldsymbol{A}}}^{\dagger}$, 即 $\underline{\hat{\boldsymbol{A}}}$ 由分量 $\hat{\boldsymbol{A}}_1,\hat{\boldsymbol{A}}_2,\hat{\boldsymbol{A}}_3,\cdots$ 构成; $\underline{\hat{\boldsymbol{A}}}^{\dagger}$ 由分量 $\hat{\boldsymbol{A}}_1^{\dagger},\hat{\boldsymbol{A}}_2^{\dagger},\cdots$ 构成. 二元积定义为 $(\underline{\hat{\boldsymbol{A}}}|\underline{\hat{\boldsymbol{A}}})$. 这样, Green 函数的矩阵形式就可写为

$$-iG(z)=\left(\underline{\hat{\boldsymbol{A}}}\left|\frac{1}{z-i\hat{\boldsymbol{L}}}\right|\underline{\hat{\boldsymbol{A}}}\right)$$

只要特定地选择 $\underline{\hat{\boldsymbol{A}}}$ 的分量和二元积定义, 就可以得到特定的 $-iG(z)$. 式 (19.4.9) 和式 (19.4.14) 是上式的矩阵元.

19.4.3 Green 函数的产生算符和湮灭算符表示

由二次量子化方法可知, 算符 $\hat{\boldsymbol{A}}$ 可以用产生算符和湮灭算符来表示. 设 $\hat{\boldsymbol{A}}$ 是 n 体算符, 则二次量子化形式为

$$\underline{\hat{\boldsymbol{A}}}=\sum_{\substack{l_1\cdots l_n\\k_1\cdots k_n}}\begin{bmatrix}(\hat{\boldsymbol{A}}_1)_{l_1\cdots l_n,k_n\cdots k_1}\hat{\boldsymbol{C}}_{l_l}^{\dagger}\cdots\hat{\boldsymbol{C}}_{l_n}^{\dagger}\hat{\boldsymbol{C}}_{k_1}\cdots\hat{\boldsymbol{C}}_{k_n}\\ \vdots\\ (\hat{\boldsymbol{A}}_N)_{l_1\cdots l_n,k_n\cdots k_1}\hat{\boldsymbol{C}}_{l_l}^{\dagger}\cdots\hat{\boldsymbol{C}}_{l_n}^{\dagger}\hat{\boldsymbol{C}}_{k_1}\cdots\hat{\boldsymbol{C}}_{k_n}\end{bmatrix} \tag{19.4.17}$$

$$\underline{\hat{\boldsymbol{A}}}^{\dagger}=\sum_{\substack{l_1\cdots l_n\\k_1\cdots k_n}}\begin{bmatrix}(\hat{\boldsymbol{A}}_1)^*_{l_1\cdots l_n,k_n\cdots k_1}\hat{\boldsymbol{C}}_{k_n}^{\dagger}\cdots\hat{\boldsymbol{C}}_{k_1}^{\dagger}\hat{\boldsymbol{C}}_{l_n}\cdots\hat{\boldsymbol{C}}_{l_1}\\ \vdots\\ (\hat{\boldsymbol{A}}_N)^*_{l_1\cdots l_n,k_n\cdots k_1}\hat{\boldsymbol{C}}_{k_n}^{\dagger}\cdots\hat{\boldsymbol{C}}_{k_1}^{\dagger}\hat{\boldsymbol{C}}_{l_n}\cdots\hat{\boldsymbol{C}}_{l_1}\end{bmatrix} \tag{19.4.18}$$

由 Green 函数的矩阵形式 [式 (19.4.6)] 可得某一 Green 函数矩阵元为

$$G_{ij}(z)=\sum_{\substack{\{l\},\{l'\}\\\{\tilde{k}\},\{\tilde{k'}\}}}(A_i)^*_{\{l\}\{k\}}(A_j)_{\{l'\}\{k'\}}g^{(2n)}_{\{l\}\{k\},\{l'\}\{k'\}}(z) \tag{19.4.19}$$

式中

$$\{l\}\equiv(l_1\cdots l_n)\qquad\{k\}\equiv(k_1\cdots k_n)$$
$$\{\tilde{l}\}\equiv(l_n\cdots l_1)\qquad\{\tilde{k}\}\equiv(k_n\cdots k_1)$$

以及

$$
\begin{aligned}
&-ig^{(2n)}_{\{l\}\{k\}\{l'\}\{k'\}}(z)\\
&=\left(\hat{\boldsymbol{C}}^{\dagger}_{l1}\cdots\hat{\boldsymbol{C}}^{\dagger}_{ln}\hat{\boldsymbol{C}}_{k_l}\cdots\hat{\boldsymbol{C}}_{k_n}\left|\frac{1}{z-i\hat{\boldsymbol{L}}}\right|\hat{\boldsymbol{C}}^{\dagger}_{l'_1}\cdots\hat{\boldsymbol{C}}^{\dagger}_{l'_n}\hat{\boldsymbol{C}}_{k'_1}\cdots\hat{\boldsymbol{C}}_{k'_n}\right)
\end{aligned}
\tag{19.4.20}
$$

如果能算出 $g(z)$, 就能算出 $G(z)$. 但 $g(z)$ 的精确计算也是极困难的, 必须进行近似计算.

为了使 Green 函数 $g^{(2n)}_{\{l\}\{k\},\{l'\}\{k'\}}$ 进一步简化, 引入下列记号:

$$\{l\}=l_1 \qquad \{k\}=k_1 \tag{19.4.21}$$

$$\{\tilde{l}\}=l'_1 \qquad \{\tilde{k}\}=k'_1 \tag{19.4.22}$$

$$|\hat{\boldsymbol{F}}^{(1)}_I)\equiv|\hat{\boldsymbol{C}}^{\dagger}_l) \tag{19.4.23}$$

$$|\hat{\boldsymbol{F}}^{(2)}_I)\equiv|\hat{\boldsymbol{C}}^{\dagger}_{l'_1}\hat{\boldsymbol{C}}_{k'_1}) \tag{19.4.24}$$

$$|\hat{\boldsymbol{F}}^{(3)}_I)\equiv|\hat{\boldsymbol{C}}^{\dagger}_{l'_1}\hat{\boldsymbol{C}}^{\dagger}_{l'_2}\hat{\boldsymbol{C}}_{k'_1}) \tag{19.4.25}$$

$$|\hat{\boldsymbol{F}}^{(4)}_I)\equiv|\hat{\boldsymbol{C}}^{\dagger}_{l'_1}\hat{\boldsymbol{C}}^{\dagger}_{l'_2}\hat{\boldsymbol{C}}_{k'_1}\hat{\boldsymbol{C}}_{k'_2}) \tag{19.4.26}$$

$$\cdots$$

进一步又可以按 $I=1,2,3,\cdots$ 排成一列, 被当作矢量, 即

$$
\begin{aligned}
&\underline{\hat{\boldsymbol{F}}}^{(1)}\equiv\begin{bmatrix}\hat{\boldsymbol{F}}^{(1)}_1\\ \hat{\boldsymbol{F}}^{(1)}_2\\ \vdots\end{bmatrix}\qquad
\underline{\hat{\boldsymbol{F}}}^{\dagger(1)}\equiv\begin{bmatrix}\hat{\boldsymbol{F}}^{\dagger(1)}_1\\ \hat{\boldsymbol{F}}^{\dagger(1)}_2\\ \vdots\end{bmatrix}\\
&\underline{\hat{\boldsymbol{F}}}^{(2)}\equiv\begin{bmatrix}\hat{\boldsymbol{F}}^{(2)}_1\\ \hat{\boldsymbol{F}}^{(2)}_2\\ \vdots\end{bmatrix}\qquad
\underline{\hat{\boldsymbol{F}}}^{\dagger(2)}\equiv\begin{bmatrix}\hat{\boldsymbol{F}}^{\dagger(2)}_1\\ \hat{\boldsymbol{F}}^{\dagger(2)}_2\\ \vdots\end{bmatrix}
\end{aligned}
\tag{19.4.27}
$$

利用上述记号, 则有

$$
\begin{aligned}
\hat{\boldsymbol{A}}_i&=\sum_{\substack{l_1l_2\cdots l_n\\k_1k_2\cdots k_n}}(\hat{\boldsymbol{A}}_i)_{l_1\cdots l_n,k_n\cdots k_1}\hat{\boldsymbol{C}}^{\dagger}_{l_1}\hat{\boldsymbol{C}}^{\dagger}_{l_2}\cdots\hat{\boldsymbol{C}}^{\dagger}_{l_n}\hat{\boldsymbol{C}}_{k_n}\hat{\boldsymbol{C}}_{k_{n-1}}\cdots\hat{\boldsymbol{C}}_{k_1}\\
&=\sum_I(\tilde{\hat{\boldsymbol{A}}}_i)^{(2n)}_I\underline{\hat{\boldsymbol{F}}}^{(2n)}_I\\
&=(\tilde{\underline{\hat{\boldsymbol{A}}}}_i)^{(2n)}\cdot\underline{\hat{\boldsymbol{F}}}^{(2n)}
\end{aligned}
\tag{19.4.28a}
$$

类似地有

$$\hat{\boldsymbol{A}}_i^{\dagger} = (\tilde{\underline{\hat{\boldsymbol{A}}}}_i)^{*(2n)} \cdot \underline{\hat{\boldsymbol{F}}}^{+(2n)} \tag{19.4.28b}$$

式中, $(2n)$ 是 $\hat{\boldsymbol{A}}_i$ 的 $2n$ 个下标 $l_1 l_2 \cdots l_n$ 和 $k_1 k_2 \cdots k_m$, I 是 $2n$ 个下标压缩成单个下标 I.

运用上述记号, 可以简化 g 形式, 如

$$\begin{aligned} -ig_{Ij}^{(1)}(z) &= -ig_{l_1 k_1, l_1' k_1'}^{(1)}(z) = \left(\hat{\boldsymbol{C}}_l^{\dagger} \middle| \frac{1}{z - i\hat{\boldsymbol{L}}} \middle| \hat{\boldsymbol{C}}_l\right) \\ &\equiv \left(\hat{\boldsymbol{F}}_I^{(1)} \middle| \frac{1}{z - i\hat{\boldsymbol{L}}} \middle| \hat{\boldsymbol{F}}_J^{(1)}\right) \end{aligned} \tag{19.4.29}$$

$$\begin{aligned} -ig_{Ij}^{(2)}(z) &= -ig_{l_1 k_1, l_1' k_1'}^{(2)}(z) \\ &= \left(\hat{\boldsymbol{C}}_{l_1}^{\dagger} \hat{\boldsymbol{C}}_{k_1} \middle| \frac{1}{z - i\hat{\boldsymbol{L}}} \middle| \hat{\boldsymbol{C}}_{l_1'}^{\dagger} \hat{\boldsymbol{C}}_{k_1'}\right) \\ &\equiv \left(\hat{\boldsymbol{F}}_I^{(2)} \middle| \frac{1}{z - i\hat{\boldsymbol{L}}} \middle| \hat{\boldsymbol{F}}_J^{(2)}\right) \end{aligned} \tag{19.4.30}$$

$$\begin{aligned} -ig_{Ij}^{(4)}(z) &= -ig_{l_1 l_2 k_1 k_2, l_1' l_2' k_1' k_2'}^{(4)}(z) \\ &= \left(\hat{\boldsymbol{C}}_{l_1}^{\dagger} \hat{\boldsymbol{C}}_{l_2}^{\dagger} \hat{\boldsymbol{C}}_{k_1} \hat{\boldsymbol{C}}_{k_2} \middle| \frac{1}{z - i\hat{\boldsymbol{L}}} \middle| \hat{\boldsymbol{C}}_{l_1'}^{\dagger} \hat{\boldsymbol{C}}_{l_2'}^{\dagger} \hat{\boldsymbol{C}}_{k_1'} \hat{\boldsymbol{C}}_{k_2'}\right) \\ &= \left(\hat{\boldsymbol{F}}_I^{(4)} \middle| \frac{1}{z - i\hat{\boldsymbol{L}}} \middle| \hat{\boldsymbol{F}}_J^{(4)}\right) \end{aligned} \tag{19.4.31}$$

当 n 越大时, 这种形式更显示出其简明. 相应的矩阵形式为

$$-ig^{(n)}(z) = \left(\underline{\hat{\boldsymbol{F}}}^{(n)} \middle| \frac{1}{z - i\hat{\boldsymbol{L}}} \middle| \underline{\hat{\boldsymbol{F}}}^{(n)}\right) \tag{19.4.32}$$

19.4.4 高阶 $\hat{\boldsymbol{F}}^{(n)}$ 的产生

将前面介绍过的 Liouville 算符作用在 $\underline{\hat{\boldsymbol{F}}}^{(1)}$ 上, 可以产生 $\underline{\hat{\boldsymbol{F}}}^{(3)}$, 即

$$\hat{\boldsymbol{L}}\hat{\boldsymbol{F}}_I^{(1)} = \sum_J W_{IJ} \hat{\boldsymbol{F}}_J^{(1)} + \sum_J H_{IJ} \hat{\boldsymbol{F}}_J^{(3)} \tag{19.4.33}$$

其矩阵形式为

$$\hat{\boldsymbol{L}}\underline{\hat{\boldsymbol{F}}}^{(1)} = \underline{\hat{\boldsymbol{W}}} \cdot \underline{\hat{\boldsymbol{F}}}^{(1)} + \underline{\hat{\boldsymbol{H}}} \cdot \underline{\hat{\boldsymbol{F}}}^{(3)} \tag{19.4.34}$$

只要重复将 $\hat{\boldsymbol{L}}$ 作用在 $\underline{\hat{\boldsymbol{F}}}^{(1)}$ 上, 就会出现更高阶 $\underline{\hat{\boldsymbol{F}}}^{(n)}$. 这就表明各阶 $\underline{\hat{\boldsymbol{F}}}^{(n)}$ 之间有着重要联系. 下面我们来证明这个结果.

证明：由式 (19.4.3) 可知

$$\hat{\boldsymbol{L}}\underline{\hat{\boldsymbol{F}}}^{(1)} = \frac{1}{\hbar}[\hat{\boldsymbol{K}}, \underline{\hat{\boldsymbol{F}}}^{(1)}]_- \tag{19.4.35}$$

这里我们设 $\hat{\boldsymbol{K}}$ 为二体算符 (实际问题几乎都是二体作用问题), 即

$$\begin{aligned}\hat{\boldsymbol{K}} =& \hat{\boldsymbol{K}}_0 + \hat{\boldsymbol{K}}_1 = \sum(\varepsilon_\lambda - \mu)\hat{\boldsymbol{C}}_\lambda^\dagger \hat{\boldsymbol{C}}_\lambda \\ &+ \frac{1}{2}\sum_{\substack{\lambda_1,\lambda_3\\ \lambda_2,\lambda_4}} V_{\lambda_1\lambda_3,\lambda_2\lambda_4}\hat{\boldsymbol{C}}_{\lambda_1}^\dagger \hat{\boldsymbol{C}}_{\lambda_3}^\dagger \hat{\boldsymbol{C}}_{\lambda_2}\hat{\boldsymbol{C}}_{\lambda_4}\end{aligned} \tag{19.4.36}$$

将式 (19.4.36) 和 $\underline{\hat{\boldsymbol{F}}}^{(1)} = \hat{\boldsymbol{C}}_l^\dagger$ 代入式 (19.4.35), 得

$$\begin{aligned}\hat{\boldsymbol{L}}\hat{\boldsymbol{C}}_l^\dagger &= \frac{1}{\hbar}[\hat{\boldsymbol{K}}, \hat{\boldsymbol{C}}_l^\dagger]_- \\ &= \frac{1}{\hbar}\sum_\lambda(\varepsilon_\lambda - \mu)\delta_{\lambda l}\hat{\boldsymbol{C}}_\lambda^\dagger + \frac{1}{2\hbar}\sum_{\lambda\lambda'\lambda''}(V_{\lambda\lambda',l\lambda''} + V_{\lambda\lambda',\lambda'' l})\hat{\boldsymbol{C}}_\lambda^\dagger \hat{\boldsymbol{C}}_{\lambda'}^\dagger \hat{\boldsymbol{C}}_{\lambda''} \\ &= \sum_{\lambda'''} W_{l\lambda'''}\hat{\boldsymbol{C}}_{\lambda'''}^\dagger + \sum_{\lambda\lambda'\lambda''} H_{l\lambda\lambda'\lambda''}\hat{\boldsymbol{C}}_\lambda^\dagger \hat{\boldsymbol{C}}_{\lambda'}^\dagger \hat{\boldsymbol{C}}_{\lambda''}\end{aligned} \tag{19.4.37}$$

式中

$$W_{l\lambda} \equiv \frac{1}{\hbar}(\varepsilon_\lambda - \mu)\delta_{l\lambda} \tag{19.4.38}$$

$$H_{l\lambda\lambda'\lambda''} \equiv \frac{1}{2\hbar}(V_{\lambda\lambda',l\lambda''} + V_{\lambda\lambda',\lambda'' l}) \tag{19.4.39}$$

再简化式 (19.4.37) 中的傀标, 并注意到 $\underline{\boldsymbol{F}}^{(n)}$ 的定义 [式 (19.4.27)], 则式 (19.4.37) 可写为

$$\hat{\boldsymbol{L}}\hat{\boldsymbol{F}}_I^{(1)} = \sum_J W_{IJ}\hat{\boldsymbol{F}}_J^{(1)} + \sum_J H_{IJ}\hat{\boldsymbol{F}}_I^{(3)} \tag{19.4.40}$$

相应的矩阵形式为

$$\hat{\boldsymbol{L}}\underline{\hat{\boldsymbol{F}}}^{(1)} = \underline{\hat{\boldsymbol{W}}} \cdot \underline{\hat{\boldsymbol{F}}}^{(1)} + \underline{\hat{\boldsymbol{H}}} \cdot \underline{\hat{\boldsymbol{F}}}^{(3)} \tag{19.4.41}$$

现在考虑单体 Green 函数 $g^{(1)}(z)$, 即

$$-ig^{(1)}(z) = \left(\underline{\hat{\boldsymbol{F}}}^{(1)}\middle|\frac{1}{z - i\hat{\boldsymbol{L}}}\middle|\underline{\hat{\boldsymbol{F}}}^{(1)}\right) \tag{19.4.42}$$

将 $(z - i\hat{\boldsymbol{L}})^{-1}$ 展开, 代入式 (19.4.42), 得

$$\begin{aligned}-ig^{(1)}(z) =& \sum_{p=0}^\infty \frac{1}{z^{p+1}}(\underline{\hat{\boldsymbol{F}}}^{(1)}|(i\hat{\boldsymbol{L}})^p|\underline{\hat{\boldsymbol{F}}}^{(1)}) \\ =& \frac{1}{z}(\underline{\hat{\boldsymbol{F}}}^{(1)}|\underline{\hat{\boldsymbol{F}}}^{(1)}) + \frac{1}{z^2}(\underline{\hat{\boldsymbol{F}}}^{(1)}|(i\hat{\boldsymbol{L}})|\underline{\hat{\boldsymbol{F}}}^{(1)}) + \frac{1}{z^3}(\underline{\hat{\boldsymbol{F}}}^{(1)}|(i\hat{\boldsymbol{L}})^2|\underline{\hat{\boldsymbol{F}}}^{(1)}) + \cdots\end{aligned} \tag{19.4.43}$$

只要注意到式 (19.4.40), 就可以看到右边由于 $\hat{\boldsymbol{L}}$ 的作用会产生许多高阶 $\underline{\hat{\boldsymbol{F}}}^{(n)}$, 从 $\underline{\hat{\boldsymbol{F}}}^{(1)}$ 到很大的 $\underline{\hat{\boldsymbol{F}}}^{(n)}$ 都能产生. 还可以看到, 各阶都包含单体 Green 函数. 这就表明, 不能简单地取前面几项来作近似, 因为被略去的项中还包含 $\underline{\hat{\boldsymbol{F}}}^{(1)}$. 19.5 节将讨论这个问题.

19.5 Green 函数的连分式表示

19.5.1 投影算符

(1) 为了以后计算的需要, 我们定义一个投影算符

$$\hat{\boldsymbol{\Pi}}_I \equiv \frac{|\hat{\boldsymbol{F}}_I^{(n)})(\hat{\boldsymbol{F}}_I^{(n)}|}{(\hat{\boldsymbol{F}}_I^{(n)}|\hat{\boldsymbol{F}}_I^{(n)})} \tag{19.5.1}$$

由于满足幂等关系

$$\begin{aligned}\hat{\boldsymbol{\Pi}}_I^2 &= |\hat{\boldsymbol{F}}_I^{(n)})\frac{(\hat{\boldsymbol{F}}_I^{(n)}|\hat{\boldsymbol{F}}_I^{(n)})}{(\hat{\boldsymbol{F}}_I^{(n)}|\hat{\boldsymbol{F}}_I^{(n)})^2}(\hat{\boldsymbol{F}}_I^{(n)}| \\ &= \frac{|\hat{\boldsymbol{F}}_I^{(n)})(\hat{\boldsymbol{F}}_I^{(n)}|}{(\hat{\boldsymbol{F}}_I^{(n)}|\hat{\boldsymbol{F}}_I^{(n)})} = \hat{\boldsymbol{\Pi}}_I\end{aligned} \tag{19.5.2}$$

故为投影算符.

与 $\hat{\boldsymbol{\Pi}}_I$ 互补的算符是

$$\hat{\boldsymbol{\sigma}}_I \equiv 1 - \hat{\boldsymbol{\Pi}}_I \tag{19.5.3}$$

这也是投影算符, 因为

$$\begin{aligned}\hat{\boldsymbol{\sigma}}_I^2 &= (1 - \hat{\boldsymbol{\Pi}}_I)^2 = 1 - 2\hat{\boldsymbol{\Pi}}_I + \hat{\boldsymbol{\Pi}}_I^2 \\ &= 1 - 2\hat{\boldsymbol{\Pi}}_I + \hat{\boldsymbol{\Pi}}_I = 1 - \hat{\boldsymbol{\Pi}}_I = \hat{\boldsymbol{\sigma}}_I\end{aligned}$$

$\hat{\boldsymbol{\sigma}}_I$ 与 $\hat{\boldsymbol{\Pi}}_I$ 互补, 因为

$$\hat{\boldsymbol{\sigma}}_I\hat{\boldsymbol{\Pi}}_I = (1 - \hat{\boldsymbol{\Pi}}_I)\hat{\boldsymbol{\Pi}}_I = \hat{\boldsymbol{\Pi}}_I - \hat{\boldsymbol{\Pi}}_I^2 = \hat{\boldsymbol{\Pi}}_I - \hat{\boldsymbol{\Pi}}_I = 0$$

如果将 $\hat{\boldsymbol{\Pi}}_I$ 作用在 $\hat{\boldsymbol{F}}_I^{(M)}$ 上, 显然只能得到 $\hat{\boldsymbol{F}}_I^{(M)}$ 在第 I 个 $\hat{\boldsymbol{F}}_I^{(n)}$ 上的投影. 如果希望一次作用就能得到在各个 $\hat{\boldsymbol{F}}_I^{(n)}, I=1,2,3,\cdots$ 上的投影, 可以定义下列投影算符.

(2) 定义投影算符 $\hat{\boldsymbol{P}}^{(n)}$

$$\hat{\boldsymbol{P}}^{(n)} \equiv \sum_{I,J} |\hat{\boldsymbol{F}}_{IJ}^{(n)})\hat{\boldsymbol{\alpha}}_{IJ}^{(n)}(\hat{\boldsymbol{F}}_J^{(n)}| \tag{19.5.4}$$

式中, $\hat{\boldsymbol{\alpha}}_{IJ}^{(n)}$ 是矩阵 $\hat{\boldsymbol{\alpha}}^{(n)}$ 的矩阵元, 而 $\hat{\boldsymbol{\alpha}}^{(n)}$ 又是下列矩阵 $\boldsymbol{\lambda}^{(n)}$ 之逆, 即

$$\frac{1}{\boldsymbol{\alpha}^{(n)}} \equiv \boldsymbol{\lambda}^{(n)} \equiv \begin{bmatrix} (\hat{\boldsymbol{F}}_1^{(n)}|\hat{\boldsymbol{F}}_1^{(n)}) & (\hat{\boldsymbol{F}}_1^{(n)}|\hat{\boldsymbol{F}}_2^{(n)})\cdots \\ (\hat{\boldsymbol{F}}_2^{(n)}|\hat{\boldsymbol{F}}_1^{(n)}) & (\hat{\boldsymbol{F}}_2^{(n)}|\hat{\boldsymbol{F}}_2^{(n)})\cdots \\ \cdots & \cdots \end{bmatrix} \tag{19.5.5}$$

故

$$\sum_J \alpha_{IJ}^{(n)} \lambda_{JK}^{(n)} = \delta_{IK} \tag{19.5.6}$$

$\hat{\boldsymbol{P}}^{(n)}$ 是投影算符, 因为

$$\begin{aligned} \hat{\boldsymbol{P}}^{(n)^2} &= \sum_{I,J} |\hat{\boldsymbol{F}}_I^{(n)})\alpha_{IJ}^{(n)}(\hat{\boldsymbol{F}}_I^{(n)}| \cdot \sum_{K,L} |\hat{\boldsymbol{F}}_K^{(n)})\alpha_{KL}^{(n)}(\hat{\boldsymbol{F}}_L^{(n)}| \\ &= \sum_{IJKL} |\hat{\boldsymbol{F}}_I^{(n)})\alpha_{IJ}^{(n)}(\hat{\boldsymbol{F}}_I^{(n)}|\hat{\boldsymbol{F}}_K^{(n)})\alpha_{KL}^{(n)}(\hat{\boldsymbol{F}}_L^{(n)}| \\ &= \sum_{IJKL} |\hat{\boldsymbol{F}}_I^{(n)})\alpha_{IJ}^{(n)}\lambda_{JK}^{(n)}\alpha_{KL}^{(n)}(\hat{\boldsymbol{F}}_L^{(n)}| \\ &= \sum_{KL} |\hat{\boldsymbol{F}}_K^{(n)})\alpha_{KL}^{(n)}(\hat{\boldsymbol{F}}_L^{(n)}| \qquad [\text{由式(19.5.6)}] \\ &= \hat{\boldsymbol{P}}^{(n)} \end{aligned} \tag{19.5.7}$$

这个投影算符 $\hat{\boldsymbol{P}}^{(n)}$ 如果作用于 $\hat{\boldsymbol{F}}_K^{(M)}$ 上, 则可得到在 $\hat{\boldsymbol{F}}^{(n)}$ 上全部分量的投影, 即

$$\hat{\boldsymbol{P}}^{(n)}\hat{\boldsymbol{F}}_K^{(M)} = \sum_{I,J} |\hat{\boldsymbol{F}}_l^{(n)})\hat{\boldsymbol{\alpha}}_{IJ}^{(n)}(\hat{\boldsymbol{F}}_J^{(n)}|\hat{\boldsymbol{F}}_K^{(M)}) \tag{19.5.8}$$

类似地, 与 $\hat{\boldsymbol{P}}^{(n)}$ 的互补投影算符为

$$\hat{\boldsymbol{Q}}^{(n)} = 1 - \hat{\boldsymbol{P}}^{(n)} \tag{19.5.9}$$

$$\hat{\boldsymbol{Q}}^{(n)}\hat{\boldsymbol{P}}^{(n)} = 0 \tag{19.5.10}$$

19.5.2 Green 函数的连分式表示

连分式表示可用于 Green 函数的实际计算. 从式 (19.4.30) 出发 [为了方便, 省写 $\underline{\hat{\boldsymbol{F}}}^{(n)}$ 右上方的 (n)] 可以证明, $g(z)$ 可化成如下形式:

$$-ig(z) = \left(\underline{\hat{\boldsymbol{F}}}\middle|\frac{1}{z-i\hat{\boldsymbol{L}}}\middle|\underline{\hat{\boldsymbol{F}}}\right) \tag{19.5.11}$$

$$= \frac{(\underline{\hat{\boldsymbol{F}}}|\underline{\hat{\boldsymbol{F}}})}{z\underline{1} - (\underline{\hat{\boldsymbol{F}}}|i\hat{\boldsymbol{L}}|\underline{\hat{\boldsymbol{F}}})\cdot\underline{\alpha} + \left(\underline{\hat{\boldsymbol{Y}}}\middle|\frac{1}{z-i\hat{\boldsymbol{L}}}\middle|\underline{\hat{\boldsymbol{Y}}}\right)\cdot\alpha} \tag{19.5.12}$$

证明: 将 $\hat{\boldsymbol{Q}}+\hat{\boldsymbol{P}}=1$[式 (19.5.9)] 插入式 (19.5.11), 得

$$-ig(z)=\left(\hat{\underline{\boldsymbol{F}}}\middle|\frac{1}{z-i\hat{\boldsymbol{L}}\hat{\boldsymbol{Q}}-i\hat{\boldsymbol{L}}\hat{\boldsymbol{P}}}\middle|\hat{\underline{\boldsymbol{F}}}\right) \tag{19.5.13}$$

将 $(z-i\hat{\boldsymbol{L}}\hat{\boldsymbol{Q}}-i\hat{\boldsymbol{L}}\hat{\boldsymbol{P}})^{-1}$ 展开, 就可逐步使式 (19.5.13) 变换成连分式.

先考虑如下展开式:

$$(A-B)^{-1}=[A(1-A^{-1}B)]^{-1}=(1-A^{-1}B)^{-1}A^{-1}$$

用二项式定理展开, 上式中

$$(1-A^{-1}B)^{-1}=1-A^{-1}B+A^{-1}BA^{-1}B+A^{-1}BA^{-1}BA^{-1}B+\cdots$$

代入上式, 得

$$\frac{1}{A-B}=\frac{1}{A}+\frac{1}{A}B\frac{1}{A}+\frac{1}{A}B\frac{1}{A}B\frac{1}{A}+\cdots \tag{19.5.14}$$

式 (19.5.14) 就是下列方程的迭代结果, 即

$$\frac{1}{A-B}=\frac{1}{A}+\frac{1}{A}B\frac{1}{A-B} \tag{19.5.15}$$

零级近似为

$$\frac{1}{A-B}=\frac{1}{A} \tag{19.5.16}$$

一级近似为

$$\frac{1}{A-B}=\frac{1}{A}+\frac{1}{A}B\frac{1}{A} \tag{19.5.17}$$

二级近似为

$$\frac{1}{A-B}=\frac{1}{A}+\frac{1}{A}B\frac{1}{A}+\frac{1}{A}B\frac{1}{A}B\frac{1}{A} \tag{19.5.18}$$

一直迭代下去, 即得式 (19.5.14).

现在回到式 (19.5.13). 令

$$\hat{\boldsymbol{A}}\equiv z-i\hat{\boldsymbol{L}}\hat{\boldsymbol{Q}}$$

$$\hat{\boldsymbol{B}}\equiv -i\hat{\boldsymbol{L}}\hat{\boldsymbol{P}}$$

则由式 (19.5.17), 得

$$-ig(z)=\left(\hat{\underline{\boldsymbol{F}}}\middle|\frac{1}{z-i\hat{\boldsymbol{L}}\hat{\boldsymbol{Q}}}\middle|\hat{\underline{\boldsymbol{F}}}\right)+\left(\hat{\underline{\boldsymbol{F}}}\middle|\frac{1}{z-i\hat{\boldsymbol{L}}\hat{\boldsymbol{Q}}}i\hat{\boldsymbol{L}}\hat{\underline{\boldsymbol{P}}}\frac{1}{z-i\hat{\boldsymbol{L}}\hat{\boldsymbol{Q}}}\middle|\hat{\underline{\boldsymbol{F}}}\right) \tag{19.5.19}$$

对式 (19.5.19) 的第一项按二项式定理展开, 得

$$\left(\hat{\underline{\boldsymbol{F}}}\middle|\frac{1}{z-i\hat{\boldsymbol{L}}\hat{\boldsymbol{Q}}}\middle|\hat{\underline{\boldsymbol{F}}}\right)=\left(\hat{\underline{\boldsymbol{F}}}\middle|\frac{1}{z}+\frac{i\hat{\boldsymbol{L}}\hat{\boldsymbol{Q}}}{z^2}+\frac{i\hat{\boldsymbol{L}}\hat{\boldsymbol{Q}}i\hat{\boldsymbol{L}}\hat{\boldsymbol{Q}}}{z^3}+\cdots\middle|\hat{\underline{\boldsymbol{F}}}\right)=\frac{1}{z}(\hat{\underline{\boldsymbol{F}}}|\hat{\underline{\boldsymbol{F}}}) \tag{19.5.20}$$

其中第二个等式的成立是因为

$$\hat{Q}|\underline{\hat{F}}) = (1-\hat{P})|\underline{\hat{F}}) = |\underline{\hat{F}}) - \hat{P}|\underline{\hat{F}}) = |\underline{\hat{F}}) - |\underline{\hat{F}}) = 0 \tag{19.5.21}$$

对于式(19.5.19)的第二项, 利用投影算符 $\hat{P}$ 的定义 [式(19.5.4)], 式(19.5.19)可写为

$$\begin{aligned}-ig(z) = \frac{1}{z}(\underline{\hat{F}}|\underline{\hat{F}}) + \left(\underline{\hat{F}}\left|\frac{1}{z-i\hat{L}\hat{Q}}i\hat{L}\right|\underline{\hat{F}}\right) \\ \cdot\underline{\alpha}\cdot\left(\underline{\hat{F}}\left|\frac{1}{z-i\hat{L}}\right|\underline{\hat{F}}\right) = \frac{1}{z}(\underline{\hat{F}}|\underline{\hat{F}}) \\ + \left(\underline{\hat{F}}\left|\frac{1}{z-i\hat{L}\hat{Q}}i\hat{L}\right|\underline{\hat{F}}\right)\cdot\underline{\alpha}\cdot(-ig(z))\end{aligned} \tag{19.5.22}$$

将式 (19.5.22) 第二项中 α 前的因子再按二项式定理展开, 得

$$\begin{aligned}&\left(\underline{\hat{F}}\left|\frac{1}{z-i\hat{L}\hat{Q}}\right|\underline{\hat{F}}\right) \\ &= \left(\underline{\hat{F}}\left|\frac{i\hat{L}}{z} + \frac{i\hat{L}\hat{Q}i\hat{L}}{z^2} + \frac{i\hat{L}\hat{Q}i\hat{L}\hat{Q}i\hat{L}}{z^3} + \cdots\right|\underline{\hat{F}}\right) \\ &= \frac{1}{z}(\underline{\hat{F}}|i\hat{L}|\underline{\hat{F}}) + \frac{1}{z}\left(\underline{\hat{F}}\left|i\hat{L}\hat{Q}\left[\frac{1}{z} + \frac{\hat{Q}i\hat{L}\hat{Q}}{z^2} + \frac{(\hat{Q}i\hat{L}\hat{Q})(\hat{Q}i\hat{L}\hat{Q})}{z^3} + \cdots\right]\hat{Q}i\hat{L}\right|\underline{\hat{F}}\right) \\ &= \frac{1}{z}(\underline{\hat{F}}|i\hat{L}|\underline{\hat{F}}) + \frac{1}{z}\left(\underline{\hat{F}}\left|i\hat{L}\hat{Q}\frac{1}{z-\hat{Q}i\hat{L}\hat{Q}}\hat{Q}i\hat{L}\right|\underline{\hat{F}}\right)\end{aligned} \tag{19.5.23}$$

其中第二个等式的成立是因为利用了 $\hat{Q}\hat{Q} = \hat{Q}$ 幂等关系. 将式 (19.5.23) 代入式 (19.5.22), 得

$$\begin{aligned}-ig(z) = \frac{1}{z}(\underline{\hat{F}}|\underline{\hat{F}}) + \frac{1}{z}\Bigg[(\underline{\hat{F}}|i\hat{L}|\underline{\hat{F}}) \\ + \left(\underline{\hat{F}}\left|i\hat{L}\hat{Q}\cdot\frac{1}{z-\hat{Q}i\hat{L}\hat{Q}}\right|\hat{Q}i\hat{L}\right|\underline{\hat{F}}\Bigg)\Bigg]\cdot\underline{\alpha}\cdot[-ig(z)]\end{aligned} \tag{19.5.24}$$

移项得

$$-ig(z) = \frac{(\underline{\hat{F}}|\underline{\hat{F}})}{z\underline{1} - (\underline{\hat{F}}|i\hat{L}|\underline{\hat{F}})\cdot\underline{\alpha} - \left(\underline{\hat{F}}\left|i\hat{L}\hat{Q}\frac{1}{z-i\hat{Q}\hat{L}\hat{Q}}\hat{Q}i\hat{L}\right|\underline{\hat{F}}\right)\cdot\underline{\alpha}} \tag{19.5.25}$$

如果令

$$|\underline{\hat{Y}}) \equiv \hat{Q}i\hat{L}|\underline{\hat{F}}), \qquad (\underline{\hat{F}}|i\hat{L}\hat{Q} = -(\underline{\hat{Y}}| \tag{19.5.26}$$

$$\hat{L}_1 = \hat{Q}\hat{L}\hat{Q} \tag{19.5.27}$$

则式 (19.5.25) 为

$$-ig(z)=\frac{(\underline{\hat{\boldsymbol{F}}}|\underline{\hat{\boldsymbol{F}}})}{z\underline{1}-(\underline{\hat{\boldsymbol{F}}}|i\hat{\boldsymbol{L}}|\underline{\hat{\boldsymbol{F}}})\cdot\underline{\alpha}+\left(\underline{\hat{\boldsymbol{Y}}}\left|\frac{1}{z-i\hat{\boldsymbol{L}}_1}\right|\underline{\hat{\boldsymbol{Y}}}\right)\cdot\underline{\boldsymbol{\alpha}}}\tag{19.5.28}$$

可以看到, 式 (19.5.28) 分母中第三项还可以重复上述步骤展开, 一直可以进行下去, 从而得到 Green 函数的连分式表示如下:

$$-ig(z)=\frac{(\underline{\hat{\boldsymbol{F}}}|\underline{\hat{\boldsymbol{F}}})}{z\underline{1}-(\underline{\hat{\boldsymbol{F}}}|i\hat{\boldsymbol{L}}|\underline{\hat{\boldsymbol{F}}})\cdot\underline{\alpha}+\dfrac{(\underline{\hat{\boldsymbol{Y}}}|\underline{\hat{\boldsymbol{Y}}})\cdot\underline{\alpha}}{z\underline{1}-(\underline{\hat{\boldsymbol{Y}}}|i\hat{\boldsymbol{L}}_1|\underline{\hat{\boldsymbol{Y}}})\cdot\underline{\beta}}}+\frac{(\underline{\hat{\boldsymbol{K}}}|\underline{\hat{\boldsymbol{K}}})\cdot\underline{\beta}}{z\underline{1}-\cdots}\tag{19.5.29}$$

式 (19.5.29) 的优点是可以根据物理和化学问题的具体要求决定取到哪一级近似. 例如, 令 $(\underline{\hat{\boldsymbol{Y}}}|\underline{\hat{\boldsymbol{Y}}})=0$, 则由式 (19.5.29) 得近似 Green 函数

$$\begin{aligned}-ig(z)&\cong\frac{(\underline{\hat{\boldsymbol{F}}}|\underline{\hat{\boldsymbol{F}}})}{z\underline{1}-(\underline{\hat{\boldsymbol{F}}}|i\hat{\boldsymbol{L}}|\underline{\hat{\boldsymbol{F}}})\cdot\underline{\alpha}}\\&=\frac{1}{\underline{\alpha}}\cdot\frac{(\underline{\hat{\boldsymbol{F}}}|\underline{\hat{\boldsymbol{F}}})}{z\dfrac{1}{\underline{\alpha}}-(\underline{\hat{\boldsymbol{F}}}|i\hat{\boldsymbol{L}}|\underline{\hat{\boldsymbol{F}}})}\\&=\frac{(\underline{\hat{\boldsymbol{F}}}|\underline{\hat{\boldsymbol{F}}})(\underline{\hat{\boldsymbol{F}}}|\underline{\hat{\boldsymbol{F}}})}{z(\underline{\hat{\boldsymbol{F}}}|\underline{\hat{\boldsymbol{F}}})-(\underline{\hat{\boldsymbol{F}}}|i\hat{\boldsymbol{L}}|\underline{\hat{\boldsymbol{F}}})}\end{aligned}\tag{19.5.30}$$

其中第三个等式的成立是因为

$$\underline{\lambda}=\frac{1}{\underline{\alpha}}=(\underline{\hat{\boldsymbol{F}}}|\underline{\hat{\boldsymbol{F}}})$$

对于单体算符, 式 (19.5.30) 为

$$-ig^{(1)}(z)=\frac{(\underline{\hat{\boldsymbol{F}}}^{(1)}|\underline{\hat{\boldsymbol{F}}}^{(1)})(\underline{\hat{\boldsymbol{F}}}^{(1)}|\underline{\hat{\boldsymbol{F}}}^{(1)})}{z(\underline{\hat{\boldsymbol{F}}}^{(1)}|\underline{\hat{\boldsymbol{F}}}^{(1)})-(\underline{\hat{\boldsymbol{F}}}^{(1)}|i\hat{\boldsymbol{L}}|\underline{\hat{\boldsymbol{F}}}^{(1)})}\tag{19.5.31}$$

如果要再高一级近似, 令 $(\hat{\boldsymbol{K}}|\hat{\boldsymbol{K}})=0$ 即可. 这种连分式表示又有新的困难, 就是有许多逆矩阵要计算. 19.6 节将讨论这个问题.

19.5.3 超矢量和超矩阵

(1) 引入超矢量 (super-vector) 和超矩阵 (super-matrix) 可使 Green 函数连分式的计算简化.

一般的列矢量就是将某一矢量 $\underline{\hat{\boldsymbol{F}}}$ 的分量排成一列, 如下所示:

$$\underline{\hat{\boldsymbol{S}}}^{(1)} \equiv \underline{\hat{\boldsymbol{F}}} = \begin{bmatrix} \hat{\boldsymbol{F}}_1 \\ \hat{\boldsymbol{F}}_2 \\ \hat{\boldsymbol{F}}_3 \\ \vdots \end{bmatrix} \Rightarrow \begin{bmatrix} \hat{\boldsymbol{S}}_1^{(1)} \\ \hat{\boldsymbol{S}}_2^{(1)} \\ \hat{\boldsymbol{S}}_3^{(1)} \\ \vdots \end{bmatrix} \tag{19.5.32}$$

右上标 (1) 是指一个矢量的分量的排列. 如果有两个矢量 (如 $\underline{\boldsymbol{F}}$ 和 $i\hat{\boldsymbol{L}}\hat{\boldsymbol{F}}$) 都有自己的分量, 我们仍可以将二者的分量依次排成一列, 即

$$\underline{\hat{\boldsymbol{S}}}^{(2)} \equiv \begin{bmatrix} \underline{\hat{\boldsymbol{F}}} \\ i\hat{\boldsymbol{L}}\underline{\hat{\boldsymbol{F}}} \end{bmatrix} = \begin{bmatrix} \begin{bmatrix} \hat{\boldsymbol{F}}_1 \\ \hat{\boldsymbol{F}}_2 \\ \vdots \end{bmatrix} \\ \begin{bmatrix} i\hat{\boldsymbol{L}}\hat{\boldsymbol{F}}_1 \\ i\hat{\boldsymbol{L}}\hat{\boldsymbol{F}}_2 \\ \vdots \end{bmatrix} \end{bmatrix} \Rightarrow \begin{bmatrix} \hat{\boldsymbol{S}}_1^{(2)} \\ \hat{\boldsymbol{S}}_2^{(2)} \\ \hat{\boldsymbol{S}}_3^{(2)} \\ \vdots \end{bmatrix} \tag{19.5.33}$$

一般说来, 对于 N 个矢量 $\underline{\hat{\boldsymbol{F}}}, i\hat{\boldsymbol{L}}\underline{\hat{\boldsymbol{F}}}, \cdots, (i\hat{\boldsymbol{L}})^{N-1}\underline{\hat{\boldsymbol{F}}}$ 可写成

$$\underline{\hat{\boldsymbol{S}}}^{(N)} = \begin{bmatrix} \underline{\hat{\boldsymbol{F}}} \\ (i\hat{\boldsymbol{L}})\underline{\hat{\boldsymbol{F}}} \\ \vdots \\ (i\hat{\boldsymbol{L}})^{N-1}\underline{\hat{\boldsymbol{F}}} \end{bmatrix} = \begin{bmatrix} \begin{bmatrix} \hat{\boldsymbol{F}}_1 \\ \hat{\boldsymbol{F}}_2 \\ \vdots \end{bmatrix} \\ \begin{bmatrix} i\hat{\boldsymbol{L}}\hat{\boldsymbol{F}}_1 \\ i\hat{\boldsymbol{L}}\hat{\boldsymbol{F}}_2 \\ \vdots \end{bmatrix} \\ \begin{bmatrix} (i\hat{\boldsymbol{L}})^{N-1}\hat{\boldsymbol{F}}_1 \\ (i\hat{\boldsymbol{L}})^{N-1}\hat{\boldsymbol{F}}_2 \\ \vdots \end{bmatrix} \end{bmatrix} \Rightarrow \begin{bmatrix} \hat{\boldsymbol{S}}_1^{(N)} \\ \hat{\boldsymbol{S}}_2^{(N)} \\ \hat{\boldsymbol{S}}_3^{(N)} \\ \vdots \end{bmatrix} \tag{19.5.34}$$

可见, $\hat{\boldsymbol{F}}, (i\hat{\boldsymbol{L}})\hat{\boldsymbol{F}}, (i\hat{\boldsymbol{L}})^2\hat{\boldsymbol{F}}, \cdots, N$ 个矢量 (其中每个矢量有分量) 就成了所谓超矢量算符 $\underline{\boldsymbol{S}}^{(N)}$ 的分量.

同样, 对于右矢, 也可写成

$$
\begin{aligned}
&|\underline{\hat{\boldsymbol{S}}}^{(1)}) \equiv |\underline{\hat{\boldsymbol{F}}}) \\
&|\underline{\hat{\boldsymbol{S}}}^{(2)}) \equiv |\underline{\hat{\boldsymbol{F}}}, i\hat{\boldsymbol{L}}\underline{\hat{\boldsymbol{F}}}) \\
&\cdots \\
&|\underline{\hat{\boldsymbol{S}}}^{(N)}) \equiv |\underline{\hat{\boldsymbol{F}}}, i\hat{\boldsymbol{L}}\underline{\hat{\boldsymbol{F}}}, (i\hat{\boldsymbol{L}})^2\underline{\hat{\boldsymbol{F}}}, \cdots, (i\hat{\boldsymbol{L}})^{N-1}\underline{\hat{\boldsymbol{F}}})
\end{aligned} \tag{19.5.35}
$$

现在可以定义任意算符 $\hat{Q}$ 的超矩阵形式 $\underline{\hat{\boldsymbol{Q}}}_s^{(N)}$, 如

$$\underline{\hat{\boldsymbol{Q}}}_s^{(1)} = (\underline{\hat{\boldsymbol{S}}}^{(1)}|\hat{\boldsymbol{Q}}|\underline{\hat{\boldsymbol{S}}}^{(1)}) = (\underline{\hat{\boldsymbol{F}}}|\hat{\boldsymbol{Q}}|\underline{\hat{\boldsymbol{F}}}) \tag{19.5.36}$$

$$\underline{\hat{\boldsymbol{Q}}}_s^{(2)} = (\underline{\hat{\boldsymbol{S}}}^{(2)}|\hat{\boldsymbol{Q}}|\underline{\hat{\boldsymbol{S}}}^{(2)}) = \begin{bmatrix} (\underline{\hat{\boldsymbol{F}}}|\hat{\boldsymbol{Q}}|\underline{\hat{\boldsymbol{F}}}) & (\underline{\hat{\boldsymbol{F}}}|\hat{\boldsymbol{Q}}|i\hat{\boldsymbol{L}}\underline{\hat{\boldsymbol{F}}}) \\ (i\hat{\boldsymbol{L}}\underline{\hat{\boldsymbol{F}}}|\hat{\boldsymbol{Q}}|\underline{\hat{\boldsymbol{F}}}) & (i\hat{\boldsymbol{L}}\underline{\hat{\boldsymbol{F}}}|\hat{\boldsymbol{Q}}|i\hat{\boldsymbol{L}}\underline{\hat{\boldsymbol{F}}}) \end{bmatrix} \tag{19.5.37}$$

$$\underline{\hat{\boldsymbol{Q}}}_s^{(3)} = (\underline{\hat{\boldsymbol{S}}}^{(3)}|\hat{\boldsymbol{Q}}|\underline{\hat{\boldsymbol{S}}}^{(3)}) = \begin{bmatrix} (\underline{\hat{\boldsymbol{F}}}|\hat{\boldsymbol{Q}}|\underline{\hat{\boldsymbol{F}}}) & (\underline{\hat{\boldsymbol{F}}}|\hat{\boldsymbol{Q}}|i\hat{\boldsymbol{L}}\underline{\hat{\boldsymbol{F}}}) & (\underline{\hat{\boldsymbol{F}}}|\hat{\boldsymbol{Q}}|(i\hat{\boldsymbol{L}})^2\underline{\hat{\boldsymbol{F}}}) \\ (i\hat{\boldsymbol{L}}\underline{\hat{\boldsymbol{F}}}|\hat{\boldsymbol{Q}}|\underline{\hat{\boldsymbol{F}}}) & (i\hat{\boldsymbol{L}}\underline{\hat{\boldsymbol{F}}}|\hat{\boldsymbol{Q}}|i\hat{\boldsymbol{L}}\underline{\hat{\boldsymbol{F}}}) & ((i\hat{\boldsymbol{L}})\underline{\hat{\boldsymbol{F}}}|\hat{\boldsymbol{Q}}|(i\hat{\boldsymbol{L}})^2\underline{\hat{\boldsymbol{F}}}) \\ ((i\hat{\boldsymbol{L}})^2\underline{\hat{\boldsymbol{F}}}|\hat{\boldsymbol{Q}}|\underline{\hat{\boldsymbol{F}}}) & ((i\hat{\boldsymbol{L}})^2\underline{\hat{\boldsymbol{F}}}|\hat{\boldsymbol{Q}}|i\hat{\boldsymbol{L}}\underline{\hat{\boldsymbol{F}}}) & ((i\hat{\boldsymbol{L}})^2\underline{\hat{\boldsymbol{F}}}|\hat{\boldsymbol{Q}}|(i\hat{\boldsymbol{L}})^2\underline{\hat{\boldsymbol{F}}}) \end{bmatrix} \tag{19.5.38}$$

可见, 超矩阵也无非是大矩阵里还有小矩阵而已, 而这个大矩阵与普通矩阵并无两样. 从 $\underline{\hat{\boldsymbol{Q}}}_s^{(1)}$ 到 $\underline{\hat{\boldsymbol{Q}}}_s^{(3)}$ 可以看到, 如果要计算 $(\underline{\hat{\boldsymbol{F}}}|\hat{\boldsymbol{Q}}|\underline{\hat{\boldsymbol{F}}})$, 则可以从任何一个超矩阵 $\underline{\hat{\boldsymbol{Q}}}_s^{(N)}$ 中挑出 $\underline{\hat{\boldsymbol{Q}}}_{s11}^{(N)}$ 元素, 即左上角那个元素进行计算. 而 $\underline{\hat{\boldsymbol{Q}}}_s^{(N)}$ 总可以写成三个矩阵元积

$$\underline{\hat{\boldsymbol{Q}}}_s^{(N)} = \underline{\hat{\boldsymbol{A}}}_s^{(N)} \cdot \underline{\hat{\boldsymbol{B}}}_s^{(N)} \cdot \underline{\hat{\boldsymbol{C}}}_s^{(N)} \tag{19.5.39}$$

其 (11) 元素为

$$\begin{aligned} \underline{\hat{\boldsymbol{Q}}}_{s11}^{(N)} &= [\hat{\boldsymbol{A}}_{11}, \hat{\boldsymbol{A}}_{12}, \cdots] \begin{bmatrix} \hat{\boldsymbol{B}}_{11}\hat{\boldsymbol{B}}_{12}\cdots \\ \hat{\boldsymbol{B}}_{21}\hat{\boldsymbol{B}}_{22}\cdots \\ \vdots \end{bmatrix} \begin{bmatrix} \hat{\boldsymbol{C}}_{11} \\ \hat{\boldsymbol{C}}_{21} \\ \vdots \end{bmatrix} \\ &= \underline{\hat{\boldsymbol{A}}}_{s1}^{(N)\dagger} \cdot \underline{\hat{\boldsymbol{B}}}_s^{(N)} \cdot \underline{\hat{\boldsymbol{C}}}_{s1}^{(N)} \end{aligned} \tag{19.5.40}$$

式中, $\underline{\hat{\boldsymbol{A}}}_{s1}^{(N)\dagger}$ 是 $\underline{\hat{\boldsymbol{A}}}^{(N)}$ 的第一行, $\underline{\hat{\boldsymbol{C}}}_{s1}^{(N)}$ 是 $\underline{\hat{\boldsymbol{C}}}_s^{(N)}$ 的第一列.

(2) 现在可将 Green 函数 [式 (19.5.30)] 写成超矩阵形式

$$-ig_s(z) = \cfrac{(\underline{\hat{\boldsymbol{S}}}|\underline{\hat{\boldsymbol{S}}})}{z\underline{1} - (\underline{\hat{\boldsymbol{S}}}|i\hat{\boldsymbol{L}}|\underline{\hat{\boldsymbol{S}}})\cdot\underline{\alpha}_s + \cfrac{(\underline{\hat{\boldsymbol{Y}}}_s|\underline{\hat{\boldsymbol{Y}}}_s)\cdot\underline{\alpha}_s}{z\underline{1} - (\underline{\hat{\boldsymbol{Y}}}_s|i\hat{\boldsymbol{L}}_1|\underline{\hat{\boldsymbol{Y}}}_s)\cdot\underline{\beta}_s + \cdots}} \tag{19.5.41}$$

式 (19.5.41) 右边的 $\underline{\hat{\boldsymbol{S}}}$ 实际上是 $\underline{\hat{\boldsymbol{S}}}^{(N)}$. 如果 (N) 足够大, 也就是包含足够的 $(i\hat{\boldsymbol{L}})^{N-1}\underline{\hat{\boldsymbol{Y}}}$, 则可令 $(\underline{\hat{\boldsymbol{Y}}}_s|\underline{\hat{\boldsymbol{Y}}}_s) = 0$, 这样式 (19.5.41) 成为

$$-ig_s(z) = \frac{(\underline{\hat{\boldsymbol{S}}}|\underline{\hat{\boldsymbol{S}}})(\underline{\hat{\boldsymbol{S}}}|\underline{\hat{\boldsymbol{S}}})}{z(\underline{\hat{\boldsymbol{S}}}|\underline{\hat{\boldsymbol{S}}}) - (\underline{\hat{\boldsymbol{S}}}|i\hat{\boldsymbol{L}}|\underline{\hat{\boldsymbol{S}}})} \tag{19.5.42}$$

注意, 这个 $-ig_s(z)$ 并不等于式 (19.5.31) 的一级近似 Green 函数 $-ig(z)$, 只是形式相同. 但是, 取式 (19.5.42) 超矩阵的 (11) 元素即等于 Green 函数

$$
\begin{aligned}
-ig_{s11}(z) = -ig(z) &= \left(\underline{\hat{\boldsymbol{F}}}\middle|\frac{1}{z - i\hat{\boldsymbol{L}}}\middle|\underline{\hat{\boldsymbol{F}}}\right) \\
&= \underline{\hat{\boldsymbol{\Lambda}}}_{s1}^{\dagger} \cdot [z(\underline{\hat{\boldsymbol{S}}}|\underline{\hat{\boldsymbol{S}}}) - (\underline{\hat{\boldsymbol{S}}}|i\hat{\boldsymbol{L}}|\underline{\hat{\boldsymbol{S}}})]^{-1} \cdot \underline{\hat{\boldsymbol{\Lambda}}}_{s1} \qquad [\text{由式}(19.5.40)] \qquad (19.5.43)
\end{aligned}
$$

式中

$$
(\underline{\hat{\boldsymbol{S}}}|\underline{\hat{\boldsymbol{S}}}) = \begin{bmatrix} (\underline{\hat{\boldsymbol{F}}}|\underline{\hat{\boldsymbol{F}}}) & (\underline{\hat{\boldsymbol{F}}}|i\hat{\boldsymbol{L}}|\underline{\hat{\boldsymbol{F}}}) & (\underline{\hat{\boldsymbol{F}}}|(i\hat{\boldsymbol{L}})^2\underline{\hat{\boldsymbol{F}}}) & \cdots \\ (i\hat{\boldsymbol{L}}\underline{\hat{\boldsymbol{F}}}|\underline{\hat{\boldsymbol{F}}}) & (i\hat{\boldsymbol{L}}\underline{\hat{\boldsymbol{F}}}|i\hat{\boldsymbol{L}}\underline{\hat{\boldsymbol{F}}}) & \cdots & \cdots \\ \cdots & \cdots & \cdots & \cdots \end{bmatrix}
$$

$$
(\underline{\hat{\boldsymbol{S}}}|i\hat{\boldsymbol{L}}|\underline{\hat{\boldsymbol{S}}}) = \begin{bmatrix} (\underline{\hat{\boldsymbol{F}}}|i\hat{\boldsymbol{L}}|\underline{\hat{\boldsymbol{F}}}) & (\underline{\hat{\boldsymbol{F}}}|i\hat{\boldsymbol{L}}|i\hat{\boldsymbol{L}}\underline{\hat{\boldsymbol{F}}}) & (\underline{\hat{\boldsymbol{F}}}|i\hat{\boldsymbol{L}}|(i\hat{\boldsymbol{L}})^2\underline{\hat{\boldsymbol{F}}}) & \cdots \\ (i\hat{\boldsymbol{L}}\underline{\hat{\boldsymbol{F}}}|i\hat{\boldsymbol{L}}|\underline{\hat{\boldsymbol{F}}}) & (i\hat{\boldsymbol{L}}\underline{\hat{\boldsymbol{F}}}|i\hat{\boldsymbol{L}}|i\hat{\boldsymbol{L}}\underline{\hat{\boldsymbol{F}}}) & \cdots & \cdots \\ \cdots & \cdots & \cdots & \cdots \end{bmatrix}
$$

$$\underline{\hat{\boldsymbol{\Lambda}}}_{s1} = (\underline{\hat{\boldsymbol{S}}}|\underline{\hat{\boldsymbol{S}}})\text{的第一列}$$

$$\underline{\hat{\boldsymbol{\Lambda}}}_{s1}^{\dagger} = (\underline{\hat{\boldsymbol{S}}}|\underline{\hat{\boldsymbol{S}}})\text{的第一行}$$

从式 (19.5.43) 可以看出, 计算 Green 函数不论精确到哪一级, 只要求一个逆矩阵 $[z(\underline{\hat{\boldsymbol{S}}}|\underline{\hat{\boldsymbol{S}}}) - (\underline{\hat{\boldsymbol{S}}}|i\hat{\boldsymbol{L}}|\underline{\hat{\boldsymbol{S}}})]^{-1}$, 而不像式 (19.5.30) 所表示的, 精确级别越高求逆矩阵越多, 带来极大麻烦. 超矩阵形式 [式 (19.5.43)] 并不像连分式那样有无限多级, 而只是一个式子, 其近似程度表现在 $\underline{\hat{\boldsymbol{S}}}^{(N)}$ 的 (N) 取多少.

19.6　一级连分式近似

从本节到 19.9 节将要介绍 Green 函数在分子中电子结构的某些应用. 在讲具体应用之前, 首先要对 Green 函数的近似表达式及物理意义有所阐述.

19.6.1　单粒子 Green 函数及其物理意义

(1) 下面我们不考虑热力学问题, 所以含热力学势算符 $\hat{\boldsymbol{K}}$ 被 Hamilton 算符 $\hat{\boldsymbol{H}}$ 代替, 即

$$\hat{\boldsymbol{K}} = \hat{\boldsymbol{H}} - \mu\hat{\boldsymbol{N}} \Rightarrow \hat{\boldsymbol{H}} \qquad (19.6.1)$$

设 N 个电子体系的波函数 $|\Psi_n\rangle(n = 0, 1, 2, \cdots)$, 基态为 $|\Psi_0\rangle$, 真空态为 $|0\rangle$. 体系的单电子自旋轨道为 $\{\phi_\lambda\}$. 将产生算符 $\hat{\boldsymbol{c}}_1^\dagger, \hat{\boldsymbol{c}}_2^\dagger, \cdots, \hat{\boldsymbol{c}}_N^\dagger$ 作用在真空态 $|0\rangle$ 上, 得到

N 个电子体系的基态 $|\varPsi_0\rangle$, 即

$$\begin{aligned}|\varPsi_0\rangle &\equiv |\{n\}_0\rangle = \hat{\boldsymbol{c}}_1^\dagger \hat{\boldsymbol{c}}_2^\dagger \cdots \hat{\boldsymbol{c}}_N^\dagger |0\rangle \\ &= |\underset{n_1}{\underset{\downarrow}{1}}\quad \underset{n_2}{\underset{\downarrow}{1}}\quad \underset{n_3}{\underset{\downarrow}{1}}\ \cdots\ \underset{n_N}{\underset{\downarrow}{1}}\quad 0\quad 0\cdots\rangle\end{aligned} \tag{19.6.2}$$

式 (19.6.2) 最右边表示 N 个电子分别处于前 N 个单电子能级上. 由于 Pauli 原理, 每个单电子能级只占据一个电子, 即 $n_1=1, n_2=1, \cdots, n_N=1$. 至于 N 个电子体系的激发态, 来源于从某个占据自旋轨道 α_i 上的电子跃迁到某个空自旋轨道 m_j 上, 亦即从基态的第 α_i 占据自旋轨道消灭一个电子, 而在第 m_j 空自旋轨道上产生一个电子. 用场论表示为

$$\begin{aligned}|\varPsi_n\rangle \equiv |\{n\}\rangle &= \hat{\boldsymbol{c}}_{m_j}^\dagger \hat{\boldsymbol{c}}_{\alpha_i}|\varPsi_0\rangle = \hat{\boldsymbol{c}}_{m_j}^\dagger |1\,1\underbrace{\cdots \underset{\alpha_i}{\underset{\downarrow}{0}} \cdots 1}_{\alpha_i\to\alpha_N}\,0\,0\cdots\rangle \\ &= |1\,1\underbrace{\cdots\ \underset{\alpha_i}{\underset{\downarrow}{0}}\cdots 1}_{\alpha_i\to\alpha_N}\,0\,0\cdots 0\,\underset{m_j}{\underset{\downarrow}{1}}\,0\,0\cdots\rangle \\ &\equiv |\varPsi_{\alpha_i\to m_j}\rangle\end{aligned} \tag{19.6.3}$$

当然激发态的形成也不局限于一个电子激发, 可以是多个电子激发. 其中 $|\{n\}\rangle = |n_1 n_2\cdots\rangle$.

体系波函数 $|\varPsi_n\rangle$ 当然满足 Schrödinger 方程

$$\hat{\boldsymbol{H}}|\varPsi_n\rangle = E_n|\varPsi_n\rangle \qquad (n=0,1,2,\cdots) \tag{19.6.4}$$

(2) 由式 (19.4.32) 取 $n=1$, 得单粒子 Green 函数为

$$-ig^{(1)}(z) = \left(\underline{\hat{\boldsymbol{F}}}^{(1)}\middle|\frac{1}{z-i\hat{\boldsymbol{L}}}\middle|\underline{\hat{\boldsymbol{F}}}^{(1)}\right) \tag{19.6.5}$$

式中

$$\underline{\hat{\boldsymbol{F}}}^{(1)} = \begin{bmatrix}\hat{\boldsymbol{F}}_1^{(1)} \\ \hat{\boldsymbol{F}}_2^{(1)} \\ \vdots\end{bmatrix} \equiv \begin{bmatrix}\hat{\boldsymbol{c}}_1^\dagger \\ \hat{\boldsymbol{c}}_2^\dagger \\ \vdots\end{bmatrix} \text{或} \begin{bmatrix}\hat{\boldsymbol{c}}_1 \\ \hat{\boldsymbol{c}}_2 \\ \vdots\end{bmatrix} \tag{19.6.6}$$

式 (19.6.5) 的矩阵元为

$$-ig_{kl}^{(1)}(z) = \left(\hat{\boldsymbol{c}}_k^\dagger\middle|\frac{1}{z-i\hat{\boldsymbol{L}}}\middle|\hat{\boldsymbol{c}}_l^\dagger\right) \text{ 或 } \left(\hat{\boldsymbol{c}}_k\middle|\frac{1}{z-i\hat{\boldsymbol{L}}}\middle|\hat{\boldsymbol{c}}_l\right) \tag{19.6.7}$$

以时间为变量的 Green 函数亦即相应于式 (19.6.5) 的矩阵元

$$\begin{aligned}
g_{pq}^{(1)}(t) &= -i\theta(t)\langle\hat{\boldsymbol{c}}_{p\mathrm{He}}(t)\hat{\boldsymbol{c}}_{q\mathrm{He}}^{\dagger}(0)\rangle - i\gamma\theta(-t)\langle\hat{\boldsymbol{c}}_{q\mathrm{He}}^{\dagger}(0)\hat{\boldsymbol{c}}_{p\mathrm{He}}(t)\rangle \\
&= -i\langle\hat{\boldsymbol{T}}\hat{\boldsymbol{c}}_{p\mathrm{He}}(t)\hat{\boldsymbol{c}}_{q\mathrm{He}}^{\dagger}(0)\rangle \\
&= -i\langle\Psi_0|\hat{\boldsymbol{T}}\hat{\boldsymbol{c}}_{p\mathrm{He}}(t)\hat{\boldsymbol{c}}_{q\mathrm{He}}^{\dagger}(0)|\Psi_0\rangle \\
&= -i\theta(t)\langle\Psi_0|\hat{\boldsymbol{c}}_{p\mathrm{He}}(t)\hat{\boldsymbol{c}}_{q\mathrm{He}}^{\dagger}(0)|\Psi_0\rangle \\
&\quad + i\theta(-t)\langle\Psi_0|\hat{\boldsymbol{c}}_{q\mathrm{He}}^{\dagger}(0)\hat{\boldsymbol{c}}_{p\mathrm{He}}(t)|\Psi_0\rangle \qquad (\text{取}\gamma=-1) \\
&= -i\theta(t)\langle\Psi_0|\mathrm{e}^{\frac{i}{\hbar}\hat{\boldsymbol{H}}t}\hat{\boldsymbol{c}}_p\mathrm{e}^{-\frac{i}{\hbar}\hat{\boldsymbol{H}}t}\hat{\boldsymbol{c}}_q^{\dagger}|\Psi_0\rangle \\
&\quad + i\theta(-t)\langle\Psi_0|\hat{\boldsymbol{c}}_q^{\dagger}\mathrm{e}^{\frac{i}{\hbar}\hat{\boldsymbol{H}}t}\hat{\boldsymbol{c}}_p\mathrm{e}^{-\frac{i}{\hbar}\hat{\boldsymbol{H}}t}|\Psi_0\rangle \qquad (\text{省写}t=0) \\
&= -i\theta(t)\sum_n\langle\Psi_0|\mathrm{e}^{\frac{i}{\hbar}\hat{\boldsymbol{H}}t}\hat{\boldsymbol{c}}_p\mathrm{e}^{-\frac{i}{\hbar}\hat{\boldsymbol{H}}t}|\Psi_n\rangle\langle\Psi_n|\hat{\boldsymbol{c}}_q^{\dagger}|\Psi_0\rangle \\
&\quad + i\theta(-t)\sum_n\langle\Psi_0|\hat{\boldsymbol{c}}_q^{\dagger}|\Psi_n\rangle\langle\Psi_n|\mathrm{e}^{\frac{i}{\hbar}\hat{\boldsymbol{H}}t}\hat{\boldsymbol{c}}_p\mathrm{e}^{-\frac{i}{\hbar}\hat{\boldsymbol{H}}t}|\Psi_0\rangle \\
&\qquad\qquad \left(\text{插入}\sum_n|\Psi_n\rangle\langle\Psi_n|=1\right) \\
&= -i\theta(t)\sum_n\mathrm{e}^{\frac{i}{\hbar}(E_0-E_n)t}\langle\Psi_0|\hat{\boldsymbol{c}}_p|\Psi_n\rangle\langle\Psi_n|\hat{\boldsymbol{c}}_q^{\dagger}|\Psi_0\rangle \\
&\quad + i\theta(-t)\sum_n\mathrm{e}^{\frac{i}{\hbar}(E_n-E_0)t}\langle\Psi_0|\hat{\boldsymbol{c}}_q^{\dagger}|\Psi_n\rangle\langle\Psi_n|\hat{\boldsymbol{c}}_p|\Psi_0\rangle
\end{aligned} \tag{19.6.8}$$

将式 (19.6.8) 进行 Fourier 变换, 仿式 (19.3.12)$\sim$ 式 (19.3.15) 做法, 可得 Lehmann 频率表示

$$g_{pq}^{(1)}(\omega) = \frac{1}{2\pi}\sum_n\frac{\langle\Psi_0|\hat{\boldsymbol{c}}_p|\Psi_n\rangle\langle\Psi_n|\hat{\boldsymbol{c}}_q^{\dagger}|\Psi_0\rangle}{\omega-\frac{1}{\hbar}(E_n-E_0)+i\eta} + \frac{1}{2\pi}\sum_n\frac{\langle\Psi_0|\hat{\boldsymbol{c}}_q^{\dagger}|\Psi_n\rangle\langle\Psi_n|\hat{\boldsymbol{c}}_p|\Psi_0\rangle}{\omega-\frac{1}{\hbar}(E_0-E_n)-i\eta} \tag{19.6.9}$$

让我们对式 (19.6.9) 进行一些物理分析. 式 (19.6.9) 中, $\hat{\boldsymbol{c}}_q^{\dagger}|\Psi_0\rangle$ 是在基态 $|\Psi_0\rangle$(N 个电子占据最低 N 个自旋轨道) 上再产生一个 ϕ_q 态电子, 从而 $\hat{\boldsymbol{c}}_q^{\dagger}|\Psi_0\rangle$ 是 $N+1$ 个电子体系的波函数. 要 $\langle\Psi_n|\hat{\boldsymbol{c}}_q^{\dagger}|\Psi_0\rangle\neq 0$, $\langle\Psi_n|$ 必然是 $N+1$ 个电子体系波函数. 于是式 (19.6.9) 第一项分母中的 E_n 也必然是 $N+1$ 个电子体系的能量. 同样, 在第二项中要使 $\langle\Psi_0|\hat{\boldsymbol{c}}_p^{\dagger}|\Psi_n\rangle\neq 0, |\Psi_n\rangle$ 必然是 $N-1$ 个电子体系的波函数, 分母中的 E_n 也必然是 $N-1$ 个电子体系的能量. 这样, 式 (19.6.9) 应写为

$$\begin{aligned}
g_{pq}^{(1)}(\omega) &= \frac{1}{2\pi}\sum_n\frac{\langle\Psi_0|\hat{\boldsymbol{c}}_p|\Psi_n^{N+1}\rangle\langle\Psi_n^{N+1}|\hat{\boldsymbol{c}}_q^{\dagger}|\Psi_0^N\rangle}{\omega-\frac{1}{\hbar}(E_n^{N+1}-E_0^N)+i\eta} \\
&\quad + \frac{1}{2\pi}\sum_n\frac{\langle\Psi_0|\hat{\boldsymbol{c}}_q^{\dagger}|\Psi_n^{N-1}\rangle\langle\Psi_n^{N-1}|\hat{\boldsymbol{c}}_p|\Psi_0^N\rangle}{\omega-\frac{1}{\hbar}(E_0^N-E_n^{N-1})-i\eta}
\end{aligned} \tag{19.6.10}$$

式 (19.6.10) 可用复数 z 表示

$$g_{pq}^{(1)}(z) = \frac{1}{2\pi}\sum_n \frac{\langle \Psi_0^N|\hat{\boldsymbol{c}}_p|\Psi_n^{N+1}\rangle\langle \Psi_n^{N+1}|\hat{\boldsymbol{c}}_q^\dagger|\Psi_0^N\rangle}{z-\frac{1}{\hbar}(E_n^{N+1}-E_0^N)+i\eta} + \frac{1}{2\pi}\sum_n \frac{\langle \Psi_0^N|\hat{\boldsymbol{c}}_q^\dagger|\Psi_n^{N-1}\rangle\langle \Psi_n^{N-1}|\hat{\boldsymbol{c}}_p|\Psi_0^N\rangle}{z-\frac{1}{\hbar}(E_0^N-E_n^{N-1})-i\eta} \tag{19.6.11}$$

式 (19.6.11) 第一项的单极点是 (图 19.6.1 中的黑点)

$$z_{\rm e} = \frac{1}{\hbar}(E_n^{N+1}-E_0^N)-i\eta \tag{19.6.12}$$

第二项的单极点是 (图 19.6.1 中的叉点)

$$z_I = \frac{1}{\hbar}(E_0^N-E_n^{N-1})+i\eta \tag{19.6.13}$$

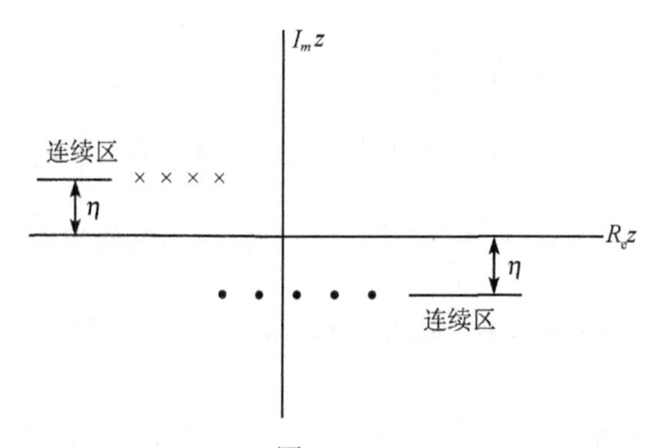

图 19.6.1

极点的物理意义为, 如果我们研究有 N 个电子的分子 (或原子), 则一系列极点 z_e 值将给出一系列具有 N 个电子的分子 (原子) 获得一个电子的亲和能, 因为 z_e 值体现了能量差 $(E_n^{N+1}-E_0^N)$, 这个能量差就是具有 N 个电子的分子 (原子) 基态能量与获得一个电子后体系处于第 n 能级的能量差. 由于 $(E_n^{N+1}-E_0^N)$ 可正可负, 因此 z_e 极点可以出现在第三和第四象限. 同理, 一系列 z_I 值体现了处于基态的具有 N 个电子的分子 (原子) 的电离能. 由于 $(E_0^N-E_n^{N-1})$ 只可能是负值, 因此极点只能在第二象限.

所以, 一旦得到上述 Green 函数的 Lehmann 表示, 就能容易地求得电离能和亲和能. 应当指出, 这是从 Green 函数 Lehmann 表示的物理意义角度讲的. 实际上, 式 (19.6.11) 中的精确波函数 $|\Psi_n\rangle$ 是无法求得的. 但是, 我们可以设法求得在保持 Lehmann 的形式下的近似式, 其极点仍具有上述物理意义. 我们将利用连分式方法求出近似表达式. 可见, 求能量差成为求**极点**了, 而这在复变函数中是较简单的.

19.6.2 一级连分式近似

(1) 设

$$\underline{\hat{\boldsymbol{F}}}^{(1)} = \begin{bmatrix} \hat{\boldsymbol{F}}_1 \\ \hat{\boldsymbol{F}}_2 \\ \vdots \end{bmatrix} = \begin{bmatrix} \hat{\boldsymbol{c}}_1 \\ \hat{\boldsymbol{c}}_2 \\ \vdots \end{bmatrix} = \underline{\hat{\boldsymbol{c}}} \tag{19.6.14}$$

Green 函数为 [略去 $g^{(1)}$ 的右上标表示单体的 (1)]

$$g(z) = i\left(\underline{\hat{\boldsymbol{c}}}\left|\frac{1}{z - i\hat{\boldsymbol{L}}}\right|\underline{\hat{\boldsymbol{c}}}\right)$$

改变一下变量, 令

$$z = \frac{E}{i\hbar}$$

则 Green 函数为

$$\begin{aligned} G(E) &= \frac{-1}{\hbar} g\left(\frac{E}{i\hbar}\right) \\ &= \cfrac{(\underline{\hat{\boldsymbol{F}}}|\underline{\hat{\boldsymbol{F}}})}{E_{\underline{1}} + \cfrac{\hbar(\underline{\hat{\boldsymbol{F}}}|i\hat{\boldsymbol{L}}|\underline{\hat{\boldsymbol{F}}})}{i}\cdot\underline{\alpha} - \cfrac{\hbar^2(\underline{\hat{\boldsymbol{Y}}}|\underline{\hat{\boldsymbol{Y}}})\cdot\underline{\alpha}}{E_{\underline{1}} + \cfrac{\hbar(\underline{\hat{\boldsymbol{Y}}}|i\hat{\boldsymbol{L}}|\underline{\hat{\boldsymbol{Y}}})}{i}\cdot\underline{\beta} - \cdots}} \end{aligned} \tag{19.6.15}$$

只要讨论式 (19.6.15) 的极点即可.

(2) 最简单的一级近似 Green 函数 $G^{[1]}(E)$ 是令

$$(\underline{\hat{\boldsymbol{Y}}}|\underline{\hat{\boldsymbol{Y}}}) = 0 \tag{19.6.16}$$

而

$$\underline{\alpha} = 1 \tag{19.6.17}$$

这是因为

$$\underline{\boldsymbol{\lambda}}^{(1)} = (\underline{\hat{\boldsymbol{F}}}^{(1)}|\underline{\hat{\boldsymbol{F}}}^{(1)}) = \langle\Psi_0|[\underline{\hat{\boldsymbol{F}}}^{(1)+}, \underline{\hat{\boldsymbol{F}}}^{(1)}]_\pm|\Psi_0\rangle$$

由式 (19.7.14), 其矩阵元为

$$\langle\Psi_0|[\hat{\boldsymbol{c}}_p^\dagger, \hat{\boldsymbol{c}}_q]_\pm|\Psi_0\rangle = \delta_{pq}$$

故

$$\underline{\boldsymbol{\lambda}}^{(1)} = 1$$

而由定义可知

$$\underline{\alpha}^{(1)} = \underline{\boldsymbol{\lambda}}^{(1)-1} = 1$$

由此出发, 可以证明一级 Green 函数的 Lehmann 表示

$$G_{pq}^{[1]}(E) = \frac{\delta_{pq}}{E - \varepsilon_p} \tag{19.6.18}$$

证明: 方程式 (19.6.15) 之逆为

$$G^{[1]-1}(E) = E1 + \frac{\hbar(\underline{\hat{\boldsymbol{F}}}^{(1)}|i\hat{\boldsymbol{L}}|\underline{\hat{\boldsymbol{F}}}^{(1)})}{i} \tag{19.6.19}$$

它的矩阵元 (p, q) 为

$$G_{pq}^{[1]-1}(E) = E\delta_{pq} - i\hbar(\hat{\boldsymbol{c}}_p|i\hat{\boldsymbol{L}}|\hat{\boldsymbol{c}}_q) \tag{19.6.20}$$

式中

$$i\hat{\boldsymbol{L}}|\hat{\boldsymbol{c}}_q) = \frac{i}{\hbar}[\hat{\boldsymbol{H}}, \hat{\boldsymbol{c}}_q]_- \tag{19.6.21}$$

式 (19.6.21) 可由式 (19.4.3) 和式 (19.6.1) 得到. 而 Hamilton 算符 $\hat{\boldsymbol{H}}$ 的二次量子化形式为

$$\hat{\boldsymbol{H}} = \sum_{rs}\langle r|\hat{\boldsymbol{h}}_1|s\rangle\hat{\boldsymbol{c}}_r^\dagger\hat{\boldsymbol{c}}_s + \frac{1}{2}\sum_{rstu}\langle rs|\hat{\boldsymbol{h}}_{12}|ut\rangle\hat{\boldsymbol{c}}_r^\dagger\hat{\boldsymbol{c}}_s^\dagger\hat{\boldsymbol{c}}_t\hat{\boldsymbol{c}}_u \tag{19.6.22}$$

式中, $\hat{\boldsymbol{h}}_1$ 是电子动能和电子–核吸引能算符, $\hat{\boldsymbol{h}}_{12}$ 是电子–电子排斥能算符; r, s, t, u 分别表示分子的单电子轨道 $\phi_r, \phi_s, \phi_t, \phi_u$ 的下标. 将 $\hat{\boldsymbol{H}}$ 代入式 (19.6.21), 并注意费米子算符的对易性质, 得

$$[\hat{\boldsymbol{H}}, \hat{\boldsymbol{c}}_q] = -\sum_{r}\langle q|\hat{\boldsymbol{h}}_1|r\rangle\hat{\boldsymbol{c}}_r - \frac{1}{2}\sum_{rst}(\langle qt|\hat{\boldsymbol{h}}_{12}|rs\rangle - \langle qt|\hat{\boldsymbol{h}}_{12}|sr\rangle)\hat{\boldsymbol{c}}_t^\dagger\hat{\boldsymbol{c}}_s\hat{\boldsymbol{c}}_r \tag{19.6.23}$$

为了后面书写简单, 我们引入记号

$$\begin{aligned}\langle qt||rs\rangle &\equiv \langle qt|\hat{\boldsymbol{h}}_{12}|rs\rangle - \langle qt|\hat{\boldsymbol{h}}_{12}|sr\rangle \\ &\equiv \int \mathrm{d}\tau_1\mathrm{d}\tau_2\phi_q^*(\tau_1)\phi_t^*(\tau_2)\hat{\boldsymbol{h}}_{12}(1-\hat{\boldsymbol{p}}_{12})\phi_r(\tau_1)\phi_s(\tau_2)\end{aligned} \tag{19.6.24}$$

式中, $\hat{\boldsymbol{p}}_{12}$ 是对换算符, 即 $\hat{\boldsymbol{p}}_{12}[\phi_r(\tau_1)\phi_s(\tau_2)] = \phi_s(\tau_1)\phi_r(\tau_2)$. 第二个等式的右边就是量子化学中的 Coulomb 能和交换能的表达式.

现在回到式 (19.6.20) 第二项. 对于纯态, 则

$$\begin{aligned}(\hat{\boldsymbol{c}}_p|i\hat{\boldsymbol{L}}|\hat{\boldsymbol{c}}_q) &= (\hat{\boldsymbol{c}}_p|i\hat{\boldsymbol{L}}\hat{\boldsymbol{c}}_q) \\ &= \sum_{\{n\}}\left\langle\{n\}\left|\frac{\mathrm{e}^{-\beta\hat{\boldsymbol{H}}}}{Z}[\hat{\boldsymbol{c}}_p^\dagger, i\hat{\boldsymbol{L}}\hat{\boldsymbol{c}}_q]_+\right|\{n\}\right\rangle \qquad [\text{由式(19.4.16)}] \\ &= \langle\varPsi_0|[\hat{\boldsymbol{c}}_p^\dagger, i\hat{\boldsymbol{L}}\hat{\boldsymbol{c}}_q]_+|\varPsi_0\rangle \\ &= \frac{i}{\hbar}\sum_{r}\langle q|\hat{\boldsymbol{h}}_1|r\rangle\langle\varPsi_0|[\hat{\boldsymbol{c}}_p^\dagger, \hat{\boldsymbol{c}}_r]_+|\varPsi_0\rangle - \frac{i}{2\hbar}\sum_{rst}\langle qt||rs\rangle\langle\varPsi_0|[\hat{\boldsymbol{c}}_p^\dagger, \hat{\boldsymbol{c}}_t^\dagger\hat{\boldsymbol{c}}_s\hat{\boldsymbol{c}}_r]_+|\varPsi_0\rangle \\ &\quad [\text{由式(19.6.21)和式(19.6.23)}]\end{aligned} \tag{19.6.25}$$

考虑到基态 $|\Psi_0\rangle$ 的归一化以及费米子算符的对易关系, 式 (19.6.25) 中

$$\langle \Psi_0|[\hat{c}_p^\dagger, \hat{c}_r]_-|\Psi_0\rangle = \delta_{pr} \tag{19.6.26}$$

$$\begin{aligned}&\langle \Psi_0|[\hat{c}_p^\dagger, \hat{c}_t^\dagger, \hat{c}_s\hat{c}_r]_+|\Psi_0\rangle \\ =& -\delta_{ps}\langle \Psi_0|\hat{c}_t^\dagger\hat{c}_r|\Psi_0\rangle + \delta_{pr}\langle \Psi_0|\hat{c}_t^\dagger\hat{c}_s|\Psi_0\rangle \\ =& -\delta_{ps}\delta_{tr}n_t + \delta_{pr}\delta_{ts}n_t \\ =& -\delta_{ps}\delta_{tr} + \delta_{pr}\delta_{ts}\end{aligned} \tag{19.6.27}$$

我们处理费米子体系, 取 $n_t=1$ 或 0. 将式(19.6.26)和式(19.6.27)代入式(19.6.25), 得

$$\begin{aligned}(\hat{c}_p|i\hat{L}|\hat{c}_q) &= \frac{i}{\hbar}\langle q|\hat{h}_1|p\rangle + \frac{i}{2\hbar}\sum_t(\langle qt||tp\rangle - \langle qt||pt\rangle) \\ &= \frac{-i}{\hbar}\left[\langle q|\hat{h}_1|p\rangle + \sum_t\langle qt||pt\rangle\right]\end{aligned} \tag{19.6.28}$$

式中, 第二个等号成立是因为

$$\langle qt||tp\rangle = \langle qt|\hat{h}_{12}|tp\rangle - \langle qt|\hat{h}_{12}|pt\rangle = -\langle qt||pt\rangle \tag{19.6.29}$$

只要将式 (19.6.28) 代入式 (19.6.20), 就得到一级近似 Green 函数之逆为

$$G_{pq}^{[1]-1}(E) = E\delta_{pq} - \left[\langle q|\hat{h}_1|p\rangle + \sum_t\langle qt||pt\rangle\right] \tag{19.6.30}$$

式 (19.6.30) 还表现不出像 Lehmann 表达式那样具有明显的分母零点形式, 所以还要进一步推演, 只要引入通常的 Hartree-Fock 算符 $\hat{F}$ 就能达到目的. 由式 (19.6.24) 可知, 式 (19.6.30) 中第二项 [注意到式 (19.6.27)]

$$\begin{aligned}&\langle q|\hat{h}_1|p\rangle + \sum_t n_t\langle qt||pt\rangle \\ =& \int \mathrm{d}\tau_1\phi_q^*(\tau_1)\left[\hat{h}_1(\tau_1) + \sum_t n_t\int \mathrm{d}\tau_2\phi_t^*(\tau_2)\hat{h}_{12}(\tau_1,\tau_2)(1-\hat{p}_{12})\phi_t(\tau_2)\right]\phi_p(\tau_1) \\ =& \int \mathrm{d}\tau_1\phi_q^*(\tau_1)\hat{F}(\tau_1)\phi_p(\tau_1)\end{aligned} \tag{19.6.31}$$

式中, Hartree-Fock 算符

$$\hat{F}(\tau_1) = \hat{h}_1(\tau_1) + \sum_t n_t\int \mathrm{d}\tau_2\phi_t^*(\tau_2)\hat{h}_{12}(\tau_1,\tau_2)(1-\hat{p}_{12})\phi_t(\tau_2) \tag{19.6.32}$$

如果分子轨道 $\{\phi\}$ 是 $\hat{F}$ 的本征波函数, 即

$$\hat{F}\phi_p = \varepsilon_p\phi_p \tag{19.6.33}$$

式中, ε_p 为 $\hat{\boldsymbol{F}}$ 的本征值. 将式 (19.6.33) 代入式 (19.6.31), 得

$$\langle q|\hat{\boldsymbol{h}}_1|p\rangle + \sum_t n_t\langle qt||pt\rangle = \varepsilon_p\delta_{pq} \tag{19.6.34}$$

再将式 (19.6.34) 代入式 (19.6.30), 得

$$G_{pq}^{[1]-1}(E) = (E-\varepsilon_p)\delta_{pq}$$

即得一级近似 Green 函数的 Lehmann 表示

$$G_{pq}^{[1]}(E) = \frac{\delta_{pq}}{E-\varepsilon_p} \tag{19.6.35}$$

这就是 Hartree -Fock Green 函数. 一系列 ε_p 值就是此 Green 函数的极点, 而 ε_p 就是 Hartree-Fock 分子 (原子) 的单电子轨道能量. 由式 (19.6.9)∼ 式 (19.6.13) 的讨论可知, 当极点 ε_p 落在第二象限时 ($p=1,2,\cdots,N$), 即为 N 个电子体系的分子 (原子) 的电离能 $E_p^{(N-1)}-E_0^{(N)}=-\varepsilon_p$. 当极点 ε_p 落在第三、四象限内 ($p=N+1,N+2,\cdots$), 即为亲和能 $E_p^{(N+1)}-E_0^{(N)}=\pm|\varepsilon_p|$. 对于 Hatree-Fock 近似的轨道能量, 我们是可以求得的, 由式 (19.6.35) 就可以知道这个轨道能量具有体系的电离能和亲和能的物理含义, 这是 Green 函数的优越性, 也就是所熟知的 Koopmans 定理.

大家知道, Koopmans 定理是很近似的, 其结果并没有包含得失一个电子的松弛能和关联能. 一级近似 Green 函数虽与 Koopmans 定理的结果一样近似, 但人们可以求二级近似 Green 函数, 能求得包含相当程度的松弛能和关联能的比较满意的结果.

19.7　二级连分式近似

19.6 节我们以 Green 函数的一级近似得出 Koopmans 定理. 如果取二级近似 Green 函数连分式表示, 就可以得出比 Koopmans 定理更为精确的电离能结果, 即

$$E \cong \varepsilon_{\alpha_i} + \frac{1}{2}\sum_{\alpha_1 m_1 n_1} \frac{|\langle m_1 n_1 || \alpha_i \alpha_1 \rangle|^2}{\varepsilon_{\alpha_i} + \varepsilon_{\alpha_1} - \varepsilon_{m_1} - \varepsilon_{n_1}} + \frac{1}{2}\sum_{m_1 \alpha_1 \beta_1} \frac{|\langle \alpha_1 \beta_1 || \alpha_i m_1 \rangle|^2}{\varepsilon_{\alpha_i} + \varepsilon_{m_1} - \varepsilon_{\alpha_1} - \varepsilon_{\beta_1}} \tag{19.7.1}$$

式中, α 和 β 只指能量最低的第 1~ N 分子轨道; m 和 n 只指 $N+1$ 以上的分子轨道. 式 (19.7.1) 的第二、三项是对 ε_{α_i} 的修正. Koopmans 定理成立的前提是电离 (亲和) 前后的单电子轨道不变. 实际上, 当电离一个电子后, 余下的 $N-1$ 个电子体系的单电子轨道与原先 N 个电子体系的单电子轨道必然有所不同, 所以正确的电离能应当是 N 个电子体系的总能量与 $N-1$ 个电子体系的总能量之差. 这要计算二次总能量, 其计算量是很大的. 亲和能的正确计算也是如此. Green 函数二级连分式近似则有较好的修正. 修正部分的计算是较简单的.

式 (19.7.1) 是从相应的二级近似 Green 函数 G 导出的. 经过相当冗长的演算, 可得

$$\begin{aligned}
[G^{[2]}(E)^{-1}]_{pq} &= (E - \varepsilon_p)\delta_{pq} - \sum_{\alpha_1,(m_1<n_1)} \frac{\langle m_1 n_1 || p\alpha_1 \rangle \langle q\alpha_1 || m_1 n_1 \rangle}{E + \varepsilon_{\alpha_1} - \varepsilon_{m_1} - \varepsilon_{n_1}} \\
&\quad - \sum_{m_1,(\alpha_1<\beta_1)} \frac{\langle \alpha_1 \beta_1 || p m_1 \rangle \langle q m_1 || \alpha_1 \beta_1 \rangle}{E + \varepsilon_{m_1} - \varepsilon_{\alpha_1} - \varepsilon_{\beta_1}} \\
&= (E - \varepsilon_p)\delta_{pq} - \frac{1}{2}\sum_{\alpha_1 m_1 n_1} \frac{\langle m_1 n_1 || p\alpha_1 \rangle \langle q\alpha_1 || m_1 n_1 \rangle}{E + \varepsilon_{\alpha_1} - \varepsilon_{m_1} - \varepsilon_{n_1}} \\
&\quad - \frac{1}{2}\sum_{m_1 \alpha_1 \beta_1} \frac{\langle \alpha_1 \beta_1 || p m_1 \rangle \langle q m_1 || \alpha_1 \beta_1 \rangle}{E + \varepsilon_{m_1} - \varepsilon_{\alpha_1} - \varepsilon_{\beta_1}}
\end{aligned} \tag{19.7.2}$$

式 (19.7.2) 的零点即二级近似 Green 函数的极点. 由此可求得电离能及亲和能. 例如, 为了求 α_i 轨道的电离能, 现在就不是简单地等于 $-\varepsilon_{\alpha_i}$, 而应由式 (19.7.2) 来计算. 令 $p=q=\alpha_i$ 及式 (19.7.2) 右边为零, 则得

$$E - \varepsilon_{\alpha_i} - \frac{1}{2}\sum_{\alpha_1 m_1 n_1} \frac{\langle m_1 n_1 || \alpha_i \alpha_1 \rangle \langle \alpha_i \alpha_1 || m_1 n_1 \rangle}{E + \varepsilon_{\alpha_1} - \varepsilon_{m_1} - \varepsilon_{n_1}} - \frac{1}{2}\sum_{m_1 \alpha_1 \beta_1} \frac{\langle \alpha_1 \beta_1 || \alpha_i m_1 \rangle \langle \alpha_i m_1 || \alpha_1 \beta_1 \rangle}{E + \varepsilon_{m_1} - \varepsilon_{\alpha_1} - \varepsilon_{\beta_1}} = 0 \tag{19.7.3}$$

对式 (19.7.3) 解出 E, 就是 α_i 轨道的电离能. 但是, 精确地解此方程是困难的. 然而, 我们已认识到 E 值必定最接近于 ε_{α_i} 值, 因此我们将式 (19.7.3) 两个分母中的 E 以 ε_{α_i} 近似地代替. 这样, 移项即得近似

$$E \cong \varepsilon_{\alpha_i} + \frac{1}{2}\sum_{\alpha_1 m_1 n_1} \frac{|\langle m_1 n_1 || \alpha_i \alpha_1 \rangle|^2}{\varepsilon_{\alpha_i} + \varepsilon_{\alpha_1} - \varepsilon_{m_1} - \varepsilon_{n_1}} + \frac{1}{2}\sum_{m_1 \alpha_1 \beta_1} \frac{|\langle \alpha_1 \beta_1 || \alpha_i m_1 \rangle|^2}{\varepsilon_{\alpha_i} + \varepsilon_{m_1} - \varepsilon_{\alpha_1} - \varepsilon_{\beta_1}} \tag{19.7.4}$$

对于求亲和能, 只要将式 (19.7.4) 中的 ε_{α_i} 改为 ε_{m_i} 就可以得到.

要注意的是, 式 (19.7.4)$\langle\cdots\rangle$ 中的 $\{\alpha\}$ 和 $\{m\}$ 是分子轨道, 而不是原子轨道. 因而, 积分 $\langle\cdots\rangle$ 是分子轨道上电子的排斥积分和交换积分, 而不是原子轨道上电子的排斥积分和交换积分.

式 (19.7.4) 中第一项只与所讨论的轨道 α_i 有关. 这就是 Koopmans 定理近似; 从第二、三修正项可以看出, 它们与 α_i 轨道以外的许多轨道 $\{\alpha_1\}$, $\{\beta_1\}$, $\{m_1\}$ 和 $\{n_1\}$ 都有关系, 这就包含着一定程度的松弛能和关联能.

19.8 分子电离能及亲和能计算实例

用 Green 函数方法计算分子的电离能及亲和能比 Koopmans 定理的结果好, 而计算量比其他复杂的从头计算 (如组态相互作用和多体微扰等) 方法小. 下面列出若干实例.

19.8.1 N_2, H_2O 和 H_2S 分子的电离能

按 Koopmans 定理, 状态 $^2\Pi_u$ 与 $^2\Sigma_g$ 的能量次序是颠倒的, 这是因为没有考虑到电子关联. 但在各种较精确的计算中得到了改正. 表 19.8.1～表 19.8.3 列出不同基组的 Green 函数方法以及其他从头计算方法的结果. Green 函数方法的基组是用 (9s5p) 以及 (11s7p)/[5s4p] 加上 1, 2, 3d 型或 1f 型极化轨道; 其他从头计算大都是采用双 ζ 加上极化轨道以及组态相互作用方法的结果.

表 19.8.1 N_2 分子的电离能(eV)

分子轨道	Green 函数方法					其他从头计算方法			实验值
	9s5p	11s7p1d	11s7p2d	11s7p3d	11s7p2d1f	[2]	[3]	[4]	[5]
$2\sigma_g$	14.85	15.31	15.45	15.53	15.52	15.94	15.35	16.04	15.60
$1\pi_u$	16.34	16.80	16.76	16.75	16.83	17.20	16.63	17.11	16.98
$1\sigma_u$	18.37	19.01	18.91	18.96	18.98	19.01	18.31	19.68	18.78

表 19.8.2 H_2O 分子的电离能(eV)

分子轨道		$1b_1(\pi)$	$2a_1$	$1b_2$
Green 函数方法	9s5p	12.37	14.32	18.95
	11s7p1d	12.78	14.78	18.94
	11s7p2d	12.87	14.85	18.98
	11s7p3d	12.83	14.85	18.94
	11s7p4d	12.81	14.84	18.92
	11s7p3d1f	12.90	14.85	18.91
其他从头计算方法	[6]	12.84	14.68	18.85
	[7]	12.42	14.73	18.97
	[8]	12.79	15.12	19.19
实验值		12.78	14.83±0.11	18.72±0.22

表 19.8.3 H_2S 分子的电离能(eV)

分子轨道	12s9p	12s9p1d	12s9p2d	12s9p3d	12s9p2d1f	实验值
$1b_1(\pi)$	9.91	10.14	10.25	10.24	10.38	10.48
$2a_1$	12.76	13.19	13.28	13.32	13.36	13.4
$1b_2$	15.72	15.67	15.59	15.57	15.58	15.5

19.8.2 C_2, P_2, O_3, SO_2 分子的亲和能

分子的电子亲和能是下述过程:

$$M + e^- \to M^- + h\nu$$

即分子 M 与一个电子 e^- 结合成为一个带负电的分子 M^-, 同时放出能量 $h\nu$. 表 19.8.4 列出 C_2, P_2, O_3 和 SO_2 分子亲和能的计算值与实验值.

表 19.8.4 C_2, P_2, O_3 和 SO_2 分子的亲和能(eV)

分 子	基 组	H—F 亲和能	垂直亲和能	绝热亲和能	实验值
C_2	(11s7p1d)/[5s4p1d]	3.19	3.46	3.47	3.54
	(12s8p1d)/[6s5p1d]	3.24	3.54	3.55	
	(11s7p2d)/[5s4p2d]	3.20	3.59	3.60	
P_2	(12s9p2d)/[7s5p2d]	−0.59	0.002	0.12	0.3±0.5 0.24 ± 0.23
	(12s9p3d)/[7s5p3d]	−0.60	0.006	0.13	
	(13s10p2d)/[7s5p2d]	−0.38	0.176	0.30	
O_3	(11s7p1d)/[5s4p1d]	1.44	1.76	2.26	1.9 → 2.2
	(10s6p1d)/[5s3p1d]	1.60	1.67	2.17	
SO_2	(11s9p1d/9s5p)/[6s4p1d/4s2p]	0.73	0.84	1.08	1.09
	(13s10p1d/10s6p1d)/[7s5p1d/5s3p1d]	0.51	0.69	0.93	

19.9 双粒子 Green 函数与激发态的关系

如果要计算多电子体系的激发能, 这时体系的电子数 N 并不增加或减少. 对于这种情况要用到所谓双粒子 Green 函数, 即

$$G(\tau_4 u_4, \tau_3 u_3, \tau_2 u_2, \tau_1 u_1) = -\langle \hat{\boldsymbol{T}}[\hat{\psi}_{\text{He}}(\tau_4 u_4)\hat{\psi}^{\dagger}_{\text{He}}(\tau_3 u_3)\hat{\psi}_{\text{He}}(\tau_2 u_2)\hat{\psi}^{\dagger}_{\text{He}}(\tau_1 u_1)]\rangle$$

经过复杂冗长的推导过程, 可得到下列 Lehmans 表示:

$$G = \sum_n B_n \frac{1}{\omega - (E_n^{(N)} - E_0^{(N)}) + i\eta}$$

只要算出 B_n, 就可以算出不同的激发能. 这方面的具体研究比较复杂, 故从略. 但基本概念是与前几章一样的.

参 考 文 献

[1] Paul R. Field Theoretical Methods in Chemical Physics. Amsterdam-Oxford-New York: Elsevier Scientific Publishing Company, 1982
[2] Herman M F, Yeager D L, Freed K F, Mckoy V. Chem Phys Lett, 1977, 46: 1
[3] Shih S K, Butscher W, Buenker R J, Peyerimhoff S D. Chem Phys, 1978, 29: 241
[4] Nicolaides C A, Beck D R. Excited States in Quantum Chemistry. Dordrecht-Boston-London: D. Reidel Publishing Company, 1979
[5] Turner D W, Baker C, Baker A D, Brundle C R. Molecular Photoelectron Spectroscopy. New York: Wiley-Inter. Science, 1970
[6] Meyer W. Int J Quantum Chem Symp, 1971, 5: 341
[7] Chong D P, Herring F G, McWilliams D. J Chem Phys, 1974, 61: 958
[8] Hubač I, Urban M. Theor Chim Acta, 1977, 45: 185
[9] Mattuck R D. A Guide to Feynman Diagrams in The Many-Body Problem. New York: McGraw-Hill International Book Company, 1976
[10] Economou E N. Green's Functions in Quantum Physics. Berlin-Heidelberg-New York-Tokyo: Springer-Verlag, 1983
[11] Linderberg J, Öhrn Y. Propagators in Quantum Chemistry, Second Edition. Hoboken-New Jersey: John Wiley&Sons, Inc, 2004

第 20 章

置换群的表示[1~6]

20.1 置换群不可约表示的特征标

20.2 正交表示

20.3 自然表示

20.4 内积与 Clebsch-Gordan 系数, 外积

置换群 S_n 的表示理论在量子力学中起重要作用. 在由 n 个全同粒子组成的体系中, S_n 是使 Hamilton 量不变的群, 因此, 体系的状态函数可以按 S_n 群的不可约表示分类, 按照 Pauli 原理, 电子体系的总状态函数必属于 S_n 群的全反对称表示. 但若波函数可以表示成几部分的乘积 (或其线性组合), 则每一部分可以属于其他不可约表示. 置换群的表示理论也是研究线性变换群表示的有力工具.

20.1　置换群不可约表示的特征标

20.1.1　不可约表示的标记, Young 图和 Young 表

我们知道, 有限群不可约表示的数目等于它的共轭元素类的数目, 而置换群 S_n 的共轭类由置换的循环结构确定, 即具有相同循环结构的置换属于同一共轭类 (参看上册 6.3.4 节), 通常用 $(\nu) = (1^{\nu_1}2^{\nu_2}\cdots n^{\nu_n})$ 标志, 它表示该共轭类中的置换包含有 ν_1 个单循环, ν_2 个 2 循环, $\cdots\cdots, \nu_n$ 个 n 循环 (这里说的都是独立循环). 显然, ν_i 为零或正整数, 而且

$$1\nu_1 + 2\nu_2 + \cdots + n\nu_n = n \tag{20.1.1}$$

方程 (20.1.1) 的一组解决定一种循环结构. 为了标志置换群的不可约表示，定义一组数 $\{\lambda_i\}$, 即

$$\left.\begin{aligned} \nu_1 + \nu_2 + \cdots + \nu_n &= \lambda_1 \\ \nu_2 + \cdots + \nu_n &= \lambda_2 \\ &\cdots \\ \nu_n &= \lambda_n \end{aligned}\right\} \tag{20.1.2}$$

显然有

$$\begin{aligned} &\lambda_1 \geqslant \lambda_2 \geqslant \cdots \geqslant \lambda_n \geqslant 0 \\ &\lambda_1 + \lambda_2 + \cdots + \lambda_n = n \end{aligned} \tag{20.1.3}$$

整数 n 按式 (20.1.3) 分解为一组正整数 $\{\lambda_i\}$, 称为 n 的一种分割, 记作 $[\lambda] \equiv [\lambda_1\lambda_2\cdots\lambda_n]$. 分割和循环结构之间有一一对应关系. 实际上, 从式 (20.1.2) 可解得

$$\nu_1 = \lambda_1 - \lambda_2, \qquad \nu_2 = \lambda_2 - \lambda_3, \qquad \cdots, \qquad \nu_n = \lambda_n \tag{20.1.4}$$

所以分割方式的数目等于循环结构的数目, 也就等于共轭元素类和不等价不可约表示的数目. 通常用分割 $[\lambda] \equiv [\lambda_1\lambda_2\cdots\lambda_n]$ 来标志置换群的不可约表示, 其中等于零

的 λ_i 可以不写, 数值相同的 λ_i 可以写成幂次的形式. 例如, 8 的一种分割方式为 $8=4+2+1+1$, 记作 $[421^2]$.

人们常常用 Young 图来表示分割和标志不可约表示. 若 n 的分割为 $[\lambda]=[\lambda_1\lambda_2\cdots\lambda_n], \lambda_1\geqslant\lambda_2\cdots\geqslant\lambda_n$, 则 Young 图按以下方式构作: 第一行排 λ_1 个方框, 第二行排 λ_2 个方框, $\cdots\cdots$, 第 n 行排 λ_n 个方框. 每行的头一个方框对齐. 显然 Young 图上一行的方框数不少于其下一行的方框数, 左一列的方框数不少于其右一列的方框数, 而方框的总数目为 n. 这种 Young 图称为规则 Young 图. 把对应于分割 $[\lambda]$ 的 Young 图的行和列调换得到的 Young 图叫做原来 Young 图的对偶 Young 图, 其对应的分割记作 $[\tilde{\lambda}]$. 例如, [31] 的对偶 Young 图为 $[21^2]$. 由 $[\lambda]$ 和 $[\tilde{\lambda}]$ 标志的表示称为对偶表示, 若 $[\lambda]=[\tilde{\lambda}]$, 则称为自偶表示. 至于哪个 Young 图对应于哪个不可约表示, 将在计算不可约表示的特征标时得到说明.

把数字 $1,\cdots,n$ 分别填入 Young 图的各个方框中就得到 Young 表. 如果按 Young 表的每一行看右边方框的数字都大于左边方框的数字, 按每一列看下面的数字都大于上面的数字, 就说那样的表是标准 Young 表. 从一个规则 Young 图有可能造出几个标准 Young 表. 例如, 分割 [32] 的规则 Young 图为

, 可以造出以下几个标准 Young 表:

1	2	3
4	5	

1	2	4
3	5	

1	2	5
3	4	

1	3	4
2	5	

1	3	5
2	4	

下面我们将证明, 从一个 Young 图所可能造出来的标准 Young 表的数目正好对应于该 Young 图的不可约表示的维数, 因此我们可以用 Young 表来标志不可约表示的基.

20.1.2 子群与母群不可约表示特征标的关系

利用置换群 S_n 的商群可以得出它的一部分不可约表示. S_n 的一个正规子群是交错群 A_n. 由二阶商群 S_n/A_n 可以得出 S_n 的两个一维表示: 全对称表示, 所有置换的特征标都是 1; 全反对称表示, 特征标对于偶置换为 $+1$, 奇置换为 -1. 但是当 $n\neq 4$ 时, S_n 只有 A_n 是真正规子群, 所以除全对称和全反对称表示之外其他都是如实表示, 上述方法就无能为力了. S_4 是个例外, 它除 A_4 之外还有一个四阶子群 V_4, 商群 S_4/V_4 与 S_3 同构. S_3 除全对称与全反对称表示之外还有一个二维表示, 所以 S_4 有三个非如实表示.

计算置换群的不可约表示特征标的一种方法是找出它和它的任一个子群的不可约表示特征标之间的关系, 这样就可以从阶数较低的群的不可约表示特征标计算

阶数较高的群的不可约表示特征标. 下面来说明这种方法.

设群 G 的阶为 g. 它有一个子群 H, 阶为 h. 群 G 中有类 K_i, 其元素数目为 g_i. 这 g_i 个元素有一部分可能不在子群 H 中, 在子群 H 中的也可能分为几个共轭类, 因为这 g_i 个元素借以进行共轭变换的元素包含在 G 中, 但可能不包含在 H 中. 设群 G 的 K_i 类在子群 H 中分为 $K_{i1}, K_{i2}, \cdots$ 几类, 其元素数目分别为 $h_{i1}, h_{i2} \cdots; h_{i1} + h_{i2} + \cdots = h_i \leqslant g_i$. 显然, 包含在子群 H 的同一类中的元素在母群 G 中一定属于同一类. 设群 G 有不可约表示 $D^{(\mu)}(G)$, 它的 K_i 类的特征标为 $\chi_i^{(\mu)}$. 表示 $D^{(\mu)}(G)$ 中与子群 H 各元素对应的矩阵集合自然构成 H 的一个表示 $D'^{(\mu)}(H)$, 一般说来, 这是可约表示, 亦即是几个不可约表示之和. 现在的问题是如何从子群的不可约表示特征标算出母群的不可约表示特征标. 设子群 H 的不可约表示为 $\Delta^{(\nu)}(H)$, 它的 K_{i_τ} 类的特征标为 $\phi_{i_\tau}^{(\nu)}$. 如果 G 中元素 R 存在于 H 中, 则

$$D'^{(\mu)}(R) = \sum_\nu a_{\mu\nu} \Delta^{(\nu)}(R) \qquad R \in H \tag{20.1.5}$$

式中, $a_{\mu\nu}$ 为正整数. 如果群 G 的 K_i 类中至少有一个元素存在于子群的 K_{i_τ} 类中, 则由式 (20.1.5) 得

$$\chi_i^{(\mu)} = \sum_\nu a_{\mu\nu} \phi_{i_\tau}^{(\nu)} \tag{20.1.6}$$

用 $h_{i_\tau} \phi_{i_\tau}^{*(\sigma)}$ 乘式 (20.1.6), 并对子群 H 的所有类求和, 利用正交关系, 得

$$\begin{aligned}
\sum_{i_\tau} h_{i_\tau} \phi_{i_\tau}^{*(\sigma)} \chi_i^{(\mu)} &= \sum_{i_\tau} \sum_\nu h_{i_\tau} \phi_{i_\tau}^{*(\sigma)} a_{\mu\nu} \phi_{i_\tau}^{(\nu)} \\
&= \sum_\nu a_{\mu\nu} \sum_{i_\tau} h_{i_\tau} \phi_{i_\tau}^{*(\sigma)} \phi_{i_\tau}^{(\nu)} \\
&= \sum_\nu a_{\mu\nu} h \delta_{\sigma\nu} = h a_{\mu\sigma}
\end{aligned} \tag{20.1.7}$$

再用 $g_l \chi_l^{*(\mu)}$ 乘两边并对 μ 求和

$$\begin{aligned}
\sum_\mu \sum_{i_\tau} g_l \chi_l^{*(\mu)} h_{i_\tau} \phi_{i_\tau}^{*(\sigma)} \chi_i^{(\mu)} &= \sum_\mu h a_{\mu\sigma} g_l \chi_l^{*(\mu)} = h g_l \sum_\mu a_{\mu\sigma} \chi_l^{*(\mu)} \\
&= \sum_{i_\tau} h_{i_\tau} \phi_{i_\tau}^{*(\sigma)} \left[\sum_\mu g_l \chi_l^{*(\mu)} \chi_i^{(\mu)} \right] \\
&= \sum_{i_\tau} h_{i_\tau} g \phi_{i_\tau}^{*(\sigma)} \delta_{il} \\
&= g \sum_{K_{l_\tau}} h_{l_\tau} \phi_{l_\tau}^{*(\sigma)}
\end{aligned} \tag{20.1.8}$$

式中, $\sum\limits_{K_{l_\tau}}$ 表示求和遍及子群 H 中所有由群 G 的 K_l 类来的类 (由于 δ_{il} 的作用, 不属于由 K_l 类来的 H 的各类从求和中消失). 式 (20.1.8) 可写成

$$\sum_{\mu} a_{\mu\sigma}\chi_l^{*(\mu)} = \sum_{K_{l_\tau}} \frac{gh_{l_\tau}}{hg_l}\phi_{l_\tau}^{*(\sigma)} \tag{20.1.9}$$

其复数共轭为

$$\sum_{\mu} a_{\mu\sigma}\chi_l^{(\mu)} = \sum_{K_{l_\tau}} \frac{gh_{l_\tau}}{hg_l}\phi_{l_\tau}^{(\sigma)} \tag{20.1.10}$$

式 (20.1.10) 对于群 G 中有元素在子群 H 中的各共轭类都成立. 如果群 G 的 K_j 类中没有一个元素在子群 H 中, 用 $\chi_j^{*(\mu)}$ 乘式 (20.1.6) 并对 μ 求和, 由正交关系得

$$\sum_{\mu} \chi_i^{(\mu)}\chi_j^{*(\mu)} = 0 = \sum_{\mu}\sum_{\nu} a_{\mu\nu}\phi_{i_\tau}^{(\nu)}\chi_j^{*(\mu)} \tag{20.1.11}$$

注意, 这里 i 代表有元素在子群 H 中的群 G 的类 K_i, 而 K_{i_τ} 代表由 K_i 类来的子群 H 中的各类. 但 H 中的任何一类总是由群 G 中的某一类来的, 故对 i_τ 求和也就是对子群 H 的所有类求和了. 于是, 当式 (20.1.11) 两端同乘以 $h_{i_\tau}\phi_{i_\tau}^{*(\rho)}/h$ 并对 i_τ 求和时, 由正交关系得

$$\begin{aligned}
&\sum_{\nu_\tau i_\tau}\sum_{\mu} a_{\mu\nu}\phi_{i_\tau}^{(\nu)}\chi_j^{*(\mu)}h_{i_\tau}\phi_{i_\tau}^{*(\rho)}/h \\
&= \sum_{\mu,\nu} a_{\mu\nu}\chi_j^{*(\mu)}\left(\sum_{i_\tau}\phi_{i_\tau}^{(\nu)}\phi_{i_\tau}^{*(\rho)}h_{i_\tau}/h\right) \\
&= \sum_{\mu,\nu} a_{\mu\nu}\chi_j^{*(\mu)}\delta_{\nu\rho} \\
&= \sum_{\mu} a_{\mu\rho}\chi_j^{*(\mu)} = 0
\end{aligned} \tag{20.1.12}$$

取复数共轭, 得

$$\sum_{\mu} a_{\mu\rho}\chi_j^{(\mu)} = 0 \tag{20.1.13}$$

式 (20.1.13) 对群 G 中没有元素在子群 H 中的各共轭类皆成立. 式 (20.1.10) 和式 (20.1.13) 给出群 G 的复合特征标与子群 H 的单纯特征标之间的一组关系式. 由这组关系式和正交关系就可以从子群 H 的单纯特征标求出群 G 的单纯特征标. 下面举例说明如何从 S_3 的单纯特征标求 S_4 的单纯特征标. 设已知 S_3 的特征标表如下 (循环结构前的数字表明属于这一共轭类的元素数目):

不可约表示 \ 共轭类	$1(1^3)$	$3(1\ 2)$	$2(3)$
$\phi^{(1)}$	1	1	1
$\phi^{(2)}$	1	−1	1
$\phi^{(3)}$	2	0	−1

S_4 有五个共轭类, 所以有五个不可约表示, 其中全对称表示和全反对称表示可写出如下：

不可约表示 \ 共轭类	$1(1^4)$	$6(1^2 2)$	$3(2^2)$	$8(1\ 3)$	$6(4)$
$\chi^{(1)}$	1	1	1	1	1
$\chi^{(2)}$	1	−1	1	1	−1

现在, 利用式 (20.1.10) 和式 (20.1.13) 求复合特征标. (2^2) 和 (4) 类不包含在 S_3 中, 所以它的复合特征标为零. 由 S_3 的 $\phi^{(1)}$ 表示和式 (20.1.10), 注意到 S_4 的共轭类与 S_3 的共轭类之间的关系 $(1^4) \to (1^3), (1^2 2) \to (1\ 2), (1\ 3) \to (3)$ 以及 $\phi_l^{(1)} \equiv 1$, 可求得几个复合特征标为

$$\psi_{(1^4)}^{(1)} = \frac{24 \times 1}{6 \times 1} \times 1 = 4$$
$$\psi_{(1^2 2)}^{(1)} = \frac{24 \times 3}{6 \times 6} \times 1 = 2$$
$$\psi_{(1\ 3)}^{(1)} = \frac{24 \times 2}{6 \times 8} \times 1 = 1$$

所以整组复合特征标 $\psi^{(1)}$ 为 4, 2, 0, 1, 0(按上表的顺序排列, 下同). 由正交关系得知它包含一次 $\chi^{(1)}$, 即

$$\begin{aligned} a_{\chi^{(1)}} &= \sum_l \frac{g_l}{g} \psi_l^{(1)} \chi_l^{(1)} \\ &= \frac{1}{24} \times (1 \times 4 + 6 \times 2 + 3 \times 0 + 8 \times 1 + 6 \times 0) \\ &= 1 \end{aligned}$$

由 $\psi^{(1)}$ 减去 $\chi^{(1)}$, 得到 $\chi^{(4)} = 3, 1, -1, 0, -1$, 由表示的不可约性判据

$$\begin{aligned} &\sum_l \frac{g_l}{g} \chi_l^{(4)2} \\ &= \frac{1}{24} \times [3^2 + 6 \times 1^2 + 3 \times (-1)^2 + 8 \times 0^2 + 6 \times (-1)^2] \\ &= 1 \end{aligned}$$

可知 $\chi^{(4)}$ 是一组不可约表示的特征标. 再利用 S_3 的 $\phi^{(2)}$, 可得

$$\psi^{(2)}_{(1^4)} = \frac{24\times 1}{6\times 1}\times 1 = 4$$
$$\psi^{(2)}_{(1^2 2)} = \frac{24\times 3}{6\times 6}\times(-1) = -2$$
$$\psi^{(2)}_{(13)} = \frac{24\times 2}{6\times 8}\times 1 = 1$$

所以一组复合特征标 $\psi^{(2)}$ 是 $4,-2,0,1,0$. 容易证明它含有 $\chi^{(2)}$ 一次. 由 $\psi^{(2)}$ 减去 $\chi^{(2)}$ 得到 $\chi^{(5)}=3,-1,-1,0,1$. 容易验证, 它是不可约表示的特征标. 再利用 S_3 的 $\phi^{(3)}$, 可得

$$\psi^{(3)}_{(1^4)} = \frac{24\times 1}{6\times 1}\times 2 = 8$$
$$\psi^{(3)}_{(1^2 2)} = \frac{24\times 3}{6\times 6}\times 0 = 0$$
$$\psi^{(3)}_{(13)} = \frac{24\times 2}{6\times 8}\times(-1) = -1$$

即 $\psi^{(3)}=8,0,0,-1,0$. 容易验证, 它包含 $\chi^{(4)}$ 和 $\chi^{(5)}$ 各一次. 由 $\psi^{(3)}$ 中减去 $\chi^{(4)}$ 和 $\chi^{(5)}$ 得到 $\chi^{(3)}$, 即

$$\chi^{(3)} = 2,0,2,-1,0$$

容易证明, 它是单纯特征标. 这样就求得 S_4 的全部不可约表示特征标了, 列表如下:

共轭类 / 不可约表示	$1(1^4)$	$6(1^2 2)$	$3(2^2)$	$8(1\ 3)$	$6(4)$
$\chi^{(1)}$	1	1	1	1	1
$\chi^{(2)}$	1	−1	1	1	−1
$\chi^{(3)}$	2	0	2	−1	0
$\chi^{(4)}$	3	1	−1	0	−1
$\chi^{(5)}$	3	−1	−1	0	1

按类似的方式, 我们可以从 S_4 的单纯特征标求 S_5 的单纯特征标, 又可以从 S_5 的单纯特征标求 S_6 的单纯特征标等, 原则上可以求任意置换群 S_n 的单纯特征标. 但这种做法当 n 很大时变得非常麻烦, 不合实用.

20.1.3 求置换群不可约表示特征标的 Frobenius 公式

上面由 S_{n-1} 的特征标求 S_n 的特征标的方法中只利用了一个子群关系来求母群的复合特征标. 如果对 S_n 的更多子群使用式 (20.1.10) 和式 (20.1.13), 就可以得出直接计算置换群单纯特征标的公式来. 其原理如下: 取 $\phi^{(\sigma)}_{l_\tau}$ 为子群的恒等表示,

则 $\phi_{l_\tau}^{(\sigma)} \equiv 1$. 设子群 H 中有 h_l 个元素是从群 G 的 K_l 类来的, 不管它们在 H 中分成几类, 即

$$\sum_{K_{l_\tau}} h_{l_\tau} = h_l$$

则

$$\chi_l^{(H)} = \frac{gh_l}{hg_l} \tag{20.1.14}$$

和式 (20.1.13) 给出 G 的一组复合特征标. 设 $G = S_n$. 对于分割 $[\lambda] = [\lambda_1\lambda_2\cdots\lambda_n]$, 分组分别造出 $S_{\lambda_1}, S_{\lambda_2}, \cdots$ 子群. 这些子群的元素可以对易, 所以可以造出直积群 $S_{[\lambda]} = S_{\lambda_1} \otimes S_{\lambda_2} \otimes \cdots \otimes S_{\lambda_n}$. $S_{[\lambda]}$ 是 S_n 的子群, 对它使用式 (20.1.13) 和式 (20.1.14), 就得到 S_n 群的一组复合特征标. 对每种分割都这样做, 就可以得出若干组这样的复合特征标, 其数目就是对 n 的可能的分割方式, 也就是 S_n 群的共轭类和不等价不可约表示的数目. 可以证明, 由不同分割得出的复合特征标组是线性无关的, 所以可以从这些复合特征标组求得 S_n 群的单纯特征标. 经过详细的推导, Frobenius 证明, 对于 S_n 群, 若定义

$$S_r = \sum_i \chi_i^r \qquad (i = 1, \cdots, m) \tag{20.1.15}$$

m 是不小于 Young 图的行数的自然数; 对于循环结构为 $(l) = (1^\alpha 2^\beta 3^\gamma \cdots)$ 的 K_l 类, 定义

$$S_{(l)} = S_1^\alpha S_2^\beta S_3^\gamma \cdots \tag{20.1.16}$$

则用分割 $[\lambda] = [\lambda_1\lambda_2\cdots\lambda_m]$ 标志的不可约表示的特征标 $\chi_{(l)}^{[\lambda]}$ 可由以下恒等式求得

$$S_{(l)} D(x_1 \cdots x_m) = \sum_{[\lambda]} \chi_{(l)}^{[\lambda]} \sum_P \delta_P \hat{\boldsymbol{P}} x_1^{h_1} x_2^{h_2} \cdots x_m^{h_m} \tag{20.1.17}$$

式中, $D(x_1 \cdots x_m)$ 为 Vandermonde 行列式, 即

$$\begin{aligned} D(x_1\cdots x_m) &= \begin{vmatrix} x_1^{m-1} & x_1^{m-2}\cdots x_1 & 1 \\ x_2^{m-1} & x_2^{m-2}\cdots x_2 & 1 \\ & \cdots\cdots & \\ x_m^{m-1} & x_m^{m-2}\cdots x_m & 1 \end{vmatrix} \\ &= \prod_{i<j}^{m} (x_i - x_j) \\ &= \sum_P \delta_P \hat{\boldsymbol{P}} x_1^{m-1} x_2^{m-2} \cdots x_{m-1} x_m^0 \end{aligned} \tag{20.1.18}$$

$h_i = \lambda_i + m - i$, $\hat{\boldsymbol{P}}$ 代表对 x_i 的下标的置换, δ_P 按置换的奇偶性取 (-1) 或 $(+1)$. 对 P 的求和遍及对 x_i 的下标的所有可能置换, 对 $[\lambda]$ 求和遍及行数不多于 m 的 Young 图对应的不可约表示. 具体计算特征标的办法是: 对于一定的共轭类 (l), 把式 (20.1.17) 两边都展开成 x_i 的幂的乘积的多项式, 对比两边同类项的系数来确定 $\chi_{(l)}^{[\lambda]}$. 这个公式的证明比较冗长, 这里从略, 有兴趣的读者可以看参考文献 [1] 的 189 页. 下面举例说明它的用法. 还以 S_4 为例. S_4 有五类: $(1^4), (1^2 2), (2^2), (1\ 3), (4)$, 有五个不等价不可约表示 $[4], [31], [2^2], [21^2], [1^4]$. 考虑一行的 Young 图, 由式 (20.1.17) 的左边得

$$m = 1, \qquad D(x_1) = 1$$

$$S_{(1^4)} = x_1^4$$

$$S_{(1^2 2)} = x_1^2 (x_1^2)^1 = x_1^4$$

$$S_{(2^2)} = (x_1^2)^2 = x_1^4$$

$$S_{(13)} = x_1 (x_1^3)^1 = x_1^4$$

$$S_{(4)} = (x_1^4)^1 = x_1^4$$

故

$$D(x_1) S_{(l)} = x_1^4, x_1^4, x_1^4, x_1^4, x_1^4 \tag{20.1.19}$$

而由式 (20.1.17) 右边得一项, $h_1 = \lambda_1 + 1 - 1 = 4$, 即

$$\begin{aligned}\sum_{[\lambda]} \chi_{(l)}^{[\lambda]} \sum_P \delta_P \hat{\boldsymbol{P}} x_1^{\lambda_1+1-1} &= \chi_{(l)}^{(4)} x_1^4 \\ &= \chi_{(1^4)}^{[4]} x_1^4, \chi_{(1^2 2)}^{[4]} x_1^4, \chi_{(2^2)}^{[4]} x_1^4, \chi_{(1\ 3)}^{[4]} x_1^4, \chi_{(4)}^{[4]} x_1^4\end{aligned} \tag{20.1.20}$$

可见表示 [4] 中各共轭类的特征标都是 1, 显然, 这是全对称表示. 考虑两行的 Young 图, 即

$$m = 2, \qquad D(x_1 x_2) = (x_1 - x_2)$$

$$S_{(1^4)} = (x_1 + x_2)^4 = x_1^4 + 4x_1^3 x_2 + 6x_1^2 x_2^2 + 4x_1 x_2^3 + x_2^4$$

$$\begin{aligned}S_{(1^2 2)} &= (x_1 + x_2)^2 (x_1^2 + x_2^2) \\ &= x_1^4 + 2x_1^3 x_2 + 2x_1^2 x_2^2 + 2x_1 x_2^3 + x_2^4\end{aligned} \tag{20.1.21}$$

$$S_{(2^2)} = (x_1^2 + x_2^2)^2 = x_1^4 + 2x_1^2 x_2^2 + x_2^4$$

$$S_{(13)} = (x_1^3 + x_2^3)(x_1 + x_2) = x_1^4 + x_1^3 x_2 + x_1 x_2^3 + x_2^4$$

$$S_{(4)} = x_1^4 + x_2^4$$

故有

$$\begin{aligned} D(x_1x_2)S_{(1^4)} &= x_1^5+3x_1^4x_2+2x_1^3x_2^2-2x_1^2x_2^3-3x_1x_2^4-x_2^5 \\ D(x_1x_2)S_{(1^22)} &= x_1^5+x_1^4x_2-x_1x_2^4-x_2^5 \\ D(x_1x_2)S_{(2^2)} &= x_1^5-x_1^4x_2+2x_1^3x_2^2-2x_1^2x_2^3+x_1x_2^4-x_2^5 \\ D(x_1x_2)S_{(1\ 3)} &= x_1^5-x_1^3x_2^2+x_1^2x_2^3-x_2^5 \\ D(x_1x_2)S_{(4)} &= x_1^5-x_1^4x_2+x_1x_2^4-x_2^5 \end{aligned} \tag{20.1.22}$$

如果把方程式 (20.1.17) 右边展开，则它包含有 4 的三种分割：[4], [31] 和 $[2^2]$ ($[21^2]$ 和 $[1^4]$ 不能出现，因为这里 Young 图只有两行). 对于 [4], $\lambda_1=4, \lambda_2=0, h_1=\lambda_1+m-1=5, h_2=\lambda_2+m-2=0$, 所以各 $D(x_1x_2)S_{(l)}$ 的表示式 (20.1.22) 中 x_1^5 项的系数就是相应类 (l) 的特征标. 显然都等于 1. 这当然与由一行 Young 图求得的结果一致. 对于 [31], $\lambda_1=3, \lambda_2=1, h_1=\lambda_1+m-1=4, h_2=\lambda_2+m-2=1$, 故各 $D(x_1x_2)S_{(l)}$ 的表达式 (20.1.22) 中对应于 $x_1^4x_2$ 项的系数就是各类 (l) 的特征标，它们是

$$\chi_{(l)}^{[31]}=3,1,-1,0,-1$$

[数字按式 (20.1.22) 中 (l) 出现的先后次序排列，下同]. 对于 $[2^2]$, $\lambda_1=2, \lambda_2=2, h_1=\lambda_1+m-1=3, h_2=\lambda_2+m-2=2$, 故式 (20.1.22) 中 $x_1^3x_2^2$ 项的系数就是对应类 (l) 的特征标，即

$$\chi_{(l)}^{[2^2]}=2,0,2,-1,0$$

如果取 $m=4$, 就可以求得 S_4 的全部五个不可约表示的特征标. 上面这个例子说明式 (20.1.17) 确定了 Young 图与不可约表示特征标的对应关系，也就说明了哪个 Young 图对应于哪个不可约表示的问题.

利用 Frobenius 公式容易求得不可约表示的维数的解析表达式. 不可约表示的维数等于单位元素的特征标 χ_0. 按式 (20.1.17), $\chi_0=\chi_{(1^n)}^{[\lambda]}$ 是

$$D(x_1\cdots x_m)(x_1+\cdots+x_m)^n \tag{20.1.23}$$

展开式中 $x^{h_1}x_2^{h_2}\cdots x_m^{h_m}$ 项的系数. 式 (20.1.23) 中的 $D(x_1\cdots x_m)$ 展开时各项的形式是

$$\pm x_1^{k_1}x_2^{k_2}\cdots x_m^{k_m} \tag{20.1.24}$$

式中, $(k_1\cdots k_m)$ 是排列 $m-1, m-2, \cdots, 0$ 的某种置换，正负号由置换的奇偶性决定 (奇置换取负号，偶置换取正号). 将 $(x_1+x_2+\cdots+x_m)^n$ 项展开，其一般项为

$$\begin{aligned} &\frac{n!}{\lambda_1!\cdots\lambda_m!}x_1^{\lambda_1}x_2^{\lambda_2}\cdots x_m^{\lambda_m} \\ &=\frac{n!}{(h_1-k_1)!\cdots(h_m-k_m)!}x_1^{h_1-k_1}\cdots x_m^{h_m-k_m} \end{aligned} \tag{20.1.25}$$

将式 (20.1.24) 乘式 (20.1.25), 归并同类项, 就得到 $x_1^{h_1}\cdots x_m^{h_m}$ 项的系数为

$$\chi_0 = n!\sum_{(k)} \pm \frac{1}{(h_1-k_1)!\cdots(h_m-k_m)!} \tag{20.1.26}$$

对 (k) 的求和遍及 $(m-1, m-2, \cdots, 0)$ 的所有置换. 把式 (20.1.26) 写成行列式的形式

$$\chi_0 = n!\begin{vmatrix} \frac{1}{[h_1-(m-1)]!} & \frac{1}{[h_1-(m-2)]!} & \cdots & \frac{1}{h_1!} \\ \frac{1}{[h_2-(m-1)]!} & \frac{1}{[h_2-(m-2)]!} & \cdots & \frac{1}{h_2!} \\ \cdots & \cdots & \cdots & \\ \frac{1}{[h_m-(m-1)]!} & \frac{1}{[h_m-(m-2)]!} & \cdots & \frac{1}{h_m!} \end{vmatrix} \tag{20.1.27}$$

把同一行的共同因子 $\frac{1}{h_i!}$ 抽出, 得

$$\chi_0 = \frac{n!}{h_1!\cdots h_m!} \times \begin{vmatrix} h_1(h_1-1) & \cdots & (h_1-m+2) & h_1 & (h_1-1) & \cdots & (h_1-m+3) & \cdots & h_1 1 \\ h_2(h_2-1) & \cdots & (h_2-m+2) & h_2 & (h_2-1) & \cdots & (h_2-m+3) & \cdots & h_2 1 \\ \cdots & \cdots & \cdots & & \cdots & \cdots & \cdots & \cdots & \\ h_m(h_m-1) & \cdots & (h_m-m+2) & h_m & (h_m-1) & \cdots & (h_m-m+3) & \cdots & h_m 1 \end{vmatrix} \tag{20.1.28}$$

式 (20.1.28) 的每一列都是 h_i 的多项式, 次数分别为 $(m-1), (m-2), \cdots, 1, 0$, 并且多项式系数头一项都是 1. 根据行列式的运算规则, 我们可以从右到左, 逐列从左边一列减去右边各列乘以适当系数, 使得最后只剩下头一项. 这是可能的, 因为同一列中各个多项式只是 h_i 的下标 i 不同. 于是式 (20.1.28) 可变成

$$\chi_0 = \frac{n!}{h_1!\cdots h_m!} \times \begin{vmatrix} h_1^{m-1} & h_1^{m-2} & \cdots & h_1 & 1 \\ h_2^{m-1} & h_2^{m-2} & \cdots & h_2 & 1 \\ \cdots & \cdots & \cdots & & \cdots \\ h_m^{m-1} & h_m^{m-2} & \cdots & h_m & 1 \end{vmatrix} \tag{20.1.29}$$

或写成

$$\chi_0 = \frac{n!}{h_1! \cdots h_m!} D(h_1 \cdots h_m)$$
$$= \frac{n!}{h_1! \cdots h_m!} \prod_{i<j}^{m} (h_i - h_j) \tag{20.1.30}$$

下面再利用 Frobenius 公式证明一个有用的关系式

$$\xi = \frac{n(n-1)}{2} \frac{\chi}{\chi_0}$$
$$= \frac{1}{2} \sum_{i=1}^{m} \lambda_i(\lambda_i + 1) - \sum_{i=1}^{m} i\lambda_i$$

式中, $\chi = \chi^{(\lambda)}_{(1^{n-2}2)}, \chi_0 = \chi^{[\lambda]}_{(1^n)}, [\lambda] = [\lambda_1 \lambda_2 \cdots \lambda_m]$. 按照 Frobenius 公式, $\chi^{[\lambda]}_{(1^{n-2}2)}$ 是

$$D(x_1 \cdots x_m)(x_1 + \cdots + x_m)^{n-2}(x_1^2 + \cdots + x_m^2) \tag{20.1.31}$$

展开式中 $x_1^{h_1} x_2^{h_2} \cdots x_m^{h_m}$ 项的系数, $h_i = \lambda_i + m - i$. 仿照推导式 (20.1.30) 的过程, 可得

$$\chi = \sum_{i=1}^{m} \frac{(n-2)!}{h_1! h_2! \cdots (h_i - 2)! \cdots h_m!} D(h_1 h_2 \cdots (h_i - 2) \cdots h_m) \tag{20.1.32}$$

由式 (20.1.30) 和式 (20.1.32) 得

$$\xi = \frac{n(n-1)}{2} \frac{\chi}{\chi_0}$$
$$= \frac{1}{2} \sum_{i=1}^{m} \frac{h_i(h_i - 1) D(h_1 h_2 \cdots (h_i - 2) \cdots h_m)}{D(h_1 h_2 \cdots h_m)} \tag{20.1.33}$$

式 (20.1.33) 中分子和分母都是 h_i 的反对称函数, 因此 ξ 必为二次对称多项式, 设

$$\xi = A\Sigma h_i^2 + B\Sigma h_i h_j + C\Sigma h_i + F \tag{20.1.34}$$

代入式 (20.1.33), 得

$$\sum_i h_i(h_i - 1) D(h_1 h_2 \cdots (h_i - 2) \cdots h_m)$$
$$= 2D(h_1 h_2 \cdots h_m)(A\Sigma h_i^2 + B\Sigma h_i h_j + C\Sigma h_i + F) \tag{20.1.35}$$

这是关于 h_i 的恒等式, 两边展开, 比较同类项的系数, 就可以求得 A, B, C, F. 先看 h_1 的指数为 $m+1$ 或 m, h_2 的指数 $\geqslant m-2$ 的项. 左边, 这样的项只能在 $i=1$ 时出现, 它是

$$h_1(h_1-1)\begin{vmatrix}(h_1-2)^{m-1} & (h_1-2)^{m-2}\\ h_2^{m-1} & h_2^{m-2}\end{vmatrix}|h_3^{m-3}\cdots h_{m-1}| \tag{20.1.36}$$

式中, $|h_3^{m-3}\cdots h_{m-1}|$ 是它前面的二阶子行列式的代数余子式. 展开式 (20.1.36), 得

$$\begin{aligned}&h_1(h_1-1)\{h_2^{m-2}[h_1^{m-1}-2(m-1)h_1^{m-2}+\cdots]\\&\quad-h_2^{m-1}[h_1^{m-2}-2(m-2)h_1^{m-3}+\cdots]\}|h_3^{m-3}\cdots h_{m-1}|\\&=[h_1^{m+1}h_2^{m-2}+h_1^{m}h_2^{m-2}-2mh_1^{m}h_2^{m-2}-h_1^{m}h_2^{m-1}\cdots]|h_3^{m-3}\cdots h_{m-1}|\end{aligned} \tag{20.1.37}$$

而由式 (20.1.35) 右边得

$$2(h_1^{m-1}h_2^{m-2}-h_1^{m-2}h_2^{m-1})(Ah_1^2+Bh_1h_2+Ch_1+\cdots)|h_3^{m-3}\cdots h_{m-1}| \tag{20.1.38}$$

比较式 (20.1.37) 和式 (20.1.38) 同类项的系数, 得

$$A=\frac{1}{2},\qquad B=0,\qquad C=-\frac{1}{2}(2m-1) \tag{20.1.39}$$

至于 F, 它是式 (20.1.35) 右边 $h_1^{m-1}h_2^{m-2}\cdots h_{m-1}$ 项系数的 $\frac{1}{2}$, 而式 (20.1.35) 左边只能从主对角线得到这一项. 在第 i 项中, 对角项是

$$h_1^{m-1}h_2^{m-2}\cdots h_i(h_i-1)(h_i-2)^{m-i}\cdots h_{m-1}$$

展开, 得到这一项中 $h_1^{m-1}h_2^{m-2}\cdots h_i^{m-i}\cdots h_{m-1}$ 的系数是

$$2(m-i)(m-i-1)+2(m-i)=2(m-i)^2$$

故

$$F=\frac{1}{2}\sum_i 2(m-i)^2=\frac{1}{6}m(m-1)(2m-1) \tag{20.1.40}$$

将以上结果代入式 (20.1.34), 得

$$\begin{aligned}\xi&=\frac{1}{2}\sum_{i=1}^{m}h_i^2-\frac{1}{2}(2m-1)\sum_{i=1}^{m}h_i+\frac{1}{6}m(m-1)(2m-1)\\&=\frac{1}{2}\sum_{i=1}^{m}(\lambda_i+m-i)^2-\frac{1}{2}(2m-1)\sum_{i=1}^{m}(\lambda_i+m-i)+\frac{1}{6}m(m-1)(2m-1)\\&=\frac{1}{2}\sum_{i=1}^{m}\lambda_i(\lambda_i+1)-\sum_{i=1}^{m}i\lambda_i\end{aligned} \tag{20.1.41}$$

这就是要证明的结果.

20.1.4　图解方法

用 Frobenius 公式原则上可以求得 S_n 的所有不可约表示的特征标, 但当 n 较大时计算比较麻烦, 用图解方法比较简单一些. 图解方法的根据也是式 (20.1.17).

先看 S_n 群的单位元素, 即 $(l)=(1^n)$ 的情况. 式 (20.1.17) 左边是

$$D(x_1\cdots x_m)\left(\sum_{i=1}^{m}x_i\right)^n$$

为了将这个式子展开, 我们从 $D(x_1\cdots x_m)$ 出发, 逐次用 (Σx_i) 去乘它, 乘 n 次就得到需要的结果了. 由 $D(x_1\cdots x_m)$ 的表示式可知, 任意交换两个变量的指标它都改变符号, 即 $D(x_1\cdots x_m)$ 是反对称函数, 而 (Σx_i) 是对于变量指标的交换不变的对称函数, 所以当逐次用 (Σx_i) 去乘 $D(x_1\cdots x_m)$ 时, 每次都得到反对称函数. 因此, 每次乘后得到的多项式中不会有任何非零项有两个变量的幂次相等 [参看式 (20.1.22)]. $\chi^{[\lambda]}_{(1^n)}$ 是

$$\sum_P\delta_P\hat{\boldsymbol{P}}(x_1^{\lambda_1+m-1}x_2^{\lambda_1+m-2}\cdots x_m^{\lambda_m})$$

项的系数. 由于 $\lambda_1\geqslant\lambda_2\geqslant\cdots\geqslant\lambda_n$, 上式中 x_1 的幂次一定大于 x_2 的, x_2 的幂次又一定大于 x_3 的, 等等. 我们从

$$D(x_1\cdots x_m)=\sum_P\delta_P\hat{\boldsymbol{P}}(x_1^{m-1}x_2^{m-2}\cdots x_{m-1}x_m^0)$$

出发, 用 (Σx_i) 去乘一次就使齐次多项式的每一项的总幂次增加 1(其中某个变量的幂次增加 1). 因为得到的结果应是反对称的, 所以其中不可能有两个变量幂次相等的项 (这样的项互相抵消了). 例如:

$$\begin{aligned}D(x_1x_2x_3)&=\begin{vmatrix}x_1^2&x_1&1\\x_2^2&x_2&1\\x_3^2&x_3&1\end{vmatrix}\\&=x_1^2x_2x_3^0+x_2^2x_3x_1^0+x_3^2x_3x_2^0-x_2^2x_1x_3^0-x_3^2x_2x_1^0-x_1^2x_3^1x_2^0\\&=\sum_P\delta_P\hat{\boldsymbol{P}}(x_1^2x_2x_3^0)\\D(x_1x_2x_3)(x_1+x_2+x_3)&=x_1^3x_2x_3^0+x_2^3x_3x_1^0+x_3^3x_1x_2^0-x_1^3x_3x_2^0-x_2^3x_1x_3^0-x_3^3x_2x_1^0\\&=\sum_P\delta_P\hat{\boldsymbol{P}}(x_1^3x_2x_3^0)\end{aligned}$$

再用 $(x_1+x_2+x_3)$ 乘一次, 得

$$
\begin{aligned}
&D(x_1x_2x_3)(x_1+x_2+x_3)^2\\
&=(x_1^4x_2x_3^0-x_1^4x_3x_2^0+x_2^4x_3x_1^0-x_2^4x_1x_3^0+x_3^4x_1x_2^0-x_3^4x_2x_1^0)\\
&\quad+(x_1^3x_2^2x_3^0-x_2^3x_1^2x_3^0+x_2^3x_3^2x_1^0-x_3^3x_2^2x_1^0+x_3^3x_1^2x_2^0-x_1^3x_3^2x_2^0)\\
&=\sum_P\delta_P\hat{\boldsymbol{P}}(x_1^4x_2x_3^0)+\sum_P\delta_P\hat{\boldsymbol{P}}(x_1^3x_2^2x_3^0)
\end{aligned}
$$

再乘一次就可得到

$$
\begin{aligned}
&D(x_1x_2x_3)(x_1+x_2+x_3)^3\\
&=\sum_P\delta_P\hat{\boldsymbol{P}}(x_1^5x_2x_3^0+2x_1^4x_2^2x_3^0+x_1^3x_2^2x_3^1)
\end{aligned}
$$

由此求得相应的特征标 $\chi_{(1^3)}^{[3]}=1,\chi_{(1^3)}^{[21]}=2,\chi_{(1^3)}^{[1^3]}=1$. 从上面的例子可以看出, 只有在被 $\hat{\boldsymbol{P}}$ 作用的多项式中 x_1 的幂次总保持高于其他变量的幂次的项才能够对 $x_1^{\lambda_1+m-1}x_2^{\lambda_2+m-2}\cdots x_m^{\lambda_m}$ 的系数 (即 $[\chi_{(1^n)}^{[\lambda]}]$) 有贡献. 类似地, 可以知道只有在被 $\hat{\boldsymbol{P}}$ 作用的多项式中 x_2 的幂次总保持高于除 x_1 之外的所有变量的幂次的项才能对 $\chi_{(1^n)}^{[\lambda]}$ 有贡献等. 换句话说, 只有总保持 x_1 的幂次增加的速度不低于 x_2 的幂次增加的速度, x_2 的幂次增加的速度又不低于 x_3 的幂次增加的速度, …… 的项才会对 $\chi_{(1^n)}^{[\lambda]}$ 有贡献. 显然, 若按以上规则使各 x_i 的幂次增加, 使得 x_1 增加 λ_1 次幂, x_2 增加 λ_2 次幂等, 则完成这一过程有多少种方式, $\chi_{(1^n)}^{[\lambda]}$ 就等于多少. 例如, 对于 S_4 群的 $\chi_{(1^4)}^{[21^2]}$, 就是要使 x_1 增加二次方, x_2 和 x_3 各增加一次方. 符合以上规则的升幂方式有三种: $x_1x_1x_2x_3$, $x_1x_2x_1x_3$, $x_1x_2x_3x_1$, 因此 $\chi_{(1^4)}^{[21^2]}=3$.

以上使 x_i 升幂的方式可想像成构作 Young 图的方式. x_1 要增加的幂次就是 Young 图第一行的方框数, x_2 要增加的幂次就是第二行的方框数等. 上面指出的升幂规则相当于在构作 Young 图的过程中, 上一行的方框数一定要多于或等于下一行的方框数, 亦即任何时候得到的 Young 图都要是规则 Young 图 (这种构作 Young 图的方式叫做一个方框的规则应用). 如果把方框摆上去的顺序编号, 按每种方式构成的 Young 图都是一个标准 Young 表, 所以上面指出的 x_i 的升幂规则相当于要求在构作过程中每个 Young 表都是标准 Young 表. 由于 $\chi_{(1^n)}^{[\lambda]}$ 是表示 $[\lambda]$ 的维数, 因此由标志表示 $[\lambda]$ 的 Young 图能够得到的标准 Young 表的数目就等于表示 $[\lambda]$ 的维数. 这正是我们在前面提到过的命题.

按上述方法, 我们可以很快地把 S_4 的各个不可约表示的维数 $n_\lambda=\chi_{(1^4)}^{[\lambda]}$ 求出, 如下所示:

$[\lambda]$	构作 Young 图的方式			n_λ
[4]	1 2 3 4			1
[31]	1 2 3 4	1 2 4 3	1 3 4 2	3
$[2^2]$	1 2 3 4	1 3 2 4		2
$[21^2]$	1 2 3 4	1 3 2 4	1 4 2 3	3
$[1^4]$	1 2 3 4			1

再看求其他各共轭类 (l) 特征标的图解方法. 还是从式 (20.1.17) 出发, 要找 $\chi_{(l)}^{[\lambda]}$ 就是要把 $D(x_1\cdots x_m)S_{(l)}$ 展开式中 $x_1^{\lambda_1+m-1}x_2^{\lambda_2+m-2}\cdots x_m^{\lambda_m}$ 的系数求出来. 设 $(l)=(l_1l_2\cdots l_j\cdots)$, 逐步用

$$S_{l_1}=\sum_i x_i^{l_1},\cdots,S_{l_j}=\sum_i x_i^{l_j}$$

去乘

$$D(x_1\cdots x_m)=\sum_P \delta_P\hat{\boldsymbol{P}}(x_1^{m-1}x_2^{m-2}\cdots x_{m-1}x_m^0)$$

在这一过程中, 各项中 x_i 的幂次逐渐升高, 如果在任何一步中某一项有两个变量的幂指数相等, 这一项系数必为零. 我们先看用 S_{l_1} 去乘时各个变量的幂次升高的情况. 如果 $l_1=1$, 也就是用 $\varSigma x_i$ 去乘, 情况如前所述, 在 $\sum\limits_P\delta_P\hat{\boldsymbol{P}}$ 的作用下, 多项式中只有 x_1 的幂指数增加 1 的项能留下来. 如果 $l_1=2$, 就是用 $\varSigma x_i^2$ 去乘, 在 $\sum\limits_P\delta_P\hat{\boldsymbol{P}}$ 的作用下, 多项式中只有两项留下来, x_1^2 乘上去, 使得 x_1 的幂指数增加 2, 得到 $x_1^{m+1}x_2^{m-2}\cdots x_m^0$ 项; x_2^2 乘上去, 使得 x_2 的幂指数增加 2, 得到 $x_1^{m-1}x_2^{m+1}x_3^{m-3}\cdots x_m^0$ 项, 通过 $\sum\limits_P\delta_P\hat{\boldsymbol{P}}$ 的作用, 交换变量的指标可以变成等价的 $-x_1^{m+1}x_2^{m-1}x_3^{m-3}\cdots x_m^0$ 项 $\left[\sum\limits_P\delta_P\hat{\boldsymbol{P}}(x_1^{m-1}x_2^{m+1}x_3^{m-3}\cdots x_m^0)=\sum\limits_P\delta_P\hat{\boldsymbol{P}}(-x_1^{m+1}\cdot x_2^{m-1}x_3^{m-3}\cdots x_m^0)\right]$, 其他项皆为零. 例如, 乘上 x_3^2, 就使得 x_3 的幂指数增加 2, 变成和 x_1 的一样, 从而等于零. 当 $l=3$ 时, 不为零的项为

$$x_1^{m+2}x_2^{m-2}x_3^{m-3}\cdots x_m^0,\ x_1^{m-1}x_2^{m+1}x_3^{m-3}\cdots x_m^0,\ x_1^{m-1}x_2^{m-2}x_3^m x_4^{m-4}\cdots x_m^0;$$

通过 $\sum_P \delta_P \hat{\boldsymbol{P}}$ 的作用可以转变成幂指数按下降顺序排列的形式, 得到以下三项: ① $x_1^{m+2}x_2^{m-2}x_3^{m-3}\cdots x_m^0$; ② $-x_1^{m+1}x_2^{m-1}x_3^{m-3}\cdots x_m^0$; ③ $x_1^m x_2^{m-1}x_3^{m-2}x_4^{m-4}\cdots x_m^0$. 从幂次升高的效果看, 相当于三种情况: ① 使第一个变量幂次升高 3; ② 使第一个变量的幂次升高 2, 使第二个变量的幂次升高 1; ③ 使第一、二、三个变量的幂次都升高 1. 正、负号的规律是, 使奇数个变量的幂次升高时取正号, 使偶数个变量的幂次升高时取负号. 可以把上述结果推广, 总结成以下规则: 用 $\sum_i x_i^{l_1}$ 去乘 $D(x_1\cdots x_m)$, 得到的 $\sum_P \delta_P \hat{\boldsymbol{P}}$ 作用的式子中有 l_1 项不等于零. 第一项 x_1 的幂次升高 l_1(没有说到的变量幂次不变, 下同), 第二项 x_1 的幂次增加 l_1-1, x_2 的幂次增加 1, 取负号, $\cdots\cdots$, 在第 l_1 项中, 从 x_1 到 x_l 的幂次都增加 1, 其正负号视 l_1 为奇数或为偶数而定. 例如, $l_1=4$, 得到四项: $x_1^{m+3}x_2^{m-2}\cdots x_m^0$, $-x_1^{m+2}x_2^{m-1}x_3^{m-3}\cdots x_m^0$, $x_1^{m+1}x_2^{m-1}x_3^{m-2}x_4^{m-4}\cdots x_m^0$, $-x_1^m x_2^{m-1}x_3^{m-2}x_4^{m-3}x_5^{m-5}\cdots x_m^0$. 如果我们把这个规则换成拼 Young 图的规则, 就是在把 l_1 个方框拼图的过程中, 拼成的 Young 图总保持是 "┌" 形的 (包括一行和一列的图作为极端情况). 或者设想成, 把方框摆到任一行中去, 到比上一行多出一个之后转而摆入上一行, 直到把 l_1 个方框都摆完, 得到的图应该是规则 Young 图.

再考虑继续乘以 $S_{l_2}, S_{l_3}, \cdots$ 时的情况. 设想已乘过 S_{l_1}, S_{l_2} 等, 在 $\sum_P \delta_P \hat{\boldsymbol{P}}$ 作用的式子中有一项为

$$\pm(x_1^{m-1}x_2^{m-2}\cdots x_{p-1}^{m-p+1}x_p^{m-p}\cdots x_q^{m-q}\cdots x_m^0)x_1^{\nu_1}x_2^{\nu_2}\cdots x_{p-1}^{\nu_p-1}x_p^{\nu_p}\cdots x_q^{\nu_q}\cdots x_m^{\nu_m}$$

式中, $\nu_1 \geqslant \nu_2 \geqslant \cdots \geqslant \nu_{p-1} \geqslant \nu_p \cdots \geqslant \nu_q \geqslant \cdots \geqslant \nu_m$. 现在把它乘以 $S_r=\sum_i x_i^r$(对应于长度为 r 的循环). x_i^r 乘上去, 若使其中两个变量的幂次相等, 则结果为零. 设

$$\nu_{p-1}+(m-p+1) > \nu_q+(m-q)+r > \nu_p+(m-p),$$

也就是把 x_q^r 乘上去后, 这一项中 x_q 的幂次增加 r. 若把变量按幂次降序排列, x_q 就跑到 x_{p-1} 和 x_p 之间了, 即

$$\begin{aligned}
&\pm x_1^{\nu_1+(m-1)}\cdots x_{p-1}^{\nu_{p-1}+(m-p+1)}x_p^{\nu_p+(m-p)}\cdots x_q^{\nu_q+(m-q)+r}\cdots x_m^{\nu_m}\\
=&\pm x^{\nu_1+(m-1)}\cdots x_{p-1}^{\nu_{p-1}+(m-p+1)}x_q^{\nu_q+(m-q)+r}x_p^{\nu_p+(m-p)}\cdots x_m^{\nu_m}\\
=&\pm(x_1^{m-1}\cdots x_{p-1}^{m-p+1}x_q^{m-p}x_p^{m-p-1}\cdots x_m^0)\\
&\times x_1^{\nu_1}\cdots x_{p-1}^{\nu_{p-1}}x_q^{\nu_q+p-q+r}x_p^{\nu_{p+1}}x_{p+1}^{\nu_{p+1}+1}\cdots x_{q-1}^{\nu_{q-1}+1}x_{q+1}^{\nu_{q+1}}\cdots x_m^{\nu_m}
\end{aligned}\tag{20.1.42}$$

如果考虑 $\sum_P \delta_P \hat{\boldsymbol{P}}$ 对变量指标的作用, 把式 (20.1.42) 变成变量仍按自然顺序排列的项, 则变量幂次升高的规律是, 第 p 个变量 x_p 的幂次增加 $r-(q-p)+(\nu_q-\nu_p)$, 从第 $p+1$ 个变量 x_p 开始到第 q 个变量 x_q 为止, 这中间每个变量的幂次变为它前面一个变量原来的幂指数加 1, 符号的正负视 $(q-p)$ 为奇或偶而定, 即式 (20.1.42) 表示的项变为

$$\begin{aligned}&(\pm 1)^{q-p+1}(x_1^{m-1}\cdots x_{p-1}^{m-p+1}x_p^{m-p}\cdots x_{m-1}x_m^0)\\&\times x_1^{\nu_1}\cdots x_{p-1}^{\nu_{p-1}}x_p^{\nu_p+[r-(q-p)+(\nu_q-\nu_p)]}x_{p+1}^{\nu_p+1}\\&\times x_{p+2}^{\nu_{p+1}+1}\cdots x_q^{\nu_{q-1}+1}x_{q+1}^{\nu_{q+1}}\cdots x_m^{\nu_m}\end{aligned}$$

现在, 我们再把变量幂次升高的规律用拼 Young 图的规则来表达, 结果就还是和上面说过的一样, 也就是说, 把方框加到第 q 行, 直到这行比上一行的方框数多 $1(x_q$ 的幂指数已变成 $\nu_{q-1}+1)$, 然后转而加到上一行, ……, 直到把 r 个方框加完, 得到的图应该是规则 Young 图; 若方框摆过的行数为奇, 则取正号, 反之, 取负号; 这叫做 r 个方框的规则应用. 显然, 这个规则与 $(x_1^{m-1}x_2^{m-2}\cdots x_{m-1}x_m^0)$ 的存在与否无关.

要求出特征标 $\chi^{[\lambda]}_{(l)}, [\lambda]=[\lambda_1\lambda_2\cdots\lambda_m], l=(l_1l_2\cdots l_j)$, 就是要找出 $D(x_1\cdots x_m)S_{(l)}$ 中 $x_1^{\lambda_1+m-1}x_2^{\lambda_2+m-2}\cdots x_m^{\lambda_m}$ 项的系数. 让每一个这样的项对应于标志 $[\lambda]$ 的一个 Young 图. 为了使其系数不为零, 拼 Young 图时应遵守上述规则; 其系数为正或负, 则由在摆入 l_1 个方框, l_2 个方框, ……, l_j 个方框的过程中正负号的乘积决定. 于是每有一种方式拼成标志 $[\lambda]$ 的 Young 图, 这一项的系数就改变 ± 1. 所以拼成这种 Young 图的方式的代数和就是 $\chi^{[\lambda]}_{(l)}$. 这样, 我们就得到求 S_n 的不可约表示特征标的图解规则如下: 为了求得 $[\lambda]=[\lambda_1\lambda_2\cdots\lambda_m]$ 表示中第 $l=(l_1l_2\cdots l_j)$ 类的特征标, 我们用一组一组的方框按规则允许的各种方式拼造 Young 图 $[\lambda]$, 各组方框的数目分别为 $l_1,l_2,\cdots,l_j$(每组方框对应于一个独立循环). 先用哪一组方框拼图是没有关系的, 但摆入每组方框时都要遵守以下规则: 从任一行开始摆入方框, 到这一行的方框数比上一行多 1 以后, 转而摆入上一行, ……, 继续下去, 直到摆完一组方框, 此时得到的应是规则 Young. 若摆入的方框占奇数行, 则取正号, 而占偶数行时, 取负号. 把各组方框 (共 n 个) 都摆完以后得到标志 $[\lambda]$ 的 Young 图, 其正负号由在各组方框填入过程中的正负号乘积确定. 设有 e 种拼造 Young 图 $[\lambda]$ 的方式带正号, f 种方式带负号, 则

$$\chi^{[\lambda]}_{(l)}=e-f \tag{20.1.43}$$

为了便于拼图, 我们可以把同一组的方框用相同的数字标记. 先作出标志 $[\lambda]$ 的 Young 图, 再把一组组数字填入方框中去. 填数字时要遵守摆方框的规则. 下面举几个例子.

(1) S_4 的 $\chi^{[31]}_{(1^22)}$. 先作出 Young 图 [31], 把三组数 (11), (2), (3) 填入, 填入方式如下:

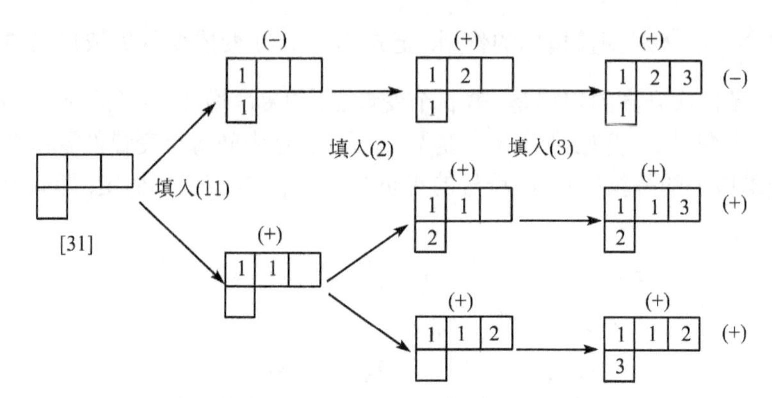

故由式 (20.1.43) 得 $\chi_{(1^22)}^{[31]} = 2 - 1 = 1$. 我们也可以按 (1), (22), (3) 的方式填数, 即

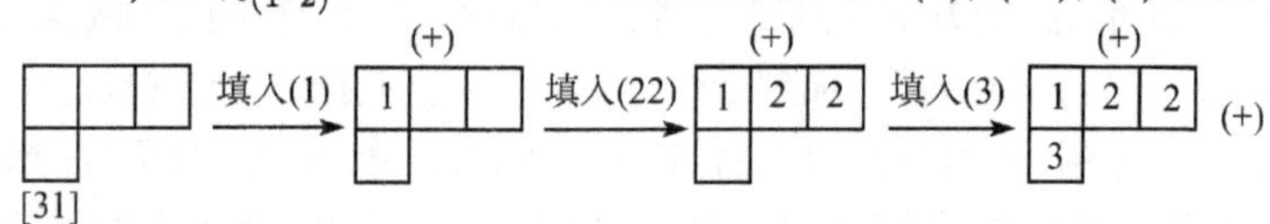

现在只有一种填充方式, 故 $\chi_{(1^22)}^{[31]} = 1$. 可见, 先填入哪一组方框是没有关系的, 但填入的次序选得合适可以简化拼图过程, 方便计算.

(2) S_4 的 $\chi_{(1^22)}^{[21^2]}$. 一种填充方式为

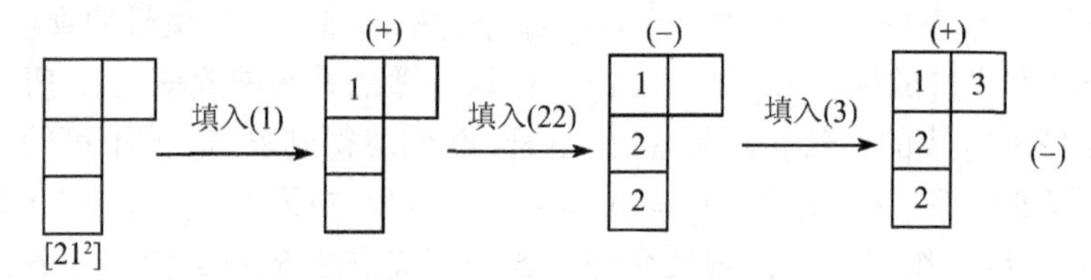

故 $\chi_{(1^22)}^{[21^2]} = -1$. 另一种填充方式是

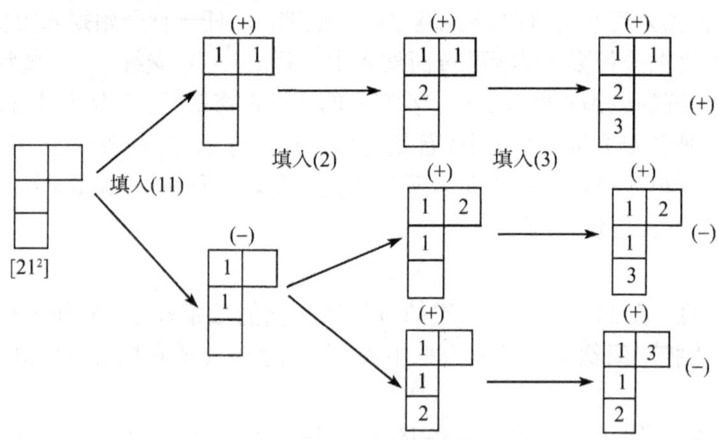

故 $\chi_{(1^22)}^{[21^2]} = -2 + 1 = -1$. 显然, 第一种填充方式简单.

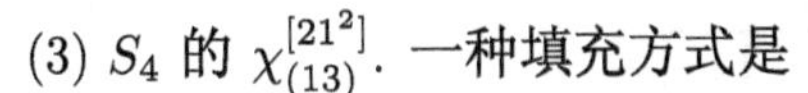

(3) S_4 的 $\chi_{(13)}^{[21^2]}$. 一种填充方式是

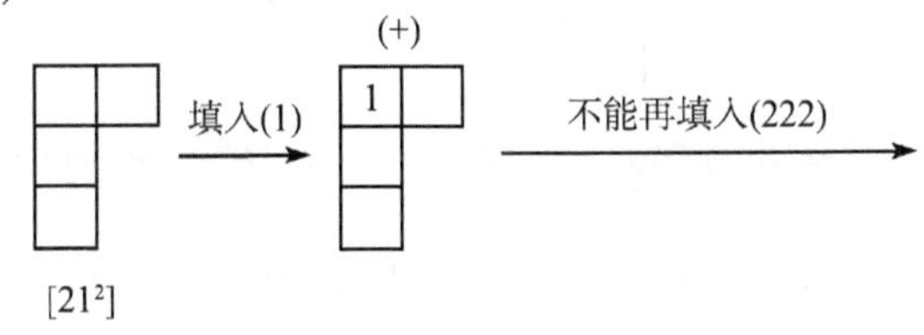

故 $\chi_{(13)}^{[21^2]}=0$. 若按另一种填充方式

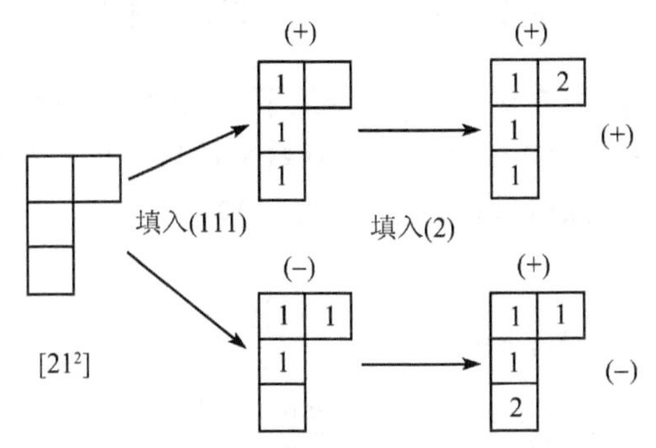

结果仍然是 $\chi_{(13)}^{[21^2]}=1-1=0$.

利用图解方法, 容易证明以下一些一般性结果.

(1) $\chi_{(l)}^{[n]}=1$. 因为 Young 图只有一行, 不论 (l) 是什么, 都只有一种填充方式, 且总符号为正.

(2) $\chi_{(l)}^{[1^n]}=\pm 1$. (l) 为偶置换时取 $+1$, 为奇置换时取 (-1). Young 只有一列, (l) 只能有一种填充方式. 偶数长度的循环有偶数个方框, 摆到 Young 图上去占有偶数行, 符号为负. 反之, 奇数长度的循环, 符号为正. 因为偶置换包含有偶数个偶长度的循环, 所以总结果为 $+1$, 奇置换包含奇数个偶长度的循环, 故总结果为 -1.

(3) 证明 $\chi_{(n)}^{[p1^q]}=(-1)^q$, 其中 $p+q=n, q=0,1,\cdots,n-1$. (n) 类在其他不可约表示中的特征标为零.

证明: Young 图如左所示. 把 n 个数字填入, 只有一种方式, 当 q 为奇数时, $q+1$ 为偶数行, 故为负号. 由此即得

$$\chi_{(n)}^{[p1^q]}=(-1)^q$$

对于其他不可约表示对应的 Young 图, 我们无法把 n 个数字按规则填入, 故特征标为零.

(4) 证明:

$$\chi_{(1^\alpha 2^\beta 3^\gamma\cdots)}^{[(n-1)1]}=\alpha-1 \tag{20.1.44}$$

证明: 把 (1) 填进 Young 图中去, 只有一种方式

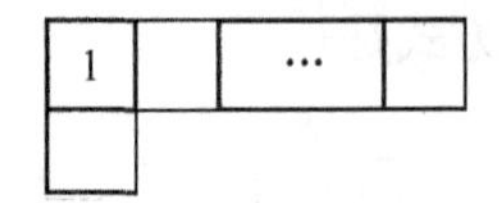

这种图再填 2, 3, ⋯ 循环的数字时只有唯一的一种方式, 但再填单循环的数字可有不同方式. 若有 α 组单循环, 则有 $\alpha-1$ 种填充方式, 因为 (a) $\begin{array}{|c|c|c|c|}\hline 1 & & \cdots & \\ \hline 2 \\ \cline{1-1}\end{array}$ 是一种图, (b) $\begin{array}{|c|c|c|c|}\hline 1 & 2 & \cdots & \\ \hline \ \\ \cline{1-1}\end{array}$ 是另一种图. (a) 图以后只有唯一的填充方式, (b) 图再填单循环数字时还有两种方式, ⋯⋯, 继续下去, 把所有单循环数字填完, 就不能再存在 (b) 型图. 以后再填入其他长度循环数字都只有唯一方式. 在整个填充过程中, 每次都只填入一行, 故符号恒为正. 由此可知, $\chi^{[(n-1)1]}_{(1^\alpha 2^\beta 3^\gamma\cdots)}=\alpha-1$.

类似地, 可以证明

$$\chi^{[(n-2)1^2]}_{(1^\alpha 2^\beta 3^\gamma\cdots)}=\frac{(\alpha-1)(\alpha-2)}{2}-\beta \tag{20.1.45}$$

$$\chi^{[(n-2)2]}_{(1^\alpha 2^\beta 3^\gamma\cdots)}=\frac{(\alpha-1)(\alpha-2)}{2}+\beta-1 \tag{20.1.46}$$

(5) 对偶表示的特征标. $\chi^{[\tilde{\lambda}]}_{(l)}=\chi^{[\lambda]}_{(l)}\cdot\chi^{[1^n]}_{(l)}$

证明: 设想对应于 $[\lambda]$ 的 Young 图是用方框按规则拼成的, 则为得到它的对偶表示 $[\tilde{\lambda}]$ 的 Young 图, 只需要把拼图的方式改变为凡是应加到 $[\lambda]$ 图的行 (或列) 中去的方框都改成加到 $[\tilde{\lambda}]$ 的列 (或行) 中去. 例如, 设在拼 Young 图的过程中已经得到对偶图 (a) 和 (b)(实线部分).

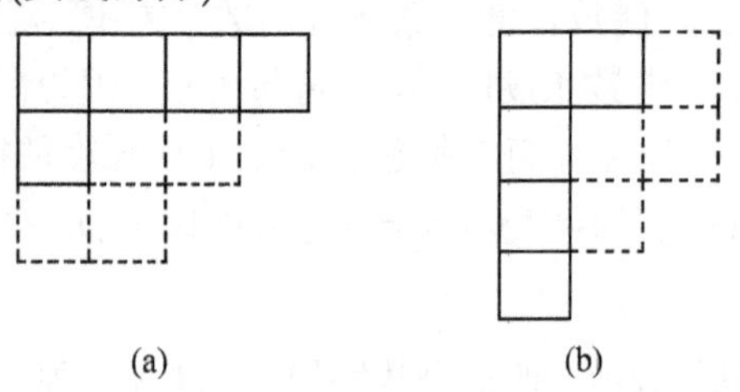

(a)　　　　(b)

继续加上更多的方框时, 如再加上四个, 则为再得到对偶图, 加方框的方式之一即如图中虚线所示, 向两个图中加入方框时, 行与列对调, 顺序相反. 根据加方框的规则可知, 新加的方框 (虚线部分) 构成连通的条状 [图 (c)] 而不会是断开的形状 [图 (d)].

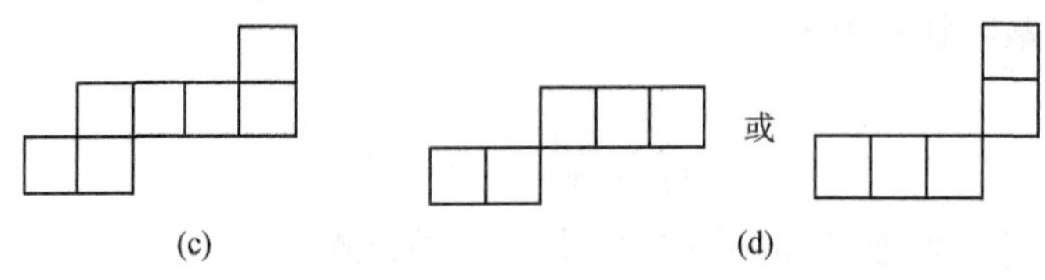

(c)　　　　(d)

因此, r 个方框占有的行数和列数的总和为 $r+1$(头一个方框占一行一列, 以后每加一个方框就多占一行或一列). 如果 r 是奇数, $r+1$ 就是偶数, 加入的方框占的行数若为奇数, 列数也必为奇数. 在拼对偶图时, 填入 $[\lambda]$ 图中的列数就是填入 $[\tilde{\lambda}]$ 图中的行数. 所以, 它们的符号必须同时为正或负. 若 r 是偶数, $r+1$ 就是奇数, 若方框占奇数行, 则必占偶数列, 反之亦然. 于是, 若 $[\lambda]$ 图的符号为正, 则 $[\tilde{\lambda}]$ 图的符号必为负, 反之亦然. 因此, 对于任何一类元素 (l), 每有一种拼 $[\lambda]$ Young 图的方式, 就相应地有一种拼 $[\tilde{\lambda}]$Young 图的方式. 若 (l) 为偶置换, 必有偶数个偶符号循环, 拼成的对偶图的总符号相同, 故 $\chi_{(l)}^{[\tilde{\lambda}]}=\chi_{(l)}^{[\lambda]}$. 若 (l') 为奇置换, 则必有奇数个偶符号循环, 拼成的对偶图总符号必相反, 故 $\chi_{(l')}^{[\tilde{\lambda}]}=-\chi_{(l')}^{[\lambda]}$. 因为 $\chi_{(l)}^{[1^n]}=1$, $\chi_{(l')}^{[1^n]}=-1$, 所以

$$\chi_{(l)}^{[\tilde{\lambda}]}=\chi_{(l)}^{[\lambda]}\chi_{(l)}^{[1^n]} \tag{20.1.47}$$

20.1.5 不可约表示特征标的循环公式

S_n 的不可约表示特征标用 S_{n-r} 的不可约表示特征标表示出来的公式有时是很有用的, 可以利用 Frobenius 公式或者通过图解方法得到. 显然, 凡是按规则从 S_n 的 $[\lambda]$ Young 图中取去 r 个方框所得 Young 图都对应于 S_{n-r} 的不可约表示, 反之, 把 r 个方框按规则加到 S_{n-r} 的这些不可约表示对应的 Young 图中都可以得到 S_n 的 $[\lambda]$Young 图, 所以这些图都对 $\chi_{((l)r)}^{[\lambda]}$ 有贡献. 根据这点, 我们可以从 S_{n-r} 群的不可约表示特征标计算 S_n 群的不可约表示特征标.

按 Frobenius 公式, S_n 群的不可约表示特征标 $\chi_{(l)}^{[\lambda]}$ 由下式给出

$$S_{(l)}D(x_1\cdots x_m)=\sum_{[\lambda]}\chi_{(l)}^{[\lambda]}\sum_{P}\delta_P\hat{\boldsymbol{P}}(x_1^{\lambda_1+m-1}x_2^{\lambda_2+m-2}\cdots x_m^{\lambda_m}) \tag{20.1.17}$$

式中, (l) 为 S_n 群的一个共轭类, $l=(l_1l_2\cdots l_n), l_1+l_2+\cdots+l_n=n$. 考虑 S_{n+r} 群的 $(k)=((l)r)$ 共轭类, (k) 是在 (l) 循环结构的基础上再增加一个 r 循环, 则

$$S_{(k)}D(x_1\cdots x_m)=\sum_{[\nu]}\chi_{(k)}^{[\nu]}\sum_{P}\delta_P\hat{\boldsymbol{P}}(x_1^{\nu_1+m-1}x_2^{\nu_2+m-2}\cdots x_m^{\nu_m})$$

但 $S_{(k)}=S_{(l)}S_r$, 故

$$\begin{aligned}&\sum_{[\nu]}\chi_{(k)}^{[\nu]}\sum_{P}\delta_P\hat{\boldsymbol{P}}(x_1^{\nu_1+m-1}x_2^{\nu_2+m-2}\cdots x_m^{\nu_m})\\ =&(x_1^r+\cdots+x_m^r)\sum_{[\lambda]}\chi_{(l)}^{[\lambda]}\sum_{P}\delta_P\hat{\boldsymbol{P}}(x_1^{\lambda_1+m-1}\cdots x_m^{\lambda_m})\end{aligned} \tag{20.1.48}$$

令式 (20.1.48) 两边同类项的系数相等, 得

$$\chi_{(k)}^{[\nu]}=\sum_{[\lambda]}{}'\pm\chi_{(l)}^{[\lambda]}\qquad (k)=((l)r) \tag{20.1.49}$$

求和号 $\sum\limits_{[\lambda]}{}'$ 的含义如下：从式 (20.1.48) 看, 右边的一项

$$\sum_P \delta_P \hat{\boldsymbol{P}}(x_1^{\lambda_1+m-1}\cdots x_i^{\lambda_i+m-i}\cdots x_m^{\lambda_m})$$

依次用 x_i^r 去乘, 就使其中的 x_i 的幂指数变成 $x_i^{\lambda_i+m-i+r}$, 如果这个幂指数与任何其他变量的幂指数相同, 这一项就变成零. 否则, 可以利用 $\sum\limits_P \delta_P \hat{\boldsymbol{P}}$ 的作用变成形如

$$\sum_P \delta_P \hat{\boldsymbol{P}}(x_1^{\nu_1+m-1}x_2^{\nu_2+m-2}\cdots x_m^{\nu_m})$$

的项, 就说明这一项对 $x_{(k)}^{[\nu]}$ 有贡献. 因此 $\sum\limits_{[\lambda]}{}'$ 可确定如下：从 $[\lambda]$ 的一组幂指数出发, 例如

$$\lambda_1+m-1,\ \lambda_2+m-2,\cdots,\lambda_m \tag{20.1.50}$$

把某个幂指数增加 r, 如果经过交换变量指标后能得到对应于 $[\nu]$ 的一组数

$$\nu_1+m-1,\ \nu_2+m-2,\cdots,\nu_m \tag{20.1.51}$$

则这种 $[\lambda]$ 就包括在求和 $\sum\limits_{[\lambda]}{}'$ 之中, 其符号由交换指标的奇偶性决定. 这样, 我们就可以根据式 (20.1.49), 由子群 S_n 的特征标计算母群 S_{n+r} 的特征标.

实际上比较方便的办法是反过来, 从指定的幂指数组

$$(\nu_i+m-i)=\nu_1+m-1,\quad \nu_1+m-2,\cdots,\nu_m \tag{20.1.52}$$

出发, 逐项把每个数减去 r, 然后把数组重排成降序, 从得到的数组中依次减去 $(m-i)$, 如果剩下的数组 $[\lambda]$ 对应于规则 Young 图, $[\lambda]$ 就应该包括在式 (20.1.49) 的求和中. m 的选取是任意的, 一般让它等于 $[\nu]$ 的行数, 这样包括有负数的数组一定不对应于规则 Young 图, 可以立即弃去. 举例说明如下：

(1) 将 S_{15} 的 $\chi_{(k)}^{[4^33]}$ 用 S_{12} 的特征标 $\chi_{(l)}^{[\lambda]}$ 表示出来, $(k)=((l)3)$. 取 $m=4$, 按式 (20.1.52) 列出数组

$$\begin{aligned}(\nu_i+m-i) &= 4+4-1,\ 4+4-2,\ 4+4-3,\ 3+4-4\\ &= \quad 7, \qquad\quad 6, \qquad\quad 5, \qquad\quad 3\end{aligned}$$

逐个数减去 3, 得到四个数组

① 4, 6, 5, 3

② 7, 3, 5, 3

③ 7, 6, 2, 3

④ 7, 6, 5, 0

其中②有两个幂指数相等, 对应于零, 应弃去. 剩下的三组经重排为降序后变成下面的三组:

① 6, 5, 4, 3 (+)

② 7, 6, 3, 2 (−)

③ 7, 6, 5, 0 (+)

右边的符号表明重排时数字置换的奇偶性. 为了求得 $[\lambda]$ 值, 从上面数组中的第一个数减 $(m-1)$, 第二个数减 $(m-2), \cdots\cdots$ (因为这组数对应于 λ_i+m-i), 得

① 3, 3, 3, 3 (+)

② 4, 4, 2, 2 (−)

③ 4, 4, 4, 0 (+)

由此可得

$$\chi_{((l)3)}^{[4^3 3]} = +\chi_{(l)}^{[3^4]} - \chi_{(l)}^{[4^2 2^2]} + \chi_{(l)}^{[4^3]}$$

(2) 证明:

$$\chi_{((l)4)}^{[7653]} = -\chi_{(l)}^{[743^2]} - \chi_{(l)}^{[762^2]}$$

取 $m=4$, 对应于式 (20.1.52) 的数组为

$$\begin{aligned}(\nu_i+m-i) &= 7+4-1,\ 6+4-2,\ 5+4-3,\ 3+4-4\\ &= \quad 10, \qquad\quad 8, \qquad\quad 6, \qquad\quad 3\end{aligned}$$

逐个数减去 4, 得到四个数组

① 6, 8, 6, 3

② 10, 4, 6, 3

③ 10, 8, 2, 3

④ 10, 8, 6, −1

①和④应弃去; 经置换后得到数组

① 10, 6, 4, 3 (−)

② 10, 8, 3, 2 (−)

减去 $(m-1), (m-2), \cdots$, 以后得到 $[\lambda]$ 数组

① 7, 4, 3, 3 (−)

② 7, 6, 2, 2 (−)

故得

$$\chi_{((l)4)}^{[7653]} = -\chi_{(l)}^{[743^2]} - \chi_{(l)}^{[762^2]}$$

以上运算若用图解方法进行, 问题就变成知道了 Young 图 $[\nu]=[\nu_1\nu_2\cdots\nu_m]$, 按照拼图规则, 从哪些 $[\lambda]=[\lambda_1\cdots\lambda_m]$ 图拼上 r 个方框可以得到它. 因为得到规则

Young 图的方式的代数和就是特征标, 我们就可以根据从 $[\lambda]$ 图得到 $[\nu]$ 图的可能方式, 从 $[\lambda]$ 的特征标求出 $[\nu]$ 的特征标了. 注意, 按照拼 Young 图的规则, r 个方框加上去, 必须成连接的条状, 不能分成断开的几段 [参看 144 页图 (c) 和 (d)]; 加上去之后所得的图应是规则 Young 图. 加上去的方框占奇数行时取正号, 偶数行时取负号. 实际上, 由 $[\lambda]$ 图拼出 $[\nu]$ 图还不如从 $[\nu]$ 图按规则取掉指定数目的方框得出 $[\lambda]$ 图方便, 所以通常采用从 $[\nu]$ 图取下方框的办法. 举例如下:

(1) 求 $\chi^{[42^2]}_{((l)2)}$?

这是取掉两个方框的情况, 按规则可以有三种取法:

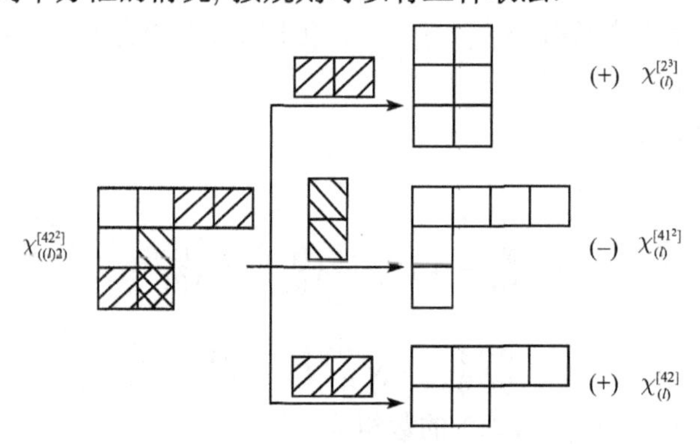

故

$$\chi^{[42^2]}_{((l)2)} = \chi^{[2^3]}_{(l)} - \chi^{[41^2]}_{(l)} + \chi^{[42]}_{(l)}$$

(2) 将 $\chi^{[4^3 3]}_{((l)3)}$ 用 $\chi^{[\lambda]}_{(l)}$ 表示. 取下三循环的方框有四种符合规则的方式:

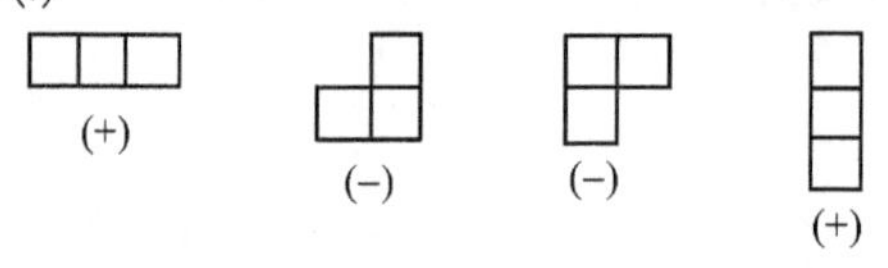

故

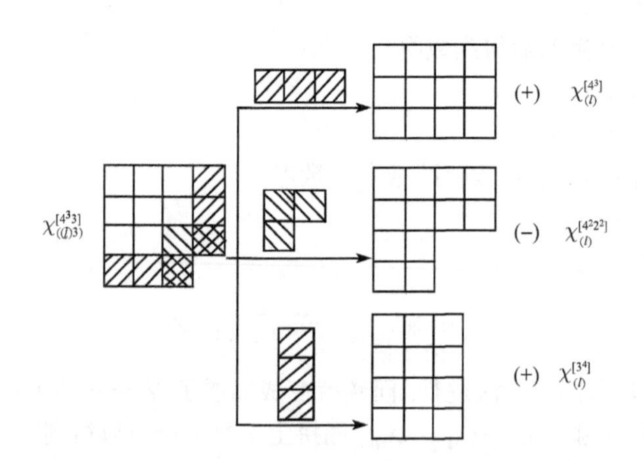

故得

$$\chi^{[4^33]}_{((l)3)} = \chi^{[4^3]}_{(l)} - \chi^{[4^22^2]}_{(l)} + \chi^{[3^4]}_{(l)}$$

(3) 将 $\chi^{[421]}_{((l)32)}$ 用 $\chi^{[\lambda]}_{(l)}$ 表示. 这里要减去一个三循环和一个二循环, 分两步进行如下:

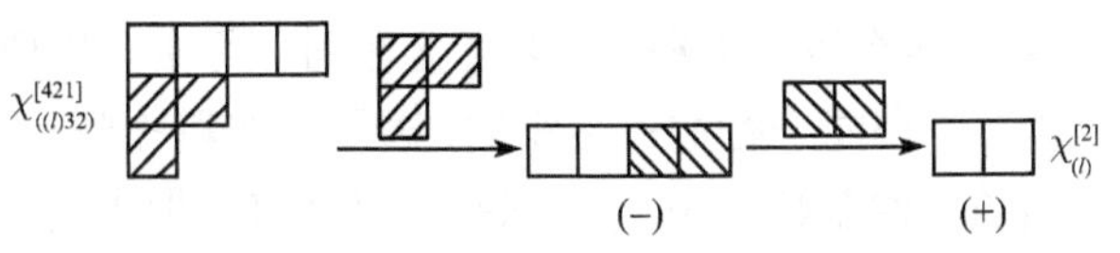

即

$$\chi^{[421]}_{((l)32)} = -\chi^{[2]}_{(l)} = -1$$

一个重要的情况是从 S_n 的 Young 图上取掉单个方框. 这时符号总是正的, 又因为得到的每个图代表 S_{n-1} 的一个不可约表示, 所以所得结果就说明了 S_n 的不可约表示在 S_{n-1} 中分解为哪些不可约表示之和, 亦即得到置换群的分支律. 因为 $r=1$, 式 (20.1.49) 变成

$$\chi^{[\nu]}_{((l)1)} = \sum_r \chi^{[\nu_1\cdots\nu_r-1\cdots]}_{(l)} \tag{20.1.53}$$

求和遍及符合条件 $\nu_r - 1 \geqslant \nu_{r+1}$ 的分割. 用图解方法就是从 $\chi^{[\nu]}_{((l)1)}$ 图中逐行取掉一个方框, 从得到的图中弃去非规则 Young 图就行了. 例如:

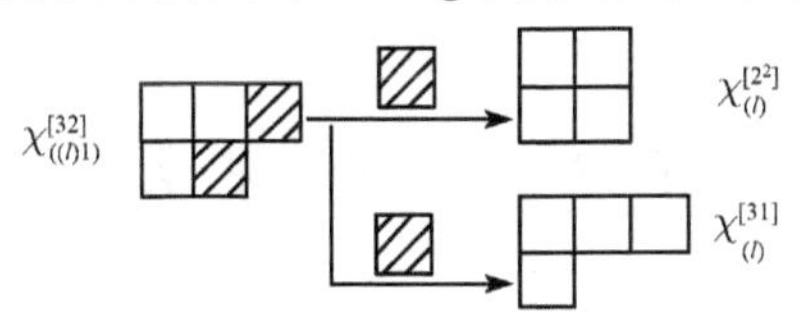

故

$$\chi^{[32]}_{((l)1)} = \chi^{[2^2]}_{(l)} + \chi^{[31]}_{(l)}$$

考虑相继取下两个单循环的情况. 例如:

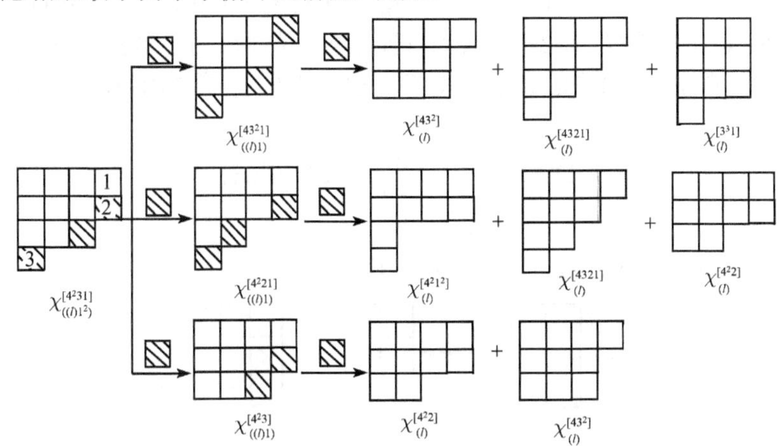

故

$$\chi_{((l)1^2)}^{[4^231]} = \chi_{(l)}^{[3^31]} + \chi_{(l)}^{[4^21^2]} + 2\chi_{(l)}^{[4321]} + 2\chi_{(l)}^{[43^2]} + 2\chi_{(l)}^{[4^22]}$$

从这个例子中可以看出一个规律: 从一个 Young 图中相继取下两个方框时, 如果上一行比下一行多出两个以上方框, 可以直接在同一行中一次取掉两个方框, 如 $\chi_{((l)1^2)}^{[4^231]} \to \chi_{(l)}^{[4^21^2]}$; 当不是在同一行取去方框时, 若不论先取去哪一行的方框都得到规则 Young 图, 得到的项的系数就是 2, 若只有一种允许的取下两个方框的方式, 系数就是 1. 例如, 从 $[4^231]$ 中取去 (2, 3) 两个方框得到 $[43^2]$, 先取方框 2 或先取方框 3, 得到的都是规则 Young 图, 所以 $\chi_{(l)}^{[43^2]}$ 项的系数为 2. 反之, 取下 (1, 2) 两个方框, 必须先取 2 后取 1, 不能先取 1 后取 2, 故 $\chi_{(l)}^{[3^31]}$ 的系数为 1. 显然, 后一种情况只在从 Young 图中相邻而等长的两行取下两个方框时才会出现. 如用数学式子表达, 就是

$$\chi_{((l)1^2)}^{[\nu]} = \sum_{\substack{r \\ (\nu_r-2\geqslant\nu_r+1)}} \chi_{(l)}^{[\nu_1\cdots\nu_r-2\cdots]} + \sum_{\substack{r,s \\ \nu_r-1\geqslant\nu_{r+1} \\ \nu_s-1\geqslant\nu_{s+1}}} a_{rs}\chi_{(l)}^{[\nu_1\cdots\nu_r-1\cdots\nu_s-1\cdots]} \tag{20.1.54}$$

式中, 若 r 和 s 是相邻的两行, 并且 $\nu_r = \nu_s$, 则 $a_{rs} = 1$, 否则 $a_{rs} = 2$.

20.2 正交表示

20.2.1 不可约表示按子群链的分解

分支律说明 S_n 群的不可约表示向 S_{n-1} 群分解时包含哪些不可约表示. 因为 S_n 群的 $((l)1)$ 共轭类来自它的各个 S_{n-1} 子群的 (l) 共轭类, 所以同时包含在 S_{n-1} 和 S_n 群中的置换 R 必具有 $((l)1)$ 形的循环结构. 对于这样的置换 R, 根据式 (20.1.53), 它在 S_n 群中的表示矩阵可以用它在 S_{n-1} 群中的表示矩阵的直和来表达

$$\boldsymbol{D}^{[\nu]}(R) = \sum_{\substack{r \\ (\nu_r-1\geqslant\nu_{r+1})}} \boldsymbol{D}^{[\nu_{(r)}]}(R) \tag{20.2.1}$$

式中, $[\nu_{(r)}] \equiv [\nu_1\nu_2\cdots\nu_r-1\cdots\nu_m]$. 例如, 由

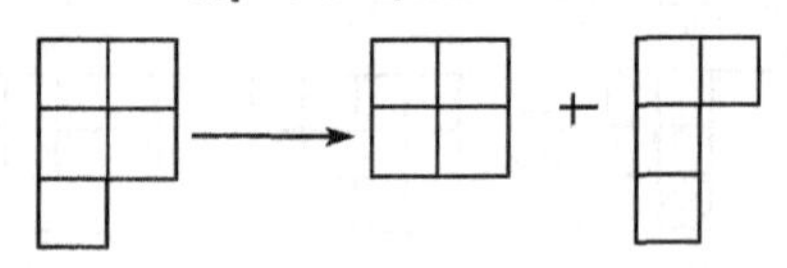

$$\chi^{[2^21]}_{((l)1)} = \chi^{[2^2]}_{(l)} + \chi^{[21^2]}_{(l)}$$

得

$$\boldsymbol{D}^{[2^21]}(R) = \left[\begin{array}{c:c} \boldsymbol{D}^{[2^2]}(R) & 0 \\ \hdashline 0 & \boldsymbol{D}^{[21^2]}(R) \end{array}\right] \tag{20.2.2}$$

以上关于 $S_n \to S_{n-1}$ 群的讨论自然也适用于 $S_{n-1} \to S_{n-2}$. 所以, 如果置换 R 同时包含在 $S_n \supset S_{n-1} \supset S_{n-2}$ 子群链中, 则必具有 $((l')1^2)$ 形的循环结构, 它在 S_n 群中的表示矩阵将分成更小的对角块. 例如:

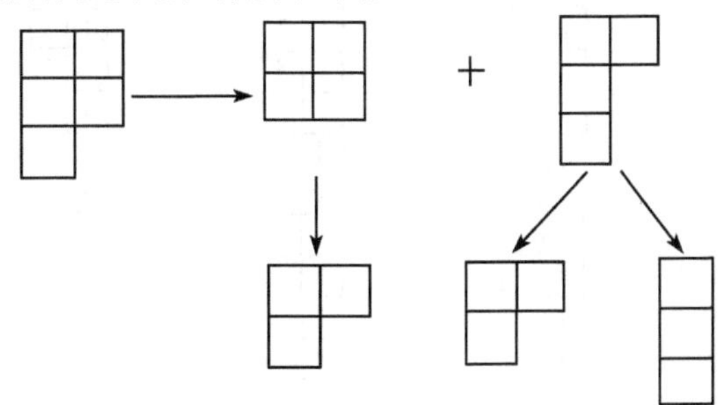

$$\chi^{[2^21]}_{((l')1^2)} = \chi^{[21]}_{(l')} + \chi^{[21]}_{(l')} + \chi^{[1^3]}_{(l')} \tag{20.2.3}$$

故有

$$\boldsymbol{D}^{[2^21]}(R) = \left[\begin{array}{c:c:c} \boldsymbol{D}^{[21]}(R) & \multicolumn{2}{c}{0} \\ \hdashline \multirow{2}{*}{0} & \boldsymbol{D}^{[21]}(R) & 0 \\ \cdashline{2-3} & 0 & \boldsymbol{D}^{[1^3]}(R) \end{array}\right] \tag{20.2.4}$$

式 (20.1.54) 表明, 从 S_n 群的不可约表示 $[\nu]$ 向 S_{n-2} 群的不可约表示分解时可能出现三种情况:

(1) 若 $[\nu] = [\nu_1\nu_2\cdots\nu_m]$ 中有一个 $\nu_r \geqslant \nu_{r+1} + 2$, 则得到 S_{n-2} 的不可约表示 $[\nu_{(r,r)}] = [\nu_1\nu_2\cdots(\nu_r - 2)\cdots\nu_m]$ 一次;

(2) 若有一个 $\nu_r = \nu_{r+1}$, 则得到 S_{n-2} 的不可约表示 $[\nu_{(r+1,r)}] = [\nu_1\nu_2\cdots(\nu_r - 1)(\nu_{r+1} - 1)\cdots\nu_m]$ 一次;

(3) 若有 $\nu_r - 1 \geqslant \nu_{r+1}$ 和 $\nu_s - 1 \geqslant \nu_{s+1}$ 则得到 S_{n-2} 的不可约表示 $[\nu_{(r,s)}] = [\nu_{(s,r)}] = [\nu_1\nu_2\cdots(\nu_s - 1)\cdots(\nu_r - 1)\cdots\nu_m]$ 两次.

根据出现的情况我们就可以由 S_{n-2} 的不可约表示矩阵造出 S_n 的不可约表示矩阵 $\boldsymbol{D}^{[\nu]}(R)$: 这里 R 是同时存在于 $S_n \supset S_{n-1} \supset S_{n-2}$ 群链中的置换.

以上讨论可以继续下去. 对于子群链 $S_n \supset S_{n-1} \supset S_{n-2} \supset \cdots \supset S_{n-i}$ 中的置换, 前一个群的不可约表示矩阵依次是后一个群的不可约表示矩阵的直和. 可以看出, 这样造出来的表示矩阵, 它的基有以下特点: 既是 S_n 群不可约表示的基, 又是 S_{n-1} 群不可约表示的基, 还是 S_{n-2} 群不可约表示的基等. 为了标志这种基, 可以使用标准 Young 表. 因为从一个 Young 图可以得到的标准表的数目等于这个 Young 图对应的不可约表示的维数, 也就是等于不可约表示基的数目, Young 表与不可约表示基之间可以建立一一对应关系. 从 S_n 群的标准表去掉最末一个数字的方框 (相当于保持最末一个数字不参与置换) 仍然是一个标准表, 它标志 S_{n-1} 群的一个不可约表示基; 再去掉最末一个数字的方框, 就得到标志 S_{n-2} 群不可约表示基的标准表等. 例如:

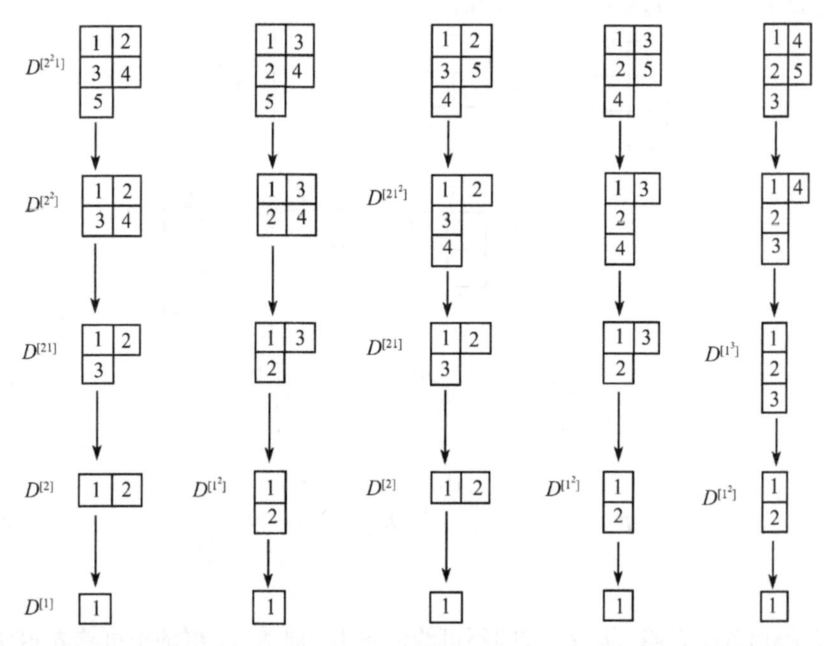

以上 Young 表逐步缩小的过程反映出置换群表示逐步按子群表示分解的过程，也确定了基函数按子群链的分类.

通常把取掉方框的 Young 图的行号按顺序写出排列起来, 叫做山内 (Yamanouchi) 符号, 用来标志不可约表示的基. 例如, 上例中 $D^{[2^21]}$ 的五个基用 Yamanouchi 符号表示, 就是

$$32211,\ 32121,\ 23211,\ 23121,\ 21321$$

用山内符号标志不可约表示基有以下几个特点: ①从右向左读时，数字表明拼 Young 图时把方框放入各行的顺序; ② 符号中出现某一数字的次数就表示 Young 图中该行的方框数, 如 32211 表明第一行和第二行各有两个方框, 第三行有一个方框; ③ 把它的头一个数字去掉就得到下一级子群的不可约表示基的标志. 因此从左向右看相同的数字越多就是越小子群的同一不可约表示的基. 所以, 把山内符号

按降序排列, 则当把基函数按子群链分类时, 不论分到子群链的哪个阶段, 同一个子群的不可约表示基都在一起. 如, 式 (20.2.3) 所表示的矩阵, 用山内符号标志它的基函数, 就是

$$\begin{matrix} 32211 \\ 32121 \\ 23211 \\ 23121 \\ 21321 \end{matrix}\left[\begin{array}{c:c:c} \boldsymbol{D}^{[21]}(R) & & \\ \hdashline & \boldsymbol{D}^{[21]}(R) & \\ \hdashline & & \boldsymbol{D}^{[1^3]}(R) \end{array}\right] \tag{20.2.5}$$

可以看出, 头一个数字相同的基表明是属于 S_4 群的一个不可约表示, 头两个数字相同的基表明是属于 S_3 群的一个不可约表示. 显然, $\boldsymbol{D}^{[\nu_{(r)}]}(R)$ 的不可约表示基的山内符号一定是以 r 开头的, 因为 $[\nu_{(r)}]$ 图是从 $[\nu]$ 图的第 r 行取掉一个方框得到的. 同理, $\boldsymbol{D}^{[\nu_{(r,s)}]}(R)$ 的不可约表示基的山内符号开头两个数字一定是 rs. 我们下面把 $\boldsymbol{D}^{[\nu_{(r)}]}(R)$ 和 $\boldsymbol{D}^{[\nu_{(r,s)}]}(R)$ 记为 $\boldsymbol{D}_r^{[\nu]}$ 和 $\boldsymbol{D}_{rs}^{[\nu]}$, 下标说明对角矩阵块对应的基函数山内符号开头的字母.

20.2.2 不可约正交表示矩阵的构造

当 S_{n-1} 的不可约正交表示矩阵已经知道时, 如何造出 S_n 的不可约正交表示矩阵? 如上所述, 对于同时包含有 S_n 和 S_{n-1} 中的元素, S_n 的不可约表示矩阵可以表达为 S_{n-1} 的相应元素的不可约表示矩阵之直和. 下面说明, S_n 群中那些不包含在 S_{n-1} 群中的元素的表示矩阵的求法. 为此, 只要找出对换 $(n-1,n)$ 的表示矩阵 $\boldsymbol{U}(n-1,n)$ 就行了, 因为任意置换都可以表示成对换的连乘积, 而对于 $i=1,\cdots,n-2$, 对换 (i,n) 为

$$(i,n)=(n-1,n)(i,n-1)(n-1,n) \tag{20.2.6}$$

$(i,n-1)$ 对应的表示矩阵 $\boldsymbol{U}(i,n-1)$ 则假定是已经知道的, 故

$$\boldsymbol{U}(i,n)=\boldsymbol{U}(n-1,n)\boldsymbol{U}(i,n-1)\boldsymbol{U}(n-1,n) \tag{20.2.7}$$

可以求得, 从而任何置换的表示矩阵都可求得.

同时在 S_n 和 S_{n-2} 群中的任意置换的矩阵 $\boldsymbol{V}$ 具有以下形式:

$$\boldsymbol{V}_{rs,pq}=\boldsymbol{V}_{rs,rs}\delta_{rs,pq} \tag{20.2.8}$$

这里下标表明对应基函数的山内符号的开头数字. 式 (20.2.8) 表明 $\boldsymbol{V}$ 是对角块矩阵. 因为对换 $(n-1,n)$ 与 S_{n-2} 群的任意置换可对易 (不包含相同符号的循环), 故

$$\boldsymbol{V}\boldsymbol{U}=\boldsymbol{U}\boldsymbol{V} \tag{20.2.9}$$

式 (20.2.9) 中的一个矩阵块是

$$(\boldsymbol{VU})_{rs,pq} = (\boldsymbol{UV})_{rs,pq} \tag{20.2.10}$$

即

$$\boldsymbol{V}_{rs,rs}\boldsymbol{U}_{rs,pq} = \boldsymbol{U}_{rs,pq}\boldsymbol{V}_{pq,pq} \tag{20.2.11}$$

式中, $\boldsymbol{V}_{rs,rs}$ 和 $\boldsymbol{V}_{pq,pq}$ 为 S_{n-2} 的不可约表示矩阵, 只有当 $pq = rs$ 或 $pq = sr$ 时才是等价的 (可选为相同的). 所以根据 Schur 引理, 若 $pq \neq rs$ 或 $pq \neq sr$, 则 $\boldsymbol{U}_{rs,pq} = 0$, 而当 $pq = rs$ 或 $pq = sr$ 时, $\boldsymbol{U}$ 为纯量矩阵

$$\boldsymbol{U}_{rs,rs} = \sigma_{rs,rs}\boldsymbol{E}_{rs,rs} \tag{20.2.12}$$

$$\boldsymbol{U}_{rs,sr} = \sigma_{rs,sr}\boldsymbol{E}_{rs,sr} \tag{20.2.13}$$

式中, $\sigma_{rs,rs}$ 和 $\sigma_{rs,sr}$ 为常数, $\boldsymbol{E}_{lm,ef}$ 是在山内符号的 lm 行 ef 列上的单位矩阵块.

我们要求 $\boldsymbol{U}$ 是正交表示矩阵, 即要求

$$\boldsymbol{U}^T\boldsymbol{U} = \boldsymbol{E} \tag{20.2.14}$$

上面已经说过, 当 S_n 的 $[\nu]$ 表示分解为 S_{n-2} 的不可约表示时可能出现三种情况. 在第一和第二两种情况下都只出现 (rs, rs) 矩阵块, 故

$$\begin{aligned}\boldsymbol{U}^T_{rs,rs}\boldsymbol{U}_{rs,rs} &= \sigma_{rs,rs}\boldsymbol{E}_{rs,rs}\sigma_{rs,rs}\boldsymbol{E}_{rs,rs} \\ &= \sigma^2_{rs,rs}\boldsymbol{E}_{rs,rs} = \boldsymbol{E}_{rs,rs}\end{aligned}$$

故

$$(\sigma_{rs,rs})^2 = 1 \tag{20.2.15}$$

在第三种情况下, 存在 (rs, rs) 和 (rs, sr) 矩阵块, 故

$$\begin{aligned}&\boldsymbol{U}^T_{rs,rs}\boldsymbol{U}_{rs,rs} + \boldsymbol{U}^T_{rs,sr}\boldsymbol{U}_{rs,sr} \\ &= (\sigma_{rs,rs})^2 E_{rs,rs} + (\sigma_{rs,sr})^2 E_{rs,rs} = E_{rs,rs}\end{aligned}$$

故

$$(\sigma_{rs,rs})^2 + (\sigma_{rs,sr})^2 = 1 \tag{20.2.16}$$

根据类算符的性质可知 [参看上册式 (7.5.11)]

$$\sum_{R \in K} \boldsymbol{U}^{[\nu]}(R) = \frac{g_k x_k^{[\nu]}}{x_0^{[\nu]}}\boldsymbol{E} \tag{20.2.17}$$

式中, $\boldsymbol{E}$ 为单位矩阵, $\chi_0^{[\nu]}$ 为表示 $[\nu]$ 的维数, g_k 和 $\chi_k^{[\nu]}$ 分别为 K 类元素的数目和特征标. 对于 S_n 群, 对换的数目为 $n(n-1)/2$, 故

$$\sum_{i<j}^{n} \boldsymbol{U}(i,j) = \frac{n(n-1)}{2} \cdot \frac{\chi}{\chi_0}\boldsymbol{E} = \xi\boldsymbol{E} \tag{20.2.18}$$

ξ 由式 (20.1.41) 给出. 同样, 对于 S_{n-1} 群的表示矩阵和 S_{n-2} 群的表示矩阵, 有

$$\sum_{i<j}^{n-1} \boldsymbol{U}_r(i,j) = \xi_r \boldsymbol{E}_{r,r} \tag{20.2.19}$$

$$\sum_{i<j}^{n-2} \boldsymbol{U}_{r,s}(i,j) = \xi_{rs} \boldsymbol{E}_{rs,rs} \tag{20.2.20}$$

由式 (20.2.18) 和式 (20.2.19) 得

$$\sum_{i=1}^{n-1} \boldsymbol{U}(i,n) = \sum_{i<j}^{n} \boldsymbol{U}(i,j) - \sum_{r}^{\oplus} \sum_{i<j}^{n-1} \boldsymbol{U}_r(i,j) \sum_{r}^{\oplus} (\xi - \xi_r) \boldsymbol{E}_{r,r} \tag{20.2.21}$$

类似地有

$$\sum_{i=1}^{n-2} \boldsymbol{U}(i,n-1) = \sum_{rs}^{\oplus} (\xi_r - \xi_{rs}) \boldsymbol{E}_{rs,rs} \tag{20.2.22}$$

$$\sum_{i=1}^{n-2} \boldsymbol{U}(i,n-1) = \sum_{sr}^{\oplus} (\xi_s - \xi_{sr}) \boldsymbol{E}_{sr,sr} \tag{20.2.23}$$

用 $\boldsymbol{U}(n-1,n)$ 右乘式 (20.2.21), 得

$$\begin{aligned}
&\sum_{r}^{\oplus} (\xi - \xi_r) \boldsymbol{E}_{r,r} \boldsymbol{U}(n-1,n) \\
&= \sum_{i=1}^{n-1} \boldsymbol{U}(i,n) \boldsymbol{U}(n-1,n) \\
&= \sum_{i=1}^{n-2} \boldsymbol{U}(i,n) \boldsymbol{U}(n-1,n) + \boldsymbol{U}(n-1,n) \boldsymbol{U}(n-1,n) \\
&= \sum_{i=1}^{n-2} \boldsymbol{U}(i,n) \boldsymbol{U}(n-1,n) + \boldsymbol{E}
\end{aligned} \tag{20.2.24}$$

但是

$$\begin{aligned}
&\sum_{i=1}^{n-2} \boldsymbol{U}(i,n) \boldsymbol{U}(n-1,n) \\
&= \boldsymbol{U}(n-1,n) \left[\boldsymbol{U}(n-1,n) \sum_{i=1}^{n-2} \boldsymbol{U}(i,n) \boldsymbol{U}(n-1,n) \right] \\
&= \boldsymbol{U}(n-1,n) \sum_{i=1}^{n-2} \boldsymbol{U}(n-1,n) \boldsymbol{U}(i,n) \boldsymbol{U}(n-1,n) \\
&= \boldsymbol{U}(n-1,n) \sum_{i=1}^{n-2} \boldsymbol{U}(i,n-1)
\end{aligned}$$

$$= \boldsymbol{U}(n-1,n)\sum_{rs}^{\oplus}(\xi_r - \xi_{rs})\boldsymbol{E}_{rs,rs} \tag{20.2.25}$$

由此得

$$\sum_{r}^{\oplus}(\xi - \xi_r)\boldsymbol{E}_{r,r}\boldsymbol{U}(n-1,n) - \boldsymbol{U}(n-1,n)\sum_{rs}^{\oplus}(\xi_r - \xi_{rs})\boldsymbol{E}_{rs,rs} = \boldsymbol{E} \tag{20.2.26}$$

$$\sum_{r}^{\oplus}(\xi - \xi_r)\boldsymbol{E}_{r,r}\boldsymbol{U}(n-1,n) - \boldsymbol{U}(n-1,n)\sum_{sr}^{\oplus}(\xi_s - \xi_{sr})\boldsymbol{E}_{sr,sr} = \boldsymbol{E} \tag{20.2.27}$$

考察以上方程的 rs, pq 矩阵块, 得

$$(\xi - \xi_r)\boldsymbol{U}_{rs,rs}(n-1,n) - \boldsymbol{U}_{rs,rs}(n-1,n)(\xi_r - \xi_{rs}) = \boldsymbol{E}_{rs,rs} \qquad (pq = rs) \tag{20.2.28}$$

$$(\xi - \xi_r)\boldsymbol{U}_{rs,sr}(n-1,n) - \boldsymbol{U}_{rs,sr}(n-1,n)(\xi_s - \xi_{sr}) = 0 \qquad (pq = sr) \tag{20.2.29}$$

$$\boldsymbol{U}_{rs,pq} = 0 \qquad (pq \neq rs\text{或}sr) \tag{20.2.30}$$

将式 (20.2.28) 代入式 (20.2.12), 得

$$\sigma_{rs,rs} = \frac{1}{\xi - 2\xi_r + \xi_{rs}} \tag{20.2.31}$$

将式 (20.2.29) 代入式 (20.2.13), 得

$$\sigma_{rs,sr} = 0 \quad \text{除非} \quad \xi - \xi_r - \xi_s + \xi_{sr} = 0 \tag{20.2.32}$$

把 ξ 的值 [式 (20.1.41)] 代入, 注意到 $[\nu_{(r)}]$ 的第 r 行比 $[\nu]$ 的第 r 行少 1, 得

$$\begin{aligned}\xi - \xi_r &= \frac{1}{2}[\nu_r(\nu_r+1) - (\nu_r-1)\nu_r] - [r\nu_r - r(\nu_r-1)] \\ &= \nu_r - r\end{aligned} \tag{20.2.33}$$

对于第一种情况, $s = r$, $[\nu_{(r,r)}]$ 比 $[\nu]$ 的 r 行少 2, 故

$$\xi_r - \xi_{rr} = \nu_r - 1 - r \tag{20.2.34}$$

代入式 (20.2.31), 得

$$\sigma_{rs,rs} = 1 \tag{20.2.35}$$

对于第二种情况, $s = r-1, \nu_{r-1} = \nu_r$, 故得

$$\sigma_{rs,rs} = -1 \tag{20.2.36}$$

对于第三种情况, $[\nu_{(r,s)}]$ 的 s 行比 $[\nu_{(r)}]$ 的 s 行少 1, 故

$$\xi_r - \xi_{rs} = \nu_s - s \tag{20.2.37}$$

$$\sigma_{rs,rs} = \frac{1}{\nu_r - \nu_s + s - r} \equiv \frac{1}{\tau_{rs,rs}} = -\sigma_{sr,sr} \tag{20.2.38}$$

由式 (20.2.16) 得

$$\sigma_{rs,sr} = \pm\sqrt{1-\sigma_{rs,rs}^2} = \pm\sqrt{1-\left(\frac{1}{\tau_{rs,rs}}\right)^2} \tag{20.2.39}$$

$\sigma_{rs,sr}$ 是实数, 因为 $|\sigma_{rs,rs}| < 1$. 正负号的选择是任意的. 这里选取正号. $\tau_{rs,rs} = \nu_r - \nu_s + s - r$, 叫做从 r 到 s 的轴距, 有简单的几何意义：它是在 Young 图中, 从 r 方框出发, 先水平后垂直到达 s 方框所需要走的步数的代数和, 规定向左、向下走是正的, 向右向上走是负的.

根据上面的讨论, 可以得到 $\boldsymbol{U}(n-1,n)$ 矩阵的构成规则如下：对于第一种情况, 只有对角块, $\boldsymbol{U}_{rr,rr} = \boldsymbol{E}_{rr,rr}$. 对于第二种情况, 也只有对角块, $\boldsymbol{U}_{rs,rs} = -\boldsymbol{E}_{rs,rs}(s=r-1)$. 对于第三种情况, 在对角块上是

$$\boldsymbol{U}_{rs,rs} = \frac{1}{\tau_{rs,rs}}\boldsymbol{E}_{rs,rs}, \qquad \boldsymbol{U}_{sr,sr} = -\boldsymbol{U}_{rs,rs}$$

此外还存在非零的非对角矩阵块

$$\boldsymbol{U}_{rs,sr} = \sigma_{rs,sr}\boldsymbol{E}_{rs,sr} = \sqrt{1-\sigma_{rs,rs}^2}\boldsymbol{E}_{rs,sr} = \sqrt{1-\left(\frac{1}{\tau_{rs,rs}}\right)^2}\boldsymbol{E}_{rs,sr}$$

式中, $\tau_{rs,rs}=\nu_r-\nu_s+s-r$. 注意到 $\boldsymbol{U}$ 是正交矩阵, $\boldsymbol{U}\boldsymbol{U}^T=\boldsymbol{E}$; 而因为是对换, $\boldsymbol{U}^2=\boldsymbol{E}$. 故 $\boldsymbol{U}=\boldsymbol{U}^T$, 即 $\boldsymbol{U}$ 是对称矩阵, $\sigma_{rs,sr}=\sigma_{sr,rs}$. $\boldsymbol{U}(n-1,n)$ 的结构表示如下：

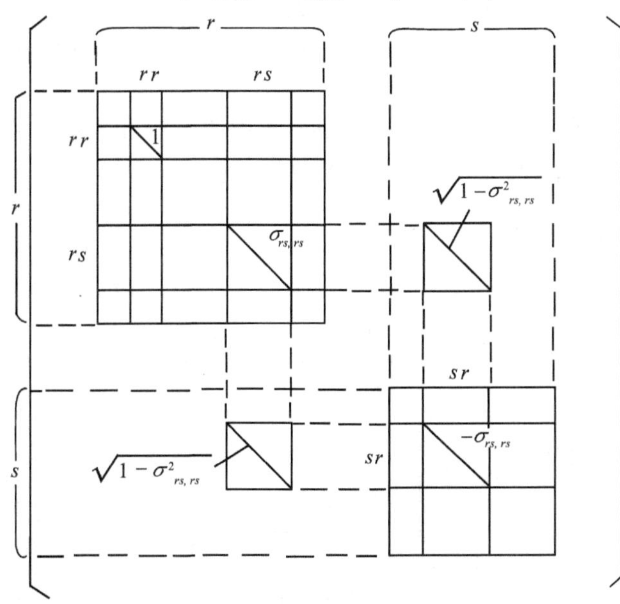

用山内符号标志基函数 Φ_i, 以上结果可表达为

(1)

$$(n-1,n)\Phi(r,r,r_{n-2},\cdots,1)=\Phi(r,r,r_{n-2},\cdots,1)$$

(2)

$$(n-1,n)\Phi(r,r-1,r_{n-2},\cdots,1)=-\Phi(r,r-1,r_{n-2},\cdots,1)$$

(3)

$$\begin{aligned}(n-1,n)\Phi(r,s,r_{n-2},\cdots,1)=&\sigma_{rs,rs}\Phi(r,s,r_{n-2},\cdots,1)\\&+\sqrt{1-\sigma_{rs,rs}^2}\Phi(s,r,r_{n-2},\cdots,1)\end{aligned}\tag{20.2.40}$$

$\sigma_{rs,rs}=1/\tau_{rs,rs}$.

下面以 S_5 的对换 (45) 的表示矩阵 $\boldsymbol{D}^{[2^21]}((45))$ 为例. 上面已经给出它的五个基函数的山内符号为 32211, 32121, 23211, 23121, 21321. 按式 (20.2.38) 得 $\tau_{32,32}=1-2+2-3=-2$, $\tau_{23,23}=2-1+3-2=2$, $\tau_{21,21}=-1$, $\sqrt{1-\left(\dfrac{1}{\tau_{32,32}}\right)^2}=\dfrac{\sqrt{3}}{2}$, 由此得

$$\boldsymbol{D}[2^21]((45))=\begin{array}{c}\\32211\\32121\\23211\\23121\\21321\end{array}\begin{array}{c}\begin{array}{ccccc}32211&32121&23211&23121&21321\end{array}\\\left[\begin{array}{cc:cc:c}-\frac{1}{2}&0&\frac{\sqrt{3}}{2}&0&0\\0&-\frac{1}{2}&0&\frac{\sqrt{3}}{2}&0\\\hdashline\frac{\sqrt{3}}{2}&0&\frac{1}{2}&0&0\\0&\frac{\sqrt{3}}{2}&0&\frac{1}{2}&0\\\hdashline0&0&0&0&-1\end{array}\right]\end{array}$$

又如, S_5 的 $\boldsymbol{D}^{[32]}((45))$, 作出标准 Young 表后即可知五个基函数的山内符号为 22111, 21211, 21121, 12211, 12121. 容易算出, $\tau_{22,22}=1$, $\tau_{21,21}=-2=-\tau_{12,12}$, $\sqrt{1-\dfrac{1}{\tau_{21,21}^2}}=\dfrac{\sqrt{3}}{2}$, 故得

$$\boldsymbol{D}^{[32]}((45))=\begin{array}{c}\\22111\\21211\\21121\\12211\\12121\end{array}\begin{array}{c}\begin{array}{ccccc}22111&21211&21121&12211&12121\end{array}\\\left[\begin{array}{c:cc:cc}1&0&0&0&0\\\hdashline0&-\frac{1}{2}&0&\frac{\sqrt{3}}{2}&0\\0&0&-\frac{1}{2}&0&\frac{\sqrt{3}}{2}\\\hdashline0&\frac{\sqrt{3}}{2}&0&\frac{1}{2}&0\\0&0&\frac{\sqrt{3}}{2}&0&\frac{1}{2}\end{array}\right]\end{array}$$

对偶表示中对应于相邻字母对换的矩阵有以下关系：若 $[\nu]$ 和 $[\tilde{\nu}]$ 为对偶表示，把对偶表示的基适当排列，使得 $[\nu]$ 的标准表转置后就是 $[\tilde{\nu}]$ 的标准表 (这时 $[\tilde{\nu}]$ 的标准表就是按山内符号从小到大排列了)，则 $\boldsymbol{D}^{[\nu]}((n-1,n))$ 与 $\boldsymbol{D}^{[\tilde{\nu}]}((n-1,n))$ 的对角元只是符号相反，非对角元的符号相同. 这从矩阵元的计算规则就可以知道，因为两个对偶 Young 图的相应两个方框的轴距绝对值相等，符号相反. 非对角元规定都取正号，所以相同. 把 $\boldsymbol{D}^{[32]}$ 作为 $\boldsymbol{D}^{[2^21]}$ 的对偶表示，将它的山内符号标志的基按上述规则重新排列，则 $\boldsymbol{D}^{[2^21]}((45)) = \boldsymbol{D}^{[32]}((45))$ 成为

$$
\boldsymbol{D}^{[32]}((45))=
\begin{array}{c}
 \\ 12121 \\ 12211 \\ 21121 \\ 21211 \\ 22111
\end{array}
\begin{array}{ccccc}
12121 & 12211 & 21121 & 21211 & 22111 \\
\end{array}
\left[\begin{array}{cc:cc:c}
\frac{1}{2} & 0 & \frac{\sqrt{3}}{2} & 0 & \\
0 & \frac{1}{2} & 0 & \frac{\sqrt{3}}{2} & \\
\hdashline
\frac{\sqrt{3}}{2} & 0 & -\frac{1}{2} & 0 & 0 \\
0 & \frac{\sqrt{3}}{2} & 0 & -\frac{1}{2} & \\
\hdashline
 & & 0 & & 1
\end{array}\right]
$$

将它和 $\boldsymbol{D}^{[2^21]}$ 的表示矩阵比较就可证实上述结果.

以上我们是造出了 $(n-1,n)$ 的表示矩阵 $\boldsymbol{D}^{[\nu]}((n-1,n))$. 矩阵 $\boldsymbol{D}^{[\nu]}((i,n))(i \neq n-1)$ 可通过乘法关系

$$(i,n) = (n,n-1)(i,n-1)(n-1,n)$$

从 S_{n-1} 群的表示矩阵求得，从而可以求得 S_n 的 $[\nu]$ 表示的所有矩阵. 这样，我们可以从 S_1 开始，逐步造出 $S_2, S_3, \cdots, S_n$ 的所有表示矩阵. 下面举一个系统的例子，以便使读者对这个过程有具体的印象.

我们知道 S_2 的特征标表为

S_2	(1^2)	(2)
$[2]$	1	1
$[1^2]$	1	-1

对于 S_3, Young 表与对应的山内符号如下：

Young 表：

$$
\begin{array}{|c|c|c|}\hline 1 & 2 & 3 \\ \hline \end{array}
\qquad
\begin{array}{|c|c|}\hline 1 & 2 \\ \hline 3 \\ \cline{1-1} \end{array}
\qquad
\begin{array}{|c|c|}\hline 1 & 3 \\ \hline 2 \\ \cline{1-1} \end{array}
\qquad
\begin{array}{|c|}\hline 1 \\ \hline 2 \\ \hline 3 \\ \hline \end{array}
$$

山内符号：　111　　211　　121　　321

[3]和 $[1^3]$ 表示已经知道, 只要求 [21] 的表示矩阵. 对换 (12) 在 $S_3 \supset S_2$ 群链中, 故表示矩阵是 S_2 中对换 (12) 的表示矩阵之直和

$$\boldsymbol{D}^{[21]}((12)) = \begin{matrix} 211 \\ 121 \end{matrix} \begin{bmatrix} \boldsymbol{D}^{[2]}(12) & 0 \\ 0 & \boldsymbol{D}^{[1^2]}(12) \end{bmatrix} = \begin{bmatrix} 1 & 0 \\ 0 & -1 \end{bmatrix}$$

对换 [23] 不包含在 S_2 中. 按上述规则可算得 $\tau_{21,21} = -2, \tau_{12,12} = 2$, 故得

$$\boldsymbol{D}^{[21]}((23)) = \begin{matrix} 211 \\ \\ 121 \end{matrix} \begin{bmatrix} -\frac{1}{2} & \frac{\sqrt{3}}{2} \\ \frac{\sqrt{3}}{2} & \frac{1}{2} \end{bmatrix}$$

于是, 由 (13)=(23)(12)(23) 得

$$\boldsymbol{D}^{[21]}((13)) = \begin{bmatrix} -\frac{1}{2} & \frac{\sqrt{3}}{2} \\ \frac{\sqrt{3}}{2} & \frac{1}{2} \end{bmatrix} \begin{bmatrix} 1 & 0 \\ 0 & -1 \end{bmatrix} \begin{bmatrix} -\frac{1}{2} & \frac{\sqrt{3}}{2} \\ \frac{\sqrt{3}}{2} & \frac{1}{2} \end{bmatrix}$$

$$= \begin{bmatrix} -\frac{1}{2} & -\frac{\sqrt{3}}{2} \\ -\frac{\sqrt{3}}{2} & \frac{1}{2} \end{bmatrix}$$

由 (123)=(13)(12) 和 (132)=(12)(13) 得

$$\boldsymbol{D}^{[21]}((123)) = \begin{bmatrix} -\frac{1}{2} & \frac{\sqrt{3}}{2} \\ -\frac{\sqrt{3}}{2} & -\frac{1}{2} \end{bmatrix}$$

$$\boldsymbol{D}^{[21]}((132)) = \begin{bmatrix} -\frac{1}{2} & -\frac{\sqrt{3}}{2} \\ \frac{\sqrt{3}}{2} & -\frac{1}{2} \end{bmatrix}$$

对于 S_4, 有五类: $(1^4), (13), (2^2), (1^2 2), (4)$; 有五个不可约表示 [4], [31], $[2^2]$, $[21^2]$, $[1^4]$, 表示 [4] 和 $[1^4]$ 已经知道了, 考虑 $[2^2]$, Young 表和山内符号为

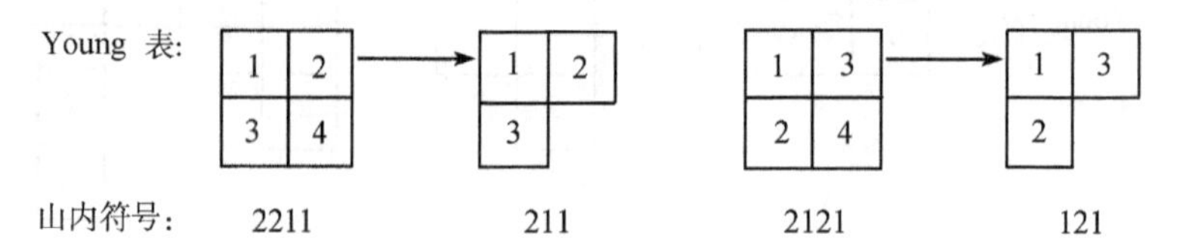

S_4 中的对换有 (12), (13), (23), (14), (24), (34) 六个, 其中 (12), (13), (23) 包含在 S_3 中, 而且从 S_4 到 S_3, $[2^2]$ 表示变为 [21] 表示, 不分支, 所以这三个对换在 S_4 中的表示矩阵和在 S_3 中的一样.

$$\boldsymbol{D}^{[2^2]}((12)) = \begin{bmatrix} 1 & 0 \\ 0 & -1 \end{bmatrix}$$

$$\boldsymbol{D}^{[2^2]}((13)) = \begin{bmatrix} -\dfrac{1}{2} & -\dfrac{\sqrt{3}}{2} \\ -\dfrac{\sqrt{3}}{2} & \dfrac{1}{2} \end{bmatrix}$$

$$\boldsymbol{D}^{[2^2]}((23)) = \begin{bmatrix} -\dfrac{1}{2} & \dfrac{\sqrt{3}}{2} \\ \dfrac{\sqrt{3}}{2} & \dfrac{1}{2} \end{bmatrix}$$

对换 (34) 不包含在 S_3 中. 山内符号 2211 对应于第一种情况, 2121 对应于第二种情况, 故有

$$\boldsymbol{D}^{[2^2]}((34)) = \begin{matrix} 2211 \\ 2121 \end{matrix} \begin{bmatrix} 1 & 0 \\ 0 & -1 \end{bmatrix}$$

这样, 我们就可得出

$$\begin{aligned} \boldsymbol{D}^{[2^2]}((14)) &= \boldsymbol{D}^{[2^2]}((34))\boldsymbol{D}^{[2^2]}((13))\boldsymbol{D}^{[2^2]}((34)) \\ &= \begin{bmatrix} -\dfrac{1}{2} & \dfrac{\sqrt{3}}{2} \\ \dfrac{\sqrt{3}}{2} & \dfrac{1}{2} \end{bmatrix} \end{aligned}$$

$$\begin{aligned} \boldsymbol{D}^{[2^2]}((24)) &= \boldsymbol{D}^{[2^2]}((34))\boldsymbol{D}^{[2^2]}((23))\boldsymbol{D}^{[2^2]}((34)) \\ &= \begin{bmatrix} -\dfrac{1}{2} & -\dfrac{\sqrt{3}}{2} \\ -\dfrac{\sqrt{3}}{2} & \dfrac{1}{2} \end{bmatrix} \end{aligned}$$

其他元素的表示矩阵都可由上面六个矩阵的乘积得出. 再考虑 [31] 表示, Young 表和山内符号为

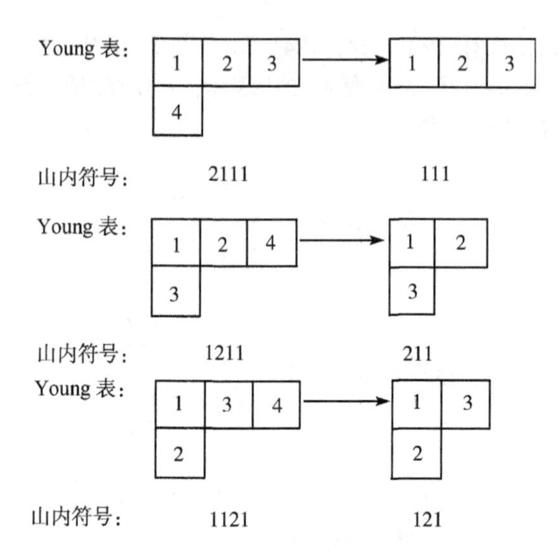

对换 (12), (13), (23) 包含在 S_3 中, 故表示矩阵为相应对换在 S_3 中的表示矩阵之直和.

$$\boldsymbol{D}^{[31]}((12)) = \begin{matrix} 2111 \\ 1211 \\ 1121 \end{matrix} \begin{bmatrix} 1 & 0 & 0 \\ 0 & 1 & 0 \\ 0 & 0 & -1 \end{bmatrix}$$

$$\boldsymbol{D}^{[31]}((13)) = \begin{matrix} 2111 \\ 1211 \\ 1121 \end{matrix} \begin{bmatrix} 1 & 0 & 0 \\ 0 & -\frac{1}{2} & -\frac{\sqrt{3}}{2} \\ 0 & -\frac{\sqrt{3}}{2} & \frac{1}{2} \end{bmatrix}$$

$$\boldsymbol{D}^{[31]}((23)) = \begin{matrix} 2111 \\ 1211 \\ 1121 \end{matrix} \begin{bmatrix} 1 & 0 & 0 \\ 0 & -\frac{1}{2} & \frac{\sqrt{3}}{2} \\ 0 & \frac{\sqrt{3}}{2} & \frac{1}{2} \end{bmatrix}$$

对换 (34) 不包含在 S_3 中. 山内符号 1121 对应于第一种情况, 而 $\tau_{21,21} = -3 = -\tau_{12,12}$, 故得

$$\boldsymbol{D}^{[31]}((34)) = \begin{matrix} 2111 \\ 1211 \\ 1121 \end{matrix} \begin{bmatrix} -\frac{1}{3} & \frac{\sqrt{8}}{3} & 0 \\ \frac{\sqrt{8}}{3} & \frac{1}{3} & 0 \\ 0 & 0 & 1 \end{bmatrix}$$

$$\boldsymbol{D}^{[31]}((14))=\boldsymbol{D}^{[31]}((34))\boldsymbol{D}^{[31]}((13))\boldsymbol{D}^{[31]}((34))$$

$$\boldsymbol{D}^{[31]}((24))=\boldsymbol{D}^{[31]}((34))\boldsymbol{D}^{[31]}((23))\boldsymbol{D}^{[31]}((34))$$

其他置换的表示矩阵可由对换的表示矩阵之乘积得出. $[21^2]$ 表示的矩阵可类似地求出.

上面我们只是把山内符号标志的基函数当作一种符号抽象地使用, 没有涉及它的具体形式. 有了不可约表示矩阵, 就可以用投影算符

$$\hat{\boldsymbol{P}}_{(Y)}^{[\nu]}=\frac{n_\nu}{n!}\sum_{R\in S_n}D_{(Y)(Y)}^{[\nu]}(R)\hat{\boldsymbol{O}}_R \tag{20.2.41}$$

造出表示 $[\nu]$ 的对应于山内符号 (Y) 的基函数, 式中, n_ν 为表示 $[\nu]$ 的维数 (参看上册 7.2.7 节). 把投影算符 $\hat{\boldsymbol{P}}_{(Y)}^{[\nu]}$ 作用在某种有置换变量的函数 $\Phi(1,\cdots,n)$(如单粒子态乘积函数, 置换变量是粒子的坐标) 上, 得

$$\begin{aligned}\Psi_{(Y)}(1,\cdots,n)&=\hat{\boldsymbol{P}}_{(Y)}^{[\nu]}\Phi(1,\cdots,n)\\&=\frac{n_\nu}{n!}\sum_{R\in S_n}D_{(Y)(Y)}^{[\nu]}\hat{\boldsymbol{O}}_R\Phi(1,\cdots,n)\end{aligned} \tag{20.2.42}$$

就是要求的结果. 实际上, 在多电子理论中, 就可以用这种办法造出具有指定置换对称性的波函数.

20.3　自 然 表 示

20.3.1　群代数

利用群代数研究群的表示是一种普遍的方法, 我们先对它作简要的介绍. 我们在就一组元素的集合定义一个群的时候只定义了乘法运算, 没有定义元素的加法和乘以数的运算 (注意: 在实数加法群中元素相加是群的乘法运算). 现在我们来考察在群元素的集合中引入加法和乘以数的运算的必要性及其效果.

设有任意函数 ϕ, 它在与群元素 R 对应的算符 $\hat{\boldsymbol{O}}_R$ 的作用下变成函数 $\hat{\boldsymbol{O}}_R\phi$. 这些函数的线性组合还是一个函数

$$\psi=\sum_R x_R\hat{\boldsymbol{O}}_R\phi=\left(\sum_R x_R\hat{\boldsymbol{O}}_R\right)\phi=\hat{\boldsymbol{x}}\phi \tag{20.3.1}$$

ψ 也可以看成是由算符 $\hat{\boldsymbol{O}}_R$ 的线性组合 $\hat{\boldsymbol{x}}$ 作用在函数 ϕ 上得到的, 这就是算符乘

以数和相加的含义. 函数 $\hat{\boldsymbol{x}}\phi$ 在群元素 S 的算符 $\hat{\boldsymbol{O}}_S$ 作用下变为

$$\begin{aligned}\hat{\boldsymbol{O}}_S\hat{\boldsymbol{x}}\phi &= \hat{\boldsymbol{O}}_S\sum_R x_R\hat{\boldsymbol{O}}_R\phi = \sum_R x_R\hat{\boldsymbol{O}}_{SR}\phi \\ &= \sum_{S^{-1}R} x_{S^{-1}R}\hat{\boldsymbol{O}}_R\phi = \sum_R x'_R\hat{\boldsymbol{O}}_R\phi \end{aligned} \tag{20.3.2}$$

故

$$\hat{\boldsymbol{O}}_S x_R = x'_R = x_{S^{-1}R} \tag{20.3.3}$$

我们可以把 $\hat{\boldsymbol{O}}_R\phi$ 作为函数空间中的一个基矢, $\{\hat{\boldsymbol{O}}_R\phi\}$ 集合张成一个线性空间, 则式 (20.3.1) 中的 $\hat{\boldsymbol{x}}\phi$ 就是这个空间中的一个矢量, 其坐标为 $[x_R]$, 而式 (20.3.2) 代表这个空间中矢量的一种线性变换, 式 (20.3.3) 表明进行这种变换时矢量坐标的变换关系. 式 (20.3.2) 中的 $\hat{\boldsymbol{s}}$ 自然可以推广到算符的线性组合.

$$\hat{\boldsymbol{s}} = \sum_s \alpha_s\hat{\boldsymbol{O}}_S$$

式 (20.3.2) 变为

$$\begin{aligned}\hat{\boldsymbol{s}}\hat{\boldsymbol{x}}\phi &= \sum_S \alpha_S\hat{\boldsymbol{O}}_S\hat{\boldsymbol{x}}\phi = \sum_{S,R}\alpha_s x_R\hat{\boldsymbol{O}}_{SR}\phi \\ &= \sum_{S,R}\alpha_S x_{S^{-1}R}\hat{\boldsymbol{O}}_R\phi = \sum_R x'_R\hat{\boldsymbol{O}}_R\phi = \hat{\boldsymbol{x}}'\phi \end{aligned} \tag{20.3.4}$$

$$\hat{\boldsymbol{s}}x_R = x'_R = \sum_S \alpha_S x_{S^{-1}R} \tag{20.3.5}$$

但 ϕ 是任意函数, 可以从方程两边去掉. 再用群元素代替相应的算符, 则以上方程变为

$$s = \sum_S \alpha_S S, \qquad x = \sum_R x_R R \tag{20.3.6}$$

$$sx = \sum_{S,R}\alpha_S x_R SR = \sum_{S,R}\alpha_S x_{S^{-1}R}R = \sum_R x'_R R = x' \tag{20.3.7}$$

$$x'_R = \sum_S \alpha_S x_{S^{-1}R} = \sum_T \alpha_{RT^{-1}}x_T \tag{20.3.8}$$

式 (20.3.6) 中的 s 和 x 可以解释为以群元素 R 为基矢张成的线性空间中的矢量, 式 (20.3.7) 代表在这一空间中的一种线性变换, 式 (20.3.8) 表明在这种变换中坐标的变换关系. 另一方面, 式 (20.3.7) 又代表这个空间中两个矢量的乘积, 它表明这种乘法是封闭的, 因为乘积 x' 也在这个空间中, 式 (20.3.8) 给出这个乘积矢量的坐标,

所以这又是一种特别的线性空间. 具有这种性质的线性空间是与“代数”的概念相联系的.

一个线性矢量空间, 若对于其中定义的乘法运算是封闭的, 就构成一个代数; 矢量就是代数的元素, 线性空间的维数就是代数的维数. 所以一个代数中定义有三种运算, 即元素的加法、乘法和乘以数. 代数 A 中的加法运算具有以下性质:

(1) 有零元素, $0 \in A$.

(2) 对于每个元素, $s \in A$ 有一个加法逆元素 $-s \in A$, $s+(-s)=0$.

(3) A 对于加法构成 Abel 群, 因为满足 Abel 群的条件: 对于 $s, t, u \in A$, 有

$$\begin{aligned} &s+t \in A \quad (\text{封闭性}) \\ &s+0=0+s=s \quad (\text{有单位元素}) \\ &s+(-s)=0 \quad (\text{有逆元素}) \\ &s+(t+u)=(s+t)+u \quad (\text{服从结合律}) \\ &s+t=t+s \quad (\text{可对易性}) \end{aligned} \tag{20.3.9}$$

代数 A 中乘以数的运算具有以下性质:

(1) 有封闭性: 若 $s \in A$, 对于任意数 $\alpha \in K$(K 是定义线性空间的数域), $\alpha s \in A$.

(2) 服从结合律 $(\alpha\beta)s=\alpha(\beta s)$ $(\alpha, \beta \in K)$.

(3) 服从分配律 $(\alpha+\beta)s=\alpha s+\beta s$, $\alpha(s+t)=\alpha s+\alpha t$. (20.3.10)

(4) 具有单位元素 1, $1s=s1=s$.

实际上, 代数这两方面的性质就是线性矢量空间的性质.

代数 A 中两个元素相乘的运算具有以下性质:

(1) 封闭性: 若 $s \in A$, $t \in A$, 则 $st \in A$.

(2) 服从分配律: $s(t+u)=st+su$, $(s+t)u=su+tu$. (20.3.11)

(3) 有乘法的单位元素 $I, Is=sI=s$.

(4) 如果两个元素的乘法服从结合律 $s(tu)=(st)u$, 则称为结合代数. 否则称为非结合代数. 两个元素相乘一般是不可对易的. 由于不是每个元素都有逆元素, 代数 A 对于其中定义的乘法运算不构成群.

由上面的讨论可以知道, 以群元素的线性组合为矢量, 它的完全集合构成线性空间; 若通过群元素的乘法来定义两个矢量的乘法运算, 则它具有代数的性质, 称为群代数. 群代数的元素是群元素的线性组合.

$$x=\sum_R x_R R, \qquad y=\sum_S y_S S \tag{20.3.12}$$

两个元素的加法定义为

$$z=x+y=\sum_R (x_R+y_R)R=\sum_R z_R R \tag{20.3.13}$$

$$z_R = x_R + y_R$$

代数元素的乘法通过群元素的乘法定义

$$\begin{aligned}
z = xy &= \left(\sum_R x_R R\right)\left(\sum_S y_S S\right) \\
&= \sum_{R,S} x_R y_S RS \\
&= \sum_{R,S} x_S y_{S^{-1}R} R = \sum_{R,S} x_{RS^{-1}} y_S R \\
&= \sum_R z_R R
\end{aligned} \tag{20.3.14}$$

$$z_R = \sum_S x_S y_{S^{-1}R} = \sum_{R,S} x_{RS^{-1}} y_S$$

群代数的乘法运算服从结合律, 所以是结合代数. 如果坐标 x_R 的值限于取实数, 就是实数域上的一个群代数. 若 x_R 可取任意复数值, 就得到复数域上的一个群代数.

与群代数密切相关的还有矩阵代数, $n\times n$ 方阵的完全集合张成一个 n^2 维矩阵代数, 因为其中定义有封闭的加法、乘法和乘以数的运算. 若选取 n^2 个线性独立的 $n\times n$ 方阵 $\mathbf{e}_{ik}$ 为基 (这种方阵只有第 i 行第 k 列交叉处的矩阵元为 1, 其余元素全为零), 任何 $n\times n$ 方阵 $\boldsymbol{M}$ 都可以表示为

$$\boldsymbol{M} = [\alpha_{ik}] = \sum_{ik} \alpha_{ik}\mathbf{e}_{ik} \tag{20.3.15}$$

按矩阵的乘法规则, 有

$$\begin{aligned}
\mathbf{e}_{ij}\mathbf{e}_{jk} &= \mathbf{e}_{ik} \\
\mathbf{e}_{ij}\mathbf{e}_{lk} &= 0 \qquad (j\neq l)
\end{aligned} \tag{20.3.16}$$

$$\mathbf{e}_{ii}\boldsymbol{M}\mathbf{e}_{kk} = \alpha_{ik}\mathbf{e}_{ik} \tag{20.3.17}$$

任何一个代数, 如果有 n^2 个线性独立的基, 并且基的乘法满足式 (20.3.16), 就与由 n 阶矩阵的完全集合构成的代数同构 (两者的元素和元素的乘法具有一一对应关系).

群代数的表示. 设对应于群代数 $A(G)$ 的元素 $\{a, b, \cdots\}$ 有矩阵的集合 $D\{D(a), D(b), \cdots\}$, 满足以下关系 $[D(a), D(b)$ 等不一定不相同]:

$$\begin{aligned}
D(\lambda a + \mu b) &= \lambda D(a) + \mu D(b) \\
D(ab) &= D(a)D(b)
\end{aligned} \tag{20.3.18}$$

并且群的单位元素对应于单位矩阵, 则集合 $D\{D(a), D(b), \cdots\}$ 构成群代数 $A(G)$ 的一个矩阵表示. 显然集合 D 是一个矩阵代数, 其维数最多等于群 G 的阶. 群代

数 $A(G)$ 的每个表示包含有群 G 的一个表示, 因为群元素是群代数中的一个元素, 即当 a, b 等限定为群元素时, 群代数的表示就是群的表示了. 反之, 群 G 的每个表示都给出群代数的一个表示, 因为若

$$a = \sum_S a_S S$$

则

$$D(a) = \sum_S \alpha_S D(S)$$

显然, 群和群代数的表示的约化性质和等价关系相同, 因此可以通过研究群代数的表示得出群的表示.

为了得出群代数的矩阵表示, 需要选定一组基函数. 一种特殊的选择是取群元素为基, 式 (20.3.8) 给出由这组基得到的表示矩阵. 这种表示称为正规表示, 包含有群的一个正规表示. 这种表示是可约的. 为了得到不可约表示, 需要找出群代数的不变子代数.

理想子代数. 代数 $A(G)$ 中的一个线性子空间, 如果对于代数 $A(G)$ 的乘法是封闭的, 就是 $A(G)$ 的一个子代数. 如果对于代数 $A(G)$ 中的任意元素 s 与子代数 $B(G)$ 中的任意元素 u, 乘积 su 都在 $B(G)$ 中, 就说 $B(G)$ 是一个左理想子代数, 简称左理想. 如上所述, 代数中的矢量乘积可以看作一种线性变换, 代数同时起算符集合与表示空间的作用, 左边的因子作为算符, 右边的因子是被变换的矢量. 因此一个左理想也就是代数 $A \equiv A(G)$ 中的一个对于 A 中的任意算符 (元素) 的作用不变的子空间. 如果一个左理想除本身及零空间外不包含其他左理想, 就称为最小左理想. 一个最小左理想就是一个最小的不变子空间, 荷载一个不可约表示. 在最小左理想中选择一组基矢, 则群代数的任意元素对它们作用得到的矢量都可以表示为这组基矢的线性组合, 从而给出表示矩阵. 显然, 不可约表示只确定到等价关系, 因为基矢的选择有任意性.

我们用类似方式定义右理想 (最小右理想), 若 $R \subset A, x \in R, a \in A$, 则 $xa \in R$. 双侧理想 T 的定义是, 若 $T \subset A, x \in T, a, b \in A$, 则 $ax \in T, xb \in T$. 若双侧理想 T 除其本身和零以外不包含其他双侧理想, 就说是简单双侧理想. 如果 A 的两个左理想 L 和 L' 的元素 $x \in L$ 和 $x' \in L'$ 对于任意元素的左乘有一一对应关系, 也就是说, 若 $x \longleftrightarrow x'$, 则 $(ax)' \longleftrightarrow ax'$, 就说 L 和 L' 作为表示空间是等价的. 显然, 若通过右乘一个元素能从一个左理想产生另一个左理想, 则这两个左理想是等价的. 因为, 若 $xb = x'$, 则 $(ax)b = a(xb) = ax'$. 由于简单双侧理想对于右乘是不变的, 因此, 如果它包含有几个最小左理想, 则由这些左理想给出的不可约表示是等价的.

设 L_1 是 A 的一个左理想, 即 $sL_1 = L_1, s \in A$, 则 A 必可分解为 L_1 与另一个

左理想 L_2 的直和

$$A = L_1 \oplus L_2 \tag{20.3.19}$$

因为 L_1 是正规表示的一个不变子空间, 而正规表示是可分解的, 其表示空间可以分解为不变子空间的直和. 由此可知一个代数可以分解为若干个简单双侧理想的直和, 也可以分解为若干个最小左理想的直和, 每个双侧理想可能包含几个左理想. 显然, 只要完成这种分解, 有限群的正规表示可以分解为哪些不等价不可约表示以及求出这些不可约表示的表示矩阵的问题就解决了.

代数按左理想的分解及其不可约表示. 下面来讨论怎样把代数分解为左理想的问题. 设代数 A 分解为左理想 L_1 与 L_2 的直和

$$A = L_1 \oplus L_2$$

则 A 中任意元素 s 可唯一地分解为左理想中元素 s_1 与 s_2 之和

$$s = s_1 + s_2 \qquad s_1 \in L_1, s_2 \in L_2 \tag{20.3.20}$$

群 G 的单位元素 e 也是代数 A 的一个元素, 故同样可以分解

$$e = e_1 + e_2 \qquad e_1 \in L_1, e_2 \in L_2 \tag{20.3.21}$$

因为 $es = se = s$, 故

$$se_1 + se_2 = s_1 + s_2 \qquad se_1 \in L_1, se_2 \in L_2$$

因为分解是唯一的, 故

$$se_1 = s_1 \qquad se_2 = s_2 \tag{20.3.22}$$

若 $s \in L_1$, 即 $s = s_1$, 则 $s_1e_1 = s_1, s_1e_2 = s_2 = 0$. 特别是, 由 $s_1 = e_1$ 得

$$e_1e_1 = e_1 \qquad e_1e_2 = 0 \tag{20.3.23}$$

同样可以得到

$$e_2e_2 = e_2 \qquad e_2e_1 = 0 \tag{20.3.24}$$

因此, 我们可以把群的单位元素 e 分解为 L_1 和 L_2 中的元素 e_1 和 e_2, 它们是幂等的 ($e_i^2 = e_i$), 互斥的 ($e_ie_j = 0, i \neq j$), 它把 A 中任意元素在 L_i 中的成分投影出来, 并把非 L_i 中的元素排除掉. 故若用 A 的全部元素左乘 e_i 就得到左理想 L_i, 即 $Ae_i = L_i$. 因此我们把 e_i 称为左理想子代数 L_i 的生成元. 以上讨论容易推广到最小左理想, 得到以下定理: 若代数 A 可分解为最小左理想的直和 $A = L_1 \oplus L_2 \oplus \cdots \oplus L_k$, 则存在一组相应的生成元 $e_1, e_2, \cdots, e_k$, 使得

$$e_1 + e_2 + \cdots + e_k = e \qquad e_i e_j = e_i \delta_{ij} \tag{20.3.25}$$

$$Ae_i = L_i \qquad L_i e_j = L_i \delta_{ij} \tag{20.3.26}$$

最小左理想的生成元称为本原幂等的. 关于本原幂等生成元有以下定理: 若 e_i 是本原幂等的, 则对于任意元素 $x \in A$, 有

$$e_i x e_i = \xi_i e_i \tag{20.3.27}$$

反之, 若 e_i 是幂等生成元, 并且对于所有 $x, e_i x e_i = \xi_i e_i$, 则 e_i 是本原幂等的 (证明见参考文献 [2] 第三章).

设简单双侧理想 A' 是 f 个等价的左理想 L_i 的直和

$$A' = L_1 \oplus L_2 \oplus \cdots \oplus L_f \tag{20.3.28}$$

生成元分别为 e 和 $e_1, e_2, \cdots, e_f$, 而

$$\begin{gathered} e = e_1 + e_2 + \cdots + e_f \\ e_h e_k = e_h \delta_{hk} \end{gathered} \tag{20.3.29}$$

则对于任意一个 $x \in A'$, 由 $x = xe = ex = exe$, 得

$$x = \sum_{i,k} e_i x e_k = \sum_{i,k} x_{ik} \tag{20.3.30}$$

式中, $x_{ik} = e_i x e_k$ 叫做 A' 的 (i,k) 种元素, 亦即 A' 中任意元素被分解为各 (i,k) 种元素之和. 这种分解是唯一的, 因为

$$e_j x_{ik} e_h = \delta_{ij} \delta_{kh} x_{ik}$$

即 x_{ik} 不能由一种变为另一种. 反过来看, 如果把各 (i,k) 种元素 y_{ik} 加起来, 得到 $y = \sum\limits_{ik} y_{ik}$. 若将 y 分解, 还得到各种中的元素 y_{ik}. 若把 $\{y_{ik}\}$ 排成矩阵的形式, 则 A' 中每个元素与这样的矩阵之间有一一对应关系; 而且, 两个元素之和 (或乘以数) 对应于两个矩阵之和 (或乘以数), 两个元素之积对应于两个矩阵之积, 即

$$e_i x y e_k = e_i \left(\sum_{jh} e_j x e_h \right) \left(\sum_{lm} e_l y e_m \right) e_k = \sum_h x_{ih} y_{hk} \tag{20.3.31}$$

在 (i,k) 类中的元素 x_{ik} 具有把 A' 中的左理想 L_i 映射到另一个左理想 L_k 的作用, $L_i x_{ik} = L_k$. 我们在 (i,k) 类中选出元素 e_{ik}, 使它具有性质

$$e_{ik} e_{kj} = e_{ij} \qquad (i, j = 1, \cdots, f) \tag{20.3.32}$$

亦即先把 L_i 映射到 L_k, 再映射到 L_j 等价于直接从 L_i 映射到 L_j, 于是, 有 $e_{ih}e_{hi} = e_{ii}$, 但 $L_ie_{ii} = L_i = L_ie_i$, 故 $e_i = e_{ii}$. 若 $k \neq h$, 则

$$e_{ik}e_{hj} = e_{ik}(e_{kk}e_{hh})e_{hj} = e_{ik}(e_ke_h)e_{hj} = 0 \tag{20.3.33}$$

因为, 根据式 (20.3.27), $e_ixe_i = \xi_ie_i$, 即

$$e_{ii}xe_{ii} = x_{ii} = \xi_ie_{ii}$$

故

$$x_{ik} = e_{ii}x_{ik}e_{kk} = e_{il}e_{li}x_{ik}e_{kl}e_{lk} = e_{il}\xi_{ik}e_{ll}e_{lk} = \xi_{ik}e_{ik} \tag{20.3.34}$$

因为 $e_{li}x_{ik}e_{kl}$ 是 (l,l) 类元素, 可表示为常数乘以 e_{ll}. 由此可得

$$\begin{aligned} x &= \sum_{i,k} e_ixe_k = \sum_{i,k} x_{ik} = \sum_{i,k} \xi_{ik}e_{ik} \\ x+y &= \sum_{i,k}(x_{ik}+y_{ik}) = \sum_{i,k}(\xi_{ik}+\eta_{ik})e_{ik} \\ xy &= \sum_{i,k}\left(\sum_j x_{ij}y_{jk}\right) = \sum_{i,k}\left(\sum_j \xi_{ij}\eta_{ik}e_{ij}e_{jk}\right) = \sum_{i,k}\left(\sum_j \xi_{ij}\eta_{jk}\right)e_{ik} \end{aligned} \tag{20.3.35}$$

所以 A' 中任意元素都与一个矩阵 $[\xi_{ik}]$ 对应, 并且有对应的加法和乘法关系. e_{ik} 对应的矩阵显然是 i 行 k 列交叉点的元素为 1, 其余元素全为零的矩阵. 取这种矩阵为基, 矩阵集合 $\{[\xi_{ik}]\}$ 构成一个 $f \times f$ 的完全矩阵代数. 因此, 简单双侧理想 A 与 $f \times f$ 的完全矩阵代数同构.

f 个元素 $e_{ih}(i = 1, \cdots, f)$ 的集合是左理想 L_h 中的一组正交归一基组, 因为若 x 是 L_h 中的一个元素, 则

$$\begin{aligned} x = xe_h &= \sum_{i,k} e_{ii}xe_{kk}e_{hh} = \sum_{i,k} e_{ii}xe_{kk}\delta_{kh} \\ &= \sum_i e_{ii}xe_{hh} = \sum_i x_{ih} = \sum_i \xi_{ih}e_{ih} \end{aligned} \tag{20.3.36}$$

即 L_h 中的任意元素都可以由 f 个 e_{ih} 的线性组合表示出来, 所以 $\{e_{ih}\}$ 是一组基, 而且是正交归一的, ξ_{ih} 则是一组坐标. 由此可见, 若简单双侧理想包含 f 个最小左理想, 则每个左理想都是 f 维的.

与 A' 同构的矩阵代数构成 A' 的一个矩阵表示. 对于 A' 中任意两个元素的乘积

$$ax = \sum_{i,k}\left(\sum_j \alpha_{ij}\xi_{jk}\right)e_{ik} \tag{20.3.37}$$

其左边的因子 a 可以看作算符，因子 x 可以看作被变换的矢量. 为了得到 L_h 子空间产生的不可约表示, 令 $x \in L_h$, 式 (20.3.37) 中对 k 的求和就只剩下 $k=h$ 一项, 故

$$ax = \sum_i \left(\sum_j \alpha_{ij}\xi_{jh} \right) e_{ih} = \sum_i \xi'_{ih} e_{ih} \tag{20.3.38}$$

式 (20.3.38) 用矩阵表示, 就是

$$\begin{bmatrix} \xi'_{1h} \\ \vdots \\ \xi'_{fh} \end{bmatrix} = \begin{bmatrix} \alpha_{11} \cdots \alpha_{1f} \\ \vdots \quad\quad \vdots \\ \alpha_{f1} \cdots \alpha_{ff} \end{bmatrix} \begin{bmatrix} \xi_{1h} \\ \vdots \\ \xi_{fh} \end{bmatrix} \tag{20.3.39}$$

式中, $\{\xi_{ih}\}$ 和 $\{\xi'_{ih}\}$ 分别表示变换前后矢量的坐标, 因此 a 的表示矩阵就是 $[\alpha_{ij}]$. 这就说明了与 A' 同构的矩阵代数构成 A' 的一个矩阵表示.

如果代数 A 分解为 r 个简单双侧理想的直和

$$A = A^{(1)} \oplus \cdots \oplus A^{(r)} \tag{20.3.40}$$

则 A 与 r 个同构于各双侧理想 $A^{(i)}$ 的矩阵代数 $D^{(i)}$ 的直和 D 同构

$$D = D^{(1)} \oplus \cdots \oplus D^{(r)} \tag{20.3.41}$$

容易证明, 每一个 $D^{(i)}$ 都是 A 的一个不可约表示, 因为 $D^{(i)}$ 是 $A^{(i)}$ 的一个表示, A 的任意两个元素的乘积可分解到各 $A^{(i)}$ 中

$$ax = a^{(1)}x^{(1)} + \cdots + a^{(r)}x^{(r)} \tag{20.3.42}$$

为求 $A^{(i)}$ 中左理想 $L_h^{(i)}$ 产生的不可约表示, 把 x 限于 $L_h^{(i)}$ 中, 式 (20.3.42) 就只剩下一项, 即

$$ax = a^{(i)}x \tag{20.3.43}$$

a 的作用与 $a^{(i)}$ 的作用是一样的. 所以 $A^{(i)}$ 也是 A 的不可约矩阵表示. 表示矩阵的矩阵元 $d_{lm}^{(i)}$ 按下式计算:

$$e_{ll}^{(i)} a e_{mm}^{(i)} = d_{lm}^{(i)} e_{lm}^{(i)} \tag{20.3.44}$$

当把 a 限于群元素 S 时就得到群的不可约表示，其矩阵元 $d_{lm}^{(i)}$ 由下式决定:

$$e_{ll}^{(i)} S e_{mm}^{(i)} = d_{lm}^{(i)} e_{lm} \tag{20.3.45}$$

20.3.2 置换群代数按左理想与双侧理想的分解

下面我们把群代数方法具体用到置换群上. 为了求得不可约表示, 需要找出最小左理想的生成元 —— 本原幂等元. 对于置换群, Young 提出很简单的构成本原幂等元的方法.

若元素 e 满足 $e^2 = ke,\ k \neq 0$, 就说 e 是实际幂等元, 因为 $e' = \dfrac{1}{k}e$ 是幂等元

$$e'e' = \frac{1}{k^2}ee = \frac{1}{k}e = e' \tag{20.3.46}$$

设有 Young 表 T, 把表中同一行数字的任意置换称为水平置换, 记作 p, 所有水平置换之和记作 P, 即

$$P = \sum_p p \tag{20.3.47}$$

类似地, 把表中同一列数字的任意置换称为垂直置换, 记作 q, 所有垂直置换之代数和记作 Q, 即

$$Q = \sum_q \varepsilon_q q \tag{20.3.48}$$

式中, ε_q 当 q 是偶置换时为 $+1$, 奇置换时为 -1. 那么, 可以证明

$$Y = PQ = \sum_{p,q} \varepsilon_q pq \tag{20.3.49}$$

是实际幂等元, 由 Y 产生的左理想是最小的, 从而产生不可约表示. 由不同 Young 图的表得到的不可约表示是不等价的, 由同一 Young 图的不同 Young 表得出的不可约表示是等价的. 如果一个 Young 图给出 f 个标准表, 则由对应于 f 个标准表的实际幂等元 $Y_1, \cdots, Y_f$ 生成的 f 个左理想是线性独立的, 其直和构成一个简单双侧理想子代数.

在证明这个重要定理之前, 先举一些例子.

(1) Young 图只有一行, 即分割 $[n]$. $Q = e$(恒等置换), 故 $Y = P = \sum\limits_R R$, R 为 n 个数字的置换, 共有 $n!$ 个. 对于任意置换 $S, SP = \sum\limits_R SR = P$, 故

$$P^2 = \sum_S S \sum_R R = n! \sum_R R = n!P$$

所以 P 是实际幂等的. 用任意代数元素 $s = \sum\limits_S \alpha_S S$ 左乘 P 得

$$sP = \sum_S \alpha_S SP = \left(\sum_S \alpha_S\right) P = \alpha P$$

所以由 P 产生的左理想是由 P 的倍数构成的, 是一个一维子空间. 对于任意群元素 S, 有

$$S(\alpha P)=\alpha P$$

即这个左理想给出恒等表示, 又称全对称表示.

(2) Young 图只有一列, 即分割 $[1^n]$. $P=e$, 故

$$Y=Q=\sum_R \varepsilon_R R.$$

R 为 n 个数字的一种置换. 对于任意置换 S, 有

$$SQ=\sum_R \varepsilon_R SR=\sum_R \varepsilon_S\varepsilon_R R=\varepsilon_S Q$$

$$Q^2=\left(\sum_R \varepsilon_R R\right)\left(\sum_S \varepsilon_S S\right)=\sum_R\sum_S \varepsilon_R\varepsilon_S RS=n!\sum_R \varepsilon_R R=n!Q$$

故 Q 是实际幂等的. 对于任意代数元素

$$s=\sum_S \alpha_S S$$

则

$$sQ=\sum_S \alpha_S SQ=\left(\sum_S \alpha_S\varepsilon_S\right)Q=\alpha Q$$

所以 Q 产生的左理想是一维子空间. 对于任意群元素 S, 则

$$S(\alpha Q)=\varepsilon_S(\alpha Q)$$

所以由这个左理想得出的是全反对称表示.

(3) Young 图 [21]. 有两个 Young 表:

1	2
3	

(a)

1	3
2	

(b)

对于表 (a), $P=[e+(12)]$, $Q=[e-(13)]$, 故

$$Y_1=PQ=[e+(12)][e-(13)]=e+(12)-(13)-(132)$$

$$Y_1^2=3Y_1$$

对于表 (b), $P=[e+(13)], Q=[e-(12)]$, 故

$$Y_2 = PQ = [e+(13)][e-(12)] = e+(13)-(12)-(123)$$

$$Y_2^2 = 3Y_2$$

S_3 群代数的元素作用在 Y_1 上生成一个二维左理想, 由它可得出 S_3 群的一个不可约表示. 用 S_3 的各个元素左乘 Y_1, 得

$eY_1 = Y_1$

$(12)\ Y_1 = Y_1$

$(13)\ Y_1 = (13)+(123)-e-(23) = -Y_1'$

$(23)\ Y_1 = (23)+(132)-(123)-(12) = -Y_1+Y_1'$

$(123)\ Y_1 = -Y_1'$

$(132)\ Y_1 = -Y_1+Y_1'$

$eY_1' = Y_1'$

$(13)\ Y_1' = -(13)(13)Y_1 = -Y_1$

$(12)\ Y_1' = -(12)(13)Y_1 = Y_1 - Y_1'$

$(23)\ Y_1' = -(23)(13)Y_1 = Y_1'$

$(123)\ Y_1' = -(123)(13)Y_1 = -(23)Y_1 = Y_1 - Y_1'$

$(132)\ Y_1' = -(132)(13)Y_1 = -(12)Y_1 = -Y_1$

由此即得一组表示矩阵如下:

$$e \sim \begin{bmatrix} 1 & 0 \\ 0 & 1 \end{bmatrix},\ (12) \sim \begin{bmatrix} 1 & 1 \\ 0 & -1 \end{bmatrix},\ (13) \sim \begin{bmatrix} 0 & -1 \\ -1 & 0 \end{bmatrix},$$

$$(23) \sim \begin{bmatrix} -1 & 0 \\ 1 & 1 \end{bmatrix}, (123) \sim \begin{bmatrix} 0 & 1 \\ -1 & -1 \end{bmatrix},$$

$$(132) \sim \begin{bmatrix} -1 & -1 \\ 1 & 0 \end{bmatrix}$$

当然, 矩阵是与基的选择有关的. 用类似方法可用 Y_2 作出另一组不可约表示矩阵

$$e \sim \begin{bmatrix} 1 & 0 \\ 0 & 1 \end{bmatrix},\ (12) \sim \begin{bmatrix} 0 & -1 \\ -1 & 0 \end{bmatrix},\ (13) \sim \begin{bmatrix} 1 & 1 \\ 0 & -1 \end{bmatrix}$$

$$(23) \sim \begin{bmatrix} -1 & 0 \\ 1 & 1 \end{bmatrix}, (123) \sim \begin{bmatrix} -1 & -1 \\ 1 & 0 \end{bmatrix},$$

$$(132) \sim \begin{bmatrix} 0 & 1 \\ -1 & -1 \end{bmatrix}$$

对比特征标, 可知这两个表示是等价的, 但由 Y_1 与 Y_2 产生的两个左理想是相互独立的, 这两个不可约表示各由一个左理想荷载.

由 S_3 的另外两个 Young 图 [3] 和图 [1^3] 可得

$$Y_{[3]}=[e+(12)+(13)+(23)+(123)+(132)]$$
$$Y_{[3]}^2=6Y_{[3]}$$
$$Y_{[1^3]}=[e-(12)-(13)-(23)+(123)+(132)]$$
$$Y_{[1^3]}^2=6Y_{[1^3]}$$

直接的计算可以证明, S_3 的单位元素分解为四个本原幂等元的和

$$e=\frac{1}{6}Y_{[3]}+\frac{1}{3}Y_{[21]}^{(a)}+\frac{1}{3}Y_{[21]}^{(b)}+\frac{1}{6}Y_{[1^3]}$$

故 S_3 的群代数可分解为四个最小左理想的直和. 由 $Y_{[21]}^{(a)}$ 和 $Y_{[21]}^{(b)}$ 产生的两个线性无关的最小左理想的直和构成一个简单双侧理想.

(4) Young 图 [2^21] 有 5 个标准表, 其中之一为

1	2
3	4
5	

, 对应的实际幂等元为

$$\begin{aligned}
P&=[e+(12)][e+(34)]=e+(12)+(34)+(12)(34)\\
Q&=[e-(13)-(15)-(35)+(135)+(153)][e-(24)]\\
&=e-(13)-(15)-(35)+(135)+(153)\\
&\quad-(24)+(13)(24)+(15)(24)+(35)(24)\\
&\quad-(135)(24)-(153)(24)\\
Y&=PQ
\end{aligned}$$

显然，有很多置换不包含在 Y 的和式中.

下面证明上述定理, 分几步进行.

(a) 我们定义的 p,q 是对给定的一个表来说的. 设给定的表为 T, 用 rT 表示置换 r 作用于表 T 上的数字, 得出的新表 T' 为

$$T'=rT$$

是调换了数字位置后的表. 于是 $s'=rsr^{-1}$ 对 T' 的作用与 s 对 T 的作用相同，亦即把对应位置上的数字进行了置换 (具体置换的数字不相同). 所以若 p 是 T 表的一个水平置换, 则 $rpr^{-1}=p'$ 对于 $T'=rT$ 表也是一个水平置换.

每一个置换最多能写成一种 pq 形式. 因为若有 $pq=p_1q_1$, 则 $p_1^{-1}p=q_1q^{-1}$, 这个元素同时是水平置换和垂直置换, 显然, 只能是恒等置换

$$p_1^{-1}p=q_1q^{-1}=e$$

故 $p_1 = p,\ q_1 = q$, 因此可以把 Y 写成

$$Y = \sum_{(pq)} \varepsilon_q pq \tag{20.3.50}$$

对 (pq) 的求和遍及所有可能写成属于表 T 的 pq 形式的置换. 属于表 T 的 pq 作用在 T 上时, 实际的过程是先作一个水平置换, 再对变换后的表作一个垂直置换

$$T' = pqT = pqp^{-1}pT = q'(pT) \tag{20.3.51}$$

显然, q' 对于 T' 也是一个垂直置换

$$q'T' = pq^2p^{-1}pT = q''(pT)$$

(b) 在 T 表中出现在同一行的数字绝不会出现在 $T = pqT$ 的同一列. 因为出现在 $pqT = q'(pT)$ 的同一列的数字在 pT 中仍在同一列, 而 p 不能把不同列的数字调换, 所以不会在 T 的同一行中出现. 反过来说, 如果表 T 中没有出现在同一行的任意两个数字出现在 T' 的同一列, 则 $T' = pqT$, 亦即 T' 可由 T 经过对于 T 是 pq 形的置换得到. 因为 T' 各列中的各个数字出现在 T 的不同行中, 可以通过 p 置换使 T 各列中的数字变得与 T' 的相同 (但顺序仍不同), 再通过 q' 置换使 pT 表变得与 T' 一样, 即

$$T' = q'pT = pqp^{-1}pT = pqT$$

例如:

1	2	3
4	5	6
7	8	

T

→

1	3	2
6	4	5
8	7	

pT

→

6	7	5
8	4	2
1	3	

T'

若 $T' = pqT$, 则

$$Q'pqP = Q'pqp^{-1}pP = Q'q'P = \varepsilon_{q'}Q'P = \varepsilon_q Q'P$$

因为 q 和 q' 的奇偶性相同.

(c) 考虑不同的 Young 图, 用 $[\nu] = [\nu_1\nu_2\cdots\nu_r]$ 来标记, 若最先出现的差 $\{\cdots, \nu_i - \nu_i', \cdots\}$ 为正数, 就说 $[\nu] > [\nu']$, 如 $[653] > [64^2]$. 若 T 属于 $[\nu]$, T' 属于 $[\nu']$, $[\nu] > [\nu']$, 则必有两个数字, 它们在 T 的同一行, 又在 T' 的同一列. 因为若在 T 同一行中的数字没有在 T' 同一列中的, 则 T 的第一行中的 ν_1 个数字必在 T' 的不同列, 故 T' 必不少于 ν_1 列, 即 $\nu_1' \geqslant \nu_1$. 但已假定 $\nu_1 \geqslant \nu_1'$, 故只能 $\nu_1 = \nu_1'$. 通过 q 置换可以把这些数字移到 T' 的第一行, 这样 T 和 T' 的第一行就全相同. 再同样处理第二行, 第

三行, ……, 最后得到两个相同的表和图, 这与假设矛盾, 所以 T 中必有在同一行的两个数字在 T' 的同一列中.

若有两个数在 T 的同一行又在 T' 的同一列, 则 $Q'P=0$, 从而 $Y'Y=0$. 因为, 若令这两个数字的对换为 t, 则 $t^2=e$, 而 t 对于 T 是 p 置换, 对于 T' 是 q 置换, 故

$$Q'P=Q't^2P=q'Q'pP=-Q'P=0 \tag{20.3.52}$$

$$Y'Y=P'Q'PQ=P'(Q'P)Q=0 \tag{20.3.53}$$

于是, 对于不同的图, 若 $\nu>\nu'$, 则总有

$$Y'Y=0$$

(d) 若 s 不是 pq 形置换, 则存在对换 p 和 q, 使得 $psq=s$. 因为 s 不是 pq 形的, 故 $T'=sT$ 中有两个在同一列的数字在 T 的同一行. 设这两个字母的对换为 t, 则 t 对于 T 是 p 形置换, 对于 Q' 是 q' 形置换, 从而 $s^{-1}ts$ 是 q 形置换. 取 $p=t,q=s^{-1}ts$, 则

$$psq=tss^{-1}ts=t^2s=s$$

若 s 是 pq 形的, 则 $psq=p(p_1q_1)q=p_2q_2$, 于是有 (λ 为一个数)

$$pYq=pPQq=\varepsilon_qPQ=\varepsilon_qY \tag{20.3.54}$$

$$p\lambda Yq=\lambda\varepsilon_qY \tag{20.3.55}$$

反过来, 任意群代数的元素 $a=\sum\limits_S\alpha_SS$ 若满足

$$paq=\varepsilon_qa \qquad (\text{对于所有}p,q) \tag{20.3.56}$$

则可写成

$$a=\lambda Y \tag{20.3.57}$$

式中, λ 为数值系数. 因为, 由式 (20.3.56) 得

$$\sum_S\alpha_SpSq=\sum_S\alpha_S\varepsilon_qS \tag{20.3.58}$$

当 S 遍历群的所有元素时, psq 同时也遍历所有元素, 所以式 (20.3.58) 两边各项是一一对应的. 若 S 不是 pq 形的, 则 $psq=s$, 其中 p,q 为对换, 故 $\alpha_S=\varepsilon_q\alpha_S=-\alpha_S=0$, 所以 a 中只有 pq 形的项. 当 s 是 pq 形置换时, 式 (20.3.58) 左边当 $s=e$ 时出现的 pq 项则在右边当 $s=pq$ 时出现, 故

$$\alpha_e=\varepsilon_q\alpha_{pq} \tag{20.3.59}$$

故

$$
\begin{aligned}
a &= \sum_S \alpha_S S = \sum_{pq} \alpha_{pq}(pq) = \sum_{pq} \alpha_{pq}\varepsilon_q\varepsilon_q(pq) \\
&= \alpha_e \sum_{pq} \varepsilon_q(pq) = \lambda Y
\end{aligned}
\tag{20.3.60}
$$

式 (20.3.60) 中已令 $\lambda = \alpha_e$.

(e) $Y = \sum_{pq} \varepsilon_q(pq) = PQ$ 是实际幂等元. 因为

$$
pY^2q = pPQPQq = PQPQ\varepsilon_q = \varepsilon_q Y^2
$$

由式 (20.3.56) 和式 (20.3.57) 可知

$$
Y^2 = \lambda Y
$$

从式 (20.3.60) 看, λ 是 Y^2 中单位元素 e 出现的次数, 显然不能等于零, 故 Y 是实际幂等元.

事实上, 可以进一步证明 $\lambda = \dfrac{n!}{f}$, f 是 Y 产生的左理想的维数. 用 Y 右乘是群代数中的一种映射, 把任意元素 x 映射到左理想 AY 的元素 xY 上, 而用 Y 右乘 xY 相当于把它乘 λ 倍.

$$
(xY)Y = x\lambda Y = \lambda(xY)
$$

线性变换的矩阵的迹不随坐标系的选择而改变. 设 x 和 Y 在以群元素为基的坐标系中的坐标分别为 $\gamma(s)$ 和 $\delta(t)$, 经 Y 右乘后 x 的坐标变为 $\gamma'(s)$, 则由式 (20.3.14) 可知

$$
\gamma'(s) = \sum_t \gamma(t)\delta(t^{-1}s)
$$

对应于右乘 Y 的变换矩阵是 $[\delta(t^{-1}s)]$, 其迹为

$$
\sum_s \delta(s^{-1}s) = n!\delta(e) = n! \tag{20.3.61}
$$

另一方面, 若选一个坐标系, 使它的头 f 个基矢量张成由 Y 产生的左理想子代数, 则右乘 Y 就把坐标为 $(\gamma_1, \gamma_2, \cdots, \gamma_{n!})$ 的矢量变成另一矢量, 其坐标为

$$
(\gamma_1', \cdots, \gamma_f', \underbrace{0, \cdots, 0}_{(n!-f)\text{个}}
$$

再右乘 Y 就得到这个矢量的 λ 倍, 可见, 对应于右乘 Y 的变换矩阵是一个分块矩阵, 其左上角是 λE_f 形的矩阵块 (E_f 是 f 维的单位矩阵), 其他元素全为零. 这种矩阵的迹为 λf, 与式 (20.3.61) 比较, 即得

$$\lambda = \frac{n!}{f} \tag{20.3.62}$$

由此可知

$$Y' = \frac{n!}{f} Y \tag{20.3.63}$$

是幂等生成元.

由 Y' 产生的左理想是最小的, 因为, 对于任意 x

$$p(Y'xY')q = \left(\frac{n!}{f}\right)^2 pPQxPQq = \left(\frac{n!}{f}\right)^2 \varepsilon_q PQxPQ = \varepsilon_q (Y'xY') \tag{20.3.64}$$

根据式 (20.3.60), 有

$$Y'xY' = \lambda Y'$$

于是, 由式 (20.3.27) 得知, Y' 是本原幂等的, 故产生最小左理想.

(f) 属于同一个图的不同表得到的本原幂等元 $e_i = Y_i'$ 和 $e_j = Y_j'$ 产生的不可约表示是等价的. 因为 T_i 和 T_j 若属于同一个图, 必有置换 s, 使得 $T_j = sT_i$. 因为 $p' = sps^{-1}$, $q' = sqs^{-1}$, 所以 $e_j = se_is^{-1}$, 而

$$e_is^{-1}e_j = e_is^{-1}se_is^{-1} = e_i^2s^{-1} = e_is^{-1} \neq 0$$

用 $e_is^{-1}e_j$ 右乘由 e_i 产生的左理想 L_i 就能把 L_i 映射到左理想 L_j 上, L_i 和 L_j 荷载等价的表示. L_j 是由 e_j 产生的, 故由 e_i 和 e_j 得出的不可约表示等价.

若 e_i 和 e_k' 是由不同 Young 图的表得出的本原幂等元, 则由式 (20.3.53) 可知, 若 $[\nu_i] > [\nu_k']$, 则 $e_k'e_i = 0$, 故

$$e_k'se_is^{-1} = 0, \qquad e_k'se_i = 0,$$

从而

$$x_{ki} = e_k'xe_i = \sum_s x_s e_k'se_i = 0 \tag{20.3.65}$$

即找不到一个代数元素去右乘由 e_k' 产生的左理想 L_k', 达到把 L_k' 映射到由 e_i 产生的左理想 T_i 的目的, 可见, 它们是不等价的, 从而由它们产生的不可约表示也不等价.

(g) 设由一个图可以得到 f' 个标准表. 把数字从左到右、从上到下逐行读出得到一个 n 位数, 我们说这个 n 位数大的表较大, 由较大的表产生的幂等元较大. 例如, 若

$$T_1 = \begin{array}{|c|c|c|}\hline 1 & 2 & 3 \\ \hline 4 & 5 \\ \cline{1-2}\end{array}, \qquad T_2 = \begin{array}{|c|c|c|}\hline 1 & 2 & 4 \\ \hline 3 & 5 \\ \cline{1-2}\end{array}$$

则 $T_2 > T_1$, $e_2 > e_1$. 可以证明, 若 $e_i < e_k$, 则

$$e_k e_i = 0 \tag{20.3.66}$$

这只要证明 T_i 必有同一行的两个数字在 T_k 的同一列即可. 设 T_i 和 T_k 中头一个出现不同数字的位置在 λ 行 μ 列的交点处, 数字分别为 ρ 和 σ, 按约定, $\rho < \sigma$. 这两个表的 λ 行以上的各行数字一定相同. μ 大于 1, 因为按标准表的规定, λ 行的头一个数完全由上一行的数字决定, 它一定是剩下的数字中最小的一个. 设在 T_k 中数字 ρ 出现在 χ 行 ν 列处, 则不可能 $\chi < \lambda$, 也不可能 $\chi = \lambda, \nu < \mu$, 因为在 σ 出现之前的 T_i 和 T_k 表的数字一样. $\chi \geqslant \lambda, \nu \geqslant \mu$ 也不可能, 因为这些位置上的数字必须大于 σ, 所以只能是 $\chi > \lambda, \nu < \mu$, 即 ρ 一定在 σ 的左下方. 在 λ 行 ν 列处, T_i 和 T_k 表的数字相同. 设这个数字为 θ. 于是 (θ, ρ) 在 T_i 的同一行, 又在 T_k 的同一列, $e_k e_i = 0$. 利用这个结果可以证明由 f' 个表得到的本原幂等元产生的左理想是线性独立的. 事实上, 若对于任意元素 x_j 下式成立

$$x_1 e_1 + x_2 e_2 + \cdots + x_{f'} e_{f'} = 0 \tag{20.3.67}$$

则用 e_1 乘式 (20.3.67), 由于 $e_1 < e_i (i = 2, \cdots, f'), e_1 e_i = 0$, 则

$$x_1 e_1^2 = x_1 e_1 = 0$$

因 $e_1 \neq 0$, 故必有

$$x_1 = 0 \tag{20.3.68a}$$

同样, 可证明

$$x_2 = x_3 = \cdots = x_{f'} = 0 \tag{20.3.68b}$$

所以这 f' 个子空间的和是直和, 它们构成一个简单的双侧理想, 因为由不同图产生的左理想不等价, 不可能包括在其中, 而由同一个图产生的左理想相互等价, 不可能有更小的双侧理想.

可以进一步证明 $\sum\limits_j f_j'^2 = n!$, 其中 j 标志与第 j 个 Young 图相联系的简单双侧理想. 这个结果实际上与上册式 (7.2.67) 表达同样的结论, 即正规表示中包含有

关群的全部不可约表示, 而且一个表示出现的次数等于它的维数. 这个结论对所有有限群都是成立的. 这样, 我们从正规表示的分解可以得到所有不可约表示.

20.3.3　自然表示

将置换群代数分解为最小左理想的直和以后就容易造出它的不可约表示矩阵了. 只要找到一组基 $\{e_{ik}\}$, 具有性质

$$e_{ik}e_{kj} = e_{ij}, \qquad e_{ik}e_{hj} = 0 \qquad (k \neq h) \tag{20.3.69}$$

则群 G 的表示矩阵 $\boldsymbol{D}(R)$ 的矩阵元 d_{ik} 由下式给出

$$e_{ii}Re_{kk} = d_{ik}e_{ik} \tag{20.3.70}$$

由同一个 Young 图给出的不同标准 Young 表 T_i 和 T_k 可以得出不同的幂等元 e_i 和 e_k, 若 $i > k$, 则

$$e_ie_k = 0 \tag{20.3.66}$$

但是, 对于 $i < k$, 式 (20.3.66) 一般不成立. 所以这里的 e_i 和 e_k 还不具有式 (20.3.29) 中的等幂生成元的性质, 因此不能把它们当作式 (20.3.70) 中的 e_{ii} 和 e_{kk}. Young 指出, 可以按以下方式造出具有式 (20.3.29) 所示性质的基. 设 $T_i = s_{jk}T_k$ (s_{ik} 是把 T_k 表变为 T_i 表的置换, 显然有 $s_{ij}s_{jk} = s_{ik}$). 用下标区别由不同的表得来的 P 和 Q, 令

$$e'_i = P_jQ'_j = P_jQ_j\omega_j = e_j\omega_j \tag{20.3.71}$$

式中

$$\omega_j = 1 + \xi_j^{(1)}r_j^{(1)} + \xi_j^{(2)}r_j^{(2)} + \cdots \tag{20.3.72}$$

式中, $r_j^{(\nu)}$ 是若干个 p_{ik} 的乘积 $p_{il}p_{lk}p_{km}\cdots, p_{ik}$ 表示对 T_k 表进行的水平置换, 使得 $p_{ik}T_k$ 中各列的数字与 T_i 各列中的数字分别相同 (但这些数字在各列中的顺序可以不同);i, l, k 等指标从小到大排列;T_l, T_k, T_m 等表中没有两个在同一列的数字出现在 T_i 的同一行. 式 (20.3.72) 的求和遍及所有可能的乘积 $p_{il}p_{lk}, p_{il}p_{lm}, p_{ik}p_{km}, p_{il}p_{lk}p_{km}\cdots;\varepsilon_j^{(\nu)} = (-1)^\lambda$, 其中 λ 是乘积 $p_{il}\cdots p_{km}$ 中因子的数目. 例如, 有五个表 T_1, T_2, T_3, T_4, T_5, 后面的表同一行上的两个数字不在前面的表的同一列上, 则 ω_i 的表达式如下:

$$\omega_5 = 1$$

$$\omega_4 = 1 - p_{45}\omega_5 = 1 - p_{45}$$

$$\omega_3 = 1 - p_{34} - p_{35} + p_{34}p_{45}$$

$$\omega_2 = 1 - p_{23} - p_{24} - p_{25} + p_{23}p_{34} + p_{23}p_{35} + p_{24}p_{45} - p_{23}p_{34}p_{45}$$

$$\omega_1 = 1 - p_{12} - p_{13} - p_{14} - p_{15} + p_{12}p_{23} + p_{12}p_{24} + p_{12}p_{25}$$
$$+p_{13}p_{34} + p_{13}p_{35} + p_{14}p_{45} - p_{12}p_{23}p_{34} - p_{12}p_{23}p_{35}$$
$$-p_{12}p_{24}p_{45} - p_{13}p_{34}p_{45} + p_{12}p_{23}p_{34}p_{45}$$

可以证明:

$$e_{ik} = \frac{1}{\lambda}s_{ik}e'_k = \frac{1}{\lambda}P_i s_{ik}Q'_k = \frac{1}{\lambda}P_i s_{ik}Q_k\omega_k \tag{20.3.73}$$

具有式 (20.3.32) 和式 (20.3.33) 的性质. 由 f 个 $e'_j = e_{jj}$ 产生 f 个线性独立的左理想 $L_j(j=1,\cdots,f)$, 它们构成一个简单双侧理想;$s_{1j}e'_j, s_{2j}e'_j, \cdots, s_{fj}e'_j$ 是 L_j 的一组基, 由这组基即可按式 (20.3.70) 造出不可约表示矩阵.

实际上, 可以不造出这组基而直接按以下步骤造不可约表示矩阵:

(1) 作出相应不可约表示的 Young 图的所有标准表, 由小到大从左到右排列. 设 $i<k<l<m<\cdots$.

(2) 找出 T_i 同一列中的两个数字不出现在其同一行中的所有表 $T_k, T_l, T_m, \cdots$ 来, 作出水平置换 $p_{ik}, p_{il}, p_{il}p_{lk}, \cdots$, 写出各 $r^{(\nu)}$ 项, 并记下它的符号 $\xi_i^{(\nu)} = (-1)^\lambda, \lambda$ 为乘积的因子数目.

(3) 设要求置换 S 的表示矩阵. 作出表 $T_i^{(0)} = S^{-1}T_i, T_i^{(1)} = (r_i^{(1)}S)^{-1}T_i, T_i^{(2)} = (r^{(2)}S)^{-1}T_i, \cdots (i=1,2,\cdots,f)$, 写出和式 $T_i^{(0)} + \xi_i^{(1)}T_i^{(1)} + \xi_i^{(2)}T_i^{(2)} + \cdots$, 排在矩阵左边的第 i 行.

(4) 矩阵元 $\sigma_{ik} = \varepsilon_q^{(0)}\xi_i^{(0)} + \varepsilon_q^{(1)}\xi_i^{(1)} + \varepsilon_q^{(2)}\xi_i^{(2)} + \cdots$, 其中 ε_q 按以下方式决定: 若 T_k 有同一行的两个数字在 $T^{(\nu)}$ 的同一列, 则 $\varepsilon_q^{(\nu)} = 0$; 否则, 对 $T^{(\nu)}$ 进行垂直置换 q, 使 $T_i^{(\nu)}$ 变成 $T_k, \varepsilon_q^{(\nu)}$ 则视 q 为偶置换或奇置换而取值 $+1$ 或 -1.

举例如下: 设要造 S_5 的 [32] 表示中对应于 $S=(12345)$ 的矩阵.

(1) 有五个标准 Yaung 表, 按从小到大的顺序排列如下:

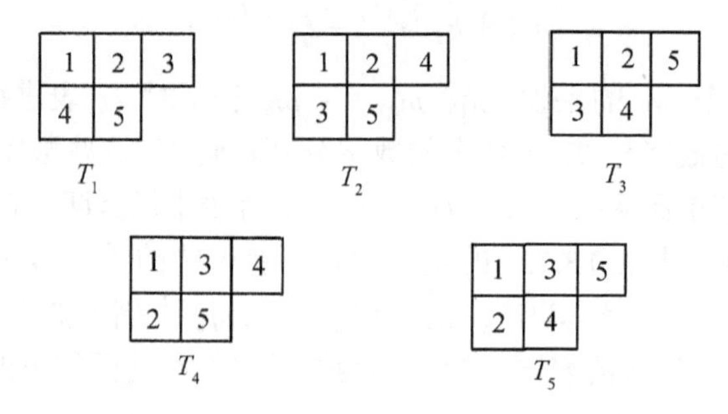

(2) 只有 T_5 中出现在同一行的两个数字不出现在 T_1 的同一列, 故只有 $p_{15} = (24)(35)$ 一项. $r_1^{(1)} = (24)(35)$.

(3)

$$S^{-1} = (15432), \qquad (r_1^{(1)}S)^{-1} = [(24)(35)(12345)]^{-1} = (15234)$$

$$T_1^{(0)}=S^{-1}T_1=\begin{array}{|c|c|c|}\hline 5&1&2\\\hline 3&4\\\cline{1-2}\end{array}$$

$$T_1^{(1)}=(r_i^{(1)}S)^{-1}T_1=\begin{array}{|c|c|c|}\hline 5&3&4\\\hline 1&2\\\cline{1-2}\end{array},\qquad \xi_1^{(1)}=-1$$

$$T_2^{(0)}=S^{-1}T_2=\begin{array}{|c|c|c|}\hline 5&1&3\\\hline 2&4\\\cline{1-2}\end{array}$$

$$T_3^{(0)}=S^{-1}T_3=\begin{array}{|c|c|c|}\hline 5&1&4\\\hline 2&3\\\cline{1-2}\end{array}$$

$$T_4^{(0)}=S^{-1}T_4=\begin{array}{|c|c|c|}\hline 5&2&3\\\hline 1&4\\\cline{1-2}\end{array}$$

$$T_5^{(0)}=S^{-1}T_5=\begin{array}{|c|c|c|}\hline 5&2&4\\\hline 1&3\\\cline{1-2}\end{array}$$

(4) 作出 S_5 的 [32] 表示中 (12345) 的矩阵 $[d_{ik}]$ 如下：

$$\begin{array}{r}
\\
\begin{array}{|c|c|c|}\hline 5&1&2\\\hline 3&4\\\cline{1-2}\end{array}-\begin{array}{|c|c|c|}\hline 5&3&4\\\hline 1&2\\\cline{1-2}\end{array}\\[2ex]
\begin{array}{|c|c|c|}\hline 5&1&3\\\hline 2&4\\\cline{1-2}\end{array}\\[2ex]
\begin{array}{|c|c|c|}\hline 5&1&4\\\hline 2&3\\\cline{1-2}\end{array}\\[2ex]
\begin{array}{|c|c|c|}\hline 5&2&3\\\hline 1&4\\\cline{1-2}\end{array}\\[2ex]
\begin{array}{|c|c|c|}\hline 5&2&4\\\hline 1&3\\\cline{1-2}\end{array}
\end{array}
\begin{array}{c}
\begin{array}{ccccc}T_1&T_2&T_3&T_4&T_5\end{array}\\
\left[\begin{array}{ccccc}
-1&-1&1&1&0\\[4ex]
-1&0&0&0&1\\[4ex]
0&-1&0&0&0\\[4ex]
-1&0&0&1&0\\[4ex]
0&-1&0&1&0
\end{array}\right]
\end{array}$$

因为置换群 S_n 的生成元可取为 (12) 和 $(12\cdots n)$, 所以只要用这种方法造两个矩阵, 其他矩阵即可由它们的乘积给出.

这样造出来的表示称为自然表示. 显然, 自然表示矩阵的造法比正交表示矩阵的造法简单, 但它不是正交矩阵, 使用有不便之处. 关于自然表示矩阵造法的详细讨论请参阅参考文献 [2] 的有关章节. 读者可能已经注意到, 在造正交表示矩阵时, 我们是先造出不可约表示矩阵, 再由矩阵通过投影算符造出基函数; 而在造自然表示矩阵时, 我们是先造出不可约表示基函数, 再由基函数造表示矩阵. 两种方法殊途同归, 都达到把表示矩阵和表示空间约化的目的.

20.4 内积与 Clebsch-Gordan 系数, 外积

20.4.1 不可约表示的内积及其约化

置换群不可约表示的直积称为内积表示, 以便区别于另一种称为外积的表示. 和其他有限群的情况一样, 内积表示一般是可约的. 知道了不可约表示的特征标, 即可得到内积表示的特征标, 就可以按上册第 7 章说过的一般方法进行约化. 对于置换群, 内积约化也可以用图解方式进行, 有时还能得到 Clebsch-Gordan 级数的分析表达式.

设要将直积 $[\lambda]\otimes[(n-1)1]$ 约化. 由式 (20.1.44) 可知

$$\chi^{[(n-1)1]}_{(1^\alpha 2^\beta\cdots)}=\alpha-1$$

故 $[\mu]$ 表示包含在 $[\lambda]\otimes[(n-1)1]$ 中的次数为

$$\begin{aligned}a_{[\mu]}&=\sum_i\frac{g_i}{g}\chi_i^{[\lambda]}\chi_i^{[\mu]}\chi_i^{[n-1,1]}\\&=\sum_{\substack{\alpha\beta\gamma\cdots\\(\alpha+2\beta+\cdots=n)}}\frac{1}{\alpha!2^\beta\beta!\cdots}\chi^{[\lambda]\cdots}_{(1^\alpha 2^\beta)}\chi^{[\mu]}_{(1^\alpha 2^\beta\cdots)}\chi^{[n-1,1]}_{(1^\alpha 2^\beta\cdots)}\\&=\sum_{\substack{\alpha\beta\gamma\cdots\\(\alpha+2\beta+\cdots=n)}}\frac{(\alpha-1)}{\alpha!2^\beta\beta!\cdots}\chi^{[\lambda]}_{(1^\alpha 2^\beta)}\chi^{[\mu]}_{(1^\alpha 2^\beta\cdots)}\end{aligned}\tag{20.4.1}$$

因为 $g=n!, g_i=\dfrac{n!}{\alpha!2^\beta\beta!\cdots}$, 特征标都是实数. 求和遍及 S_n 所有的共轭类. 式 (20.4.1)
分为两大项, 含 (-1) 这一项由正交关系知道等于 $\delta_{[\lambda][\mu]}$, 含 α 的一项是

$$\begin{aligned}&\sum_{\alpha\beta\gamma\cdots}\frac{\alpha}{\alpha!2^\beta\beta!\cdots}\chi^{[\lambda]}_{(1^\alpha 2^\beta\cdots)}\chi^{[\mu]}_{(1^\alpha 2^\beta\cdots)}\\&=\sum_{\substack{\alpha\beta\gamma\cdots\\(\alpha\neq 0)}}\frac{1}{(\alpha-1)!2^\beta\beta!\cdots}\chi^{[\lambda]}_{(1^\alpha 2^\beta\cdots)}\chi^{[\mu]}_{(1^\alpha 2^\beta\cdots)}\end{aligned}\tag{20.4.2}$$

利用分支律, 式 (20.4.2) 可变成

$$\sum_{(\alpha\neq 0)}\frac{1}{(\alpha-1)!2^\beta\beta!\cdots}\sum_{[\lambda']}\chi^{[\lambda']}_{(1^{(\alpha-1)}2^\beta\cdots)}\sum_{[\mu']}\chi^{[\mu']}_{(1^{(\alpha-1)}2^\beta\cdots)}$$

$$= \sum \frac{1}{\alpha'!2^{\beta}\beta!\cdots}\left[\sum_{[\lambda'][\mu']}\chi^{[\lambda']}_{(1^{\alpha'}2^{\beta}\cdots)}\chi^{[\mu']}_{(1^{\alpha'}2^{\beta}\cdots)}\right] \tag{20.4.3}$$

式中, $\alpha' = \alpha - 1, \alpha' + 2\beta + \cdots = n - 1$, $[\lambda']$ 和 $[\mu']$ 是分别从 $[\lambda]$ 和 $[\mu]$ 中取去一个方框得到的规则 Young 图对应的不可约表示. 根据 S_{n-1} 群的正交关系可知, 每一对 $[\lambda']$ 和 $[\mu']$ 配合给出一个 $\delta_{[\lambda'][\mu']}$. 由此即可得出求 $a_{[\mu]}$ 的图解方法如下：如果从 $[\lambda]$ 取下一个方框与从 $[\mu]$ 取下一个方框得到的 Young 图相同, $[\mu]$ 就包含在 $[\lambda]\otimes[(n-1)1]$ 中. 也可以表述为, 从 $[\lambda]$ 取下一个方框再加上去得到的规则 Young 图对应的不可约表示 $[\mu]$ 包含在 $[\lambda]\otimes[(n-1)1]$ 中. $[\mu]=[\lambda]$ 作为特殊情况处理. 若 $[\lambda]$ 有 r 个不同长度的行, 就有 r 种取下一个方框的方式, 这样就得到 $[\lambda]$ r 次, 但由于存在 $(-1)\delta_{[\lambda][\mu]}$ 一项, 结果是 $[\lambda]$ 出现 $(r-1)$ 次. 例如：

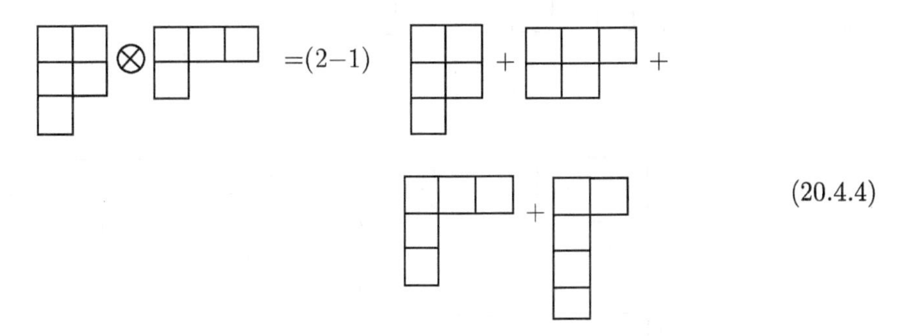

(20.4.4)

这个方法可以推广到其他 $[\lambda]\otimes[\nu]$ 的内积分解中去, 只要知道其中一个表示特征标的分析表达式 [$\chi^{[\lambda]}_{(1^{\alpha}2^{\beta}\cdots)}$ 表示为 $\alpha, \beta, \cdots$ 的多项式函数]. 例如, 已知

$$\chi^{[n-2,1^2]}_{(1^{\alpha}2^{\beta}\cdots)} = \frac{(\alpha-1)(\alpha-2)}{2} - \beta = \frac{1}{2}\alpha(\alpha-1) - \alpha - \beta + 1 \tag{20.4.5}$$

则仿以上步骤可以证明 $[\lambda]\otimes[(n-2)1^2]$ 的分解可按以下方式完成:

(1) $+1$ 贡献一个 $+[\lambda]$.

(2) $-\alpha$ 贡献 $-\sum[\mu]$, 求和中包括所有从 $[\lambda]$ 取下一个方框再加上去得到的规则 Young 图所对应的不可约表示.

(3) $\frac{1}{2}\alpha(\alpha-1)$ 贡献 $\frac{1}{2}\sum[\mu]$, 求和中包括从 $[\lambda]$ 中相继取下两个方框再加上去得到的规则 Young 图对应的不可约表示.

(4) $-\beta$ 贡献 $-\frac{1}{2}\sum\varepsilon_{\mu}[\mu], \varepsilon_{\mu} = \varepsilon_{\mu_1}\cdot\varepsilon_{\mu_2}$, 其中 $[\mu]$ 是从 $[\lambda]$ 中规则地取下两个方框 (取下 □□ 时, $\varepsilon_{\mu_1} = 1$, 取下 (竖排两格) 时, $\varepsilon_{\mu_1} = -1$) 再加到其他位置上得到的规则 Young 图对应的不可约表示 (加上 □□ 时, $\varepsilon_{\mu_2} = 1$, 加上 (竖排两格) 时, $\varepsilon_{\mu_2} = -1$).

四项加起来就得到 $[\lambda]\otimes[(n-2)\ 1^2]$ 的分解表达式. 例如, 计算

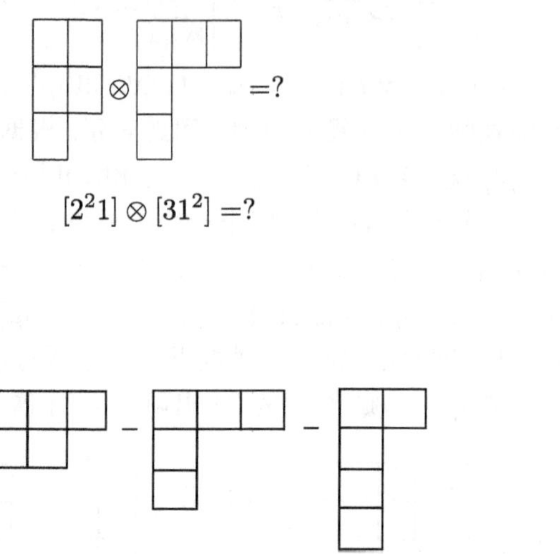

$$[2^21]\otimes[31^2]=?$$

(1) 贡献 $+[2^21]$

(2) 贡献 $-2[2^21]-[32]-[31^2]-[21^3]$

(3) 贡献 $\frac{1}{2}\left(5[2^21]+4[32]+4[21^3]+2[41^2]+5[31^2]+[1^5]\right)$

(4) 贡献 $-\frac{1}{2}\left([2^21]-[31^2]+[1^5]\right)$

四项加起来, 得

$$[2^21]\otimes[31^2]=[2^21]\oplus[21^3]\oplus[41]\oplus[32]\oplus 2[31^2] \tag{20.4.6}$$

容易核实, 上式左右两边的维数相等: 左边为 $5\times6=30$, 右边为 $5+4+4+5+2\times6=30$.

对于比较简单的 Young 图对应的表示, 可以用这种方法求得内积分解的分析表达式. 例如:

$$\begin{aligned}&[(n-1)1]\otimes[(n-1)1]\\&=[n]\oplus[(n-1)1]\oplus[(n-2)2]\oplus[(n-2)1^2]\end{aligned} \tag{20.4.7}$$

$$\begin{aligned}&[(n-1)1]\otimes[(n-2)2]\\&=[(n-1)1]\oplus[(n-2)2]\oplus[(n-2)1^2]\oplus[(n-3)3]\oplus[(n-3)21]\qquad(n>4)\end{aligned} \tag{20.4.8}$$

$$
\begin{aligned}
&[(n-1)1]\otimes[(n-2)1^2]\\
=&[(n-1)1]\oplus[(n-2)2]\oplus[(n-2)1^2]\oplus[(n-3)2\ 1]\oplus[(n-3)1^3]\quad (n>4)
\end{aligned}
\tag{20.4.9}
$$

利用对偶表示特征标的关系, 可以简化内积分解的计算. 因为

$$
[\lambda]\otimes[1^n]=[\tilde{\lambda}],\qquad [1^n]\otimes[1^n]=[n],\qquad [\lambda]\otimes[n]=[\lambda] \tag{20.4.10}
$$

故

$$
\begin{gathered}
[\lambda]\otimes[\mu]=[\lambda]\otimes[n]\otimes[\mu]=[\lambda]\otimes[1^n]\otimes[1^n]\otimes[\mu]=[\tilde{\lambda}]\otimes[\tilde{\mu}]\\
[\tilde{\lambda}]\otimes[\mu]=[\lambda]\otimes[\tilde{\mu}]
\end{gathered}
\tag{20.4.11}
$$

例如, 由式 (20.4.11) 以及式 (20.4.4) 和式 (20.4.6) 可知

$$
\begin{gathered}
[32]\otimes[21^3]=[32]\oplus[2^21]\oplus[31^2]\oplus[21^3]\\
[32]\otimes[31^2]=[32]\oplus[2^21]\oplus2[31^2]\oplus[21^3]\oplus[41]
\end{gathered}
$$

常常需要判断内积表示中包含全对称表示和全反对称表示的次数. 我们知道, 酉表示的直积 $[\lambda^*]\otimes[\mu]$ 当且仅当 $[\lambda]=[\mu]$ 时才含恒等表示一次. 对于置换群, 表示都是实的, 酉表示就是正交表示, $[\lambda^*]=[\lambda]$. 所以内积 $[\lambda]\otimes[\mu]$ 当且仅当 $[\lambda]=[\mu]$ 时才包含恒等表示一次, 而由 $[n]\otimes[1^n]=[1^n]$ 可知, 内积 $[\lambda]\otimes[\mu]$ 中当且仅当 $[\lambda]=[\tilde{\mu}]$ 时才包含全反对称表示一次.

置换群还有一种所谓外积表示, 与上面讨论的内积表示是不同的. 关于外积表示及其约化的问题将在 20.4.3 节中讨论.

20.4.2　Clebsch-Gordan 系数

下面讨论置换群正交表示的 CG 系数. 置换群的 CG 系数具有有限群 CG 系数的一般性质, 可用投影算符方法求得. 一般说来, 这种方法比较麻烦, 但在特殊情况下, 则能方便地把 CG 系数计算出来. 例如, $[\lambda]\otimes[\mu]$ 中, 当且仅当 $[\lambda]=[\mu]$ 时, 恒等表示才出现一次. 于是用投影算符式 (20.2.41) 可得恒等表示之基函数为

$$
\begin{aligned}
\psi^{[n]}&=\frac{\alpha}{n!}\sum_R\hat{O}_R[\psi_i^{[\lambda]}\psi_j^{[\lambda]}]\\
&=\frac{\alpha}{n!}\sum_{lmR}[\psi_l^{[\lambda]}D_{li}^{[\lambda]}(R)\psi_m^{[\lambda]}D_{mj}^{[\lambda]}(R)]\\
&=\frac{\alpha}{n!}\sum_{lm}\psi_l^{[\lambda]}\psi_m^{[\lambda]}\left[\sum_R D_{li}^{[\lambda]}(R)D_{mj}^{[\lambda]}(R)\right]\\
&=\frac{\alpha}{n!}\sum_{lm}\psi_l^{[\lambda]}\psi_m^{[\lambda]}\left(\frac{n!}{n_\lambda}\delta_{lm}\delta_{ij}\right)\\
&=\left(\frac{\alpha}{n_\lambda}\right)\delta_{ij}\sum_l[\psi_l^{[\lambda]}\psi_l^{[\lambda]}]
\end{aligned}
\tag{20.4.12}
$$

由归一条件, 即

$$\int \psi^{[n]}\psi^{[n]}\mathrm{d}\tau = \frac{\alpha^2}{n_\lambda^2}\int\left(\sum_l \psi_l^{[\lambda]}\psi_l^{[\lambda]}\right)^2\mathrm{d}\tau = \frac{\alpha^2}{n_\lambda^2}\cdot n_\lambda = 1 \tag{20.4.13}$$

故

$$\begin{aligned} \alpha &= \sqrt{n_\lambda} \\ \psi^{[n]} &= \frac{1}{\sqrt{n_\lambda}}\sum_l(\psi_l^{[\lambda]}\psi_l^{[\lambda]}) \end{aligned} \tag{20.4.14}$$

由此即得 CG 系数为

$$\langle\lambda_i\lambda_j|[n]1\rangle = \frac{1}{\sqrt{n_\lambda}}\delta_{ij} \tag{20.4.15}$$

例如, 对于 S_4 的 [31] 表示, 用山内符号标志的基分别为 $\psi_{(2111)}^{[31]}$, $\psi_{(1211)}^{[31]}$, $\psi_{(1121)}^{[31]}$. 由这些基的乘积组成的全对称表示的基函数为

$$\psi^{[4]} = \frac{1}{\sqrt{3}}\left[\psi_{(2111)}^{[31]}\psi_{(2111)}^{[31]} + \psi_{(1211)}^{[31]}\psi_{(1211)}^{[31]} + \psi_{(1121)}^{[31]}\psi_{(1121)}^{[31]}\right] \tag{20.4.16}$$

用类似方法可求得构成全反对称表示基函数时的 CG 系数. 只有 $[\lambda]=[\tilde{\mu}]$ 时, $[\lambda]\otimes[\mu]$ 中才出现全反对称表示一次, 故

$$\begin{aligned} \psi^{[1^n]} &= \frac{\alpha}{n!}\sum_R \varepsilon_R\hat{\boldsymbol{O}}_R(\psi_i^{[\lambda]}(R)\psi_j^{[\tilde{\lambda}]}(R)) \\ &= \frac{\alpha}{n!}\sum_{Rlm}\varepsilon_R\psi_l^{[\lambda]}\psi_m^{[\tilde{\lambda}]}D_{li}^{[\lambda]}(R)D_{mj}^{[\tilde{\lambda}]}(R) \\ &= \frac{\alpha}{n!}\sum_{lm}\psi_l^{[\lambda]}\psi_m^{[\tilde{\lambda}]}\left(\sum_R\varepsilon_R D_{li}^{[\lambda]}(R)D_{mj}^{[\tilde{\lambda}]}(R)\right) \end{aligned}$$

利用 $D^{[\lambda]}(R)$ 和 $D^{[\hat{\lambda}]}(R)$ 的关系, 上式可简化为

$$\psi^{[1^n]} = \frac{\alpha}{n_\lambda}\sum_l(-1)^{l_r}\psi_l^{[\lambda]}\psi_{\tilde{l}}^{[\hat{\lambda}]} \tag{20.4.17}$$

式中, l_r 是把山内符号 (l) 的数字变成自然顺序所需进行的对换的数目, (l) 与 $(\tilde{l})$ 对应的 Young 表有互为转置的关系. 由归一条件知 $\alpha=\sqrt{n_\lambda}$, 故

$$\psi^{[1^n]} = \frac{1}{\sqrt{n_\lambda}}\sum_l(-1)^{l_r}\psi_l^{[\lambda]}\psi_{\tilde{l}}^{[\tilde{\lambda}]} \tag{20.4.18}$$

$$\langle\lambda l\tilde{\lambda}\tilde{k}|[1^n]1\rangle = \frac{1}{\sqrt{n_\lambda}}(-1)^{l_r}\delta_{lk} \tag{20.4.19}$$

例如, 对于 S_4, 由其 [31] 和 [21²] 表示的基的乘积可构成全反对称表示的基如下:

$$\psi^{[1^4]} = \frac{1}{\sqrt{3}}[-\psi^{[31]}_{(2111)}\theta^{[21^2]}_{(1321)} + \psi^{[31]}_{(1211)}\theta^{[21^2]}_{(3121)} - \psi^{[31]}_{(1121)}\theta^{[21^2]}_{(3211)}] \tag{20.4.20}$$

按 20.2 节的方法, 容易求得

$$\boldsymbol{D}^{[31]}((34)) = \begin{array}{c} 2111 \\ 1211 \\ 1121 \end{array} \begin{bmatrix} -\frac{1}{3} & \frac{\sqrt{8}}{3} & 0 \\ \frac{\sqrt{8}}{3} & \frac{1}{3} & 0 \\ 0 & 0 & 1 \end{bmatrix}$$

$$\boldsymbol{D}^{[21^2]}((34)) = \begin{array}{c} 1321 \\ 3121 \\ 3211 \end{array} \begin{bmatrix} \frac{1}{3} & \frac{\sqrt{8}}{3} & 0 \\ \frac{\sqrt{8}}{3} & -\frac{1}{3} & 0 \\ 0 & 0 & -1 \end{bmatrix}$$

于是, 可以验证

$$(34)\psi^{[1^4]} = (-1)\psi^{[1^4]} \tag{20.4.21}$$

在比较简单的情况下, CG 系数可以根据基的变换性质得到. 例如, 对于

$$[21] \otimes [21] = [3] \oplus [21] \oplus [1^3] \tag{20.4.22}$$

设要求由二组 [21] 表示的基耦合成新的 [21] 表示的基时的 CG 系数, 记原来 [21] 表示的两组基为 $\phi_1 \equiv \phi(211)$, $\phi_2 \equiv \phi(121)$ 和 $\phi'_1 \equiv \phi'(211)$, $\phi'_2 \equiv \phi'(121)$, 新的 [21] 表示的基为 $\psi_1 \equiv \psi(211)$, $\psi_2 \equiv \psi(121)$. 设

$$\begin{aligned} \psi_1 &= c^1_{11}\phi_1\phi'_1 + c^1_{12}\phi_1\phi'_2 + c^1_{21}\phi_2\phi'_1 + c^1_{22}\phi_2\phi'_2 \\ \psi_2 &= c^2_{11}\phi_1\phi'_1 + c^2_{12}\phi_1\phi'_2 + c^2_{21}\phi_2\phi'_1 + c^2_{22}\phi_2\phi'_2 \end{aligned} \tag{20.4.23}$$

我们要确定这八个系数. 按 20.2 节的方法, 可造出以下两个表示矩阵:

$$\boldsymbol{D}^{[21]}((12)) = \begin{array}{c} 211 \\ 121 \end{array} \begin{bmatrix} 1 & 0 \\ 0 & -1 \end{bmatrix}$$

$$\boldsymbol{D}^{[21]}((13)) = \begin{array}{c} 211 \\ 121 \end{array} \begin{bmatrix} -\frac{1}{2} & -\frac{\sqrt{3}}{2} \\ -\frac{\sqrt{3}}{2} & \frac{1}{2} \end{bmatrix}$$

故用 (12) 作用式 (20.4.23), 得

$$\begin{aligned}\psi_1 &= c_{11}^1\phi_1\phi_1' - c_{12}^1\phi_1\phi_2' - c_{21}^1\phi_2\phi_1' + c_{22}^1\phi_2\phi_2' \\ -\psi_2 &= c_{11}^2\phi_1\phi_1' - c_{12}^2\phi_1\phi_2' - c_{21}^2\phi_2\phi_1' + c_{22}^2\phi_2\phi_2'\end{aligned} \tag{20.4.24}$$

比较式 (20.4.23) 和式 (20.4.24) 即得

$$c_{12}^1 = c_{21}^1 = c_{11}^2 = c_{22}^2 = 0 \tag{20.4.25}$$

用 (13) 作用式 (20.4.23), 得

$$\begin{aligned}-\frac{1}{2}\psi_1 - \frac{\sqrt{3}}{2}\psi_2 =& c_{11}^1\left(-\frac{1}{2}\phi_1 - \frac{\sqrt{3}}{2}\phi_2\right)\left(-\frac{1}{2}\phi_1' - \frac{\sqrt{3}}{2}\phi_2'\right) \\ &+ c_{22}^1\left(-\frac{\sqrt{3}}{2}\phi_1 + \frac{1}{2}\phi_2\right)\left(-\frac{\sqrt{3}}{2}\phi_1' + \frac{1}{2}\phi_2'\right)\end{aligned} \tag{20.4.26}$$

将 ψ_1, ψ_2 的表达式代入式 (20.4.26) 左边, 比较同类项系数, 得

$$\begin{aligned}-\frac{1}{2}c_{11}^1 &= \frac{1}{4}c_{11}^1 + \frac{3}{4}c_{22}^1 \\ -\frac{\sqrt{3}}{2}c_{21}^2 &= \frac{\sqrt{3}}{4}(c_{11}^1 - c_{22}^1) = -\frac{\sqrt{3}}{2}c_{12}^2\end{aligned} \tag{20.4.27}$$

由此即得

$$\begin{aligned}c_{11}^1 &= -c_{22}^1 \\ c_{21}^2 &= c_{12}^2\end{aligned} \tag{20.4.28}$$

再利用归一条件, 即得

$$\begin{aligned}\psi_1 &= \frac{1}{\sqrt{2}}(\phi_1\phi_1' - \phi_2\phi_2') \\ \psi_2 &= -\frac{1}{\sqrt{2}}(\phi_2\phi_1' + \phi_1\phi_2')\end{aligned} \tag{20.4.29}$$

所以非零的 CG 系数有四个. 用类似的方法也可求得式 (22.4.22) 表示的内积约化中的其他 CG 系数 [当然也可以用式 (20.4.15) 和式 (20.4.19) 求出], 列表如下:

CG 系数	[3](111)	[21](211)	[21](121)	$[1^3](321)$
$(211)\cdot(211)'$	$\frac{1}{\sqrt{2}}$	$\frac{1}{\sqrt{2}}$	0	0
$(211)\cdot(121)'$	0	0	$-\frac{1}{\sqrt{2}}$	$\frac{1}{\sqrt{2}}$
$(121)\cdot(211)'$	0	0	$-\frac{1}{\sqrt{2}}$	$-\frac{1}{\sqrt{2}}$
$(121)\cdot(121)'$	$\frac{1}{\sqrt{2}}$	$-\frac{1}{\sqrt{2}}$	0	0

下面讨论置换群 CG 系数的对称性质. 当 $n>4$ 时, 置换群 S_n 不是简单可约的, 即两个表示的直积中包含某个不可约表示的次数可能多于 1, 这使 CG 系数的含义不那么明确, 因为, 若 $\{\psi_s^{(\lambda T_\lambda)}\}$ 是第 T_λ 个不可约表示 $D^{[\lambda]}$ 的一组基, 有多少个 $[\lambda]$ 表示就有多少组这样的基. 取所有的 $\boldsymbol{D}^{[\lambda T_\lambda]}(R)$ 为相同的矩阵 $\boldsymbol{D}^{[\lambda]}(R)$, 则这些基组的任意线性组合仍然是 $\boldsymbol{D}^{[\lambda]}(R)$ 的基组, 即

$$\Psi_s'^{[\lambda T_\lambda]}=\sum_{T_\lambda'}c_{T_\lambda' T_\lambda}\psi_s^{[\lambda T_\lambda']} \tag{20.4.30}$$

$$\begin{aligned}\hat{\boldsymbol{O}}_R\Psi_s'^{[\lambda T_\lambda]}&=\hat{\boldsymbol{O}}_R\left(\sum_{T_\lambda'}c_{T_\lambda' T_\lambda}\psi_s^{[\lambda T_\lambda']}\right)\\&=\sum_{T_\lambda'}c_{T_\lambda' T_\lambda}\hat{\boldsymbol{O}}_R\psi_s^{[\lambda T_\lambda']}\\&=\sum_{T_\lambda' s'}c_{T_\lambda' T_\lambda}\psi_{s'}^{[\lambda T_\lambda']}D_{s's}^{[\lambda]}(R)\\&=\sum_{s'}\left(\sum_{T_\lambda'}c_{T_\lambda' T_\lambda}\psi_{s'}^{[\lambda T_\lambda']}\right)D_{s's}^{[\lambda]}(R)\\&=\sum_{s'}\Psi_{s'}'^{[\lambda T_\lambda]}D_{s's}^{[\lambda]}(R)\end{aligned} \tag{20.4.31}$$

因此, 当 $[\lambda]$ 表示重复出现时, CG 系数没有确定的数值, 也谈不上它的对称性质. 另一方面, 置换群的所有表示都是实表示. 当表示矩阵为正交矩阵时, 由上册式 (7.3.30) 可知, CG 系数满足

$$\sum_{jl}D_{ij}^{[\mu]}(R)D_{kl}^{[\nu]}(R)\langle\mu j\nu l|\lambda T_\lambda s\rangle=\sum_{s'}D_{s's}^{[\lambda T_\lambda]}(R)\langle\mu i\nu k|\lambda T_\lambda s'\rangle \tag{20.4.32}$$

这是关于 CG 系数的实系数线性方程组, 因此可以把 CG 系数选为实数. 利用置换群 CG 系数的这些特点, 可以把 $T_\lambda>1$ 时的 CG 系数确定下来, 并且使它具有较高的对称性质, 具体的做法如下: 假定我们已经随意选定 $D^{[\lambda T_\lambda]}$ 的基组 $\{\psi_s^{[\lambda T_\lambda]}\}$ 等并造出 CG 系数. 注意到 $[\nu]\otimes[\mu]\otimes[\lambda]$ 与乘积因子的顺序无关, 可知 $[\nu]\otimes[\mu]$ 中包含 $[\lambda]$ 的次数等于 $[\mu]\otimes[\lambda]$ 中包含 $[\nu]$ 的次数, 也等于 $[\nu]\otimes[\lambda]$ 中包含 $[\mu]$ 的次数. 用这些 CG 系数造出方阵 M, 其 jt 矩阵元为

$$M_{jt}=\sum_{sl}\langle\mu j\nu l|\lambda T_\lambda s\rangle\langle\lambda s\nu l|\varepsilon T_\varepsilon t\rangle \tag{20.4.33}$$

可以证明:

$$M_{jt}=\sqrt{\frac{n_\lambda}{n_\mu}}m_{T_\lambda T_\mu}^{(\lambda\mu)\nu}\delta_{\varepsilon\mu}\delta_{jt} \tag{20.4.34}$$

式中, $m_{T_\lambda T_\mu}^{(\lambda\mu)\nu}$ 是一个与 $[\lambda]$, $[\mu]$, $[\nu]$ 有关的矩阵 $\boldsymbol{m}^{(\lambda\mu)\nu}$ 的矩阵元. 可以证明 $\boldsymbol{m}^{(\lambda\mu)\nu}$ 是实正交矩阵

$$\sum_{T_\mu} m_{T_\lambda T_\mu}^{(\lambda\mu)\nu} m_{T_\lambda{}' T_\mu}^{(\lambda\mu)\nu} = \delta_{T_\lambda T_\lambda'} \tag{20.4.35}$$

假定 $[\mu] \neq [\nu] \neq [\lambda]$, 我们用矩阵 $\boldsymbol{m}^{(\lambda\mu)\nu}$ 对基组作变换, 令

$$\sum_{T_\mu} m_{T_\lambda T_\mu}^{(\lambda\mu)\nu} \psi_j^{[\mu T_\mu]} \to \psi_j^{[\mu T_\lambda]} \qquad (\text{对所有 } j) \tag{20.4.36}$$

则导致 CG 系数相应地变换

$$\sum_{T_\mu} m_{T_\lambda T_\mu}^{(\lambda\mu)\nu} \langle \lambda s \nu l | \mu T_\mu j \rangle \to \langle \lambda s \nu l | \mu T_\lambda j \rangle \qquad (\text{对所有 } j, s, l) \tag{20.4.37}$$

新的 CG 系数具有对称性质

$$\langle \mu j \nu l | \lambda T_\lambda s \rangle / \sqrt{n_\lambda} = \langle \lambda s \nu l | \mu T_\lambda j \rangle / \sqrt{n_\mu} \tag{20.4.38}$$

利用式 (20.4.33) 和 CG 系数的正交性质可以证明. 我们也可以对 $\psi_j^{[\nu T_\nu]}$ 作上述变换, 得

$$\langle \mu j \nu l | \lambda T_\lambda s \rangle / \sqrt{n_\lambda} = \langle \mu j \lambda s | \nu T_\lambda l \rangle / \sqrt{n_\nu} \tag{20.4.39}$$

因为已假定 $[\nu] \neq [\mu] \neq [\lambda]$, 乘积 $\psi_j^{[\mu]} \psi_l^{[\nu]}$ 等中各因子的排列顺序并无关系, 所以有

$$\langle \mu j \nu l | \lambda T_\lambda s \rangle = \langle \nu l \mu j | \lambda T_\lambda s \rangle \tag{20.4.40}$$

$$\langle \mu j \lambda s | \nu T_\lambda l \rangle = \langle \lambda s \mu j | \nu T_\lambda l \rangle \tag{20.4.41}$$

$$\langle \lambda s \nu l | \mu T_\lambda j \rangle = \langle \nu l \lambda s | \mu T_\lambda j \rangle \tag{20.4.42}$$

若 $[\mu]$, $[\nu]$, $[\lambda]$ 三者之中有两个相等, 如 $[\mu] = [\nu] \neq [\lambda]$, 则同样可用 $\boldsymbol{m}^{(\lambda\mu)\nu}$ 矩阵作式 (20.4.36) 和式 (20.4.37) 的变换, 得到的新 CG 系数具有对称性质

$$\langle \mu j \mu l | \lambda T_\lambda s \rangle / \sqrt{n_\lambda} = \langle \lambda s \mu l | \mu T_\lambda j \rangle / \sqrt{n_\mu} = \langle \mu l \lambda s | \mu T_\lambda j \rangle / \sqrt{n_\mu} \tag{20.4.43}$$

但交换指标 j 和 l 时要分两种情况: 如果 $\psi_s^{[\lambda T_\lambda]}$ 属于反对称积, 则交换这两个指标使 $\psi_s^{[\lambda T_\lambda]}$ 改变符号, 从而所有 CG 系数也改变符号. 反之, 若 $\psi_s^{[\lambda T_\lambda]}$ 属于对称积, 则交换指标不改变符号 (参考上册 7.3.2 节), 于是得

$$\begin{aligned} \langle \mu j \mu l | \lambda T_\lambda s \rangle / \sqrt{n_\lambda} &= \delta_{T_\lambda} \langle \mu l \mu j | \lambda T_\lambda s \rangle / \sqrt{n_\lambda} = \langle \lambda s \mu l | \mu T_\lambda j \rangle / \sqrt{n_\mu} \\ &= \delta_{T_\lambda} \langle \lambda s \mu j | \mu T_\lambda l \rangle / \sqrt{n_\mu} = \langle \mu l \lambda s | \mu T_\lambda j \rangle / \sqrt{n_\mu} \\ &= \delta_{T_\lambda} \langle \mu j \lambda s | \mu T_\lambda l \rangle / \sqrt{n_\mu} \end{aligned} \tag{20.4.44}$$

式中, 若 $\psi_s^{[\lambda T_\lambda]}$ 属于对称积, $\delta_{T_\lambda}=1$, 属于反对称积, $\delta_{T_\lambda}=-1$. 若 $[\mu]=[\nu]=[\lambda]$, 同样有

$$\langle\lambda j\lambda l|\lambda T_\lambda s\rangle=\delta_{T_\lambda}\langle\lambda l\lambda j|\lambda T_\lambda s\rangle \tag{20.4.45}$$

现在可以令

$$\langle\lambda l\lambda j|\lambda T_\lambda s\rangle=\pm\langle\lambda s\lambda l|\lambda T_\lambda j\rangle \tag{20.4.46}$$

于是可得

$$\begin{aligned}\langle\lambda j\lambda l|\lambda T_\lambda s\rangle&=\delta_{T_\lambda}\langle\lambda l\lambda j|\lambda T_\lambda s\rangle=\pm\langle\lambda s\lambda l|\lambda T_\lambda j\rangle\\&=\pm\delta_{T_\lambda}\langle\lambda l\lambda s|\lambda T_\lambda j\rangle=\delta_{T_\lambda}\langle\lambda j\lambda s|\lambda T_\lambda l\rangle\\&=\pm\delta_{T_\lambda}\langle\lambda s\lambda j|\lambda T_\lambda l\rangle\end{aligned} \tag{20.4.47}$$

利用对偶表示之间的关系还可以得到 CG 系数的一些对称性质. 因为 $[\lambda]\otimes[1^n]=[\tilde{\lambda}]$, 所以 $[\lambda]$ 和 $[\tilde{\lambda}]$ 的基函数之间有一一对应关系. 由式 (20.4.39) 和式 (20.4.19) 得

$$\langle\lambda i\tilde{\lambda}k|[1^n]1\rangle/\sqrt{n^{[1^n]}}=\langle\lambda i[1^n]1|\tilde{\lambda}k\rangle/\sqrt{n_\lambda}=1/\sqrt{n_\lambda}(-1)^{l_i^{[\lambda]}}\delta_{ik} \tag{20.4.48}$$

式中, $l_i^{[\lambda]}$ 是使 $[\lambda]$ 表示的第 i 个基函数的山内符号变为自然数顺序时需要进行的对换次数. 故

$$\begin{aligned}&\langle\lambda i[1^n]1|\tilde{\lambda}k\rangle=(-1)^{l_i^{[\lambda]}}\delta_{ik}\\&\phi_i^{[\lambda]}=(-1)^{l_i^{[\lambda]}}\phi_i^{[\lambda]}\phi^{[1^n]}\end{aligned} \tag{20.4.49}$$

因为 $[\alpha]\otimes[\beta]=[\tilde{\alpha}]\otimes[\tilde{\beta}]$, 设 $[\alpha]\otimes[\beta]$ 中包含 $[\gamma]$, 则可以把 $\psi_i^{[\gamma]}$ 表示成

$$\begin{aligned}\psi_i^{[\gamma]}&=\sum_{jk}\langle\tilde{\alpha}j\tilde{\beta}k|\gamma i\rangle\phi_j^{[\tilde{\alpha}]}\phi_k'^{[\tilde{\beta}]}\\&=\sum_{jk}\langle\tilde{\alpha}j\tilde{\beta}k|\gamma i\rangle\phi_j^{[\alpha]}\phi_k'^{[\beta]}(-1)^{(l_j^{[\alpha]}+l_k^{[\beta]})}\phi^{[1^n]}\phi'^{[1^n]}\\&=\psi^{[n]}\sum_{jk}\langle\tilde{\alpha}j\tilde{\beta}k|\gamma i\rangle(-1)^{(l_j^{[\alpha]}+l_k^{[\beta]})}\phi_j^{[\alpha]}\phi_k'^{[\beta]}\end{aligned} \tag{20.4.50}$$

式中, $\psi^{[n]}=\phi^{[1^n]}\phi'^{[1^n]}$. 另一方面

$$\psi_i^{[\gamma]}=\sum_{jk}\langle\alpha j\beta k|\gamma i\rangle\phi_j^{[\alpha]}\phi_k'^{[\beta]} \tag{20.4.51}$$

逐项比较式 (20.4.50) 和式 (20.4.51), 注意 $\psi^{[n]}$ 对于任何置换是不变的, 它的存在不影响 $\phi_j^{[\alpha]}$ 和 $\phi_k^{[\beta]}$ 的耦合, 得

$$\langle\alpha j\beta k|\gamma i\rangle=(-1)^{(l_j^{[\alpha]}+l_k^{[\beta]})}\langle\tilde{\alpha}j\tilde{\beta}k|\gamma i\rangle \tag{20.4.52}$$

或

$$\langle\tilde{\alpha}j\tilde{\beta}k|\gamma i\rangle = (-1)^{(l_j^{[\alpha]}+l_k^{[\beta]})}\langle\alpha j\beta k|\gamma i\rangle \tag{20.4.53}$$

类似地可以导出

$$\langle\alpha j\tilde{\beta}k|\tilde{\gamma}i\rangle = (-1)^{(l_j^{[\gamma]}+l_k^{[\beta]})}\langle\alpha j\beta k|\gamma i\rangle \tag{20.4.54}$$

$$\langle\tilde{\alpha}j\beta k|\tilde{\gamma}i\rangle = (-1)^{(l_i^{[\gamma]}+l_j^{[\alpha]})}\langle\alpha j\beta k|\gamma i\rangle \tag{20.4.55}$$

利用 CG 系数的对称性质可以简化它的计算. 关于置换群 CG 系数的计算问题可参看参考文献 [1].

20.4.3　外积表示及其约化

置换群的外积及其约化问题是这样提出来的. 设 $[\lambda']$ 为 $S_{r'}$ 的不可约表示, $[\lambda'']$ 为 $S_{r''}$ 的不可约表示, 则 $[\lambda']\otimes[\lambda'']$ 是直积群 $S_{r'}\otimes S_{r''}$ 的一个不可约表示. $S_{r'}\otimes S_{r''}$ 是 $S_r(r=r'+r'')$ 群的子群, $[\lambda']\otimes[\lambda'']$ 的表示空间并不构成 S_r 群的表示空间, 所以 $[\lambda']\otimes[\lambda'']$ 也不是 S_r 群的表示. 但我们可以把这个表示空间扩充, 使它荷载 S_r 群的一个可约表示, 这个表示称为 $S_{r'}$ 群的 $[\lambda]'$ 表示和 $S_{r''}$ 群的 $[\lambda'']$ 表示的外积, 记作 $[\lambda']\odot[\lambda'']$. 所谓外积表示 $[\lambda']\odot[\lambda'']$ 的约化问题就是要把它约化为 S_r 群的不可约表示之和.

这个问题在量子力学中出现是很自然的. 设有两个孤立原子分别含有 r' 和 r'' 个电子. 在每个原子内部, 根据全同性的要求, 电子可以互相交换, 所以原子的电子状态函数应分别按 $S_{r'}$ 和 $S_{r''}$ 的不可约表示分类. 当这两个原子离开无限远时, 它们的电子彼此不发生交换, 两个原子的电子状态函数的乘积就是复合体系的总状态函数, 可按 $S_{r'}\otimes S_{r''}$ 的不可约表示分类. 当两个原子相互接近而构成分子体系时, 两个原子的电子就不再可分辨了, 所有电子都可以互相交换, 所以分子体系的状态函数应按 $S_r(r=r'+r'')$ 的不可约表示分类. 设两个原子体系的状态函数分别为 $\varPhi_i^{[\lambda']}(i=1,\cdots,n_{\lambda'})$ 和 $\varPsi_j^{[\lambda'']}(j=1,\cdots,n_{\lambda''})$. 这些状态函数的乘积集合 $\{\varPhi_i^{[\lambda']}\varPsi_j^{[\lambda'']}\}$ 张成一个空间. 若电子的置换仍限于 $S_{r'}$ 和 $S_{r''}$ 子群之内, 则这个空间是 $n_{\lambda'}\cdot n_{\lambda''}$ 维的, 是 $S_{r'}\otimes S_{r''}$ 的不可约表示空间. 它对于 S_r 群的置换并不是封闭的, 所以不构成 S_r 群的表示空间. 但若允许电子的置换遍及 S_r 群, 即 $\varPhi_i^{[\lambda']}$ 中的电子坐标可以和 $\varPsi_j^{[\lambda'']}$ 中的电子坐标交换, 则乘积集合 $\{\varPhi_i^{[\lambda']}\varPsi_j^{[\lambda'']}\}$ 中的乘积函数将增至 $\dfrac{r!}{r'!r''!}n_{\lambda'}n_{\lambda''}$ 个, 因为 r 个电子分为 r' 个和 r'' 个两组的方式有 $\dfrac{r!}{r'!r''!}$ 种. 它们张成 S_r 群的一个可约表示空间, 外积约化就是把这个表示空间荷载的表示分解为 S_r 群的不可约表示之和.

在 20.1.2 节中我们讨论由子群的特征标计算母群的特征标时已经得出下面两

个式子：对于有元素包含在子群中的母群的 K_l 共轭类元素 l

$$\sum_{\mu} a_{\mu\sigma}\chi_l^{[\mu]} = \sum_{K_{l_\tau}} \frac{gh_{l_\tau}}{hg_l}\phi_{l_\tau}^{[\sigma]} \tag{20.1.10}$$

式中各个符号的含义见 20.1.2 节. 对于没有元素包含在子群中的母群的各共轭类元素 j, 则

$$\sum_{\mu} a_{\mu\rho}\chi_j^{[\mu]} = 0 \tag{20.1.13}$$

现在 $g = r!, h = h_\alpha$(S_r 群中循环结构为 α 的共轭类包含的元素数目), $g_l = r'!r''!, h_{l_\tau} = h_{\alpha'}h_{\alpha''}$($h_{\alpha'}$ 和 $h_{\alpha''}$ 分别为 $S_{r'}$ 和 $S_{r''}$ 群中循环结构为 α' 和 α'' 的共轭类中的元素数目), $\phi_{l_\tau}^{[\sigma]} = \chi_{\alpha'}^{[\lambda']}\chi_{\alpha''}^{[\lambda'']}$, $l = \alpha$, 故有

$$\sum_{\lambda} a_{\lambda\lambda'\lambda''}\chi_\alpha^{[\lambda]} = \frac{r!}{h_\alpha r'!r''!}\sum_{\alpha',\alpha''} h_{\alpha'}h_{\alpha''}\chi_{\alpha'}^{[\lambda']}\chi_{\alpha''}^{[\lambda'']}$$
$$\alpha' \in S_{r'}, \qquad \alpha'' \in S_{r''}, \qquad \alpha' + \alpha'' = \alpha \tag{20.4.56}$$

式中右边的求和遍及来自 S_r 的 α 共轭类的 $S_{r'}$ 的 α' 共轭类和 $S_{r''}$ 的 α'' 共轭类. 还有

$$\sum_{\lambda} a_{\lambda\lambda'\lambda''}\chi_\alpha^{[\lambda]} = 0 \qquad \alpha \neq \alpha' + \alpha'' \tag{20.4.57}$$

因此, 由 $S_{r'}$ 和 $S_{r''}$ 的不可约表示特征标可以求出外积表示 $[\lambda'] \odot [\lambda'']$ 的特征标. 利用特征标的正交定理就可以求出 $a_{\lambda\lambda'\lambda''}$, 外积约化问题也就解决了.

不过, 外积约化过程更常用图解方法来完成. 这种图解方法的数学依据将在第 21 章 (21.2.3 节) 中给出, 这里只介绍图解方法的具体做法 (图解规则). 先看一个简单的情况：S_1 群的两个 [1] 表示的外积约化. 设一个 [1] 表示的基为 $\phi(1)$, 另一个 [1] 表示的基为 $\psi(2)$[这里基函数的变量 (1) 和 (2) 可以理解为电子标号]. 直积空间为 $\phi(1)\psi(2)$, 它不构成 S_2 的表示空间, 因为它对置换 (1,2) 不是封闭的. 若允许 (1), (2) 电子交换, 则此空间扩充为 $\{\phi(1)\psi(2), \phi(2)\psi(1)\}$. 由此可组合出对称函数 $\phi(1)\psi(2)+\phi(2)\psi(1)$(它属于 S_2 的全对称表示 [2]) 和反对称函数 $\phi(1)\psi(2)-\phi(2)\psi(1)$ (它属于 S_2 的全反对称表示 $[1^2]$). 由此可得

$$[1] \odot [1] = [2] \oplus [1^2]$$

或用图解方式表达为

$$\square \odot \square = \square\square \oplus \begin{array}{c}\square\\ \square\end{array}$$

再看 S_2 的表示 [2] 和 S_1 的表示 [1] 的外积. 已知表示 [2] 的基函数 $\phi(1)\psi(2)+\phi(2)\psi(1)$ 对于电子的交换是对称的. 表示 [1] 的基函数 θ 和它结合可能得出两种函数, 其一是 θ 与 ϕ,ψ 交换电子时它表现为对称的, 这种函数自然属于 S_3 的表示 [3]; 另一是 θ 与 ϕ(或 ψ) 交换电子时表现为反对称的, 这种函数应属于 S_3 的 [21] 表示. 由此可得

$$[2]\odot[1]=[3]\oplus[21]$$

或用图解方式表达

$$\begin{array}{|c|c|}\hline & \\ \hline \end{array} \odot \begin{array}{|c|}\hline \theta \\ \hline \end{array} = \begin{array}{|c|c|c|}\hline & & \theta \\ \hline \end{array} \oplus \begin{array}{|c|c|}\hline & \\ \hline \multicolumn{1}{|c|}{\theta} & \multicolumn{1}{c}{} \\ \cline{1-1} \end{array}$$

我们也可以把上述过程改为把 [2] 的基函数结合到 [1] 的基函数上, 结果自然应该一样, 即

$$\begin{array}{|c|c|}\hline & \\ \hline \end{array} \odot \begin{array}{|c|}\hline \\ \hline \end{array} = \begin{array}{|c|}\hline \\ \hline \end{array} \odot \begin{array}{|c|c|}\hline & \\ \hline \end{array}$$

设用 $\begin{array}{|c|c|}\hline \alpha & \alpha \\ \hline \end{array}$ 标志 [2] 的基函数 (这样就满足了它在交换电子时的全对称性要求), 则有

$$\begin{array}{|c|}\hline \\ \hline \end{array} \odot \begin{array}{|c|c|}\hline \alpha & \alpha \\ \hline \end{array} = \begin{array}{|c|c|c|}\hline & \alpha & \alpha \\ \hline \end{array} \oplus \begin{array}{|c|c|}\hline & \alpha \\ \hline \multicolumn{1}{|c|}{\alpha} & \multicolumn{1}{c}{} \\ \cline{1-1} \end{array}$$

两个 $\boxed{\alpha}$ 方框是不能放在同一列的, 因为它们既然是对称的, 就不能是反对称的. 类似地, 我们有

$$\begin{array}{|c|}\hline \\ \hline \\ \hline \end{array} \odot \begin{array}{|c|}\hline \alpha \\ \hline \end{array} = \begin{array}{|c|}\hline \\ \hline \\ \hline \alpha \\ \hline \end{array} \oplus \begin{array}{|c|c|}\hline & \alpha \\ \hline \multicolumn{1}{|c|}{} & \multicolumn{1}{c}{} \\ \cline{1-1} \end{array}$$

或

$$\begin{array}{|c|}\hline \\ \hline \end{array} \odot \begin{array}{|c|}\hline \alpha \\ \hline \beta \\ \hline \end{array} = \begin{array}{|c|}\hline \\ \hline \alpha \\ \hline \beta \\ \hline \end{array} \oplus \begin{array}{|c|c|}\hline & \alpha \\ \hline \multicolumn{1}{|c|}{\beta} & \multicolumn{1}{c}{} \\ \cline{1-1} \end{array}$$

这里是原来同一列的 $\boxed{\alpha}$, $\boxed{\beta}$ 两个方框不能出现在同一行, 理由是它们既是反对称的, 就不能又是对称的.

以上方法可以推广到一般情况. 外积表示 $[\lambda']\odot[\lambda'']$ 的约化可按以下规则用图解方式进行：把 $[\lambda'']$ 的 Young 图的每一行分别填上相同的字母, 如第一行全填上 α, 第二行全填上 $\beta,\cdots\cdots$, 然后把这些填有字母的方框拆开来, 按所有可能的方式拼到 $[\lambda']$ 的 Young 图上去. 拼图时要遵循以下三条规则:

(1) 带有相同字母的方框不能在同一列中出现.

(2) 把所有带字母的方框摆完之后, 从右到左从上到下逐行把这些字母读出, 在读出的过程中总保持 α 的数目 $\geqslant \beta$ 的数目 $\geqslant \gamma$ 的数目 $\cdots\cdots$

(3) 得到的图应是规则 Young 图. 这样得到的全部 Young 图就代表了外积表示 $[\lambda'] \odot [\lambda'']$ 约化后得到的全部不可约表示. 例如:

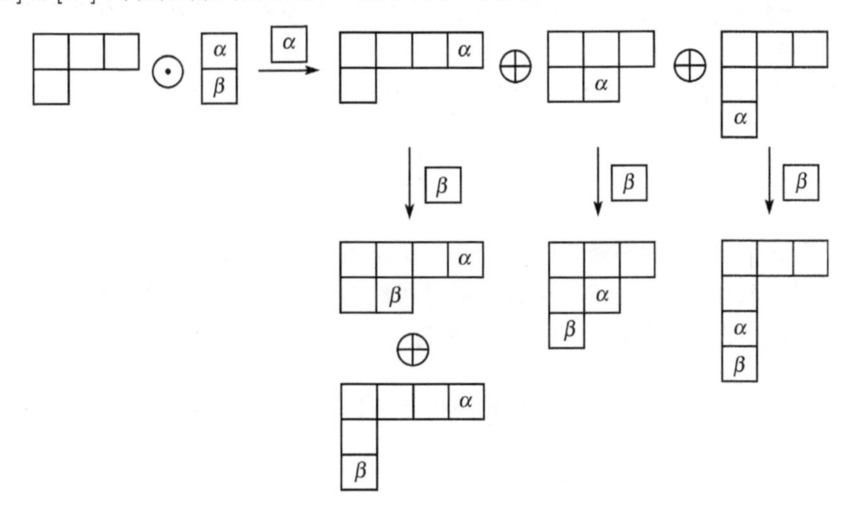

故有

$$[31] \odot [1^2] = [42] \oplus [41^2] \oplus [321] \oplus [31^3]$$

又如:

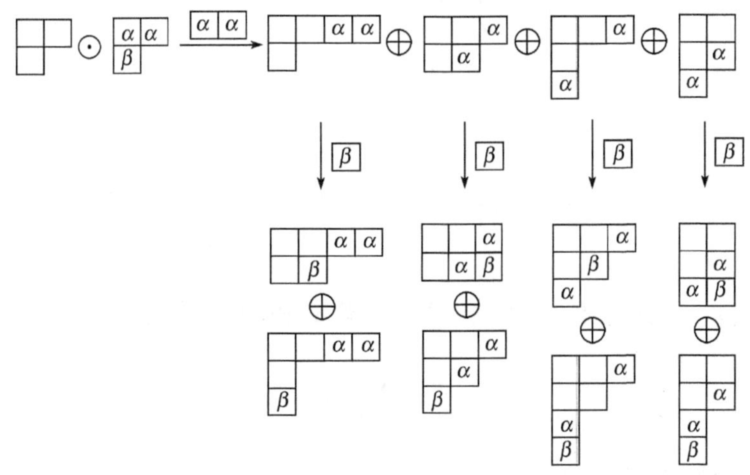

由此可得

$$[21] \odot [21] = [42] \oplus [41^2] \oplus [3^2] \oplus 2[321] \oplus [31^3] \oplus [2^3] \oplus [2^21^2]$$

容易验证, 所得结果满足关于表示空间维数的方程

$$\frac{(r'+r'')!}{r'!r''!}n_{\lambda'}\cdot n_{\lambda''}=\sum_{\lambda}a_{\lambda\lambda'\lambda''}n_{\lambda} \tag{20.4.58}$$

式中, $a_{\lambda\lambda'\lambda''}$ 是外积 $[\lambda']\odot[\lambda'']$ 中表示 $[\lambda]$ 出现的次数, n_λ 是 $[\lambda]$ 的维数. 上述图解约化方法比根据式 (20.4.56) 和式 (20.4.57) 计算出特征标再利用正交定理进行约化显然要简单一些.

我们还可以证明以下结果. 设有外积约化关系

$$[\lambda']\odot[\lambda'']=\sum_{\lambda}a_{\lambda\lambda'\lambda''}[\lambda] \tag{20.4.59}$$

式中, $[\lambda'],[\lambda'']$ 和 $[\lambda]$ 分别是 $S_{r'},S_{r''}$ 和 $S_{r'+r''}$ 的不可约表示. 另一方面, $S_{r'+r''}$ 的 $[\lambda]$ 表示对于其子群 $S_{r'}\otimes S_{r''}$ 来说一般是可约的, 注意到 $S_{r'}\otimes S_{r''}$ 的不可约表示总具有 $[\lambda']\otimes[\lambda'']$ 的形式, 可设约化关系为

$$[\lambda]=\sum_{\lambda'\lambda''}b_{\lambda\lambda'\lambda''}[\lambda']\otimes[\lambda''] \tag{20.4.60}$$

则

$$a_{\lambda\lambda'\lambda''}=b_{\lambda\lambda'\lambda''} \tag{20.4.61}$$

证明：由式 (20.4.60) 可得

$$\begin{aligned}\chi_{\alpha}^{[\lambda]}&=\sum_{\lambda'\lambda''}b_{\lambda\lambda'\lambda''}\chi_{\alpha'}^{[\lambda']}\chi_{\alpha''}^{[\lambda'']},\\ &\alpha=\alpha'+\alpha'',\ \alpha'\in S_{r'},\ \alpha''\in S_{r''}\end{aligned} \tag{20.4.62}$$

利用正交定理可得

$$b_{\lambda\lambda'\lambda''}=\frac{1}{r'!r''!}\sum_{\substack{\alpha'\in S_{r'}\\ \alpha''\in S_{r''}}}h_{\alpha'}h_{\alpha''}\chi_{\alpha}^{[\lambda]}\chi_{\alpha'}^{[\lambda']}\chi_{\alpha''}^{[\lambda'']} \tag{20.4.63}$$

式中, $h_{\alpha'}$ 和 $h_{\alpha''}$ 分别是 $S_{r'}$ 和 $S_{r''}$ 中共轭类 α' 和 α'' 包含的元素数目. 另一方面, 根据式 (20.4.59), 有

$$\chi_{\alpha}^{[\lambda']\odot[\lambda'']}=\sum_{\lambda}a_{\lambda\lambda'\lambda''}\chi_{\alpha}^{[\lambda]} \tag{20.4.64}$$

根据正交定理, 可得

$$a_{\lambda\lambda'\lambda''}=\frac{1}{(r'+r'')!}\sum_{\alpha}h_{\alpha}\chi_{\alpha}^{[\lambda]}\chi_{\alpha}^{[\lambda']\odot[\lambda'']} \tag{20.4.65}$$

式中, h_α 是 $S_{r'+r''}$ 中共轭类 α 所包含的元素数目. 注意到, 对于 $\alpha=\alpha'+\alpha''$ 的共轭类

$$\chi_\alpha^{[\lambda']\odot[\lambda'']}=\frac{(r'+r'')!}{r'!r''!}\sum_{\alpha'+\alpha''=\alpha}\frac{h_{\alpha'}h_{\alpha''}}{h_\alpha}\chi_{\alpha'}^{[\lambda']}\chi_{\alpha''}^{[\lambda'']} \tag{20.4.66}$$

对于 $\alpha\neq\alpha'+\alpha''$ 的共轭类

$$\chi_\alpha^{[\lambda']\odot[\lambda'']}=0 \tag{20.4.67}$$

将式 (20.4.66) 和式 (20.4.67) 代入式 (20.4.65), 得

$$\begin{aligned}a_{\lambda\lambda'\lambda''}&=\frac{1}{r'!r''!}\sum_\alpha\sum_{\alpha'+\alpha''=\alpha}h_{\alpha'}h_{\alpha''}\chi_\alpha^{[\lambda]}\chi_{\alpha'}^{[\lambda']}\chi_{\alpha''}^{[\lambda'']}\\&=\frac{1}{r'!r''!}\sum_{\substack{\alpha'\in S_{r'}\\\alpha''\in S_{r''}}}h_{\alpha'}h_{\alpha''}\chi_\alpha^{[\lambda]}\chi_{\alpha'}^{[\lambda']}\chi_{\alpha''}^{[\lambda'']}\end{aligned} \tag{20.4.68}$$

比较式 (20.4.68) 和式 (20.4.63), 即得式 (20.4.61) 的结果.

关于置换群在物理学和化学中的应用, 限于篇幅, 本章就不讨论了, 有兴趣的读者可参看参考文献 [7] 和 [8].

参考文献

[1] Hamermesh M. Group Theory and Its Application to Physical Problems. Massachusetts: Addison-Wesley Publishing Co., 1962

[2] Boerner H. Representation of Groups. Amsterdam: North-Holland Publishing Co., 1963

[3] Chen J Q. Group Representation Theory for Physicists. New Jersey: World Scientific Publishing Co., 1989

[4] J. P. Elliott, P. G. Dawber. 物理学中的对称性. 第二卷. 仝道荣译. 北京：科学出版社, 1986

[5] 马中骐. 物理学中的群论. 北京：科学出版社, 1998

[6] C. D. H. Chisholm. 量子化学中的群论方法. 汪汉卿, 王银桂译. 北京：科学出版社, 1981

[7] Hinze J. (Ed.). The Permutation Group in Physics and Chemistry (Lecture Notes in Chemistry, No. 12). Berlin: Springer-Verlag, 1979

[8] Bunker P R. Molecular Symmetry and Spectroscopy. New York: Academic Press, 1979

参考文献

第 21 章

线性变换群的张量表示[1~8]

21.1 线性变换群表示空间的约化

21.2 全线性群表示与置换群表示的联系

21.3 线性群不可约表示的分支律

21.4 $SO(3)$和 $SU(2)$群的不可约表示

21.5 广义的 Wigner-Eckart 定理和不可约张量方法

21.6 多电子原子状态的分类和能量计算

21.1　线性变换群表示空间的约化

21.1.1　n 维空间的线性变换群

n 维空间中线性变换的完全集合构成群, 称为一般线性变换群, 也称全线性群. 线性变换经常通过矩阵来表述, 所以全线性群可看作是由 $n\times n$ 非奇异方阵的完全集合构成的群. 如果矩阵元是复数, 则称为复线性群, 记作 $GL(n,C)$, 此时一个矩阵由 $2n^2$ 个实数确定; $2n^2$ 个实参数连续变化就得到全部群元素, 所以它是连续群. 不过, 在这一章里我们暂时不涉及它的连续性这一方面.

实际上, 有意义的是全线性群的某些特殊子群. 在 $GL(n,C)$ 群中行列式等于 $+1$ 那一部分元素构成的子群称为复特殊线性群, 又称复幺模群, 记作 $SL(n,C)$. 它的元素由 $2n^2-2$ 个实参数标志, 因为复矩阵 $\boldsymbol{R}$ 的行列式等于 1 相当于两个实数方程

$$\det\boldsymbol{R}=1+0i$$

两个条件使独立参数减少了两个. 因为由基矢量的分量组成的行列式是有关空间中的单位体积, 当基矢作变换

$$\boldsymbol{e}_i'=\sum_j R_{ji}\boldsymbol{e}_j \qquad (i=1,\cdots,n)$$

时, 体积元的变换系数为变换矩阵 $\boldsymbol{R}$ 的行列式, 故 $\det\boldsymbol{R}=1$ 就表示变换中保持体积不变, 所以 $SL(n,C)$ 是保持体积不变的群.

$GL(n,C)$ 中由酉矩阵构成的子群称为酉群, 记作 $U(n)$. 酉变换保持酉标积 $\left(\sum\limits_{i=1}^{n}z_i^*z_i\right)$ 不变, 酉矩阵 $\boldsymbol{R}$ 满足 $\boldsymbol{R}^H\boldsymbol{R}=\boldsymbol{R}\boldsymbol{R}^H=\boldsymbol{I}$ 的条件, 这相当于 n^2 个实数方程, 所以酉群的独立参数有

$$2n^2-n^2=n^2\text{个}$$

酉群 $U(n)$ 加上行列式等于 1 的条件就得到幺模酉群 (特殊酉群), 记作 $SU(n)$, 有 n^2-1 个独立参数. $SU(n)$ 是 $SL(n,C)$ 和 $U(n)$ 的交, 即它们的共同元素. 保持量 $-\sum\limits_{i=1}^{p}z_i^*z_i+\sum\limits_{j=p+1}^{p+q}z_j^*z_j$ 不变的线性变换群, 记作 $U(p,q)$, 独立参数有 $(p+q)^2$ 个.$U(p,q)$ 中行列式等于 1 的矩阵构成的子群记作 $SU(p,q)$.

保持复标量积 $\sum\limits_{i=1}^{n}z_iz_i$ 不变的线性变换群称为复正交群, 记作 $O(n,C)$. 正交矩阵满足 $\boldsymbol{R}^T\boldsymbol{R}=\boldsymbol{R}\boldsymbol{R}^T=\boldsymbol{I}$ 的条件, 这相当于 $n(n+1)$ 个实数方程, 所以 $O(n,C)$ 的独立参数是 $2n^2-n(n+1)=n(n-1)$ 个. 由正交条件可知 $(\det\boldsymbol{R})^2=1,\det\boldsymbol{R}=\pm1$,

所以 $O(n,C)$ 的元素分为不相连通的两部分.行列式等于 $+1$ 的这一部分构成特殊复正交群 $SO(n,C)$.保持量 $-\sum_{i=1}^{p} z_i^2+\sum_{j=p+1}^{p+q} z_j^2$ 不变的复矩阵集合构成群 $O(p,q,C)$, 其中行列式等于 1 的矩阵构成子群 $SO(p,q,C)$.

保持量 $\{u|v\}=\sum_{i,k}^{n} g_{ik}u_iv_k, g_{ik}=-g_{ki}$ 不变的线性变换群称为复辛群 $SP(n,C)$, 它的矩阵由 $n(n+1)$ 个参数决定. 由于 $\boldsymbol{G}=[g_{ik}]$ 是反对称矩阵, $\boldsymbol{G}^T=-\boldsymbol{G}$, $\det\boldsymbol{G}=(-1)^n\det\boldsymbol{G}, n$ 必须是偶数, 否则 $\det\boldsymbol{G}=0$, 因此仅当空间的维数是偶数时才会有辛群. 辛群一定是幺模的. $SP(n,C)$ 中由酉阵构成的子群称为酉辛群, 记作 $USP(n)$ 或 $SP(n)$. 酉辛群有 $\frac{1}{2}n(n+1)$ 个实参数.

n 维实线性空间中的非奇异线性变换用实矩阵表示, 它们的完全集合构成全实线性群 $GL(n,R)$, 它的元素由 n^2 个参数决定. $GL(n,R)$ 中由行列式等于 $+1$ 的矩阵构成的子群称为特殊实线性群 $SL(n,R)$, 它有 n^2-1 个独立参数. 由实正交矩阵构成的子群称为实正交群 $O(n,R), O(n,R)$ 分开为不连通的两部分, 其中 $\det\boldsymbol{R}=1$ 的部分构成特殊正交群 $SO(n,R)$. 实正交群的独立参数是 $\frac{1}{2}n(n-1)$ 个. 保持量 $-\sum_{i=1}^{p} x_i^2+\sum_{j=p+1}^{p+q} x_j^2$ 不变的变换矩阵集合构成群 $O(p,q,R)$, 其行列式等于 $+1$ 的矩阵集合构成子群 $SO(p,q,R)$. 保持量 $\{x|y\}=\sum_{ik} g_{ik}x_iy_k$, $g_{ik}=-g_{ki}$ 不变的群称为实辛群 $SP(n,R)$. 同样, 实辛群只对偶数维空间才有定义. 实辛群有 $\frac{1}{2}n(n+1)$ 个参数, 一定是幺模的.

以上全线性群的子群系统可图示如下:

(1) 复矩阵群

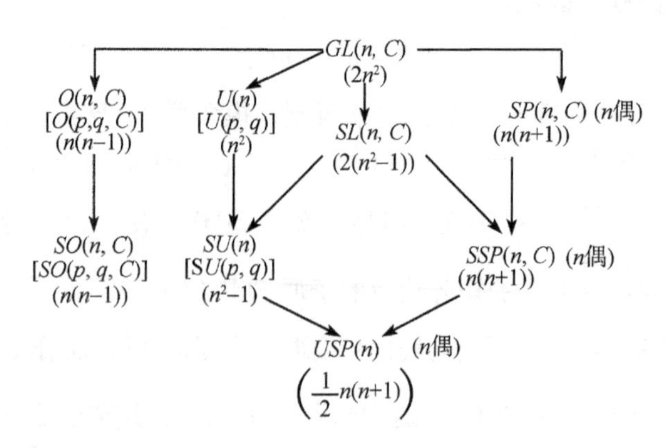

(2) 实矩阵群

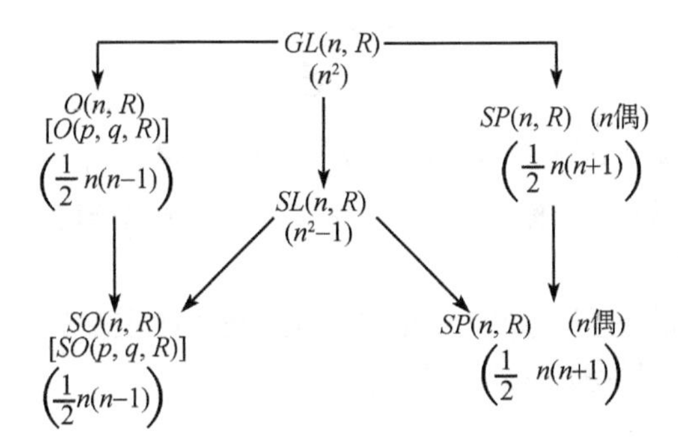

21.1.2 张量空间

1. 矢量的逆变分量与共变分量

一个矢量可以表示为各分量之和

$$\boldsymbol{\alpha}=\sum_i \alpha^i \boldsymbol{e}_i \qquad (i=1,\cdots,n) \tag{21.1.1}$$

式中, $\boldsymbol{e}_i$ 是基矢, α^i 是 $\boldsymbol{\alpha}$ 沿基矢 $\boldsymbol{e}_i$ 方向的分量 (坐标). 当 $\{\boldsymbol{e}_i\}$ 作变换

$$\boldsymbol{e}_i'=\sum_j \boldsymbol{e}_j A_{ji} \tag{21.1.2}$$

时, 矢量 $\boldsymbol{\alpha}$ 是不变的

$$\boldsymbol{\alpha}=\sum_i \alpha^i \boldsymbol{e}_i=\sum_{i,j}\alpha^i \boldsymbol{e}_j' A_{ji}^{-1}=\sum_j\left(\sum_i A_{ji}^{-1}\alpha^i\right)\boldsymbol{e}_j'=\sum_j \alpha^{j'}\boldsymbol{e}_j'$$

故有

$$\alpha^{j'}=\sum_i A_{ji}^{-1}\alpha^i \tag{21.1.3}$$

令 $\boldsymbol{R}=\boldsymbol{A}^T$, 则基矢的变换为

$$\boldsymbol{e}_j'=\sum_i R_{ji}\boldsymbol{e}_i \tag{21.1.4}$$

坐标的变换为

$$\alpha^{j'}=\sum_i R_{ij}^{-1}\alpha^i \tag{21.1.5}$$

写成矩阵方程, 是

$$\boldsymbol{e}' = \boldsymbol{Re}$$
$$\boldsymbol{\alpha}' = \boldsymbol{R}^{\#}\boldsymbol{\alpha}$$

式中, $\boldsymbol{R}^{\#}$ 是 $\boldsymbol{R}$ 的逆矩阵的转置，称为 $\boldsymbol{R}$ 的逆步矩阵. 注意, 这里把基矢 $\{\boldsymbol{e}_i\}$ 用列矩阵 $\boldsymbol{e}$ 表示. 通常说, 坐标 $\{\alpha_i\}$ 对于基矢 $\{\boldsymbol{e}_i\}$ 来说是逆变的, 或者说, $\{\alpha_i\}$ 是矢量 $\boldsymbol{\alpha}$ 的逆变分量.

一个矢量由它的逆变分量完全确定 (当然是在给定基矢的条件下), 但一个矢量 $\boldsymbol{\alpha}$ 也可以用另一组标量 $\{\boldsymbol{\alpha}_i\}$ 来标志

$$\boldsymbol{\alpha} = \sum_i \alpha_i \boldsymbol{e}^i \tag{21.1.6}$$

基矢 $\{e^i\}$ 与 $\{e_j\}$ 有以下关系:

$$\boldsymbol{e}_j = \sum_i g_{ij} \boldsymbol{e}^i \tag{21.1.7a}$$

式中, $g_{ij} = (\boldsymbol{e}_i, \boldsymbol{e}_j) = g_{ji}$ 是两个基矢的标量积，通常称为度量系数. 不同性质的度量 (系数) 矩阵 $[g_{ij}]$ 赋予线性矢量空间不同的特征. 记度量矩阵的逆矩阵为 $[g^{ij}]$

$$\sum_j g_{ij} g^{ji'} = \delta_{ii'}$$

于是有

$$\boldsymbol{e}^i = \sum_j g^{ij} \boldsymbol{e}_j \tag{21.1.7b}$$

$$(\boldsymbol{e}^i, \boldsymbol{e}_{i'}) = \sum_j g^{ij} (\boldsymbol{e}_j, \boldsymbol{e}_{i'}) = \sum_j g^{ij} g_{ji'} = \delta_{ii'}$$

由式 (21.1.6) 得

$$(\boldsymbol{\alpha}, \boldsymbol{e}_i) = \sum_j \alpha_j (\boldsymbol{e}^j, \boldsymbol{e}_i) = \alpha_i \qquad (i = 1, \cdots, n)$$

当基矢作变换

$$\boldsymbol{e}'_j = \sum_i R_{ji} \boldsymbol{e}_i$$

时, 则

$$\alpha'_j = \sum_i (\boldsymbol{\alpha}, R_{ji} \boldsymbol{e}_i) = \sum_i R_{ji} \boldsymbol{\alpha}_i \tag{21.1.8}$$

即 $\{\alpha_i\}$ 像基矢 $\{\boldsymbol{e}_i\}$ 一样变换. 通常说 $\{\alpha_i\}$ 是矢量 $\boldsymbol{\alpha}$ 的共变 (或协变) 分量. 矢量的共变分量与逆变分量通过度量系数矩阵联系起来

$$\alpha_i=\sum_j(\alpha^j\boldsymbol{e}_j,\boldsymbol{e}_i)=\sum_j\alpha^j g_{ji} \tag{21.1.9}$$

在复空间中矢量

$$\boldsymbol{\alpha}=\sum_i\alpha^i\boldsymbol{e}_i \text{ 和 } \boldsymbol{\beta}=\sum_i\beta^i\boldsymbol{e}_i$$

的标量积的一种定义方式为

$$\langle\boldsymbol{\alpha}|\boldsymbol{\beta}\rangle=\sum_{i,j}\alpha^{i*}\beta^j\langle\boldsymbol{e}_i|\boldsymbol{e}_j\rangle=\sum_{i,j}\alpha^{i*}g_{ij}\beta^j \tag{21.1.10}$$

式 (21.1.9) 变为

$$\alpha_i=\sum_j\alpha^{j*}g_{ji} \tag{21.1.11}$$

由式 (21.1.11) 可求得

$$\alpha^j=\sum_i\alpha_i^*(g^{ij})^*=\sum_i\alpha_i^*g^{ji} \tag{21.1.12}$$

矢量 $\boldsymbol{\alpha}$ 和 $\boldsymbol{\beta}$ 的标量积可以通过它们的共变分量和 (或) 逆变分量表示

$$\langle\boldsymbol{\alpha}|\boldsymbol{\beta}\rangle=\sum_{i,j}\alpha^{j*}g_{ji}\beta^i=\sum_i\alpha_i\beta^i=\sum_{i,j}\beta_j^*(g^{ji})^*\alpha_i \tag{21.1.13}$$

在酉空间中，度量系数矩阵为单位矩阵，$g_{ij}=\delta_{ij}$, 则 $\alpha^i=\alpha_i^*$, 即逆变分量与共变分量互为复数共轭

$$\langle\boldsymbol{\alpha}|\boldsymbol{\beta}\rangle=\sum_i\alpha^{i*}\beta^i=\sum_i\alpha_i\beta_i^*$$

这是我们熟知的结果. 当为实空间时, 式 (21.1.10) 和式 (21.1.12) 变为

$$\alpha_i=\sum_j\alpha^j g_{ji},\qquad \alpha^j=\sum_i\alpha_i g^{ij}\qquad (i,j=1,\cdots,n) \tag{21.1.14}$$

$$\langle\boldsymbol{\alpha}|\boldsymbol{\beta}\rangle=\sum_i\alpha_i\beta^i=\sum_{ij}\alpha^j g_{ij}\beta^i=\sum_{ij}\alpha_i g^{ji}\beta_j \tag{21.1.15}$$

在正交基中, $g_{ij}=g^{ij}=\delta_{ij}$, 则

$$\alpha_i=\alpha^i \tag{21.1.16}$$

矢量的共变分量与逆变分量没有区别

$$\langle\boldsymbol{\alpha}|\boldsymbol{\beta}\rangle=\sum_i\alpha_i\beta_i=\sum_i\alpha^i\beta^i$$

2. 两个矢量的张量积 (直积) 的变换规则

设有矢量

$$\boldsymbol{\alpha} = \sum_{j=1}^{n} \alpha^j \boldsymbol{e}_j \quad \text{和} \quad \boldsymbol{\beta} = \sum_{j=1}^{n} \beta^i \boldsymbol{e}_j$$

它们的张量积有 n^2 个分量, 可以是逆变分量、共变分量或共变逆变混合分量, 各按不同的方式变换. 设基矢的变换为

$$\boldsymbol{e}'_j = \sum_i R_{ji} \boldsymbol{e}_i \tag{21.1.17}$$

则逆变分量的变换为

$$\boldsymbol{\alpha}^{i'} \beta^{k'} = \sum_{jl} R^{\#}_{ij} R^{\#}_{kl} \alpha^j \beta^l \tag{21.1.18}$$

共变分量的变换为

$$\boldsymbol{\alpha}'_i \beta'_k = \sum_{jl} R_{ij} R_{kl} \alpha_j \beta_l \tag{21.1.19}$$

共变逆变混合分量的变换为

$$\boldsymbol{\alpha}'_i \beta^{k'} = \sum_{jl} R_{ij} R^{\#}_{kl} \alpha_j \beta^l \tag{21.1.20}$$

当然, 以上结果可以引申到包括复数共轭的情况. 我们由此抽象出张量的定义. 设有 n^2 个量 $T_{jl}(j, l = 1, \cdots, n)$, 当基矢按式 (21.1.17) 变换时, 按下式变换:

$$T'_{ik} = \sum_{jl} R_{ij} R_{kl} T_{jl} \tag{21.1.21}$$

就说这 n^2 个量构成一个二秩共变张量的分量. 例如, 在实空间中, 度量系数矩阵的 n 个元素按下式变换:

$$g'_{ij} = \sum_{kl} R_{ik} R_{jl} g_{kl} \tag{21.1.22}$$

所以有时把 $\{g_{ij}\}$ 的集合看成一个二秩共变张量的分量, 这个张量就称为度量张量. 类似地, 若 n^2 个量 $T^{jl}(j, l = 1, \cdots, n)$ 按下式变换:

$$T^{ik'} = \sum_{jl} R^{\#}_{ij} R^{\#}_{kl} T^{jl} \tag{21.1.23}$$

就说这 n^2 个量构成二秩逆变张量的分量; 而按

$$(T_i^k)' = \sum_{jl} R_{ij} R^{\#}_{kl} T_j^l \tag{21.1.24}$$

变换的 n^2 个量 T_j^l 构成一秩共变一秩逆变的混合二秩张量的分量. 例如, 设矢量 $\boldsymbol{x}$ 和 $\boldsymbol{y}$ 有变换关系

$$\boldsymbol{y} = \boldsymbol{T}\boldsymbol{x} \tag{21.1.25}$$

式中, $\boldsymbol{T}$ 为从 $\boldsymbol{x}$ 到 $\boldsymbol{y}$ 的变换矩阵. 式 (21.1.25) 可写成

$$y^i = \sum_j T_j^i x^j \tag{21.1.26}$$

当基矢量作变换式 (21.1.17) 时

$$\begin{aligned} y^{i\prime} &= \sum_j R_{ij}^{\#} y^j \\ x^{i\prime} &= \sum_j R_{ij}^{\#} x^j \end{aligned} \tag{21.1.27}$$

$\boldsymbol{T}$ 的 n^2 个矩阵元将按以下方式变换:

$$\begin{aligned} y^{i\prime} &= \sum_j R_{ij}^{\#} y^j = \sum_j R_{ij}^{\#} \left(\sum_l T_l^j x^l \right) \\ &= \sum_j R_{ij}^{\#} \left[\sum_l T_l^j \left(\sum_m R_{ml} x^{m\prime} \right) \right] \\ &= \sum_m \left(\sum_{jl} R_{ij}^{\#} T_l^j R_{ml} \right) x^{m\prime} \\ &= \sum_m T_m^{i\prime} x^{m\prime} \end{aligned} \tag{21.1.28}$$

故有

$$T_m^{i\prime} = \sum_{jl} R_{ml} R_{ij}^{\#} T_l^j \tag{21.1.29}$$

所以 n^2 个矩阵元 T_l^j 构成一个一秩共变一秩逆变混合二秩张量的分量. 显然, 按照定义, 标量是零秩张量而矢量是一秩张量. 推而广之, n^r 个量 $\{T_{i_1 i_2 \cdots i_s}^{l_{s+1} \cdots l_r}\}$ 若按下式变换:

$$\left(T_{i_1 \cdots i_s}^{k_{s+1} \cdots k_r} \right)' = \sum_{(j)(l)} R_{i_1 j_1} \cdots R_{i_s j_s} R_{k_{s+1} l_{s+1}}^{\#} \cdots R_{k_r l_r}^{\#} T_{j_1 \cdots i_s}^{l_{s+1} \cdots l_r} \tag{21.1.30}$$

就说它们是 s 秩共变 $r-s$ 秩逆变的 r 秩混合张量的分量, $i_1, i_2, \cdots, i_s, l_{s+1}, \cdots, l_r$, 称为张量指标, 当它们取 $1, \cdots, n$ 值各种可能的组合时就得到 n^r 个张量的分量, 在

酉空间中取正交基组时, $\boldsymbol{R}$ 是酉矩阵, 则

$$\boldsymbol{R}^{\#} = (\boldsymbol{R}^{-1})^T = (\boldsymbol{R}^H)^T = \boldsymbol{R}^* \tag{21.1.31}$$

故共变与逆变按互为复数共轭的矩阵变换. 在实空间中并取正交基组, 则 $\boldsymbol{R}$ 是正交矩阵

$$\boldsymbol{R}^T = \boldsymbol{R}^{-1}, \qquad \boldsymbol{R}^{\#} = \boldsymbol{R} \tag{21.1.32}$$

共变与逆变按相同的矩阵变换, 上述三种类型的张量就彼此相同了.

两个张量的和是一个张量, 乘以数仍是张量, 所以有 n^r 个分量的张量集合构成 n^r 维张量空间. n^r 维张量空间是线性矢量空间, 是 n 维空间的 r 次直积空间, 它的 n^r 个基矢为 $\boldsymbol{e}_{i_1}\boldsymbol{e}_{i_2}\cdots\boldsymbol{e}_{i_r}(i_1,i_2,\cdots,i_r=1,2,\cdots,n)$, 当 n 维空间中的基矢作变换 [式 (21.1.17)] 时, n^r 个基矢按 $\boldsymbol{R}$ 的 r 次直积变换, 张量空间中任意张量的变换方式就确定下来了. 它的变换矩阵有 $(n^r)^2$ 个矩阵元, 但却是由 $\boldsymbol{R}$ 的 n^2 个矩阵元确定的. 所以讨论张量空间中的变换离不开作为它的基础的 n 维空间中的变换. 需要注意的是, r 个矢量的张量积是一个 r 秩张量, 有 n^r 个分量, 但不是每个 r 秩张量都可以分解为 r 个矢量的张量积, 因为 r 个矢量由 nr 个数确定, 而 n^r 维空间中的一个矢量要由 n^r 个数才能确定. 不过, 任意张量总可以表示成矢量的张量积的线性组合, 只要把 n 维空间中各基矢的分量的张量积取作单位张量就行了.

21.1.3 全线性群的张量表示

n 维空间 R_n 中的线性变换群 $GL(n,C)$ 是通过一个矩阵群 $G_n\{\boldsymbol{A}_i\}$ 表达出来的, 这个矩阵群本身是它的一个如实表示, 有时称为它的定义表示. 为了求得其他表示, 我们利用定义表示的基矢造出张量空间. 为了确定起见, 我们首先考虑 r 秩共变张量空间 $[R_n]^r$. R_n 空间中的变换 $\boldsymbol{A}_i$ 在 $[R_n]^r$ 中导出变换

$$\underbrace{\boldsymbol{A}_i \otimes \boldsymbol{A}_i \otimes \cdots \otimes \boldsymbol{A}_i}_{r\text{个因子}}$$

即 $\boldsymbol{A}_i$ 的 r 次 Kronecker 乘幂, 而 $\boldsymbol{A}_i\boldsymbol{A}_j$ 导出变换

$$\begin{aligned}&\underbrace{(\boldsymbol{A}_i\boldsymbol{A}_j)\otimes(\boldsymbol{A}_i\boldsymbol{A}_j)\otimes\cdots\otimes(\boldsymbol{A}_i\boldsymbol{A}_j)}_{r\text{个因子}}\\ =&\underbrace{(\boldsymbol{A}_i\otimes\cdots\otimes\boldsymbol{A}_i)}_{r\text{个因子}}\underbrace{(\boldsymbol{A}_i\otimes\cdots\otimes\boldsymbol{A}_i)}_{r\text{个因子}}\end{aligned}$$

因此这个张量空间荷载 G_n 的一个表示 $(G_n)^r$, 称为 G_n 的 r 秩张量表示, 一般是可约表示. 对于全线性群来说, 在线性变换方面没有加任何限制, 不能从那方面去约

化张量表示, 我们只能从张量指标的置换性质去约化它. 显然, 由此得到的表示矩阵的元素是 $\boldsymbol{A}$ 的矩阵元的 r 次齐次多项式. 这种表示称为 $GL(n,C)$ 群的张量表示. 对于一大类群 (所谓单纯紧 Lie 群, 参看第 22 章), 所有的不可约表示都可以从张量表示的约化得出.

下面说明如何根据张量指标对称性把张量空间约化. 先考虑二秩张量, 任何二秩张量总可以分解为一个对称张量和一个反对称张量的直和

$$T_{ij} = T_{ij}^S \oplus T_{ij}^A \tag{21.1.33}$$

式中, 对称张量 $\boldsymbol{T}^S$ 对于张量指标 i 和 j 的交换是对称的, 即

$$T_{ij}^S = \frac{1}{2}(T_{ij} + T_{ji}) \tag{21.1.34}$$

反对称张量 $\boldsymbol{T}^A$ 对于张量指标 i 和 j 的交换是反对称的, 即

$$T_{ij}^A = \frac{1}{2}(T_{ij} - T_{ji}) \tag{21.1.35}$$

这一分解是唯一的, 因为只有零张量同时具有对称与反对称的性质. 这两个子空间在线性群元素的作用下是不变的, 因为对称张量只能由对称张量组合而成, 它不可能包含反对称张量, 反之亦然. 以上结果表明, 线性群 G_n 的直积表示 $G_n \otimes G_n$ 可以通过张量指标的对称化与反对称化约化为两个表示, 即对称积表示和反对称积表示. 对于有限离散群, 这个结果在上册 7.3.2 节中得到过了, 那里讨论的点群是全线性群的一种子群.

为了普遍地讨论 n^r 维张量空间约化的问题, 引入张量指标置换群. 设有任意张量 $\boldsymbol{T}$, 它的分量为 $T_{j_1 j_2 \cdots j_r}$, 定义置换

$$p = \begin{pmatrix} 1 & 2 & \cdots & r \\ 1' & 2' & \cdots & r' \end{pmatrix}$$

它对张量 $\boldsymbol{T}$ 的作用是使它变成另一个张量 $p\boldsymbol{T}, p\boldsymbol{T}$ 的分量为

$$(pT)_{j_1 j_2 \cdots j_r} = T_{p(j_1 j_2 \cdots j_r)} = T_{j_{1'} j_{2'} \cdots j_{r'}} \tag{21.1.36}$$

例如, $r=3, p=(123)$, 则

$$(pT)_{112} = T_{121} \tag{21.1.37}$$

(注意, 不是 T_{223}, 这里是置换 j_k 的附标 k, 不是置换 k 的数值). 置换 p 的集合构成张量指标置换群 S_r. 我们可以按张量指标的置换性质来把张量分类, 亦即张量空间可以分解为按 S_r 的不可约表示分类的子空间. 上面举的例子中二秩张量空间分解

为对称张量空间和反对称张量空间是这种分类的一个实例, 按 S_2 的两个不可约表示 [2] 和 $[1^2]$ 分类. 式 (21.1.37) 代表一种线性变换, 容易把变换矩阵写出来. 显然, 每一个 S_r 的不可约表示标志的子空间对于这种线性变换是一个不变子空间, 问题是它是否也是对于线性群元素 R 的作用为不变的子空间呢?

张量 $\boldsymbol{T}$ 在群 $GL(n,C)$ 元素的作用下的变换为

$$\boldsymbol{T}' = [\boldsymbol{A}]^r \boldsymbol{T} \tag{21.1.38}$$

详细写出来就是

$$T'_{j_1 j_2 \cdots j_r} = \sum_{(k)} a_{j_1 k_1} a_{j_2 k_2} \cdots a_{j_r k_r} T_{k_1 k_2 \cdots k_r} \tag{21.1.39}$$

$[\boldsymbol{A}]^r$ 的作用与对张量指标的置换可以互易. 例如, 对于 $[A]^2$, $p = \begin{pmatrix} 1 & 2 \\ 2 & 1 \end{pmatrix}$, 则

$$\begin{aligned}
(p[\boldsymbol{A}]^2 T)_{i_1 i_2} &= (pT')_{i_1 i_2} = T'_{p(i_1 i_2)} = T'_{i_2 i_1} \\
&= \sum_{j_1 j_2} a_{i_2 j_1} a_{i_1 j_2} T_{j_1 j_2} = \sum_{j_2 j_1} a_{i_2 j_2} a_{i_1 j_1} T_{j_2 j_1} \\
&= \sum_{j_1 j_2} a_{i_1 j_1} a_{i_2 j_2} (pT)_{j_1 j_2} = ([\boldsymbol{A}]^2 pT)_{i_1 i_2}
\end{aligned} \tag{21.1.40}$$

即

$$p((\boldsymbol{A} \otimes \boldsymbol{A})\boldsymbol{T}) = (\boldsymbol{A} \otimes \boldsymbol{A})(p\boldsymbol{T}) \tag{21.1.41}$$

推广之, 有

$$p([\boldsymbol{A}]^r \boldsymbol{T}) = [\boldsymbol{A}]^r (p\boldsymbol{T}) \tag{21.1.42}$$

或

$$(pT')_{(i)} = \sum_{(j)} a_{(i)(j)} (pT)_{(j)} \tag{21.1.43}$$

这里 $(i), (j)$ 代表二组指标 $(i_1 i_2 \cdots i_r), (j_1 j_2 \cdots j_r), a_{(i)(j)} = a_{i_1 j_1} a_{i_2 j_2} \cdots a_{i_r j_r}$. 证明中利用了线性变换 $[\boldsymbol{A}]^r$ 对于张量指标的置换是双对称的, 亦即同时将 p 作用在指标 $(i)(j)$ 上不改变它的矩阵元

$$a_{p(i)p(j)} = a_{(i)(j)} \tag{21.1.44}$$

根据置换 p 与变换 $[\boldsymbol{A}]^r$ 可以对易的性质, 下面证明, 可以造出对于线性群 $GL(n,C)$ 的作用不变的子空间, 这样的子空间称为对称类, 它可以用 S_r 群的不可约表示来标志.

21.1.4 张量空间按对称类的约化

下面讨论如何根据张量指标的置换对称性来约化张量空间. 根据 20.2 节可知, 由 S_r 群可以构成群代数 A_r, 它可以分解为双侧理想的直和, 而每个双侧理想又可分解为左理想或右理想的直和

$$A_r = A^{(1)} \oplus A^{(2)} \oplus \cdots \oplus A^{(k)} \oplus \cdots \tag{21.1.45}$$

$$A^{(k)} = l_1^{(k)} \oplus \cdots \oplus l_{f_k}^{(k)} \tag{21.1.46}$$

或者

$$A^{(k)} = r_1^{(k)} \oplus \cdots \oplus r_{f_k}^{(k)} \tag{21.1.47}$$

式中, $A^{(k)}$ 是第 k 个双侧理想, $l_i^{(k)}$ 和 $r_i^{(k)}$ 分别是 $A^{(k)}$ 中的第 i 个左理想与右理想. 所有这些理想子代数的幂等生成元由单位元素的分解得出

$$\begin{aligned} 1 &= e^{(1)} \oplus e^{(2)} \oplus \cdots \oplus e^{(k)} \oplus \cdots \\ e^{(k)} &= e_1^{(k)} \oplus \cdots \oplus e_{f_k}^{(k)} \\ e^{(h)} e^{(k)} &= 0 \qquad (\text{若} h \neq k) \\ e_i^{(h)} e_j^{(k)} &= 0 \qquad (\text{除非} h = k, i = j) \end{aligned} \tag{21.1.48}$$

我们知道每个 $A^{(k)}$ 对应于 S_r 群的一种不可约表示, 每个左理想 $l_i^{(k)}$ 是这种不可约表示的第 i 个表示空间.

如果我们用右理想 $r_i^{(k)}$ 中的元素 x 作用在张量空间上 (也就是作用在张量的指标上), 就得到由 $x\boldsymbol{T}$ 的集合构成的子空间 $R_i^{(k)}[x \in r_i^{(k)}, \boldsymbol{T}$ 为任意张量], 这样的子空间称为一个对称类. 这个子空间可以由右理想的生成元 $e_i^{(k)}$ 来产生, 因为对于任意张量 $\boldsymbol{T}, e_i^{(k)} T \in R_i^{(k)}, e_i^{(k)}$ 作用在整个张量空间上就产生子空间 $R_i^{(k)}$ 了. 所以 $e_i^{(k)}$ 也是 $R_i^{(k)}$ 的幂等生成元, 或者说是作用在 R_{n^r} 空间中的投影算符, 它把空间 R_{n^r} 投影到子空间 $R_i^{(k)}$ 中. 这个子空间是线性的, 即

$$e_i^{(k)}(\lambda \boldsymbol{T}) = \lambda e_i^{(k)} \boldsymbol{T} \tag{21.1.49}$$

$$e_i^{(k)}(\boldsymbol{T}_1 + \boldsymbol{T}_2) = e_i^{(k)} \boldsymbol{T}_1 + e_i^{(k)} \boldsymbol{T}_2 \tag{21.1.50}$$

这个子空间对于 $[\boldsymbol{A}]^r$ 的变换不变, 若 $\boldsymbol{T} \in R_i^{(k)}$, 则 $e_i^{(k)} \boldsymbol{T} = \boldsymbol{T}$, 即

$$[\boldsymbol{A}]^r \boldsymbol{T} = [\boldsymbol{A}]^r e_i^{(k)} \boldsymbol{T} = e_i^{(k)}([\boldsymbol{A}]^r \boldsymbol{T}) \tag{21.1.51}$$

即 $[\boldsymbol{A}]^r \boldsymbol{T} \in R_i^{(k)}$. 如果我们用由 1 的分解得到的所有右理想的等幂生成元作用在 r 秩张量积空间 R_{n^r} 上, 就将 R_{n^r} 相应地分解为线性群的不变子空间的直和 (分解为对称类)

$$R_{n^r} = R^{(1)} \oplus R^{(2)} \oplus \cdots \oplus R^{(k)} \oplus \cdots \tag{21.1.52}$$

$$R^{(k)} = R_1^{(k)} \oplus \cdots \oplus R_{f_k}^{(k)} \oplus \cdots \tag{21.1.53}$$

由每个双侧理想产生一个子空间 $R^{(k)}$, $R^{(k)}$ 对于 S_r 中的任意置换和线性群中的任意变换是不变的, 但显然不是不可约的. 由每个右理想产生一个对 $[\boldsymbol{A}]^r$ 不变的子空间 $R_i^{(k)}, R_i^{(k)}$ 一般不是对 S_r 不变的子空间 (左理想才是对 S_r 不变的子空间，而右理想一般不与左理想重合). 反之, 若给定 R_{n^r} 的一个对 $[\boldsymbol{A}]^r$ 不变的子空间 $R_i^{(k)}, r$ 为一组元素 x 的集合, x 具有以下性质：$x\boldsymbol{T} \in R_i^{(k)}$, 对任意张量 $\boldsymbol{T}$, 则 r 正好就是群代数 A_r 的右理想 $r_i^{(k)}$. 因为若 $x_1\boldsymbol{T}$ 和 $x_2\boldsymbol{T}$ 在 $R_i^{(k)}$ 中, 则 $x_1\boldsymbol{T}+x_2\boldsymbol{T}=(x_1+x_2)\boldsymbol{T}$ 也在 $R_i^{(k)}$ 中, 故 r 是线性子空间. 右乘 A_r 的任意元素 a 不会使 x 越出 r, 因为若 $x \in r, a \in A_r$, $\boldsymbol{T}$ 为任意张量, 则 $(xa)\boldsymbol{T} = x(a\boldsymbol{T})$ 在 $R_i^{(k)}$ 中, 故 (xa) 在 r 中. 所以 r 确是一个右理想, 可以记作 $r_i^{(k)}$. 若 $e_i^{(k)}$ 是 $R_i^{(k)}$ 的生成元, $\boldsymbol{T} \in R_i^{(k)}$, 则 $e_i^{(k)}\boldsymbol{T} = \boldsymbol{T}$. 若 $x \in r_i^{(k)}$, 则 $xT \in R_i^{(k)}, e_i^{(k)}(x\boldsymbol{T}) = x\boldsymbol{T}$, 故 $e_i^{(k)}x = x$. 所以 $e_i^{(k)}$ 也是 A_r 中右理想 $r_i^{(k)}$ 的生成元. 容易看出, $R_i^{(k)}$ 和 $r_i^{(k)}$ 同时是可约的或不可约的.

所以群代数 A_r 的分解为右理想与 R_{n^r} 的分解为不变子空间完全是对应的. 不过, 在这种对应之中留有两点差异：① A_r 的右理想的维数由 r 完全确定, $R_i^{(k)}$ 的维数与右理想 $r_i^{(k)}$ 的维数并不相同, 下面我们再给出计算 $R_i^{(k)}$ 的维数的方法; ② 有一些 $R_i^{(k)}$ 是零空间, 下面我们再说明对应于哪些 $A^{(k)}$ 的 $R^{(k)}$ 是零空间. 这些差异并不影响对应性.

但是子空间 $R_i^{(k)}$ 不能与置换群 S_r 的不可约表示空间直接联系起来, 因为它应是 A_r 的最小左理想子代数而不是右理想子代数. 为了建立这种联系, Weyl 给出了对称类与左理想之间的对应关系. 设 $a = \sum\limits_S \alpha(S)S$ 是群代数 A_r 的一个元素, 定义

$$\tilde{a} = \sum_S \alpha(S)S^{-1} = \sum_S \alpha(S^{-1})S$$

这是群代数 A_r 到其自身的一种同构映射 $a \longleftrightarrow \tilde{a},\ b \longleftrightarrow \tilde{b}\ ab \longleftrightarrow \tilde{b}\tilde{a}$, 因此 $ex \longleftrightarrow \tilde{x}\tilde{e}$, 亦即由 e 产生的右理想映射到由 $\tilde{e}$ 产生的左理想上. 反之, 由 $\tilde{e}$ 产生的右理想映射到由 e 产生的左理想上. 若它们是不可约的, 则四者同时在一个双侧理想中. 显然, 双侧理想映射到它自身. Weyl 把对称类 $R_i^{(k)}$ 与 $r_i^{(k)}$ 的对应左理想 $\tilde{l}_i^{(k)}$ 对应起来. 于是, 可以把由 $\tilde{e}_i^{(k)}$ 产生的左理想荷载的置换群不可约表示与 $e_i^{(k)}$ 产生的对称类 $R_i^{(k)}$ 荷载的不可约表示对应起来, 用相同的分割 $[\lambda]$(Young 图) 来标志.

21.1.5 Young 算符

下面具体讨论如何构成张量空间的对称类. 由 $\tilde{e}_i^{[\lambda]}$ 产生的左理想对应于由 $e_r^{[\lambda]}$ 产生的对称类 $R_i^{[\lambda]}$, 我们知道, 对于指定的 Young 图 $[\lambda] = [\lambda_1\lambda_2\cdots\lambda_r]$, 每个 Young 表给出一个左理想的实际幂等元 $\tilde{e}_i^{[\lambda]}$

$$\tilde{e}_i^{[\lambda]} = \sum_{pq} \varepsilon_q pq = PQ = \sum_S \varepsilon(S) S \tag{21.1.54}$$

所以对应的右理想实际幂等元是

$$e_i^{[\lambda]} = \sum_S \varepsilon(S^{-1}) S = \sum_S \varepsilon(S) S^{-1} \tag{21.1.55}$$

若 S 不是 pq 形的, 则 $\varepsilon(S) = \varepsilon(S^{-1}) = 0$, 若 S 是 pq 形的, 则 $\varepsilon(S) = \pm 1$. 因 $S^{-1} = (pq)^{-1} = q^{-1}p^{-1} = q'p'$ 是 qp 形的. 还有 q 和 q^{-1} 的奇偶性相同, 故 $\varepsilon(S) = \varepsilon(S^{-1})$. 于是有

$$e_i^{[\lambda]} = \sum_{qp} \varepsilon_q qp = QP \tag{21.1.56}$$

$e_i^{[\lambda]}$ 称为对应于 Young 图 $[\lambda]$ 的第 i 个标准表的 Young 算符. 它作用到张量空间 R_{n^r} 上就投影出一个子空间 (对称类), 这个子空间中的任意张量的指标具有用 Young 图 $[\lambda]$ 标志的置换对称性, 而同时对于 $[\boldsymbol{A}]^r$ 的作用是不变的. 为了标志张量指标的置换性质, 用张量指标代替相应的 Young 表中的数字, 得到“张量指标图”. 例如, $r=2$, 则对称张量记作 $T_{\begin{array}{|c|c|}\hline i_1 & i_2 \\ \hline\end{array}}$ 反对称张量记作 $T_{\begin{array}{|c|}\hline i_1 \\ \hline i_2 \\ \hline\end{array}}$. 对于 $r=3$, 有 $T_{\begin{array}{|c|c|c|}\hline i_1 & i_2 & i_3 \\ \hline\end{array}}$, $T_{\begin{array}{|c|c}\hline i_1 & \multicolumn{1}{c|}{i_2} \\ \hline i_3 & \\ \cline{1-1}\end{array}}$, $T_{\begin{array}{|c|}\hline i_1 \\ \hline i_2 \\ \hline i_3 \\ \hline\end{array}}$. 一般说来, 对于图 $[\lambda_1 \cdots \lambda_r]$, 有

$$T_{\begin{array}{|c|c|c|c|}\hline i_1 & i_2 & \cdots & i_{\lambda_1} \\ \hline i_{\lambda_1+1} & \cdots & i_{\lambda_1+\lambda_2} & \\ \cline{1-3} \vdots & & & \\ \cline{1-2} & i_r & & \\ \cline{1-2}\end{array}} \tag{21.1.57}$$

注意, 填入图中的是数字 i_1, i_2 等, 即矢量的分量序号 $1, 2, \cdots, n$(可以相同或不相同), 不是矢量的序号 $1, 2, \cdots, r$(填入 Young 表中的是矢量的序号). 为了得到对应于指定 Young 表的对称类, 按该 Young 表作出 Young 算符 $\hat{\boldsymbol{Y}} = QP$, 用它作用在任意张量上就得到具有指定对称性的张量. 例如, 对于 Young 表 $\begin{array}{|c|c}\hline 1 & \multicolumn{1}{c|}{2} \\ \hline 3 & \\ \cline{1-1}\end{array}$, Young 算符为 $\hat{\boldsymbol{Y}} = [e-(13)][e+(12)] = e+(12)-(13)-(123)$, 作用在任意张量 $T_{i_1 i_2 i_3}$ 上, 得

$$\begin{aligned} T_{\begin{array}{|c|c}\hline i_1 & \multicolumn{1}{c|}{i_2} \\ \hline i_3 & \\ \cline{1-1}\end{array}} &= [e+(12)-(13)-(123)] T_{i_1 i_2 i_3} \\ &= T_{i_1 i_2 i_3} + T_{i_2 i_1 i_3} - T_{i_3 i_2 i_1} - T_{i_2 i_3 i_1} \end{aligned} \tag{21.1.58}$$

对于 Young 表 $\begin{array}{|c|c|}\hline 1 & 2 \\ \hline 3 & 4 \\ \hline \end{array}$, $\hat{\boldsymbol{Y}}=[e-(13)][e-(24)][e+(12)][e+(34)]$, 故

$$
\begin{aligned}
T_{\begin{array}{|c|c|}\hline i_1 & i_2 \\ \hline i_3 & i_4 \\ \hline \end{array}} = & T_{i_1i_2i_3i_4} - T_{i_3i_2i_1i_4} - T_{i_1i_4i_3i_2} + T_{i_3i_4i_1i_2} \\
& + T_{i_2i_1i_3i_4} - T_{i_2i_3i_1i_4} - T_{i_4i_1i_3i_2} + T_{i_4i_3i_1i_2} \\
& + T_{i_1i_2i_4i_3} - T_{i_3i_2i_4i_1} - T_{i_1i_4i_2i_3} + T_{i_3i_4i_2i_1} \\
& + T_{i_2i_1i_4i_3} - T_{i_2i_3i_4i_1} - T_{i_4i_1i_2i_3} + T_{i_4i_3i_2i_1}
\end{aligned} \tag{21.1.59}
$$

上面我们只是抽象地从数学方面讨论张量空间及其约化问题, 还没有涉及与物理问题的联系. 在量子力学中, 当我们从单粒子近似出发讨论多电子体系时就遇到张量空间及其约化问题. 设单粒子态函数 a 是 n 重简并的, 则 a^r 组态有 n^r 个简并的乘积态函数, 每个这种简并的态函数就是 r 秩张量空间的一个张量 (没有一定指标置换对称性的一般张量), 它的分量的指标位置序号和数值说明哪个粒子处于哪个单粒子态. 张量空间的对称性分类和约化就是要造出对粒子具有一定置换对称性的总状态函数. 例如, 考虑三个函数乘积构成的一般张量 $T_{i_1i_2i_3}=\phi_{i_1}(1)\phi_{i_2}(2)\phi_{i_3}(3), (i_1,i_2,i_3=1,2,3)$, 这里函数的自变量标志粒子序号而函数下标区别不同的单粒子态. 我们要从 $T_{i_1i_2i_3}$ 造出具有确实指标置换对称性的张量. 对于 Young 表 $\begin{array}{|c|c|c|}\hline 1 & 2 & 3 \\ \hline \end{array}$, $\hat{\boldsymbol{Y}}=e+(12)+(13)+(23)+(123)+(132)$, 作用在 $T_{123}=\phi_1(1)\phi_2(2)\phi_3(3)$ 上, 得

$$
\begin{aligned}
\Psi_{\begin{array}{|c|c|c|}\hline 1 & 2 & 3 \\ \hline \end{array}} = \hat{\boldsymbol{Y}}T_{123} = & \phi_1(1)\phi_2(2)\phi_3(3) \\
& + \phi_2(1)\phi_1(2)\phi_3(3) \\
& + \phi_3(1)\phi_2(2)\phi_1(3) \\
& + \phi_1(1)\phi_3(2)\phi_2(3) \\
& + \phi_3(1)\phi_1(2)\phi_2(3) \\
& + \phi_2(1)\phi_3(2)\phi_1(3)
\end{aligned} \tag{21.1.60}
$$

对于 Young 表 $\begin{array}{|c|}\hline 1 \\ \hline 2 \\ \hline 3 \\ \hline \end{array}$, $\hat{\boldsymbol{Y}}=e-(12)-(13)-(23)+(123)+(132)$, 有

$$
\begin{aligned}
\Psi_{\begin{array}{|c|}\hline 1 \\ \hline 2 \\ \hline 3 \\ \hline \end{array}} = \hat{\boldsymbol{Y}}T_{123} = & \phi_1(1)\phi_2(2)\phi_3(3) - \phi_2(1)\phi_1(2)\phi_3(3) \\
& -\phi_3(1)\phi_2(2)\phi_1(3) - \phi_1(1)\phi_3(2)\phi_2(3) \\
& +\phi_3(1)\phi_1(2)\phi_2(3) + \phi_2(1)\phi_3(2)\phi_1(3)
\end{aligned}
$$

$$
= \begin{vmatrix} \phi_1(1) & \phi_1(2) & \phi_1(3) \\ \phi_2(1) & \phi_2(2) & \phi_2(3) \\ \phi_3(1) & \phi_3(2) & \phi_3(3) \end{vmatrix} \tag{21.1.61}
$$

对于表 $\begin{array}{|c|c|}\hline 1 & 2 \\ \hline 3 \\ \cline{1-1}\end{array}$, $\hat{\boldsymbol{Y}} = e + (12) - (13) - (123)$

$$
\begin{aligned}
\Psi_{\begin{array}{|c|c|}\hline 1 & 2 \\ \hline 3 \\ \cline{1-1}\end{array}} = \hat{\boldsymbol{Y}} T_{123} &= \phi_1(1)\phi_2(2)\phi_3(3) + \phi_2(1)\phi_1(2)\phi_3(3) \\
&\quad - \phi_3(1)\phi_2(2)\phi_1(3) - \phi_3(1)\phi_1(2)\phi_2(3)
\end{aligned} \tag{21.1.62}
$$

而对于表 $\begin{array}{|c|c|}\hline 1 & 3 \\ \hline 2 \\ \cline{1-1}\end{array}$, $\hat{\boldsymbol{Y}}' = e - (12) + (13) - (132)$

$$
\begin{aligned}
\Psi'_{\begin{array}{|c|c|}\hline 1 & 3 \\ \hline 2 \\ \cline{1-1}\end{array}} = \hat{\boldsymbol{Y}}' T_{123} &= \phi_1(1)\phi_2(2)\phi_3(3) - \phi_2(1)\phi_1(2)\phi_3(3) \\
&\quad + \phi_3(1)\phi_2(2)\phi_1(3) - \phi_2(1)\phi_3(2)\phi_1(3)
\end{aligned} \tag{21.1.63}
$$

注意上述 $\Psi_{\begin{array}{|c|c|}\hline 1 & 2 \\ \hline 3 \\ \cline{1-1}\end{array}}$ 和 $\Psi'_{\begin{array}{|c|c|}\hline 1 & 3 \\ \hline 2 \\ \cline{1-1}\end{array}}$ 属于不同子空间 $R_i^{[21]}$, 即对于 $[A]^3$ 变换属于不同子空间. 为了求得各子空间的所有张量, 只要将 $\hat{\boldsymbol{Y}}$ 或 $\hat{\boldsymbol{Y}}'$ 作用在所有任意张量上, 亦即作用于整个三秩张量空间. 例如, $\hat{\boldsymbol{Y}}'$ 产生的另一个张量是

$$
\begin{aligned}
\Psi'^{(1)}_{\begin{array}{|c|c|}\hline 1 & 3 \\ \hline 2 \\ \cline{1-1}\end{array}} = \hat{\boldsymbol{Y}}' T_{132} &= \phi_1(1)\phi_3(2)\phi_2(3) - \phi_3(1)\phi_1(2)\phi_2(3) \\
&\quad + \phi_2(1)\phi_3(2)\phi_1(3) - \phi_3(1)\phi_2(2)\phi_1(3)
\end{aligned} \tag{21.1.64}
$$

$\Psi'_{\begin{array}{|c|c|}\hline 1 & 3 \\ \hline 2 \\ \cline{1-1}\end{array}}$ 和 $\Psi'^{(1)}_{\begin{array}{|c|c|}\hline 1 & 3 \\ \hline 2 \\ \cline{1-1}\end{array}}$ 是线性独立的，可以取为 $R^{\begin{array}{|c|c|}\hline 1 & 3 \\ \hline 2 \\ \cline{1-1}\end{array}}$ 子空间的一组基. 类似地, 可以求得 $\Psi^{(1)}_{\begin{array}{|c|c|}\hline 1 & 2 \\ \hline 3 \\ \cline{1-1}\end{array}}$, 它与 $\Psi_{\begin{array}{|c|c|}\hline 1 & 2 \\ \hline 3 \\ \cline{1-1}\end{array}}$ 是线性无关的, 可取为子空间 $R^{\begin{array}{|c|c|}\hline 1 & 2 \\ \hline 3 \\ \cline{1-1}\end{array}}$ 的一组基. $R^{\begin{array}{|c|c|}\hline 1 & 2 \\ \hline 3 \\ \cline{1-1}\end{array}}$ 或 $R^{\begin{array}{|c|c|}\hline 1 & 3 \\ \hline 2 \\ \cline{1-1}\end{array}}$ 对于 S_3 不是不变子空间. 容易看出, $(23)\,\Psi'_{\begin{array}{|c|c|}\hline 1 & 3 \\ \hline 2 \\ \cline{1-1}\end{array}} = \Psi^{(1)}_{\begin{array}{|c|c|}\hline 1 & 2 \\ \hline 3 \\ \cline{1-1}\end{array}}$, $(23)\,\Psi_{\begin{array}{|c|c|}\hline 1 & 2 \\ \hline 3 \\ \cline{1-1}\end{array}} = \Psi'^{(1)}_{\begin{array}{|c|c|}\hline 1 & 3 \\ \hline 2 \\ \cline{1-1}\end{array}}$, 因此, $\Psi_{\begin{array}{|c|c|}\hline 1 & 2 \\ \hline 3 \\ \cline{1-1}\end{array}}$ 和 $\Psi'^{(1)}_{\begin{array}{|c|c|}\hline 1 & 3 \\ \hline 2 \\ \cline{1-1}\end{array}}$, $\Psi'_{\begin{array}{|c|c|}\hline 1 & 3 \\ \hline 2 \\ \cline{1-1}\end{array}}$ 和 $\Psi^{(1)}_{\begin{array}{|c|c|}\hline 1 & 3 \\ \hline 2 \\ \cline{1-1}\end{array}}$ 分别构成 S_3 的 [21] 表示的两个不变子空间的基.

如果一个张量对于其行指标的置换是对称的, 就说是行对称张量. 一般对称类中的张量不是行对称的, 因为 $H=QPT, PT$ 虽然是行对称的, Q 作用上去就破坏了这种对称性. 但是, 一个对称类中的张量对于其一列中的指标置换一定是反对称的. 因为 $qQ=\varepsilon_q Q$, 所以若 q 为对换, 则

$$qH=qQPT=-QPT=-H \tag{21.1.65}$$

由此我们可以知道对应于哪些 Young 图 $[\lambda]$ 的子空间 $R^{[\lambda]}$ 是零空间. 对于 n 维空间, 矢量有 n 个分量，若 Young 图多于 n 行, 则填入其第一列的张量指标中至少有两个重复, 从而这种张量恒为零, 因为若对换这两个指标, 则 $qH=H=-H=0$. 所以, 行数多于 n 的 Young 图 $[\lambda]$ 对应的 R^{λ} 为零空间. 因此, 对于 n 维空间, 标志张量指标对称性的 Young 图的行数小于或等于 n. 若 Young 图 $[\lambda]$ 的行数少于 n, 则一定有相应对称性的非零张量, $R^{[\lambda]}$ 一定不是零空间.

我们在后面再给出线性群不可约子空间的维数的解析式. 这里我们介绍如何从它的张量指标图求出它的维数. 如果张量指标图中每行从左到右数字不减少, 每列从上到下数字增大, 就说它是标准图, 对应的张量分量称为标准分量. 一个对称类的维数等于它的标准指标图数. 这类似于置换群代数中最小左理想的维数等于它的标准 Young 表的数目. 例如, $n=2, r=3$, 则对于 Young 图 [3], $\begin{array}{|c|c|c|}\hline \ & \ & \ \\\hline\end{array}$, 标准指标图有 $\begin{array}{|c|c|c|}\hline 1&1&1\\\hline\end{array}$, $\begin{array}{|c|c|c|}\hline 1&1&2\\\hline\end{array}$, $\begin{array}{|c|c|c|}\hline 1&2&2\\\hline\end{array}$, $\begin{array}{|c|c|c|}\hline 2&2&2\\\hline\end{array}$, 所以 $R^{[3]}$ 子空间是 4 维的, 对于 $\begin{array}{|c|c|}\hline \ & \ \\\hline \ \\\cline{1-1}\end{array}$, 标准指标图有 $\begin{array}{|c|c|}\hline 1&1\\\hline 2\\\cline{1-1}\end{array}$, $\begin{array}{|c|c|}\hline 1&2\\\hline 2\\\cline{1-1}\end{array}$, 所以 $R^{[21]}$ 是 2 维的. 对于 $\begin{array}{|c|}\hline \ \\\hline \ \\\hline \ \\\hline\end{array}$ 不存在标准图, 是零空间. 我们知道 S_3 的群代数中对应于 [21] 的右理想有两个, 所以这种对称类的子空间也有两个. 整个张量空间是 $2^3=8$ 维的, [3] 和 [21] 两个对称类的总维数也是 $1\times4+2\times2=8$ 维的. 又如, $n=3, r=3$, 张量空间是 $3^3=27$ 维的. 对于全对称类[3], 标准指标图有 $\begin{array}{|c|c|c|}\hline 1&1&1\\\hline\end{array}$, $\begin{array}{|c|c|c|}\hline 1&1&2\\\hline\end{array}$, $\begin{array}{|c|c|c|}\hline 1&1&3\\\hline\end{array}$, $\begin{array}{|c|c|c|}\hline 1&2&2\\\hline\end{array}$, $\begin{array}{|c|c|c|}\hline 1&2&3\\\hline\end{array}$, $\begin{array}{|c|c|c|}\hline 1&3&3\\\hline\end{array}$, $\begin{array}{|c|c|c|}\hline 2&2&2\\\hline\end{array}$, $\begin{array}{|c|c|c|}\hline 2&2&3\\\hline\end{array}$, $\begin{array}{|c|c|c|}\hline 2&3&3\\\hline\end{array}$, $\begin{array}{|c|c|c|}\hline 3&3&3\\\hline\end{array}$, 共 10 个, $R^{[3]}$ 是 10 维的. 全反对称类标准指标图只有 $\begin{array}{|c|}\hline 1\\\hline 2\\\hline 3\\\hline\end{array}$ 一个, $R^{[1^3]}$ 是 1 维的. [21]类标准指标图有 $\begin{array}{|c|c|}\hline 1&1\\\hline 2\\\cline{1-1}\end{array}$, $\begin{array}{|c|c|}\hline 1&2\\\hline 2\\\cline{1-1}\end{array}$, $\begin{array}{|c|c|}\hline 1&3\\\hline 2\\\cline{1-1}\end{array}$, $\begin{array}{|c|c|}\hline 1&1\\\hline 3\\\cline{1-1}\end{array}$, $\begin{array}{|c|c|}\hline 1&2\\\hline 3\\\cline{1-1}\end{array}$, $\begin{array}{|c|c|}\hline 1&3\\\hline 3\\\cline{1-1}\end{array}$, $\begin{array}{|c|c|}\hline 2&2\\\hline 3\\\cline{1-1}\end{array}$,

<table><tr><td>2</td><td>3</td></tr><tr><td>3</td><td></td></tr></table>

, 共 8 个, $R^{[21]}$ 是 8 维的, 总维数是 $10 + 1 + 2 \times 8 = 27$.

21.2 全线性群表示与置换群表示的联系

21.2.1 全线性群张量表示矩阵的约化形式

由上面的讨论可知, 全线性群的 r 次直积表示是 n^r 维的, 它的表示空间可以按对称类约化为子空间. 每个对称类子空间出现的次数等于在群代数 A_r 的分解中相应 Young 图的双侧理想中包含的右理想子代数的个数, 这样, 我们就知道 n^r 维直积表示矩阵分解时分块的形式了. 矩阵按对应于非零空间的分割 (Young 图) 分成大对角块, 每个大对角块再分成几个小对角块, 小对角块的数目等于对称类 (线性群的不变子空间) 出现的次数, 而维数则等于子空间的维数. 例如, $n = 2, r = 3$ 时, 分解形式为

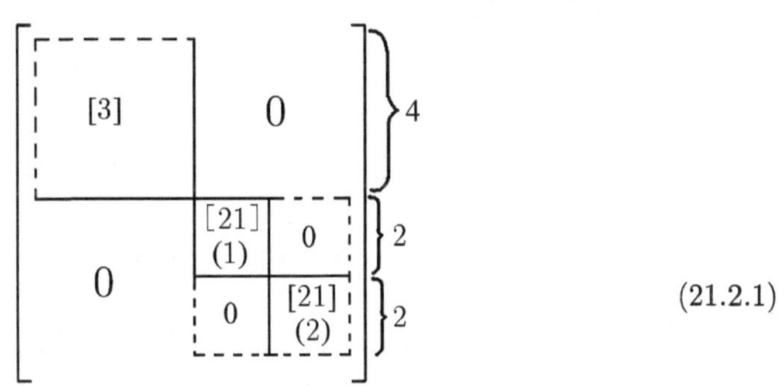

(21.2.1)

$n = 3, r = 3$ 时的分解形式为

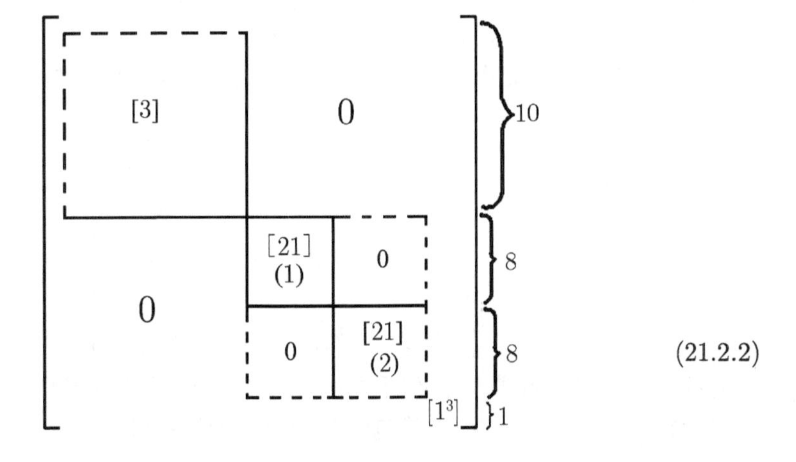

(21.2.2)

与一大块对应的子空间, 不论对于 $[\boldsymbol{A}]^r$ 变换或者 S_r 群的置换都是不变的. 但每一小块对应的子空间则只对 $[\boldsymbol{A}]^r$ 的作用不变, 因而产生 $GL(n,C)$ 群的一个不可约表示. 在 S_r 群元素的作用下, 不同子空间的对应基之间要互相混合, 因为右理想不是 S_r 群的不变子空间 (左理想才是). 实际上各 $R_i^{[\lambda]}(i=1,2,\cdots,n_\lambda, n_\lambda$ 为 $[\lambda]$ 表示的维数) 子空间的对应基的集合正好构成 S_r 群的一个表示空间的一组基, 产生 S_r 群的 $[\lambda]$ 表示. 这可说明如下：因为 $[\boldsymbol{A}]^r$ 与 p 可对易, 所以若

$$[\boldsymbol{A}]^r T_\alpha = \sum_\beta D^{[\lambda]}([\boldsymbol{A}]^r)_{\beta\alpha} T_\beta$$

则

$$\begin{aligned}[\boldsymbol{A}]^r(pT)_\alpha &= p([\boldsymbol{A}]^r T)_\alpha = p\sum_\beta D^{[\lambda]}([\boldsymbol{A}]^r)_{\beta\alpha}T_\beta \\ &= \Sigma D^{[\lambda]}([\boldsymbol{A}]^r)_{\beta\alpha}(pT)_\beta \end{aligned} \tag{21.2.3}$$

也就是说, 若 $\{T_\alpha\}$ 是全线性群 $D^{[\lambda]}$ 表示的基, 则 $\{(pT)_\alpha\}$ 也是 $D^{[\lambda]}$ 表示的具有相同变换矩阵的基. 反之, 若

$$pT_\alpha = \sum_\beta D^{[\mu]}(p)_{\beta\alpha}T_\beta$$

则

$$\begin{aligned}p([\boldsymbol{A}]^r T)_\alpha &= [\boldsymbol{A}]^r(pT_\alpha) = [\boldsymbol{A}]^r\sum_\beta D^{[\mu]}(p)_{\beta\alpha}T_\beta \\ &= \sum_\beta D^{[\mu]}(p)_{\beta\alpha}([\boldsymbol{A}]^r T)_\beta \end{aligned} \tag{21.2.4}$$

也就是说, 若 $\{T_\alpha\}$ 是置换群 S_r 的不可约表示 $D^{[\mu]}$ 的基, 则 $\{([A]^r T)_\alpha\}$ 也是 $D^{[\mu]}$ 的具有相同变换矩阵的基. 这样, 我们可以选择子空间 $R^{[\lambda]}$ 的基函数, 使得它们同时是线性群和置换群的不可约表示基. 设把这样的基组记为 $\{\varPhi_{tx}^{[\lambda]}\}$, 其中 $[\lambda]$ 标志表示空间对应的分割或 Young 图; $t=1,\cdots,n_\lambda$, 用以标志置换群的不可约表示 $[\lambda]$ 的基 (如代表山内符号), n_λ 为 $[\lambda]$ 表示的维数; $x=1,\cdots,d_\lambda$, 用以标志线性群不可约表示 $[\lambda]$ 的基, d_λ 为不可约表示 $[\lambda]$ 的维数. 把这组基函数按以下方式排成长方阵, 得

$$\begin{bmatrix} \varPhi_{11}^{[\lambda]} & \varPhi_{12}^{[\lambda]} & \cdots & \varPhi_{1d_\lambda}^{[\lambda]} \\ \varPhi_{21}^{[\lambda]} & \varPhi_{22}^{[\lambda]} & \cdots & \varPhi_{2d_\lambda}^{[\lambda]} \\ \vdots & \vdots & & \vdots \\ \varPhi_{n_\lambda 1}^{[\lambda]} & \varPhi_{n_\lambda 2}^{[\lambda]} & \cdots & \varPhi_{n_\lambda d_\lambda}^{[\lambda]} \end{bmatrix} \tag{21.2.5}$$

则它的每一行是线性群一个不可约表示的一组基, 给出线性群的一个不可约表示, 有多少行, 这一种表示 $[\lambda]$ 中就包含多少个等价的不可约表示. 把基函数逐行从左

到右, 从上到下排列, 表示矩阵就具有式 (21.2.1) 或式 (21.2.2) 中一个大方块的形式. 把所有不可约表示的基函数都按以上方式排列, 表示矩阵就具有式 (21.2.1) 或式 (21.2.2) 的形式了. 另一方面, 式 (21.2.5) 中的每一列是 S_r 群的一个不可约表示的一组基, 给出 S_r 的一个不可约表示, 列的数目就是这种表示中包括的等价不可约表示的数目. 若把式 (21.2.5) 中的基函数逐列从上到下, 从左到右排列, 则表示矩阵的形式为式 (21.2.6) 中一个大对角块的形式 [以与式 (21.2.2) 对应的矩阵为例]. 把所有不可约表示的基函数都按以上方式排列, 表示矩阵就具有式 (21.2.6) 的形式了, 其中每个小对角块是置换群 S_3 的一个不可约表示矩阵.

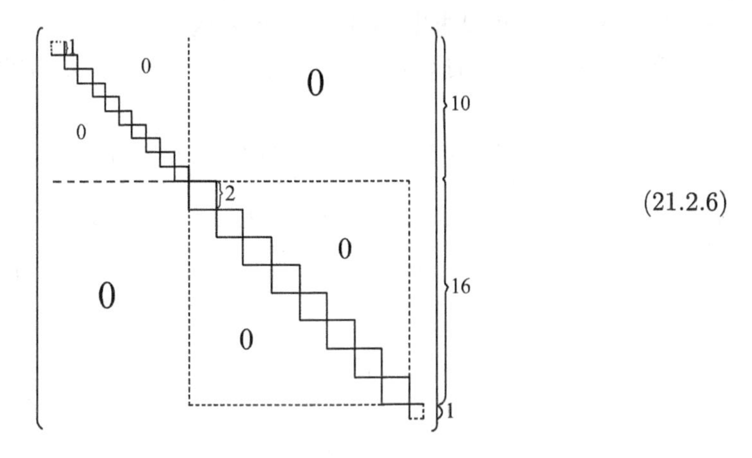

(21.2.6)

总起来说, 就是张量积空间 R_{n^r} 同时是置换群 S_r 和全线性群 $GL(n,C)$ 的表示空间, 它可分解为若干个子空间 $R^{[\lambda]}$, 每个这种子空间对应于 S_r 群的代数的一个具有 $[\lambda]$ 对称性的双侧理想. $R^{[\lambda]}$ 荷载的表示中置换群 S_r 的不可约表示 $[\lambda]$ 出现的次数等于线性群的不可约表示 $[\lambda]$ 的维数, 置换群的不可约表示 $[\lambda]$ 的维数等于线性群的不可约表示 $[\lambda]$ 出现的次数.

21.2.2　全线性群不可约张量表示的特征标

全线性群的不可约张量表示的矩阵元是它的定义表示矩阵的元素的齐次多项式, 它的不可约表示的特征标自然还是同样次数的齐次多项式. 设 $GL(n,C)$ 群的某个矩阵 $\boldsymbol{A}$ 的本征值全不相同, 我们可以通过非奇导矩阵 $\boldsymbol{B}$ 把它对角化

$$\boldsymbol{BAB}^{-1}=\begin{bmatrix}\varepsilon_1 & & & 0\\ & \varepsilon_2 & & \\ & & \ddots & \\ 0 & & & \varepsilon_n\end{bmatrix} \tag{21.2.7}$$

式中, $\varepsilon_k(k=1,\cdots,n)$ 一般是一个复数. 显然, 属于同一共轭类的矩阵具有相同的本征值, 所以数组 $\varepsilon \equiv \{\varepsilon_i\} = (\varepsilon_1,\varepsilon_2,\cdots,\varepsilon_n)$ 完全表征 $GL(n,C)$ 的一个共轭类. 因为特征标是共轭类的函数, 矩阵 $\boldsymbol{A}$ 的 r 秩张量表示的特征标 $\phi(\boldsymbol{A})$ 一定是 $\{\varepsilon_i\}$ 的 r 次齐次多项式 $\phi(\boldsymbol{A}) = \phi(\boldsymbol{B}\boldsymbol{A}\boldsymbol{B}^{-1}) = \phi(\varepsilon)$, 并且, ε_i 的位置不同的矩阵可以彼此变换, 属于同一共轭类, 所以 $\phi(\boldsymbol{A})$ 一定是 $\{\varepsilon_i\}$ 的 r 次齐次对称多项式. $\phi(\boldsymbol{A})$ 又称为 S 函数. 即使 $\boldsymbol{A}$ 的本征值不是全不相同, 以上结论仍然成立, 因为在 $\boldsymbol{A}$ 的附近可以找到一个本征值全不相同的矩阵 $\boldsymbol{A}'$, 对于 $\phi(\boldsymbol{A}')$ 以上结论成立, 而当 $\boldsymbol{A}' \to \boldsymbol{A}$ 时, $\varepsilon_i' \to \varepsilon_i, \phi(\varepsilon') = \phi(\boldsymbol{A}') \to \phi(\varepsilon) = \phi(\boldsymbol{A})$, 所以 $\phi(\boldsymbol{A})$ 也有以上性质. 利用 $\phi(\boldsymbol{A})$ 的这些性质和分支律可以求出 $\phi(\boldsymbol{A})$ 的解析表达式.

定理 $GL(n,C)$ 的不可约张量表示 $[\lambda] \equiv [\lambda_1\lambda_2\cdots\lambda_n]$ 的特征标为

$$\phi(\varepsilon) \equiv \phi(\varepsilon_1,\varepsilon_2,\cdots,\varepsilon_n) = \frac{|\varepsilon^{l_1}\varepsilon^{l_2}\cdots\varepsilon^{l_{n-1}}\varepsilon^{l_n}|}{|\varepsilon^{n-1}\varepsilon^{n-2}\cdots\varepsilon 1|} \tag{21.2.8}$$

式中, $l_1 = \lambda_1 + n - 1, l_2 = \lambda_2 + n - 2, \cdots, l_k - \lambda_k + n - k$, 分子和分母是两个行列式

$$|\varepsilon^{l_1}\varepsilon^{l_2}\cdots\varepsilon^{l_{n-1}}\varepsilon^{l_n}| = \begin{vmatrix} \varepsilon_1^{l_1} & \varepsilon_1^{l_2} & \cdots & \varepsilon_1^{l_{n-1}} & \varepsilon_1^{l_n} \\ \varepsilon_2^{l_1} & \varepsilon_2^{l_2} & \cdots & \varepsilon_2^{l_{n-1}} & \varepsilon_2^{l_n} \\ \cdots & \cdots & \cdots & \cdots & \cdots \\ \varepsilon_n^{l_1} & \varepsilon_n^{l_2} & \cdots & \varepsilon_n^{l_{n-1}} & \varepsilon_n^{l_n} \end{vmatrix} \tag{21.2.9}$$

$$|\varepsilon^{n-1}\varepsilon^{n-2}\cdots\varepsilon 1| = \begin{vmatrix} \varepsilon_1^{n-1} & \varepsilon_1^{n-2} & \cdots & \varepsilon_1 & 1 \\ \varepsilon_2^{n-1} & \varepsilon_2^{n-2} & \cdots & \varepsilon_2 & 1 \\ \cdots & \cdots & \cdots & \cdots & \cdots \\ \varepsilon_n^{n-1} & \varepsilon_n^{n-2} & \cdots & \varepsilon_n & 1 \end{vmatrix} \tag{21.2.10}$$

当 ε_i 中有若干个相等时需求式 (21.2.8) 的极限.

证明：由 $\lambda_1 + \lambda_2 + \cdots + \lambda_n = r$ 可得

$$l_1 + l_2 + \cdots + l_n = r + \frac{1}{2}n(n-1)$$

所以分子是 $r + \frac{1}{2}n(n-1)$ 次齐次多项式. 分母是著名的 Vandermonde 行列式, 等于 $\prod\limits_{i<j}(\varepsilon_i - \varepsilon_j)$, 是 $\frac{1}{2}n(n-1)$ 次齐次多项式. 分子显然可以被每个 $(\varepsilon_i - \varepsilon_j)$ 整除, 因而可以被分母整除. 分子和分母都是反对称齐次多项式 (行列式), 所以商一定是一个对称的 r 次齐次多项式. 这符合对 $\varphi(\boldsymbol{A})$ 的要求. 下面用归纳法证明式 (21.2.8).

这个式子对于 $n=1$ 显然成立, $\phi(\varepsilon_1)=\varepsilon_1^r$. 设式 (21.2.8) 对 $(n-1)$ 成立, 为了证明它对于 n 也成立, 我们利用 $GL(n,C)$ 的分支律, 用 $GL(n-1,C)$ 的表示 $[\lambda']$ 的特征标把 $GL(n,C)$ 表示的特征标表达. 设

$$l_i'=\lambda_i'+(n-1)-i$$

则

$$l_1>l_1'\geqslant l_2>l_2'\geqslant l_3\cdots\geqslant l_{n-1}>l_{n-1}'\geqslant l_n$$

在 $GL(n-1,C)$ 中, $\varepsilon_n=1$(第 n 个基保持不变), 故

$$\phi(\varepsilon_1,\varepsilon_2,\cdots,\varepsilon_{n-1},1)=\sum_{l_1'=l_2}^{l_1-1}\sum_{l_2'=l_3}^{l_2-1}\cdots\sum_{l_{n-1}'=l_n}^{l_{n-1}-1}\frac{|\varepsilon^{l_1'}\cdots\varepsilon^{l_{n-2}'}\varepsilon^{l_{n-1}'}|}{|\varepsilon^{n-2}\cdots\varepsilon 1|} \tag{21.2.11}$$

行列式中 ε 的下标只取 $1,2,\cdots,n-1$. 按照行列式的求和规则, 得

$$\begin{aligned}&\phi(\varepsilon_1,\varepsilon_2,\cdots,\varepsilon_{n-1},1)\\=&(|\varepsilon^{l_1-1}+\varepsilon^{l_1-2}+\cdots+\varepsilon^{l_2},\varepsilon^{l_2-1}+\varepsilon^{l_2-2}+\cdots\varepsilon^{l_3},\cdots,\varepsilon^{l_{n-1}-1}+\cdots\\&+\varepsilon^{l_n}|)/(|\varepsilon^{n-2}\cdots\varepsilon 1|)\end{aligned} \tag{21.2.12}$$

用 ε_j-1 乘分子和分母的 j 行, $j=1,2,\cdots,n-1$, 分母就变得与式 (21.2.10) 一样 (注意 $\varepsilon_n=1$), 分子变成

$$|\varepsilon^{l_1}-\varepsilon^{l_2},\varepsilon^{l_2}-\varepsilon^{l_3},\cdots,\varepsilon^{l_{n-1}}-\varepsilon^{l_n}|$$

在这个行列式中添加 $(n-1)$ 个零在第 n 行, 再添加 ε^{l_n} 列, 并不改变行列式的值, 因为根据 Gauss 展开定理, 起作用的只有 $\varepsilon_n^{l_n}$ 这个数, 而 $\varepsilon_n=1$. 若在每列中都加上它后面的所有列, 就得到行列式式 (21.2.9)(当 $\varepsilon_n=1$ 时的值). 这就证明了式 (21.2.8) 对于 $\phi(\varepsilon_1,\varepsilon_2,\cdots,\varepsilon_{n-1},1)$ 是成立的. 这是 $\varepsilon_1,\varepsilon_2,\cdots,\varepsilon_{n-1}$ 的 r 次非齐次多项式, 它是由 $\phi(\varepsilon_1,\varepsilon_2,\cdots,\varepsilon_n)$ 当 $\varepsilon_n=1$ 时得到的. 若令 $\varepsilon_n\neq 1$, 应得到 $\varepsilon_1,\varepsilon_2,\cdots,\varepsilon_n$ 的齐次多项式, 所以我们只要在幂次不够 r 的项中补上 ε_n 的幂使达到 r 次, 就得到 $\phi(\boldsymbol{A})$ 的表达式了. 因此 $\phi(\varepsilon_1,\varepsilon_2,\cdots,\varepsilon_{n-1},1)$ 完全决定了 $\phi(\varepsilon_1,\varepsilon_2,\cdots,\varepsilon_n)$, 式 (21.2.8) 对于前者成立, 对于后者也就成立. 于是定理证毕.

从式 (21.2.8) 容易得到线性群表示的维数公式. 表示的维数就是单位元素的特征标. 此时 $\varepsilon_1=\varepsilon_2=\cdots=\varepsilon_n=1$, 需要求极限, 令 $\varepsilon_1=\exp[(n-1)t],\varepsilon_2=\exp[(n-2)t],\cdots,\varepsilon_{n-1}=\exp[t],\varepsilon_n=1$(当 $t\to 0$ 时, 所有 $\varepsilon_i\to 1$), 代入式 (21.2.8), 把分子和分母中的共同因子消去, 就得到分子是 n 个数 $e^{l_1t},\cdots,e^{l_nt}$ 之差的乘积, 而分母是 $e^{(n-1)t},\cdots,1$ 之差的乘积. 把各式的因子 $(e^{l't}-e^{l''t})$ 展开成 t 的幂级数, 取

极限 $t \to 0$, 就得到分子是 $l_1, \cdots, l_n$ 之差的乘积, 分母是 $(n-1), (n-2), \cdots, 0$ 之差的乘积. 由此即可得到 $GL(n,C)$ 群不可约张量表示 $[\lambda] \equiv [\lambda_1 \lambda_2 \cdots \lambda_n]$ 的维数 ${}^nN_{[\lambda]}$ 为

$$
{}^nN_{[\lambda]} = \frac{\prod\limits_{i<j}^{n}(l_i - l_j)}{\prod\limits_{i<j=1}^{n}[(n-i)-(n-j)]} = \frac{D(l_1 l_2 \cdots l_n)}{D(n-1, n-2, \cdots, 0)} \tag{21.2.13}
$$

式中, D 为 Vandermonde 行列式, l_i 的定义参见式 (21.2.8). 利用式 (21.2.8) 容易证明两个有用的公式.

(1) 若 $l_n > 0$, 则从式 (21.2.8) 分子的第一行抽出 $\varepsilon_1^{\lambda_n}, \cdots\cdots$, 从第 n 行抽出 $\varepsilon_n^{\lambda_n}$ 作因子, 得

$$
(\varepsilon_1 \varepsilon_2 \cdots \varepsilon_n)^{\lambda_n} |\varepsilon^{l_1 - l_n}, \varepsilon^{l_2 - l_n}, \cdots, \varepsilon^{l_{n-1} - l_n} \varepsilon^0|
$$

对于幺模群, $(\varepsilon_1 \varepsilon_2 \cdots \varepsilon_n) = 1$, 故

$$
\begin{aligned}
\chi^{[\lambda]}(\varepsilon) &= \chi^{[\lambda']}(\varepsilon) \\
[\lambda'] &= |\lambda_1 - \lambda_n, \cdots, \lambda_{n-1} - \lambda_n, 0]
\end{aligned} \tag{21.2.14}
$$

即 Young 图左边多出来的有 n 行的列, 对于幺模群来说, 可以去掉. 例如, 对于三维幺模群

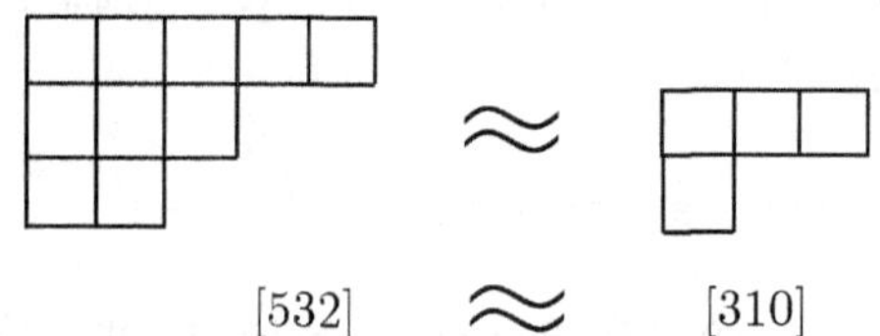

$[532] \approx [310]$

(2) 从式 (21.2.8) 的分子各行提出 $\varepsilon_1^{l_1}, \cdots, \varepsilon_n^{l_1}$, 则分子成为

$$
(\varepsilon_1 \cdots \varepsilon_n)^{l_1} |1, \varepsilon^{l_2 - l_1}, \cdots, \varepsilon^{l_n - l_1}|
$$

类似地, 使分母变成

$$
(\varepsilon_1 \cdots \varepsilon_n)^{n-1} |1, \varepsilon^{-1}, \cdots, \varepsilon^{-n+1}|
$$

利用 $(\varepsilon_1 \varepsilon_2 \cdots \varepsilon_n) = 1$, 再令 $\varepsilon_i^{-1} = \delta_i$, 并调换各列, 可得

$$
\chi^{[\lambda]}(\delta) = \frac{|\delta^{l_1 - l_n}, \delta^{l_1 - l_{n-1}}, \cdots, \delta^{l_1 - l_2}, 1|}{|\delta^{n-1}, \delta^{n-2}, \cdots, \delta, 1|}
$$

即对于幺模群

$$
\begin{aligned}
\chi^{[\lambda]}(\varepsilon) &= \chi^{[\lambda'']}(\varepsilon^{-1}) \\
[\lambda''] &= [\lambda_1 - \lambda_n, \lambda_1 - \lambda_{n-1}, \cdots, \lambda_1 - \lambda_2]
\end{aligned} \tag{21.2.15}
$$

例如, 对于三维幺模群 [参看式 (21.3.5)]

$$[32] \approx [3-0,\ \ 3-2]^{\#} = [31]^{\#}$$

$$[32] \approx [31]^{\#}$$

21.2.3　线性群表示与置换群表示的特征标的关系

上面我们已经看到线性群与置换群的表示之间有密切的关系, 下面找出它们的特征标之间的关系的分析表达式.

设 $[\lambda]=[\lambda_1\cdots\lambda_r]$ 标志 S_r 群的一个不可约表示 $D^{[\lambda]}$, 其特征标为 $\chi_{\alpha}^{[\lambda]}, \alpha=(1^{\alpha_1}2^{\alpha_2}\cdots r^{\alpha_r})$ 表示置换群的一个共轭类. 这个分割也标志 $GL(n,G)$ 群的一个 r 秩不可约张量表示 $C^{[\lambda]}$, 其特征标为 $\phi^{[\lambda]}(A), A$ 表示 $GL(n,C)$ 群的一类元素. 21.2.1 节已经指出置换群的表示矩阵与线性群的表示矩阵之间的关系, 适当选取基函数, 则对于每个对应于非零张量空间的 Young 图 $[\lambda]$, 若置换群的 n_λ 维表示出现 m_λ 次, 则线性群的 m_λ 维表示出现 n_λ 次. 于是 n^r 维张量表示的约化表示矩阵的形式为, 对于置换群 S_r

$$[\boldsymbol{S}]=\sum_{[\lambda]}^{\oplus} m_\lambda \boldsymbol{D}^{[\lambda]}=\boldsymbol{E}_{m_1}\otimes \boldsymbol{D}^{[\lambda^{(1)}]}\oplus \boldsymbol{E}_{m_2}\otimes \boldsymbol{D}^{[\lambda^{(2)}]}\oplus\cdots\oplus \boldsymbol{E}_{m_t}\otimes \boldsymbol{D}^{[\lambda^{(t)}]} \tag{21.2.16}$$

式中, $\boldsymbol{E}_{m_i}$ 是 m_i 阶单位矩阵. 对于线性群, 则

$$\begin{aligned}[\boldsymbol{A}]^r &= \sum_{[\lambda]}^{\oplus} n_\lambda \boldsymbol{C}^{[\lambda]}\\ &= \boldsymbol{E}_{n_1}\otimes \boldsymbol{C}^{[\lambda^{(1)}]}\oplus \boldsymbol{E}_{n_2}\otimes \boldsymbol{C}^{[\lambda^{(2)}]}\oplus\cdots\oplus \boldsymbol{E}_{n_t}\otimes \boldsymbol{C}^{[\lambda^{(t)}]}\end{aligned} \tag{21.2.17}$$

把两个矩阵相乘, 注意分块矩阵的乘法规则, 得

$$\begin{aligned}[\boldsymbol{S}][\boldsymbol{A}]^r &= \{\boldsymbol{E}_{m_1}\otimes \boldsymbol{D}^{[\lambda^{(1)}]}\}\{\boldsymbol{E}_{n_1}\otimes \boldsymbol{C}^{[\lambda^{(1)}]}\}\\ &\quad \oplus \{\boldsymbol{E}_{m_2}\otimes \boldsymbol{D}^{[\lambda^{(2)}]}\}\{\boldsymbol{E}_{n_2}\otimes \boldsymbol{C}^{[\lambda^{(2)}]}\}\\ &\quad \oplus\cdots\oplus \{\boldsymbol{E}_{m_t}\otimes \boldsymbol{D}^{[\lambda^{(t)}]}\}\{\boldsymbol{E}_{n_t}\otimes \boldsymbol{C}^{[\lambda^{(t)}]}\}\\ &= \{\boldsymbol{E}_{m_1}\otimes \boldsymbol{E}_{n_1}\}\{\boldsymbol{D}^{[\lambda_1]}\otimes \boldsymbol{C}^{[\lambda_1]}\}\oplus \{\boldsymbol{E}_{m_2}\otimes \boldsymbol{E}_{n_2}\}\\ &\quad \cdot \{\boldsymbol{D}^{[\lambda^{(2)}]}\otimes \boldsymbol{C}^{[\lambda^{(2)}]}\}\oplus\cdots\oplus \{\boldsymbol{E}_{m_t}\otimes \boldsymbol{E}_{n_t}\}\\ &\quad \cdot \{\boldsymbol{D}^{[\lambda^{(t)}]}\otimes \boldsymbol{C}^{[\lambda^{(t)}]}\} = \boldsymbol{D}^{[\lambda^{(1)}]}\otimes \boldsymbol{C}^{[\lambda^{(1)}]}\oplus \boldsymbol{D}^{[\lambda^{(2)}]}\\ &\quad \otimes \boldsymbol{C}^{[\lambda^{(2)}]}\otimes\cdots\otimes \boldsymbol{D}^{[\lambda^{(t)}]}\otimes \boldsymbol{C}^{[\lambda^{(t)}]}\end{aligned} \tag{21.2.18}$$

式 (21.2.18) 左边的矩阵元是 $a_{S(j)(k)}$[$(j),(k)$ 是二组张量指标, 这里把 $[\boldsymbol{S}]$ 当作置换算符 S 看待]. 因为 $[A]^r$ 是双对称变换, 有

$$a_{S(j)(k)} = a_{(j)S^{-1}(k)}$$

设 S 的循环结构为 $(\alpha) = (1^{\alpha_1}2^{\alpha_2}\cdots)$, 对式 (21.2.18) 两边求对角和, 得

$$\sum_{(j)} a_{S(j)(j)} = \sum_{[\lambda]} \chi_{(\alpha)}^{[\lambda]} \phi^{[\lambda]}([A]^r) \tag{21.2.19}$$

式 (21.2.19) 等号左边为

$$\sum_{(j)} a_{S(j)(j)} = \sum_{(j)} a_{(j)S^{-1}(j)} = \sigma_1^{\alpha_1}\sigma_2^{\alpha_2}\cdots\sigma_r^{\alpha_r}$$

式中

$$\sigma_1 = \sum_{j_1} a_{j_1 j_1}$$

是 $\boldsymbol{A}$ 矩阵的迹

$$\sigma_2 = \sum_{j_1 j_2} a_{j_1 j_2} a_{j_2 j_1}$$

是 $[\boldsymbol{A}]^2$ 矩阵的迹,……,

$$\sigma_r = \sum_{j_1,\cdots,j_r} a_{j_1 j_2} a_{j_2 j_3} \cdots a_{j_r j_1}$$

是 $[\boldsymbol{A}]^r$ 矩阵的迹. 例如, $r = 6, S = (3)(12)(456)$, 则 $S^{-1} = (3)(12)(465)$

$$\sum_{(j)} a_{(j)S^{-1}(j)} = \sum_{(j)} (a_{j_3 j_3})(a_{j_1 j_2} a_{j_2 j_1})(a_{j_4 j_6} a_{j_6 j_5} a_{j_5 j_4}) = \sigma_1\sigma_2\sigma_3$$

故式 (21.2.19) 可写成

$$\sigma_1^{\alpha_1}\sigma_2^{\alpha_2}\cdots\sigma_r^{\alpha_r} = \sum_{[\lambda]} \chi_{(\alpha)}^{[\lambda]} \phi^{[\lambda]}([A]^r) \tag{21.2.20}$$

对角和对于相似变换是不变的, 故

$$\sigma_r = \mathrm{tr}([\boldsymbol{A}]^r) = \varepsilon_1^r + \varepsilon_2^r + \cdots + \varepsilon_n^r \tag{21.2.21}$$

式中, $\varepsilon_1, \varepsilon_2, \cdots, \varepsilon_n$ 是 $[\boldsymbol{A}]$ 的本征值. 假定 $n \geqslant r$, 所有 $[\lambda]$ 都对应于非零张量空间. 将 $\phi^{[\lambda]}([A]^r)$ 的表达式 [式 (21.2.8)] 代入式 (21.2.20), 得

$$\sigma_1^{\alpha_1}\cdots\sigma_r^{\alpha_r}|\varepsilon^{n-1}\varepsilon^{n-2}\cdots\varepsilon 1| = \sum_{[\lambda]} \chi_{(\alpha)}^{[\lambda]} |\varepsilon^{l_1}\varepsilon^{l_2}\cdots\varepsilon^{l_n}| \tag{21.2.22}$$

式中, $l_j = \lambda_j + n - j$. 可以看出, 式 (21.2.22) 就是计算置换群特征标的 Frobenius 公式 [式 (20.1.17), ε_i代替了x_i]. 利用置换群特征标的正交关系, 将式 (21.2.20) 两边乘 $h_\alpha \chi^{[\lambda]}_{(\alpha)}$[$h_\alpha$ 是 (α) 类中元素的数目] 并对所有类求和, 得

$$\begin{aligned}\phi^{[\lambda]}([A]^r) &= \frac{1}{r!}\sum_{(\alpha)} h_\alpha \chi^{[\lambda]}_{(\alpha)} \sigma_1^{\alpha_1}\sigma_2^{\alpha_2}\cdots\sigma_r^{\alpha_r} \\ &= \sum_{(\alpha)} \frac{\chi^{[\lambda]}_{(\alpha)}}{\alpha_1!\cdots\alpha_r!}\left(\frac{\sigma_1}{1}\right)^{\alpha_1}\left(\frac{\sigma_2}{2}\right)^{\alpha_2}\cdots\left(\frac{\sigma_r}{r}\right)^{\alpha_r}\end{aligned} \tag{21.2.23}$$

式 (21.2.23) 就是线性群特征标与置换群的特征标的联系的分析表达式.

21.2.4　全线性群直积表示的约化

设 $[\lambda']$ 为 $GL(n,C)$ 的不可约 r' 秩张量表示, $[\lambda'']$ 为 $GL(n,C)$ 的不可约 r'' 秩张量表示, 则 $[\lambda']$ 与 $[\lambda'']$ 的直积表示是 $GL(n,C)$ 群的 $(r'+r'')$ 秩张量表示, 一般说来, 是可约表示. 设 $[\lambda]$ 表示在其中包含 c_λ 次, 即

$$[\lambda']\otimes[\lambda''] = \sum_{[\lambda]}^{\oplus} c_\lambda[\lambda]$$

则存在以下关于特征标的方程:

$$\phi^{[\lambda']}(A)\phi^{[\lambda'']}(A) = \sum_{[\lambda]} c^\lambda \phi^{[\lambda]}(A) \tag{21.2.24}$$

线性群表示直积的约化就是根据 $[\lambda']$ 和 $[\lambda'']$ 找出非负整数 c_λ 来. 下面我们证明, 线性群表示直积的约化是等价于它的张量指标置换群的外积约化的. 设张量指标置换群相应的外积约化是

$$[\lambda']\odot[\lambda''] = \sum_{[\lambda]}^{\oplus} a_\lambda[\lambda] \tag{21.2.25}$$

则有 $a_\lambda = c_\lambda$.

证明: 将式 (21.2.23) 以及对于 $[\lambda']$ 和 $[\lambda'']$ 的类似表达式代入式 (21.2.24), 可得

$$\begin{aligned}&\frac{1}{r'!r''!}\sum_{\alpha'\alpha''} h_{\alpha'}h_{\alpha''}\chi^{[\lambda']}_{(\alpha')}\chi^{[\lambda'']}_{(\alpha'')}\sigma_1^{\alpha_1'+\alpha_1''}\cdots\sigma_r^{\alpha_r'+\alpha_r''} \\ =&\frac{1}{r!}\sum_{\alpha} h_\alpha \sum_{[\lambda]} c_\lambda \chi^{[\lambda]}_{(\alpha)}\sigma_1^{\alpha_1}\cdots\sigma_r^{\alpha_r}\end{aligned} \tag{21.2.26}$$

因为假定 $r \leqslant n$, 所以 σ_j 是线性独立的 ($n=r$ 时$\{\sigma_j\}$对$\{\varepsilon_k\}$ 的 Jacobi 行列式就是 Vandermonde 行列式, 不恒等于零, 所以 σ_j 是线性独立的). 令式 (21.2.26) 两边系数相等, 即得

$$\begin{aligned}\sum_{[\lambda]} c_\lambda \chi_{(\alpha)}^{[\lambda]} &= \begin{cases} \dfrac{r!}{h_\alpha r'!r''!} \displaystyle\sum_{\alpha',\alpha''} h_{\alpha'} h_{\alpha''} \chi_{(\alpha')}^{[\lambda']} \chi_{(\alpha'')}^{[\lambda'']} & (\alpha = \alpha' + \alpha'') \\ 0 & (\alpha \neq \alpha' + \alpha'') \end{cases} \\ &= \sum_{[\lambda]} a_\lambda \chi_{(\alpha)}^{[\lambda]}\end{aligned} \tag{21.2.27}$$

于是有

$$c_\lambda = a_\lambda \tag{21.2.28}$$

下面我们根据线性群的特征标公式求 c_λ, 同时也就给置换群的外积约化图解方法一个数学证明. 将

$$\phi^{[\lambda]}(A) = \frac{|\varepsilon^{l_1}\varepsilon^{l_2}\cdots\varepsilon^{l_n}|}{|\varepsilon^{n-1}\varepsilon^{n-2}\cdots 1|}$$

的分子分母同乘以 $|\varepsilon^{r-1}\varepsilon^{r-2}\cdots 1|$, 将一个行列式转置, 则分母乘积的第 (i,j) 个元素是

$$\sum_{k=1}^{n} \varepsilon_k^{n-i} \varepsilon_k^{n-j} = \sigma_{2n-i-j}$$

分子乘积的第 (i,j) 个元素是

$$\sum_{k=1}^{n} \varepsilon_k^{l_i+n-j} = \sigma_{l_i+n-j}$$

故有

$$\phi^{[\lambda]}(A) = \frac{\begin{vmatrix} \sigma_{l_1+n-1} & \sigma_{l_1+n-2} & \cdots & \sigma_{l_1} \\ \sigma_{l_2+n-1} & \sigma_{l_2+n-2} & \cdots & \sigma_{l_2} \\ \cdots & \cdots & \cdots & \\ \sigma_{l_n+n-1} & \sigma_{l_n+n-2} & \cdots & \sigma_{l_n} \end{vmatrix}}{\begin{vmatrix} \sigma_{2n-2} & \sigma_{2n-3} & \cdots & \sigma_{n-1} \\ \sigma_{2n-3} & \sigma_{2n-4} & \cdots & \sigma_{n-2} \\ \cdots & \cdots & \cdots & \\ \sigma_{n-1} & \sigma_{n-2} & \cdots & \sigma_0 \end{vmatrix}} \tag{21.2.29}$$

式中, $\sigma_0 = \sum_k \varepsilon_k^0 = n$. 同样有

$$\phi^{[\lambda']}(A)\phi^{[\lambda'']}(A) = \frac{\begin{vmatrix} \sigma_{l_1'+l_1''} & \sigma_{l_1'+l_2''} & \cdots & \sigma_{l_1'+l_n''} \\ \sigma_{l_2'+l_1''} & \sigma_{l_2'+l_2''} & \cdots & \sigma_{l_2'+l_n''} \\ \cdots & \cdots & \cdots & \\ \sigma_{l_n'+l_1''} & \sigma_{l_n'+l_2''} & \cdots & \sigma_{l_n'+l_n''} \end{vmatrix}}{\begin{vmatrix} \sigma_{2n-2} & \sigma_{2n-3} & \cdots & \sigma_{n-1} \\ \sigma_{2n-3} & \sigma_{2n-4} & \cdots & \sigma_{n-2} \\ \cdots & \cdots & \cdots & \\ \sigma_{n-1} & \sigma_{n-2} & \cdots & \sigma_0 \end{vmatrix}} \tag{21.2.30}$$

式 (21.2.29) 和式 (21.2.30) 的分母相同, 所以只要看式 (21.2.30) 的分子可分解为哪几个式 (21.2.29) 的分子类型的行列式就知道 c_λ 了. 定义 δ_j 为"使 σ_j 的指标增加 1"的算符. 显然, 这类算符的乘积以及逆算符都是可对易的. 将

$$\Delta_0 = \begin{vmatrix} \delta_1^{n-1} & \delta_1^{n-2} & \cdots & \delta_1^0 \\ \cdots & \cdots & \cdots & \\ \delta_n^{n-1} & \delta_n^{n-2} & \cdots & \delta_n^0 \end{vmatrix} \tag{21.2.31}$$

作用在 $(\sigma_{l_1'}\sigma_{l_2'}\cdots\sigma_{l_n'})$ 上, 就得到式 (21.2.29) 的分子, 将

$$\Delta_1 = \begin{vmatrix} \delta_1^{l_1''} & \cdots & \delta_1^{l_n''} \\ \cdots & \cdots & \cdots \\ \delta_n^{l_1''} & \cdots & \delta_n^{l_n''} \end{vmatrix} \tag{21.2.32}$$

作用上去就得到式 (21.2.30) 的分子, 于是有

$$\begin{aligned} (\phi^{[\lambda']}(A)\phi^{[\lambda'']}(A))_{\text{分子}} &= \Delta_1(\sigma_{l_1'}\sigma_{l_2'}\cdots\sigma_{l_n'}) \\ &= \Delta_1\Delta_0^{-1}(\phi^{[\lambda']}(A))_{\text{分子}} \end{aligned} \tag{21.2.33}$$

但是

$$\phi^{[\lambda'']}(\delta_1, \delta_2, \cdots, \delta_n) = \frac{\Delta_1}{\Delta_0} \tag{21.2.34}$$

所以只要将用 (δ_j) 表示的 $\phi^{[\lambda'']}(A)$ 的表达式作用到 $\phi^{[\lambda']}(A)$ 的分子上, 所得到的

零行列式都属于 $\phi^{[\lambda]}(A)$. 将 $\phi^{[\lambda'']}(\delta_1,\delta_2,\cdots,\delta_n)$ 表示为多项式

$$
\begin{aligned}
&\phi^{[\lambda'']}(\delta_1,\delta_2,\cdots,\delta_n)\\
&=\frac{1}{r''!}\sum_{\alpha''}h_{\alpha''}\chi^{[\lambda'']}_{(\alpha'')}(\delta_1+\delta_2+\cdots+\delta_n)^{\alpha''_1}\\
&\quad\times(\delta_1^2+\delta_2^2+\cdots+\delta_n^2)^{\alpha''_2}\cdots(\delta_1^r+\delta_2^r+\cdots+\delta_n^r)^{\alpha''_r}\\
&=\sum_{(\rho)}d_\rho\delta_1^{\rho_1}\delta_2^{\rho_2}\cdots\delta_n^{\rho_n}
\end{aligned}
\tag{21.2.35}
$$

一项一项地将 (δ_j) 的齐次单项式作用在 $\phi^{[\lambda']}(A)$ 的分子上, 行列式中各行的指标就升高, 第一列升高 ρ_1, 第二列升高 $\rho_2,\cdots\cdots$; 所得到的行列式若有两列相等, 则为零. 本来各列是按指标降序排列的, 升高之后指标就可能不是按降序排列了. 将各列调换使指标再成降序, 就得到各 $\phi^{[\lambda]}(A)$ 的分子, 某一指定的 $\phi^{[\lambda]}(A)$ 的分子出现的次数的代数和就是该 $[\lambda]$ 表示包含在直积表示 $[\lambda']\otimes[\lambda'']$ 中的次数, 即 c_λ. 以上过程用图解方法进行, 就得到置换群外积约化的图解规则. 举例如下:

(1) $[\lambda']=[\lambda'_1\lambda'_2\cdots\lambda'_n], r'=\lambda'_1+\lambda'_2+\cdots+\lambda'_n; [\lambda'']=[1], r''=1$. 求 $[\lambda']\otimes[\lambda'']$. 在本例中

$$\phi^{[\lambda]}(\delta)=\delta_1+\cdots+\delta_n$$

$[\lambda']$ 的分子是

$$
\begin{vmatrix}
\sigma_{l'_1+n-1} & \sigma_{l'_1+n-2} & \cdots & \sigma_{l'_1}\\
\sigma_{l'_2+n-1} & \sigma_{l'_2+n-2} & \cdots & \sigma_{l'_2}\\
\cdots & \cdots & \cdots & \cdots\\
\sigma_{l'_n+n-1} & \sigma_{l'_n+n-2} & \cdots & \sigma_{l'_n}
\end{vmatrix}
\qquad (l'_i=\lambda'_i+n-i)
$$

因为 δ_j 只使 σ_j 的指标变化, 所以用 $(l'_1l'_2,\cdots,l'_n)$ 就可以标记它. 逐次用 $\delta_1,\delta_2,\cdots,\delta_n$ 作用上去, 得出以下各组指标:

$$(l'_1+1,l'_2,\cdots,l'_n),(l'_1,l'_2+1,\cdots,l'_n),\cdots,(l'_1,l'_2,\cdots,l'_n+1)$$

如果有任意两个指标相同, 对应的行列式即为零, 应弃去, 剩下来的就是包含在直积 $[\lambda']\otimes[1]$ 中的 $[\lambda]$ 的特征标公式中的分子. 于是, 每组指标与一个 $[\lambda]$ 对应. 将 l'_i 用 λ'_i 表示, 得

$$
\begin{aligned}
[\lambda']\otimes[1]&=[\lambda'_1+1,\lambda'_2,\cdots,\lambda'_r]\oplus[\lambda'_1,\lambda'_2+1,\lambda'_3\cdots\lambda'_r]\\
&\quad\oplus\cdots\oplus[\lambda'_1,\cdots,\lambda'_r+1]\oplus[\lambda'_1,\lambda'_2,\cdots,\lambda'_r,1]
\end{aligned}
$$

(2) $[4,1]\otimes[1^2]$. $r''=2,[\lambda'']=1^2$. S_2 有两个共轭类, $\chi_{(2)}^{[1^2]}=-1,\chi_{(1^2)}^{[1^2]}=+1$. 故

$$\begin{aligned}\phi^{[\lambda'']}(\delta)&=\frac{1}{2}[1\times1\times(\delta_1+\delta_2+\cdots+\delta_n)^2-1\times1\times(\delta_1^2+\delta_2^2+\cdots+\delta_n^2)]\\&=\delta_1\delta_2+\delta_1\delta_3+\cdots+\delta_1\delta_n+\delta_2\delta_3+\delta_2\delta_4+\cdots\\&=\sum_{j<k}\delta_j\delta_k\end{aligned}$$

取 $n=4$ (因为得到的 $[\lambda]$ 不可能超过 4 行), 则

$$\phi^{[\lambda'']}(\delta)=\delta_1\delta_2+\delta_1\delta_3+\delta_1\delta_4+\delta_2\delta_3+\delta_2\delta_4+\delta_3\delta_4$$

将各项作用在 $(l_1',l_2',l_3',l_4')=(7,3,1,0)$ 上, 得出以下各数组: (8, 4, 1, 0), (8, 3, 2, 0), (8, 3, 1, 1), (7, 4, 2, 0), (7, 4, 1, 1), (7, 3, 2 ,1). 显然有两组对应的行列式为零, 剩下四组用 λ_j 代替 l_j, 得

$$[4,1]\otimes[1^2]=[5,2]\oplus[51^2]\oplus[421]\oplus[41^3]$$

(3) $[32]\otimes[2]$. $r''=2,[\lambda'']=[2]$, 故有 (取 $n=4$)

$$\begin{aligned}\phi^{[\lambda'']}(\delta)&=\frac{1}{2}[(\delta_1+\delta_2+\cdots+\delta_n)^2+(\delta_1^2+\delta_2^2+\cdots+\delta_n^2)]\\&=\delta_1^2+\delta_2^2+\delta_3^2+\delta_4^2+\delta_1\delta_2+\delta_1\delta_3+\delta_1\delta_4+\delta_2\delta_3+\delta_2\delta_4+\delta_3\delta_4\end{aligned}$$

将各项作用在 (l_1',l_2',l_3',l_4')=(6, 4, 1, 0) 上, 得以下各组 (l'): (8,4, 1, 0), (6, 6, 1, 0), (6, 4, 3, 0), (6, 4, 1, 2), (7, 5, 1, 0), (7, 4, 2, 0), (7, 4, 1, 1), (6, 5, 2, 0), (6, 5, 1, 1), (6, 4, 2, 1), 其中 (6, 4, 1, 2)=−(6, 4, 2, 1), 消去, 剩下的非零项用 λ_i 表示, 得

$$[32]\otimes[2]=[52]\oplus[32^2]\oplus[43]\oplus[421]\oplus[3^21]$$

(4) $[32]\otimes[21]$. $r''=3,[\lambda'']=[21]$. S_3 有三个共轭类: $1(1^3),3(1,2),2(3)$, 对应的 [21] 表示的特征标为 $\chi_{(1^3)}^{[21]}=2,\chi_{(1,2)}^{[21]}=0,\chi_{(3)}^{[21]}=-1$, 代入式 (21.2.35), 得 (取 $n=5$)

$$\phi^{[\lambda'']}(\delta)=\frac{1}{3!}[1\times2(\delta_1+\delta_2+\delta_3+\delta_4+\delta_5)^3+2\times(-1)(\delta_1^3+\delta_2^3+\delta_3^3+\delta_4^3+\delta_5^3)]$$

展开上式, 作用在 $(l')=(7,5,2,1,0)$ 上, 弃去有两个指标相同的数组, 得到以下各组 (l): (9, 6, 2, 1, 0), (8, 7, 2, 1, 0), (9, 5, 3, 1, 0), (8, 5, 4, 1, 0), (8, 5, 2, 3, 0), (7, 6, 4, 1, 0), (7, 6, 2, 3, 0), (7, 5, 4, 2, 0), (7, 5, 2, 3, 1), (7, 5, 3, 1, 2), 2(8, 6, 3, 1, 0), 2(8, 5, 3, 2, 0), 2(7, 6, 3, 2, 0), 2(7, 5, 3, 2, 1), 其中 (7, 6, 2, 3, 0) 和 (7, 6, 3, 2, 0) 相消一项, (8, 5, 2, 3, 0) 和 (8, 5, 3, 2, 0) 消去一项, (7, 5, 3, 1, 2), (7, 5, 2, 3, 1) 和 2(7, 5, 3, 2, 1) 消去, 剩下的非零项用 λ_i 表示, 得

$$[32]\otimes[21]=[53]\oplus[3^22]\oplus[32^21]\oplus[431]\oplus[421^2]\oplus[3^21^2]\oplus[4^2]\oplus[521]\oplus[42^2]$$

21.2.5 无自旋量子化学

作为线性群和置换群在量子化学中应用的例子, 我们简单介绍一下“无自旋量子化学”方法. 当不考虑旋–轨耦合作用时, 多电子体系的 Hamilton 算符中不包含自旋算符. 但体系的波函数由于 Pauli 原理的限制却与电子自旋有关. 对于单电子体系, 波函数可写成空间部分与自旋部分的乘积 (旋–轨函数). 对于多电子体系, 总波函数是旋–轨函数乘积的反对称线性组合 (Slater 行列式函数或其线性组合), 空间部分与自旋部分不明显地分为两部分. 若能把体系的总波函数表示成两部分的乘积, 就可以利用 Hamilton 量不包含自旋算符这点来简化计算.

多电子体系的波函数对于交换电子一定是反对称的. 换句话说, 必须是置换群的全反对称表示的基函数. 把波函数的空间部分和与自旋有关部分看成各自是置换群的不可约表示基函数, 则总波函数可看作是两个不可约表示的内积的基函数. 置换群的内积中, 当且只当两个表示互为对偶表示时才含有一次、并且只含有一次全反对称表示. 由式 (20.4.18) 可知, 若自旋函数 $\{\Theta_i\}$ 属于表示 $[\widetilde{\lambda}]$, 则空间函数 $\{\Phi_i\}$ 必属于表示 $[\lambda]$, 全反对称波函数按下式构成 (n_λ 为 $[\lambda]$ 表示的维数):

$$\Psi^{[1^n]} = \frac{1}{\sqrt{n_\lambda}} \sum_{i=1}^{n_\lambda} \varepsilon_i^{[\lambda]} \Theta_i^{[\widetilde{\lambda}]}(1,\cdots,n) \Phi_i^{[\lambda]}(1,\cdots,n) \tag{21.2.36}$$

将式 (21.2.36) 代入 Schrödinger 方程, 得

$$\sum_i \varepsilon_i^{[\lambda]} (\hat{\boldsymbol{H}} \Phi_i^{[\lambda]}) \Theta_i^{[\widetilde{\lambda}]} = \sum_i \varepsilon_i^{[\lambda]} (E \Phi_i^{[\lambda]}) \Theta_i^{[\widetilde{\lambda}]}$$

因为 $\Theta_i^{[\widetilde{\lambda}]}$ 是线性独立的, 令上式各项系数相等, 得

$$\hat{\boldsymbol{H}} \Phi_i^{[\lambda]} = E \Phi_i^{[\lambda]} \qquad (i = 1,\cdots,n_\lambda) \tag{21.2.37}$$

式 (21.2.37) 就是形式上不涉及自旋的波动方程, 是“无自旋量子化学”讨论问题的出发点. 例如, 体系的总能量 $E_{[\lambda]}$ 为 (假定 $\Phi_i^{[\lambda]}$ 已经正交归一化)

$$E_{[\lambda]} = \langle \Phi_i^{[\lambda]} | \hat{\boldsymbol{H}} | \Phi_i^{[\lambda]} \rangle \tag{21.2.38}$$

这样, 总能量的计算就只需用到波函数的空间部分, 自旋部分的作用只表现在确定 $[\lambda]$ 上 —— 每种 $[\lambda]$ 与一种自旋多重态对应.

容易确定自旋多重态与 $[\lambda]$ 的关系. 总自旋函数可以看作是单电子自旋函数的张量空间中的一个态矢量, 从单电子自旋函数构成具有确定对称性的多电子自旋函数的问题可以当作构成张量空间并加以约化的问题处理. 自旋空间是二维的, 因此 $[\lambda]$ 不能超过两行. 在同一列中不能同时出现两个 α(或 β) 自旋函数, 反映

Pauli 原理. 设想两个电子从无限远开始逐渐接近形成一个双电子体系. 单电子自旋函数 α 和 β 是线性群的二维表示的基. 当形成二电子体系时, 四个乘积函数 $\alpha(1)\alpha(2), \alpha(1)\beta(2), \beta(1)\alpha(2), \beta(1)\beta(2)$ 构成二秩张量空间的基矢, 这个张量空间同时荷载线性群和置换群的一个可约表示. 对于线性群, 其约化方式为

$$[1]\otimes[1]=[2]+[1^2]$$

对于电子标号的置换群, 这是一个外积约化问题, 用图解方式表达, 就是

$$[1]\odot[1]=[2]\oplus[1^2]$$

$[2]$ 是线性群的三维表示, 而 $[1^2]$ 是一维表示. 两个电子的总自旋 $S=1$ 时是三重态, 属三维表示, $S=0$ 时是单重态, 属一维表示, 因此, 我们得到 $S=1$ 对应于 $[2]$, 而 $S=0$ 对应于 $[1^2]$.

再看三电子体系, 根据自旋角动量耦合的规则, 总自旋 S 可以等于 $0+\dfrac{1}{2}=\dfrac{1}{2}, 1-\dfrac{1}{2}=\dfrac{1}{2}, 1+\dfrac{1}{2}=\dfrac{3}{2}$, 即两个二重态和一个四重态. 而按置换群的外积约化, 有

$$[1^2]\odot[1]=[21]\oplus[1^3]$$

与 $0+\dfrac{1}{2}=\dfrac{1}{2}$ 比较可知, $[21]$ 对应于 $S=\dfrac{1}{2}$, 因为 $[1^3]$ 对应于零张量空间. 再由外积约化关系

$$[2]\odot[1]=[3]\oplus[21]$$

和 $1\pm\dfrac{1}{2}=\dfrac{3}{2},\dfrac{1}{2}$, 以及 $[21]$ 对应于 $S=\dfrac{1}{2}$ 可知, $S=\dfrac{3}{2}$ 对应于 $[3]$. 根据表示的维数, $[3]$ 是四维的, $[21]$ 是二维的, 也可以得出 $[3]$ 对应于四重态, $S=\dfrac{3}{2}$, $[21]$ 对应于二重态, $S=\dfrac{1}{2}$. 类似地, 对于四电子体系, 我们有以下对应关系:

$[\lambda]$	$[21]$	$\odot$	$[1]$	$=$	$[31]$	$\oplus$	$[2^2]$	$\oplus$	$[21^2]$
S	$\frac{1}{2}$		$\frac{1}{2}$		1 (三维)		0 (一维)		

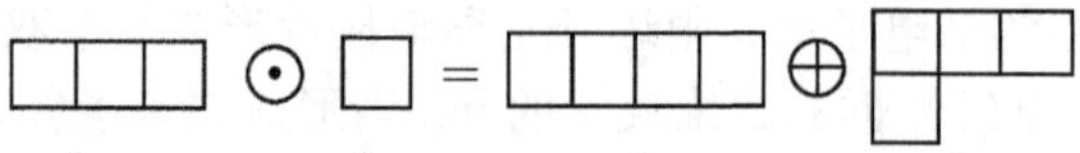

$[\lambda]$	$[3]$ □□□	$\odot$	$[1]$ □	$=$	$[4]$ □□□□	$\oplus$	$[3,1]$
S	$\frac{3}{2}$		$\frac{1}{2}$		2 (五维)		1 (三维)

继续这样推下去, 可以得出以下规律: 总自旋量子数 S 与

$$[\lambda] \equiv [\lambda_1, \lambda_2]$$

的关系为

$$S = \frac{1}{2}(\lambda_1 - \lambda_2) \tag{21.2.39}$$

因为 $\lambda_1 + \lambda_2 = n$, n 为体系的总电子数, 故有

$$\lambda_1 = \frac{1}{2}n + S$$

$$\lambda_2 = \frac{1}{2}n - S$$

故对应于总自旋量子数为 S 的态的 Young 图为

$$[\lambda_1, \lambda_2] = \left[\frac{1}{2}n + S, \quad \frac{1}{2}n - S\right] \tag{21.2.40}$$

这样, 可以根据自旋多重态确定波函数的空间部分所属的不可约表示 $[\lambda]$, 并应用式 (21.2.37) 和式 (21.2.38) 确定体系波函数的空间部分和体系的总能量.

考虑 Li 的基态 $(1s)^2 2s$. 设三个单电子旋–轨函数是 $\phi_{1s}(1)\alpha(1), \phi_{1s}(2)\beta(2)$, $\phi_{2s}(3)\alpha(3)$[或 $\phi_{2s}(3)\beta(3)$]. 自旋二重态 ^{2}S 对应的 Young 图是 $[2,1]$ (□□ / □), 两个标准 Young 表是

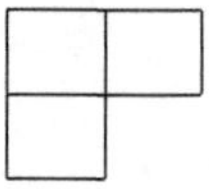

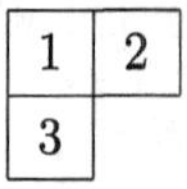

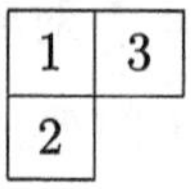

1	2
3	

,

1	3
2	

, 相应的 Young 算符是

$$\hat{\boldsymbol{Y}}_1 = [e - (13) + (12) - (123)]$$

$$\hat{\boldsymbol{Y}}_2 = [e - (12) + (13) - (132)]$$

把 $\hat{\boldsymbol{Y}}_1$ 作用在 $\phi_{1s}(1)\phi_{1s}(2)\phi_{2s}(3)$ 上, 得

$$\varPhi_1 = \frac{1}{2}\hat{\boldsymbol{Y}}_1(\phi_{1s}(1)\phi_{1s}(2)\phi_{2s}(3)) = [\phi_{1s}(1)\phi_{1s}(2)\phi_{2s}(3) - \phi_{2s}(1)\phi_{1s}(2)\phi_{1s}(3)]$$

把 $\hat{\boldsymbol{Y}}_2$ 作用在 $\phi_{1s}(1)\phi_{2s}(2)\phi_{1s}(3)$ 上, 得

$$\begin{aligned}\Phi_2 &= \frac{1}{2}\hat{\boldsymbol{Y}}_2(\phi_{1s}(1)\phi_{2s}(2)\phi_{1s}(3)) = \frac{1}{2}(23)\hat{\boldsymbol{Y}}_1(23)(23)(\phi_{1s}(1)\phi_{1s}(2)\phi_{2s}(3)) \\ &= \frac{1}{2}(23)\Phi_1 = [\phi_{1s}(1)\phi_{2s}(2)\phi_{1s}(3) - \phi_{2s}(1)\phi_{1s}(2)\phi_{1s}(3)]\end{aligned}$$

[21]的对偶表示仍是 [21], 但基应取对偶 Young 表, 故 $\hat{\tilde{\boldsymbol{Y}}}_1 = \hat{\boldsymbol{Y}}_2, \hat{\tilde{\boldsymbol{Y}}}_2 = \hat{\boldsymbol{Y}}_1$. 把它们作用在单电子自旋函数的乘积上, 得

$$\Theta_2 = \frac{1}{2}\hat{\tilde{\boldsymbol{Y}}}_1(\alpha(1)\beta(2)\alpha(3)) = [\alpha(1)\beta(2)\alpha(3) - \beta(1)\alpha(2)\alpha(3)]$$

$$\Theta_2 = \frac{1}{2}\hat{\tilde{\boldsymbol{Y}}}_2(\alpha(1)\alpha(2)\beta(3)) = [\alpha(1)\alpha(2)\beta(3) - \beta(1)\alpha(2)\alpha(3)]$$

由此即可求得

$$\Psi^{[1^3]} = N(\Phi_1\Theta_1 - \Phi_2\Theta_2) \tag{21.2.41}$$

式中, N 为归一化常数. 将 $\Phi_1, \Phi_2, \Theta_1, \Theta_2$ 的表达式代入式 (21.2.41), 整理后可得

$$\Psi = N\det[\phi_{1s}(1)\alpha(1)\phi_{1s}(2)\beta(2)\phi_{2s}(3)\alpha(3)]$$

可见用式 (21.2.41) 与用 Slater 行列式的描述方法是一致的 (在单粒子近似下). 但式 (21.2.41) 不一定要求 Φ_i 具有单粒子轨道乘积的线性组合的形式. 这对于讨论电子相关问题很有价值, 因为考虑电子相关作用时, 用其他形式的函数 (如电子对函数) 效果可能更好, 体系的总能量值为

$$\begin{aligned}E &= \langle\Phi_1|\hat{\boldsymbol{H}}|\Phi_1\rangle/\langle\Phi_1|\Phi_1\rangle = \langle\Phi_2|\hat{\boldsymbol{H}}|\Phi_2\rangle/\langle\Phi_2|\Phi_2\rangle \\ &= [\langle\phi_{1s}(1)\phi_{1s}(2)\phi_{2s}(3)|\hat{\boldsymbol{H}}|\phi_{1s}(1)\phi_{1s}(2)\phi_{2s}(3)\rangle \\ &\quad + \langle\phi_{2s}(1)\phi_{1s}(2)\phi_{1s}(3)|\hat{\boldsymbol{H}}|\phi_{2s}(1)\phi_{1s}(2)\phi_{1s}(3)\rangle \\ &\quad - 2\langle\phi_{1s}(1)\phi_{1s}(2)\phi_{2s}(3)|\hat{\boldsymbol{H}}|\phi_{2s}(1)\phi_{1s}(2)\phi_{1s}(3)\rangle]/2\end{aligned}$$

关于“无自旋量子化学”方法的进一步讨论可参看参考文献 [9].

21.3 线性群不可约表示的分支律

21.3.1 全线性群的张量表示系统

上面我们讨论了全线性群的由共变张量荷载的整式表示. 表示的约化是根据张量指标的置换对称性进行的. 不可约表示用张量指标置换群的分割 (或 Young

图) 来标志. 所以全线性群的不可约张量表示与置换群的不可约表示是紧密相关的. 这种讨论可以按完全相同的方式对逆变张量进行, 而且得到完全类似的结果.

设对全线性群 $GL(n,C)$ 的定义表示 Γ_n 的表示空间中的基矢进行变换

$$\boldsymbol{e}'_{i_1} = \sum_{j_1=1}^{n} a_{i_1 j_1} \boldsymbol{e}_{j_1} \qquad (i_1 = 1, \cdots, n) \tag{21.3.1}$$

式中, $\{a_{i_1 j_1}\}$ 是矩阵 $\boldsymbol{A}$ 的元素, 则其一秩逆变张量分量的变换为

$$(x^{i_1})' = \sum_{j_1=1}^{n} a^{\#}_{i_1 j_1} x^{j_1} \tag{21.3.2}$$

式中, $\{a^{\#}_{i_1 j_1}\}$ 是 $\boldsymbol{A}$ 的逆步矩阵 $\boldsymbol{A}^{\#}$ 的元素. 显然一秩逆变张量荷载全线性群 $GL(n,C)$ 的一个不可约表示, 因为有

$$(\boldsymbol{A}_1\boldsymbol{A}_2)^{\#} = [(\boldsymbol{A}_1\boldsymbol{A}_2)^{-1}]^T = [\boldsymbol{A}_2^{-1}\boldsymbol{A}_1^{-1}]^T = \boldsymbol{A}_1^{\#}\boldsymbol{A}_2^{\#}$$

通常称这个表示为 Γ_n 的逆步表示, 记作 $\Gamma_n^{\#}$.

r 秩逆量张量集合构成 n^r 维线性空间, 当 $GL(n,C)$ 的基矢作式 (21.3.1) 的变换时, 其中的张量按下式变换:

$$(T^{i_1 i_2 \cdots i_r})^r = \sum_{(j)}^{n} a^{\#}_{i_1 j_1} a^{\#}_{i_2 j_2} \cdots a^{\#}_{i_r j_r} T^{j_1 j_2 \cdots j_r} \tag{21.3.3}$$

式中, $a^{\#}_{i_1 j_1} a^{\#}_{i_2 j_2} \cdots a^{\#}_{i_r j_r}$ 是矩阵 $\boldsymbol{A}^{\#}$ 的 r 次直积的矩阵元. 因此 r 秩逆变张量空间荷载 $GL(n,C)$ 群的一个直积表示 $(\Gamma_n^{\#})^r$

$$(\Gamma_n^{\#})^r = \underbrace{\Gamma_n^{\#} \otimes \Gamma_n^{\#} \otimes \cdots \otimes \Gamma_n^{\#}}_{r\text{个因子}} \tag{21.3.4}$$

这个表示是可约的, 它的约化也是根据张量指标的置换对称性来进行. 张量空间被分解为若干个子空间, 每个子空间由指标具有确定置换对称性 (用分割 $[\lambda]$ 来标志) 的逆变张量组成. 每个这样的子空间荷载 $GL(n,C)$ 的一个不可约逆步表示. 从置换对称性考虑也应当用分割 $[\lambda]$ 去标志它, 但为了避免与由相同对称类型的共变张量荷载的表示混淆, 通常定义另一组数

$$[\lambda]^{\#} \equiv [\lambda_1^{\#} \lambda_2^{\#} \cdots \lambda_n^{\#}] \tag{21.3.5}$$

来标记对称类型为 $[\lambda]$ 的逆步表示, 这里 $\lambda_i^{\#}$ 为非正整数, 并且

$$0 \geqslant \lambda_1^{\#} \geqslant \lambda_2^{\#} \geqslant \cdots \geqslant \lambda_n^{\#} \tag{21.3.6}$$

$$\sum_{i=1}^{n} \lambda_i^{\#} = -r \tag{21.3.7}$$

λ_i 与 $\lambda_i^{\#}$ 之间有下列关系：

$$\lambda_i^{\#} = -\lambda_{n+1-i} \tag{21.3.8}$$

显然, 由 r_1 秩共变 $r-r_1$ 秩逆变混合张量集合构成的张量空间也荷载 $GL(n,C)$ 的可约表示

$$(\varGamma_n)^{r_1}(\varGamma_n^{\#})^{r-r_1} \equiv \underbrace{\varGamma_n \otimes \cdots \otimes \varGamma_n}_{r_1\text{个因子}} \otimes \underbrace{\varGamma_n^{\#} \otimes \cdots \otimes \varGamma_n^{\#}}_{r-r_1\text{个因子}} \tag{21.3.9}$$

分别根据 r_1 个共变张量指标与 $r-r_1$ 个逆变张量指标的置换对称性也可以将它约化. 不过, 对于混合张量表示, 只用这种约化方法还不能得到 $GL(n,C)$ 群的全部不可约表示, 因为还存在一种约化方法, 那就是在共变与逆变张量之间进行缩约 (求对迹) 的运算, 通过这种运算可以从张量空间中分出对于 $\varGamma_n$ 表示空间基矢变换为不变的子空间, 因而荷载 $GL(n,C)$ 的不可约表示. 所谓对 r 秩混合张量进行缩约运算, 就是把指定的一对共变张量指标与逆变张量指标取相同数值的 n 个 r 秩张量分量加起来, 作为 $(r-2)$ 秩张量 (称为原张量的对迹) 的分量. 显然, 对迹比原张量少两个张量指标, 它们在缩约运算中被“缩约”掉了, 所以缩约运算可以从 r 秩张量空间分出 $(r-2)$ 秩张量子空间来, 这个子空间对于 $GL(n,C)$ 群的作用是不变的. 例如, 基于三维空间的一秩共变一秩逆变混合张量有 9 个分量 $a^1b_1, a^1b_2, a^1b_3, a^2b_1, a^2b_2, a^2b_3, a^3b_1, a^3b_2, a^3b_3$. 张量的缩约运算就是求出 $a^1b_1 + a^2b_2 + a^3b_3 = \langle a|b\rangle$, 作为 $2-2=0$ 秩张量的分量 (标量). 若把 9 个分量排成 3×3 矩阵, 则以上运算就是对矩阵求迹, 所以又称为求对迹运算. 这里求对迹的结果得到一个标量, 它对于 $GL(n,C)$ 的作用当然是不变的, 荷载 $GL(n,C)$ 的一个恒等表示. 又如, 基于三维空间的一秩逆变二秩共变混合张量有 $3^3=27$ 个分量: $a^1b_1c_1, \cdots, a^{i_1}b_{i_2}c_{i_3}, \cdots$, 可以在指标 (i_1,i_2) 之间进行求对迹运算, 得到一个 $3-2=1$ 秩张量

$$(a^1b_1 + a^2b_2 + a^3b_3)c_i = \langle a|b\rangle c_i \qquad (i=1,2,3)$$

也可以在指标 (i_1,i_3) 之间进行缩约运算

$$(a^1c_1 + a^2c_2 + a^3c_3)b_i = \langle a|c\rangle b_i \qquad (i=1,2,3)$$

所以通过缩约运算得出两个矢量, 这些矢量的集合构成两个三维子空间, 它们对于 $GL(n,C)$ 群的变换是不变的, 荷载 $GL(n,C)$ 的三维不可约表示 [100].

推广到一般情况. 一般张量 $T_{i_1 i_2\cdots i_k\cdots i_{r_1}}^{i_{r_1+1}\cdots i_{r_1+j}\cdots i_r}$ 对于指标 i_{r_k} 和 i_{r_1+j} 的缩约运算可表达为

$$T_{(i')}^{(r_k,r_1+j)} \equiv \sum_i T_{i_1 i_2\cdots i\cdots i_{r_1}}^{i_{r_1+1}\cdots i\cdots i_r} \tag{21.3.10}$$

容易证明, 张量的缩约运算与线性变换可以对易. 例如, 对于指标 $(1, r_1+1)$ 的缩约, 有

$$\begin{aligned}\left[\left(T_{i_1 i_2\cdots i_{r_1}}^{i_{r_1+1}\cdots i_r}\right)'\right]^{(1,r_1+1)} &= \sum_{(j)}\left(\sum_i a_{ij_1} a_{ij_{r_1+1}}^{\#}\right) a_{i_2 j_2}\cdots a_{i_{r_1+2} j_{r_1+2}}^{\#}\cdots T_{j_1 j_2\cdots j_{r_1}}^{j_{r_1+1}\cdots j_r} \\ &= \sum_{(j)} \delta_{j_1, j_{r_1+1}} a_{i_2 j_2}\cdots a_{i_{r_1+2} j_{r_1+2}}^{\#}\cdots T_{j_1 j_2\cdots j_{r_1}}^{j_{r_1+1}\cdots j_r} \\ &= \sum_{j_2\ldots j_r} a_{i_2 j_2}\cdots a_{i_{r_1+2} j_{r_1+2}}^{\#}\cdots \sum_{j_1} T_{j_1 j_2\cdots j_{r_1}}^{j_1 j_{r_1+2}\cdots j_r} \\ &= \sum_{j_2\cdots j_r} a_{i_2 j_2}\cdots a_{i_{r_1+2} j_{r_1+2}}^{\#}\cdots T_{(i')}^{(1,r_1+1)} \\ &= (T_{(i')}^{(1,r_1+1)})'\end{aligned} \tag{21.3.11}$$

于是对迹等于零的张量对于线性变换构成不变子空间, 因为进行线性变换后得到的张量的对迹等于由原张量求得的对迹进行线性变换的结果, 自然仍是零. 这样, 我们就可以从混合张量空间中分出零迹张量空间来, 它荷载 $GL(n,C)$ 群的不可约表示 (假定张量指标的对称性约化已经完成).

例如, 表示 $\Gamma_n\otimes\Gamma_n^{\#} = [100\cdots]\otimes[00\cdots-1]$ 的荷载张量为 $\{T_{i_1}^{i_2}\}(i_1, i_2 = 1,2,\cdots,n)$, 则其零迹张量的分量可求得为

$$S_{i_1}^{i_2} = T_{i_1}^{i_2} - \frac{1}{n}\left(\sum_{i=1}^n T_i^i\right)\delta_{i_1 i_2} \tag{21.3.12}$$

容易验证 $S_{i_1}^{i_2}$ 是零迹的, 即

$$\sum_{i'=1}^n S_{i'}^{i'} = \sum_{i'=1}^n\left(T_{i'}^{i'} - \frac{1}{n}\sum_{i=1}^n T_i^i\right) = 0 \tag{21.3.13}$$

因为加上一个零迹条件, 零迹张量空间是 n^2-1 维的, 它荷载 $GL(n,C)$ 群的一个不可约表示. 我们把这个不可约表示记为 $[100\cdots0-1]$. $\{T_{i_1}^{i_2}\}$ 的对迹是一个标量, 它荷载 $GL(n,C)$ 群的恒等表示 $[00\cdots0]$, 所以有以下约化关系:

$$[100\cdots]\otimes[00\cdots0-1] = [000\cdots0]\oplus[100\cdots-1] \tag{21.3.14}$$

证明：混合张量总可以唯一地表示为一个零迹张量与另一个张量之和，即

$$T_{i_1 i_2 \cdots i_{r_1}}^{i_{r_1+1} \cdots i_r} = T_{i_1 i_2 \cdots i_{r_1}}^{0 i_{r_1+1} \cdots i_r} + \varPhi_{i_1 i_2 \cdots i_{r_1}}^{i_{r_1+1} \cdots i_r} \tag{21.3.15}$$

式中

$$\varPhi_{i_1 i_2 \cdots i_{r_1}}^{i_{r_1+1} \cdots i_r} = \delta_{i_1 i_{r_1+1}} \bar{T}^{(1,r_1+1) i_{r_1+2} \cdots i_r}_{\quad i_2 i_3 \cdots i_{r_1}} + \delta_{i_1 i_{r_1+2}} \bar{T}^{(1,r_1+2) i_{r_1+2} \cdots i_r}_{\quad i_2 i_3 \cdots i_{r_1}} + \cdots \tag{21.3.16}$$

为此，只需证明由零迹张量 $\boldsymbol{T}^0$ 组成的子空间与由 $\boldsymbol{\varPhi}$ 组成的子空间 $\boldsymbol{\varSigma}$ 正交，即对于任意 $\boldsymbol{T}^0$ 和 $\boldsymbol{\varPhi}$

$$\langle \boldsymbol{T}^0 | \boldsymbol{\varPhi} \rangle = \sum_{(i)} \left(T_{i_1 \cdots i_{r_1}}^{0 i_{r_1+1} \cdots i_r} \cdot \varPhi_{i_1 \cdots i_{r_1}}^{i_{r_1+1} \cdots i_r} \right) = 0 \tag{21.3.17}$$

当 $i_{r_1+1} = i_1$ 时，有

$$\begin{aligned} &\sum_{\substack{i_2 \cdots i_{r_1} \\ i_{r_1+2} \cdots i_r}} \left(\sum_{i_r} T_{i_1 i_2 \cdots i_{r_1}}^{0 i_1 i_{r_1+2} \cdots i_r} \right) \cdot \bar{T}^{(1,r_1+1) i_{r_1+2} \cdots i_r}_{\quad i_2 \cdots i_{r_1}} \\ = &\sum_{\substack{i_2 \cdots i_{r_1} \\ i_{r_1+2} \cdots i_r}} 0 \cdot \bar{T}^{(1,r_1+1) i_{r_1+2} \cdots i_r}_{\quad i_2 \cdots i_{r_1}} = 0 \end{aligned} \tag{21.3.18}$$

实际上，式 (21.3.18) 对任何一对共变–逆变指标都成立，所以式 (21.3.17) 成立．反之，正交于子空间 $\boldsymbol{\varSigma}$ 的张量一定是零迹张量．因为，若式 (21.3.17) 成立，则对任何一对共变–逆变指标，式 (21.3.18) 都成立，而 $\bar{T}^{(i_k, i_{r_1}+l)}$ 为任意张量，所以

$$\sum_i \left(T_{i_1 \cdots i_{k-1} i i_{k+1} \cdots i_{r_1}}^{0 i_{r_1+1} \cdots \ \ i \cdots i_r} \right) = 0 \tag{21.3.19}$$

零迹张量空间的维数等于原来张量空间的维数减去零迹条件．不但零迹张量空间对于线性群的变换是不变的，$\boldsymbol{\varSigma}$ 子空间对于线性群的变换也是不变的，因为 $\boldsymbol{\varPhi}$ 中每一项变为类似的一项．根据零迹条件可以把零迹张量用原来张量表达出来．例如，式 (21.3.12) 就是二秩混合零迹张量的表达式．对于一秩逆变二秩共变张量 $\{a^{i_1} b_{i_2} c_{i_3}\}$，有

$$a^{i_1} b_{i_2} c_{i_3} = (a^{i_1} b_{i_2} c_{i_3})^0 + \delta_{i_1 i_2} \bar{T}_{i_3}^{(1,2)} + \delta_{i_1 i_3} \bar{T}_{i_2}^{(1,3)} \tag{21.3.20}$$

式中，$(a^{i_1} b_{i_2} c_{i_3})^0$ 是零迹张量．由此可得

$$\left(\sum_i a^i b_i \right) c_{i_3} = n \bar{T}_{i_3}^{(1,2)} + \bar{T}_{i_3}^{(1,3)} \qquad (i_3 = 1, \cdots, n)$$

$$\left(\sum_i a^i c_i\right) b_{i_2} = \bar{T}_{i_2}^{(1,2)} + n\bar{T}_{i_2}^{(1,3)} \qquad (i_2 = 1,\cdots,n)$$

解以上方程组, 得

$$\bar{T}_j^{(1,2)} = \frac{1}{n^2-1}\left[n\left(\sum_i a^i b_i\right) c_j - \left(\sum_i a^i c_i\right) b_j\right]$$

$$\bar{T}_j^{(1,3)} = \frac{1}{n^2-1}\left[n\left(\sum_i a^i c_i\right) b_j - \left(\sum_i a^i b_i\right) c_j\right] \tag{21.3.21}$$

将式 (21.3.21) 代入式 (21.3.20), 即可得到 $(a^{i_1} b_{i_2} c_{i_3})^0$ 的表达式.

所以, 一个具有确定指标置换对称性的混合张量空间至少可以分为两个子空间的直和, 一个为零迹张量空间, 荷载线性群的一个不可约表示; 另一个子空间 $\varSigma$ 也荷载线性群的一个表示, 它可能是不可约的或可约的. 如果是可约的, 则从 $\varSigma$ 空间还可以分出零迹张量空间. 如此继续下去, 我们就可以实现对混合张量空间的完全约化.

总起来说, 由混合张量空间约化得出的子空间当且仅当满足以下条件时, 荷载全线性群的一个不可约表示:

(1) 共变指标有确定的置换对称性.

(2) 逆变指标有确定的置换对称性.

(3) 对任何一对共变 - 逆变指标的求迹为零. 这种不可约表示常称为伴随表示.

下面举出 $GL(3,C)$ 群的头几个不可约表示, 作为全线性群不可约张量表示系统的例子, 这里 $n=3$.

当 $r=0$ 时, 得出恒等表示 [000].

当 $r=1$ 时, 共变张量荷载 3 维表示 [100], 逆变张量荷载 3 维逆步表示 [00−1].

当 $r=2$ 时, 张量空间是 9 维的. 共变张量荷载一个 6 维表示 [200] 和一个 3 维表示 [110], 逆变张量荷载一个 6 维逆步表示 [00−2] 和一个 3 维逆步表示 [0−1−1]. 混合张量荷载一个恒等表示 [000](对迹) 和一个 8 维伴随表示 [10−1](零迹张量).

当 $r=3$ 时, 张量积空间是 27 维的. 共变张量荷载一个 10 维表示 [300], 一个 1 维表示 [111] 和两个 8 维表示 [210]. 逆变张量荷载一个 10 维逆步表示 [00−3], 一个 1 维逆步表示 [−1−1−1] 和两个 8 维逆步表示 [0−1−2]. 二秩共变一秩逆变混合张量 T_{bc}^a 按指标的置换对称性可分为两类: $T^{\boxed{a}}_{\boxed{b}\boxed{c}}$ 和 $T^{\boxed{a}}_{\begin{smallmatrix}\boxed{b}\\ \boxed{c}\end{smallmatrix}}$. $T^{\boxed{a}}_{\boxed{b}\boxed{c}}$ 的对迹有两个, 即

$$P_c = \sum_a T^{\boxed{a}}_{\boxed{a}\boxed{c}} \qquad (c=1,2,3)$$

$$P_b = \sum_a T_{\substack{\boxed{a}\\ \boxed{a}\boxed{b}}} \qquad (b = 1, 2, 3) \tag{21.3.22}$$

它们是一秩共变张量, 荷载一个 3 维不可约表示 [100]. 按式 (21.3.20) 和式 (21.3.21), 零迹张量为

$$S_{\substack{\boxed{a}\\ \boxed{b}\boxed{c}}} = T_{\substack{\boxed{a}\\ \boxed{b}\boxed{c}}} - \frac{1}{4}(P_c\delta_{ab} + P_b\delta_{ac}) \tag{21.3.23}$$

容易验证它们是零迹的. 例如:

$$\sum_a S_{\substack{\boxed{a}\\ \boxed{a}\boxed{c}}} = \sum_a T_{\substack{\boxed{a}\\ \boxed{a}\boxed{c}}} - \frac{1}{4}(3P_c + P_c) = 0$$

张量 $T_{\substack{\boxed{a}\\ \boxed{b}\boxed{c}}}$ 是 $3 \times 6 = 18$ 维的, 有三个零迹条件 (b 或 $c = 1, 2, 3$), 故零迹张量是 $18 - 3 = 15$ 维的, 荷载表示 [20−1]. $T_{\substack{\boxed{a}\\ \boxed{b}\\ \boxed{c}}}$ 的对迹有两个, 即

$$\begin{aligned} Q_c &= \sum_a T_{\substack{\boxed{a}\\ \boxed{a}\\ \boxed{c}}} \qquad (c = 1, 2, 3) \\ Q_b &= \sum_a T_{\substack{\boxed{a}\\ \boxed{b}\\ \boxed{a}}} = -\sum_a T_{\substack{\boxed{a}\\ \boxed{a}\\ \boxed{b}}} \qquad (b = 1, 2, 3) \end{aligned} \tag{21.3.24}$$

给出一个 3 维表示. 零迹张量为

$$S_{\substack{\boxed{a}\\ \boxed{b}\\ \boxed{c}}} = T_{\substack{\boxed{a}\\ \boxed{b}\\ \boxed{c}}} - \frac{1}{2}(Q_c\delta_{ab} - Q_b\delta_{ac}) \tag{21.3.25}$$

其维数为 $3 \times 3 - 3 = 6$, 荷载表示 $[11-1]$, 故二秩共变一秩逆变混合张量积表示的约化结果是

$$\varGamma_3 \otimes \varGamma_3 \otimes \varGamma_3^{\#} = [100] \oplus [20-1] \oplus [100] \oplus [11-1]$$

一秩共变二秩逆变混合张量空间荷载的表示有类似的约化结果, 即

$$\varGamma_3 \otimes \varGamma_3^{\#} \otimes \varGamma_3^{\#} = [00-1] \oplus [10-2] \oplus [00-1] \oplus [1-1-1]$$

以上结果总结于表 21.3.1 中.

表 21.3.1 $GL(3,C)$ 的不可约表示举例

秩数 r	张量空间维数 3^r	包含的不可约表示 $[\lambda_1\lambda_2\lambda_3]$	不可约表示的维数
0	1	$[0\ 0\ 0]$	1
1	3	$[1\ 0\ 0]$	3
		$[0\ 0\ -1]$	3
2	9	$[2\ 0\ 0]$	6
		$[1\ 1\ 0]$	3
		$[0\ 0\ -2]$	6
		$[0\ -1\ -1]$	3
		$[0\ 0\ 0]$	1
		$[1\ 0\ -1]$	8
3	27	$[3\ 0\ 0]$	10
		$2\times[2\ 1\ 0]$	8
		$[1\ 1\ 1]$	1
		$[0\ 0\ -3]$	10
		$2\times[0\ -1\ -2]$	8
		$[-1\ -1\ -1]$	1
		$2\times[1\ 0\ 0]$	3
		$[2\ 0\ -1]$	15
		$[1\ 1\ -1]$	6
		$2\times[0\ 0\ -1]$	3
		$[1\ 0\ -2]$	15
		$[1\ -1\ -1]$	6

21.3.2 全线性群、幺模群、酉群和特殊酉群的不可约表示间的关系

$GL(n,C)$ 的不可约表示对于其子群 $GL(n,R), SL(n,C), SL(n,R), U(n), SU(n)$ 仍是不可约的. 从上面的讨论知道 $GL(n,C)$ 的不可约张量表示矩阵元是变换矩阵 $\boldsymbol{A}$ 的元素 a_{ij} 的齐次多项式 $\phi^{[\lambda]}_{\alpha\beta}(\boldsymbol{a})$($\boldsymbol{a}$ 代表 a_{ij} 的集合). 改变基矢, 矩阵元将保持为 a_{ij} 的齐次多项式, 但表示矩阵的形式可以改变, 成为某种约化形式, 即有一部分(在非对角块上的)$\phi^{[\lambda]}_{\alpha\beta}(\boldsymbol{a})$ 恒等于零. 这种基矢变换肯定不能使 $GL(n,C)$ 群的所有元素的表示矩阵变成同样的约化形式, 因为已经假定所说表示对于 $GL(n,C)$ 是不可约的. 但若参数 $\boldsymbol{a}$ 的取值范围使矩阵 $\boldsymbol{A}$ 在子群 H 之内时 $GL(n,C)$ 的某一不可约表示的矩阵可能具有共同的约化形式, 这时 $GL(n,C)$ 的这一表示对于其子群 H 是可约的. 如果不能实现这种情况, 则 $GL(n,C)$ 的不可约表示对于其子群 H 也是不可约的.

考虑 $GL(n,R)$ 子群. 此时每个矩阵元只取实数值. 如果一个表示对于 $GL(n,R)$ 是可约的, 这就表明, 当 $\boldsymbol{a}$ 取所有实数值时, 有一部分齐次多项式 $\phi^{[\lambda]}_{\alpha\beta}(\boldsymbol{a})\equiv 0$. 但如果是这样, 则当 $\boldsymbol{a}$ 取任意复数值时 $\phi^{[\lambda]}_{\alpha\beta}(\boldsymbol{a})$ 也恒等于零, 就意味着这一表示对于

$GL(n,C)$ 也是可约的, 这与假设矛盾, 所以 $GL(n,C)$ 的不可约表示对于 $GL(n,R)$ 也是不可约的.

再考虑幺模群 $SL(n,C)$. $GL(n,C)$ 的矩阵 $\boldsymbol{A}$ 可以写成 $\boldsymbol{A}=a\boldsymbol{B}$, 使得 $\det\boldsymbol{B}=1$, 这只要使 $a=(\det\boldsymbol{A})^{\frac{1}{n}}$ 就行了, 因为

$$\det\boldsymbol{A}=\det(a\boldsymbol{B})=a^n\det\boldsymbol{B}=\det\boldsymbol{A}\det\boldsymbol{B}$$

所以

$$\det\boldsymbol{B}=1$$

显然, $\boldsymbol{B}$ 是 $SL(n,C)$ 的元素, 所以对应于每个 $GL(n,C)$ 的元素都有一个 $SL(n,C)$ 的元素. 若一个表示对于 $SL(n,C)$ 是可约的, 这就表明, 对于所有的 B, 有一部分齐次多项式 $\phi_{\alpha\beta}^{[\lambda]}(\boldsymbol{b})\equiv 0$. 这样, 对于 $GL(n,C)$ 的任意元素 A 也一定有 $\phi_{\alpha\beta}^{[\lambda]}(\boldsymbol{a})=a^r\phi_{\alpha\beta}^{[\lambda]}(\boldsymbol{b})=0$[$r$ 是齐次多项式 $\phi_{\alpha\beta}^{[\lambda]}(\boldsymbol{a})$ 的幂次], 表明这一表示对于 $GL(n,C)$ 也是可约的, 与假设矛盾, 所以 $GL(n,C)$ 的不可约表示也一定是 $SL(n,C)$ 的不可约表示. 类似地, 可以证明 $GL(n,C)$ 的不可约表示对于 $SL(n,R)$ 也是不可约的. 还可以证明, 对于 $U(n),SU(n)$ 也是不可约的.

但是, $GL(n,C)$ 的不等价不可约表示在幺模群 $SL(n,C),SL(n,R),SU(n)$ 中却可能是等价的. 事实上, $[\lambda]=[\lambda_1\lambda_2\cdots\lambda_n]$和$[\lambda']=[\lambda_1-\lambda_n,\lambda_2-\lambda_n,\cdots,\lambda_{n-1}-\lambda_n](\lambda_n\neq 0)$ 对于 $GL(n,C)$ 群是不等价的. 但根据式 (21.2.14), 对于幺模群 $SL(n,C)$, $SL(n,R),SU(n)$, 它们是等价的, 因此幺模群的不可约表示只要用不多于 $n-1$ 行的 Young 图来标志即可. 还有式 (21.2.15) 表明, 对于幺模群的不可约表示有以下等价关系:

$$[\lambda_1\lambda_2\cdots\lambda_n]^{\#}\approx[\lambda_1-\lambda_n,\lambda_1-\lambda_{n-1},\cdots,\lambda_1-\lambda_2] \tag{21.3.26}$$

表 21.3.2 表明 $GL(3,C)$ 群和 $SU(3)$ 群一些不可约表示之间的关系.

表 21.3.2　$GL(3,C)$ 和 $SU(3)$ 群一些不可约表示间的关系

$GL(3,C)$ 的不可约表示 $[\lambda_1'\lambda_2'\lambda_3']$	$SU(3)$ 群的不可约表示 $[\lambda_1\lambda_2]=[\lambda_1'-\lambda_3',\lambda_2'-\lambda_3']$	维　数
[0 0 0] [1 1 1] [−1 −1 −1]	[0 0]	1
[1 0 0] [0 −1 −1]	[1 0]	3
[0 0 −1] [1 1 0]	[1 1]	3
[2 0 0] [1 −1 −1]	[2 0]	6

续表

$GL(3,C)$ 的不可约表示 $[\lambda'_1\lambda'_2\lambda'_3]$	$SU(3)$ 群的不可约表示 $[\lambda_1\lambda_2]=[\lambda'_1-\lambda'_3,\lambda'_2-\lambda'_3]$	维 数
[0 0 −2] [1 1 −1]	[2 2]	6
[1 0 1] [2 1 0] [0 −1 −2]	[2 1]	8
[3 0 0]	[3 0]	10
[0 0 −3]	[3 3]	10
[2 0 −1]	[3 1]	15
[1 0 −2]	[3 2]	15

$GL(n,C)\cdots SU(n)$ 的不可约表示对于全正交群和辛群则可能是可约的. 后面再详细讨论这个问题.

21.3.3 $GL(n,C)$ 群的不可约表示限于其子群 $GL(n-1,C)$ 时的分支律

$GL(n,C)$ 的另一种子群是 $GL(n-1,C)$, 亦即限于线性矢量空间 R_n 中保持某一个分量不变的线性变换集合构成的子群, $GL(n,C)$ 的不可约表示对于 $GL(n-1,C)$ 是可约的. 假设 R_n 中保持不变的是 x_n 分量 (或基矢 $\boldsymbol{e}_n$), 线性群的变换矩阵 $\boldsymbol{A}$ 就具有 $\alpha_{in}=0,\alpha_{nk}=0(i,k\neq n),\alpha_{nn}=1$ 的约化形式. 变换只在 $n-1$ 维空间中进行, 张量指标 i_n 自然可以从指标图中取掉.

考虑 $GL(n,C)$ 群的对应于 $[\lambda]=[\lambda_1\lambda_2\cdots\lambda_n]$ 的不可约表示. 不可约表示的维数等于标准指标图的数目. 根据标准指标图的构造规则, n 分量如果出现就一定出现在每一列的最末一个方框, 如下列划线方框.

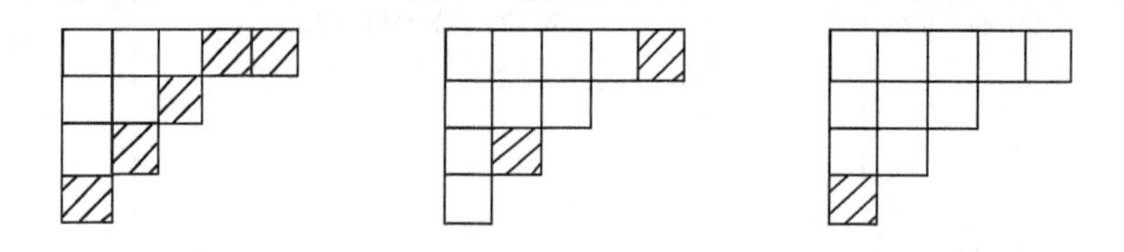

如果从所有的指标图中把指标 n 的方框取掉, 就得到没有 n 指标的标准图. 这些标准图属于不同的 Young 图, 每种 Young 图标志 $GL(n-1,C)$ 群的一个不可约表示. 显然, 这些不可约表示的维数之和应等于 $[\lambda]$ 表示的维数. 不同对称性的子空间是不会被线性变换 A 混合的, $[\lambda]$ 表示的矩阵就分成若干个对角块, 每块对应于一种 Young 图. 于是 $GL(n,C)$ 的表示 $[\lambda]$ 就分解为 $GL(n-1,C)$ 子群的若干个

不可约表示之和. 如果这些不可约表示的 Young 图用 $[\lambda']=[\lambda'_1,\cdots,\lambda'_{n-1}]$ 标志, 则所有符合条件

$$\lambda_1 \geqslant \lambda'_1 \geqslant \lambda_2 \geqslant \lambda'_2 \geqslant \cdots \geqslant \lambda_{n-1} \geqslant \lambda'_{n-1} \geqslant \lambda_n \tag{21.3.27}$$

的 $[\lambda']$ 都存在于和式中, 即

$$^{n}D^{[\lambda]}=\sum_{[\lambda']}{}^{n-1}D^{[\lambda']} \tag{21.3.28}$$

式 (21.3.28) 就是全线性群 $GL(n,C)$ 的不可约表示对于其子群 $GL(n-1,C)$ 的分支律. 应注意的是, $[\lambda']$ 可以由不同秩的张量空间荷载, 不同表示的矩阵的元素可能是不同幂次的齐次多项式. 例如, 全对称表示 $^{n}D^{[\lambda]}$ 分解为

$$^{n}D^{[\lambda]}={}^{n-1}D^{[\lambda]}\oplus{}^{n-1}D^{[\lambda-1]}\oplus\cdots\oplus{}^{n-1}D^{[1]} \tag{21.3.29}$$

全反对称表示分解为

$$^{n}D^{[1^r]}={}^{n-1}D^{[1^r]}\oplus{}^{n-1}D^{[1^{r-1}]} \tag{21.3.30}$$

21.3.4 全线性群的不可约表示在正交群及旋转群中的约化性质

全正交群是全线性群的子群, 由正交矩阵的完全集合构成. 正交矩阵具有性质

$$\begin{gathered}\boldsymbol{A}\boldsymbol{A}^{\mathrm{T}}=\boldsymbol{A}^{\mathrm{T}}\boldsymbol{A}=\boldsymbol{I}\\ \boldsymbol{A}^{-1}=\boldsymbol{A}^{\mathrm{T}}\\ \boldsymbol{A}^{\#}=(\boldsymbol{A}^{-1})^{\mathrm{T}}=\boldsymbol{A}\end{gathered} \tag{21.3.31}$$

即 $\boldsymbol{A}$ 是自逆步矩阵, 所以逆变张量与共变张量按相同方式变换, 只要讨论共变张量空间的对称约化就行了. 但全线性群的不可约表示对于正交群是可约的, 因为由式 (21.3.31), 有

$$\sum_i a_{ij}a_{ik}=\sum_i a_{ji}a_{ki}=\delta_{jk} \tag{21.3.32}$$

这表明对于正交群来说, 张量的任意两个指标之间可以进行缩约, 得到的对迹构成不变子空间, 因此可以将张量空间约化. 例如, 由二秩张量的缩约得出的对迹对于正交变换不变

$$\left(\sum_i T_{ii}\right)'=\sum_i (T_{ii})'=\sum_i\sum_{j_1j_2}a_{ij_1}a_{ij_2}T_{j_1j_2}=\sum_{j_1j_2}\delta_{j_1j_2}T_{j_1j_2}=\sum_j T_{jj} \tag{21.3.33}$$

与 21.3.1 节中一样, 可以证明, r 秩共变张量的任意一对指标的缩约与正交变换对易, 因此可以把张量空间分解为零迹张量子空间和一个由对迹构成的张量子空间的

直和. 例如, 二秩张量分解为

$$T_{ij}=\left(T_{ij}-\frac{1}{n}\sum_{k}T_{kk}\delta_{ij}\right)+\frac{1}{n}\sum_{k}T_{kk}\delta_{ij} \tag{21.3.34}$$

式中, $\left(T_{ij}-\frac{1}{n}\sum_{k}T_{kk}\delta_{ij}\right)$ 为零迹张量, $T^{(1,2)}=\frac{1}{n}\sum_{k}T_{kk}$ 为零秩张量. 三秩张量分解为

$$T_{i_1i_2i_3}=T^0_{i_1i_2i_3}+\delta_{i_1i_2}\bar{T}^{(1,2)}_{i_3}+\delta_{i_1i_3}\bar{T}^{(1,3)}_{i_2}+\delta_{i_2i_3}\bar{T}^{(2,3)}_{i_1} \tag{21.3.35}$$

根据 $T^0_{i_1i_2i_3}$ 为零迹张量的条件, 可求得

$$\begin{aligned}
\bar{T}^{(1,2)}_{j}&=\frac{1}{n^2+n-2}\left[(n+1)\sum_{i}T_{iij}-\sum_{i}T_{iji}-\sum_{i}T_{jii}\right]\\
\bar{T}^{(1,3)}_{j}&=\frac{1}{n^2+n-2}\left[-\sum_{i}T_{iij}+(n+1)\sum_{i}T_{iji}-\sum_{i}T_{jii}\right]\\
\bar{T}^{(2,3)}_{j}&=\frac{1}{n^2+n-2}\left[-\sum_{i}T_{iij}-\sum_{i}T_{iji}+(n+1)\sum_{i}T_{jii}\right]
\end{aligned} \tag{21.3.36}$$

由张量

$$\varPhi_{i_1i_2i_3}=\delta_{i_1i_2}\bar{T}^{(1,2)}_{i_3}+\delta_{i_1i_3}\bar{T}^{(1,3)}_{i_2}+\delta_{i_2i_3}\bar{T}^{(2,3)}_{i_1}$$

构成的子空间是 $3-2=1$ 秩张量空间.

张量指标的置换与缩约运算对易, 不改变张量的对迹, 我们可以先造出零迹张量空间, 再根据张量指标的置换对称性约化它. 由于零迹条件的限制, 属于某一对称类的线性独立的张量将减少, 或者是零张量, 即某些对称类型的子空间维数降低, 甚至变为零空间. 例如, 对于二秩张量, 在 $GL(3,C)$ 群中, $T_{\begin{array}{|c|c|}\hline i_1&i_2\\\hline\end{array}}$ 构成的子空间是六维的, 六个基矢可取为 $T_{\begin{array}{|c|c|}\hline 1&1\\\hline\end{array}}$, $T_{\begin{array}{|c|c|}\hline 1&2\\\hline\end{array}}$, $T_{\begin{array}{|c|c|}\hline 1&3\\\hline\end{array}}$, $T_{\begin{array}{|c|c|}\hline 2&2\\\hline\end{array}}$, $T_{\begin{array}{|c|c|}\hline 2&3\\\hline\end{array}}$, $T_{\begin{array}{|c|c|}\hline 3&3\\\hline\end{array}}$. 在 $O(3,C)$ 群中有一个零迹条件

$$T_{\begin{array}{|c|c|}\hline 1&1\\\hline\end{array}}+T_{\begin{array}{|c|c|}\hline 2&2\\\hline\end{array}}+T_{\begin{array}{|c|c|}\hline 3&3\\\hline\end{array}}=0 \tag{21.3.37}$$

所以这一对称类型的子空间只是五维的. 对于 $O(3,C)$ 群, $T_{\begin{array}{|c|c|}\hline &\\\hline \\\cline{1-1} \\\cline{1-1}\end{array}}$ 类型的张量是零张量, 因为由零迹条件

$$T_{\young(11,2,3)}+T_{\young(22,2,3)}+T_{\young(33,2,3)}=0 \tag{21.3.38}$$

得 $T_{\young(11,2,3)}=0$. 由

$$T_{\young(22,1,3)}+T_{\young(11,1,3)}+T_{\young(33,1,3)}=0 \tag{21.3.39}$$

得

$$T_{\young(22,1,3)}=0=-T_{\young(12,2,3)}=T_{\young(12,2,3)}$$

类似地, 可求得

$$T_{\young(13,2,3)}=-T_{\young(33,2,1)}=0$$

$T_{\yng(2,1,1)}$ 类型的张量分量全为零, 所以是零张量. 同样可以证明, $T_{\yng(2,2)}$ 类型的张量对于 $O(3,C)$ 群来说是零张量. 在 $GL(3)$ 群中, 这一对称类型的子空间是六维的, 标准指标图为 $T_{\young(11,22)}$, $T_{\young(11,23)}$, $T_{\young(11,33)}$, $T_{\young(12,23)}$, $T_{\young(12,33)}$, $T_{\young(22,33)}$. 由

$$T_{\young(11,22)}+T_{\young(22,22)}+T_{\young(33,22)}=0$$

得

$$T_{\young(11,22)}+T_{\young(22,33)}=0 \tag{21.3.40}$$

由

$$T_{\young(11,23)}+T_{\young(22,23)}+T_{\young(33,23)}=0$$

得

$$T_{\begin{array}{|c|c|}\hline 1&1\\ \hline 2&3\\ \hline\end{array}}=0$$

由

$$T_{\begin{array}{|c|c|}\hline 1&1\\ \hline 3&3\\ \hline\end{array}}+T_{\begin{array}{|c|c|}\hline 2&2\\ \hline 3&3\\ \hline\end{array}}+T_{\begin{array}{|c|c|}\hline 3&3\\ \hline 3&3\\ \hline\end{array}}=0$$

得

$$T_{\begin{array}{|c|c|}\hline 1&1\\ \hline 3&3\\ \hline\end{array}}+T_{\begin{array}{|c|c|}\hline 2&2\\ \hline 3&3\\ \hline\end{array}}=0 \tag{21.3.41}$$

由

$$T_{\begin{array}{|c|c|}\hline 1&1\\ \hline 1&2\\ \hline\end{array}}+T_{\begin{array}{|c|c|}\hline 2&2\\ \hline 1&2\\ \hline\end{array}}+T_{\begin{array}{|c|c|}\hline 3&3\\ \hline 1&2\\ \hline\end{array}}=0$$

得

$$T_{\begin{array}{|c|c|}\hline 3&3\\ \hline 1&2\\ \hline\end{array}}=T_{\begin{array}{|c|c|}\hline 1&2\\ \hline 3&3\\ \hline\end{array}}=0$$

由

$$T_{\begin{array}{|c|c|}\hline 1&1\\ \hline 1&3\\ \hline\end{array}}+T_{\begin{array}{|c|c|}\hline 2&2\\ \hline 1&3\\ \hline\end{array}}+T_{\begin{array}{|c|c|}\hline 3&3\\ \hline 1&3\\ \hline\end{array}}=0$$

得

$$T_{\begin{array}{|c|c|}\hline 2&2\\ \hline 1&3\\ \hline\end{array}}=-T_{\begin{array}{|c|c|}\hline 1&2\\ \hline 2&3\\ \hline\end{array}}=0$$

由

$$T_{\begin{array}{|c|c|}\hline 1&1\\ \hline 1&1\\ \hline\end{array}}+T_{\begin{array}{|c|c|}\hline 2&2\\ \hline 1&1\\ \hline\end{array}}+T_{\begin{array}{|c|c|}\hline 3&3\\ \hline 1&1\\ \hline\end{array}}=0$$

得

$$T_{\begin{array}{|c|c|}\hline 1&1\\ \hline 3&3\\ \hline\end{array}}+T_{\begin{array}{|c|c|}\hline 1&1\\ \hline 2&2\\ \hline\end{array}}=0 \tag{21.3.42}$$

联立式 (21.3.40) ~ 式 (21.3.42), 得

$$T_{\begin{array}{|c|c|}\hline 1&1\\ \hline 2&2\\ \hline\end{array}}=T_{\begin{array}{|c|c|}\hline 1&1\\ \hline 3&3\\ \hline\end{array}}=T_{\begin{array}{|c|c|}\hline 2&2\\ \hline 3&3\\ \hline\end{array}}=0$$

$T_{\begin{array}{|c|c|}\hline \ &\ \\ \hline \ &\ \\ \hline\end{array}}$ 类型的张量只有零分量, 故为零张量. 以上讨论可以推广, 由零迹条件导出以下定理: 对于 $O(n,C)$ 群, 若零迹张量对应的 Young 图的头两列的长度之和超过 n, 则该对称类型的张量为零张量.

因此, 对于 $GL(n,C)$ 群中存在的很多对称类型的张量, 在 $O(n,C)$ 群中是不存在的, 只有一部分 Young 图对应于非零张量, 从而标志 $O(n,C)$ 群的不可约表示. 这部分 Young 图称为允许 Young 图 (允许分割), 它们满足条件

$$l_1 + l_2 \leqslant n \tag{21.3.43}$$

式中, l_1 和 l_2 分别为 Young 图的第一列和第二列的长度. 当 n 为奇数时, 每个第一列长度 $l_1 \leqslant \frac{n}{2}$ 的允许 Young 图 T 都有一个联属 Young 图 T',T' 的第一列长度是 $n-l_1$, 其余各列与 T 各列的长度相同. 因为 $l_1+l_2 \leqslant n, l_1 \geqslant l_2$, 所以 $n-l_1 \geqslant l_2$, $0 \leqslant (n-l_1)+l_2 = n-(l_1-l_2) \leqslant n$, 即 T' 也一定是允许的 Young 图. 由 T 和 T' 所标志的表示称为联属表示. 例如, $n=3$ 时, 有

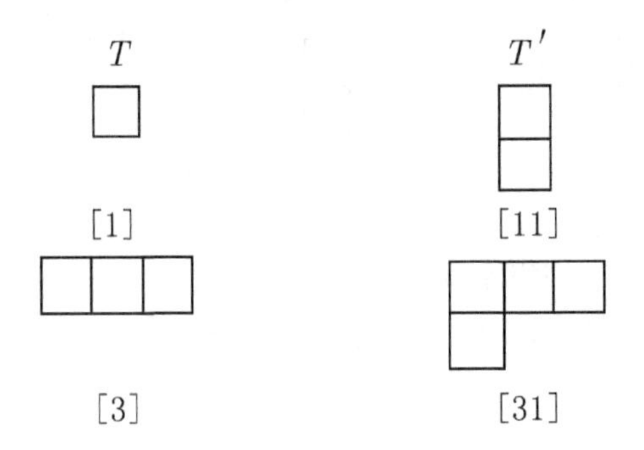

$n=5$ 时, 有

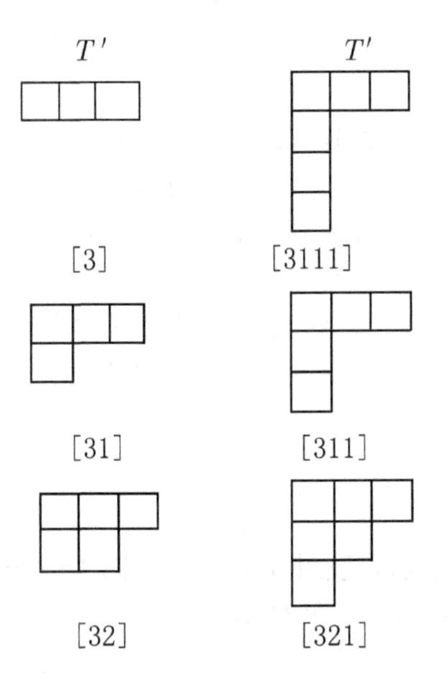

当 n 为偶数时, 每个 $l_1 < \frac{n}{2}$ 的表示也有一个联属表示, 但 $l_1 = \frac{n}{2}$ 的表示与其联属表示相同, 称为自联属表示. 例如, $n = 4$ 时, 有

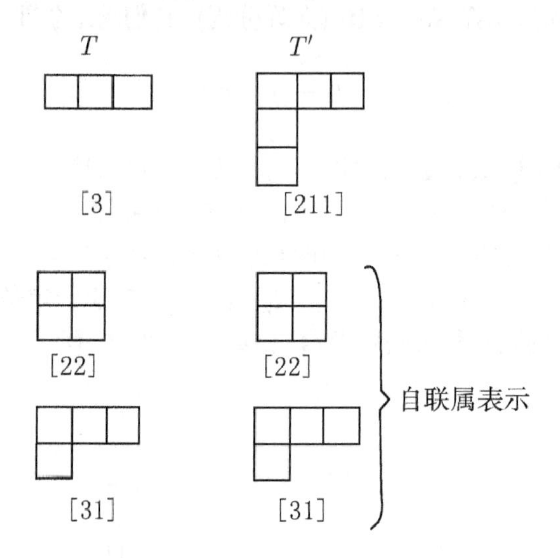

于是, 全正交群 $O(n,C)$ 的表示 T 可以用 $(\mu) \equiv (\mu_1\mu_2\cdots\mu_\nu)$ 来标志, 当 n 为奇数时, $\nu = \frac{1}{2}(n-1)$; n 为偶数时, $\nu = \frac{1}{2}n, \mu_1 \geqslant \mu_2 \geqslant \cdots \geqslant \mu_\nu \geqslant 0$, 而且满足方程

$$\mu_1 + \mu_2 + \cdots + \mu_\nu = r \tag{21.3.44}$$

取 $r = 0, 1, 2, \cdots$, 所有满足方程 (21.3.44) 的非负数组 $\{\mu\} \equiv (\mu_1, \mu_2, \cdots, \mu_\nu)$ 都给出一个对应的表示 T 和一个联属表示 T'(除非 $T = T'$). 这样, 我们就可以列出全正交群的所有不等价不可约表示.

若限于特殊复正交群 (它的矩阵的行列式值等于 $+1$), 则可以证明, T 与其联属表示 T' 是等价的. 例如, 三维全正交群的表示 Γ_u 和 Γ_g 在三维旋转群中是等价的. 因此特殊复正交群 $SO(n,C)$ 或旋转群 $SO(n,R)$ 的不可约表示可以用 ν 行的图或数组 $(\mu) \equiv (\mu_1, \mu_2, \cdots, \mu_\nu)$ 来标志, 其中 $\nu \leqslant \frac{n}{2}$. 但当 n 为偶数时, 自联属表示分裂为两个维数相同的不等价不可约表示, 因此不能简单地用数组 (μ) 标志, 通常引入新的数组. 例如, 对于 $SO(4) \equiv SO(4,R)$(下面不标明 R 或 C 时就指实参数群), 定义

$$j = \frac{1}{2}(\mu_1 + \mu_2), \qquad j_2 = \frac{1}{2}(\mu_1 - \mu_2)$$

用 $(j_1 j_2)$ 和 $(j_2 j_1)$ 来标志由自联属表示分裂出来的两个不可约表示. 表 21.3.3 列出 $O(3)$ —$SO(3)$, $O(4)$ —$SO(4)$ 和 $O(5)$ —$SO(5)$ 的一些不可约表示.

表 21.3.3　$O(3)-SO(3), O(4)-SO(4), O(5)-SO(5)$ 的一些不可约表示

$O(3)$		$SO(3)$	维数	$O(4)$		$SO(4)$	维数	$O(5)$		$SO(5)$	维数
T	T'			T	T'			T	T'		
(000)	(111)	(0)	1	(0000)	(1111)	(0 0)	1	(00000)	(11111)	(00)	1
(100)	(110)	(1)	3	(1000)	(1110)	$\left(\frac{1}{2}\ \frac{1}{2}\right)$	4	(10000)	(11110)	(10)	5
(200)	(210)	(2)	5	(2000)	(2110)	(1 1)	9	(20000)	(21110)	(20)	14
(300)	(310)	(3)	7	(3000)	(3110)	$\left(\frac{3}{2}\ \frac{3}{2}\right)$	16	(11000)	(11100)	(11)	10
				(1100)		(1 0)	3	(30000)	(31110)	(30)	30
						(0 1)	3	(21000)	(21100)	(21)	35
				(2100)		$\left(\frac{3}{2}\ \frac{1}{2}\right)$	8	(40000)	(41110)	(40)	55
						$\left(\frac{1}{2}\ \frac{3}{2}\right)$	8	(31000)	(31100)	(31)	81
				(3100)		(2 1)	15	(22000)	(22100)	(22)	35
						(1 2)	15				
				(2200)		(2 0)	5				
						(0 2)	5				

$SO(n)$ 群的表示的维数等于 $GL(n)$ 群的维数减去零迹条件. 例如, 对于 $GL(3)$, (μ_1) 的维数是

$$\frac{1}{2}(\mu_1+1)(\mu_1+2)$$

$SO(3)$ 的零迹条件有 $\frac{1}{2}\mu_1(\mu_1-1)$ 个, 故 $SO(3)$ 的 (μ_1) 表示的维数为

$$\frac{1}{2}(\mu_1+1)(\mu_1+2)-\frac{1}{2}\mu_1(\mu_1-1)=2\mu_1+1$$

这是大家熟知的结果. 对于 $SO(5)$, 表示 $(\mu_1\mu_2)$ 的维数是

$$N(\mu_1\mu_2)=\frac{1}{6}(\mu_1-\mu_2+1)(\mu_1+\mu_2+2)(2\mu_1+3)(2\mu_2+1)$$

21.3.5　全线性群的不可约表示在辛群中的约化性质

辛群是保持非退化的斜对称双线性型 (斜积)$\{\boldsymbol{\Phi}|\boldsymbol{\Psi}\}$ 不变的线性变换群, 斜积

$$\{\boldsymbol{\Phi}|\boldsymbol{\Psi}\}=\sum_{i,k}^{n}h_{ik}\phi_i\psi_k \qquad (h_{ik}=-h_{ki})$$

用矩阵表示, 就是

$$\{\boldsymbol{\Phi}|\boldsymbol{\Psi}\}=\boldsymbol{\Phi}^T\boldsymbol{H}\boldsymbol{\Psi} \tag{21.3.45}$$

$\boldsymbol{H}$ 是辛空间的度量矩阵, 是斜对称的, 即

$$\boldsymbol{H}^T = -\boldsymbol{H} \tag{21.3.46}$$

所以

$$\det(\boldsymbol{H}^T) = \det(-\boldsymbol{H}) = (-1)^n \det\boldsymbol{H} = \det\boldsymbol{H}$$

若 n 为奇数, 则 $\det\boldsymbol{H} = 0$, $\boldsymbol{H}$ 是奇异矩阵, $\{\boldsymbol{\Phi}|\boldsymbol{\Psi}\}$ 就是退化的. 因此 n 一定是偶数, 辛群只有对偶维数空间才有定义. 若 $\boldsymbol{A}$ 是辛群的变换矩阵, 则根据定义, 有

$$\{\boldsymbol{\Phi}'|\boldsymbol{\Psi}'\} = \boldsymbol{\Phi}^T\boldsymbol{A}^T\boldsymbol{H}\boldsymbol{A}\boldsymbol{\Psi} = \{\boldsymbol{\Phi}|\boldsymbol{\Psi}\} = \boldsymbol{\Phi}^T\boldsymbol{H}\boldsymbol{\Psi} \tag{21.3.47}$$

$$\boldsymbol{A}^T\boldsymbol{H}\boldsymbol{A} = \boldsymbol{H} \tag{21.3.48}$$

$$(\boldsymbol{A}^T)^{-1} = \boldsymbol{A}^{\#} = \boldsymbol{H}\boldsymbol{A}\boldsymbol{H}^{-1} \tag{21.3.49}$$

$\boldsymbol{H}$ 是非奇异矩阵, 所以辛变换矩阵等价于它的逆步矩阵.

可以选择辛空间的基组 $e_1, e_{1'}, \cdots, e_\nu, e_{\nu'} (n = 2\nu)$, 使得

$$h_{\alpha\beta} = \{e_\alpha|e_\beta\} = h_{\alpha'\beta'} = \{e_{\alpha'}|e_{\beta'}\} = 0$$

$$h_{\alpha\beta'} = \{e_\alpha|e_{\beta'}\} = -h_{\alpha'\beta} = -\{e_{\alpha'}|e_\beta\} = \delta_{\alpha\beta}$$

测度矩阵 $\boldsymbol{H}$ 根据基的排列次序不同, 有不同形式

$$\boldsymbol{H} = \begin{bmatrix} \begin{matrix} 0 & 1 \\ -1 & 0 \end{matrix} & & & \\ & \begin{matrix} 0 & 1 \\ -1 & 0 \end{matrix} & & \boldsymbol{0} \\ & & \ddots & \\ \boldsymbol{0} & & & \begin{matrix} 0 & 1 \\ -1 & 0 \end{matrix} \end{bmatrix},$$

$$\left[\begin{array}{cccc|cccc} & & & & 1 & & & \\ & 0 & & & & 1 & & 0 \\ & & & & & & \ddots & \\ & & & & & 0 & & 1 \\ & & & & & & & 1 \\ \hline -1 & & & & & & & \\ & -1 & & 0 & & & & \\ & & \ddots & & & & 0 & \\ & 0 & & -1 & & & & \\ & & & -1 & & & & \end{array}\right]$$

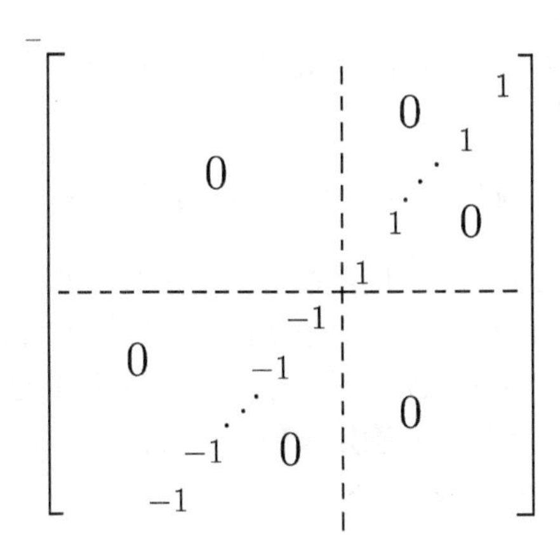

相应的基的排列次序是

$$1, 1', 2, 2' \cdots \nu, \nu'; \quad 1, 2, \cdots, \nu, 1', 2', \cdots, \nu'; \quad 1, 2, \cdots, \nu, \nu', \cdots, 2, 1$$

设矢量 $\boldsymbol{\Phi}$ 在这一基组中的坐标为 $\phi_\alpha, \phi_{\alpha'} (\alpha = 1, \cdots, \nu)$, 两个矢量 $\boldsymbol{\Phi}$, $\boldsymbol{\Psi}$ 的斜积可表示为

$$\begin{aligned}\{\boldsymbol{\Phi}|\boldsymbol{\Psi}\} &= (\phi_1\psi_{1'} - \psi_1\phi_{1'}) + (\phi_2\psi_{2'} - \psi_2\phi_{2'}) + \cdots \\ &= \sum_{ij} \varepsilon_{ij}\phi_i\psi_j \qquad \varepsilon_{ij} = \begin{cases} 1 & i = \alpha, j = \alpha' \\ -1 & i = \alpha', j = \alpha \\ 0 & \text{其他情况} \end{cases}\end{aligned} \tag{21.3.50}$$

在 $n = 2$ 的情况下, 很容易证明

$$\{\boldsymbol{\Phi}|\boldsymbol{\Psi}\} = (\phi_1\psi_{1'} - \phi_{1'}\psi_1) = \begin{vmatrix} \phi_1 & \psi_1 \\ \phi_{1'} & \psi_{1'} \end{vmatrix} \tag{21.3.51}$$

当基矢作变换 $\boldsymbol{A}$ 时, 斜积的变换方式为

$$\{\boldsymbol{\Phi}'|\boldsymbol{\Psi}'\} = \det\boldsymbol{A}\{\boldsymbol{\Phi}|\boldsymbol{\Psi}\} = \{\boldsymbol{\Phi}|\boldsymbol{\Psi}\} \tag{21.3.52}$$

故 $\det\boldsymbol{A} = 1$. 这个结果可以推广. 在 n 维空间中, n 个矢量 $\boldsymbol{\Phi}^{(1)}, \boldsymbol{\Phi}^{(2)}, \cdots, \boldsymbol{\Phi}^{(n)}$ 的分量构成的行列式可以用斜积表示, 即

$$|\boldsymbol{\Phi}^{(1)}\boldsymbol{\Phi}^{(2)}\cdots\boldsymbol{\Phi}^{(n)}| = \frac{1}{2^\nu\nu!}\sum_p \delta_p\{\boldsymbol{\Phi}^{(1)}|\boldsymbol{\Phi}^{(2)}\}\cdots\{\boldsymbol{\Phi}^{(n-1)}|\boldsymbol{\Phi}^{(n)}\} \tag{21.3.53}$$

式 (21.3.53) 中右边对 p 求和遍及矢量标号的所有置换, δ_p 对奇置换为 -1, 偶置换为 $+1$. 只要展开式 (21.3.53) 两边就可以证明. 当空间中基矢按 $\boldsymbol{A}$ 变换时行列式的变换为

$$|\boldsymbol{\Phi}^{(1)}\boldsymbol{\Phi}^{(2)}\cdots\boldsymbol{\Phi}^{(n)}|' = (\det\boldsymbol{A})|\boldsymbol{\Phi}^{(1)}\boldsymbol{\Phi}^{(2)}\cdots\boldsymbol{\Phi}^{(n)}| \tag{21.3.54}$$

辛变换保持斜积 $\{\boldsymbol{\Phi}^{(i)}|\boldsymbol{\Phi}^{(i+1)}\}$ 不变, 所以式 (21.3.53) 右边对于辛群的变换是不变的, 故其左边也不变, 即

$$|\boldsymbol{\Phi}^{(1)}\boldsymbol{\Phi}^{(2)}\cdots\boldsymbol{\Phi}^{(n)}|' = |\boldsymbol{\Phi}^{(1)}\boldsymbol{\Phi}^{(2)}\cdots\boldsymbol{\Phi}^{(n)}| \tag{21.3.55}$$

与式 (21.3.54) 比较, 得 $\det\boldsymbol{A}=1$. 因此辛群一定是幺模群.

下面讨论辛群的不可约表示. 因为辛变换矩阵等价于它的逆步矩阵, 我们可以只研究由共变张量空间产生的表示. 求辛群不可约表示的过程和正交群的情况很类似. 首先使张量空间分解为具有确定置换对称性的对称类. 但是, 这样的对称类子空间还是可约的, 因为由式 (21.3.48), 有

$$\sum_{kl}\varepsilon_{kl}a_{ki}a_{lj}=\varepsilon_{ij}$$

由此可知, 若定义张量 $T_{i_1i_2\cdots i_r}$ 的对迹为

$$T^{(k,l)}_{i_1\cdots i_r}=\sum_{i_ki_l}\varepsilon_{i_ki_l}T_{i_1\cdots i_k\cdots i_l\cdots i_r} \tag{21.3.56}$$

则对于辛群来说, 张量的任意两个指标之间可以进行缩约, 产生较低秩的不变张量子空间. 例如, 由二秩张量的缩约得出一个标量 (零秩张量). 设

$$(T_{i_1i_2})'=\sum_{i_1i_2}a_{i_1j_1}a_{i_2j_2}T_{j_1j_2} \tag{21.3.57}$$

则对迹的变换为

$$\left(\sum_{i_1i_2}\varepsilon_{i_1i_2}T_{i_1i_2}\right)'=\sum_{\substack{i_1i_2\\j_1j_2}}\varepsilon_{i_1i_2}a_{i_1j_1}a_{i_2j_2}T_{j_1j_2}=\sum_{j_1j_2}\varepsilon_{j_1j_2}T_{j_1j_2} \tag{21.3.58}$$

即对迹是不变的, 表现为一个标量.

可以证明, 辛变换与缩约可以对易. 设

$$(T_{i_1i_2\cdots i_r})'=\sum_{(j)}a_{i_1j_1}a_{i_2j_2}\cdots a_{i_rj_r}T_{j_1j_2\cdots j_r} \tag{21.3.59}$$

则有

$$\begin{aligned}(T'_{i_1i_2\cdots i_r})^{(12)}_{i_3\cdots i_r}&=\sum_{i_1i_2}\varepsilon_{i_1i_2}\sum_{(j)}a_{i_1j_1}a_{i_2j_2}\cdots a_{i_rj_r}T_{j_1j_2\cdots j_r}\\&=\sum_{(j)}\left(\sum_{i_1i_2}\varepsilon_{i_1i_2}a_{i_1j_1}a_{i_2j_2}\right)a_{i_3j_3}\cdots a_{i_rj_r}T_{j_1j_2\cdots j_r}\end{aligned}$$

$$
\begin{aligned}
&= \sum_{(j)} \varepsilon_{j_1 j_2} a_{i_3 j_3} \cdots a_{i_r j_r} T_{j_1 j_2 \cdots j_r} \\
&= \sum_{j_3 \cdots j_r} a_{i_3 j_3} \cdots a_{i_r j_r} \left(\sum_{j_1 j_2} \varepsilon_{j_1 j_2} T_{j_1 j_2 \cdots j_r} \right) \\
&= \sum_{j_3 \cdots j_r} a_{i_3 j_3} \cdots a_{i_r j_r} T^{(12)}_{j_3 \cdots j_r} \\
&= (T^{(12)}_{j_3 \cdots j_r})'
\end{aligned} \tag{21.3.60}
$$

对于 r 迹张量有 $\frac{1}{2}r(r-1)$ 个对迹 $\boldsymbol{T}^{(\alpha\beta)}$, 由式 (21.3.60) 可知零迹张量构成的子空间对于辛变换是不变的.

每一个张量可以唯一地分解为一个零迹张量 $\boldsymbol{T}^0$ 和一个张量 $\boldsymbol{\varPhi}$ 的直和, $\boldsymbol{\varPhi}$ 的分量为

$$
\phi_{i_1 \cdots i_r} = \underbrace{\varepsilon_{i_1 i_2} \bar{T}^{(12)}_{i_3 \cdots i_r} + \cdots + \varepsilon_{i_\alpha i_\beta} \bar{T}^{(\alpha\beta)}_{i_1 \cdots i_{\alpha-1} i_{\alpha+1} \cdots i_{\beta-1} i_{\beta+1} \cdots i_r}}_{\text{共 } \frac{1}{2}r(r-1) \text{ 项}} + \cdots \tag{21.3.61}
$$

这样, 张量空间就分解为两个不变子空间的直和. 由 $\boldsymbol{\varPhi}$ 构成的子空间 $\boldsymbol{\Sigma}$ 对于辛变换也是不变的, 因为 $\boldsymbol{\varPhi}$ 的每项变为类似的一项. 例如:

$$
\begin{aligned}
(\varepsilon_{i_1 i_2} \bar{T}^{(12)}_{i_3 \cdots i_r})' &= \sum_{(j)} a_{i_1 j_1} a_{i_2 j_2} \cdots a_{i_r j_r} (\varepsilon_{j_1 j_2} \bar{T}^{(12)}_{j_3 \cdots j_r}) \\
&= \sum_{j_3 \cdots j_r} \left(\sum_{j_1 j_2} \varepsilon_{j_1 j_2} a_{i_1 j_1} a_{i_2 j_2} \right) a_{i_3 j_3} \cdots a_{i_r j_r} \bar{T}^{(12)}_{j_3 \cdots j_r} \\
&= \varepsilon_{i_1 i_2} \sum_{j_3 \cdots j_r} a_{i_3 j_3} \cdots a_{i_r j_r} \bar{T}^{(12)}_{j_3 \cdots j_r} \\
&= \varepsilon_{i_1 i_2} \bar{T}^{(12)'}_{i_3 \cdots i_r}
\end{aligned} \tag{21.3.62}
$$

如果 $\boldsymbol{\Sigma}$ 还是可约化的, 就再从中分出零迹张量和更低秩的对迹张量不变子空间. 造零迹张量的方法也类似于正交群中的情况. 例如, 对于 $r=3$, 有

$$
T_{i_1 i_2 i_3} = T^0_{i_1 i_2 i_3} + \varepsilon_{i_1 i_2} H_{i_3} + \varepsilon_{i_3 i_1} K_{i_2} + \varepsilon_{i_2 i_3} L_{i_1} \tag{21.3.63}
$$

由零迹条件得

$$
\begin{aligned}
T^{(12)}_{i_3} &= nH_{i_3} - K_{i_3} - L_{i_3} \\
T^{(31)}_{i_2} &= -H_{i_2} + nK_{i_2} - L_{i_2} \\
T^{(23)}_{i_1} &= -H_{i_1} - K_{i_1} + nL_{i_1}
\end{aligned} \tag{21.3.64}
$$

令 $i_1 = i_2 = i_3 = i$, 解得

$$
\begin{aligned}
H_i &= \frac{1}{n^2-n-2}[(n-1)T_i^{(12)} + T_i^{(31)} + T_i^{(23)}] \\
K_i &= \frac{1}{n^2-n-2}[T_i^{(12)} + (n-1)T_i^{(31)} + T_i^{(23)}] \\
L_i &= \frac{1}{n^2-n-2}[T_i^{(12)} + T_i^{(31)} + (n-1)T_i^{(23)}]
\end{aligned}
\tag{21.3.65}
$$

式中

$$
\begin{aligned}
T_i^{(12)} &= \sum_{i_1 i_2} \varepsilon_{i_1 i_2} T_{i_1 i_2 i} \\
T_i^{(31)} &= \sum_{i_1 i_3} \varepsilon_{i_3 i_1} T_{i_1 i i_3} \\
T_i^{(23)} &= \sum_{i_2 i_3} \varepsilon_{i_2 i_3} T_{i i_2 i_3}
\end{aligned}
\tag{21.3.66}
$$

与正交群的情况一样, 由于零迹条件, 对于辛群, 对应的 Young 图多于 $\nu = \dfrac{n}{2}$ 行的张量为零张量. 因此可以用符号 $(\sigma_1 \cdots \sigma_\nu)$ 来标志 $SP(n)$ 的表示, 其中 $\sigma_1 \geqslant \sigma_2 \geqslant \cdots \geqslant \sigma_\nu \geqslant 0$. 表示 $(\sigma) \equiv (\sigma_1 \cdots \sigma_\nu)$ 的维数 $N(\sigma)$ 可按下式计算:

$$
\begin{aligned}
N(\sigma) = &\prod_{i=1}^{\nu} \frac{\sigma_i + \nu - i + 1}{\nu - i + 1} \\
&\times \prod_{k>i}^{\nu} \frac{(\sigma_i - \sigma_k + k - i)(\sigma_i + \sigma_k + 2\nu + 2 - i - k)}{(k-i)(2\nu + 2 - i - k)}
\end{aligned}
\tag{21.3.67}
$$

$SP(n)$ 群的不可约表示的维数是由相应 $GL(n)$ 群的不可约表示的维数减去有效零迹条件决定的, 以 $SP(4)$ 为例, 具有确定置换对称性的张量用 $[\lambda_1\lambda_2\lambda_3\lambda_4]$ 标志, 再进行缩约. 对于 [2000], 因为 $T_{\begin{array}{|c|c|}\hline a & b \\ \hline\end{array}}$ 是对称张量, 而 ε_{ab} 是反对称的, 故有

$$
\sum_{ab} \varepsilon_{ab} T_{\begin{array}{|c|c|}\hline a & b \\ \hline\end{array}} = 0
$$

即对迹自然为零. 故 [2000] 对称类型的张量空间是不可约的, 荷载 $SP(4)$ 群的 10 维不可约表示 (20). 对于 [1100], 由零迹条件

$$
\sum_{ab} \varepsilon_{ab} T_{\begin{array}{|c|}\hline a \\ \hline b \\ \hline\end{array}} = 0
$$

得出一个关系式

$$
T_{\begin{array}{|c|}\hline 1 \\ \hline 1' \\ \hline\end{array}} - T_{\begin{array}{|c|}\hline 1' \\ \hline 1 \\ \hline\end{array}} + T_{\begin{array}{|c|}\hline 2 \\ \hline 2' \\ \hline\end{array}} - T_{\begin{array}{|c|}\hline 2' \\ \hline 2 \\ \hline\end{array}} = 2\left(T_{\begin{array}{|c|}\hline 1 \\ \hline 1' \\ \hline\end{array}} + T_{\begin{array}{|c|}\hline 2 \\ \hline 2' \\ \hline\end{array}}\right) = 0
\tag{21.3.68}
$$

故张量 $T_{\begin{array}{|c|}\hline a\\ \hline b\\ \hline\end{array}}$ 的集合荷载 $SP(4)$ 的 $6-1=5$ 维不可约表示 (11). 表 21.3.4 列出 $SP(4)$ 群的一些不可约表示.

表 21.3.4　$SP(4)$ 群的一些不可约表示

秩数 r	$GL(4)$ 的不可约表示 $[\lambda_1\lambda_2\lambda_3\lambda_4]$	维　数	$SP(4)$ 的不可约表示 $(\sigma_1\sigma_2)$	维　数
0	[0000]	1	(00)	1
1	[1000]	4	(10)	4
2	[2000]	10	(20)	10
	[1100]	6	(11)	5
3	[3000]	20	(30)	20
	[2100]	20	(21)	16
4	[4000]	35	(40)	35
	[3100]	45	(31)	35
	[2200]	20	(22)	14

21.3.6　酉群和特殊酉群的不可约表示对旋转群和辛群的分支律

n 维酉群的变换矩阵 $\bar{\boldsymbol{U}}$ 满足条件

$$\bar{\boldsymbol{U}}\bar{\boldsymbol{U}}^H=\bar{\boldsymbol{U}}^H\bar{\boldsymbol{U}}=\boldsymbol{I} \tag{21.3.69}$$

由此可得 $(\det\bar{\boldsymbol{U}})(\det\bar{\boldsymbol{U}}^H)=|\det\bar{\boldsymbol{U}}|^2=1$, 从而任意酉阵 $\bar{\boldsymbol{U}}$ 可写成以下形式:

$$\bar{\boldsymbol{U}}=\exp(i\psi)\boldsymbol{U} \tag{21.3.70}$$

式中, ψ 为实数, $\boldsymbol{U}$ 为幺模酉阵, $\det\boldsymbol{U}=1$. 所以 n 维酉群可以分解成由 $\{\exp(i\psi)\}$ 构成的一维酉群 U_1 和由 $\{\boldsymbol{U}\}$ 构成的 n 维特殊酉群 $SU(n)$ 的直积. 于是酉群的表示 $\bar{\varGamma}^{(\alpha)}$ 具有形式

$$\bar{\varGamma}^{[\alpha]}=\exp(ir\psi)\cdot\varGamma^{[\alpha]} \tag{21.3.71}$$

式中, r 为 Young 图的方框数 (张量的秩数), $\varGamma^{[\alpha]}$ 是 $SU(n)$ 群的不可约表示. 因为 $\bar{\varGamma}^{[\alpha]}$ 从 $U(n)$ 限制到 $SU(n)$ 时没有约化, 我们可以用同样的分割 (或 Young 图) 来标志两者的不可约表示. 当然, r 不同的两个表示对于 $U(n)$ 群来说是不等价的, 但 $SU(n)$ 是幺模群, 不同 r 的 Young 图有可能是等价的, 这在 21.3.2 节中已经说明原因了. 实际上, $SU(n)$ 的不可约表示可以只用 $n-1$ 行的 Young 图来标志.

下面讨论从特殊酉群到旋转群的分支律. 限于旋转群, 则由于有

$$\begin{gathered}\boldsymbol{U}\boldsymbol{U}^T=\boldsymbol{U}^T\boldsymbol{U}=\boldsymbol{I}\\ \sum_i u_{ij}u_{ik}=\sum_i u_{ji}u_{ki}=\delta_{jk}\end{gathered} \tag{21.3.72}$$

对任意一对张量指标可以进行缩约, 像在前面已经说过的, 张量空间可以分解为零迹张量空间与一个由对迹构成的张量空间 $\boldsymbol{\Sigma}$ 的直和

$$\boldsymbol{T} = \boldsymbol{T}^0 + \boldsymbol{\Phi}$$

$\boldsymbol{T}^0$ 是零迹张量, $\boldsymbol{\Phi}$ 是 $\boldsymbol{\Sigma}$ 子空间中的张量, 它是由张量 $\boldsymbol{T}$ 的对迹组成的, 张量的对迹比原张量的秩数低 2. 若张量 $\boldsymbol{\Phi}$ 构成的不变子空间 $\boldsymbol{\Sigma}$ 还是可约的, 则可再分出零迹张量子空间 $\boldsymbol{T}^1$ 和另一个由张量 $\boldsymbol{\Phi}'$ 构成的不变子空间 $\boldsymbol{\Sigma}'$, 即

$$\boldsymbol{\Phi} = \boldsymbol{T}^1 + \boldsymbol{\Phi}'$$
$$\boldsymbol{T} = \boldsymbol{T}^0 + \boldsymbol{T}^1 + \boldsymbol{\Phi}'$$

$\boldsymbol{T}^1$ 也是零迹张量. 若有可能, 再对 $\boldsymbol{\Sigma}'$ 进行约化, ……, 如此继续下去, 可以将张量积空间分解为若干个不可约子空间的直和. 于是从具有确定置换对称性的 r 秩张量出发, 通过缩约, 可以得到秩数为 $r, r-2, r-4, \cdots$ 的零迹张量. 例如, 考虑由矢量 $\boldsymbol{V}$ 的分量 V_i 构成的 r 秩全对称张量. 记

$$V^2 = \sum_l V_l V_l \tag{21.3.73}$$

三秩张量分量的形式是 $V_i V_j V_k$, 其对迹为

$$V^2 V_i \equiv \left(\sum_l V_l V_l\right) V_i$$

(注意, 虽然对迹是一秩张量, 它还是 $\boldsymbol{V}$ 的分量的三次齐次式). 将对迹对称化后得到的对称张量为

$$\varPhi_{ijk} = V^2(V_i\delta_{jk} + V_j\delta_{ki} + V_k\delta_{ij}) \tag{21.3.74}$$

式 (21.3.74) 的 (i,j) 对迹为

$$V^2(V_k + V_k + nV_k) = (n+2)V^2 V_k$$

而 $V_i V_j V_k$ 的 (i,j) 对迹为 $V^2 V_k$, 所以三秩的零迹对称张量是

$$T^0_{ijk} = V_i V_j V_k - \frac{1}{n+2} V^2(V_i\delta_{jk} + V_j\delta_{ki} + V_k\delta_{ij}) \tag{21.3.75}$$

由 $\boldsymbol{V}$ 的分量构成的四秩张量分量是 $T_{ijkl} = V_i V_j V_k V_l$, 类似上述结果, 有

$$\begin{aligned} \varPhi_{ijkl} &= V^2(V_i V_j \delta_{kl} + V_i V_k \delta_{jl} + \cdots) \\ \varPhi'_{ijkl} &= (V^2)^2(\delta_{ij}\delta_{kl} + \delta_{ik}\delta_{jl} + \delta_{il}\delta_{jk}) \end{aligned} \tag{21.3.76}$$

故四秩对称零迹张量是

$$T^0_{ijkl} = T_{ijkl} - \frac{1}{(n+2)(n+4)}[(n+2)\varPhi_{ijkl} - \varPhi'_{ijkl}] \tag{21.3.77}$$

$SU(n)$ 的不可约表示 $[\lambda_1\cdots\lambda_n]$ 通过缩约向 $SO(3)$ 的不可约表示 $(\mu_1\cdots\mu_\nu)$ 分解, 从具有对称性 $[\lambda_1\cdots\lambda_n]$ 的张量空间 $\boldsymbol{T}$ 中分离出具有对称性 $[\mu_1\cdots\mu_\nu]$ 的若干个零迹张量子空间. 每次缩约得到的对迹张量比原张量的秩低 2, 相当于从原来 Young 图的两列各取下一个方框. 反过来, 可以认为具有对称性 $[\lambda_1\cdots\lambda_n]$ 的张量 $\boldsymbol{T}$ 是从具有对称性 $[\mu_1\cdots\mu_\nu]$ 的张量 $\boldsymbol{\varPhi}$ 与 s 个具有对称性 [2] 的张量的外积得到的, 亦即 $[\lambda_1\lambda_2\cdots\lambda_n]$ 来自

$$[\mu_1\cdots\mu_\nu]\odot\underbrace{[2]\odot\cdots\odot[2]}_{s\text{个因子}}$$

按构作外积的反过程, 容易从 $[\lambda]$ 求出 $[\mu]$ 来, 那就是从 $[\lambda]$ 图中规则地逐次取下两个方框 (根据规则, 不能从一列中同时取下两个方框). 例如, $[\lambda]=[4]$, 取下两个方框, 得 $[\mu']=[2]$, 再取下两个方框, 得 $[\mu'']=0$, 于是得出 $SU(n)$ 的不可约表示 [4] 对 $SO(n)$ 的分支律为 (每个圆括号内有 ν 个数)

$$[4]=(400\cdots)+(200\cdots)+(000\cdots)$$

类似地可求得 $SU(n)\to SO(n)$ 的其他不可约表示的分支律, 如 $SU(5)\to SO(5)$, 有

$$[21]=(21)+(10)$$

$$[22]=(22)+(20)+(00)$$

因为 $SO(n)$ 的联属表示是等价的, 只用 $\nu\leqslant\dfrac{n}{2}$ 的图来标志, 所以从 $SU(n)\to SO(n)$ 的分支律中若存在 $\nu>\dfrac{n}{2}$ 的联属图, 则用与之对应的 $\nu<\dfrac{n}{2}$ 的图代替它. 例如, 从 $SU(5)\to SO(5)$, [221] 和 [321] 的分支律是

$$[221]=(221)+(21)+(10)=(22)+(21)+(10)$$

$$\begin{aligned}[321]&=(321)+(31)+(11)+(211)+(22)+(20)\\&=(32)+(31)+(11)+(21)+(22)+(20)\end{aligned}$$

表 21.3.5 列出从 $SU(5)\to SO(5)$ 时一些不可约表示的分支律.

表 21.3.5 从 $SU(5) \to SO(5)$ 时一些不可约表示的分支律

秩 数	$SU(5)$ 的不可约表示 $[\lambda]$	$SO(5)$ 的不可约表示 (μ)	维 数
0	[0]	(00)	1
1	[1]	(10)	5
2	[2]	(20), (00)	15
	[11]	(11)	10
3	[3]	(30), (10)	35
	[21]	(21), (10)	40
4	[4]	(40), (20), (00)	70
	[31]	(31), (20), (11)	105
	[22]	(22), (20), (00)	50
	[211]	(21), (11)	45

如果 Young 图只有两列 (对于电子体系, 情况是这样), 则从 $SU(n) \to SO(n)$ 的分支律特别简单, 只要从 $SU(n)$ 的指定 Young 图出发, 一次从每列中各取下一个方框, 从零次开始, 一直到只剩下一列 (或不剩) 方框为止, 由此得到的所有 Young 图的和就是分支结果 (若得到的 Young 图的行数大于 $n/2$, 则取相应的联属图来代替).

从酉群到辛群的约化, 情况完全是类似的. 从具有对称性 $[\lambda] \equiv [\lambda_1\lambda_2\cdots\lambda_n]$ 的 r 秩张量空间通过缩约分离出若干个零迹张量子空间, 例如从 r 秩具有对称性 $[\lambda]$ 的张量出发, 通过逐次缩约得出秩数为 $r, r-2, r-4, \cdots$ 的具有对称性 $[\sigma] \equiv [\sigma_1\sigma_2\cdots\sigma_\nu]$ 的零迹张量, 每个具有 $[\sigma]$ 对称性的张量子空间荷载 $SP(n)$ 群的一个 $[\sigma]$ 表示. 每次缩约得到的对迹张量比原张量的秩低 2, 相当于从原来 Young 图的不同行各取下一个方框. 反过来看, 也可以认为具有 $[\lambda]$ 对称性的 $\boldsymbol{T}$ 是从具有对称性 $[\sigma]$ 的 $\boldsymbol{\Phi}$ 与 s 个 [11] 的外积得来的, 即

$$[\sigma_1\sigma_2\cdots\sigma_\nu] \odot \underbrace{[11] \odot [11] \odot \cdots \odot [11] \to [\lambda_1\cdots\lambda_n]}_{s\text{个因子}} \tag{21.3.78}$$

于是, 我们可以按构作外积的逆过程从 $[\lambda]$ 求出 $[\sigma]$, 具体地说, 就是从 $[\lambda]$Young 图中每次规则地取下两个方框 (按规则这两个方框不能在同一行), 从零次开始一直到不能再取为止. 例如, 从 $SU(6) \to SP(6)$, [211] 和 [221] 表示的分支律是

$$[211] = [211] + [2] + [11] \to (211) + (200) + (110)$$

$$[221] = [221] + [111] + [21] + [10] \to (221) + (111) + (211) + (100)$$

表 21.3.6 列出 $SU(n) \to SP(n)$ $(n = 4, 6)$ 的一些分支律.

表 21.3.6　$SU(n)\to SP(n)$ 时一些不可约表示的分支律

秩数 r	$SU(4)$ 的不可约表示 $[\lambda]$	$SP(4)$ 的不可约表示 (σ)	秩数 r	$SU(6)$ 的不可约表示 $[\lambda]$	$SP(6)$ 的不可约表示 (σ)
0	[0]	(00)	0	[0]	(000)
1	[1]	(10)	1	[1]	(100)
2	[2]	(20)	2	[2]	(200)
	[11]	(11), (00)		[11]	(110), (000)
3	[21]	(21), (10)	3	[21]	(210), (100)
4	[22]	(22), (11), (00)		[111]	(111), (100)
	[211]	(20), (11)	4	[22]	(220), (110), (000)
				[211]	(221), (110), (200)
			5	[221]	(221), (111), (210), (100)
				[2111]	(210), (111), (100)

表 21.3.7 给出 $GL(n,C)$ 群限制于其子群时不可约表示的演变情况.

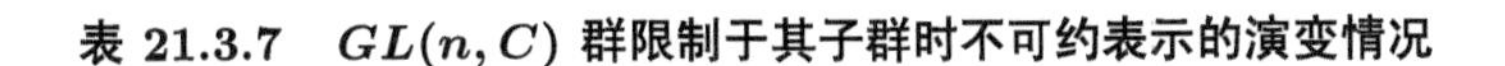

表 21.3.7　$GL(n,C)$ 群限制于其子群时不可约表示的演变情况

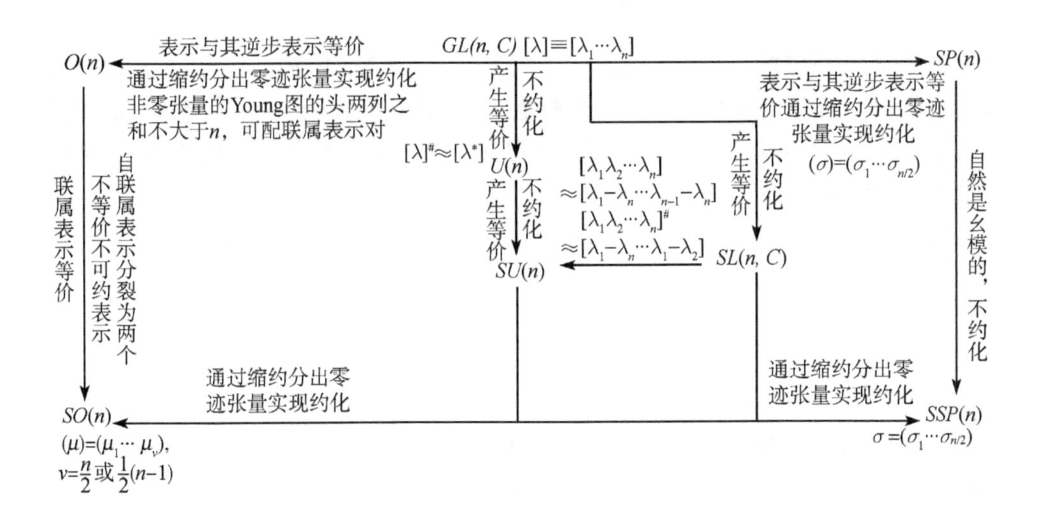

21.4　$SO(3)$ 和 $SU(2)$ 群的不可约表示

21.4.1　$SO(3)$ 群的不可约表示

本节我们具体讨论 $SO(3)$ 群和与它密切相关的 $SU(2)$ 群的不可约表示. 这是在量子化学中最常用到的两个群. 首先简单讨论一下 $SO(3)$ 的子群 $SO(2)$ 的不可

约表示. 设取旋转轴为 z 轴, 则 xy 平面上点的坐标在旋转作用下的变换为

$$\begin{aligned} x' &= x\cos\theta - y\sin\theta \\ y' &= x\sin\theta + y\cos\theta \end{aligned} \tag{21.4.1}$$

式中, $0 \leqslant \theta < 2\pi$ 是旋转的角度. 于是 $SO(2)$ 群的定义表示矩阵是

$$\boldsymbol{R} = \begin{bmatrix} \cos\theta & -\sin\theta \\ \sin\theta & \cos\theta \end{bmatrix} \tag{21.4.2}$$

$SO(2)$ 群是 Abel 群, 所以所有不可约表示都是一维的. 对于任意两个角度 θ_1 和 θ_2, 特征标 $\chi(\theta)$ 满足

$$\chi(\theta_1+\theta_2) = \chi(\theta_1)\chi(\theta_2) \tag{21.4.3}$$

因为 θ 是连续变化的, 式 (21.4.3) 的解必为

$$\chi^{(m)}(\theta) = \exp(im\theta) \tag{21.4.4}$$

若要求表示是单值的, 必须有 $\chi(2\pi)=\chi(0)$, 故 $m=0,\pm1,\pm2,\cdots$, 但 $SO(2)$ 群的表示不只这一种. 实际上, 若 $m=$ 半整数, 就得到双值表示; $m=\dfrac{1}{3}$ 整数, 就得到三值表示;…… 不过, 在物理应用上, 通常 $SO(2)$ 作为三维旋转群的子群, 只考虑它的单值和双值表示.

下面讨论 $SO(3)$ 群的不可约表示. 描述三维空间中任意旋转的 $SO(3)$ 群的定义表示矩阵为

$$\boldsymbol{R}(\alpha\beta\gamma) = \begin{bmatrix} \begin{matrix}\cos\alpha\cos\beta\cos\gamma \\ -\sin\alpha\sin\gamma\end{matrix} & \begin{matrix}-\cos\alpha\cos\beta\sin\gamma \\ -\sin\alpha\cos\gamma\end{matrix} & \cos\alpha\sin\beta \\ \begin{matrix}\sin\alpha\cos\beta\cos\gamma \\ +\cos\alpha\sin\gamma\end{matrix} & \begin{matrix}-\sin\alpha\cos\beta\sin\gamma \\ +\cos\alpha\cos\gamma\end{matrix} & \sin\alpha\sin\beta \\ -\sin\beta\cos\gamma & \sin\beta\sin\gamma & \cos\beta \end{bmatrix} \tag{21.4.5}$$

式中, (α,β,γ) 为 Euler 角 (参看上册, 7.1 节). 容易验证, $\boldsymbol{R}(\alpha\beta\gamma)$ 是行列式为 $+1$ 的正交矩阵. 21.3 节已经指出, $SO(3)$ 的不可约表示可以用一个数 (l) 标志. 现在我们证明, l 阶球函数是 $SO(3)$ 群的 (l) 不可约表示的基函数, 或者说 l 阶球函数是按 $SO(3)$ 群的 (l) 表示变换的, 并给出具体的表示矩阵元的分析表达式.

考虑 Laplace 方程

$$\nabla^2\psi = 0 \tag{21.4.6}$$

已经证明过 (上册, 第 7 章), Laplace 算符对于三维空间中的任意旋转是不变的. 故若 ψ 是方程的解, 则 $\widehat{\boldsymbol{O}}_R\psi$ 也是方程的解, 所以 Laplace 方程的解的集合荷载 $SO(3)$ 群的表示. 从上面的讨论我们知道, 荷载 $SO(3)$ 群的表示的张量分量具有齐次多项式的形式. 考虑 Laplace 方程的 l 次齐次多项式形式的解 ψ, 由于 $\boldsymbol{R}$ 是 x,y,z 的线性变换矩阵, $\widehat{\boldsymbol{O}}_R\psi$ 将仍是一个 l 次齐次多项式. 因此在旋转时, 这些 l 次齐次多项式将在由它们构成的子空间内变换, 因而构成旋转群的表示的一组基函数. 为了找出表示的维数, 我们要找出满足条件的独立的 l 次齐次多项式的数目. 这种多项式的一般表达式可写成

$$\psi=\sum_{a,b}c_{ab}(x+iy)^a(x-iy)^bz^{l-a-b} \tag{21.4.7}$$

由 ψ 满足 Laplace 方程 $\nabla^2\psi=0$ 的条件, 可得

$$\begin{aligned}&\sum_{a,b}c_{ab}[4ab(x+iy)^{a-1}(x-iy)^{b-1}z^{l-a-b}\\&\quad+(l-a-b)(l-a-b-1)(x+iy)^a(x-iy)^bz^{l-a-b-2}]\\&=0\end{aligned} \tag{21.4.8}$$

于是可求得系数的循环公式

$$4(a+1)(b+1)c_{a+1,b+1}+(l-a-b)(l-a-b-1)c_{ab}=0 \tag{21.4.9}$$

对于固定的 $a-b$, 各 c_{ab} 系数通过式 (21.4.9) 联系, 最后取决于一个系数. 因为 $a-b$ 可取从 $-l\sim+l$ 的所有值, 故对于固定的 l, Laplace 方程有 $2l+1$ 独立的 l 次齐次多项式解. 实际上, 当用极坐标 r,θ,ϕ 表示这些齐次多项式时, 得到的是 r^l 乘 l 阶球函数 $Y_{lm}(\theta,\phi)$

$$Y_{lm}(\theta,\phi)=\frac{1}{\sqrt{2\pi}}\Theta_{lm}(\theta)e^{im\phi}\qquad(m=-l,\cdots,+l) \tag{21.4.10}$$

关于球函数, 在上册 3.1 节 ~3.4 节已详细讨论过. 所以, 对于给定的 $l,\{Y_{lm}(\theta,\phi)\}$ 荷载旋转群的 $2l+1$ 维表示 $D^{(l)}$.

当我们用 Euler 角 (α,β,γ) 来表示旋转时, $\boldsymbol{R}(\alpha,0,0)$ 表示沿 z 轴旋转 α 角. 此时 θ 将不变而 $\phi\rightarrow\phi+\alpha$. 按定义

$$\hat{\boldsymbol{O}}_R(\alpha,\beta,\gamma)f(\boldsymbol{r})=f(\hat{\boldsymbol{O}}_R^{-1}\boldsymbol{r})=f[\hat{\boldsymbol{O}}_R(-\gamma,-\beta,-\alpha)\boldsymbol{r}]$$

故有

$$\begin{aligned}\hat{\boldsymbol{O}}_R(\alpha,0,0)Y_{lm}(\theta,\phi)&=\hat{\boldsymbol{O}}_R(\alpha,0,0)\left[\frac{1}{\sqrt{2\pi}}\Theta_{lm}(\theta)\mathrm{e}^{im\phi}\right]\\&=\frac{1}{\sqrt{2\pi}}\Theta_{lm}(\theta)\mathrm{e}^{im(\phi-\alpha)}=\mathrm{e}^{-im\alpha}Y_{lm}(\theta,\phi)\end{aligned} \tag{21.4.11}$$

把旋转作用下球函数变换的表达式写成

$$\hat{\boldsymbol{O}}_R(\alpha,\beta,\gamma)Y_{lm}(\theta,\phi)=\sum_{m'}Y_{lm'}(\theta,\phi)D^{(l)}_{m'm}(\alpha,\beta,\gamma) \tag{21.4.12}$$

则有

$$D^{(l)}_{m'm}(\alpha,0,0)=\mathrm{e}^{-im\alpha}\delta_{m'm}$$

即

$$D^{(l)}(\alpha,0,0)=\begin{bmatrix} \mathrm{e}^{-il\alpha} & & & 0 \\ & \mathrm{e}^{-i(l-1)\alpha} & & \\ & & \ddots & \\ 0 & & & \mathrm{e}^{il\alpha} \end{bmatrix} \tag{21.4.13}$$

再考虑沿 y 轴的旋转 $R(0,\beta,0)$. 此时 ϕ 不变, $\theta\to\theta+\beta$, 于是

$$\hat{\boldsymbol{O}}_R(0,\beta,0)Y_{lm}(\theta,\phi)=\frac{1}{\sqrt{2\pi}}\Theta_{lm}(\theta-\beta)\mathrm{e}^{im\phi}=\sum_{m'}Y_{lm'}(\theta,\phi)D^{(l)}_{m'm}(0,\beta,0) \tag{21.4.14}$$

取 $\theta=0,\phi=0$, 则因 $\Theta_{lm}(0)=0\ \ (m\neq 0)$, 有

$$\Theta_{lm}(-\beta)=\Theta_{l0}(0)D^{(l)}_{0m}(0,\beta,0) \tag{21.4.15}$$

因为 $\Theta_{lm}(-\beta)$ 一般不等于零, $\Theta_{l0}(0)\neq 0$, 故 $D^{(l)}_{0m}(0,\beta,0)\neq 0$, 亦即在矩阵 $\boldsymbol{D}^{(l)}(0,\beta,0)$ 中 $m=0$ 行的元素是不等于零的. 现在证明 $\boldsymbol{D}^{(l)}(\alpha,\beta,\gamma)$ 是不可约表示矩阵. 根据 Schur 引理, 这只要证明任何与 $\boldsymbol{D}^{(l)}(\alpha,\beta,\gamma)$ 对易的矩阵必为常量矩阵. 注意到

$$\boldsymbol{D}^{(l)}(\alpha,\beta,\gamma)=\boldsymbol{D}^{(l)}(\alpha,0,0)\boldsymbol{D}^{(l)}(0,\beta,0)\boldsymbol{D}^{(l)}(0,0,\gamma) \tag{21.4.16}$$

可得

$$D^{(l)}_{m'm}(\alpha,\beta,\gamma)=\mathrm{e}^{-im'\alpha}D^{(l)}_{m'm}(0,\beta,0)\mathrm{e}^{-im\gamma} \tag{21.4.17}$$

所以只要考虑任意矩阵与 $\boldsymbol{D}^{(l)}(\alpha,0,0)$ 和 $\boldsymbol{D}^{(l)}(0,\beta,0)$ 的对易关系即可. 设有矩阵 $\boldsymbol{A}$ 与 $\boldsymbol{D}^{(l)}(\alpha,0,0)$ 对易, 则

$$[\boldsymbol{A}\boldsymbol{D}^{(l)}(\alpha,0,0)]_{mm'}=[\boldsymbol{D}^{(l)}(\alpha,0,0)\boldsymbol{A}]_{mm'} \tag{21.4.18}$$

即

$$A_{mm'}\mathrm{e}^{-im'\alpha}=\mathrm{e}^{-im\alpha}A_{mm'} \tag{21.4.19}$$

故

$$A_{mm'}=a_m\delta_{mm'}$$

即 $\boldsymbol{A}$ 必为对角矩阵. 再设 $\boldsymbol{A}$ 与 $\boldsymbol{D}^{(l)}(0,\beta,0)$ 对易, 则

$$[\boldsymbol{A}\boldsymbol{D}^{(l)}(0,\beta,0)]_{0k}=[\boldsymbol{D}^{(l)}(0,\beta,0)\boldsymbol{A}]_{0k}\qquad(\text{对所有}k)\tag{21.4.20}$$

故有

$$a_0\boldsymbol{D}^{(l)}_{0k}(0,\beta,0)=\boldsymbol{D}^{(l)}_{0k}(0,\beta,0)a_k$$

因 $\boldsymbol{D}^{(l)}_{0k}(0,\beta,0)\neq0$, 故 $a_0=a_k$, 即 $\boldsymbol{A}$ 的所有对角元相等, 也就是常量矩阵. 这就证明了 $\boldsymbol{D}^{(l)}(l=0,1,2,\cdots)$ 是不可约表示. 显然, l 不同的表示是不同维数的, 因而一定是不等价的.

由式 (21.4.16) 可知, 要得到 $\boldsymbol{D}^{(l)}(\alpha,\beta,\gamma)$ 的解析表达式, 只要求出 $\boldsymbol{D}^{(l)}(0,\beta,0)$ 即可. 这将在下面讨论.

从式 (21.4.13) 可知, 表示 $D^{(l)}$ 的特征标为

$$\begin{aligned}\chi^{(l)}(\phi)&=\sum_{m=-l}^{l}\mathrm{e}^{im\phi}=1+2\cos\phi+\cdots+2\cos l\phi\\&=\frac{\sin\left(l+\dfrac{1}{2}\right)\phi}{\sin\dfrac{\phi}{2}}\end{aligned}\tag{21.4.21}$$

这个式子在上册 7.4.5 节中已经给出过. 容易证明 $\chi^{(l)}(\phi)$ 满足以下方程 [$SO(3)$ 群特征标的正交关系式, 参看 22.6.2 节的有关讨论]:

$$\begin{aligned}&\frac{1}{\pi}\int_0^{\pi}\chi^{(l)}(\phi)\chi^{(l')}(\phi)(1-\cos\phi)\mathrm{d}\phi\\&=\frac{1}{\pi}\int_0^{\pi}\mathrm{d}\phi(1-\cos\phi)\frac{\sin\left(l+\dfrac{1}{2}\right)\phi\sin\left(l'+\dfrac{1}{2}\right)\phi}{\sin^2\dfrac{\phi}{2}}\\&=\frac{2}{\pi}\int_0^{\pi}\mathrm{d}\phi\sin\left(l+\frac{1}{2}\right)\phi\sin\left(l'+\frac{1}{2}\right)\phi=\delta_{ll'}\end{aligned}\tag{21.4.22}$$

利用式 (21.4.22) 可以证明 $\{D^{(l)}\}$ 形成一个完全集, 亦即不存在旋转群的其他单值连续表示. 若这样的表示存在, 它的特征标 $\chi(\phi)$ 必正交于所有 $\chi^{(l)}(\phi)$(对所有 l), 即

$$\int_0^{\pi}\mathrm{d}\phi(1-\cos\phi)\chi^{(l)}(\phi)\chi(\phi)=0\qquad(\text{对所有}l)\tag{21.4.23}$$

式 (21.4.23) 中以 $(l+1)$ 代替 (l), 所得式子减式 (21.4.23), 得

$$\int_0^{\pi}\mathrm{d}\phi(1-\cos\phi)[\chi^{(l+1)}(\phi)-\chi^{(l)}(\phi)]\chi(\phi)=0\tag{21.4.24}$$

但 $\chi^{(0)}(\phi)=1$, $\chi^{(l+1)}(\phi)-\chi^{(l)}(\phi)=2\cos l\phi$, 故

$$\int_0^\pi \mathrm{d}\phi[(1-\cos\phi)\chi(\phi)]\cos l\phi=0 \tag{21.4.25}$$

亦即 $(1-\cos\phi)\chi(\phi)$ 的所有 Fourier 展开系数皆为零. 因为 $\{\cos l\phi\}$ 在区间 $[0,\pi]$ 上形成完全集合, 故 $(1-\cos\phi)\chi(\phi)$ 必恒等于零, 即 $\chi(\phi)$ 恒等于零, 也就是相应的表示不存在. 因此, $D^{(l)}(l=0,1,\cdots)$ 表示构成旋转群的单值不可约表示完全集合, 任何单值表示都可以用它来展开.

除了单值表示以外, $SO(3)$ 群还有所谓双值表示, 在上册 7.4.6 节已经提到过了, 它与 $SU(2)$ 群的不可约表示紧密相关, 将在下面讨论.

21.4.2 $SU(2)$ 与 $SO(3)$ 群元素的联系

下面我们求出 $SU(2)$ 群和 $SO(3)$ 群的元素之间的联系的显示关系式. 设把二维复空间中的幺模酉变换表示为

$$\begin{aligned}u'&=au+bv\\v'&=cu+dv\end{aligned} \tag{21.4.26}$$

式中, (u,v) 为一对复变量, a,b,c,d 为复参数, 由于酉条件和幺模条件, 它们满足关系式

$$aa^*+bb^*=1,\qquad cc^*+dd^*=1$$

$$a^*c+b^*d=0,\qquad ad-bc=1$$

解以上方程组可得 $c=-b^*,d=a^*$. 于是式 (21.4.26) 可写成

$$\begin{aligned}u'&=au+bv\\v'&=-b^*u+a^*v\end{aligned} \tag{21.4.27}$$

记式 (21.4.27) 表示的变换为 $\hat{O}_R(a,b)$. a,b 满足条件 $aa^*+bb^*=1$, 所以幺模酉变换由三个独立参数标志. $SU(2)$ 群的定义表示矩阵就是

$$\boldsymbol{A}=\begin{bmatrix}a & b\\-b^* & a^*\end{bmatrix} \tag{21.4.28}$$

考察 u,v 的对称张量积 $(u^2,uv,v^2)\equiv(x_1,x_2,x_3)$ 在 $SU(2)$ 元素作用下的变换, 得

$$\begin{aligned}x_1'&=a^2x_1+2abx_2+b^2x_3\\x_2'&=-ab^*x_1+(aa^*-bb^*)x_2+a^*bx_3\\x_3'&=b^{*2}x_1-2a^*b^*x_2+a^{*2}x_3\end{aligned} \tag{21.4.29}$$

作变换

$$x = \frac{1}{2}(x_1 - x_3), \qquad y = \frac{i}{2}(x_1 + x_3), \qquad z = x_2 \tag{21.4.30}$$

则

$$\begin{aligned} x' &= \frac{1}{2}(a^2 - b^{*2} - b^2 + a^{*2})x + \frac{1}{2}i(a^2 - b^{*2} + b^2 - a^{*2})y + (ab + a^*b^*)z \\ y' &= -\frac{i}{2}(a^2 + b^{*2} - b^2 - a^{*2})x + \frac{1}{2}(a^2 + b^{*2} + b^2 + a^{*2})y - i(ab - a^*b^*)z \\ z' &= -(a^*b + ab^*)x + i(a^*b - ab^*)y + (aa^* - bb^*)z \end{aligned} \tag{21.4.31}$$

以上各式中 x, y, z 的系数都是实数, 这样就把两个复变量 (u, v) 的酉变换与三个变量 x, y, z 的变换联系起来. 可以把 x, y, z 三个变量与三维空间中点的坐标联系起来. 容易证明, $x'^2 + y'^2 + z'^2 = x^2 + y^2 + z^2$, 变换矩阵的行列式为 $+1$. 这样式 (21.4.31) 就代表三维空间中点的坐标在旋转操作下的变换. 若取 $a = \mathrm{e}^{i\alpha/2}, b = 0$, 则式 (21.4.31) 变成

$$\begin{aligned} x' &= x\cos\alpha - y\sin\alpha \\ y' &= x\sin\alpha + y\cos\alpha \\ z' &= z \end{aligned}$$

这是绕 z 轴的旋转 $R(\alpha, 0, 0)$. 于是有对应关系

$$\begin{bmatrix} \mathrm{e}^{i\alpha/2} & 0 \\ 0 & \mathrm{e}^{-i\alpha/2} \end{bmatrix} \to \begin{bmatrix} \cos\alpha & -\sin\alpha & 0 \\ \sin\alpha & \cos\alpha & 0 \\ 0 & 0 & 1 \end{bmatrix} \tag{21.4.32}$$

若取 $a = \cos\beta/2, b = \sin\beta/2$, 则得

$$\begin{aligned} x' &= z\sin\beta + x\cos\beta \\ y' &= y \\ z' &= z\cos\beta - x\sin\beta \end{aligned}$$

这是绕 y 轴的旋转 $R(0, \beta, 0)$, 故有对应关系

$$\begin{bmatrix} \cos\dfrac{\beta}{2} & \sin\dfrac{\beta}{2} \\ -\sin\dfrac{\beta}{2} & \cos\dfrac{\beta}{2} \end{bmatrix} \to \begin{bmatrix} \cos\beta & 0 & \sin\beta \\ 0 & 1 & 0 \\ -\sin\beta & 0 & \cos\beta \end{bmatrix} \tag{21.4.33}$$

故对于以 Euler 角 (α, β, γ) 表示的旋转 $R(\alpha, \beta, \gamma) = R(\alpha, 0, 0)R(0, \beta, 0)R(0, 0, \gamma)$, 有对应关系

$$\begin{bmatrix} \mathrm{e}^{i\alpha/2} & 0 \\ 0 & \mathrm{e}^{-i\alpha/2} \end{bmatrix} \begin{bmatrix} \cos\dfrac{\beta}{2} & \sin\dfrac{\beta}{2} \\ -\sin\dfrac{\beta}{2} & \cos\dfrac{\beta}{2} \end{bmatrix} \begin{bmatrix} \mathrm{e}^{i\gamma/2} & 0 \\ 0 & \mathrm{e}^{-i\gamma/2} \end{bmatrix}$$

$$= \begin{bmatrix} \cos\frac{\beta}{2}\mathrm{e}^{\frac{i}{2}(\alpha+\gamma)} & \sin\frac{\beta}{2}\mathrm{e}^{\frac{i}{2}(\alpha-\gamma)} \\ -\sin\frac{\beta}{2}\mathrm{e}^{\frac{i}{2}(\gamma-\alpha)} & \cos\frac{\beta}{2}\mathrm{e}^{-\frac{i}{2}(\alpha+\gamma)} \end{bmatrix} \to R(\alpha,\beta,\gamma) \tag{21.4.34}$$

由式 (21.4.34) 可以看出, $SU(2)$ 的矩阵 $\begin{bmatrix} 1 & 0 \\ 0 & 1 \end{bmatrix}$ 和 $\begin{bmatrix} -1 & 0 \\ 0 & -1 \end{bmatrix}$ $(\alpha=0,\beta=0$ 或 $2\pi,\gamma=0)$ 都对应于 $SO(3)$ 的单位元素 $R(0,0,0)=R(0,2\pi,0)$. 矩阵 $\begin{bmatrix} 1 & 0 \\ 0 & 1 \end{bmatrix}$ 和 $\begin{bmatrix} -1 & 0 \\ 0 & -1 \end{bmatrix}$ 构成 $SU(2)$ 群的一个不变子群, $SU(2)$ 对这个不变子群的任意一个陪集 (包含两个元素) 都对应于 $SO(3)$ 的一个元素. 这样, $SU(2)$ 和 $SO(3)$ 有同态映射关系：每两个 $SU(2)$ 元素映射到一个 $SO(3)$ 元素上. 将式 (21.4.28) 和式 (21.4.34) 比较, 即得出 a,b 和 α,β,γ 之间的显示关系式

$$\begin{aligned} a &= \cos\frac{\beta}{2}\mathrm{e}^{i(\alpha+\gamma)} \\ b &= \sin\frac{\beta}{2}\mathrm{e}^{i(\alpha-\gamma)} \end{aligned} \tag{21.4.35}$$

21.4.3 $SU(2)$ 群的不可约表示与 $SO(3)$ 群的双值表示

下面我们从 $SU(2)$ 的定义表示矩阵 [式 (21.4.28)] 出发, 通过它的张量表示求出它的其他表示. 考虑 $2j+1$ 个 u 和 v 的齐次函数

$$u^{2j}, u^{2j-1}v, u^{2j-2}v^2, \cdots, uv^{2j-1}, v^{2j}$$

或写成

$$f_m = \frac{u^{j+m}v^{j-m}}{\sqrt{(j+m)!(j-m)!}} \qquad (m=-j,-j+1,\cdots,j-1,j) \tag{21.4.36}$$

式中, j 是整数或半奇整数. 分母的选择是为使得到的是酉表示. 对于固定的 j, $SU(2)$ 变换式 (21.4.27) 只使齐次多项式在由它们构成的子空间内变换, 因此它们构成一个 $(2j+1)$ 维表示的基. 例如:

$$j=\frac{1}{2}, \qquad f_{\frac{1}{2}}=u, \qquad f_{-\frac{1}{2}}=v$$

是二维表示的基;

$$j=1, \qquad f_1=u^2/\sqrt{2}, \qquad f_0=uv, \qquad f_{-1}=v^2/\sqrt{2}$$

是三维表示的基. 在群元素 $R(a,b)$ 的作用下, $\{f_m\}$ 的变换为

$$\hat{\boldsymbol{O}}_R(a,b)f_m=\frac{1}{\sqrt{(j+m)!(j-m)!}}\times(au+bv)^{j+m}(-b^*u+a^*v)^{j-m} \tag{21.4.37}$$

按二项式定理展开得

$$\begin{aligned}\hat{\boldsymbol{O}}_R(a,b)f_m&=\sum_{\mu,\nu=0}\frac{1}{\sqrt{(j+m)!(j-m)!}}\times\frac{(j+m)!}{\mu!(j+m-\mu)!}\cdot(au)^{j+m-\mu}\\&\quad\times(bv)^{\mu}\frac{(j-m)!}{\nu!(j-m-\nu)!}(-b^*u)^{j-m-\nu}(a^*v)^{\nu}\\&=\sum_{\mu,\ \nu=0}\frac{\sqrt{(j+m)!(j-m)!}}{(j+m-\mu)!\mu!(j-m-\nu)!\nu!}\\&\quad\times a^{j+m-\mu}a^{*\nu}\cdot b^{\mu}\cdot(-b^*)^{j-m-\nu}u^{2j-\mu-\nu}v^{\mu+\nu}\end{aligned} \tag{21.4.38}$$

在式 (21.4.38) 中求和时, μ,ν 的取值不能导致出现负的阶乘. 令 $\nu=j-\mu-m'$, 则 $\mu+\nu=j-m', 2j-\mu-\nu=j+m'$. 用 $\boldsymbol{D}^{(j)}(a,b)$ 代表 $(2j+1)$ 维表示的对应于群元素 $R(a,b)$ 的矩阵, 则有

$$\begin{aligned}\hat{\boldsymbol{O}}_R(a,b)f_m&=\sum_{m'}f_{m'}\sum_{\mu=0}\frac{[(j+m)!(j-m)!(j+m')!(j-m')!]^{\frac{1}{2}}}{(j+m-\mu)!\mu!(j-m'-\mu)!(m'-m+\mu)!}\\&\quad\times a^{j+m-\mu}a^{*j-m'-\mu}b^{\mu}(-b^*)^{m'-m+\mu}\\&=\sum_{m'}f_{m'}D^{(j)}_{m'm}(a,b)\end{aligned} \tag{21.4.39}$$

式中

$$\begin{aligned}&D^{(j)}_{m'm}(a,b)\\&=\sum_{\mu}\frac{[(j+m)!(j-m)!(j+m')!(j-m')!]^{\frac{1}{2}}}{(j+m-\mu)!\mu!(j-m'-\mu)!(m'-m+\mu)!}\\&\quad\times a^{j+m-\mu}a^{*j-m'-\mu}b^{\mu}(-b^*)^{m'-m+\mu}\end{aligned} \tag{21.4.40}$$

容易证明, 各 f_m 是线性独立的, 并且

$$\sum_m|f_m|^2=\sum_m\frac{|u^{j+m}v^{j-m}|^2}{(j+m)!(j-m)!}=\frac{1}{(2j)!}\{|u|^2+|v|^2\}^{2j}$$

所以 $\sum\limits_m|f_m|^2$ 在 $\hat{\boldsymbol{O}}_R(a,b)$ 的作用下不变. 这表明 $\boldsymbol{D}^{(j)}(a,b)$ 是酉表示矩阵, $D^{(j)}_{m'm}(a,b)$ 就是表示矩阵的元素, 它一般不等于零. 例如:

$$D^{(j)}_{m'm}(\mathrm{e}^{i\omega/2},0)=\delta_{m'm}\mathrm{e}^{im\omega} \tag{21.4.41}$$

利用类似于证明 $SO(3)$ 群的 $\boldsymbol{D}^{(l)}(\alpha,\beta,\gamma)$ 为不可约表示矩阵的方法, 即证明与所有 $\boldsymbol{D}^{(j)}(a,b)$ 可对易的矩阵必为常量矩阵, 就可以证明 $\boldsymbol{D}^{(j)}(a,b)$ 是 $SU(2)$ 的不可约表示矩阵. j 值不同的表示维数不相同, 因此一定是不等价的.

为了求出不可约表示的特征标, 我们利用以下事实: 任何幺模酉阵都可以通过幺模酉变换对角化, 其本征值以互为共轭复数的形式成对出现, 因此所有 $SU(2)$ 群的矩阵 $\begin{bmatrix} a & b \\ -b^* & a^* \end{bmatrix}$ 都等价于某个形如 $\begin{bmatrix} \mathrm{e}^{i\omega/2} & 0 \\ 0 & \mathrm{e}^{-i\omega/2} \end{bmatrix}$ 的矩阵. 属于同一共轭类的矩阵具有相同的本征值谱. 于是由式 (21.4.41) 可知, $D^{(j)}$ 表示的特征标为

$$\chi^{(j)}(\mathrm{e}^{i\omega/2},0)=\sum_{m=-j}^{j}\mathrm{e}^{im\omega}=\frac{\sin\left(j+\dfrac{1}{2}\right)\omega}{\sin\dfrac{\omega}{2}} \qquad (0\leqslant\omega<2\pi) \tag{21.4.42}$$

式 (21.4.42) 和旋转群不可约表示特征标的式子一样. 与旋转群中的情况类似, 利用式 (21.4.42) 可以证明 $D^{(j)}(j=1,2,\cdots)$ 构成 $SU(2)$ 群不可约表示的完全集合.

由于 $SO(3)$ 群是 $SU(2)$ 群的同态映象, $SU(2)$ 的不可约表示 $D^{(j)}$ 也提供 $SO(3)$ 群的不可约表示. 利用 $SU(2)$ 和 $SO(3)$ 元素的对应关系和式 (21.4.40) 可得

$$\begin{aligned} D^{(j)}_{m'm}(\alpha,\beta,\gamma)&=D^{(j)}_{m'm}\left(\cos\frac{\beta}{2}\mathrm{e}^{\frac{i}{2}(\alpha+\gamma)},\sin\frac{\beta}{2}\mathrm{e}^{\frac{i}{2}(\alpha-\gamma)}\right)\\ &=\sum_{\mu}(-1)^{m'-m-\mu}\frac{[(j+m)!(j-m)!(j+m')!(j-m')!]^{\frac{1}{2}}}{(j+m-\mu)!\mu!(j-m'-\mu)!(m'-m+\mu)!}\\ &\quad\times\mathrm{e}^{im'\gamma}\mathrm{e}^{im\alpha}\left(\cos\frac{\beta}{2}\right)^{2j+m-m'-2\mu}\left(\sin\frac{\beta}{2}\right)^{m'-m+2\mu} \end{aligned} \tag{21.4.43}$$

令 $\alpha=\phi,\beta=\gamma=0$, 并利用式 (21.4.42), 可求得旋转群的特征标为

$$\chi^{(j)}(\phi)=\sum_{m=-j}^{j}\mathrm{e}^{im\phi}=\frac{\sin\left(j+\dfrac{1}{2}\right)\phi}{\sin\dfrac{\phi}{2}} \tag{21.4.44}$$

对于整数 j, 它和以前对 $SO(3)$ 群得出的结果一样. 对于半奇整数 j, 每个旋转对应两个矩阵 $\pm\boldsymbol{D}^{(j)}(\alpha,\beta,\gamma)$, 这两个矩阵是对应于 $SU(2)$ 群的两个元素 A 和 $-A$ 的 [A 为 $SU(2)$ 群的任意元素]. 显然, 这种双值性是固有的, 也就是说, 若 R 和 S 是两个旋转, 则我们只能得出

$$\boldsymbol{D}^{(j)}(R)\boldsymbol{D}^{(j)}(S)=\pm\boldsymbol{D}^{(j)}(RS)$$

不能给予 $\boldsymbol{D}^{(j)}(RS)$ 确定的符号. 事实上, 因为酉群元素 $\begin{bmatrix} -1 & 0 \\ 0 & -1 \end{bmatrix}$ 的平方是 $\begin{bmatrix} 1 & 0 \\ 0 & 1 \end{bmatrix}$, 在任一个表示中它的表示矩阵一定是单位矩阵乘以 $+1$ 或 -1, 即 $\boldsymbol{D}(-\boldsymbol{I})$
$= \pm\boldsymbol{D}(\boldsymbol{I})$. 在 $SU(2)$ 的 j 为整数的表示中, $\boldsymbol{D}(-\boldsymbol{I}) = \boldsymbol{D}(\boldsymbol{I})$, 故 $\boldsymbol{D}(-\boldsymbol{A}) = \boldsymbol{D}(\boldsymbol{A})$, 只有一个表示矩阵对应于一个旋转. 在 $SU(2)$ 的 j 为半奇整数的表示中,$\boldsymbol{D}(-\boldsymbol{I}) = -\boldsymbol{D}(\boldsymbol{I})$, 故 $\boldsymbol{D}(-A) = -\boldsymbol{D}(A)$, 有两个表示矩阵对应于一个旋转. 所以 $SU(2)$ 群的 j 为半奇整数的表示给 $SO(3)$ 群提供一个双值表示. 显然, 双值表示不是 $SO(3)$ 群的连续表示, 因为当旋转 2π 时表示矩阵不是单位矩阵而是负单位矩阵. 引入双值群相当于把 $SO(3)$ 扩充成与 $SU(2)$ 同构的群, 从而恢复了表示的单值性与连续性.

21.4.4　直积表示的约化和耦合系数, 3−j 符号

在 21.2.4 节中已经说过, 如何利用置换群的外积约化方法来约化线性群的直积表示. 对于 $SU(2)$ 群, 这个过程特别简单, 因为标志不可约表示的 Young 图最多只有两行. 考虑 $SU(2)$ 的直积表示 $\lambda_1 \otimes \lambda_2$ 的约化. 设 $\lambda_1 \geqslant \lambda_2$, 则根据置换群外积约化规则, 得

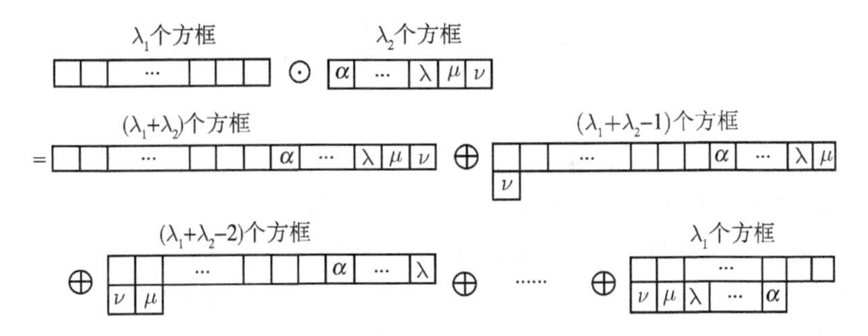

故得 $SU(2)$ 的直积表示 $\lambda_1 \otimes \lambda_2$ 的约化结果为

$$\begin{aligned}[\lambda_1] \otimes [\lambda_2] =& [\lambda_1 + \lambda_2, 0] \oplus [\lambda_1 + \lambda_2 - 1, 1] \\ & \oplus [\lambda_1 + \lambda_2 - 2, 2] \oplus \cdots \oplus [\lambda_1, \lambda_2]\end{aligned} \tag{21.4.45}$$

利用幺模群表示的等价关系, 式 (21.4.45) 可变成

$$[\lambda_1] \otimes [\lambda_2] = [\lambda_1 + \lambda_2] \oplus [\lambda_1 + \lambda_2 - 2] \oplus [\lambda_1 + \lambda_2 - 4] \oplus \cdots \oplus [\lambda_1 - \lambda_2] \tag{21.4.46}$$

使用 $SO(3)$ 群的表示标志符号 (j), 式 (21.4.46) 可以写成

$$(j_1) \otimes (j_2) = (j_1 + j_2) \oplus (j_1 + j_2 - 1) \oplus \cdots \oplus (j_1 - j_2) \tag{21.4.47}$$

式中, $j_1 = \frac{1}{2}\lambda_1,\quad j_2 = \frac{1}{2}\lambda_2$.

利用特征标理论也可以得出同样的结果. $SU(2)$[或 $SO(3)$] 群的不可约表示特征标为

$$\chi^{(j)}(\phi) = \sum_{m=-j}^{j} \mathrm{e}^{im\phi} \tag{21.4.48}$$

两个不可约表示的直积的特征标为

$$\begin{aligned}
\chi^{(j_1)\otimes(j_2)}(\phi) &= \sum_{m_1=-j_1}^{j_1} \mathrm{e}^{im_1\phi} \sum_{m_2=-j_2}^{j_2} \mathrm{e}^{im_2\phi} \\
&= \sum_{m_1=-j_1}^{j_1} \sum_{m_2=-j_2}^{j_2} \mathrm{e}^{i(m_1+m_2)\phi} \\
&= \sum_{J=|j_1-j_2|}^{j_1+j_2} \sum_{m=-J}^{J} \mathrm{e}^{im\phi} \\
&= \sum_{J=|j_1-j_2|}^{j_1+j_2} \chi^{(J)}(\phi)
\end{aligned} \tag{21.4.49}$$

由此可得

$$\boldsymbol{D}^{(j_1)} \otimes \boldsymbol{D}^{(j_2)} = \sum_{J=|j_1-j_2|}^{j_1+j_2} \boldsymbol{D}^{(J)} \tag{21.4.50}$$

对于群 G, 如果①它的每个元素都是自轭的 (元素及其逆元素属于同一共轭类); ②它的任何两个不可约表示的直积中包含任何一个不可约表示都不超过一次, 就说群 G 是简单可约群. 条件①保证 G 的所有特征标都是实的, 因而只可能是第一类或第二类表示. 条件②保证把基函数乘积线性组合为不可约表示的基时, 组合系数确定到一个相因子. $SU(2)$[或 $SO(3)$] 群的元素都是自轭的, 故式 (21.4.50) 表明它们是简单可约群.

下面讨论 $SU(2)$ 和 $SO(3)$ 群的 CG 系数 (对于旋转群又称为 Wigner 系数或矢耦系数), 即两个不可约表示的基函数乘积组合成不可约表示基函数时的组合系数. 从上面的讨论可以知道, 只要考虑 $SU(2)$ 的 CG 系数就行了. $SU(2)$ 的 CG 系数有分析表达式, 有许多种推导方法 (例如, 参看参考文献 [1], 369 页, 或参考文献 [10], 10 页), 这里只给出结果 (Racah G, Phys Rev, 1942,62:438). 用 $|j_i m_i\rangle$ 标志 (j_i) 表示的 m_i 行基. 对于 $(j_1)\otimes(j_2) \supset (j)$, 若将耦合基 $|jm\rangle$ 表示为

$$|jm\rangle = \sum_{m_1 m_2} \langle j_1 m_1 j_2 m_2 | jm\rangle |j_1 m_1\rangle |j_2 m_2\rangle \tag{21.4.51}$$

则有

$$
\begin{aligned}
&\langle j_1m_1j_2m_2|jm\rangle\\
&=\delta_{m_1+m_2,m}\Big[(2j+1)\frac{(j_1+j_2-j)!(j+j_1-j_2)!(j+j_2-j_1)!}{(j_1+j_2+j+1)!}\\
&\quad\times(j_1+m_1)!(j_1-m_1)!(j_2+m_2)!\\
&\quad\times(j_2-m_2)!(j+m)!(j-m)!\Big]^{\frac{1}{2}}\\
&\quad\times\sum_x\frac{(-1)^x}{x!}[(j_1+j_2-j-x)!(j_1-m_1-x)!(j_2+m_2-x)!\\
&\quad\times(j-j_2+m_1+x)!(j-j_1-m_2+x)!]^{-1}
\end{aligned}\tag{21.4.52}
$$

式中, x 的取值范围是不导致出现负数的阶乘 (阶乘应理解为相关的 Γ 函数). 式 (21.4.52) 表明 $SU(2)$ 和 $SO(3)$ 群的 CG 系数可取为实数. 这个公式相当复杂, 但在特殊情况下比较简单. 例如, 当 $j=j_1+j_2$ 时, 只有 $x=0$ 的项存在, 故

$$
\begin{aligned}
&\langle j_1m_1j_2m_2|j=j_1+j_2,m\rangle\\
&=\left[\frac{(2j_1)!(2j_2)!(j+m)!(j-m)!}{(2j)!(j_1+m_1)!(j_1-m_1)!(j_2+m_2)!(j_2-m_2)!}\right]^{\frac{1}{2}}
\end{aligned}\tag{21.4.53}
$$

当 $j=j_1-j_2$ 时, 只有 $x=j_2-m_2$ 的项剩下, 故

$$
\begin{aligned}
&\langle j_1m_1j_2m_2|j=j_1-j_2,m\rangle\\
&=(-1)^{j_2+m_2}\left[\frac{(2j+1)!(2j_2)!(j_1+m_1)!(j_1-m_1)!}{(2j_1+1)!(j_2+m_2)!(j_2-m_2)!(j+m)!(j-m)!}\right]^{\frac{1}{2}}
\end{aligned}\tag{21.4.54}
$$

我们经常要用到 CG 系数的以下一些性质:

(1) 作代换 $x=j-m-y$, 则可以导出

$$\langle j_2m_2j_1m_1|jm\rangle=(-1)^{j_1+j_2-j}\langle j_1m_1j_2m_2|jm\rangle\tag{21.4.55}$$

(2) $\langle j-mj_2m_2|j_1-m_1\rangle=(-1)^{j_2+m_2}\sqrt{\dfrac{(2j_1+1)}{(2j+1)}}\langle j_1m_1j_2m_2|jm\rangle$ (21.4.56)

(3) $\langle j_1-m_1j_2-m_2|j-m\rangle=(-1)^{j_1+j_2-j}\langle j_1m_1j_2m_2|jm\rangle$ (21.4.57)

从以上式子还可以组合出其他关系式. 此外还有正交关系式

$$
\begin{aligned}
&\sum_{jm}\langle j_1m_1j_2m_2|jm\rangle\langle j_1m_1'j_2m_2'|jm\rangle=\delta_{m_1m_1'}\delta_{m_2m_2'}\\
&\sum_{m_1m_2}\langle j_1m_1j_2m_2|jm\rangle\langle j_1m_1j_2m_2|j'm'\rangle=\delta_{jj'}\delta_{mm'}
\end{aligned}\tag{21.4.58}
$$

为了更好地反映出耦合系数的对称性质, 引入 $3-j$ 符号, 其定义为

$$\begin{pmatrix} j_1 & j_2 & j_3 \\ m_1 & m_2 & m_3 \end{pmatrix} = (-1)^{j_1-j_2-m_3}(2j_3+1)^{-\frac{1}{2}}\langle j_1m_1j_2m_2|j_3-m_3\rangle \quad (21.4.59)$$

它具有以下性质:

(1) 对于列的偶置换不变

$$\begin{pmatrix} j_1 & j_2 & j_3 \\ m_1 & m_2 & m_3 \end{pmatrix} = \begin{pmatrix} j_2 & j_3 & j_1 \\ m_2 & m_3 & m_1 \end{pmatrix} = \begin{pmatrix} j_3 & j_1 & j_2 \\ m_3 & m_1 & m_2 \end{pmatrix} \quad (21.4.60)$$

(2) 对于列的奇置换引入因子 $(-1)^{j_1+j_2+j_3}$

$$\begin{pmatrix} j_2 & j_1 & j_3 \\ m_2 & m_1 & m_3 \end{pmatrix} = (-1)^{j_1+j_2+j_3}\begin{pmatrix} j_1 & j_2 & j_3 \\ m_1 & m_2 & m_3 \end{pmatrix} \quad (21.4.61)$$

故若 $j_1+j_2+j_3=$ 奇数, 则有两列相同的 $3-j$ 符号为零.

(3) $\begin{pmatrix} j_1 & j_2 & j_3 \\ m_1 & m_2 & m_3 \end{pmatrix} = (-1)^{j_1+j_2+j_3}\begin{pmatrix} j_1 & j_2 & j_3 \\ -m_1 & -m_2 & -m_3 \end{pmatrix}$ (21.4.62)

正交关系式则表达为

$$\sum_{j_3}(2j_3+1)\begin{pmatrix} j_1 & j_2 & j_3 \\ m_1 & m_2 & m_3 \end{pmatrix}\begin{pmatrix} j_1 & j_2 & j_3 \\ m_1' & m_2' & m_3 \end{pmatrix} = \delta_{m_1m_1'}\delta_{m_2m_2'} \quad (21.4.63)$$

$$\sum_{m_1m_2}\begin{pmatrix} j_1 & j_2 & j_3 \\ m_1 & m_2 & m_3 \end{pmatrix}\begin{pmatrix} j_1 & j_2 & j_3' \\ m_1 & m_2 & m_3' \end{pmatrix} = (2j_3+1)^{-1}\delta_{j_3j_3'}\delta_{m_3m_3'}$$

由此可得

$$\sum_{m_1m_2m_3}\begin{pmatrix} j_1 & j_2 & j_3 \\ m_1 & m_2 & m_3 \end{pmatrix}^2 = 1 \quad (21.4.64)$$

利用正交关系式, 容易从式 (21.4.51) 求得

$$\begin{aligned} |j_1m_1\rangle|j_2m_2\rangle &= \sum_{j_3}\langle j_1m_1j_2m_2|j_3m_3\rangle|j_3m_3\rangle \\ &= \sum_{j_3}(-1)^{j_2-j_1-m_3}(2j_3+1)^{\frac{1}{2}}\begin{pmatrix} j_1 & j_2 & j_3 \\ m_1 & m_2 & -m_3 \end{pmatrix}|j_3m_3\rangle \end{aligned} \quad (21.4.65)$$

还可以证明 Clebsch-Gordan 关系式 [参看上册式 (7.3.32)]

$$\begin{aligned} &D^{(j_1)}_{m_1'm_1}(\alpha,\beta,\gamma)D^{(j_2)}_{m_2'm_2}(\alpha,\beta,\gamma) \\ =&\sum_{j_3}\langle j_1m_1'j_2m_2'|j_3m_3'\rangle\langle j_1m_2j_2m_2|j_3m_3\rangle D^{j_3}_{m_3'm_3}(\alpha,\beta,\gamma) \end{aligned} \quad (21.4.66)$$

或写成

$$
\begin{aligned}
&D^{(j_1)}_{m_1'm_1}(\alpha,\beta,\gamma)D^{(j_2)}_{m_2'm_2}(\alpha,\beta,\gamma)\\
&=\sum_{j_3}(2j_3+1)\begin{pmatrix} j_1 & j_2 & j_3\\ m_1' & m_2' & m_3'\end{pmatrix}\begin{pmatrix} j_1 & j_2 & j_3\\ m_1 & m_2 & m_3\end{pmatrix}D^{(j_3)}_{m_3'm_3}(\alpha,\beta,\gamma)
\end{aligned}
\tag{21.4.67}
$$

式 (21.4.66) 和式 (21.4.67) 中 $m_3=m_1+m_2, m_3'=m_1'+m_2'$. 常用的几个简单的 $3-j$ 符号的分析表达式如下:

$$
(1)\begin{pmatrix} j_1 & j_2 & 0\\ m_1 & -m_2 & 0\end{pmatrix}=(-1)^{j_1-m_1}(2j_1+1)^{-\frac{1}{2}}\delta_{j_1j_2}\delta_{m_1m_2} \tag{21.4.68}
$$

$$
(2)\begin{pmatrix} j & j' & 1\\ m & -m' & 0\end{pmatrix}=(-1)^{j-m}m[j(j+1)(2j+1)]^{-\frac{1}{2}}\delta_{jj'}\delta_{mm'} \tag{21.4.69}
$$

$$
\begin{aligned}
(3)\begin{pmatrix} j_1 & j_2 & j_3\\ 0 & 0 & 0\end{pmatrix}&=(-1)^{\frac{J}{2}}\left[\frac{(j_1+j_2-j_3)!(j_1+j_3-j_2)!(j_2+j_3-j_1)!}{(j_1+j_2+j_3+1)!}\right]^{\frac{1}{2}}\\
&\quad\times\frac{\left(\frac{J}{2}\right)!}{\left(\frac{J}{2}-j_1\right)!\left(\frac{J}{2}-j_2\right)!\left(\frac{J}{2}-j_3\right)!}
\end{aligned}
\tag{24.4.70}
$$

式中, $J=j_1+j_2+j_3$, 当 J 为奇数时, $\begin{pmatrix} j_1 & j_2 & j_3\\ 0 & 0 & 0\end{pmatrix}=0$. $3-j$ 符号的数值有专著可查 [11].

21.4.5 重耦合系数, 6−j 和 9−j 符号

我们经常会遇到三个不可约表示的基函数耦合问题. 例如, 在直积表示 $(j_1)\otimes(j_2)\otimes(j_3)$ 中, 表示空间是 $(2j_1+1)(2j_2+1)(2j_3+1)$ 维的, 要约化它, 就要把三组基函数的乘积组合为若干组不可约表示的基. 这个过程可以分两步进行: 先把两个表示的基函数耦合为不可约表示的基 (把两组基函数的乘积组合为若干组不可约表示的基), 再把它们和第三组基函数耦合. 显然, 耦合 $(j_1),(j_2),(j_3)$ 三个表示的基函数有两种耦合方案, 它们是

$$
[(j_1)\otimes(j_2)]\otimes(j_3)\equiv(j_{12})\otimes(j_3) \tag{21.4.71}
$$

$$
(j_1)\otimes[(j_2)\otimes(j_3)]\equiv(j_1)\otimes(j_{23}) \tag{21.4.72}
$$

若用 $|j_im_i\rangle$ 标志 (j_i) 表示的 m_i 行基, 则由两种耦合方案分别得出

$$\begin{aligned}
&|(j_1j_2)j_{12}j_3jm\rangle \\
&=\sum_{m_{12}m_3}\langle j_{12}m_{12}j_3m_3|jm\rangle|(j_1j_2)j_{12}m_{12}\rangle|j_3m_3\rangle \\
&=\sum_{\substack{m_1m_2\\ m_{12}m_3}}\langle j_{12}m_{12}j_3m_3|jm\rangle\langle j_1m_1j_2m_2|j_{12}m_{12}\rangle|j_1m_1\rangle|j_2m_2\rangle|j_3m_3\rangle
\end{aligned} \tag{21.4.73}$$

$$\begin{aligned}
&|j_1(j_2j_3)j_{23}jm\rangle \\
&=\sum_{m_1m_{23}}\langle j_1m_1j_{23}m_{23}|jm\rangle|j_1m_1\rangle|(j_2j_3)j_{23}m_{23}\rangle \\
&=\sum_{\substack{m_1m_2\\ m_3m_{23}}}\langle j_1m_1j_{23}m_{23}|jm\rangle\langle j_2m_2j_3m_3|j_{23}m_{23}\rangle|j_1m_1\rangle|j_2m_2\rangle|j_3m_3\rangle
\end{aligned} \tag{21.4.74}$$

两种耦合方案得出的函数都是 (j) 的基函数, 有相同的变换性质, 因此是线性相关的, 设有

$$|j_1(j_2j_3)j_{23}jm\rangle=\sum_{j_{12}}\langle(j_1j_2)j_{12}j_3j|j_1(j_2j_3)j_{23}j\rangle|(j_1j_2)j_{12}j_3jm\rangle \tag{21.4.75}$$

式中, $\langle(j_1j_2)j_{12}j_3j|j_1(j_2j_3)j_{23}j\rangle$ 称为重耦合系数, 是两种耦合方案得到的基函数之间的酉变换矩阵元. 因为两种耦合方案得到的基函数都具有 $|jm\rangle$ 的变换性质, 重耦合系数是与 m 无关的. 将式 (21.4.73) 和式 (21.4.74) 代入式 (21.4.75), 将 CG 系数用 $3-j$ 符号表示, 并令 $|j_1m_1\rangle|j_2m_2\rangle|j_3m_3\rangle$ 的系数相等, 得

$$\begin{aligned}
&\sum_{m_{23}}(-1)^{j_2-j_3+m_{23}+j_1-j_{23}+m}[(2j_{23}+1)(2j+1)]^{\frac{1}{2}} \\
&\times\begin{pmatrix} j_2 & j_3 & j_{23}\\ m_2 & m_3 & -m_{23}\end{pmatrix}\begin{pmatrix} j_1 & j_{23} & j\\ m_1 & m_{23} & -m\end{pmatrix} \\
=&\sum_{j_{12}m_{12}}\langle(j_1j_2)j_{12}j_3j|j_1(j_2j_3)j_{23}j\rangle \\
&\times(-1)^{j_1-j_2+m_{12}+j_{12}-j_3+m}[(2j_{12}+1)(2j+1)]^{\frac{1}{2}} \\
&\times\begin{pmatrix} j_1 & j_2 & j_{12}\\ m_1 & m_2 & -m_{12}\end{pmatrix}\begin{pmatrix} j_{12} & j_3 & j\\ m_{12} & m_3 & -m\end{pmatrix}
\end{aligned} \tag{21.4.76}$$

用 $(-1)^{m'_{12}}\begin{pmatrix} j_1 & j_2 & j'_{12}\\ m_1 & m_2 & m'_{12}\end{pmatrix}$ 乘两边并对 m_1,m_2 求和, 则式 (21.4.76) 右边变为

$$\sum_{j_{12}m_{12}} \langle (j_1j_2)j_{12}j_3j|j_1(j_2j_3)j_{23}j\rangle \delta(j_{12}j'_{12})\delta(m_{12}m'_{12})$$
$$\times(-1)^{j_1-j_2+j_{12}-j_3+m+m_{12}-m'_{12}}\left(\frac{2j+1}{2j_{12}+1}\right)^{\frac{1}{2}}\begin{pmatrix} j_{12} & j_3 & j \\ m_{12} & m_3 & -m \end{pmatrix}$$
$$= \langle (j_1j_2)j'_{12}j_3j|j_1(j_2j_3)j_{23}j\rangle$$
$$\times(-1)^{j_1-j_2+j'_{12}-j_3+m}\left(\frac{2j+1}{2j'_{12}+1}\right)^{\frac{1}{2}}\begin{pmatrix} j'_{12} & j_3 & j \\ m'_{12} & m_3 & -m \end{pmatrix} \tag{21.4.77}$$

Racah 定义 W 系数为

$$W(j_1j_2jj_3;j_{12}j_{23}) = \frac{\langle (j_1j_2)j_{12}j_3j|j_1(j_2j_3)j_{23}j\rangle}{\sqrt{(2j_{12}+1)(2j_{23}+1)}} \tag{21.4.78}$$

为了显示对称性质, 可引入 $6-j$ 符号 $\begin{Bmatrix} j_3 & j & j_{12} \\ j_1 & j_2 & j_{23} \end{Bmatrix}$

$$(-1)^{j_1+j_2+j_3+j}\begin{Bmatrix} j_3 & j & j_{12} \\ j_1 & j_2 & j_{23} \end{Bmatrix} = \frac{\langle (j_1j_2)j_{12}j_3j|j_1(j_2j_3)j_{23}j\rangle}{\sqrt{(2j_{12}+1)(2j_{23}+1)}} \tag{21.4.79}$$

于是有

$$(-1)^{j_1-j_2+j'_{12}-j_3+m+j_1+j_2+j_3+j}[(2j+1)(2j_{23}+1)]^{\frac{1}{2}}$$
$$\times\begin{Bmatrix} j_3 & j & j'_{12} \\ j_1 & j_2 & j_{23} \end{Bmatrix}\begin{pmatrix} j'_{12} & j_3 & j \\ m'_{12} & m_3 & -m \end{pmatrix}$$
$$= \sum_{m_{23}m_1m_2}(-1)^{j_2-j_3+m_{23}+j_1-j_{23}+m-m'_{12}}[(2j_1+1)(2j_{23}+1)]^{\frac{1}{2}}$$
$$\times\begin{pmatrix} j_2 & j_3 & j_{23} \\ m_2 & m_3 & -m_{23} \end{pmatrix}\begin{pmatrix} j_1 & j_{23} & j \\ m_1 & m_{23} & -m \end{pmatrix}\begin{pmatrix} j_1 & j_2 & j'_{12} \\ m_1 & m_2 & -m'_{12} \end{pmatrix} \tag{21.4.80}$$

式 (21.4.80) 经化简后得

$$\begin{Bmatrix} j_3 & j & j'_{12} \\ j_1 & j_2 & j_{23} \end{Bmatrix}\begin{pmatrix} j'_{12} & j_3 & j \\ m'_{12} & m_3 & -m \end{pmatrix}$$
$$= \sum_{m_{23}m_1m_2}(-1)^{j_1+j_2+j_{23}-m_1+m_2+m_{23}}$$

$$\times\begin{pmatrix} j_3 & j_2 & j_{23} \\ m_3 & m_2 & -m_{23} \end{pmatrix}\begin{pmatrix} j_1 & j & j_{23} \\ m_1 & -m & m_{23} \end{pmatrix}\begin{pmatrix} j_1 & j_2 & j'_{12} \\ -m_1 & -m_2 & m'_{12} \end{pmatrix} \tag{21.4.81}$$

为了使式 (21.4.81) 有更对称的形式, 作以下替换:

$$\begin{array}{ll} j_3 \to j_1 & m_3 \to m_1 \\ j \to j_2 & m \to -m_2 \\ j_{12} \to j_3 & m'_{12} \to m_3 \\ j_1 \to l_1 & m_1 \to -\mu_1 \\ j_2 \to l_2 & m_2 \to \mu_2 \\ j_{23} \to l_3 & m_{23} \to \mu_3 \end{array} \tag{21.4.82}$$

可得

$$\begin{aligned} &\begin{Bmatrix} j_1 & j_2 & j_3 \\ l_1 & l_2 & l_3 \end{Bmatrix}\begin{pmatrix} j_1 & j_2 & j_3 \\ m_1 & m_2 & m_3 \end{pmatrix} \\ =&\sum_{\mu_1\mu_2\mu_3}(-1)^{l_1+l_2+l_3+\mu_1+\mu_2+\mu_3} \\ &\times\begin{pmatrix} j_1 & l_2 & l_3 \\ m_1 & \mu_2 & -\mu_3 \end{pmatrix}\begin{pmatrix} l_1 & j_2 & l_3 \\ -\mu_1 & m_2 & \mu_3 \end{pmatrix}\begin{Bmatrix} l_1 & l_2 & j_3 \\ \mu_1 & -\mu_2 & m_3 \end{Bmatrix} \end{aligned} \tag{21.4.83}$$

式 (21.4.83) 两边乘以 $\begin{pmatrix} j_1 & j_2 & j_3 \\ m_1 & m_2 & m_3 \end{pmatrix}$ 并对 m_1, m_2 求和, 根据 $3-j$ 符号的正交关系式, 可得

$$\begin{aligned} \begin{Bmatrix} j_1 & j_2 & j_3 \\ l_1 & l_2 & l_3 \end{Bmatrix} =& \sum_{\substack{\mu_1\mu_2\mu_3 \\ m_1m_2}}(-1)^{l_1+l_2+l_3+\mu_1+\mu_2+\mu_3}(2j_3+1) \\ &\times\begin{pmatrix} j_1 & l_2 & l_3 \\ m_1 & \mu_2 & -\mu_3 \end{pmatrix}\begin{pmatrix} l_1 & j_2 & l_3 \\ -\mu_1 & m_2 & \mu_3 \end{pmatrix} \\ &\times\begin{pmatrix} l_1 & l_2 & j_3 \\ \mu_1 & -\mu_2 & m_3 \end{pmatrix}\begin{pmatrix} j_1 & j_2 & j_3 \\ m_1 & m_2 & m_3 \end{pmatrix} \end{aligned} \tag{21.4.84}$$

把 $3-j$ 符号的分析表达式代入式 (21.4.83), 可得到 $6-j$ 符号的分析表达式. 利用 $6-j$ 符号与 m_1, m_2, m_3 无关的性质, 可取 $m_1 = j_1, m_2 = -j_2$, 经整理简化后可得

$$\begin{Bmatrix} j_1 & j_2 & j_3 \\ l_1 & l_2 & l_3 \end{Bmatrix} = \Delta(j_1j_2j_3)\Delta(j_1l_2l_3)\Delta(l_1j_2l_3)\Delta(l_1l_2j_3)$$

$$\begin{aligned}&\times\sum_x(-1)^x(x+1)![(x-j_1-j_2-j_3)!\\&\times(x-j_1-l_2-l_3)!\\&\times(x-l_1-j_2-l_3)!(x-l_1-l_2-j_3)!\\&\times(j_1+j_2+l_1+l_2-x)!\\&\times(j_2+j_3+l_2+l_3-x)!\\&\times(j_3+j_1+l_3+l_1-x)!]^{-1}\end{aligned} \tag{21.4.85}$$

式中, x 的取值范围是不导致出现负数的阶乘

$$\Delta(abc)=\left[\frac{(a+b-c)!(a-b+c)!(b+c-a)!}{(a+b+c+1)!}\right]^{\frac{1}{2}} \tag{21.4.86}$$

若 (a,b,c) 不满足三角条件, 则 $\Delta=0$. 四个三角条件可利用下图记忆 (上行为 j_1、j_2、j_3, 下行为 l_1、l_2、l_3):

如果 $6-j$ 符号中有一个数字为零, 则式 (21.4.86) 大大简化. 例如:

$$\begin{Bmatrix}0 & b & b'\\ a & c & c'\end{Bmatrix}=(-1)^{a+b+c}\left[\frac{1}{(2b+1)(2c+1)}\right]^{\frac{1}{2}}\delta_{bb'}\delta_{cc'}$$

$6-j$ 符号有以下对称性质:

(1) 对于调换列不变, 如

$$\begin{Bmatrix}j_1 & j_2 & j_3\\ l_1 & l_2 & l_3\end{Bmatrix}=\begin{Bmatrix}j_2 & j_1 & j_3\\ l_2 & l_1 & l_3\end{Bmatrix} \tag{21.4.87}$$

(2) 对于调换任意两列的上下行不变, 即

$$\begin{Bmatrix}j_1 & j_2 & j_3\\ l_1 & l_2 & l_3\end{Bmatrix}=\begin{Bmatrix}l_1 & l_2 & j_3\\ j_1 & j_2 & j_3\end{Bmatrix}=\begin{Bmatrix}j_1 & l_2 & l_3\\ l_1 & j_2 & j_3\end{Bmatrix} \tag{21.4.88}$$

有意思的是, 如果把 $6-j$ 符号的六个数字与正四面体的六条边对应起来, 则上述两种对称性就相当于说, 正四面体的 24 种对称操作导致的数字变换都不改变 $6-j$ 符号的数值. Regge(Regge T. Nuovo Cimento, 1959, 11:116) 曾指出 $6-j$ 符号的许多对称性质. 例如:

$$\begin{Bmatrix}a & b & e\\ d & c & f\end{Bmatrix}=\begin{Bmatrix}\frac{1}{2}(a+b+d-c) & \frac{1}{2}(a+b+c-d) & e\\ \frac{1}{2}(a+d+c-b) & \frac{1}{2}(d+b+c-a) & f\end{Bmatrix} \tag{21.4.89}$$

因此表面上很不同的 $6-j$ 符号可能是相等的.

从重耦合系数的正交关系式

$$\sum_{j_{12}}\langle j_1(j_2j_3)j_{23}j|(j_1j_2)j_{12}j_3j\rangle\langle(j_1j_2)j_{12}j_3j|j_1(j_2j_3)j'_{23}j\rangle=\delta(j_{23},j'_{23}) \tag{21.4.90}$$

可得 $6-j$ 符号的正交关系式

$$\sum_{j_{12}}(2j_{23}+1)(2j_{12}+1)\left\{\begin{matrix} j_3 & j & j_{12} \\ j_1 & j_2 & j_{23}\end{matrix}\right\}\left\{\begin{matrix} j_3 & j & j_{12} \\ j_1 & j_2 & j'_{23}\end{matrix}\right\}=\delta(j_{23},j'_{23}) \tag{21.4.91}$$

利用重耦合关系

$$\sum_{j_{23}}\langle(j_1j_2)j_{12}j_3j|j_1(j_2j_3)j_{23}j\rangle\langle j_1(j_{23})j_{23}j|j_2(j_3j_1)j_{31}j\rangle=\langle(j_1j_2)j_{12}j_3j|j_2(j_3j_1)j_{31}j\rangle \tag{21.4.92}$$

可得

$$\begin{aligned}&\sum_{j_{23}}(-1)^{j_{23}+j_1-j}(2j_{23}+1)\left\{\begin{matrix} j_3 & j & j_{12} \\ j_1 & j_2 & j_{23}\end{matrix}\right\}\left\{\begin{matrix} j_1 & j & j_{23} \\ j_2 & j_3 & j_{31}\end{matrix}\right\}\\&=(-1)^{j_1-j_{12}-j_{31}-j}\left\{\begin{matrix} j_3 & j & j_{12} \\ j_2 & j_1 & j_{31}\end{matrix}\right\}\end{aligned} \tag{21.4.93}$$

下面我们介绍 $9-j$ 符号, 它是在考虑四个不可约表示的基函数耦合时出现的. 设 $(j_1),(j_2),(j_3),(j_4)$ 四个表示的基函数分别为 $|j_im_i\rangle(i=1,2,3,4)$. 要求约化直积表示 $(j_1)\otimes(j_2)\otimes(j_3)\otimes(j_4)$, 就要把四组基函数的乘积耦合为若干组不可约表示的基. 有两种耦合方案: ① 由 $(j_1)\otimes(j_2)$ 得出 (j_{12}) 表示, 由 $(j_3)\otimes(j_4)$ 得出 (j_{34}) 表示, 再由 $(j_{12})\otimes j_{(34)}$ 得出 j 表示来, 记其基函数为 $|(j_1j_2)j_{12}(j_3j_4)j_{34}jm\rangle$; ② 由 $(j_1)\otimes(j_3)$ 和 $(j_2)\otimes(j_4)$ 分别得出 (j_{13}) 和 (j_{24}), 再由 $(j_{13})\otimes(j_{24})$ 得出 (j), 记其基函数为 $|(j_1j_3)j_{13}(j_2j_4)j_{24}jm\rangle$. 仿照上面的推理, 可知两组函数之间应有线性变换关系

$$\begin{aligned}&|(j_1j_2)j_{12}(j_3j_4)j_{34}jm\rangle\\&=\sum_{j_{13}j_{24}}\langle(j_1j_2)j_{12}(j_3j_4)j_{34}j|(j_1j_3)j_{13}(j_2j_4)j_{24}j\rangle|(j_1j_3)j_{13}(j_2j_4)j_{24}jm\rangle\end{aligned} \tag{21.4.94}$$

因为两组函数对于旋转有相同的变换性质, 故重耦合系数与 m 无关. 如果我们把①和②两种耦合方案分别看作是 L-S 和 jj 耦合方案, 则式 (21.4.94) 就给出 L-S 耦合波函数与 jj 耦合波函数之间的变换关系.

为了更好地显示对称性质, 引入 $9-j$ 符号, 其定义为

$$\begin{Bmatrix} j_1 & j_2 & j_{12} \\ j_3 & j_4 & j_{34} \\ j_{13} & j_{24} & j \end{Bmatrix} = [(2j_{12}+1)(2j_{34}+1)(2j_{13}+1)(2j_{24}+1)]^{-\frac{1}{2}} \times \langle (j_1j_2)j_{12}(j_3j_4)j_{34}j|(j_1j_3)j_{13}(j_2j_4)j_{24}j\rangle \tag{21.4.95}$$

$9-j$ 符号有以下性质:

(1) 对于行或列的偶置换和对于行和列的转置不变.

(2) 对行或列的奇置换引入因子 $(-1)^{\Sigma}$, 其中

$$\Sigma = j_1 + j_2 + j_{12} + j_3 + j_4 + j_{34} + j_{13} + j_{24}$$

(3) $9-j$ 符号可以用 $6-j$ 符号和 $3-j$ 符号来表达. 由

$$\begin{aligned} &\langle (j_1j_2)j_{12}(j_3j_4)j_{34}j|(j_1j_3)j_{13}(j_2j_4)j_{24}j\rangle \\ =& \sum_{j'} \langle (j_1j_2)j_{12}j_{34}j|j_1(j_2j_{34})j'j\rangle \\ &\times \langle j_2(j_3j_4)j_{34}j'|j_3(j_2j_4)j_{24}j'\rangle \\ &\times \langle j_1(j_3j_{24})j'j|(j_1j_3)j_{13}j_{24}j\rangle \end{aligned} \tag{21.4.96}$$

可得 (作适当的符号替换)

$$\begin{Bmatrix} j_{11} & j_{12} & j_{13} \\ j_{21} & j_{22} & j_{23} \\ j_{31} & j_{32} & j_{33} \end{Bmatrix} = \sum_{j'} (-1)^{2j'}(2j'+1) \begin{Bmatrix} j_{11} & j_{21} & j_{31} \\ j_{32} & j_{33} & j' \end{Bmatrix} \times \begin{Bmatrix} j_{12} & j_{22} & j_{32} \\ j_{21} & j' & j_{23} \end{Bmatrix} \begin{Bmatrix} j_{13} & j_{23} & j_{33} \\ j' & j_{11} & j_{12} \end{Bmatrix} \tag{21.4.97}$$

容易求得 $9-j$ 符号用 $3-j$ 符号的表达式为

$$\begin{aligned} \begin{Bmatrix} j_{11} & j_{12} & j_{13} \\ j_{21} & j_{22} & j_{23} \\ j_{31} & j_{32} & j_{33} \end{Bmatrix} =& \sum_{\text{所有}m_{ij}} \begin{pmatrix} j_{11} & j_{12} & j_{13} \\ m_{11} & m_{12} & m_{13} \end{pmatrix} \begin{pmatrix} j_{21} & j_{22} & j_{23} \\ m_{21} & m_{22} & m_{23} \end{pmatrix} \\ &\times \begin{pmatrix} j_{31} & j_{32} & j_{33} \\ m_{31} & m_{32} & m_{33} \end{pmatrix} \begin{pmatrix} j_{11} & j_{21} & j_{31} \\ m_{11} & m_{21} & m_{31} \end{pmatrix} \\ &\times \begin{pmatrix} j_{12} & j_{22} & j_{32} \\ m_{12} & m_{22} & m_{32} \end{pmatrix} \begin{pmatrix} j_{13} & j_{23} & j_{33} \\ m_{13} & m_{23} & m_{33} \end{pmatrix} \end{aligned} \tag{21.4.98}$$

(4) 若 $9-j$ 符号中有一个数字为零, 则退化为一个 $6-j$ 符号. 例如:

$$\begin{Bmatrix} j_{11} & j_{12} & j_1 \\ j_{21} & j_{22} & j_2 \\ j_1' & j_2' & 0 \end{Bmatrix} = \delta_{j_1 j_2}\delta_{j_1' j_2'}(-1)^{j_{12}+j_{21}+j_1+j_1'} \times [(2j_1+1)(2j_1'+1)]^{\frac{1}{2}} \begin{Bmatrix} j_{11} & j_{12} & j_1 \\ j_{22} & j_{21} & j_1' \end{Bmatrix} \tag{21.4.99}$$

(5) 正交关系式

$$\sum_{cf}(2c+1)(2f+1)(2g+1)(2h+1) \times \begin{Bmatrix} a & b & c \\ d & e & f \\ g & h & i \end{Bmatrix}\begin{Bmatrix} a & b & c \\ d & e & f \\ j & k & i \end{Bmatrix} = \delta_{gj}\delta_{hk} \tag{21.4.100}$$

附带指出, 因为 $6-j$ 符号和 $9-j$ 符号与 m 无关, 故它们对于 $|jm\rangle$ 基组的酉变换是不变的, 其正负号也不取决于 CG 系数的位相规约.

21.5 广义的 Wigner-Eckart 定理和不可约张量方法

21.5.1 不可约张量算符集

在上册 8.2.2 节中已经简单介绍过 Wigner-Eckart 定理, 这里就普遍情况作进一步的讨论. 我们知道算符也像函数一样具有一定的变换性质, 因而也可以作为群的表示的基. 如果一组算符 $\{\boldsymbol{T}(\Lambda\lambda)\}$ 在群 G 的元素作用下按其表示 $[\Lambda]$ 变换, 也就是说, 如果有

$$\hat{\boldsymbol{O}}_R\hat{\boldsymbol{T}}(\Lambda\lambda)\hat{\boldsymbol{O}}_R^{-1} = \sum_{\lambda'}\langle\Lambda\lambda'|\hat{\boldsymbol{O}}_R|\Lambda\lambda\rangle\hat{\boldsymbol{T}}(\Lambda\lambda') \qquad R\in G \tag{21.5.1}$$

就称 $\{\hat{\boldsymbol{T}}(\Lambda\lambda)\}$ 为群 G 的属于表示 Λ 的张量算符. 如果 $[\Lambda]$ 是不可约的 (或可约的, 等价的), 就称为不可约 (或可约的, 等价的) 张量算符.

如果 R 是一个无穷小变换

$$\hat{\boldsymbol{O}}_R = 1+\sum_\sigma \delta a^\sigma \hat{\boldsymbol{X}}_\sigma \tag{21.5.2}$$

式中, δa^{σ} 是无穷小的参数变化, $\hat{\boldsymbol{X}}_{\sigma}$ 是相应的无穷小算符 (它表明在单位元素附近的群元素 R 产生的变换随其参数变化的速率, 参看 22.2.3 节), 将式 (21.5.2) 代入式 (21.5.1), 并保留到 δa 的一次项, 则有

$$[\hat{\boldsymbol{X}}_{\sigma}, \hat{\boldsymbol{T}}(\Lambda, \lambda)] = (\hat{\boldsymbol{X}}_{\sigma}\hat{\boldsymbol{T}}(\Lambda\lambda) - \hat{\boldsymbol{T}}(\Lambda\lambda)\hat{\boldsymbol{X}}_{\sigma}) = \sum_{\lambda'}\langle\Lambda\lambda'|\hat{\boldsymbol{X}}_{\sigma}|\Lambda\lambda\rangle\hat{\boldsymbol{T}}(\Lambda\lambda') \tag{21.5.3}$$

算符 $\hat{\boldsymbol{X}}_{\sigma}$ 作用在 $[\Lambda]$ 表示的基函数上时有

$$\hat{\boldsymbol{X}}_{\sigma}|\Lambda\lambda\rangle = \sum_{\lambda'}\langle\Lambda\lambda'|\hat{\boldsymbol{X}}_{\sigma}|\Lambda\lambda\rangle|\Lambda\lambda'\rangle \tag{21.5.4}$$

所以无穷小算符与张量算符的对易关系相当于无穷小算符作用在表示 $[\Lambda]$ 的基函数上. 通常也用式 (21.5.3) 定义不可约张量算符集, 但式 (21.5.1) 的定义是更基本的.

下面具体讨论 $SO(3)$ 群的张量算符. 角动量算符 $\hat{\boldsymbol{J}}_z, \hat{\boldsymbol{J}}_{\pm}$ 可以取作三维旋转群的无穷小旋转算符 (参见 22.2.3 节). 我们知道, $\hat{\boldsymbol{J}}_z$ 和 $\hat{\boldsymbol{J}}_{\pm}$ 作用在旋转群的基函数 (角动量本征函数 $|JM\rangle$) 上时变换方式为

$$\begin{aligned} \hat{\boldsymbol{J}}_z|JM\rangle &= M|JM\rangle \\ \hat{\boldsymbol{J}}_{\pm}|JM\rangle &= \sqrt{J(J+1)-M(M\pm 1)}|JM\pm 1\rangle \end{aligned} \tag{21.5.5}$$

这相当于式 (21.5.4). 设 $\{\hat{\boldsymbol{T}}_q^{(k)}\}(q=-k,\cdots,+k)$ 是一组算符的集合, 若以下关系式成立:

$$\begin{aligned} [\hat{\boldsymbol{J}}_z, \hat{\boldsymbol{T}}_q^{(k)}] &= q\hat{\boldsymbol{T}}_q^{(k)} \\ [\hat{\boldsymbol{J}}_{\pm}, \hat{\boldsymbol{T}}_q^{(k)}] &= \sqrt{k(k+1)-q(q\pm 1)}\hat{\boldsymbol{T}}_{q\pm 1}^{(k)} \end{aligned} \tag{21.5.6}$$

就说 $\hat{\boldsymbol{T}}_q^{(k)}$ 是 $SO(3)$ 群的 k 阶球张量算符. 这是 Racah 在他最初的论文中给 $SO(3)$ 群的不可约张量算符集下的定义. 我们也可以按式 (21.5.1) 定义它, 即要求 $\{\hat{\boldsymbol{T}}_q^{(k)}\}$ 在旋转作用下具有以下变换性质:

$$\hat{\boldsymbol{O}}_R(\alpha\beta\gamma)\hat{\boldsymbol{T}}_q^{(k)}\hat{\boldsymbol{O}}_R^{-1}(\alpha\beta\gamma) = \sum_{q'}\hat{\boldsymbol{T}}_{q'}^{(k)}D_{q'q}^{(k)}(\alpha\beta\gamma) \tag{21.5.7}$$

式中, $\hat{\boldsymbol{O}}_R(\alpha\beta\gamma)$ 是 Euler 角为 (α,β,γ) 的旋转算符, $\boldsymbol{D}^{(k)}(\alpha\beta\gamma)$ 是对应的 k 阶球函数的旋转矩转. 容易证明, 限于无穷小旋转时, 式 (21.5.6) 和式 (21.5.7) 是等价的.

最常用的 $SO(3)$ 群的不可约张量算符集就是角动量算符 $\{\hat{\boldsymbol{J}}_0, \hat{\boldsymbol{J}}_{\pm 1}\}$, 这是一阶球张量算符, 其中

$$\hat{\boldsymbol{J}}_0 = \hat{\boldsymbol{J}}_z, \hat{\boldsymbol{J}}_{\pm 1} = \mp\frac{1}{\sqrt{2}}\hat{\boldsymbol{J}}_{\pm} \tag{21.5.8}$$

当然, 这里 $\hat{J}$ 可以代表轨道角动量或自旋角动量. 另一组常用的 $SO(3)$ 的 k 阶球张量算符是

$$\hat{\boldsymbol{C}}_q^{(k)}=\sqrt{\frac{4\pi}{2k+1}}Y_{kq}(\theta,\phi)\qquad(q=-k,\cdots,+k)\tag{21.5.9}$$

按照定义, $SO(3)$ 的两个张量算符 $\hat{\boldsymbol{U}}^{(k_1)}$ 和 $\hat{\boldsymbol{V}}^{(k_2)}$ 的直积 $\hat{\boldsymbol{U}}^{(k_1)}\otimes\hat{\boldsymbol{V}}^{(k_2)}$ 显然仍是张量算符, 因为 $\{\hat{\boldsymbol{U}}_{q_1}^{(k_1)}\cdot\hat{\boldsymbol{V}}_{q_2}^{(k_2)}\}$ 按群 $SO(3)$ 的直积表示 $(k_1)\otimes(k_2)$ 变换. 把直积约化, 还得到不可约张量算符. 利用 CG 系数, 可得

$$[\hat{\boldsymbol{U}}^{(k_1)}\otimes\hat{\boldsymbol{V}}^{(k_2)}]_{q_3}^{k_3}=\sum_{q_1q_2}\langle k_1q_1k_2q_2|k_3q_3\rangle\hat{\boldsymbol{U}}_{q_1}^{(k_1)}\hat{\boldsymbol{V}}_{q_2}^{(k_2)}\tag{21.5.10}$$

特殊地, 当 $k_1=k_2=k$ 时, 可求得标量 (零阶张量) 算符为

$$[\hat{\boldsymbol{U}}^{(k)}\otimes\hat{\boldsymbol{V}}^{(k)}]_0^{(0)}=\sum_q\frac{(-1)^{k+q}}{\sqrt{2k+1}}\hat{\boldsymbol{U}}_q^{(k)}\hat{\boldsymbol{V}}_{-q}^{(k)}$$

通常定义 $\hat{\boldsymbol{U}}^{(k)}$ 和 $\hat{\boldsymbol{V}}^{(k)}$ 的标量积为

$$(\hat{\boldsymbol{U}}^{(k)}\cdot\hat{\boldsymbol{V}}^{(k)})=\sum_q(-1)^q\hat{\boldsymbol{U}}_q^{(k)}\hat{\boldsymbol{V}}_{-q}^{(k)}=(-1)^k\sqrt{2k+1}[\hat{\boldsymbol{U}}^{(k)}\otimes\hat{\boldsymbol{V}}^{(k)}]_0^{(0)}\tag{21.5.11}$$

利用式 (21.5.9) 定义的 $\hat{C}_q^{(k)}$ 可以把距离为 r_{12} 的两个电子间静电作用能 $\frac{1}{r_{12}}$ 表达成不可约张量算符标量积的形式. 按熟知的 $\frac{1}{r_{12}}$ 的球函数展开公式

$$\frac{1}{r_{12}}=\sum_{k=0}^{\infty}\sum_{q=-k}^{k}\left(\frac{4\pi}{2k+1}\right)\frac{r_<^k}{r_>^{k+1}}Y_{kq}(\theta_1,\phi_1)Y_{kq}^*(\theta_2,\phi_2)\tag{21.5.12}$$

将 $Y_{kq}(\theta,\phi)$ 用 $\hat{\boldsymbol{C}}_q^{(k)}$ 表示, 得

$$\begin{aligned}\frac{1}{r_{12}}&=\sum_{k=0}^{\infty}\frac{r_<^k}{r_>^{k+1}}\sum_{q=-k}^{k}(-1)^q\hat{\boldsymbol{C}}_q^{(k)}(1)\hat{\boldsymbol{C}}_{-q}^{(k)}(2)\\&=\sum_{k=0}^{\infty}\frac{r_<^k}{r_>^{k+1}}(\hat{\boldsymbol{C}}^{(k)}(1)\cdot\hat{\boldsymbol{C}}^{(k)}(2))\end{aligned}\tag{21.5.13}$$

利用式 (21.5.13) 可以简化静电相互作用能矩阵元的计算.

21.5.2 不可约张量算符的矩阵元

引入不可约张量算符的目的是为了简化矩阵元的计算, 做到这一点的关键是利用 Wigner-Eckart 定理. 这个定理在上册 8.2.2 节中已经提到过了. 假定我们要计

算张量算符 $\hat{\boldsymbol{T}}(\Lambda)$ 的 λ 分量的矩阵元 $\langle\Lambda_1\lambda_1|\hat{\boldsymbol{T}}(\Lambda\lambda)|\Lambda_2\lambda_2\rangle$, 其中 $\Lambda,\Lambda_1,\Lambda_2$ 都是某个群 G 的不可约表示. 设群 G 的表示基函数 $\hat{\boldsymbol{T}}(\Lambda\lambda)$ 和 $|\Lambda_2\lambda_2\rangle$ 耦合得出表示 Λ_1 的第 a 组基函数为 $|\hat{\boldsymbol{T}}(\Lambda)\Lambda_2 a\Lambda_1'\lambda_1'\rangle$, 即

$$|\hat{\boldsymbol{T}}(\Lambda)\Lambda_2 a\Lambda_1'\lambda_1'\rangle=\sum_{\lambda\lambda_2}\langle\Lambda\lambda\Lambda_2\lambda_2|a\Lambda_1'\lambda_1'\rangle(\hat{\boldsymbol{T}}(\Lambda\lambda)|\Lambda_2\lambda_2\rangle) \tag{21.5.14}$$

则

$$\hat{\boldsymbol{T}}(\Lambda\lambda)|\Lambda_2\lambda_2\rangle=\sum_{a\Lambda_1'\lambda_1'}\langle a\Lambda_1'\lambda_1'|\Lambda\lambda\Lambda_2\lambda_2\rangle^*|\hat{\boldsymbol{T}}(\Lambda)\Lambda_2 a\Lambda_1'\lambda_1'\rangle \tag{21.5.15}$$

故

$$\langle\Lambda_1\lambda_1|\hat{\boldsymbol{T}}(\Lambda\lambda)|\Lambda_2\lambda_2\rangle=\sum_{a\Lambda_1'\lambda_1'}\langle a\Lambda_1'\lambda_1'|\Lambda\lambda\Lambda_2\lambda_2\rangle^*\langle\Lambda_1\lambda_1|\hat{\boldsymbol{T}}(\Lambda)\Lambda_2 a\Lambda_1'\lambda_1'\rangle \tag{21.5.16}$$

根据群论原理可知, 当 $\Lambda_1\neq\Lambda_1'$ 或 $\lambda_1\neq\lambda_1'$ 时

$$\langle\Lambda_1\lambda_1|\hat{\boldsymbol{T}}(\Lambda)\Lambda_2 a\Lambda_1'\lambda_1'\rangle=0$$

而当 $\Lambda_1=\Lambda_1'$ 和 $\lambda_1=\lambda_1'$ 时, $\langle\Lambda_1\lambda_1|\hat{\boldsymbol{T}}(\Lambda)\Lambda_2 a\Lambda_1\lambda_1\rangle$ 的数值与 λ_1 无关. 通常称它为约化矩阵元, 记作 $\langle a\Lambda_1||\hat{\boldsymbol{T}}(\Lambda)||\Lambda_2\rangle$. 于是, 式 (21.5.16) 可写成

$$\langle\Lambda_1\lambda_1|\hat{\boldsymbol{T}}(\Lambda\lambda)|\Lambda_2\lambda_2\rangle=\sum_a\langle a\Lambda_1\lambda_1|\Lambda\lambda\Lambda_2\lambda_2\rangle^*\langle a\Lambda_1||\hat{\boldsymbol{T}}(\Lambda)||\Lambda_2\rangle \tag{21.5.17}$$

这样, 计算张量算符矩阵元的问题就简化为计算群 G 的耦合系数和该张量算符的约化矩阵元, 耦合系数完全由群 G 的性质确定, 与张量算符的具体形式无关, 可以独立算出来, 造成表格使用. 约化矩阵元因与 λ_i 无关, 可以选择最便于计算的 $\lambda_1,\lambda,\lambda_2$ 算出 N_a 个 $\langle\Lambda_1\lambda_1|\hat{\boldsymbol{T}}(\Lambda\lambda)|\Lambda_1\lambda_2\rangle$ 来 (N_a 是在直积 $\Lambda\otimes\Lambda_2$ 中包含 Λ_1 的次数), 然后解式 (21.5.17) 计算约化矩阵元. 也可以用下式计算:

$$\langle a\Lambda_1||\hat{\boldsymbol{T}}(\Lambda)||\Lambda_2\rangle=\sum_{\lambda\lambda_2}\langle\Lambda\lambda\Lambda_2\lambda_2|a\Lambda_1\lambda_1\rangle\langle\Lambda_1\lambda_1|\hat{\boldsymbol{T}}(\Lambda\lambda)|\Lambda_2\lambda_2\rangle \tag{21.5.18}$$

式 (21.5.18) 是利用耦合系数的正交关系由式 (21.5.17) 求逆得到的.

下面具体讨论 $SO(3)$ 群的不可约张量算符的矩阵元的计算. 张量算符 $\hat{\boldsymbol{T}}_q^{(k)}$ 的约化矩阵元由下式定义:

$$\begin{aligned}&\langle a_1j_1m_1|\hat{\boldsymbol{T}}_q^{(k)}|a_2j_2m_2\rangle\\&=(-1)^{j_1-m_1}\begin{pmatrix}j_1&k&j_2\\-m_1&q&m_2\end{pmatrix}\langle a_1j_1||\hat{\boldsymbol{T}}^{(k)}||a_2j_2\rangle\end{aligned} \tag{21.5.19}$$

注意, 这不是唯一的定义方式, 不同作者可能给予不同的定义, 彼此差一常数或相因子, 所以在比较不同作者的结果时要注意所采用的定义是否相同. 因为 $SO(3)$ 是简单可约群, 在这里式 (21.5.17) 只留下一项. $\hat{\boldsymbol{T}}_q^{(k)}$ 的矩阵元仅当 $m_2+q=m_1$ 和满足三角条件 $j_1+j_2\geqslant k\geqslant|j_1-j_2|$ 时才不为零. 注意到 $\hat{\boldsymbol{J}}_z=\hat{\boldsymbol{J}}_0^{(1)}$, 得

$$\begin{aligned}\langle ajm|\hat{\boldsymbol{J}}_z|a'j'm'\rangle&=\delta_{jj'}\delta_{mm'}m\\&=(-1)^{j-m}\begin{pmatrix}j&1&j'\\-m&0&m'\end{pmatrix}\langle aj||\hat{\boldsymbol{J}}^{(1)}||a'j'\rangle\end{aligned}\tag{21.5.20}$$

注意到

$$(-1)^{j-m}\begin{pmatrix}j&1&j\\-m&0&m'\end{pmatrix}=\frac{m}{\sqrt{j(j+1)(2j+1)}}$$

可得

$$\langle aj||\hat{\boldsymbol{J}}^{(1)}||a'j'\rangle=\sqrt{j(j+1)(2j+1)}\delta_{jj'}\tag{21.5.21}$$

类似地, 可以求出 $\langle l||\hat{\boldsymbol{C}}^{(k)}||l'\rangle$. 按定义

$$\begin{aligned}\langle l0|\hat{\boldsymbol{C}}_0^{(k)}|l'0\rangle&=(-1)^l\begin{pmatrix}l&k&l'\\0&0&0\end{pmatrix}\langle l||\hat{\boldsymbol{C}}^{(k)}||l'\rangle\\&=\frac{1}{2}\int_{-1}^{1}[(2l+1)(2l'+1)]^{\frac{1}{2}}P_l(\mu)P_k(\mu)P_{l'}(\mu)\mathrm{d}\mu\end{aligned}\tag{21.5.22}$$

式中, $P_l(\mu)$ 为 Legendre 多项式. 根据 Gaunt 公式和 $SO(3)$ 群 CG 系数的分析表达式, 可以证明

$$\frac{1}{2}\int_{-1}^{1}P_l(\mu)P_k(\mu)P_{l'}(\mu)\mathrm{d}\mu=\begin{pmatrix}l&k&l'\\0&0&0\end{pmatrix}^2\tag{21.5.23}$$

由此求得

$$\langle l||\hat{\boldsymbol{C}}^{(k)}||l'\rangle=(-1)^l\sqrt{(2l+1)(2l'+1)}\begin{pmatrix}l&k&l'\\0&0&0\end{pmatrix}\tag{21.5.24}$$

考虑耦合张量算符的矩阵元. 显然, 只要把耦合不可约张量算符按式 (21.5.10) 展开, 同时将状态函数展开, 再应用 Wigner-Eckart 定理就可以得出结果. 设

$$\hat{\boldsymbol{X}}_Q^{(k)}=[\hat{\boldsymbol{U}}^{(k_1)}\otimes\hat{\boldsymbol{V}}^{(k_2)}]_Q^{(K)}=\sum_{q_1q_2}\hat{\boldsymbol{U}}_{q_1}^{(k_1)}\hat{\boldsymbol{V}}_{q_2}^{(k_2)}\langle k_1q_1k_2q_2|KQ\rangle\tag{21.5.25}$$

则

$$\begin{aligned}&\langle j_1j_2JM|\hat{\boldsymbol{X}}_Q^{(k)}|j_1'j_2'J'M'\rangle\\&=\sum_{q_1q_2}\langle j_1j_2JM|\hat{\boldsymbol{U}}_{q_1}^{(k_1)}\hat{\boldsymbol{V}}_{q_2}^{(k_2)}|j_1'j_2'J'M'\rangle\langle k_1q_1k_2q_2|KQ\rangle\end{aligned}\tag{21.5.26}$$

把状态函数展开, 得

$$\begin{aligned}&\langle j_1j_2JM|\hat{\boldsymbol{X}}_Q^{(k)}|j_1'j_2'J'M'\rangle\\&=\sum_{m_1m_2}\sum_{m_1'm_2'}\sum_{q_1q_2}(-1)^{k_1-k_2+Q}(-1)^{j_1-j_2+M+j_1'-j_2'+M'}\\&\times\begin{pmatrix}j_1&j_2&J\\m_1&m_2&-M\end{pmatrix}\begin{pmatrix}j_1'&j_2'&J'\\m_1'&m_2'&-M'\end{pmatrix}\begin{pmatrix}k_1&k_2&K\\q_1&q_2&-Q\end{pmatrix}\\&\times\langle j_1m_1|\langle j_2m_2|\hat{\boldsymbol{U}}_{q_1}^{(k_1)}\hat{\boldsymbol{V}}_{q_2}^{(k_2)}|j_1'm_1'\rangle|j_2'm_2'\rangle\end{aligned}\tag{21.5.27}$$

若 $\hat{\boldsymbol{U}}_{q_1}^{(k_1)}$ 和 $\hat{\boldsymbol{V}}_{q_2}^{(k_2)}$ 是分别作用在 $|j_1m_1\rangle$ 和 $|j_2m_2\rangle$ 的变量上的, 则可得

$$\begin{aligned}&\langle j_1m_1|\langle j_2m_2|\hat{\boldsymbol{U}}_{q_1}^{(k_1)}\hat{\boldsymbol{V}}_{q_2}^{(k_2)}|j_1'm_1'\rangle|j_2'm_2'\rangle\\&=\langle j_1m_1|\hat{\boldsymbol{U}}_{q_1}^{(k_1)}|j_1'm_1'\rangle\langle j_2m_2|\hat{\boldsymbol{V}}_{q_2}^{(k_2)}|j_2'm_2'\rangle\end{aligned}\tag{21.5.28}$$

把 Wigner-Eckart 定理应用到式 (21.5.28), 再代入式 (21.5.27), 得

$$\begin{aligned}&\langle j_1j_2JM|\hat{\boldsymbol{X}}_Q^{(K)}|j_1'j_2'J'M'\rangle\\&=\sum_{m_1m_2}\sum_{m_1'm_2'}\sum_{q_1q_2}(-1)^{(k_1-k_2+Q)+(j_1-j_2+M)+(j_1'-j_2'+M')+(j_1-m_1)+(j_2-m_2)}\\&\times\begin{pmatrix}j_1&j_2&J\\m_1&m_2&-M\end{pmatrix}\begin{pmatrix}j_1'&j_2'&J'\\m_1'&m_2'&-M'\end{pmatrix}\\&\times\begin{pmatrix}k_1&k_2&K\\q_1&q_2&-Q\end{pmatrix}[(2J+1)(2J'+1)(2K+1)]^{\frac{1}{2}}\\&\times\begin{pmatrix}j_1&k_1&j_1'\\-m_1&q_1&m_1'\end{pmatrix}\begin{pmatrix}j_2&k_2&j_2'\\-m_2&q_2&m_2'\end{pmatrix}\\&\times\langle j_1||\boldsymbol{U}^{(k_1)}||j_1'\rangle\langle j_2||\hat{\boldsymbol{V}}^{(k_2)}||j_2'\rangle\end{aligned}\tag{21.5.29}$$

另一方面, 我们有

$$\begin{aligned}&\langle j_1j_2JM|\hat{\boldsymbol{X}}_Q^{(K)}|j_1'j_2'J'M'\rangle\\&=(-1)^{J-M}\begin{pmatrix}J&K&J'\\-M&Q&M'\end{pmatrix}\langle j_1j_2J||\hat{\boldsymbol{X}}^{(K)}||j_1'j_2'J'\rangle\end{aligned}\tag{21.5.30}$$

令式 (21.5.29) 和式 (21.5.30) 的右边相等, 然后乘以

$$(-1)^{J-M}\begin{pmatrix} J & K & J' \\ -M & Q & M' \end{pmatrix}$$

并对 M, M' 和 Q 求和, 注意

$$\sum_{MM'Q}\left[(-1)^{J-M}\begin{pmatrix} J & K & J' \\ -M & Q & M' \end{pmatrix}^2\right] = 1$$

即得

$$\begin{aligned}
&\langle j_1 j_2 J||\hat{\boldsymbol{X}}^{(K)}||j_1' j_2' J'\rangle \\
&= \sum_{MM'Q}\sum_{m_1 m_2}\sum_{m_1' m_2'}\sum_{q_1 q_2}(-1)^{(k_1-k_2+Q)+(j_1-j_2+J)+(j_1'-j_2'+M')+(j_1-m_1)+(j_2-m_2)} \\
&\times\begin{pmatrix} j_1 & j_2 & J \\ m_1 & m_2 & -M \end{pmatrix}\begin{pmatrix} j_1' & j_2' & J' \\ m_1' & m_2' & -M' \end{pmatrix} \\
&\times\begin{pmatrix} k_1 & k_2 & K \\ q_1 & q_2 & -Q \end{pmatrix}\begin{pmatrix} j_1 & k_1 & j_1' \\ -m_1 & q_1 & m_1' \end{pmatrix} \\
&\times\begin{pmatrix} j_2 & k_2 & j_2' \\ -m_2 & q_2 & m_2' \end{pmatrix}\begin{pmatrix} J & K & J' \\ -M & Q & M' \end{pmatrix} \\
&\times[(2J+1)(2J'+1)(2K+1)]^{\frac{1}{2}}\langle j_1||\hat{\boldsymbol{U}}^{(k_1)}||j_1'\rangle\langle j_2||\hat{\boldsymbol{V}}^{(k_2)}||j_2'\rangle
\end{aligned} \tag{21.5.31}$$

六个 $3-j$ 符号的求和结果正好是一个 $9-j$ 符号, 这样就得出以下重要结果:

$$\begin{aligned}
\langle j_1 j_2 J||\hat{\boldsymbol{X}}^{(K)}||j_1' j_2' J'\rangle = \langle j_1||\hat{\boldsymbol{U}}^{(k_1)}||j_1'\rangle\langle j_2||\hat{\boldsymbol{V}}^{(k_2)}||j_2'\rangle& \\
\times[(2J+1)(2J'+1)(2K+1)]^{\frac{1}{2}}& \\
\times\begin{Bmatrix} j_1 & j_1' & k_1 \\ j_2 & j_2' & k_2 \\ J & J' & K \end{Bmatrix}&
\end{aligned} \tag{21.5.32}$$

考虑式 (21.5.32) 的几种特殊情况. 一种是耦合张量算符是标量积 $[\hat{\boldsymbol{U}}^{(k)}\cdot\hat{\boldsymbol{V}}^{(k)}]_0^{(0)}$, 这时式 (21.5.32) 中 $K=0, k_1=k_2$, 并且由于 $K=0, J=J'$. 注意到当 $9-j$ 符号有一个数字为零时它退化为 $6-j$ 符号, 即得

$$\begin{aligned}&\langle j_1j_2J||(\hat{\boldsymbol{U}}^{(k)}\cdot\hat{\boldsymbol{V}}^{(k)})||j_1'j_2'J\rangle\\&=(-1)^k\sqrt{2k+1}\langle j_1j_2J||[\hat{\boldsymbol{U}}^{(k)}\otimes\hat{\boldsymbol{V}}^{(k)}]_0^0||j_1'j_2'J\rangle\\&=(-1)^{j_1'+j_2+J}\sqrt{2J+1}\left\{\begin{matrix}j_1&j_2&J\\j_2'&j_1'&k\end{matrix}\right\}\langle j_1||\hat{\boldsymbol{U}}^{(k)}||j_1'\rangle\langle j_2||\hat{\boldsymbol{V}}^{(k)}||j_2'\rangle\end{aligned}\tag{21.5.33}$$

利用

$$\begin{pmatrix}j_1&j_2&0\\m_1&-m_2&0\end{pmatrix}=(-1)^{j_1-m_1}(2j_1+1)^{-\frac{1}{2}}\delta_{j_1j_2}\delta_{m_1m_2}$$

可得

$$\begin{aligned}&\langle j_1j_2JM|(\hat{\boldsymbol{U}}^{(k)}\cdot\hat{\boldsymbol{V}}^{(k)})|j_1'j_2'J'M'\rangle\\&=\delta_{JJ'}\delta_{MM'}(-1)^{j_1'+j_2+J}\left\{\begin{matrix}j_1&j_2&J\\j_2'&j_1'&k\end{matrix}\right\}\langle j_1||\hat{\boldsymbol{U}}^{(k)}||j_1'\rangle\langle j_2||\hat{\boldsymbol{V}}^{(k)}||j_2'\rangle\end{aligned}\tag{21.5.34}$$

这是一个很常用的公式.

另一种特殊情况是算符本身为简单张量算符, 但态函数是耦合的, 例如, L-S 耦合方案波函数 $|SLJM\rangle$ 是由空间坐标函数与自旋坐标函数耦合而成的, 而算符 $\hat{\boldsymbol{U}}_{q_1}^{(k_1)}$[或 $\hat{\boldsymbol{V}}_{q_2}^{(k_2)}$] 只作用在空间坐标 (或自旋坐标) 上. 这时我们可以把简单张量算符看成是耦合张量算符, 但其中一个因子是单位算符. 例如, 式 (21.5.25) 中令 $\hat{\boldsymbol{V}}_{q_2}^{(k_2)}$ 为单位算符, 则 $k_2=0$, 从而有 $j_2=j_2', K=k_1$, $9-j$ 符号退化为 $6-j$ 符号, 得

$$\begin{aligned}&\langle j_1j_2J||\hat{\boldsymbol{U}}^{(k_1)}||j_1'j_2J'\rangle\\&=(-1)^{j_1+j_2+J'+k_1}[(2J'+1)(2J+1)]^{\frac{1}{2}}\left\{\begin{matrix}j_1&J&j_2\\J'&j_1'&k_1\end{matrix}\right\}\langle j_1||\hat{\boldsymbol{U}}^{(k_1)}||j_1'\rangle\end{aligned}\tag{21.5.35}$$

若令 $\hat{\boldsymbol{U}}^{(k_1)}$ 为单位算符, 则有 $k_1=0, j_1'=j_1, K=k_2$, 得

$$\begin{aligned}&\langle j_1j_2J||\hat{\boldsymbol{V}}^{(k_2)}||j_1j_2'J'\rangle\\&=(-1)^{j_1+j_2'+J+k_2}[(2J+1)(2J'+1)]^{\frac{1}{2}}\left\{\begin{matrix}J&k_2&J'\\j_2'&j_1&j_2\end{matrix}\right\}\langle j_2||\hat{\boldsymbol{V}}^{(k_2)}||j_2'\rangle\end{aligned}\tag{21.5.36}$$

还有一种情况是算符为耦合的, 但状态函数是简单的, 这时不需要状态函数展开的

步骤. 从式 (21.5.32) 的推导过程可知

$$\begin{aligned}&\langle J||[\hat{\boldsymbol{U}}^{(k_1)}\otimes\hat{\boldsymbol{V}}^{(k_2)}||J'\rangle\\&=(-1)^{K+J+J'}\sqrt{2K+1}\sum_{J''}\left\{\begin{array}{ccc}k_1&k_2&K\\J'&J&J''\end{array}\right\}\langle J||\hat{\boldsymbol{U}}^{(k_1)}||J''\rangle\langle J''||\hat{\boldsymbol{V}}^{(k_2)}||J'\rangle\end{aligned}\tag{21.5.37}$$

当状态函数是一种乘积函数或者是一种直积群的不可约表示基 (如 S-L 耦合方案波函数 $|SM_sLM_L\rangle$) 时, 用双张量算符 $\hat{\boldsymbol{X}}^{(k_1k_2)}_{q_1q_2}$ 是方便的, 它是直积群的不可约表示 $(k_1)\otimes(k_2)$ 的基, 分别像两个直因子的 (k_1) 和 (k_2) 阶球张量一样变换, 并作用在乘积函数的不同部分, 因而可以当作乘在一起的两个简单张量算符处理. 例如:

$$\begin{aligned}&\langle j_1m_1j_2m_2|\hat{\boldsymbol{X}}^{(k_1k_2)}_{q_1q_2}|j_1'm_1'j_2'm_2'\rangle\\&=(-1)^{j_1-m_1+j_2-m_2}\left\{\begin{array}{ccc}j_1&k_1&j_1'\\-m_1&q_1&m_1'\end{array}\right\}\left\{\begin{array}{ccc}j_2&k_2&j_2'\\-m_3&q_2&m_2'\end{array}\right\}\langle j_1j_2||\hat{\boldsymbol{X}}^{(k_1k_2)}||j_1'j_2'\rangle\end{aligned}\tag{21.5.38}$$

若双张量算符和状态函数都可以显示地写成两部分的乘积, 则约化矩阵元也可以写成两部分的乘积. 例如:

$$\hat{\boldsymbol{X}}^{(k_1k_2)}_{q_1q_2}=\hat{\boldsymbol{T}}^{(k)}_{q_1}\hat{\boldsymbol{T}}^{(k_2)}_{q_2}$$

则

$$\langle j_1j_2||\hat{\boldsymbol{X}}^{(k_1k_2)}||j_1'j_2'\rangle=\langle j_1||\hat{\boldsymbol{T}}^{(k_1)}||j_1'\rangle\langle j_2||\hat{\boldsymbol{T}}^{(k_2)}||j_2'\rangle$$

在讨论旋–轨耦合作用时会遇到这类算符.

21.5.3 Racah 因子分解定理

上面我们的讨论都是在一个群之内进行的. 为了对体系的状态函数进行尽可能清楚的分类, 有时要涉及一个群链的不可约表示基, 即把状态函数取为一个群链的由分支律联系起来的不可约表示链的共同基函数. 例如, 把原子体系的状态函数取为群链 $SU(5)\supset SO(5)\supset SO(3)\supset SO(2)$ 的不可约表示链 $[21]\to(21)\to(3)\to(2)$ 的共同的基函数. 我们当然也可以使不可约张量算符具有这种性质. 这样, 在运用 Wigner-Eckart 定理计算矩阵元时, 我们就遇到这种群链的基的耦合系数的计算问题. Racah 证明一个定理, 可以简化这种耦合系数的计算. 为了简单起见, 先考虑群链只包括两个群的情况. 设有 $G\supset H$, 群 H 的不可约表示基用 $|\Lambda_i\lambda_i\rangle$ 标记. 把群 G 的不可约表示基造成同时也是群 H 的不可约表示基, 用 $|\Gamma_ia_i\Lambda_i\lambda_i\rangle$ 来标记. 这里 a_i 用来区别当 G 群的元素限制在 H 群内时不可约表示 Γ_i 分解出来的几个 Λ_i. 从子群 H 看, 有耦合关系

$$|\Gamma_1a_1\Lambda_1\lambda_1\rangle|\Gamma_2a_2\Lambda\lambda_2\rangle=\sum_{\alpha\Lambda\lambda}\langle\alpha\Lambda\lambda|\Lambda_1\lambda_1\Lambda_2\lambda_2\rangle|\Gamma_1a_1\Lambda_1,\Gamma_2a_2\Lambda_2;\alpha\Lambda\lambda\rangle\tag{21.5.39}$$

式中, $|\Gamma_1 a_1 \Lambda_1, \Gamma_2 a_2 \Lambda_2, \alpha\Lambda\lambda\rangle$ 只是群 H 的 Λ 表示的第 λ 个基, 它不一定是 G 群的不可约表示的基. 设把它表示为 G 群的 Γ 表示的基 $|(\Gamma_1\Gamma_2)\tau\Gamma a\Lambda\lambda\rangle$ 的线性组合

$$\begin{aligned}&|\Gamma_1 a_1 \Lambda_1, \Gamma_2 a_2 \Lambda_2; \alpha\Lambda\lambda\rangle \\ &= \sum_{\tau\Gamma a}\langle\tau\Gamma a\Lambda\lambda|\Gamma_1 a_1 \Lambda_1, \Gamma_2 a_2 \Lambda_2; \alpha\Lambda\lambda\rangle|(\Gamma_1\Gamma_2)\tau\Gamma a\Lambda\lambda\rangle\end{aligned} \tag{21.5.40}$$

因为对于群 H 来说, $|\Gamma_1 a_1 \Lambda_1, \Gamma_2 a_2 \Lambda_2; \alpha\Lambda\lambda\rangle$ 与 $|(\Gamma_1\Gamma_2)\tau\Gamma a\Lambda\lambda\rangle$ 具有同样的变换性质, 故式 (21.5.40) 中的组合系数应与 λ 无关, 可把其中的 λ 去掉, 并把它改写为 $\langle\tau\Gamma a\Lambda\alpha|\Gamma_1 a_1 \Lambda_1 \Gamma_2 a_2 \Lambda_2\rangle$. 将式 (21.5.40) 代入式 (21.5.39), 得

$$\begin{aligned}&|\Gamma_1 a_1 \Lambda_1 \lambda_1\rangle|\Gamma_2 a_2 \Lambda_2 \lambda_2\rangle \\ &= \sum_{\substack{\tau\Gamma a \\ \alpha\lambda\Lambda}} \langle\alpha\Lambda\lambda|\Lambda_1\lambda_1, \Lambda_2\lambda_2\rangle\langle\tau\Gamma a\Lambda\alpha|\Gamma_1 a_1 \Lambda_1, \Gamma_2 a_2 \Lambda_2\rangle|(\Gamma_1\Gamma_2)\tau\Gamma a\Lambda\lambda\rangle\end{aligned} \tag{21.5.41}$$

另一方面, 我们有

$$\begin{aligned}&|\Gamma_1 a_1 \Lambda_1 \lambda_1\rangle|\Gamma_2 a_2 \Lambda_2 \lambda_2\rangle \\ &= \sum_{\substack{\tau\Gamma a \\ \Lambda\lambda}} \langle\tau\Gamma a\Lambda\lambda|\Gamma_1 a_1 \Lambda_1 \lambda_1, \Gamma a_2 \Lambda_2 \lambda_2\rangle|(\Gamma_1\Gamma_2)\tau\Gamma a\Lambda\lambda\rangle\end{aligned} \tag{21.5.42}$$

式 (21.5.41) 和式 (21.5.42) 比较, 即得 Racah 因子分解定理

$$\begin{aligned}&\langle\tau\Gamma a\Lambda\lambda|\Gamma_1 a_1 \Lambda_1 \lambda_1, \Gamma_2 a_2 \Lambda_2 \lambda_2\rangle \\ &= \sum_{\alpha}\langle\alpha\Lambda\lambda|\Lambda_1\lambda_1, \Lambda_2\lambda_2\rangle\langle\tau\Gamma a\Lambda\alpha|\Gamma_1 a_1 \Lambda_1, \Gamma_2 a_2 \Lambda_2\rangle\end{aligned} \tag{21.5.43}$$

这个定理可以用到任何子群链中去, 不论是连续群还是离散群 (如对称操作群), 也不论群链有多长, 只要依次把它用在各个群链环节上就行了. Racah 因子分解定理中出现的因子 $\langle\tau\Gamma a\Lambda\alpha|\Gamma_1 a_1 \Lambda_1, \Gamma_2 a_2 \Lambda_2\rangle$ 对于群 H 是不变量, 通常称为同位标量因子. 它是酉变换矩阵的元素, 满足正交关系

$$\begin{aligned}&\sum_{\tau\Gamma a}\langle\Gamma_1 a_1 \Lambda_1, \Gamma_2 a_2 \Lambda_2|\tau\Gamma a\Lambda\alpha\rangle^*\langle\tau\Gamma a\Lambda\alpha|\Gamma_1 a_1' \Lambda_1', \Gamma_2 a_2' \Lambda_2'\rangle \\ &= \delta_{a_1 a_1'}\delta_{a_2 a_2'}\delta_{\Lambda_1\Lambda_1'}\delta_{\Lambda_2\Lambda_2'}\end{aligned} \tag{21.5.44}$$

$$\begin{aligned}&\sum_{\substack{\alpha a_1 a_2 \\ \Lambda_1\Lambda_2}} \langle\tau\Gamma a\Lambda\alpha|\Gamma_1 a_1 \Lambda_1, \Gamma_2 a_2 \Lambda_2\rangle^*\langle\Gamma_1 a_1 \Lambda_1, \Gamma_2 a_2 \Lambda_2|\tau'\Gamma' a'\Lambda\alpha\rangle \\ &= \delta_{\tau\tau'}\delta_{\Gamma\Gamma'}\delta_{aa'}\end{aligned} \tag{21.5.45}$$

通常选择相因子使同位标量因子为实数. 当对群链的不可约表示基函数计算不可约张量算符 $\hat{\boldsymbol{T}}$(它也是群链的不可约表示基函数) 的矩阵元时

$$
\begin{aligned}
&\langle \varepsilon_1 \Gamma_1 a_1 \Lambda_1 \lambda_1 | \hat{\boldsymbol{T}}(\varepsilon \Gamma a \Lambda \lambda) | \varepsilon_2 \Gamma_2 a_2 \Lambda_2 \lambda_2 \rangle \\
&= \sum_{\tau} \langle \varepsilon_1 \Gamma_1 || \hat{\boldsymbol{T}}(\varepsilon \Gamma) || \varepsilon_2 \Gamma_2 \tau \rangle \langle \tau \Gamma_1 a_1 \Lambda_1 \lambda_1 | \Gamma a \Lambda \lambda, \Gamma_2 a_2 \Lambda_2 \lambda_2 \rangle \\
&= \sum_{\tau\alpha} \langle \varepsilon_1 \Gamma_1 || \hat{\boldsymbol{T}}(\varepsilon \Gamma) || \varepsilon_2 \Gamma_2 \tau \rangle \langle \alpha \Lambda_1 \lambda_1 | \Lambda \lambda \Lambda_2 \lambda_2 \rangle \langle \tau \Gamma_1 a_1 \Lambda_1 \alpha | \Gamma a \Lambda, \Gamma_2 a_2 \Lambda_2 \rangle
\end{aligned} \tag{21.5.46}
$$

这样, 只要算出同位标量因子, 就可以利用较大的群的约化矩阵元来进行计算. 例如, 若我们选用旋转群–点群群链的表示基函数, 则在计算只有点群对称性的态函数的矩阵元时, 如果不可约张量算符具有旋转群的对称性 (如电子间的相互作用能算符), 也可以利用旋转群的约化矩阵元. 这方面的应用例子请参看参考文献 [12~14].

21.6 多电子原子状态的分类和能量计算

在中册第 11 章中, 我们已经从角动量理论观点讨论过原子电子状态的多重态结构, 得到了不同电子组态的原子所具有的光谱项及其相对能量值. 这一节我们从群论的观点来讨论这个问题. 我们将看到, 使用群论方法不但使问题的处理大为简化, 而且对原子电子结构的规律性认识也进一步深入.

21.6.1 两种耦合方案的群论含义

r 个电子在一个原子核的势场作用下, 其非相对论运动的 Hamilton 算符为

$$
\begin{gathered}
\hat{\boldsymbol{H}} = \hat{\boldsymbol{H}}_0 + \hat{\boldsymbol{H}}_m \\
\hat{\boldsymbol{H}}_0 = \sum_i \Big(-\frac{1}{2}\nabla_i^2 - \frac{Z}{r_i} \Big) + \sum_{j<i} \frac{1}{r_{ij}} = \hat{\boldsymbol{H}}_{00} + \hat{\boldsymbol{H}}' \\
\hat{\boldsymbol{H}}_{00} = \sum_i \Big[-\frac{1}{2}\nabla_i^2 + V(r_i) \Big] \\
\hat{\boldsymbol{H}}' = \sum_i \Big[\Big(-V(r_i) - \frac{Z}{r_i} \Big) + \sum_{j<i} \frac{1}{r_{ij}} \Big] \\
\hat{\boldsymbol{H}}_m \cong \sum_{i=1}^{r} \xi(r_i) \hat{\boldsymbol{l}}_i \cdot \hat{\boldsymbol{s}}_i
\end{gathered} \tag{21.6.1}
$$

在 L-S 耦合方案中, 我们假定 $\hat{\boldsymbol{H}}_m \ll \hat{\boldsymbol{H}}'$, 可以当作二级微扰, 而把 $\hat{\boldsymbol{H}}'$ 当作一级微扰处理. 我们从 $\hat{\boldsymbol{H}}_{00}$ 的本征函数 (零级近似波函数) 出发去讨论微扰问题, $\hat{\boldsymbol{H}}_{00}$ 是

一个独立粒子体系的 Hamilton 量, 描述粒子在平均势场下的独立运动, 所以可以分解为 r 个独立的单电子 Schrödinger 方程, 解此方程即可求得原子体系的单电子状态函数, 通常称为原子轨道. 原子的近似状态函数就是满足一定对称性条件的原子轨道乘积的线性组合.

在原子情况下, 单电子 Hamilton 量在群 $G[G = SO(3)$ 或 $SU(2)]$ 的变换下不变. 于是, 对应于给定本征值 ε_j 的原子轨道将是群 G 的 (j) 表示的基. 如果 ε_j 是 n 重简并的, 表示 (j) 就是 n 维的, 记 n 个基为 $(\psi_1, \cdots, \psi_n)$. 设体系有 r 个电子, 全处于能量为 ε_i 的单粒子态. 在零级近似下, 所有乘积函数 $\psi_{i_1}(1)\psi_{i_2}(2)\cdots\psi_{i_r}(r)(i_\nu = 1, \cdots, n)$ 具有同样的能量 $r\varepsilon_j$, 考虑微扰将要使能级分裂. 因为原子的 Hamilton 量对于电子坐标的置换是不变的, 原子波函数应是置换群不可约表示的基, 根据 Pauli 原理, 它必须是全反对称表示的基. 另一方面, 因为原子 Hamilton 量对于群 G 是不变的, 原子波函数还应该是 G 群的不可约表示基, 所以可以用 $SO(3)$ 群或 $SU(2)$ 群的不可约表示标记.

从群论的观点看, 单电子状态函数 $\psi_1, \cdots, \psi_n$ 张成 n 维空间, 这个空间中的幺模酉变换的集合构成 $SU(n)$ 群, 这个空间中的一个矢量代表一个单电子状态. r 个原子轨道的乘积集合 $\{\psi_{i_1}(1)\psi_{i_2}(2)\cdots\psi_{i_r}(r)\}$ 构成基于这个 n 维空间的一个 r 秩张量空间. 这个张量空间同时是电子坐标置换群和线性群 $SU(n)$ 的可约表示空间, r 电子波函数则是其中的满足对称性条件的一个张量, 即同时是置换群的全反对称表示和 $SU(n)$ 的不可约表示的基. 当考虑微扰作用后, r 电子波函数应分裂为 G 群的不可约表示基. r 秩张量空间既荷载 $SU(n)$ 群的表示, 又荷载 G 群的表示. 我们按指标置换对称性约化张量空间就得到 $SU(n)$ 群的不可约表示, 每个这种表示还可能包含 G 群的几个不可约表示, 所以我们要实现从 $SU(n) \to SO(3)$ 群的表示的分解. 在 L-S 耦合方案中, 我们首先忽略 $\hat{\boldsymbol{H}}_m$ 的作用, 把单粒子轨道空间分解为一个 $(2l+1)$ 维轨道空间和一个二维自旋空间的直积, r 电子波函数是 r 秩轨道张量空间与自旋张量空间的直积中的一个全反对称张量, 按 $SO(3) \otimes SU(2)$ 直积群的不可约表示变换, 所以用直积群的不可约表示 $(L) \otimes (S)$ 来标记 (用 L 和 S 两个数来标记, 光谱项符号为 ${}^{2S+1}L$), 其中 (L) 是 $SO(3)$ 群的不可约表示标记, 表征波函数的轨道部分的变换性质, (S) 是 $SU(2)$ 群的不可约表示标记, 表征波函数的自旋部分的变换性质. 当考虑 H_m 的微扰作用后, Hamilton 量只是对于旋转双值群 $SO(3)^*$ 不变的, 所以直积表示 $(L) \otimes (S)$ 要进一步约化为 $SO(3)^*$ 的不可约表示. 这样, r 电子波函数就是以下群链的不可约表示的基:

$$SU(2l+1) \otimes SU(2) \supset SO(3) \otimes SU(2) \supset SO(3)^* \supset SO(2)^* \tag{21.6.2}$$

式中, $SO(2)^*$ 是二维旋转双值群. 在 jj 耦合方案中, 把 $\hat{\boldsymbol{H}}_m$ 作为一级微扰, Hamilton 量只是对旋转双值群 $SO(3)^*$ 不变的, 所以 $(2j+1)$ 重简并的单电子态是旋转

双值群 $SO(3)^*$ 的表示 (j) 的基, r 电子波函数是它的 r 秩张量空间中的一个张量, 同时属于电子坐标的置换群的全反对称表示和 $SU(2j+1)$ 群的不可约表示. 当考虑 $\hat{\boldsymbol{H}}'$ 的微扰后, Hamilton 量只是对 $SO(3)^*$ 不变的, $SU(2j+1)$ 的不可约表示分裂为 $SO(3)^*$ 群的不可约表示. 所以 r 电子波函数是以下群链的不可约表示的基:

$$SU(2j+1) \supset SO(3)^* \supset SO(2)^* \tag{21.6.3}$$

21.6.2 从 $SU(2j+1)$ 和 $SO(2j+1)$ 到 $SO(3)$ 的不可约表示分支律, 前辈数

从上面的讨论可以看到, 我们需要知道 $SU(2j+1) \to SO(3)$ 的不可约表示分支律, 利用 $SU(2j+1)$ 和 $SO(3)$ 的直积约化规则容易得到它, 这种方法在 21.2.5 节讨论无自旋量子化学时已经用过了. 设函数组 $\{\psi_i^{(j)}\}(i=-j,\cdots,+j)$ 是 $SU(2j+1)$ 的不可约表示 [1] 的基, 又是 $SO(3)$ 的不可约表示 (j) 的基. 对于 $SU(2j+1)$ 群, 其二秩张量表示的约化为

$$[1]\otimes[1]=[2]\oplus[11] \tag{21.6.4}$$

对于 $SO(3)$ 群, 其约化情况为

$$(j)\otimes(j)=(2j)\oplus(2j-1)\oplus(2j-2)\oplus\cdots\oplus(1)\oplus(0) \tag{21.6.5}$$

故 $[2]\oplus[11]$ 与 $(2j)\oplus(2j-1)\oplus\cdots\oplus(1)\oplus(0)$ 对应. 属于 [2] 的函数对于指标置换是对称的, 属于 $[1^2]$ 的函数是反对称的. 属于 $SO(3)$ 不可约表示的二电子函数具有以下形式:

$$\Psi_{JM}(1,2)=\sum_{m_1+m_2=M}\langle jm_1jm_2|JM\rangle\psi_{jm_1}(1)\psi_{jm_2}(2) \tag{21.6.6}$$

根据 CG 系数的性质, 我们有

$$\begin{aligned}\Psi_{JM}(2,1)&=\sum_{m_1m_2}\langle jm_1jm_2|JM\rangle\psi_{jm_1}(2)\psi_{jm_2}(1)\\&=\sum_{m_1m_2}\langle jm_2jm_1|JM\rangle\psi_{jm_1}(1)\psi_{jm_2}(2)\\&=(-1)^{2j-J}\Psi_{JM}(1,2)\end{aligned} \tag{21.6.7}$$

故当 $(2j-J)$ 是偶数时, 函数是对称的, 应属于 [2], 当 $(2j-J)$ 是奇数时, 函数是反对称的, 属于 $[1^2]$. 于是得到以下分支律: 当 j 为整数时

$$\begin{aligned}&[2]\to(0)\oplus(2)\oplus(4)\oplus\cdots\oplus(2j)\\&[11]\to(1)\oplus(3)\oplus(5)\oplus\cdots\oplus(2j-1)\end{aligned} \tag{21.6.8}$$

j 为半奇整数时, 则

$$\begin{aligned}[2] &\to (1) \oplus (3) \oplus (5) \oplus \cdots \oplus (2j) \\ [11] &\to (0) \oplus (2) \oplus (4) \oplus \cdots \oplus (2j-1)\end{aligned} \tag{21.6.9}$$

从这两组基本的分支律, 逐级递推, 就可以找出其他表示的分支律, 举例如下:

(1) $j=\dfrac{1}{2}$. 这种情况在 21.2.5 节中已经讨论过. 从式 (21.6.9) 可知, 分支律为

$$\begin{aligned}[2] &\to (1) \\ [11] &\to (0)\end{aligned} \tag{21.6.10}$$

(2) $j=1$. 已知

$$\begin{aligned}[1] &\to (1) \\ [2] &\to (0)+(2) \\ [11] &\to (1)\end{aligned} \tag{21.6.11}$$

还知道 $[111]\to(0)$, 因为 $SU(3)$ 的 $[111]$ 表示是一维的, 而在 $SO(3)$ 中只有 $j=0$ 的表示是一维的. 从

$$\begin{gathered}[11]\otimes[1]=[111]\oplus[21] \\ (1)\otimes(1)=(2)\oplus(1)\oplus(0)\end{gathered}$$

以及 $[111]\to(0)$, 得

$$[21]\to(2)\oplus(1) \tag{21.6.12}$$

从

$$\begin{gathered}[2]\otimes[1]=[3]\oplus[21] \\ \{(2)\oplus(0)\}\otimes(1)=(3)\oplus(2)\oplus 2(1)\end{gathered}$$

以及式 (21.6.12), 得

$$[3]\to(3)\oplus(1)$$

从

$$\begin{gathered}[11]\otimes[2]=[31]\oplus[211] \\ (1)\otimes\{(2)\oplus(0)\}=2(1)\oplus(2)\oplus(3)\end{gathered}$$

以及 $[211]\approx[1]\to(1)$, 得

$$[31]\to(3)\oplus(2)\oplus(1)$$

等等. 这里利用了 $SU(n)$ 群表示的等价关系

$$[\lambda_1\lambda_2\cdots\lambda_n]\approx[\lambda_1-\lambda_n,\lambda_2-\lambda_n,\cdots,\lambda_{n-1}-\lambda_n] \tag{21.6.13}$$

必要时还可以利用等价关系

$$[\lambda_1\lambda_2\cdots\lambda_n]^{\#} \approx [\lambda_1-\lambda_n, \lambda_1-\lambda_{n-1}, \cdots, \lambda_1-\lambda_2] \tag{21.6.14}$$

(3) $j=\dfrac{3}{2}$. 直接可以看出

$$\begin{aligned}
&[0] \ \to (0)\\
&[1] \ \to \left(\frac{3}{2}\right)\\
&[2] \ \to (3)\oplus(1)\\
&[11] \to (0)\oplus(2)
\end{aligned} \tag{21.6.15}$$

比较以下两式:

$$[11]\otimes[1]=[111]\oplus[21]$$
$$\{(0)\oplus(2)\}\otimes\left(\frac{3}{2}\right)=\left(\frac{7}{2}\right)\oplus\left(\frac{5}{2}\right)\oplus 2\left(\frac{3}{2}\right)\oplus\left(\frac{1}{2}\right)$$

并注意, $[111]\approx[1]\to\left(\dfrac{3}{2}\right)$, 得

$$[21]\to\left(\frac{7}{2}\right)\oplus\left(\frac{5}{2}\right)\oplus\left(\frac{3}{2}\right)\oplus\left(\frac{1}{2}\right) \tag{21.6.16}$$

比较

$$[2]\otimes[1]=(3)\oplus(21)$$
$$\{(3)\oplus(1)\}\otimes\left(\frac{3}{2}\right)=\left(\frac{9}{2}\right)\oplus\left(\frac{7}{2}\right)\oplus 2\left(\frac{5}{2}\right)\oplus 2\left(\frac{3}{2}\right)\oplus\left(\frac{1}{2}\right)$$

以及式 (21.6.16), 得

$$[3]\to\left(\frac{9}{2}\right)\oplus\left(\frac{5}{2}\right)\oplus\left(\frac{3}{2}\right)$$

比较

$$[111]\otimes[1]=[1111]\oplus[211]$$
$$\left(\frac{3}{2}\right)\otimes\left(\frac{3}{2}\right)=(3)\oplus(2)\oplus(1)\oplus(0)$$

并注意, $[1111]\approx[0]\to(0)$, 得

$$[211]\to(1)\oplus(2)\oplus(3)$$

等等. 这些例子应足以说明求 $SU(2j+1)\to SO(3)$ 时不可约表示的分支律的办法.

利用不可约表示, 从 $SU(2j+1)\to SO(3)$ 的分支律很容易求出不同电子组态中包含的光谱项. 因为电子自旋空间是二维的, 所以自旋波函数所属不可约表示的

Young 图最多只有两行. 根据 Pauli 原理, 体系总波函数必须是全反对称的, 所以空间轨道波函数所属不可约表示的 Young 图最多只有两列. 这样, 对于给定的 $(l)^r$ 电子组态, 我们很容易根据式 (21.2.40) 求出可能的自旋角动量值 S 对应的 Young 图, 根据这一 Young 图的对偶图确定空间轨道波函数属于 $SU(2l+1)$ 的哪个不可约表示, 将这一不可约表示向 $SO(3)$ 群分解, 就得到和 S 值匹配的 L 值, 从而得出光谱项 ^{2S+1}L. 例如, $(p)^2$ 组态, $r=2$ 时, 可能的 Young 图为 [11] 和 [2], 由式 (21.2.40) 知道它们分别对应于 $S=0$ 和 1. 和它们匹配的空间轨道函数所属不可约表示的 Young 图分别为 [2], [11], 它们从 $SU(3)\rightarrow SO(3)$ 的分支律分别为 $[2]\rightarrow(2)\oplus(0)$ 和 $[11]\rightarrow(1)$, 故 $(p)^2$ 组态包含的光谱项为 ^1D, ^1S 和 ^3P. 表 21.6.1 列出 $(p)^r$ 组态的光谱项的群论分类.

表 21.6.1　$(p)^r$ 组态光谱项的群论分类

电子数	轨道函数		自旋函数		光谱项
r	$[\lambda]$	(L)	$[\tilde{\lambda}]$	(S)	^{2S+1}L
1	[1]	(1)	[1]	(1/2)	^2P
2	[2]	(2),(0)	[11]	(0)	$^1D,^1S$
	[11]	(1)	[2]	(1)	^3P
3	[21]	(2),(1)	[21]	(1/2)	$^2D,^2P$
	[111]	(0)	[3]	(3/2)	^4S

由上面的例子可以看出, 当 $l=1$ 时, 很容易从 $SU(2l+1)\rightarrow SO(3)$ 的分支律求出 $(l)^r$ 组态所包含的光谱项, 并且只要用 $SU(3)$ 和 $SO(3)$ 的不可约表示就可以把所有状态清楚地分类 (每种状态与一组特定的不可约表示标志联系). 但当 $l>1$ 以后进行 $SU(2l+1)\rightarrow SO(3)$ 的约化时, 酉群的一个不可约表示 $[\lambda]$ 可能分解出几个相同的旋转群不可约表示. 例如, 在 $(d)^3$ 组态中, $SU(5)$ 群的 [21] 表示包含有 $SO(3)$ 群的两个 (2) 表示 [$(d)^3$ 组态有两个 ^2D 谱项]. r 更大时这种情况更多了. 这样, 只用 $SU(2l+1)$ 和 $SO(3)$ 群的不可约表示就不能对态函数进行完全的分类. 人们希望找到更多的量子数来做到这点. 这就要求至少找到一个群 K, 它是 $SU(2l+1)$ 的子群, 又包含 $SO(3)$ 为其子群, 这样, 我们就可以同时用 $SU(2l+1)$, K 和 $SO(3)$ 的不可约表示来标志一个状态. 当然, 如果群 K 与体系的 Hamilton 量是可对易的, K 的不可约表示标记就提供了附加的量子数. 即使只是近似可对易的, 它在态的分类上也有意义. 人们发现, $SO(2l+1)$ 群是在 $SU(2l+1)$ 和 $SO(3)$ 之间的一个群, 可以用它的不可约表示标志原子的状态. $SO(2l+1)$ 的不可约表示用 $(w)=(w_1w_2\cdots w_l)$ 来标志. 因为空间轨道函数所属的 Young 图最多只有两列, (w) 就具有以下形式:

$$(\underbrace{22\cdots2}_{a个}\quad\underbrace{11\cdots1}_{b个}\quad\underbrace{00\cdots0}_{(2l+1-a-b)个}\ )\tag{21.6.17}$$

在标志原子的状态时, 通常不用 (w) 而用前辈数 (高位数)v

$$v = 2(a + S) \tag{21.6.18}$$

式中, S 是状态的自旋角动量值. 可以证明, b 是 $2S$ 和 $2l+1-v$ 两个数中的小者, 所以由 S 和 v 可求出 (w). 因此用 S 和 (w) 或者用 S 和 v 来标志状态是等价的. 通常将前辈数 v 放在光谱项符号的左侧.

这样, 为了对 $l \geqslant 2$ 的电子组态的状态进行分类, 就要解决不可约表示从 $SU(2l+1) \to SO(2l+1) \to SO(3)$ 的分支律. 从 $SU(2l+1) \to SO(2l+1)$ 的分支律已经讨论过了. 通过对比 $SU(2l+1) \to SO(2l+1)$ 和 $SU(2l+1) \to SO(3)$ 的分支律容易得到 $SO(2l+1) \to SO(3)$ 的分支律. 例如, 由

$$\begin{array}{ccc}
SO(5) \leftarrow & SU(5) & \rightarrow SO(3) \\
(00) & [0] & (0) \\
(10) & [1] & (2) \\
(20)\oplus(00) & [2] & (0)\oplus(2)\oplus(4) \\
(11) & [11] & (1)\oplus(3) \\
(21)\oplus(10) & [21] & (1)\oplus 2(2)\oplus(3)\oplus(4)\oplus(5) \\
(22)\oplus(20)\oplus(00) & [22] & 2(0)\oplus 2(2)\oplus(3)\oplus 2(4)\oplus(6)
\end{array}$$

可得 $SO(5) \to SO(3)$ 的分支律为

$$\begin{aligned}
&(00) \to (0) \\
&(10) \to (2) \\
&(11) \to (1)\oplus(3) \\
&(20) \to (2)\oplus(4) \\
&(21) \to (1)\oplus(2)\oplus(3)\oplus(4)\oplus(5) \\
&(22) \to (0)\oplus(2)\oplus(3)\oplus(4)\oplus(6)
\end{aligned}$$

根据 $SU(2l+1) \to SO(2l+1) \to SO(3)$ 的分支律, 我们就可以求出 $(d)^r$ 组态所包含的光谱项以及它们的前辈数, 从而实现对 $(d)^r$ 组态的所有状态进行完全的分类. 表 21.6.2 给出 $(d)^r$ 组态光谱项的群论分类.

表 21.6.2 $(d)^r$ 组态光谱项的群论分类

电子数	轨道函数				自旋函数		光谱项
r	$[\lambda]$	(w_1w_2)	v	L	$[\tilde{\lambda}]$	S	^{2S+1}L
0	[0]	(00)	0	0	[0]	0	^1S
1	[1]	(10)	1	2	[1]	1/2	^2D
2	[2]	(00)	0	0	[11]	0	^1S
		(20)	2	2,4		0	$^1D,^1G$
	[11]	(11)	2	1,3	[2]	1	$^3P,^3F$

续表

电子数	轨道函数				自旋函数		光谱项
r	$[\lambda]$	(w_1w_2)	v	L	$[\tilde{\lambda}]$	S	^{2S+1}L
3	[21]	(10)	1	2	[21]	1/2	^2D
		(21)	3	1,2,3,4,5		1/2	$^2P,^2D,^2F,^2G,^2H$
	[111]	(11)	2	1,3	[3]	3/2	$^4P,^4F$
4	[1111]	(10)	1	2	[4]	2	^5D
	[211]	(11)	2	1,3	[31]	1	$^3P,^3F$
		(21)	3	1,2,3,4,5		1	$^3P,^3D,^3F,^3G,^3H$
	[22]	(00)	0	0	[22]	0	^1S
		(20)	2	2,4		0	$^1D,^1G$
		(22)	4	0,2,3,4,6		0	$^1S,^1D,^1F,^1G,^1I$
5	[11111]	(00)	0	0	[5]	5/2	^6S
	[2111]	(11)	2	1,3	[41]	3/2	$^4P,^4F$
		(20)	2	2,4		3/2	$^4D,^4G$
	[221]	(10)	1	2	[32]	1/2	^2D
		(21)	3	1,2,3,4,5		1/2	$^2P,^2D,^2F,^2G,^2H$
		(22)	4	0,2,3,4,6		1/2	$^2S,^2D,^2F,^2G,^2I$

对于 $(f)^r$ 组态, 可以作类似的处理, 但可以发现, 即使加上前辈数, 仍不足以完全区分它的所有光谱项. 虽然在 $SO(7)$ 和 $SO(3)$ 之间找到一个 G_2 群 (参看 22.9.1 节), 可以提供附加的区分状态的标志, 但即使这样, $(f)^r$ 组态中仍有两个 vSL 相同的谱项不能区分. 利用上面提供的方法找出 $(f)^r$ 组态的谱项及其前辈数并无困难, 就不详细讨论了.

对于 jj 耦合方案, 我们也可以作类似的处理. 我们从旋转双值群 $SO(3)^*$ 的不可约表示 (j) 的表示空间出发, 造出 r 秩张量空间, 它是 $SU(2j+1)$ 群的可约表示空间, 体系的状态函数是这一空间中的一个张量, 它同时是置换群的全反对称表示和 $SU(2j+1)$ 群的不可约表示的基. 将 $SU(2j+1)$ 群的不可约表示向 $SO(3)^*$ 群约化, 就得到光谱支项. 当 j 的数值大于 7/2 以后, 一个组态 $(j)^r$ 中也会包含某些 $SO(3)^*$ 的表示 (j) 几次. 人们发现, 当 j 为半奇整数时, $SP(2j+1)$ 是 $SU(2j+1)$ 的一个子群, 而 $SP(2j+1)$ 又包含 $SO(3)^*$ 为其子群. 于是可以用群链 $SU(2j+1)\supset SP(2j+1)\supset SO(3)^*\supset SO(2)^*$ 的不可约表示来标志状态. $SP(2j+1)$ 的不可约表示提供前辈数. $SP(2j+1)$ 的不可约表示用 $(\sigma_1\sigma_2\cdots\sigma_\nu)$ 标志, $\nu=\dfrac{1}{2}(2j+1)$. 在 jj 耦合方案中, 对于多电子体系, $SU(2j+1)$ 的不可约表示 Young 图具有 $[\underbrace{11\cdots100\cdots0}_{(2j+1)个}]$ 的形式, 所以 (σ) 有 $(\underbrace{11\cdots1}_{v个}\underbrace{00\cdots0}_{(\nu-v)个})$ 的形式. 前辈数定义为 $v=\sum\limits_i\sigma_i$, 实际上就是 (σ) 中 1 出现的次数. 由于 jj 耦合用得较少, 这里

就不详细讨论了. 读者可参看参考文献 [1] 和 [10] 的有关章节.

21.6.3 亲缘系数

上面的讨论表明用群论方法进行电子状态的分类, 找出各种电子组态中包含的光谱项, 比用第 11 章中的初等办法要容易得多. 但是, 如果我们还是要造出行列式函数的线性组合才能计算矩阵元, 那实际上得益不多. Racah 提出一种方法, 可以不用直接与行列式函数打交道. 方法原理简单, 就是把波函数表达为两部分的乘积, 其中一部分与算符作用的变量无关, 这样, 在计算矩阵元时就可以将它和算符作用有关部分分离开来. 因为量子化学中一个算符最多只作用在两个电子的坐标上, 所以波函数的另一部分最多只包含两个电子的变量. 问题是如何使波函数具有这种形式而又满足全反对称性的要求, Racah 为此引入亲缘系数 (又称亲态比系数), 下面作具体的介绍.

考虑 l^n 组态的一个状态函数. 我们要用 l^{n-1} 组态和 l^1 组态状态函数的乘积把它表达出来. 设有关的三个状态函数是 $|l^n, \alpha S M_S L M_L\rangle \equiv |\Omega\rangle, |l^{n-1}, \bar{\alpha}\overline{S}\,\overline{M}_S\overline{L}\,\overline{M}_L\rangle \equiv |\overline{\Omega}\rangle$ 和 $\left|l, \dfrac{1}{2} m_s l m_l\right\rangle \equiv |\omega\rangle$. 为了使式子的表达简单一些, 这里引入符号 $\Omega, \overline{\Omega}$ 和 ω. 因为 n 电子体系的每个行列式函数都是若干项之和, 每项都包含有第 n 个电子的态函数 $|\omega_n\rangle$, 可以把它写成

$$|\Omega\rangle = \sum_{\overline{\Omega},\omega} \langle\overline{\Omega};\omega|\Omega\rangle|\overline{\Omega}\rangle|\omega_n\rangle \tag{21.6.19}$$

由于电子的全同性, 单电子算符 $\hat{\boldsymbol{F}} = \sum\limits_i \hat{\boldsymbol{f}}_i$ 在组态 l^n 的两个状态函数之间的矩阵元是其中任一个 $\hat{\boldsymbol{f}}_i$ 的矩阵元的 n 倍

$$\langle\Omega|\hat{\boldsymbol{F}}|\Omega'\rangle = n\langle\Omega|\hat{\boldsymbol{f}}_n|\Omega'\rangle \tag{21.6.20}$$

将式 (21.6.19) 代入式 (21.6.20), 得

$$\begin{aligned}\langle\Omega|\hat{\boldsymbol{F}}|\Omega'\rangle &= n\sum_{\substack{\overline{\Omega}\ \overline{\Omega}'\\ \omega\omega'}} \langle\Omega|\overline{\Omega};\omega\rangle\langle\overline{\Omega}|\overline{\Omega}'\rangle\langle\omega_n|\hat{\boldsymbol{f}}_n|\omega_n'\rangle\langle\overline{\Omega}';\omega'|\Omega'\rangle \\ &= n\sum_{\substack{\overline{\Omega}\\ \omega,\omega'}} \langle\Omega|\overline{\Omega};\omega\rangle\langle\omega_n|\hat{\boldsymbol{f}}_n|\omega_n'\rangle\langle\overline{\Omega};\omega|\Omega'\rangle\end{aligned} \tag{21.6.21}$$

因此, 如果我们有组合系数 $\langle\Omega|\overline{\Omega};\omega\rangle$, 则为计算 $\langle\Omega|\hat{\boldsymbol{F}}|\Omega'\rangle$, 实际上只要计算 $\langle\omega_n|\hat{\boldsymbol{f}}_n|\ \omega_n'\rangle$, 这样就把多电子波函数的矩阵元计算与单电子状态的矩阵元的计算简单地联系起来了. 这种讨论容易推广到双电子算符 $\hat{\boldsymbol{G}} = \sum\limits_{i<j} \hat{\boldsymbol{g}}_{ij}$, 只要把函数表达

为 l^{n-2} 和 l^2 组态中的状态函数乘积的线性组合, 即

$$|\Omega\rangle = \sum_{\pi,\Pi} \langle \Pi;\pi|\Omega\rangle|\Pi\rangle|\pi_{n,n-1}\rangle \tag{21.6.22}$$

式中, Π 和 π 分别指 l^{n-2} 和 l^2 组态中的状态函数. 对于双电子算符, 有

$$\langle\Omega|\hat{\boldsymbol{G}}|\Omega'\rangle = \frac{1}{2}n(n-1)\langle\Omega|\hat{\boldsymbol{g}}_{n,n-1}|\Omega'\rangle \tag{21.6.23}$$

代入式 (21.6.22), 得

$$\langle\Omega|\hat{\boldsymbol{G}}|\Omega'\rangle = \frac{1}{2}n(n-1)\sum_{\Pi,\pi,\pi'}\langle\Omega|\Pi;\pi\rangle\langle\pi_{n,n-1}|\hat{\boldsymbol{g}}_{n,n-1}|\pi'_{n,n-1}\rangle\langle\Pi;\pi'|\Omega'\rangle \tag{21.6.24}$$

式 (21.6.24) 把 $\langle\Omega|\hat{\boldsymbol{G}}|\Omega'\rangle$ 与 $\langle\pi_{12}|\hat{\boldsymbol{g}}_{12}|\pi'_{12}\rangle$ 联系起来.

问题是如何计算系数

$$\langle\overline{\Omega};\omega|\Omega\rangle \equiv \langle l^{n-1}\overline{\alpha}\overline{S}\,\overline{M}_S\overline{L}\,\overline{M}_L;\frac{1}{2}m_s l m_l|l^n\alpha SM_SLM_L\rangle \tag{21.6.25}$$

对于给定的 l^n 组态的谱项 (αSl), 式 (21.6.25) 表达的系数不为零的 l^{n-1} 组态的谱项 $(\overline{\alpha}\overline{S}\,\overline{L})$ 称为 (αSL) 的亲态; 反之, 对于 l^{n-1} 组态的 $(\overline{\alpha}\overline{S}L)$ 谱项, 上述系数不为零的 l^n 组态的 (αSL) 谱项称为 $(\overline{\alpha}\overline{S}\,\overline{L})$ 的子态. 通常把式 (21.6.25) 写成

$$\begin{aligned}&\left\langle l^{n-1}\overline{\alpha}\overline{S}\,\overline{M}_S\overline{L}\,\overline{M}_L;\ \frac{1}{2}m_s l m_l|l^n\alpha SM_SLM_L\right\rangle\\ &=\left\langle\overline{S}\,\overline{M}_S\frac{1}{2}m_s\middle|\overline{S}\frac{1}{2}SM_s\right\rangle\langle\overline{L}\,\overline{M}_L l m_l|\overline{L}lLM_L\rangle\langle l^{n-1}\overline{\alpha}\overline{S}\,\overline{L}|\}l^n\alpha SL\rangle\end{aligned} \tag{21.6.26}$$

称 $\langle l^{n-1}\overline{\alpha}\overline{S}\,\overline{L}|\}l^n\alpha SL\rangle$ 为亲缘系数, 简记为 CFP(Coefficients of fractional parentage).

下面举一个具体的例子. p^2 组态产生的谱项有 $^1S,^1D,^3P$. 把第三个电子加到等价 p 轨道上, 可以产生的光谱项为

$$\begin{aligned}&(p^2)^1S\cdot(p)^2P\to(p^3)^2P\\ &(p^2)^1D\cdot(p)^2P\to(p^3)^2P+(p^3)^2D\\ &(p^2)^3P\cdot(p)^2P\to(p^3)^2P+(p^3)^2D+(p^3)^4S\end{aligned} \tag{21.6.27}$$

$(p^3)^4S$ 由 $(p^2)^3P$ 产生, 所以 $(p^3)^4S$ 的唯一亲态谱项是 $(p^2)^3P$. $(p^3)^2D$ 谱项可由 p^2 组态的 ^3P, ^1D 谱项产生, 所以 $(p^3)^2D$ 有两个亲态谱项. 同样, $(p^3)^2P$ 有三个亲态谱项 $(p^2)^1S,^1D,^3P$. 定义零级矢量耦合函数

$$\begin{aligned}&\tilde{\Psi}_0(p^2(1,2)S''L',p(3)^2P;SM_SLM_L)\\ &=\sum_{\substack{M_{S'}+m_S=M_S\\ M_{L'}+m_l=M_L}}\left\langle S'M_{S'}\frac{1}{2}m_s\middle|SM_S\right\rangle\langle L'M_{L'}1m_l|LM_L\rangle\\ &\quad\times\Phi_0(p^2(1,2)S'M_{S'}L'M_{L'})\phi\left(p(3)\frac{1}{2}m_s1m_l\right)\end{aligned} \tag{21.6.28}$$

式中, $\Phi_0(p^2(1,2)S'M_{S'}L'M_{L'})$ 是 p^2 组态的 $^{2S'+1}L'$ 谱项的波函数 (电子标号为 1,2), $\phi\left(p(3)\frac{1}{2}m_s1m_l\right)$ 是单个 p 电子 (设其标号为 3) 的态函数. 如果我们分别取 $\Phi_0(p^2\ (1,2)S'M_{S'}L'M_{L'})$ 为 p^2 的 ^1D 和 ^3P 谱项波函数, 并令 $\tilde{\Psi}_0$ 的 L,S 值分别取为 2, 1/2, 则得到的两个 $\tilde{\Psi}_0$ 与 p^3 组态的光谱项 ^2D 的波函数相联系, 但它们都不是 $p^3\ ^2D$ 的波函数, 因为它们都不是全反对称的, 它们只对 1,2 电子的交换是反对称的, 对于电子 3 的置换不满足全反对称性条件. 我们可以用全反对称化算符实现全反对称化, 但还有另一种处理办法, 那就是把两个零级矢量耦合函数组合起来, 得到全反对称化的波函数. 设

$$\Psi_0(p^3\ ^2D) = \alpha\tilde{\Psi}_0(p^2(1,2)^1D, p(3)^2P;^2D) + \beta\tilde{\Psi}_0(p^2(1,2)^3P, p(3)^2P;^2D) \quad (21.6.29)$$

由于 $\tilde{\Psi}_0$ 对电子 (1) 和 (2) 已经是反对称化的, 为了达到使 Ψ_0 是全反对称函数的目的, 只需要使 Ψ_0 对于电子 (2) 和 (3) 的交换反对称就行了, 即要求

$$(23)\,\Psi_0 = -\Psi_0 \quad (21.6.30)$$

于是有

$$\begin{aligned}&\alpha\tilde{\Psi}_0(p^2(1,3)^1D, p(2)^2P;^2D) + \beta\tilde{\Psi}_0(p^2(1,3)^3P, p(2)^2P;^2D)\\ &= -\alpha\tilde{\Psi}_0(p^2(1,2)^1D, p(3)^2P;^2D) - \beta\tilde{\Psi}_0(p^2(1,2)^3P, p(3)^2P;^2D)\end{aligned} \quad (21.6.31)$$

为了比较方程左、右两边, 两边电子的标号次序应该相同. 可以用重新耦合的办法把方程左边的电子的标号次序换过来. 由此得到

$$\begin{aligned}&\tilde{\Psi}_0(p^2(1,3)S'L', p(2)^2P;^2D)\\ &= \sum_{L''S''}(-1)^{L''+S''+L'+S'}\sqrt{(2S'+1)(2L'+1)(2S''+1)(2L''+1)}\\ &\times\left\{\begin{matrix}\frac{1}{2} & \frac{1}{2} & S''\\ \frac{1}{2} & \frac{1}{2} & S'\end{matrix}\right\}\left\{\begin{matrix}1 & 1 & L''\\ 1 & 2 & L'\end{matrix}\right\}\tilde{\Psi}_0(p^2(1,2)^{2S''+1}L'', p(3)^2P;^2D)\end{aligned} \quad (21.6.32)$$

式中, 对 L'' 和 S'' 的求和包括 p^2 组态的禁阻谱项 ^3D 和 ^1P. 这些谱项在式 (21.6.31) 右边不存在, 故将式 (21.6.32) 代入式 (21.6.31) 后这些禁阻谱项的系数必为零. 对于 ^1P, 其系数为 $(L''=1, S''=0, L'=2, S'=0)$

$$(-1)^3\sqrt{3\cdot 5}\left\{\begin{matrix}\frac{1}{2} & \frac{1}{2} & 0\\ \frac{1}{2} & \frac{1}{2} & 0\end{matrix}\right\}\left\{\begin{matrix}1 & 1 & 1\\ 1 & 2 & 2\end{matrix}\right\} = -\frac{\sqrt{3}}{4}$$

和 $(L''=1,S''=0,L'=1,S'=1)$

$$(-1)^3\sqrt{(3\times3\times3)}\begin{Bmatrix}\frac{1}{2} & \frac{1}{2} & 0\\ \frac{1}{2} & \frac{1}{2} & 1\end{Bmatrix}\begin{Bmatrix}1 & 1 & 1\\ 1 & 2 & 1\end{Bmatrix}=-\frac{\sqrt{3}}{4}$$

故

$$-\frac{\sqrt{3}}{4}\alpha-\frac{\sqrt{3}}{4}\beta=0$$

归一化条件是 $\alpha^2+\beta^2=1$, 因而

$$\alpha=-\beta=\frac{1}{\sqrt{2}}$$

由此得出 Ψ_0 的亲缘展开式为

$$\Psi_0(p^3\ {}^2D)=\frac{1}{\sqrt{2}}(\tilde{\Psi}_0(p^2(1,2)^1D,p(3)^2P;{}^2D)-\tilde{\Psi}_0(p^2(1,2)^3P,p(3)^2P;{}^2D))\quad(21.6.33)$$

Ψ_0 是全反对称化的波函数, α 和 β 就是亲缘系数, 即

$$\begin{aligned}\alpha&=\langle p^2\ {}^1D|\}p^3\ {}^2D\rangle\\ \beta&=\langle p^2\ {}^3P|\}p^3\ {}^2D\rangle\end{aligned}\quad(21.6.34)$$

类似地, 可以求得以下亲缘展开式:

$$\Psi_0(p^3\ {}^4S)=\tilde{\Psi}_0(p^2(1,2)^3P,p(3)^2P;{}^4S)\quad(21.6.35)$$

$$\begin{aligned}\Psi_0(p^3\ {}^2P)=&\frac{\sqrt{2}}{3}\tilde{\Psi}_0(p^2(1,2)^1S,p(3)^2P;{}^2P)\\ &-\frac{\sqrt{5}}{3\sqrt{2}}\tilde{\Psi}_0(p^2(1,2)^1D,p(3)^2P;{}^2P)\\ &-\frac{1}{\sqrt{2}}\tilde{\Psi}_0(p^2(1,2)^3P,p(3)^2P;{}^2P)\end{aligned}\quad(21.6.36)$$

这些结果列于表 21.6.3 中.

表 21.6.3　亲缘系数 $\langle P^2S'L'|\}P^3SL\rangle$

p^3 \ p^2	${}^1S$	${}^3P$	${}^1D$
${}^4S$	0	1	0
${}^2P$	$\frac{\sqrt{2}}{3}$	$-\frac{1}{\sqrt{2}}$	$-\frac{\sqrt{5}}{3\sqrt{2}}$
${}^2D$	0	$-\frac{1}{\sqrt{2}}$	$\frac{1}{\sqrt{2}}$

由于亲态组态中存在禁阻谱项, 亲缘系数不同于 CG 系数, 一般不构成酉阵而只是长方阵 (酉阵的一部分).

下面讨论双电子亲缘系数. 双电子亲缘展开式是

$$\Psi_0(l^n SL) = \sum_{\substack{S_1 L_1 \\ S_2 L_2}} \langle l^{n-2} S_1 L_1, l^2 S_2 L_2 |\} l^n SL \rangle \tilde{\Psi}_0(l^{n-2} S_1 L_1 l^2 S_2 L_2; SL) \tag{21.6.37}$$

因为

$$\Psi_0(l^n SL) = \sum_{S'L'} \langle l^{n-1} S'L' |\} l^n SL \rangle \tilde{\Psi}_0(l^{n-1} S'L', l; SL)$$

$$\Psi_0(l^{n-1} S'L') = \sum_{S''L''} \langle l^{n-2} S''L'' |\} l^{n-1} S'L' \rangle \tilde{\Psi}_0(l^{n-2} S''L'', l; S'L')$$

故

$$\begin{aligned}\Psi_0(l^n, SL) = &\sum_{\substack{S'L' \\ S''L''}} \langle l^{n-1} S'L' |\} l^n SL \rangle \langle l^{n-2} S''L'' |\} l^{n-1} S'L' \rangle \\ &\times \tilde{\Psi}_0((l^{n-2} S''L'', l) S'L', l; SL)\end{aligned} \tag{21.6.38}$$

通过将 $\tilde{\Psi}_0((l^{n-2} S''L'', l) S'L', l; SL)$ 改变耦合顺序, 得

$$\begin{aligned}\Psi_0(l^n, SL) = &\sum_{\substack{S'L' \\ S''L''}} \langle l^{n-1} S'L' |\} l^n SL \rangle \langle l^{n-2} S''L'' |\} l^{n-1} S'L' \rangle \\ &\times \sum_{\substack{L_{12} \\ S_{12}}} \langle L''(ll) L_{12} L | (L''l) L' l L \rangle \\ &\times \left\langle S'' \left(\frac{1}{2}\frac{1}{2}\right) S_{12} S \middle| \left(S'' \frac{1}{2}\right) S' \frac{1}{2} S \right\rangle \\ &\times \tilde{\Psi}_0(l^{n-2} S''L'', l^2 S_{12} L_{12}; SL)\end{aligned} \tag{21.6.39}$$

令 $S_{12} = S_1, L_{12} = L_1, S'' = S_2, L'' = L_2$, 比较式 (21.6.37) 和式 (21.6.39), 得 (将重耦合系数换成 $6-j$ 符号)

$$\begin{aligned}&\langle l^{n-2} S_1 L_1, l^2 S_2 L_2 |\} l^n SL \rangle \\ = &\sum_{S'L'} \langle l^{n-1} S'L' |\} l^n SL \rangle \langle l^{n-2} S_2 L_2 |\} l^{n-1} S'L' \rangle \\ &\times (-1)^{2l+1+S_2+L_2+S+L} \\ &\times \sqrt{(2S_1+1)(2L_1+1)(2S'+1)(2L'+1)} \\ &\times \begin{Bmatrix} \frac{1}{2} & \frac{1}{2} & S_1 \\ S_2 & S & S' \end{Bmatrix} \begin{Bmatrix} l & l & L_1 \\ L_2 & L & L' \end{Bmatrix}\end{aligned} \tag{21.6.40}$$

利用式 (21.6.40), 即可从单电子亲缘系数计算双电子亲缘系数.

亲缘系数与一般耦合系数类似, 可以应用 Racah 因子分解定理来简化其计算, 也可以推广到非全反对称化函数 (如无自旋形式波函数) 中去, 还可以推广来处理有几个未充满亚层的组态, 请参看参考文献 [10,15].

亲缘系数的作用是把 S,L 相同的局部反对称化的函数组合成全反对称化函数, 而我们知道用全反对称化算符也可以达到同样目的. 利用这两种方法之间的联系, 可以求出亲缘系数的显示表达式. 以 $l^2 \to l^3$ 组态的亲缘系数为例, 即

$$\Psi_0(l^3,\alpha SL) = \sum_{S'L'} \langle l^2S'L'|\}l^3\alpha SL\rangle\, \tilde{\Psi}_0(l^2S'L',l;\alpha SL) \tag{21.6.41}$$

根据基函数的正交归一性, 得

$$\langle l^2S'L'|\}l^3\alpha SL\rangle = \langle \tilde{\Psi}_0(l^2S'L',l;\alpha SL)|\,\Psi_0(l^3\alpha SL)\rangle \tag{21.6.42}$$

另一方面, 用全反对称化算符 $\hat{\boldsymbol{A}}$, 可以写出

$$\Psi_0(l^3\alpha SL) = N\hat{\boldsymbol{A}}^{(3)}\,\tilde{\Psi}_0(l^2S_1L_1,l;\alpha SL) \tag{21.6.43}$$

这里 N 是归一化常数, 有

$$N^{-2} = \langle \tilde{\Psi}_0(l^2S_1L_1,l;\alpha SL)|\hat{\boldsymbol{A}}^{(3)}|\,\tilde{\Psi}_0(l^2S_1L_1,l;\alpha SL)\rangle \tag{21.6.44}$$

$\hat{\boldsymbol{A}}^{(3)}$ 是三个电子的全反对称化算符, 可表示为

$$\hat{\boldsymbol{A}}^{(3)} = \frac{2!}{3!}\hat{\boldsymbol{A}}^{(2)}[1-(13)-(23)]\hat{\boldsymbol{A}}^{(2)} \tag{21.6.45}$$

由此求得

$$\begin{aligned} N^{-2} = {} & \frac{2!}{3!} - \frac{2!}{3!}\cdot 2 \\ & \times\langle \tilde{\Psi}_0(l^2(1,2)S_1L_1,l(3);\alpha SL|\hat{\boldsymbol{A}}^{(2)}|\,\tilde{\Psi}_0(l^2(1,3)S_1L_1,l(2);\alpha SL)\rangle \end{aligned} \tag{21.6.46}$$

通过重耦合手续, 得

$$\begin{aligned} N^{-2} = {} & \frac{2!}{3!} - \sum_{S''L''}\frac{2\cdot 2!}{3!}(-1)^{2l+1+S_1+L_1-S''-L''} \\ & \times\sqrt{(2S''+1)(2L''+1)(2S_1+1)(2L_1+1)} \\ & \times\begin{Bmatrix} \frac{1}{2} & \frac{1}{2} & S_1 \\ \frac{1}{2} & S & S'' \end{Bmatrix}\begin{Bmatrix} l & l & L_1 \\ l & L & L'' \end{Bmatrix} \\ & \times\langle \tilde{\Psi}_0(l^2(1,2)S_1L_1,l(3);\alpha SL)|\hat{\boldsymbol{A}}^{(2)}|\,\tilde{\Psi}_0(l^2(1,2)S''L'',l(3);\alpha SL)\rangle \end{aligned} \tag{21.6.47}$$

因为 $\tilde{\Psi}_0(l^2(1,2)S''L'', l(3); \alpha SL)$ 对于电子 (1,2) 已经是反对称化的, 所以有

$$\begin{aligned}&\langle \tilde{\Psi}_0(l^2(1,2)S_1L_1, l(3); \alpha SL)|\hat{\boldsymbol{A}}^{(2)}|\tilde{\Psi}_0(l^2(1,2)S''L'', l(3); \alpha SL)\rangle\\ =&\langle \tilde{\Psi}_0(l^2(1,2)S_1L_1, l(3); \alpha SL)|\tilde{\Psi}_0(l^2(1,2)S''L'', l(3); \alpha SL)\rangle\\ =&\delta_{S_1S''}\delta_{L_1L''}\end{aligned}$$

由此可得

$$\begin{aligned}N^{-2}=&\frac{1}{3}-\frac{2}{3}(-1)^{2l+1}[(2S_1+1)(2L_1+1)]\\ &\times\begin{Bmatrix}\frac{1}{2} & \frac{1}{2} & S_1\\ \frac{1}{2} & S & S_1\end{Bmatrix}\begin{Bmatrix}l & l & L_1\\ l & L & L_1\end{Bmatrix}\end{aligned}\tag{21.6.48}$$

将式 (21.6.43) 代入式 (21.6.42), 得

$$\begin{aligned}&\langle l^2S'L'|\}l^3\alpha SL\rangle\\ =&N\langle \Psi_0(l^2S'L', l; \alpha SL)|\hat{\boldsymbol{A}}^{(3)}|\tilde{\Psi}_0(l^2S_1L_1, l; \alpha SL)\rangle\end{aligned}\tag{21.6.49}$$

用与上面类似的方法处理式 (21.6.49), 可得

$$\begin{aligned}&\langle l^2S'L'|\}l^3\alpha SL\rangle\\ =&\frac{1}{3}N\delta_{S'S_1}\delta_{L'L_1}-\frac{2}{3}N(-1)^{2l+1+S_1+L_1-S'-L'}\\ &\times\sqrt{(2S'+1)(2L'+1)(2S_1+1)(2L_1+1)}\\ &\times\begin{Bmatrix}\frac{1}{2} & \frac{1}{2} & S_1\\ \frac{1}{2} & S & S'\end{Bmatrix}\begin{Bmatrix}l & l & L_1\\ l & L & L'\end{Bmatrix}\end{aligned}\tag{21.6.50}$$

关于 GFP 的一般显示表达式请参看参考文献 [10].

21.6.4 多电子态函数矩阵元的计算

下面具体讨论用亲缘系数简化多电子态函数矩阵元的计算问题. 原理在上面已经说明了, 这里给出一些常用的式子.

为了方便起见, Racah 引入单位张量算符. 根据群的置换定理可以知道, 同阶的不可约张量算符的约化矩阵元是成比例的, 因此可以定义单位张量算符 $\hat{\boldsymbol{u}}_q^{(k)}(q=-k,\cdots,+k)$, 其约化矩阵元为

$$\langle \alpha j||\hat{\boldsymbol{u}}^{(k)}||\alpha' j'\rangle=\delta_{\alpha\alpha'}\delta_{jj'}\tag{21.6.51}$$

式中, α, α' 为附加的量子数, 如果单电子算符 $\hat{\boldsymbol{t}}_q^{(k)}$ 可表达为

$$\hat{\boldsymbol{t}}_q^{(k)} = A\hat{\boldsymbol{u}}_q^{(k)} \qquad (q = -k, \cdots, +k)$$

则

$$\begin{aligned}\langle jm|\hat{\boldsymbol{t}}_q^{(k)}|j'm'\rangle &= (-1)^{j-m}\begin{pmatrix} j & k & j \\ -m & q & m' \end{pmatrix}\langle j||\hat{\boldsymbol{t}}^{(k)}||j\rangle \\ &= \langle jm|A\hat{\boldsymbol{u}}_q^{(k)}|jm'\rangle \\ &= (-1)^{j-m}\begin{pmatrix} j & k & j \\ -m & q & m' \end{pmatrix} A\end{aligned}$$

从而 $A = \langle j||\hat{\boldsymbol{t}}^{(k)}||j\rangle$. 故有

$$\hat{\boldsymbol{t}}_q^{(k)} = \langle j||\hat{\boldsymbol{t}}^{(k)}||j\rangle\hat{\boldsymbol{u}}_q^{(k)} \tag{21.6.52}$$

例如, $\hat{\boldsymbol{l}}$ 和 $\hat{\boldsymbol{s}}$ 算符可表达为

$$\begin{aligned}\hat{\boldsymbol{l}} &= \sqrt{(2l+1)(l+1)l}\hat{\boldsymbol{u}}^{(1)} \\ \hat{\boldsymbol{s}} &= \sqrt{\frac{3}{2}}\hat{\boldsymbol{u}}^{(1)}\end{aligned} \tag{21.6.53}$$

因为

$$\langle l||\hat{\boldsymbol{l}}||l\rangle = \sqrt{(2l+1)(l+1)l},$$

$$\langle s||\hat{\boldsymbol{s}}||s\rangle = \sqrt{\frac{3}{2}}$$

定义 k 阶多电子单位张量算符为

$$\hat{\boldsymbol{U}}_q^{(k)} = \sum_i \hat{\boldsymbol{u}}_q^{(k)}(i) \qquad (q = -k, \cdots, +k) \tag{21.6.54}$$

则 k 阶多电子张量算符

$$\hat{\boldsymbol{T}}_q^{(k)} = \sum_i \hat{\boldsymbol{t}}_q^{(k)}(i)$$

可写成

$$\hat{\boldsymbol{T}}_q^{(k)} = \langle j||\hat{\boldsymbol{t}}^{(k)}||j\rangle\hat{\boldsymbol{U}}_q^{(k)} \tag{21.6.55}$$

类似地, 把单位双张量算符定义为

$$\hat{\boldsymbol{w}}_{q_1q_2}^{(k_1k_2)} = \hat{\boldsymbol{u}}_{q_1}^{(k_1)}\hat{\boldsymbol{v}}_{q_2}^{(k_2)} \qquad (q_1 = -k_1, \cdots, +k_1; q_2 = -k_2, \cdots, +k_2)$$

其约化矩阵元为

$$\langle\alpha j_1j_2||\hat{\boldsymbol{w}}^{(k_1k_2)}||\alpha' j_1'j_2'\rangle = \delta_{\alpha\alpha'}\delta_{j_1j_1'}\delta_{j_2j_2'} \tag{21.6.56}$$

多电子单位双张量算符定义为

$$\hat{\boldsymbol{W}}_{q_1q_2}^{(k_1k_2)}=\sum_i\hat{\boldsymbol{w}}_{q_1q_2}^{(k_1k_2)}(i) \tag{21.6.57}$$

容易写出任意双张量算符与单位双张量算符的关系式.

设我们要求与自旋无关的单位张量算符

$$\hat{\boldsymbol{U}}_q^{(k)}=\sum_{i=1}^n\hat{\boldsymbol{u}}_q^{(k)}(i)$$

的矩阵元. 为了符号简单起见, 记 $l^n\alpha SL\equiv\theta$, $l^n\alpha'S'L'\equiv\theta'$, $l^{n-1}\overline{\alpha}\overline{S}\,\overline{L}=\overline{\theta}$. 我们有

$$\begin{aligned}&\langle l^n\alpha SM_SLM_L|\hat{\boldsymbol{U}}_q^{(k)}|l^n\alpha'S'M_{S'}L'M_{L'}\rangle\\=&n\sum_{\theta}\langle\overline{\theta}|\}\theta\rangle\langle\overline{\theta}|\}\theta'\rangle\\&\times\sum_{m_lm_{l'}\overline{M}_L}\langle\overline{L}\,\overline{M}_Llm_l|LM_L\rangle\langle\overline{L}\,\overline{M}_Llm_{l'}|L'M_{L'}\rangle\langle lm_l|\hat{\boldsymbol{u}}_q^{(k)}|lm_{l'}\rangle\\&\times\sum_{m_sm_{s'}\overline{M}_S}\langle\overline{S}\,\overline{M}_Ssm_s|SM_S\rangle\langle\overline{S}\,\overline{M}_Ssm_{s'}|S'M_{S'}\rangle\delta_{m_Sm_{S'}}\end{aligned} \tag{21.6.58}$$

对 $m_s,m_{s'},\overline{M}_S$ 的求和得出 $\delta_{SS'}\delta_{M_SM_{S'}}$. 对式 (21.6.58) 两边使用 Wigner-Eckart 定理, 得

$$\begin{aligned}&(-1)^{L-M_L}\begin{pmatrix}L&k&L'\\-M_L&q&M_{L'}\end{pmatrix}\langle l^n\alpha SL||\hat{\boldsymbol{U}}^{(k)}||l^n\alpha'S'L'\rangle\\=&n\delta_{SS'}\sum_{\overline{\theta}}\langle\overline{\theta}|\}\theta\rangle\langle\overline{\theta}|\}\theta'\rangle\sum_{m_lm_l'\overline{M}_L}(-1)^{-\overline{L}+l+M_L-\overline{L}+l+M_{L'}}\sqrt{(2L+1)(2L'+1)}\\&\times\begin{pmatrix}\overline{L}&l&L\\\overline{M}_L&m_l&-M_L\end{pmatrix}\begin{pmatrix}\overline{L}&l&L'\\\overline{M}_L&m_l&-M_{L'}\end{pmatrix}\begin{pmatrix}l&k&l\\-m_l&q&m_{l'}\end{pmatrix}\langle l||\hat{\boldsymbol{u}}^{(k)}||l\rangle\end{aligned} \tag{21.6.59}$$

利用 $3-j$ 和 $6-j$ 符号的关系式 [式 (21.4.83)], 就得出多电子单位张量算符的约化矩阵元表达式

$$\begin{aligned}&\langle l^n\alpha SL||\hat{\boldsymbol{U}}^{(k)}||l^n\alpha'S'L'\rangle\\=&n\delta_{SS'}\sum_{\overline{\theta}}\langle\overline{\theta}|\}\theta\rangle\langle\overline{\theta}|\}\theta'\rangle\sqrt{(2L+1)(2L'+1)}(-1)^{\overline{L}+l+L+k}\begin{Bmatrix}L&k&L'\\l&\overline{L}&l\end{Bmatrix}\end{aligned} \tag{21.6.60}$$

设要求耦合张量算符 $\hat{\boldsymbol{X}}_Q^{(K)}$ 在 $|\alpha SLJM_J\rangle$ 态之间的矩阵元, 即

$$\hat{\boldsymbol{X}}_Q^{(K)}=\sum_i[\hat{\boldsymbol{t}}^{(k_1)}(i)\otimes\hat{\boldsymbol{v}}^{(k_2)}(i)]_Q^{(K)}\qquad(Q=-K,\cdots,+K)$$

根据式 (21.5.31), 容易求得

$$\begin{aligned}&\langle l^n\alpha SLJ||\hat{\boldsymbol{X}}^{(K)}||l^n\alpha' S'L'J'\rangle\\&=\sqrt{(2J+1)(2K+1)(2J'+1)}\left\{\begin{matrix}S&S'&k_1\\L&L'&k_2\\J&J'&K\end{matrix}\right\}\\&\times\langle s||\hat{\boldsymbol{t}}^{(k_1)}||s\rangle\langle l||\hat{\boldsymbol{v}}^{(k_2)}||l\rangle\langle l^n\alpha SL||\hat{\boldsymbol{W}}^{(k_1k_2)}||l^n\alpha' S'L'\rangle\end{aligned}\tag{21.6.61}$$

这里我们假设 $\hat{\boldsymbol{t}}^{(k)}$ 只作用在自旋坐标上而 $\hat{\boldsymbol{v}}^{(k)}$ 只作用在空间坐标上. $\hat{\boldsymbol{W}}^{(k_1k_2)}$ 是多电子单位双张量算符, 其约化矩阵元为

$$\begin{aligned}&\langle l^n\alpha SL||\hat{\boldsymbol{W}}^{(k_1k_2)}||l^n\alpha' S'L'\rangle\\&=n\sqrt{(2S+1)(2S'+1)(2L+1)(2L'+1)}\\&\times\sum_{\overline{\theta}}\langle\overline{\theta}|\}\theta\rangle\langle\overline{\theta}|\}\theta'\rangle(-1)^{\overline{S}+s+S+k_1+\overline{L}+l+L+k_2}\\&\times\left\{\begin{matrix}S&k_1&S'\\s&\overline{S}&s\end{matrix}\right\}\left\{\begin{matrix}L&k_2&L'\\l&\overline{L}&l\end{matrix}\right\}\end{aligned}\tag{21.6.62}$$

在耦合算符为标量算符的情况下, 例如:

$$\hat{\boldsymbol{X}}^{(0)}=\sum_i\hat{\boldsymbol{s}}(i)\cdot\hat{\boldsymbol{l}}(i)=-\sqrt{3}\sum_i[s^{(1)}(i)\cdot l^{(1)}(i)]_0^0$$

有

$$\begin{aligned}&\langle l^n\alpha SLJM_J|\hat{\boldsymbol{X}}^{(0)}|l^n\alpha' S'L'J'M_{J'}\rangle\\&=\delta_{JJ'}\delta_{M_JM_{J'}}(-1)^{S'+L+J}\left[\frac{1}{6}l(l+1)(2l+1)\right]^{\frac{1}{2}}\\&\times\left\{\begin{matrix}S&S'&1\\L'&L&J\end{matrix}\right\}\langle l^n\alpha SL||\hat{\boldsymbol{W}}^{(11)}||l^n\alpha' S'L'\rangle\end{aligned}\tag{21.6.63}$$

式中

$$\begin{aligned}&\langle l^n\alpha SL||\hat{W}^{(11)}||l^n\alpha' S'L'\rangle\\&=3n[(2S+1)(2S'+1)(2L+1)(2L'+1)]^{\frac{1}{2}}(-1)^{\frac{1}{2}+l+S+L}\\&\times\sum_{\overline{\theta}}\langle\overline{\theta}|\}\theta\rangle\langle\overline{\theta}|\}\theta'\rangle(-1)^{\overline{S}+\overline{L}}\left\{\begin{matrix}S&1&S'\\\frac{1}{2}&\overline{S}&\frac{1}{2}\end{matrix}\right\}\left\{\begin{matrix}L&1&L'\\l&\overline{L}&l\end{matrix}\right\}\end{aligned}\tag{21.6.64}$$

这类式子很容易推广到其他情况, 这里就不一一列举了. 参考文献 [16] 系统地给出了 p^n, d^n, f^n 组态的单位张量算符的约化矩阵元.

作为应用的例子, 我们计算原子体系中电子间的相互作用能. 设要计算静电作用能 $E(SL)$

$$E(SL) = \langle \Psi_0(l^n SM_S LM_L) \Big| \sum_{i>j}^{n} \frac{1}{r_{ij}} \Big| \Psi_0(l^n SM_S LM_L) \rangle \tag{21.6.65}$$

因为 Ψ_0 是全反对称的, 所以可写成

$$E(SL) = \frac{1}{2}n(n-1) \Big\langle \Psi_0(l^n SM_S LM_L \Big| \frac{1}{r_{n-1,n}} \Big| \Psi_0(l^n SM_S LM_L) \Big\rangle \tag{21.6.66}$$

把 $\Psi_0(l^n SM_S LM_L)$ 写成双电子亲缘展开式

$$\begin{aligned}&\Psi_0(l^n SM_S LM_L) \\ &= \sum_{\substack{S'L' \\ S''L''}} \langle l^{n-2}S'L', l^2 S''L'' | \} l^n SL \rangle \tilde{\Psi}_0(l^{n-2}S'L', l^2 S''L''; SL)\end{aligned} \tag{21.6.67}$$

代入式 (21.6.66), 得

$$\begin{aligned}E(SL) =& \frac{1}{2}n(n-1) \sum_{\substack{S'L' \\ S''L''}} \sum_{\substack{\overline{S}'\overline{L}' \\ \overline{S}''\overline{L}''}} \langle l^{n-2}S'L', l^2 S''L'' | \} l^n SL \rangle \\ &\times \langle l^{n-2}\overline{S}'\overline{L}', l^2 \overline{S}''\overline{L}'' | \} l^n SL \rangle \\ &\times \langle \tilde{\Psi}_0(l^{n-2}S'L', l^2 S''L''; SL) \Big| \frac{1}{r_{n-1,n}} \Big| \tilde{\Psi}_0(l^{n-2}\overline{S}'\overline{L}', l^2 \overline{S}''\overline{L}''; SL) \rangle \\ =& \frac{1}{2}n(n-1) \sum_{\substack{S'L' \\ S''L''}} \langle l^{n-2}S'L', l^2 S''L'' | \} l^n SL \rangle^2 \\ &\times \Big\langle \Psi_0(l^2 S''L'') \Big| \frac{1}{r_{n-1,n}} \Big| \Psi_0(l^2 S''L'') \Big\rangle\end{aligned} \tag{21.6.68}$$

这样, n 个电子之间的相互作用能就表示为双电子状态的相互作用能的权重和了. 利用式 (21.5.13) 展开 $\frac{1}{r_{12}}$, 可得

$$\frac{1}{r_{12}} = \sum_{k=0}^{\infty} \frac{r_<^k}{r_>^{k+1}} (\hat{\boldsymbol{C}}^{(k)}(1) \cdot \hat{\boldsymbol{C}}^{(k)}(2))$$

于是有

$$
\begin{aligned}
&E_1((nl)^2S''L'')\\
&\equiv\left\langle \Psi_0((nl)^2S''L'')\right|\frac{1}{r_{12}}\left|\Psi_0((nl)^2S''L'')\right\rangle\\
&=\sum_k(-1)^{L''}\langle l||\hat{C}^{(k)}||l\rangle^2\begin{Bmatrix} l & l & L''\\ l & l & k\end{Bmatrix}\cdot F^k(nl,nl)\\
&=\sum_k(-1)^{L''}(2l+1)^2\begin{pmatrix} l & k & l\\ 0 & 0 & 0\end{pmatrix}^2\begin{Bmatrix} l & l & L''\\ l & l & k\end{Bmatrix}F^k(nl,nl)
\end{aligned}
\tag{21.6.69}
$$

式中

$$
F^k(nl,nl)=\int_0^\infty\int_0^\infty\frac{r_<^k}{r_>^{k+1}}R_{nl}^2(r_1)R_{nl}^2(r_2)r_1^2r_2^2\mathrm{d}r_1\mathrm{d}r_2 \tag{21.6.70}
$$

$R_{nl}(r)$ 为原子的径向波函数. 这样, 我们就求得了 l^n 组态中任意谱项的 Coulomb 作用能的分析表达式, 比起第 11 章逐个谱项计算的方法来自然简便多了. 实际上, 对于 f^n 组态, 用第 11 章的初等方法计算是非常困难的. 以上方法还便于推广到有两个以上亚层未充满的组态, 在考虑组态相互作用时更显得有用.

参考文献

[1] Hamermesh M. Group Theory and Its Application to Physical Problems. Massachusetts: Addison-Wesley Publishing Co., 1962

[2] Boerner H. Representation of Groups. Amsterdam: North-Holland Publishing Co., 1963

[3] Gilmore R. Lie Groups, Lie Algebras and Some of Their Applications. New York: John-Wiley & Sons, 1974

[4] B. G. Wybourne. 典型群及其在物理学上的应用. 冯承天, 金元望, 张民生, 栾德怀译. 北京: 科学出版社, 1982

[5] Chen J Q. Group Representation Theory for Physicists. New Jersey: World Scientific Publishing Co., 1989

[6] J. P. Elliott, P. G. Dawber. 物理学中的对称性. 第一、二卷. 仝道荣译. 北京: 科学出版社, 1986

[7] 马中骐. 物理学中的群论. 北京: 科学出版社, 1998

[8] Jacobs P. Group Theory with Applications in Chemical Physics. Cambridge: Cambridge University Press, 2005

[9] Matsen F A, Pauncz R. The Unitary Group in Quantum Chemistry. Amsterdam: Elsevier Science Publishers B. V., 1986

[10] Jud B R. Operator Techniques in Atomic Spectroscopy. New York: McGraw-Hill Book Co., 1963

[11] Rotenberg M, Bivens R, Metropolis N, Wooten J K, Jr.. The 3-j and 6-j Symbols. Cambridge-Massachusetts: The Technology Press, 1959

[12] B. L. Silver. 化学家的入门书 —— 不可约张量方法导论. 曾成, 杨频, 王国雄等译. 太原: 山西人民出版社, 1987

[13] 唐敖庆等. 配位场理论方法. 北京: 科学出版社, 1979
[14] 文振翼, 王育邠. 酉群方法的理论和应用. 上海: 上海科学技术出版社, 1994
[15] C. D. H. Chisholm. 量子化学中的群论方法. 汪汉卿, 王银桂译. 北京: 科学出版社, 1981
[16] Nielson C W, Koster G F. Spectroscopic Coefficients for p^n, d^n and f^n Configurations. Cambridge-Massachusetts: MIT Press, 1963

第 22 章

Lie 群和 Lie 代数

22.1 连续群, Lie 群

22.2 无穷小群生成元和产生有限群元

22.3 Lie 代数

22.4 Lie 代数的结构和分类

22.5 复单 Lie 代数的根系和分类

22.6 与 Lie 群的表示有关的一些问题

22.7 Lie 代数的表示

22.8 常用三参数 Lie 代数的表示

22.9 Lie 代数应用示例

22.10 谱产生代数和动力学群

22.1 连续群, Lie 群

22.1.1 群流形和参数空间

连续群的严格论述需从拓扑空间和拓扑群的理论出发, 这里只能对有关的基本概念作容易理解的说明. 因为连续群的元素是连续的, 不可数的, 我们首先要有一个方法标记它的元素. 在有限群中, 群元素是可数的, 我们可以给每个元素一个序号. 这相当于把群元素映射到实数轴上, 使每个群元素对应于一定区间内的一个整数. 我们可以把这个办法推广到 n 维欧氏空间 R^n 的情况. 所谓欧氏空间 R^n, 就是由 n 个有序实数所组成的数组 $\boldsymbol{x}=(x_1,x_2,\cdots,x_n)$ 的全体集合. R^n 的元素也可以称为点. R^n 中的两点 $\boldsymbol{x}(x_1,x_2,\cdots,x_n)$ 与 $\boldsymbol{y}(y_1,y_2,\cdots,y_n)$ 若有关系

$$x_1=y_1,\qquad x_2=y_2,\qquad \cdots,\qquad x_n=y_n$$

则说它们相等, 写成 $\boldsymbol{x}=\boldsymbol{y}$. R^n 内两点 $\boldsymbol{x}$ 和 $\boldsymbol{y}$ 间的距离 $\overline{xy}$ 定义为

$$\overline{xy}=[(x_1-y_1)^2+(x_2-y_2)^2+\cdots+(x_n-y_n)^2]^{\frac{1}{2}}$$

例如, R^3 就是三维欧氏空间中点的坐标集合, 这是我们在解析几何中熟知的几何空间的代数表述方法.

如果一个群的元素能够由一种确定的方法映射到欧氏空间中去并满足一定条件, 这个群的元素的集合就满足拓扑学中拓扑流形的定义, 通常称为群流形 (group manifold). 下面我们将只讨论具有以上性质的群, 群流形就指群元素的集合. 于是群流形中的一个元素与 R^n 中的一个点有一一对应关系, 可以用一组数来标记一个群元素. R^n 中的点 $\boldsymbol{x}(x_1,x_2,\cdots,x_n)$ 是由 n 个变化的参数确定的, 所以可以让一个群对应于欧氏空间 R^n 中一组参数的值的集合 —— 通常称为该群的参数空间. 参数空间中每个参数有一定的取值范围, 为确定起见, 通常令群的单位元素对应于参数空间的原点 (所有参数取零值). 例如, 二维旋转群的参数空间可以是一维数空间中的实数轴, 也可以是二维数空间中的一个圆周 (参数是角度 ϕ). 三维旋转群的参数空间可以取为三维空间中半径为 π 的一个球, 从球心到球内任一点的矢径的方位角确定旋转轴的取向而矢径长度为旋转的角度. 一般 n 维线性变换群是由 $2n^2$ 个实参数确定的群, 其参数空间即为 $2n^2$ 维欧氏空间. 基于群流形与其参数空间的密切联系, 人们通过参数空间研究相关的连续群.

22.1.2 连续群, Lie 群

一个其元素可由 r 个实参数确定和标志的群称为 r 参数群, 对应于参数值 $\boldsymbol{a}\equiv(a_1,a_2,\cdots,a_r)$ 的元素 g 可记作 $g(\boldsymbol{a})$. 笼统地说, 所谓连续群就是元素可以

连续变化的群. 有了群的参数空间的概念以后, 连续群的概念就可以更明确地表述了. 若一个群的元素是由 r 个实参数在一定范围内的连续变化确定和标志的, 就说它是一个 r 参数连续群. 若参数的数目 r 是有限的, 就说是一个有限连续群. 当然, 这 r 个参数应该是实质性的, 也就是说, 不可能用少于 r 个参数来区别群的不同元素. 下面我们用 R_G^n 标志在 R^n 空间中对应于群 G 的参数的值域 (群 G 的参数空间). 群的乘法关系可通过定义在参数空间上的函数表达出来. 设元素 $g(\boldsymbol{a}), g(\boldsymbol{b}), g(\boldsymbol{c}), \cdots \in G$, 其中 $\boldsymbol{a}, \boldsymbol{b}, \boldsymbol{c}$ 分别是它们对应的参数值, 则由乘法关系 $g(\boldsymbol{a})g(\boldsymbol{b}) = g(\boldsymbol{c})$ 将给出函数关系 $\boldsymbol{c} = \boldsymbol{\phi}(\boldsymbol{a}, \boldsymbol{b})$, 亦即 $\boldsymbol{c}$ 的取值由 $\boldsymbol{a}, \boldsymbol{b}$ 唯一确定. 我们知道群的乘法关系确定它的特征, 所以函数 $\boldsymbol{\phi}$ 将完全表征有关的群. r 参数连续群的连续性通过参数空间中两点的距离来定义. 从群流形到参数空间的映射满足条件: 当 $g(\boldsymbol{a})$ 和 $g(\boldsymbol{b})$ 足够接近时, $\left[\sum_{i=1}^{r}(a_i - b_i)^2\right]^{\frac{1}{2}}$ 足够小. 群的连续性要求: 若 $g(\boldsymbol{a})g(\boldsymbol{b}) = g(\boldsymbol{c}), g(\boldsymbol{a}')g(\boldsymbol{b}') = g(\boldsymbol{c}')$, 其中 $\boldsymbol{a}' = \boldsymbol{a} + \delta\boldsymbol{a}, \boldsymbol{b}' = \boldsymbol{b} + \delta\boldsymbol{b}, \boldsymbol{c}' = \boldsymbol{c} + \delta\boldsymbol{c}$, 则当 $\delta\boldsymbol{a}, \delta\boldsymbol{b}$ 同时趋于零时, $\delta\boldsymbol{c}$ 也趋于零, $g(\boldsymbol{c}) \to g(\boldsymbol{c}')$. 这相当于要求 ϕ 是某种连续函数.

我们可以把元素集合 $\{g(\boldsymbol{a})\}$ 形成群 G 的条件表述如下:

(1) 封闭性: 若 $g(\boldsymbol{a}), g(\boldsymbol{b})$ 属于群 G, 则可找到参数值 $\boldsymbol{c} \in R_G^n$, 使得 $g(\boldsymbol{c}) = g(\boldsymbol{a})g(\boldsymbol{b}), g(\boldsymbol{c})$ 也是群 G 中的一个元素; 参数 $\boldsymbol{c}$ 是 $\boldsymbol{a}$, $\boldsymbol{b}$ 的实函数

$$\boldsymbol{c} = \boldsymbol{\phi}(\boldsymbol{a}; \boldsymbol{b})$$

或写成

$$c_k = \phi_k(a_1, \cdots, a_r; b_1, \cdots, b_r) \qquad (k = 1, \cdots, r)$$

(2) 有单位元素: 即有参数值 $\boldsymbol{a}_0 \in R_G^n$, 使得对于任意的 $\boldsymbol{a} \in R_G^n$, 有

$$g(\boldsymbol{a}_0)g(\boldsymbol{a}) = g(\boldsymbol{a})g(\boldsymbol{a}_0) = g(\boldsymbol{a})$$

和

$$\boldsymbol{\phi}(\boldsymbol{a}_0; \boldsymbol{a}) = \boldsymbol{a} = \boldsymbol{\phi}(\boldsymbol{a}; \boldsymbol{a}_0)$$

为了简单起见, 选取 $\boldsymbol{a}_0 = \boldsymbol{0}$.

(3) 有逆元素: 对于任意的 $\boldsymbol{a} \in R_G^n$, 可以找到 $\bar{\boldsymbol{a}} \in R_G^n$, 使得

$$g(\bar{\boldsymbol{a}})g(\boldsymbol{a}) = g(\boldsymbol{a})g(\bar{\boldsymbol{a}}) = g(\boldsymbol{0})$$

以及

$$\boldsymbol{\phi}(\boldsymbol{a}, \bar{\boldsymbol{a}}) = \boldsymbol{0} = \boldsymbol{\phi}(\bar{\boldsymbol{a}}, \boldsymbol{a})$$

通常记 $g(\bar{\boldsymbol{a}}) = [g(\boldsymbol{a})]^{-1}$.

(4) 结合律. 与 $g(\boldsymbol{a})[g(\boldsymbol{b})g(\boldsymbol{c})] = [g(\boldsymbol{a})g(\boldsymbol{b})]g(\boldsymbol{c})$ 相对应, 有

$$\boldsymbol{\phi}[\boldsymbol{a};\boldsymbol{\phi}(\boldsymbol{b};\boldsymbol{c})] = \boldsymbol{\phi}[\boldsymbol{\phi}(\boldsymbol{a};\boldsymbol{b});\boldsymbol{c}]$$

这些条件给函数 ϕ 的形式加上颇为严格的限制. 以上条件当然对离散群和连续群都成立. 若再加上条件: $\boldsymbol{\phi}(\boldsymbol{a},\boldsymbol{b})$ 对它的所有参数是连续函数, 并且 $\bar{\boldsymbol{a}}$ 是 $\boldsymbol{a}$ 的连续函数, 则说群 G 是一个 r 参数 Lie 群. Lie 群的理论是挪威数学家 M. S. Lie 在研究微分方程的求解时首先提出来的.

22.1.3 变换 Lie 群

r 参数变换 Lie 群是由以下变换构成的群:

$$x'_s = f_i(x_1,\cdots,x_n;a_1,\cdots,a_r) \qquad (i=1,\cdots,n)$$

或简写为

$$\boldsymbol{x}' = \boldsymbol{f}(\boldsymbol{x};\boldsymbol{a}) \tag{22.1.1}$$

这里 $\boldsymbol{f}$ 是实参数 $\boldsymbol{a} \equiv (a_1,\cdots,a_r)$ 的解析函数. 当然 r 个参数应该是实质性的. 注意, 这里有两个空间: 一个是几何空间 $\varGamma, \boldsymbol{x} \equiv (x_1,\cdots,x_n)$ 是其中的一个点, 它是变换的对象; 另一个是群的参数空间 $T, \boldsymbol{a} \equiv (a_1,\cdots,a_r)$ 是其中的一个点, 它确定所进行的变换.

为了使上述变换的集合构成 Lie 群, 除了定义在参数空间 T 中的函数 ϕ 必须满足 Lie 群的条件以外, 函数 $\boldsymbol{f}$ 必须满足以下条件:

(1) 封闭性. 设有

$$x'_i = f_i(x_1,\cdots,x_n;a_1,\cdots,a_r)$$

$$x''_i = f_i(x'_1,\cdots,x'_n;b_1,\cdots,b_r) \qquad (i=1,\cdots,n)$$

则有

$$x''_i = f_i(x_1,\cdots,x_n;c_1,\cdots,c_r)$$

$$c_k = \phi_k(a_1,\cdots,a_r;b_1,\cdots,b_r) \qquad (k=1,\cdots,r)$$

$\boldsymbol{x}''$ 存在于空间 $\varGamma$ 中, $\boldsymbol{c} \equiv \{c_k\}$ 存在于参数空间 T 中.

(2) 有恒等变换. 即存在 $\boldsymbol{a}_0 \in T$, 使得

$$\boldsymbol{x} = \boldsymbol{f}(\boldsymbol{x};\boldsymbol{a}_0)$$

可取 $\boldsymbol{a}_0 = \boldsymbol{0}$.

(3) 有逆变换. 设 $\boldsymbol{x}' = \boldsymbol{f}(\boldsymbol{x};\boldsymbol{a})$, 则存在 $\bar{\boldsymbol{a}} \in T$, 使得

$$\boldsymbol{x}'' = \boldsymbol{f}(\boldsymbol{x}';\bar{\boldsymbol{a}}) = \boldsymbol{f}[\boldsymbol{f}(\boldsymbol{x};\boldsymbol{a});\bar{\boldsymbol{a}}] = \boldsymbol{f}[\boldsymbol{f}(\boldsymbol{x};\bar{\boldsymbol{a}});\boldsymbol{a}] = \boldsymbol{x}$$

亦即 $\boldsymbol{x}$ 可以用 $\boldsymbol{x}'$ 来表达, 条件就是相应的 Jacobi 行列式不等于零

$$\begin{vmatrix} \dfrac{\partial f_1}{\partial x_1} & \cdots & \dfrac{\partial f_1}{\partial x_n} \\ \vdots & & \vdots \\ \dfrac{\partial f_n}{\partial x_1} & \cdots & \dfrac{\partial f_n}{\partial x_n} \end{vmatrix} \neq 0$$

(4) 结合律. 对于式 (22.1.1) 表示的变换, 应有

$$x_i'' = f_i(\boldsymbol{x}';\boldsymbol{b}) = f_i[\boldsymbol{f}(\boldsymbol{x};\boldsymbol{a});\boldsymbol{b}] = f_i[\boldsymbol{x};\boldsymbol{\phi}(\boldsymbol{a};\boldsymbol{b})]$$

即

$$\boldsymbol{f}[\boldsymbol{f}(\boldsymbol{x};\boldsymbol{a});\boldsymbol{b}] = \boldsymbol{f}[\boldsymbol{x};\boldsymbol{\phi}(\boldsymbol{a};\boldsymbol{b})]$$

所以函数 $\boldsymbol{f}$ 的形式受到一定的限制.

应该指出, 每个 Lie 群都可以看成一个变换 Lie 群, 只要把被变换的几何空间取为群的参数空间本身; 这时 $\varGamma \equiv T, \boldsymbol{f} \equiv \boldsymbol{\phi}$. 所以, Lie 群可看作是变换 Lie 群的抽象. 但是在物理应用中, 一般情况下 $\varGamma \neq T$.

下面举几个变换 Lie 群的例子.

(1) $SO(2)$. 二维旋转群是单参数变换 Lie 群; 对应于式 (22.1.1) 的变换是

$$x' = x\cos\theta - y\sin\theta$$

$$y' = x\sin\theta + y\cos\theta$$

这里, 几何空间是二维的, (x, y) 是其中点的坐标. 群流形的参数空间是一维的, 参数为 θ. 显然, 它满足变换 Lie 群的条件.

封闭性: $\theta_3 = \phi(\theta_1, \theta_2) = \theta_1 + \theta_2$

单位元素: $\theta_0 = 0$

逆元素: $\bar{\theta} = -\theta$

结合律: $\theta_1 + (\theta_2 + \theta_3) = (\theta_1 + \theta_2) + \theta_3$

(2) 由变换 $\hat{a}x = ax + b(a \neq 0)$ 构成的群.

封闭性: 元素 $\hat{a}_1(a_1, b_1)$ 和 $\hat{a}_2(a_2, b_2)$ 的乘积 $\hat{a}_3$ 的参数为 $a_3 = a_2a_1, b_3 = b_2 + a_2b_1$. 因为

$$\hat{a}_3x = a_3x + b_3 = a_2\hat{a}_1x + b_2 = a_2(a_1x + b_1) + b_2 = a_2a_1x + a_2b_1 + b_2$$

单位元素：$a=1, b=0$

逆元素：$\bar{a}=\dfrac{1}{a}, \bar{b}=-\dfrac{b}{a}$. 因为

$$x=\frac{1}{a}\hat{a}x-\frac{b}{a}$$

结合律：

$$\begin{aligned}(\hat{a}_3\hat{a}_2)\hat{a}_1x &= (a_3a_2)\hat{a}_1x+(a_3b_2+b_3)=a_3[(a_2a_1x+a_2b_1+b_2)]+b_3\\ &= a_3a_2a_1x+(a_3a_2b_1+a_3b_2+b_3)=\hat{a}_3(\hat{a}_2\hat{a}_1)x\end{aligned}$$

(3) 三维旋转群 $SO(3)$ 是三参数变换 Lie 群, 因为确定三维空间中旋转轴通过一固定点的旋转需要三个参数, 如 Euler 角. 容易证明三维旋转群满足变换 Lie 群的条件.

(4) 三维 Euclid 群又称刚性运动群, 是三维空间中转动和平动运动的组合, 其变换关系式为

$$x_i'=\sum_{j=1}^{3}a_{ij}x_j+b_i \qquad (i=1,2,3)$$

要求保持任意两点之间的距离 $\sum\limits_{i=1}^{3}(x_i(1)-x_i(2))^2$ 不变. 这个群有六个实质性参数：转动三个, 平动三个.

由有限个有界参数确定的 Lie 群称为紧 (致)Lie 群, 否则称为非紧 Lie 群. 在上面的例子中, $SO(2)$ 和 $SO(3)$ 是紧 Lie 群, 而三维 Euclid 群是非紧 Lie 群. 对紧 Lie 群的研究比较容易, 对它的研究比对非紧 Lie 群的研究要深入得多. 紧 Lie 群的一个重要性质是定义在它上面的连续函数是有界的.

可以将有限群理论中的同态、同构、共轭元素类、陪集、子群、不变子群、商群等概念推广到连续群. 这种推广是比较直接的, 这里就不详述了.

22.1.4 连通性, 混合连续群

Lie 群的群流形是连通的, 群流形的任意两点可以通过一根弧连接起来, 弧的每一点都在群流形内. 这相当于说, 可以通过群参数的连续变化产生一条弧, 从一个群元素到达任意一个群元素. 例如, $SO(3)$ 群显然是连通的, 因为它的参数空间是一个半径为 π 的球.

但有些连续群不是完全连通的, 它的群流形分开成互不连通的几部分, 虽然各部分本身是连通的. 例如, 全正交群就是这样, 它的一个正规子群 $SO(3)$ 是连通的, 由旋转与反演结合产生的陪集也是连通的, 但这两部分却不连通, 因为不可能从行列式为 $+1$ 的正交矩阵通过参数的连续变化过渡到行列式为 -1 的正交矩阵. 全

正交群分成互不相交的两叶, 这种群称为混合连续群. 可以证明, 混合连续群 G 中与单位元素连通的那一叶 G_0 构成一个 Lie 群, 并且是混合连续群 G 的正规子群, 其他各叶是对于 G_0 的陪集. 这些陪集的集合 (包括 G_0) 构成一个离散的和有限的商群 $D = G/G_0$. 因此, 对于混合连续群的研究可以通过分别对 G_0 和 D 的研究来完成. G_0 和 D 的结构清楚了, 整个连续群 G 的结构就清楚了, 因为将一个陪集中任一个元素乘子群 G_0 就得到那个陪集, 陪集的个数等于商群 D 的阶. 设 $D = \{G_0, G_1, \cdots, G_n\}, G = G_0 \oplus \cdots \oplus G_n, d_{ij} \in G_i$, 则群 G 的结构可图示如下:

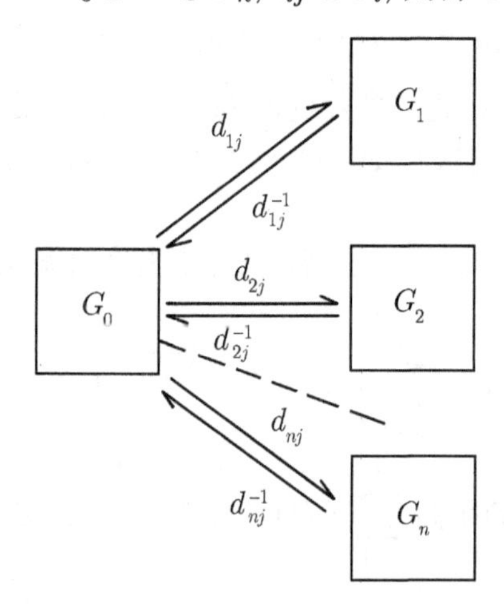

22.1.5　多度连通性与泛覆盖群

若一个 Lie 群, 通过它的参数空间任一点的任意闭曲线都能够通过连续变形相互重合, 就说它的群流形是单连通的. 若通过任意一点的闭曲线可以分为 m 组, 每组内的任意曲线可以通过连续变形相互重合 (这样一组曲线的集合构成一个同伦类), 就说它的群流形是 m 度连通的. 例如, 圆是单连通的, 因为通过圆上的任意一点的任何闭曲线都可以通过连续变形相互重合, 因而属于一个同伦类. 圆环则是无限度连通的, 因为不围绕圆环中央孔洞的闭曲线可以连续变形缩成一点, 围绕中央孔洞的闭曲线显然无法通过连续变形成为一点. 而且, 围绕中央孔洞次数不同的闭曲线不可能通过连续变形相互重合, 因而有无限多个同伦类. $SO(2)$ 的参数空间是一个圆周, 所以它的群流形是无限度连通的. 可以证明, 对于任意的多度连通群 G, 一定存在一个单连通群 $\widetilde{G}, G$ 是 $\widetilde{G}$ 的一个同态映象; 在 $\widetilde{G}$ 中包含一个离散的正规子群 N, G 与商群 $\widetilde{G}/N$ 同构. $\widetilde{G}$ 称为 G 的泛覆盖群, 当 N 不只包含单位元素时, G 一定是多度连通的. 下面以 $SO(3)$ 和 $SU(2)$ 为例作较详细的讨论.

$SO(3)$ 是三参数 Lie 群, 参数的选择有一定任意性, 如可以选旋转轴的方向余弦和旋转的角度. 我们可以把 $SO(3)$ 的参数空间取为三维空间中半径为 π 的一个球, 球内的任意一点决定一个旋转, 由到该点的径矢的方向决定旋转轴的方向, 而径矢的长度决定旋转的角度. 但是球的直径与球面相交的反方向两点表示同一个旋转, 因为 $\hat{\boldsymbol{R}}(\boldsymbol{k},\pi)=\hat{\boldsymbol{R}}(-\boldsymbol{k},\pi)$($\boldsymbol{k}$ 表示沿径矢方向的单位矢量). 同理, $\hat{\boldsymbol{R}}(\boldsymbol{k},\pi+\alpha)=\hat{\boldsymbol{R}}(-\boldsymbol{k},\pi-\alpha)$, 或 $\hat{\boldsymbol{R}}(\boldsymbol{k},\alpha)=\hat{\boldsymbol{R}}(-\boldsymbol{k},2\pi-\alpha)$. 显然, 我们可以取 $\alpha_x,\alpha_y,\alpha_z$ 作为参数表征一个旋转, 这里 $\alpha_i=\alpha k_i, i=x,y,z$.

现在考虑群流形的连通性, 如图 22.1.1 所示, 考虑从 $o\to a$ 的路径. 到达 a 点的路径有很多条, 例如, (a) 直接从原点到达 a, 路径 oa 没有点在球面上; (b) 路径有一点在球面上, 通过球心反演到反方向的另一点, 再在球内到达 a(路径为 $oAA'a$); (c) 重复 (b) 的过程两次, 路径为 $oAA'BB'a$. 可以看出, 到达球面两次并反演的路径可以连续变形到直接路径 oa, 因为直径两端与球面相交的两点表示同一个旋转, 如果我们把球面上的一点移向另一点, 则与之相对的一点也一定作相应的移动, 即当 $A\to B'$ 时, $A'\to B$. 当 A 和 B' 融合为一点时, A' 和 B 也合并为一点, 路径 $\overset{\frown}{A'B}$ 即消失, 从而可以连续变形到 oa. 由此可知, 凡是偶数次反演的路径都可以连续变形到直接路径. 反之, 一次反演的路径不可能连续变形到直接路径, 因直径两端的两点永远无法重合, 总存在不连续的两段路径. 但所有奇数次反演的路径都可以连续变形到一次反演路径, 因为反演两次的路径可以连续收缩掉. 这样, $SO(3)$ 群流形中的路径可以分为两个同伦类, $SO(3)$ 群是二度连通的.

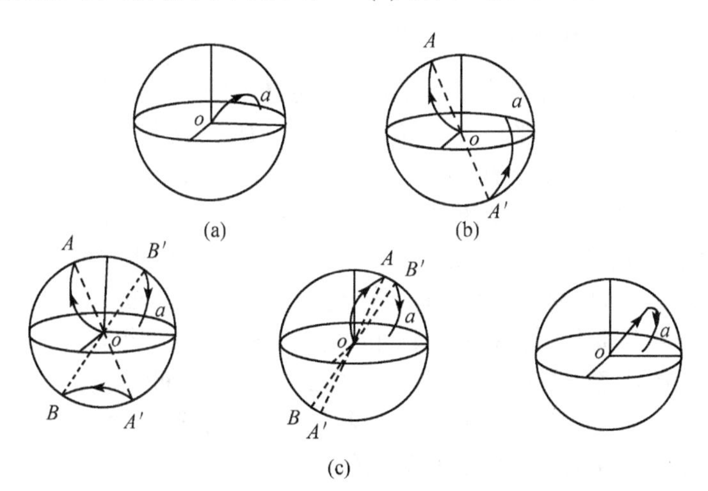

图 22.1.1 $SO(3)$ 群流形的连通性

$SU(2)$ 群是二维矩阵群的子群, 可视为两个复变量 (u,v) 的变换群

$$u'=au+bv$$

$$v'=cu+dv$$

要求变换保持 $|u|^2+|v|^2$ 不变. 由这个条件可求得 $c=-b^*, d=a^*$, 即变换为

$$u'=au+bv$$

$$v'=-b^*u+a^*v$$

附有条件 $aa^*+bb^*=1$. 由于 a,b 是复数, 由四个实数确定, 因此 $SU(2)$ 的矩阵是由三个实质性参数确定的, $SU(2)$ 是三参数 Lie 群. 若令

$$a=\cos\frac{1}{2}\alpha-ik_z\sin\frac{1}{2}\alpha$$

$$b=-(k_y+ik_x)\sin\frac{1}{2}\alpha \qquad (0\leqslant\alpha<2\pi) \tag{22.1.2}$$

这里 k_x,k_y,k_z 是三维空间中一个单位矢量的三个分量, 满足条件 $k_x^2+k_y^2+k_z^2=1$, 则 $SU(2)$ 群的定义矩阵就成为

$$\begin{bmatrix} \cos\frac{1}{2}\alpha-ik_z\sin\frac{1}{2}\alpha & -(k_y+ik_x)\sin\frac{1}{2}\alpha \\ (k_y-ik_x)\sin\frac{1}{2}\alpha & \cos\frac{1}{2}\alpha+ik_z\sin\frac{1}{2}\alpha \end{bmatrix} \tag{22.1.3}$$

将矩阵用这些参数表达, 便于讨论 $SU(2)$ 和 $SO(3)$ 的联系. 进一步定义

$$\alpha_x=\alpha k_x, \qquad \alpha_y=\alpha k_y, \qquad \alpha_z=\alpha k_z \tag{22.1.4}$$

则 $SU(2)$ 的矩阵就由三个实参数 $\alpha_x,\alpha_y,\alpha_z$ 决定, 它们满足条件 $(\alpha_x^2+\alpha_y^2+\alpha_z^2)\leqslant 4\pi^2$, 亦即参数空间是一个半径为 2π 的球, 所以 $SU(2)$ 是紧 Lie 群.

现在来看 $SU(2)$ 群流形的连通性. 由式 (22.1.3) 可知, 对于任意的 $\boldsymbol{k}$, 当 $\alpha=2\pi$ 时, 都得到负的单位矩阵 $-\boldsymbol{I}$, 所以参数空间球面上所有的点都对应于同一个元素 (负单位元素), 群流形显然是连通的, 参数空间中的任意两点都可以用一根完全在球内的弧 (实际上可以简单地取为直线) 连接起来. 任何不与球面相切的弧都可以通过连续变形相互重合. 与 $SO(3)$ 不同的是, 即使弧与球面相切, 仍然可以连续变形到端点相同的任意一根弧. 这是因为 $SU(2)$ 的参数空间中球面上所有点对应于同一元素, 不像 $SO(3)$ 群那样, 只有与一条直径相交的球面上相对的两点才对应同一元素. 因此, $SU(2)$ 的群流形是单连通的.

从群流形看 $SU(2)$ 与 $SO(3)$ 有密切的联系, 因为它们的参数空间都是一个球, 只是球的半径不同. 但对于 $SU(2)$, $(\boldsymbol{k},\alpha)$ 和 $(\boldsymbol{k},\alpha+2\pi)$ 表示不同的群元素, 而对于 $SO(3)$, 它们表示同一元素. 所以 $SU(2)$ 和 $SO(3)$ 是同态关系, 两个 $SU(2)$ 元素对应于一个 $SO(3)$ 元素. $SU(2)$ 是单连通的, 所以它是 $SO(3)$ 的泛覆盖群. $SU(2)$ 有一个离散的不变子群 $N=\{I,-I\}$. $SO(3)$ 与商群 $SU(2)/N$ 同构. 在上册中引入的旋转群的双值群显然与 $SU(2)$ 群同构.

22.2　无穷小群生成元和产生有限群元

22.2.1　无穷小 Lie 群生成元

第 21 章用不可约张量方法处理线性变换群时并未涉及群流形的连续性, 现在考虑这个问题. M. S. Lie 最早处理 Lie 群的办法是不去考虑整个群, 而是研究在恒等变换附近的由无穷小变换构成的群; 有限变换通过无限多个无穷小变换积累而成. 由单位元素及其邻域的群元素构成的群称为局部 Lie 群或无穷小 Lie 群.

设群元素 $A(\boldsymbol{\alpha})$ 足够接近单位元素 $A(\mathbf{0})$. 于是可作 Taylor 级数展开:

$$\begin{aligned}A(\boldsymbol{\alpha}) &= A(\mathbf{0}) + \sum_{k=1}^{r} \alpha_k \left(\frac{\partial A}{\partial \alpha_k}\right)_{\boldsymbol{\alpha}=0} + \frac{1}{2}\sum_{k=1}^{r}\sum_{l=1}^{r} \alpha_k \alpha_l \left(\frac{\partial A}{\partial \alpha_k}\right)_{\boldsymbol{\alpha}=0} \left(\frac{\partial A}{\partial \alpha_l}\right)_{\boldsymbol{\alpha}=0} + O(\boldsymbol{\alpha}^3) \\ &= A(\mathbf{0}) + \sum_{k=1}^{r} \alpha_k X_k + \frac{1}{2}\sum_{k=1}^{r}\sum_{l=1}^{r} \alpha_k \alpha_l X_k X_l + O(\boldsymbol{\alpha}^3)\end{aligned} \tag{22.2.1}$$

式中, $X_k = \left(\dfrac{\partial A}{\partial \alpha_k}\right)_{\boldsymbol{\alpha}=0}$ 称为无穷小群生成元. 显然, 若 r 个参数是独立的, 则相应的 r 个 X_k 是线性无关的. 若逆元素 $A(\boldsymbol{\alpha})^{-1}$ 也在 $A(\mathbf{0})$ 的邻域, 则有

$$A(\boldsymbol{\alpha})^{-1} = A(\mathbf{0}) - \sum_{k=1}^{r} \alpha_k X_k + \frac{1}{2}\sum_{k=1}^{r}\sum_{l=1}^{r} \alpha_k \alpha_l X_k X_l + O(\boldsymbol{\alpha}^3)$$

考虑群元素的对易关系. 若 $A(\boldsymbol{\alpha})$ 和 $A(\boldsymbol{\beta})$ 可对易, 则有

$$A(\boldsymbol{\beta})^{-1} A(\boldsymbol{\alpha}) A(\boldsymbol{\beta}) = A(\boldsymbol{\alpha})$$

若不可易, 则上式右边将不是 $A(\boldsymbol{\alpha})$. 设为 $A(\boldsymbol{\alpha})A(\boldsymbol{\gamma})$, 则

$$A(\boldsymbol{\gamma}) = A(\boldsymbol{\alpha})^{-1} A(\boldsymbol{\beta})^{-1} A(\boldsymbol{\alpha}) A(\boldsymbol{\beta})$$

$A(\boldsymbol{\gamma}) \neq A(\mathbf{0})$ 表示出 $A(\boldsymbol{\alpha})$ 和 $A(\boldsymbol{\beta})$ 的不可易性. 把 Taylor 级数展开式代入, 保留到二级项, 得

$$A(\boldsymbol{\gamma}) = A(\boldsymbol{\alpha})^{-1} A(\boldsymbol{\beta})^{-1} A(\boldsymbol{\alpha}) A(\boldsymbol{\beta}) = A(\mathbf{0}) + \sum_{k=1}^{r}\sum_{l=1}^{r} \alpha_k \beta_l [X_k, X_l] \tag{22.2.2}$$

式中, $[X_k, X_l] = (X_k X_l - X_l X_k)$ 是群的无穷小生成元的对易子. 另一方面, $A(\boldsymbol{\gamma})$ 也一定在 $A(\mathbf{0})$ 的邻域, 也可作 Taylor 级数展开

$$A(\boldsymbol{\gamma}) = A(\mathbf{0}) + \sum_{m=1}^{r} r_m X_m + \cdots \tag{22.2.3}$$

令 $r_m = \sum_k \sum_l c_{kl}^m \alpha_k \beta_l$, 并比较式 (22.2.2) 和式 (22.2.3), 得

$$[X_k, X_l] = \sum_{m=1}^{r} c_{kl}^m X_m \qquad (k, l = 1, \cdots, r) \tag{22.2.4}$$

c_{kl}^m 称为无穷小 Lie 群的结构常数, 是由群在单位元素附近的性质决定的. 结构常数一定是实数, 因为定义群的乘法关系的函数 $\boldsymbol{c} = \boldsymbol{\phi}(\boldsymbol{a}; \boldsymbol{b})$ 是实函数. 式 (22.2.4) 表明, 无穷小群生成元对于对易运算是封闭的. 容易看出无穷小 Lie 群的结构常数具有以下重要性质:

(1) 对于交换下标是反对称的

$$c_{kl}^m = -c_{lk}^m \tag{22.2.5}$$

(2) 无穷小群生成元满足 Jacobi 恒等式

$$[[X_k, X_l], X_m] + [[X_l, X_m], X_k] + [[X_m, X_k], X_l] = 0 \tag{22.2.6}$$

将式 (22.2.4) 代入式 (22.2.6), 可知结构常数满足下式:

$$\sum_n [c_{kl}^n c_{nm}^p + c_{lm}^n c_{nk}^p + c_{mk}^n c_{nl}^p] = 0 \tag{22.2.7}$$

下面举几个无穷小群生成元的例子.

(1) 二维旋转群 $SO(2)$. 这个单参数 Lie 群可具体表达为由矩阵

$$\boldsymbol{A}(\theta) = \begin{bmatrix} \cos\theta & -\sin\theta \\ \sin\theta & \cos\theta \end{bmatrix} \qquad (0 \leqslant \theta < 2\pi) \tag{22.2.8}$$

的集合构成的矩阵群. 令 $\theta = 0$ 就得到单位元素. 它的无穷小群生成元是

$$\boldsymbol{X}_\theta = \left.\frac{\mathrm{d}\boldsymbol{A}(\theta)}{\mathrm{d}\theta}\right|_{\theta=0} = \begin{bmatrix} 0 & -1 \\ 1 & 0 \end{bmatrix} \tag{22.2.9}$$

(2) 三维旋转群 $SO(3)$. 这是三参数紧 Lie 群. 当三个参数用 Euler 角表示时, 其表示矩阵已在上册 7.2 节给出. 不过, 在这里用 Euler 角作参数不合适, 因为它的取值范围是 $-\pi \leqslant \alpha < \pi, 0 \leqslant \beta \leqslant \pi, -\pi \leqslant \gamma < \pi$. 当 $\beta = 0$ 时, 只能确定到 $\alpha + \gamma$, 当 $\beta = \pi$ 时, 只能确定到 $\alpha - \gamma$, 因此一个转动不能由唯一的一组参数确定, 是参数空间的奇点. 另一种较为合适的参数化方案是把任何旋转看成三个下述旋转的乘积: 先绕 x 轴转 α_1, 再绕 y 轴转 α_2, 再绕 z 轴转 $\alpha_3, -\pi \leqslant \alpha_1 < \pi, -\pi \leqslant \alpha_2 < \pi, -\frac{\pi}{2} \leqslant \alpha_3 \leqslant \frac{\pi}{2}$. 这种参数化方法也有奇点, 在 $\alpha_3 = \pm\frac{\pi}{2}$ 处. 但它不在单位元素附近, 故不影响对无穷小 Lie 群的讨论. 采用这种参数化方案, 转动矩阵为

$$
\boldsymbol{A}(\alpha_1,\alpha_2,\alpha_3)=\begin{bmatrix}\cos\alpha_2\cos\alpha_3 & \sin\alpha_1\sin\alpha_2\cos\alpha_3 & \cos\alpha_1\sin\alpha_2\cos\alpha_3\\ & -\cos\alpha_1\sin\alpha_3 & +\sin\alpha_1\sin\alpha_3\\ \cos\alpha_2\sin\alpha_3 & \sin\alpha_1\sin\alpha_2\sin\alpha_3 & \cos\alpha_1\sin\alpha_2\sin\alpha_3\\ & +\cos\alpha_1\cos\alpha_3 & -\sin\alpha_1\cos\alpha_3\\ -\sin\alpha_2 & \sin\alpha_1\cos\alpha_2 & \cos\alpha_1\cos\alpha_2\end{bmatrix} \tag{22.2.10}
$$

于是无穷小群生成元为

$$
\begin{aligned}
\boldsymbol{X}_{\alpha_1}&=\frac{\partial\boldsymbol{A}(\alpha_1,\alpha_2,\alpha_3)}{\partial\alpha_1}\bigg|_{\boldsymbol{\alpha}=0}=\begin{bmatrix}0&0&0\\0&0&-1\\0&1&0\end{bmatrix}\\
\boldsymbol{X}_{\alpha_2}&=\frac{\partial\boldsymbol{A}(\alpha_1,\alpha_2,\alpha_3)}{\partial\alpha_2}\bigg|_{\boldsymbol{\alpha}=0}=\begin{bmatrix}0&0&1\\0&0&0\\-1&0&0\end{bmatrix}\\
\boldsymbol{X}_{\alpha_3}&=\frac{\partial\boldsymbol{A}(\alpha_1,\alpha_2,\alpha_3)}{\partial\alpha_3}\bigg|_{\boldsymbol{\alpha}=0}=\begin{bmatrix}0&-1&0\\1&0&0\\0&0&0\end{bmatrix}
\end{aligned} \tag{22.2.11}
$$

容易验证, 它们满足熟知的对易关系

$$
[\boldsymbol{X}_{\alpha_i},\boldsymbol{X}_{\alpha_j}]=\varepsilon_{ijk}\boldsymbol{X}_{\alpha_k} \tag{22.2.12}
$$

式中, ε_{ijk} 当 i,j,k 按自然顺序循环取值时为 $+1$, 否则为 -1.

(3) $SU(2)$ 群. 按定义要求, $SU(2)$ 群的矩阵可以写成以下形式:

$$
\boldsymbol{A}(\alpha_1,\alpha_2,\alpha_3)=\begin{bmatrix}(\cos\alpha_1\cos\alpha_2 & -\cos\alpha_1\sin\alpha_2\\ \quad -i\sin\alpha_1\sin\alpha_2)\mathrm{e}^{-i\alpha_3} & \quad -i\sin\alpha_1\cos\alpha_2\\ \cos\alpha_1\sin\alpha_2 & (\cos\alpha_1\cos\alpha_2\\ \quad -i\sin\alpha_1\cos\alpha_2 & \quad +i\sin\alpha_1\sin\alpha_2)\mathrm{e}^{i\alpha_3}\end{bmatrix}
$$

式中, $-\pi\leqslant\alpha_1<\pi, -\pi\leqslant\alpha_2<\pi, 0\leqslant\alpha_3\leqslant\pi$. 于是其无穷小群生成元为

$$
\boldsymbol{X}_1'=\begin{bmatrix}0&-i\\-i&0\end{bmatrix},\qquad \boldsymbol{X}_2'=\begin{bmatrix}0&-1\\1&0\end{bmatrix},\qquad \boldsymbol{X}_3'=\begin{bmatrix}-i&0\\0&i\end{bmatrix} \tag{22.2.13}
$$

它正好是 $-i$ 与 Pauli 自旋矩阵的乘积, 其对易关系为

$$
[\boldsymbol{X}_i',\boldsymbol{X}_j']=2\varepsilon_{ijk}\boldsymbol{X}_k' \tag{22.2.14}
$$

若把无穷小群生成元定义为 $\boldsymbol{X}_l = \boldsymbol{X}'_l/2$(这相当于改变参数化方案, 令 $\alpha_l \to \alpha_l/2$), $l = 1, 2, 3$, 则与由式 (22.1.3) 得出的相同, 其对易关系与 $SO(3)$ 群的相同.

22.2.2　产生有限群元

对于 r 参数 Lie 群, 在 $\boldsymbol{\alpha} = \boldsymbol{0}$ 附近, 有

$$A(\boldsymbol{\alpha}) = A(\boldsymbol{0}) + \sum_{k=1}^{r} \alpha_k \boldsymbol{X}_k + O(\boldsymbol{\alpha}^2) \tag{22.2.15}$$

一般的有限群元素可由无穷小群生成元的无限积累产生. 先考虑单参数 Lie 群. 以 $SO(2)$ 为例, 令 $\alpha = \delta\theta$, 则

$$\boldsymbol{A}(\delta\theta) \cong \begin{bmatrix} 1 & 0 \\ 0 & 1 \end{bmatrix} + \delta\theta \begin{bmatrix} 0 & -1 \\ 1 & 0 \end{bmatrix} = \boldsymbol{I} + \delta\theta \boldsymbol{X}_\theta$$

设令 $\delta\theta = \theta/N, \theta$ 为有限值, 当 $N \to \infty$ 时, $\delta\theta \to 0$, 则

$$\boldsymbol{A}(\delta\theta) \cong \boldsymbol{I} + \frac{\theta}{N}\boldsymbol{X}_\theta$$

使用 $\boldsymbol{A}(\delta\theta) N$ 次, 就可以得到参数为有限角 θ 的群元素 $\boldsymbol{A}(\theta)$, 即

$$\boldsymbol{A}(\theta) \cong \left(\boldsymbol{I} + \frac{\theta}{N}\boldsymbol{X}_\theta\right)^N$$

当 $N \to \infty$ 时, 得到精确的结果

$$\boldsymbol{A}(\theta) = \exp(\theta X_\theta)$$

若按矩阵运算规则, 形式地展开这一指数函数

$$\exp(\theta \boldsymbol{X}_\theta) = \boldsymbol{I} + \boldsymbol{X}_\theta \theta + \frac{1}{2!}\boldsymbol{X}_\theta^2 \theta^2 + \frac{1}{3!}\boldsymbol{X}_\theta^3 \theta^3 + \cdots$$

并注意正弦和余弦级数的展开式, 可得

$$\boldsymbol{A}(\theta) = \begin{bmatrix} 1 & 0 \\ 0 & 1 \end{bmatrix} \cos\theta + \begin{bmatrix} 0 & -1 \\ 1 & 0 \end{bmatrix} \sin\theta = \begin{bmatrix} \cos\theta & -\sin\theta \\ \sin\theta & \cos\theta \end{bmatrix}$$

这正是式 (22.2.8).

对于 r 参数紧 Lie 群, 作类似的处理, 可得

$$A(\boldsymbol{\alpha}) = \exp[\Sigma \alpha_k \boldsymbol{X}_k] \tag{22.2.16}$$

式中, $\boldsymbol{\alpha} \equiv (\alpha_1, \cdots, \alpha_r)$. 这是对式 (22.2.15) 积分的结果. 例如, 对于 $SO(3)$ 群, 有

$$\boldsymbol{A}(\alpha_1, \alpha_2, \alpha_3) = \exp(\alpha_1 \boldsymbol{X}_1 + \alpha_2 \boldsymbol{X}_2 + \alpha_3 \boldsymbol{X}_3)$$

采用 22.1.5 节中定义的三个参数 $\alpha_x, \alpha_y, \alpha_z$ 以及相应的无穷小群生成元 [与式 (22.2.11) 给出的相同], 容易验证

$$\left(\sum_{i=1}^{3} \alpha_i \boldsymbol{X}_i\right)^3 = -\boldsymbol{\alpha}^2 \left(\sum_i \alpha_i \boldsymbol{X}_i\right)$$

式中, $\boldsymbol{\alpha}^2 = \alpha_x^2 + \alpha_y^2 + \alpha_z^2$. 于是可求得有限旋转矩阵为

$$\begin{aligned}
\exp\left[\sum_i \alpha_i \boldsymbol{X}_i\right] &= \boldsymbol{I} + \sum_{n=0}^{\infty} \frac{\left(\sum_{i=1}^{3} \alpha_i \boldsymbol{X}_i\right)^{2n+1}}{(2n+1)!} + \sum_{n=0}^{\infty} \frac{\left(\sum_{i=1}^{3} \alpha_i X_i\right)^{2n+2}}{(2n+2)!} \\
&= \boldsymbol{I} + \left(\sum_i k_i \boldsymbol{X}_i\right) \sin\alpha + \left(\sum_i k_i \boldsymbol{X}_i\right)^2 (1 - \cos\alpha) \\
&= \begin{bmatrix}
\begin{matrix}\cos\alpha \\ +k_x^2(1-\cos\alpha)\end{matrix} & \begin{matrix}-k_z \sin\alpha \\ +k_x k_y (1-\cos\alpha)\end{matrix} & \begin{matrix}k_y \sin\alpha \\ +k_x k_z (1-\cos\alpha)\end{matrix} \\
\begin{matrix}k_z \sin\alpha \\ +k_x k_y (1-\cos\alpha)\end{matrix} & \begin{matrix}\cos\alpha \\ +k_y^2(1-\cos\alpha)\end{matrix} & \begin{matrix}-k_x \sin\alpha \\ +k_y k_z (1-\cos\alpha)\end{matrix} \\
\begin{matrix}-k_y \sin\alpha \\ +k_x k_z (1-\cos\alpha)\end{matrix} & \begin{matrix}k_x \sin\alpha \\ +k_y k_z (1-\cos\alpha)\end{matrix} & \begin{matrix}\cos\alpha \\ +k_z^2(1-\cos\alpha)\end{matrix}
\end{bmatrix}
\end{aligned} \tag{22.2.17}$$

这是任意矢量绕方向余弦为 k_x, k_y, k_z 的轴旋转角 α 时的变换矩阵, 即

$$\hat{\boldsymbol{R}}(\boldsymbol{k}, \alpha)\boldsymbol{r} = \cos\alpha \boldsymbol{r} + (1 - \cos\alpha)(\boldsymbol{r} \cdot \boldsymbol{k})\boldsymbol{k} + \sin\alpha(\boldsymbol{k} \times \boldsymbol{r}) \tag{22.2.18}$$

证明: 设把任意矢量沿 $\boldsymbol{k}$ 方向分解为平行和垂直的两部分

$$\boldsymbol{r} = \boldsymbol{r}_{//} + \boldsymbol{r}_{\perp}$$

则

$$\boldsymbol{r}_{//} = \boldsymbol{k}(\boldsymbol{k} \cdot \boldsymbol{r})$$

$$\boldsymbol{r}_{\perp} = \boldsymbol{r} - \boldsymbol{k}(\boldsymbol{k} \cdot \boldsymbol{r}) = \boldsymbol{k} \times (\boldsymbol{r} \times \boldsymbol{k})$$

设在旋转之后的矢量以 $\boldsymbol{r}'$ 标志, 则

$$\hat{\boldsymbol{R}}\boldsymbol{r} = \boldsymbol{r}' = \boldsymbol{r}'_{//} + \boldsymbol{r}'_{\perp}$$

但

$$\boldsymbol{r}'_{//} = \boldsymbol{r}_{//}$$

$$\boldsymbol{r}'_{\perp} = \boldsymbol{r}_{\perp} \cos\alpha + (\boldsymbol{k} \times \boldsymbol{r}) \sin\alpha$$

故

$$\begin{aligned}\hat{\boldsymbol{R}}\boldsymbol{r} &= \boldsymbol{k}(\boldsymbol{k}\cdot\boldsymbol{r}) + [\boldsymbol{r} - \boldsymbol{k}(\boldsymbol{k}\cdot\boldsymbol{r})]\cos\alpha + (\boldsymbol{k}\times\boldsymbol{r})\sin\alpha \\ &= \cos\alpha\boldsymbol{r} + (1-\cos\alpha)(\boldsymbol{k}\cdot\boldsymbol{r})\boldsymbol{k} + \sin\alpha(\boldsymbol{k}\times\boldsymbol{r})\end{aligned}$$

这与式 (22.2.18) 相同.

类似地, 对于 $SU(2)$ 群, 我们有

$$\boldsymbol{A}(\alpha_1,\alpha_2,\alpha_3) = \exp[\alpha_1\boldsymbol{X}_1 + \alpha_2\boldsymbol{X}_2 + \alpha_3\boldsymbol{X}_3]$$

设用式 (22.1.4) 给出的参量, 注意

$$\boldsymbol{X}_i^2 = -\frac{1}{4}\boldsymbol{I}, \qquad \boldsymbol{X}_i\boldsymbol{X}_j + \boldsymbol{X}_j\boldsymbol{X}_i = 0 \qquad (i \neq j)$$

$$(\boldsymbol{k}\cdot\boldsymbol{X})^2 = \sum_{i,j} k_i\boldsymbol{X}_i k_j\boldsymbol{X}_j = -\frac{1}{4}\sum_i k_i^2 = -\frac{1}{4}\boldsymbol{I}$$

则得

$$\begin{aligned}\exp\left(\sum_{i=1}^{3}\alpha_i\boldsymbol{X}_i\right) &= \exp(\alpha\boldsymbol{k}\boldsymbol{X}) \\ &= \boldsymbol{I} + \alpha(\boldsymbol{k}\boldsymbol{X}) + \frac{1}{2}\alpha^2(\boldsymbol{k}\cdot\boldsymbol{X})^2 + \frac{1}{6}\alpha^3(\boldsymbol{k}\cdot\boldsymbol{X})^3 + \frac{1}{24}\alpha^4(\boldsymbol{k}\cdot\boldsymbol{X})^4 + \cdots \\ &= \boldsymbol{I}\left[1 - \frac{1}{2}\left(\frac{\alpha^2}{4}\right) + \frac{1}{24}\left(\frac{\alpha^4}{16}\right) + \cdots\right] + (\boldsymbol{k}\cdot\boldsymbol{X})\left[\alpha - \frac{1}{6}\left(\frac{\alpha^3}{4}\right) + \cdots\right] \\ &= \left[\boldsymbol{I}\cos\frac{1}{2}\alpha + 2(\boldsymbol{k}\cdot\boldsymbol{X})\sin\frac{1}{2}\alpha\right]\end{aligned}$$

再根据 $\boldsymbol{X}_i$ 矩阵的表达式, 可得

$$\boldsymbol{D}^{(\frac{1}{2})}(\boldsymbol{k},\alpha) = \begin{bmatrix} \cos\frac{1}{2}\alpha - ik_z\sin\frac{1}{2}\alpha & -(k_y + ik_x)\sin\frac{1}{2}\alpha \\ (k_y - ik_x)\sin\frac{1}{2}\alpha & \cos\frac{\alpha}{2} + ik_z\sin\frac{1}{2}\alpha \end{bmatrix}$$

这正是式 (22.1.3).

应当指出, 以上方法只能给出 Lie 群的元素, 混合连续群的其他元素需通过离散群元素与 Lie 群元素相乘得到.

以上由无穷小 Lie 群生成元产生相应 Lie 群的元素的办法类似于从微分关系通过积分求原函数.

22.2.3　变换 Lie 群的无穷小算符

有限变换也可以看成是无穷小变换的无限积累. 先考虑单参数 Lie 群的情况. 设具有参数值 a 的变换, 使点 $x \to x'$, 即

$$x' = f(x;a) \tag{22.2.19}$$

$f(x;a)$ 是 x 和 a 的解析函数. 则具有参数 $a + \mathrm{d}a$ 的变换, 将使 $x \to x' + \mathrm{d}x'$, 即

$$x' + \mathrm{d}x' = f(x; a + \mathrm{d}a) \tag{22.2.20}$$

由于 $f(x;a)$ 是 a 的连续函数, $\mathrm{d}a \to 0$ 时, $x' + \mathrm{d}x'$ 也一定很接近 x', 于是可以在单位元素 (恒等变换) 的参数附近找到一个无穷小参数 δa, 使 x' 变到 $x' + \mathrm{d}x'$

$$x' + \mathrm{d}x' = f(x'; \delta a) \qquad (\delta a \to 0) \tag{22.2.21}$$

$\mathrm{d}a$ 和 δa 的关系由下式给出:

$$a + \mathrm{d}a = \phi(a; \delta a) \tag{22.2.22}$$

故

$$\mathrm{d}a = \left(\frac{\partial \phi(a;b)}{\partial b}\right)_{b=0} \delta a = V(a)\delta a \tag{22.2.23}$$

这里 $V(a) \equiv \left(\dfrac{\partial \phi(a;b)}{\partial b}\right)_{b=0}$. 把式 (22.2.21) 作 Taylor 级数展开, 得

$$\mathrm{d}x' = \left(\frac{\partial f(x';a)}{\partial a}\right)_{a=0} \delta a = U(x')\delta a = U(x')\varPsi(a)\mathrm{d}a \tag{22.2.24}$$

式中, $\varPsi(a)$ 是 $V(a)$ 的逆, 而

$$U(x) = \left(\frac{\partial f(x;a)}{\partial a}\right)_{a=0} \tag{22.2.25}$$

把以上讨论推广到由 r 个参数决定的在 n 维几何空间中进行的变换, 可得

$$x_i' = f_i(\boldsymbol{x}; \boldsymbol{a}) \qquad (i = 1, \cdots, n) \tag{22.2.26}$$

$$\mathrm{d}x_i' = \sum_\sigma \left(\frac{\partial f_i(\boldsymbol{x};\boldsymbol{a})}{\partial a_\sigma}\right)_{\boldsymbol{a}=0} \delta a_\sigma = \sum_\sigma U_{i\sigma}(\boldsymbol{x})\delta a_\sigma \tag{22.2.27}$$

$$(i = 1, \cdots, n; \sigma = 1, \cdots, r)$$

式中

$$\boldsymbol{x}' \equiv (x_1, \cdots, x_n), \qquad \boldsymbol{a} \equiv (\boldsymbol{a}_1, \cdots, a_r) \tag{22.2.28}$$

$$U_{i\sigma} = \left(\frac{\partial f_i(x;a)}{\partial a_\sigma}\right)_{\boldsymbol{a}=0}$$

类似于式 (22.2.22), 有

$$da_\rho = \sum_\sigma \left(\frac{\partial \phi_\rho(\boldsymbol{a};\boldsymbol{b})}{\partial b_\sigma}\right)_{\boldsymbol{b}=0} \delta a_\sigma = \sum_\sigma V_{\rho\sigma}(\boldsymbol{a})\delta a_\sigma \tag{22.2.29}$$

式中

$$V_{\rho\sigma}(a) = \left(\frac{\partial \phi_\rho(\boldsymbol{a};\boldsymbol{b})}{\partial b_\sigma}\right)_{\boldsymbol{b}=0} \tag{22.2.30}$$

把矩阵 $[V_{\rho\sigma}]$ 的逆记作 $[\Psi_{\tau\rho}]$, 即 $\sum\limits_\rho \Psi_{\tau\rho}V_{\rho\sigma} = \delta_{\tau\sigma}$, 则

$$\delta_{a_\sigma} = \sum_\rho \Psi_{\sigma\rho}(\boldsymbol{a})\mathrm{d}a_\rho$$

代入式 (22.2.27), 得

$$\mathrm{d}x_i' = \sum_{\sigma\rho} U_{i\sigma}(\boldsymbol{x})\Psi_{\sigma\rho}(\boldsymbol{a})\mathrm{d}a_\rho \tag{22.2.31}$$

或写成

$$\frac{\partial x_i'}{\partial a_\rho} = \frac{\partial f_i(\boldsymbol{a};\boldsymbol{x})}{\partial a_\rho} = \sum_\sigma U_{i\sigma}(\boldsymbol{x})\Psi_{\sigma\rho}(\boldsymbol{a}) \tag{22.2.32}$$

式中, $U_{i\sigma}(\boldsymbol{x})$ 是 $\boldsymbol{x}$ 的解析函数. 式 (22.2.32) 就是 Lie 氏第一定理的内容, 它表明线性变换与群参数变化的关系. Lie 氏第一定理把偏微商矩阵 $\left[\dfrac{\partial f_i(\boldsymbol{a};\boldsymbol{x})}{\partial a_\rho}\right]$ 分解为两个矩阵的乘积, 一个只依赖于起始条件 $(\boldsymbol{x})$, 另一个只依赖于变换参数 $(\boldsymbol{a})$.

考虑函数 $F(\boldsymbol{x})$ 在式 (22.2.26) 表示的无穷小变换下的变化. 将 $F(\boldsymbol{x}+\mathrm{d}\boldsymbol{x})$ 作 Taylor 级数展开, 并将 $\mathrm{d}x_i$ 的表示式代入式 (22.2.31), 可得

$$\begin{aligned} F(\boldsymbol{x}+\mathrm{d}\boldsymbol{x}) &= F(\boldsymbol{x}) + \sum_i \frac{\partial F(\boldsymbol{x})}{\partial x_i}\mathrm{d}x_i + \cdots \\ &= F(\boldsymbol{x}) + \sum_{i\sigma} \delta a_\sigma U_{i\sigma}(\boldsymbol{x})\frac{\partial}{\partial x_i}F(\boldsymbol{x}) + \cdots \end{aligned} \tag{22.2.33}$$

故

$$\mathrm{d}F(\boldsymbol{x}) = \sum_\sigma \delta a_\sigma \left[\sum_i U_{i\sigma}(\boldsymbol{x})\frac{\partial}{\partial x_i}\right] F(\boldsymbol{x}) = \sum_\sigma \delta a_\sigma \hat{\boldsymbol{X}}_\sigma(\boldsymbol{x})F(\boldsymbol{x}) \tag{22.2.34}$$

算符 $\hat{\boldsymbol{X}}_\sigma = \sum\limits_{i=1}^{n} U_{i\sigma}(\boldsymbol{x})\dfrac{\partial}{\partial x_i}$ 称为群的无穷小算符. 由 $F(\boldsymbol{x})$ 到 $F(\boldsymbol{x}+\mathrm{d}\boldsymbol{x})$ 的变换通过算符

$$\hat{\boldsymbol{R}}_{\mathbf{a}} = 1 + \sum_\sigma \delta a_\sigma \hat{\boldsymbol{X}}_\sigma \tag{22.2.35}$$

来完成. 显然, $\hat{\boldsymbol{R}}_{\mathbf{a}}$ 在恒等算符的邻域.

$$\begin{aligned} F(\boldsymbol{x}+\mathrm{d}\boldsymbol{x}) &= \hat{\boldsymbol{R}}_{\mathbf{a}} F(\boldsymbol{x}) = F(\boldsymbol{x}) + \sum_\sigma \delta a_\sigma \hat{\boldsymbol{X}}_\sigma F(\boldsymbol{x}) \\ &= F(\boldsymbol{x}) + \sum_\sigma \delta a_\sigma \left(\sum_i U_{i\sigma}(\boldsymbol{x})\frac{\partial}{\partial x_i}\right) F(\boldsymbol{x}) \end{aligned} \tag{22.2.36}$$

若函数 $F(\boldsymbol{x})$ 是某一个变量 x_i, 则

$$x_i' - x_i = \mathrm{d}x_i = \sum_\sigma \delta a_\sigma U_{i\sigma}(\boldsymbol{x}) \tag{22.2.37}$$

亦即回到式 (22.2.27). 若变换空间选为群的参数空间本身, 则无穷小算符为

$$\hat{\boldsymbol{X}}_\beta = \sum_\delta \left(\frac{\partial \phi_\delta(\boldsymbol{a};\boldsymbol{b})}{\partial b_\beta}\right)_{\boldsymbol{b}=0} \frac{\partial}{\partial a_\delta} \tag{22.2.38}$$

若函数 F 取作某一个参数 a_δ, 则可得

$$\mathrm{d}a_\delta = \sum_\beta \left(\frac{\partial \phi_\delta(\boldsymbol{a};\boldsymbol{b})}{\partial b_\beta}\right)_{\boldsymbol{b}=0} \delta a_\beta \tag{22.2.39}$$

这是式 (22.2.23) 推广到 r 个参数的情况.

无穷小算符可以从有关的无穷小群生成元得出. 根据无穷小群生成元的矩阵表示, 通过指数化运算可以得到有限群元的矩阵表示, 也就是得到了有关线性变换的变换矩阵. 于是按定义即可求出无穷小算符, 其参数化方式与对无穷小群生成元选定的相同. 举几个例子.

(1) $SO(2)$ 群. 设坐标的变换为

$$\begin{aligned} x' &= x\cos\theta + y\sin\theta \\ y' &= -x\sin\theta + y\cos\theta \end{aligned} \tag{22.2.40}$$

$$\hat{\boldsymbol{X}}_\theta = \left(\frac{\partial x'}{\partial \theta}\right)_{\theta=0}\frac{\partial}{\partial x} + \left(\frac{\partial y'}{\partial \theta}\right)_{\theta=0}\frac{\partial}{\partial y} = y\frac{\partial}{\partial x} - x\frac{\partial}{\partial y} \tag{22.2.41}$$

注意角动量算符 $\hat{\boldsymbol{J}}_z$ 的定义, 显然有 $\hat{\boldsymbol{J}}_z = i\hat{\boldsymbol{X}}_\theta$.

(2) $SO(3)$ 群, 三维旋转引起的变换可表示为

$$\hat{\boldsymbol{R}}\boldsymbol{r} = \boldsymbol{M}\boldsymbol{r}$$

其中 $\boldsymbol{M}$ 是式 (22.2.10) 表示的矩阵. 由此可求得三个无穷小算符. 也可以不通过式 (22.2.10), 按下述方式求得. 我们知道 $SO(3)$ 群的旋转矩阵 $\{\boldsymbol{A}\}$ 是行列式为 $+1$ 的正交矩阵, 满足条件 $\boldsymbol{A}^T\boldsymbol{A} = \boldsymbol{I}$. 设无穷小旋转时的变换矩阵为 $\boldsymbol{A} = \boldsymbol{I} + \boldsymbol{B}, \boldsymbol{B}$ 的矩阵元为无穷小量, 根据正交性, 可得

$$\boldsymbol{I} = \boldsymbol{A}^T\boldsymbol{A} = (\boldsymbol{I} + \boldsymbol{B}^T)(\boldsymbol{I} + \boldsymbol{B}) \approx \boldsymbol{I} + \boldsymbol{B}^T + \boldsymbol{B} \tag{22.2.42}$$

故 $\boldsymbol{B}^T + \boldsymbol{B} = \boldsymbol{0}, \boldsymbol{B} = -\boldsymbol{B}^T$ 为反对称矩阵, 可设

$$\boldsymbol{B} = \begin{bmatrix} 0 & a & -b \\ -a & 0 & c \\ b & -c & 0 \end{bmatrix}$$

由 $\boldsymbol{r}' = \boldsymbol{A}\boldsymbol{r} = (\boldsymbol{I} + \boldsymbol{B})\boldsymbol{r}$, 得

$$\begin{bmatrix} x + \mathrm{d}x \\ y + \mathrm{d}y \\ z + \mathrm{d}z \end{bmatrix} = \left(\begin{bmatrix} 1 & 0 & 0 \\ 0 & 1 & 0 \\ 0 & 0 & 1 \end{bmatrix} + \begin{bmatrix} 0 & a & -b \\ -a & 0 & c \\ b & -c & 0 \end{bmatrix} \right) \begin{bmatrix} x \\ y \\ z \end{bmatrix}$$

故

$$\begin{aligned} \mathrm{d}x &= ay - bz \\ \mathrm{d}y &= -ax + cz \\ \mathrm{d}z &= bx - cy \end{aligned}$$

由此得

$$\begin{aligned} \hat{\boldsymbol{X}}_1 &= U_{x1}(x, y, z)\frac{\partial}{\partial x} + U_{y1}(x, y, z)\frac{\partial}{\partial y} + U_{z1}(x, y, z)\frac{\partial}{\partial z} \\ &= \frac{\delta x}{\delta c}\frac{\partial}{\partial x} + \frac{\delta y}{\delta c}\frac{\partial}{\partial y} + \frac{\delta z}{\delta c}\frac{\partial}{\partial z} = z\frac{\partial}{\partial y} - y\frac{\partial}{\partial z} \end{aligned} \tag{22.2.43a}$$

类似地

$$\hat{\boldsymbol{X}}_2 = \frac{\delta x}{\delta b}\frac{\partial}{\partial x} + \frac{\delta y}{\delta b}\frac{\partial}{\partial y} + \frac{\delta z}{\delta b}\frac{\partial}{\partial z} = x\frac{\partial}{\partial z} - z\frac{\partial}{\partial x} \tag{22.2.43b}$$

$$\hat{\boldsymbol{X}}_3 = \frac{\delta x}{\delta a}\frac{\partial}{\partial x} + \frac{\delta y}{\delta a}\frac{\partial}{\partial y} + \frac{\delta z}{\delta a}\frac{\partial}{\partial z} = y\frac{\partial}{\partial x} - x\frac{\partial}{\partial y} \tag{22.2.43c}$$

这三个无穷小算符与角动量算符的关系是

$$\hat{\boldsymbol{J}}_k = i\hat{\boldsymbol{X}}_k \qquad (k=1,2,3)$$

容易验证, 这三个无穷小算符的对易关系是

$$[\hat{\boldsymbol{X}}_1,\hat{\boldsymbol{X}}_2]=\hat{\boldsymbol{X}}_3,\quad [\hat{\boldsymbol{X}}_2,\hat{\boldsymbol{X}}_3]=\hat{\boldsymbol{X}}_1,\quad [\hat{\boldsymbol{X}}_3,\hat{\boldsymbol{X}}_1]=\hat{\boldsymbol{X}}_2 \tag{22.2.44}$$

这与 $SO(3)$ 的无穷小群生成元的对易关系相同.

(3) $SU(2)$ 群. 这个三参数变换 Lie 群进行的变换为

$$\begin{aligned} u' &= au+bv \\ v' &= -b^*u+a^*v \end{aligned} \tag{22.2.45}$$

式中, a,b 是复数, 满足条件 $|a|^2+|b|^2=1$, 故由三个实参数确定. 无穷小变换可表示为

$$u+\mathrm{d}u=(1+\alpha)u+\beta v$$

$$v+\mathrm{d}v=-\beta^*u+(1+\alpha^*)v$$

式中, α,β 是复无穷小量, 令 $\alpha=p+iq,\beta=r+is,p,\ q,\ r,\ s$ 是实无穷小量. 由 $|a|^2+|b|^2=1$, 得

$$(1+\alpha)(1+\alpha^*)+\beta\beta^*=1$$

$$(1+p+iq)(1+p-iq)+(r+is)(r-is)=1$$

忽略二级无穷小项, 可得 $1+2p=1$, 即 $p=0$. 故

$$\mathrm{d}u=iqu+(r+is)v$$

$$\mathrm{d}v=(-r+is)u-iqv$$

设函数 $F(u,v)\to F(u+\mathrm{d}u,v+\mathrm{d}v)=F+\mathrm{d}F$, 则

$$\begin{aligned} \mathrm{d}F &= \frac{\partial F}{\partial u}\mathrm{d}u+\frac{\partial F}{\partial v}\mathrm{d}v \\ &= \left[iq\left(u\frac{\partial}{\partial u}-v\frac{\partial}{\partial v}\right)+r\left(v\frac{\partial}{\partial u}-u\frac{\partial}{\partial v}\right)+is\left(v\frac{\partial}{\partial u}+u\frac{\partial}{\partial v}\right)\right]F \end{aligned}$$

于是按定义, 无穷小算符为

$$\begin{aligned} \hat{\boldsymbol{I}}_1 &= \left(v\frac{\partial}{\partial u}-u\frac{\partial}{\partial v}\right) \\ \hat{\boldsymbol{I}}_2 &= i\left(v\frac{\partial}{\partial u}+u\frac{\partial}{\partial v}\right) \\ \hat{\boldsymbol{I}}_3 &= i\left(u\frac{\partial}{\partial u}-v\frac{\partial}{\partial v}\right) \end{aligned} \tag{22.2.46}$$

令 $\hat{\boldsymbol{X}}_\alpha = \dfrac{1}{2}\hat{\boldsymbol{I}}_\alpha, \alpha = 1,2,3$, 则对易关系是

$$[\hat{\boldsymbol{X}}_1, \hat{\boldsymbol{X}}_2] = \hat{\boldsymbol{X}}_3, \qquad [\hat{\boldsymbol{X}}_2, \hat{\boldsymbol{X}}_3] = \hat{\boldsymbol{X}}_1, \qquad [\hat{\boldsymbol{X}}_3, \hat{\boldsymbol{X}}_1] = \hat{\boldsymbol{X}}_2 \tag{22.2.47}$$

与 $SO(3)$ 的无穷小算符的对易关系相同. 若令 $\hat{\boldsymbol{J}}_\mu = i\hat{\boldsymbol{X}}_\mu (\mu = 1,2,3)$, 则 $\hat{\boldsymbol{J}}_1, \hat{\boldsymbol{J}}_2, \hat{\boldsymbol{J}}_3$ 满足一般角动量的对易关系 (令 1, 2, 3 分别对应于 x, y, z)

$$[\hat{\boldsymbol{J}}_x, \hat{\boldsymbol{J}}_y] = i\hat{\boldsymbol{J}}_z, \qquad [\hat{\boldsymbol{J}}_y, \hat{\boldsymbol{J}}_z] = i\hat{\boldsymbol{J}}_x, \qquad [\hat{\boldsymbol{J}}_z, \hat{\boldsymbol{J}}_x] = i\hat{\boldsymbol{J}}_y$$

22.2.4 有限变换的算符

从无穷小算符可以得出有限变换的算符. 实现

$$F(\boldsymbol{x}) \to F(\boldsymbol{x}) + \mathrm{d}F(\boldsymbol{x})$$

变换的无穷小算符是

$$\hat{\boldsymbol{R}}_{\mathbf{a}} = 1 + \sum_\sigma \delta a_\sigma \hat{\boldsymbol{X}}_\sigma \tag{22.2.35}$$

考虑单参数 Lie 群, 此时 $\hat{\boldsymbol{R}}_\theta = 1 + \delta_\theta \hat{\boldsymbol{X}}_\theta$. 对于有限转动, 令 $\delta\theta = \theta/N \quad (N \to \infty)$, 可得有限转动的算符为

$$\hat{\boldsymbol{R}}_\theta = \lim_{N\to\infty}\left(1 + \frac{\theta}{N}\hat{\boldsymbol{X}}_\theta\right)^N = \exp(\theta\hat{\boldsymbol{X}}_\theta)$$

推广到有 r 个无穷小算符的 Lie 群, 类似地有

$$\hat{\boldsymbol{R}}_{\mathbf{a}} = \exp\left[\sum_\sigma a_\sigma \hat{\boldsymbol{X}}_\sigma\right], \qquad \boldsymbol{a} \equiv (a_1, \cdots, a_r) \tag{22.2.48}$$

举例如下:

(1) 对于 $SU(2)$ 群, 有限变换的算符为

$$\hat{\boldsymbol{D}}(\alpha_1, \alpha_2, \alpha_3) = \exp(\alpha_1\hat{\boldsymbol{X}}_1 + \alpha_2\hat{\boldsymbol{X}}_2 + \alpha_3\hat{\boldsymbol{X}}_3)$$

将这个式子作用在球函数空间 ϕ, 可以求出转动在其中的矩阵表示. 例如, 作用在 $j = \dfrac{1}{2}$ 的两个自旋函数上, 设选用三个 Euler 角 α, β, γ 为参数, 注意, 对于固定坐标系, Euler 角的定义为先绕 z 轴转 γ, 再绕 y 轴转 β, 再绕 z 轴转 α, 以及 $\hat{\boldsymbol{X}}_\rho = -i\hat{\boldsymbol{J}}_\rho, \boldsymbol{\rho} = x, y, z$, 可得

$$\boldsymbol{D}(\alpha, \beta, \gamma) = \exp(-i\alpha\hat{\boldsymbol{J}}_x)\exp(-i\beta\hat{\boldsymbol{J}}_y)\exp(-i\gamma\hat{\boldsymbol{J}}_z)$$

注意以下几个式子

$$\begin{aligned}\hat{\boldsymbol{J}}_{\pm}&=\hat{\boldsymbol{J}}_x\pm i\hat{\boldsymbol{J}}_y\\ \hat{\boldsymbol{J}}_z|jm\rangle&=m|jm\rangle\\ \hat{\boldsymbol{J}}_+|jm\rangle&=[(j+m+1)(j-m)]^{\frac{1}{2}}|j,m+1\rangle\\ \hat{\boldsymbol{J}}_-|j,m+1\rangle&=[(j+m+1)(j-m)]^{\frac{1}{2}}|jm\rangle\end{aligned}\tag{22.2.49}$$

即可求得

$$\boldsymbol{D}^{(j)}_{m'm}(\alpha,\beta,\gamma)=\{\exp[-i(\alpha m'+\gamma m)]\}\cdot\langle jm'|\exp(-i\beta\hat{\boldsymbol{J}}_y)|jm\rangle$$

对于 $j=\dfrac{1}{2},m=\pm\dfrac{1}{2},\hat{\boldsymbol{J}}_y$ 的矩阵表示为

$$\boldsymbol{J}_y=\frac{1}{2}\begin{bmatrix}0&-i\\ i&0\end{bmatrix}\tag{22.2.50}$$

所以 $\boldsymbol{J}_y^2=\dfrac{\boldsymbol{I}}{4}$. $\exp(-i\beta\hat{\boldsymbol{J}}_y)$ 的级数可简化为

$$\begin{aligned}\exp(-i\beta\hat{\boldsymbol{J}}_y)&=\left(1-\frac{1}{4}\beta^2+\cdots\right)-i\hat{\boldsymbol{J}}_y\left(\beta-\frac{1}{24}\beta^3+\cdots\right)\\ &=\cos\frac{\beta}{2}-2i\hat{\boldsymbol{J}}_y\sin\frac{\beta}{2}\end{aligned}\tag{22.2.51}$$

于是 $j=\dfrac{1}{2}$ 的旋转表示矩阵为

$$\boldsymbol{D}^{(\frac{1}{2})}_{m'm}(\alpha,\beta,\gamma)=\begin{bmatrix}\exp\left[-\frac{1}{2}i(\alpha+\gamma)\right]\cos\frac{\beta}{2}&-\exp\left[\frac{1}{2}i(\gamma-\alpha)\right]\sin\frac{\beta}{2}\\ \exp\left[\frac{1}{2}i(\alpha-\gamma)\right]\sin\frac{\beta}{2}&\exp\left[\frac{1}{2}i(\alpha+\gamma)\right]\cos\frac{\beta}{2}\end{bmatrix}\tag{22.2.52}$$

这对应于旋转矩阵的 Euler 角表达式. 当取其他球函数组 $\{|j,m\rangle\ (m=+j,\cdots,-j)\}$ 时, 即可求得其他 j 值的表示矩阵.

应当指出, 选取无穷小算符的方式不是唯一的, 选的方式不同, 相当于参数的选择方式不同, 结果表面上可能不相同, 但彼此可互相转换. 而参数选择方式不同, 会使求有限变换矩阵时积分手续难易差别很大. 例如, 对于 $SU(2)$ 群, 若选取无穷小算符, 使积分表示式为

$$\exp[-i(\alpha_-\hat{\boldsymbol{J}}_-+\alpha_z\hat{\boldsymbol{J}}_z+\alpha_+\hat{\boldsymbol{J}}_+)]$$

则积分容易进行得多. 自然, α_{-}, α_z 和 α_+ 不是 Euler 角了.

(2) 设有二参数变换 Lie 群

$$x' = f(x, \alpha_1, \alpha_2) = \mathrm{e}^{\alpha_1} x + \alpha_2 \tag{22.2.53}$$

按定义, 其无穷小算符是

$$\begin{aligned} \hat{\boldsymbol{X}}_1(x) &= \left(\frac{\partial f(x, \boldsymbol{\alpha})}{\partial \alpha_1}\right)_{\boldsymbol{\alpha}=0} \frac{\partial}{\partial x} = x\frac{\partial}{\partial x} \\ \hat{\boldsymbol{X}}_2(x) &= \left(\frac{\partial f(x, \boldsymbol{\alpha})}{\partial \alpha_2}\right)_{\boldsymbol{\alpha}=0} \frac{\partial}{\partial x} = \frac{\partial}{\partial x} \end{aligned} \tag{22.2.54}$$

对易关系是

$$[\hat{\boldsymbol{X}}_1, \hat{\boldsymbol{X}}_2] = -\hat{\boldsymbol{X}}_2 \tag{22.2.55}$$

反过来, 设有上述两个无穷小算符 $\hat{\boldsymbol{X}}_1(x)$ 和 $\hat{\boldsymbol{X}}_2(x)$, 则有限变换算符是

$$\hat{\boldsymbol{T}} = \exp(\alpha_1 \hat{\boldsymbol{X}}_1 + \alpha_2 \hat{\boldsymbol{X}}_2) = \exp\left(\alpha_1 x\frac{\partial}{\partial x} + \alpha_2 \frac{\partial}{\partial x}\right) \tag{22.2.56}$$

它作用在 x 上, 当 $\alpha_2 = 0$ 时, 得

$$\hat{\boldsymbol{T}}x = \left[\exp\left(\alpha_1 x\frac{\partial}{\partial x}\right)\right] x = \mathrm{e}^{\alpha_1 x}$$

当 $\alpha_1 = 0$ 时, 得

$$\hat{\boldsymbol{T}}x = \left[\exp\left(\alpha_2 \frac{\partial}{\partial x}\right)\right] x = x + \alpha_2$$

一般说来, $\alpha_1 \neq \alpha_2 \neq 0$, 得

$$\begin{aligned} \hat{\boldsymbol{T}}x &= \left[\exp\left(\alpha_1 x\frac{\partial}{\partial x} + \alpha_2 \frac{\partial}{\partial x}\right)\right] x = \mathrm{e}^{\alpha_1 x \frac{\partial}{\alpha x}}(x + \alpha_2) \\ &= \mathrm{e}^{\alpha_1} x + \frac{\alpha_2}{\alpha_1}(\mathrm{e}^{\alpha_1} - 1) \end{aligned} \tag{22.2.57}$$

这一变换与式 (22.2.53) 表示的变换是分析同构的. 若取 $\bar{\alpha}_1 = \alpha_1, \bar{\alpha}_2 = \dfrac{\alpha_2}{\alpha_1}(\mathrm{e}^{\alpha_1} - 1)$, 则

$$x' = \hat{\boldsymbol{T}}x = \mathrm{e}^{\bar{\alpha}_1} x + \bar{\alpha}_2$$

就回到式 (22.2.53).

22.2.5 无穷小算符的对易关系与结构常数

根据无穷小算符的性质可以证明, 与无穷小群生成元一样, 无穷小算符对于对易运算也是封闭的. 考察式 (22.2.32)

$$\frac{\partial x_i}{\partial a_\rho}=\sum_\sigma U_{i\sigma}(\boldsymbol{x})\Psi_{\sigma\rho}(\boldsymbol{a})\qquad(i=1,\cdots,n;\sigma,\rho=1,\cdots,r)\tag{22.2.32}$$

式 (22.2.32) 表示点 $\boldsymbol{x}$ 由于作无穷小变换 ($\delta\boldsymbol{a}\to 0$) 所发生的变化. 为了能得到有限变换, 我们要求式 (22.2.32) 是可积的, 其充分和必要条件是

$$\frac{\partial^2 x_i}{\partial a_\tau\partial a_\rho}=\frac{\partial^2 x_i}{\partial a_\rho\partial a_\tau}\tag{22.2.58}$$

将式 (22.2.32) 代入式 (22.2.58), 注意 $\boldsymbol{x}$ 是 $\boldsymbol{a}$ 的函数, 可得

$$\begin{aligned}&\sum_\sigma\left[U_{i\sigma}(\boldsymbol{x})\frac{\partial\Psi_{\sigma\rho}(\boldsymbol{a})}{\partial a_\tau}+\sum_j\frac{\partial U_{i\sigma}(\boldsymbol{x})}{\partial x_j}\frac{\partial x_j}{\partial a_\tau}\Psi_{\sigma\rho}(\boldsymbol{a})\right]\\=&\sum_\sigma\left[U_{i\sigma}(\boldsymbol{x})\frac{\partial\Psi_{\sigma\tau}(\boldsymbol{a})}{\partial a_\rho}+\sum_j\frac{\partial U_{i\sigma}(\boldsymbol{x})}{\partial x_j}\frac{\partial x_j}{\partial a_\rho}\Psi_{\sigma\tau}(\boldsymbol{a})\right]\end{aligned}\tag{22.2.59}$$

再把式 (22.2.32) 代入式 (22.2.59), 整理后得 (为简洁起见, 省略了坐标变量 $\boldsymbol{x}$ 和群参数 $\boldsymbol{a}$)

$$\sum_{\sigma,\nu,j}\left(U_{j\nu}\frac{\partial U_{i\sigma}}{\partial x_j}-U_{j\sigma}\frac{\partial U_{i\nu}}{\partial x_j}\right)\Psi_{\nu\tau}\Psi_{\sigma\rho}+\sum_\sigma U_{i\sigma}\left(\frac{\partial\Psi_{\sigma\rho}}{\partial a_\tau}-\frac{\partial\Psi_{\sigma\tau}}{\partial a_\rho}\right)=0\tag{22.2.60}$$

以 $V_{\tau\xi}V_{\rho\eta}$ 乘式 (22.2.60), 并对 τ 和 ρ 求和, 注意到 $\sum\limits_\tau\Psi_{\nu\tau}V_{\tau\xi}=\delta_{\nu\xi},\cdots$, 得

$$\begin{aligned}&\sum_j\left(U_{j\xi}\frac{\partial U_{i\eta}}{\partial x_j}-U_{j\eta}\frac{\partial U_{i\xi}}{\partial x_j}\right)\\=&\sum_{\tau,\rho,\sigma}\left(\frac{\partial\Psi_{\sigma\tau}}{\partial a_\rho}-\frac{\partial\Psi_{\sigma\rho}}{\partial a_\tau}\right)V_{\tau\xi}V_{\rho\eta}U_{i\sigma}\\=&\sum_\sigma c^\sigma_{\xi\eta}(\boldsymbol{a})U_{i\sigma}(\boldsymbol{x})\end{aligned}\tag{22.2.61}$$

式中, $c^\sigma_{\xi\eta}=\sum\limits_{\tau\rho}\left(\frac{\partial\Psi_{\sigma\tau}}{\partial a_\rho}-\frac{\partial\Psi_{\sigma\rho}}{\partial a_\tau}\right)V_{\tau\xi}V_{\rho\eta}$. 注意到无穷小算符的定义, 得

$$\begin{aligned}[\hat{\boldsymbol{X}}_\sigma,\hat{\boldsymbol{X}}_\rho]&=\hat{\boldsymbol{X}}_\sigma\hat{\boldsymbol{X}}_\rho-\hat{\boldsymbol{X}}_\rho\hat{\boldsymbol{X}}_\sigma\\&=\sum_{ij}\left(U_{i\sigma}\frac{\partial}{\partial x_i}U_{j\rho}\frac{\partial}{\partial x_j}-U_{j\rho}\frac{\partial}{\partial x_j}U_{i\sigma}\frac{\partial}{\partial x_i}\right)\end{aligned}$$

$$= \sum_{ij} \left(U_{i\sigma} \frac{\partial U_{j\rho}}{\partial x_i} - U_{i\rho} \frac{\partial U_{j\sigma}}{\partial x_i} \right) \frac{\partial}{\partial x_j} \tag{22.2.62}$$

将式 (22.2.61) 右乘 $\dfrac{\partial}{\partial x_i}$ 并对 i 求和, 再与式 (22.2.62) 比较, 得

$$[\hat{\boldsymbol{X}}_\sigma, \hat{\boldsymbol{X}}_\rho] = \sum_{i\tau} c^\tau_{\sigma\rho} U_{i\tau} \frac{\partial}{\partial x_i} = \sum_\tau c^\tau_{\sigma\rho} \hat{\boldsymbol{X}}_\tau \tag{22.2.63}$$

式 (22.2.63) 说明无穷小算符对于对易运算是封闭的, $c^\tau_{\sigma\rho}$ 就是 Lie 群的结构常数. 由于 $U_{i\sigma}(\boldsymbol{x})$ 与 $\boldsymbol{a}$ 无关, 若将式 (22.2.61) 对 $\boldsymbol{a}$ 求微商, 则左边为零, 得

$$\sum_\sigma U_{i\sigma}(\boldsymbol{x}) \frac{\partial}{\partial a_\rho} (c^\sigma_{\eta\xi}(\boldsymbol{a})) = 0$$

$U_{i\sigma}(x)$ 是线性独立的, 故 $\dfrac{\partial}{\partial a_\rho} c^\sigma_{\eta\xi} = 0$, 即 $c^\sigma_{\eta\xi}$ 是与参数 $\boldsymbol{a}$ 无关的常数. 以上结果称为 Lie 氏第二定理. 显然, $c^\tau_{\sigma\rho}$ 满足对于下标的置换反对称性

$$c^\tau_{\sigma\rho} = -c^\tau_{\rho\sigma} \tag{22.2.64}$$

无穷小算符满足 Jacobi 恒等式

$$[\hat{\boldsymbol{X}}_\alpha, [\hat{\boldsymbol{X}}_\beta, \hat{\boldsymbol{X}}_\gamma]] + [\hat{\boldsymbol{X}}_\beta, [\hat{\boldsymbol{X}}_\gamma, \hat{\boldsymbol{X}}_\alpha]] + [\hat{\boldsymbol{X}}_\gamma, [\hat{\boldsymbol{X}}_\alpha, \hat{\boldsymbol{X}}_\beta]] = 0 \tag{22.2.65}$$

将式 (22.2.63) 代入, 可得结构常数满足的关系式

$$\sum_\sigma [c^\sigma_{\alpha\beta} c^\rho_{\sigma\gamma} + c^\sigma_{\beta\gamma} c^\rho_{\sigma\alpha} + c^\sigma_{\gamma\alpha} c^\rho_{\sigma\beta}] = 0 \tag{22.2.66}$$

可见无穷小算符与无穷小群生成元具有完全相同的代数性质.

22.3 Lie 代 数

22.3.1 Lie 代数的定义和例子

我们可以把 r 参数 Lie 群的 r 个线性独立的无穷小算符看作是 r 维实线性矢量空间的基矢, $\sum_\tau c^\tau_{\rho\sigma} \boldsymbol{X}_\tau$ 就是这一线性空间中的矢量. 在这一线性矢量空间中定义有对易子积运算, $[\boldsymbol{A}, \boldsymbol{B}] = \boldsymbol{AB} - \boldsymbol{BA}$. 任一对矢量对于这种对易子积运算都是封闭的, 即

$$\left[\sum_\rho a_\rho \boldsymbol{X}_\rho, \sum_\sigma b_\sigma \boldsymbol{X}_\sigma \right] = \sum_{\rho\sigma} a_\rho b_\sigma [\boldsymbol{X}_\rho, \boldsymbol{X}_\sigma] = \sum_{\rho,\sigma,\tau} a_\rho b_\sigma c^\tau_{\rho\sigma} \boldsymbol{X}_\tau \tag{22.3.1}$$

显然, 这里定义的对易子积运算满足反对称条件

$$[\boldsymbol{A},\boldsymbol{B}]=-[\boldsymbol{B},\boldsymbol{A}]$$

以及 Jacobi 恒等式

$$[\boldsymbol{A},[\boldsymbol{B},\boldsymbol{C}]]+[\boldsymbol{B},[\boldsymbol{C},\boldsymbol{A}]]+[\boldsymbol{C},[\boldsymbol{A},\boldsymbol{B}]]=0$$

因此这一线性矢量空间满足作为一个 Lie 代数的条件. 所以 Lie 群的无穷小算符的集合 $\{\boldsymbol{X}_\tau\}$ 张成相应 Lie 群的一个代数, 称为 Lie 代数. 与紧 Lie 群相联系的代数称为紧 Lie 代数, 与非紧 Lie 群相联系的代数称为非紧 Lie 代数. 线性独立的无穷小算符的数目决定了 Lie 代数的维数. 由式 (22.2.63) 可见, 由 Lie 群的一组结构常数 $\{c^\tau_{\rho\sigma}\}$ 确定一个 Lie 代数的结构.

与一般线性矢量空间一样, Lie 代数的基矢的选择有一定任意性. 最简单的基组就是取为无穷小算符本身, 称为自然基组. 知道自然基组的结构常数, 就可以知道其他基组的结构常数. 设新的基组为

$$\boldsymbol{X}'_\rho=\sum_\nu a_{\rho\nu}\boldsymbol{X}_\nu \tag{22.3.2}$$

则

$$[\boldsymbol{X}'_\rho,\boldsymbol{X}'_\sigma]=\sum_\mu c'^\mu_{\rho\sigma}\boldsymbol{X}'_\mu$$

即

$$\begin{aligned}\left[\sum_\nu a_{\rho\nu}\boldsymbol{X}_\nu,\sum_\lambda a_{\sigma\lambda}\boldsymbol{X}_\lambda\right]&=\sum_{\nu\lambda}a_{\rho\nu}a_{\sigma\lambda}[\boldsymbol{X}_\nu,\boldsymbol{X}_\lambda]\\&=\sum_{\nu,\lambda,\tau}a_{\rho\nu}a_{\sigma\lambda}c^\tau_{\nu\lambda}\boldsymbol{X}_\tau=\sum_{\mu,\tau}c'^\mu_{\rho\sigma}a_{\mu\tau}\boldsymbol{X}_\tau\end{aligned}$$

故

$$\sum_\mu c'^\mu_{\rho\sigma}a_{\mu\tau}=\sum_{\nu\lambda}a_{\rho\nu}a_{\sigma\lambda}c^\tau_{\nu\lambda}$$

$$c'^\mu_{\rho\sigma}=\sum_{\nu,\lambda,\tau}a_{\rho\nu}a_{\sigma\lambda}c^\tau_{\nu\lambda}[a^{-1}]_{\tau\mu} \tag{22.3.3}$$

抽象 Lie 群的结构完全由 $c_k=\phi_k(\boldsymbol{a};\boldsymbol{b})$ 决定. 变换 Lie 群作为抽象 Lie 群的一个实现, 其变量 x_i 可以是实数或复数, 所以无穷小算符可以是实的或复的, 但任何描述群结构的关系式一定只包含实的系数, 所以结构常数 $c^\tau_{\rho\sigma}$ 必定是实数. 在问题涉及群的结构时, 相应的 Lie 代数中矢量的组合系数只取实数, 这种代数称为实 Lie 代数. 但当我们抽象地讨论 Lie 代数的结构时, 不得不允许组合系数取复数值,

这种 Lie 代数称为复 Lie 代数. 对于实 Lie 代数中的任意矢量 $\boldsymbol{A}, \boldsymbol{B}$, 若允许它们的组合系数取复数值, 并且定义 $[\boldsymbol{A}+i\boldsymbol{B}, \boldsymbol{C}] = [\boldsymbol{A}, \boldsymbol{C}] + i[\boldsymbol{B}, \boldsymbol{C}]$(这里 $i = \sqrt{-1}$), 就得到一个复 Lie 代数, 称为该实 Lie 代数的复扩展. 应当特别强调的是, 虽然实 Lie 代数的复扩展给研究 Lie 代数的结构和分类带来许多方便, 但在问题涉及 Lie 群的结构时, 讨论总应该在实 Lie 代数的基础上进行.

下面举几个常见的 Lie 代数的例子.

(1) $SO(3)$ 群的 Lie 代数 $so(3)$(通常用相同的字母标志 Lie 群及对应的 Lie 代数, 但前者用大写字母, 后者用小写字母). $SO(3)$ 群有三个无穷小群生成元, 由式 (22.2.11) 给出, 三个无穷小算符由式 (22.2.43) 给出. 它们的对易关系为

$$[\boldsymbol{X}_1, \boldsymbol{X}_2] = \boldsymbol{X}_3, \qquad [\boldsymbol{X}_2, \boldsymbol{X}_3] = \boldsymbol{X}_1, \qquad [\boldsymbol{X}_3, \boldsymbol{X}_1] = \boldsymbol{X}_2$$

故其结构常数为

$$c_{12}^3 = c_{23}^1 = c_{31}^2 - 1 = -c_{21}^3 = -c_{32}^1 = -c_{13}^2$$

其余 $c_{ij}^k = 0$, 这些结构常数就确定了 Lie 代数 $so(3)$ 的结构和性质.

(2) Lie 代数 $su(2)$. $SU(2)$ 群的三个无穷小群生成元由式 (22.2.13) 给出, 三个无穷小算符由式 (22.2.46) 给出, 对易关系和结构常数与 $so(3)$ 的相同. 因此 Lie 代数 $su(2)$ 和 $so(3)$ 的结构和性质一定相同.

(3) 二维 Lorentz 群 $SO(2,1)$ 的 Lie 代数 $so(2,1)$. 二维 Lorentz 群是保持二次型 $(x^2+y^2-z^2)$ 不变的实线性变换群, 无穷小算符为

$$\boldsymbol{X}_1 = z\frac{\partial}{\partial y} + y\frac{\partial}{\partial z}, \qquad \boldsymbol{X}_2 = x\frac{\partial}{\partial z} + z\frac{\partial}{\partial x}, \qquad \boldsymbol{X}_3 = y\frac{\partial}{\partial x} - x\frac{\partial}{\partial y} \tag{22.3.4}$$

对易关系为

$$[\boldsymbol{X}_1, \boldsymbol{X}_2] = \boldsymbol{X}_3, \qquad [\boldsymbol{X}_2, \boldsymbol{X}_3] = -\boldsymbol{X}_1, \qquad [\boldsymbol{X}_3, \boldsymbol{X}_1] = -\boldsymbol{X}_2 \tag{22.3.5}$$

这个 Lie 代数与实正交群的 Lie 代数 $so(3)$ 具有不同的结构. 但若作复线性变换, 令 $\boldsymbol{X}_1 \to -i\boldsymbol{X}_1, \boldsymbol{X}_2 \to i\boldsymbol{X}_2$, 得到的无穷小算符的对易关系就和 $so(3)$ 的一样了. 这样得到的 Lie 代数是原来的实 Lie 代数的复扩展. 但是, 虽然二维 Lorentz 群的实 Lie 代数的复扩展与 $SO(3)$ 群的 Lie 代数具有相同的结构常数, 但 $SO(2,1)$ 群和 $SO(3)$ 群的性质完全不同; $SO(2,1)$ 群的参数可以在无限范围内变化, 而 $SO(3)$ 群的参数的变化范围是有限的, 群流形是紧致的; $SO(2,1)$ 是非紧群, $SO(3)$ 是紧群.

(4) $SO(4)$ 群的 Lie 代数. $SO(4)$ 群是保持 $x^2+y^2+z^2+t^2$ 不变的线性变换群. 容易求出六个无穷小算符为

$$\boldsymbol{A}_1 = z\frac{\partial}{\partial y} - y\frac{\partial}{\partial z}, \qquad \boldsymbol{A}_2 = x\frac{\partial}{\partial z} - z\frac{\partial}{\partial x},$$

$$
\begin{aligned}
&\boldsymbol{A}_3 = y\frac{\partial}{\partial x} - x\frac{\partial}{\partial y}, \qquad \boldsymbol{B}_1 = x\frac{\partial}{\partial t} - t\frac{\partial}{\partial x},\\
&\boldsymbol{B}_2 = y\frac{\partial}{\partial t} - t\frac{\partial}{\partial y}, \qquad \boldsymbol{B}_3 = z\frac{\partial}{\partial t} - t\frac{\partial}{\partial z}
\end{aligned} \tag{22.3.6}
$$

对易关系为

$$
\begin{aligned}
&[\boldsymbol{A}_1, \boldsymbol{A}_2] = \boldsymbol{A}_3, \qquad [\boldsymbol{A}_2, \boldsymbol{A}_3] = \boldsymbol{A}_1, \qquad [\boldsymbol{A}_3, \boldsymbol{A}_1] = \boldsymbol{A}_2,\\
&[\boldsymbol{B}_1, \boldsymbol{B}_2] = \boldsymbol{A}_3, \qquad [\boldsymbol{B}_2, \boldsymbol{B}_3] = \boldsymbol{A}_1, \qquad [\boldsymbol{B}_3, \boldsymbol{B}_1] = \boldsymbol{A}_2,\\
&[\boldsymbol{A}_1, \boldsymbol{B}_1] = [\boldsymbol{A}_2, \boldsymbol{B}_2] = [\boldsymbol{A}_3, \boldsymbol{B}_3] = 0,\\
&[\boldsymbol{A}_1, \boldsymbol{B}_2] = \boldsymbol{B}_3, \qquad [\boldsymbol{A}_1, \boldsymbol{B}_3] = -\boldsymbol{B}_2, \qquad [\boldsymbol{A}_2, \boldsymbol{B}_1] = -\boldsymbol{B}_3\\
&[\boldsymbol{A}_2, \boldsymbol{B}_3] = \boldsymbol{B}_1, \qquad [\boldsymbol{A}_3, \boldsymbol{B}_1] = \boldsymbol{B}_2, \qquad [\boldsymbol{A}_3, \boldsymbol{B}_2] = -\boldsymbol{B}_1
\end{aligned} \tag{22.3.7}
$$

若作线性变换

$$
\boldsymbol{J}_i = \frac{\boldsymbol{A}_i + \boldsymbol{B}_i}{2}, \qquad \boldsymbol{K}_i = \frac{\boldsymbol{A}_i - \boldsymbol{B}_i}{2} \tag{22.3.8}
$$

则对易关系为

$$
\begin{aligned}
&[\boldsymbol{J}_1, \boldsymbol{J}_2] = \boldsymbol{J}_3, \qquad [\boldsymbol{J}_2, \boldsymbol{J}_3] = \boldsymbol{J}_1, \qquad [\boldsymbol{J}_3, \boldsymbol{J}_1] = \boldsymbol{J}_2,\\
&[\boldsymbol{K}_1, \boldsymbol{K}_2] = \boldsymbol{K}_3, \qquad [\boldsymbol{K}_2, \boldsymbol{K}_3] = \boldsymbol{K}_1, \qquad [\boldsymbol{K}_3, \boldsymbol{K}_1] = \boldsymbol{K}_2,\\
&[\boldsymbol{J}_i, \boldsymbol{K}_j] = 0 \qquad (i, j = 1, 2, 3)
\end{aligned} \tag{22.3.9}
$$

(5) 三维 Lorentz 群 $SO(3,1)$ 的 Lie 代数. $SO(3,1)$ 是保持 $x^2+y^2+z^2-t^2$ 不变的实线性变换群. 无穷小算符是

$$
\begin{aligned}
&\boldsymbol{A}_1 = z\frac{\partial}{\partial y} - y\frac{\partial}{\partial z}, \qquad \boldsymbol{A}_2 = x\frac{\partial}{\partial z} - z\frac{\partial}{\partial x},\\
&\boldsymbol{A}_3 = y\frac{\partial}{\partial x} - x\frac{\partial}{\partial y}, \qquad \boldsymbol{B}_1 = x\frac{\partial}{\partial t} + t\frac{\partial}{\partial x},\\
&\boldsymbol{B}_2 = y\frac{\partial}{\partial t} + t\frac{\partial}{\partial y}, \qquad \boldsymbol{B}_3 = z\frac{\partial}{\partial t} + t\frac{\partial}{\partial z}
\end{aligned} \tag{22.3.10}
$$

对易关系为

$$
\begin{aligned}
&[\boldsymbol{A}_1, \boldsymbol{A}_2] = \boldsymbol{A}_3, \qquad [\boldsymbol{A}_2, \boldsymbol{A}_3] = \boldsymbol{A}_1, \qquad [\boldsymbol{A}_3, \boldsymbol{A}_1] = \boldsymbol{A}_2,\\
&[\boldsymbol{B}_1, \boldsymbol{B}_2] = -\boldsymbol{A}_3, \qquad [\boldsymbol{B}_2, \boldsymbol{B}_3] = -\boldsymbol{A}_1, \qquad [\boldsymbol{B}_3, \boldsymbol{B}_1] = -\boldsymbol{A}_2,\\
&[\boldsymbol{A}_1, \boldsymbol{B}_1] = [\boldsymbol{A}_2, \boldsymbol{B}_2] = [\boldsymbol{A}_3, \boldsymbol{B}_3] = 0,\\
&[\boldsymbol{A}_1, \boldsymbol{B}_2] = \boldsymbol{B}_3, \qquad [\boldsymbol{A}_1, \boldsymbol{B}_3] = -\boldsymbol{B}_2,\\
&[\boldsymbol{A}_2, \boldsymbol{B}_1] = -\boldsymbol{B}_3, \qquad [\boldsymbol{A}_2, \boldsymbol{B}_3] = \boldsymbol{B}_1,\\
&[\boldsymbol{A}_3, \boldsymbol{B}_1] = \boldsymbol{B}_2, \qquad [\boldsymbol{A}_3, \boldsymbol{B}_2] = -\boldsymbol{B}_1
\end{aligned} \tag{22.3.11}
$$

若仿照式 (22.3.8) 定义 $\boldsymbol{J}_i$ 和 $\boldsymbol{K}_i$, 则得不到类似式 (22.3.9) 的结果. 但若作复变换, 令

$$\boldsymbol{J}_j=\frac{\boldsymbol{A}_j+i\boldsymbol{B}_j}{2},\qquad \boldsymbol{K}_j=\frac{\boldsymbol{A}_j-i\boldsymbol{B}_j}{2} \tag{22.3.12}$$

则 $\boldsymbol{J}_j$ 和 $\boldsymbol{K}_j(j=1,2,3)$ 满足式 (22.3.9), 这样, 实 Lie 代数 $so(3,1)$ 的复扩展具有和 Lie 代数 $so(4)$ 同样的结构常数. 但 $SO(3,1)$ 和 $SO(4)$ 是性质很不相同的群: $SO(3,1)$ 是非紧群, 其参数可在无限范围内变化, 而 $SO(4)$ 是紧群, 其群流形是紧致的. 例子 (3) 和 (5) 都清楚地表明, 根据 Lie 代数讨论 Lie 群的结构必须在实 Lie 代数的基础上进行, 基的变换应限于实线性变换, 否则可能导致错误的结论.

22.3.2 Lie 群和 Lie 代数的关系

M. S. Lie 一般地证明了以下结果: 若有一组结构常数, 它们满足式 (22.2.5) 和式 (22.2.7), 则可以找到 U 和 Ψ, 满足式 (22.2.60); 通过积分找出函数 $f_i, i=1,\cdots,n$, 从而找出相应的变换 Lie 群 [式 (22.2.26)]. 具体的从无穷小算符找出相应变换 Lie 群的办法, 就是通过指数化运算, 从

$$\sum_\mu \alpha_\mu \boldsymbol{X}_\mu \to \exp\left(\sum_\mu \alpha_\mu \boldsymbol{X}\mu\right)$$

求出有限变换算符, 把它作用在 $\boldsymbol{x}$ 上就得到变换关系式. 因为一般 Lie 群可以当作变换 Lie 群来对待, 以上讨论对它也成立. 可以进一步证明, 对于紧 Lie 群, 每一个群元素都可以通过对单个无穷小算符的指数化运算得到. 这相当于说, 每个群元素都是它的某一个单参数 Abel 子群中的元素. 例如, 在 $SO(3)$ 群中任何旋转都是一个 $SO(2)$ 子群的元素, 只要取该旋转的轴为 $SO(2)$ 的旋转轴就行了. 对于非紧 Lie 群, 情况没有这样简单.

不同的 Lie 群可能产生相同结构的 Lie 代数. 22.3.1 节中举例 (1) 和 (2) 中的 $SO(3)$ 和 $SU(2)$ 群就是这样的. 产生相同结构 Lie 代数的群称为局部同构的, 如 $SO(3)$ 和 $SU(2)$ 是局部同构的群, 所以一个 Lie 代数可能对应于多个 Lie 群. 不过, 所有这些群中只有一个是单连通的, 这就是它们共同的泛覆盖群. 从泛覆盖群 $\widetilde{G}$ 容易得到所有的具有相同结构 Lie 代数的其他群 $G, G=\widetilde{G}/N$, 只要找出 $\widetilde{G}$ 中包含的离散正规子群 N. 这是不难做到的, 办法是找出与 $\widetilde{G}$ 中每个元素 g 皆可对易的群元素 d_i

$$gd_i=d_ig \tag{22.3.13}$$

d_i 的集合构成群 $\overline{N}, \overline{N}$ 的任何子群都是 $\widetilde{G}$ 的离散正规子群, 而 $\widetilde{G}$ 的所有离散正规子群都是 $\overline{N}$ 的子群. 如果不存在真离散正规子群, 就没有与 $\widetilde{G}$ 局部同构的群

了. 例如, 对于群 $G\left\{\boldsymbol{g}=\begin{bmatrix} a & b \\ 0 & 1 \end{bmatrix}, \quad a>0\right\}$, 设其中与所有元素 g 对易的元素为 $\boldsymbol{d}=\begin{bmatrix} d_{11} & d_{12} \\ d_{21} & d_{22} \end{bmatrix}$, 由 $\boldsymbol{gd}=\boldsymbol{dg}$, 可得

$$\begin{bmatrix} ad_{11}+bd_{21} & ad_{12}+bd_{22} \\ d_{21} & d_{22} \end{bmatrix}=\begin{bmatrix} d_{11}a & d_{11}b+d_{12} \\ d_{21}a & d_{21}b+d_{22} \end{bmatrix}$$

上式要对所有的 a,b 值成立, 要求 $d_{21}=d_{12}=0, d_{11}=d_{22}$. 因为 $\boldsymbol{d}$ 必须是群 G 中的一个元素, 故 $d_{11}=d_{22}=1$, 所以这个群没有真离散正规子群, 因此没有和它局部同构的群.

Lie 群和 Lie 代数的关系可图示如下:

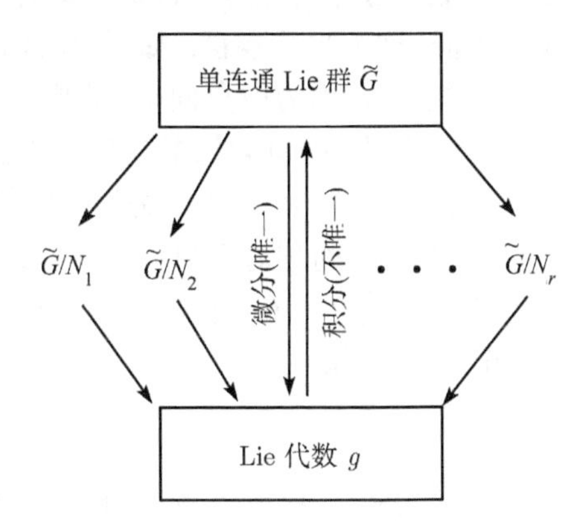

若 $N_1, N_2, \cdots, N_r$ 是 $\widetilde{G}$ 的所有离散正规子群, 则 $\widetilde{G}/N_1, \widetilde{G}/N_2, \cdots, \widetilde{G}/N_r$ 给出与有关 Lie 代数 g 相联系的所有 Lie 群, 它们都是局部同构的, 或者是整体同构, 或者同时是共同泛覆盖群的同态映象. 于是, 将所有 Lie 群分类的问题就转化为两个比较简单的问题: ① 对所有 Lie 代数进行分类; ② 找出单连通 Lie 群中包括的所有离散正规子群. 由于②是比较简单的事, 研究的注意力可以集中在①. 下面就来讨论 Lie 代数的分类和结构问题.

22.3.3 几个有关的名词和概念

1. 同态与同构

如果代数 A 和 A' 为定义在同一域 K 上的 Lie 代数, 从 $A\to A'$ 的映射 $\hat{\boldsymbol{P}}$ 是线性的, 并且保持对易关系, 即对于任意的 $\boldsymbol{X},\boldsymbol{Y}\in A,\ \alpha,\beta\in K$, 有

$$\hat{\boldsymbol{P}}(a\boldsymbol{X}+\beta\boldsymbol{Y})=\alpha\hat{\boldsymbol{P}}\boldsymbol{X}+\beta\hat{\boldsymbol{P}}\boldsymbol{Y}$$

$$\hat{\boldsymbol{P}}[\boldsymbol{X},\boldsymbol{Y}]=[\hat{\boldsymbol{P}}\boldsymbol{X},\hat{\boldsymbol{P}}\boldsymbol{Y}] \tag{22.3.14}$$

则说 A' 是 A 的同态映象. 如果映射 $\hat{\boldsymbol{P}}$ 是双向的 (一一对应的), 则说 A' 与 A 同构. 显然, 结构常数相同或者由实非奇异线性变换联系起来的两个 Lie 代数是同构的. 由于 Lie 代数的性质只取决于无穷小算符的性质, 因而只与有关群的单位元素附近的群元素性质有关, 具有同构的 Lie 代数的 Lie 群只是一定局部同构, 即只在单位元素的邻域同构, 整体并不一定同构. 例如, Lie 代数 $so(3)$ 和 $su(2)$ 是同构的, 但群 $SO(3)$ 和 $SU(2)$ 只是局部同构的. 对于整体来说, $SU(2)$ 和 $SO(3)$ 群的元素之间存在 $2:1$ 的同态映射关系. 另一个更突出的例子是二维旋转群和一维平移群, 它们都是单参数 Lie 群, 具有同构的 Lie 代数, 但两个群显然不同构.

一个代数结构的自同构 (automorphism) 是一种到其自身的、一一对应并保持其中定义的代数运算不变的映射. 这种映射的集合是封闭的, 服从结合律并有恒等映射与逆映射, 因而构成一个群, 称为自同构群. 如果这种映射是在该代数本身的运算 (如对易子积运算) 下完成的, 则称为内自同构 (否则称为外自同构). 内自同构的集合也构成群, 称为内自同构群. 内自同构群是自同构群的正规子群, 其陪集构成一个商群. 如果自同构 $\hat{\boldsymbol{T}}$ 满足条件 $\hat{\boldsymbol{T}}^2=\hat{\boldsymbol{I}},\hat{\boldsymbol{I}}$ 为恒等映射, 则称为对合自同构.

在群论中, 自同构、内 (外) 自同构与对合自同构等概念有类似的定义. 例如, 在群 G 中固定一个元素 a, 对于所有 $b\in G$, 令 $b\to aba^{-1}$, 就可得到群 G 到其自身的一种同构映射, 称为一个内自同构.

2. 子代数

设 Lie 代数 A 中有一个子集合 H, 如果它是 $\boldsymbol{A}$ 的一个线性子空间, 并且对于任意的 $\boldsymbol{X},\boldsymbol{Y}\in H$, 有

$$[\boldsymbol{X},\boldsymbol{Y}]\in H \tag{22.3.15}$$

则称 H 为 A 的一个子代数. 如果对于任意的 $\boldsymbol{X},\boldsymbol{Y}\in H$, 有

$$[\boldsymbol{X},\boldsymbol{Y}]=0 \tag{22.3.16}$$

就说 H 是 Abel 子代数. 显然, Abel 子代数的全部结构常数 $c_{\rho\sigma}^{\tau}=0$. 因为 $[\boldsymbol{X}_\sigma,\boldsymbol{X}_\sigma]=0$, 所以每个代数都有一维的 Abel 子代数.

如果 A 的子集合 H 是 A 的一个线性子空间, 并且对任意的 $\boldsymbol{X}\in H$, $\boldsymbol{Y}\in A$, $[\boldsymbol{X},\boldsymbol{Y}]\in H$, 即

$$[\boldsymbol{X}_\rho,\boldsymbol{X}_\sigma]=\sum_\tau c_{\rho\sigma}^{\tau}\boldsymbol{X}_\tau \qquad (\boldsymbol{X}_\rho,\boldsymbol{X}_\tau\in H,\boldsymbol{X}_\sigma\in A) \tag{22.3.17}$$

那么 H 构成 A 的一个理想 (子代数) 或不变子代数. 如果 H 不仅仅包含零元素, 也不是整个 Lie 代数 A, 就说它是一个真理想, 否则称为非真理想. 通常说理想即指真理想. 由 Abel 子代数构成的理想子代数称为 Abel 理想.

如果对于任意 $\boldsymbol{X} \in A$, 有 $\boldsymbol{X} = \boldsymbol{X}_1 + \cdots + \boldsymbol{X}_n$, 其中 $\boldsymbol{X}_i \in A_i$, 以及对于每一对子代数 $A_i, A_j (i \neq j)$, 其交为零 ($A_i \cap A_j = \{0\}$, 即没有共同元素), 而且 $[A_i, A_j] = 0$, 则说 Lie 代数 A 可分解为其子代数 A_k 的直和

$$A = A_1 \oplus \cdots \oplus A_n \tag{22.3.18}$$

如果 Lie 代数 A 有两个子代数 A_1 和 A_2, 对于任意的 $\boldsymbol{X} \in A$, 有 $\boldsymbol{X} = \boldsymbol{X}_1 + \boldsymbol{X}_2, \boldsymbol{X}_1 \in A_1, \boldsymbol{X}_2 \in A_2$ 以及 $[A_1, A_1] \subset A_1, [A_2, A_2] \subset A_2, [A_1, A_2] \subset A_1, A_1 \cap A_2 = \{0\}$, 则说 Lie 代数 A 是 A_1 和 A_2 的半直和. 显然, A_1 是 A 的一个理想. 通常将半直和表示为

$$A = A_1 \oplus_s A_2 \tag{22.3.19}$$

先写理想, 再写余下的子代数.

3. 单纯和半单纯 Lie 代数

如果 Lie 代数不包含真理想, 就说它是单纯的. 若除 $\{0\}$ 以外不包含其他 Abel 理想, 就说它是半单纯的, 简称半单的. 可以证明, 半单纯 Lie 代数总可以分解为单纯 Lie 代数的直和, 即

$$A = A_1 \oplus A_2 \oplus \cdots \oplus A_n \tag{22.3.20}$$

这里 A_i 是 A 的理想, 而且这些理想都是单纯 Lie 代数. 例如, 22.3.1 节中举例 (4) 中的 $so(4)$, 无穷小算符 $(\boldsymbol{J}_1, \boldsymbol{J}_2, \boldsymbol{J}_3)$ 和 $(\boldsymbol{K}_1, \boldsymbol{K}_2, \boldsymbol{K}_3)$ 在对易子积运算下各自是封闭的, 因此两者各自构成 $so(4)$ 的一个子代数 $so(3)$. 由 $(\boldsymbol{J}_1, \boldsymbol{J}_2, \boldsymbol{J}_3)$ 和 $(\boldsymbol{K}_1, \boldsymbol{K}_2, \boldsymbol{K}_3)$ 张成的子代数都是 $so(4)$ 的真理想, 而且都不是 Abel 理想, 所以 $so(4)$ 代数是半单纯的, 它可以分解为两个单纯子代数的直和, 每个单纯子代数可以分开处理. 平面 Euclid 群 E_2 的情况则不同, E_2 群对应的变换 $(x, y \to x', y')$ 为

$$\begin{aligned} x' &= x\cos\theta - y\sin\theta + a \\ y' &= x\sin\theta + y\cos\theta + b \end{aligned}$$

式中, θ 为平面中绕原点的旋转角, a 和 b 分别为在平面上的平移矢量的两个分量. 若扩充到三维空间, 但令 $z' = z$, 则变换矩阵为

$$\begin{bmatrix} \cos\theta & -\sin\theta & a \\ \sin\theta & \cos\theta & b \\ 0 & 0 & 1 \end{bmatrix}$$

无穷小群生成元是

$$\boldsymbol{X}_\theta = \begin{bmatrix} 0 & -1 & 0 \\ 1 & 0 & 0 \\ 0 & 0 & 0 \end{bmatrix}, \quad \boldsymbol{X}_a = \begin{bmatrix} 0 & 0 & 1 \\ 0 & 0 & 0 \\ 0 & 0 & 0 \end{bmatrix}, \quad \boldsymbol{X}_b = \begin{bmatrix} 0 & 0 & 0 \\ 0 & 0 & 1 \\ 0 & 0 & 0 \end{bmatrix}$$

对易关系是

$$[\boldsymbol{X}_\theta, \boldsymbol{X}_a] = \boldsymbol{X}_b, \qquad [\boldsymbol{X}_\theta, \boldsymbol{X}_b] = -\boldsymbol{X}_a, \qquad [\boldsymbol{X}_a, \boldsymbol{X}_b] = 0$$

因此 E_2 的代数 e_2 包含一个二维 Abel 子理想 (由 $\boldsymbol{X}_a, \boldsymbol{X}_b$ 张成), 所以它不是半单 Lie 代数, 也不能分解为一些单纯 Lie 代数的直和, 但可以分解为半直和

$$e_2 = t_2 \oplus_s so(2) \tag{22.3.21}$$

式中, t_2 是由 $\boldsymbol{X}_a, \boldsymbol{X}_b$ 生成的 Abel 理想, $so(2)$ 是由 $\boldsymbol{X}_\theta$ 生成的子代数.

4. 导出代数、可解 Lie 代数与幂零 Lie 代数

A 的对易子积的集合, 即 $[A, A] = A^{(1)}$ 是 A 的一个不变子代数, 因为 $A^{(1)}$ 中的元素总包含在 A 中, 所以 A 中任何元素与 $A^{(1)}$ 中元素的对易子积仍在 $A^{(1)}$ 中. 于是, 可以构造一个不变子代数系列

$$\begin{gathered} A \equiv A^{(0)} \supseteq A^{(1)} \supseteq A^{(2)} \supseteq \cdots \supseteq A^{(n-1)} \supseteq A^{(n)} \supseteq A^{(n+1)} \cdots \\ [A^{(i)}, A^{(i)}] = A^{(i+1)} \end{gathered} \tag{22.3.22}$$

显然, $A^{(i+1)}$ 是 $A^{(i)}$ 的理想 (不变) 子代数, 也是所有 $A^{(j)} (j \leqslant i)$ 的不变子代数. 此外还有

$$[A^{(i)}, A^{(j)}] \subseteq A^{(k)} \qquad [k \leqslant (i, j) \text{ 中之大者}]$$

$A^{(i+1)}$ 称为 $A^{(i)}$ 的导出代数. 式 (22.3.22) 表示 Lie 代数 A 的导出链, 对于有限维 Lie 代数, 导出链必将达到一个 n 值, 使得 $A^{(n-1)} \neq A^{(n)} = A^{(n+1)} = \cdots$ 若链的终止子代数为 $A^{(n)}$, 而 $A^{(n)}$ 只包括零元素, 则说 Lie 代数 A 是可解的. 显然, $A^{(n-1)}$ 一定是 Abel 子代数. 可以证明, 如果 A 是一个可解 Lie 代数, 则它的每一个子代数以及它的每一个同态象都是可解的, 因而不包含任何单纯子代数. 例如, e_2 的导出代数 $e_2^{(1)}$ 是由 $(\boldsymbol{X}_2, \boldsymbol{X}_3)$ 生成的, 而 $e_2^{(2)}$ 只包括零元素, 所以 e_2 是可解 Lie 代数. 关于可解 Lie 代数, 有以下重要定理: 任意 Lie 代数 A 可以分解为一个可解 Lie 代数 P 和一个半单 Lie 代数 S 的半直和

$$A = P \oplus_s S \tag{22.3.23}$$

例如, 三维 Euclid 群 E_3 的 Lie 代数 e_3 不是可解的, 它可以分解为 Abel Lie 代数 t_3 和单纯 Lie 代数 $so(3)$ 的半直和

$$e_3 = t_3 \oplus_s so(3)$$

式中, t_3 是与平移群 T_3 相联系的 Lie 代数.

设 A 是一个 Lie 代数, 定义

$$A^2 = A^{(1)} = [A, A]$$

$$A^n = [A, A^{n-1}] \qquad (n \geqslant 2) \tag{22.3.24}$$

显然, A^n 是 A 的理想. 下列子代数系列 $A \supset A^2 \supset A^3 \supset \cdots$ 称为降中心链或理想的降序列. 如果在某个正整数 n, 此序列终止了, 那么 Lie 代数 A 称为幂零的. 显然, 幂零 Lie 代数一定是可解的, 但可解 Lie 代数不一定是幂零的. 例如, E_2 的 Lie 代数是可解的, 但不是幂零的. 由所有同阶上三角阵构成的 Lie 代数是可解的, 不是幂零的, 而由对角元相等的所有同阶上三角阵构成的 Lie 代数同时是可解的和幂零的. 容易证明, 幂零 Lie 代数的每个子代数以及每一个同态象都是幂零的, 因而不包含任何半单子代数.

这样, 可解 Lie 代数与幂零 Lie 代数是与半单 Lie 代数不相干的一类代数, 可以分开进行讨论.

5. Lie 群与 Lie 代数的结构上的联系

Lie 群与 Lie 代数的结构是紧密联系着的, 因而许多概念也紧密联系在一起, 从下列对比中可以清楚地看出.

Lie 群	Lie 代数
Abel Lie 群	Abel Lie 代数
子群	子代数
Abel 子群	Abel 子代数
不变 (正规) 子群	不变 (理想) 子代数
单 (半单)Lie 群	单 (半单)Lie 代数
直因子群的直积	子代数的直和
半直积	半直和

例如, 若 Lie 群是 Abel 群, 则其代数也是 Abel 的. Lie 群每有一个子 Lie 群, 其代数就相应有一个子 Lie 代数, 并且不变子 Lie 群对应于不变子代数. 单纯 Lie 群不包含真正规子群, 半单纯 Lie 群不包含真 Abel 正规子群, 与之对应的 Lie 代数就分别是单纯的和半单纯的. 如果 Lie 代数可以分解为子代数的直和, 相应 Lie 群就是相应子群的直积. 若 Lie 代数只能分解为一个可解子代数和一个半单子代数的半直和, 那么对应的 Lie 群 (G) 就是一个可解 Lie 群 (H) 与一个半单 Lie 群 (K) 的半直积群, 记作 $G = H \otimes K$.

由此可见, 弄清楚了 Lie 代数的结构, 也就在很大程度上弄清楚了相应 Lie 群的结构. 在物理学的应用中, 人们常常对 Lie 代数的结构比对 Lie 群的结构更关心, 因为前者与物理问题的联系更直接.

22.3.4 Lie 代数的正规表示

在群表示理论中, 以群的元素为基, 则得到它的正规表示. 对于有限群来说, 正规表示完全反映了它的乘法关系. 类似地, 在群代数中, 在群代数空间内按定义

$$\boldsymbol{A}|\boldsymbol{B}\rangle=\boldsymbol{R}(\boldsymbol{A})|\boldsymbol{B}\rangle\equiv|[\boldsymbol{A},\boldsymbol{B}]\rangle \tag{22.3.25}$$

进行的线性变换的矩阵表示称为正规表示或伴随表示, 是以其本身的基矢为基得到的表示. Lie 代数的正规表示中包含的信息和 Lie 代数的结构常数中包含的完全一样, 而以更方便的形式表达出来, 因为

$$\boldsymbol{R}(\boldsymbol{X}_i)|\boldsymbol{X}_j\rangle=|[\boldsymbol{X}_i,\boldsymbol{X}_j]\rangle=\sum_k c_{ij}^k|\boldsymbol{X}_k\rangle$$

所以矩阵元 $\boldsymbol{R}(\boldsymbol{X}_i)_{jk}=c_{ij}^k$, 亦即正规表示以矩阵形式把结构常数表达出来. 因此, 两者是等价的, 可以根据其中任意一种来研究 Lie 代数的结构. 注意, 一般说来, Lie 代数的正规表示不是它的如实表示. 但正规表示虽不能区分同一个 Lie 代数中两个不同的元素, 却能区分不同的 Lie 代数. 所以为了将 Lie 代数分类, 研究它的正规表示是足够了. 并且, 对于半单纯 Lie 代数, 其正规表示是如实的. 研究正规表示代替研究结构常数的好处是正规表示矩阵的乘法是结合代数, 而 Lie 代数的对易子积运算却不满足结合律, 因此对前者的处理要简单些.

Lie 代数的结构特征清楚地反映在它的正规表示上. 设 n 维 Lie 代数 A 中有一个 m 维的子代数 a, 其生成元为 $\boldsymbol{X}_i,\boldsymbol{X}_j,\boldsymbol{X}_k,\cdots$, 不属于该子代数的其他生成元为 $\boldsymbol{X}_\alpha,\boldsymbol{X}_\beta,\boldsymbol{X}_\gamma,\cdots$, 则其正规表示具有以下结构. 对于不属于子代数 a 的元素, 正规表示矩阵为

$$\boldsymbol{R}(\boldsymbol{X}_\alpha)\to\begin{array}{c} \\ \beta \\ j\end{array}\begin{array}{c}\begin{array}{cc}\gamma & k\end{array}\\ \left[\begin{array}{c|c} c_{\alpha\beta}^\gamma & c_{\alpha\beta}^k \\ \hline c_{\alpha j}^\gamma & c_{\alpha j}^k\end{array}\right]\end{array}=\left[\begin{array}{c|c}\boldsymbol{R}_{11}(\boldsymbol{X}_\alpha) & \boldsymbol{R}_{12}(\boldsymbol{X}_\alpha)\\ \hline \boldsymbol{R}_{21}(\boldsymbol{X}_\alpha) & \boldsymbol{R}_{22}(\boldsymbol{X}_\alpha)\end{array}\right] \tag{22.3.26}$$

对于子代数 a 中的元素, 则

$$\boldsymbol{R}(\boldsymbol{X}_i)\to\begin{array}{c} \\ \beta \\ j\end{array}\begin{array}{c}\begin{array}{cc}\gamma & k\end{array}\\ \left[\begin{array}{c|c} c_{i\beta}^\gamma & c_{i\beta}^k \\ \hline c_{ij}^\gamma=0 & c_{ij}^k\end{array}\right]\end{array}=\left[\begin{array}{c|c}\boldsymbol{R}_{11}(\boldsymbol{X}_i) & \boldsymbol{R}_{12}(\boldsymbol{X}_i)\\ \hline \boldsymbol{0} & \boldsymbol{R}_{22}(\boldsymbol{X}_i)\end{array}\right] \tag{22.3.27}$$

由此可见, 存在子代数导致与子代数中元素对应的正规表示矩阵中出现零子矩阵块. 这个子代数中两个元素的对易子积的正规表示矩阵自然有同样的结构. 详细分析表明, 包含可解不变子代数的非半单 Lie 代数 (实际上是包含一个 Abel 不变子代数) 的正规表示是可约的, 但不是完全可约的; 半单 Lie 代数的正规表示是完全可约的, 而单纯 Lie 代数的正规表示是不可约的.

22.4 Lie 代数的结构和分类

22.4.1 Lie 代数的度量矩阵(度量张量)

不同定义的标量积赋予线性矢量空间不同的特性. 为了将 Lie 代数分类, 尤其是判断它是否半单的, 需要在 Lie 代数中引入标量积的定义, 也就是要定义其度量矩阵. 因为要反映代数的性质, 根据结构常数 (正规表示) 来定义它. Lie 代数中两个矢量 $\boldsymbol{A},\boldsymbol{B}$ 的标量积定义为

$$(\boldsymbol{A},\boldsymbol{B})=\mathrm{tr}[\boldsymbol{R}(\boldsymbol{A})\boldsymbol{R}(\boldsymbol{B})] \tag{22.4.1}$$

度量矩阵的矩阵元 g_{ij} 为

$$\begin{aligned}g_{ij}&=(\boldsymbol{X}_i,\boldsymbol{X}_j)=\mathrm{tr}[\boldsymbol{R}(\boldsymbol{X}_i)\boldsymbol{R}(\boldsymbol{X}_j)]\\&=\sum_{rs}[\boldsymbol{R}(\boldsymbol{X}_i)]_{rs}[\boldsymbol{R}(\boldsymbol{X}_j)]_{sr}=\sum_{rs}c_{ir}^{s}c_{js}^{r}\end{aligned} \tag{22.4.2}$$

这样定义的度量矩阵的元素是一个二秩共变张量的分量, 因为结构常数是三秩混合张量 (二秩共变一秩逆变张量), 式 (22.4.2) 相当于从两个三秩混合张量之积缩约得出一个二秩共变张量, 通常称为 Lie 代数的 Cartan-Killing 型. 由于所有 (实的和复扩展的)Lie 代数的结构常数都可以选为实的, $\{g_{ij}\}$ 是实对称二秩共变张量, 当基矢作线性变换 $\boldsymbol{X}_i\to\boldsymbol{X}'_i=\sum\limits_r a_{ir}\boldsymbol{X}_r$ 时, $\{g_{ij}\}$ 按下式变换:

$$g'_{ij}=\sum_{rs}a_{ir}a_{js}g_{rs}$$

显然, 上面定义的标量积具有以下性质:

$$\begin{gathered}(\boldsymbol{X},\boldsymbol{Y})=(\boldsymbol{Y},\boldsymbol{X})\\([\boldsymbol{D},\boldsymbol{X}],\boldsymbol{Y})+(\boldsymbol{X},[\boldsymbol{D},\boldsymbol{Y}])=0\\(\boldsymbol{X},[\boldsymbol{Y},\boldsymbol{Z}])=(\boldsymbol{Y},[\boldsymbol{Z},\boldsymbol{X}])=(\boldsymbol{Z},[\boldsymbol{X},\boldsymbol{Y}])\end{gathered} \tag{22.4.3}$$

若 a 是 g 的一个不变子代数, $\boldsymbol{A}\in g,\boldsymbol{B}\in a$, 则

$$(\boldsymbol{A},\boldsymbol{B})=\mathrm{tr}\begin{bmatrix}\boldsymbol{R}_{g/a}(\boldsymbol{A}) & \cdots\\ \boldsymbol{0} & \boldsymbol{R}_a(\boldsymbol{A})\end{bmatrix}\begin{bmatrix}\boldsymbol{0} & \cdots\\ \boldsymbol{0} & \boldsymbol{R}_a(\boldsymbol{B})\end{bmatrix}=\mathrm{tr}[\boldsymbol{R}_a(\boldsymbol{A})\boldsymbol{R}_a(\boldsymbol{B})] \tag{22.4.4}$$

即只有 $\boldsymbol{A}$ 在 a 中的分量对标量积有贡献.

如果有一个非零矢量 $\boldsymbol{C}$ 正交于代数中的所有其余矢量, 即 $(\boldsymbol{C},\boldsymbol{X})=0,\boldsymbol{C}\neq 0$, 对于所有的 $\boldsymbol{X}\in g$, 则该代数的度量矩阵是退化的. 因为若选 $\boldsymbol{C}$ 为一个基矢, $\boldsymbol{C}=\boldsymbol{X}_1$, 则 $g_{i1}=g_{1i}=0$, 即度量矩阵有一整行与一整列皆为零, 故其行列式为零, 度量矩阵就是退化的. 因此利用度量张量可以判断 Lie 代数是否可解, 并且可据以分解任意 Lie 代数为最大可解不变子代数及半单商代数. Cartan 提出的判别准则是, Lie 代数 g 为半单的充分必要条件是度量张量矩阵是非奇异的, 即

$$\begin{aligned}&|g_{\alpha\beta}|=0 \qquad \text{非半单 Lie 代数}\\&|g_{\alpha\beta}|\neq 0 \qquad \text{半单 Lie 代数}\end{aligned}\tag{22.4.5}$$

证明: 设 g 是非半单的, 有一 Abel 理想子代数 g'(其中的元素用一撇标志), 则有

$$\begin{aligned}g_{\sigma\lambda'}&=\sum_{\tau,\rho}c_{\sigma\rho}^{\tau}c_{\lambda'\tau}^{\rho}=\sum_{\tau,\rho'}c_{\sigma\rho'}^{\tau}c_{\lambda'\tau}^{\rho'} \qquad (c_{\lambda'\tau}^{\rho}=0,\ \text{除非}\ \boldsymbol{X}_\rho\in g')\\&=\sum_{\tau,\rho'}-c_{\rho'\sigma}^{\tau}c_{\lambda'\tau}^{\rho'}=-\sum_{\tau'\rho'}c_{\rho'\sigma}^{\tau'}c_{\lambda'\tau'}^{\rho'} \qquad (\text{同上理由})\\&=0 \qquad (\text{Abel 子代数},\ c_{\lambda'\tau'}^{\rho'}=0)\end{aligned}\tag{22.4.6}$$

因此行列式的 λ' 列全为零, $|g_{\alpha\beta}|=0$.

反之, 设 $|g_{\alpha\beta}|=0$, 则方程组

$$\sum_{\beta}g_{\alpha\beta}r_\beta=0$$

有非零解, 由解矢量 $(\Sigma r_\beta\boldsymbol{X}_\beta)$ 构成的子空间 u 是一个子代数, 而且是一个不变子代数. 因为, 若 $\boldsymbol{Y}\in g,\boldsymbol{X}_1,\boldsymbol{X}_2\in u$, 设

$$\boldsymbol{X}_1=\sum_{\alpha}r_\alpha\boldsymbol{X}_\alpha,\qquad \boldsymbol{X}_2=\sum_{\beta}r_\beta\boldsymbol{X}_\beta,\qquad \boldsymbol{Y}=\sum_{\gamma}r_\gamma\boldsymbol{X}_\gamma$$

则有

$$\begin{aligned}&\mathrm{tr}([\boldsymbol{R}(\boldsymbol{X}_1),\boldsymbol{R}(\boldsymbol{X}_2)]\boldsymbol{R}(\boldsymbol{Y}))\\&=\sum_{\alpha}\sum_{\beta}\sum_{\gamma}r_\alpha r_\beta r_\gamma\mathrm{tr}([\boldsymbol{R}(\boldsymbol{X}_\alpha),\boldsymbol{R}(\boldsymbol{X}_\beta)]\boldsymbol{R}(\boldsymbol{X}_\gamma))\\&=\sum_{\alpha}\sum_{\beta}\sum_{\gamma}\sum_{k}r_\alpha r_\beta r_\gamma c_{\alpha\beta}^{k}\mathrm{tr}(\boldsymbol{R}(\boldsymbol{X}_k)\boldsymbol{R}(\boldsymbol{X}_\gamma))\\&=\sum_{\gamma}r_\gamma\left(\sum_{\alpha}\sum_{\beta}\sum_{k}r_\alpha r_\beta c_{\alpha\beta}^{k}g_{k\gamma}\right)\\&=\mathrm{tr}(\boldsymbol{R}(\boldsymbol{X}_1)[\boldsymbol{R}(\boldsymbol{X}_2),\boldsymbol{R}(\boldsymbol{Y})])\\&=\sum_{\alpha}\sum_{\beta}\sum_{\gamma}\sum_{k}r_\alpha r_\beta r_\gamma c_{\beta\gamma}^{k}g_{\alpha k}\end{aligned}$$

$$= \sum_{\beta}\sum_{\gamma}\sum_{k} r_\beta r_\gamma c_{\beta\gamma}^k \left(\sum_{\alpha} r_\alpha g_{k\alpha}\right) = 0 \tag{22.4.7}$$

由于 r_γ 是任意的, 故

$$\sum_{\alpha}\sum_{\beta}\sum_{k}(r_\alpha r_\beta c_{\alpha\beta}^k g_{k\gamma}) = 0$$

即 $[\boldsymbol{X}_1, \boldsymbol{X}_2]=\sum\limits_{\alpha}\sum\limits_{\beta}\sum\limits_{k} r_\alpha r_\beta c_{\alpha\beta}^k \boldsymbol{X}_k$ 的组成系数满足子空间 u 的条件, 也属于 u, 因而 u 对于对易子积运算是封闭的, 是一个子代数. 进一步可以假定 $\boldsymbol{X}_2' = \sum\limits_{\beta} r_\beta \boldsymbol{X}_\beta$ 不在 u 内, 式 (22.4.7) 仍成立, 即 $[\boldsymbol{X}_1, \boldsymbol{X}_2']$ 也在 u 内, 故为不变子代数. 特别是这个不变子代数内任意两个矢量的标量积皆为零, 故它是可解的, 因而 g 不是半单的. 由此可以推断, $|g_{\alpha\beta}| \neq 0$ 是 Lie 代数为半单纯的充分必要条件. 举例如下:

(1) 对于 E_2 的 Lie 代数 $e_2, [\boldsymbol{X}_1, \boldsymbol{X}_2] = \boldsymbol{X}_3, [\boldsymbol{X}_1, \boldsymbol{X}_3] = -\boldsymbol{X}_2, [\boldsymbol{X}_2, \boldsymbol{X}_3] = 0$, 即 $c_{12}^3 = c_{31}^2 = 1 = -c_{21}^3 = -c_{13}^2$, 其余结构常数为零. 由此可求得度量张量为

$$[g_{\sigma\lambda}] = \begin{bmatrix} -2 & 0 & 0 \\ 0 & 0 & 0 \\ 0 & 0 & 0 \end{bmatrix}, \qquad |g_{\sigma\lambda}| = 0 \tag{22.4.8}$$

故 E_2 的代数不是半单纯的, 事实上, 我们知道它可分解为半直和 $e_2 = t_2 \oplus_s r_2$ 其中 t_2 是 Abel 理想, r_2 是由 $\boldsymbol{X}_1$ 生成的子代数.

(2) 对于 $so(2,1)$, 由生成元的对易关系容易求得其度量矩阵

$$[g_{\sigma\lambda}] = \begin{bmatrix} -2 & 0 & 0 \\ 0 & 2 & 0 \\ 0 & 0 & 2 \end{bmatrix}, \qquad |g_{\sigma\lambda}| = -8 \tag{22.4.9}$$

所以 $so(2,1)$ 是半单 Lie 代数, 但其度量矩阵不是负定的.

(3) 对于 $so(3)$, 由对易关系容易求得

$$g_{\sigma\lambda} = -2\delta_{\sigma\lambda}, \qquad |g_{\sigma\lambda}| = -8$$

所以 $so(3)$ 是半单纯的, 而且其度量矩阵是负定的.

我们知道, $so(3)$ 是紧 Lie 代数. 可以一般地证明, 紧半单 Lie 代数的充分必要条件是它的度量矩阵是负定的. 举例 (2) 中 $so(2,1)$ 的度量矩阵不是负定的, 我们知道它是非紧 Lie 代数.

利用 Cartan 判别准则, 可将一个 Lie 代数分解为它的半单纯子代数和最大可解不变子代数的半直和. 任意非半单 Lie 代数 nss 具有以下半直和结构:

$$nss = r \oplus_s ss \tag{22.4.10}$$

式中, r 为最大可解不变子代数, ss 为半单纯子代数. 则

$$\begin{aligned}&[ss,ss]=ss,\quad ss=s_1\oplus s_2\oplus\cdots,\quad [s_i,s_j]=s_i\delta_{ij}\\&[ss,r]\subseteq r\\&[r,r]=r^{(1)}\qquad (r^{(1)}\subseteq n\subseteq r)\end{aligned}\tag{22.4.11}$$

式中, n 是 r 的最大幂零子代数, 若 r 是幂零的, 则 $r=n$. 相应度量张量矩阵的特征如下:

(a) 对 ss 是非奇异的;

(b) 对 $r \bmod n$ 是非奇异的;

(c) 对 n 恒等于零.

设度量张量矩阵对角化后的形式为 (将基适当规范化)

$$[g_{\alpha\beta}]\rightarrow\left[\begin{array}{c|c|c}+1\boldsymbol{I}_{n_a} & & \\ \hline & -1\boldsymbol{I}_{n_b} & \\ \hline & & 0\boldsymbol{I}_{n_0'}\end{array}\right]\begin{array}{l}\left.\vphantom{\begin{array}{c}a\\b\end{array}}\right\}nss \bmod n\\ \}n\end{array}\tag{22.4.12}$$

式中, $\boldsymbol{I}_{n_a}$ 表示 n_a 阶单位矩阵, 则对应于 $g_{\alpha\beta}=0$ 的 n_0' 个生成元生成子代数 n, 其余生成元生成 $nss \bmod n=(r \bmod n)\oplus_s ss$. 若再构成商代数 $(r \bmod n)\oplus_s ss$ 的度量张量矩阵 $[g_{\alpha\beta}']$, 则因 $(r \bmod n)$ 是 Abel 子空间, 在该子空间中度量张量恒等于零, $[g_{\alpha\beta}']$ 的结构为

$$[g_{\alpha\beta}']\rightarrow\left[\begin{array}{c|c|c}+1\boldsymbol{I}_{n_+} & & \\ \hline & -1\boldsymbol{I}_{n_-} & \\ \hline & & 0\boldsymbol{I}_{n_0}\end{array}\right]\begin{array}{l}\left.\vphantom{\begin{array}{c}a\\b\end{array}}\right\}ss\\ \}(r \bmod n)\end{array}\tag{22.4.13}$$

$[g_{\alpha\beta}']$ 对于 ss 是非奇异的, 在由 n_- 个生成元张成的子空间中 $[g_{\alpha\beta}']$ 是负定的, 它们产生与代数 ss 相联系的最大紧子群. 若 $(n_++n_-)=0$, 则代数是可解的, 若 $(n_0'+n_0)=0$, 则代数是半单的.

因此任意非半单 Lie 代数都可以分解为一个最大可解不变子代数和一个半单 Lie 代数的半直和. 半单 Lie 代数的结构比可解 Lie 代数的简单得多. 对于可解 Lie 代数与非半单 Lie 代数, 不存在正则对易关系, 现在也没有完全的分类系统. 目前在物理和化学应用中涉及的大都是半单 Lie 代数, 所以下面我们只讨论半单 Lie 代数的结构与分类问题, 由于半单 Lie 代数是单纯 Lie 代数的直和, 实际上只需要讨论单纯 Lie 代数.

22.4.2　半单 Lie 代数的标准基和正则对易关系

Lie 代数的基可以自由选择, 取不同的基, 结构常数不同 (结构常数是二秩共变一秩逆变混合张量), 表面上对易关系不同的 Lie 代数有可能同构. 这给 Lie 代数的分类造成困难. 为了使问题简化, 要找出 Lie 代数的正则对易关系, 将基标准化.

设 $\boldsymbol{A}$ 是 Lie 代数中的一个矢量, $\boldsymbol{A}=\sum\limits_{\mu}a_{\mu}\boldsymbol{X}_{\mu}$, 问题是要找一组基 $\boldsymbol{X}=\sum\limits_{\nu}b_{\nu}\boldsymbol{X}_{\nu}$, 使得最简单的对易关系成立

$$[\boldsymbol{A},\boldsymbol{X}]=\lambda\boldsymbol{X} \tag{22.4.14}$$

式中, λ 是一常数. 式 (22.4.14) 可改写为

$$\boldsymbol{A}|\boldsymbol{X}\rangle=\boldsymbol{R}(\boldsymbol{A})|\boldsymbol{X}\rangle=\lambda|\boldsymbol{X}\rangle \tag{22.4.15}$$

$\boldsymbol{R}(\boldsymbol{A})$ 是 $\boldsymbol{A}$ 的正规表示矩阵. 这样, 为了找寻标准基, 实际上是要对一定的 $\boldsymbol{A}$ 找满足方程组 (22.4.15) 的解 $\boldsymbol{X}$. 式 (22.4.15) 是关于矩阵 $\boldsymbol{R}(\boldsymbol{A})$ 的本征值方程, 存在非零解, 要求以下久期方程成立:

$$|\boldsymbol{R}(\boldsymbol{A})-\lambda\boldsymbol{I}|=0$$

即

$$\left|\sum_{\mu}a_{\mu}c_{\mu\nu}^{\tau}-\lambda\delta_{\nu\tau}\right|=0\qquad(\nu,\tau=1,\cdots,n) \tag{22.4.16}$$

式中, n 是 Lie 代数的维数.

前面已经说过, 在讨论 Lie 群的结构时, 应该在实 Lie 代数的基础上进行. 但若限于实数域, 上述方程不一定有解, 因为有些根可能是复数. 所以有必要从实数域扩展到复数域, 亦即按复 Lie 代数来讨论. 这样, 若代数 g 是 n 维的, 则方程式 (22.4.16) 精确地有 n 个解 (根). 按其根, 式 (22.4.16) 可写成

$$(\lambda-\alpha_0)^{d_0}(\lambda-\alpha_1)^{d_1}(\lambda-\alpha_2)^{d_2}\cdots=0 \tag{22.4.17}$$

式中, α_i 是第 i 个根 (一般为复数), d_i 是根 α_i 的重数. 可以指出, 零总是一个根. 对不同的根 α_i 解方程组 (22.4.15), 即可求得相应的本征矢 $\boldsymbol{X}_i$. 于是可以将 n 维空间分解为若干子空间的直和, 每个子空间可以方便地以相应的根来标记, 即

$$V=V(0)\oplus V(\alpha_1)\oplus V(\alpha_2)\oplus\cdots \tag{22.4.18}$$

举例如下:

(1) 三维空间旋转平移群 (Euclid 群) 的生成元为 $\boldsymbol{L}=\boldsymbol{r}\times\nabla,\boldsymbol{P}=\nabla.\boldsymbol{P}$ 生成 Abel 不变子代数, $\boldsymbol{L}$ 为简单商代数. 对于 $\boldsymbol{A}=\boldsymbol{\theta}\cdot\boldsymbol{L}+\boldsymbol{b}\cdot\boldsymbol{P}$, 正规表示矩阵为

$$\boldsymbol{R}(\boldsymbol{A})=\left[\begin{array}{ccc|ccc} 0 & \theta_3 & -\theta_2 & 0 & b_3 & -b_2 \\ -\theta_3 & 0 & \theta_1 & -b_3 & 0 & b_1 \\ \theta_2 & -\theta_1 & 0 & b_2 & -b_1 & 0 \\ \hline & & & 0 & \theta_3 & -\theta_2 \\ & \mathbf{0} & & -\theta_3 & 0 & \theta_1 \\ & & & \theta_2 & -\theta_1 & 0 \end{array}\right]\begin{array}{c} \boldsymbol{L}_1 \\ \boldsymbol{L}_2 \\ \boldsymbol{L}_3 \\ \boldsymbol{P}_1 \\ \boldsymbol{P}_2 \\ \boldsymbol{P}_3 \end{array} \tag{22.4.19}$$

久期方程为

$$\begin{vmatrix} -\lambda & \theta_3 & -\theta_2 \\ -\theta_3 & -\lambda & \theta_1 \\ \theta_2 & -\theta_1 & -\lambda \end{vmatrix}^2=[\lambda(\lambda^2+\theta_1\cdot\theta_1+\theta_2\cdot\theta_2+\theta_3\cdot\theta_3)]^2=0$$

所有根都是二重简并的, $\lambda=0,0,\pm i|\theta|,\pm i|\theta|$, 其中

$$|\theta|^2=(\theta_1\cdot\theta_1+\theta_2\cdot\theta_2+\theta_3\cdot\theta_3)$$

若取 $\theta_1=\theta_2=b_1=b_2=b_3=0,\theta_3=\theta$, 则空间分解为

$$\begin{aligned} V_0&=\boldsymbol{L}_3\oplus\boldsymbol{P}_3 \\ V_{+i\theta}&=\boldsymbol{L}_+\oplus\boldsymbol{P}_+ \\ V_{-i\theta}&=\boldsymbol{L}_-\oplus\boldsymbol{P}_- \end{aligned} \tag{22.4.20}$$

其中 $\boldsymbol{L}_\pm=\boldsymbol{L}_1\pm i\boldsymbol{L}_2,\boldsymbol{P}_\pm=\boldsymbol{P}_1+i\boldsymbol{P}_2$. 容易看出

$$\begin{aligned} [\boldsymbol{L}_3,\boldsymbol{P}_3]&=0 \\ [\boldsymbol{L}_3,\boldsymbol{P}_\pm]&=\pm i\boldsymbol{P}_\pm \\ [\boldsymbol{L}_3,\boldsymbol{L}_\pm]&=\pm i\boldsymbol{L}_\pm \\ [\boldsymbol{P}_3,\boldsymbol{P}_\pm]&=0 \\ [\boldsymbol{P}_3,\boldsymbol{L}_\pm]&=\pm i\boldsymbol{P}_\pm \end{aligned} \tag{22.4.21}$$

(2) $so(3)$ 代数. 对于元素 $\boldsymbol{A}=\sum\limits_i a_i\boldsymbol{X}_i$, 正规表示矩阵为

$$\boldsymbol{R}\left(\sum_i a_i\boldsymbol{X}_i\right)=\begin{bmatrix} 0 & a_3 & -a_2 \\ -a_3 & 0 & a_1 \\ a_2 & -a_1 & 0 \end{bmatrix}\begin{array}{c} \boldsymbol{X}_1 \\ \boldsymbol{X}_2 \\ \boldsymbol{X}_3 \end{array} \tag{22.4.22}$$

久期方程为

$$\begin{vmatrix} -\lambda & a_3 & -a_2 \\ -a_3 & -\lambda & a_1 \\ a_2 & -a_1 & -\lambda \end{vmatrix} = 0$$

即

$$\lambda[\lambda^2 + (a_1^2 + a_2^2 + a_3^2)] = 0 \tag{22.4.23}$$

故解为

$$\lambda = 0, \qquad \lambda = \pm i\sqrt{a_1^2 + a_2^2 + a_3^2} \tag{22.4.24}$$

若选择 $a_1 = a_2 = 0, a_3 = i\alpha$, 则根为 $\lambda = 0, \pm\alpha$. 对各 λ 值解方程组 $\boldsymbol{A}|\boldsymbol{X}\rangle = \lambda|\boldsymbol{X}\rangle$, 即可求得各个本征矢. 设 $\boldsymbol{X} = \sum\limits_i x_i \boldsymbol{X}_i$, 则对于 $\lambda = 0$, 可得

$$x_1 = x_2 = 0, \qquad \boldsymbol{H} = x_3 \boldsymbol{X}_3 \tag{22.4.25}$$

对于 $\lambda = \pm\alpha$, 可得

$$x_3 = 0, \qquad x_2 = \pm i x_1, \qquad \boldsymbol{E}_{\pm\alpha} = x_1(\boldsymbol{X}_1 \pm i\boldsymbol{X}_2) \tag{22.4.26}$$

式中, x_1, x_3 是任意常数. 显然, 有简单的对易关系

$$[\boldsymbol{A}, \boldsymbol{E}_{\pm\alpha}] = \pm\alpha \boldsymbol{E}_{\pm\alpha} \tag{22.4.27}$$

Cartan 证明, 对于单纯或半单纯 Lie 代数, 如果适当选择 $\boldsymbol{A}$, 使久期方程有最大数目的不同根, 则只有 $\lambda = 0$ 的根可能是多重根. 若 $\lambda = 0$ 的根的重数为 l, 就说这个半单 Lie 代数是 l 秩的. 对应于 $\lambda = 0$ 的根, 有 l 个线性独立的彼此可对易的本征矢 $\{\boldsymbol{H}_i\}, (i = 1, \cdots, l)$, 它们张成最大的一个 Abel 子代数, 通常称为 Cartan 子代数; 其余的 $n - l$ 个本征矢属于各非简并本征值. 这些结论可表述为以下公式:

$$\begin{gathered} [\boldsymbol{A}, \boldsymbol{H}_i] = 0 \qquad (i = 1, \cdots, l) \\ [\boldsymbol{A}, \boldsymbol{E}_\alpha] = \alpha \boldsymbol{E}_\alpha \qquad (\alpha \text{ 取 } n - l \text{ 个不同的值}) \\ [\boldsymbol{H}_i, \boldsymbol{H}_j] = 0 \end{gathered} \tag{22.4.28}$$

式中, $\boldsymbol{H}_i (i = 1, \cdots, l)$ 是对应于本征值零的空间 V_0 中的矢量, $\boldsymbol{E}_\alpha$ 是对应于本征值 α 的一维空间 V_α 中的矢量. 因为 $\boldsymbol{A}$ 与 $\boldsymbol{H}_i$ 对易而与 $\boldsymbol{E}_\alpha$ 不可对易, $\boldsymbol{A}$ 应是 Cartan 子代数中的矢量, 即可表示为 $\{\boldsymbol{H}_i\}$ 的线性组合

$$\boldsymbol{A} = \sum_i \lambda^i \boldsymbol{H}_i \tag{22.4.29}$$

下面找出各本征矢之间的对易关系. 先看 $[\boldsymbol{H}_i, \boldsymbol{E}_\alpha]=?$ 由 Jacobi 恒等式

$$[\boldsymbol{A}, [\boldsymbol{H}_i, \boldsymbol{E}_\alpha]] + [\boldsymbol{H}_i, [\boldsymbol{E}_\alpha, \boldsymbol{A}]] + [\boldsymbol{E}_\alpha, [\boldsymbol{A}, \boldsymbol{H}_i]] = 0 \tag{22.4.30}$$

得

$$[\boldsymbol{A}, [\boldsymbol{H}_i, \boldsymbol{E}_\alpha]] = [[\boldsymbol{A}, \boldsymbol{H}_i], \boldsymbol{E}_\alpha] + [\boldsymbol{H}_i, [\boldsymbol{A}, \boldsymbol{E}_\alpha]] = \alpha[\boldsymbol{H}_i, \boldsymbol{E}_\alpha] \tag{22.4.31}$$

这表明 $[\boldsymbol{H}_i, \boldsymbol{E}_\alpha]$ 是 $\boldsymbol{A}$ 的对应于本征值 α 的本征矢. 因为本征值 α 是非简并的, $[\boldsymbol{H}_i, \boldsymbol{E}_\alpha]$ 必与 $\boldsymbol{E}_\alpha$ 成正比

$$[\boldsymbol{H}_i, \boldsymbol{E}_\alpha] = \alpha_i \boldsymbol{E}_\alpha \tag{22.4.32}$$

又因为

$$\boldsymbol{A} = \sum_i \lambda^i \boldsymbol{H}_i$$

$$[\boldsymbol{A}, \boldsymbol{E}_\alpha] = \alpha \boldsymbol{E}_\alpha = \left[\sum_i \lambda^i \boldsymbol{H}_i, \boldsymbol{E}_\alpha\right] = \left(\sum_i \lambda^i \alpha_i\right) \boldsymbol{E}_\alpha \tag{22.4.33}$$

所以

$$\alpha = \sum_i \lambda^i \alpha_i \tag{22.4.34}$$

式 (22.4.32) 表明, Cartan 子代数的基给每个本征矢 $\boldsymbol{E}_\alpha$ 确定一组数 $\{\alpha_i(i=1,\cdots,l)\}$, 从式 (22.4.34) 看, 可以把它当作一个 l 维空间 (称为根空间) 中的矢量 (称为根矢量, 记作 $\boldsymbol{\alpha}$) 的共变分量. 再看 $[\boldsymbol{E}_\alpha, \boldsymbol{E}_\beta]=?$ 由 Jacobi 恒等式

$$[\boldsymbol{A}, [\boldsymbol{E}_\alpha, \boldsymbol{E}_\beta]] + [\boldsymbol{E}_\alpha, [\boldsymbol{E}_\beta, \boldsymbol{A}]] + [\boldsymbol{E}_\beta, [\boldsymbol{A}, \boldsymbol{E}_\alpha]] = 0$$

得

$$\begin{aligned}[\boldsymbol{A}, [\boldsymbol{E}_\alpha, \boldsymbol{E}_\beta]] &= [[\boldsymbol{A}, \boldsymbol{E}_\alpha], \boldsymbol{E}_\beta] + [\boldsymbol{E}_\alpha, [\boldsymbol{A}, \boldsymbol{E}_\beta]] \\ &= \alpha[\boldsymbol{E}_\alpha, \boldsymbol{E}_\beta] + \beta[\boldsymbol{E}_\alpha, \boldsymbol{E}_\beta] = (\alpha+\beta)[\boldsymbol{E}_\alpha, \boldsymbol{E}_\beta]\end{aligned} \tag{22.4.35}$$

若 $\alpha+\beta$ 不是根, 则必有 $[\boldsymbol{E}_\alpha, \boldsymbol{E}_\beta]=0$. 若 $\alpha+\beta$ 是非零根, 则 $[\boldsymbol{E}_\alpha, \boldsymbol{E}_\beta]$ 是属于它的本征矢, 故

$$[\boldsymbol{E}_\alpha, \boldsymbol{E}_\beta] = N_{\alpha\beta} \boldsymbol{E}_{\alpha+\beta} \tag{22.4.36}$$

$N_{\alpha\beta}$ 即为结构常数. 若 $\alpha+\beta=0$, 则 $\beta=-\alpha, [\boldsymbol{A}, [\boldsymbol{E}_\alpha, \boldsymbol{E}_{-\alpha}]]=0, [\boldsymbol{E}_\alpha, \boldsymbol{E}_{-\alpha}]$ 必是 $\{\boldsymbol{H}_i\}$ 的线性组合

$$[\boldsymbol{E}_\alpha, \boldsymbol{E}_{-\alpha}] = \sum_i c^i_{\alpha,-\alpha} \boldsymbol{H}_i \tag{22.4.37}$$

$c^i_{\alpha-\alpha}$ 为结构常数. 为了确定 $c^i_{\alpha,-\alpha}$, 我们考察在以本征矢为基时度量张量的形式. 在 Cartan 子代数内, 因为

$$[\boldsymbol{H}_i, \boldsymbol{E}_\alpha] = \sum_\beta c^\beta_{i\alpha} \boldsymbol{E}_\beta = c^\alpha_{i\alpha} \boldsymbol{E}_\alpha = \alpha_i \boldsymbol{E}_\alpha$$

所以

$$g_{ik} = \operatorname{tr}[\boldsymbol{R}(\boldsymbol{H}_i)\boldsymbol{R}(\boldsymbol{H}_k)] = \sum_{\alpha\beta} c^\beta_{i\alpha} c^\alpha_{k\beta} = \sum_\alpha c^\alpha_{i\alpha} c^\alpha_{k\alpha} = \sum_\alpha \alpha_i \alpha_k \tag{22.4.38}$$

显然, $g_{i\sigma} = 0\ (\sigma \neq 0)$, 因

$$g_{i\sigma} = \operatorname{tr}[\boldsymbol{R}(\boldsymbol{H}_i)\boldsymbol{R}(\boldsymbol{E}_\sigma)] = \sum_{\alpha\beta} c^\beta_{i\alpha} c^\alpha_{\sigma\beta} = \sum_\alpha c^\alpha_{i\alpha} c^\alpha_{\sigma\alpha} = 0 \tag{22.4.39}$$

因为当 $\sigma \neq 0$ 时, $c^\alpha_{\sigma\alpha} = 0$. 其次看 $g_{\alpha\lambda}(\alpha, \lambda \neq 0)$. 因 $c^\rho_{\alpha i} = -\alpha_i \delta_{\alpha\rho}, c^\rho_{\alpha\beta} = N_{\alpha\beta}\delta_{\alpha+\beta,\rho}$, 所以

$$\begin{aligned} g_{\alpha\lambda} &= \sum_{\sigma,\tau} c^\tau_{\alpha\sigma} c^\sigma_{\lambda\tau} = \sum_{i,\rho} c^\rho_{\alpha i} c^i_{\lambda\rho} + \sum_{i,\sigma} c^i_{\alpha\sigma} c^\sigma_{\lambda i} + \sum_{\beta,\tau\neq 0} c^\tau_{\alpha\beta} c^\beta_{\lambda\tau} \\ &= -\sum_i \alpha_i c^i_{\lambda\alpha} + \sum_i c^i_{\alpha,-\alpha} c^{-\alpha}_{\lambda i} + \sum_{\alpha\neq-\beta} N_{\alpha\beta} c^\beta_{\lambda,\alpha+\beta} \end{aligned} \tag{22.4.40}$$

除非 $\lambda = -\alpha$, 式 (22.4.40) 各项皆为零, 亦即只有 $g_{\alpha,-\alpha}$ 不为零. 我们可以选择 $\boldsymbol{E}_\alpha$ 的归一条件, 使得 $g_{\alpha,-\alpha} = 1$. 这样, 度量矩阵具有以下形式:

$$[g_{ab}] \rightarrow \begin{array}{c} \\ \{\boldsymbol{H}_i\} \\ \boldsymbol{E}_\alpha \\ \boldsymbol{E}_{-\alpha} \\ \boldsymbol{E}_\beta \\ \boldsymbol{E}_{-\beta} \\ \vdots \end{array} \begin{array}{c} \{\boldsymbol{H}_i\}\ \boldsymbol{E}_\alpha \boldsymbol{E}_{-\alpha} \boldsymbol{E}_\beta \boldsymbol{E}_{-\beta} \cdots \\ \left[\begin{array}{c|cc|cc|c} [g_{ik}] & & & & & \\ \hline & 0 & 1 & & & \\ & 1 & 0 & & 0 & \\ \hline & & & 0 & 1 & \\ & & 0 & 1 & 0 & \\ \hline & & & & & \ddots \end{array}\right] \end{array} \tag{22.4.41}$$

因此, 若 α 是一个根, 则 $-\alpha$ 必定也是一个根, 否则度量矩阵中有一整行或列为零, 是奇异矩阵, 不满足半单 Lie 代数的条件, 与假设矛盾. 设 Cartan 子代数的度量张量矩阵为 $[g_{ik}]$. 因为 $|g_{ab}| \neq 0$, 必有 $|g_{ik}| \neq 0$, 故 Cartan 子代数的度量张量矩阵是非奇异的, 存在逆矩阵 $[g^{ik}]$, 即

$$\sum_k g^{jk} g_{ki} = \delta_{ij} \tag{22.4.42}$$

g_{ik} 是对称张量. 定义一个三阶共变张量 c_{ijk} 为

$$c_{ijk}=\sum_{l}c_{ij}^{l}g_{lk}=\sum_{l,s,r}c_{ij}^{l}c_{lr}^{s}c_{ks}^{r}=-\sum_{l,s,r}(c_{jr}^{l}c_{li}^{s}+c_{ri}^{l}c_{lj}^{s})c_{ks}^{r} \tag{22.4.43}$$

最后一个等号用了式 (22.2.7). c_{ijk} 对于其指标的对换是反对称的, 对循环置换则不变

$$c_{ijk}=c_{jki}=c_{kij}=-c_{ikj}=-c_{jik}=-c_{kji} \tag{22.4.44}$$

利用式 (22.4.43), 并注意 $g_{\beta,-\alpha}=\delta_{\alpha\beta}, c_{ja}^{\beta}=\alpha_j\delta_{\alpha\beta}$, 得

$$\begin{aligned}c_{\alpha,-\alpha}^{i}&=\sum_{j}g^{ij}c_{\alpha,-\alpha j}=\sum_{j}g^{ij}c_{j\alpha,-\alpha}=\sum_{j,\beta}g^{ij}g_{\beta,-\alpha}c_{j\alpha}^{\beta}\\&=\sum_{j,\beta}g^{ij}\delta_{\alpha\beta}\alpha_j\delta_{\alpha\beta}=\sum_{j}g^{ij}\alpha_j=\alpha^i\end{aligned} \tag{22.4.45}$$

于是, 式 (22.4.37) 可写成

$$[\boldsymbol{E}_\alpha,\boldsymbol{E}_{-\alpha}]=\sum_{i}\alpha^i\boldsymbol{H}_i \tag{22.4.46}$$

总起来说, 取本征矢量为标准基, 则对易关系如下:

$$\begin{aligned}&[\boldsymbol{H}_i,\boldsymbol{H}_k]=0\qquad(i,k=1,\cdots,l)\\&[\boldsymbol{H}_i,\boldsymbol{E}_\alpha]=\alpha_i\boldsymbol{E}_\alpha\\&[\boldsymbol{E}_\alpha,\boldsymbol{E}_\beta]=N_{\alpha\beta}\boldsymbol{E}_{\alpha+\beta}\qquad(\alpha+\beta\ \text{是非零根})\\&[\boldsymbol{E}_\alpha,\boldsymbol{E}_{-\alpha}]=\sum_{i}\alpha^i\boldsymbol{H}_i\end{aligned} \tag{22.4.47}$$

附加归一条件为 $g_{\alpha,-\alpha}=1$.

$N_{\alpha\beta}$ 以及 α^i,α_i 等可以利用规范化条件进一步确定. 规范化方式可以不同, 下面介绍 Cartan-Weyl 规范化方法. 为了确定 $N_{\alpha\beta}$, 需要求助于某种非线性条件. 这一条件可根据正规表示矩阵来给定

$$\boldsymbol{R}(\boldsymbol{E}_{-\alpha})=\boldsymbol{R}^{H}(\boldsymbol{E}_\alpha)=\boldsymbol{R}^{*T}(\boldsymbol{E}_\alpha) \tag{22.4.48}$$

因为半单 Lie 代数的正规表示是如实的, 这一条件是完全确定的. 由

$$[\boldsymbol{E}_\alpha,\boldsymbol{E}_\beta]=N_{\alpha\beta}\boldsymbol{E}_{\alpha+\beta}$$

得

$$[\boldsymbol{R}(\boldsymbol{E}_\alpha),\boldsymbol{R}(\boldsymbol{E}_\beta)]^{\mathrm{H}}=N_{\alpha\beta}^{*}\boldsymbol{R}^{\mathrm{H}}(\boldsymbol{E}_{\alpha+\beta}) \tag{22.4.49}$$

加上条件式 (22.4.48), 得

$$[\boldsymbol{R}(\boldsymbol{E}_{-\beta}), \boldsymbol{R}(\boldsymbol{E}_{-\alpha})] = N_{\alpha\beta}^{*}\boldsymbol{R}(\boldsymbol{E}_{-\alpha-\beta}) = N_{-\beta_1-\alpha}\boldsymbol{R}(\boldsymbol{E}_{-\alpha-\beta}) \tag{22.4.50}$$

故

$$N_{-\alpha,-\beta} = -N_{-\beta,-\alpha} = -N_{\alpha\beta}^{*} \tag{22.4.51}$$

因为复单 Lie 代数的正规表示总可以选为实的, 所以

$$N_{\alpha\beta} = -N_{\beta\alpha} = -N_{-\alpha,-\beta} \tag{22.4.52}$$

这些结构常数还有更多的对称性. 若 $\boldsymbol{\alpha}, \boldsymbol{\beta}$ 是两个非零根, $\boldsymbol{\alpha}+\boldsymbol{\beta}$ 也是非零根, 则 $\boldsymbol{\gamma} = -\boldsymbol{\alpha}-\boldsymbol{\beta}$ 也是非零根, 满足条件

$$\boldsymbol{\alpha}+\boldsymbol{\beta}+\boldsymbol{\gamma} = 0 \tag{22.4.53}$$

把 Jacobi 恒等式用于这三个根的本征矢, 得

$$\begin{gathered}
[\boldsymbol{E}_\alpha, [\boldsymbol{E}_\beta, \boldsymbol{E}_\gamma]] + [\boldsymbol{E}_\beta, [\boldsymbol{E}_\gamma, \boldsymbol{E}_\alpha]] + [\boldsymbol{E}_\gamma, [\boldsymbol{E}_\alpha, \boldsymbol{E}_\beta]] = 0 \\
[\boldsymbol{E}_\alpha, \boldsymbol{E}_{-\alpha}]N_{\beta\gamma} + [\boldsymbol{E}_\beta, \boldsymbol{E}_{-\beta}]N_{\gamma\alpha} + [\boldsymbol{E}_\gamma, \boldsymbol{E}_{-\gamma}]N_{\alpha\beta} = 0 \\
\sum_i (\alpha^i N_{\beta\gamma} + \beta^i N_{\gamma\alpha} + \gamma^i N_{\alpha\beta})\boldsymbol{H}_i = 0 \\
\sum_i [\alpha^i (N_{\beta\gamma} - N_{\alpha\beta}) + \beta^i (N_{\gamma\alpha} - N_{\alpha\beta})]\boldsymbol{H}_i = 0
\end{gathered} \tag{22.4.54}$$

因为 $\sum\limits_i \alpha^i \boldsymbol{H}_i$ 和 $\sum\limits_i \beta^i \boldsymbol{H}_i$ 是独立变化的, 所以

$$N_{\alpha\beta} = N_{\beta\gamma} = N_{\gamma\alpha} = N_{-\alpha-\beta,\alpha} = N_{\beta,-\alpha-\beta} \tag{22.4.55}$$

考虑一个含 $\boldsymbol{\beta}$ 的 $\boldsymbol{\alpha}$ 根系列 $(\boldsymbol{\alpha}, \boldsymbol{\beta} \neq 0), \cdots, \boldsymbol{\beta}+\boldsymbol{\alpha}, \boldsymbol{\beta}, \boldsymbol{\beta}-\boldsymbol{\alpha}, \cdots$, 因为根的数目是有限的, 这个根系列是有限的. 设 $\boldsymbol{\beta}+p\boldsymbol{\alpha}$ 是根, 但 $\boldsymbol{\beta}+(p+1)\boldsymbol{\alpha}$ 不是根了; 还有 $\boldsymbol{\beta}-q\boldsymbol{\alpha}$ 是根, $\boldsymbol{\beta}-(q+1)\boldsymbol{\alpha}$ 不是根, p 和 q 是正整数或零. 这个子空间对于 $\boldsymbol{E}_{\pm\alpha}$ 和 $\sum\limits_i \boldsymbol{\alpha}^i \boldsymbol{H}_i$ 的作用是不变的. 对矢量 $\boldsymbol{E}_\alpha, \boldsymbol{E}_{-\alpha}$ 和 $\boldsymbol{E}_{\beta+k\alpha}$ 用 Jacobi 恒等式和它们之间的对易关系, 得

$$\begin{aligned}
&[\boldsymbol{E}_\alpha, \boldsymbol{E}_{\beta+(k-1)\alpha}]N_{\beta+k\alpha,-\alpha} - \left[\boldsymbol{E}_{\beta+k\alpha}, \sum_i \alpha^i \boldsymbol{H}_i\right] \\
&+[\boldsymbol{E}_{-\alpha}, \boldsymbol{E}_{\beta+(k+1)\alpha}]N_{\alpha,\beta+k\alpha} = 0
\end{aligned} \tag{22.4.56}$$

完成对易子积运算并重排后得

$$N_{\alpha,\beta+(k-1)\alpha}N_{\beta+k\alpha,-\alpha}+N_{-\alpha,\beta+(k+1)\alpha}N_{\alpha,\beta+k\alpha}=-\sum_i\alpha^i(\beta+k\alpha)_i \tag{22.4.57}$$

利用式 (22.4.55)(令其中的 $\boldsymbol{\gamma}\to-\boldsymbol{\alpha},\boldsymbol{\beta}\to\boldsymbol{\beta}+k\boldsymbol{\alpha}$), 得

$$N^2_{\alpha,\beta+(k-1)\alpha}=N^2_{\alpha,\beta+k\alpha}+\sum_i\alpha^i(\beta+k\alpha)_i \tag{22.4.58}$$

根据假定, $\boldsymbol{\beta}+(p+1)\boldsymbol{\alpha}$ 不是根, 故 $N_{\alpha,\beta+p\alpha}=0$. 以此为起点, 反复利用式 (22.4.58), 可得

$$N^2_{\alpha,\beta+(k-1)\alpha}=\sum_i(p-k+1)\left\{\alpha^i\beta_i+\frac{1}{2}(p+k)\alpha^i\alpha_i\right\} \tag{22.4.59}$$

在链的另一端, 因为 $\boldsymbol{\beta}-(q+1)\boldsymbol{\alpha}$ 不是根, 有

$$N_{-\alpha,\beta-q\alpha}=0=-N_{\alpha,-\beta+q\alpha}=N_{\alpha,\beta-(q+1)\alpha} \tag{22.4.60}$$

后一个等号是因为 $\boldsymbol{E}_{\beta-(q+1)\alpha}$ 本身为零. 以 $k=-q$ 代入式 (22.4.59), 得

$$N^2_{\alpha,\beta-(q+1)\alpha}=0=\sum_i(p+q+1)\left\{\alpha^i\beta_i+\frac{1}{2}(p-q)\alpha^i\alpha_i\right\} \tag{22.4.61}$$

由式 (22.4.61) 得到一个很重要的关系式

$$-p\leqslant\frac{2\sum\limits_i\alpha^i\beta_i}{\sum\limits_i\alpha^i\alpha_i}=-p+q\leqslant+q \tag{22.4.62}$$

由此可以得出下述四个结论.

(1) 若 $\boldsymbol{\alpha}$ 和 $\boldsymbol{\beta}$ 是非零根, 则

$$\frac{2\sum\limits_i\alpha^i\beta_i}{\sum\limits_i\alpha^i\alpha_i}=-p+q \tag{22.4.63}$$

是一个整数, 而且

$$\boldsymbol{\beta}'=\boldsymbol{\beta}-\frac{2\sum\limits_i\alpha^i\beta_i}{\sum\limits_i\alpha^i\alpha_i}\boldsymbol{\alpha} \tag{22.4.64}$$

也是一个根.

(2) 令式 (22.4.61) 中的 $k=1$, 利用式 (22.4.62) 消除 $\sum_i \alpha^i\beta_i$ 项, 得

$$N_{\alpha\beta}=\sqrt{p(q+1)}\cdot\sqrt{\frac{1}{2}\sum_i \alpha^i\alpha_i} \tag{22.4.65}$$

(3) 包含 $\boldsymbol{\beta}$ 的 $\boldsymbol{\alpha}$ 根系列只能有一个. 若还有另一个, 设为

$$\boldsymbol{\beta}-q'\boldsymbol{\alpha},\boldsymbol{\beta}-(q'-1)\boldsymbol{\alpha},\cdots,\boldsymbol{\beta}+p'\boldsymbol{\alpha} \tag{22.4.66}$$

则 q' 和 p' 也应服从式 (22.4.62), 故 $-p'+q'=-p+q$. 再加上对 p',q' 和 p,q 的限制条件, 可以知道 $p'=p,q'=q$, 即含 $\boldsymbol{\beta}$ 的 $\boldsymbol{\alpha}$ 根系列是唯一的.

(4) $\sum_i \alpha^i\alpha_i\neq 0$, 除非 $\boldsymbol{\alpha}=\mathbf{0}$; 否则, $\boldsymbol{E}_\alpha,\boldsymbol{E}_{-\alpha}$ 将与所有非零根的 $\boldsymbol{E}_\beta$ 对易 (因为 $N_{\alpha\beta}=0$), 而 $\boldsymbol{E}_{\pm\alpha}$ 对于 $\boldsymbol{H}_i$ 的作用为不变子空间, 所以 $\boldsymbol{E}_{\pm\alpha}$ 构成一个 Abel 不变子代数, 这与半单 Lie 代数的假设矛盾.

进一步可以证明, Cartan 子代数的度量矩阵是正定的. 设 $[\boldsymbol{E}_\alpha,\boldsymbol{E}_{-\alpha}]=\sum_i \alpha^i\boldsymbol{H}_i$ 是其中的任意矢量, 计算标量积

$$\begin{array}{ccc}\left(\sum_i \alpha^i\boldsymbol{H}_i,\sum_j \alpha^j\boldsymbol{H}_j\right) & = & \operatorname{tr}\left[\boldsymbol{R}\left(\sum_i \alpha^i\boldsymbol{H}_i\right)\boldsymbol{R}\left(\sum_j \alpha^j\boldsymbol{H}_j\right)\right] \\ \| & & \| \\ \sum_{i,j}\alpha^i g_{ij}\alpha^j & = & \sum_{i,j}\alpha^i\alpha^j\operatorname{tr}[\boldsymbol{R}(\boldsymbol{H}_i)\boldsymbol{R}(\boldsymbol{H}_j)]\end{array} \tag{22.4.67}$$

$\boldsymbol{R}(\boldsymbol{H}_i)$ 是对角阵, 设其对角元为 $\beta_i(\boldsymbol{\beta}\neq 0)$, 则其迹为 $\sum_{\boldsymbol{\beta}\neq 0}\beta_i$, 故

$$\sum_i \alpha^i\alpha_i=\sum_{\boldsymbol{\beta}\neq 0}\left(\sum_i \alpha^i\beta_i\right)\left(\sum_j \alpha^j\beta_j\right) \tag{22.4.68}$$

当 $[\boldsymbol{E}_{\pm\alpha},\boldsymbol{E}_\beta]\neq 0$ 时, $\sum_i \alpha^i\beta_i$ 与 $\sum_i \alpha^i\alpha_i$ 有比例关系, 由式 (22.4.62) 和式 (22.4.68) 可得

$$\sum_i \alpha^i\alpha_i=\left(\sum_j \alpha^j\alpha_j\right)^2\sum_{\boldsymbol{\beta}\neq 0}\left(\frac{1}{2}\right)^2(p-q)^2 \tag{22.4.69}$$

因为 $\sum_i \alpha^i\alpha_i\neq 0$, 所以

$$\sum_i \alpha^i\alpha_i=\left[\sum_{\boldsymbol{\beta}\neq 0}\left(\frac{1}{2}\right)^2(p-q)^2\right]^{-1}>0 \tag{22.4.70}$$

亦即 Cartan 子代数中任意非零矢量对自身的标量积都大于零, 所以其度量矩阵是正定的. 于是, 可以选取基矢量 $\boldsymbol{H}_i$, 使得

$$(\boldsymbol{H}_i, \boldsymbol{H}_j) = g_{ij} = \delta_{ij}$$

从而 $\alpha^i = \alpha_i$. 这样, Cartan 子代数具有 Euclid 空间的性质.

至此, 我们就得到了 Cartan-Weyl 规范化的标准基的正则对易关系

$$[\boldsymbol{H}_i, \boldsymbol{H}_j] = 0 \qquad (i, j = 1, \cdots, l)$$

$$[\boldsymbol{H}, \boldsymbol{E}_\alpha] = \boldsymbol{\alpha} \boldsymbol{E}_\alpha$$

$$[\boldsymbol{E}_\alpha, \boldsymbol{E}_{-\alpha}] = \boldsymbol{\alpha} \cdot \boldsymbol{H}$$

$$[\boldsymbol{E}_\alpha, \boldsymbol{E}_\beta] = N_{\alpha\beta} E_{\alpha+\beta} \qquad (\beta \neq -\alpha, \alpha + \beta \text{ 是根}) \tag{22.4.71}$$

规范化条件是: $\sum\limits_{\alpha\neq 0} \alpha_i \alpha_j = \delta_{ij}, \sum\limits_{a\neq 0} \boldsymbol{\alpha} \cdot \boldsymbol{\alpha} = l, N_{\alpha\beta}^2 = p(q+1)\dfrac{1}{2}(\boldsymbol{\alpha} \cdot \boldsymbol{\alpha})$, ($p, q$ 由包含 $\boldsymbol{\beta}$ 的 $\boldsymbol{\alpha}$ 根系列确定), 以及 $N_{\alpha\beta}$ 的对称性条件 $N_{\alpha\beta} = -N_{\beta\alpha} = -N_{-\alpha,-\beta} = N_{\beta,-\alpha-\beta} = N_{-\alpha-\beta,\alpha}$.

举例如下:

(1) $su(2)$ 和 $so(3)$. 这两个单纯 Lie 代数的秩为 1, 若一个根矢量为 $\boldsymbol{\alpha} = \lambda \boldsymbol{e}_1$, 则另一根矢量为 $-\lambda \boldsymbol{e}_1$. 按照规范化条件 $\lambda\lambda + (-\lambda)(-\lambda) = 1$, 得 $\lambda = \dfrac{1}{\sqrt{2}}$. 故标准基为 $\boldsymbol{E}_{\frac{1}{\sqrt{2}}} = \dfrac{1}{\sqrt{2}} \boldsymbol{e}_1, \boldsymbol{H}, \boldsymbol{E}_{-\frac{1}{\sqrt{2}}} = -\dfrac{1}{\sqrt{2}} \boldsymbol{e}_1$. 正则对易关系为

$$\begin{aligned} [\boldsymbol{H}, \boldsymbol{E}_{\pm\frac{1}{\sqrt{2}}}] &= \pm\tfrac{1}{\sqrt{2}} \boldsymbol{E}_{\pm\frac{1}{\sqrt{2}}} \\ [\boldsymbol{E}_{\frac{1}{\sqrt{2}}}, \boldsymbol{E}_{-\frac{1}{\sqrt{2}}}] &= \tfrac{1}{\sqrt{2}} \boldsymbol{H} \end{aligned} \tag{22.4.72}$$

可见式 (22.4.71) 中的常数完全确定了.

(2) $su(3)$. 有八个无穷小算符. 用上面说过的方法可以找出八个本征矢量, 其中有两个属于零本征值, 张成 Cartan 子代数, 所以 $su(3)$ 是二秩 Lie 代数. 记这两个本征矢量为 $\boldsymbol{H}_1$ 和 $\boldsymbol{H}_2$. 另外六个一维本征矢量是等长度的, 设记为 $\boldsymbol{E}_{\pm\alpha}, \boldsymbol{E}_{\pm\beta}$, $\boldsymbol{E}_{\pm(\alpha+\beta)}$. 因为根矢量是二维矢量, 可以用平面上的箭头来表示. 满足条件的六个非零根矢量的相对位置如图 22.4.1 所示, 图中括号内的数字是各有关矢量的方向余弦.

按 Cartan-Weyl 标准基的规范化条件, 有

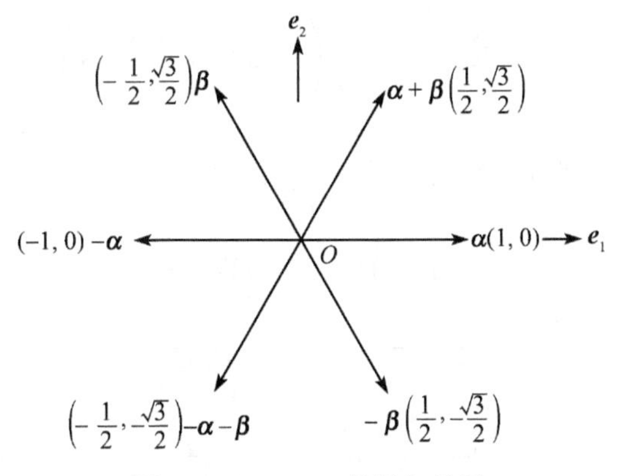

图 22.4.1　$su(3)$ 的根矢量图

$$\sum_{\alpha\neq 0}\alpha_i\alpha_j=\delta_{ij},\qquad \sum_{\alpha\neq 0}(\boldsymbol{\alpha}\cdot\boldsymbol{\alpha})=2$$

设非零根矢量长度为 x, 则由 $x^2\left[\left(\frac{1}{4}+\frac{3}{4}\right)\times 4+1\times 2\right]=2$, 得 $x=\frac{1}{\sqrt{3}}$. 由此即得

$$\boldsymbol{\alpha}=\frac{1}{\sqrt{3}}\boldsymbol{e}_1$$

$$\boldsymbol{\beta}=\frac{1}{\sqrt{3}}\left(-\frac{1}{2}\boldsymbol{e}_1+\frac{\sqrt{3}}{2}\boldsymbol{e}_2\right)$$

$$\boldsymbol{\alpha}+\boldsymbol{\beta}=\frac{1}{\sqrt{3}}\left(\frac{1}{2}\boldsymbol{e}_1+\frac{\sqrt{3}}{2}\boldsymbol{e}_2\right)$$

由 $[\boldsymbol{E}_\alpha,\boldsymbol{E}_\beta]=N_{\alpha\beta}\boldsymbol{E}_{\alpha+\beta}$ 以及根系列 $\boldsymbol{\beta}+\boldsymbol{\alpha},\boldsymbol{\beta}$ 确定 $p=1,q=0$, 得 $N_{\alpha\beta}=\sqrt{1\times(0+1)\times\frac{1}{2}\times\frac{1}{3}}=\frac{1}{\sqrt{6}}$. 再利用 $N_{\alpha\beta}$ 的对称性质, $N_{\alpha\beta}=N_{\beta,-(\alpha+\beta)}=N_{-(\alpha+\beta),\alpha}=-N_{-\alpha,-\beta}=-N_{-\beta,(\alpha+\beta)}=-N_{(\alpha+\beta),-\alpha}$, 就可以写出在 Cartan-Weyl 标准基下的正则对易关系

$$[\boldsymbol{H}_1,\boldsymbol{H}_2]=0$$

$$[\boldsymbol{H},\boldsymbol{E}_{\pm\alpha}]=\pm\frac{1}{\sqrt{3}}(1,0)\boldsymbol{E}_{\pm\alpha}$$

$$[\boldsymbol{H},\boldsymbol{E}_{\pm\beta}]=\pm\frac{1}{\sqrt{3}}\left(-\frac{1}{2},\frac{\sqrt{3}}{2}\right)\boldsymbol{E}_{\pm\beta}$$

$$[\boldsymbol{H},\boldsymbol{E}_{\pm(\alpha+\beta)}]=\pm\frac{1}{\sqrt{3}}\left(\frac{1}{2},\frac{\sqrt{3}}{2}\right)\boldsymbol{E}_{\pm(\alpha+\beta)}$$

$$[\boldsymbol{E}_\alpha,\boldsymbol{E}_{-\alpha}]=\frac{1}{\sqrt{3}}\boldsymbol{H}_1$$

$$[\boldsymbol{E}_\beta, \boldsymbol{E}_{-\beta}] = \frac{1}{\sqrt{3}}\left(-\frac{1}{2}\boldsymbol{H}_1 + \frac{\sqrt{3}}{2}\boldsymbol{H}_2\right)$$

$$[\boldsymbol{E}_{\alpha+\beta}, \boldsymbol{E}_{-(\alpha+\beta)}] = \frac{1}{\sqrt{3}}\left(\frac{1}{2}\boldsymbol{H}_1 + \frac{\sqrt{3}}{2}\boldsymbol{H}_2\right)$$

$$[\boldsymbol{E}_\alpha, \boldsymbol{E}_\beta] = \frac{1}{\sqrt{6}}\boldsymbol{E}_{\alpha+\beta}$$

$$[\boldsymbol{E}_\beta, \boldsymbol{E}_{-(\alpha+\beta)}] = \frac{1}{\sqrt{6}}\boldsymbol{E}_{-\alpha}$$

$$[\boldsymbol{E}_{-(\alpha+\beta)}, \boldsymbol{E}_\alpha] = \frac{1}{\sqrt{6}}\boldsymbol{E}_{-\beta}$$

$$[\boldsymbol{E}_{-\alpha}, \boldsymbol{E}_{-\beta}] = -\frac{1}{\sqrt{6}}\boldsymbol{E}_{-(\alpha+\beta)}$$

$$[\boldsymbol{E}_{-\beta}, \boldsymbol{E}_{\alpha+\beta}] = -\frac{1}{\sqrt{6}}\boldsymbol{E}_\alpha$$

$$[\boldsymbol{E}_{\alpha+\beta}, \boldsymbol{E}_{-\alpha}] = -\frac{1}{\sqrt{6}}\boldsymbol{E}_\beta \tag{22.4.73}$$

22.5 复单 Lie 代数的根系和分类

22.5.1 复单 Lie 代数的根系和根图

1. 根系及其性质

从上面的讨论可以看出, 采用标准基使对半单 Lie 代数的结构的理论研究大大简化了. 它把对 r 维 Lie 代数的 r 维空间的研究转化为对它的 l 维子空间的研究, 一般说来, l 比 r 小得多 [如对于 $su(3), r=8, l=2$]. 而且, Cartan 子代数可赋予正定的度量矩阵, 因而具有 Euclid 空间的性质. Cartan 子代数的 l 个基矢是可对易的, 是 Lie 代数中属于零根的本征矢量. 其余每个非零根的本征矢量通过 Cartan 子代数的基矢确定一个根矢量, 其中有 l 个是线性独立的, 其余非零根矢量都可以表示为这 l 个根矢量的线性组合, 而且组合系数是整数, 这些整数的取值还有严格的限制条件. 在 l 秩半单 Lie 代数与这组根矢量之间有一一对应关系, 这种对应关系通过正则对易关系确定下来. 因此, 根据根矢量间的相互关系就可以实现对复单 Lie 代数的完全分类. 下面就来讨论这个问题. 为此, 还要证明根矢量的几个重要性质.

(1) 已经证明, 若 $\boldsymbol{\alpha}, \boldsymbol{\beta}$ 是非零根, 则

$$\frac{2(\boldsymbol{\alpha}, \boldsymbol{\beta})}{(\boldsymbol{\alpha}, \boldsymbol{\alpha})} = \text{整数} \tag{22.5.1}$$

而且

$$\boldsymbol{\beta}' = \boldsymbol{\beta} - \frac{2(\boldsymbol{\alpha}, \boldsymbol{\beta})}{(\boldsymbol{\alpha}, \boldsymbol{\alpha})}\boldsymbol{\alpha} \tag{22.5.2}$$

也是根. $\boldsymbol{\beta}'$ 可以看作是由 $\boldsymbol{\beta}$ 在垂直于 $\boldsymbol{\alpha}$ 的超平面上反映得到的, 即

$$\boldsymbol{\beta} = \boldsymbol{\beta}_{/\!/} + \boldsymbol{\beta}_{\perp} = \left\{\boldsymbol{\beta} - \frac{(\boldsymbol{\alpha}, \boldsymbol{\beta})}{(\boldsymbol{\alpha}, \boldsymbol{\alpha})}\boldsymbol{\alpha}\right\} + \frac{(\boldsymbol{\alpha}, \boldsymbol{\beta})}{(\boldsymbol{\alpha}, \boldsymbol{\alpha})}\boldsymbol{\alpha}$$

$$\boldsymbol{\beta}' = \left\{\boldsymbol{\beta} - \frac{(\boldsymbol{\alpha}, \boldsymbol{\beta})}{(\boldsymbol{\alpha}, \boldsymbol{\alpha})}\boldsymbol{\alpha}\right\} - \frac{(\boldsymbol{\alpha}, \boldsymbol{\beta})}{(\boldsymbol{\alpha}, \boldsymbol{\alpha})}\boldsymbol{\alpha} \tag{22.5.3}$$

垂直于根矢量的超平面称为 Weyl 超平面, 对这一平面的反映操作称为 Weyl 反映. 这些反映操作的完全集合构成根系 (以及与之相联系的单纯 Lie 代数) 的 Weyl 反映群.

(2) 如果 $\boldsymbol{\alpha}$ 是根, 则 $\boldsymbol{\alpha}$ 的整数倍 $k\boldsymbol{\alpha}$ 中只有 $\boldsymbol{\alpha}, \mathbf{0}, -\boldsymbol{\alpha}$ 是根. 上面已经证明, 若 $\boldsymbol{\alpha}$ 是根, 则 $-\boldsymbol{\alpha}$ 和 $\boldsymbol{\alpha} - \boldsymbol{\alpha} = \mathbf{0}$ 也是根. 但 $\pm 2\boldsymbol{\alpha}$ 不是根, 因为 $[\boldsymbol{E}_{\alpha}, \boldsymbol{E}_{\alpha}] = \mathbf{0}$. 对于绝对值大于 1 的任意 k 值, $k\boldsymbol{\alpha}$ 不是根, 否则将存在包含 $\boldsymbol{E}_{2\alpha}$ 或 $\boldsymbol{E}_{-2\alpha}$ 的根系列, 而这是不可能的.

(3) 含 $\boldsymbol{\beta}$ 的 $\boldsymbol{\alpha}$ 根系列 $(\boldsymbol{\alpha}, \boldsymbol{\beta} \neq \mathbf{0})$ 最多含四个根, 因此

$$\frac{2(\boldsymbol{\alpha}, \boldsymbol{\beta})}{(\boldsymbol{\alpha}, \boldsymbol{\alpha})} = 0, \pm 1, \pm 2, \pm 3 \tag{22.5.4}$$

证明: 假定 $\boldsymbol{\beta} \neq \pm\boldsymbol{\alpha}$(否则只有 $-\boldsymbol{\alpha}, \mathbf{0}, \boldsymbol{\alpha}$ 三个根). 如果一个根系列中有五个根, 则指定其中第三个为 $\boldsymbol{\beta}$, 可以排出根系列 $\boldsymbol{\beta} - 2\boldsymbol{\alpha}, \boldsymbol{\beta} - \boldsymbol{\alpha}, \boldsymbol{\beta}, \boldsymbol{\beta} + \boldsymbol{\alpha}, \boldsymbol{\beta} + 2\boldsymbol{\alpha}$. 但 $2\boldsymbol{\alpha} = (\boldsymbol{\beta} + 2\boldsymbol{\alpha}) - \boldsymbol{\beta}$ 和 $2(\boldsymbol{\beta} + \boldsymbol{\alpha}) = (\boldsymbol{\beta} + 2\boldsymbol{\alpha}) + \boldsymbol{\beta}$ 不是根, 所以含 $\boldsymbol{\beta} + 2\boldsymbol{\alpha}$ 的根系列只有 $\boldsymbol{\beta} + 2\boldsymbol{\alpha}$ 一项, 所以 $(\boldsymbol{\beta} + 2\boldsymbol{\alpha}, \boldsymbol{\beta}) = 0$[否则, 按式 (22.5.2), 根系列中就还有其他根]. 同样, $(\boldsymbol{\beta} - 2\boldsymbol{\alpha}) - \boldsymbol{\beta}$ 和 $(\boldsymbol{\beta} - 2\boldsymbol{\alpha}) + \boldsymbol{\beta}$ 都不是根, 因此 $(\boldsymbol{\beta} - 2\boldsymbol{\alpha}, \boldsymbol{\beta}) = 0$. 将 $(\boldsymbol{\beta} + 2\boldsymbol{\alpha}, \boldsymbol{\beta})$ 和 $(\boldsymbol{\beta} - 2\boldsymbol{\alpha}, \boldsymbol{\beta})$ 相加, 得 $(\boldsymbol{\beta}, \boldsymbol{\beta}) = 0$. 这只有 $\boldsymbol{\beta} = \mathbf{0}$ 才可能, 所以不可能存在五个根的系列. 同样可证明含五个以上根的系列不存在. 因此有 $p + q + 1 \leqslant 4$, $p, q \leqslant 3$, 故

$$\frac{2(\boldsymbol{\alpha}, \boldsymbol{\beta})}{(\boldsymbol{\alpha}, \boldsymbol{\alpha})} = k = -p + q = 0, \pm 1, \pm 2, \pm 3 \tag{22.5.5}$$

式 (22.5.5) 给予可能存在的根系以严格的限制. 因为 Cartan 子空间具有正定的度量矩阵, 我们可以定义两个根矢量之间的夹角 $\theta_{\alpha\beta}$, 即

$$0 \leqslant \cos^2\theta_{\alpha\beta} = \frac{(\boldsymbol{\alpha}, \boldsymbol{\beta})}{(\boldsymbol{\alpha}, \boldsymbol{\alpha})} \cdot \frac{(\boldsymbol{\alpha}, \boldsymbol{\beta})}{(\boldsymbol{\beta}, \boldsymbol{\beta})} = \frac{k}{2} \cdot \frac{k'}{2} \tag{22.5.6}$$

故

$$\cos^2\theta_{\alpha\beta} = \frac{(\boldsymbol{\alpha}, \boldsymbol{\beta})^2}{(\boldsymbol{\alpha}, \boldsymbol{\alpha})(\boldsymbol{\beta}, \boldsymbol{\beta})} = \frac{1}{4}(0, \pm 1, \pm 2, \pm 3, \pm 4) \tag{22.5.7}$$

根的长度之比为

$$k_{\alpha\beta} = \sqrt{\frac{(\boldsymbol{\alpha}, \boldsymbol{\alpha})}{(\boldsymbol{\beta}, \boldsymbol{\beta})}} \tag{22.5.8}$$

这就完全规定了可能存在的两个根矢量的相对长度和夹角, 列于表 22.5.1.

表 22.5.1 能够存在的根矢量间的夹角和长度比

$\cos^2\theta_{\alpha\beta}$	$\theta_{\alpha\beta}$	$\frac{2(\boldsymbol{\alpha},\boldsymbol{\beta})}{(\boldsymbol{\alpha},\boldsymbol{\alpha})}$	$\frac{2(\boldsymbol{\alpha},\boldsymbol{\beta})}{(\boldsymbol{\beta},\boldsymbol{\beta})}$	$\sqrt{\frac{(\boldsymbol{\alpha},\boldsymbol{\alpha})}{(\boldsymbol{\beta},\boldsymbol{\beta})}}$	相应 Lie 代数的 Cartan 记号
1	0°, 180°	±2	±2	1	
$\frac{3}{4}$	30°, 150°	±3	±1	$1/\sqrt{3}$	G_2
		±1	±3	$\sqrt{3}$	
$\frac{2}{4}$	45°, 135°	±2	±1	$1/\sqrt{2}$	C_n
		±1	±2	$\sqrt{2}$	B_n
$\frac{1}{4}$	60°, 120°	±1	±1	1	A_n
0	90°	0	0	不定	D_n

2. 根系和根图

l 秩 Lie 代数的根矢量可以用 l 维空间中的矢量图表示出来, 这种图称为根图. 根图能形象地表示出各个根之间的关系. 每种根图对应于唯一的一个根系. 下面给出较简单的根图.

(1) 一秩 Lie 代数 $A_1 = B_1 = C_1(A_n, B_n, C_n, D_n$ 等标志经典 Lie 代数的记号是 Cartan 首先采用的). $l = 1$, Cartan 子代数是一维的, 设其基为 $\boldsymbol{H}$. 非零根为 $\boldsymbol{E}_{\pm\alpha}$. 根图如图 22.5.1 所示, 原点代表基矢 $\boldsymbol{H}$. 已经说过, 按 Cartan-Weyl 规范化条件, 矢量长度为 $\frac{1}{\sqrt{2}}$. $so(3)$ 和 $su(2)$ 代数具有这种根图.

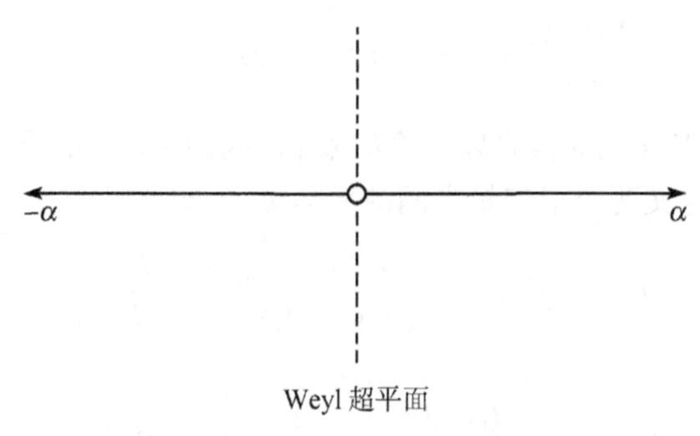

图 22.5.1 $A_1 = B_1 = C_1$ 的根图

(2) 二秩 Lie 代数. 根图是二维的, 可在平面上表示出来.

(a) G_2. 先考虑两个根矢量夹角 150°, 长度比为 $1/\sqrt{3}$ 的情况. 画出两根这样的矢量 $\boldsymbol{\alpha},\boldsymbol{\beta}$, 并作出 $-\boldsymbol{\alpha},-\boldsymbol{\beta}$. 然后利用 Weyl 反映操作通过已画出的根矢量找出新的根矢量, 直到全部非零根矢量都画出来, 就可以得到图 22.5.2. 原点代表本征值为零的 Cartan 子代数的两个基矢 $\boldsymbol{H}_1,\boldsymbol{H}_2$. 从图 22.5.2 可以看出 G_2 中存在的根系列. 例如, 因为

$$\frac{2(\boldsymbol{\alpha},\boldsymbol{\beta})}{(\boldsymbol{\beta},\boldsymbol{\beta})}=2\sqrt{\frac{(\boldsymbol{\alpha},\boldsymbol{\alpha})}{(\boldsymbol{\beta},\boldsymbol{\beta})}}\cdot\sqrt{\frac{(\boldsymbol{\beta},\boldsymbol{\beta})}{(\boldsymbol{\beta},\boldsymbol{\beta})}}\cos 150^\circ=-2\cdot\sqrt{3}\cdot\frac{\sqrt{3}}{2}=-3$$

所以 $\boldsymbol{\alpha}-(-3\boldsymbol{\beta})=\boldsymbol{\alpha}+3\boldsymbol{\beta}$ 是根. 于是 $\boldsymbol{\alpha}+\boldsymbol{\beta},\boldsymbol{\alpha}+2\boldsymbol{\beta}$ 也是根, 但 $\boldsymbol{\alpha}-\boldsymbol{\beta}$ 和 $\boldsymbol{\alpha}+4\boldsymbol{\beta}$ 不是根, 即存在根系列 $\boldsymbol{\alpha},\boldsymbol{\alpha}+\boldsymbol{\beta},\boldsymbol{\alpha}+2\boldsymbol{\beta},\boldsymbol{\alpha}+3\boldsymbol{\beta}$.

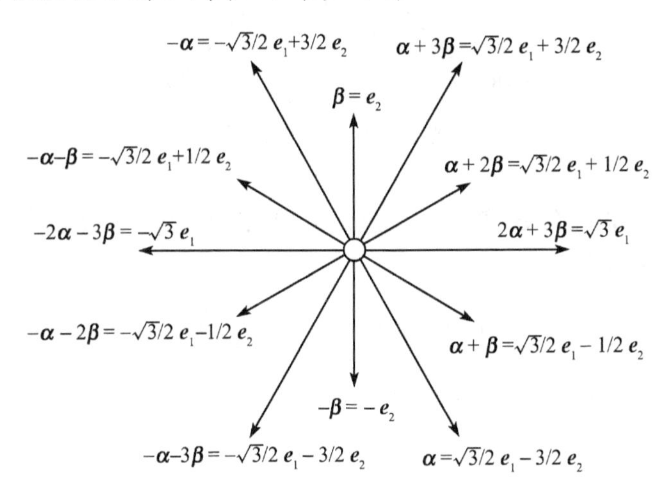

图 22.5.2 G_2 的根图

按规范化条件 $\sum\limits_{a\neq 0}(\boldsymbol{\alpha},\boldsymbol{\alpha})=l=2$, 以及 $\dfrac{(\boldsymbol{\alpha},\boldsymbol{\alpha})}{(\boldsymbol{\beta},\boldsymbol{\beta})}=3$, 得

$$6(\boldsymbol{\beta},\boldsymbol{\beta})+6(\boldsymbol{\alpha},\boldsymbol{\alpha})=24(\boldsymbol{\beta},\boldsymbol{\beta})=2$$

故 $\sqrt{(\boldsymbol{\beta},\boldsymbol{\beta})}=\dfrac{1}{\sqrt{12}},\sqrt{(\boldsymbol{\alpha},\boldsymbol{\alpha})}=\dfrac{1}{2}$. 取一直角坐标系, 其基矢为 $\boldsymbol{e}_1,\boldsymbol{e}_2$, 为了简单起见, 取 $\boldsymbol{e}_2$ 沿根矢量 $\boldsymbol{\beta}$ 的方向, 并以 $\boldsymbol{\beta}$ 的长度为单位, 即 $|\boldsymbol{e}_2|=|\boldsymbol{e}_1|=|\boldsymbol{\beta}|=\sqrt{\dfrac{1}{12}}$, 根据根矢量的长度和夹角即可得出以 $\boldsymbol{e}_1,\boldsymbol{e}_2$ 表示的根矢量表达式, 如图中式子所示. 显然, 以 $\boldsymbol{e}_1,\boldsymbol{e}_2$ 为基的根矢量表达式中的系数乘以 $\sqrt{\dfrac{1}{12}}$ 就得出对应于该根矢量的标准基对于 $\boldsymbol{H}_1$ 和 $\boldsymbol{H}_2$ 的本征值. 如果我们以 $\boldsymbol{\alpha},\boldsymbol{\beta}$ 为坐标系的基矢, 则其他矢量都是它们的线性组合, 而且组合系数都是整数.

取根矢量长度比为 $\sqrt{3}$, 得到的根图是以上根图旋转 30° 的结果.

(b) B_2. 两个根矢量 $\boldsymbol{\alpha}$ 和 $\boldsymbol{\beta}$ 的夹角为 135°, 长度比为 $\sqrt{2}$. 作出 $\boldsymbol{\alpha}, \boldsymbol{\beta}$ 和 $-\boldsymbol{\alpha}, -\boldsymbol{\beta}$ 以后, 按 Weyl 超平面反映, 即可作出 B_2 的根图 (图 22.5.3). 以 $\boldsymbol{e}_1, \boldsymbol{e}_2$ 表示, 非零根矢量有以下形式: $\pm\boldsymbol{e}_1 \pm \boldsymbol{e}_2, \pm\boldsymbol{e}_1, \pm\boldsymbol{e}_2$, 这里 $\boldsymbol{e}_1$ 和 $\boldsymbol{e}_2$ 的长度等于 $\boldsymbol{\beta}$ 的长度 $1/\sqrt{6}$.

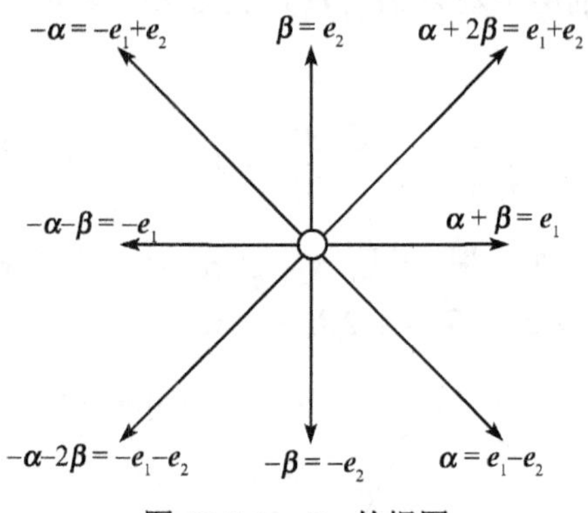

图 22.5.3　B_2 的根图

(c) C_2. 两个根矢量 $\boldsymbol{\alpha}$ 和 $\boldsymbol{\beta}$ 的夹角为 135°, 长度比为 $1/\sqrt{2}$. 类似地, 可画出其根图 (图 22.5.4). 取

$$|\boldsymbol{e}_1| = |\boldsymbol{e}_2| = \frac{1}{2}|\boldsymbol{\beta}| = \sqrt{\frac{1}{12}}$$

根矢量具有 $\pm\boldsymbol{e}_1 \pm \boldsymbol{e}_2, \pm 2\boldsymbol{e}_1, \pm 2\boldsymbol{e}_2$ 的形式.

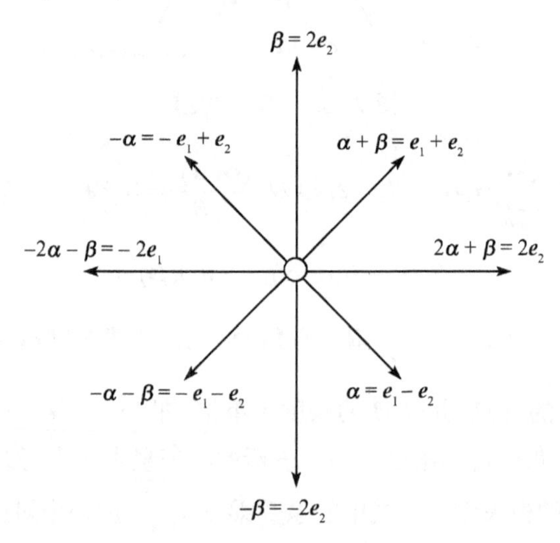

图 22.5.4　C_2 的根图

(d) A_2. 两个根矢量夹角为 120°, 长度比为 1. 作出根图, 如图 22.5.5 所示, 这里取 $|\boldsymbol{e}_1| = |\boldsymbol{e}_2| = \dfrac{1}{\sqrt{3}}$. $su(3)$ 的根图就是这样的, 在 22.4 节已经给出过.

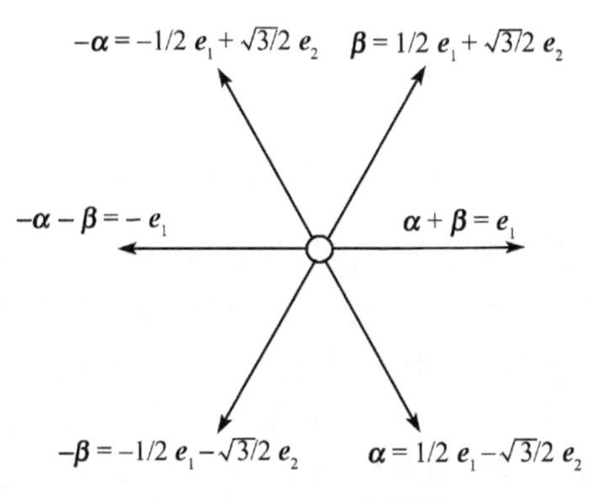

图 22.5.5 A_2 的根图

(e) D_2. 两个根矢量 $\boldsymbol{\alpha}$ 和 $\boldsymbol{\beta}$ 的夹角为 90°, 长度比不定. 这是一个半单 Lie 代数, 可分解为两个一秩 Lie 代数的直和, 其根图也可分解为两个 A_1 根图的直和, 如图 22.5.6 所示. 若令 $\boldsymbol{\alpha}$ 和 $\boldsymbol{\beta}$ 等长度, 则根矢量可以表示为 $\pm\boldsymbol{e}_1 \pm \boldsymbol{e}_2$.

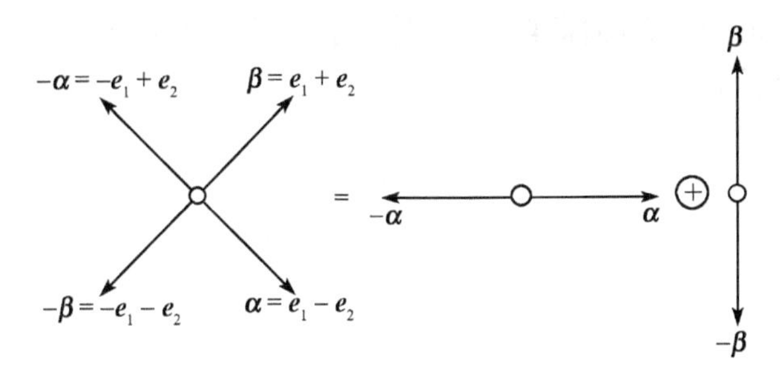

图 22.5.6 D_2 的根图及其分解

(3) 三秩以上 Lie 代数的根系. 用直交基 $\{e_i\}$ 表达根矢量, 可以把上面造二秩 Lie 代数根矢量的办法方便地推广到高秩 Lie 代数. 例如, 对于 B_2, 八个非零根矢量是 $\pm\boldsymbol{e}_1, \pm\boldsymbol{e}_2, \pm\boldsymbol{e}_1 \pm \boldsymbol{e}_2$; 合起来写则为 $\pm\boldsymbol{e}_i, \pm\boldsymbol{e}_i \pm \boldsymbol{e}_j, 1 \leqslant i \neq j \leqslant 2$. 对于 B_3, 18 个非零根矢量是 $\pm\boldsymbol{e}_1, \pm\boldsymbol{e}_2, \pm\boldsymbol{e}_3, \pm\boldsymbol{e}_1 \pm \boldsymbol{e}_2, \pm\boldsymbol{e}_2 \pm \boldsymbol{e}_3, \pm\boldsymbol{e}_1 \pm \boldsymbol{e}_3$; 合起来写则为 $\pm\boldsymbol{e}_i, \pm\boldsymbol{e}_i \pm \boldsymbol{e}_j, 1 \leqslant i \neq j \leqslant 3$. 推而广之, 对于 B_n 代数, 非零根矢量应是

$$\pm\boldsymbol{e}_i, \quad \pm\boldsymbol{e}_i \pm \boldsymbol{e}_j \qquad 1 \leqslant i \neq j \leqslant n \tag{22.5.9}$$

类似地, 对于 C_n, 非零根矢量是

$$\pm 2\boldsymbol{e}_i, \quad \pm\boldsymbol{e}_i \pm \boldsymbol{e}_j \qquad 1 \leqslant i \neq j \leqslant n \tag{22.5.10}$$

对于 D_n, 非零根矢量是

$$\pm \boldsymbol{e}_i \pm \boldsymbol{e}_j \qquad 1 \leqslant i \neq j \leqslant n \tag{22.5.11}$$

对于 A_n, 非零根矢量是

$$\boldsymbol{e}_i - \boldsymbol{e}_j \qquad 1 \leqslant i \neq j \leqslant n+1 \tag{22.5.12}$$

容易证明, 这些根系都满足关于根矢量的各种条件. 但除了这四个 (半) 单纯 Lie 代数系列以外, 还有 G_2 代数. 于是产生一个问题, 还可能存在哪些类型的复单 Lie 代数? 为了找出这些 Lie 代数, 可以用穷举法, 即在已知的根空间中添加根矢量, 但要满足以下条件: ① 不与已经存在的任何根矢量重合; ② 满足式 (22.5.1) 和式 (22.5.2). 再利用 Weyl 反映操作完成整个空间. 如果得到的根矢量集合满足条件构成根空间, 并且不与已知的四个 Lie 代数系列中的任一个同构, 就是找到一个新的 Lie 代数了. 由于式 (22.5.1) 和式 (22.5.2) 的严格限制, 除四个系列以外, 其他 Lie 代数很少, van der Waerden 证明只存在其他五个 Lie 代数 G_2, F_4, E_6, E_7, E_8, 通常称之为例外 Lie 代数.

以上我们根据复单 Lie 代数的一般结构规律, 找出了所有可能存在的复单 Lie 代数. 考察 Lie 群的代数的标准基的对易关系表明, 四个经典 Lie 代数系列与 Lie 群之间有以下联系:

$$\begin{aligned} &A_n \sim SL(n+1, C) \\ &B_n \sim SO(2n+1, C) \\ &C_n \sim SP(2n, C) \\ &D_n \sim SO(2n, C) \end{aligned} \tag{22.5.13}$$

22.5.2 单纯根, Dynkin 图和复单 Lie 代数的分类

1. 单纯根

上面给出了由穷举法得到的全部复单 Lie 代数, 但要证明确定已经穷尽所有可能性了则不太容易. Dynkin 提出一种很漂亮的办法做到这点. 他的方法还能表明低秩 Lie 代数间的一些同构关系. 上面已经指出过 n 秩 Lie 代数有 n 个线性独立的根矢量, 其他非零根矢量可以表示为它们的线性组合. 显然有多种选定线性独立根矢量的方案. Dynkin 证明, 对于给定的半单 Lie 代数, 它的根矢量的全部基本信息都包含在单纯根集合中. 单纯根是线性独立的, 其数目正好是相关 Lie 代数的秩

数. 可以用二维图形把 n 秩 Lie 代数的单纯根表示出来, 这种图形不但给出关于根的长度及夹角的所有信息, 而且由它容易得出根矢量的完全集合.

在任意选定的坐标系 (基矢为 $\{\boldsymbol{e}_i\}$) 中, 一个 n 秩 Lie 代数的根矢量 $\boldsymbol{v}$ 可表示为

$$\boldsymbol{v}=\sum_{i=1}^{n}\nu^i\boldsymbol{e}_i \tag{22.5.14}$$

定义头一个非零坐标 ν^i 为正数的根矢量为正根. 一般说来, 非零根矢量中的一半是正根. 定义不能分解为两个正根之和的正根为单纯根. 例如, B_2 代数中, 在正交基组 $(\boldsymbol{e}_1,\boldsymbol{e}_2)$ 中, 八个非零根矢量的坐标是 (1, 0), (1, 1), (0, 1), (−1, 1), (−1, 0), (−1, −1), (0, −1), (1, −1), 其中有四个正根 (1, 0), (1, 1), (0, 1), (1, −1). 因为 (1, 1)=(1, 0)+(0, 1), (1, 0)=(1, 1)+(1, −1), 所以只有 $\boldsymbol{\alpha}=(0,1)$ 和 $\boldsymbol{\beta}=(1,-1)$ 是单纯根. 下面我们用 Π 表示单纯根的集合, 用 Σ^+,Σ^- 和 $\Sigma^\pm$ 分别表示所有正根、负根和正负根的集合. 因为根矢量空间中的各个根矢量形成根系列, 总可以选择基本根矢量 $\{\boldsymbol{\alpha}_i\}$, 使得若 $\boldsymbol{v}$ 是一个根, 则 $\boldsymbol{v}=\sum_i\lambda^i\boldsymbol{\alpha}_i, \lambda^i$ 总是一个整数, 并且, 若 $\boldsymbol{v}$ 是正根, 则 $\lambda^i\geqslant 0$. 单纯根系正是具有这种性质的基本根矢量组. 对于二秩 Lie 代数, 很容易找出其单纯根系. 实际上, 图 22.5.1∼ 图 22.5.6 中的 $\boldsymbol{\alpha}$ 和 $\boldsymbol{\beta}$ 就是单纯根, 其余各根矢量都表示成它们的线性组合, 而组合系数都是整数. 从那些图上也可以直接看出哪些根矢量是正根 (它们在右半平面内或者 y 轴正方向上). 一般情况下, 根据定义也不难把单纯根系找出来. 这只要先把所有正根找出来, 记其集合为 Σ^+, 再把其中所有根矢量两两相加, 弃去不是根矢量的部分, 所得根矢量的集合记为 $\Sigma^{+'}$, 则在 Σ^+ 中但不在 $\Sigma^{+'}$ 中的根就是单纯根, 即 $\Pi=\Sigma^+-\Sigma^{+'}$. 例如, 对于 A_n

全部根矢量集合 $\Sigma^\pm$: $\boldsymbol{e}_i-\boldsymbol{e}_j,\quad 1\leqslant i\neq j\leqslant n$

正根矢量集合 Σ^+: $\boldsymbol{e}_i-\boldsymbol{e}_j,\quad 1\leqslant i<j\leqslant n$

Σ^+ 中的根矢量两两相加: $\boldsymbol{e}_i-\boldsymbol{e}_j,\quad 1\leqslant i<j\leqslant n$

$\boldsymbol{e}_i-\boldsymbol{e}_k,\quad 2\leqslant j<k\leqslant n+1$

$\Sigma^{+'}:\boldsymbol{e}_i-\boldsymbol{e}_k,\quad 1\leqslant i<k-1\leqslant n$

单纯根 $\Pi=\Sigma^+-\Sigma^{+'}:\boldsymbol{e}_i-\boldsymbol{e}_k,\quad k=i+1$

类似地, 可求得其他复单 Lie 代数的单纯根系, 总结如下:

$$A_n\quad \boldsymbol{e}_i-\boldsymbol{e}_{i+1}\qquad (i=1,\cdots,n)$$

$$B_n\quad \begin{cases}\boldsymbol{e}_i-\boldsymbol{e}_{i+1}\\ \boldsymbol{e}_n\end{cases}\qquad (i=1,\cdots,n-1)$$

$$C_n\quad \begin{cases}\boldsymbol{e}_i-\boldsymbol{e}_{i+1}\\ 2\boldsymbol{e}_n\end{cases}\qquad (i=1,\cdots,n-1)$$

$$D_n \quad \begin{cases} \boldsymbol{e}_i - \boldsymbol{e}_{i+1} & (i = 1, \cdots, n-1) \\ \boldsymbol{e}_{n-1} + \boldsymbol{e}_n \end{cases} \tag{22.5.15}$$

(其余从略).

单纯根有以下重要性质:

(1) 若 $\boldsymbol{\alpha}$ 和 $\boldsymbol{\beta}$ 是单纯根, 则 $\boldsymbol{\alpha}-\boldsymbol{\beta}$ 不是根矢量. 因为, 假定 $\boldsymbol{\alpha}-\boldsymbol{\beta}$ 是根矢量, 则

$$\begin{aligned} &\boldsymbol{\alpha}-\boldsymbol{\beta}=\boldsymbol{\gamma} && \boldsymbol{\gamma}\in\Sigma^{\pm} \\ &\boldsymbol{\alpha}=\boldsymbol{\gamma}+\boldsymbol{\beta} && \boldsymbol{\gamma}\in\Sigma^{+} \\ &\boldsymbol{\alpha}+(-\boldsymbol{\gamma})=\boldsymbol{\beta} && \boldsymbol{\gamma}\in\Sigma^{-} \end{aligned}$$

即不论 $\boldsymbol{\gamma}$ 是正根矢量或负根矢量, 都有一个单纯根可表示为两个正根之和. 这与 $\boldsymbol{\alpha},\boldsymbol{\beta}$ 是单纯根的假定矛盾.

(2) 若 $\boldsymbol{\alpha},\boldsymbol{\beta}$ 是单纯根, 则 $(\boldsymbol{\alpha},\boldsymbol{\beta})\leqslant 0$. 因为, 考虑含 $\boldsymbol{\beta}$ 的 $\boldsymbol{\alpha}$ 根系列 $\boldsymbol{\beta}-q\boldsymbol{\alpha},\cdots,\boldsymbol{\beta},\cdots,\boldsymbol{\beta}+p\boldsymbol{\alpha}$, 按式 (22.5.5), 有

$$A_{\boldsymbol{\alpha}\boldsymbol{\beta}}=\frac{2(\boldsymbol{\alpha},\boldsymbol{\beta})}{(\boldsymbol{\alpha},\boldsymbol{\alpha})}=q-p \tag{22.5.5}$$

通常称以 $A_{\boldsymbol{\alpha}\boldsymbol{\beta}}$ 为元素的矩阵为 Cartan 矩阵. 如 (1) 所述, $q=0$, 故

$$(\boldsymbol{\alpha},\boldsymbol{\beta})\leqslant 0 \tag{22.5.16}$$

(3) 如果 $\boldsymbol{\alpha}$ 和 $\boldsymbol{\beta}$ 是两个单纯根, 则夹角 $\theta_{\alpha\beta}$ 只能等于 $90°, 120°, 135°$ 或 $150°$. 如果 $(\boldsymbol{\alpha},\boldsymbol{\alpha})\leqslant(\boldsymbol{\beta},\boldsymbol{\beta})$, 则

$$\text{当 } \theta_{\alpha\beta}=\begin{cases}90°\\120°\\135°\\150°\end{cases} \text{ 时,} \quad \frac{(\boldsymbol{\beta},\boldsymbol{\beta})}{(\boldsymbol{\alpha},\boldsymbol{\alpha})}=\begin{cases}\text{不定}\\1\\2\\3\end{cases}$$

这是因为按式 (22.5.7) 和式 (22.5.16), 有

$$\frac{(\boldsymbol{\alpha},\boldsymbol{\beta})}{\sqrt{(\boldsymbol{\alpha},\boldsymbol{\alpha})(\boldsymbol{\beta},\boldsymbol{\beta})}}=0,-\frac{1}{2},-\frac{\sqrt{2}}{2},-\frac{\sqrt{3}}{2} \tag{22.5.17}$$

即

$$\cos\theta_{\alpha\beta}=0,-\frac{1}{2},-\frac{\sqrt{2}}{2},-\frac{\sqrt{3}}{2}$$
$$\theta_{\alpha\beta}=90°,120°,135°,150°$$

$\theta_{\alpha\beta}$ 的取值由 $\boldsymbol{\beta}$ 和 $\boldsymbol{\alpha}$ 的长度比完全确定.

2. Dynkin 图和复单 Lie 代数的分类

因为整个代数都可以从它的单纯根产生出来, 所以可以用标明单纯根的夹角和长度比的图形来表征根空间和与之相联系的 Lie 代数. 作图的规则如下: ① 分别用实心圆圈和空心圆圈表示较短的和较长的单纯根 (或者在圆圈上标出根的相对长度); ② 在两个圆圈之间连 m 根线, $m=(\boldsymbol{\beta},\boldsymbol{\beta})/(\boldsymbol{\alpha},\boldsymbol{\alpha})$. 显然, 连线的数目也就表明了两个单纯根之间的夹角: 不连线, 90°; 一根线, 120°; 二根线, 135°; 三根线, 150°. 这样得到的图形称为 Dynkin 图. 例如, 根据表 22.5.1, 很容易作出下面几个 Lie 代数的 Dynkin 图:

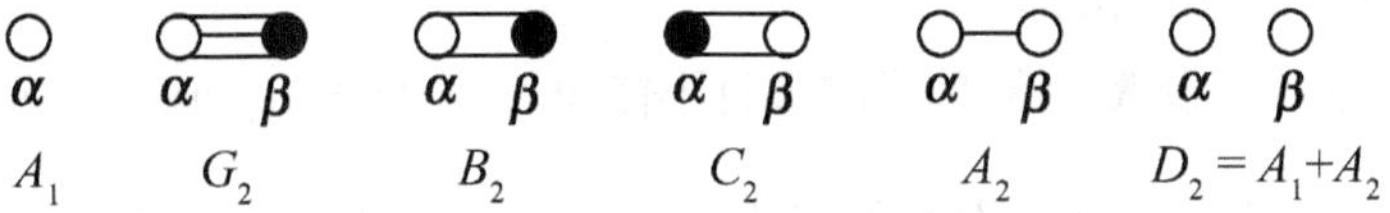

$\boldsymbol{\alpha}$ $\boldsymbol{\alpha}\ \boldsymbol{\beta}$ $\boldsymbol{\alpha}\ \boldsymbol{\beta}$ $\boldsymbol{\alpha}\ \boldsymbol{\beta}$ $\boldsymbol{\alpha}\ \boldsymbol{\beta}$ $\boldsymbol{\alpha}\ \boldsymbol{\beta}$

A_1 G_2 B_2 C_2 A_2 $D_2=A_1+A_2$

对于二秩以上的 Lie 代数, 也不难作出 Dynkin 图. 以 B_3 为例, 设三个单纯根为 $\boldsymbol{\alpha}=(0,0,1),\boldsymbol{\beta}=(0,1,-1),\boldsymbol{\gamma}=(1,-1,0)$, 则

$$
\begin{aligned}
&\frac{(\boldsymbol{\beta},\boldsymbol{\beta})}{(\boldsymbol{\alpha},\boldsymbol{\alpha})}=2, \qquad \cos\theta_{\alpha\beta}=-\frac{1}{\sqrt{2}}, \qquad \theta_{\alpha\beta}=135^\circ\\
&\frac{(\boldsymbol{\gamma},\boldsymbol{\gamma})}{(\boldsymbol{\alpha},\boldsymbol{\alpha})}=2, \qquad \cos\theta_{\alpha\gamma}=0, \qquad \theta_{\alpha\gamma}=90^\circ\\
&\frac{(\boldsymbol{\beta},\boldsymbol{\beta})}{(\boldsymbol{\gamma},\boldsymbol{\gamma})}=1, \qquad \cos\theta_{\beta\gamma}=-\frac{1}{2}, \qquad \theta_{\beta\gamma}=120^\circ
\end{aligned}
$$

于是, 可作出 Dynkin 图为

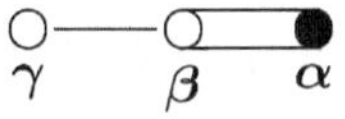

$\boldsymbol{\gamma}$ $\boldsymbol{\beta}$ $\boldsymbol{\alpha}$

根据 Dynkin 图, 容易看出 Lie 代数间的同构关系. 例如, B_2 和 C_2 同构, 因为交换 $\boldsymbol{\alpha}$ 和 $\boldsymbol{\beta}$, 两者的 Dynkin 图就一样了.

可以证明, Dynkin 图有以下性质:

(1) 如果一个 Dynkin 图分为两部分, 中间没有线相连, 则它代表的是两个单 Lie 代数的直和, 因为两部分根矢量之间全相互正交, 说明这两个子空间是相互正交的, 根空间是它们的直和.

(2) Dynkin 图中不可能有闭环. 设 n 个单纯根用线连接成闭环. 令 $\boldsymbol{u}_i=\boldsymbol{\alpha}_i/|\boldsymbol{\alpha}_i|$, 因为根空间具有正定度量矩阵

$$
\left(\left(\sum_{i=1}^{n}\boldsymbol{u}_i\right),\left(\sum_{j=1}^{n}\boldsymbol{u}_j\right)\right)=\sum_{i=1}^{n}(\boldsymbol{u}_i,\boldsymbol{u}_i)+2\sum_{i<j}(\boldsymbol{u}_i,\boldsymbol{u}_j)>0
$$

所以

$$n+2\sum_{i<j}(\boldsymbol{u}_i,\boldsymbol{u}_j)>0 \tag{22.5.18}$$

$\boldsymbol{u}_i,\boldsymbol{u}_j$ 间有线连接, 故 $\theta_{u_iu_j}>90°, 2(\boldsymbol{u}_i,\boldsymbol{u}_j)\leqslant -1$. 要连成闭环, 连线的数目至少等于顶点的数目, 所以式 (22.5.18) 第二项的绝对值至少等于第一项的, 故该式不能成立, 亦即闭环不能存在.

(3) 切断任何两个单纯根之间的连线, 得到的仍是 Dynkin 图, 因为这相当于从根空间中取掉一些根矢量, 剩下的根矢量将形成两个新的根空间, 并且分别对应于被切断的 Dynkin 图的两部分.

(4) 连接到任何圆圈上的单线的数目不能超过 3. 设有 $\boldsymbol{v}_1,\boldsymbol{v}_2,\cdots,\boldsymbol{v}_n\left(\boldsymbol{v}_i=\dfrac{\boldsymbol{\alpha}_i}{|\boldsymbol{\alpha}_i|}\right)$ 以单线连接到矢量 $\boldsymbol{u}$ 上. 因为不能有闭环, 各 $\boldsymbol{v}_i$ 之间没有连线, 彼此正交, 即 $(\boldsymbol{v}_i,\boldsymbol{v}_j)=\delta_{ij}$. $(\boldsymbol{u},\boldsymbol{v}_i)$ 是 $\boldsymbol{u}$ 相对于 $\boldsymbol{v}_i$ 的夹角余弦. 由 $\theta_{uv_i}=120°$ 得

$$\sum_{i=1}^{n}(\boldsymbol{u},\boldsymbol{v}_i)^2=\sum_{i=1}^{n}\cos^2\theta_{uv_i}=\sum_{i=1}^{n}\frac{1}{4}<1 \tag{22.5.19}$$

因为 $\boldsymbol{u}$ 与 $\boldsymbol{v}_i$ 是线性无关的 $\left[\text{否则}\ \sum_i(\boldsymbol{u},\boldsymbol{v}_i)^2=1\right]$. 所以 $n<4$. 类似地, 可进一步证明连接到任何圆圈上的单线或多重线的总线数不能超过 3, 并由此可以推知, 包含三重线的 Dynkin 图只能有一个, 即 G_2 的图.

(5) 任何一段由单线连接起来的单纯根链可以收缩为一点, 若原来的图是 Dynkin 图, 则收缩后得到的仍为 Dynkin 图. 例如:

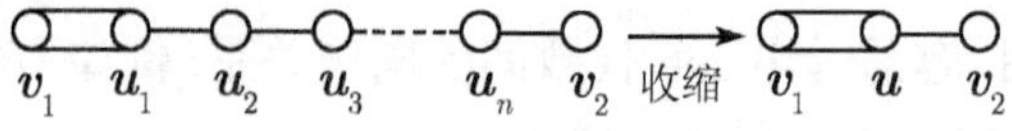

$\boldsymbol{v}_1$ $\boldsymbol{u}_1$ $\boldsymbol{u}_2$ $\boldsymbol{u}_3$ $\boldsymbol{u}_n$ $\boldsymbol{v}_2$ 收缩 $\boldsymbol{v}_1$ $\boldsymbol{u}$ $\boldsymbol{v}_2$

证明: 设 $\boldsymbol{u}=\sum_{i=1}^{n}\boldsymbol{u}_i$, 因为 $\boldsymbol{u}_i$ 间是单线连接, 对于 $j>i+1$

$$2(\boldsymbol{u}_i,\boldsymbol{u}_j)=0$$

$$2(\boldsymbol{u}_i,\boldsymbol{u}_{i+1})=-1$$

$$(\boldsymbol{u},\boldsymbol{u})=\sum_i\sum_j(\boldsymbol{u}_i,\boldsymbol{u}_j)=\sum_i(\boldsymbol{u}_i,\boldsymbol{u}_i)+2\sum_{i=1}^{n-1}(\boldsymbol{u}_i,\boldsymbol{u}_{i+1})$$

$$=n-(n-1)=1$$

而且

$$(\boldsymbol{v}_1, \boldsymbol{u}) = \left(\boldsymbol{v}_1, \sum_{i=1}^{n} \boldsymbol{u}_i\right) = (\boldsymbol{v}_1, \boldsymbol{u}_1)$$

$$(\boldsymbol{v}_2, \boldsymbol{u}) = \left(\boldsymbol{v}_2, \sum_{i=1}^{n} \boldsymbol{u}_i\right) = (\boldsymbol{v}_2, \boldsymbol{u}_n)$$

所以若原图是 Dynkin 图, 则以 $\boldsymbol{u}$ 代替 $\boldsymbol{u}_1 \sim \boldsymbol{u}_n$ 这一段根链得到的仍是一个 Dynkin 图.

由此可知, Dynkin 图中不能包含一个以上的双连接线或分叉, 否则经收缩后得到的图将有一个圆圈有四根连线, 违反 (4). 于是, Dynkin 图中圆圈的连线只可能有下面几种类型 (不区分单纯根的长短).

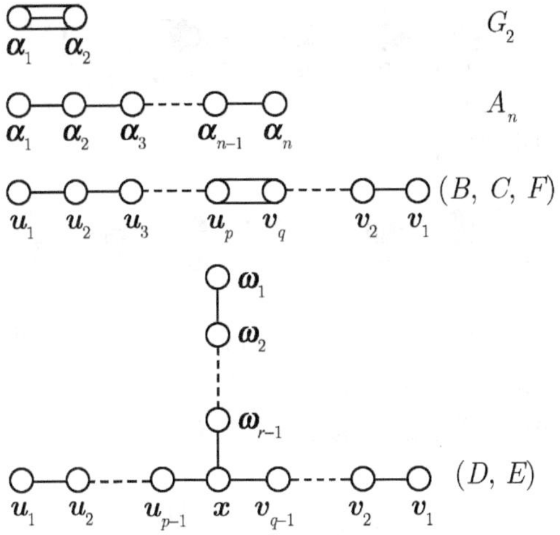

G_2

A_n

(B, C, F)

(D, E)

显然, 由 G_2 类型连线只能得出 G_2 代数. 在 (B, C, F) 类型中, 不失一般性, 假定 $p \geqslant q$, 则若 $q = 1, p$ 可取任意值; 若 $q = 2, p = 2$.

证明: 设 $\boldsymbol{u} = \sum_{i=1}^{p} i\boldsymbol{u}_i, \boldsymbol{v} = \sum_{j=1}^{q} j\boldsymbol{v}_j$

$$(\boldsymbol{u}, \boldsymbol{u}) = \sum_{i=1}^{p} (i)^2 - \sum_{i=1}^{p-1} i(i+1) = \frac{1}{2}p(p+1)$$

$$(\boldsymbol{v}, \boldsymbol{v}) = \frac{1}{2}q(q+1)$$

$$(\boldsymbol{u}, \boldsymbol{v}) = (p\boldsymbol{u}_p, q\boldsymbol{v}_q) = -pq/\sqrt{2}$$

按 Schwartz 不等式, 有

$$(\boldsymbol{u}, \boldsymbol{v})^2 < (\boldsymbol{u}, \boldsymbol{u})(\boldsymbol{v}, \boldsymbol{v})$$

故

$$\frac{p^2q^2}{2} < \frac{1}{2}p(p+1)\cdot\frac{1}{2}q(q+1)$$
$$2 < \left(1+\frac{1}{p}\right)\left(1+\frac{1}{q}\right) \tag{22.5.20}$$

当 $q=1$ 时, 显然式 (22.5.20) 对任意 p 都能成立; 当 $q=2$ 时, 只有 $p=2$ 才成立; 当 $q=3$ 时, p 取任何大于 3 的值都不能成立.

当 $q=1, p$ 为任意值时, 给出两个根空间系列 B_n, C_n.

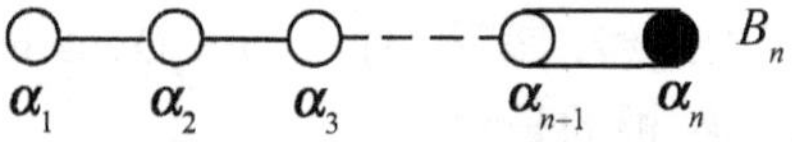

当 $q=2, p=2$ 时, 给出 F_4.

对于 (D,E) 类型, 设 $p \geqslant q \geqslant r$, 可求得, 当 $q=r=2$ 时, p 可取任意值; 另外三组解是 (3, 3, 2), (4, 3, 2), (5, 3, 2).

证明: 仿照上面的推导, 定义 $\boldsymbol{u}, \boldsymbol{v}, \boldsymbol{w}$, 则有

$$\cos^2\theta_{xu} = \frac{(\boldsymbol{x},\boldsymbol{u})^2}{(\boldsymbol{u},\boldsymbol{u})} = \frac{\frac{1}{4}(p-1)^2}{\frac{1}{2}p(p-1)} = \frac{1}{2}\left(1-\frac{1}{p}\right)$$

等等. 但 $\boldsymbol{x}$ 沿 $\boldsymbol{u}, \boldsymbol{v}, \boldsymbol{w}$ 的夹角余弦之和小于 1($\boldsymbol{x}$ 与 $\boldsymbol{u}, \boldsymbol{v}, \boldsymbol{w}$ 等线性无关)

$$(\boldsymbol{x},\boldsymbol{u}) + (\boldsymbol{x},\boldsymbol{v}) + (\boldsymbol{x},\boldsymbol{w}) = \frac{1}{2}\left(1-\frac{1}{p}+1-\frac{1}{q}+1-\frac{1}{r}\right) < 1$$
$$\frac{1}{p}+\frac{1}{q}+\frac{1}{r} > 1 \tag{22.5.21}$$

由此即可得上述各组解. 当 $q=r=2, p$ 取任意值时, 得到 D_n 系列.

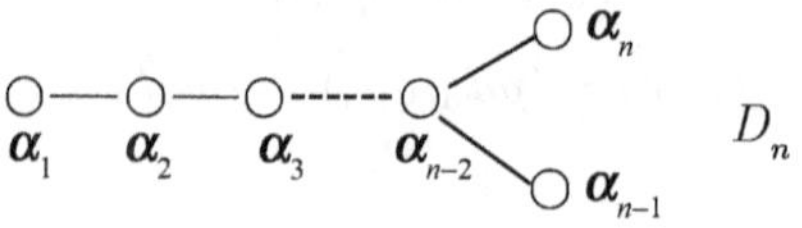

另外三组解分别对应于 E_6, E_7, E_8.

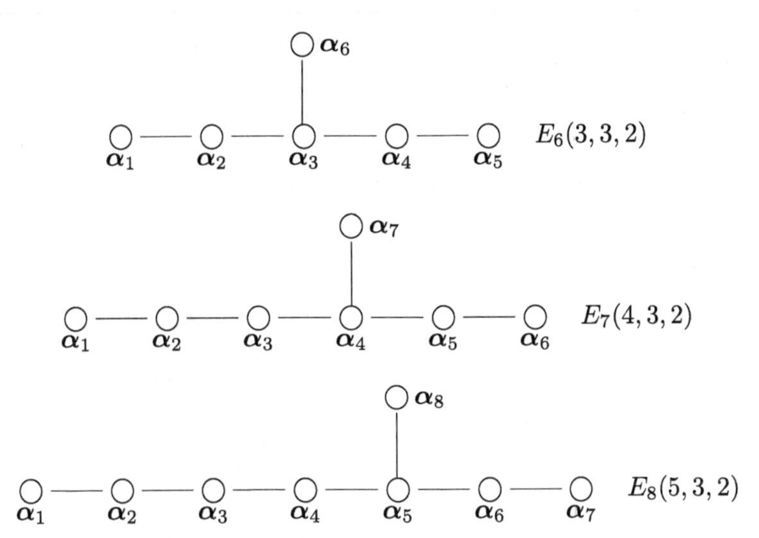

这样, 得到了所有可能存在的复单 Lie 代数, 总结于表 22.5.2, 表中列出的"相关的 Lie 群", 是指该 Lie 群的 Lie 代数的复扩展与相应 Cartan 记号的复单 Lie 代数同构.

Dynkin 图给出了单纯根的相对长度及其夹角, 如何由此求出所有非零根矢量, 特别是其以单纯根表示的式子? 只要反复运用式 (22.5.1) 和式 (22.5.2) 就行了. 我们知道, 若 $\boldsymbol{\alpha}$ 和 $\boldsymbol{\beta}$ 是单纯根, 则 $\boldsymbol{\alpha}-\boldsymbol{\beta}$ 不是根矢量, 而 $\boldsymbol{\gamma}=\boldsymbol{\alpha}-\dfrac{2(\boldsymbol{\alpha},\boldsymbol{\beta})}{(\boldsymbol{\beta},\boldsymbol{\beta})}\boldsymbol{\beta}$ 和 $\boldsymbol{\gamma}'=\boldsymbol{\beta}-\dfrac{2(\boldsymbol{\beta},\boldsymbol{\alpha})}{(\boldsymbol{\alpha},\boldsymbol{\alpha})}\boldsymbol{\alpha}$ 是根矢量, 并且存在从 $\boldsymbol{\alpha}$ 到 $\boldsymbol{\gamma}$ 和从 $\boldsymbol{\beta}$ 到 $\boldsymbol{\gamma}'$ 的根系列 (两个根系列中可能有些根矢量相同). 再从这些已知根矢量找可能存在的根系列, 或利用 Weyl 反映操作, 最后就可以得出全部非零根矢量. 以 G_2 为例, Dynkin 图为 α β, 表明两个根矢量的长度比为 $\sqrt{3}:1$, 夹角为 $150°$. $-\dfrac{2(\boldsymbol{\alpha},\boldsymbol{\beta})}{(\boldsymbol{\beta},\boldsymbol{\beta})}=3, -\dfrac{2(\boldsymbol{\alpha},\boldsymbol{\beta})}{(\boldsymbol{\alpha},\boldsymbol{\alpha})}=1$, 故存在根系列 $\boldsymbol{\alpha},\boldsymbol{\alpha}+\boldsymbol{\beta},\boldsymbol{\alpha}+2\boldsymbol{\beta},\boldsymbol{\alpha}+3\boldsymbol{\beta}$ 和 $\boldsymbol{\beta},\boldsymbol{\beta}+\boldsymbol{\alpha}$. 因为 $\boldsymbol{\beta}+2\boldsymbol{\alpha}$ 和 $2\boldsymbol{\alpha}+2\boldsymbol{\beta}=2(\boldsymbol{\alpha}+\boldsymbol{\beta})$ 不是根矢量, 不再能造出其他含 $\boldsymbol{\alpha}+\boldsymbol{\beta}$ 和 $\boldsymbol{\alpha}+2\boldsymbol{\beta}$ 的 $\boldsymbol{\alpha}$ 根系列, 而

$$(\boldsymbol{\alpha}+3\boldsymbol{\beta})-\frac{2(\boldsymbol{\alpha}+3\boldsymbol{\beta},\boldsymbol{\alpha})}{(\boldsymbol{\alpha},\boldsymbol{\alpha})}\boldsymbol{\alpha}=2\boldsymbol{\alpha}+3\boldsymbol{\beta}$$

是根矢量, $3\boldsymbol{\alpha}+3\boldsymbol{\beta}=3(\boldsymbol{\alpha}+\boldsymbol{\beta})$ 和 $2\boldsymbol{\alpha}+4\boldsymbol{\beta}=2(\boldsymbol{\alpha}+2\boldsymbol{\beta})$ 不是根矢量, 所以含 $2\boldsymbol{\alpha}+3\boldsymbol{\beta}$ 的 $\boldsymbol{\beta}$ 根系列不存在, $\boldsymbol{\alpha}$ 根系列只有两个根矢量. 这样, 我们就得到了 G_2 的六个正根矢量 $\boldsymbol{\alpha},\boldsymbol{\alpha}+\boldsymbol{\beta},\boldsymbol{\alpha}+2\boldsymbol{\beta},\boldsymbol{\alpha}+3\boldsymbol{\beta},2\boldsymbol{\alpha}+3\boldsymbol{\beta},\boldsymbol{\beta}$, 加上六个负根矢量, 就得出 G_2 的全部非零根矢量了.

表 22.5.2 可能存在的复(半)单 Lie 代数

Lie 代数 (Cartan 记号)	相关的 Lie 群	秩 数	维 数	非零根矢量	基矢长度
A_n	$SL(n+1,C)$	n	$n(n+2)$	$\boldsymbol{e}_i-\boldsymbol{e}_j \quad 1\leqslant i\neq j\leqslant n+1$	$\frac{1}{\sqrt{2(n+1)}}$
B_n	$SO(2n+1,C)$	n	$n(2n+1)$	$\pm\boldsymbol{e}_i\pm\boldsymbol{e}_j,\pm\boldsymbol{e}_i \quad 1\leqslant i\neq j\leqslant n$	$\frac{1}{\sqrt{2(2n-1)}}$
C_n	$SP(2n,C)$	n	$n(2n+1)$	$\pm\boldsymbol{e}_i\pm\boldsymbol{e}_j,\pm 2\boldsymbol{e}_i \quad 1\leqslant i\neq j\leqslant n$	$\frac{1}{\sqrt{2(2n+2)}}$
D_n	$SO(2n,C)$	n	$n(2n-1)$	$\pm\boldsymbol{e}_i\pm\boldsymbol{e}_j \quad 1\leqslant i\neq j\leqslant n$	$\frac{1}{\sqrt{2(2n-2)}}$
G_2	G_2	2	14	$\boldsymbol{e}_i-\boldsymbol{e}_j,\pm(\boldsymbol{e}_i+\boldsymbol{e}_j)\mp 2\boldsymbol{e}_k$	$\frac{1}{\sqrt{24}}$
				$1\leqslant i\neq j\neq k\leqslant 3$	
F_4	F_4	4	52	$\pm\boldsymbol{e}_i\pm\boldsymbol{e}_j,\pm 2\boldsymbol{e}_i \quad 1\leqslant i\neq j\leqslant 4$	$\frac{1}{6}$
				$\pm\boldsymbol{e}_1\pm\boldsymbol{e}_2\pm\boldsymbol{e}_3\pm\boldsymbol{e}_4$	
E_6	E_6	6	78	$\pm\boldsymbol{e}_i\pm\boldsymbol{e}_j \quad 1\leqslant i\neq j\leqslant 5$	
				$\underbrace{\frac{1}{2}(\pm\boldsymbol{e}_1\pm\boldsymbol{e}_2\pm\cdots\pm\boldsymbol{e}_5)\pm\sqrt{2-\frac{5}{4}}\boldsymbol{e}_6}_{\text{偶数个正号}}$	$\frac{1}{\sqrt{24}}$
E_7	E_7	7	133	$\pm\boldsymbol{e}_i\pm\boldsymbol{e}_j \quad 1\leqslant i\neq j\leqslant 6$	
				$\pm\sqrt{2}\boldsymbol{e}_7$	
				$\frac{1}{2}\underbrace{(\pm\boldsymbol{e}_1\pm\boldsymbol{e}_2\pm\boldsymbol{e}_3\pm\boldsymbol{e}_4\pm\boldsymbol{e}_5\pm\boldsymbol{e}_6)}_{\text{偶数个正号}}\pm\sqrt{2-\frac{3}{2}}\boldsymbol{e}_7$	$\frac{1}{6}$
E_8	E_8	8	248	$\pm\boldsymbol{e}_i\pm\boldsymbol{e}_j \quad 1\leqslant i\neq j\leqslant 8$	
				$\frac{1}{2}\underbrace{(\pm\boldsymbol{e}_1\pm\boldsymbol{e}_2\pm\boldsymbol{e}_3\pm\boldsymbol{e}_4\pm\boldsymbol{e}_5\pm\boldsymbol{e}_6\pm\boldsymbol{e}_7\pm\boldsymbol{e}_8)}_{\text{偶数个正号}}$	$\frac{1}{\sqrt{60}}$

以上我们弄清楚了复单和复半单 Lie 代数的结构和分类, 但 Lie 群是与实 Lie 代数联系的, 而不同的实 Lie 代数可能有相同的复扩展, 所以还应当进一步解决实单 Lie 代数的结构和分类问题. 在解决复单 Lie 代数的结构和分类的基础上, 要做到这点并不困难, 只要找出通过复扩展能得出指定复单 Lie 代数的实单代数 (称为该复单 Lie 代数的实形) 即可. 对于所有复单 Lie 代数, 全部实形都已找到. 这样, 实单 Lie 代数的完全分类问题也就解决了.

22.6 与 Lie 群的表示有关的一些问题

22.6.1 连续群表示的复杂性

第 21 章我们已经讨论过连续群的张量表示. 连续群的表示和有限群的表示定义是一样的, 即群 G 的表示 $D(G)$ 是一个算符群或矩阵群, 它们是 G 的同态映象: 对于 $g_1, g_2 \in G$, 有

$$\begin{aligned} D(g_1)D(g_2) &= D(g_1 g_2) \\ D(e) &= \boldsymbol{I} \end{aligned} \tag{22.6.1}$$

式中, e 是单位元素, $\boldsymbol{I}$ 是单位矩阵. 这里要求算符是有界的, 即对于 $D(g_i)$ 所作用的函数空间中任意函数 $\psi, (D(g_i)\psi, \psi)$ 是有限值, 并且是群元素 g_i 的连续函数.

但是连续群的表示比有限群的表示复杂得多. 任何有限群的表示都等价于一个有限维的酉 (或反酉) 表示, 可约表示都是可分解的. 而连续群的表示则可以是有限维的或无限维的, 离散的或连续的, 酉的或非酉的 (不是反酉的), 可分解的或只是可约而不可分解的. 例如, 平移群 $x' = x + a$ 有一个表示 $\left\{\begin{bmatrix} 1 & a \\ 0 & 1 \end{bmatrix}\right\}$, 则

$$a \to \begin{bmatrix} 1 & a \\ 0 & 1 \end{bmatrix}, \qquad b \to \begin{bmatrix} 1 & b \\ 0 & 1 \end{bmatrix}$$

$$\phi(a; b) = a + b \to \begin{bmatrix} 1 & a+b \\ 0 & 1 \end{bmatrix} = \begin{bmatrix} 1 & a \\ 0 & 1 \end{bmatrix}\begin{bmatrix} 1 & b \\ 0 & 1 \end{bmatrix}$$

它显然是一个可约表示, 但却是不可分解的. 因此, 有限群表示理论中的结果不能一般地推广到连续群中使用. 下面我们讨论在什么条件下这种推广是允许的.

22.6.2 群积分

在证明有限群表示定理时, 我们要对群元素求和, 并且运用了重排定理, 即

$$S = \sum_{g \in G} f(g) = \sum_{g \in G} f(hg) \qquad h, g \in G \tag{22.6.2}$$

式中, $f(g)$ 是定义在群元素上的函数, 如表示矩阵的矩阵元或特征标. 我们说, 和 S 对于用 h 左移是不变的. 在讨论连续群的表示时, 我们也要处理同样的问题. 式 (22.6.2) 用到的推理是否仍然成立? 当然首先要将函数值对群元素的求和变成相应的积分, 因为现在群元素是不可数的和连续的. 对定义在群流形上的函数进行积分,

就有一个积分是否收敛的问题. 对于紧 Lie 群, 积分是对有界函数在有限区域内进行的, 所以一定收敛于有限值. 对于非紧群, 这点就不能确定了.

其次, 把式 (22.6.2) 写成积分的形式, 有

$$\int f(\beta)\mathrm{d}\mu(\beta)=\int f(\alpha\beta)\mathrm{d}\mu(\beta)=\int f(\alpha\beta)\mathrm{d}\mu(\alpha\beta) \tag{22.6.3}$$

式中, $\mathrm{d}\mu(\beta)$ 是与元素 β 相联系的体积元 (测度). 为了使式 (22.6.3) 成立, 必须有

$$\mathrm{d}\mu_L(\beta)=\mathrm{d}\mu_L(\alpha\beta) \tag{22.6.4}$$

亦即与元素 β 相联系的体积元等于与元素 $\alpha\beta$ 相联系的体积元, 这里对 $\mathrm{d}\mu$ 加下标 L 表示是用 α 左移时测度不变. 因为 α 和 β 是任意的, 这相当于要求在求和时给每个元素同样的权重. 具有这种性质的测度称为左不变测度. 类似地定义右不变测度

$$\mathrm{d}\mu_R(\beta)=\mathrm{d}\mu_R(\beta\alpha) \tag{22.6.5}$$

在 r 参数连续群中, 群流形的一个元素对应于 r 维参数空间中的一个点. 设群元素 α 在参数空间中的对应点为 $\boldsymbol{a}=(a_1,a_2,\cdots,a_r)$. 在 α 邻域的元素的参数将占据参数空间中点 $\boldsymbol{a}$ 的邻域的体积元 $\mathrm{d}\boldsymbol{a}$. 当用元素 β[参数为 $\boldsymbol{b}=(b_1,\cdots,b_r)$] 左移这组元素时, 元素 α 将移到元素 $\gamma=\beta\alpha,\gamma$ 的参数由 $\{c_k=\phi_k(\boldsymbol{a};\boldsymbol{b})(k=1,\cdots,r)\}$ 确定, 体积元 $\mathrm{d}\boldsymbol{a}$ 也将移到 $\boldsymbol{c}$ 点的邻域, 占据体积元 $\mathrm{d}\boldsymbol{c}$. 为使群元素的测度对于左移不变, 选取密度函数 $\rho(\boldsymbol{a})$, 使得

$$\mathrm{d}\mu_L(\alpha)=\rho(\boldsymbol{a})\mathrm{d}\boldsymbol{a}=\rho(\boldsymbol{c})\mathrm{d}\boldsymbol{c}=\mathrm{d}\mu_L(\beta\alpha) \tag{22.6.6}$$

密度函数 $\rho(\boldsymbol{a})$ 可求得如下: 在单位元素附近, 可以任意给密度函数选定一个值 $\rho(\boldsymbol{0})$. 当用 β 左移时, 该点的体积元移到 $\boldsymbol{b}$ 点的邻域

$$b_k=\phi_k(\boldsymbol{0};\boldsymbol{b})$$

$$\mathrm{d}b_k=\sum_{l=1}^{r}\left[\frac{\partial\phi_k(\boldsymbol{a};\boldsymbol{b})}{\partial a_l}\right]_{\boldsymbol{a}=0}\mathrm{d}a_l$$

因此, 在参数空间中体积元 $\mathrm{d}\boldsymbol{b}$ 和 $\mathrm{d}\boldsymbol{a}$ 由式 (22.6.7) 相联系

$$\mathrm{d}\boldsymbol{b}=\begin{vmatrix}\left[\dfrac{\partial\phi_1(\boldsymbol{a};\boldsymbol{b})}{\partial a_1}\right]_{\boldsymbol{a}=0} & \cdots & \left[\dfrac{\partial\phi_r(\boldsymbol{a};\boldsymbol{b})}{\partial a_1}\right]_{\boldsymbol{a}=0}\\ \vdots & & \vdots\\ \left[\dfrac{\partial\phi_1(\boldsymbol{a};\boldsymbol{b})}{\partial a_r}\right]_{\boldsymbol{a}=0} & \cdots & \left[\dfrac{\partial\phi_r(\boldsymbol{a};\boldsymbol{b})}{\partial a_r}\right]_{\boldsymbol{a}=0}\end{vmatrix}\equiv J(\boldsymbol{b})\mathrm{d}\boldsymbol{a} \tag{22.6.7}$$

令 $\rho(\boldsymbol{b})=\rho(\boldsymbol{0})/J(\boldsymbol{b})$, 则

$$\rho(\boldsymbol{b})\mathrm{d}\boldsymbol{b}=\rho(\boldsymbol{0})\mathrm{d}\boldsymbol{a} \tag{22.6.8}$$

因为 β 是任意元素, 式 (22.6.8) 确定了任一点的密度函数并满足式 (22.6.6). 对于右移, 我们可完全类似地处理.

举个简单的例子. 考虑变换 $x'=a_1x+a_2$. 对于左移

$$c_1=\phi_1(a,b)=b_1a_1$$

$$c_2=\phi_2(a,b)=b_2+b_1a_2$$

$$\left.\frac{\partial\phi_1}{\partial a_1}\right|_{\substack{a_1=1\\a_2=0}}=b_1,\qquad\frac{\partial\phi_1}{\partial a_2}=\frac{\partial\phi_2}{\partial a_1}=0,\qquad\left.\frac{\partial\phi_2}{\partial a_2}\right|_{\substack{a_1=1\\a_2=0}}=b_1$$

故

$$J(\boldsymbol{b})=b_1^2,\quad\rho(\boldsymbol{b})=\frac{1}{b_1^2}\qquad[\text{取 }\rho(\boldsymbol{0})=1] \tag{22.6.9}$$

对于右移, 类似地, 可求得

$$\rho(\boldsymbol{b})=\frac{1}{b_1}$$

这个例子说明使左移时测度不变的密度函数并不一定使右移时测度不变. 一般说来, 对于一个群, 左不变测度与右不变测度是不相同的.

但可以证明, 对于紧群, 它们是相等的. 设在单位元素处测度为 $\mathrm{d}\mu(\boldsymbol{0})$. 在 α 左乘下移到元素 α, 测度为 $\mathrm{d}\mu_L(\boldsymbol{\alpha})=\rho_L(\boldsymbol{\alpha})\mathrm{d}\boldsymbol{\alpha}$. 再用 α^{-1} 把它右移回单位元素, 测度为 $\mathrm{d}\mu^{(1)}(\boldsymbol{0})$, 则

$$\mathrm{d}\mu^{(1)}(\boldsymbol{0})=\alpha\mathrm{d}\mu(\boldsymbol{0})\alpha^{-1}=[\rho_L(\boldsymbol{\alpha})\mathrm{d}\boldsymbol{\alpha}]\alpha^{-1}=\rho_L(\boldsymbol{\alpha})\mathrm{d}\mu(\boldsymbol{0})\rho_R(\boldsymbol{\alpha})^{-1}$$

即

$$\mathrm{d}\mu^{(1)}(\boldsymbol{0})=[\rho_L(\boldsymbol{\alpha})\rho_R(\boldsymbol{\alpha})^{-1}]\mathrm{d}\mu(\boldsymbol{0})=f(\boldsymbol{\alpha})\mathrm{d}\mu(\boldsymbol{0})$$

反复进行以上变换 n 次, 得

$$\begin{aligned}\mathrm{d}\mu^{(n)}(\boldsymbol{0})&=\alpha\cdot\mathrm{d}\mu^{(n-1)}(\boldsymbol{0})\alpha^{-1}=\alpha^n\mathrm{d}\mu(\boldsymbol{0})(\alpha^{-1})^n\\&=f(\boldsymbol{\alpha})\mathrm{d}\mu^{(n-1)}(\boldsymbol{0})=f^n(\boldsymbol{\alpha})\mathrm{d}\mu(\boldsymbol{0})\end{aligned} \tag{22.6.10}$$

对于有限群, 显然, $f^n(\boldsymbol{\alpha})=1$, 因为存在一个整数 n, 使 $\alpha^n=e$(单位元素), 所以 $\mathrm{d}\mu^{(n)}(\boldsymbol{0})=\mathrm{d}\mu(\boldsymbol{0})$. 对于紧群, 当 $n\to\infty$ 时, 存在极限, 设为 β, 则

$$\lim_{n\to\infty}\alpha^n=\beta$$

故

$$\begin{aligned}\mathrm{d}\mu^{(\infty)}(\mathbf{0}) &= \lim_{n\to\infty}\alpha^n \mathrm{d}\mu(\mathbf{0})(\alpha^{-1})^n = \lim_{n\to\infty}[f(\boldsymbol{\alpha})]^n \mathrm{d}\mu(\mathbf{0}) \\ &= \beta \mathrm{d}\mu(\mathbf{0})\beta^{-1} = f(\boldsymbol{\beta})\mathrm{d}\mu(\mathbf{0})\end{aligned}$$

若 $f(\boldsymbol{\alpha}) > 1$ 或 $f(\boldsymbol{\alpha}) < 1$, 则有

$$\lim_{n\to\infty}[f(\boldsymbol{\alpha})]^n \to \infty \quad \text{或} \quad \lim_{n\to\infty}[f(\boldsymbol{\alpha})]^n = 0 \tag{22.6.11}$$

但 β 是群的一个元素, $f(\boldsymbol{\beta})$ 不能为 ∞ 或 0, 故必有 $f(\boldsymbol{\alpha}) = 1$, 即

$$\rho_L(\boldsymbol{\alpha})\rho_R^{-1}(\boldsymbol{\alpha}) = 1, \qquad \rho_L(\boldsymbol{\alpha}) = \rho_R(\alpha), \qquad \mathrm{d}\mu_L(\boldsymbol{\alpha}) = \mathrm{d}\mu_R(\boldsymbol{\alpha}) \tag{22.6.12}$$

以上讨论容易推广到混合连续群, 只要将式 (22.6.3) 的积分改写为几项积分之和, 即

$$\int_{\alpha\in G} f(\boldsymbol{\alpha})\rho(\boldsymbol{\alpha})\mathrm{d}\boldsymbol{\alpha} = \sum_{\mathrm{d}_i\in D}\int_{\alpha_0\in G_0} f(\mathrm{d}_i\boldsymbol{\alpha}_0)\rho(\boldsymbol{\alpha}_0)\mathrm{d}\boldsymbol{\alpha}_0 \tag{22.6.13}$$

式中, D 是 G 的离散商群, G_0 是 G 中与单位元素连通的一叶, 即其中的 Lie 群. 当 G_0 只包含单位元素时, 就恢复到离散群的情况.

因此, 对于紧群, 我们可以定义对左移和右移同时不变的测度. 这样, 有限群表示理论中的正交定理以及由此导出的所有结论, 如不可约性判据、特征标性质等, 对于紧连续群的酉表示仍然成立, 只需把对群元素的求和用积分代替

$$\int f(\boldsymbol{a})\rho(\boldsymbol{a})\mathrm{d}\boldsymbol{a} \to \sum_{a\in G} f(a) \tag{22.6.14}$$

例如, 群元素的数目是 $\int \rho(\boldsymbol{a})\mathrm{d}\boldsymbol{a}$. 当然, 现在表示的矩阵元和特征标是群参数的连续函数. 由于共轭类的数目也是无限的, 而且连续分布, 不可能给出一个特征标表, 并且不等价不可约表示的数目也是无限的. 举例如下:

(1) 二维旋转群 $SO(2)$. 这个单参数变换 Lie 群的参数为旋转角 θ, 群流形的参数空间为一个圆周. 由

$$\theta_3 = \phi(\theta_1;\theta_2) = \theta_1 + \theta_2$$

得

$$\left(\frac{\partial\phi}{\partial\theta_1}\right)_{\theta=0} = 1$$

故密度函数 $\rho(\theta) = 1$(取 $\rho(0) = 1$), 体积元为 $\mathrm{d}\theta$. 对群元素的求和等于积分

$$\int_0^{2\pi}\mathrm{d}\theta = 2\pi$$

正交定理就是

$$\int_0^{2\pi} \chi^{(\mu)}(\theta)\chi^{(\nu)*}(\theta)\mathrm{d}\theta = \int_0^{2\pi} \exp[i(\mu-\nu)\theta]\mathrm{d}\theta = 2\pi\delta_{\mu\nu} \tag{22.6.15}$$

其他有限群表示理论中的公式都可以通过用对 θ 的积分代替对群元素的求和得出. 例如, 不可约表示 μ 出现的次数 a_μ 为

$$a_\mu = \frac{1}{2\pi}\int_0^{2\pi} \chi^{(\mu)*}(\theta)\chi(\theta)\mathrm{d}\theta \tag{22.6.16}$$

(2) 三维旋转群 $SO(3)$. 一个旋转由三个参数决定: 两个决定旋转轴的取向, 一个决定旋转角度 θ. 但所有方向上的旋转是等价的 (坐标系的取向是任意的), 所以密度函数一定只是 θ 的函数. 因此我们可以从一个简单的表示矩阵出发来寻找 $\boldsymbol{c} = \phi(\boldsymbol{a};\boldsymbol{b})$, 从而找出 Jacobi 行列式和密度函数.

绕 z 轴的旋转 $\boldsymbol{b}$ 的表示矩阵为

$$\boldsymbol{R}(\boldsymbol{b}) = \begin{bmatrix} \cos\theta_b & -\sin\theta_b & 0 \\ \sin\theta_b & \cos\theta_b & 0 \\ 0 & 0 & 1 \end{bmatrix} \tag{22.6.17}$$

旋转 $\boldsymbol{a}$ 的旋转轴相对于旋转 $\boldsymbol{b}$ 的取向是任意的. 计算 Jacobi 行列式时在 $\boldsymbol{a} = \boldsymbol{0}$ 附近, 所以可以取它的表示矩阵为单位矩阵与无穷小旋转矩阵之和 [关于 $SO(3)$ 的群流形和参数空间参见 22.1.5 节]

$$R(\boldsymbol{a}) = \begin{bmatrix} 1 & -a_z & a_y \\ a_z & 1 & -a_x \\ -a_y & a_x & 1 \end{bmatrix} \tag{22.6.18}$$

于是

$$\begin{aligned} \boldsymbol{R}(\boldsymbol{c}) &= \boldsymbol{R}(\boldsymbol{a})\boldsymbol{R}(\boldsymbol{b}) \\ &= \begin{bmatrix} \cos\theta_b - a_z\sin\theta_b & -\sin\theta_b - a_z\cos\theta_b & a_y \\ a_z\cos\theta_b + \sin\theta_b & -a_z\sin\theta_b + \cos\theta_b & -a_x \\ -a_y\cos\theta_b + a_x\sin\theta_b & a_z\sin\theta_b + a_x\cos\theta_b & 1 \end{bmatrix} \end{aligned} \tag{22.6.19}$$

由方程式 (22.6.19) 即可求得旋转 $\boldsymbol{c}$ 的旋转轴取向和旋转角度. 我们知道旋转矩阵的迹等于 $(1 + 2\cos\theta_c)$, 故有

$$\cos\theta_c = \cos\theta_b - a_z\sin\theta_b$$

当 $a_z \to 0$ 时, $\theta_c = \theta_b + a_z$, 因为

$$\cos\theta_c \approx \cos a_z \cos\theta_b - \sin a_z \sin\theta_b = \cos(\theta_b + a_z) \tag{22.6.20}$$

为了找到旋转 $\boldsymbol{c}$ 的旋转轴取向, 可以利用以下关系式:

$$\boldsymbol{R}(\boldsymbol{c})\boldsymbol{c} = \boldsymbol{c} \tag{22.6.21}$$

它表示矢量 $\boldsymbol{c}$ 不因旋转 $\boldsymbol{R}(\boldsymbol{c})$ 而改变. 由旋转的酉变换性质, 还有 $\boldsymbol{R}^H(\boldsymbol{c})\boldsymbol{c} = \boldsymbol{c}$(注意 $\boldsymbol{c}$ 是实矢量), 得

$$[\boldsymbol{R}(\boldsymbol{c}) - \boldsymbol{R}^H(\boldsymbol{c})]\boldsymbol{c} = 0 \tag{22.6.22}$$

详细写出来, 就是

$$\begin{aligned}
-2(\sin\theta_b + a_z\cos\theta_b)c_y + [a_y(1+\cos\theta_b) - a_x\sin\theta_b]c_z &= 0\\
2(\sin\theta_b + a_z\cos\theta_b)c_x - [a_x(1+\cos\theta_b) + a_y\sin\theta_b]c_z &= 0\\
[-a_y(1+\cos\theta_b) + a_x\sin\theta_b]c_x + [a_y\sin\theta_b + a_x(1+\cos\theta_b)]c_y &= 0
\end{aligned} \tag{22.6.23}$$

故 $\boldsymbol{c}$ 的三个分量之比为

$$[a_y\sin\theta_b + a_x(1+\cos\theta_b)] : [-a_x\sin\theta_b + a_y(1+\cos\theta_b)] : [2(\sin\theta_b + a_z\cos\theta_b)] \tag{22.6.24}$$

以矢量 $\boldsymbol{c}$ 的长度 (一级近似)$2(\sin\theta_b + a_z\cos\theta_b)$ 遍除式 (22.6.24), 可以得到的在一级近似下 $\boldsymbol{c}$ 的方向余弦为

$$\frac{1}{2}[a_y + a_x(1+\cos\theta_b)/\sin\theta_b] : \frac{1}{2}[-a_x + a_y(1+\cos\theta_b)/\sin\theta_b] : 1 \tag{22.6.25}$$

用 $\theta_c = \theta_b + a_z \approx \theta_b$ 乘方向余弦, 得出参数 $\boldsymbol{c}$ 的三个分量为

$$\begin{aligned}
c_x &= \frac{1}{2}\theta_b[a_y + a_x(1+\cos\theta_b)/\sin\theta_b]\\
c_y &= \frac{1}{2}\theta_b[-a_x + a_y(1+\cos\theta_b)/\sin\theta_b]\\
c_z &= \theta_b + a_z
\end{aligned} \tag{22.6.26}$$

这样, Jacobi 行列式就是

$$\begin{aligned}
\left.\frac{\partial\boldsymbol{c}}{\partial\boldsymbol{a}}\right|_{\boldsymbol{a}=0} &= \begin{vmatrix}
\frac{1}{2}\theta_b(1+\cos\theta_b)/\sin\theta_b & \frac{1}{2}\theta_b & 0\\
-\frac{1}{2}\theta_b & \frac{1}{2}\theta_b(1+\cos\theta_b)/\sin\theta_b & 0\\
0 & 0 & 1
\end{vmatrix}\\
&= \frac{1}{2}\theta_b^2(1+\cos\theta_b)/\sin^2\theta_b
\end{aligned} \tag{22.6.27}$$

当 $\boldsymbol{a} \to \boldsymbol{0}$ 时, $\boldsymbol{b} = \boldsymbol{c}$, 故密度函数为

$$\rho(\boldsymbol{c}) = \frac{2\sin^2\theta_c}{\theta_c^2(1+\cos\theta_c)} = \frac{2(1-\cos\theta_c)}{\theta_c^2} \tag{22.6.28}$$

于是对群元素的求和变为以下积分:

$$V = \int_{\boldsymbol{a}\in G} \frac{2(1-\cos\theta_a)}{\theta_a^2} \mathrm{d}a_x \mathrm{d}a_y \mathrm{d}a_z$$

变为球极坐标, 得 (Ω 为立体角)

$$V = \int_{a=0}^{\pi} \frac{2(1-\cos\theta_a)}{\theta_a^2} \theta_a^2 \mathrm{d}a \iint \mathrm{d}\Omega = 8\pi^2 \tag{22.6.29}$$

函数 $f(\boldsymbol{a})$ 在群元素上的平均值为

$$\overline{f(\boldsymbol{a})} = \frac{1}{4\pi^2} \int_{a=0}^{\pi} f(a)(1-\cos\theta_a)\mathrm{d}a\mathrm{d}\Omega \tag{22.6.30}$$

若函数 $f(\boldsymbol{a})$ 与 $\boldsymbol{a}$ 的方向无关 (如特征标), 则式 (22.6.30) 可简化为

$$\overline{f(\boldsymbol{a})} = \frac{1}{\pi} \int_{a=0}^{\pi} f(a)(1-\cos\theta_a)\mathrm{d}a \tag{22.6.31}$$

例如, 特征标正交定理是

$$\frac{1}{\pi} \int_{a=0}^{\pi} \chi^{(j_1)}(a)\chi^{(j_2)*}(a)(1-\cos\theta_a)\mathrm{d}a = \delta_{j_1 j_2} \tag{22.6.32}$$

注意, 以上结果不能用于双值表示. 对于双值表示, 应按 $SU(2)$ 群处理. 根据 22.1.5 节中关于 $SO(3)$ 和 $SU(2)$ 群流形的讨论可知, 对 a 的积分应扩展到 2π.

若旋转参数选用 Euler 角, 则可求得密度函数为 $\rho(\alpha,\beta,\gamma) = \sin\beta$, 函数的平均值是

$$\overline{f(\alpha,\beta,\gamma)} = \frac{1}{8\pi^2} \int_{\alpha=0}^{2\pi} \int_{\beta=0}^{\pi} \int_{\gamma=0}^{2\pi} f(\alpha,\beta,\gamma)\sin\beta\mathrm{d}\alpha\mathrm{d}\beta\mathrm{d}\gamma \tag{22.6.33}$$

不可约表示矩阵元的正交关系是

$$\begin{aligned} &\frac{1}{8\pi^2} \int_0^{2\pi} \int_0^{\pi} \int_0^{2\pi} D_{m_1' m_1}^{(j_1)}(\alpha,\beta,\gamma) D_{m_2' m_2}^{(j_2)*}(\alpha,\beta,\gamma)\sin\beta\mathrm{d}\alpha\mathrm{d}\beta\mathrm{d}\gamma \\ &= \delta_{j_1 j_2}\delta_{m_1' m_2'}\delta_{m_1 m_2}(2j_1+1)^{-1} \end{aligned} \tag{22.6.34}$$

同理, 对于双值表示, 对 α 的积分扩展到 4π.

22.6.3　多值表示与群流形的多度连通性的联系

若群流形是 m 度连通的, 则它的一部分不可约表示将是 m 值的, 因为不可约表示矩阵可以看作定义在群元素上的函数, 该函数在群流形的一个路径上将逐点连续地变化. 若群流形是单连通的, 则由于任意闭路径可以连续变形, 收缩于一点, 每点的函数一定是单值的. 若群流形是 m 度连通的, 则从一点出发回到该点的路径有 m 种, 彼此间不能连续过渡; 沿不同路径回到该点时函数值可能不同, 因而可能是 m 值的. 例如, 上册 7.4.6 节中已讨论过旋转群的双值表示, 它的每个矩阵元或特征标对于同一旋转可取绝对值相同的正负两个值.

上面已经指出, 对于任意的多连通群 G, 一定存在一个单连通群 $\widetilde{G}$, 称为 G 的泛覆盖群. G 是 $\widetilde{G}$ 的同态映象：在 $\widetilde{G}$ 中有一个离散的正规子群 N, G 与商群 $\widetilde{G}/N$ 同构. 可以证明, G 的多值表示对于 $\widetilde{G}$ 是单值的. 例如, $SO(2)$ 群是无限度连通的, 它的泛覆盖群是实数加法群. $SO(2)$ 群的参数空间是一个圆周, $0 \leqslant \phi < 2\pi$. 实数加法群的参数空间是 $-\infty < x < +\infty$. 实数加法群到 $SO(2)$ 群的同态映射是 $x \to \phi = x - 2\pi\left(\dfrac{x}{2\pi}\right)_{\text{int}}\left[\left(\dfrac{x}{2\pi}\right)_{\text{int}}\ \text{表示}\ \dfrac{x}{2\pi}\ \text{的整数部分}\right]$. 对于变量 x 来说, $\exp(ilx)$ 总是单值函数, 但对于 ϕ 来说, 它就可能是多值的, 由 l 的数值决定其多值性. 因为 $SO(3)$ 群是二度连通的, 所以有双值表示. 它的泛覆盖群是 $SU(2), SO(3)$ 的双值表示对于 $SU(2)$ 是单值的. 由此可得以下结论：为了找出 G 的不可约表示, 只需要研究 $\widetilde{G}$ 的表示; 而 $\widetilde{G}$ 的表示总是单值的, 群表示理论中的正交性和完备性定理都是成立的.

22.7　Lie 代数的表示

22.7.1　Lie 代数的表示, 定义和一般特征

对于 r 维 Lie 代数, 如果有 r 个矩阵 $\boldsymbol{D}_\lambda$, 使得

$$[\boldsymbol{D}_\lambda, \boldsymbol{D}_\sigma] = \sum_\tau c_{\lambda\sigma}^\tau \boldsymbol{D}_\tau$$

成立, 式中, $c_{\lambda\sigma}^\tau$ 是该 Lie 代数的结构常数, 就说这组矩阵给出它的一个矩阵表示. Lie 代数的一个 N 维表示是该代数到 N 维矢量空间中的线性变换 Lie 代数的一个同态映象. 实际上, 把 Lie 代数的基 $\{\boldsymbol{X}_\lambda\}$(无穷小算符) 作用在表示空间的基函数 $\{\phi_i^{(\alpha)}\}$ 上就得出 Lie 代数的表示矩阵

$$\boldsymbol{X}_\lambda \phi_i^{(\alpha)} = \sum_j \phi_j^{(\alpha)} (\boldsymbol{X}_\lambda)_{ji}$$

另一方面, 相应于这组无穷小算符的有限变换算符 $\boldsymbol{T}$ 作用在同一个表示空间的基函数上, 就得出相应 Lie 群的表示矩阵

$$\boldsymbol{T}\phi_i^{(\alpha)} = \sum_j \phi_j^{(\alpha)} T_{ji}^{(\alpha)}$$

因此, 原则上从 Lie 代数的表示能得出与之对应的所有局部同构 Lie 群的表示. 这种一一对应关系使得我们可以通过 Lie 代数的表示来研究 Lie 群的表示. 实际上, 在物理和化学应用中常常只要考察 Lie 代数的表示就够了.

22.6 节已经提到过 Lie 群的表示的复杂性. 这里可以进一步指出关于 Lie 群和 Lie 代数的表示的几点一般性特征.

(1) 可解 Lie 群和 Lie 代数的每一个有限维不可约表示都是一维的.

(2) 单纯紧 Lie 群和 Lie 代数的不可约酉表示都是有限维的, 离散的, 可分解的 (完全可约的). 但所有其他不可约表示必定是无限维的, 非酉的; 可能是连续的, 不可分解的.

(3) 单纯非紧 Lie 群和 Lie 代数的不可约酉表示, 除了平凡的一维表示以外都是无限维的. 反之, 有限维表示一定是非酉的, 因而可能只是可约的而不是可分解的. 但要注意, 这点对于半单纯非紧 Lie 群不一定成立.

下面我们将限于讨论半单纯 Lie 代数的表示, (2) 和 (3) 两点结论在 22.8 节对三参数 Lie 群和 Lie 代数的表示的讨论中将得到印证.

22.7.2 权和权空间

Lie 群和 Lie 代数的不等价不可约表示有无限多个, 需要建立一个系统来对它们进行描述和分类. 设用 R_ϕ 标志表示 Γ_ϕ 的表示空间, 其维数为 $N(\phi)$. 在 R_ϕ 中适当选择基组, 使得 l 个对应于 Cartan 子代数的基 $\boldsymbol{H}_i(i=1,\cdots,l)$ 的矩阵是可对易的, 其余 $r-l$ 个对应于非零根矢量 E_α 的矩阵满足正则对易关系.

由于 l 个矩阵 $\boldsymbol{H}_i$ 是可对易的, 可以找到它们一组共同的本征函数 $\boldsymbol{\Phi}^\Lambda$, 使得

$$\boldsymbol{H}_i\boldsymbol{\Phi}^\Lambda = \lambda_i\boldsymbol{\Phi}^\Lambda \qquad (i=1,\cdots,l)$$

l 个本征值的集合 $\{\lambda_i\}$ 可以看成 l 维空间中一个矢量的共变分量. 我们把 $\boldsymbol{\Lambda}\equiv[\lambda_i]$ 称为权矢量, 由它们构成的空间称为权空间, 记作 Δ_ϕ. 矢量 $\boldsymbol{\Lambda}$ 称为本征函数 $\boldsymbol{\Phi}^\Lambda$ 的权.

如果 $\boldsymbol{\Phi}^\Lambda$ 是一个权为 $\boldsymbol{\Lambda}$ 的本征函数, 则 $\boldsymbol{E}_\beta\Phi^\Lambda$ 是权为 $\boldsymbol{\Lambda}+\boldsymbol{\beta}$ 的一个本征函数 (注意, $\boldsymbol{\beta}$ 是根矢量, 有 l 个分量), 因为

$$\boldsymbol{H}_i(\boldsymbol{E}_\beta\boldsymbol{\Phi}^\Lambda) = ([\boldsymbol{H}_i,\boldsymbol{E}_\beta]+\boldsymbol{E}_\beta\boldsymbol{H}_i)\boldsymbol{\Phi}^\Lambda = (\beta_i+\lambda_i)(\boldsymbol{E}_\beta\boldsymbol{\Phi}^\Lambda) \tag{22.7.1}$$

式 (22.7.1) 对 $i=1,\cdots,l$ 都成立. 可用矢量式表示为

$$\boldsymbol{H}\boldsymbol{E}_\beta\boldsymbol{\Phi}^\Lambda = (\boldsymbol{\Lambda}+\boldsymbol{\beta})\boldsymbol{E}_\beta\boldsymbol{\Phi}^\Lambda \tag{22.7.2}$$

表示空间 R_ϕ 可以按权 $\boldsymbol{\Lambda}$ 分解为子空间 R_ϕ^Λ 的直和

$$R_\phi = \sum_{\Lambda\in\Delta_\phi}^{\oplus} R_\phi^\Lambda \tag{22.7.3}$$

函数空间 R_ϕ^Λ 中的每个函数都具有权 $\boldsymbol{\Lambda}$. 于是

$$\begin{aligned} \boldsymbol{E}_\beta \boldsymbol{\Phi}^\Lambda &\in R_\phi^{\Lambda+\beta} \quad \text{若} \quad \boldsymbol{\Lambda}+\boldsymbol{\beta}\in\Delta_\phi \\ &=0 \quad\quad\quad\quad \boldsymbol{\Lambda}+\boldsymbol{\beta}\notin\Delta_\phi \end{aligned} \tag{22.7.4}$$

若权 $\boldsymbol{\Lambda}$ 的第一个非零分量是正的, 就说它是正的. 若 $\boldsymbol{\Lambda}_A - \boldsymbol{\Lambda}_B$ 的第一个非零分量是正的, 则说 $\boldsymbol{\Lambda}_A$ 比 $\boldsymbol{\Lambda}_B$ 高. 若权 $\boldsymbol{\Lambda}$ 比任意其他权 $\boldsymbol{M}$ 都高, 就说 $\boldsymbol{\Lambda}$ 是表示 Γ_ϕ 中的最高权. 举例如下:

(1) $so(3) \sim su(2) \sim A_1 = B_1 = C_1$. 三个标准基可取为

$$\boldsymbol{H}_0 = \frac{i}{\sqrt{2}}\boldsymbol{X}_3 = \frac{1}{\sqrt{2}}\boldsymbol{J}_z$$

$$\boldsymbol{E}_{\pm\frac{1}{\sqrt{2}}} = \frac{i}{2}(\boldsymbol{X}_1 \pm i\boldsymbol{X}_2) = \frac{1}{2}\boldsymbol{J}_\pm$$

容易验证

$$[\boldsymbol{H}_0, \boldsymbol{E}_{\pm\frac{1}{\sqrt{2}}}] = \pm\frac{1}{\sqrt{2}}\boldsymbol{E}_{\pm\frac{1}{\sqrt{2}}}$$

我们知道 $\boldsymbol{J}_z$ 的本征函数 Ψ_{lm}, $\boldsymbol{J}_z\Psi_{lm} = m\Psi_{lm}$, 以及 $\boldsymbol{J}_z(\boldsymbol{J}_\pm\Psi_{lm}) = (m\pm1)(\boldsymbol{J}_\pm\Psi_{lm})$, 故 Ψ_{lm} 也是 $\boldsymbol{H}_0$ 的本征函数, 本征值为 $\frac{m}{\sqrt{2}}$, 即

$$\boldsymbol{H}_0\Psi_{lm} = \frac{m}{\sqrt{2}}\Psi_{lm}$$

$\boldsymbol{E}_{\pm\frac{1}{\sqrt{2}}}\Psi_{lm}$ 也是 $\boldsymbol{H}_0$ 的本征函数, 本征值为 $\frac{(m\pm1)}{\sqrt{2}}$, 即

$$\boldsymbol{H}_0(\boldsymbol{E}_{\pm\frac{1}{\sqrt{2}}}\Psi_{lm}) = \frac{(m\pm1)}{\sqrt{2}}(\boldsymbol{E}_{\pm\frac{1}{\sqrt{2}}}\Psi_{lm})$$

这里, Lie 代数是一秩的, 权矢量是一维的, 表示空间 $\{\Psi_{lm}\}$ 是 $2l+1$ 维的. 本征函数 Ψ_{lm} 的权为 $\frac{m}{\sqrt{2}}$, m 的取值为 $+l,\cdots,-l$, 故这个表示空间的最高权为 $l/\sqrt{2}$. 表示空间可分解为 $2l+1$ 个子空间, 每个子空间的权 $\left(\frac{m}{\sqrt{2}}\right)$ 不同. 若 $m\pm1$ 不在 $l,\cdots,-l$ 的范围之内, 则 $\boldsymbol{E}_\pm\Psi_{lm} = 0$. 这些结果在角动量理论中已为人所熟知. 这里因为采用 Weyl 标准基, 本征值与角动量理论中惯用的数值不同. 若令 $\boldsymbol{H}_0 \to \sqrt{2}\boldsymbol{H}_0 =$

$\boldsymbol{J}_z, \boldsymbol{E}_{\pm\alpha} \rightarrow 2\boldsymbol{E}_{\pm\alpha} = \pm\boldsymbol{J}_z$(这相当于改变规范化条件), 就得到角动量理论中的结果了.

我们可以把权画在根图上, 得到权图. 对于 A_1 Lie 代数, 表示 l 的权图如下 (以根矢量的长度 $\dfrac{1}{\sqrt{2}}$ 为单位):

$-l$　$-(l-1)$ ⋯ -1　0　1 ⋯ $l-1$　l　m

$E_{-\frac{1}{\sqrt{2}}}$　$E_{\frac{1}{\sqrt{2}}}$

(2) $so(4) \sim D_2$ Lie 代数. 标准基可取为

$$\boldsymbol{H}_1 = \frac{i}{\sqrt{2}}\boldsymbol{J}_3, \quad \boldsymbol{H}_2 = \frac{i}{\sqrt{2}}\boldsymbol{K}_3$$

$$\boldsymbol{E}_{\pm\alpha} = \frac{i}{2}(\boldsymbol{J}_1 \pm i\boldsymbol{J}_2), \quad \boldsymbol{E}_{\pm\beta} = \frac{i}{2}(\boldsymbol{K}_1 \pm i\boldsymbol{K}_2)$$

[参看式 (22.3.9)]. D_2 是二秩 Lie 代数, 权矢量是二维的. D_2 是半单 Lie 代数, $D_2 = B_1 \oplus B_1, (\boldsymbol{H}_1, \boldsymbol{E}_{\pm\alpha})$ 和 $(\boldsymbol{H}_2, \boldsymbol{E}_{\pm\beta})$ 分别张成两个 B_1 子代数. 所以权矢量的两个分量 (m_1, m_2) 可以在下述范围内独立取值:

$$m_1 = \frac{l_1}{\sqrt{2}}, \cdots, -\frac{l_1}{\sqrt{2}}; \qquad m_2 = \frac{l_2}{\sqrt{2}}, \cdots, -\frac{l_2}{\sqrt{2}}$$

式中, $(l_1/\sqrt{2}, l_2/\sqrt{2})$ 是最高权. 若在平面根矢量图上用一点表示一个本征函数和相应的本征值, 这些点将分布在一个矩形区内 (图 22.7.1).

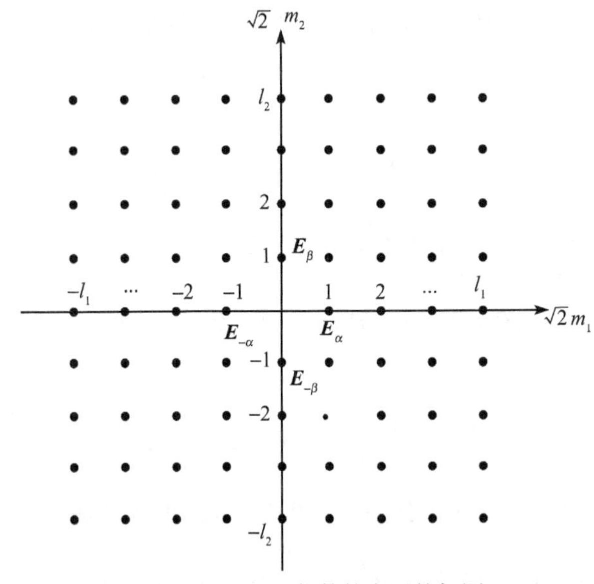

图 22.7.1　D_2 代数的表示的权图

显然, 这里 Cartan 子代数的两个基矢是角动量理论中 $\boldsymbol{J}_z$ 算符的推广, 而 $\boldsymbol{E}_{\pm\alpha}$ 和 $\boldsymbol{E}_{\pm\beta}$ 是 $\boldsymbol{J}_\pm$ 算符的推广, $\boldsymbol{\varLambda}=(m_1,m_2)$ 是 $\boldsymbol{J}_z$ 的本征值 m 的推广. 下面再举一个例子来说明这点.

(3) $su(3)$. 三维酉群有八个实参数, 按 22.2 节举例 (3) 的处理办法, 可以得到它的八个无穷小算符

$$
\begin{aligned}
&\boldsymbol{X}_1=i\left(x\frac{\partial}{\partial x}-z\frac{\partial}{\partial z}\right), &&\boldsymbol{X}_2=i\left(y\frac{\partial}{\partial y}-z\frac{\partial}{\partial z}\right)\\
&\boldsymbol{X}_3=\left(y\frac{\partial}{\partial x}-x\frac{\partial}{\partial y}\right), &&\boldsymbol{X}_4=\left(z\frac{\partial}{\partial x}-x\frac{\partial}{\partial z}\right)\\
&\boldsymbol{X}_5=\left(z\frac{\partial}{\partial y}-y\frac{\partial}{\partial z}\right), &&\boldsymbol{X}_6=i\left(y\frac{\partial}{\partial x}+x\frac{\partial}{\partial y}\right)\\
&\boldsymbol{X}_7=i\left(z\frac{\partial}{\partial x}+x\frac{\partial}{\partial z}\right), &&\boldsymbol{X}_8=i\left(z\frac{\partial}{\partial y}+y\frac{\partial}{\partial z}\right)
\end{aligned}
\tag{22.7.5}
$$

可以看出, 这是 $su(2)$ 的无穷小算符推广到三维空间的情况, $\boldsymbol{X}_1-\boldsymbol{X}_2,\boldsymbol{X}_3,\boldsymbol{X}_6$ 生成 $su(2)$ 子代数, 而 $\boldsymbol{X}_3,\boldsymbol{X}_4,\boldsymbol{X}_5$ 生成 $so(3)$ 子代数. 可将八个无穷小算符组合为八个 Lie 代数的标准基如下:

$$
\begin{aligned}
&\boldsymbol{T}_-=\frac{1}{2}(\boldsymbol{X}_3-i\boldsymbol{X}_6), &&\boldsymbol{T}_+=-\frac{1}{2}(\boldsymbol{X}_3+i\boldsymbol{X}_6)\\
&\boldsymbol{U}_-=\frac{1}{2}(\boldsymbol{X}_5-i\boldsymbol{X}_8), &&\boldsymbol{U}_+=-\frac{1}{2}(\boldsymbol{X}_5+i\boldsymbol{X}_8)\\
&\boldsymbol{V}_-=-\frac{1}{2}(\boldsymbol{X}_4+i\boldsymbol{X}_7), &&\boldsymbol{V}_+=\frac{1}{2}(\boldsymbol{X}_4-i\boldsymbol{X}_7)\\
&\boldsymbol{T}_z=-\frac{1}{2}i(\boldsymbol{X}_1-\boldsymbol{X}_2), &&\boldsymbol{Y}=-\frac{1}{2\sqrt{3}}i(\boldsymbol{X}_1+\boldsymbol{X}_2)
\end{aligned}
\tag{22.7.6}
$$

显然, $\boldsymbol{T}_+,\boldsymbol{T}_-,\boldsymbol{T}_z$ 是 $su(2)$ 子代数的标准基, 满足对易关系

$$
[\boldsymbol{T}_z,\boldsymbol{T}_\pm]=\pm\boldsymbol{T}_\pm \qquad [\boldsymbol{T}_+,\boldsymbol{T}_-]=2\boldsymbol{T}_z \tag{22.7.7}
$$

若取

$$
\boldsymbol{U}_z=\frac{\sqrt{3}}{2}\boldsymbol{Y}-\frac{1}{2}\boldsymbol{T}_z, \qquad \boldsymbol{V}_z=-\frac{\sqrt{3}}{2}\boldsymbol{Y}-\frac{1}{2}\boldsymbol{T}_z \tag{22.7.8}
$$

则 $\boldsymbol{U}_+,\boldsymbol{U}_-,\boldsymbol{U}_z$ 和 $\boldsymbol{V}_+,\boldsymbol{V}_-,\boldsymbol{V}_z$ 分别是另两个 $su(2)$ 的标准基

$$
\begin{aligned}
&[\boldsymbol{U}_z,\boldsymbol{U}_\pm]=\pm\boldsymbol{U}_\pm, &&[\boldsymbol{U}_+,\boldsymbol{U}_-]=2\boldsymbol{U}_z\\
&[\boldsymbol{V}_z,\boldsymbol{V}_\pm]=\pm\boldsymbol{V}_\pm, &&[\boldsymbol{V}_+,\boldsymbol{V}_-]=2\boldsymbol{V}_z
\end{aligned}
$$

在式 (22.7.6) 的八个基中, $\boldsymbol{T}_z$ 和 $\boldsymbol{Y}$ 是 Cartan 子代数的两个基, 另六个是非零根矢量 (但没有按 Cartan-Weyl 基规范化). 容易验证以下对易关系:

$$\begin{aligned}
&[\boldsymbol{T}_z,\boldsymbol{U}_\pm]=\mp\frac{1}{2}\boldsymbol{U}_\pm, \qquad [\boldsymbol{Y},\boldsymbol{U}_\pm]=\pm\frac{\sqrt{3}}{2}\boldsymbol{U}_\pm\\
&[\boldsymbol{T}_z,\boldsymbol{V}_\pm]=\mp\frac{1}{2}\boldsymbol{V}_\pm, \qquad [\boldsymbol{Y},\boldsymbol{V}_\pm]=\mp\frac{\sqrt{3}}{2}\boldsymbol{V}_\pm\\
&[\boldsymbol{T}_+,\boldsymbol{U}_-]=[\boldsymbol{T}_-,\boldsymbol{U}_+]=[\boldsymbol{T}_+,\boldsymbol{V}_-]=0\\
&[\boldsymbol{T}_-,\boldsymbol{V}_+]=[\boldsymbol{U}_+,\boldsymbol{V}_-]=[\boldsymbol{U}_-,\boldsymbol{V}_+]=0\\
&[\boldsymbol{V}_-,\boldsymbol{U}_-]=\boldsymbol{T}_+, \qquad [\boldsymbol{U}_+,\boldsymbol{V}_+]=\boldsymbol{T}_-\\
&[\boldsymbol{U}_-,\boldsymbol{T}_-]=\boldsymbol{V}_+, \qquad [\boldsymbol{T}_+,\boldsymbol{U}_+]=\boldsymbol{V}_-\\
&[\boldsymbol{T}_-,\boldsymbol{V}_-]=\boldsymbol{U}_+, \qquad [\boldsymbol{V}_+,\boldsymbol{T}_+]=\boldsymbol{U}_-
\end{aligned} \tag{22.7.9}$$

由举例 (1) 可知, 在 $su(2)$ 子代数中, 对于 $\boldsymbol{T}_z$ 的本征函数组 $\{\Psi_{lm}\}$, 本征值为 $m, m=+l,\cdots,-l$. 若考虑整个 $su(3)$ 代数, 则因为 Cartan 子代数是二维的, 其不可约表示基及其权应该可以用平面上的点来标志. 设算符 $\boldsymbol{T}_z$ 和 $\boldsymbol{Y}$ 在这组基中是同时对角化的. 因为 $\boldsymbol{T}_z,\boldsymbol{U}_z,\boldsymbol{V}_z$ 是 $su(2)$ 的 Cartan 子代数基 (现在是等于角动量算符), 其本征值只能是 $0,\pm\frac{1}{2},\pm1,\pm\frac{3}{2},\cdots$, 所以 $\boldsymbol{Y}=\frac{1}{\sqrt{3}}\cdot(\boldsymbol{U}_z-\boldsymbol{V}_z)$ 的本征值只能是 $\frac{1}{\sqrt{3}}\times\left(0,\pm\frac{1}{2},\pm1,\pm\frac{3}{2},\cdots\right)$. 如果把 $\boldsymbol{T}_z$ 和 $\boldsymbol{Y}$ 的本征值记为 M_T 和 M_Y, 则每个本征函数对应于一点 (M_T,M_Y), 并且 (M_T,M_Y) 就是它的权. 但是不是任意一组点的集合都代表 $su(3)$ 的表示的权系, 由于式 (22.7.9) 的限制, 对应于表示的权的点之间有一定关系. 我们可以从一点出发, 利用 $\boldsymbol{T}_\pm,\boldsymbol{U}_\pm,\boldsymbol{V}_\pm$ 六个算符和式 (22.7.9), 把代表一个表示的权系的点集找出来. 因为 $\boldsymbol{T}_\pm$ 是使 M_T 升降的算符, 而且 $\boldsymbol{T}_\pm$ 与 $\boldsymbol{Y}$ 可对易, 所以 $\boldsymbol{T}_\pm$ 作用在对应于点 (M_T,M_Y) 的本征函数后生成对应于点 $(M_T\pm1,M_Y)$ 的新本征函数, 即 $\boldsymbol{T}_\pm$ 使点在 M_T 坐标轴方向上位移 ±1. $\boldsymbol{U}_\pm$ 和 $\boldsymbol{V}_\pm$ 与 $\boldsymbol{Y}$ 或 $\boldsymbol{T}_z$ 皆不对易, 但根据式 (22.7.9) 可知, 它们分别使点的坐标位移 $\left(\mp\frac{1}{2},\pm\frac{\sqrt{3}}{2}\right)$, $\left(\mp\frac{1}{2},\mp\frac{\sqrt{3}}{2}\right)$. 这些位移情况示于图 22.7.2(a) 中.

习惯上并不用 (M_T,M_Y) 而用 (λ,μ) 来标志 $su(3)$ 的表示, $\lambda=2T,\mu=2U,T,U$ 分别是 $\boldsymbol{T}_z$ 和 $\boldsymbol{U}_z$ 的最大本征值; 把 (λ,μ) 定义为表示的最高权. 例如, 有一个表示的最高权为 $(1,0)$[参看图 22.7.2(b)], 则

$$T=\frac{1}{2}, \qquad U=0,$$

$$M_Y=\frac{1}{2\sqrt{3}}(1+0)=\frac{1}{2\sqrt{3}}(A\ 点)$$

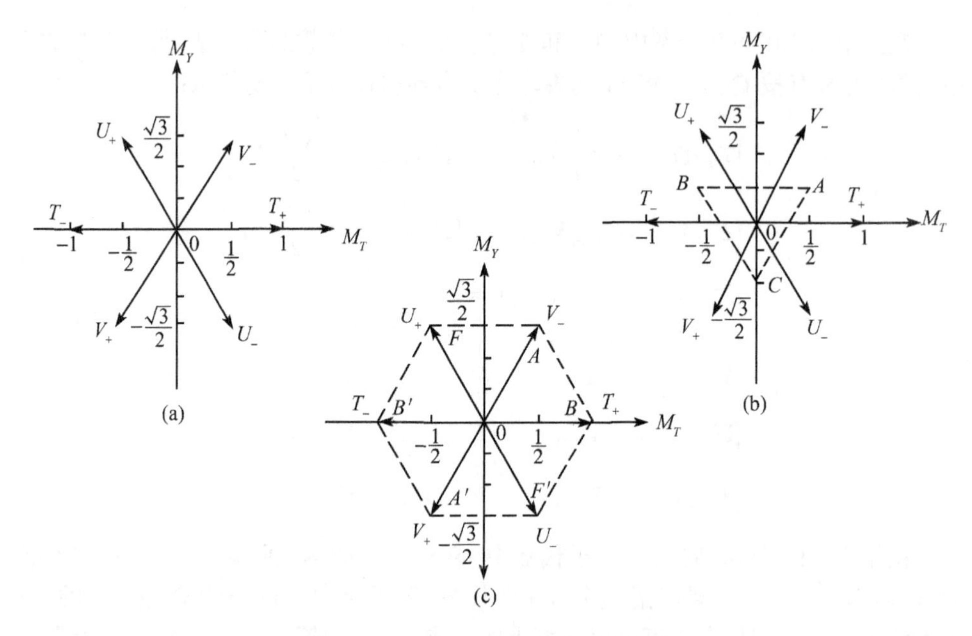

图 22.7.2 $su(3)$ 代数的表示的权图

因为是最高权, $\boldsymbol{T}_+,\boldsymbol{U}_+,\boldsymbol{V}_+$ 作用的结果都得零. $\boldsymbol{T}_-$ 作用的结果使 A 点移到 B 点 $\left(-\frac{1}{2},\frac{1}{2\sqrt{3}}\right)$, 而 $\boldsymbol{V}_+$ 作用的结果得 $\left(0,-\frac{1}{\sqrt{3}}\right)$, C 点. 所以, 最高权为 (1, 0) 的表示是三维表示, A,B,C 点代表权矢量空间中的三个权. 再如, 最高权为 (1, 1) 的表示 [参看图 22.7.2(c)], $T=\frac{1}{2},M_Y=\frac{1}{2\sqrt{3}}(2+1)=\frac{\sqrt{3}}{2}$, 是为 A 点. $\boldsymbol{T}_-$ 作用得点 $F\left(-\frac{1}{2},\frac{\sqrt{3}}{2}\right)$, 而 $\boldsymbol{U}_-$ 作用得点 $B(1,0)$. 类似地, 从 F,A,B 出发, 分别用 $\boldsymbol{U}_-,\boldsymbol{V}_+,\boldsymbol{T}_-$ 作用两次, 就得到 F',A',B' 点. 0 点是对应于两个本征函数的.

可以看出, 对于 $su(3)$, 可以认为: Cartan 子代数的基是角动量理论中 $\boldsymbol{J}_z$ 算符的推广, 而非零根矢量是算符 $\boldsymbol{J}_\pm$ 的推广, 权矢量则是 $\boldsymbol{J}_z$ 的本征值 m 推广到多维空间的情况: 不同的 m 值对应于不同的 $\boldsymbol{J}_z$ 本征函数推广为不同的 $\boldsymbol{\Lambda}$ 区分各表示子空间 R_ϕ^Λ.

22.7.3 权的一些性质

用 Cartan 子代数的基矢的共同本征函数作为表示的基就可以得出表示的权. 显然, 每个表示至少有一个权, 而且具有不同权的本征函数是线性独立的. 通常规定, 表示的基按其所对应的权的大小排列, 即若基 Φ_i 的权为 $\boldsymbol{\Lambda}_i$, 则 $\boldsymbol{\Lambda}_1\geqslant\boldsymbol{\Lambda}_2\geqslant\boldsymbol{\Lambda}_3\cdots\geqslant\boldsymbol{\Lambda}_N$. 下面是权的几个重要性质.

(1) 设 $\boldsymbol{\Lambda}_1, \boldsymbol{\Lambda}_2, \cdots, \boldsymbol{\Lambda}_k$ 为一组权, 而且

$$\begin{gathered}\boldsymbol{\Lambda}_2 - \boldsymbol{\Lambda}_1 = \boldsymbol{\Lambda}_3 - \boldsymbol{\Lambda}_2 = \cdots = \boldsymbol{\Lambda}_k - \boldsymbol{\Lambda}_{k-1} = \boldsymbol{\alpha} \\ (\boldsymbol{\Lambda}_1 - \boldsymbol{\alpha}, \boldsymbol{\Lambda}_k + \alpha \notin \Delta_\phi)\end{gathered} \tag{22.7.10}$$

则称这组权为权的一个 $\boldsymbol{\alpha}$ 根列. 若把权的一个 $\boldsymbol{\alpha}$ 根列按算术级数排列出来, 使得它的第一项是 $\boldsymbol{\Lambda} - r\boldsymbol{\alpha}$, 最后一项是 $\boldsymbol{\Lambda} + q\boldsymbol{\alpha}$, 则

$$\frac{2(\boldsymbol{\Lambda}, \boldsymbol{\alpha})}{(\boldsymbol{\alpha}, \boldsymbol{\alpha})} = r - q \tag{22.7.11}$$

并且对于任意的权 $\boldsymbol{\Lambda}$ 和根 $\boldsymbol{\alpha}$, $\dfrac{2(\boldsymbol{\Lambda}, \boldsymbol{\alpha})}{(\boldsymbol{\alpha}, \boldsymbol{\alpha})}$ 是一个整数, 而且

$$\boldsymbol{\Lambda}' = \boldsymbol{\Lambda} - 2\boldsymbol{\alpha}(\boldsymbol{\Lambda}, \boldsymbol{\alpha})/(\boldsymbol{\alpha}, \boldsymbol{\alpha}) \tag{22.7.12}$$

也是一个权. 显然, 以上性质和根矢量的相应性质十分类似.

(2) 如果一个权仅对应于一个本征函数, 就说这个权是简单的. 如果表示 Γ_ϕ 中有 k 个本征函数具有相同的权, 就说该权的多重度为 k. 显然, 权 $\boldsymbol{\Lambda}$ 和权 $\boldsymbol{\Lambda}' = \boldsymbol{\Lambda} - 2\boldsymbol{\alpha}(\boldsymbol{\Lambda}, \boldsymbol{\alpha})/(\boldsymbol{\alpha}, \boldsymbol{\alpha})$ 具有相同的多重度. 从 $\boldsymbol{\Lambda} \to \boldsymbol{\Lambda}' = \boldsymbol{\Lambda} - 2\boldsymbol{\alpha}(\boldsymbol{\Lambda}, \boldsymbol{\alpha})/(\boldsymbol{\alpha}, \boldsymbol{\alpha})$ 的变换相当于权 $\boldsymbol{\Lambda}$ 对垂直于 $\boldsymbol{\alpha}$ 的超平面的反映 (它使该超平面内的所有矢量不变而将 $\boldsymbol{\alpha}$ 变为 $-\boldsymbol{\alpha}$), 这些反映的集合构成一个有限维线性变换群, 称为 Weyl 反映群, 它和根矢量的 Weyl 反映群是一样的. l 秩 Lie 代数的 Weyl 反映群由 l 个元素 (每个元素对应于一个单纯根) 和一个单位元素构成. 由一个反映或一系列反映的乘积联系起来的权称为等价权.

(3) 一个表示的最高权有以下性质:

(a) 如果表示是不可约的, 则其最高权是简单的.

(b) 如果两个不可约表示的最高权相等, 则它们是等价的.

(c) $\boldsymbol{\Lambda}$ 是某个不可约表示的最高权的充分必要条件是所有由

$$\Lambda_\alpha = \frac{2(\boldsymbol{\Lambda}, \boldsymbol{\alpha})}{(\boldsymbol{\alpha}, \boldsymbol{\alpha})} \qquad (\boldsymbol{\alpha} \in \Pi,\ \text{即为单纯根}) \tag{22.7.13}$$

确定的数 Λ_α 都是非负整数. 如果 $\varPhi$ 是表示的具有最高权的本征函数, 而 $\boldsymbol{\alpha} \in \Pi$, 则

$$\begin{aligned}\boldsymbol{E}_{-\alpha}^k \varPhi &\neq 0 \qquad (k \leqslant \Lambda_\alpha) \\ &= 0 \qquad (k > \Lambda_\alpha)\end{aligned} \tag{22.7.14}$$

这样, 可以用以下方式标记 Lie 代数的不可约表示, 即在 Dynkin 图上, 把非负整数 Λ_α 标记在相应的单纯根的小圈上 ($\Lambda_\alpha = 0$ 可略去不写). l 秩 Lie 代数有 l

个单纯根, $\boldsymbol{\Lambda}$ 也正好有 l 个分量 Λ_α. 最高权为零, 对应于一维不可约表示. 例如, $su(3) \approx A_2$ 有下列两个不可约表示:

$$\underset{\boldsymbol{\alpha}_1}{\bigcirc} \text{——} \overset{1}{\underset{\boldsymbol{\alpha}_2}{\bigcirc}} \qquad\qquad \overset{1}{\underset{\boldsymbol{\alpha}_1}{\bigcirc}} \text{——} \underset{\boldsymbol{\alpha}_2}{\bigcirc}$$

(i) (ii)

其 $\{\Lambda_\alpha\}$ 分别为 (0,1) 和 (1, 0). 很容易从 $\{\Lambda_\alpha\}$ 求出用根矢量表示出来的最高权. 对于 (i), $\Lambda_{\alpha_1} = 2(\boldsymbol{\Lambda}, \boldsymbol{\alpha}_1)/(\boldsymbol{\alpha}_1, \boldsymbol{\alpha}_1) = 0, \Lambda_{\alpha_2} = 2(\boldsymbol{\Lambda}, \boldsymbol{\alpha}_2)/(\boldsymbol{\alpha}_2, \boldsymbol{\alpha}_2) = 1$. 设 $\boldsymbol{\Lambda} = a\boldsymbol{\alpha}_1 + b\boldsymbol{\alpha}_2$, 代入上式, 注意到

$$(\boldsymbol{\alpha}_1, \boldsymbol{\alpha}_1) = (\boldsymbol{\alpha}_2, \boldsymbol{\alpha}_2) = \frac{1}{3}$$

$$(\boldsymbol{\alpha}_1, \boldsymbol{\alpha}_2) = \sqrt{(\boldsymbol{\alpha}_1, \boldsymbol{\alpha}_1)(\boldsymbol{\alpha}_2, \boldsymbol{\alpha}_2)} \cos 120^\circ = \frac{1}{3} \cdot \left(-\frac{1}{2}\right) = -\frac{1}{6}$$

即可求得 $a = \frac{1}{3}, b = \frac{2}{3}$, 故

$$\boldsymbol{\Lambda} = \frac{1}{3}(\boldsymbol{\alpha}_1 + 2\boldsymbol{\alpha}_2) \tag{22.7.15}$$

对于 (ii), 类似地处理, 可求得

$$\boldsymbol{\Lambda} = \frac{1}{3}(2\boldsymbol{\alpha}_1 + \boldsymbol{\alpha}_2) \tag{22.7.16}$$

以上讨论表明权与根有密切联系, 对于 l 秩半单 Lie 代数, 权与根都是 l 维空间中的矢量. 实际上根系是以非零根矢量为基的表示的权系. 根系只取决于半单 Lie 代数, 权系则还与张成表示空间的本征函数有关.

22.7.4 表示的权系的结构

我们可以从最高权出发, 找出对应于不可约表示的所有的权 (权系). 这只要根据权的性质, 从最高权出发, 逐步对每个权 $\boldsymbol{M}$ 找出使 $\boldsymbol{M} - \boldsymbol{\alpha}$ 仍是权的所有单纯根 $\boldsymbol{\alpha}$ 就行了. 设存在从 $\boldsymbol{M} - r\boldsymbol{\alpha} \sim \boldsymbol{M} + q\boldsymbol{\alpha}$ 的权的 $\boldsymbol{\alpha}$ 根列. 从 $2(\boldsymbol{M}, \boldsymbol{\alpha})/(\boldsymbol{\alpha}, \boldsymbol{\alpha}) = r - q$ 可知, 若 $2(\boldsymbol{M}, \boldsymbol{\alpha})/(\boldsymbol{\alpha}, \boldsymbol{\alpha}) + q > 0$, 则 $r > 0, \boldsymbol{M} - \boldsymbol{\alpha}$ 就还包括在权系中. 从最高权开始, 递推下去, 直到 $\boldsymbol{M} - \boldsymbol{\alpha}$ 不再是权为止. 例如, 求 $su(3)$ 的 $\underset{\boldsymbol{\alpha}}{\bigcirc} \text{——} \overset{1}{\underset{\boldsymbol{\beta}}{\bigcirc}}$ 表示的权系. 此时最高权为 $\boldsymbol{\Lambda} = (\boldsymbol{\alpha} + 2\boldsymbol{\beta})/3$. 考察单纯根 $\boldsymbol{\alpha}$. 因为是最高权, $\boldsymbol{\Lambda} + \boldsymbol{\alpha}$ 不是权, $q = 0$, 而

$$\Lambda_\alpha = 2\left(\frac{(\boldsymbol{\alpha} + 2\boldsymbol{\beta})}{3}, \boldsymbol{\alpha}\right) / (\boldsymbol{\alpha}, \boldsymbol{\alpha}) = 0$$

所以 $\Lambda_\alpha + q = 0, \boldsymbol{\Lambda} - \boldsymbol{\alpha}$ 也不是权. 再考察单纯根 $\boldsymbol{\beta}$. 同上推理, $\boldsymbol{\Lambda} + \boldsymbol{\beta}$ 不是权, $q = 0$,

而 $\Lambda_\beta = 2\left(\dfrac{(\boldsymbol{\alpha}+2\boldsymbol{\beta})}{3}, \boldsymbol{\beta}\right)/(\boldsymbol{\beta},\boldsymbol{\beta}) = 1$, 故 $\Lambda_\beta + q = 1 > 0$, $\boldsymbol{\Lambda}-\boldsymbol{\beta}$ 是权

$$\boldsymbol{M}_1 = \boldsymbol{\Lambda}-\boldsymbol{\beta} = \frac{1}{3}(\boldsymbol{\alpha}+2\boldsymbol{\beta})-\boldsymbol{\beta} = \frac{1}{3}(\boldsymbol{\alpha}-\boldsymbol{\beta})$$

再从 $\boldsymbol{M}_1$ 出发. 先考察 $\boldsymbol{M}_1-\boldsymbol{\alpha}$ 是不是权. 因为 $\boldsymbol{M}_1+\boldsymbol{\alpha}$ 不是权, $q=0$; 而 $2(\boldsymbol{M}_1,\boldsymbol{\alpha})/(\boldsymbol{\alpha},\boldsymbol{\alpha}) = 2\left[\dfrac{1}{3}(\boldsymbol{\alpha}-\boldsymbol{\beta}),\boldsymbol{\alpha}\right]/(\boldsymbol{\alpha},\boldsymbol{\alpha}) = 1$, 所以 $\boldsymbol{M}_1-\boldsymbol{\alpha}$ 是权

$$\boldsymbol{M}_1-\boldsymbol{\alpha} = \frac{1}{3}(\boldsymbol{\alpha}-\boldsymbol{\beta})-\boldsymbol{\alpha} = -\frac{1}{3}(2\boldsymbol{\alpha}+\boldsymbol{\beta})$$

再考察 $\boldsymbol{M}_1-\boldsymbol{\beta}$ 是否是权, 此时 $q=1, M_{1\beta} = \dfrac{2(\boldsymbol{M}_1,\boldsymbol{\beta})}{(\boldsymbol{\beta},\boldsymbol{\beta})} = -1, M_{1\beta}+q=0$, 故 $\boldsymbol{M}_1-\boldsymbol{\beta}$ 不是权. 容易证明, 从 $\boldsymbol{M}_1-\boldsymbol{\alpha}$ 出发, 不能再找出其他权. 于是 $su(3)$ 的 $\underset{\boldsymbol{\alpha}}{\bigcirc}$——$\underset{\boldsymbol{\beta}}{\overset{1}{\bigcirc}}$ 表示的权系包括三个权, 分属于三个不同的权子空间:

$$\begin{array}{llll} \bullet & (\boldsymbol{\alpha}+2\boldsymbol{\beta})/3 & \gamma(M)=0 & \triangle^0_\phi \\ \bullet & (\boldsymbol{\alpha}-\boldsymbol{\beta})/3 & 1 & \triangle^1_\phi \\ \bullet & -(2\boldsymbol{\alpha}+\boldsymbol{\beta})/3 & 2 & \triangle^2_\phi \end{array} \tag{22.7.17}$$

再举 $su(3)$ 的表示 $\underset{\boldsymbol{\alpha}}{\overset{2}{\bigcirc}}$——$\underset{\boldsymbol{\beta}}{\bigcirc}$ 的权系为例, 先求出最高权的单纯根表示式. 因为

$$\Lambda_\alpha = \frac{2(\boldsymbol{\Lambda},\boldsymbol{\alpha})}{(\boldsymbol{\alpha},\boldsymbol{\alpha})} = 2, \quad \Lambda_\beta = \frac{2(\boldsymbol{\Lambda},\boldsymbol{\beta})}{(\boldsymbol{\beta},\boldsymbol{\beta})} = 0$$

设 $\boldsymbol{\Lambda} = a\boldsymbol{\alpha}+b\boldsymbol{\beta}$, 代入上式, 得

$$\frac{2(a(\boldsymbol{\alpha},\boldsymbol{\alpha})+b(\boldsymbol{\beta},\boldsymbol{\alpha}))}{(\boldsymbol{\alpha},\boldsymbol{\alpha})} = 2$$
$$\frac{2(a(\boldsymbol{\alpha},\boldsymbol{\beta})+b(\boldsymbol{\beta},\boldsymbol{\beta}))}{(\boldsymbol{\beta},\boldsymbol{\beta})} = 0$$

解此方程, 得 $a=\dfrac{4}{3}, b=\dfrac{2}{3}$, 故 $\boldsymbol{\Lambda} = (4\boldsymbol{\alpha}+2\boldsymbol{\beta})/3$. 因为 $\boldsymbol{\Lambda}$ 是最高权, 所以 $\boldsymbol{\Lambda}+\boldsymbol{\alpha}$ 或 $\boldsymbol{\Lambda}+\boldsymbol{\beta}$ 都不是权. 考察 $\boldsymbol{\alpha}$, 得 $q=0, \Lambda_\alpha=2$, 故 $\boldsymbol{M}_{1\alpha} = \boldsymbol{\Lambda}-\boldsymbol{\alpha} = \dfrac{1}{3}(\boldsymbol{\alpha}+2\boldsymbol{\beta}), \boldsymbol{M}_{2\alpha} = \boldsymbol{\Lambda}-2\boldsymbol{\alpha} = -\dfrac{1}{3}(2\boldsymbol{\alpha}-2\boldsymbol{\beta})$ 都是权. 再考察 $\boldsymbol{\beta}, q=0, \Lambda_\beta=0$, 故 $\boldsymbol{\Lambda}-\boldsymbol{\beta}$ 不是权. 再从 $\boldsymbol{M}_{1\alpha}$ 出发, 考察 $\boldsymbol{M}_{1\alpha}-\boldsymbol{\beta}$ 是不是权. 因为 $\boldsymbol{M}_{1\alpha}+\boldsymbol{\beta}$ 不是权, $q=0$, 而 $(\boldsymbol{M}_{1\alpha})_\beta = 2\left(\dfrac{1}{3}(\boldsymbol{\alpha}+2\boldsymbol{\beta}),\boldsymbol{\beta}\right)\Big/(\boldsymbol{\beta},\boldsymbol{\beta}) = 1$, 所以 $(\boldsymbol{M}_{1\alpha})_\beta+q>0, \boldsymbol{M}_{2\beta} = \boldsymbol{M}_{1\alpha}-\boldsymbol{\beta} = \dfrac{1}{3}(\boldsymbol{\alpha}-\boldsymbol{\beta})$ 是权. 类似地可以证明, $\boldsymbol{M}_{2\alpha}-\boldsymbol{\alpha}$ 和 $\boldsymbol{M}_{2\beta}-\boldsymbol{\beta}$ 不是权, 但 $\boldsymbol{M}_{2\alpha}-\boldsymbol{\beta}$ 和 $\boldsymbol{M}_{2\beta}-\boldsymbol{\alpha}$ 是

权 [都等于 $\boldsymbol{M}_3=-(2\boldsymbol{\alpha}+\boldsymbol{\beta})/3$], $\boldsymbol{M}_{2\alpha}-2\boldsymbol{\beta}=\boldsymbol{M}_3-\boldsymbol{\beta}=-(2\boldsymbol{\alpha}+4\boldsymbol{\beta})/3$ 也是权. 于是, $su(3)$ 的 $\overset{2}{\underset{\boldsymbol{\alpha}}{\bigcirc}}\!\!-\!\!\!-\!\!\!-\!\!\underset{\boldsymbol{\beta}}{\bigcirc}$ 表示的权系为

$$\begin{array}{rcclrl}
 & & \bullet & (4\boldsymbol{\alpha}+2\boldsymbol{\beta})/3 & \gamma(\boldsymbol{M})=0 & \Delta_\phi^0 \\
 & & \bullet & (\boldsymbol{\alpha}+2\boldsymbol{\beta})/3 & 1 & \Delta_\phi^1 \\
-\frac{2}{3}(\boldsymbol{\alpha}-\boldsymbol{\beta}) & \bullet & \bullet & (\boldsymbol{\alpha}-\boldsymbol{\beta})/3 & 2 & \Delta_\phi^2 \\
 & & \bullet & -(2\boldsymbol{\alpha}+\boldsymbol{\beta})/3 & 3 & \Delta_\phi^3 \\
 & & \bullet & -(2\boldsymbol{\alpha}+4\boldsymbol{\beta})/3 & 4 & \Delta_\phi^4
\end{array} \tag{22.7.18}$$

类似地, 可以求得 $su(3)$ 的 $\overset{1}{\underset{\boldsymbol{\alpha}}{\bigcirc}}\!\!-\!\!\!-\!\!\!-\!\!\overset{1}{\underset{\boldsymbol{\beta}}{\bigcirc}}$ 表示的权系为

$$\begin{array}{rcccrl}
 & & \bullet & & (\boldsymbol{\alpha}+\boldsymbol{\beta}) & \gamma(\boldsymbol{M})=0\ \ \Delta_\phi^0 \\
\boldsymbol{\beta} & \bullet & & \bullet & \boldsymbol{\alpha} & 1\ \ \Delta_\phi^1 \\
0 & \bullet & & \bullet & 0 & 2\ \ \Delta_\phi^2 \\
-\boldsymbol{\beta} & \bullet & & \bullet & -\boldsymbol{\alpha} & 3\ \ \Delta_\phi^3 \\
 & & \bullet & & -(\boldsymbol{\alpha}+\boldsymbol{\beta}) & 4\ \ \Delta_\phi^4
\end{array} \tag{22.7.19}$$

上面三个例子中, $\gamma(\boldsymbol{M})=\dfrac{1}{2}(\delta(\boldsymbol{\Lambda})-\delta(\boldsymbol{M}))$, 其中 $\boldsymbol{\Lambda}$ 是最高权, $\boldsymbol{M}$ 是任意权, $\delta(\boldsymbol{\Lambda})=2\sum\limits_{\boldsymbol{\alpha}\in\Pi}\Lambda_\alpha, \delta(\boldsymbol{M})=2\sum\limits_{\boldsymbol{\alpha}\in\Pi}M_\alpha$. $\gamma(\boldsymbol{M})$ 一定是整数, 它等于为从 $\boldsymbol{\Lambda}$ 得到 $\boldsymbol{M}$ 所必须减去的单纯根的数目 (不一定是减去同一个单纯根!). 从上面三个例子中列出的 $\gamma(\boldsymbol{M})$ 的数值看, 这是显然的. 通常把 $\gamma(\boldsymbol{M})=k$ 的权 $\boldsymbol{M}$ 的集合称为 k 层次, 记作 Δ_ϕ^k. 层次的总数减去 1 称为表示的高度. 例如, 上面例子中表示的高度分别为 $2,4,4$. 显然, 表示的高度 $T(\phi)=\gamma(\boldsymbol{\Lambda}')=\delta(\boldsymbol{\Lambda})$, $\boldsymbol{\Lambda}'$ 为最低权. $T(\phi)$ 为奇数的表示, 称为奇型表示, 反之, 称为偶型表示. 记第 k 层次的所有权的多重度之和为 $S_k(\phi)$, 称最大的 $S_k(\phi)$ 为表示 ϕ 的宽度. 不可约表示的权一般呈纺锤形, 即两头宽度为 1, 中间宽度大. 这是因为不可约表示的最高 (低) 权是简单的, 宽度必为 1, 而中间的权的重复度可能大于 1. 上面各例的权图明显地表明这一结论.

22.7.5 表示的直积的权和直积的约化

设 $R_{\phi'}$ 和 $R_{\phi''}$ 是半单 Lie 代数的两个表示空间, 按权的子空间分解为

$$R_{\phi'}=\sum_{\Lambda\in\Delta_{\phi'}}R_{\phi'}^{\Lambda}, R_{\phi''}=\sum_{M\in\Delta_\phi''}R_{\phi''}^{M} \tag{22.7.20}$$

则 $\Gamma_{\phi'}\otimes\Gamma_{\phi''}$ 的表示空间为 $R_{\phi'}\otimes R_{\phi''}$, 可按以下方式分解:

$$R_{\phi'} \otimes R_{\phi''} = \sum_{\Lambda \in \Delta_{\phi'}} \sum_{M \in \Delta_{\phi''}} R_{\phi'}^{\Lambda} \otimes R_{\phi''}^{M}$$

子空间 $R_{\phi'}^{\Lambda} \otimes R_{\phi''}^{M}$ 荷载的表示的权为 $\boldsymbol{\Lambda}+\boldsymbol{M}$. 直积的权空间 $\Delta_{\phi' \otimes \phi''} = \Delta_{\phi'} \oplus \Delta_{\phi''}$, 即是 $\Delta_{\phi'}$ 的每个权与 $\Delta_{\phi''}$ 的每个权相加得到的权的集合, 因此 $\Gamma_{\phi'}$ 和 $\Gamma_{\phi''}$ 的最高权之和就是 $\Gamma_{\phi'} \otimes \Gamma_{\phi''}$ 的最高权. 我们很容易从 $\Gamma_{\phi'}$ 和 $\Gamma_{\phi''}$ 的权系作出 $\Gamma_{\phi'} \otimes \Gamma_{\phi''}$ 的权系, 它一般是可约表示的 (复合) 权系. 原则上, 我们可以从复合权系约化直积表示. 例如, 对于 $su(3)$ 的表示的直积 $\underset{\boldsymbol{\alpha}}{\bigcirc}\!\!-\!\!\!-\!\!\overset{1}{\underset{\boldsymbol{\beta}}{\bigcirc}} \otimes \underset{\boldsymbol{\alpha}}{\bigcirc}\!\!-\!\!\!-\!\!\overset{1}{\underset{\boldsymbol{\beta}}{\bigcirc}}$, 其复合权系可求得为

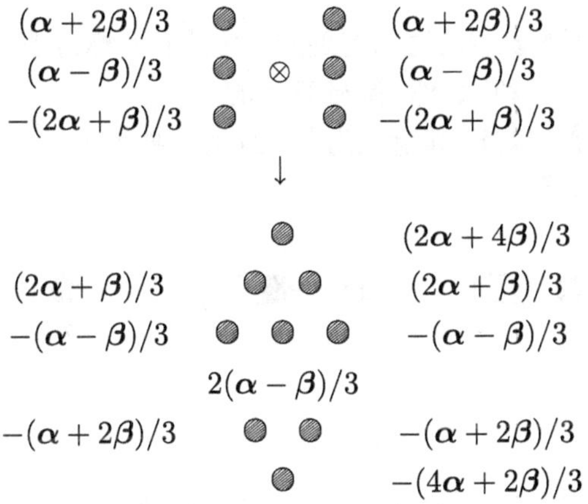

$(\boldsymbol{\alpha}+2\boldsymbol{\beta})/3$ ● 　 ● $(\boldsymbol{\alpha}+2\boldsymbol{\beta})/3$
$(\boldsymbol{\alpha}-\boldsymbol{\beta})/3$ ● $\otimes$ ● $(\boldsymbol{\alpha}-\boldsymbol{\beta})/3$
$-(2\boldsymbol{\alpha}+\boldsymbol{\beta})/3$ ● 　 ● $-(2\boldsymbol{\alpha}+\boldsymbol{\beta})/3$

↓

● $(2\boldsymbol{\alpha}+4\boldsymbol{\beta})/3$
$(2\boldsymbol{\alpha}+\boldsymbol{\beta})/3$ ● ● $(2\boldsymbol{\alpha}+\boldsymbol{\beta})/3$
$-(\boldsymbol{\alpha}-\boldsymbol{\beta})/3$ ● ● ● $-(\boldsymbol{\alpha}-\boldsymbol{\beta})/3$　　(22.7.21)
$2(\boldsymbol{\alpha}-\boldsymbol{\beta})/3$
$-(\boldsymbol{\alpha}+2\boldsymbol{\beta})/3$ ● ● $-(\boldsymbol{\alpha}+2\boldsymbol{\beta})/3$
● $-(4\boldsymbol{\alpha}+2\boldsymbol{\beta})/3$

其最高权为 $\boldsymbol{\Lambda} = (2\boldsymbol{\alpha}+4\boldsymbol{\beta})/3$. 通过类似于上面例子中的计算, 可得 $\underset{\boldsymbol{\alpha}}{\bigcirc}\!\!-\!\!\!-\!\!\overset{2}{\underset{\boldsymbol{\beta}}{\bigcirc}}$ 的权系为

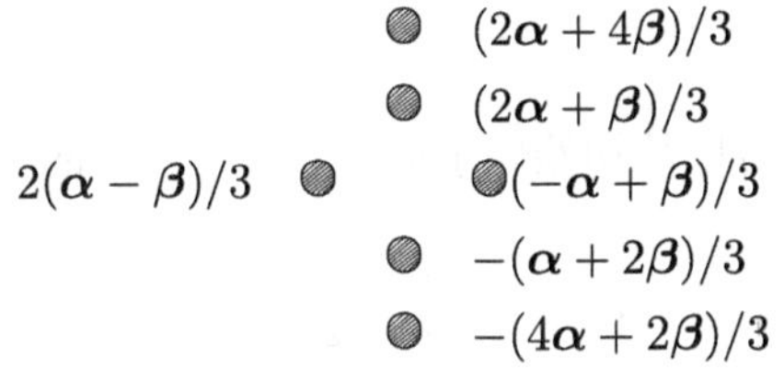

● $(2\boldsymbol{\alpha}+4\boldsymbol{\beta})/3$
● $(2\boldsymbol{\alpha}+\boldsymbol{\beta})/3$
$2(\boldsymbol{\alpha}-\boldsymbol{\beta})/3$ ● 　 ● $(-\boldsymbol{\alpha}+\boldsymbol{\beta})/3$　　(22.7.22)
● $-(\boldsymbol{\alpha}+2\boldsymbol{\beta})/3$
● $-(4\boldsymbol{\alpha}+2\boldsymbol{\beta})/3$

故以上直积表示中包含有 $\underset{\boldsymbol{\alpha}}{\bigcirc}\!\!-\!\!\!-\!\!\overset{2}{\underset{\boldsymbol{\beta}}{\bigcirc}}$ 表示. 扣除这个表示的权系以后, 剩下的权系为

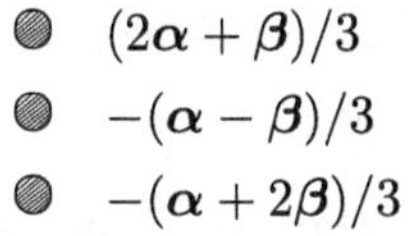

● $(2\boldsymbol{\alpha}+\boldsymbol{\beta})/3$
● $-(\boldsymbol{\alpha}-\boldsymbol{\beta})/3$
● $-(\boldsymbol{\alpha}+2\boldsymbol{\beta})/3$

显然, 它是 $\overset{1}{\underset{\boldsymbol{\alpha}}{\bigcirc}}\!\!-\!\!\!-\!\!\underset{\boldsymbol{\beta}}{\bigcirc}$ 的权系, 故得

$$\underset{\boldsymbol{\alpha}}{\bigcirc}\text{——}\overset{1}{\underset{\boldsymbol{\beta}}{\bigcirc}}\otimes\underset{\boldsymbol{\alpha}}{\bigcirc}\text{——}\overset{1}{\underset{\boldsymbol{\beta}}{\bigcirc}}=\underset{\boldsymbol{\alpha}}{\bigcirc}\text{——}\overset{2}{\underset{\boldsymbol{\beta}}{\bigcirc}}\oplus\overset{1}{\underset{\boldsymbol{\alpha}}{\bigcirc}}\text{——}\underset{\boldsymbol{\beta}}{\bigcirc}\tag{22.7.23}$$

容易想到这种方法是我们在多电子原子体系中从未微扰态求光谱项时使用的方法的推广. 但这种直积约化的方法效率不是很高的, 用特征标理论实现直积表示的分解更方便.

22.7.6　半单 Lie 代数的不可约表示

1. 基础表示

不能由两个不可约表示的直积得到的不可约表示称为基础表示, 其特征为最高权不能分解为两个权之和. 显然, 基础表示的 $\Lambda_{\alpha_i}(i=1,\cdots,l$, 对于 l 秩 Lie 代数) 中, 除一个的数值为 1 以外, 其余全为零. 因此, l 秩 Lie 代数正好有 l 个基础表示. 例如, C_3 的基础表示是

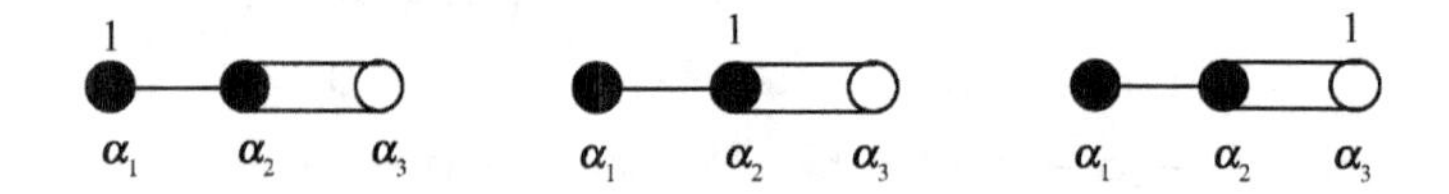

2. 初始表示

Dynkin 图中端点的 Λ_{α_j} 值为 1 的表示称为初始表示. 例如, C_3 的初始表示是

$$\overset{1}{\underset{\boldsymbol{\alpha}_1}{\bullet}}\text{—}\underset{\boldsymbol{\alpha}_2}{\bullet}\!=\!\underset{\boldsymbol{\alpha}_3}{\circ}\qquad\qquad\underset{\boldsymbol{\alpha}_1}{\bullet}\text{—}\underset{\boldsymbol{\alpha}_2}{\bullet}\!=\!\overset{1}{\underset{\boldsymbol{\alpha}_3}{\circ}}$$

任意的基础表示都可以从初始表示通过求若干幂次的全反对称积表示得出. 例如, 对于 A_2 的表示

$$\overset{1}{\underset{\boldsymbol{\alpha}_1}{\bigcirc}}\text{——}\underset{\boldsymbol{\alpha}_2}{\bigcirc}\otimes\overset{1}{\underset{\boldsymbol{\alpha}_1}{\bigcirc}}\text{——}\underset{\boldsymbol{\alpha}_2}{\bigcirc}=\underbrace{\overset{2}{\underset{\boldsymbol{\alpha}_1}{\bigcirc}}\text{——}\underset{\boldsymbol{\alpha}_2}{\bigcirc}}_{\text{(对称积)}}\oplus\underbrace{\underset{\boldsymbol{\alpha}_1}{\bigcirc}\text{——}\overset{1}{\underset{\boldsymbol{\alpha}_2}{\bigcirc}}}_{\text{(反对称积)}}$$

设 $\overset{1}{\underset{\boldsymbol{\alpha}_1}{\bigcirc}}\text{——}\underset{\boldsymbol{\alpha}_2}{\bigcirc}$ 的基为 ϕ_1,ϕ_2,ϕ_3, 则对称积表示的基为 $\phi_1\phi_1,\phi_2\phi_2,\phi_3\phi_3,\phi_1\phi_2+\phi_2\phi_1$, $\phi_1\phi_3+\phi_3\phi_1,\phi_2\phi_3+\phi_3\phi_2$; 反对称积的基为 $\phi_1\phi_2-\phi_2\phi_1,\phi_1\phi_3-\phi_3\phi_1,\phi_2\phi_3-\phi_3\phi_2$. 每个多项式基的权就是其中乘积因子的权之和. 这样, 我们就从初始表示 $\overset{1}{\underset{\boldsymbol{\alpha}_1}{\bigcirc}}\text{——}\underset{\boldsymbol{\alpha}_2}{\bigcirc}$ 的反对称积中得到基础表示 $\underset{\boldsymbol{\alpha}_1}{\bigcirc}\text{——}\overset{1}{\underset{\boldsymbol{\alpha}_2}{\bigcirc}}$. 又如, 可以证明, 对于 A_3, 表示 $\overset{1}{\underset{\boldsymbol{\alpha}_1}{\bigcirc}}\text{——}\underset{\boldsymbol{\alpha}_2}{\bigcirc}\text{——}\underset{\boldsymbol{\alpha}_3}{\bigcirc}$

的二次直积乘幂的反对称积中与最高权对应的不可约表示为 $\underset{\boldsymbol{\alpha}_1}{\bigcirc}\!-\!\!-\!\!-\overset{1}{\underset{\boldsymbol{\alpha}_2}{\bigcirc}}\!-\!\!-\!\!-\underset{\boldsymbol{\alpha}_3}{\bigcirc}$, 三次直积乘幂的全反对称积中与最高权对应的不可约表示为 $\underset{\boldsymbol{\alpha}_1}{\bigcirc}\!-\!\!-\!\!-\underset{\boldsymbol{\alpha}_2}{\bigcirc}\!-\!\!-\!\!-\overset{1}{\underset{\boldsymbol{\alpha}_3}{\bigcirc}}$. 一般地说, 可以证明, 若 $(\phi_1, \phi_2, \cdots, \phi_N)$ 是表示 Γ_ϕ 的一组正则基, 本征函数 ϕ_i 的权为 $\boldsymbol{\Lambda}_i$, 则其 k 次直积乘幂中的全反对称表示 $\Gamma_\phi^{\{1^k\}}$ 的权系为 $\boldsymbol{\Lambda}_{i_1} + \boldsymbol{\Lambda}_{i_2} + \cdots + \boldsymbol{\Lambda}_{i_k}$ $(i_k > \cdots > i_2 > i_1)$, 其最高权为 $\boldsymbol{\Lambda}_1 + \boldsymbol{\Lambda}_2 + \cdots + \boldsymbol{\Lambda}_k$, 表示的维数为 $N(\Gamma_\phi^{\{1^k\}}) = \begin{pmatrix} N \\ k \end{pmatrix}$. 任意的基础表示都可以从初始表示的多次直积乘幂的全反对称表示中得到.

Lie 代数的初始表示的正权 $\{\boldsymbol{\lambda}_i\}$ 和它的单纯根 $\{\boldsymbol{\alpha}_k\}$ 有简单的关系. 对所有单纯 Lie 代数, Dynkin 得出以下结果:

A_n: $\boldsymbol{\alpha}_1 = \boldsymbol{\lambda}_1 - \boldsymbol{\lambda}_2$, $\boldsymbol{\alpha}_2 = \boldsymbol{\lambda}_2 - \boldsymbol{\lambda}_3$, $\cdots$, $\boldsymbol{\alpha}_{n-1} = \boldsymbol{\lambda}_{n-1} - \boldsymbol{\lambda}_n$, $\boldsymbol{\alpha}_n = \boldsymbol{\lambda}_n - \boldsymbol{\lambda}_{n+1}$

B_n: $\boldsymbol{\alpha}_1 = \boldsymbol{\lambda}_1 - \boldsymbol{\lambda}_2$, $\boldsymbol{\alpha}_2 = \boldsymbol{\lambda}_2 - \boldsymbol{\lambda}_3$, $\cdots$, $\boldsymbol{\alpha}_{n-1} = \boldsymbol{\lambda}_{n-1} - \boldsymbol{\lambda}_n$, $\boldsymbol{\alpha}_n = \boldsymbol{\lambda}_n$

C_n: $\boldsymbol{\alpha}_1 = \boldsymbol{\lambda}_1 - \boldsymbol{\lambda}_2$, $\boldsymbol{\alpha}_2 = \boldsymbol{\lambda}_2 - \boldsymbol{\lambda}_3$, $\cdots$, $\boldsymbol{\alpha}_{n-1} = \boldsymbol{\lambda}_{n-1} - \boldsymbol{\lambda}_n$, $\boldsymbol{\alpha}_n = 2\boldsymbol{\lambda}_n$

D_n: $\boldsymbol{\alpha}_1 = \boldsymbol{\lambda}_1 - \boldsymbol{\lambda}_2$, $\boldsymbol{\alpha}_2 = \boldsymbol{\lambda}_2 - \boldsymbol{\lambda}_3$, $\cdots$, $\boldsymbol{\alpha}_{n-2} = \boldsymbol{\lambda}_{n-2} - \boldsymbol{\lambda}_{n-1}$, $\boldsymbol{\alpha}_{n-1} = \boldsymbol{\lambda}_{n-1} - \boldsymbol{\lambda}_n$, $\boldsymbol{\alpha}_n = \boldsymbol{\lambda}_{n-1} + \boldsymbol{\lambda}_n$

G_2: $\boldsymbol{\alpha}_1 = \boldsymbol{\lambda}_1 - \boldsymbol{\lambda}_2$, $\boldsymbol{\alpha}_2 = \boldsymbol{\lambda}_2$

F_4: $\boldsymbol{\alpha}_1 = \boldsymbol{\lambda}_2 - \boldsymbol{\lambda}_3$, $\boldsymbol{\alpha}_2 = \boldsymbol{\lambda}_3 - \boldsymbol{\lambda}_4$, $\boldsymbol{\alpha}_3 = \boldsymbol{\lambda}_4$, $\boldsymbol{\alpha}_4 = \frac{1}{2}(\boldsymbol{\lambda}_1 - \boldsymbol{\lambda}_2 - \boldsymbol{\lambda}_3 - \boldsymbol{\lambda}_4)$

E_6: $\boldsymbol{\alpha}_1 = \boldsymbol{\lambda}_1 - \boldsymbol{\lambda}_2$, $\boldsymbol{\alpha}_2 = \boldsymbol{\lambda}_2 - \boldsymbol{\lambda}_3$, $\boldsymbol{\alpha}_3 = \boldsymbol{\lambda}_3 - \boldsymbol{\lambda}_4$, $\boldsymbol{\alpha}_4 = \boldsymbol{\lambda}_4 - \boldsymbol{\lambda}_5$, $\boldsymbol{\alpha}_5 = \boldsymbol{\lambda}_5 - \boldsymbol{\lambda}_6$, $\boldsymbol{\alpha}_6 = \boldsymbol{\lambda}_3 + \boldsymbol{\lambda}_4 + \boldsymbol{\lambda}_5 + \boldsymbol{\lambda}_6$

E_7: $\boldsymbol{\alpha}_1 = \boldsymbol{\lambda}_1 - \boldsymbol{\lambda}_2$, $\boldsymbol{\alpha}_2 = \boldsymbol{\lambda}_2 - \boldsymbol{\lambda}_3$, $\boldsymbol{\alpha}_3 = \boldsymbol{\lambda}_3 - \boldsymbol{\lambda}_4$, $\boldsymbol{\alpha}_4 = \boldsymbol{\lambda}_4 - \boldsymbol{\lambda}_5$, $\boldsymbol{\alpha}_5 = \boldsymbol{\lambda}_5 - \boldsymbol{\lambda}_6$, $\boldsymbol{\alpha}_6 = \boldsymbol{\lambda}_6 - \boldsymbol{\lambda}_7$, $\boldsymbol{\alpha}_7 = \boldsymbol{\lambda}_4 + \boldsymbol{\lambda}_5 + \boldsymbol{\lambda}_6 + \boldsymbol{\lambda}_7$

E_8: $\boldsymbol{\alpha}_1 = \boldsymbol{\lambda}_1 - \boldsymbol{\lambda}_2$, $\boldsymbol{\alpha}_2 = \boldsymbol{\lambda}_2 - \boldsymbol{\lambda}_3$, $\boldsymbol{\alpha}_3 = \boldsymbol{\lambda}_3 - \boldsymbol{\lambda}_4$, $\boldsymbol{\alpha}_4 = \boldsymbol{\lambda}_4 - \boldsymbol{\lambda}_5$, $\boldsymbol{\alpha}_5 = \boldsymbol{\lambda}_5 - \boldsymbol{\lambda}_6$, $\boldsymbol{\alpha}_6 = \boldsymbol{\lambda}_6 - \boldsymbol{\lambda}_7$, $\boldsymbol{\alpha}_7 = \boldsymbol{\lambda}_7 - \boldsymbol{\lambda}_8$, $\boldsymbol{\alpha}_8 = \boldsymbol{\lambda}_6 + \boldsymbol{\lambda}_7 + \boldsymbol{\lambda}_8$

(22.7.24)

利用上面的结果很容易得出初始表示的用单纯根表达出来的权. 例如, C_3 的初始表示的权是

$$\boldsymbol{\lambda}_1=\boldsymbol{\alpha}_1+\boldsymbol{\alpha}_2+\frac{\boldsymbol{\alpha}_3}{2},\qquad \boldsymbol{\lambda}_2=\boldsymbol{\alpha}_2+\frac{\boldsymbol{\alpha}_3}{2},\qquad \boldsymbol{\lambda}_3=\frac{\boldsymbol{\alpha}_3}{2} \tag{22.7.25}$$

3. B_n 和 D_n 的旋量表示

在 B_n[它与 $SO(2n+1)$ 群相联系] 中, 由初始表示 $\boldsymbol{\tau}_1=$ ○(1)——○------○═● ($\boldsymbol{\alpha}_1$, $\boldsymbol{\alpha}_2$, $\boldsymbol{\alpha}_{n-1}$, $\boldsymbol{\alpha}_n$) 的多次直积乘幂的全反对称表示可以得到对应于它的 $(n-1)$ 个单纯根的基础表示, 但另一个初始表示 ○——○------○═●(1) ($\boldsymbol{\alpha}_1$, $\boldsymbol{\alpha}_2$, $\boldsymbol{\alpha}_{n-1}$, $\boldsymbol{\alpha}_n$) 不能由此得出. 这个表示称为 B_n 的旋量表示, 用 $\boldsymbol{\sigma}$ 标记之. $\boldsymbol{\tau}_1$ 的权系是 $\mathbf{0},\pm\boldsymbol{\lambda}_1,\pm\boldsymbol{\lambda}_2,\cdots,\pm\boldsymbol{\lambda}_n$; 而 $\boldsymbol{\sigma}$ 的权系是 $\frac{1}{2}(\pm\boldsymbol{\lambda}_1\pm\boldsymbol{\lambda}_2\pm\cdots\pm\boldsymbol{\lambda}_n)$, 其最高权自然是 $\frac{1}{2}(\boldsymbol{\lambda}_1+\boldsymbol{\lambda}_2+\cdots+\boldsymbol{\lambda}_n)$.

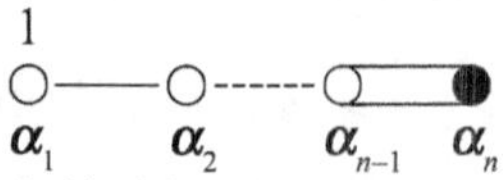

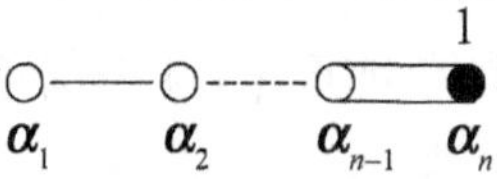

在 D_n[与 $SO(2n)$ 群相联系] 中, 由初始表示 $\boldsymbol{\tau}_1=$ ○(1)——○------○<(○ $\boldsymbol{\alpha}_{n-1}$, ○ $\boldsymbol{\alpha}_n$) ($\boldsymbol{\alpha}_1$, $\boldsymbol{\alpha}_2$, $\boldsymbol{\alpha}_{n-2}$) 的直积乘幂的全反对称表示可以得到对应于 $n-2$ 个单纯根的基础表示. 另有两个是不能由此得到的旋量表示 $\boldsymbol{\sigma}_1=$ ○——○-----○<(○(1) $\boldsymbol{\alpha}_{n-1}$, ○ $\boldsymbol{\alpha}_n$) ($\boldsymbol{\alpha}_1$, $\boldsymbol{\alpha}_2$, $\boldsymbol{\alpha}_{n-2}$) 和 $\boldsymbol{\sigma}_2=$ ○——○-----○<(○ $\boldsymbol{\alpha}_{n-1}$, ○(1) $\boldsymbol{\alpha}_n$) ($\boldsymbol{\alpha}_1$, $\boldsymbol{\alpha}_2$, $\boldsymbol{\alpha}_{n-2}$).

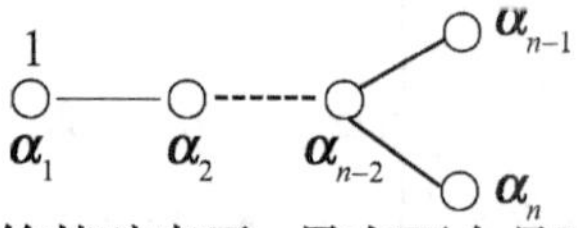

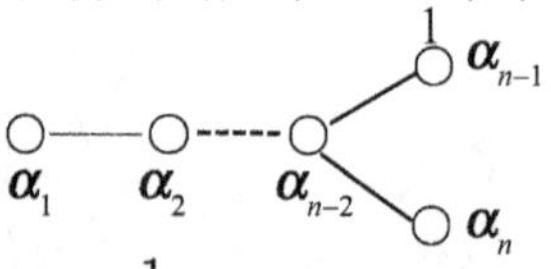

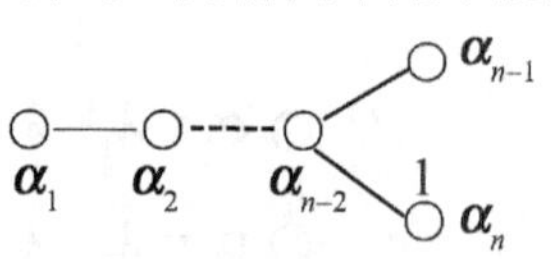

旋量表示 $\boldsymbol{\sigma}_1$ 和 $\boldsymbol{\sigma}_2$ 的权系是 $\frac{1}{2}(\pm\boldsymbol{\lambda}_1\pm\boldsymbol{\lambda}_2\cdots\pm\boldsymbol{\lambda}_n)$, 其中一个取奇数个正号, 另一个取偶数个正号. 注意, 两个旋量表示的直积给出一个真实表示, 而旋量表示与真实表示的直积给出一个旋量表示. $SO(3)$ 群的情况是大家熟知的, 它的旋量表示是偶数维的而真实表示是奇数维的.

4. 不可约表示的最高权

可以用初始表示的权系 $\{\boldsymbol{\lambda}_i\}$ 表达出来. 记 $a_k=\Lambda_{\alpha_k}=2(\boldsymbol{\Lambda},\boldsymbol{\alpha}_k)/(\boldsymbol{\alpha}_k,\boldsymbol{\alpha}_k)$. 对于 B_n,C_n,D_n 和 F_4, 最高权 $\boldsymbol{\Lambda}=\sum_{i=1}^{n}l_i\boldsymbol{\lambda}_i$, 其中 l_i 由下式给出

$$B_n:\ l_i=\frac{a_n}{2}+\sum_{k=i}^{n-1}a_k$$

$$C_n:\ l_i=\sum_{k=i}^{n}a_k$$

$$D_n:\ l_i=\frac{1}{2}(a_{n-1}+a_n)+\sum_{k=i}^{n-2}a_k$$

$$
\begin{aligned}
F_4:\ l_1 &= a_1 + 2a_2 + \frac{3}{2}a_3 + a_4 \\
l_2 &= a_1 + a_2 + \frac{1}{2}a_3 \\
l_3 &= a_2 + \frac{1}{2}a_3 \\
l_4 &= \frac{1}{2}a_3
\end{aligned}
\tag{22.7.26}
$$

对于 A_n, G_2, E_7 和 E_8, 最高权 $\boldsymbol{\Lambda} = \sum_{i=1}^{n+1} l_i \boldsymbol{\lambda}_i$, 其中 l_i 满足条件 $\sum_{i=1}^{n+1} l_i = 0$, 并由下式给出

$$
\begin{aligned}
&\begin{cases}
A_n : l_i = l_{n+1} + \sum_{k=i}^{n} a_k \\
l_{n+1} = -\dfrac{1}{n+1}\sum_{k=1}^{n} k a_k
\end{cases} \\
&\begin{cases}
G_2 : l_1 = a_1 + \dfrac{1}{3}a_2 \\
\quad l_2 = \dfrac{1}{3}a_2 \\
\quad l_3 = -a_1 - \dfrac{2}{3}a_2
\end{cases} \\
&\begin{cases}
E_7 : l_i = l_7 + \sum_{k=i}^{6} a_k \\
\quad l_7 = \dfrac{1}{4}(a_7 - a_4 - 2a_5 - 3a_6) \\
\quad l_8 = -(a_1 + 2a_3 + 3a_2) - \dfrac{1}{4}(9a_4 + 6a_5 + 3a_6 + 7a_7)
\end{cases} \\
&E_8 : l_i = l_8 + \sum_{k=i}^{7} a_i \\
&\quad l_8 = \frac{1}{3}(a_8 - 2a_7 - a_6) \\
&\quad l_9 = -\frac{1}{3}(3a_1 + 6a_2 + 9a_3 + 12a_4 + 15a_5 + 10a_6 + 5a_7 + 8a_8)
\end{aligned}
\tag{22.7.27}
$$

对于 $E_6, \boldsymbol{\Lambda} = \sum_{i=1}^{6} l_i \boldsymbol{\lambda}_i + l\boldsymbol{\lambda}$, 其中 l_i 满足条件 $\sum_{i=1}^{6} l_i = 0$. l_i 和 l 由下式给出

$$
\begin{aligned}
E_6 : l_i &= l_6 + \sum_{k=i}^{5} a_k \\
l_6 &= -\sum_{k=1}^{5} \frac{1}{6}(k a_k) \\
l &= a_1 + 2a_2 + 3a_3 + 2a_4 + a_5 + 2a_6
\end{aligned}
\tag{22.7.28}
$$

可以用数组 $(l_1, l_2, \cdots, l_n)$ 或 $(l_1, \cdots, l_{n+1})$ 来标记不可约表示. 对于 A_n, 也可以取另一组整数 $\{l_i'\}$ 来标记, 这里

$$l_i' = \sum_{k=i}^{n} a_k \qquad l_1' \geqslant l_2' \cdots \geqslant l_n' \geqslant 0 \tag{22.7.29}$$

整数组 $\{l_i'\}$ 对应于整数 N 的一个分割, 即

$$N = \sum_{i=1}^{n} l_i' = \sum_{k=1}^{n} k a_k$$

通常就是用分割 $\{l_i'\}$ 来标记 $SU(n+1)$ 群的不可约酉表示的.

5. 不可约表示的维数

设 Γ_ϕ 是半单紧 Lie 代数的一个最高权为 $\boldsymbol{\Lambda}$ 的不可约酉表示, 则 Γ_ϕ 的维数 $N(\phi)$ 为

$$N(\phi) = \prod_{\boldsymbol{\alpha} \in \Sigma^+} \frac{(\boldsymbol{\Lambda} + \boldsymbol{g}, \boldsymbol{\alpha})}{(\boldsymbol{g}, \boldsymbol{\alpha})} \tag{22.7.30}$$

这里

$$\boldsymbol{g} = \frac{1}{2} \sum_{\boldsymbol{\alpha} \in \Sigma^+} \boldsymbol{\alpha} \tag{22.7.31}$$

Σ^+ 表示正根集合. 知道了 $\boldsymbol{\Lambda}$ 和根系即不难算出 $N(\phi)$. $\boldsymbol{g}$ 也可以表示为单纯根的线性组合

$$\boldsymbol{g} = \sum_i k_i \boldsymbol{\alpha}_i \qquad (\boldsymbol{\alpha}_i \in \Pi) \tag{22.7.32}$$

将各正根的单纯根表达式代入式 (22.7.31), 化简后与式 (22.7.32) 比较即可求得 $\{k_i\}$ 的值. 也可以用初始表示的权表达出来, 即

$$\boldsymbol{g} = \sum_i g_i \lambda_i \tag{22.7.33}$$

利用式 (22.7.24) 将单纯根用初始表示的权表达, 代入式 (22.7.32), 化简后与式 (22.7.33) 比较即可求得 $\{g_i\}$ 的值. 各单 Lie 代数的 $\{g_i\}$ 值可以在文献中查到. 于是, 对于指定的表示 Γ_ϕ, 在计算出 $\boldsymbol{\Lambda}$ 与 $\boldsymbol{g}$ 后即可用式 (22.7.30) 计算其维数.

22.7.7 半单 Lie 代数的 Casimir 算符

二次 Casimir 算符. 定义算符

$$\boldsymbol{C} = \sum_{\rho\sigma} g^{\rho\sigma} \boldsymbol{X}_\rho \boldsymbol{X}_\sigma \tag{22.7.34}$$

式中, $[g^{\rho\sigma}]$ 是度量张量矩阵的逆矩阵, $\boldsymbol{X}_\rho$ 和 $\boldsymbol{X}_\sigma$ 是 Lie 代数 A 中的基矢. 算符 $\boldsymbol{C}$ 与 $\boldsymbol{X}_\tau$ 可对易, 因为

$$\begin{aligned}
[\boldsymbol{C}, \boldsymbol{X}_\tau] &= \sum_{\rho\sigma} g^{\rho\sigma}[\boldsymbol{X}_\rho \boldsymbol{X}_\sigma, \boldsymbol{X}_\tau] \\
&= \sum_{\rho\sigma}(g^{\rho\sigma}\boldsymbol{X}_\rho[\boldsymbol{X}_\sigma, \boldsymbol{X}_\tau] + \sum_{\lambda} g^{\rho\sigma} c_{\rho\tau}^{\lambda} \boldsymbol{X}_\lambda \boldsymbol{X}_\sigma) \\
&= \sum_{\rho\sigma\lambda}(g^{\rho\sigma} c_{\sigma\tau}^{\lambda} \boldsymbol{X}_\rho \boldsymbol{X}_\lambda + g^{\rho\sigma} c_{\rho\tau}^{\lambda} \boldsymbol{X}_\lambda \boldsymbol{X}_\sigma) \\
&= \sum_{\rho\sigma\lambda}(g^{\rho\sigma} c_{\sigma\tau}^{\lambda} \boldsymbol{X}_\rho \boldsymbol{X}_\lambda + g^{\sigma\rho} c_{\sigma\tau}^{\lambda} \boldsymbol{X}_\lambda \boldsymbol{X}_\rho) \\
&= \sum_{\rho\sigma\lambda} g^{\rho\sigma} c_{\sigma\tau}^{\lambda} (\boldsymbol{X}_\rho \boldsymbol{X}_\lambda + \boldsymbol{X}_\lambda \boldsymbol{X}_\rho) \qquad (22.7.35)
\end{aligned}$$

对于半单 Lie 代数来说

$$c_{\sigma\tau}^{\lambda} = \sum_{\nu} g^{\lambda\nu} c_{\nu\sigma\tau} \qquad (22.7.36)$$

故

$$[\boldsymbol{C}, \boldsymbol{X}_\tau] = \sum_{\rho\sigma\lambda\nu} g^{\rho\sigma} g^{\lambda\nu} c_{\nu\sigma\tau} (\boldsymbol{X}_\rho \boldsymbol{X}_\lambda + \boldsymbol{X}_\lambda \boldsymbol{X}_\rho) \qquad (22.7.37)$$

式 (22.7.37) 右边同时将 ρ 和 λ, σ 和 ν 交换时, $g^{\rho\sigma}g^{\lambda\nu}$ 和 $(\boldsymbol{X}_\rho \boldsymbol{X}_\lambda + \boldsymbol{X}_\lambda \boldsymbol{X}_\rho)$ 不变, 而 $c_{\nu\sigma\tau}$ 改变符号 [参看式 (22.4.44)], 故其值必为零, 即

$$[\boldsymbol{C}, \boldsymbol{X}_\tau] = 0 \qquad (\text{对于所有 } \boldsymbol{X}_\tau \in A) \qquad (22.7.38)$$

具有这种与半单 Lie 代数的所有元素可对易性质的算符称为 Casimir 算符.

采用 Cartan-Weyl 基, Casimir 算符可表示为

$$\boldsymbol{C} = \sum_{ik} g^{ik} \boldsymbol{H}_i \boldsymbol{H}_k + \sum_{\boldsymbol{\alpha}} \boldsymbol{E}_\alpha \boldsymbol{E}_{-\alpha} \qquad (22.7.39)$$

设 $\boldsymbol{\Lambda}$ 为某一不可约表示的最高权, Ψ_Λ 是对应于这个权的一个本征函数. 将 $\boldsymbol{C}$ 作用于 Ψ_Λ, 利用对于正根 $\boldsymbol{\alpha}$ 有 $\boldsymbol{E}_{\boldsymbol{\alpha}} \Psi_\Lambda = 0$, 可得

$$\begin{aligned}
\boldsymbol{C}\Psi_\Lambda &= \sum_{ik} g^{ik} \Lambda_i \Lambda_k \Psi_\Lambda + \sum_{\boldsymbol{\alpha}\in\Sigma^+} [\boldsymbol{E}_\alpha, \boldsymbol{E}_{-\alpha}] \Psi_\Lambda \\
&= \left[(\boldsymbol{\Lambda}, \boldsymbol{\Lambda}) + \sum_{\boldsymbol{\alpha}\in\Sigma^+} \sum_{i} (\boldsymbol{\alpha}^i \boldsymbol{\Lambda}_i)\right] \Psi_\Lambda \\
&= [(\boldsymbol{\Lambda}, \boldsymbol{\Lambda}) + (\boldsymbol{\Lambda}, 2\boldsymbol{g})] \boldsymbol{\Psi}_\Lambda \\
&= (\boldsymbol{\Lambda}, \boldsymbol{\Lambda} + 2\boldsymbol{g}) \Psi_\Lambda = \mu \Psi_\Lambda \qquad (22.7.40)
\end{aligned}$$

式中

$$g = \frac{1}{2}\sum_{\alpha\in\Sigma^+}\alpha$$

$$\mu = (\Lambda, \Lambda + 2g) \tag{22.7.41}$$

将 Λ 和 g 的单纯根表达式代入式 (22.7.41) 可以直接计算本征值 μ. 也可以用初始表示的权来表达 (参看 22.7.6 节) 二次 Casimir 算符的本征值

$$\mu = (\Lambda, \Lambda + 2g) = \sum_{ij} l_i(l_j + 2g_j)(\lambda_i, \lambda_j) \tag{22.7.42}$$

式中, $\{l_i\}$ 的表达式见式 (22.7.26)~ 式 (22.7.28), $\{g_i\}$ 按式 (22.7.33) 确定, (λ_i, λ_j) 是初始表示的两个权的标量积. 将 $g_j, (\lambda_i, \lambda_j)$ 的值代入并化简, 可得 μ 的值如下:

$$\begin{aligned}
A_n : \mu &= \frac{1}{2(n+1)}\sum_{i=1}^{n+1} l_i(l_i - 2i) \\
B_n : \mu &= \frac{1}{2(2n+1)}\sum_{i=1}^{n} l_i(l_i + 2n - 2i + 1) \\
C_n : \mu &= \frac{1}{2n(2n+1)}\sum_{i=1}^{n} l_i(l_i + 2n - 2i + 2) \\
D_n : \mu &= \frac{1}{4(n-1)}\sum_{i=1}^{n} l_i(l_i + 2n - 2i) \\
G_2 : \mu &= \frac{1}{24}[l_1(3l_1 + 8) + l_2(3l_2 + 2) + l_3(3l_3 - 10)] \\
F_4 : \mu &= \frac{1}{18}[l_1(l_1 + 11) + l_2(l_2 + 5) + l_3(l_3 + 3) + l_4(l_4 - 1)] \\
E_6 : \mu &= \frac{1}{48}\left[l(l + 22) + 2\sum_{i=1}^{6} l_i(l_i - 2i)\right] \\
E_7 : \mu &= \frac{1}{36}\left[\sum_{i=1}^{8} l_i(l_i - 2i) - 20l_8\right] \\
E_8 : \mu &= \frac{1}{260}\left[\sum_{i=1}^{9} l_i(l_i - 2i) - 42l_9\right]
\end{aligned} \tag{22.7.43}$$

对于一定的不可约表示, 二次 Casimir 算符只有一个本征值, 所以一般情况下光用它不能标志不可约表示, 因为不可约表示由它的最高权表征, 而对于 n 秩半单 Lie 代数来说, 这是 n 个标量的集合. Racah 把 Casimir 不变算符的概念推广, 得到以下结果: 对于任意的 n 秩半单 Lie 代数, 存在一组 n 个独立的不变算符 (广义的

Casimir 算符), 它们与该代数中的所有无穷小算符对易. 可以用这些算符的 n 个本征值 $\mu_1, \cdots, \mu_n$ 的集合来表征 Lie 代数的不可约表示. 广义 Casimir 算符的形式为

$$\boldsymbol{I}_m = \sum_{\{\alpha_i\beta_i\}} c^{\beta_2}_{\alpha_1\beta_1} c^{\beta_3}_{\alpha_2\beta_2} \cdots c^{\beta_1}_{\alpha_m\beta_m} \boldsymbol{X}^{\alpha_1}\boldsymbol{X}^{\alpha_2}\cdots\boldsymbol{X}^{\alpha_m} \tag{22.7.44}$$

这里 $\sum_{\lambda} c^{\tau}_{\lambda\sigma}\boldsymbol{X}^{\lambda} = \sum_{\lambda\rho} g^{\tau\rho} c^{\lambda}_{\rho\sigma}\boldsymbol{X}_{\lambda}$. 显然, $\boldsymbol{I}_0$ 和 $\boldsymbol{I}_1$ 是零算符, $\boldsymbol{I}_2 = \sum_{\alpha_1\alpha_2} g_{\alpha_1\alpha_2}\boldsymbol{X}^{\alpha_1}\boldsymbol{X}^{\alpha_2}$, 与上面定义的算符 $\boldsymbol{C}$ 实质上相同. 对于 so_3, 可以看出, $m > 2$ 的任何 $\boldsymbol{I}_m$ 都正比于 $\boldsymbol{I}_2$, 因此不是所有的 $\boldsymbol{I}_m$ 都相互独立. 但容易证明, 对于 n 秩半单 Lie 代数, 可以造出 n 个独立的不变算符来. Racah 具体给出这些独立的不变算符如下:

$$\begin{aligned}
&A_n : \boldsymbol{I}_2, \boldsymbol{I}_3, \cdots, \boldsymbol{I}_{n+1}\\
&B_n : \boldsymbol{I}_2, \boldsymbol{I}_4, \cdots, \boldsymbol{I}_{2n}\\
&C_n : \boldsymbol{I}_2, \boldsymbol{I}_4, \cdots, \boldsymbol{I}_{2n}\\
&D_n : \boldsymbol{I}_2, \boldsymbol{I}_4, \cdots, \boldsymbol{I}_{2n-2}, \boldsymbol{I}_n\\
&G_2 : \boldsymbol{I}_2, \boldsymbol{I}_6\\
&F_4 : \boldsymbol{I}_2, \boldsymbol{I}_6, \boldsymbol{I}_8, \boldsymbol{I}_{12}\\
&E_6 : \boldsymbol{I}_2, \boldsymbol{I}_5, \boldsymbol{I}_6, \boldsymbol{I}_8, \boldsymbol{I}_9, \boldsymbol{I}_{12}\\
&E_7 : \boldsymbol{I}_2, \boldsymbol{I}_6, \boldsymbol{I}_8, \boldsymbol{I}_{10}, \boldsymbol{I}_{12}, \boldsymbol{I}_{14}, \boldsymbol{I}_{18}\\
&E_8 : \boldsymbol{I}_2, \boldsymbol{I}_8, \boldsymbol{I}_{12}, \boldsymbol{I}_{14}, \boldsymbol{I}_{18}, \boldsymbol{I}_{20}, \boldsymbol{I}_{24}, \boldsymbol{I}_{30}
\end{aligned}$$

对于非半单 Lie 代数, 如 Euclid 群的代数, 不能得到其度量矩阵的逆 (因为它是奇异的), 因而不能构成通常意义下的 Casimir 算符, 但还是可以造出与非半单 Lie 代数的所有无穷小算符都可对易的不变算符. 例如, Euclid 群 E_3 有由角动量 $\boldsymbol{J}$ 和线动量 $\boldsymbol{P}$ 生成的非半单 Lie 代数

$$\begin{aligned}
&[\boldsymbol{J}_i, \boldsymbol{J}_j] = \varepsilon_{ijk}\boldsymbol{J}_k, \qquad [\boldsymbol{P}_i, \boldsymbol{P}_j] = 0, [\boldsymbol{P}_i, \boldsymbol{J}_j] = \varepsilon_{ijk}\boldsymbol{P}_k\\
&[\boldsymbol{P}_i, \boldsymbol{J}_i] = 0 \qquad\qquad (i, j, k = 1, 2, 3)
\end{aligned} \tag{22.7.45}$$

ε_{ijk} 当 $i \to j \to k$ 为 $1 \to 2 \to 3$ 及其循环置换时为 $+1$, 否则为 -1. 容易证明, 算符 $\boldsymbol{P}^2$ 和 $\boldsymbol{P}\cdot\boldsymbol{J}$ 是与 $\boldsymbol{P}$ 和 $\boldsymbol{J}$ 的所有分量可对易的, 可以定义为 E_3 的代数的 Casimir 算符.

通常在研究某个代数时是先构成其不变算符, 再计算它们的本征值谱. 举例如下:

(1) $A_1 \sim B_1 \sim C_1$. 这是一秩 Lie 代数, 只要用一个不变算符的本征值就可以标志其不可约表示了. 取为二次 Casimir 算符

$$\boldsymbol{C} = \boldsymbol{H}_1^2 + \boldsymbol{E}_{\alpha}\boldsymbol{E}_{-\alpha} + \boldsymbol{E}_{-\alpha}\boldsymbol{E}_{\alpha} \tag{22.7.46}$$

改用对 $so(3)$ 常用的符号, 就是

$$\boldsymbol{C}=\frac{1}{2}\boldsymbol{J}^2=\frac{1}{2}(\boldsymbol{J}_z^2+\boldsymbol{J}_+\boldsymbol{J}_-+\boldsymbol{J}_-\boldsymbol{J}_+) \tag{22.7.47}$$

式中, $\boldsymbol{J}_\pm=\frac{1}{\sqrt{2}}(\boldsymbol{J}_x+i\boldsymbol{J}_y)$, 对易关系为

$$[\boldsymbol{J}_+,\boldsymbol{J}_-]=\boldsymbol{J}_z,\qquad [\boldsymbol{J}_z,\boldsymbol{J}_\pm]=\pm\boldsymbol{J}_\pm \tag{22.7.48}$$

按式 (22.7.42), $g=\frac{1}{2}\cdot\frac{1}{\sqrt{2}},\Lambda=\frac{j}{\sqrt{2}}$, 故 $\boldsymbol{C}$ 的本征值为

$$\mu\equiv(\Lambda,\Lambda+2g)=\frac{j}{\sqrt{2}}\left(\frac{j}{\sqrt{2}}+\frac{1}{\sqrt{2}}\right)=\frac{1}{2}j(j+1)$$

这里 $j=0,\frac{1}{2},1,\frac{3}{2},\cdots$ 写成本征方程的形式, 得

$$\boldsymbol{C}|j,m\rangle=\frac{1}{2}j(j+1)|j,m\rangle \tag{22.7.49}$$

式 (22.7.49) 对应于角动量理论中总角动量算符的本征方程. 由于 μ 由 j 唯一地确定, 因此通常用 j 代替 μ 来标志 $so(3)$ 的不可约表示.

(2) $D_2=A_1\oplus A_1\sim so(4)$. 这是二秩半单 Lie 代数, 要用两个不变算符的本征值才能表征它的不可约表示. 但 D_2 是两个 A_1 的直和, 所以不变算符可以取为

$$\begin{aligned}\boldsymbol{C}_1&=\boldsymbol{H}_1^2+\boldsymbol{E}_\alpha\boldsymbol{E}_{-\alpha}+\boldsymbol{E}_{-\alpha}\boldsymbol{E}_\alpha\\ \boldsymbol{C}_2&=\boldsymbol{H}_2^2+\boldsymbol{E}_\beta\boldsymbol{E}_{-\beta}+\boldsymbol{E}_{-\beta}\boldsymbol{E}_\beta\end{aligned} \tag{22.7.50}$$

或者改用对 $so(3)$ 常用的符号, 变为

$$\begin{aligned}\boldsymbol{C}_1&=\frac{1}{2}\boldsymbol{J}_1^2=\frac{1}{2}(\boldsymbol{J}_{1z}^2+\boldsymbol{J}_{1+}\boldsymbol{J}_{1-}+\boldsymbol{J}_{1-}\boldsymbol{J}_{1+})\\ \boldsymbol{C}_2&=\frac{1}{2}\boldsymbol{J}_2^2=\frac{1}{2}(\boldsymbol{J}_{2z}^2+\boldsymbol{J}_{2+}\boldsymbol{J}_{2-}+\boldsymbol{J}_{2-}\boldsymbol{J}_{2+})\end{aligned} \tag{22.7.51}$$

从举例 (1) 可知, 它们的本征值方程为

$$\begin{aligned}\boldsymbol{C}_1|j_1j_2m_1m_2\rangle&=\frac{1}{2}j_1(j_1+1)|j_1j_2m_1m_2\rangle\\ \boldsymbol{C}_2|j_1j_2m_1m_2\rangle&=\frac{1}{2}j_2(j_2+1)|j_1j_2m_1m_2\rangle\end{aligned} \tag{22.7.52}$$

$so(4)$ 的二次 Casimir 算符是 $\boldsymbol{C}=\frac{1}{2}(\boldsymbol{J}_1^2+\boldsymbol{J}_2^2)$, 其本征值为

$$\mu=\frac{1}{2}[j_1(j_1+1)+j_2(j_2+1)] \tag{22.7.53}$$

根据 $\boldsymbol{J}_1^2$ 和 $\boldsymbol{J}_2^2$ 算符的定义, 可以进一步证明 $\boldsymbol{J}_1^2-\boldsymbol{J}_2^2=0$, 由此得

$$\mu=\frac{1}{4}[(2j+1)^2-1] \tag{22.7.54}$$

式中, $j=j_1=j_2$.

(3) $A_2\sim su(3)$. 二次 Casimir 算符是

$$\boldsymbol{C}=\boldsymbol{H}_1^2+\boldsymbol{H}_2^2+\boldsymbol{E}_\alpha\boldsymbol{E}_{-\alpha}+\boldsymbol{E}_{-\alpha}\boldsymbol{E}_\alpha+\boldsymbol{E}_\beta\boldsymbol{E}_{-\beta}+\boldsymbol{E}_{-\beta}\boldsymbol{E}_\beta+\boldsymbol{E}_\gamma\boldsymbol{E}_{-\gamma}+\boldsymbol{E}_{-\gamma}\boldsymbol{E}_\gamma \tag{22.7.55}$$

$$\boldsymbol{g}=\frac{1}{2}[\boldsymbol{\alpha}+\boldsymbol{\beta}+(\boldsymbol{\alpha}+\boldsymbol{\beta})]=\boldsymbol{\alpha}+\boldsymbol{\beta} \tag{22.7.56}$$

设不可约表示的最高权为 $\boldsymbol{\Lambda}=M_1\boldsymbol{\alpha}+M_2\boldsymbol{\beta}$. 我们知道 $2(\boldsymbol{\Lambda},\boldsymbol{\alpha})/(\boldsymbol{\alpha},\boldsymbol{\alpha})=n$, $2(\boldsymbol{\Lambda},\boldsymbol{\beta})/(\boldsymbol{\beta},\boldsymbol{\beta})=m$ 为非负整数. 代入 $\boldsymbol{\Lambda}$ 的表示式后, 可求得

$$M_1=\frac{2n+m}{3}$$

$$M_2=\frac{n+2m}{3}\qquad(n,m=0,1,2,\cdots) \tag{22.7.57}$$

故二次 Casimir 算符的本征值为

$$\begin{aligned}\mu&=(\boldsymbol{\Lambda},\boldsymbol{\Lambda}+2\boldsymbol{g})=(M_1\boldsymbol{\alpha}+M_2\boldsymbol{\beta},(M_1+2)\boldsymbol{\alpha}+(M_2+2)\boldsymbol{\beta})\\&=M_1(M_1+2)(\boldsymbol{\alpha},\boldsymbol{\alpha})+M_2(M_2+2)(\boldsymbol{\beta},\boldsymbol{\beta})\\&\quad+[M_1(M_2+2)+M_2(M_1+2)](\boldsymbol{\alpha},\boldsymbol{\beta})\\&=\frac{1}{3}\cdot\frac{2n+m}{3}\left(\frac{2n+m}{3}+2\right)+\frac{1}{3}\cdot\frac{n+2m}{3}\left(\frac{n+2m}{3}+2\right)\\&\quad-\frac{1}{6}\left[\frac{2n+m}{3}\left(\frac{n+2m}{3}+2\right)+\frac{n+2m}{3}\left(\frac{2n+m}{3}+2\right)\right]\\&=\frac{1}{9}(n^2+m^2+nm+3n+3m)\end{aligned} \tag{22.7.58}$$

由于 A_2 是二秩 Lie 代数, 只用二次 Casimir 算符的本征值不能标志它的不可约表示, 表现在不同的 n 和 m 组合 (对应于不同的不可约表示) 可能给出相同的本征值 μ.

22.8 常用三参数 Lie 代数的表示

22.8.1 初始表示

本节以简单的和最常用到的三参数 Lie 群为例, 说明 Lie 群和 Lie 代数的表示的一些特点. 三参数 Lie 群的代数的复扩展就是复单 Lie 代数 $A_1\sim B_1\sim C_1$. 这

些代数的实形包括三个同构的紧 Lie 代数 $so(3) \sim su(2) \sim sp(2)$ 和四个同构的非紧 Lie 代数 $so(2,1) \sim su(1,1) \sim sl(2,r) \sim sp(2,r)$, 此外, 还有非半单的二维 Euclid 群的代数 e_2, 它可表示为半直和 $e_2 = t_2 \oplus_S so(2)$, 式中 t_2 是二维平移群的 Abel 代数. 下面用统一的方式构造上述八个 Lie 代数的表示. 我们首先把基的形式统一写成 $\boldsymbol{L}_3, \boldsymbol{L}_\pm = \dfrac{1}{\sqrt{2}}(\boldsymbol{L}_1 + i\boldsymbol{L}_2)$, 其度量矩阵对角元为 $g_{11} = g_{22} = 1, g_{33} = g$, 对易关系为

$$[\boldsymbol{L}_+, \boldsymbol{L}_-] = g\boldsymbol{L}_3, \qquad [\boldsymbol{L}_3, \boldsymbol{L}_\pm] = \pm\boldsymbol{L}_\pm \tag{22.8.1}$$

对于 $so(3) \sim su(2) \sim sp(2)$

$$g = 1 \tag{22.8.2}$$

对于 $so(2,1) \sim su(1,1) \sim sl(2,r) \sim sp(2,r)$

$$g = -1 \tag{22.8.3}$$

对于 e_2, 则

$$g = 0 \tag{22.8.4}$$

按定义, 可得到二次 Casimir 算符为 $\left(\text{省略系数}\dfrac{1}{2}\right)$

$$\boldsymbol{C} = g\boldsymbol{L}_3^2 + \boldsymbol{L}_1^2 + \boldsymbol{L}_2^2 = g\boldsymbol{L}_3^2 + \boldsymbol{L}_+\boldsymbol{L}_- + \boldsymbol{L}_-\boldsymbol{L}_+ = g\boldsymbol{L}_3(\boldsymbol{L}_3 + 1) + 2\boldsymbol{L}_-\boldsymbol{L}_+ \tag{22.8.5}$$

最后一个等式利用了 $\boldsymbol{L}_+$ 和 $\boldsymbol{L}_-$ 的对易关系. 将 g 的不同值代入, 即可得到不同 Lie 代数的 Casimir 算符. 因为是一秩 Lie 代数, 用二次 Casimir 算符的本征值就足以表征不可约表示了.

半单 Lie 代数的所有表示都可以从基础表示得到, 而基础表示又可以从初始表示得到. 对于一秩代数, 基础表示就是初始表示. 据式 (22.7.30) 可以算出它的维数为 2. 为了找出表示矩阵, 利用任意二阶矩阵都可以表示为二阶单位矩阵及 Pauli 自旋矩阵 $\boldsymbol{\sigma}_1 = \begin{bmatrix} 0 & 1 \\ 1 & 0 \end{bmatrix}, \boldsymbol{\sigma}_2 = \begin{bmatrix} 0 & -i \\ i & 0 \end{bmatrix}$ 和 $\boldsymbol{\sigma}_3 = \begin{bmatrix} 1 & 0 \\ 0 & -1 \end{bmatrix}$ 的线性组合的事实. Pauli 自旋矩阵的对易关系为

$$[\boldsymbol{\sigma}_i, \boldsymbol{\sigma}_j] = 2i\varepsilon_{ijk}\boldsymbol{\sigma}_k \tag{22.8.6}$$

令

$$\boldsymbol{L}_3 = \frac{1}{2}\boldsymbol{\sigma}_3, \quad \boldsymbol{L}_\pm = \frac{\sqrt{g}}{2\sqrt{2}}(\boldsymbol{\sigma}_1 \pm i\boldsymbol{\sigma}_2) \tag{22.8.7}$$

当 $g = +1$ 时, 就得出紧 Lie 代数 $so(3) \sim su(2) \sim sp(2)$ 的对易关系, 因而按定义就得出了它们的不可约的酉矩阵表示. 这些矩阵在讨论自旋角动量时已经用到过了,

它的基矢就是自旋函数 $|\alpha\rangle, |\beta\rangle$, 以列矩阵表示就是 $\xi_1 = \begin{pmatrix} 1 \\ 0 \end{pmatrix}$ 和 $\xi_2 = \begin{pmatrix} 0 \\ 1 \end{pmatrix}$. 类似地, 当 $g = -1$ 时, 就得到 $so(2,1) \sim su(1,1) \sim sl(2,r) \sim sp(2,r)$ 的初始表示, 这时它是不可约表示, 但不是酉表示. 当 $g = 0$ 时, 得到 e_2 的初等表示, 它是可约表示. 这些旋量表示的最高权为 $\frac{1}{2}$, Casimir 算符的本征值为 $\mu = \frac{1}{2}\left(\frac{1}{2}+1\right) = \frac{3}{4}$.

在用 Lie 代数方法处理具体物理问题时, 我们遇到的是能够显示地写出来并能进行普通运算的数学对象, 所以要把抽象的 Lie 代数元素同构或同态地映射到某种具体的数学对象. 如果是映射到可以具体地写出来并分析地描述的代数结构上, 就得到该 Lie 代数的一个实现 (当然, 如果是映射到一组矩阵上, 就得到它的一个表示). 若令

$$\begin{aligned} \boldsymbol{L}_3 &= \frac{1}{2}\left(\xi_1 \frac{\partial}{\partial \xi_1} - \xi_2 \frac{\partial}{\partial \xi_2}\right) \\ \boldsymbol{L}_+ &= \sqrt{\frac{g}{2}}\xi_1 \frac{\partial}{\partial \xi_2} \\ \boldsymbol{L}_- &= \sqrt{\frac{g}{2}}\xi_2 \frac{\partial}{\partial \xi_1} \end{aligned} \tag{22.8.8}$$

则容易证明这些算符的对易关系就是 Lie 代数 A_1 的标准对易关系, 即

$$[\boldsymbol{L}_+, \boldsymbol{L}_-] = g\boldsymbol{L}_3, \qquad [\boldsymbol{L}_3, \boldsymbol{L}_\pm] = \boldsymbol{L}_\pm \tag{22.8.9}$$

若将基函数取为 $\xi_1 = |\alpha\rangle$ 和 $\xi_2 = |\beta\rangle$, 则

$$\boldsymbol{L}_3|\xi_1\rangle = \frac{1}{2}|\xi_1\rangle, \qquad \boldsymbol{L}_3|\xi_2\rangle = -\frac{1}{2}|\xi_2\rangle \tag{22.8.10}$$

所以式 (22.8.8) 表示的微分算符给出三维 Lie 代数的一个实现 (算符表示).

用 Bose 产生算符和湮灭算符也可以得到一个等价的实现, 只要令 $\boldsymbol{a}_i^+ \to \xi_i, \boldsymbol{a}_i \to \frac{\partial}{\partial \xi_i}$, 即

$$\begin{aligned} \boldsymbol{L}_3 &= \frac{1}{2}(\boldsymbol{a}_1^\dagger \boldsymbol{a}_1 - \boldsymbol{a}_2^\dagger \boldsymbol{a}_2) \\ \boldsymbol{L}_+ &= \sqrt{\frac{g}{2}}\boldsymbol{a}_1^\dagger \boldsymbol{a}_2 \\ \boldsymbol{L}_- &= \sqrt{\frac{g}{2}}\boldsymbol{a}_2^\dagger \boldsymbol{a}_1 \end{aligned} \tag{22.8.11}$$

注意, $\boldsymbol{a}_i^\dagger$ 和 $\boldsymbol{a}_i$ 满足以下对易关系 (玻色子产生算符和湮灭算符的对易关系):

$$[\boldsymbol{a}_i^\dagger, \boldsymbol{a}_j] = \delta_{ij} \tag{22.8.12}$$

即可证明式 (22.8.11) 定义的算式满足三维 Lie 代数的标准对易关系. 因此式 (22.8.11) 用 Bose 算符给出 Lie 代数的一个实现.

22.8.2 一般表示

有了初始表示, 就可以通过它的直积乘幂造出其他不可约表示, 基组取为 ξ_1 和 ξ_2 的单项式 $|a,b\rangle = N(a,b)\xi_1^a\xi_2^b$, 式中 $N(a,b)$ 为归一化常数. 利用微分算符形式的实现 [式 (22.8.8)], 可得

$$\boldsymbol{L}_3|a,b\rangle = \frac{1}{2}(a-b)|a,b\rangle$$

$$\boldsymbol{L}_+|a,b\rangle = \sqrt{\frac{g}{2}}\frac{N(a,b)}{N(a+1,b-1)}b|a+1,b-1\rangle$$

$$\boldsymbol{L}_-|a,b\rangle = \sqrt{\frac{g}{2}}\frac{N(a,b)}{N(a-1,b+1)}a|a-1,b+1\rangle \tag{22.8.13}$$

显然, 算符 $\boldsymbol{L}_+$ 和 $\boldsymbol{L}_-$ 分别使 $|a,b\rangle$ 态的本征值增加 1 和减少 1. Casimir 算符的本征值为

$$\boldsymbol{C}|a,b\rangle = (g\boldsymbol{L}_3(\boldsymbol{L}_3+1)+2\boldsymbol{L}_-\boldsymbol{L}_+)|a,b\rangle = g\phi(\phi+1)|a,b\rangle = \mu|a,b\rangle \tag{22.8.14}$$

式中, $\phi = \frac{1}{2}(a+b)$. 很明显, ϕ 和 $-(\phi+1)$ 对应于 $\boldsymbol{C}$ 的同一本征值 μ. 对于给定的一个不可约表示, μ 为一特征数, 可用来表征该不可约表示. 因为 $\boldsymbol{L}_\pm$ 使本征值 $\frac{1}{2}(a-b)$ 增加或减少 1, 所以在同一个不可约表示中, $\frac{1}{2}(a-b)$ 是变化的. 但在给定的不可约表示中, $\frac{1}{2}(a-b)$ 的小数部分则是固定的. 记

$$\frac{1}{2}(a-b) = E_0 + I \tag{22.8.15}$$

式中, I 为整数, $-\frac{1}{2} < \mathrm{Re}E_0 \leqslant \frac{1}{2}$. 于是, 每个不可约表示都可以用两个不变量 ϕ 和 E_0 来标志, 记为 $D(\phi, E_0)$, 而其基矢可以用

$$|\phi, E_0+I\rangle = N(\phi, E_0+I)\xi_1^{\phi+E_0+I}\xi_2^{\phi-E_0-I}$$

来表示. 式 (22.8.15) 中的 a 和 b 不必限于整数, 可以是实数甚至是复数. 根据 a,b 的情况, 不可约表示可以分为四大类.

(1) a 和 b 都不是整数. 这时从任一个基 $|a,b\rangle$ 出发, 反复用上升和下降算符 $\boldsymbol{L}_\pm$ 就可以得到其他基 $|a',b'\rangle$, 这里 $a-a'$ 和 $b-b'$ 都是整数. 因为 $\boldsymbol{L}_\pm$ 只使 a 或 b 增减 1, a,b 不是整数, 就总也不会出现 $\boldsymbol{L}_3|a',b'\rangle = 0$ 的情况. 这样, 由 $|a,b\rangle$ 开始, 用 $\boldsymbol{L}_\pm$ 作用就可以得到无限个基函数, 因此表示是无限维的、上下无界的. 表示 $D(\phi, E_0)$ 和 $D(-(\phi+1), E_0)$ 是等价的, 不等价的表示可以标志为 $D(\mu, E_0)$. $\boldsymbol{L}_3$

的本征值谱 $(\boldsymbol{E}_0+\boldsymbol{I})$ 如下：$-\infty,\cdots,(a-b)/2-2,(a-b)/2-1,(a-b)/2,(a-b)/2+1,(a-b)/2+2,\cdots,\infty$.

(2) a 为整数, b 是任意数. 这时, 若限于 $a\geqslant 0$, 在用 $\boldsymbol{L}_-$ 作用若干次以后出现 $\boldsymbol{L}_-|\boldsymbol{a}',b'\rangle=0$ 的情况, 此时必有 $a'=0$, 故最小本征值为 $-\dfrac{b'}{2}$. $\boldsymbol{L}_+$ 的作用则可以无限继续下去. 于是得出一个有下界的无限维表示 $D^+(\phi)$. $\boldsymbol{L}_3$ 的本征值谱如下：$-b'/2,-b'/2+1,-b'/2+2,\cdots,\infty$. 对于这个表示, $\phi=\dfrac{1}{2}(a+b)=\dfrac{b'}{2}$. 如果 $a<0$, 则 $\boldsymbol{L}_\pm$ 都可以无限次地作用下去, 得到的仍是上下无界的无限维表示. 这是一个可约表示 ($a\geqslant 0$ 的基函数张成一个不变子空间), 但不是可分解的.

(3) b 为一个整数, a 是任意的. 同理, 若限于 $b\geqslant 0$, 则得到一个不可约表示 $D^-(\phi)$, 它是无限维的, 有上界的, $\boldsymbol{L}_3$ 的最大本征值为 $\dfrac{1}{2}a'=\phi=\dfrac{1}{2}(a+b)$. $\boldsymbol{L}_3$ 的本征值谱如下：$-\infty,\cdots,a'/2-2,a'/2-1,a'/2$. 同样, 若 $b<0$, 则得到可约的, 但不是可分解的上下无界的无限维表示.

(4) a 和 b 都是整数. 若 $a+b<0$, 而且在 $a\geqslant 0$ 的子空间内 $b<0$, 就得到 $D^+(\phi)$ 的一个特殊情况. 若 $a+b<0$, 并且在 $b\geqslant 0$ 的子空间中有 $a<0$, 就得到 $D^-(\phi)$ 的一个特殊情况. $\phi=\dfrac{1}{2}(a+b)<0$. 当 $a+b\geqslant 0$, 且 $a\geqslant 0,b\geqslant 0$ 时, 将得到不变子空间. 在 $\boldsymbol{L}_\pm$ 的反复作用下, $|a,b\rangle$ 将会变到 $|a',b'\rangle$ 和 $|a'',b''\rangle$, 使得 $\boldsymbol{L}_+|a',b'\rangle=0$ 和 $\boldsymbol{L}_-|a'',b''\rangle=0$, 此时 $b'=0$ 和 $a''=0$. 因此 $\boldsymbol{L}_3$ 的本征值谱的上确界为 $\dfrac{a'}{2}$, 下确界为 $-\dfrac{b''}{2}$. $\phi=\dfrac{a'}{2}=\dfrac{b''}{2}$, 故得到维数为 $2\phi+1$ 的有限维表示 $D(\phi)$, $\boldsymbol{L}_3$ 的本征值谱如下：$-\phi,-\phi+1,\cdots,\phi-1,\phi$. 因为 a' 和 b'' 为非负整数, 所以 ϕ 为非负的整数或半奇整数.

22.8.3 酉表示

为了得到酉表示, 需要加上条件：$\boldsymbol{L}_3$ 的本征值是实的, $\boldsymbol{L}_+\boldsymbol{L}_-$ 和 $\boldsymbol{L}_-\boldsymbol{L}_+$ 的本征值是实的和正的, 因为 $\boldsymbol{L}_3,\boldsymbol{L}_1,\boldsymbol{L}_2$ 是 Hermite 算符, 而由于 $\boldsymbol{L}_+^H=\boldsymbol{L}_-$, $\boldsymbol{L}_+\boldsymbol{L}_-$ 和 $\boldsymbol{L}_-\boldsymbol{L}_+$ 是正定 Hermite 算符. Casimir 算符是几个 Hermite 算符之和, 因此它的本征值也一定是实的.

要求 $\boldsymbol{L}_3$ 的本征值是实数, 也就是要求 E_0 是实数, 即 a 和 b 的虚部相等, $\operatorname{Im}a=\operatorname{Im}b=\rho$($\rho$ 为实数). Casimir 算符的本征值是 $g_{33}\phi(\phi+1)$. 令 $\phi=\phi_1+i\phi_2$ (ϕ_1,ϕ_2 为实数), 则仅当 $\phi_2=0$ 或者 $\phi_1=-\dfrac{1}{2}$ 时, $\phi(\phi+1)$ 才是实数. 在后一种情况下, $\phi_2=\operatorname{Im}\dfrac{a+b}{2}=\rho$. 所以, 对于酉表示, ϕ 有两种可能的取值：① ϕ 为实数; ② $\phi=-\dfrac{1}{2}+i\rho$ (ρ 为实数). $\boldsymbol{L}_+\boldsymbol{L}_-$ 和 $\boldsymbol{L}_-\boldsymbol{L}_+$ 的本征值大于零的条件给出 $ga(b+1)\geqslant 0$ 和 $gb(a+1)\geqslant 0$, 亦即

$$g(\phi+E_0+I)(\phi-E_0-I+1)\geqslant 0 \tag{22.8.16}$$

$$g(\phi - E_0 - I)(\phi + E_0 + I + 1) \geqslant 0 \tag{22.8.17}$$

下面分两种情况讨论.

(1) 紧 Lie 代数, $g = 1$, 此时 ϕ 为非负实数. 容易证明, 为了使式 (22.8.16) 和式 (22.8.17) 成立, 对于一个给定的 ϕ 值, $E_0 + I$ 只能取有限值, 从 $-\phi \sim +\phi$. 因为 $E_0 + I$ 是 $\boldsymbol{L}_3$ 的本征值, 这表明酉表示都是有限维的. 如上所述, ϕ 只能是非负的整数或半奇整数. 若 ϕ 为整数, 则表示是奇数维的, $E_0 = 0$; 若 ϕ 为半奇整数, 则表示是偶数维的, $E_0 = \dfrac{1}{2}$. 若令 $\phi = j, E_0 + I = m$. 基函数记为 $|j,m\rangle$, 我们就得到角动量理论中熟知的结果

$$\boldsymbol{L}_3|j,m\rangle = m|j,m\rangle \tag{22.8.18}$$

$$\boldsymbol{L}_\pm|j,m\rangle = \frac{1}{\sqrt{2}}\sqrt{j(j+1) - m(m+1)}|j,m\pm 1\rangle \tag{22.8.19}$$

酉表示是 $2j+1$ 维的, 可用 j 来标志. j 为半奇整数的表示称为旋量表示, j 为整数的表示称为真实表示. 以 $-j-1$ 代替 j 时, 式 (22.8.19) 仍成立. 故存在与 $D^{(j)}$ 等价的另一套酉表示 $D^{(-j-1)}$. 图 22.8.1 表明三参数紧 Lie 代数的酉表示的权的分布情况, $D^{(j)}$ 在 $j \geqslant 0$ 区, $D^{(-j-1)}$ 在 $j < 0$ 区. 图 22.8.1 中真实表示用实线相连, 旋量表示用虚线相连, 横坐标给出 m 值, $\boldsymbol{L}_\pm$ 使基函数的权沿水平线移动.

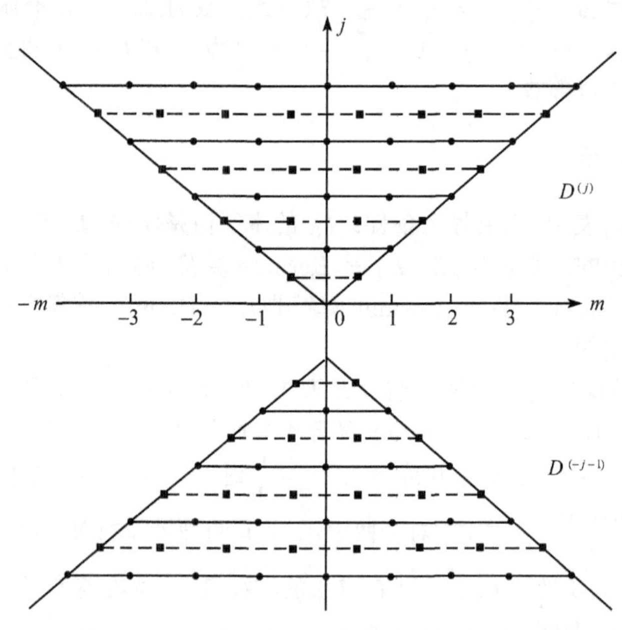

图 22.8.1 三参数紧 Lie 代数的酉表示的权系

(2) 非紧 Lie 代数, $g=-1$. 这时情况和 (1) 中的情况相反, 为了使式 (22.8.16) 和式 (22.8.17) 成立, 只有无限维表示才是可能的. 非紧 Lie 群的酉表示可以分为两大类.

(a) 连续系列. 它们的 Casimir 算符的本征值是连续的. 可分为以下两种情况:

(i) 表示 $D_\rho(\mu,E_0)$. $\phi=-\dfrac{1}{2}+i\rho(0<\rho<\infty), E_0$ 为实数, $\mu=-\phi(\phi+1)=\dfrac{1}{4}+\rho^2>\dfrac{1}{4}$. 满足式 (22.8.16) 和式 (22.8.17) 的 $\boldsymbol{L}_3$ 的本征值 (E_0+I) 是上下无界的, 即 $E_0,E_0\pm 1,E_0\pm 2,\cdots$

(ii) 表示 $D_s(\mu,E_0)$. ϕ,E_0 为实数, 满足式 (22.8.16) 和式 (22.8.17) 的解是

$$\left|\phi+\frac{1}{2}\right|<\frac{1}{2}-|E_0|,\qquad \mu<\frac{1}{4}$$

$\boldsymbol{L}_3$ 的本征值也是上下无界的, 即 $E_0,E_0\pm 1,E_0\pm 2,\cdots$

(b) 离散系列, 满足式 (22.8.16) 和式 (22.8.17) 的解有两组.

(i) 表示 $D^+(\phi)$. ϕ 为零或负实数, $E_0=-\phi,\mu\leqslant\dfrac{1}{4}$. $\boldsymbol{L}_3$ 的本征值谱 (E_0+I) 有下确界, 为 $-\phi,-\phi+1,-\phi+2,\cdots$

(ii) $D^-(\phi)$. ϕ 和 μ 同上, $E_0=\phi$. $\boldsymbol{L}_3$ 的本征值谱有上确界, 为 $\phi,\phi-1,\phi-2,\cdots$

若 ϕ 取整数或半奇整数值, 则 $D^+(\phi)$ 和 $D^-(\phi)$ 的权系如图 22.8.2 所示, 图中横坐标为 $\boldsymbol{L}_3$ 的本征值.

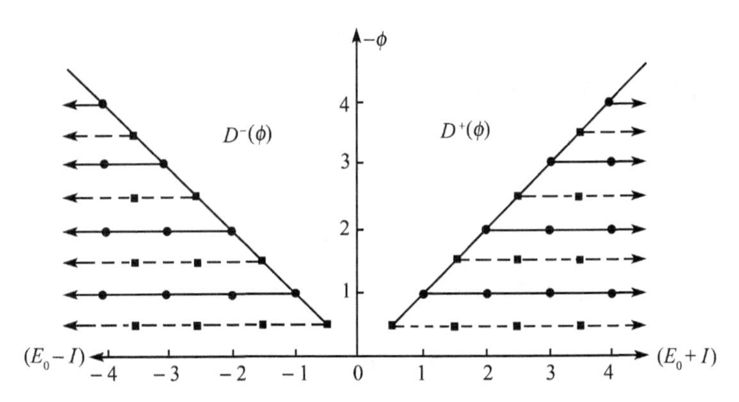

图 22.8.2 三参数非紧 Lie 代数的离散酉表示的权系

以上我们讨论了三参数 Lie 代数的酉表示. 为了得到相应 Lie 群的酉表示, 只要对无穷小算符进行积分. 但有时这是件麻烦的事情. 用不可约张量方法更易于得到三参数 Lie 群的张量表示, 这在第 21 章已经讨论过了.

22.9 Lie 代数应用示例

22.9.1 多电子原子体系状态的分类

多电子原子体系状态的分类可以用角动量理论处理 (参看中册第 11 章), 也可以用群表示理论中的不可约张量方法处理 (参看第 21 章). 这里我们讨论用 Lie 代数的处理方法. 这个方法的要点是通过考察有关代数的结构建立起一个群链, 把状态函数和这个群链的不可约表示基函数联系起来, 达到分类的目的.

在原子的独立粒子壳层模型中, 单粒子状态 (轨道) 可以用量子数 $\alpha \equiv \{nlm_lm_s\}$ 来标志. N 粒子状态函数对于交换粒子坐标是全反对称的, 可以用行列式函数的线性组合来表示. 与第 11 章中的做法一样, 我们先造出未微扰态函数, 然后逐步组合出原子的状态函数. 在二次量子化图像中, $(nl)^N$ 组态的未微扰态可以看成是由 N 个费米子产生算符的乘积作用在 "真空态" $|0\rangle$ 上产生的, 即

$$\boldsymbol{a}_\alpha^\dagger \boldsymbol{a}_\beta^\dagger \cdots a_\omega^\dagger |0\rangle = \Phi(\alpha, \beta, \cdots, \omega) \tag{22.9.1}$$

式中, $\Phi(\alpha, \beta, \cdots, \omega)$ 表示由单粒子轨道 $\alpha, \beta, \cdots, \omega$ 构成的行列式函数 (这里用一个希腊字母代表一组量子数 $\{nlm_lm_s\}$). 为了满足交换粒子坐标的反对称性, 费米子的湮灭算符和产生算符必须满足以下反对易关系:

$$\begin{aligned} \boldsymbol{a}_\alpha \boldsymbol{a}_\beta + \boldsymbol{a}_\beta \boldsymbol{a}_\alpha &= 0 \\ \boldsymbol{a}_\alpha^\dagger \boldsymbol{a}_\beta^\dagger + \boldsymbol{a}_\beta^\dagger \boldsymbol{a}_\alpha^\dagger &= 0 \end{aligned} \tag{22.9.2}$$

而行列式函数的正交归一性要求

$$\begin{gathered} \boldsymbol{a}_\alpha^\dagger \boldsymbol{a}_\beta + \boldsymbol{a}_\beta \boldsymbol{a}_\alpha^\dagger = \delta_{\alpha\beta} \\ \boldsymbol{a}_\alpha |0\rangle = 0 \qquad \langle 0| \boldsymbol{a}_\alpha^\dagger = 0 \end{gathered} \tag{22.9.3}$$

根据 Pauli 原理或式 (22.9.2), 可知

$$\boldsymbol{a}_\alpha \boldsymbol{a}_\alpha = \boldsymbol{a}_\alpha^\dagger \boldsymbol{a}_\alpha^\dagger = 0 \tag{22.9.4}$$

由于 $m_l = +l, +l-1, \cdots, -l+1, -l$ 以及 $m_s = +\dfrac{1}{2}, -\dfrac{1}{2}$, 对于给定的 nl 壳层, 只有 $2(2l+1)$ 个不同的产生算符 $\boldsymbol{a}_\alpha^\dagger$.

考虑 $(4l+2)(8l+5)$ 个算符 $\boldsymbol{a}_\alpha^\dagger, \boldsymbol{a}_\alpha, \boldsymbol{a}_\alpha^\dagger \boldsymbol{a}_\beta^\dagger, \boldsymbol{a}_\alpha^\dagger \boldsymbol{a}_\beta, \boldsymbol{a}_\alpha \boldsymbol{a}_\beta$ 的集合. 令

$$\boldsymbol{H}_\alpha = \frac{1}{2}[\boldsymbol{a}_\alpha^\dagger, \boldsymbol{a}_\alpha] = \boldsymbol{a}_\alpha^\dagger \boldsymbol{a}_\alpha - \frac{1}{2} \tag{22.9.5}$$

则算符集 $\{\boldsymbol{H}_\alpha\}$ 是彼此可对易的, 而

$$
\begin{aligned}
[\boldsymbol{H}_\alpha, \boldsymbol{a}_\beta^\dagger] &= \delta_{\alpha\beta}\boldsymbol{a}_\beta^\dagger \\
[\boldsymbol{H}_\alpha, \boldsymbol{a}_\beta] &= -\delta_{\alpha\beta}\boldsymbol{a}_\beta
\end{aligned}
\tag{22.9.6}
$$

以及

$$
\begin{aligned}
[\boldsymbol{H}_\alpha, \boldsymbol{a}_\beta^\dagger\boldsymbol{a}_\gamma^\dagger] &= (\delta_{\alpha\beta}+\delta_{\alpha\gamma})\boldsymbol{a}_\beta^\dagger\boldsymbol{a}_\gamma^\dagger \\
[\boldsymbol{H}_\alpha, \boldsymbol{a}_\beta\boldsymbol{a}_\gamma] &= -(\delta_{\alpha\beta}+\delta_{\alpha\gamma})\boldsymbol{a}_\beta\boldsymbol{a}_\gamma \\
[\boldsymbol{H}_\alpha, \boldsymbol{a}_\beta^\dagger\boldsymbol{a}_\gamma] &= (\delta_{\alpha\beta}-\delta_{\alpha\gamma})\boldsymbol{a}_\beta^\dagger\boldsymbol{a}_\gamma
\end{aligned}
\tag{22.9.7}
$$

所以这个算符集在对易子积运算下是封闭的, 构成一个 Lie 代数. 它的根矢量具有 $\pm\boldsymbol{e}_i$, 或 $\pm\boldsymbol{e}_i \pm \boldsymbol{e}_j$ 的形式, 对应关系是 $\boldsymbol{a}_\alpha^\dagger \sim \boldsymbol{e}_i$, $\boldsymbol{a}_\alpha \sim -\boldsymbol{e}_i$, $\boldsymbol{a}_\alpha^\dagger\boldsymbol{a}_\beta^\dagger \sim \boldsymbol{e}_i + \boldsymbol{e}_j$, $\boldsymbol{a}_\alpha^\dagger\boldsymbol{a}_\beta \sim \boldsymbol{e}_i - \boldsymbol{e}_j$, $\boldsymbol{a}_\alpha\boldsymbol{a}_\beta \sim -\boldsymbol{e}_i - \boldsymbol{e}_j$, 所以这组算符张成 Lie 代数 B_{4l+2}, 与之相联系的群是 $SO(8l+5)$.

将 $\boldsymbol{H}_\alpha$ 作用在任意未微扰态 $\varPhi$ 上, 得

$$
\boldsymbol{H}_\alpha\varPhi(\lambda,\mu,\cdots,\omega) = \left(\boldsymbol{a}_\alpha^\dagger\boldsymbol{a}_\alpha - \frac{1}{2}\right)\boldsymbol{a}_\lambda^\dagger\boldsymbol{a}_\mu^\dagger\cdots\boldsymbol{a}_\omega^\dagger|0\rangle \tag{22.9.8}
$$

若 $\varPhi$ 中不含有 α 轨道, 则由于 $\boldsymbol{a}_\alpha$ 与它右边的每个算符反对易, $\boldsymbol{a}_\alpha\boldsymbol{a}_\lambda^\dagger = -\boldsymbol{a}_\lambda^\dagger\boldsymbol{a}_\alpha$, $\boldsymbol{a}_\alpha$ 可以逐步对换到最右边, 得到 $\boldsymbol{a}_\alpha|0\rangle = 0$, 因此本征值为 $-\dfrac{1}{2}$. 若 $\varPhi$ 中含有 α 轨道, 则由于

$$
\boldsymbol{a}_\alpha\boldsymbol{a}_\alpha^\dagger - \frac{1}{2} = 1 - \boldsymbol{a}_\alpha^\dagger\boldsymbol{a}_\alpha - \frac{1}{2} = \frac{1}{2} - \boldsymbol{a}_\alpha^\dagger\boldsymbol{a}_\alpha
$$

后一项贡献为零, 故本征值为 $+\dfrac{1}{2}$. 所以任意未微扰态的权具有 $\left(\pm\dfrac{1}{2}\pm\dfrac{1}{2}\cdots\pm\dfrac{1}{2}\right)$ 的形式, 其中 $4l+2$ 个权的分量可以取正或负值, 一个权矢量对应一个未微扰态, 而最高权为 $\left(\dfrac{1}{2}\dfrac{1}{2}\cdots\dfrac{1}{2}\right)$. 因此, nl 壳层的 2^{4l+2} 个未微扰态的集合荷载 $SO(8l+5)$ 的旋量表示 $\left(\dfrac{1}{2}\dfrac{1}{2}\cdots\dfrac{1}{2}\right)$. 当然, 如果我们考虑的是这 2^{4l+2} 个态之间的所有酉变换, 它们就构成 $U(2^{4l+2})$ 群, 所有 2^{4l+2} 个态属于它的表示 $[1\,0\cdots0]$. 如果从 $SO(8l+5)$ 的生成元中拿掉 $(8l+4)$ 个湮灭算符和产生算符 $\boldsymbol{a}_\alpha$, $\boldsymbol{a}_\alpha^\dagger$, 则除去了对易关系式 (22.9.6), 从式 (22.9.5) 和式 (22.9.7) 看剩下的生成元对于对易子积运算仍然是封闭的. 从根系的结构可以知道剩下的 $(4l+2)(8l+3)$ 个生成元张成 Lie 代数 D_{4l+2}, 对应的群是 $SO(8l+4)$. 因为没有 $\boldsymbol{a}_\alpha$ 和 $\boldsymbol{a}_\alpha^\dagger$ 算符了, 剩下的算符不能把 $(nl)^N$ 和 $(nl)^{N+1}$ 的态联系起来, 所以 2^{4l+2} 维表示空间分解为两个子空间, 它们分别由奇数粒子的状态和偶数粒子的状态构成. 相应地 $SO(8l+5)$ 的表示 $\left(\dfrac{1}{2}\dfrac{1}{2}\cdots\dfrac{1}{2}\right)$ 就分解为两个

不可约表示. 表示的权仍是 $\left(\pm\frac{1}{2}\pm\frac{1}{2}\cdots\pm\frac{1}{2}\right)$ 的形式, 但对于偶数粒子的状态, 其中有偶数个负号, 对于奇数粒子的状态, 其中有奇数个负号, 因此在 $SO(8l+4)$ 群中, 偶数粒子的状态荷载不可约表示 $\left(\frac{1}{2}\frac{1}{2}\cdots\frac{1}{2}\right)$, 奇数粒子的状态荷载不可约表示 $\left(\frac{1}{2}\frac{1}{2}\cdots-\frac{1}{2}\right)$.

如果再从 $SO(8l+4)$ 的生成元中去掉 $\boldsymbol{a}_\alpha^\dagger\boldsymbol{a}_\beta^\dagger, \boldsymbol{a}_\alpha\boldsymbol{a}_\beta$ 形式的算符, 并定义

$$\boldsymbol{H}'_\alpha = \boldsymbol{H}_\alpha - \left(\sum_\alpha \boldsymbol{H}_\alpha\right)\Big/(4l+2) \tag{22.9.9}$$

则 $(4l+2)^2-1$ 个独立的生成元 $\boldsymbol{H}'_\alpha$ 和 $\boldsymbol{a}_\alpha^\dagger\boldsymbol{a}_\beta(\beta\neq\alpha)$ 在对易子积运算下仍然是封闭的. 因为

$$[\boldsymbol{H}'_\alpha, \boldsymbol{a}_\beta^\dagger\boldsymbol{a}_\gamma] = (\delta_{\alpha\beta}-\delta_{\alpha\gamma})\boldsymbol{a}_\beta^\dagger\boldsymbol{a}_\gamma \tag{22.9.10}$$

根具有 $\boldsymbol{e}_i-\boldsymbol{e}_j$ 的形式, 所以是生成 Lic 代数 A_{4l+1}, 相应的群为 $SU(4l+2)$. 注意, 由于 $\sum\limits_\alpha \boldsymbol{H}'_\alpha=0$, 只有 $4l+1$ 个 $\boldsymbol{H}'_\alpha$ 是独立的, 而且式 (22.9.9) 使权有分数的分量. 为了避免这些麻烦, 可以取 $\boldsymbol{H}_\alpha=\boldsymbol{a}_\alpha^\dagger\boldsymbol{a}_\alpha$, 则全部 $(4l+2)^2$ 个 $\boldsymbol{a}_\alpha^\dagger\boldsymbol{a}_\beta$ 形的算符生成 Lie 群 $U(4l+2)=U(1)\otimes SU(4l+2)$. $U(4l+2)$ 的生成元 $\boldsymbol{a}_\alpha^\dagger\boldsymbol{a}_\alpha$ 不能联系不同粒子数的状态, 因此不同组态 $(nl)^N$ 的状态必定属于 $U(4l+2)$ 的不同表示. $\boldsymbol{a}_\alpha^\dagger\boldsymbol{a}_\alpha$ 对任意状态作用的本征值为 1 或 0, 取决于单粒子轨道 α 是否包含在该状态中. $(nl)^N$ 组态中的状态的最高权一定包含 N 个 1 和 $4l+2-N$ 个 0, 故 $SO(8l+4)$ 的旋量表示在 $U(4l+2)$ 子群中的约化为

$$\left(\frac{1}{2}\frac{1}{2}\cdots\frac{1}{2}\frac{1}{2}\right)\to[0]\oplus[1^2]\oplus\cdots\oplus[1^{4l+2}]$$

$$\left(\frac{1}{2}\frac{1}{2}\cdots\frac{1}{2}-\frac{1}{2}\right)\to[1]\oplus[1^3]\oplus\cdots\oplus[1^{4l+1}]$$

这样, nl 壳层的所有未微扰态可以按以下群链分类, 区分为粒子数不同的 $4l+2$ 组

$$U(2^{4l+2})\supset SO(8l+5)\supset SO(8l+4)\supset U(4l+2)\supset SU(4l+2) \tag{22.9.11}$$

在讨论原子的电子多重态结构时, 我们要考虑的是 $(nl)^N$ 组态中的状态分类, 所以还要进一步找出 $U(4l+2)$ 或 $SU(4l+2)$ 的子群链. 把 Lie 代数的生成元组合成不可约张量算符, 可以很方便地做到这点. 为此, 首先要确定费米子产生算符和湮灭算符在 $SO(3)$ 群的算符作用下的变换性质. $SO(3)$ 群的生成元可以取为熟知的轨道角动量算符

$$\boldsymbol{L}=\sum_{\alpha=1}^N \boldsymbol{l}_\alpha \tag{22.9.12}$$

在二次量子化表象中, 单粒子算符 $\boldsymbol{L}$ 可以用产生算符和湮灭算符表达为

$$\boldsymbol{L}=\sum_{\alpha\beta}\boldsymbol{a}_{\alpha}^{\dagger}\langle\alpha|\boldsymbol{l}|\beta\rangle\boldsymbol{a}_{\beta} \tag{22.9.13}$$

对自旋角动量算符有类似的表达式. 注意到 $\boldsymbol{a}_{\alpha}^{\dagger}$ 和 $\boldsymbol{a}_{\beta}$ 的对易关系, 可得

$$\begin{aligned}[]
[\boldsymbol{L}_z,\boldsymbol{a}_{lm_lm_s}^{\dagger}]&=m_l\boldsymbol{a}_{lm_lm_s}^{\dagger}\\
[\boldsymbol{L}_{\pm},\boldsymbol{a}_{lm_lm_s}^{\dagger}]&=[l(l+1)-m_l(m_l\pm1)]^{\frac{1}{2}}\boldsymbol{a}_{l(m_l\pm1)m_s}^{\dagger}
\end{aligned} \tag{22.9.14}$$

所以对于固定的 $m_s, 2l+1$ 个算符 $\boldsymbol{a}_{lm_lm_s}^{\dagger}$ 组成轨道空间中的 l 阶球张量 $\boldsymbol{a}^{\dagger}$ 的分量. 同理可证明, 对于固定的 m_l, 两个 $\boldsymbol{a}_{lm_lm_s}^{\dagger}$ 算符构成自旋空间中的 $s\left(=\dfrac{1}{2}\right)$ 秩球张量的分量. 定义

$$\tilde{\boldsymbol{a}}_{lm_lm_s}=(-1)^{l+s-m_l-m_s}\boldsymbol{a}_{l-m_l-m_s}$$

则 $\{\tilde{\boldsymbol{a}}_{lm_lm_s}\}$ 组成轨道空间中的 l 秩和自旋空间中的 $s=\dfrac{1}{2}$ 秩球张量 $\boldsymbol{a}$.

我们把 $\boldsymbol{a}^{\dagger}$ 和 $\boldsymbol{a}$ 耦合成一个新的张量

$$(\boldsymbol{a}^{\dagger}\boldsymbol{a})_{\pi q}^{(\kappa k)}=\sum_{\substack{m_lm_s\\m_l'm_s'}}\langle sm_ssm_s'|ss\kappa\pi\rangle\langle lm_llm_{l'}|llkq\rangle\boldsymbol{a}_{lm_lm_s}^{\dagger}\tilde{\boldsymbol{a}}_{lm_l'm_s'} \tag{22.9.15}$$

$\boldsymbol{a}_{lm_lm_s}^{\dagger}\tilde{\boldsymbol{a}}_{lm_l'm_s'}$ 前的系数为 $SO(3)$ 群的 Clebsch-Gordan 系数. $(\boldsymbol{a}^{\dagger}\boldsymbol{a})_{\pi q}^{(\kappa k)}$ 在轨道空间中按 $D^{(k)}$ 变换, 在自旋空间中按 $D^{(\kappa)}$ 变换. 于是 $(4l+2)^2$ 个 $\boldsymbol{a}_{\alpha}^{\dagger}\boldsymbol{a}_{\beta}$ 形的算符被同样数目的张量成分 $(\boldsymbol{a}^{\dagger}\boldsymbol{a})_{\pi q}^{(\kappa k)}$ 代替, 其中 κ, k, π, q 为整数, 而且 $-\kappa\leqslant\pi\leqslant\kappa, -k\leqslant q\leqslant k$, $0\leqslant\kappa\leqslant1$, $0\leqslant k\leqslant 2l$. 根据定义和费米子的反对易关系, 可以求得 $(\boldsymbol{a}^{\dagger}\boldsymbol{a})_{\pi q}^{(\kappa k)}$ 的对易关系为

$$\begin{aligned}[]
[(\boldsymbol{a}^{\dagger}\boldsymbol{a})_{\pi q}^{(\kappa k)},(\boldsymbol{a}^{\dagger}\boldsymbol{a})_{\pi' q'}^{(\kappa' k')}]=&\sum_{\kappa''k''\pi''q''}[(2\kappa+1)(2\kappa'+1)(2k+1)(2k'+1)]^{\frac{1}{2}}\\
&\times[(-1)^{\kappa+k+\kappa'+k'}-(-1)^{\kappa''+k''}]\langle\kappa\pi\kappa'\pi'|\kappa\kappa'\kappa''\pi''\rangle\\
&\times\langle kqk'q'|kk'k''q''\rangle W(\kappa\kappa'ss;\kappa''s)W(kk'll;k''l)(\boldsymbol{a}^{\dagger}\boldsymbol{a})_{\pi''q''}^{(k''k'')}
\end{aligned} \tag{22.9.16}$$

式中, $W(\kappa\kappa'ss;\kappa''s)$ 等为 Wigner W 系数. 在推导式 (22.9.16) 的过程中要用到 Clebsch-Gordan 系数和 W 系数之间的一个恒等关系式. 根据式 (22.9.16) 表示的耦合张量算符的对易性质就容易找出 $U(4l+2)$ 群的子群链来了.

取出 $(\boldsymbol{a}^{\dagger}\boldsymbol{a})^{(10)}$ 和 $(\boldsymbol{a}^{\dagger}\boldsymbol{a})^{(0k)}(0\leqslant k\leqslant 2l)$ 这两个子集合, 显然, 两个子集合都生成 $U(4l+2)$ 的子群. 张量 $(\boldsymbol{a}^{\dagger}\boldsymbol{a})^{(10)}$ 对自旋空间是一秩的, 对轨道空间是零秩的, 故

必正比于自旋角动量算符 $\boldsymbol{S}$, 所以生成子群 $SO_s(3)$(下标 S 表明其生成元为 $\boldsymbol{S}$). 张量 $(\boldsymbol{a}^\dagger \boldsymbol{a})^{(0k)}$ 在自旋空间中是标量, 在轨道空间中则为 k 秩球张量, 共有 $(2l+1)^2$ 个, 可以看成是 $U(2l+1)$ 群的生成元. 若令式 (22.9.16) 中的 $\kappa = 0, \kappa' = 1$ 和 $k' = 0$, 则必须有 $\kappa'' = 1, k'' = k$ 才能满足非零 W 系数的三角条件. 但此时

$$[(-1)^{\kappa+k+\kappa'+k'} - (-1)^{\kappa''+k''}] = 0 \tag{22.9.17}$$

所以这两组算符是可对易的, 共同构成直积群 $SO_s(3) \otimes U(2l+1)$ 的生成元. 这一分解分开了自旋和轨道空间.

容易看出, 对于奇数的 k, $(\boldsymbol{a}^\dagger \boldsymbol{a})^{0k}$ 生成 $U(2l+1)$ 的一个子群, 因为若 $\kappa = \kappa' = 0$, 而且 k 和 k' 都是奇数, 则 k'' 必须是奇数, 否则式 (22.9.17) 成立, 即对易子积中不会出现 k'' 为偶数的算符. 这个子群是 $SO(2l+1)$. $(\boldsymbol{a}^\dagger \boldsymbol{a})^{(01)}$ 的三个分量形成子群 $SO_L(3)$, 因为 $k = k' = 1$ 时, 不能得出超过 1 的奇数 k''. 下标 L 标志 $(a^\dagger a)^{(01)}$ 正比于 L. 总结起来, 我们得到了子群链

$$\begin{aligned} U(2^{4l+2}) &\supset SO(8l+5) \supset SO(8l+4) \supset U(4l+2) \\ &\supset SO_s(3) \otimes U(2l+1) \supset SO_s(3) \otimes SO(2l+1) \\ &\supset SO_s(3) \otimes SO_L(3) \end{aligned} \tag{22.9.18}$$

例如, p^2 和 p^3 组态中的状态可按下述群链分类:

$$U(6) \supset SO_s(3) \otimes U(3) \supset SO_s(3) \otimes SU(3) \supset SO_s(3) \otimes SO_L(3)$$

	$U(6)$	$SO_s(3) \otimes U(3)$	$SO_s(3) \otimes SU(3)$	$SO_s(3) \otimes SO_L(3)$
p^2:	[11]	$^1[2]$	$^1[20]$	$^1S, ^1D$
		$^3[11]$	$^3[11]$	^3P
p^3:	[111]	$^2[21]$	$^2[21]$	$^2P, ^2D$
		$^4[111]$	$^4[00]$	

这个群链是对应于 L-S 耦合方案的. 若考虑旋–轨耦合, 则引进 $SO_s(3) \otimes SO_L(3)$ 的子群 $SO_J(3)$ 是有用处的.

我们也可以取出 $U(4l+2)$ 群中 $\kappa + k$ 等于奇数的张量 $(\boldsymbol{a}^\dagger \boldsymbol{a})^{(\kappa k)}$ 的集合. 从式 (22.9.17) 可见, 若 $\kappa + k$ 和 $\kappa' + k'$ 都是奇数, 则 $\kappa'' + k''$ 必为奇数, 所以这个集合在对易子积运算下是封闭的. 因此生成 $U(4l+2)$ 的子群 $SP(4l+2)$. $U(4l+2)$ 的 $[1\,1 \cdots 1]$ 表示 (包含 N 个符号 1) 在 $SP(4l+2)$ 中分解为一系列不可约表示, 它们全是 $\langle 1\,1 \cdots 1\,0\,0 \cdots \rangle$ 型的, 通常以 $\langle v \rangle$ 标志有 v 个 1 的表示, 即

$$\underbrace{[1\,1 \cdots\ 1]}_{N\text{个}1} \to \sum_v^{\oplus} \langle v \rangle \tag{22.9.19}$$

式中, $v=N,N-2,N-4,\cdots,1$ 或 0, 视 N 为奇数或偶数而定. v 就是前辈数, 或称高位数 (seniority). 张量 $(\boldsymbol{a}^\dagger\boldsymbol{a})^{(10)}$ 和 $(\boldsymbol{a}^\dagger\boldsymbol{a})^{(0k)}$($k$ 为奇数) 的集合包括在 $SP(4l+2)$ 的生成元中, 所以 $SO_s(3)\otimes SO(2l+1)$ 是 $SP(4l+2)$ 的子群. 这样, 我们得出另一支群链

$$\begin{aligned}U(2^{4l+2})&\supset SO(8l+5)\supset SO(8l+4)\supset U(4l+2)\\&\supset SP(4l+2)\supset SO_s(3)\otimes SO(2l+1)\\&\supset SO_s(3)\otimes SO_L(3)\end{aligned}\tag{22.9.20}$$

前辈数 v 也可以同另一个群的不可约表示联系起来. 考虑三个算符 $\boldsymbol{Q}_z,\boldsymbol{Q}_+$ 和 $\boldsymbol{Q}_-$, 即

$$\begin{aligned}\boldsymbol{Q}_z&=-\left[\frac{2l+1}{8}\right]^{\frac{1}{2}}[(\boldsymbol{a}^\dagger\boldsymbol{a})^{(00)}+(\boldsymbol{a}\boldsymbol{a}^\dagger)^{(00)}]\\\boldsymbol{Q}_+&=\left[\frac{2l+1}{2}\right]^{\frac{1}{2}}(\boldsymbol{a}^\dagger\boldsymbol{a}^\dagger)^{(00)}\\\boldsymbol{Q}_-&=-\left[\frac{2l+1}{2}\right]^{\frac{1}{2}}(\boldsymbol{a}\boldsymbol{a})^{(00)}\end{aligned}\tag{22.9.21}$$

容易得出这三个算符的对易关系

$$[\boldsymbol{Q}_+,\boldsymbol{Q}_-]=2\boldsymbol{Q}_z,\qquad[\boldsymbol{Q}_z,\boldsymbol{Q}_\pm]=\pm\boldsymbol{Q}_\pm\tag{22.9.22}$$

这和角动量分量的对易关系一样, 所以把 $\boldsymbol{Q}$ 称为准旋. 根据式 (22.9.15), 可得

$$\boldsymbol{Q}_z=\frac{1}{4}\sum_\alpha(\boldsymbol{a}_\alpha^\dagger\boldsymbol{a}_\alpha-\boldsymbol{a}_\alpha\boldsymbol{a}_\alpha^\dagger)=\frac{1}{2}\sum_\alpha\boldsymbol{a}_\alpha^\dagger\boldsymbol{a}_\alpha-\frac{1}{2}(2l+1)\tag{22.9.23}$$

$(nl)^N$ 组态中任意状态的 $\boldsymbol{Q}_z$ 的本征值 M_Q 为

$$M_Q=-\frac{1}{2}(2l+1-N)\tag{22.9.24}$$

把耦合张量展开, 容易证明, $\boldsymbol{Q}_\pm$ 和 $\boldsymbol{Q}_z$ 与 $\kappa+k$ 为奇数的 $(\boldsymbol{a}^\dagger\boldsymbol{a})^{\kappa k}$ 集合可以对易. 因此, $\boldsymbol{Q}_+$ 和 $\boldsymbol{Q}_-$ 作用在 $SP(4l+2)$ 的不可约表示基函数上时不会产生前辈数 v 不同的态. 但是, 显然 $\boldsymbol{Q}_\pm$ 能使粒子数改变 2, 只是要在 v 相同的条件下. 因为在 $(nl)^N$ 组态中包含具有前辈数 v 的基函数的最小 N 值正好是 $v,\boldsymbol{Q}_-$ 作用在 $v=N$ 的态上将得到零, 所以 M_Q 的最小值是 $-\frac{1}{2}(2l+1-v)$. 类比角动量算符的情况可以推知, 准旋量子数 Q 的值为

$$Q=\frac{1}{2}(2l+1-v)\tag{22.9.25}$$

把由 $\boldsymbol{Q}_z, \boldsymbol{Q}_\pm$ 生成的准旋群记作 $SO_Q(3)$. 由于 $\boldsymbol{Q}_z, \boldsymbol{Q}_\pm$ 是 $SO(8l+4)$ 的生成元的线性组合, 而又与 $SP(4l+2)$ 的生成元可对易, 我们得到以下子群关系:

$$SO(8l+4) \supset SO_Q(3) \otimes SP(4l+2) \tag{22.9.26}$$

例如, 对于 p^n 组态, 上述群链中 $SO(8l+4)$ 的旋量表示的分支律为

$$\left(\frac{1}{2}\frac{1}{2}\frac{1}{2}\frac{1}{2}\frac{1}{2}\frac{1}{2}\right) \rightarrow {}^4(000) \oplus {}^2(110) \qquad (N\text{ 偶})$$

$$\left(\frac{1}{2}\frac{1}{2}\frac{1}{2}\frac{1}{2}\frac{1}{2} - \frac{1}{2}\right) \rightarrow {}^3(100) \oplus {}^1(111) \qquad (N\text{ 奇})$$

左上标表明前辈数 v.

找出一个群链之后, 我们可以把单行列式未微扰态函数组合为群链中各子群的共同正交归一基函数. 如果在子群链的各级分支律中没有任何不可约表示出现一次以上, 则不可约表示基函数完全确定了一个态 (到相因子). 例如, 对于 p^n 壳层, 任意态可标记为 $|p^n, SM_SLM_L\rangle$, 即由 $SO_S(3) \otimes SO_L(3)$ 的不可约表示就可以完全标志任一个态. 对于 d^N 壳层, 用 SM_SLM_L 四个指标就不能完全确定其中的某些态了, 因为有一些光谱项出现两次. 为了区分这些光谱项, 我们可以添加 $SO(2l+1) = SO(5)$ 的不可约表示标志, 把态函数记作 $|d^n, WSM_SLM_L\rangle$[W 为 $SO(5)$ 的不可约表示标志], 即利用子群链 $SO(5) \supset SO_S(3) \otimes SO_L(3)$. Racah 引入前辈数的概念, 把 d^N 组态的光谱项的波函数记为 $|d^N vSM_SLM_L\rangle$, 相当于使用子群链 $SP(10) \supset SO_S(3) \otimes SO_L(3)$. 也可用子群链

$$SO_Q(3) \otimes SP(10) \supset SO_S(3) \otimes SO_L(3)$$

把状态函数记作 $|QM_QSM_SLM_L\rangle$.

对于 f^N 组态 ($l=3$), 在从 $SO_S(3) \otimes SO(7) \rightarrow SO_S(3) \otimes SO_L(3)$ 的分解中, 不可约表示有很多重复出现的, 添加前辈数也不能完全区分它们. 很幸运, 我们在 $SO(7)$ 和 $SO(3)$ 之间可以找到一个群. $SO(7)$ 的生成元为 $(\boldsymbol{a}^\dagger\boldsymbol{a})^{(0k)}(k=1,3,5)$. 由式 (22.9.16) 可以看出, 似乎两个 $(\boldsymbol{a}^\dagger\boldsymbol{a})^{(05)}$ 分量的对易子将给出 $(\boldsymbol{a}^\dagger\boldsymbol{a})^{(0k'')}(k''=1,3,5)$ 项. 但很凑巧, Wigner W 系数 $W(5533,33)=0$, 因此包含 $k''=3$ 的项在式 (22.9.16) 右边不出现. 因为 $(\boldsymbol{a}^\dagger\boldsymbol{a})^{(05)}_{0q}$ 和 $(\boldsymbol{a}^\dagger\boldsymbol{a})^{(01)}_{0q}$ 以及 $(\boldsymbol{a}^\dagger\boldsymbol{a})^{(01)}_{0q}$ 和 $(\boldsymbol{a}^\dagger\boldsymbol{a})^{(01)}_{0q'}$ 的对易子中都不包含 $(\boldsymbol{a}^\dagger\boldsymbol{a})^{(03)}$ 成分, 所以 $SO(7)$ 中的 $(\boldsymbol{a}^\dagger\boldsymbol{a})^{(01)}$ 和 $(\boldsymbol{a}^\dagger\boldsymbol{a})^{(05)}$ 的 14 个分量生成一个 Lie 代数, 可以证明是 Lie 代数 G_2. 设取生成元 $(\boldsymbol{a}^\dagger\boldsymbol{a})^{(01)}_{00}$ 和 $(\boldsymbol{a}^\dagger\boldsymbol{a})^{(05)}_{00}$ 为 Cartan 子代数的基矢 $H_i(i=1,2)$. $\boldsymbol{E}_\alpha$ 很容易得到, 对于 $|q|>1$, 它们全是 $(\boldsymbol{a}^\dagger\boldsymbol{a})^{(05)}_{0q}$ 形的. 对于 $|q|=1$, 它们是 $(\boldsymbol{a}^\dagger\boldsymbol{a})^{(01)}_{0q}$ 和 $(\boldsymbol{a}^\dagger\boldsymbol{a})^{(05)}_{0q}$ 的线性组合. 利用式 (22.9.16) 可以得出根图. 例如, 由

$$[(\boldsymbol{a}^\dagger\boldsymbol{a})^{(01)}_{00}, (\boldsymbol{a}^\dagger\boldsymbol{a})^{(05)}_{05}] = -\left(\frac{25}{56}\right)^{\frac{1}{2}} (\boldsymbol{a}^\dagger\boldsymbol{a})^{(05)}_{05}$$

$$[(\boldsymbol{a}^{\dagger}\boldsymbol{a})^{(05)}_{00}, (\boldsymbol{a}^{\dagger}\boldsymbol{a})^{(05)}_{05}] = \left(\frac{3}{56}\right)^{\frac{1}{2}} (\boldsymbol{a}^{\dagger}\boldsymbol{a})^{(05)}_{05} \tag{22.9.27}$$

得出根图中的根矢量 $-\left(\frac{25}{56}\right)^{\frac{1}{2}}\boldsymbol{e}_1 + \left(\frac{3}{56}\right)^{\frac{1}{2}}\boldsymbol{e}_2$. 类似地, 可得出其他根矢量. 根据根系结构可知, 它对应于 G_2 Lie 代数 (注意, 这样得到的根图是标准 G_2 根图旋转了一定角度). 于是, 对于 f^n 组态, 我们有以下子群链:

$$SO(7) \supset G_2 \supset SO_L(3)$$

例如, 把 f^2 组态的状态按群链

$$\begin{aligned} U(14) &\supset SP(14) \supset SO_S(3) \otimes SO(7) \\ &\supset SO_S(3) \otimes G_2 \supset SO_S(3) \otimes SO_L(3) \end{aligned} \tag{22.9.28}$$

分类, 结果如下:

$U(14)$	$\supset SP(14)$	$\supset SO_S(3)\otimes SO(7)$	$\supset SO_S(3)\otimes \mathrm{G}_2$	$\supset SO_S(3)\otimes SO_L(3)$
[11]	$\langle 0000000\rangle$	$^1(000)$	$^1(00)$	^1S
	$\langle 1100000\rangle$	$^1(200)$	$^1(20)$	$^1D, ^1G, ^1I$
		$^3(110)$	$^3(10)$	^3F
			$^3(11)$	$^3P, ^3H$
[2]	$\langle 2000000\rangle$	$^3(000)$	$^3(00)$	^3S
		$^3(200)$	$^3(20)$	$^3D, ^3G, ^3I$
		$^1(110)$	$^1(10)$	^1F
			$^1(11)$	$^1P, ^1H$

利用这个子群链可以基本上达到把 f^n 组态的状态按群链的不可约表示分类的目的, 只有 G_2 的 (31) 和 (40) 表示标志的态还要添加额外的指标 τ, 即态函数可标记为 $|f^N WU_\tau SM_S LM_L\rangle$, 其中 U 是 G_2 的不可约表示标志.

当然, 使用子群链

$$SO(7) \supset SO(6) \supset SO(5) \supset SO(4) \supset SO(3) \supset SO(2)$$

是可以将 f^n 组态的所有状态分类的. 但这个子群链中的 $SO(3)$ 并不对应于实际三维空间中的转动, 因而所有已知的关于角动量 $\boldsymbol{L}$ 的选律都用不上了. 虽然体系的状态函数一般也不是某个纯 (WU) 表示的基, 但把后者组合为实际的态函数要容易得多, 所以通常还是把 f^N 组态的态函数按子群链 [式 (22.9.28)] 分类.

以上得到的结果自然是和用群论的不可约张量方法得到的结果一样的, 但反映了用 Lie 代数方法处理问题的特点, 即通过对易关系的封闭性发现代数, 再从代数确定相应的群.

22.9.2 氢原子的能级 —— 简并群 $SO(4)$

我们知道原子的 Hamilton 算符对于旋转轴通过原子核的任意旋转是不变的，因此 $SO(3)$ 是它的对称性群 (这里暂不考虑反演操作). 它的状态和能级可以用 $SO(3)$ 的不可约表示的权系 (M_J) 来标志. $SO(3)$ 的权系如图 22.8.1 所示. 对于给定的 J 值, $M_J = -J, -J+1, \cdots, J-1, J$, 能级是 $2J+1$ 重简并的. 不同的 J 值标志不同的不可约表示, 因此一般说来, 它所标志的状态具有不同的能量值. 这是和实验结果一致的.

但是, 对于氢原子, 情况有些特殊. 氢原子 (或类氢离子) 的 Hamilton 量形式上也只具有 $SO(3)$ 的对称性. 但是, 我们知道类氢离子的束缚态能量本征值谱是 $E = -\frac{1}{2}\left(\frac{Z}{n}\right)^2$, Z 为原子核电荷, $n = 1, 2, \cdots$ 对于给定的 n, $l = 0, \cdots, n-1$, 亦即 l 不同的本征态对应于相同的能级值. 从 $SO(3)$ 群看就是不同的不可约表示标志的状态具有相同的能量值, 因而是出现了偶然简并. 但是, Fock 在 1935 年首先证明了这并非偶然简并, 而是由于类氢离子的 Hamilton 量具有比 $SO(3)$ 更高的对称性引起的. 经过详细的直接的代数运算可以证明, Hamilton 算符也与矢量算符 $\boldsymbol{A}'$ 的三个分量对易

$$\boldsymbol{A}' = \frac{1}{2}\{[\boldsymbol{\nabla} \times (\boldsymbol{r} \times \boldsymbol{\nabla})] - [(\boldsymbol{r} \times \boldsymbol{\nabla}) \times \boldsymbol{\nabla}]\} + \frac{Z\boldsymbol{r}}{r} \tag{22.9.29}$$

与这个算符相对应的物理量在经典物理学中称为 Runge-Lentz 矢量, 已知它在经典 Coulomb 场问题中是运动常量, 即

$$\boldsymbol{A}' = \boldsymbol{P} \times \boldsymbol{L} - \frac{Z\boldsymbol{r}}{r} = \frac{1}{2}(\boldsymbol{P} \times \boldsymbol{L} - \boldsymbol{L} \times \boldsymbol{P}) - \frac{\mathrm{Z}\boldsymbol{r}}{r} \tag{22.9.30}$$

就是因为算符 $\boldsymbol{A}'$ 的三个分量 A'_x, A'_y, A'_z 与角动量的三个分量 L_x, L_y, L_z 一起张成一个比 $so(3)$ 更大的 Lie 代数 $so(4)$, 类氢离子的 Hamilton 量属于更高的对称性群, 它的本征值谱具有更高的简并度. 下面具体讨论这个问题.

算符 $\boldsymbol{A}'$ 可改写为

$$\boldsymbol{A}' = -\boldsymbol{\nabla}(\boldsymbol{r} \cdot \boldsymbol{\nabla}) - 2\boldsymbol{r} \cdot \hat{\boldsymbol{H}} - \frac{\mathrm{Z}\boldsymbol{r}}{r} \tag{22.9.31}$$

$\hat{\boldsymbol{H}}$ 为 Hamilton 算符. 因为 $\boldsymbol{A}'$ 是一个矢量, 它与转动算符 (角动量算符) 的对易关系和 $\boldsymbol{r}$ 与 $\boldsymbol{L}$ 的对易关系相同

$$[\boldsymbol{L}_l, \boldsymbol{A}'_m] = i\varepsilon_{lmn}\boldsymbol{A}'_n \tag{22.9.32}$$

由 $\boldsymbol{A}'$ 的定义可得 $\boldsymbol{A}'$ 的各分量之间的对易关系为

$$[\boldsymbol{A}'_x, \boldsymbol{A}'_y] = \left(\frac{1}{2}\boldsymbol{\nabla}^2 + \frac{Z}{r}\right) \cdot \left(x\frac{\partial}{\partial y} - y\frac{\partial}{\partial x}\right) = -i\hat{\boldsymbol{H}}\boldsymbol{L}_z$$

等等, 合并起来写, 就是

$$[\boldsymbol{A}'_l, \boldsymbol{A}'_m] = -i\varepsilon_{lmn}\hat{\boldsymbol{H}}\boldsymbol{L}_m \tag{22.9.33}$$

并有

$$\boldsymbol{A}'^2 = 2\hat{\boldsymbol{H}}(\boldsymbol{L}^2+1)+Z^2 \tag{22.9.34}$$

$\boldsymbol{A}'$ 的分量的对易子不光是 $\boldsymbol{A}'_l$ 和 $\boldsymbol{L}_l$ 的线性组合, 还包含有 Hamilton 算符 $\hat{\boldsymbol{H}}$, 不满足构成 Lie 代数所要求的封闭性. 不过, 因为 $\hat{\boldsymbol{H}}$ 与 $\boldsymbol{A}'$ 及 $\boldsymbol{L}$ 对易, 可以把因子 $-\hat{\boldsymbol{H}}$ 并入算符 $\boldsymbol{A}'$ 中, 即定义一个新算符 $\boldsymbol{A}$. 对于束缚态, $E<0$

$$\boldsymbol{A} = (-\hat{\boldsymbol{H}})^{-\frac{1}{2}}\boldsymbol{A}' \tag{22.9.35}$$

则有

$$[\boldsymbol{A}_l, \boldsymbol{A}_m] = i\varepsilon_{lmn}\boldsymbol{L}_n \tag{22.9.36}$$

再定义两个算符 $\boldsymbol{J}$ 和 $\boldsymbol{K}$, 即

$$\boldsymbol{J} = \frac{1}{2}(\boldsymbol{L}+\boldsymbol{A}), \qquad \boldsymbol{K} = \frac{1}{2}(\boldsymbol{L}-\boldsymbol{A}) \tag{22.9.37}$$

则对易关系简化为

$$[\boldsymbol{J}_l, \boldsymbol{J}_m] = i\varepsilon_{lmn}\boldsymbol{J}_n \qquad [\boldsymbol{K}_l, \boldsymbol{K}_m] = i\varepsilon_{lmn}\boldsymbol{K}_n \qquad [\boldsymbol{J}_l, \boldsymbol{K}_m] = 0 \tag{22.9.38}$$

与式 (22.3.9) 比较可知, 算符集 $\boldsymbol{A}_l$ 和 $\boldsymbol{L}_l(l=x,y,z)$ 生成 $so(4)$ 代数. 我们知道 $so(4)$ 的两个不变算符 $\boldsymbol{J}^2$ 和 $\boldsymbol{K}^2$ 的本征方程为

$$\begin{aligned} \boldsymbol{J}^2|jkm_jm_k\rangle &= j(j+1)|jkm_jm_k\rangle \\ \boldsymbol{K}^2|jkm_jm_k\rangle &= k(k+1)|jkm_jm_k\rangle \end{aligned} \qquad \left(j,k=0,\frac{1}{2},1,\cdots\right) \tag{22.9.39}$$

二次 Casimir 算符可取为

$$\boldsymbol{F} = \boldsymbol{J}^2+\boldsymbol{K}^2 = \frac{1}{2}(\boldsymbol{L}^2+\boldsymbol{A}^2) \tag{22.9.40}$$

对于类氢离子, 根据定义可以证明

$$\boldsymbol{J}^2-\boldsymbol{K}^2 = \boldsymbol{L}\boldsymbol{A} = 0 \tag{22.9.41}$$

故有 $j=k$, 所以 $\boldsymbol{F}$ 的本征方程为

$$\boldsymbol{F}|jkm_jm_k\rangle = 2j(j+1)|jkm_jm_k\rangle \qquad \left(j=0,\frac{1}{2},1,\cdots\right) \tag{22.9.42}$$

但根据式 (22.9.34) 和式 (22.9.35), 可知

$$\boldsymbol{F} = \frac{1}{2}\left(\boldsymbol{L}^2-\frac{1}{2E}\boldsymbol{A}'^2\right) = -\frac{Z^2}{4E}-\frac{1}{2} \tag{22.9.43}$$

故有

$$2j(j+1) = -\frac{Z^2}{4E} - \frac{1}{2}$$

$$E = -\frac{1}{2}\frac{Z^2}{n^2} \qquad (n = 2j+1 = 1, 2, \cdots) \tag{22.9.44}$$

这样, 通过 $so(4)$ 的 Casimir 算符就求得了著名的 Bohr 类氢离子能量公式.

因为 $so(4)$ 的不可约表示由两个 $su(2)$ 的不可约表示的直积给出, 是 $(2j+1)(2k+1)$ 维的, 而对于类氢离子, $j = k$, 所以类氢离子的能级是 $(2j+1)^2 = n^2$ 重简并的. 还有一个附加因子 2, 用以反映二重的自旋简并. 通过 $so(4)$ 中的 $\boldsymbol{L}_\pm$ 和 $\boldsymbol{A}_\pm$ 算符可以从 $so(4)$ 的一个表示的任意权出发得到该表示的整个权系. 因此, 我们可以把 $so(4)$ 解释为非相对论性氢原子的简并群 (推广的对称性群).

为了推导在一个能量值中出现的角动量 l 值, 需要考察 $so(4)$ 的不可约表示当限制于描述物理旋转的子群 $so(3)$ 时的约化情况

$$D^{(jj)} = \sum_l c_l D^{(l)} = D^{(j)} \otimes D^{(j)} \tag{22.9.45}$$

注意, 描述物理旋转的正是算符 $\boldsymbol{L} = \boldsymbol{J} + \boldsymbol{K}$. 根据 $SO(3)$ 中两个表示的直积的约化规则, 可知

$$c_l = 1 \qquad (l = 0, 1, 2, \cdots, 2j = n-1) \tag{22.9.46}$$

括号中第二个等式对氢原子来说是熟知的. 不过, 现在得到的结果赋予氢原子状态的主量子数 n 以群论的含义, 氢原子的状态函数是群链 $SO(4) \supset SO(3) \supset SO(2)$ 的不可约表示基函数, 可记作 $|(jj)lm\rangle \equiv |nlm\rangle$, 由 j, l, m 分别确定其主量子数、角量子数和磁量子数.

我们上面只考虑了 $E < 0$ 的束缚态的情况, 当 $E > 0$ 时, $\boldsymbol{A}_l$ 的对易关系变为 $[\boldsymbol{A}_l, \boldsymbol{A}_m] = -\varepsilon_{lmn}\boldsymbol{A}_n, \boldsymbol{L}$ 和 $\boldsymbol{A}$ 算符的六个分量将构成 Lorentz 群的 Lie 代数. Lorentz 群是非紧群, 没有有限维的不可约酉表示, 具有连续的本征值谱. 这与熟知的氢原子正能量态的连续统相一致.

22.9.3 各向同性谐振子的能级 —— 简并群 $SU(3)$

各向同性谐振子的势能函数为 $V(r) = \frac{1}{2}M\omega^2 r^2$, 式中 ω 是约化质量为 M 的粒子的经典振动频率. 于是其 Schrödinger 方程为

$$\left(-\frac{\hbar^2}{2M}\boldsymbol{\nabla}^2 + \frac{1}{2}M\omega^2 r^2\right)\Psi(r,\theta,\phi) = E\Psi(r,\theta,\phi) \tag{22.9.47}$$

设取 $M = \hbar = \omega = 1$, 即取能量单位为 $\hbar\omega$, 长度单位为 $(\hbar/M\omega)^{\frac{1}{2}}$, 则方程式 (22.9.47) 变为规范化形式, 其 Hamilton 算符为

$$\hat{\boldsymbol{H}} = -\frac{1}{2}(\boldsymbol{\nabla}^2 + r^2) \tag{22.9.48}$$

$\hat{\boldsymbol{H}}$ 算符显然具有球形对称性, 由此将会得出结论：各向同性谐振子的能级结构与原子的能级结构类似, 即可以按 $SO(3)$ 群的不可约表示分类, 对应于不可约表示 j 的能级将是 $2j+1$ 重简并的, 等等. 但实际上方程式 (22.9.47) 的解的多重度结构并不是这样的.

引进玻色子湮灭算符 $\boldsymbol{a}$ 和产生算符 $\boldsymbol{a}^\dagger$

$$\boldsymbol{a} = \frac{1}{\sqrt{2}}(\boldsymbol{r} + i\boldsymbol{p}) = \frac{1}{\sqrt{2}}(\boldsymbol{r} + \boldsymbol{\nabla})$$

$$\boldsymbol{a}^\dagger = \frac{1}{\sqrt{2}}(\boldsymbol{r} - i\boldsymbol{p}) = \frac{1}{\sqrt{2}}(\boldsymbol{r} - \boldsymbol{\nabla}) \tag{22.9.49}$$

根据式 (22.9.49) 和坐标与动量的对易关系, 容易验证

$$[\boldsymbol{a}_q, \boldsymbol{a}'_q] = [\boldsymbol{a}_q^\dagger, \boldsymbol{a}_{q'}^\dagger] = 0$$

$$[\boldsymbol{a}_q, \boldsymbol{a}_{q'}^\dagger] = \delta_{qq'} \qquad (q, q' = x, y, z) \tag{22.9.50}$$

以及

$$[\hat{\boldsymbol{H}}, \boldsymbol{a}_q^\dagger] = \boldsymbol{a}_q^\dagger, \qquad [\hat{\boldsymbol{H}}, \boldsymbol{a}_q] = -\boldsymbol{a}_q \tag{22.9.51}$$

$$\hat{\boldsymbol{H}} = \boldsymbol{a}^\dagger \cdot \boldsymbol{a} + \frac{3}{2} = \sum_{q=1}^{3}\left(\boldsymbol{a}_q^\dagger \boldsymbol{a}_q + \frac{1}{2}\right) \equiv \boldsymbol{H}_1 + \boldsymbol{H}_2 + \boldsymbol{H}_3 \tag{22.9.52}$$

根据式 (22.9.51) 和式 (22.9.52) 就可以求出谐振子的 Schrödinger 方程的本征值谱. 因为从式 (22.9.51) 可知, 如果 Ψ 是 $\hat{\boldsymbol{H}}$ 的能量为 E 的一个本征函数, 则 $\boldsymbol{a}_q\Psi$ 是 $\hat{\boldsymbol{H}}$ 的一个能量为 $E-1$ 的本征函数, 也就是说, $\boldsymbol{a}_q$ 使能量减少一个单位. 类似地, $\boldsymbol{a}_q^\dagger$ 使能量增加一个单位. 最低能级的波函数一定满足条件 $\boldsymbol{a}_q\Psi_0 = 0$. 所以由式 (22.9.52) 可知, 最低的能量本征值为 $\frac{3}{2}$. 对应于任意 N 重激发 $(N = N_x + N_y + N_z)$ 的波函数将是

$$\Psi_N = \frac{(\boldsymbol{a}_x^\dagger)^{N_x}(\boldsymbol{a}_y^\dagger)^{N_y}(\boldsymbol{a}_z^\dagger)^{N_z}}{\sqrt{N_x!N_y!N_z!}}\Psi_0 \tag{22.9.53}$$

能量值为 $N + \frac{3}{2}$. 对应于 N 重激发的能级的简并情况是, $N = 1$, 三重简并 (100, 010, 001); $N = 2$, 六重简并 (200, 020, 002, 110, 101, 011);$N = 3$, 十重简并 (300, 030, 003, 210, 201, 120, 102, 021, 012, 111)(括号内的一组数表示 N_x, N_y, N_z 的一种

取值方式). 一般来说, 可以证明, N 重激发能级的简并度是 $\frac{1}{2}(N+1)(N+2)$. 因此, 能级的简并度高于 $(2j+1)$. 它必是若干 $(2j+1)$ 重简并之和, 这说明各向同性谐振子属于更高对称性的群. 下面证明这个群是 $SU(3)$.

定义算符

$$\boldsymbol{T}_{pq}=\frac{1}{2}(\boldsymbol{a}_p^{\dagger}\boldsymbol{a}_q+\boldsymbol{a}_q\boldsymbol{a}_p^{\dagger})\qquad(p,q=x,y,z)\tag{22.9.54}$$

由对易关系式 (22.9.50) 可得

$$[\boldsymbol{T}_{pq},\boldsymbol{T}_{rs}]=\delta_{qr}\boldsymbol{T}_{ps}-\delta_{ps}\boldsymbol{T}_{rq}\tag{22.9.55}$$

因此, $\{\boldsymbol{T}_{pq}\}$ 在对易子积运算下是封闭的, 从而生成一个 Lie 代数. 算符 $\boldsymbol{H}_i\equiv\boldsymbol{T}_{ii}(i=1,2,3)$, 构成一个彼此可对易的算符集合. 因为

$$[\boldsymbol{H}_i,\boldsymbol{T}_{pq}]=[\delta_{ip}-\delta_{iq}]\boldsymbol{T}_{pq}\tag{22.9.56}$$

所以根矢量具有 $\boldsymbol{e}_i-\boldsymbol{e}_j$ 的形式. 这九个算符生成的是一个半单 Lie 代数 $U(3)$. 因为 Hamilton 量 $\hat{\boldsymbol{H}}=\boldsymbol{H}_1+\boldsymbol{H}_2+\boldsymbol{H}_3$ 与所有的 $\boldsymbol{T}_{pq}$ 可对易, 它独自生成一个子代数 $u(1)$. 除 $\hat{\boldsymbol{H}}$ 以外, 从九个算符中还可以组合出八个线性独立的算符, 它们是 $\boldsymbol{H}_i'=\boldsymbol{H}_i-\frac{\hat{\boldsymbol{H}}}{3}\left(i=1,2,3,\text{ 因为}\sum_{i=1}^{3}\boldsymbol{H}_i'=0,\text{ 只有两个是独立的}\right)$ 和 $\boldsymbol{T}_{pq}(p\neq q)$. 根据根系的结构可知, 它们生成 Lie 代数 $A_2\sim su(3)$. 所以各向同性谐振子的简并群不是 $SO(3)$ 而是 $SU(3)$. $SO(3)$ 是 $SU(3)$ 的一个子群. 实际上, 角动量算符 $\boldsymbol{L}$ 为

$$\boldsymbol{L}=\boldsymbol{r}\times\boldsymbol{p}=i\boldsymbol{a}\times\boldsymbol{a}^{\dagger}\tag{22.9.57}$$

$\boldsymbol{L}$ 的三个分量为

$$\begin{aligned}\boldsymbol{L}_x&=-i(\boldsymbol{T}_{23}-\boldsymbol{T}_{32})\\\boldsymbol{L}_y&=-i(\boldsymbol{T}_{31}-\boldsymbol{T}_{13})\\\boldsymbol{L}_z&=-i(\boldsymbol{T}_{12}-\boldsymbol{T}_{21})\end{aligned}\tag{22.9.58}$$

它们在对易子积运算下是封闭的, 张成子代数 $SO(3)$. 容易验证, $\boldsymbol{L}$ 的三个分量与 Hamilton 算符对易. 选取 $\boldsymbol{L}_z$ 为 $SO(2)$ 群的生成元, 对谐振子就有下列对称性群链:

$$U(3)\supset SU(3)\supset SO(3)\supset SO(2)\tag{22.9.59}$$

于是可以采用函数系 $|Nlm\rangle$ 来描述谐振子的态. $SU(3)$ 和 $SO(3)$ 的不可约表示分别用它们的最高权矢量 $(\lambda\mu)$ 和 (l) 来标志. $(\lambda\mu)$ 对应于分割 $(\lambda+\mu,\mu)$[参看

式 (22.7.29)]. 对于给定的 N, 本征函数应属于 $SU(3)$ 的不可约表示 $(N0)$, 因为所有 $\boldsymbol{a}_q^\dagger$ 可以相互对易, Ψ_N 应属于全对称表示. 根据 $SU(3) \to SO(3)$ 的分支律, 我们知道对于给定的 N 值, 当 N 为奇数时, l 的取值为 $l = 1, 3, 5, \cdots$; 当 N 为偶数时,$l = 0, 2, 4, \cdots$ 当然, 对于给定的 $l, m = -l, -l+1, \cdots, l-1, l$.

22.10 谱产生代数和动力学群

22.10.1 谱产生代数

我们在利用体系的对称性群来处理物理问题时, 强调了与体系的对称操作相联系的算符和 Hamilton 算符的可对易性, 把体系的能级和本征函数与其所属不可约表示联系起来. 通过这种联系, 我们可以根据体系的对称性质确定它的能级简并度、光谱跃迁选律等物理性质. 但是, 由于体系的对称操作与其 Hamilton 量的对易性质, 我们不能通过体系的对称性群求得它的能量本征值谱. 不过, 上面三维各向同性谐振子的例子表明, 如果我们不局限于考虑体系的对称性群, 用 Lie 代数方法是有可能直接得到体系的能量本征值谱的. 实际上, 选择适当的微分算符作生成元, 可以得到某种 Lie 代数的一个实现, 如式 (22.8.8) 给出三维 Lie 代数的一个实现. 如果一个决定体系本征值谱的微分方程可以用这种生成元表达出来, 就可以由 Lie 代数的本征值谱求得体系的本征值谱而不用去解微分方程. 这种 Lie 代数称为该体系的谱产生代数. 下面举例说明.

考察形如式 (22.10.1) 的二阶常微分方程

$$\frac{\mathrm{d}^2 Y}{\mathrm{d}x^2} + \left(\frac{a}{x^2} + bx^2 + c\right) Y = 0 \tag{22.10.1}$$

物理学上的不少本征值方程属于这个类型. 容易验证, 若定义算符 $\boldsymbol{\Gamma}_1, \boldsymbol{\Gamma}_2$ 和 $\boldsymbol{\Gamma}_3$ 为

$$\begin{aligned}
\boldsymbol{\Gamma}_1 &= \frac{\partial^2}{\partial x^2} + \frac{a}{x^2} + \frac{x^2}{16} \\
\boldsymbol{\Gamma}_2 &= -\frac{i}{2}\left(x\frac{\partial}{\partial x} + \frac{1}{2}\right) \\
\boldsymbol{\Gamma}_3 &= \frac{\partial^2}{\partial x^2} + \frac{a}{x^2} - \frac{x^2}{16}
\end{aligned} \tag{22.10.2}$$

则 $\boldsymbol{\Gamma}_1, \boldsymbol{\Gamma}_2, \boldsymbol{\Gamma}_3$ 之间的对易关系为

$$[\boldsymbol{\Gamma}_1, \boldsymbol{\Gamma}_2] = -i\boldsymbol{\Gamma}_3 \qquad [\boldsymbol{\Gamma}_2, \boldsymbol{\Gamma}_3] = i\boldsymbol{\Gamma}_1 \qquad [\boldsymbol{\Gamma}_3, \boldsymbol{\Gamma}_1] = i\boldsymbol{\Gamma}_2$$

这是 $su(1,1)$ 代数的对易关系, 所以由式 (22.10.2) 定义的微分算符给出 $su(1,1)$ 代数的一个实现, 它的 Casimir 算符是

$$\boldsymbol{\Gamma}^2 = \boldsymbol{\Gamma}_3^2 - \boldsymbol{\Gamma}_1^2 - \boldsymbol{\Gamma}_2^2 = -\frac{\boldsymbol{a}}{4} - \frac{3}{16} \tag{22.10.3}$$

利用式 (22.10.2) 定义的 $su(1,1)$ 代数的生成元, 方程 (22.10.1) 可表达为

$$\left(\frac{\mathrm{d}^2}{\mathrm{d}x^2} + \frac{a}{x^2} + bx^2 + c\right) Y = \left[\left(\frac{1}{2} + 8b\right) \boldsymbol{\Gamma}_1 + \left(\frac{1}{2} - 8b\right) \boldsymbol{\Gamma}_3 + c\right] Y = 0 \tag{22.10.4}$$

作替换

$$\begin{aligned} \boldsymbol{\Gamma}_1 &\to \mathrm{e}^{-i\theta\Gamma_2} \boldsymbol{\Gamma}_1 \mathrm{e}^{i\theta\Gamma_2} = \boldsymbol{\Gamma}_1 \cosh\theta + \boldsymbol{\Gamma}_3 \sinh\theta \\ \boldsymbol{\Gamma}_3 &\to \mathrm{e}^{-i\theta\Gamma_2} \boldsymbol{\Gamma}_3 \mathrm{e}^{i\theta\Gamma_2} = \boldsymbol{\Gamma}_1 \sinh\theta + \boldsymbol{\Gamma}_3 \cosh\theta \end{aligned} \tag{22.10.5}$$

式 (22.10.4) 变成

$$\begin{aligned} &\left\{\left[\left(\frac{1}{2} + 8b\right)\cosh\theta + \left(\frac{1}{2} - 8b\right)\sinh\theta\right] \boldsymbol{\Gamma}_1 \right. \\ &\left. + \left[\left(\frac{1}{2} + 8b\right)\sinh\theta + \left(\frac{1}{2} - 8b\right)\cosh\theta\right] \boldsymbol{\Gamma}_3 + c\right\} \bar{Y} \\ =\,& 0 \end{aligned} \tag{22.10.6}$$

式中, $\bar{Y} = \mathrm{e}^{-i\theta\Gamma_2} Y$.

非紧 Lie 代数中, 生成紧子 Lie 群的生成元具有离散的实本征值谱, 生成非紧子 Lie 群的生成元具有连续的实本征值谱. 在式 (22.10.2) 给出的 $su(1,1)$ 代数的实现中, $\boldsymbol{\Gamma}_1, \boldsymbol{\Gamma}_2$ 是非紧子 Lie 群的生成元而 $\boldsymbol{\Gamma}_3$ 是紧子 Lie 群的生成元. 为求得 $\boldsymbol{\Gamma}_1$ 的本征值谱, 令

$$\tanh\theta = -\left(\frac{1}{2} - 8b\right) \bigg/ \left(\frac{1}{2} + 8b\right) \tag{22.10.7}$$

则式 (22.10.6) 变为

$$\boldsymbol{\Gamma}_1 \overline{Y} = -\frac{c}{4\sqrt{-b}} \overline{Y} \tag{22.10.8}$$

$\boldsymbol{\Gamma}_1$ 的实本征值 $\lambda = -\dfrac{c}{4\sqrt{-b}}$ 是可以连续变化的, 本征矢量 $\overline{Y}$ 构成连续表示的基. 如果 $\tanh\theta$ 的值在允许的范围内, 就说明式 (22.10.1) 代表的体系具有连续谱. 通常在讨论稳定态时, 体系只有离散的能级, 此时体系的本征值方程式 (22.10.1) 将只有离散的本征值谱, 按式 (22.10.7) 计算 $\tanh\theta$, 将得到不合理值.

紧子群的生成元 $\boldsymbol{\Gamma}_3$ 的本征值谱是离散的. 为得到 $\boldsymbol{\Gamma}_3$ 的离散本征值谱, 令

$$\tanh\theta = -\left(\frac{1}{2} + 8b\right) \bigg/ \left(\frac{1}{2} - 8b\right) \tag{22.10.9}$$

式 (22.10.6) 变为

$$\boldsymbol{\Gamma}_3\overline{Y} = -\frac{c}{4\sqrt{-b}}\overline{Y} \tag{22.10.10}$$

本征值 $-\dfrac{c}{4\sqrt{-b}}$ 是离散的, $\overline{Y}$ 构成离散表示的基, 也是 $\boldsymbol{\Gamma}^2$ 的本征函数. 根据 22.8 节的讨论可知, 它们应当荷载 $su(1,1)$ 代数的无限维离散酉表示 $D^+(\phi)$ 或 $D^-(\phi)$. 考虑 $D^+(\phi)$ 表示的情况. 此时, 在式 (22.8.16) 和式 (22.8.17) 中, ϕ 为负实数. 于是有

$$\boldsymbol{\Gamma}_3\overline{Y}_{\phi I} = (-\phi + I)\overline{Y}_{\phi I} = -\frac{c}{4\sqrt{-b}}\overline{Y}_{\phi I} \tag{22.10.11}$$

$$\boldsymbol{\Gamma}^2\overline{Y}_{\phi I} = \phi(\phi+1)\overline{Y}_{\phi I} = \left(-\frac{a}{4} - \frac{3}{16}\right)\overline{Y}_{\phi I} \tag{22.10.12}$$

由式 (22.10.12) 可得

$$\phi = -\frac{1}{2}\left(1 + \sqrt{\frac{1}{4} - a}\right), \qquad \left(\sqrt{\frac{1}{4} - a} \geqslant 0\right) \tag{22.10.13}$$

代入式 (22.10.11), 得

$$4I + 2 + \sqrt{1-4a} = \frac{c}{\sqrt{-b}} \qquad (I = 0, 1, 2, \cdots) \tag{22.10.14}$$

从式 (22.10.14) 能得出方程式 (22.10.1) 中有关物理量的本征值谱, 因此 $su(1,1) \sim so(2,1)$ 是该方程的谱产生代数.

举几个例子.

(1) 类氢离子的径向 Schrödinger 方程为 [参看式 (4.1.41)]

$$\left[\frac{\mathrm{d}^2}{\mathrm{d}r^2} + \frac{2}{r}\frac{\mathrm{d}}{\mathrm{d}r} + 2\left(E + \frac{Z}{r}\right) - \frac{l(l+1)}{r^2}\right]R(r) = 0 \tag{22.10.15}$$

若令 $r = x^2, R(r) = x^{-\frac{3}{2}}\overline{R}(x)$, 则式 (22.10.15) 变为

$$\left(\frac{\mathrm{d}^2}{\mathrm{d}x^2} - \frac{4l(l+1) + \dfrac{3}{4}}{x^2} + 8Ex^2 + 8Z\right)\overline{R}(x) = 0 \tag{22.10.16}$$

式 (22.10.16) 具有式 (22.10.1) 的形式. 于是, 根据式 (22.10.14), 得

$$4I + 2 + \left\{1 + 4\left[4l(l+1) + \frac{3}{4}\right]\right\}^{\frac{1}{2}} = 8Z/\sqrt{-8E} \tag{22.10.17}$$

化简之, 得 $(I + l + 1) = Z/\sqrt{-2E}$, 故

$$E = -\frac{1}{2}\left(\frac{Z}{n}\right)^2 \tag{22.10.18}$$

式中, $n = I + l + 1$ $(I = 0, 1, 2, \cdots)$. 这是熟知的类氢离子的能量本征值谱公式. 这样, 利用 $su(1,1)$ 代数就可以得出能谱公式, 并不用去解微分方程式 (22.10.15).

(2) 三维各向同性谐振子. 采用 22.9.3 节中的单位, 与径向有关的微分方程是

$$\left[\frac{\mathrm{d}^2}{\mathrm{d}r^2} - \frac{l(l+1)}{r^2} - r^2 + 2E\right] R(r) = 0 \tag{22.10.19}$$

与方程式 (22.10.1) 比较, 得

$$a = -l(l+1), \qquad b = -1, \qquad c = 2E \tag{22.10.20}$$

故由式 (22.10.14) 即得

$$E = 2I + l + \frac{3}{2} \qquad (I = 0, 1, 2, \cdots) \tag{22.10.21}$$

令 $n = 2I + l$, 就得到熟知的结果

$$E_n = \left(n + \frac{3}{2}\right) \qquad (n = 0, 1, 2, \cdots) \tag{22.10.22}$$

将 $b = -1$ 代入式 (22.10.7) 得出不合理的 $\tanh\theta$ 值, 说明这个体系不存在连续本征值谱.

(3) Morse 势振子. 径向 Schrödinger 方程为

$$\left(\frac{\mathrm{d}^2}{\mathrm{d}r^2} - 2D\mathrm{e}^{-2\tau r} + 4D\mathrm{e}^{-\tau r} + 2E\right) R(r) = 0 \tag{22.10.23}$$

若作变换 $r = \ln x^2, R(r) = x^{-\frac{1}{2}}\overline{R}(x)$, 则式 (22.10.23) 变成

$$\left(\frac{\mathrm{d}}{\mathrm{d}x^2} + \frac{32E + \tau^2}{4\tau^2 x^2} - \frac{8D}{\tau^2}x^2 + \frac{16D}{\tau^2}\right) \overline{R}(x) = 0 \tag{22.10.24}$$

与式 (22.10.1) 比较, 并利用式 (22.10.14) 的结果, 即得

$$E = -\frac{\tau^2}{2}\left[\frac{\sqrt{2}D}{r} - \left(I + \frac{1}{2}\right)\right]^2 \qquad (I = 0, 1, 2, \cdots, I_{\max}) \tag{22.10.25}$$

由 $\dfrac{1}{4} - a \geqslant 0$ 的条件可知

$$I_{\max} + \frac{1}{2} < \frac{\sqrt{2}D}{\tau} \tag{22.10.26}$$

所以存在的态的数目是有限的. 方程式 (22.10.23) 只对束缚的 S 态成立. 为了考虑其他状态, 我们必须增加 $l(l+1)/r^2$ 一项. 但这样一来我们就无法把它用 $su(1,1)$ 代数的生成元表达出来, 也就不能方便地得出能量本征值谱了.

以上例子表明, 只要能把微分方程用 Lie 代数的生成元表达出来, 不用解方程就可以直接得到某些重要结果. M. S. Lie 正是在研究微分方程的求解过程中创造出 Lie 代数的. 实际上, 我们已经熟悉通过算符的对易关系求谐振子的能量本征值谱的方法. 用 Lie 代数方法产生式 (22.10.1) 这类微分方程的本征值谱是这种处理问题的方法的推广. 这种解决本征值问题的方法无疑是很吸引人的, 但目前它的应用范围还是很窄, 主要的困难是不容易用适当的 Lie 代数生成元把微分方程表达出来. 在举例 (3) 中已经指出无法用这种方法处理非 S 束缚态的 Morse 势振子方程. 在举例 (1) 中, 若有外加电场或磁场存在, 如研究 Stark 效应或 Zeeman 效应, 也就不能利用谱产生代数方法解决问题了. 不过, 这种方法无疑是值得进一步研究的.

22.10.2　动力学群

体系的对称性群的特征是, 体系的一个能级与群的一个不可约表示对应, 群的算符可以使属于同一能级的各本征函数互相变换, 但是没有算符能使属于不同能级的本征函数联系起来. 我们在研究体系的变化过程 (如光学跃迁) 时总是需要把属于不同能级的本征函数联系起来的. 人们发现, 对于给定的体系, 可以找到一些比保持 Hamilton 量不变的群更大的群, 称为非不变性群或动力学群. 这类群以体系的对称性群为其子群, 所以由对称性群得到的结论自然也能由它得到, 但是它包含有更多的元素, 与这些元素相联系的算符可以使属于不同能级的本征函数相互变换, 因而能谱和跃迁概率等动力学量可以通过群的算符表达出来, 这样就可以对物理体系的动力学性质给出一个完全的描述. 因此, 对动力学群的研究引起很多人的兴趣. 下面举几个动力学群的例子. 当然, 一个体系的动力学群不是唯一的.

(1) 一维线性谐振子的动力学群 $SO(2,1)$. 采用 22.9.3 节中规定的单位和符号, 一维谐振子的 Hamilton 算符为

$$\hat{\boldsymbol{H}}=\frac{1}{2}\left(x^2-\frac{\mathrm{d}^2}{\mathrm{d}x^2}\right)=\boldsymbol{a}^{\dagger}\boldsymbol{a}+\frac{1}{2} \tag{22.10.27}$$

其本征值 (能量) 为 $n+\dfrac{1}{2}$ $(n=0,1,2\cdots)$. 这是熟知的结果. 现在定义三个 Hermite 算符

$$\begin{aligned}\boldsymbol{K}_1&=\frac{1}{4}(\boldsymbol{a}^2+\boldsymbol{a}^{\dagger 2})\\ \boldsymbol{K}_2&=\frac{1}{4}i(\boldsymbol{a}^2-\boldsymbol{a}^{\dagger 2})\\ \boldsymbol{K}_3&=\hat{\boldsymbol{H}}/2\end{aligned} \tag{22.10.28}$$

可求得其对易关系为

$$
\begin{aligned}
[\boldsymbol{K}_1, \boldsymbol{K}_2] &= i\boldsymbol{K}_3 \\
[\boldsymbol{K}_3, \boldsymbol{K}_1] &= i\boldsymbol{K}_2 \\
[\boldsymbol{K}_3, \boldsymbol{K}_2] &= -i\boldsymbol{K}_1
\end{aligned}
\tag{22.10.29}
$$

若定义

$$
\boldsymbol{K}_{\pm} = (\boldsymbol{K}_1 \pm i\boldsymbol{K}_2)/\sqrt{2} \tag{22.10.30}
$$

则有

$$
\begin{aligned}
[\boldsymbol{K}_3, \boldsymbol{K}_{\pm}] &= \pm\boldsymbol{K}_{\pm} \\
[\boldsymbol{K}_{+}, \boldsymbol{K}_{-}] &= -\boldsymbol{K}_3
\end{aligned}
\tag{22.10.31}
$$

与式 (22.8.1) 比较可知, $\boldsymbol{K}_3, \boldsymbol{K}_{\pm}$ 生成非紧 Lie 代数 $so(2,1) \sim su(1,1)$, 和它们对应的群 $SO(2,1)$ 或 $SU(1,1)$ 自然是比谐振子的对称性群更大的群. 群的算符 $\boldsymbol{K}_{\pm}$ 把不同能量的本征态联系起来; 因为, 对于体系的本征态 ϕ_n

$$
\hat{\boldsymbol{H}}\phi_n = \left(n + \frac{1}{2}\right)\Phi_n \tag{22.10.32}
$$

$$
\begin{aligned}
\hat{\boldsymbol{H}}(\boldsymbol{K}_{\pm}\Phi_n) &= 2\boldsymbol{K}_3(\boldsymbol{K}_{\pm}\Phi_n) = 2\boldsymbol{K}_{\pm}(\boldsymbol{K}_3 \pm 1)\Phi_n \\
&= 2\left[\frac{1}{2}\left(n + \frac{1}{2}\right) \pm 1\right](\boldsymbol{K}_{\pm}\Phi_n) \\
&= \left(n + \frac{1}{2} \pm 2\right)(\boldsymbol{K}_{\pm}\Phi_n)
\end{aligned}
\tag{22.10.33}
$$

这表明 $\boldsymbol{K}_{\pm}$ 将本征能量相差两个单位的态联系起来. 所以 $SO(2,1)$ 或 $SU(1,1)$ 可以取作一维谐振子的动力学群, 当然, 这不是很严格的取法.

根据 22.8 节的讨论, 我们知道 $SO(2,1)$ 没有有限维的不可约酉表示. 现在我们考察一下它的有下界的不可约酉表示 $D^{+}(\phi)$. 设最小 n 值 (下确界) 为 n_0, 这意味着

$$
\boldsymbol{K}_{-}\phi_{n_0} = 0 \tag{22.10.34}
$$

Casimir 算符 $\boldsymbol{C}$ 为

$$
\begin{aligned}
\boldsymbol{C} &= \boldsymbol{K}_{+}\boldsymbol{K}_{-} + \boldsymbol{K}_{-}\boldsymbol{K}_{+} - \boldsymbol{K}_3^2 \\
&= 2\boldsymbol{K}_{+}\boldsymbol{K}_{-} - \boldsymbol{K}_3(\boldsymbol{K}_3 - 1)
\end{aligned}
\tag{22.10.35}
$$

作用在 Φ_{n_0} 上, 得出

$$
\boldsymbol{C} = \frac{1}{16}(1 + 2n_0)(3 - 2n_0) \tag{22.10.36}
$$

因为 $\boldsymbol{K}_1, \boldsymbol{K}_2, \boldsymbol{K}_3$ 是 Hermite 算符, 而我们考虑的是酉表示, $\boldsymbol{K}_3$ 的本征值 $\frac{1}{2}\left(n+\frac{1}{2}\right)$ 必为实数, n 也一定是实数. $\boldsymbol{K}_+$ 把 n 值提高两个单位, 所以

$$\Phi_{n+2} = A_n \boldsymbol{K}_+ \Phi_n \tag{22.10.37}$$

式中, A_n 是 ϕ_{n+2} 的归一化常数. 由 $\langle\phi_{n+2}|\phi_{n+2}\rangle = 1$, 得

$$\begin{aligned}
|A_n|^{-2} &= \langle \boldsymbol{K}_+\phi_n | \boldsymbol{K}_+\phi_n\rangle = \langle \Phi_n | \boldsymbol{K}_-\boldsymbol{K}_+\Phi_n\rangle \\
&= \left\langle \Phi_n \middle| \frac{1}{2}[\boldsymbol{C} + \boldsymbol{K}_3(\boldsymbol{K}_3+1)]\Phi_n \right\rangle \\
&= \frac{1}{32}[(1+2n_0)(3-2n_0)+(1+2n)(5+2n)] \\
&= \frac{1}{8}[(n+n_0+1)(n-n_0+2)] > 0
\end{aligned} \tag{22.10.38}$$

由此得出 $n_0 \geqslant -\frac{1}{2}$. $n_0 = -\frac{1}{2}$ 给出单位表示, 每个大于 $-\frac{1}{2}$ 的 n_0 值给出一个无限维的不可约酉表示. 另一方面, 根据式 (22.10.35) 和 $\boldsymbol{K}_3, \boldsymbol{K}_\pm$ 的定义及对易关系可以证明, 对于一维谐振子, Casimir 算符为常数, $\boldsymbol{C} = \frac{3}{16}$. 由此求得 $n_0 = 0, 1$. 所以一维谐振子的全部本征函数分属 $su(1,1)$ 的两个不可约酉表示 $D^{(0)}$(其中 $n = 0, 2, 4, \cdots$) 和 $D^{(1)}$(其中 $n = 1, 3, 5, \cdots$).

容易看出, $x^2 = \hat{\boldsymbol{H}} + 2\boldsymbol{K}_1$. 我们知道 x^2 是四极矩电磁跃迁中涉及的算符, 所以这类电磁跃迁的概率就可以用 $\hat{\boldsymbol{H}}$ 和 $\boldsymbol{K}_1$ 算符的矩阵元表达出来, 而 $\hat{\boldsymbol{H}}$ 和 $\boldsymbol{K}_1$ 算符的矩阵元用群论方法就可以确定. 因此体系的动力学群给出它的能谱和跃迁概率的全部信息.

$su(1,1)$ 代数还有两个连续系列和一个有上确界的离散系列不可约酉表示. 由于这些表示中 $\boldsymbol{K}_3$ 的本征值要扩展到 $-\infty$, 即含有无限负能量的态, 因此是没有物理意义的.

(2) 三维各向同性谐振子的动力学群. 根据 22.9.3 节的讨论, 我们知道三维各向同性谐振子的简并群是 $SU(3)$, 它包含保持 Hamilton 量不变的 $SO(3)$ 群为其子群. 可以把 $su(3)$ 的八个生成元中生成 $so(3)$ 的三个取为

$$\begin{aligned}
\boldsymbol{L}_0 &= \boldsymbol{a}_{-1}^\dagger \boldsymbol{a}_{+1} - \boldsymbol{a}_{+1}^\dagger \boldsymbol{a}_{-1} \\
\boldsymbol{L}_{\pm1} &= \mp(\boldsymbol{a}_{\pm1}^\dagger \boldsymbol{a}_0 - \boldsymbol{a}_0^\dagger \boldsymbol{a}_{\pm1})
\end{aligned} \tag{22.10.39}$$

其余五个取为二阶球张量的形式

$$\boldsymbol{Q}_0 = -\frac{1}{\sqrt{3}}(2\boldsymbol{a}_0^\dagger\boldsymbol{a}_0 + \boldsymbol{a}_{-1}^\dagger\boldsymbol{a}_{+1} + \boldsymbol{a}_{+1}^\dagger\boldsymbol{a}_{-1})$$

$$\begin{aligned} \boldsymbol{Q}_{\pm 1} &= -(\boldsymbol{a}_{\pm 1}^{\dagger}\boldsymbol{a}_0 + \boldsymbol{a}_0^{\dagger}\boldsymbol{a}_{\pm 1}) \\ \boldsymbol{Q}_{\pm 2} &= -\sqrt{2}\boldsymbol{a}_{\pm 1}^{\dagger}\boldsymbol{a}_{\pm 1} \end{aligned} \tag{22.10.40}$$

式中

$$\begin{aligned} \boldsymbol{a}_{\pm 1} &= \mp\frac{1}{\sqrt{2}}(\boldsymbol{a}_1 + i\boldsymbol{a}_0), \qquad \boldsymbol{a}_0 = \boldsymbol{a}_3 \\ \boldsymbol{a}_{\pm 1}^{\dagger} &= \mp\frac{1}{\sqrt{2}}(\boldsymbol{a}_1^{\dagger} + i\boldsymbol{a}_2^{\dagger}), \qquad \boldsymbol{a}_0^{\dagger} = \boldsymbol{a}_3^{\dagger} \end{aligned} \tag{22.10.41}$$

$\boldsymbol{a}_i$ 和 $\boldsymbol{a}_i^{\dagger}(i=1,2,3)$ 的定义见式 (22.9.49). 直接的计算可以证明以下对易关系:

$$\begin{aligned} &[\boldsymbol{L}_q, \boldsymbol{L}_{q'}] = \sqrt{2}\langle 1q1q'|1(q+q')\rangle \boldsymbol{L}_{q+q'} \qquad (q,q'=0,\pm 1) \\ &[\boldsymbol{L}_q, \boldsymbol{Q}_{p'}] = \sqrt{6}\langle 1q2p'|2(q+p')\rangle \boldsymbol{Q}_{q+p'} \qquad (p,p'=0,\pm 1 \pm 2) \\ &[\boldsymbol{Q}_p, \boldsymbol{Q}_{p'}] = \sqrt{10}\langle 2p2p'|1(p+p')\rangle \boldsymbol{L}_{p+p'} \end{aligned} \tag{22.10.42}$$

因此算符集 $\boldsymbol{L}$ 和 $\boldsymbol{Q}$ 提供了在 $SU(3)$ 的表示的整个权空间中移动的阶梯算符的完全集合. 对于谐振子的状态函数 $|nlm\rangle$, 算符 $\boldsymbol{L}_{\pm 1}$ 使 m 升高或降低 1, 产生在子群 $SO(3)$ 的表示的整个权空间中的移动, 但不能实现 $SO(3)$ 的不同表示之间的移动. 算符 $\boldsymbol{Q}$ 能使 l 一次升高或降低 2, 因此它可以联系包含在 $SU(3)$ 的任意给定表示中的 $SO(3)$ 的不同表示. 然而 $\boldsymbol{Q}$ 不能实现 $SU(3)$ 的不同表示之间的移动.

为了联系 $SU(3)$ 的不同不可约表示, 必须找出包含 $SU(3)$ 的更大的群. 考虑下列二十一个算符的集合:

$$\begin{aligned} \boldsymbol{T}_{ij} &= \frac{1}{2}[\boldsymbol{a}_i^{\dagger}\boldsymbol{a}_j + \boldsymbol{a}_j\boldsymbol{a}_i^{\dagger}] \\ \boldsymbol{R}_{ij} &= \frac{1}{2}[\boldsymbol{a}_i^{\dagger}\boldsymbol{a}_j^{\dagger} + \boldsymbol{a}_j^{\dagger}\boldsymbol{a}_i^{\dagger}] \qquad (i,j=1,2,3) \\ \boldsymbol{P}_{ij} &= \frac{1}{2}[\boldsymbol{a}_i\boldsymbol{a}_j + \boldsymbol{a}_j\boldsymbol{a}_i] \end{aligned} \tag{22.10.43}$$

容易验证, 它们的对易关系是

$$\begin{aligned} [\boldsymbol{T}_{ij}, \boldsymbol{T}_{kl}] &= \boldsymbol{T}_{il}\delta_{jk} - \boldsymbol{T}_{kj}\delta_{il} \\ [\boldsymbol{T}_{ij}, \boldsymbol{R}_{kl}] &= \boldsymbol{R}_{il}\delta_{jk} + \boldsymbol{R}_{ik}\delta_{jl} \\ [\boldsymbol{T}_{ij}, \boldsymbol{P}_{kl}] &= -\boldsymbol{P}_{lj}\delta_{ik} - \boldsymbol{P}_{kj}\delta_{il} \\ [\boldsymbol{R}_{ij}, \boldsymbol{P}_{kl}] &= -\boldsymbol{T}_{jk}\delta_{il} - \boldsymbol{T}_{ik}\delta_{jl} - \boldsymbol{T}_{jl}\delta_{ik} - \boldsymbol{T}_{il}\delta_{jk} \end{aligned} \tag{22.10.44}$$

因此在对易子积运算下这二十一个算符是封闭的. 根据根系的结构知道它们张成非紧 Lie 代数 $sp(6,r)$. 根据 22.9.3 节中的讨论, 我们知道 $\{\boldsymbol{T}_{ij}\}$ 中的九个算符生成

$U(3) = U(1) \otimes SU(3)$, 所以 $SP(6,R)$ 包含 $SU(3)$ 为其子群. 通过具体计算可以知道, $\{\boldsymbol{R}_{ij}\}$ 和 $\{\boldsymbol{P}_{ij}\}$ 中的算符具有使 n 增减两个单位, 使 l 增减零或两个单位的作用. 这样, 谐振子的态负荷 $SP(6,R)$ 的两个有下界的无限维酉表示, 其中一个包含 n 为偶数的所有态, 另一个包含 n 为奇数的所有态. 容易证明, $SP(6,R)$ 包含 $SO(2,1) \otimes SO(3)$ 为其子群, 所以三维各向同性谐振子的本征函数可以分解为径向函数与角函数的乘积, 其中径向函数就是 $SO(2,1)$ 的表示的基而球函数是 $SO(3)$ 的表示的基.

$SP(6,R)$ 还不能作为三维各向同性谐振子的动力学群, 因为其中没有算符能把谐振子的 n 为奇数和 n 为偶数的态联系起来, 这是由于其中没有包含把 n 改变一个单位的算符. 容易看出, $\boldsymbol{a}^\dagger$ 和 $\boldsymbol{a}$ 具有把 n 改变一个单位的作用 [参看式 (22.9.51)]. 六个算符 $\boldsymbol{a}^\dagger$ 和 $\boldsymbol{a}$ 加上单位元素 $\boldsymbol{E}$ 的集合构成一个可解 Lie 代数, 它对应的群称为量子力学群或 Heisenberg 群, 记作 $N(3)$. $N(3)$ 不包括 $SU(3)$ 和 $SO(3)$ 为其子群, 自然不能作为谐振子的动力学群. 但它和 $SP(6,R)$ 结合在一起能构成一个半直积群 $N(S) \otimes SP(6,R)$, 因为 $N(3)$ 和 $SP(6,R)$ 的生成元之间的对易关系为

$$
\begin{gathered}
[\boldsymbol{T}_{ij}, \boldsymbol{a}_k] = -\boldsymbol{a}_j \delta_{ik} \\
[\boldsymbol{T}_{ij}, \boldsymbol{a}_k^\dagger] = \boldsymbol{a}_i \delta_{jk} \\
[\boldsymbol{R}_{ij}, \boldsymbol{a}_k] = -\boldsymbol{a}_i^\dagger \delta_{jk} - \boldsymbol{a}_j^\dagger \delta_{ik} \\
[\boldsymbol{R}_{ij}, \boldsymbol{a}_k^\dagger] = 0 \\
[\boldsymbol{P}_{ij}, \boldsymbol{a}_k] = 0 \\
[\boldsymbol{P}_{ij}, \boldsymbol{a}_k^\dagger] = \boldsymbol{a}_i \delta_{jk} + \boldsymbol{a}_j \delta_{ik}
\end{gathered}
\tag{22.10.45}
$$

我们可以把半直积群 $N(3) \otimes SP(6,R)$ 作为各向同性谐振子的动力学群. 这个群的子群中有各向同性谐振子的简并群 $SU(3)$, Hamilton 量不变群 $SO(3)$, 本征值谱生成群 $SO(2,1)$ 和包含有 $\boldsymbol{a}^\dagger$ 和 $\boldsymbol{a}$ 在内的跃迁群. 因此它不但给出体系的能谱和能级简并的信息, 还给出决定不同态之间跃迁概率的信息; 有关的矩阵元都可以用群的算符表示出来, 不仅可以得到电磁跃迁的关于角量子数的选择定则, 还可以得到关于主量子数的选择定则.

(3) 氢原子的动力学群. 前面的讨论已经表明氢原子的能量谱生成群是 $SO(2,1)$, 简并群是 $SO(4)$. $SO(4)$ 群中的 $\boldsymbol{L}$ 和 $\boldsymbol{A}$ 算符包含一组完整的阶梯算符. 算符 $\boldsymbol{L}_\pm$ 能联系 $SO(3)$ 的一个不可约表示 (j) 的所有基函数 $|jm\rangle$, 这是已经熟知的. 通过直接的计算也不难证明, $\boldsymbol{A}$ 的分量不但能使 m 值, 还能使 l 值改变 0 或 ± 1. 因此 $\boldsymbol{L}$ 和 $\boldsymbol{A}$ 合在一起能把 $SO(4)$ 的一个不可约表示中的所有态联系起来, 但不能联系 $SO(4)$ 的不同表示. 显然, 氢原子的动力学群应该同时包含 $SO(2,1)$ 和 $SO(4)$ 作为它的子群.

在式 (22.8.11) 中我们已经用 Bose 产生算符与湮灭算符把 $SU(2)$ 的基矢表示出来. 利用 Pauli 自旋矩阵

$$\sigma_1 = \begin{bmatrix} 0 & 1 \\ 1 & 0 \end{bmatrix}, \qquad \sigma_2 = \begin{bmatrix} 0 & -i \\ i & 0 \end{bmatrix}, \qquad \sigma_3 = \begin{bmatrix} 1 & 0 \\ 0 & -1 \end{bmatrix}$$

可以把 $SU(2)$ 的三个无穷小群生成元简洁地表示为

$$\boldsymbol{J}_k = \frac{1}{2}\boldsymbol{a}^\dagger \boldsymbol{\sigma}_k \boldsymbol{a} \qquad (k = 1, 2, 3) \tag{22.10.46}$$

式中, $\boldsymbol{a} = \begin{bmatrix} \boldsymbol{a}_1 \\ \boldsymbol{a}_2 \end{bmatrix}$, $\boldsymbol{a}^\dagger = [\boldsymbol{a}_1^\dagger, \boldsymbol{a}_2^\dagger]$. 注意到 22.8 节中 $SU(2)$ 的基函数的形式, 若把 $\boldsymbol{a}_1^\dagger$ 和 $\boldsymbol{a}_2^\dagger$ 的作用分别定义为使 ξ_1 和 ξ_2 的指数增加 1, 则 $SU(2)$ 的任意基函数 $|jm\rangle$ 可表达为

$$|jm\rangle = \frac{(\boldsymbol{a}_1^\dagger)^{j+m}(\boldsymbol{a}_2^\dagger)^{j-m}}{[(j+m)!(j-m)!]^{\frac{1}{2}}}|0\rangle \tag{22.10.47}$$

$|0\rangle$ 表示 ξ_1 和 ξ_2 的幂次皆为零的 “真空态”. 因为 $SO(4)$ 局部同构于 $SU(2)\otimes SU(2)$, 若定义

$$\begin{aligned} \boldsymbol{J}_j &= \frac{1}{2}\boldsymbol{a}^\dagger \sigma_j \boldsymbol{a} \\ \boldsymbol{K}_k &= \frac{1}{2}\boldsymbol{b}^\dagger \sigma_k \boldsymbol{b} \end{aligned} \tag{22.10.48}$$

这里

$$\begin{aligned} [\boldsymbol{a}_j, \boldsymbol{a}_{j'}^\dagger] &= \delta_{jj'} \\ [\boldsymbol{b}_k, \boldsymbol{b}_{k'}^\dagger] &= \delta_{kk'} \end{aligned} \tag{22.10.49}$$

而且 $\boldsymbol{a}^\dagger$ 和 $\boldsymbol{a}$ 的分量与 $\boldsymbol{b}^\dagger$ 和 $\boldsymbol{b}$ 的分量都可互易, 我们就得到 $SO(4)$ 的一个实现, 而 $SO(4)$ 的表示的基函数可表达为

$$|jm, j'm'\rangle = \frac{(\boldsymbol{a}_1^\dagger)^{j+m}(\boldsymbol{a}_2^\dagger)^{j-m}(\boldsymbol{b}_1^\dagger)^{j'+m'}(\boldsymbol{b}_2^\dagger)^{j'-m'}}{[(j+m)!(j-m)!(j'+m')!(j'-m')!]^{1/2}} \tag{22.10.50}$$

阶梯算符则是

$$\begin{aligned} \boldsymbol{J}_+ &= \boldsymbol{a}_1^\dagger \boldsymbol{a}_2, \qquad & \boldsymbol{K}_+ &= \boldsymbol{b}_1^\dagger \boldsymbol{b}_2 \\ \boldsymbol{J}_- &= \boldsymbol{a}_2^\dagger \boldsymbol{a}_1, \qquad & \boldsymbol{K}_- &= \boldsymbol{b}_2^\dagger \boldsymbol{b}_1 \end{aligned} \tag{22.10.51}$$

22.9.2 节中的算符 $\boldsymbol{L}$ 和 $\boldsymbol{A}$ 可表达为

$$\begin{aligned} \boldsymbol{L}_j &= \boldsymbol{J}_j + \boldsymbol{K}_j = \frac{1}{2}(\boldsymbol{a}^\dagger \boldsymbol{\sigma}_j \boldsymbol{a} + \boldsymbol{b}^\dagger \boldsymbol{\sigma}_j \boldsymbol{b}) \\ \boldsymbol{A}_j &= \boldsymbol{J}_j - \boldsymbol{K}_j = \frac{1}{2}(\boldsymbol{a}^\dagger \boldsymbol{\sigma}_j \boldsymbol{a} - \boldsymbol{b}^\dagger \boldsymbol{\sigma}_j \boldsymbol{b}) \end{aligned} \tag{22.10.52}$$

为了扩充 $SO(4)$ 群为氢原子的动力学群, 引入 $\boldsymbol{\Gamma}_0, \boldsymbol{T}, \boldsymbol{S}, \boldsymbol{M}_j, \boldsymbol{\Gamma}_j$ $(j=1,2,3)$ 等九个算符

$$\begin{aligned}
\boldsymbol{\Gamma}_0 &= \frac{1}{2}(\boldsymbol{a}^\dagger\boldsymbol{a} + \boldsymbol{b}^\dagger\boldsymbol{b} + 2) \\
\boldsymbol{T} &= \frac{1}{2}(\boldsymbol{a}^\dagger\boldsymbol{\sigma}_2\boldsymbol{b}^\dagger - \boldsymbol{a}\boldsymbol{\sigma}_2\boldsymbol{b}) \\
\boldsymbol{S} &= \frac{i}{2}(\boldsymbol{a}^\dagger\boldsymbol{\sigma}_2\boldsymbol{b}^\dagger + \boldsymbol{a}\boldsymbol{\sigma}_2\boldsymbol{b}) \\
\boldsymbol{M}_j &= -\frac{1}{2}(\boldsymbol{a}^\dagger\boldsymbol{\sigma}_j\boldsymbol{c}\boldsymbol{b}^\dagger - \boldsymbol{a}\boldsymbol{c}\boldsymbol{\sigma}_j\boldsymbol{b}) \\
\boldsymbol{\Gamma}_j &= -\frac{i}{2}(\boldsymbol{a}^\dagger\boldsymbol{\sigma}_j\boldsymbol{c}\boldsymbol{b}^\dagger + \boldsymbol{a}\boldsymbol{c}\boldsymbol{\sigma}_j\boldsymbol{b})
\end{aligned} \tag{22.10.53}$$

式中, $\boldsymbol{c} = \begin{bmatrix} 0 & 1 \\ -1 & 0 \end{bmatrix}$. 根据基本的玻色子对易关系, 容易证明 $SO(4)$ 的六个算符和上面引入的九个算符的集合在对易子积运算下是封闭的, 而且根据结构常数可以认出它们张成 Lie 代数 $so(4,2)$. 容易证明, 氢原子波函数 $|nlm\rangle$ 是 $\boldsymbol{\Gamma}_0$ 的本征值为 n 的本征函数. 把 $\boldsymbol{\Gamma}_0$ 作用在函数 $|jm, j'm'\rangle$ 上, 并注意 $a_i|0\rangle = 0, [a_i, a_i^{\dagger n}] = n a_i^{\dagger(n-1)}$, 即可得

$$\boldsymbol{\Gamma}_0|jm, j'm'\rangle = (j + j' + 1)|jm, j'm'\rangle \tag{22.10.54}$$

对于氢原子, $j = j', n = 2j+1$, 故

$$\boldsymbol{\Gamma}_0|nlm\rangle = \boldsymbol{\Gamma}_0|jm, jm\rangle = n|nlm\rangle \tag{22.10.55}$$

定义算符

$$\begin{aligned}
\boldsymbol{N}_+ &= \boldsymbol{T} - i\boldsymbol{S} = \boldsymbol{a}^\dagger\boldsymbol{\sigma}_2\boldsymbol{b} = -i(\boldsymbol{a}_1^\dagger\boldsymbol{b}_2^\dagger - \boldsymbol{a}_2^\dagger\boldsymbol{b}_1^\dagger) \\
\boldsymbol{N}_- &= \boldsymbol{T} + i\boldsymbol{S} = i(\boldsymbol{a}_1\boldsymbol{b}_2 - \boldsymbol{a}_2\boldsymbol{b}_1)
\end{aligned} \tag{22.10.56}$$

容易验证

$$\begin{aligned}
[\boldsymbol{\Gamma}_0, \boldsymbol{N}_\pm] &= \pm\boldsymbol{N}_\pm \\
[\boldsymbol{N}_+, \boldsymbol{N}_-] &= -2\boldsymbol{\Gamma}_0
\end{aligned} \tag{22.10.57}$$

因此, $\boldsymbol{\Gamma}_0$ 和 $\boldsymbol{N}_\pm$ 张成氢原子的谱产生代数 $so(2,1)$, $\boldsymbol{N}_\pm$ 起使 n 改变 1 的阶梯算符的作用

$$\boldsymbol{\Gamma}_0(\boldsymbol{N}_\pm|nlm\rangle) = (\boldsymbol{N}_\pm\boldsymbol{\Gamma}_0 \pm \boldsymbol{N}_\pm)|nlm\rangle = (n \pm 1)(\boldsymbol{N}_\pm|nlm\rangle) \tag{22.10.58}$$

这样, 我们利用算符 $\boldsymbol{L}, \boldsymbol{A}, \boldsymbol{N}_+, \boldsymbol{N}_-$ 就可以从真空态出发逐步到达氢原子的任意态, 所以我们可以把 $SO(4,2)$ 取作氢原子的动力学群. 氢原子的所有态函数负载 $SO(4,2)$ 的一个不可约酉表示. $SO(4,2)$ 的子群中有氢原子的简并群 $SO(4)$, Hamilton 量不变群 $SO(3)$ 和能谱生成群 $SO(2,1)$ 及直积群 $SO(2,1)\otimes SO(3)$ 等. 氢原子

波函数中的径向函数是 $SO(2,1)$ 的表示的基函数, 角度函数则是 $SO(3)$ 的表示的基函数. 此外, $SO(4,2)$ 还包含许多子群, 如子群 $SO(4,1)$(生成元为 $\boldsymbol{L}, \boldsymbol{A}, \boldsymbol{M}$ 和 $\boldsymbol{T}$), 氢原子的所有束缚态荷载它的一个不可约表示. 它包含产生量子数 nlm 的所有生成元, 所以又称为氢原子的量子数群.

上面我们是用玻色子组成的算符来实现 $SO(4,2)$ 的. 用下面由坐标和动量算符组合出来的算符也可以得到 $SO(4,2)$ 群的一个实现, 即

$$
\begin{aligned}
\boldsymbol{L} &= \boldsymbol{r} \times \boldsymbol{p} \\
\boldsymbol{A} &= \frac{1}{2}\boldsymbol{r}\boldsymbol{p}^2 - \boldsymbol{p}(\boldsymbol{r} \cdot \boldsymbol{p}) - \frac{1}{2}\boldsymbol{r} \\
\boldsymbol{M} &= \frac{1}{2}\boldsymbol{r}\boldsymbol{p}^2 - \boldsymbol{p}(\boldsymbol{r} \cdot \boldsymbol{p}) + \frac{1}{2}\boldsymbol{r} \\
\boldsymbol{\Gamma} &= r\boldsymbol{p} \\
\boldsymbol{T} &= \boldsymbol{r} \cdot \boldsymbol{p} - i \\
\boldsymbol{\Gamma}_0 &= \frac{1}{2}(r\boldsymbol{p}^2 + 1) \\
\boldsymbol{S} &= \frac{1}{2}(r\boldsymbol{p}^2 - 1)
\end{aligned}
\tag{22.10.59}
$$

可以把氢原子的各种矩阵元用 $SO(4,2)$ 的生成元表达出来. 例如, 电偶极跃迁算符 $\boldsymbol{D}_k$ 的矩阵元为 $(k = x, y, z)$

$$
\langle n'l'm'|\boldsymbol{D}_k|nlm\rangle = \frac{i}{\omega_{n'm}} \cdot \frac{1}{nn'} \langle n'l'm'|\mathrm{e}^{-i\theta_{n'n}\mathbf{T}}\boldsymbol{\Gamma}_k|nlm\rangle + \langle n'l'm'|\boldsymbol{A}_k|nlm\rangle \tag{22.10.60}
$$

式中

$$
\begin{aligned}
\theta_{n'n} &= \ln\left(\frac{n}{n'}\right) \\
\omega_{n'n} &= \frac{-1}{2n^2} + \frac{1}{2n'^2} = \frac{n^2 - n'^2}{2n^2n'^2}
\end{aligned}
\tag{22.10.61}
$$

$\boldsymbol{\Gamma}_k, \boldsymbol{A}_k$ 等的矩阵元可以用纯代数的方法算出 (表达为 n, l, m 的函数).

上面的例子表明动力学群可以同时给出体系的静态和动态的信息, 因此它无疑是研究物理和化学问题的很理想的数学工具. 已有不少这方面的研究工作, 可惜至今这种工具还只能用于少数极简单的体系.

参考文献

[1] Hamermesh M. Group Theory and Its Application to Physical Problems. Massachusetts: Addison-Wesley Publishing Co., 1962

[2] Gilmore R. Lie Groups, Lie Algebras and Some of Their Applications. New York: John-Wiley & Sons, 1974

[3] B. G. Wybourne. 典型群及其在物理学上的应用. 冯承天, 金元望, 张民生, 栾德怀译. 北京: 科学出版社, 1982

[4] Chen J Q. Group Representation Theory for Physicists. New Jersey: World Scientific Publishing Co., 1989

[5] Jacobs P. Group Theory with Applications in Chemical Physics. Cambridge: Cambridge University Press, 2005

[6] Jud B R. Operator Techniques in Atomic Spectroscopy. New York: McGraw-Hill Book Co., 1963

[7] J. P. Elliott, P. G. Dawber. 物理学中的对称性. 第一、二卷. 仝道荣译. 北京: 科学出版社, 1986

[8] 马中骐. 物理学中的群论. 北京: 科学出版社, 1998

[9] 张端明, 钟志成. 应用群论导引. 武汉: 华中科学技术大学出版社, 2001

[10] C. D. H. Chisholm. 量子化学中的群论方法. 汪汉卿, 王银桂译. 北京: 科学出版社, 1981

[11] Barut A O. Dynamical Groups and Generalized Symmetries in Quantum Theory. Christchurch-New Zealand: University of Canterbury Publications, 1972

[12] Bolm A, Ne'eman Y. Barut A O, et al.. Dynamical Groups and Spectrum Generating Algebras. Singgapore: World Scientific Publishing Co., 1988

[13] Herrick D R. Advan Chem Phys. 1983, 51: 1

第 23 章

简单的量子散射理论

23.1 二体问题中质心运动的分离
23.2 粒子在势场中的散射

原子、分子和离子之间的散射过程或碰撞过程是化学家极感兴趣的，因为这是了解化学基元反应的基础. 碰撞过程可分为三类：弹性碰撞、非弹性碰撞和反应碰撞. 弹性碰撞时粒子内部运动的量子状态不变，只是在平动能之间进行了交换；非弹性碰撞时粒子的内部运动状态也发生了变化；而反应碰撞时连粒子本身的构成也发生了变化.

这章讨论最简单的量子散射理论，处理两个可识别粒子之间的碰撞问题. 它们之间的相互作用势能为 $V(\boldsymbol{r})$，而势能 V 只取决于这两个粒子的相对位置. 我们试用非相对论量子力学的方法来求解它们之间的碰撞截面. 假定入射束流作用了相当长的时间，则整个散射过程达到了定态. 先将质心运动分离掉，使问题初步得到简化，然后求定态的散射波函数的渐近形式，最后求出微分截面、总截面.

23.1　二体问题中质心运动的分离

考虑 A 和 B 两个粒子组成的非相对论性的体系. 粒子的质量分别为 m_{A} 和 m_{B}，以某固定点 O 为原点 (取实验室坐标系)，粒子 A 和 B 的位置分别为 $\boldsymbol{r}_{\mathrm{A}}$ 和 $\boldsymbol{r}_{\mathrm{B}}$，动量分别为 $\boldsymbol{p}_{\mathrm{A}}$ 和 $\boldsymbol{p}_{\mathrm{B}}$(图 23.1.1).

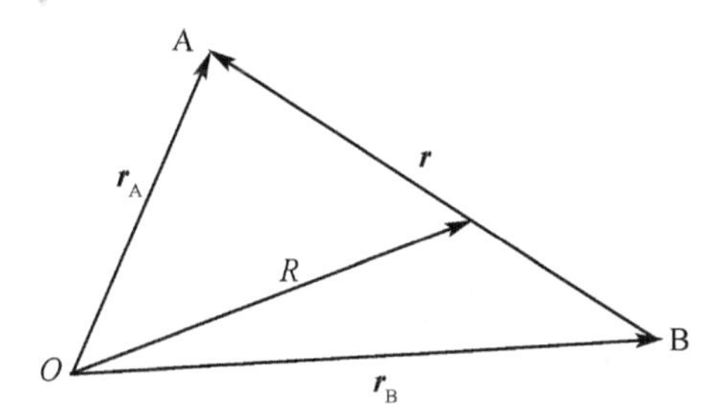

图 23.1.1　由 A 和 B 两个粒子组成的体系

假定这两个粒子是通过势能 $V(\boldsymbol{r}_{\mathrm{A}}-\boldsymbol{r}_{\mathrm{B}})$ 实现相互作用的. V 为实数，且只取决于相对坐标 $\boldsymbol{r}_{\mathrm{A}}-\boldsymbol{r}_{\mathrm{B}}$. 此体系经典的 Hamilton 量为

$$H=\boldsymbol{p}_{\mathrm{A}}^2/(2m_{\mathrm{A}})+\boldsymbol{p}_{B}^2/(2m_{\mathrm{B}})+V(\boldsymbol{r}_{\mathrm{A}}-\boldsymbol{r}_{\mathrm{B}}) \tag{23.1.1}$$

根据量子力学原理，此体系在 t 时刻的状态可用波函数 $\Psi(\boldsymbol{r}_{\mathrm{A}},\boldsymbol{r}_{\mathrm{B}},t)$ 表示，它的时间演化服从含时 Schrödinger 方程

$$i\hbar\frac{\partial}{\partial t}\Psi(\boldsymbol{r}_{\mathrm{A}},\boldsymbol{r}_{\mathrm{B}},t)=\hat{\boldsymbol{H}}\Psi(\boldsymbol{r}_{\mathrm{A}},\boldsymbol{r}_{\mathrm{B}},t) \tag{23.1.2}$$

根据 $\boldsymbol{p}_{\mathrm{A}}\to -i\hbar\boldsymbol{\nabla}_{\boldsymbol{r}_{\mathrm{A}}}$ 和 $\boldsymbol{p}_{\mathrm{B}}\to i\hbar\boldsymbol{\nabla}_{\boldsymbol{r}_{\mathrm{B}}}$ 的对应关系，把式 (23.1.1) 变成量子力学中的 Hamilton 算符

$$\hat{\boldsymbol{H}} = -\frac{\hbar^2}{2m_\mathrm{A}}\boldsymbol{\nabla}^2_{\boldsymbol{r}_\mathrm{A}} - \frac{\hbar^2}{2m_\mathrm{B}}\boldsymbol{\nabla}^2_{\boldsymbol{r}_\mathrm{B}} + V(\boldsymbol{r}_\mathrm{A} - \boldsymbol{r}_\mathrm{B}) \tag{23.1.3}$$

由于 $\hat{\boldsymbol{H}}$ 是不含时间的, 因此用分离变量法将式 (23.1.2) 的解 $\Psi(\boldsymbol{r}_\mathrm{A}, \boldsymbol{r}_\mathrm{B}, t)$ 中与时间有关的因子分出来. 可以看出

$$\Psi(\boldsymbol{r}_\mathrm{A}, \boldsymbol{r}_\mathrm{B}, t) = \phi_0(\boldsymbol{r}_\mathrm{A}, \boldsymbol{r}_\mathrm{B})\mathrm{e}^{-iE_\mathrm{tot}t/\hbar} \tag{23.1.4}$$

是方程的特解. 这种特解代表体系总能量 E_tot 为不同定值的态, 这些态称为“定态”. 将式 (23.1.4) 代入式 (23.1.2), 得到 Ψ 的不含时因子 $\phi_0(\boldsymbol{r}_\mathrm{A}, \boldsymbol{r}_\mathrm{B})$ 所服从的方程

$$\left[-\frac{\hbar^2}{2m_\mathrm{A}}\boldsymbol{\nabla}^2_{\boldsymbol{r}_\mathrm{A}} - \frac{\hbar^2}{2m_\mathrm{B}}\boldsymbol{\nabla}^2_{\boldsymbol{r}_\mathrm{B}} + V(\boldsymbol{r}_\mathrm{A} - \boldsymbol{r}_\mathrm{B})\right]\phi_0(\boldsymbol{r}_\mathrm{A}, \boldsymbol{r}_\mathrm{B}) = E_\mathrm{tot}\phi_0(\boldsymbol{r}_\mathrm{A}, \boldsymbol{r}_\mathrm{B}) \tag{23.1.5}$$

此即现在讨论的二粒子体系的不含时 Schrödinger 方程, 实际上就是 $\hat{\boldsymbol{H}}$ 的本征方程.

现在根据相互作用势能 V 只取决于差值 $\boldsymbol{r}_\mathrm{A} - \boldsymbol{r}_\mathrm{B}$ 的事实, 定义相对位置

$$\boldsymbol{r} \equiv \boldsymbol{r}_\mathrm{A} - \boldsymbol{r}_\mathrm{B} \tag{23.1.6a}$$

和矢量

$$\boldsymbol{R} \equiv (m_\mathrm{A}\boldsymbol{r}_\mathrm{A} + m_\mathrm{B}\boldsymbol{r}_\mathrm{B})/(m_\mathrm{A} + m_\mathrm{B}) \tag{23.1.6b}$$

矢量 $\boldsymbol{R}$ 表示体系质心坐标系的原点在实验室坐标系中的位置. 把式 (23.1.5) 中的变量 $\boldsymbol{r}_\mathrm{A}$ 和 $\boldsymbol{r}_\mathrm{B}$ 变换成新变量 $\boldsymbol{r}$ 和 $\boldsymbol{R}$, 得

$$\left[-\frac{\hbar^2}{2M}\boldsymbol{\nabla}^2_{\boldsymbol{R}} - \frac{\hbar^2}{2m}\boldsymbol{\nabla}^2_{\boldsymbol{r}} + V(\boldsymbol{r})\right]\phi(\boldsymbol{R}, \boldsymbol{r}) = E_\mathrm{tot}\phi(\boldsymbol{R}, \boldsymbol{r}) \tag{23.1.7}$$

式中

$$M \equiv m_\mathrm{A} + m_\mathrm{B} \tag{23.1.8}$$

$$m \equiv m_\mathrm{A}m_\mathrm{B}/(m_\mathrm{A} + m_\mathrm{B}) \tag{23.1.9}$$

分别为体系的总质量和粒子 A 和 B 的折合质量. 波函数 $\phi(\boldsymbol{R}, \boldsymbol{r})$ 是将 $\phi_0(\boldsymbol{r}_\mathrm{A}, \boldsymbol{r}_\mathrm{B})$ 经过变量变换后的函数形式.

另一个得到式 (23.1.7) 的方法, 是令“相对动量”

$$\boldsymbol{p} \equiv (m_\mathrm{B}\boldsymbol{p}_\mathrm{A} - m_\mathrm{A}\boldsymbol{p}_\mathrm{B})/(m_\mathrm{A} + m_\mathrm{B}) \tag{23.1.10}$$

和“总动量”

$$\boldsymbol{P} \equiv \boldsymbol{p}_{\mathrm{A}} + \boldsymbol{p}_{\mathrm{B}} \tag{23.1.11}$$

动量 $\boldsymbol{p}$ 和 $\boldsymbol{P}$ 对应的共轭位置矢量分别是 $\boldsymbol{r}$ 和 $\boldsymbol{R}$. 因为有关系式

$$\frac{\boldsymbol{p}_{\mathrm{A}}^2}{2m_{\mathrm{A}}} + \frac{\boldsymbol{p}_{\mathrm{B}}^2}{2m_{\mathrm{B}}} = \frac{\boldsymbol{P}^2}{2M} + \frac{\boldsymbol{p}^2}{2m} \tag{23.1.12}$$

所以经典 Hamilton 量 H 为

$$H = \frac{\boldsymbol{P}^2}{2M} + \frac{\boldsymbol{p}^2}{2m} + V(\boldsymbol{r}) \tag{23.1.13}$$

利用对应关系 $\boldsymbol{P} \to -i\hbar\boldsymbol{\nabla}_{\boldsymbol{R}}$ 和 $\boldsymbol{p} \to -i\hbar\boldsymbol{\nabla}_{\boldsymbol{r}}$, 得到量子力学的 Hamilton 算符

$$\hat{\boldsymbol{H}} = -\frac{\hbar^2}{2M}\boldsymbol{\nabla}_{\boldsymbol{R}}^2 - \frac{\hbar^2}{2m}\boldsymbol{\nabla}_{\boldsymbol{r}}^2 + V(\boldsymbol{r}) \tag{23.1.14}$$

因为算符 $\hat{\boldsymbol{H}}$ 已经化为分别与 $\boldsymbol{R}$ 和 $\boldsymbol{r}$ 有关的两部分之和, 所以可用分离变量法处理 Schrödinger 方程 [式(23.1.7)]. 令

$$\phi(\boldsymbol{R}, \boldsymbol{r}) = \Phi(\boldsymbol{R})\psi(\boldsymbol{r}) \tag{23.1.15}$$

代入式 (23.1.7), 得到 $\Phi(\boldsymbol{R})$ 和 $\psi(\boldsymbol{r})$ 需要分别满足以下两个方程:

$$-\frac{\hbar^2}{2M}\boldsymbol{\nabla}_{\boldsymbol{R}}^2\Phi(\boldsymbol{R}) = E_{\mathrm{cm}}\Phi(\boldsymbol{R}) \tag{23.1.16}$$

和

$$\left[-\frac{\hbar^2}{2m}\boldsymbol{\nabla}_{\boldsymbol{r}}^2 + V(\boldsymbol{r})\right]\psi(\boldsymbol{r}) = E\psi(\boldsymbol{r}) \tag{23.1.17}$$

式中

$$E_{\mathrm{tot}} = E_{\mathrm{cm}} + E \tag{23.1.18}$$

E_{cm} 表示体系质心平动能. 式 (23.1.16) 表示在体系质心位置 $\boldsymbol{R}$ 上一个质量为 M 的自由粒子运动的 Schrödinger 方程, 而式 (23.1.17) 表示一个质量为 m 的粒子在势能为 $V(\boldsymbol{r})$ 的场中运动时它的波函数 $\psi(\boldsymbol{r})$ 要服从的 Schrödinger 方程. 原先由两个粒子组成的运动体系被分割成以上两个互相独立的运动. 于是, 面对这两个粒子的碰撞问题, 如果我们改成在质心坐标系讨论它, 就可变成一个固定的势能场 $V(\boldsymbol{r})$ 对一个质量为 m 的粒子的散射问题, 而与体系质心的运动情况无关. 对后者的讨论完全等效于对前者的讨论.

23.2 粒子在势场中的散射

现在讨论一个质量为 m 的无自旋粒子在势场 $V(\boldsymbol{r})$ 中的散射. 假定势场 $V(\boldsymbol{r})$ 只和粒子与原点的距离 $r \equiv |\boldsymbol{r}|$ 有关, 这称之为"中心势场", 原点为"散射中心". 从经典力学的观点来看, 粒子受势场 $V(r)$ 的作用力

$$\boldsymbol{F} = -\nabla_{\boldsymbol{r}} V(r) \tag{23.2.1}$$

当 r 很大时, 势能 $V(r)$ 对粒子的作用力 $\boldsymbol{F}$ 很小, 可以忽略, 于是入射粒子保持匀速直线运动. 令 $\boldsymbol{v}_{\text{in}}$ 是粒子离散射中心非常远时入射的初始速度. 当 r 足够小时, 作用力 $\boldsymbol{F}$ 就不可忽视了, 于是粒子偏离原来的直线运动, 轨迹发生弯曲. 这时就说粒子与势场开始"碰撞". 偏离程度越来越大, 粒子终于被推到远离散射中心的地方, 到达作用力 $\boldsymbol{F}$ 又变得很小可以略去的时候, 粒子又重新进入在另一方向上的匀速直线运动 (图 23.2.1). 令 $\boldsymbol{v}_{\text{out}}$ 是粒子在散射过程中最后达到的出射速度. 入射速度 $\boldsymbol{v}_{\text{in}}$ 与出射速度 $\boldsymbol{v}_{\text{out}}$ 之间的夹角 θ 称为"散射角". 用测量粒子的探测器可以测量粒子散射后的角分布. 通常对于分子、原子和离子来说, 势能 $V(\boldsymbol{r})$ 的作用范围小于 10^{-9}m, 因此相对说来实验中探测器放的位置离散射中心无穷远.

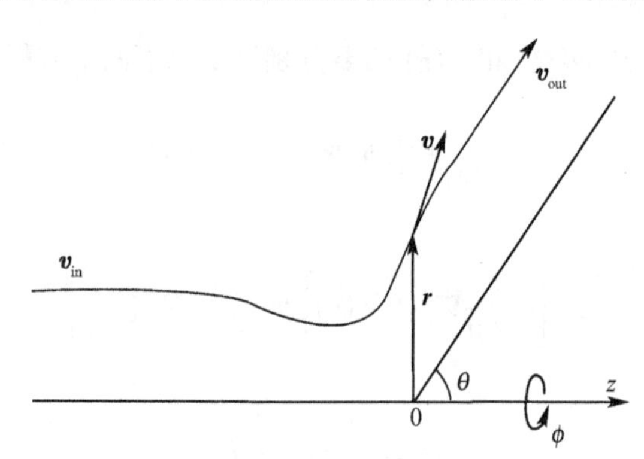

图 23.2.1 入射粒子在势场 $V(\boldsymbol{r})$ 中散射的经典示意图

23.2.1 截面的定义

设 ρ_{in} 是射向散射中心的入射粒子束中单位体积内的粒子数, 因而每秒通过单位横截面的入射粒子数 (入射通量) 为

$$\boldsymbol{j}_{\text{in}} = \rho_{\text{in}} \boldsymbol{v}_{\text{in}} \tag{23.2.2}$$

在单位时间间隔内散射到某方向 $\boldsymbol{\Omega}$ 上立体角元 $\mathrm{d}\Omega$ 中的粒子数 $\mathrm{d}n$ 正比于入射通量 $|\boldsymbol{j}_{\mathrm{in}}|$ 和立体角元 $\mathrm{d}\Omega$(图 23.2.2), 而比例系数为 $\sigma(\Omega)$, 即

$$\mathrm{d}n = \sigma(\Omega)|\boldsymbol{j}_{\mathrm{in}}|\mathrm{d}\Omega \tag{23.2.3}$$

从量纲分析看

$$[\sigma(\Omega)] = \left[\frac{\mathrm{d}n}{|\boldsymbol{j}_{\mathrm{in}}|\mathrm{d}\Omega}\right] = \frac{T^{-1}}{(L^{-2}\cdot T^{-1})\cdot 1} = L^2$$

$\sigma(\Omega)$ 具有面积的量纲. 从式 (23.2.3) 又可求得单位时间内散射到整个空间内的粒子数 n 为

$$n = |\boldsymbol{j}_{\mathrm{in}}|\int \sigma(\Omega)\mathrm{d}\Omega = \sigma|\boldsymbol{j}_{\mathrm{in}}| \tag{23.2.4}$$

式中, $\sigma \equiv \int \sigma(\Omega)\mathrm{d}\Omega$, 称为“总有效截面”或“总截面”, 简称“截面”, 也具有面积的量纲. 因此, 式 (23.2.3) 中的比例系数

$$\sigma(\Omega) = \frac{\mathrm{d}\sigma}{\mathrm{d}\Omega}$$

称为“微分有效截面”或“微分截面”. 它是立体角 Ω 的函数, 与方位 (θ,ϕ) 有关. 当 $V(\boldsymbol{r})$ 是球对称时, 散射粒子的角分布必定具有旋转对称性, 这时 $\dfrac{\mathrm{d}\sigma}{\mathrm{d}\Omega}$ 才只与 θ 有关.

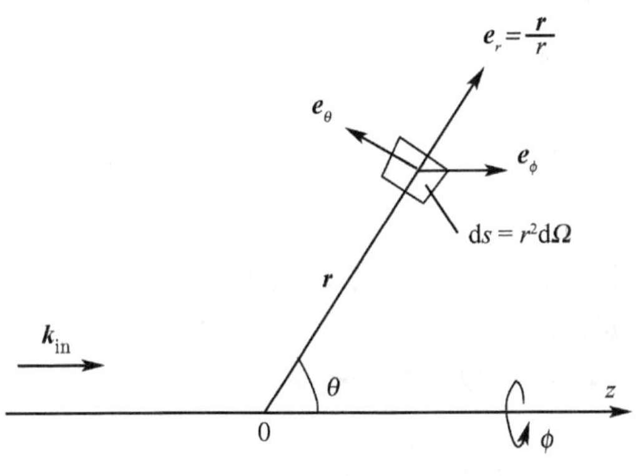

图 23.2.2

由图 23.2.2 可知, 面积元 $\mathrm{d}\boldsymbol{s}$ 的法向单位矢量为 $\boldsymbol{e}_r$, 所以单位时间内穿出这个面积元 $\mathrm{d}\boldsymbol{s}$ 的粒子数为 $\mathrm{d}\boldsymbol{s}$ 处粒子流的通量 $\boldsymbol{j}$ 与 $\mathrm{d}\boldsymbol{s}$ 的标积, $\boldsymbol{j}\cdot\mathrm{d}\boldsymbol{s} = \boldsymbol{j}\cdot\boldsymbol{e}_r\mathrm{d}s$. 令在无穷远处出射方向 $\boldsymbol{\Omega}$ 上的散射粒子通量为 $\boldsymbol{j}_{\mathrm{out}}$, 于是

$$\mathrm{d}n = \boldsymbol{j}_{\mathrm{out}}\cdot\mathrm{d}\boldsymbol{s} = \boldsymbol{j}_{\mathrm{out}}\cdot\boldsymbol{e}_r\mathrm{d}s$$

由于 $\mathrm{d}n = \left(\dfrac{\mathrm{d}\sigma}{\mathrm{d}\Omega}\right)|\boldsymbol{j}_{\mathrm{in}}|\mathrm{d}\Omega = \left(\dfrac{\mathrm{d}\sigma}{\mathrm{d}\Omega}\right)|\boldsymbol{j}_{\mathrm{in}}|\mathrm{d}s/r^2$, 因此

$$\boldsymbol{j}_{\mathrm{out}} \cdot \boldsymbol{e}_r = |\boldsymbol{j}_{\mathrm{in}}|\left(\frac{\mathrm{d}\sigma}{\mathrm{d}\Omega}\right)\Big/ r^2 \tag{23.2.5}$$

式 (23.2.5) 把散射过程的微分截面与入射和出射粒子流的通量联系起来了.

23.2.2 微分截面与波函数

设 ρ 是粒子的概率密度. 于是在空间某区域 V 内粒子的概率为 $\int_V \rho \mathrm{d}\boldsymbol{r}$, 它随时间的变化

$$\frac{\partial}{\partial t}\int_V \rho \mathrm{d}\boldsymbol{r} = \frac{\partial}{\partial t}\int_V \Psi^* \Psi \mathrm{d}\boldsymbol{r} = \int_V \left(\Psi^* \frac{\partial \Psi}{\partial t} + \Psi \frac{\partial \Psi^*}{\partial t}\right)\mathrm{d}\boldsymbol{r}$$

由于 Schrödinger 方程

$$i\hbar\frac{\partial \Psi}{\partial t} = \hat{\boldsymbol{H}}\Psi = \left[-\frac{\hbar^2}{2m}\boldsymbol{\nabla}^2 + V(\boldsymbol{r})\right]\Psi$$

得

$$\int_V \left(\frac{\partial \rho}{\partial t}\right)\mathrm{d}\boldsymbol{r} = -\frac{i\hbar}{2m}\int (\Psi \boldsymbol{\nabla}^2 \Psi^* - \Psi^* \boldsymbol{\nabla}^2 \Psi)\mathrm{d}\boldsymbol{r} \tag{23.2.6}$$

用 Green 公式将式 (23.2.6) 体积分写成面积分

$$\int_V \left(\frac{\partial \rho}{\partial t}\right)\mathrm{d}\boldsymbol{r} = -\oint_S \frac{i\hbar}{2m}(\Psi \boldsymbol{\nabla} \Psi^* - \Psi^* \boldsymbol{\nabla} \Psi) \cdot \mathrm{d}\boldsymbol{s} \tag{23.2.7}$$

显然, 等式右方的被积函数是通过区域 V 的表面 S 的面积元 $\mathrm{d}s$ 处的粒子概率流通量 $\boldsymbol{j}$ (与粒子通流量的差别在于空间中粒子的总数 N 这个因子), 式 (23.2.7) 右边的负号表示流入表面 S. 所以令粒子概率流通量

$$\boldsymbol{j} = \frac{i\hbar}{2m}(\Psi \boldsymbol{\nabla} \Psi^* - \Psi^* \boldsymbol{\nabla} \Psi) \tag{23.2.8}$$

即

$$\boldsymbol{j} = \mathrm{Re}\left(\frac{\hbar}{im}\Psi^* \boldsymbol{\nabla} \Psi\right) = \mathrm{Im}\left(\frac{\hbar}{m}\Psi^* \boldsymbol{\nabla} \Psi\right) \tag{23.2.9}$$

再利用散度定理将式 (23.2.7) 写为

$$\int_V \left(\frac{\partial \rho}{\partial t}\right)\mathrm{d}\boldsymbol{r} = -\oint_S \boldsymbol{j} \cdot \mathrm{d}\boldsymbol{s} = -\int_V \boldsymbol{\nabla} \cdot \boldsymbol{j}\mathrm{d}\boldsymbol{r}$$

上式应当适用于空间任意区域 V, 于是有

$$\frac{\partial \rho}{\partial t}+\boldsymbol{\nabla}\cdot\boldsymbol{j}=0 \tag{23.2.10}$$

式 (23.2.10) 表示量子力学中的粒子数守恒, 与流体力学中的表达式相同.

从以上讨论可见, 如果能知道式 (23.1.17) 中的粒子散射定态波函数 $\psi(\boldsymbol{r})$ 在进入 $V(\boldsymbol{r})$ 作用范围之前和离开之后的渐近行为, 就可以由式 (23.2.9) 分别求出入射位置和出射位置上粒子流通量 $\boldsymbol{j}_{\text{in}}$ 和 $\boldsymbol{j}_{\text{out}}$ 之比值, 最后通过式 (23.2.5) 求出散射的微分截面 $\dfrac{\mathrm{d}\sigma}{\mathrm{d}\Omega}$ 的理论值, 以便与实验比较.

当然又应当注意到以上的微分截面 $\sigma(\Omega)$ 的理论值是在体系质心坐标系中用 Schrödinger 方程求得的, 还不能直接与在实验室坐标系中测得的实验值相比. 两者之间的换算可参看参考文献 [8] 第 10 章的附录.

实验上入射粒子呈一细束, 不直接射到测散射角分布用的探测器. 由于与势能 $V(\boldsymbol{r})$ 的作用范围相比可以认为探测器安装在离散射中心无穷远的地方, 因此对于求微分截面和总截面这个通常研究散射的目的来看, 我们真正感兴趣的不是散射定态波函数 $\psi(\boldsymbol{r})$ 本身, 而是它在无穷远处的渐近行为.

如果不考虑粒子的自旋和相对论效应, 则在质心坐标系中代表散射粒子时间演化的波函数 $\Psi(\boldsymbol{r},t)$ 服从 Schrödinger 方程

$$\left[-\frac{\hbar^2}{2m}\boldsymbol{\nabla}_{\boldsymbol{r}}^2+V(\boldsymbol{r})\right]\Psi(\boldsymbol{r},t)=i\hbar\frac{\partial}{\partial t}\Psi(\boldsymbol{r},t) \tag{23.2.11}$$

它的满足体系能量 E 有确定值的解 $\Psi(\boldsymbol{r},t)$, 称为定态, 即

$$\Psi(\boldsymbol{r},t)=\psi(\boldsymbol{r})\mathrm{e}^{-iEt/\hbar} \tag{23.2.12}$$

波函数 $\Psi(\boldsymbol{r},t)$ 的不含时因子 $\psi(\boldsymbol{r})$ 是本征方程 $\hat{\boldsymbol{H}}\psi=E\psi$ 的解, 即

$$\left[-\frac{\hbar^2}{2m}\boldsymbol{\nabla}_{\boldsymbol{r}}^2+V(\boldsymbol{r})\right]\psi(\boldsymbol{r})=E\psi(\boldsymbol{r}) \tag{23.2.13}$$

式中, 粒子能量

$$E=\frac{p^2}{2m}=\frac{\hbar^2k^2}{2m}=\frac{1}{2}mv^2 \tag{23.2.14}$$

粒子动量 $\boldsymbol{p}$ 和波矢 $\boldsymbol{k}$ 为

$$\boldsymbol{p}=\hbar\boldsymbol{k}=m\boldsymbol{v} \tag{23.2.15}$$

式 (23.2.15) 也是波矢 $\boldsymbol{k}$ 的定义. 令“折合势能”

$$U(\boldsymbol{r})\equiv\frac{2m}{\hbar^2}V(\boldsymbol{r}) \tag{23.2.16}$$

于是不含时的散射定态波函数 $\psi(\boldsymbol{r})$ 也是以下方程的解:

$$[\boldsymbol{\nabla}_{\boldsymbol{r}}^2 + k^2 - U(\boldsymbol{r})]\psi(\boldsymbol{r}) = 0 \tag{23.2.17}$$

入射粒子在进入 $V(\boldsymbol{r}) \neq 0$ 的区域之前速度为 $\boldsymbol{v}_{\text{in}}$, 波矢为 $\boldsymbol{k}_{\text{in}} = m\boldsymbol{v}_{\text{in}}/\hbar$, 它可以用平面波来表示, 即 $\mathrm{e}^{i\boldsymbol{k}_{\text{in}}\cdot\boldsymbol{r}}$. 因为这时 $V(\boldsymbol{r}) = 0$, 所以平面波 $\mathrm{e}^{i\boldsymbol{k}_{\text{in}}\cdot\boldsymbol{r}}$ 是 $\hat{\boldsymbol{H}}_0 = -\dfrac{\hbar^2}{2m}\boldsymbol{\nabla}_{\boldsymbol{r}}^2$ 的本征函数, 而不是 $\hat{\boldsymbol{H}} = \hat{\boldsymbol{H}}_0 + V(\boldsymbol{r})$ 的本征函数. 粒子被势场 $V(\boldsymbol{r})$ 散射后离开散射中心, 在 $r \to \infty$ 处, 可以想像沿径向出射的散射波是一个球面波 $f(\theta,\phi)\mathrm{e}^{i\boldsymbol{k}\cdot\boldsymbol{r}}/r$. 其中 $f(\theta,\phi)/r$ 是沿着方向 (θ,ϕ) 出射的散射波的振幅, 称为“散射振幅”. 出射的球面波函数与 r 成反比的原因是径向通量应当按照距离的平方成反比地衰减. 经常也把 $f(\theta,\phi)$ 称为“散射振幅”.

经过以上的定性分析可见方程式 (23.2.13) 或方程式 (23.2.17) 的解 $\psi(\boldsymbol{r})$ 在 $r \to \infty$ 处的渐近行为应当包括两部分, 一部分是未被散射仍沿着 $\boldsymbol{k}_{\text{in}}$ 方向出射的平面波, 另一部分是散射后沿径向出射的球面波满足这样渐近行为的方程式 (23.2.13) 的解记为 $\psi_{\boldsymbol{k}_{\text{in}}}^{(+)}(\boldsymbol{r})$[右上标 (+) 的来由见式 (24.3.80)]. 因而

$$\psi_{\boldsymbol{k}_{\text{in}}}^{(+)}(\boldsymbol{r}) \underset{r\to\infty}{\longrightarrow} A\left(\mathrm{e}^{i\boldsymbol{k}_{\text{in}}\cdot\boldsymbol{r}} + \frac{f(\theta,\phi)}{r}\mathrm{e}^{i\boldsymbol{k}\cdot\boldsymbol{r}}\right) \tag{23.2.18}$$

注意, 我们已经假定 $V(\boldsymbol{r})$ 作用的范围很小, 通常的 Coulomb 场 $\left(V\text{正比于}\dfrac{1}{r}\right)$ 不属于这种情况. 于是, 这等于假定随着 r 的增加 $V(\boldsymbol{r})$ 趋于 0 的速度比 $\dfrac{1}{r}$ 快. 这个假定并不难满足, 在原子或分子中, 由于 Coulomb 场被外层电子屏蔽了, 因此随着 r 的增加而 $V(\boldsymbol{r})$ 趋于 0 的速度比 $\dfrac{1}{r}$ 快, 能满足以上假定.

可以证明, 只要 $V(\boldsymbol{r})$ 满足以上假定, 当 r 很大时, 式 (23.2.18) 中无论 $f(\theta,\phi)$ 的形式如何, 此式总能满足定态散射波方程 [式 (23.2.13) 或式 (23.2.17)]. $\phi_{\boldsymbol{k}_{\text{in}}}^{(+)}(\boldsymbol{r})$ 在 $r \to \infty$ 处渐近形式的第二项 $A\dfrac{f(\Omega)}{r}\mathrm{e}^{i\boldsymbol{k}\cdot\boldsymbol{r}}$ 与含时定态波函数 $\Psi(\boldsymbol{r},t)$ 的因子 $\mathrm{e}^{-iEt/\hbar}$ 结合起来就得 $\Psi(\boldsymbol{r},t)|_{r\to\infty}$ 中的第二项 $A\dfrac{f(\Omega)}{r}\mathrm{e}^{i(kr-\frac{E}{\hbar}t)}$. 这说明出射球面波的相速度为

$$\frac{\mathrm{d}r}{\mathrm{d}t} = \frac{E}{\hbar k} = \frac{\omega}{k} \tag{23.2.19}$$

式中, ω 为角频率.

现在我们可以着手求微分截面. 令 N 为单位时间射入的粒子总数, 所以式 (23.2.9) 的概率流通量乘以 N 就是粒子流通量. 于是单位时间内在入射方向 $\boldsymbol{e}_{\boldsymbol{k}_{\text{in}}}$ 上单位截面内射进来的粒子数为

$$
\begin{aligned}
\boldsymbol{j}_{\text{in}} \cdot \boldsymbol{e}_{\boldsymbol{k}_{\text{in}}} &= N\text{Re}\left\{\frac{\hbar}{im}(A\mathrm{e}^{i\boldsymbol{k}_{\text{in}}\cdot\boldsymbol{r}})^* \boldsymbol{\nabla}_{\boldsymbol{r}}(A\mathrm{e}^{i\boldsymbol{k}_{\text{in}}\cdot\boldsymbol{r}})\right\} \cdot \boldsymbol{e}_{\boldsymbol{k}_{\text{in}}} \\
&= N|A|^2\frac{\hbar k_{\text{in}}}{m} = N|A|^2 v_{\text{in}}
\end{aligned} \tag{23.2.20}
$$

再把式 (23.2.18) 简记为 $\lim\limits_{r\to\infty}\psi^{(+)}_{\boldsymbol{k}_{\text{in}}}(\boldsymbol{r}) = \psi_{\text{pl}} + \psi_{\text{sph}}, \psi_{\text{pl}}$ 为出射的平面波, ψ_{sph} 为出射的球面波. 于是, 径向上的出射粒子通量, 即单位时间以 $\boldsymbol{r}$ 的单位矢量 $\boldsymbol{e}_r$ 为法向的单位截面上流过的粒子数为

$$
\begin{aligned}
\boldsymbol{j}_{\text{总}} \cdot \boldsymbol{e}_r &= N\text{Re}\left\{\frac{\hbar}{im}(\psi_{\text{pl}} + \phi_{\text{sph}})^* \boldsymbol{\nabla}_{\boldsymbol{r}}(\psi_{\text{pl}} + \psi_{\text{sph}})\right\} \cdot \boldsymbol{e}_r \\
&= \boldsymbol{j}_{\text{in}} \cdot \boldsymbol{e}_r + \boldsymbol{j}_{\text{out}} \cdot \boldsymbol{e}_r + \boldsymbol{j}_{\text{inf}} \cdot \boldsymbol{e}_r
\end{aligned} \tag{23.2.21}
$$

式中

$$
\boldsymbol{j}_{\text{out}} \cdot \boldsymbol{e}_r = N\text{Re}\left\{\frac{\hbar}{im}\psi^*_{\text{sph}}\boldsymbol{\nabla}_{\boldsymbol{r}}\psi_{\text{sph}}\right\} \cdot \boldsymbol{e}_r \tag{23.2.22}
$$

$$
\boldsymbol{j}_{\text{inf}} \cdot \boldsymbol{e}_r = N\text{Re}\left\{\frac{\hbar}{im}(\psi^*_{\text{pl}}\boldsymbol{\nabla}_{\boldsymbol{r}}\psi_{\text{sph}} + \psi^*_{\text{sph}}\boldsymbol{\nabla}_{\boldsymbol{r}}\psi_{\text{pl}})\right\} \cdot \boldsymbol{e}_r \tag{23.2.23}
$$

式 (23.2.21) 中第二项 $\boldsymbol{j}_{\text{out}} \cdot \boldsymbol{e}_r$ 是球面波的贡献, 第三项 $\boldsymbol{j}_{\text{inf}} \cdot \boldsymbol{e}_r$ 是出射的平面波与球面波干涉的贡献. 应当指出, 由于实验上往往如图 23.2.3 所示的那样, 按排有束流的准直孔. 入射粒子呈细束流状, 探测器主要测 $\theta \neq 0$ 时的角分布. 在 $\theta \neq 0$ 的区域 [图 23.2.3(b)] 中不存在入射波, 也不存在入射波与球面波的干涉. 干涉项只是在式 (23.2.18) 中理想化地取用无限平面波代表出射粒子造成的. 因此加了束流准直孔后在 $\theta \neq 0$ 的远处粒子探测器测到的粒子流通量的径向分量为

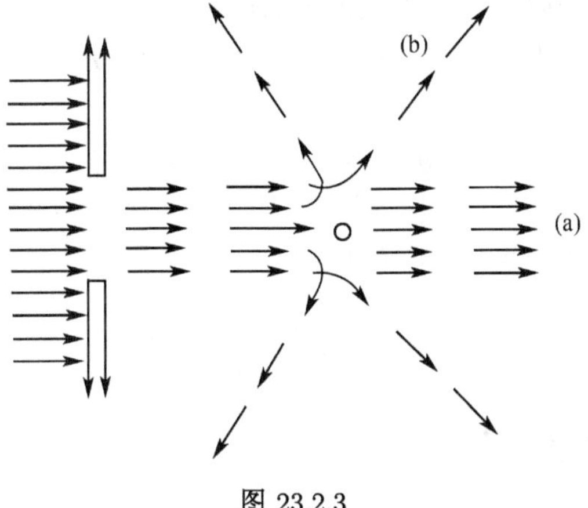

图 23.2.3

$$\begin{aligned}\boldsymbol{j}_{\text{out}}\cdot\boldsymbol{e}_r &= N\text{Re}\left\{\frac{\hbar}{im}\left(A\frac{f(\Omega)}{r}\text{e}^{i\boldsymbol{k}\cdot\boldsymbol{r}}\right)^*\boldsymbol{\nabla}_{\boldsymbol{r}}\left(A\frac{f(\Omega)}{r}\text{e}^{i\boldsymbol{k}\cdot\boldsymbol{r}}\right)\right\}\cdot\boldsymbol{e}_r \\ &= N|A|^2|f(\Omega)|^2\frac{v}{r^2}\end{aligned} \tag{23.2.24}$$

式中, v 是出射粒子速度的模, $v=|\boldsymbol{v}|=|\hbar\boldsymbol{k}/m|$. 若限于讨论弹性散射, 于是有动量守恒 $|\boldsymbol{k}_{\text{in}}|=|\boldsymbol{k}|$, 即 $v_{\text{in}}=v$. 根据式 (23.2.5), 得

$$\frac{\text{d}\sigma}{\text{d}\Omega}=|f(\Omega)|^2 \tag{23.2.25}$$

可见, 微分截面 $\dfrac{\text{d}\sigma}{\text{d}\Omega}$ 就是散射振幅 $f(\Omega)$ 的模方, 而散射振幅 $f(\Omega)$ 要从求解 Schrödinger 方程 [式 (23.2.13) 或式 (23.2.17)] 在要求满足解具备渐近条件 [式 (23.2.18)] 时求得. 求得 $f(\Omega)$ 后, 总截面

$$\sigma=\int|f(\Omega)|^2\text{d}\Omega \tag{23.2.26}$$

总截面的物理意义可理解成, 设想垂直于入射方向有一面积 σ, 单位时间内射到面积 σ 上的入射粒子数就是单位时间内散射到各个方向 (不包括 $\theta=0$) 的粒子总数.

23.2.3 分波法解球对称势场中的散射

由式 (23.2.17) 知道不含时的定态散射波函数 $\psi(\boldsymbol{r})$ 应满足方程 $[\boldsymbol{\nabla}_{\boldsymbol{r}}^2+k^2-U(\boldsymbol{r})]\psi(\boldsymbol{r})=0$, 其中 $U(\boldsymbol{r})\equiv\dfrac{2m}{\hbar}V(\boldsymbol{r})$. 现在讨论势能 $V(\boldsymbol{r})$ 是球对称的情况, 这是最感兴趣的特例, 入射波还取为平面波 $\text{e}^{i\boldsymbol{k}_{\text{in}}\cdot\boldsymbol{r}}$(参见图 23.2.1 和图 23.2.2).

当 $U(\boldsymbol{r})=0$ 时, 式 (23.2.17) 的解即 $\text{e}^{i\boldsymbol{k}_{\text{in}}\cdot\boldsymbol{r}}$(因为 $|\boldsymbol{k}_{\text{in}}|=|\boldsymbol{k}|$). 现在 $U(\boldsymbol{r})\neq0$, 但由于 $U(\boldsymbol{r})$ 是球对称的和选取坐标系 z 的正方向与 $\boldsymbol{k}_{\text{in}}$ 重合, 因此先可断定定态散射波函数 $\psi(\boldsymbol{r})$ 是轴对称的, 可记为 $\psi(r,\theta)$. 它的展开就可用 Legendre 多项式 $\{P_l(\cos\theta):l=0(1)\infty\}$[记号 $m=i(j)k$, 表示 $m=i,i+j,i+2j,i+3j,\cdots,k-j,k$]. 令

$$\psi(r,\theta)=\sum_{l=0}^{\infty}B_lR_l(r)P_l(\cos\theta) \tag{23.2.27}$$

式中, 系数 $\{B_lR_l(r)\}$ 待定. 由于算符

$$\boldsymbol{\nabla}_{\boldsymbol{r}}^2=\frac{1}{r^2}\left[\frac{\partial}{\partial r}\left(r^2\frac{\partial}{\partial r}\right)-\frac{\hat{\boldsymbol{L}}^2}{\hbar^2}\right] \tag{23.2.28}$$

式中, 轨道角动量平方算符

$$\hat{\boldsymbol{L}}^2\equiv-\hbar^2\left[\frac{1}{\sin\theta}\frac{\partial}{\partial\theta}\left(\sin\theta\frac{\partial}{\partial\theta}\right)+\frac{1}{\sin^2\theta}\frac{\partial^2}{\partial\phi^2}\right]$$

它的本征方程为

$$\hat{\boldsymbol{L}}^2 P_l(\cos\theta) = l(l+1)\hbar^2 P_l(\cos\theta) \qquad [l=0(1)\infty]$$

利用算符 $\hat{\boldsymbol{L}}^2$ 的这种性质, 将式 (23.2.27) 代入方程式 (23.2.17), 得

$$\sum_{l=0}^{\infty} B_l \left\{ \frac{1}{r^2}\frac{\partial}{\partial r}\left(r^2 \frac{\partial R_l}{\partial r}\right) + \left[k^2 - \frac{l(l+1)}{r^2} - U(r)\right] R_l \right\} P_l(\cos\theta) = 0$$

由于 $\{P_l(x): l=0(1)\infty\}$ 是正交完备集, 且

$$\int_{-1}^{1} P_l(x)P_{l'}(x)\mathrm{d}x = \frac{2}{2l+1}\delta_{ll'} \qquad \forall l, l' \tag{23.2.29}$$

因此待定的函数 $R_l(r)$ 需满足方程

$$\frac{1}{r^2}\frac{\partial}{\partial r}\left(r^2 \frac{\partial R_l}{\partial r}\right) + \left[k^2 - \frac{l(l+1)}{r^2} - U(r)\right] R_l(r) = 0 \qquad \forall l \tag{23.2.30}$$

(1) 第一种情况, $U(r)=0$.

已知 $\psi(\boldsymbol{r}) = \mathrm{e}^{i\boldsymbol{k}_{\text{in}}\cdot\boldsymbol{r}} = \mathrm{e}^{ikr\cos\theta}$ 是方程 $(\boldsymbol{\nabla}_{\boldsymbol{r}}^2 + k^2)\psi(\boldsymbol{r}) = 0$ 时在要求 $\psi(r=0)$ 有界的条件下的解. 而根据式 (23.2.30), $U(r)=0$ 时解 $\psi(\boldsymbol{r})$ 展开式中的 $R_l(r)$ 要满足方程

$$\frac{1}{r^2}\frac{\partial}{\partial r}\left(r^2 \frac{\partial R_l}{\partial r}\right) + \left(k^2 - \frac{l(l+1)}{r^2}\right) R_l = 0 \qquad \forall l \tag{23.2.31}$$

这是球 Bessel 方程. 为了要求对所有的 $l=0(1)\infty$ 都能满足 $R_l(r=0)$ 有界, 必须

$$R_l(r) = j_l(kr) \qquad \forall l \tag{23.2.32}$$

所以解

$$\mathrm{e}^{i\boldsymbol{k}_{\text{in}}\cdot\boldsymbol{r}} = \sum_{l=0}^{\infty} B_l j_l(kr) P_l(\cos\theta)$$

令 $x=\cos\theta$, 将上式两边都乘以 $P_{l'}(x)$, 再在 $x=-1\to 1$ 积分, 利用 $\{P_l(x)\}$ 的正交性, 得到系数

$$B_l j_l(kr) = \frac{2l+1}{2}\cdot\frac{1}{ikr}\int_{-1}^{1} P_l(x)\mathrm{e}^{ikrx}\mathrm{d}x$$

然后进行分部积分, 利用性质 $P_l(1)=1$ 和 $P_l(-1)=(-1)^l$, 得

$$B_l j_l(kr) = (2l+1)i^l \frac{\sin\left(kr - \frac{l\pi}{2}\right)}{kr} - \frac{2l+1}{2ikr}\int_{-1}^{1} \mathrm{e}^{ikrx}\frac{\mathrm{d}P_l(x)}{\mathrm{d}x}\mathrm{d}x \tag{23.2.33}$$

式中, B_l 应当使式 (23.2.33) 在所有的 l 值和 r 值时都能成立. 现选用 $r \to \infty$ 的情况下来决定系数 B_l 的值

$$\text{左方} j_l(kr)|_{r\to\infty} = \frac{\sin(kr - l\pi/2)}{kr}$$

而右方第二项再进行一次分部积分, 可得到其值在 $\frac{1}{r^2}$ 的量级, 所以, 当 $r \to \infty$ 时, 右方第二项远小于右方第一项, 可以略去. 于是从式 (23.2.33) 在 $r \to \infty$ 时的行为得到

$$B_l = (2l+1)i^l$$

这样得到展开式

$$e^{ikr\cos\theta} = \sum_{l=0}^{\infty}(2l+1)i^l j_l(kr)P_l(\cos\theta) \tag{23.2.34}$$

即将入射的平面波展开成很多个分波之和, 其角动量量子数 l 分别为 $0, 1, 2, \cdots$

(2) 第二种情况, $U(r) \neq 0$.

这时 $R_l(r)$ 服从的方程及其边界条件为

$$\begin{cases} \dfrac{1}{r^2}\dfrac{\partial}{\partial r}\left(r^2\dfrac{\partial R_l}{\partial r}\right) + [k^2 - l(l+1)/r^2 - U(r)]R_l(r) = 0 \qquad \forall l \\ \text{条件} \qquad R_l(r=0)\text{有界} \end{cases} \tag{23.2.35}$$

这与第一种情况中的方程 [式 (23.2.31)] 和边界条件 $R_l(r=0)$ 有界很相似, 后者的解 $j_l(kr)$ 在 $r \to \infty$ 时的渐近形式为

$$R_l(r\to\infty)|_{U(r)=0} = \lim_{r\to\infty} j_l(kr) = \frac{\sin(kr - l\pi/2)}{kr} + O\left(\frac{1}{r^2}\right) \qquad \forall l$$

因此, $U(r) \neq 0$ 时, $R_l(r)$ 在 $r \to \infty$ 处的渐近形式可写为

$$R_l(r\to\infty)|_{U(r)\neq 0} = \frac{\sin(kr - l\pi/2 + \delta_l)}{kr} \qquad \forall l \tag{23.2.36}$$

式中, 修正值 δ_l 待定, 它是由于 $V(r)$ 的存在造成入射平面波中角动量量子数为 l 的分波 [在 $r \to \infty$ 处, 该分波的振荡部分为 $\sin(kr - l\pi/2)$] 的相位改变. l 分波的相移 δ_l 取决于 $V(r)$. 若 $V(r) > 0$(斥力势), 粒子被推向外, 即径向波函数往外移, 这相当于 $\delta_l < 0$. 反之, 若 $V(r) < 0$(吸力势), 粒子拉向中心, 即径向波函数往中心移, 这相当于 $\delta_l > 0$. $V(r) = 0$ 时, $\delta_l = 0$.

现在定态散射波函数可写成

$$\psi(r,\theta)|_{r\to\infty} = \sum_{l=0}^{\infty}\frac{B_l}{kr}\sin\left(kr - \frac{l\pi}{2} + \delta_l\right)P_l(\cos\theta) \tag{23.2.37}$$

而我们要求 $\psi(r,\theta)|_{r\to\infty}$ 具有式 (23.2.18) 的形式, 引用平面波的展开式 [式 (23.2.34)], 得到

$$\begin{aligned}\psi(r,\theta)|_{r\to\infty} =&A\left(\mathrm{e}^{i\boldsymbol{k}_{\mathrm{in}}\cdot\boldsymbol{r}}+\frac{f(\theta)}{r}\mathrm{e}^{ikr}\right)\\ =&A\left\{\sum_{l=0}^{\infty}(2l+1)\frac{i^l}{kr}\sin\left(kr-\frac{l\pi}{2}\right)P_l(\cos\theta)+\frac{f(\theta)}{r}\mathrm{e}^{ikr}\right\}\end{aligned}\tag{23.2.38}$$

根据式 (23.2.37) 和式 (23.2.38), 可得

$$\begin{aligned}f(\theta)=&\frac{1}{2ik}\sum_{l=0}^{\infty}(2l+1)i^lP_l(\cos\theta)\\ &\times\left\{\frac{B_l}{A}\frac{1}{(2l+1)i^l}[\mathrm{e}^{i(-\frac{l\pi}{2}+\delta_l)}-\mathrm{e}^{-i(2kr-\frac{l\pi}{2}+\delta_l)}]-[\mathrm{e}^{-i\frac{l\pi}{2}}-\mathrm{e}^{-i(2kr-\frac{l\pi}{2})}]\right\}\end{aligned}$$

由于等式左边 $f(\theta)$ 不是 r 的函数, 因而等式右边所有含 r 的项之和必为零, 所以

$$\sum_{l=0}^{\infty}(2l+1)i^lP_l(\cos\theta)\left\{\frac{B_l}{A}\frac{(-1)}{(2l+1)i^l}\mathrm{e}^{-i(2kr-\frac{l\pi}{2}+\delta_l)}+\mathrm{e}^{-i(2kr-\frac{l\pi}{2})}\right\}=0$$

和

$$f(\theta)=\frac{1}{2ik}\sum_{l=0}^{\infty}(2l+1)i^lP_l(\cos\theta)\left\{\frac{B_l}{A}\frac{1}{(2l+1)i^l}\mathrm{e}^{i(-\frac{l\pi}{2}+\delta_l)}-\mathrm{e}^{-i\frac{l\pi}{2}}\right\}$$

从第一式得

$$\frac{B_l}{A(2l+1)i^l}=\mathrm{e}^{i\delta_l}\tag{23.2.39}$$

于是

$$f(\theta)=\frac{1}{2ik}\sum_{l=0}^{\infty}(2l+1)(\mathrm{e}^{i2\delta_l}-1)P_l(\cos\theta)$$

或

$$\left.\begin{aligned}&f(\theta)=\sum_{l=0}^{\infty}f_l(\theta)\\ &f_l(\theta)\equiv\frac{2l+1}{2ik}(\mathrm{e}^{i2\delta_l}-1)P_l(\cos\theta)\end{aligned}\right\}\tag{23.2.40}$$

分波散射振幅 $f_l(\theta)$ 为 l 分波对散射振幅 $f(\theta)$ 的贡献. 将式 (23.2.39) 代入式 (23.2.37), 得

$$\psi(r,\theta)|_{r\to\infty}=A\sum_{l=0}^{\infty}(2l+1)\frac{i^l}{kr}\mathrm{e}^{i\delta_l}\sin\left(kr-\frac{l\pi}{2}+\delta_l\right)P_l(\cos\theta)\tag{23.2.41}$$

由散射振幅 $f(\theta)$, 利用式 (23.2.25) 和式 (23.2.26) 求出微分截面 $\dfrac{\mathrm{d}\sigma}{\mathrm{d}\Omega}$ 和总截面 σ, 即

$$\begin{aligned}\frac{\mathrm{d}\sigma}{\mathrm{d}\Omega}&=|f(\theta)|^2\\&=\frac{1}{4k^2}\sum_{l=0}^{\infty}\sum_{l'=0}^{\infty}(2l+1)(2l'+1)P_l(\cos\theta)P_{l'}(\cos\theta)(\mathrm{e}^{i2\delta_l}-1)(\mathrm{e}^{-i2\delta_{l'}}-1)\end{aligned}$$

$$\left.\begin{aligned}&\sigma=\int\left(\frac{\mathrm{d}\sigma}{\mathrm{d}\Omega}\right)\mathrm{d}\Omega=\frac{4\pi}{k^2}\sum_{l=0}^{\infty}(2l+1)\sin^2\delta_l\\ \text{或}\quad&\\&\sigma=\sum_{l=0}^{\infty}\sigma_l\\&\text{分波截面}\sigma_l\equiv\frac{4\pi}{k^2}(2l+1)\sin^2\delta_l\end{aligned}\right\}\tag{23.2.42}$$

这里 $k=|\boldsymbol{k}|=|\boldsymbol{k}_{\text{in}}|$. 这就是在球对称势场中单粒子散射截面计算的分波法.

现作以下讨论:

(1) 分波法中总截面的计算现在就归结为各分波相移 δ_l 的计算. 散射的全部信息均包含在相移 $\{\delta_l:l=0(1)\infty\}$ 之中. δ_l 的计算原则上要求解径向方程 [式 (23.2.35)] 在条件

$$\begin{cases}R(r\to\infty)=\dfrac{1}{kr}\sin\left(kr-\dfrac{l\pi}{2}+\delta_l\right)\\R(r=0)\quad\text{有界}\end{cases}$$

下的解, 这是相当困难的, 至今 δ_l 的精确计算只能在个别例子中才做到. 在实验中, 可以根据角分布的实测数据求出相移 δ_l 的实验值

(2) 一般说来, l 越大的分波所描述的粒子距离散射中心的平均距离就越大, 因而受势场 $V(\boldsymbol{r})$ 的影响就越小, $|\delta_l|$ 也越小. 可以用以下半经典图像 (图 23.2.4) 估计要计算多少个分波就足够精确地处理散射问题了. 设 a 为势能 $V(\boldsymbol{r})$ 的作用范围, b 为碰撞参数 (入射轨迹偏离散射中心的垂直距离). l 分波代表的粒子的角动量约为 $l\hbar\cong mvb$. 当 l 增大到对应的碰撞参数 $b>a$ 时, 则这种粒子将不会进入 $V(\boldsymbol{r})$ 的作用范围, 就不会被散射, 即 $l_{\max}\hbar\leqslant mva$, 所以

$$l_{\max}\leqslant\frac{mva}{\hbar}=\frac{2\pi a}{\lambda}\tag{23.2.43}$$

式中, λ 为入射粒子的 de Broglie 波长. 能量越大的入射粒子, λ 越短, 要考虑的分波就需多一些. 但是, 对于化学中的问题, 多数属于低能范围, 一般只要考虑 $l=0,1$ 的分波 (s 分波和 p 分波) 就足够了. 只考虑 s 分波时, 角分布是球对称的, 即散射是各向同性的. 各向同性是低能粒子被球对称势场散射后角分布的共同特征.

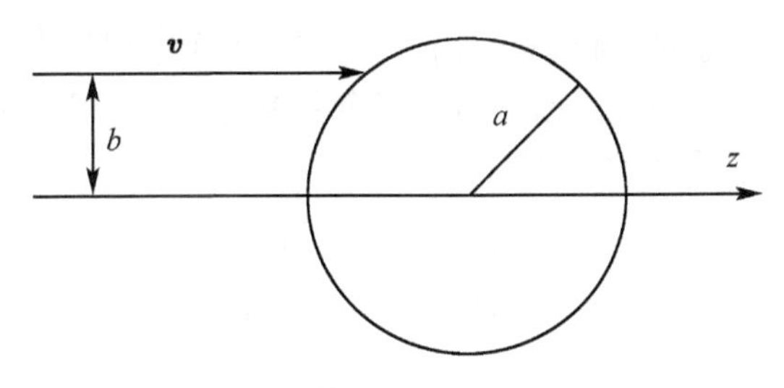

图 23.2.4

(3) 散射的光学定理：从式 (23.2.40)$f(\theta)$ 的结果，可求得其虚部为

$$\mathrm{Im}[f(\theta)]=\frac{1}{k}\sum_{l=0}^{\infty}(2l+1)\sin^2\delta_l P_l(\cos\theta)$$

将此式与总截面的公式 $\sigma=\frac{4\pi}{k^2}\sum_{l=0}^{\infty}(2l+1)\sin^2\delta_l$ 相比，可得零角度散射振幅与总截面的关系式

$$\sigma=\frac{4\pi}{k}\mathrm{Im}[f(\theta=0)] \tag{23.2.44}$$

这就是著名的“光学定理”.

(4) 式 (23.2.42) 给出了分波截面 $\sigma_l=\frac{4\pi}{k^2}(2l+1)\sin^2\delta_l$，由此可见，$\sigma_l\leqslant\frac{4\pi}{k^2}(2l+1)$. 当相移 $\delta_l=\left(n+\frac{1}{2}\right)\pi$ 时 (n 为整数)，σ_l 达到可能的最大值

$$(\sigma_l)_{\max}=\frac{4\pi}{k^2}(2l+1) \tag{23.2.45}$$

通过与入射平面波中 l 分波 [式 (23.2.34)] 的分析比较，可以得到，散射波中 l 分波的粒子数是入射平面波中这种粒子数的四倍. 这是一种量子效应，来自出射的球面波与平面波之间的干涉作用.

(5) 散射的硬球模型：这里用硬球模型求算分波的相移 δ_l. 令 a 为散射中心到入射粒子之间的最近距离. 硬球模型是指如下的势场 $V(r)$：

$$\left.\begin{aligned}V(r)&=0 \qquad (\text{当}r\geqslant a)\\ V(r)&=\infty \qquad (\text{当}r<a)\end{aligned}\right\} \tag{23.2.46}$$

式 (23.2.41) 给出的是定态散射波函数在 $r\to\infty[V(r)=0]$ 处的形式. 现在在以 a 为半径的球体以外 $V(r)$ 就为零，所以硬球界面外的散射波就可以用式 (23.2.41)，即

$$\psi(r,\theta)|_{r\geqslant a}=\sum_{l=0}^{\infty}\psi_l(r,\theta) \tag{23.2.47}$$

其中

$$\psi_l(r,\theta)=A(2l+1)i^l\frac{\mathrm{e}^{i\delta_l}}{kr}\sin\left(kr-\frac{l\pi}{2}+\delta_l\right)P_l(\cos\theta)$$

而界面内由于势能无穷大, 因此 $\psi(r,\theta)|_{r<a}=0$. 整个散射波在界面处应当是连续的, 又由于 $\{P_l(x)\}$ 是正交完备集, 因此每个分波在界面上必须是连续的, 即为零, 也就是说, 对所有 l 值和 θ 角必有

$$\left.\begin{array}{l}\psi_l(r,\theta)|_{r<a}=0\\ \psi_l(r,\theta)|_{r=a}=0\end{array}\right\} \tag{23.2.48}$$

于是 $\sin\left(ka-\frac{l\pi}{2}+\delta_l\right)P_l(\cos\theta)=0\quad\forall l,\theta$. 又由于 $P_l(\cos\theta)$ 对任意 θ 不恒为零, 因此只能 $\sin\left(ka-\frac{l\pi}{2}+\delta_l\right)=0\quad\forall l$, 即

$$\mathrm{tg}\delta_l=-\mathrm{tg}\left(ka-\frac{l\pi}{2}\right) \tag{23.2.49}$$

低能粒子散射时只有 s 分波 $(l=0)$, 并且 $kr\ll 1$, 故有

$$\sin\delta_{l=0}=-\sin ka\cong -ka$$

和

$$\sigma=\sum_{l=0}^{\infty}\sigma_l\cong\sigma_{l=0}=\frac{4\pi}{k^2}\sin^2\delta_{l=0}=4\pi a^2$$

这里仅从 s 分波的贡献得到的截面就已经是经典值的四倍, 这又是一种量子效应. 由于球对称势场中低能散射是各向同性的, 因此硬球模型的势场中低能弹性散射的微分截面为 a^2.

参考文献

[1] Joachain C J. Quantum Collision Theory. London: Elsevier Science Publishing Company, 1975

[2] Baym G. Lectures on Quantum Mechanics. London: Benjamin/Cummings, 1969

[3] Merzbacher E. Quantum Mechanics (2nd ed.). New York: John Wiley & Sons, Inc., 1970

[4] Л. Д. 朗道, E. M. 栗弗席茨. 量子力学 —— 非相对论理论 (下册). 严肃译. 北京: 高等教育出版社, 1981

[5] A. 梅西亚. 量子力学. 苏汝铿, 汤家镛译. 北京: 科学出版社, 1986

[6] H. 艾林, S. H. 林, S. M. 林. 基础化学动力学. 王作新, 潘强余译. 北京: 科学出版社, 1984

[7] Flygare W H. Molecular Structure and Dynamics. New Jersey: Plentice-Hall, 1978

[8] 曾谨言. 量子力学 (下册). 北京: 科学出版社, 1984

第 24 章

量子散射的形式理论

24.1 单粒子的散射

24.2 从 S 矩阵求截面

24.3 单粒子散射的不含时理论

24.4 多通道散射的形式理论

本章介绍量子力学关于散射问题的普遍理论. 散射问题就是量子碰撞问题. 散射理论是量子动力学的基本理论. Wheeler 在 1937 年和 Heisenberg 在 1943 年分别提出的 $\boldsymbol{S}$ 矩阵理论 (散射的形式理论) 是散射理论的核心. 这个理论不仅适用于我们将要讲的非相对论的情况, 也能推广到相对论的情况.

本章先讨论固定势场对无自旋单粒子的散射问题, 虽然这是最简单的散射过程, 但是我们由此掌握一些散射过程的重要基本概念, 如散射算符 $\hat{\boldsymbol{S}}$, Møller 波算符 $\hat{\boldsymbol{\Omega}}_{\pm}$ 和跃迁算符 $\boldsymbol{T}$ 等, 建立起散射理论的框架. 然后本章将此推广, 建立起复杂散射过程 (即多通道散射) 的一套统一的形式理论.

24.1 单粒子的散射

这里讨论固定势场 $V(\boldsymbol{r})$ 对单个无自旋粒子的散射过程.

24.1.1 散射过程和时间演化

先从经典力学的观点来看固定势场 $V(\boldsymbol{r})$ 对单个粒子的散射过程 (图 24.1.1).

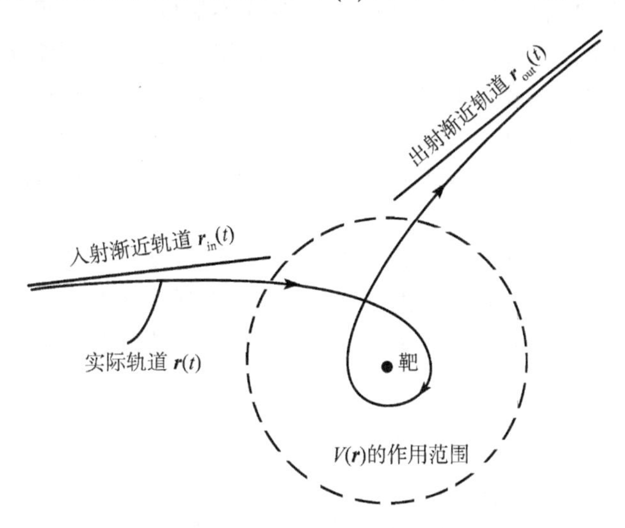

图 24.1.1 散射的经典图像

令碰撞发生的时候为时间原点 $t=0$. 入射粒子从入射开始 $(t\to-\infty)$, 到进入相互作用势能的范围内 $(t=0)$, 继而离去到很远的地方 $(t\to+\infty)$, 它的经典实际轨道记为 $\boldsymbol{r}(t)$. 入射刚开始时, 粒子远离势场 $V(\boldsymbol{r})$, 它的实际轨道就如一个自由粒子的轨道, 后者记为 $\boldsymbol{r}_{\text{in}}(t)$, 即

$$\boldsymbol{r}(t)\underset{t\to-\infty}{\longrightarrow}\boldsymbol{r}_{\text{in}}(t) \tag{24.1.1}$$

换言之, 当 $t \to -\infty$ 时, 散射粒子的实际轨道 $\boldsymbol{r}(t)$ 是以某个自由粒子的轨道 $\boldsymbol{r}_{\text{in}}(t)$ 为它的渐近形式的. 粒子越过势能作用范围的时间很短, 即使是低能粒子一般也不会大于 10^{-10} 秒左右. 碰撞后粒子远离散射中心, 就如另一个自由粒子的行为

$$\boldsymbol{r}(t) \underset{t\to\infty}{\longrightarrow} \boldsymbol{r}_{\text{out}}(t) \tag{24.1.2}$$

$\boldsymbol{r}_{\text{out}}$ 为出射渐近轨道. 对于实验测量来说, 关心的问题是入射和出射的渐近轨道 $\boldsymbol{r}_{\text{in}}(t)$ 和 $\boldsymbol{r}_{\text{out}}(t)$, 而不是真实轨道 $\boldsymbol{r}(t)$ 的全部. 如果我们能从 $\boldsymbol{r}_{\text{in}}$ 求出 $\boldsymbol{r}_{\text{out}}$, 则散射问题就算完全解决了. 根据牛顿力学的因果律, 在给定的势场 $V(\boldsymbol{r})$ 下, $\boldsymbol{r}_{\text{in}}$ 与 $\boldsymbol{r}_{\text{out}}$ 是一一对应的. 这种对应关系也反映在它们各自与实际轨道 $\boldsymbol{r}(t)$ 的渐近关系 [式 (24.4.1) 和式 (24.4.2)] 上. 因而实际上这是唯一对应的关系

$$\underset{\text{入射渐近轨道}}{\boldsymbol{r}_{\text{in}}(t)} \to \underset{\text{实际轨道}}{\boldsymbol{r}(t)} \to \underset{\text{出射渐近轨道}}{\boldsymbol{r}_{\text{out}}(t)}$$

应当指出, 以上的散射过程及其渐近关系只有在一定类型的势场 $V(\boldsymbol{r})$ 下才能产生的. 如果势场 $V(\boldsymbol{r})$ 在 $r \to \infty$ 时趋向于 0 的速度不够快, 则 $V(\boldsymbol{r})$ 的作用范围太大 (长程势场), 以致粒子在远离散射中心处还不能自由运动, 因而就不会有入射渐近轨道和出射渐近轨道. 又有一种势场作用范围虽小, 但引力特别强, 入射粒子进入势场范围后永远脱离不了, 只能围绕散射中心运转, 成为一种"束缚态", 因而就不会有出射渐近轨道 $\boldsymbol{r}_{\text{out}}$. 总之, 所有可能存在的实际散射轨道 $\boldsymbol{r}(t)$ 只能分为两类: 散射轨道和束缚轨道. 只有散射轨道才同时具有入射渐近轨道和出射渐近轨道.

量子力学处理散射过程时也出现同样的问题, 所以只有满足一定条件的势能 $V(\boldsymbol{r})$ 场才能给出散射"轨道". 由于这个问题对势场要求的充分必要条件还没有搞清楚, 各家暂用了不同的条件. 本章以后的全部讨论结果都要求球对称势场 $V(r)$ 满足以下条件:

$$\left.\begin{array}{ll}(1) & V(r\to\infty)=O(r^{-3-\varepsilon}) \\ (2) & V(r\to 0)=O(r^{-3/2+\varepsilon}) \\ (3) & \text{在 } 0<r<\infty \text{ 范围内, 除了在有限个点处跳跃} \\ & \text{幅度为有限值以外 } V(r) \text{ 都是连续的}\end{array}\right\} \tag{24.1.3}$$

式中, $\varepsilon > 0(V(r) = O(r^p)$ 是指 $|V(r)| \leqslant$(某常数)$|r^p|)$[7,10]. 以上条件概括地说, 无穷远处 $V(r)$ 趋于 0 的速度比 r^{-3} 快; 原点处 $V(r)$ 趋于 ∞ 的速度比 $r^{-3/2}$ 慢; 在中间的位置上 $V(r)$ 是足够"光滑"的. 这样的条件并不苛刻, 已经差不多包括了所有常见的散射势场. 它说明了我们将讨论的散射势场是短程势场, 而不是长程势场.

记 $|\psi_t\rangle$ 和 $|\psi_{t_0}\rangle$ 分别为在时刻 t 和 t_0 时描述整个体系的态矢量, 根据量子力学基本假定 $|\psi_t\rangle$ 满足 Schrödinger 方程 (原子单位)

$$i\frac{\partial}{\partial t}|\psi_t\rangle = \hat{\boldsymbol{H}}|\psi_t\rangle \tag{24.1.4}$$

定义"时间演化算符"$\hat{\boldsymbol{U}}(t,t_0)$ 为

$$|\psi_t\rangle = \hat{\boldsymbol{U}}(t,t_0)|\psi_{t_0}\rangle \tag{24.1.5}$$

显然有

$$\hat{\boldsymbol{U}}(t,t) = \mathbf{1} \tag{24.1.6}$$

$$\hat{\boldsymbol{U}}(t,t_0) = \hat{\boldsymbol{U}}(t,t')\hat{\boldsymbol{U}}(t',t_0) \tag{24.1.7a}$$

$$\hat{\boldsymbol{U}}(t,t_0) = \hat{\boldsymbol{U}}^{-1}(t_0,t) \tag{24.1.7b}$$

若态矢量已经归一化, 即 $\langle\psi_t|\psi_t\rangle = \langle\psi_{t_0}|\psi_{t_0}\rangle = 1$, 则可证得 $\hat{\boldsymbol{U}}(t,t_0)$ 为酉算符

$$\hat{\boldsymbol{U}}(t,t_0)\hat{\boldsymbol{U}}^{\dagger}(t,t_0) = \hat{\boldsymbol{U}}^{\dagger}(t,t_0)\hat{\boldsymbol{U}}(t,t_0) = \mathbf{1} \tag{24.1.8}$$

将式 (24.1.5) 代入 Schrödinger 方程 [式 (24.1.4)], 得到算符方程

$$i\frac{\partial}{\partial t}\hat{\boldsymbol{U}}(t,t_0) = \hat{\boldsymbol{H}}\hat{\boldsymbol{U}}(t,t_0) \tag{24.1.9}$$

现在限定本章只讨论保守系, 即势能 $V(\boldsymbol{r})$ 只是位置的函数, 并且是实数. 因此, 体系的 Hamilton 算符 $\hat{\boldsymbol{H}}$ 不含时, 于是可以将式 (24.1.9) 对时间 t 积分, 利用初始条件 [式 (24.1.6)], 得

$$\hat{\boldsymbol{U}}(t,t_0) = \mathrm{e}^{-i\hat{\boldsymbol{H}}(t-t_0)} \tag{24.1.10}$$

表明 $\hat{\boldsymbol{U}}(t,t_0)$ 只与时间差值 $(t-t_0)$ 有关. 当 $t_0=0$ 时将式 (24.1.10) 和式 (24.1.5) 简记为

$$|\psi_t\rangle = \hat{\boldsymbol{U}}(t)|\psi\rangle = \mathrm{e}^{-i\hat{\boldsymbol{H}}t}|\psi\rangle \tag{24.1.11}$$

式中, $|\psi\rangle$ 是 $t=0$ 时的状态 $|\psi_t\rangle$, $\hat{\boldsymbol{U}}(t) \equiv \hat{\boldsymbol{U}}(t,0)$. 在散射过程中, $\hat{\boldsymbol{U}}(t)|\psi\rangle$ 就相当于被散射粒子的实际"轨道", 即散射态, 它描述整个散射过程.

同散射的经典看法一样, 当 $t\to-\infty$ 时, 入射粒子远离势场的作用范围, 于是那时的散射态 $\lim\limits_{t\to-\infty}\hat{\boldsymbol{U}}(t)|\psi\rangle$ 就如同一个自由粒子态, 即以某自由粒子态 $\hat{\boldsymbol{U}}_0(t)|\psi_{\text{in}}\rangle$ 为它的入射渐近形式

$$\hat{\boldsymbol{U}}(t)|\psi\rangle \underset{t\to-\infty}{\longrightarrow} \hat{\boldsymbol{U}}_0(t)|\psi_{\text{in}}\rangle \tag{24.1.12}$$

式中, $\hat{\boldsymbol{U}}_0(t)$ 是自由粒子态的时间演化算符, 根据式 (24.1.10), 则

$$\hat{\boldsymbol{U}}_0(t) = \mathrm{e}^{-i\hat{\boldsymbol{H}}_0 t} \tag{24.1.13}$$

$\hat{\boldsymbol{H}}_0$ 为粒子在势场外自由运动的 Hamilton 算符

$$\hat{\boldsymbol{H}}_0 = \hat{\boldsymbol{H}} - \hat{\boldsymbol{V}} \tag{24.1.14}$$

式 (24.1.12) 中的 $|\psi_{\text{in}}\rangle$ 为入射自由粒子在假定没有受到 $V(\boldsymbol{r})$ 的作用而“自由”演化到 $t=0$ 时的状态.

当 $t \to \infty$ 时, 粒子脱离了势能的作用范围, 散射态 $\lim\limits_{t\to\infty} \hat{\boldsymbol{U}}(t)|\psi\rangle$ 又重新如同另一个自由粒子态 $\hat{\boldsymbol{U}}_0(t)|\psi_{\text{out}}\rangle$, 即以 $\hat{\boldsymbol{U}}_0(t)|\psi_{\text{out}}\rangle$ 为它的出射渐近形式

$$\hat{\boldsymbol{U}}(t)|\psi\rangle \underset{t\to\infty}{\longrightarrow} \hat{U}_0(t)|\psi_{\text{out}}\rangle \tag{24.1.15}$$

式中的 $|\psi_{\text{out}}\rangle$ 为出射的自由粒子, 若从 $t=+\infty$ 倒退演化到 $t=0$, 而又假定不遇到势场时的态. 显然, $|\psi_{\text{out}}\rangle$ 和 $|\psi_{\text{in}}\rangle$ 都是不含时 Schrödinger 方程关于自由粒子的解

和

$$\left.\begin{aligned} \hat{\boldsymbol{H}}_0|\psi_{\text{in}}\rangle &= E_{\text{in}}|\psi_{\text{in}}\rangle \\ \hat{\boldsymbol{H}}_0|\psi_{\text{out}}\rangle &= E_{\text{out}}|\psi_{\text{out}}\rangle \end{aligned}\right\} \tag{24.1.16}$$

24.1.2 渐近条件和 Møller 波算符

定理 只要势能 $V(r)$ 符合条件 [式 (24.1.3)], 则体系的状态空间 $\mathscr{H}$ 中, 对于每一个态 $|\psi_{\text{in}}\rangle$, 都存在状态 $|\psi\rangle$ 满足

$$\hat{\boldsymbol{U}}(t)|\psi\rangle - \hat{\boldsymbol{U}}_0(t)|\psi_{\text{in}}\rangle \underset{t\to-\infty}{\longrightarrow} 0 \tag{24.1.17a}$$

同样, 对于每个 $|\psi_{\text{out}}\rangle \in \mathscr{H}$, 总存在 $|\psi\rangle$ 满足

$$\hat{\boldsymbol{U}}(t)|\psi\rangle - \hat{\boldsymbol{U}}_0(t)|\psi_{\text{out}}\rangle \underset{t\to\infty}{\longrightarrow} 0 \tag{24.1.17b}$$

式 (24.1.17a) 和式 (24.1.17b) 称为渐近条件.

证明: 将 $\hat{\boldsymbol{U}}^\dagger(t)$ 左乘式 (24.1.17a), 得

$$|\psi\rangle - \hat{\boldsymbol{U}}^\dagger(t)\hat{\boldsymbol{U}}_0(t)|\psi_{\text{in}}\rangle \underset{t\to-\infty}{\longrightarrow} 0$$

可见, 问题等价于求证态矢量 $[\hat{\boldsymbol{U}}^\dagger(t)\hat{\boldsymbol{U}}_0(t)|\psi_{\text{in}}\rangle]_{t\to-\infty}$ 有极限. 因为

$$\frac{\mathrm{d}}{\mathrm{d}t}[\hat{\boldsymbol{U}}^\dagger(t)\hat{\boldsymbol{U}}_0(t)] = \frac{\mathrm{d}}{\mathrm{d}t}(\mathrm{e}^{i\hat{\boldsymbol{H}}t}\mathrm{e}^{-i\hat{\boldsymbol{H}}_0 t}) = i\hat{\boldsymbol{U}}^\dagger(t)\hat{\boldsymbol{V}}\hat{\boldsymbol{U}}_0(t)$$

将它对时间 t 积分, 从 0 积到 t, 利用条件 $\hat{\boldsymbol{U}}^\dagger(t=0)\hat{\boldsymbol{U}}_0(t=0) = \mathbf{1}$, 得

$$\hat{\boldsymbol{U}}^\dagger(t)\hat{\boldsymbol{U}}_0(t)|\psi_{\text{in}}\rangle = |\psi_{\text{in}}\rangle + i\int_0^t \mathrm{d}\tau \hat{\boldsymbol{U}}^\dagger(\tau)\hat{\boldsymbol{V}}\hat{\boldsymbol{U}}_0(\tau)|\psi_{\text{in}}\rangle$$

可见, 只有当 $\int_{-\infty}^{0} \mathrm{d}\tau \hat{\boldsymbol{U}}^{\dagger}(\tau)\hat{\boldsymbol{V}}\hat{\boldsymbol{U}}_0(\tau)|\psi_{\text{in}}\rangle$ 收敛时, 上述态矢量才能有极限. 显然

$$\int_{-\infty}^{0} \mathrm{d}\tau ||\hat{\boldsymbol{U}}^{\dagger}(\tau)\hat{\boldsymbol{V}}\hat{\boldsymbol{U}}_0(\tau)\psi_{\text{in}}|| < \infty$$

是积分收敛的充分条件. 又知道 $\hat{\boldsymbol{U}}(t)$ 是酉算符, 故需求证

$$\int_{-\infty}^{0} \mathrm{d}\tau ||\hat{\boldsymbol{V}}\hat{\boldsymbol{U}}_0(\tau)\psi_{\text{in}}|| < \infty$$

由于体系状态空间 $\mathscr{H}$ 内任意一个态矢量的坐标表示波函数都可以用有限个 Gauss 函数之和作足够精密的近似, 故考虑上式中的 ψ_{in} 的波函数是 Gauss 型的情况, 即

$$\langle \boldsymbol{r}|\psi_{\text{in}}\rangle = \mathrm{e}^{-(\boldsymbol{r}-\boldsymbol{a})^2/(2\xi^2)}$$

其中 Gauss 函数的中心位置 $\boldsymbol{a}$ 和宽度 ξ 可以是任意的, 于是

$$|\langle \boldsymbol{r}|\hat{\boldsymbol{U}}_0(\tau)|\psi_{\text{in}}\rangle|^2 = \left(1+\frac{\tau^2}{m^2\xi^4}\right)^{-3/2} \exp\left[-\frac{(\boldsymbol{r}-\boldsymbol{a})^2}{\xi^2+\tau^2/(m^2\xi^2)}\right]$$

和

$$\begin{aligned} ||\hat{\boldsymbol{V}}\hat{\boldsymbol{U}}_0(\tau)\psi_{\text{in}}||^2 &= \int \mathrm{d}^3 r |V(\boldsymbol{r})|^2 \left(1+\frac{\tau^2}{m^2\xi^4}\right)^{-3/2} \exp\left[-\frac{(\boldsymbol{r}-\boldsymbol{a})^2}{\xi^2+\tau^2/(m^2\xi^2)}\right] \\ &\leqslant \left(1+\frac{\tau^2}{m^2\xi^4}\right)^{-3/2} \int \mathrm{d}^3 r |V(r)|^2 \end{aligned}$$

根据 $V(r)$ 的条件 [式 (24.1.3)], 积分 $\int \mathrm{d}^3 r |V(r)|^2$ 收敛, 所以

$$\begin{aligned} &\int_{-\infty}^{0} \mathrm{d}\tau ||\hat{\boldsymbol{V}}\hat{\boldsymbol{U}}_0(\tau)\psi_{\text{in}}|| \\ &\leqslant \left(\int \mathrm{d}^3 r |V(r)|^2\right)^{1/2} \int_{-\infty}^{0} \mathrm{d}\tau \left(1+\frac{\tau^2}{m^2\xi^4}\right)^{-3/4} < \infty \end{aligned}$$

这里看到 Gauss 函数的扩张正比于 $t^{-3/2}$, 这保证了入射渐近条件 [式 (24.1.17a)] 的成立. 进而使 $\mathscr{H}$ 内任意态矢量都满足式 (24.1.17a). 同理可求得出射渐近条件 [式 (24.1.17b)]对 $\mathscr{H}$ 内任意态矢量都成立.

定义 Møller 波算符 $\hat{\boldsymbol{\Omega}}_+$ 和 $\hat{\boldsymbol{\Omega}}_-$ 为

$$\hat{\boldsymbol{\Omega}}_{\pm} \equiv \lim_{t\to\mp\infty} \hat{\boldsymbol{U}}^{\dagger}(t)\hat{\boldsymbol{U}}_0(t) \tag{24.1.18}$$

再从渐近条件得

$$|\psi\rangle = \lim_{t\to-\infty} \hat{\boldsymbol{U}}^{\dagger}(t)\hat{\boldsymbol{U}}_0(t)|\psi_{\text{in}}\rangle = \hat{\boldsymbol{\Omega}}_+|\psi_{\text{in}}\rangle \tag{24.1.19a}$$

和

$$|\psi\rangle = \lim_{t\to+\infty} \hat{\boldsymbol{U}}^{\dagger}(t)\hat{\boldsymbol{U}}_0(t)|\psi_{\text{out}}\rangle = \hat{\boldsymbol{\Omega}}_-|\psi_{\text{out}}\rangle \tag{24.1.19b}$$

由此可见, Møller 波算符 $\hat{\boldsymbol{\Omega}}_+$ 和 $\hat{\boldsymbol{\Omega}}_-$ 的物理意义为: 波算符是联系两个 $t=0$ 体系状态的算符; $\hat{\boldsymbol{\Omega}}_+$ 作用到 Hilbert 空间 $\mathscr{H}$ 中的任意自由粒子态后得到的态, 就是以 $\hat{\boldsymbol{U}}_0(t)|$ 该自由粒子态 $\rangle$ 为入射渐近态的真实散射态向 t 增加的方向演化到 $t=0$ 时得到的态; 同样, $\hat{\boldsymbol{\Omega}}_-$ 作用到 $\mathscr{H}$ 中的任意一个自由粒子态后得到的态就是以 $\hat{\boldsymbol{U}}_0(t)$ $|$ 该自由粒子态 $\rangle$ 为出射渐近态的真实散射态向 t 减小的方向倒退演化到 $t=0$ 时得到的态. $\hat{\boldsymbol{\Omega}}_\pm$ 的作用可以用图 24.1.2 作经典的比喻.

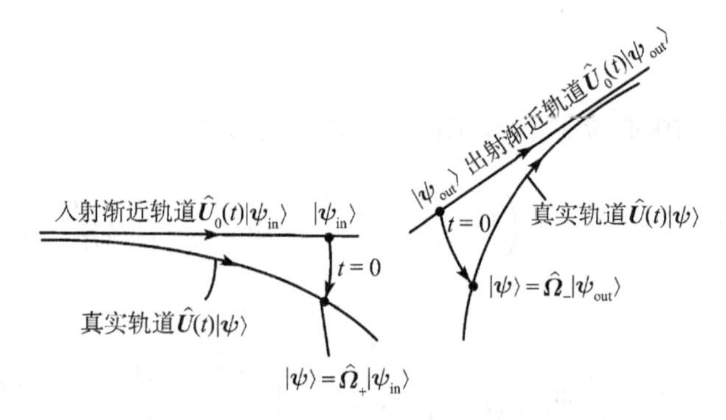

图 24.1.2 Møller 波算符作用的经典比喻

现在引入新记号: 若将入射渐近态的不含时部分 $|\psi_{\text{in}}\rangle$ 记为 $|\phi\rangle$, 则将 $t=0$ 时的真实散射态记为 $|\phi+\rangle$; 若将出射渐近态的不含时部分 $|\psi_{\text{out}}\rangle$ 记为 $|\chi\rangle$, 则将 $t=0$ 时的真实散射态记为 $|\chi-\rangle$. 利用 Møller 波算符, 有

$$|\phi+\rangle = \hat{\boldsymbol{\Omega}}_+|\phi\rangle \tag{24.1.20a}$$

$$|\chi-\rangle = \hat{\boldsymbol{\Omega}}_-|\chi\rangle \tag{24.1.20b}$$

式 (24.1.20a) 和式 (24.1.20b) 的态矢量都是 $\mathscr{H}$ 空间中归一化的正常矢量.

24.1.3 正交定理

从本节开始, 谈到所有可能存在的实际经典轨道 $\boldsymbol{r}(t)$ 只有两大类, 即散射轨道和束缚轨道, 前者是指同时具有入射渐近式和出射渐近式的轨道.

同样, 体系的所有量子状态分为散射态和束缚态两大类. 如果是处于 $\hat{\boldsymbol{H}}=\hat{\boldsymbol{H}}_0+\hat{\boldsymbol{V}}$ 的束缚态, 则粒子就会局域在势场 $V(\boldsymbol{r})$ 作用的范围内而不会变成自由粒

子. 根据量子力学的基本对应关系, Hamilton 算符 $\hat{\boldsymbol{H}}$ 的所有态矢量构成了 Hilbert 空间 $\mathscr{H}$, 于是将其中所有的束缚态矢量构成的子空间记为 $\mathscr{B}$. 将 $\mathscr{H}$ 中具有入射渐近式的态 $|\psi\rangle(=\hat{\boldsymbol{\Omega}}_+|\psi_{\text{in}}\rangle)$ 的全体构成的子空间记为 $\mathscr{R}_+$, 这也就是算符 $\hat{\boldsymbol{\Omega}}_+$ 的值域. $\mathscr{H}$ 中具有出射渐近式的态 $|\psi\rangle(=\hat{\boldsymbol{\Omega}}_-|\psi_{\text{out}}\rangle)$ 的全体构成的子空间记为 $\mathscr{R}_-$, 这是算符 $\hat{\boldsymbol{\Omega}}_-$ 的值域.

正交定理 若势能 $V(\boldsymbol{r})$ 满足条件 [式 (24.1.3)], 则 $\mathscr{R}_+\perp\mathscr{B}$ 和 $\mathscr{R}_-\perp\mathscr{B}$.

证明: 因为势能 $V(\boldsymbol{r})$ 满足条件 [式 (24.1.3)], 所以有渐近条件式 (24.1.17a) 和式 (24.1.17b). 因而对任意矢量 $|\psi\rangle\in\mathscr{R}_+$, 真实态 $\hat{\boldsymbol{U}}(t)|\psi\rangle$ 有入射渐近式 $\hat{\boldsymbol{U}}_0(t)|\psi_{\text{in}}\rangle$, 其中 $|\psi\rangle=\hat{\boldsymbol{\Omega}}_+|\psi_{\text{in}}\rangle$. 令 $|\phi\rangle$ 是 $\hat{\boldsymbol{H}}$ 的任意束缚态, $\hat{\boldsymbol{H}}|\phi\rangle=E|\phi\rangle$. 因为 $\hat{\boldsymbol{U}}(t)$ 是酉算符, 所以 $\langle\phi|\psi\rangle=\langle\phi|\hat{\boldsymbol{U}}^\dagger(t)\hat{\boldsymbol{U}}(t)|\psi\rangle\forall t$. 由于态 $\lim\limits_{t\to-\infty}\hat{\boldsymbol{U}}(t)|\phi\rangle$ 总是束缚在势场 $V(\boldsymbol{r})$ 内, 而态 $\lim\limits_{t\to-\infty}\hat{\boldsymbol{U}}(t)|\psi\rangle$ 却代表在无穷远处准备入射的自由粒子, 二者显然无重叠积分, 故

$$\lim_{t\to-\infty}\langle\phi|\psi\rangle=0$$

由于 $\langle\phi|\psi\rangle$ 与时间 t 无关, 故对任意矢量 $|\phi\rangle\in\mathscr{B}$ 和 $|\psi\rangle\in\mathscr{R}_+$ 恒有 $\langle\phi|\psi\rangle=0$, 于是有 $\mathscr{B}\perp\mathscr{R}_+$.

同理可证明 $\mathscr{B}\perp\mathscr{R}_-$.

24.1.4 渐近完备性

若散射理论中有 $\mathscr{R}_+=\mathscr{R}_-$, 则称此理论具有“渐近完备性”. 可以证明, 若势场 $V(\boldsymbol{r})$ 满足条件 [式 (24.1.3)], 则 $\mathscr{R}_+=\mathscr{R}_-$(记为 $\mathscr{R}$)[7]. 再考虑到正交定理, 故有

$$\mathscr{H}=\mathscr{R}\oplus\mathscr{B}\tag{24.1.21}$$

于是, $\mathscr{R}$ 子空间中的每一个态矢量 $|\psi\rangle$, 其轨道 $\hat{\boldsymbol{U}}(t)|\psi\rangle$ 都代表了同时具有下列入射渐近式和出射渐近式:

$$\hat{\boldsymbol{U}}(t)|\psi\rangle\underset{t\to-\infty}{\longrightarrow}\hat{\boldsymbol{U}}_0(t)|\psi_{\text{in}}\rangle$$
$$\hat{\boldsymbol{U}}(t)|\psi\rangle\underset{t\to\infty}{\longrightarrow}\hat{\boldsymbol{U}}_0(t)|\psi_{\text{out}}\rangle$$

的一个散射过程. 也就是

$$|\psi\rangle=\hat{\boldsymbol{\Omega}}_+|\psi_{\text{in}}\rangle=\hat{\boldsymbol{\Omega}}_-|\psi_{\text{out}}\rangle\tag{24.1.22}$$

而且这种对应关系是一一对应的. 正由于 $\mathscr{H}$ 是无限维的 Hilbert 空间, 这才使得 Møller 算符具有这种不同于酉算符的映射关系

$$\hat{\boldsymbol{\Omega}}_\pm:\mathscr{H}\to\mathscr{R}\subset\mathscr{H}$$

即 $\hat{\boldsymbol{\Omega}}_{\pm}$ 将 $\mathscr{H}$ 中的每个矢量 $|\psi_{\rm in}\rangle$(或 $|\psi_{\rm out}\rangle$) 只映射到在 $\mathscr{H}$ 的子空间 $\mathscr{R}$ 中对应的散射态, 而不是整个 $\mathscr{H}$ 空间中的态. 再从式 (24.1.22) 可知, 线性算符 $\hat{\boldsymbol{\Omega}}_{\pm}$ 是使矢量的模不变的算符. 因而 Møller 波算符 $\hat{\boldsymbol{\Omega}}_{\pm}$ 是等模算符.

等模算符的数学定义是, 在整个空间 $\mathscr{H}$ 上定义的线性算符 $\hat{\boldsymbol{\Omega}}$, 它作用到 $\mathscr{H}$ 中的任意矢量后能保持矢量的模不变, 也就是说, 若 $\hat{\boldsymbol{\Omega}}$ 的定义域 $\mathscr{D}(\hat{\boldsymbol{\Omega}})=\mathscr{H}$, 则 $||\hat{\boldsymbol{\Omega}}\psi||=||\psi||\forall\psi\in\mathscr{H}$.

等模算符 $\hat{\boldsymbol{\Omega}}$ 与酉算符 $\hat{\boldsymbol{U}}$ 的区别在于 $\hat{\boldsymbol{\Omega}}$ 并不一定把 $\mathscr{H}$ 映射到整个 $\mathscr{H}$ 上去, 也就是说, 若 $\mathscr{D}(\hat{\boldsymbol{U}})=\mathscr{D}(\hat{\boldsymbol{\Omega}})=\mathscr{H}$, 则 $\hat{\boldsymbol{\Omega}}$ 的值域 $\mathscr{R}(\hat{\boldsymbol{\Omega}})$ 不一定为 $\mathscr{H}$, 而 $\hat{\boldsymbol{U}}$ 的值域 $\mathscr{R}(\hat{\boldsymbol{U}})=\mathscr{H}$. 酉算符是等模算符中的一个特殊类型.

$\hat{\boldsymbol{\Omega}}_{\pm}$ 的作用如图 24.1.3 所示. 正因为 $\mathscr{D}(\hat{\boldsymbol{\Omega}}_{\pm})=\mathscr{H}$ 而值域 $\mathscr{R}(\hat{\boldsymbol{\Omega}}_{\pm})=\mathscr{R}\subset\mathscr{H}$, 所以有性质

$$\left.\begin{array}{l}\hat{\boldsymbol{\Omega}}_{\pm}^{\dagger}\hat{\boldsymbol{\Omega}}_{\pm}=\boldsymbol{1}\\ \hat{\boldsymbol{\Omega}}_{\pm}\hat{\boldsymbol{\Omega}}_{\pm}^{\dagger}\ \text{不一定为}\ \boldsymbol{1}\end{array}\right\}\tag{24.1.23}$$

前者可根据任意的 $|\psi\rangle$ 和 $|\psi_{\rm in}\rangle$(或 $|\psi_{\rm out}\rangle$) 都是归一化的来证明.

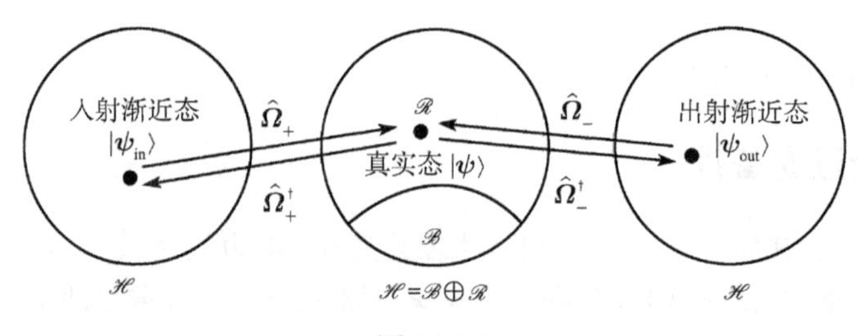

图 24.1.3

这里应当指出的是 $\mathscr{H}$ 中的束缚态 $|\psi_{\rm b}\rangle$, 它是 $\hat{\boldsymbol{H}}=\hat{\boldsymbol{H}}_0+\hat{\boldsymbol{V}}$ 的本征态而不是 $\hat{\boldsymbol{H}}_0$ 的本征态. 所以 $\hat{\boldsymbol{U}}(t)|\psi_{\rm b}\rangle$ 是束缚态, 即算符 $\hat{\boldsymbol{U}}(t)$ 不会把束缚态打散成自由态. 但是自由演化算符 $\hat{\boldsymbol{U}}_0(t)$ 还是可以把束缚态 $|\psi_{\rm b}\rangle$ 打散成自由态的, 即 $\lim\limits_{t\to-\infty}\hat{\boldsymbol{U}}_0(t)|\psi_{\rm b}\rangle$ 可以是某个真实散射态的入射渐近态. 作为特例, 如果某个 $\mathscr{H}$ 中不存在束缚态, 即 $\mathscr{B}=0,\mathscr{R}=\mathscr{H}$, 那么等模算符 $\hat{\boldsymbol{\Omega}}_{\pm}$ 就成为酉算符了.

具有了渐近完备性就有式 (24.1.22) 的一一对应关系. 这样就能利用 John von Neumann 对量子力学提出的公理化方法将 Hilbert 空间的数学方法用到散射理论中来.

24.1.5 散射算符

由上述可知, 从 $|\psi_{\rm in}\rangle$ 或 $|\psi_{\rm out}\rangle$ 就可用 Møller 算符求得 $t=0$ 时的真实散射态 $|\psi\rangle$. 但是, 对于散射实验的目的来说, 人们并不关心散射态 $\hat{\boldsymbol{U}}(t)|\psi\rangle$ 的全部信息. 只

需从已知的 $|\psi_{\text{in}}\rangle$ 通过给定的势场 V 求出 $|\psi_{\text{out}}\rangle$, 就可进而求得散射角分布和总截面的理论值. 从式 (24.1.22) 得

$$|\psi_{\text{out}}\rangle = \hat{\boldsymbol{\Omega}}_-^\dagger|\psi\rangle = \hat{\boldsymbol{\Omega}}_-^\dagger\hat{\boldsymbol{\Omega}}_+|\psi_{\text{in}}\rangle$$

定义“散射算符”

$$\hat{\boldsymbol{S}} \equiv \hat{\boldsymbol{\Omega}}_-^\dagger\hat{\boldsymbol{\Omega}}_+ \tag{24.1.24}$$

于是

$$|\psi_{\text{out}}\rangle = \hat{\boldsymbol{S}}|\psi_{\text{in}}\rangle \tag{24.1.25}$$

可见散射算符 $\hat{\boldsymbol{S}}$ 是从空间 $\mathscr{H}$ 映射到自身的保持矢量模不变的线性算符, 因而必定是酉算符

$$\hat{\boldsymbol{S}}^\dagger\hat{\boldsymbol{S}} = \hat{\boldsymbol{S}}\hat{\boldsymbol{S}}^\dagger = \mathbf{1} \tag{24.1.26}$$

由于式 (24.1.25), 可见散射算符 $\hat{\boldsymbol{S}}$ 包含了全部散射实验感兴趣的有用信息. 只要能求出 $\hat{\boldsymbol{S}}$, 散射问题就解决了.

若从粒子源得到的入射自由粒子的态为 $\hat{\boldsymbol{U}}_0(t)|\phi\rangle$, 探测器测得的是某出射渐近态 $\hat{\boldsymbol{U}}_0(t)|\chi\rangle$, 则它们对应的 $t=0$ 时的真实散射态分别为

$$|\chi-\rangle = \hat{\boldsymbol{\Omega}}_-|\chi\rangle$$

和

$$|\phi+\rangle = \hat{\boldsymbol{\Omega}}_+|\phi\rangle$$

所以, 一个粒子以入射渐近式 $\hat{\boldsymbol{U}}_0(t)|\phi\rangle$ 射入而又以出射渐近式 $\hat{\boldsymbol{U}}_0(t)|\chi\rangle$ 出现的事件的概率

$$w(\chi\leftarrow\phi) = |\langle\chi-|\phi+\rangle|^2 = |\langle\chi|\hat{\boldsymbol{\Omega}}_-^\dagger\hat{\boldsymbol{\Omega}}_+|\phi\rangle|^2 = |\langle\chi|\hat{\boldsymbol{S}}|\phi\rangle|^2 \tag{24.1.27}$$

实验上由于无法制备出处于某定态的粒子和测定出处于某定态的粒子, 因此 $w(\chi\leftarrow\phi)$ 不是直接测量的量.

24.2　从 S 矩阵求截面

由于引入了 $\hat{\boldsymbol{S}}$ 算符, 就把入射渐近态 $|\psi_{\text{in}}\rangle$ 与出射渐近态 $|\psi_{\text{out}}\rangle$ 直接联系起来, 从而可以不必求算真实的散射态 $\hat{\boldsymbol{U}}(t)|\psi\rangle$ 了. 下一步, 理论工作就要把 $\hat{\boldsymbol{S}}$ 算符与一个可以直接测量的物理量, 即微分截面或截面联系起来. 为此, 先讨论散射算符 $\hat{\boldsymbol{S}}$ 的两个重要性质: 能量守恒和 $\boldsymbol{S}$ 矩阵的分解.

24.2.1 能量守恒

先求 Møller 算符的易位关系式

$$\hat{\boldsymbol{H}}\hat{\boldsymbol{\Omega}}_{\pm} = \hat{\boldsymbol{\Omega}}_{\pm}\hat{\boldsymbol{H}}_0 \tag{24.2.1}$$

证明: 根据 $\hat{\boldsymbol{\Omega}}_{\pm}$ 的定义 [式 (24.1.18)], 对于任意实数 τ 都有

$$\mathrm{e}^{i\hat{\boldsymbol{H}}\tau}\hat{\boldsymbol{\Omega}}_{\pm} = \mathrm{e}^{i\hat{\boldsymbol{H}}\tau}\lim_{t\to\mp\infty}\mathrm{e}^{i\hat{\boldsymbol{H}}t}\mathrm{e}^{-i\hat{\boldsymbol{H}}_0 t} = \left[\lim_{t\to\mp\infty}\mathrm{e}^{i\hat{\boldsymbol{H}}(t+\tau)}\mathrm{e}^{-i\hat{\boldsymbol{H}}_0(t+\tau)}\right]\mathrm{e}^{i\hat{\boldsymbol{H}}_0\tau} = \hat{\boldsymbol{\Omega}}_{\pm}\mathrm{e}^{i\hat{\boldsymbol{H}}_0\tau}$$

将上式对 τ 求导, 得 $i\hat{\boldsymbol{H}}\mathrm{e}^{i\hat{\boldsymbol{H}}\tau}\hat{\boldsymbol{\Omega}}_{\pm} = \hat{\boldsymbol{\Omega}}_{\pm}(i\hat{\boldsymbol{H}}_0)\mathrm{e}^{i\hat{\boldsymbol{H}}_0}$. 令 $\tau = 0$, 即得易位公式.

推论 1 由于 $\hat{\boldsymbol{\Omega}}_{\pm}^{\dagger}\hat{\boldsymbol{\Omega}}_{\pm} = \boldsymbol{1}$, 将易位公式被 $\hat{\boldsymbol{\Omega}}_{\pm}^{\dagger}$ 左乘得

$$\hat{\boldsymbol{\Omega}}_{\pm}^{\dagger}\hat{\boldsymbol{H}}\hat{\boldsymbol{\Omega}}_{\pm} = \hat{\boldsymbol{H}}_0 \tag{24.2.2}$$

推论 2 利用易位公式和它的 Hermite 共轭式

$$\hat{\boldsymbol{\Omega}}_{\pm}^{\dagger}\hat{\boldsymbol{H}} = \hat{\boldsymbol{H}}_0\hat{\boldsymbol{\Omega}}_{\pm}^{\dagger}$$

又可得

$$\hat{\boldsymbol{S}}\hat{\boldsymbol{H}}_0 = \hat{\boldsymbol{H}}_0\hat{\boldsymbol{S}} \tag{24.2.3}$$

这表示散射过程中能量是守恒的, 原因在于利用 $\hat{\boldsymbol{S}}^{\dagger}\hat{\boldsymbol{S}} = \boldsymbol{1}$ 和式 (24.2.3) 得到入射时体系能量的平均值为

$$\langle\psi_{\mathrm{in}}|\hat{\boldsymbol{H}}_0|\psi_{\mathrm{in}}\rangle = \langle\psi_{\mathrm{in}}|\hat{\boldsymbol{S}}^{\dagger}\hat{\boldsymbol{S}}\hat{\boldsymbol{H}}_0|\psi_{\mathrm{in}}\rangle = \langle\psi_{\mathrm{in}}|\hat{\boldsymbol{S}}^{\dagger}\hat{\boldsymbol{H}}_0\hat{\boldsymbol{S}}|\psi_{\mathrm{in}}\rangle = \langle\psi_{\mathrm{out}}|\hat{\boldsymbol{H}}_0|\psi_{\mathrm{out}}\rangle$$

即出射时体系能量的平均值.

24.2.2 动量表示中的 S 矩阵元

Hilbert 空间中的态矢量可以被归一化, 故又称为正常矢量. 而有些可观测量如位置 $\boldsymbol{r}$, 动量 $\boldsymbol{p}$ 所对应的 Hermite 算符的本征矢量集 $\{|\boldsymbol{r}\rangle\}$ 和 $\{|\boldsymbol{p}\rangle\}$ 却不能归一化, 它们的模为无限长, 故称为非正常矢量, 不属于 Hilbert 空间. 散射问题中动能为 $E_p = \dfrac{\boldsymbol{p}^2}{2m}$ 的自由粒子的 Hamilton 算符 $\hat{\boldsymbol{H}}_0$ 的本征方程可写为

$$\hat{\boldsymbol{H}}_0|\boldsymbol{p}\rangle = E_p|\boldsymbol{p}\rangle \tag{24.2.4}$$

态矢量集 $\{|\boldsymbol{p}\rangle\}$ 是正交“归一”的, 即

$$\langle\boldsymbol{p}'|\boldsymbol{p}\rangle = \delta_3(\boldsymbol{p}'-\boldsymbol{p}) \tag{24.2.5}$$

其封闭关系为

$$\int d^3p|\boldsymbol{p}\rangle\langle\boldsymbol{p}| = \mathbf{1} \tag{24.2.6}$$

$|\boldsymbol{p}\rangle$ 在坐标表示中的分量为

$$\langle\boldsymbol{r}|\boldsymbol{p}\rangle = (2\pi)^{-3/2}e^{i\boldsymbol{p}\cdot\boldsymbol{r}} \tag{24.2.7}$$

利用 $\{|\boldsymbol{p}\rangle\}$ 的完备性可以展开任意的正常矢量 $|\boldsymbol{\psi}\rangle$

$$|\psi\rangle = \int d^3p|\boldsymbol{p}\rangle\langle\boldsymbol{p}|\psi\rangle = \int d^3p|\boldsymbol{p}\rangle\psi(\boldsymbol{p}) \tag{24.2.8}$$

$\boldsymbol{\psi}(\boldsymbol{p}) \equiv \langle\boldsymbol{p}|\psi\rangle$ 称为态 $|\psi\rangle$ 的动量波函数. 回到散射理论来, $|\psi_{\text{out}}\rangle = \hat{\boldsymbol{S}}|\psi_{\text{in}}\rangle$ 可展开为

$$\boldsymbol{\psi}_{\text{out}}(\boldsymbol{p}') = \int d^3p\langle\boldsymbol{p}'|\hat{\boldsymbol{S}}|\boldsymbol{p}\rangle\psi_{\text{in}}(\boldsymbol{p}) \tag{24.2.9}$$

$\hat{\boldsymbol{S}}$ 的动量表示矩阵元 $\langle\boldsymbol{p}'|\hat{\boldsymbol{S}}|\boldsymbol{p}\rangle$ 的集合称为 $\boldsymbol{S}$ 矩阵或散射矩阵.

根据式 (24.2.3) 和式 (24.2.4)

$$0 = \langle\boldsymbol{p}'|[\hat{\boldsymbol{H}}_0, \hat{\boldsymbol{S}}]_-|\boldsymbol{p}\rangle = (E_{p'} - E_p)\langle\boldsymbol{p}'|\hat{\boldsymbol{S}}|\boldsymbol{p}\rangle$$

所以必有

$$\langle\boldsymbol{p}'|\hat{\boldsymbol{S}}|\boldsymbol{p}\rangle = \delta(E_{p'} - E_p)\cdot(\text{某因子}) \tag{24.2.10}$$

再由 $\hat{\boldsymbol{S}}$ 的定义可知, 不发生散射的情况相当于 $\hat{\boldsymbol{S}} = \mathbf{1}$. 故定义算符 $\hat{\boldsymbol{R}}$ 为

$$\hat{\boldsymbol{R}} \equiv \hat{\boldsymbol{S}} - \mathbf{1} \tag{24.2.11}$$

从而式 (24.2.10) 可改写为

$$\langle\boldsymbol{p}'|\hat{\boldsymbol{S}}|\boldsymbol{p}\rangle = \delta_3(\boldsymbol{p}' - \boldsymbol{p}) + \delta(E_{p'} - E_p)\cdot(\text{某因子})$$

将此因子记为 $-2\pi it(\boldsymbol{p}' \leftarrow \boldsymbol{p})$, 这里 $t(\boldsymbol{p}' \leftarrow \boldsymbol{p})$ 待定, 于是

$$\langle\boldsymbol{p}'|\hat{\boldsymbol{S}}|\boldsymbol{p}\rangle = \delta_3(\boldsymbol{p}' - \boldsymbol{p}) - \delta(E_{p'} - E_p)2\pi it(\boldsymbol{p}' \leftarrow \boldsymbol{p}) \tag{24.2.12}$$

关于 $t(\boldsymbol{p}' \leftarrow \boldsymbol{p})$, 因为是在 $E_{p'} = E_p$ 下, 也就是在 $p'^2 = p^2$ 这个球壳上定义的, 所以称为“壳面 $\boldsymbol{T}$ 矩阵元”. 因子 $\delta(E_{p'} - E_p)$ 表示能量守恒. 作为普遍的散射过程也仅此一种守恒, 体系中各个粒子的动量是可以连续变化的, 所以 $t(\boldsymbol{p}' \leftarrow \boldsymbol{p})$ 应当是始态动量 $\boldsymbol{p}$ 和终态动量 $\boldsymbol{p}'$ 的光滑函数. 根据式 (24.1.25), 可以把 $\langle\boldsymbol{p}'|\hat{\boldsymbol{S}}|\boldsymbol{p}\rangle$ 的模方看成是从动量为 $\boldsymbol{p}$ 的始态变为动量为 $\boldsymbol{p}'$ 的终态的概率.

定义“散射振幅”为

$$f(\boldsymbol{p}' \leftarrow \boldsymbol{p}) \equiv -(2\pi)^2 m t(\boldsymbol{p}' \leftarrow \boldsymbol{p}) \tag{24.2.13}$$

[以后要讲到这就是式 (23.2.18) 中的 $f(r,\theta)$]. 于是

$$\langle \boldsymbol{p}'|\hat{\boldsymbol{S}}|\boldsymbol{p}\rangle = \delta_3(\boldsymbol{p}'-\boldsymbol{p}) + \delta(E_{p'}-E_p)\frac{i}{2\pi m}f(\boldsymbol{p}' \leftarrow \boldsymbol{p}) \tag{24.2.14}$$

24.2.3 截面

已经说过, 在势场 $V(r)$ 给定的条件下, $|\psi_{\text{in}}\rangle$ 与 $|\psi_{\text{out}}\rangle$ 是唯一对应的. 因此, 显然 $|\psi_{\text{in}}\rangle$ 入射之后经过碰撞最终出射, 则终态一定是 $|\psi_{\text{out}}\rangle$. 于是, 以 ψ_{in} 入射、最终动量落在 $\boldsymbol{p} \to \boldsymbol{p} + \mathrm{d}^3 p$ 的概率为

$$w(\mathrm{d}^3 p \leftarrow \psi_{\text{in}}) = \mathrm{d}^3 p |\psi_{\text{out}}(\boldsymbol{p})|^2$$

若不计 $|\boldsymbol{p}|$ 的大小, 出射时动量的方向 $\boldsymbol{e}_p$ 落在立体角元 $\mathrm{d}\Omega$ 内的概率应当是上式对 p 积分

$$w(\mathrm{d}\Omega \leftarrow \psi_{\text{in}}) = \mathrm{d}\Omega \int_0^\infty \mathrm{d}p p^2 |\psi_{\text{out}}(\boldsymbol{p})|^2 \tag{24.2.15}$$

这里 $\boldsymbol{p} = p\boldsymbol{e}_p$.

在散射实验中, 我们很难准确知道粒子源发出的 $\psi_{\text{in}}(\boldsymbol{p})$, 于是要用粒子源多次发出粒子的办法求多次实验的平均值, 每次实验粒子源发出的波包及准直距离 (相当于经典碰撞理论中的碰撞参数 b) 也不尽相同. 不过我们可以知道入射波动量波函数 $\psi_{\text{in}}(\boldsymbol{p})$ 是集中在某个初始动量 $\boldsymbol{p}_0$ 附近的. 这里我们假定: 每次发出的波包不同, 只是在垂直于 $\boldsymbol{p}_0$ 的平面上有随机变化的横向位移 $\boldsymbol{\rho}$(图 24.2.1). 在 $\boldsymbol{\rho} = 0$ 发出的入射波记为 $|\phi\rangle$, 其余的记为 $|\phi_{\boldsymbol{\rho}}\rangle$.

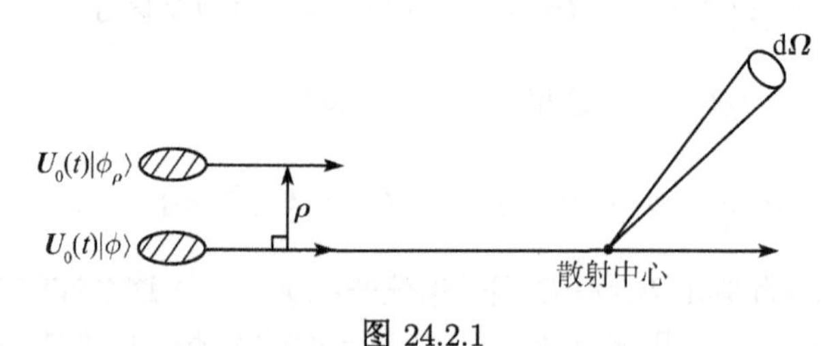

图 24.2.1

位移 $\boldsymbol{\rho}$ 这个平移动作在动量空间中相当于因子 $\mathrm{e}^{-i\boldsymbol{\rho}\cdot\boldsymbol{p}}$, 所以

$$\langle \boldsymbol{p}|\phi_{\boldsymbol{\rho}}\rangle \equiv \phi_{\boldsymbol{\rho}}(\boldsymbol{p}) = \mathrm{e}^{-i\boldsymbol{\rho}\cdot\boldsymbol{p}}\phi(\boldsymbol{p}) \tag{24.2.16}$$

这样, 多次发出粒子, 最后散射到 $\mathrm{d}\Omega$ 处的总粒子数为

$$N(\mathrm{d}\Omega)=\sum_i w(\mathrm{d}\Omega\leftarrow\phi_{\rho_i})$$

这里对入射子的编号 i 求和. 令 n_{in} 为单位横截面上入射的粒子数 (一般为常数), 则上式的加和可改成在垂直于 $\boldsymbol{p}_0$ 的平面上积分

$$N(\mathrm{d}\Omega)=\int \mathrm{d}^2\rho n_{\mathrm{in}}w(\mathrm{d}\Omega\leftarrow\phi_{\boldsymbol{\rho}})=n_{\mathrm{in}}\int \mathrm{d}^2\rho w(\mathrm{d}\Omega\leftarrow\phi_{\boldsymbol{\rho}})$$

与第 23 章中微分截面的定义相比, 可以看出, 散射到 $\mathrm{d}\Omega$ 内的截面为

$$\left(\frac{\mathrm{d}\sigma}{\mathrm{d}\Omega}\right)\mathrm{d}\Omega=\sigma(\mathrm{d}\Omega\leftarrow\phi)=\int \mathrm{d}^2\rho w(\mathrm{d}\Omega\leftarrow\phi_{\rho}) \tag{24.2.17}$$

于是

$$N(\mathrm{d}\Omega)=n_{\mathrm{in}}\sigma(\mathrm{d}\Omega\leftarrow\phi) \tag{24.2.18}$$

入射波包 $\phi_{\boldsymbol{\rho}}(\boldsymbol{p})$ 随 $\boldsymbol{p}$ 的分布重心在 $\boldsymbol{p}_0$ 处, 若分布充分狭小, 则 $\sigma(\mathrm{d}\Omega\leftarrow\phi)$ 可以写成 $\sigma(\mathrm{d}\Omega\leftarrow\boldsymbol{p}_0)$, 只与 $\boldsymbol{p}_0$ 有关而与 $\phi(\boldsymbol{p})$ 的其他特征无关. 当然, 实验中粒子源束流要足够小, 以防先后发出的入射粒子之间发生相互作用; 靶子也要足够薄, 以免产生多次散射, 造成理论上的困难.

根据式 (24.2.9) 和式 (24.2.14)

$$\begin{aligned}\psi_{\mathrm{out}}(\boldsymbol{p})&=\int \mathrm{d}^3p'\langle\boldsymbol{p}|\hat{\boldsymbol{S}}|\boldsymbol{p}'\rangle\phi_{\boldsymbol{\rho}}(\boldsymbol{p}')\\&=\phi_{\boldsymbol{\rho}}(\boldsymbol{p})+\frac{i}{2\pi m}\int \mathrm{d}^3p'\delta(E_{p'}-E_p)f(\boldsymbol{p}\leftarrow\boldsymbol{p}')\phi_{\boldsymbol{\rho}}(\boldsymbol{p}')\end{aligned} \tag{24.2.19}$$

第一项为未被散射的波, 第二项为散射波. 实验中探测器不放在被粒子源束流直射的位置, 这样到达探测器的 $\psi_{\mathrm{out}}(\boldsymbol{p})$ 中的第一项可以不计. 再考虑到式 (24.2.16), 可求得

$$\boldsymbol{\psi}_{\mathrm{out}}(\boldsymbol{p})=\frac{i}{2\pi m}\int \mathrm{d}^3p'\delta(E_{p'}-E_p)f(\boldsymbol{p}\leftarrow\boldsymbol{p}')\mathrm{e}^{-i\boldsymbol{\rho}\cdot\boldsymbol{p}'}\phi(\boldsymbol{p}') \tag{24.2.20}$$

由式 (24.2.15) 和式 (24.2.17), 得

$$\sigma(\mathrm{d}\Omega\leftarrow\phi)=\mathrm{d}\Omega\int \mathrm{d}^2\rho\int_0^\infty \mathrm{d}pp^2|\psi_{\mathrm{out}}(\boldsymbol{p})|^2$$

将式 (24.2.20) 代入上式, 得

$$\begin{aligned}\sigma(\mathrm{d}\Omega\leftarrow\phi)=&\frac{\mathrm{d}\Omega}{(2\pi m)^2}\int \mathrm{d}^2\rho\int_0^\infty \mathrm{d}pp^2\\&\times\left[\int \mathrm{d}^3p'\delta(E_p-E_{p'})f(\boldsymbol{p}\leftarrow\boldsymbol{p}')\mathrm{e}^{-i\boldsymbol{\rho}\cdot\boldsymbol{p}'}\phi(\boldsymbol{p}')\right]\\&\times\left[\int \mathrm{d}^3p''\delta(E_p-E_{p''})f^*(\boldsymbol{p}\leftarrow\boldsymbol{p}'')\mathrm{e}^{i\boldsymbol{\rho}\cdot\boldsymbol{p}''}\phi^*(\boldsymbol{p}'')\right]\end{aligned} \tag{24.2.21}$$

考虑到面积分

$$\int \mathrm{d}^2\rho \mathrm{e}^{i\boldsymbol{\rho}\cdot(\boldsymbol{p}''-\boldsymbol{p}')} = (2\pi)^2\delta_2(\boldsymbol{p}''_\perp - \boldsymbol{p}'_\perp)$$

给出了二维 Dirac δ 函数 (这里 $\boldsymbol{p}'_\perp$ 和 $\boldsymbol{p}''_\perp$ 分别为 $\boldsymbol{p}'$ 和 $\boldsymbol{p}''$ 在垂直于 $\boldsymbol{p}_0$ 的平面上的投影), 以及

$$\delta(E_p - E_{p'})\delta(E_p - E_{p''}) = 2m\delta(E_p - E_{p'})\delta(p''^2 - p'^2)$$

再考虑到 $p'^2 = p'^2_\perp + p'^2_{//}$(这里 $p'_{//}$ 为 $\boldsymbol{p}'$ 在 $\boldsymbol{p}_0$ 方向的分量), 以及 $\delta(x^2 - a^2) = \dfrac{1}{2|x|}[\delta(x-a) + \delta(x+a)]$, 得

$$\begin{aligned}\delta(p''^2 - p'^2)\delta_2(\boldsymbol{p}''_\perp - \boldsymbol{p}'_\perp) &= \delta(p''^2_{//} - p'^2_{//})\delta_2(\boldsymbol{p}''_\perp - \boldsymbol{p}'_\perp)\\ &= \frac{1}{2p'_{//}}[\delta(p''_{//} - p'_{//}) + \delta(p''_{//} + p'_{//})]\delta_2(\boldsymbol{p}''_\perp - \boldsymbol{p}'_\perp) \quad (24.2.22)\end{aligned}$$

式中, 只有当 $p'_{//} = p''_{//} = 0$ 时, $\delta(p''_{//} + p'_{//})$ 才不为 0, 这时的被积函数中有因子 $\phi(\boldsymbol{p}')\phi^*(\boldsymbol{p}'')|_{p'_{//}=p''_{//}\to 0}$, 这个因子在入射波包 $\phi(\boldsymbol{p})$ 随 $\boldsymbol{p}$ 的分布 (集中在 $\boldsymbol{p}_0$ 附近) 足够窄时就变为 0, 故 $\delta(p''_{//} + p'_{//})$ 项对积分的贡献为 0. 因而式 (24.2.22) 变为

$$\delta(p''^2 - p'^2)\delta_2(\boldsymbol{p}''_\perp - \boldsymbol{p}'_\perp) = \frac{1}{2p'_{//}}\delta_3(\boldsymbol{p}'' - \boldsymbol{p}')$$

进而可将式 (24.2.21) 简化为

$$\begin{aligned}\sigma(\mathrm{d}\Omega \leftarrow \phi) &= \frac{\mathrm{d}\Omega}{m}\int_0^\infty \mathrm{d}pp^2 \int \mathrm{d}^3p' \frac{1}{p'_{//}}\delta(E_p - E_{p'})|f(\boldsymbol{p} \leftarrow \boldsymbol{p}')\phi(\boldsymbol{p}')|^2\\ &= \mathrm{d}\Omega \int \mathrm{d}^3p' \frac{1}{p'_{//}}|\phi(\boldsymbol{p}')|^2 \int_0^\infty \mathrm{d}(p^2)p\delta(p^2 - p'^2)|f(\boldsymbol{p} \leftarrow \boldsymbol{p}')|^2\\ &= \mathrm{d}\Omega \int \mathrm{d}^3p' \frac{p'}{p'_{//}}|f(\boldsymbol{p} \leftarrow \boldsymbol{p}')\phi(\boldsymbol{p}')|^2_{p=p'}\end{aligned}$$

这里可再次利用当入射波包 $\phi(\boldsymbol{p})$ 分布在 $\boldsymbol{p}_0$ 左右足够窄的范围的条件, 于是在 $\phi(\boldsymbol{p}')$ 值不太小的范围内 $f(\boldsymbol{p} \leftarrow \boldsymbol{p}')$ 几乎不变, 再利用 $\phi(\boldsymbol{p}')$ 的归一化条件, 得

$$\sigma(\mathrm{d}\Omega \leftarrow \phi) = \mathrm{d}\Omega|f(\boldsymbol{p} \leftarrow \boldsymbol{p}_0)|^2_{p=p_0} \quad (24.2.23)$$

这个结果表明:

(1) 只要 $\phi(\boldsymbol{p})$ 的分布都集中在 $\boldsymbol{p}_0$ 附近, 截面 $\sigma(\mathrm{d}\Omega \leftarrow \phi)$ 就只与 $\boldsymbol{p}_0$ 值有关而与入射波包 $\phi(\boldsymbol{p})$ 的形状无关, 故可将 $\sigma(\mathrm{d}\Omega \leftarrow \phi)$ 记为 $\sigma(\mathrm{d}\Omega \leftarrow \boldsymbol{p}_0)$.

(2) 由式 (24.2.17) 和式 (24.2.23) 得到从始态 (以 $\boldsymbol{p}_0$ 表征) 到终态 (以 $\boldsymbol{p}$ 表征) 的散射微分截面

$$\frac{\mathrm{d}\sigma}{\mathrm{d}\Omega}(\boldsymbol{p}\leftarrow\boldsymbol{p}_0)=|f(\boldsymbol{p}\leftarrow\boldsymbol{p}_0)|^2_{p=p_0} \tag{24.2.24}$$

右方下标表示动量的模是不变的, 改变的是方向. 式 (24.2.24) 与第 23 章中简单的量子散射理论所得到的结果 [式 (23.2.25)] 完全相同. 同时也说明了为何将散射振幅 $f(\boldsymbol{p}'\leftarrow\boldsymbol{p})$ 定义成式 (24.2.13) 的原因. 微分截面 $\frac{\mathrm{d}\sigma}{\mathrm{d}\Omega}(\boldsymbol{p}\leftarrow\boldsymbol{p}_0)$ 中的 $\boldsymbol{p}$ 是终态方向, 它代表了散射后粒子的角分布. 当然要注意这里的 $\mathrm{d}\Omega$ 是动量空间中的方位, 而实验室测量的 $\mathrm{d}\Omega$ 是位置空间的方位.

(3) 在推导中多次引用入射波包 $\phi(\boldsymbol{p})$ 在 $\boldsymbol{p}$ 空间中分布足够窄的条件. 从测不准原理来看, 这意味着在位置空间中要求入射波包比势场 $V(r)$ 的作用范围宽得多.

(4) 根据 $\hat{\boldsymbol{S}}\to f\to\frac{\mathrm{d}\sigma}{\mathrm{d}\Omega}$ 的思路, 可见单粒子被势场散射的理论从现在开始要解决的问题就是如何从势场 $V(r)$ 的形式求散射算符 $\hat{\boldsymbol{S}}$. 这就是所谓量子散射形式理论的“不含时部分”, 而在此之前的部分称为量子散射形式理论的“含时部分”.

24.2.4　光学定理

由于散射算符 $\hat{\boldsymbol{S}}$ 是酉算符, $\hat{\boldsymbol{S}}^\dagger\hat{\boldsymbol{S}}=\hat{\boldsymbol{S}}\hat{\boldsymbol{S}}^\dagger=\mathbf{1}$, 又因为它可分为 $\hat{\boldsymbol{S}}=\mathbf{1}+\hat{\boldsymbol{R}}$, 故有 $\hat{\boldsymbol{R}}+\hat{\boldsymbol{R}}^\dagger=-\hat{\boldsymbol{R}}^\dagger\hat{\boldsymbol{R}}$, 即

$$\langle\boldsymbol{p}'|\hat{\boldsymbol{R}}|\boldsymbol{p}\rangle+\langle\boldsymbol{p}|\hat{\boldsymbol{R}}|\boldsymbol{p}'\rangle^*=-\int\mathrm{d}^3p''\langle\boldsymbol{p}''|\hat{\boldsymbol{R}}|\boldsymbol{p}'\rangle^*\langle\boldsymbol{p}''|\hat{\boldsymbol{R}}|\boldsymbol{p}\rangle \tag{24.2.25}$$

又根据式 (24.2.12) 和式 (24.2.14), 可得 $\hat{\boldsymbol{R}}$ 的矩阵元

$$\langle\boldsymbol{p}'|\hat{\boldsymbol{R}}|\boldsymbol{p}\rangle=-2\pi i\delta(E_{p'}-E_p)t(\boldsymbol{p}'\leftarrow\boldsymbol{p})=\frac{i}{2\pi m}\delta(E_{p'}-E_p)f(\boldsymbol{p}'\leftarrow\boldsymbol{p})$$

将上式代入式 (24.2.25), 得

$$f(\boldsymbol{p}'\leftarrow\boldsymbol{p})-f(\boldsymbol{p}\leftarrow\boldsymbol{p}')^*=\frac{i}{2\pi m}\int\mathrm{d}^3p''\delta(E_p-E_{p''})f^*(\boldsymbol{p}''\leftarrow\boldsymbol{p}')f(\boldsymbol{p}''\leftarrow\boldsymbol{p}) \tag{24.2.26}$$

式中, $E_{p'}=E_p$. 现在求零角度的散射振幅, 即 $\boldsymbol{p}'=\boldsymbol{p}$, 得

$$\mathrm{Im}f(\boldsymbol{p}\leftarrow\boldsymbol{p})=\frac{1}{4\pi m}\int_0^\infty\mathrm{d}p''p''^2\delta(E_{p''}-E_p)\times\int\mathrm{d}\Omega_{p''}|f(\boldsymbol{p}''\leftarrow\boldsymbol{p})|^2$$

考虑到

$$\delta(E_{p''}-E_p)=2m\delta(p''^2-p^2)=\frac{m}{p''}[\delta(p''-p)+\delta(p''+p)]$$

而且 $\delta(p''+p)$ 对以上积分没有贡献, 所以上式可简化为

$$\mathrm{Im}f(\boldsymbol{p}\leftarrow\boldsymbol{p})=\frac{p}{4\pi}\int \mathrm{d}\Omega_{p''}|f(p\boldsymbol{e}_{p''}\leftarrow p\boldsymbol{e}_p)|^2 \tag{24.2.27}$$

式中, $\mathrm{d}\Omega_{p''}$ 是 $\boldsymbol{p}''$ 方位上的立体角元, $\boldsymbol{e}_{p''}$ 和 $\boldsymbol{e}_p$ 分别是 $\boldsymbol{p}''$ 和 $\boldsymbol{p}$ 的单位矢量. 再根据式 (24.2.24), 得

$$\mathrm{Im}f(\boldsymbol{p}\leftarrow\boldsymbol{p})=\frac{p}{4\pi}\int \mathrm{d}\Omega_{p'}\frac{\mathrm{d}\sigma}{\mathrm{d}\Omega}(p\boldsymbol{e}_{p'}\leftarrow p\boldsymbol{e}_p)$$

这里积分的意义是对起始动量为 $\boldsymbol{p}$ 的波包散射的总截面, 记为 $\sigma(\boldsymbol{p})$. 所以

$$\mathrm{Im}f(\boldsymbol{p}\leftarrow\boldsymbol{p})=\frac{p}{4\pi}\sigma(\boldsymbol{p}) \tag{24.2.28}$$

式中

$$\sigma(\boldsymbol{p})=\int \mathrm{d}\Omega_{p'}\frac{\mathrm{d}\sigma}{\mathrm{d}\Omega}(p\boldsymbol{e}_{p'}\leftarrow p\boldsymbol{e}_p)$$

式 (24.2.28) 称为“光学定理”. 因为本章采用原子单位, 所以式 (24.2.28) 与式 (23.2.44) 相同. 实际上, 光学定理可以在比上面推导条件更广的范围内成立, 如它在狭义相对论下还成立, 在非弹性碰撞下也成立, 无论势场是否球对称, 甚至是复的都成立. 它表示了零角度 ($\theta=0$) 处散射振幅的虚部与总截面之间的关系. 在本质上, 光学定理来源于 $\hat{\boldsymbol{S}}$ 是酉算符, 反映了碰撞前后粒子数的守恒.

实验中对微分截面 $\dfrac{\mathrm{d}\sigma}{\mathrm{d}\Omega}$ 的测定给出散射振幅的绝对值 $|f|$, 又可以测量总截面 σ, 根据光学定理给出零角度散射振幅的虚部 $\mathrm{Im}f$, 再结合零角度的 $|f|$ 值就可最后得到零角度散射振幅实部 $\mathrm{Re}f(\boldsymbol{p}\leftarrow\boldsymbol{p})$ 的绝对值.

24.3 单粒子散射的不含时理论

本节我们继续讨论固定势场对无自旋单粒子的散射. 要解决从给定的势场 $V(\boldsymbol{r})$ 求出对应的 Møller 算符和 $\hat{\boldsymbol{S}}$ 算符, 从而得出具体求解散射振幅 $f(\boldsymbol{p}'\leftarrow\boldsymbol{p})$ 的办法. 这就是量子散射形式理论的第二部分 —— 不含时理论.

24.3.1 Green 算符及其 Lippmann-Schwinger 方程

固定势场 $V(\boldsymbol{r})$ 对单粒子散射的问题中, 体系 Hamilton 算符 $\hat{\boldsymbol{H}}=\hat{\boldsymbol{H}}_0+\hat{\boldsymbol{V}}(\boldsymbol{r})$, 式中 $\hat{\boldsymbol{H}}_0=\dfrac{\boldsymbol{p}^2}{2m}$. 由于本章考虑的是保守系, 势能 $V(\boldsymbol{r})$ 不含时, 只是位置 $\boldsymbol{r}$ 的函数, 因此 $\hat{\boldsymbol{H}}$ 也不含时.

定义“Green 算符”

$$\hat{\boldsymbol{G}}_0(z) \equiv (z - \hat{\boldsymbol{H}}_0)^{-1} \tag{24.3.1}$$

和

$$\hat{\boldsymbol{G}}(z) \equiv (z - \hat{\boldsymbol{H}})^{-1} \tag{24.3.2}$$

如果逆存在的话, 式中参数 z 为任意复数. Green 算符又可称为“预解式”.

现作以下讨论:

(1) 令体系 Hamilton 算符 $\hat{\boldsymbol{H}}$ 的本征方程为

$$\hat{\boldsymbol{H}}|n\rangle = E_n|n\rangle \quad \forall n \tag{24.3.3}$$

式中, 本征矢量集 $\{|n\rangle\}$ 可以选取成正交归一的, $\langle n|n'\rangle = \delta_{nn'}\forall n, n'$. 它又是完备的, 有封闭关系

$$\mathop{\mathsf{S}}_n |n\rangle\langle n| = \mathbf{1} \tag{24.3.4}$$

式中, $\mathop{\mathsf{S}}\limits_n$ 是对整个谱 (无论是连续的还是分立的) 广义求和的符号.

用 $\{|n\rangle\}$ 对算符 $\hat{\boldsymbol{G}}(z)$ 作谱分解

$$\hat{\boldsymbol{G}}(z) = (z - \hat{\boldsymbol{H}})^{-1}\mathbf{1} = \mathop{\mathsf{S}}_n (z - E_n)^{-1}|n\rangle\langle n| \tag{24.3.5}$$

在整个复平面 z 上, 除了在实轴上 $\hat{\boldsymbol{H}}$ 的本征值 $\{E_n : n = 1(1)\infty\}$ 这几个点 (或线段、射线) 之外, $\hat{\boldsymbol{G}}(z)$ 处处解析. 而且 $\{E_n\}$ 处是 $\hat{\boldsymbol{G}}(z)$ 的一阶奇点, 对应的留数为 $\{|n\rangle\langle n| : n = 1(1)\infty\}$. 可见, 对于给定体系的 Green 算符 $\hat{\boldsymbol{G}}(z)$ 的全部了解包括了对该体系 Hamilton 算符 $\hat{\boldsymbol{H}}$ 的本征值问题的了解. 若知道了 $\hat{\boldsymbol{G}}(z)$, 可以首先找它的奇点，从而得到 $\hat{\boldsymbol{H}}$ 的本征值谱 $\{E_n\}$, 再找各奇点处的留数, 就得到 $\hat{\boldsymbol{H}}$ 的本征态集 $\{|n\rangle\}$.

(2) 从式 (24.2.4) 和式 (24.3.3) 可写出

$$\hat{\boldsymbol{G}}_0(z)|\boldsymbol{p}\rangle = (z - E_p)^{-1}|\boldsymbol{p}\rangle \tag{24.3.6a}$$

和

$$\hat{\boldsymbol{G}}(z)|n\rangle = (z - E_n)^{-1}|n\rangle \tag{24.3.6b}$$

(3) 从 Green 算符的定义和算符 $\hat{\boldsymbol{H}}$ 与 $\hat{\boldsymbol{H}}_0$ 的 Hermite 性可得到

$$\left.\begin{aligned} [\hat{\boldsymbol{G}}_0(z)]^\dagger &= \hat{\boldsymbol{G}}_0(z^*) \\ [\hat{\boldsymbol{G}}(z)]^\dagger &= \hat{\boldsymbol{G}}(z^*) \end{aligned}\right\} \tag{24.3.7}$$

(4) 由于 $(z-\hat{\boldsymbol{H}}_0)\hat{\boldsymbol{G}}_0(z)=\boldsymbol{1}$ 和 $\langle\boldsymbol{r}|\hat{\boldsymbol{H}}_0|\boldsymbol{r}'\rangle=-\dfrac{\boldsymbol{\nabla}_{\boldsymbol{r}}^2}{2m}\langle\boldsymbol{r}|\boldsymbol{r}'\rangle$, 因此在坐标表示中可写出

$$\left(z+\frac{\boldsymbol{\nabla}_{\boldsymbol{r}}^2}{2m}\right)\langle\boldsymbol{r}|\hat{\boldsymbol{G}}_0(z)|\boldsymbol{r}'\rangle=\delta_3(\boldsymbol{r}-\boldsymbol{r}')$$

式中, 算符 $\hat{\boldsymbol{G}}_0(z)$ 在坐标表示中的矩阵元 $\langle\boldsymbol{r}|\hat{\boldsymbol{G}}_0(z)|\boldsymbol{r}'\rangle$ 又可称为算符 $\hat{\boldsymbol{G}}_0(z)$ 在坐标表示中的核, 或者称为 Green 函数, 又可记为 $\hat{\boldsymbol{G}}_0(\boldsymbol{r},\boldsymbol{r}';z)$. 同理, 算符 $\hat{\boldsymbol{G}}(z)$ 的 Green 函数 $\langle\boldsymbol{r}|\hat{\boldsymbol{G}}(z)|\boldsymbol{r}'\rangle(\equiv G(\boldsymbol{r},\boldsymbol{r}';z))$ 是以下方程的解:

$$\left[z-\left(-\frac{\boldsymbol{\nabla}_{\boldsymbol{r}}^2}{2m}+V(\boldsymbol{r})\right)\right]\langle\boldsymbol{r}|\hat{\boldsymbol{G}}(z)|\boldsymbol{r}'\rangle=\delta_3(\boldsymbol{r}-\boldsymbol{r}')$$

(5) 由于复平面 z 上 $\hat{\boldsymbol{H}}$ 的本征值 E 处是 $\hat{\boldsymbol{G}}(z)$ 的奇点, 因而以下定义的两个 Green 算符是很有用的

$$\hat{\boldsymbol{G}}(E+i0)\equiv\lim_{\varepsilon\to0^+}(E+i\varepsilon-\hat{\boldsymbol{H}})^{-1} \tag{24.3.8}$$

和

$$\hat{\boldsymbol{G}}(E-i0)\equiv\lim_{\varepsilon\to0^+}(E-i\varepsilon-\hat{\boldsymbol{H}})^{-1} \tag{24.3.9}$$

式中, ε 是任意小的正实数. $\varepsilon\to0^+$ 表示 ε 从正向趋近于 0.

(6) 求证

$$\lim_{\varepsilon\to0^+}\frac{1}{x\pm i\varepsilon}=P\left(\frac{1}{x}\right)\mp i\pi\delta(x) \tag{24.3.10a}$$

式中, 符号 P 为取 Cauchy 主值.

证明: 式 (24.3.10a) 的含义是: 对于在 $[a,b](a<0<b)$ 范围内的任意解析函数 $f(x)$, 有等式

$$\lim_{\varepsilon\to0^+}\int_a^b\frac{f(x)\mathrm{d}x}{x\pm i\varepsilon}=P\int_a^b\frac{f(x)}{x}\mathrm{d}x\mp i\pi\int_a^b\delta(x)f(x)\mathrm{d}x \tag{24.3.10b}$$

$$\text{式 (24.3.10b) 左边}=\lim_{\varepsilon\to0^+}\int_a^b\frac{x}{x^2+\varepsilon^2}f(x)\mathrm{d}x+\lim_{\varepsilon\to0^+}\int_a^b\frac{\mp i\varepsilon}{x^2+\varepsilon^2}f(x)\mathrm{d}x$$

$$=\int_a^b\frac{f(x)}{x}\mathrm{d}x\mp i\pi\int_a^b\left[\lim_{\varepsilon\to0^+}\frac{\varepsilon}{\pi(x^2+\varepsilon^2)}\right]f(x)\mathrm{d}x$$

由于 $x=0$ 处是奇点, 倘若不对积分的方法加以限制, 则第一项积分无法有确定值. 第一项积分只有在取值 $\lim\limits_{\eta\to0^+}\left[\displaystyle\int_a^{-\eta}\frac{f(x)}{x}\mathrm{d}x+\int_\eta^b\frac{f(x)}{x}\mathrm{d}x\right]$ 时才能有定值. 这时从

奇点两边以同样速度趋近于 0, 可以将奇点两边的正负两小块面积严格抵消而使极限有定值, 从而积分有定值. 这样的积分方法称为“取 Cauchy 主值”, 记为 $P(\cdot)$. 第二项积分方括号内为 Dirac δ 函数的又一极限形式, 故得式 (24.3.10b).

(7) 求证

$$\hat{\boldsymbol{G}}(E_n+i0)-\hat{\boldsymbol{G}}(E_n-i0)=-2\pi i|n\rangle\langle n| \tag{24.3.11}$$

证明：根据式 (24.3.5) 和式 (24.3.10a), 有

$$\begin{aligned}
&\hat{\boldsymbol{G}}(E_n+i0)-\hat{\boldsymbol{G}}(E_n-i0)\\
&=\mathop{\mathrm{S}}_m\left[\frac{1}{E_n+i0-E_m}-\frac{1}{E_n-i0-E_m}\right]|m\rangle\langle m|\\
&=\mathop{\mathrm{S}}_m\left[P\left(\frac{1}{E_n-E_m}\right)-i\pi\delta(E_n-E_m)-P\left(\frac{1}{E_n-E_m}\right)-i\pi\delta(E_n-E_m)\right]|m\rangle\langle m|\\
&=-2\pi i|n\rangle\langle n|
\end{aligned}$$

现在讨论 Green 算符 $\hat{\boldsymbol{G}}(z)$ 和 $\hat{\boldsymbol{G}}_0(z)$ 之间的关系. 根据有逆的任意算符 $\hat{\boldsymbol{A}}$ 和 $\hat{\boldsymbol{B}}$ 的恒等式

$$\hat{\boldsymbol{A}}^{-1}=\hat{\boldsymbol{B}}^{-1}+\hat{\boldsymbol{B}}^{-1}(\hat{\boldsymbol{B}}-\hat{\boldsymbol{A}})\hat{\boldsymbol{A}}^{-1}$$

令 $\hat{\boldsymbol{A}}=z-\hat{\boldsymbol{H}}$ 和 $\hat{\boldsymbol{B}}=z-\hat{\boldsymbol{H}}_0$, 得

$$\hat{\boldsymbol{G}}(z)=\hat{\boldsymbol{G}}_0(z)+\hat{\boldsymbol{G}}_0(z)\hat{\boldsymbol{V}}\hat{\boldsymbol{G}}(z) \tag{24.3.12}$$

又可令 $\hat{\boldsymbol{A}}=z-\hat{\boldsymbol{H}}_0$ 和 $\hat{\boldsymbol{B}}=z-\hat{\boldsymbol{H}}$, 得

$$\hat{\boldsymbol{G}}(z)=\hat{\boldsymbol{G}}_0(z)+\hat{\boldsymbol{G}}(z)\hat{\boldsymbol{V}}\hat{\boldsymbol{G}}_0(z) \tag{24.3.13}$$

式 (24.3.12) 和式 (24.3.13) 称为 Green 算符的 Lippmann-Schwinger 方程, 这是不含时的散射形式理论的基本方程之一.

24.3.2　$\hat{\boldsymbol{T}}$ 算符及其 Lippmann-Schwinger 方程

定义跃迁算符 $\hat{\boldsymbol{T}}$ 为

$$\hat{\boldsymbol{T}}(z)\equiv\hat{\boldsymbol{V}}+\hat{\boldsymbol{V}}\hat{\boldsymbol{G}}(z)\hat{\boldsymbol{V}} \tag{24.3.14}$$

式中, 参数 z 为任意复数.

$\hat{\boldsymbol{T}}$ 算符有如下性质:

(1) 从它的定义显然可见, 在复平面 z 上 $\hat{\boldsymbol{T}}(z)$ 的解析性质与 Green 算符 $\hat{\boldsymbol{G}}(z)$ 相同. 也就是说, 在整个复平面 z 上, 除了在实轴上 $\hat{\boldsymbol{H}}$ 的本征值 $\{E_n\}$ 之外 $\hat{\boldsymbol{T}}(z)$ 处处解析. $\{E_n\}$ 处是 $\hat{\boldsymbol{T}}(z)$ 的一阶奇点.

(2) 用 $\hat{\boldsymbol{G}}_0(z)$ 左乘式 (24.3.14), 再利用 $\hat{\boldsymbol{G}}(z)$ 的 Lippmann-Schwinger 方程, 得

$$\hat{\boldsymbol{G}}_0(z)\hat{\boldsymbol{T}}(z) = \hat{\boldsymbol{G}}(z)\hat{\boldsymbol{V}} \tag{24.3.15}$$

若用 $\hat{\boldsymbol{G}}_0(z)$ 右乘, 还是利用 $\hat{\boldsymbol{G}}(z)$ 的 Lippmann-Schwinger 方程, 得

$$\hat{\boldsymbol{T}}(z)\hat{\boldsymbol{G}}_0(z) = \hat{\boldsymbol{V}}\hat{\boldsymbol{G}}(z) \tag{24.3.16}$$

(3) 根据 $\hat{\boldsymbol{T}}$ 算符的定义, 利用势能算符 $\hat{\boldsymbol{V}}$ 的 Hermite 性和 $[\hat{\boldsymbol{G}}(z)]^\dagger = \hat{\boldsymbol{G}}(z^*)$, 可求出

$$[\hat{\boldsymbol{T}}(z)]^\dagger = \hat{\boldsymbol{T}}(z^*) \tag{24.3.17}$$

(4) 根据 $\hat{\boldsymbol{G}}(z)$ 的 Lippmann-Schwinger 方程和式 (24.3.15) 或式 (24.3.16), 得

$$\hat{\boldsymbol{G}}(z) = \hat{\boldsymbol{G}}_0(z) + \hat{\boldsymbol{G}}_0(z)\hat{\boldsymbol{T}}(z)\hat{\boldsymbol{G}}_0(z) \tag{24.3.18}$$

式 (24.3.18) 表明, 在关于散射问题上, $\hat{\boldsymbol{G}}(z)$ 和 $\hat{\boldsymbol{T}}(z)$ 包含着同样多的信息.

将式 (24.3.15) 代入式 (24.3.14), 得

$$\hat{\boldsymbol{T}}(z) = \hat{\boldsymbol{V}} + \hat{\boldsymbol{V}}\hat{\boldsymbol{G}}_0(z)\hat{\boldsymbol{T}}(z) \tag{24.3.19}$$

称为跃迁算符 $\hat{\boldsymbol{T}}(z)$ 的 Lippmann-Schwinger 方程. 这是不含时理论中的重要关系式. 式 (24.3.19) 右边还包含着未知量 $\hat{\boldsymbol{T}}(z)$ 本身, 故要用迭代法求解

$$\begin{aligned}\hat{\boldsymbol{T}}(z) &= \hat{\boldsymbol{V}} + \hat{\boldsymbol{V}}\hat{\boldsymbol{G}}_0(z)\hat{\boldsymbol{V}} + \hat{\boldsymbol{V}}\hat{\boldsymbol{G}}_0(z)\hat{\boldsymbol{V}}\hat{\boldsymbol{G}}_0(z)\hat{\boldsymbol{V}} + \cdots \\ &= \hat{\boldsymbol{V}}\sum_{n=0}^{\infty}[\hat{\boldsymbol{G}}_0(z)\hat{\boldsymbol{V}}]^n\end{aligned} \tag{24.3.20}$$

作为最粗糙的近似, 可取第一项

$$\hat{\boldsymbol{T}}(z) \cong \hat{\boldsymbol{V}}$$

这称为“Born 近似”, 有时也称为一阶 Born 近似.

24.3.3 Møller 波算符

以下讨论 $\hat{\boldsymbol{G}}(z)$、$\hat{\boldsymbol{T}}(z)$ 与散射理论的关系, 特别是与 $\hat{\boldsymbol{S}}$ 算符、Møller 算符的关系. 若入射渐近态的不含时部分为 $|\phi\rangle$, 则单粒子在势场 $V(\boldsymbol{r})$ 散射过程中 $t=0$ 时的真实态

$$|\psi\rangle = \hat{\boldsymbol{\Omega}}_+|\phi\rangle \equiv |\phi+\rangle$$

若出射渐近态的不含时部分也记为 $|\phi\rangle$, 则散射过程 $t=0$ 时的真实态 (记为 $|\phi-\rangle$)

$$|\phi-\rangle = \hat{\boldsymbol{\Omega}}_-|\phi\rangle$$

由于 Møller 波算符 $\hat{\boldsymbol{\Omega}}_{\pm} \equiv \lim\limits_{t\to\mp\infty} \hat{\boldsymbol{U}}^{\dagger}(t)\hat{\boldsymbol{U}}_0(t)$, 因此

$$|\phi\pm\rangle = \lim_{t\to\mp\infty} \hat{\boldsymbol{U}}^{\dagger}(t)\hat{\boldsymbol{U}}_0(t)|\phi\rangle \tag{24.3.21}$$

(1) 先求证对于体系状态空间 $\mathscr{H}$ 中任意一个 $t=0$ 的态 $|\chi\rangle$ 均有

$$\hat{\boldsymbol{U}}^{\dagger}(t)\hat{\boldsymbol{U}}_0(t)|\chi\rangle = \left(1 + i\int_0^t \mathrm{d}\tau \hat{\boldsymbol{U}}^{\dagger}(\tau)\hat{\boldsymbol{V}}\hat{\boldsymbol{U}}_0(\tau)\right)|\chi\rangle \quad \forall|\chi\rangle \in \mathscr{H} \tag{24.3.22}$$

证明：与函数等式 $f(t) = f(t_0) + \int_{t_0}^t \mathrm{d}\tau \dfrac{\mathrm{d}f(\tau)}{\mathrm{d}\tau}$ 一样, 先求

$$\frac{\mathrm{d}}{\mathrm{d}t}[\hat{\boldsymbol{U}}^{\dagger}(t)\hat{\boldsymbol{U}}_0(t)] = i\hat{\boldsymbol{U}}^{\dagger}(t)\hat{\boldsymbol{V}}\hat{\boldsymbol{U}}_0(t)$$

再根据条件 $\hat{\boldsymbol{U}}^{\dagger}(t=0)\hat{\boldsymbol{U}}_0(t=0) = \mathbf{1}$ 积分

$$\begin{aligned}\hat{\boldsymbol{U}}^{\dagger}(t)\hat{\boldsymbol{U}}_0(t)|\chi\rangle &= |\chi\rangle + \int_0^t \mathrm{d}\tau \frac{\mathrm{d}}{\mathrm{d}\tau}[\hat{\boldsymbol{U}}^{\dagger}(\tau)\hat{\boldsymbol{U}}_0(\tau)]|\chi\rangle \\ &= \left(\mathbf{1} + i\int_0^t \mathrm{d}\tau \hat{\boldsymbol{U}}^{\dagger}(\tau)\hat{\boldsymbol{V}}\hat{\boldsymbol{U}}_0(\tau)\right)|\chi\rangle\end{aligned}$$

利用式 (24.3.22), 可将式 (24.3.21) 写成

$$|\phi\pm\rangle = \left(\mathbf{1} + i\int_0^{\mp\infty} \mathrm{d}\tau \hat{\boldsymbol{U}}^{\dagger}(\tau)\hat{\boldsymbol{V}}\hat{\boldsymbol{U}}_0(\tau)\right)|\phi\rangle \tag{24.3.23}$$

(2) 渐寝方法

在物理上必须要求式 (24.3.23) 对任意存在的 $t=0$ 的入射 (和出射) 渐近态 $|\phi\rangle$ 都有确定的 $t=0$ 的真实散射态 $|\phi\pm\rangle$. 换言之, 要求式 (24.3.23) 中积分在数学上一定要收敛成定值. 为此, 可以引入一任意小的正实数 ε, 将式 (24.3.23) 改写成等价的

$$|\phi\pm\rangle = \left(\mathbf{1} + \lim_{\varepsilon\to 0^+} i\int_0^{\mp\infty} \mathrm{d}\tau \mathrm{e}^{-\varepsilon|\tau|}\hat{\boldsymbol{U}}^{\dagger}(\tau)\hat{\boldsymbol{V}}\hat{\boldsymbol{U}}_0(\tau)\right)|\phi\rangle \tag{24.3.24}$$

式中, 引入的因子 $\mathrm{e}^{-\varepsilon|\tau|}$ 称为阻尼因子. 以上的数学处理相当于把势能 $V(\boldsymbol{r})$ 换成 $\lim\limits_{\varepsilon\to 0^+} V(\boldsymbol{r})\mathrm{e}^{-\varepsilon|t|}$. 当 ε 不很小的时候, 只有在 $t=0$ 左右时才出现势能场. 而对于真实的散射过程来说, 由于 $V(\boldsymbol{r})$ 的作用范围很小, 也只有在 $t=0$ 左右不大的范围内势能 $V(\boldsymbol{r})$ 才对散射过程起作用. 随着 $\varepsilon \to 0^+$, 势场出现的时间范围越来越宽. 可见, 以上处理方法在物理上是合理的. 这种方法称为"渐寝方法"或"绝热方法".

利用单粒子自由运动 Hamilton 算符 $\hat{\boldsymbol{H}}_0$ 的本征方程 $\hat{\boldsymbol{H}}_0|\boldsymbol{p}\rangle = E_p|\boldsymbol{p}\rangle$ 和动量表示中的封闭关系 $\mathbf{1} = \int \mathrm{d}^3p|\boldsymbol{p}\rangle\langle\boldsymbol{p}|$, 得

$$
\begin{aligned}
|\phi\pm\rangle &= \hat{\boldsymbol{\Omega}}_\pm|\phi\rangle \\
&= |\phi\rangle + \lim_{\varepsilon\to 0^+} i\int \mathrm{d}^3p \int_0^{\mp\infty} \mathrm{d}\tau \mathrm{e}^{-\varepsilon|\tau|}\hat{\boldsymbol{U}}^\dagger(\tau)\hat{\boldsymbol{V}}\hat{\boldsymbol{U}}_0(\tau)|\boldsymbol{p}\rangle\langle\boldsymbol{p}|\phi\rangle \\
&= |\phi\rangle + \lim_{\varepsilon\to 0^+} i\int \mathrm{d}^3p \int_0^{\mp\infty} \mathrm{d}\tau \mathrm{e}^{\pm\varepsilon\tau}\mathrm{e}^{i\hat{\boldsymbol{H}}\tau}\hat{\boldsymbol{V}}\mathrm{e}^{-iE_{\boldsymbol{p}}\tau}|\boldsymbol{p}\rangle\langle\boldsymbol{p}|\phi\rangle
\end{aligned}
$$

由于 $\hat{\boldsymbol{V}}|\boldsymbol{p}\rangle\langle\boldsymbol{p}|\phi\rangle$ 都不是时间 τ 的函数, 故有

$$
|\phi\pm\rangle = |\phi\rangle + \lim_{\varepsilon\to 0^+} i\int \mathrm{d}^3p\left[\int_0^{\mp\infty}\mathrm{d}\tau\mathrm{e}^{-i(E_p\pm i\varepsilon-\hat{\boldsymbol{H}})\tau}\right]\hat{\boldsymbol{V}}|\boldsymbol{p}\rangle\langle\boldsymbol{p}|\phi\rangle
$$

方括号内积分等于

$$
i(E_p \pm i\varepsilon - \hat{\boldsymbol{H}})^{-1}[(\mathrm{e}^{\pm\varepsilon\tau}\mathrm{e}^{\mp i(E_p-\hat{\boldsymbol{H}})\tau})_{\tau\to-\mp\infty} - \mathbf{1}] = -i\hat{\boldsymbol{G}}(E_p \pm i\varepsilon)
$$

由此可见, 渐寝方法引入阻尼因子的目的, 在这里可以消除 $\mathrm{e}^{\mp i(E_p-\hat{\boldsymbol{H}})\tau}|_{\tau\to\mp\infty}$ 强烈振荡带来的不确定性, 从而使积分收敛到定值. 所以

$$
|\phi\pm\rangle = |\phi\rangle + \lim_{\varepsilon\to 0^+}\int \mathrm{d}^3p\hat{\boldsymbol{G}}(E_p \pm i\varepsilon)\hat{\boldsymbol{V}}|\boldsymbol{p}\rangle\langle\boldsymbol{p}|\phi\rangle
$$

记为

$$
|\phi_\pm\rangle = |\phi\rangle + \int \mathrm{d}^3p\hat{\boldsymbol{G}}(E_p \pm i0)\hat{\boldsymbol{V}}|\boldsymbol{p}\rangle\langle\boldsymbol{p}|\phi\rangle
$$

由于 $|\phi\rangle$ 是任意的, 因此

$$
\hat{\boldsymbol{\Omega}}_\pm = \mathbf{1} + \int \mathrm{d}^3p\hat{\boldsymbol{G}}(E_p \pm i0)\hat{\boldsymbol{V}}|\boldsymbol{p}\rangle\langle\boldsymbol{p}| \tag{24.3.25}
$$

根据 $\hat{\boldsymbol{T}}$ 算符的性质 (2), $\hat{\boldsymbol{G}}(z)\hat{\boldsymbol{V}} = \hat{\boldsymbol{G}}_0(z)\hat{\boldsymbol{T}}(z)$, 得

$$
\hat{\boldsymbol{\Omega}}_\pm = \mathbf{1} + \int \mathrm{d}^3p\hat{\boldsymbol{G}}_0(E_p \pm i0)\hat{\boldsymbol{T}}(E_p \pm i0)|\boldsymbol{p}\rangle\langle\boldsymbol{p}| \tag{24.3.26}
$$

又根据 $\hat{\boldsymbol{T}}$ 算符的 Lippmann-Schwinger 方程式 (24.3.20), 得

$$
\hat{\boldsymbol{\Omega}}_\pm = \mathbf{1} + \int \mathrm{d}^3p\hat{\boldsymbol{G}}_0(E_p \pm i0)\hat{\boldsymbol{V}}\left(\sum_{n=0}^{\infty}[\hat{\boldsymbol{G}}_0(E_p \pm i0)\hat{\boldsymbol{V}}]^n\right)|\boldsymbol{p}\rangle\langle\boldsymbol{p}| \tag{24.3.27}
$$

由这个方程就可以从已知的 $\hat{\boldsymbol{H}}_0$ 和 $\hat{\boldsymbol{V}}$ 求出 Møller 波算符 $\hat{\boldsymbol{\Omega}}_\pm$, 因而就可以在下一步求出散射算符 $\hat{\boldsymbol{S}}$.

24.3.4　散射算符 $\hat{S}$

根据散射的含时理论, $t=0$ 的入射渐近态 $|\psi_{\rm in}\rangle$ 与 $t=0$ 的出射渐近态 $|\psi_{\rm out}\rangle$ 之间靠算符 $\hat{S}$ 联系

$$|\psi_{\rm out}\rangle = \hat{\boldsymbol{S}}|\psi_{\rm in}\rangle$$

其中

$$\hat{\boldsymbol{S}} = \hat{\boldsymbol{\Omega}}_-^\dagger \hat{\boldsymbol{\Omega}}_+$$

$$\hat{\boldsymbol{\Omega}}_\pm = \lim_{t\to\mp\infty} \hat{\boldsymbol{U}}^\dagger(t)\hat{\boldsymbol{U}}_0(t)$$

(1) 在单粒子的势场散射问题中入射渐近态自由演化取决的 $\hat{\boldsymbol{H}}_0$ 就是出射渐近态自由演化的 $\hat{\boldsymbol{H}}_0$, 于是可得

$$\hat{\boldsymbol{S}} = \hat{\boldsymbol{\Omega}}_-^\dagger \hat{\boldsymbol{\Omega}}_+ = \lim_{\substack{t\to+\infty \\ t'\to-\infty}} (\hat{\boldsymbol{U}}^\dagger(t)\hat{\boldsymbol{U}}_0(t))^\dagger(\hat{\boldsymbol{U}}^\dagger(t')\hat{\boldsymbol{U}}_0(t'))$$

这两个极限的次序之间没有先后, 故可令 $t'=-t$. 于是

$$\hat{\boldsymbol{S}} = \lim_{t\to\infty} \hat{\boldsymbol{U}}_0^\dagger(t)\hat{\boldsymbol{U}}(t)\hat{\boldsymbol{U}}^\dagger(-t)\hat{\boldsymbol{U}}_0(-t) = \lim_{t\to\infty} {\rm e}^{i\hat{\boldsymbol{H}}_0 t}{\rm e}^{-2i\hat{\boldsymbol{H}}t}{\rm e}^{i\hat{\boldsymbol{H}}_0 t}$$

根据任意算符 $\hat{\boldsymbol{A}}(t)$ 都有 $\hat{\boldsymbol{A}}(t)=\hat{\boldsymbol{A}}(t=0)+\displaystyle\int_0^t {\rm d}\tau\frac{\partial\hat{\boldsymbol{A}}(\tau)}{\partial\tau}$, 于是上式可写成

$$\hat{\boldsymbol{S}} = \boldsymbol{1} + \int_0^\infty {\rm d}t\frac{\rm d}{{\rm d}t}({\rm e}^{i\hat{\boldsymbol{H}}_0 t}{\rm e}^{-2i\hat{\boldsymbol{H}}t}{\rm e}^{i\hat{\boldsymbol{H}}_0 t})$$

化简可得

$$\hat{\boldsymbol{S}} = \boldsymbol{1} - i\int_0^\infty {\rm d}t{\rm e}^{i\hat{\boldsymbol{H}}_0 t}[\hat{\boldsymbol{V}},{\rm e}^{-2i\hat{\boldsymbol{H}}t}]_+{\rm e}^{i\hat{\boldsymbol{H}}_0 t} \tag{24.3.28}$$

式中, 反对易子

$$[\hat{\boldsymbol{A}},\hat{\boldsymbol{B}}]_+ \equiv \hat{\boldsymbol{A}}\hat{\boldsymbol{B}}+\hat{\boldsymbol{B}}\hat{\boldsymbol{A}}$$

(2) 动量表示中的 $\boldsymbol{S}$ 矩阵. 把算符表示式 (24.3.28) 写成在动量表示中的表示式

$$\langle\boldsymbol{p}'|\hat{\boldsymbol{S}}|\boldsymbol{p}\rangle = \delta_3(\boldsymbol{p}'-\boldsymbol{p}) - i\lim_{\varepsilon\to0^+}\int_0^\infty {\rm d}t{\rm e}^{-\varepsilon t}\langle\boldsymbol{p}'|{\rm e}^{i\hat{\boldsymbol{H}}_0 t}[\hat{\boldsymbol{V}},{\rm e}^{-i2\hat{\boldsymbol{H}}t}]_+{\rm e}^{i\hat{\boldsymbol{H}}_0 t}|\boldsymbol{p}\rangle$$

这里用渐寝方法保证积分的定值性, 即保证了 $\hat{\boldsymbol{S}}$ 的一一映射性. 由于 $\{|\boldsymbol{p}\rangle\}$ 是自由粒子 Hamilton 算符 $\hat{\boldsymbol{H}}_0$ 的本征态, $\hat{\boldsymbol{H}}_0|\boldsymbol{p}\rangle=E_p|\boldsymbol{p}\rangle$, 故有

$$\begin{aligned}\langle\boldsymbol{p}'|\hat{\boldsymbol{S}}|\boldsymbol{p}\rangle =&\delta_3(\boldsymbol{p}'-\boldsymbol{p}) - i\lim_{\varepsilon\to0^+}\langle\boldsymbol{p}'|\hat{\boldsymbol{V}}\left(\int_0^\infty {\rm d}t{\rm e}^{i(i\varepsilon+E_{p'}+E_p-2\hat{\boldsymbol{H}})t}\right)\\ &+\left(\int_0^\infty {\rm d}t{\rm e}^{i(i\varepsilon+E_{p'}+E_p-2\hat{\boldsymbol{H}})t}\right)\hat{\boldsymbol{V}}|\boldsymbol{p}\rangle\end{aligned}$$

式中

$$
\begin{aligned}
(\text{积分}) &= -i(i\varepsilon + E_{p'} + E_p - 2\hat{\boldsymbol{H}})^{-1}[\mathrm{e}^{-\varepsilon t'}\mathrm{e}^{i(E_{p'}+E_p-2\hat{\boldsymbol{H}})t}]_0^{\infty} \\
&= -\frac{i}{2}\hat{\boldsymbol{G}}\left(\frac{E_{p'}+E_p}{2} + i\frac{\varepsilon}{2}\right)
\end{aligned}
$$

将它代入 $\langle \boldsymbol{p}'|\hat{\boldsymbol{S}}|\boldsymbol{p}\rangle$, 并利用 $\hat{\boldsymbol{G}}(z)\hat{\boldsymbol{V}} = \hat{\boldsymbol{G}}_0(z)\hat{\boldsymbol{T}}(z)$ 和 $\hat{\boldsymbol{V}}\hat{\boldsymbol{G}}(z) = \hat{\boldsymbol{T}}(z)\hat{\boldsymbol{G}}_0(z)$[式 (24.3.15) 和式 (24.3.16)] 和

$$
\hat{\boldsymbol{G}}_0(z)|\boldsymbol{p}\rangle = (z - \hat{\boldsymbol{H}}_0)^{-1}|\boldsymbol{p}\rangle = (z - E_p)^{-1}|\boldsymbol{p}\rangle
$$

得

$$
\begin{aligned}
\langle \boldsymbol{p}'|\hat{\boldsymbol{S}}|\boldsymbol{p}\rangle =& \delta_3(\boldsymbol{p}'-\boldsymbol{p}) + \lim_{\varepsilon\to 0^+}\{(E_{p'} - E_p + i\varepsilon)^{-1} - (E_{p'} - E_p - i\varepsilon)^{-1}\} \\
&\times \langle \boldsymbol{p}'|\hat{\boldsymbol{T}}\left(\frac{E_{p'}+E_p}{2} + i\frac{\varepsilon}{2}\right)|\boldsymbol{p}\rangle
\end{aligned}
$$

根据

$$
\delta(x) = \lim_{\varepsilon\to 0^+}\frac{\varepsilon}{\pi(x^2+\varepsilon^2)} = -\frac{1}{2\pi i}\lim_{\varepsilon\to 0^+}\left(\frac{1}{x+i\varepsilon} - \frac{1}{x-i\varepsilon}\right) \tag{24.3.29}
$$

得

$$
\langle \boldsymbol{p}'|\hat{\boldsymbol{S}}|\boldsymbol{p}\rangle = \delta_3(\boldsymbol{p}'-\boldsymbol{p}) - 2\pi i\delta(E_{p'} - E_p)\langle \boldsymbol{p}'|\hat{\boldsymbol{T}}(E_p + i0)|\boldsymbol{p}\rangle \tag{24.3.30}
$$

式中

$$
\langle \boldsymbol{p}'|\hat{\boldsymbol{T}}(E_p + i0)|\boldsymbol{p}\rangle \equiv \lim_{\varepsilon\to 0^+}\langle \boldsymbol{p}'|\hat{\boldsymbol{T}}(E_p + i\varepsilon)|\boldsymbol{p}\rangle
$$

式 (24.3.30) 的第一项表示未被散射而前向直射的贡献, 第二项表示单粒子保持动能守恒情况下的散射过程.

(3) 将式 (24.3.30) 与式 (24.2.12) 相比得到壳面 $\boldsymbol{T}$ 矩阵

$$
t(\boldsymbol{p}' \leftarrow \boldsymbol{p}) = \langle \boldsymbol{p}'|\hat{\boldsymbol{T}}(E_p + i0)|\boldsymbol{p}\rangle \qquad (\text{当 } E_{p'} = E_p) \tag{24.3.31}
$$

而动量表示下 $\hat{\boldsymbol{T}}$ 的矩阵元可根据 $\hat{\boldsymbol{T}}(z)$ 的 Lippmann-Schwinger 方程 [式 (24.3.19)], 求得

$$
\langle \boldsymbol{p}'|\hat{\boldsymbol{T}}(z)|\boldsymbol{p}\rangle = \langle \boldsymbol{p}'|\hat{\boldsymbol{V}}|\boldsymbol{p}\rangle + \int \mathrm{d}^3p''\langle \boldsymbol{p}'|\hat{\boldsymbol{V}}|\boldsymbol{p}''\rangle(z - E_{p''})^{-1}\langle \boldsymbol{p}''|\hat{\boldsymbol{T}}(z)|\boldsymbol{p}\rangle \tag{24.3.32}
$$

这样, 我们就完成了单粒子势场散射形式理论的不含时部分. 将式 (24.3.32) 的迭代求出 $\langle \boldsymbol{p}'|\hat{\boldsymbol{T}}(E_p + i0)|\boldsymbol{p}\rangle$, 于是得到 $t(\boldsymbol{p}' \leftarrow \boldsymbol{p})$ 和 $f(\boldsymbol{p}' \leftarrow \boldsymbol{p})$, 最后求出微分截面和总截面. 关于包括弹性、非弹性和反应碰撞的复杂的散射过程的量子散射形式理论见 24.4 节.

24.3.5 Born 近似

$\hat{\boldsymbol{T}}$ 算符的 Lippmann-Schwinger 方程

$$\hat{\boldsymbol{T}}(z)=\hat{\boldsymbol{V}}+\hat{\boldsymbol{V}}\hat{\boldsymbol{G}}_0(z)\hat{\boldsymbol{T}}(z)$$

用迭代法, 可得到式 (24.3.20)

$$\hat{\boldsymbol{T}}(z)=\hat{\boldsymbol{V}}+\hat{\boldsymbol{V}}\hat{\boldsymbol{G}}_0(z)\hat{\boldsymbol{V}}+\hat{\boldsymbol{V}}\hat{\boldsymbol{G}}_0(z)\hat{\boldsymbol{V}}\hat{\boldsymbol{G}}_0(z)\hat{\boldsymbol{V}}+\cdots$$

这样, 从 $\hat{\boldsymbol{H}}_0$ 和 $\hat{\boldsymbol{V}}$ 就可求出 $\hat{\boldsymbol{T}}$ 算符.

(1) 当势场 $V(r)$ 较弱时可作一级近似, 取

$$\hat{\boldsymbol{T}}(z)\cong\hat{\boldsymbol{V}}$$

然后求出壳面 $\boldsymbol{T}$ 矩阵 $t(\boldsymbol{p}'\leftarrow\boldsymbol{p})$, 再求出散射振幅 $f(\Omega)$, 最后求出 $\dfrac{\mathrm{d}\sigma}{\mathrm{d}\Omega}$. 这种求解散射问题的方法称为“Born 近似法”或“一级 Born 近似”[以下用上标 (1) 表示之].

$$t(\boldsymbol{p}'\leftarrow\boldsymbol{p})\cong t^{(1)}(\boldsymbol{p}'\leftarrow\boldsymbol{p})=\langle\boldsymbol{p}'|\hat{\boldsymbol{V}}|\boldsymbol{p}\rangle \tag{24.3.33}$$

散射振幅

$$f(\boldsymbol{p}'\leftarrow\boldsymbol{p})\cong-m(2\pi)^2\langle\boldsymbol{p}'|\hat{\boldsymbol{V}}|\boldsymbol{p}\rangle$$

现用坐标表示求算上式. 根据势能算符 $\hat{\boldsymbol{V}}$ 是局域算符, 即

$$\langle\boldsymbol{r}'|\hat{\boldsymbol{V}}|\boldsymbol{r}\rangle=V(\boldsymbol{r})\delta(\boldsymbol{r}'-\boldsymbol{r}) \tag{24.3.34}$$

和 $\langle\boldsymbol{r}|\boldsymbol{p}\rangle=(2\pi)^{-3/2}\mathrm{e}^{i\boldsymbol{p}\cdot\boldsymbol{r}}$[式 (24.2.7)], 得

$$\begin{aligned}f(\boldsymbol{p}'\leftarrow\boldsymbol{p})&\cong-m(2\pi)^2\iint\mathrm{d}^3r\mathrm{d}^3r'\langle\boldsymbol{p}'|\boldsymbol{r}'\rangle\langle\boldsymbol{r}'|\hat{\boldsymbol{V}}|\boldsymbol{r}\rangle\langle\boldsymbol{r}|\boldsymbol{p}\rangle\\&=-\frac{m}{2\pi}\int\mathrm{d}^3r\mathrm{e}^{-i\boldsymbol{p}'\cdot\boldsymbol{r}}V(\boldsymbol{r})\mathrm{e}^{i\boldsymbol{p}\cdot\boldsymbol{r}}\end{aligned}$$

令 $\boldsymbol{q}\equiv\boldsymbol{p}'-\boldsymbol{p}$, 这表示碰撞后从势场转移到粒子的动量, 所以

$$f^{(1)}(\boldsymbol{p}'\leftarrow\boldsymbol{p})=-\frac{m}{2\pi}\int\mathrm{d}^3r\mathrm{e}^{-i\boldsymbol{q}\cdot\boldsymbol{r}}V(\boldsymbol{r})$$

这说明一级 Born 近似的最大特点是散射振幅 $f(\Omega)$ 只取决于动量转移值 $\boldsymbol{q}$. 在单粒子势场散射的情况下, $\boldsymbol{q}$ 只是散射后动量的方向改变造成的, 即 $|\boldsymbol{q}|=2p\sin\dfrac{\theta}{2}$, 故 f 只是立体角 Ω 的函数. 上式又说明了在一级 Born 近似下散射振幅只是势场 $V(\boldsymbol{r})$ 的 Fourier 变换.

(2) 球对称势场中的一级 Born 近似. 在球对称势能 $V(r)$ 情况下, 上式可以先对立体角 $\mathrm{d}\Omega$ 积分得出单粒子散射的一级 Born 近似的散射振幅

$$f^{(1)}(\boldsymbol{p}' \leftarrow \boldsymbol{p}) = -2m\int_0^{\infty} \mathrm{d}r r^2 V(r)\frac{\sin qr}{qr} \tag{24.3.35}$$

(3) 对于入射粒子能量很低时的散射, 虽然 $\lim\limits_{q\to 0}\dfrac{\sin qr}{qr} = 1$, 但从式 (24.3.35) 也可得到低能散射是各向同性的结论, 但是这样做不可靠. 这是因为与入射粒子的低能量相比, 原来较小的势能就不能算小了, 所以 Born 近似在低能散射问题中本身的可靠性下降.

为了深入分析 Born 近似法, 对应于真实的散射体系 ($\hat{\boldsymbol{H}} = \hat{\boldsymbol{H}}_0 + \hat{\boldsymbol{V}}$) 考虑一个假想体系, 其 Hamilton 算符

$$\hat{\boldsymbol{H}} = \hat{\boldsymbol{H}}_0 + \lambda\hat{\boldsymbol{V}} \tag{24.3.36}$$

假想体系的势能 $\lambda V(r)$ 中的 λ 是调节参数. 为了满足 $\hat{\boldsymbol{H}}$ 是 Hermite 的, λ 必须是实数. 又令 $0 \leqslant \lambda \leqslant 1$, 这样可以通过调节 λ 而改变假想体系的势能. 当 $\lambda = 1$ 时, 假想体系就等同于真实体系了. 按照单粒子散射的不含时理论相同的分析法对假想体系也有以下关系:

(1) Green 算符

$$\begin{aligned}
\hat{\boldsymbol{G}}_0(z) &\equiv (z - \hat{\boldsymbol{H}}_0)^{-1} \\
\hat{\boldsymbol{G}}(z) &\equiv (z - \hat{\boldsymbol{H}})^{-1} \\
\hat{\boldsymbol{G}}(z) &= \hat{\boldsymbol{G}}_0(z) + \hat{\boldsymbol{G}}_0(z)(\lambda\hat{\boldsymbol{V}})\hat{\boldsymbol{G}}(z) \\
&= \hat{\boldsymbol{G}}_0(z) + \hat{\boldsymbol{G}}(z)(\lambda\hat{\boldsymbol{V}})\hat{\boldsymbol{G}}_0(z) \\
[\hat{\boldsymbol{G}}_0(z)]^{\dagger} &= \hat{\boldsymbol{G}}_0(z^*) \\
[\hat{\boldsymbol{G}}(z)]^{\dagger} &= \hat{\boldsymbol{G}}(z^*)
\end{aligned}$$

(2) $\hat{\boldsymbol{T}}$ 算符

$$\begin{aligned}
\hat{\boldsymbol{T}}(z) &= (\lambda\hat{\boldsymbol{V}}) + (\lambda\hat{\boldsymbol{V}})\hat{\boldsymbol{G}}(z)(\lambda\hat{\boldsymbol{V}}) \\
\hat{\boldsymbol{T}}(z)\hat{\boldsymbol{G}}_0(z) &= (\lambda\hat{\boldsymbol{V}})\hat{\boldsymbol{G}}(z) \\
\hat{\boldsymbol{G}}_0(z)\hat{\boldsymbol{T}}(z) &= \hat{\boldsymbol{G}}(z)(\lambda\hat{\boldsymbol{V}}) \\
\hat{\boldsymbol{T}}(z) &= (\lambda\hat{\boldsymbol{V}}) + (\lambda\hat{\boldsymbol{V}})\hat{\boldsymbol{G}}_0(z)\hat{\boldsymbol{T}}(z) \\
[\hat{\boldsymbol{T}}(z)]^{\dagger} &= \hat{\boldsymbol{T}}(z^*)
\end{aligned} \tag{24.3.37}$$

将 $\hat{\boldsymbol{T}}$ 算符的 Lippmann-Schwinger 方程 [式 (24.3.37)] 迭代, 得“Born 级数”

$$\hat{\boldsymbol{T}}(z) = \lambda\hat{\boldsymbol{V}} + \lambda^2\hat{\boldsymbol{V}}\hat{\boldsymbol{G}}_0(z)\hat{\boldsymbol{V}} + \lambda^3\hat{\boldsymbol{V}}\hat{\boldsymbol{G}}_0(z)\hat{\boldsymbol{V}}\hat{\boldsymbol{G}}_0(z)\hat{\boldsymbol{V}} + \cdots$$

然后得到壳面 $\boldsymbol{T}$ 矩阵元

$$
\begin{aligned}
t(\boldsymbol{p}' \leftarrow \boldsymbol{p}) &= \langle \boldsymbol{p}' | \hat{\boldsymbol{T}}(E_p + i0) | \boldsymbol{p} \rangle \\
&= \lambda \langle \boldsymbol{p}' | \hat{\boldsymbol{V}} | \boldsymbol{p} \rangle + \lambda^2 \langle \boldsymbol{p}' | \hat{\boldsymbol{V}} \hat{\boldsymbol{G}}_0(E_p + i0) \hat{\boldsymbol{V}} | \boldsymbol{p} \rangle + \cdots
\end{aligned}
$$

最后得到 $\boldsymbol{S}$ 矩阵元

$$
\begin{aligned}
\langle \boldsymbol{p}' | \hat{\boldsymbol{S}} | \boldsymbol{p} \rangle =& \delta_3(\boldsymbol{p}' - \boldsymbol{p}) - \lambda 2\pi i \delta(E_{p'} - E_p) \langle \boldsymbol{p}' | \hat{\boldsymbol{V}} | \boldsymbol{p} \rangle \\
& - \lambda^2 2\pi i \delta(E_{p'} - E_p) \langle \boldsymbol{p}' | \hat{\boldsymbol{V}} \hat{\boldsymbol{G}}_0(E_p + i0) \hat{\boldsymbol{V}} | \boldsymbol{p} \rangle - \cdots
\end{aligned} \tag{24.3.38}
$$

同样, 若散射算符也写成如下形式:

$$
\hat{\boldsymbol{S}} = \mathbf{1} + \lambda \hat{\boldsymbol{S}}^{(1)} + \lambda^2 \hat{\boldsymbol{S}}^{(2)} + \cdots
$$

为满足 $\hat{S}$ 是酉算符的要求

$$
\mathbf{1} = \hat{\boldsymbol{S}}^{\dagger} \hat{\boldsymbol{S}} = \mathbf{1} + \lambda (\hat{\boldsymbol{S}}^{(1)\dagger} + \hat{\boldsymbol{S}}^{(1)}) + \lambda^2 (\hat{\boldsymbol{S}}^{(1)\dagger} \hat{\boldsymbol{S}}^{(1)} + \hat{\boldsymbol{S}}^{(2)\dagger} + \hat{\boldsymbol{S}}^{(2)}) + \cdots \tag{24.3.39}
$$

由于 λ 是任意可调参数, 故式 (24.3.39)λ 的各次项均需为 0, 即

$$
\begin{gathered}
\hat{\boldsymbol{S}}^{(1)\dagger} = -\hat{\boldsymbol{S}}^{(1)} \\
\hat{\boldsymbol{S}}^{(1)\dagger} \hat{\boldsymbol{S}}^{(1)} + \hat{\boldsymbol{S}}^{(2)\dagger} + \hat{\boldsymbol{S}}^{(2)} = 0 \\
\cdots
\end{gathered}
$$

再与式 (24.3.38) 对比, 可求得

$$
\begin{gathered}
\langle \boldsymbol{p}' | \hat{\boldsymbol{S}}^{(1)} | \boldsymbol{p} \rangle = -2\pi i \delta(E_{p'} - E_p) \langle \boldsymbol{p}' | \hat{\boldsymbol{V}} | \boldsymbol{p} \rangle = \frac{i}{2\pi m} \delta(E_{p'} - E_p) f^{(1)}(\boldsymbol{p}' \leftarrow \boldsymbol{p}) \\
\cdots
\end{gathered}
$$

由于 $\hat{\boldsymbol{V}}$ 是 Hermite 的, 故从上两式可以看出:

(a) 一级 Born 近似满足 $\hat{\boldsymbol{S}}^{(1)\dagger} = -\hat{\boldsymbol{S}}^{(1)}$ 的要求.

(b) $f^{(1)}(\boldsymbol{p}' \leftarrow \boldsymbol{p}) = f^{(1)}(\boldsymbol{p} \leftarrow \boldsymbol{p}')^*$ (24.3.40)

可见, 在 λ 展开式的一次项上一级 Born 近似法满足了 $\boldsymbol{S}$ 是酉算符的要求, 可是进一步考虑 λ 的二次项时发现一级 Born 近似法不能满足 $\hat{\boldsymbol{S}}$ 是酉算符的要求.

再从式 (24.3.40) 可以看到, 一级 Born 近似的零角度 ($\boldsymbol{p}' = \boldsymbol{p}$) 散射振幅 $f^{(1)}(\boldsymbol{p}' \leftarrow \boldsymbol{p})$ 必为实数. 而光学定理 [式 (24.2.28)] 告诉我们, 零角度散射振幅是不可能没有虚部, 除非总截面为 0. 这样就看出一级 Born 近似法由于不满足 $\boldsymbol{S}$ 是酉算符的要求, 故不满足光学定理, 不符合粒子数守恒律. 因而它在求算总截面时不很可靠, 但是这

不影响它在求算角分布上结果的合理性. 为了提高准确性, 显然可以在 Born 级数中多保留几项

$$\left.\begin{aligned} &t(\boldsymbol{p}' \leftarrow \boldsymbol{p}) = t^{(1)}(\boldsymbol{p}' \leftarrow \boldsymbol{p}) + t^{(2)}(\boldsymbol{p}' \leftarrow \boldsymbol{p}) + \cdots \\ &f(\boldsymbol{p}' \leftarrow \boldsymbol{p}) = f^{(1)}(\boldsymbol{p}' \leftarrow \boldsymbol{p}) + f^{(2)}(\boldsymbol{p}' \leftarrow \boldsymbol{p}) + \cdots \\ &f^{(n)}(\boldsymbol{p}' \leftarrow \boldsymbol{p}) = -m(2\pi)^2 t^{(n)}(\boldsymbol{p}' \leftarrow \boldsymbol{p}) \\ &t^{(n)}(\boldsymbol{p}' \leftarrow \boldsymbol{p}) = \langle \boldsymbol{p}'|\hat{\boldsymbol{V}}[\boldsymbol{G}_0(E_p + i0)\hat{\boldsymbol{V}}]^{n-1}|\boldsymbol{p}\rangle \end{aligned}\right\} \tag{24.3.41}$$

如式中

$$f^{(2)}(\boldsymbol{p}' \leftarrow \boldsymbol{p}) = -m(2\pi)^2 \int \mathrm{d}^3 p''(E_p - E_{p''} + i0)^{-1} \langle \boldsymbol{p}'|\hat{\boldsymbol{V}}|\boldsymbol{p}''\rangle\langle \boldsymbol{p}''|\hat{\boldsymbol{V}}|\boldsymbol{p}\rangle \tag{24.3.42}$$

24.3.6 Born 级数的 Feynman 图表示

本章中至今为止的量子力学讨论都是在 Schrödinger 表象下进行的. 现在为了方便计, 将变换到相互作用表象中讨论. 从 Schrödinger 表象 (用下标 S 表示) 变换到相互作用表象 (用下标 I 表示) 的酉变换为

$$t\ \text{时刻体系的态} \qquad |\psi_t\rangle_{\mathrm{I}} = \mathrm{e}^{i\hat{\boldsymbol{H}}_0 t}|\psi_t\rangle_{\mathrm{S}} \tag{24.3.43}$$

$$t\ \text{时刻力学量算符} \qquad \hat{\boldsymbol{A}}_{\mathrm{I}}(t) = \mathrm{e}^{i\hat{\boldsymbol{H}}_0 t}\hat{\boldsymbol{A}}_{\mathrm{S}}\mathrm{e}^{-i\hat{\boldsymbol{H}}_0 t} \tag{24.3.44}$$

这两个表象对客观世界的描述是等价的. 它们对任意力学量求得的期望值相同. 由于 $|\boldsymbol{\psi}_t\rangle_{\mathrm{S}} = \hat{\boldsymbol{U}}_{\mathrm{S}}(t)|\psi\rangle_{\mathrm{S}}$(从 $t=0$ 演化到 $t=t$) 和式 (24.3.43), 可见, 若 $\hat{\boldsymbol{H}}$ 不含时间, 则有

$$|\boldsymbol{\psi}_t\rangle_{\mathrm{I}} = \mathrm{e}^{i\hat{\boldsymbol{H}}_0 t}\hat{\boldsymbol{U}}_{\mathrm{S}}(t)|\psi\rangle_{\mathrm{S}} = \mathrm{e}^{i(\hat{\boldsymbol{H}}_0 - \hat{\boldsymbol{H}})t}|\boldsymbol{\psi}\rangle_{\mathrm{S}} = \mathrm{e}^{-i\hat{\boldsymbol{V}}t}|\boldsymbol{\psi}\rangle_{\mathrm{S}}$$

在散射问题中 $|\psi\rangle_{\mathrm{S}}$ 是 $t=0$ 时的真实散射态, 并且当 $t \to \pm\infty$ 时, $\hat{\boldsymbol{V}} \to 0$, 故原先在 Schrödinger 表象中所述入射渐近态的不含时部分 ($t=0$ 时的入射渐近态)$|\psi_{\mathrm{in}}\rangle_{\mathrm{S}}$ 严格地等于相互作用表象中 $t \to -\infty$ 时的态 $|\psi_{-\infty}\rangle_{\mathrm{I}}$

同理

$$\left.\begin{aligned} &|\psi_{\mathrm{in}}\rangle_{\mathrm{S}} = |\psi_{-\infty}\rangle_{\mathrm{I}} \\ &|\psi_{\mathrm{out}}\rangle_{\mathrm{S}} = |\psi_{+\infty}\rangle_{\mathrm{I}} \end{aligned}\right\} \tag{24.3.45}$$

相互作用表象中的时间演化算符定义为

$$|\psi_t\rangle_{\mathrm{I}} = \hat{\boldsymbol{U}}_{\mathrm{I}}(t, t_0)|\psi_{t_0}\rangle_{\mathrm{I}} \tag{24.3.46}$$

显然有如下性质:

$$\left.\begin{aligned} &\hat{\boldsymbol{U}}_{\mathrm{I}}(t,t) = \boldsymbol{1} \\ &\hat{\boldsymbol{U}}_{\mathrm{I}}(t,t_0) = \hat{\boldsymbol{U}}_{\mathrm{I}}(t,t')\hat{\boldsymbol{U}}_{\mathrm{I}}(t',t_0) \\ &\hat{\boldsymbol{U}}_{\mathrm{I}}(t,t_0) = \hat{\boldsymbol{U}}_{\mathrm{I}}^{-1}(t_0,t) \end{aligned}\right\} \tag{24.3.47}$$

由式 (24.3.46), 得 $\hat{\boldsymbol{U}}_{\rm I}(t,t_0)$ 为酉算符

$$\hat{\boldsymbol{U}}_{\rm I}^{\dagger}(t,t_0)\hat{\boldsymbol{U}}_{\rm I}(t,t_0)=\hat{\boldsymbol{U}}_{\rm I}(t,t_0)\hat{\boldsymbol{U}}_{\rm I}^{\dagger}(t,t_0)=\boldsymbol{1} \tag{24.3.48}$$

从式 (24.3.43) 得逆变换 $|\psi_t\rangle_{\rm S}={\rm e}^{-i\hat{\boldsymbol{H}}_0t}|\psi_t\rangle_{\rm I}$, 代入 Schrödinger 方程 $i\dfrac{\partial}{\partial t}|\psi_t\rangle_{\rm S}=\hat{\boldsymbol{H}}|\psi_t\rangle_{\rm S}$, 再利用式 (24.3.46)(式中 $|\psi_{t_0}\rangle_{\rm I}$ 可以是任意的), 得到相互作用表象的时间演化算符 $\hat{\boldsymbol{U}}_{\rm I}(t,t_0)$ 所需满足的方程

$$i\frac{\partial}{\partial t}\hat{\boldsymbol{U}}_{\rm I}(t,t_0)=\hat{\boldsymbol{V}}_{\rm I}(t)\hat{\boldsymbol{U}}_{\rm I}(t,t_0) \tag{24.3.49}$$

式中, 相互作用表象中的势能算符 $\hat{\boldsymbol{V}}_{\rm I}(t)$ 是按照式 (24.3.44) 由以前所述的势能 $\hat{\boldsymbol{V}}$(即 $\hat{\boldsymbol{V}}_{\rm S}$) 变换来的, 即

$$\hat{\boldsymbol{V}}_{\rm I}(t)\equiv{\rm e}^{i\hat{\boldsymbol{H}}_0t}\hat{\boldsymbol{V}}{\rm e}^{-i\hat{\boldsymbol{H}}_0t} \tag{24.3.50}$$

式 (24.3.49) 在相互作用表象中起的作用就如 Schrödinger 方程在 Schrödinger 表象中的一样. 将式 (24.3.49) 积分, 利用条件 $\boldsymbol{U}_{\rm I}(t_0,t_0)=\boldsymbol{1}$, 得

$$\hat{\boldsymbol{U}}_{\rm I}(t,t_0)=\boldsymbol{1}-i\int_{t_0}^{t}{\rm d}\tau\hat{\boldsymbol{V}}_{\rm I}(\tau)\hat{\boldsymbol{U}}_{\rm I}(\tau,t_0) \tag{24.3.51}$$

这是一个要用迭代法解的式子, 若势能较小, 则迭代很快就会收敛

$$\hat{\boldsymbol{U}}_{\rm I}(t,t_0)=\boldsymbol{1}-i\int_{t_0}^{t}{\rm d}\tau\hat{\boldsymbol{V}}_{\rm I}(\tau)+(-i)^2\int_{t_0}^{t}{\rm d}\tau_1\int_{t_0}^{\tau_1}{\rm d}\tau_2\hat{\boldsymbol{V}}_{\rm I}(\tau_1)\hat{\boldsymbol{V}}_{\rm I}(\tau_2)+\cdots \tag{24.3.52}$$

由于 $|\boldsymbol{\psi}_{\rm out}\rangle_{\rm S}=\boldsymbol{S}|\psi_{\rm in}\rangle_{\rm S}$ 和式 (24.3.45), 得

$$\left.\begin{aligned}
&|\psi_{+\infty}\rangle_{\rm I}=\hat{\boldsymbol{S}}|\psi_{-\infty}\rangle_{\rm I}\\
&\hat{\boldsymbol{S}}=\hat{\boldsymbol{U}}_{\rm I}(\infty,-\infty)=\boldsymbol{1}-i\int_{-\infty}^{\infty}{\rm d}\tau\hat{\boldsymbol{V}}_{\rm I}(\tau)\\
&\qquad+(-i)^2\int_{-\infty}^{\infty}{\rm d}\tau_1\int_{-\infty}^{\tau_1}{\rm d}\tau_2\hat{\boldsymbol{V}}_{\rm I}(\tau_1)\hat{\boldsymbol{V}}_{\rm I}(\tau_2)+\cdots\\
&\text{或}\\
&\qquad\hat{\boldsymbol{S}}=\sum_{n=0}^{\infty}\hat{\boldsymbol{S}}^{(n)}\\
&\text{其中}\\
&\hat{\boldsymbol{S}}^{(0)}\equiv\boldsymbol{1}\\
&\boldsymbol{S}^{(n)}\equiv(-i)^n\int_{-\infty}^{\infty}{\rm d}\tau_1\int_{-\infty}^{\tau_1}{\rm d}\tau_2\cdots\\
&\qquad\times\int_{-\infty}^{\tau_{n-1}}{\rm d}\tau_n\hat{\boldsymbol{V}}_{\rm I}(\tau_1)\hat{\boldsymbol{V}}_{\rm I}(\tau_2)\cdots\hat{\boldsymbol{V}}_{\rm I}(\tau_n)\qquad(n=1,2,\cdots)
\end{aligned}\right\} \tag{24.3.53}$$

于是就可求出动量表示中 $\hat{S}$ 的矩阵元

$$
\begin{aligned}
\langle \boldsymbol{p}'|\hat{\boldsymbol{S}}|\boldsymbol{p}\rangle &= \langle \boldsymbol{p}'|\sum_{n=0}^{\infty}|\hat{\boldsymbol{S}}^{(n)}|\boldsymbol{p}\rangle \\
&= \delta_3(\boldsymbol{p}'-\boldsymbol{p}) - i\int_{-\infty}^{\infty}\mathrm{d}\tau\langle \boldsymbol{p}'|\mathrm{e}^{iE_{p'}\tau}\hat{\boldsymbol{V}}\mathrm{e}^{-iE_p\tau}|\boldsymbol{p}\rangle \\
&\quad + (-i)^2\int_{-\infty}^{\infty}\mathrm{d}\tau_1\int_{-\infty}^{\tau_1}\mathrm{d}\tau_2\langle \boldsymbol{p}'|\mathrm{e}^{iE_{p'}\tau_1}\hat{\boldsymbol{V}}\mathrm{e}^{-i\hat{\boldsymbol{H}}_0(\tau_1-\tau_2)}\hat{\boldsymbol{V}}\mathrm{e}^{-iE_p\tau_2}|\boldsymbol{p}\rangle \\
&\quad + \cdots
\end{aligned}
\tag{24.3.54}
$$

式 (24.3.54) 称为 $\boldsymbol{S}$ 矩阵的微扰展开.

现讨论如下:

(1) 微扰展开的零阶项 $\delta_3(\boldsymbol{p}'-\boldsymbol{p})$ 相当于势场 $V=0$ 的项, 即不发生散射的项.

(2) 一阶项为

$$
\langle \boldsymbol{p}'|\hat{\boldsymbol{S}}^{(1)}|\boldsymbol{p}\rangle = \int_{-\infty}^{\infty}\mathrm{d}\tau\underbrace{\langle \boldsymbol{p}'|\mathrm{e}^{iE_{p'}\tau}}_{③}\underbrace{(-i\hat{\boldsymbol{V}})}_{②}\underbrace{\mathrm{e}^{-iE_p\tau}|\boldsymbol{p}\rangle}_{①}
$$

式中, $\mathrm{e}^{-iE_p\tau}|\boldsymbol{p}\rangle$ 表示粒子从始态 $|\boldsymbol{p}\rangle$ 向时间的正方向自由演化到时刻 τ(①), 然后被势场 V 瞬间作用了一下 [相当于因子 $(-i\hat{\boldsymbol{V}})$, 即②], 变成终态 $|\boldsymbol{p}'\rangle$, 再向时间的正方向自由演化 (相当于③). 此种过程可用 Feynman 图表示 [图 24.3.1(a)]. 不同时刻 τ 的以上作用叠加, 故须对 τ 从 $-\infty \sim \infty$ 积分.

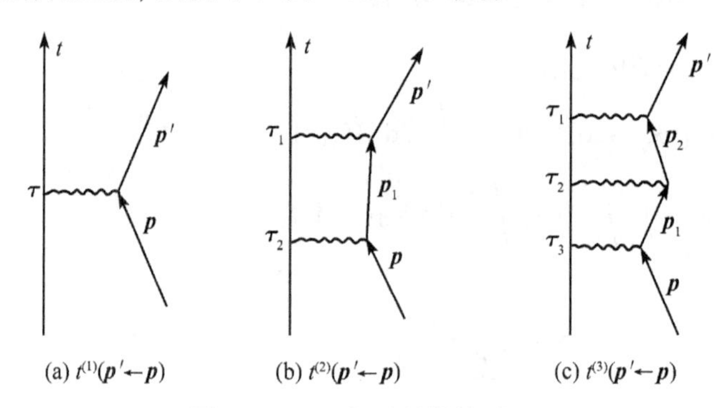

图 24.3.1　$\boldsymbol{S}$ 矩阵的微扰展开

一阶项可进一步简化

$$
\begin{aligned}
\langle \boldsymbol{p}'|\hat{\boldsymbol{S}}^{(1)}|\boldsymbol{p}\rangle &= -i\int_{-\infty}^{\infty}\mathrm{d}\tau\mathrm{e}^{i(E_{p'}-E_p)\tau}\langle \boldsymbol{p}'|\hat{\boldsymbol{V}}|\boldsymbol{p}\rangle \\
&= -2\pi i\delta(E_{p'}-E_p)\langle \boldsymbol{p}'|\hat{\boldsymbol{V}}|\boldsymbol{p}\rangle
\end{aligned}
$$

这就是一阶 Born 近似的结果 [式 (24.3.33)].

(3) 第三项称为“二阶项”, 又可写为

$$\langle \boldsymbol{p}'|\hat{\boldsymbol{S}}^{(2)}|\boldsymbol{p}\rangle = \int_{-\infty}^{\infty} \mathrm{d}\tau_1 \int_{-\infty}^{\tau_1} \mathrm{d}\tau_2$$

$$\cdot \int \mathrm{d}^3 p_1 \underbrace{\mathrm{e}^{iE_{p'}\tau_1}}_{⑤} \underbrace{\langle \boldsymbol{p}'|(-i\hat{\boldsymbol{V}})|\boldsymbol{p}_1\rangle}_{④} \underbrace{\mathrm{e}^{-iE_{p_1}(\tau_1-\tau_2)}}_{③} \underbrace{\langle \boldsymbol{p}_1|(-i\hat{\boldsymbol{V}})|\boldsymbol{p}\rangle}_{②} \underbrace{\mathrm{e}^{-iE_p\tau_2}}_{①}$$

可解释为: 粒子从始态 $|\boldsymbol{p}\rangle$ 自由演化到时刻 τ_2(①); 被势场 V 瞬间作用了一下 (②) 变成中间态 $|\boldsymbol{p}_1\rangle$; 这个中间态从时刻 τ_2 自由演化到时刻 τ_1(③); 到了时刻 τ_1 又受到势场 V 的瞬间作用 (④) 变成终态 $|\boldsymbol{p}'\rangle$; 终态 $|\boldsymbol{p}'\rangle$ 再作自由演化 (⑤). 用 Feynman 图表示成图 24.3.1(b). 再对所有中间态 $|\boldsymbol{p}_1\rangle$ 的贡献和对各种时刻 τ_1 和 τ_2 的贡献 $(-\infty < \tau_2 \leqslant \tau_1 < \infty)$ 加和.

24.3.7　散射定态

记 $|\phi\rangle$ 为入射渐近态在 $t=0$ 时的态; 记 $|\phi+\rangle$ 为与之对应的 $t=0$ 时的真实散射态. 又记 $|\chi\rangle$ 为出射渐近态在 $t=0$ 时的态; 记 $|\chi-\rangle$ 为与之对应的 $t=0$ 时的真实散射态, 即

$$\left.\begin{aligned} |\phi+\rangle &= \hat{\boldsymbol{\Omega}}_+|\phi\rangle \\ |\chi-\rangle &= \hat{\boldsymbol{\Omega}}_-|\chi\rangle \end{aligned}\right\} \tag{24.3.55}$$

它们都是正常矢量, 代表一个可以归一化的波包. 又已知 $\{|\boldsymbol{p}\rangle\}$ 是 $\hat{\boldsymbol{H}}_0$(动能算符) 的本征态, $\hat{\boldsymbol{H}}_0|\boldsymbol{p}\rangle = E_p|\boldsymbol{p}\rangle$. $|\boldsymbol{p}\rangle$ 是非正常矢量, 不能作正常的归一化.

现在与 $|\boldsymbol{p}\rangle$ 对应地引入非正常矢量 $|\boldsymbol{p}+\rangle$ 和 $|\boldsymbol{p}-\rangle$, 即定义

$$|\boldsymbol{p}\pm\rangle \equiv \hat{\boldsymbol{\Omega}}_\pm|\boldsymbol{p}\rangle \tag{24.3.56}$$

用 $\{|\boldsymbol{p}\rangle\}$ 展开 $|\phi\rangle$

$$|\phi\rangle = \int \mathrm{d}^3 p|\boldsymbol{p}\rangle\phi(\boldsymbol{p}) \tag{24.3.57}$$

式中, $\phi(\boldsymbol{p}) \equiv \langle \boldsymbol{p}|\phi\rangle$. 所以

$$|\phi+\rangle = \hat{\boldsymbol{\Omega}}_+|\phi\rangle = \int \mathrm{d}^3 p|\boldsymbol{p}+\rangle\phi(\boldsymbol{p}) \tag{24.3.58}$$

可见, 用平面波 $\{|\boldsymbol{p}\rangle\}$ 展开入射渐近态 $|\phi\rangle$ 的展开系数与用 $\{|\boldsymbol{p}+\rangle\}$ 展开对应的真实态 $|\phi+\rangle$ 的展开系数完全一样, 都是 $\phi(\boldsymbol{p})$.

同理, 用平面波 $\{|\boldsymbol{p}\rangle\}$ 展开出射渐近态 $|\chi\rangle$ 的展开系数与用 $\{|\boldsymbol{p}-\rangle\}$ 展开对应的真实态 $|\chi-\rangle$ 的展开系数完全一样, 都是 $\chi(\boldsymbol{p})$, 即

$$|\chi\rangle=\int \mathrm{d}^3p|\boldsymbol{p}\rangle\chi(\boldsymbol{p}) \tag{24.3.59}$$

$$|\chi-\rangle=\hat{\boldsymbol{\Omega}}_-|\chi\rangle=\int \mathrm{d}^3p|\boldsymbol{p}-\rangle\chi(\boldsymbol{p}) \tag{24.3.60}$$

(1) 由 $\hat{\boldsymbol{H}}_0|\boldsymbol{p}\rangle=E_p|\boldsymbol{p}\rangle$ 和易位关系式 $\hat{\boldsymbol{H}}\hat{\boldsymbol{\Omega}}_\pm=\hat{\boldsymbol{\Omega}}_\pm\hat{\boldsymbol{H}}_0$, 得到 $\hat{\boldsymbol{H}}|\boldsymbol{p}\pm\rangle=\hat{\boldsymbol{H}}\hat{\boldsymbol{\Omega}}_\pm|\boldsymbol{p}\rangle=\hat{\boldsymbol{\Omega}}_\pm\hat{\boldsymbol{H}}_0|\boldsymbol{p}\rangle=E_p\hat{\boldsymbol{\Omega}}_\pm|\boldsymbol{p}\rangle$, 可见

$$\hat{\boldsymbol{H}}|\boldsymbol{p}\pm\rangle=E_p|\boldsymbol{p}\pm\rangle \tag{24.3.61}$$

$$\hat{\boldsymbol{H}}_0|\boldsymbol{p}\rangle=E_p|\boldsymbol{p}\rangle \tag{24.3.62}$$

即 $|\boldsymbol{p}\pm\rangle$ 和 $|\boldsymbol{p}\rangle$ 分别是 $\hat{\boldsymbol{H}}$ 和 $\hat{\boldsymbol{H}}_0$ 的具有相同本征值 E_p 的本征态. 这也说明 $|\boldsymbol{p}\pm\rangle$ 可以通过不含时的 Schrödinger 定态方程 [式 (24.3.61)] 求得, 这是一条用微分方程解散射问题的途径. $|\boldsymbol{p}\pm\rangle$ 称为“散射定态”.

从 24.1 节中所叙述的“渐近条件”可知, 真实的散射波包 $\hat{\boldsymbol{U}}(t)|\phi+\rangle$ 与它的入射渐近态 $\hat{\boldsymbol{U}}_0(t)|\phi\rangle$ 之间的关系为

$$\hat{\boldsymbol{U}}(t)|\phi+\rangle \underset{t\to-\infty}{\longrightarrow} \hat{\boldsymbol{U}}_0(t)|\phi\rangle \tag{24.3.63}$$

再由展开式 (24.3.57) 和式 (24.3.58), 得

$$\int \mathrm{d}^3p\phi(\boldsymbol{p})[\hat{\boldsymbol{U}}(t)|\boldsymbol{p}+\rangle] \underset{t\to-\infty}{\longrightarrow} \int \mathrm{d}^3p\phi(\boldsymbol{p})[\hat{\boldsymbol{U}}_0(t)|\boldsymbol{p}\rangle] \tag{24.3.64}$$

这说明非正常态矢量 $|\boldsymbol{p}+\rangle$ 和 $|\boldsymbol{p}\rangle$ 虽然本身不能正常归一化、不收敛, 因而不代表真实的物理状态, 但是, 它们若通过态的叠加 $\int \mathrm{d}^3p\phi(\boldsymbol{p})(\cdot)$ 之后就可与正常矢量一样呈现出渐近关系. 这样, 就可以说 $|\boldsymbol{p}+\rangle$ 是某个 $t=0$ 时的“真实散射定态”, 它是从不含时部分为 $|\boldsymbol{p}\rangle$ 的那个入射渐近态通过“真实”的散射过程演化来的.

同理, 与 $\hat{\boldsymbol{U}}(t)|\chi-\rangle \underset{t\to\infty}{\longrightarrow} \hat{\boldsymbol{U}}_0(t)|\chi\rangle$ 对应的渐近关系

$$\int \mathrm{d}^3p\chi(\boldsymbol{p})[\hat{\boldsymbol{U}}(t)|\boldsymbol{p}-\rangle] \underset{t\to\infty}{\longrightarrow} \int \mathrm{d}^3p\chi(\boldsymbol{p})[\hat{\boldsymbol{U}}_0(t)|\boldsymbol{p}\rangle] \tag{24.3.65}$$

同样, 非正常向量 $|\boldsymbol{p}-\rangle$ 和 $|\boldsymbol{p}\rangle$ 虽然本身不收敛、不代表真实的物理状态, 但是, 它们若通过态的叠加 $\int \mathrm{d}^3p\chi(\boldsymbol{p})(\cdot)$ 之后就可以与正常矢量一样呈现出渐近关系. 于是, 可以说 $|\boldsymbol{p}-\rangle$ 是某个 $t=0$ 时的“真实散射定态”, 它将演化成为出射渐近态, 其不含时部分为 $|\boldsymbol{p}\rangle$.

已知 $\hat{\boldsymbol{H}}_0$ 的本征态集 $\{|\boldsymbol{p}\rangle\}$ 可当作体系状态空间 $\mathscr{H}$ 中的一组正交基. 而通过等模算符 $\hat{\boldsymbol{\Omega}}_\pm$ 的映射, $|\boldsymbol{p}\rangle \xrightarrow{\hat{\boldsymbol{\Omega}}_\pm} |\boldsymbol{p}\pm\rangle$ 得到的 $\{|\boldsymbol{p}+\rangle\}$ 或 $\{|\boldsymbol{p}-\rangle\}$ 只张成了 $\mathscr{H}$ 中所有散射态所在的子空间 $\mathscr{R}$. 真实的散射态 $|\phi+\rangle$ 或 $|\chi-\rangle$ 是可以用 $\{|\boldsymbol{p}+\rangle\}$ 或 $\{|\boldsymbol{p}-\rangle\}$ 这一组 $\mathscr{R}$ 空间的正交基展开的 [式 (24.3.58) 和式 (24.3.60)]. 体系的所有束缚态构成子空间 $\mathscr{B}$. 记 $\{|l\rangle\}$ 为 $\mathscr{B}$ 中的正交归一基. 这样

$$\mathscr{H} = \mathscr{B} \oplus \mathscr{R} \tag{24.3.66}$$

而其中基的封闭关系为

$$\left.\begin{aligned} \mathbf{1} &= \int \mathrm{d}^3p|\boldsymbol{p}+\rangle\langle\boldsymbol{p}+| + \sum_l |l\rangle\langle l| \\ \text{或}\quad \mathbf{1} &= \int \mathrm{d}^3p|\boldsymbol{p}-\rangle\langle\boldsymbol{p}-| + \sum_l |l\rangle\langle l| \end{aligned}\right\} \tag{24.3.67}$$

(2) 根据 $\hat{\boldsymbol{\Omega}}_\pm$ 的表示式 [式 (24.3.25)]

$$\int \mathrm{d}^3p\phi(\boldsymbol{p})|\boldsymbol{p}+\rangle = |\phi+\rangle = \hat{\boldsymbol{\Omega}}_+|\phi\rangle = |\phi\rangle + \int \mathrm{d}^3p\phi(\boldsymbol{p})\hat{\boldsymbol{G}}(E_p+i0)\hat{\boldsymbol{V}}|\boldsymbol{p}\rangle$$

和

$$\int \mathrm{d}^3p\chi(\boldsymbol{p})|\boldsymbol{p}-\rangle = |\chi-\rangle = \hat{\boldsymbol{\Omega}}_-|\chi\rangle = |\chi\rangle + \int \mathrm{d}^3p\chi(\boldsymbol{p})\hat{\boldsymbol{G}}(E_p-i0)\hat{\boldsymbol{V}}|\boldsymbol{p}\rangle$$

由于以上二式对任意 $|\phi\rangle$ 或 $|\chi\rangle$ 均成立, 因此

$$|\boldsymbol{p}\pm\rangle = (\mathbf{1} + \hat{\boldsymbol{G}}(E_p \pm i0)\hat{\boldsymbol{V}})|\boldsymbol{p}\rangle \tag{24.3.68}$$

(3) 求证

$$t(\boldsymbol{p}' \leftarrow \boldsymbol{p}) = \langle\boldsymbol{p}'|\hat{\boldsymbol{V}}|\boldsymbol{p}+\rangle = \langle\boldsymbol{p}'-|\hat{\boldsymbol{V}}|\boldsymbol{p}\rangle \tag{24.3.69}$$

证明：根据

$$\hat{\boldsymbol{T}}(E_p \pm i0)|\boldsymbol{p}\rangle = [\hat{\boldsymbol{V}} + \hat{\boldsymbol{V}}\hat{\boldsymbol{G}}(E_p \pm i0)\hat{\boldsymbol{V}}]|\boldsymbol{p}\rangle = \hat{\boldsymbol{V}}(\mathbf{1} + \hat{\boldsymbol{G}}(E_p \pm i0)\hat{\boldsymbol{V}})|\boldsymbol{p}\rangle$$

所以

$$\hat{\boldsymbol{T}}(E_p \pm i0)|\boldsymbol{p}\rangle = \hat{\boldsymbol{V}}|\boldsymbol{p}\pm\rangle \tag{24.3.70}$$

再由式 (24.3.31), 得

$$t(\boldsymbol{p}' \leftarrow \boldsymbol{p}) = \langle\boldsymbol{p}'|\hat{\boldsymbol{T}}(E_p + i0)|\boldsymbol{p}\rangle = \langle\boldsymbol{p}'|\hat{\boldsymbol{V}}|\boldsymbol{p}+\rangle$$

由 $\hat{\boldsymbol{T}}(E_{p'} - i0)|\boldsymbol{p}'\rangle = \hat{\boldsymbol{V}}|\boldsymbol{p}'-\rangle$[式 (24.3.70)], 取 Hermite 共轭后再根据 $[\hat{\boldsymbol{T}}(z)]^\dagger = \hat{\boldsymbol{T}}(z^*)$[式 (24.3.17)], 得

$$\langle\boldsymbol{p}'|\hat{\boldsymbol{T}}(E_{p'} + i0) = \langle\boldsymbol{p}'-|\hat{\boldsymbol{V}}$$

在目前的单粒子散射问题中 $E_p = E_{p'}$, 所以由式 (24.3.31) 得

$$t(\boldsymbol{p}' \leftarrow \boldsymbol{p}) = \langle \boldsymbol{p}'|\hat{\boldsymbol{T}}(E_{p'} + i0)|\boldsymbol{p}\rangle = \langle \boldsymbol{p}'-|\hat{\boldsymbol{V}}|\boldsymbol{p}\rangle$$

(4) 由式 (24.3.15), 即

$$\hat{\boldsymbol{G}}(E_p \pm i0)\hat{\boldsymbol{V}} = \hat{\boldsymbol{G}}_0(E_p \pm i0)\hat{\boldsymbol{T}}(E_p \pm i0)$$

和式 (24.3.70), 可将式 (24.3.68) 改写为

$$|\boldsymbol{p}\pm\rangle = |\boldsymbol{p}\rangle + \hat{\boldsymbol{G}}_0(E_p \pm i0)\hat{\boldsymbol{V}}|\boldsymbol{p}\pm\rangle \tag{24.3.71}$$

式 (24.3.71) 称为散射定态 $|\boldsymbol{p}\pm\rangle$ 的 Lippmann-Schwinger 方程. 它本质上和跃迁算符 $\hat{\boldsymbol{T}}$ 的 Lippmann-Schwinger 方程 [式 (24.3.19)] 相同, 也是一个要迭代法解的方程. 经迭代后得到与式 (24.3.20) 本质上一样的 Born 级数

$$|\boldsymbol{p}\pm\rangle = |\boldsymbol{p}\rangle + \hat{\boldsymbol{G}}_0(E_p \pm i0)\hat{\boldsymbol{V}}|\boldsymbol{p}\rangle + [\hat{\boldsymbol{G}}_0(E_p \pm i0)\hat{\boldsymbol{V}}]^2|\boldsymbol{p}\rangle + \cdots \tag{24.3.72}$$

式 (24.3.72) 说明了散射定态 $|\boldsymbol{p}\pm\rangle$ 是由直射波 $|\boldsymbol{p}\rangle$ 和被势场作用扭曲了的"畸变波"(其余的项) 叠加而成的.

将式 (24.3.72) 代入式 (24.3.69), 得到壳面 $\boldsymbol{T}$ 矩阵

$$\begin{aligned} t(\boldsymbol{p}' \leftarrow \boldsymbol{p}) &= \langle \boldsymbol{p}'|\hat{\boldsymbol{V}}|\boldsymbol{p}+\rangle \\ &= \langle \boldsymbol{p}'|\hat{\boldsymbol{V}}|\boldsymbol{p}\rangle + \langle \boldsymbol{p}'|\hat{\boldsymbol{V}}\hat{\boldsymbol{G}}_0(E_p + i0)\hat{\boldsymbol{V}}|\boldsymbol{p}\rangle \\ &\quad + \langle \boldsymbol{p}'|\hat{\boldsymbol{V}}\hat{\boldsymbol{G}}_0(E_p + i0)\hat{\boldsymbol{V}}\hat{\boldsymbol{G}}_0(E_p + i0)\hat{\boldsymbol{V}}|\boldsymbol{p}\rangle + \cdots \end{aligned} \tag{24.3.73}$$

(5) 散射定态波函数. 将式 (24.3.71) 写成在坐标表示中的显式就得到散射定态波函数

$$\langle \boldsymbol{r}|\boldsymbol{p}\pm\rangle = \langle \boldsymbol{r}|\boldsymbol{p}\rangle + \int \mathrm{d}^3 r' \langle r|\hat{\boldsymbol{G}}_0(E_p \pm i0)|\boldsymbol{r}'\rangle \hat{V}(\boldsymbol{r}')\langle \boldsymbol{r}'|\boldsymbol{p}\pm\rangle \tag{24.3.74}$$

式 (24.3.74) 演绎过程中利用了算符 $\hat{\boldsymbol{V}}$ 是局域的. 现在看式 (24.3.74) 中的自由定态 Green 函数 $\langle \boldsymbol{r}|\hat{\boldsymbol{G}}_0(E_p \pm i0)|\boldsymbol{r}'\rangle$, 利用动量表示的封闭关系, 得

$$\langle \boldsymbol{r}|\hat{\boldsymbol{G}}_0(z)|\boldsymbol{r}'\rangle = \int \mathrm{d}^3 p \langle \boldsymbol{r}|\hat{\boldsymbol{G}}_0(z)|\boldsymbol{p}\rangle\langle \boldsymbol{p}|\boldsymbol{r}'\rangle$$

再利用

$$\hat{\boldsymbol{G}}_0(z)|\boldsymbol{p}\rangle = (z - E_p)^{-1}|\boldsymbol{p}\rangle$$

和平面波

$$\langle \boldsymbol{r}|\boldsymbol{p}\rangle = (2\pi)^{-3/2}\mathrm{e}^{i\boldsymbol{p}\cdot\boldsymbol{r}} \tag{24.2.7}$$

得

$$\langle \boldsymbol{r}|\hat{\boldsymbol{G}}_0(z)|\boldsymbol{r}'\rangle = (2\pi)^{-3}\int \mathrm{d}^3p\frac{\mathrm{e}^{i\boldsymbol{p}\cdot(\boldsymbol{r}-\boldsymbol{r}')}}{z-E_p}$$

求此积分时, 选 $(\boldsymbol{r}-\boldsymbol{r}')$ 为 z 轴, 先对立体角积分, 得

$$\begin{aligned}\langle \boldsymbol{r}|\hat{\boldsymbol{G}}_0(z)|\boldsymbol{r}'\rangle &= \frac{im}{2\pi^2|\boldsymbol{r}-\boldsymbol{r}'|}\int_{-\infty}^{\infty}\mathrm{d}p\frac{p\mathrm{e}^{ip|\boldsymbol{r}-\boldsymbol{r}'|}}{p^2-2mz}\\ &= \frac{im}{(2\pi)^2|\boldsymbol{r}-\boldsymbol{r}'|}\int_{-\infty}^{\infty}\mathrm{d}p\left(\frac{1}{p-(2mz)^{1/2}}+\frac{1}{p+(2mz)^{1/2}}\right)\mathrm{e}^{ip|\boldsymbol{r}-\boldsymbol{r}'|}\end{aligned} \tag{24.3.75}$$

演绎时已经把原来 $p\equiv|\boldsymbol{p}|$ 的变化范围从 $0\to\infty$ 变换成 $-\infty\to\infty$. 欲解式 (24.3.75) 显然把 $\boldsymbol{p}$ 的数域从实数 $-\infty\to\infty$ 再延拓到整个复平面用留数定理来求积分值更为方便. 式 (24.3.75) 积分的被积函数有两个一阶奇点, 即在 $p=\pm(2mz)^{1/2}$ 处.

(a) $z=E_p+i0$. 这时奇点在 $p=\pm|\boldsymbol{p}|\mathrm{e}^{i0}$. 又因为 $|\boldsymbol{r}-\boldsymbol{r}'|>0$, 只能在上半平面而不是下半平面有 Jordan 引理, 所以积分路径 C 取成如图 24.3.2(a) 所示. 积分回路 C 只围住一个奇点 $|\boldsymbol{p}|\mathrm{e}^{i0}$, 利用留数定理可得

$$\begin{aligned}\langle \boldsymbol{r}|\hat{\boldsymbol{G}}_0(E_p+i0)|\boldsymbol{r}'\rangle &= \int_{-\infty}^{\infty}(\cdot)=\int_C(\cdot)=2\pi i(|\boldsymbol{p}|\mathrm{e}^{i0}\text{ 处留数})\\ &= -\frac{m}{2\pi|\boldsymbol{r}-\boldsymbol{r}'|}\mathrm{e}^{i\boldsymbol{p}\cdot(\boldsymbol{r}-\boldsymbol{r}')}\end{aligned} \tag{24.3.76}$$

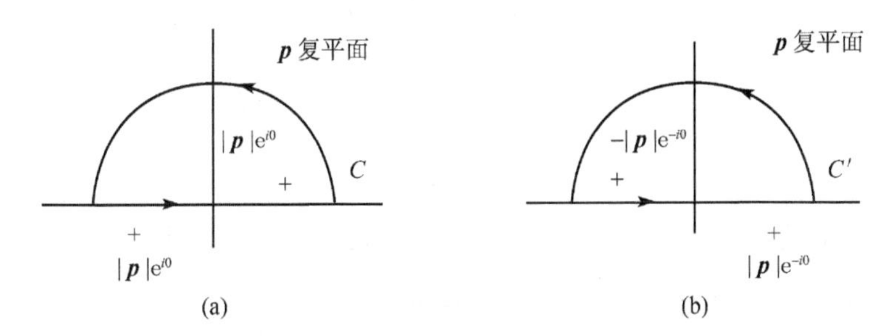

图 24.3.2　式 (24.3.75) 积分之求法

(b) $z=E_p-i0$. 处理办法同 (a). 这时奇点在 $p=\mp|\boldsymbol{p}|\mathrm{e}^{-i0}$, 积分回路 C' 取在上半平面, 如图 24.3.2(b) 所示. 回路 C 只围住一个在 $-|\boldsymbol{p}|\mathrm{e}^{-i0}$ 处的一阶奇点. 所以

$$\begin{aligned}\langle \boldsymbol{r}|\hat{\boldsymbol{G}}_0(E_p-i0)|\boldsymbol{r}'\rangle &= \int_{C'}(\cdot)=2\pi i(-|\boldsymbol{p}|\mathrm{e}^{-i0}\text{ 处的留数})\\ &= -\frac{m}{2\pi|\boldsymbol{r}-\boldsymbol{r}'|}\mathrm{e}^{-i\boldsymbol{p}\cdot(\boldsymbol{r}-\boldsymbol{r}')}\end{aligned}$$

因而

$$\langle \boldsymbol{r}|\boldsymbol{p}\pm\rangle = \langle \boldsymbol{r}|\boldsymbol{p}\rangle - \frac{m}{2\pi}\int \mathrm{d}^3r'\frac{\mathrm{e}^{\pm i\boldsymbol{p}\cdot(\boldsymbol{r}-\boldsymbol{r}')}}{|\boldsymbol{r}-\boldsymbol{r}'|}V(\boldsymbol{r}')\langle \boldsymbol{r}'|\boldsymbol{p}\pm\rangle \tag{24.3.77}$$

式 (24.3.77) 称为散射定态波函数 $\langle \boldsymbol{r}|\boldsymbol{p}+\rangle$ 和 $\langle \boldsymbol{r}|\boldsymbol{p}-\rangle$ 的 Lippmann-Schwinger 方程, 也需要用迭代法求解. 这是一个积分方程, 是将 Schrödinger 微分方程及其边界条件结合起来得到的, 给出了求解散射定态 $|\boldsymbol{p}\pm\rangle$ 的第二条途径.

(6) 散射定态波函数的渐近行为. 现在分析式 (24.3.77) 在 $r\to\infty$ 时的行为. 在方程

$$\langle \boldsymbol{r}|\boldsymbol{p}\pm\rangle_{r\to\infty}=\langle \boldsymbol{r}|\boldsymbol{p}\rangle_{r\to\infty}-\frac{m}{2\pi}\lim_{r\to\infty}\int \mathrm{d}^3r'\frac{\mathrm{e}^{\pm i\boldsymbol{p}\cdot(\boldsymbol{r}-\boldsymbol{r}')}}{|\boldsymbol{r}-\boldsymbol{r}'|}V(\boldsymbol{r}')\langle \boldsymbol{r}'|\boldsymbol{p}\pm\rangle \tag{24.3.78}$$

中, 被积函数中有因子 $V(\boldsymbol{r}')$. 由于势场 V 只是在局部小范围内才不为零, 因此式 (24.3.78) 对 $\boldsymbol{r}'$ 在整个空间内的积分范围可以缩小到对 $\boldsymbol{r}'$ 只在势场 V 作用半径 a 之内的空间内积分. 显然, 对于求 $r\to\infty$ 渐近行为时, 有 $a\ll r$(图 24.3.3).

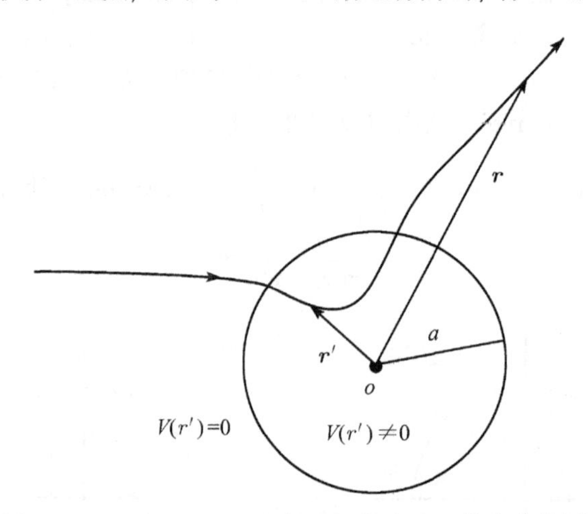

图 24.3.3 求解 $\langle \boldsymbol{r}|\boldsymbol{p}\pm\rangle$ 在 $r\to\infty$ 处渐近行为时对 $\boldsymbol{r}$ 的积分范围 [式 (24.3.78)]

令 $\boldsymbol{e}_r$ 和 $\boldsymbol{e}_{r'}$ 分别为 $\boldsymbol{r}$ 和 $\boldsymbol{r}'$ 的单位矢量, 所以

$$|\boldsymbol{r}-\boldsymbol{r}'|=(r^2+r'^2-2\boldsymbol{r}\cdot\boldsymbol{r}')^{1/2}=r-\boldsymbol{e}_r\cdot\boldsymbol{r}'+O(r'^2/r)$$

进而

$$\begin{aligned}\frac{\mathrm{e}^{\pm i\boldsymbol{p}\cdot(\boldsymbol{r}-\boldsymbol{r}')}}{|\boldsymbol{r}-\boldsymbol{r}'|}&\cong\frac{\mathrm{e}^{\pm ipr}\mathrm{e}^{\mp ip\boldsymbol{e}_r\cdot\boldsymbol{r}'}\mathrm{e}^{\pm ipO(r'^2/r)}}{r[1-\boldsymbol{e}_r\cdot\boldsymbol{e}_{r'}(r'/r)]}\\&=\frac{1}{r}\mathrm{e}^{\pm ipr}\mathrm{e}^{\mp ip\boldsymbol{e}_r\cdot r'}\left[1+O\left(\frac{a}{r}+\frac{pa^2}{r}\right)\right]\end{aligned}$$

于是

$$\langle \boldsymbol{r}|\boldsymbol{p}\pm\rangle_{r\to\infty}\cong\langle \boldsymbol{r}|\boldsymbol{p}\rangle_{r\to\infty}-\frac{m}{2\pi}(2\pi)^{3/2}\frac{\mathrm{e}^{\pm ipr}}{\boldsymbol{r}}\int \mathrm{d}^3r'\langle \pm p\boldsymbol{e}_r|\boldsymbol{r}'\rangle V(\boldsymbol{r}')\langle \boldsymbol{r}'|\boldsymbol{p}\pm\rangle$$

又知道势能算符 $\hat{\boldsymbol{V}}$ 是局域算符 [式 (24.3.34)], 故脱去两个坐标表示 ($\boldsymbol{r}$ 和 $\boldsymbol{r}''$) 的封闭关系, 得

$$\langle \boldsymbol{r}|\boldsymbol{p}\pm\rangle_{r\to\infty} = (2\pi)^{-3/2}\left[\mathrm{e}^{i\boldsymbol{p}\cdot\boldsymbol{r}} - m(2\pi)^2\langle \pm p\boldsymbol{e}_r|\hat{\boldsymbol{V}}|\boldsymbol{p}\pm\rangle\frac{\mathrm{e}^{\pm ipr}}{r}\right] \tag{24.3.79}$$

可见, $\langle \boldsymbol{r}|\boldsymbol{p}+\rangle$ 在 $r\to\infty$ 处的渐近行为为

$$\langle \boldsymbol{r}|\boldsymbol{p}+\rangle \underset{r\to\infty}{\longrightarrow} (2\pi)^{-3/2}\left[\mathrm{e}^{i\boldsymbol{p}\cdot\boldsymbol{r}} + f(p\boldsymbol{e}_r\leftarrow\boldsymbol{p})\frac{\mathrm{e}^{ipr}}{r}\right] \tag{24.3.80}$$

这就是在第 23 章中通过定性解释引入的 $r\to\infty$ 时的渐近条件 [式 (23.2.18)], 即 $r\to\infty$ 处的散射波等于直射平面波和向外射出的球面波叠加. 现在的讨论还明确了要通过 $\{\langle \boldsymbol{r}|\boldsymbol{p}+\rangle\}$ 的叠加才得出真实的散射波包 $\langle \boldsymbol{r}|\phi+\rangle$, 即

$$\langle \boldsymbol{r}|\phi+\rangle = \int \mathrm{d}^3p\phi(\boldsymbol{p})\langle \boldsymbol{r}|\boldsymbol{p}+\rangle$$

散射定态波函数 $\langle \boldsymbol{r}|\boldsymbol{p}-\rangle$ 代表什么呢? 从式 (24.3.71) 得知

$$\langle \boldsymbol{r}|\boldsymbol{p}-\rangle \underset{r\to\infty}{\longrightarrow} (2\pi)^{-3/2}\left[\mathrm{e}^{i\boldsymbol{p}\cdot\boldsymbol{r}} - m(2\pi)^2\langle -p\boldsymbol{e}_r|\hat{\boldsymbol{V}}|\boldsymbol{p}-\rangle\frac{\mathrm{e}^{-ipr}}{r}\right]$$

它是由二项叠加而成的, 第一项还是平面波, 第二项 $\dfrac{\mathrm{e}^{-ipr}}{r}$ 代表了向内会聚的球面波. 在散射实验中还没有满足这种渐近条件的实验安排.

当然, 从式 (24.3.77) 用迭代法求散射定态 $\langle \boldsymbol{r}|\boldsymbol{p}\pm\rangle$ 比起解微分方程的途径还要难些, 不过用式 (24.3.77) 能很容易地求出 $r\to\infty$ 时的渐近行为, 从而可求出微分截面和总截面. 更重要的是, 以上各 Lippmann-Schwinger 方程对单粒子在固定势场中散射问题的处理方法可以很方便地推广, 建立起对包括弹性、非弹性和反应碰撞在内的复杂散射过程作出统一处理的形式理论.

24.4　多通道散射的形式理论

本章前三节讨论的是单个无结构粒子在固定势场中散射的 Lippmann-Schwinger 的形式理论，现在要将它推广到包括弹性、非弹性和反应碰撞但又不涉及引起相对论效应的复杂散射过程中去, 建立非相对论量子散射的形式理论框架. 实际上, 这个理论框架也可推广到相对论的情况.

复杂的散射过程可以分为三种类型：

(1) 弹性碰撞：在这类过程中粒子各自的内部运动量子状态没有任何变化, 只是粒子之间发生平动能的交换.

(2) 非弹性碰撞: 这类过程中, 粒子之间除了交换平动能之外, 还伴随着粒子内部运动状态的变化 (如自旋取向的改变, 转动、振动和电子运动状态的改变等). 也就是说, 在非弹性碰撞过程中一个粒子的平动能和内部运动能量与另一个或几个粒子的平动能和内部运动能量发生交换.

(3) 反应碰撞: 在反应碰撞中除了各种形式能量的交换外, 组成体系的各个集团 (每个集团由一个或几个粒子结合而成) 之间重新进行分解或结合, 亦即体系的全体粒子之间重新组合, 故又称为"重排碰撞". 化学反应就是分子、原子和离子之间的反应碰撞.

散射过程中体系变化的各种可能的始态或终态的状态模式称为"通道"或简称"道". 某散射体系入射时若处于某种状态模式, 这种状态模式称为"入射道". 经过散射之后该体系的终态就不一定处于一种状态模式 (一个通道), 而将处于不同的道.

应当指出, 在通道的定义中所指的状态模式, 是与碰撞的时间长度 ($\sim 10^{-10}$s 之内) 相比之下"稳定"的始态 ($t \to -\infty$) 或终态 ($t \to +\infty$).

以一个由 a, b 和 c 三个无自旋粒子组成的体系为例. 假定 b 和 c 有两个束缚态, 即基态 (bc) 和激发态 (bc)*; a 和 c 只有一个束缚态 (ac); 此体系的始态 (入射道) 为 a+(bc); 体系全部可能的始态 (或终态) 的状态模式共四种, 依次编号如下:

通道编号 α	0	1	2	3
通　道	a+b+c	a+(bc)	a+(bc)*	b+(ac)

这是一个"三粒子 — 四通道 — 二体始态"的例子 (二体指体系集团数目为 2). 再假定研究的对象是过程

$$\mathrm{a} + (\mathrm{bc}) \to \mathrm{a} + \mathrm{b} + \mathrm{c} \tag{24.4.1}$$

注意, 本章把 a+(bc) 和 a+(bc)* 算作不同的通道, 换言之, 在这种对通道的划分方法中通道指标 α 已经包括了该通道中各种内部运动量子状态的特征. 这样, 今后理论形式的符号可以简单些.

由以上可知, 在此例中散射体系的始态在第 1 道. 它的全部可能的散射过程有四种:

$$\mathrm{a} + (\mathrm{bc}) \to \begin{cases} \mathrm{a} + \mathrm{b} + \mathrm{c} & (\text{反应碰撞}) \\ \mathrm{a} + (\mathrm{bc}) & (\text{弹性碰撞}) \\ \mathrm{a} + (\mathrm{bc})^* & (\text{非弹性碰撞}) \\ \mathrm{b} + (\mathrm{ac}) & (\text{反应碰撞}) \end{cases}$$

分别属于体系从第 1 通道变成第 0, 1, 2 和第 3 通道的过程. 这里不包括三个粒子结合在一起的束缚态 (abc). 因为一旦形成 (abc), 如果不是再射入第四个粒子成为四粒子体系的话, 它是不会演化到三粒子体系的所属通道的.

实验中散射体系入射道的动量和能量都是确定的. 由于散射中能量一定守恒, 因此上述全部可能的四种散射过程在入射道条件指定的情况下不是都能进行的. 只有当体系的总能量达到某个能量值以上时才能达到处于某通道的终态. 这个能量称为该通道的阈能. 体系的总能量达到阈能, 而从始态就可以达到的那一通道这时称为开放的. 未达到阈能, 则那一通道是关闭的. 在全部可能的通道中只需要考虑开放的通道即可.

令 N 为散射体系中基本的粒子总数, 如上例中体系 a+(bc) 是三粒子体系, $N=3$. 第 0 通道总是规定为体系中这 N 个基本的粒子各自作自由运动的体系状态. 其余的通道编号为 $\boldsymbol{\alpha}=1,2,\cdots$ 每个通道内 N 个粒子组成 n_α 个"稳定"的集团, $2\leqslant n_\alpha\leqslant N$, 如束缚态 $(\mathrm{bc})^*$ 是一个集团. 每个集团是一个可以单独作自由运动的单位. 各集团自身的内部运动特征已经包括在通道指标 $\boldsymbol{\alpha}$ 中表征了. 令通道总数为 n, n 可以是无穷大, 也可以是有限的. 本节只限于讨论有限个通道的情况. 通常选取处于第 0 通道的体系总能量为能量零点, 也有的选用入射道体系的总能量为能量零点.

24.4.1　通道的 Hamilton 算符和渐近态

N 个粒子的体系无论处于哪个通道, 即无论以什么方式组合成集团, 体系总的 Hamilton 算符 $\hat{\boldsymbol{H}}$ 总是

$$\hat{\boldsymbol{H}}=\sum_{i=1}^{N}\frac{\hat{\boldsymbol{p}}_i^2}{2m_i}+\sum_{i<j}^{N}V(\boldsymbol{r}_{ij})=\hat{\boldsymbol{H}}_0+\hat{\boldsymbol{V}} \tag{24.4.2}$$

式中, 粒子动能之和 $\hat{\boldsymbol{H}}_0\equiv\sum\limits_{i=1}^{N}\dfrac{\hat{\boldsymbol{p}}_i^2}{2m_i}$, 势能之和 $\hat{\boldsymbol{V}}\equiv\sum\limits_{i<j}^{N}V(\boldsymbol{r}_{ij})$, $\boldsymbol{r}_{ij}\equiv\boldsymbol{r}_i-\boldsymbol{r}_j$. 本节中我们只限于讨论保守系, 势能 $\hat{\boldsymbol{V}}$ 只与位置有关. 所以 $\hat{\boldsymbol{H}}$ 不含时, 进而体系在 t 时刻的状态

$$|\psi_t\rangle=\hat{\boldsymbol{U}}(t)|\psi\rangle=\mathrm{e}^{-i\hat{\boldsymbol{H}}t}|\psi\rangle \tag{24.4.3}$$

体系定态即在 $t=0$ 时的态 $|\psi\rangle$ 是由 N 个粒子体系状态全体构成的 Hilbert 空间 $\mathscr{H}$ 中的任意态矢量. 它所对应的波函数为

$$\psi(\underline{\boldsymbol{r}})\equiv\psi(\boldsymbol{r}_1,\cdots,\boldsymbol{r}_N)=\langle\boldsymbol{r}_1,\cdots,\boldsymbol{r}_{\mathrm{N}}|\psi\rangle\equiv\langle\underline{\boldsymbol{r}}|\psi\rangle \tag{24.4.4}$$

式中, $\underline{\boldsymbol{r}}\equiv(\boldsymbol{r}_1,\cdots,\boldsymbol{r}_{\mathrm{N}})$.

(1) 起源于第 0 通道 (N 个粒子都作自由运动) 的真实散射态 $\mathrm{e}^{-i\hat{\boldsymbol{H}}t}|\psi\rangle$, 必有

$$\mathrm{e}^{-i\hat{\boldsymbol{H}}t}|\psi\rangle\underset{t\to-\infty}{\longrightarrow}\mathrm{e}^{-i\hat{\boldsymbol{H}}_0t}|\psi_{\mathrm{in}}^0\rangle$$

$|\psi_{\text{in}}^0\rangle$ 为第 0 通道入射态的不含时部分, 即 $t=0$ 时的入射态. 全体 $|\psi_{\text{in}}^0\rangle$ 构成的空间记为 $\mathscr{S}^0$.

以本节开始时所说的三粒子体系为例, 当体系处于第 1 通道时 [a+(bc)], 第 1 通道的体系 Hamilton 算符 $\hat{\boldsymbol{H}}^1$ 为

$$\hat{\boldsymbol{H}}^1=\sum_{i=1}^{3}\frac{\hat{\boldsymbol{p}}_i^2}{2m_i}+\hat{\boldsymbol{V}}_{\text{bc}} \tag{24.4.5}$$

式中, $\hat{\boldsymbol{V}}_{\text{bc}}$ 为集团 (bc) 内的相互作用势能. 起源于第 1 道的真实散射态 $\mathrm{e}^{-i\hat{\boldsymbol{H}}t}|\psi\rangle$, 必有

$$\mathrm{e}^{-i\hat{\boldsymbol{H}}t}|\psi\rangle\underset{t\to-\infty}{\longrightarrow}\mathrm{e}^{-i\hat{\boldsymbol{H}}^1t}|\psi_{\text{in}}^1\rangle$$

$|\psi_{\text{in}}^1\rangle$ 代表第 1 通道入射态的不含时部分, 表征了该体系中 a 粒子处于自由态、(bc) 集团处于自由态同时 (bc) 处于它的内部运动基态这样一个体系状态, 即

$$\langle\underline{\boldsymbol{r}}|\psi_{\text{in}}^1\rangle=\chi(\boldsymbol{r}_{\text{a}},\boldsymbol{R}_{\text{bc}})\phi_{(\text{bc})}(\boldsymbol{r}_{\text{bc}}) \tag{24.4.6}$$

式中, χ 表示 a 粒子和 (bc) 集团的自由运动, $\boldsymbol{R}_{\text{bc}}$ 为 (bc) 集团的质心坐标, $\phi_{(\text{bc})}(\boldsymbol{r}_{\text{bc}})$ 表示 (bc) 集团内部运动状态.

显然, 不是三粒子体系状态空间 $\mathscr{H}$ 中所有的入射态都能代表第 1 通道的入射渐近态的. 令 $\mathscr{S}^1$ 为第 1 通道的入射渐近态 $|\psi_{\text{in}}^1\rangle$ 或出射渐近态 $|\psi_{\text{out}}^1\rangle$ 的全体所构成的空间.

将第 1 通道的 Hamilton 算符 $\hat{\boldsymbol{H}}^1$ 中各集团质心平动能之和 $\hat{\boldsymbol{H}}_{\text{cm}}^1$ 分出来, 余下即集团内部运动能量之和 (或称相对运动能量) $\hat{\boldsymbol{H}}_{(\text{bc})}$

$$\begin{aligned}\hat{\boldsymbol{H}}^1&=\left[\frac{\hat{\boldsymbol{p}}_{\text{a}}^2}{2m_{\text{a}}}+\frac{\hat{\boldsymbol{P}}_{\text{bc}}^2}{2(m_{\text{b}}+m_{\text{c}})}\right]+\left[\frac{\hat{\boldsymbol{p}}_{\text{bc,r}}^2}{2\left(\dfrac{m_{\text{b}}m_{\text{c}}}{m_{\text{b}}+m_{\text{c}}}\right)}+\hat{\boldsymbol{V}}_{\text{bc}}\right]\\&=\hat{\boldsymbol{H}}_{\text{cm}}^1+\hat{\boldsymbol{H}}_{(\text{bc})}\end{aligned} \tag{24.4.7}$$

式中, $\hat{\boldsymbol{P}}_{\text{bc}}$ 为 (bc) 集团质心动量, $\hat{\boldsymbol{p}}_{\text{bc,r}}$ 为 (bc) 集团内相对运动动量. 式 (24.4.7) 第二个方括号内对应于 (bc) 集团内部运动 Hamilton 算符 $\hat{\boldsymbol{H}}_{(\text{bc})}$, 其本征方程为

$$\hat{\boldsymbol{H}}_{(\text{bc})}\phi_{(\text{bc})}(\boldsymbol{r}_{\text{bc}})=E_{(\text{bc})}\phi_{(\text{bc})}(\boldsymbol{r}_{\text{bc}}) \tag{24.4.8}$$

式中, $E_{(\text{bc})}$ 为 (bc) 集团的基态能量. 所以又有

$$\mathrm{e}^{-i\hat{\boldsymbol{H}}t}|\psi\rangle\underset{t\to-\infty}{\longrightarrow}\mathrm{e}^{-i\hat{\boldsymbol{H}}^1t}|\psi_{\text{in}}^1\rangle=\mathrm{e}^{-i(\hat{\boldsymbol{H}}_{\text{cm}}^1+E_{(\text{bc})})t}|\psi_{\text{in}}^1\rangle \tag{24.4.9}$$

第 α 道的 Hamilton 算符

$$\hat{\boldsymbol{H}}^{\alpha}=\hat{\boldsymbol{H}}_0+\sum_{\mu=1}^{n_\alpha}\hat{\boldsymbol{V}}_{\mu}^{\alpha}=\hat{\boldsymbol{H}}-\sum_{\mu<\nu}^{n_\alpha}\hat{\boldsymbol{V}}_{\mu\nu}^{\alpha} \tag{24.4.10}$$

式中, $\hat{\boldsymbol{V}}_{\mu}^{\alpha}$ 是第 α 通道中第 μ 个集团内部粒子之间的相互作用势能, $\hat{\boldsymbol{V}}_{\mu\nu}^{\alpha}$ 是第 α 通道内第 μ 和第 ν 两个集团之间的相互作用势能. 在第 α 通道中 n_α 个集团各自都是自由运动的. 属于第 α 通道的"入射渐近态" $|\psi_{\text{in}}^{\alpha}\rangle$ 或"出射渐近态" $|\psi_{\text{out}}^{\alpha}\rangle$ 的全体构成"通道子空间" $\mathscr{S}^{\alpha}$. $\mathscr{S}^{\alpha}$ 内的每个体系波函数如同式 (24.4.6) 一样是代表各集团自由运动状态的波函数 $\chi(\boldsymbol{R}_1,\cdots,\boldsymbol{R}_{n_\alpha})$ 和 n_α 个集团内部运动状态波函数 $\{\phi_\mu:\mu=1(1)n_\alpha\}$ 的乘积

$$\langle\underline{\boldsymbol{r}}|\psi_{\text{in}}^{\alpha}\rangle=\chi(\boldsymbol{R}_1,\cdots,\boldsymbol{R}_{n_\alpha})\prod_{\mu=1}^{n_\alpha}\phi_\mu \tag{24.4.11}$$

从 $\{|\psi_{\text{in}}^{\alpha}\rangle\}$ 和 $\{|\psi_{\text{out}}^{\alpha}\rangle\}$ 都是表示第 α 通道的自由态来理解, 可见全体 $|\psi_{\text{in}}^{\alpha}\rangle$ 构成的空间 $\mathscr{S}^{\alpha}$ 就是全体 $|\psi_{\text{out}}^{\alpha}\rangle$ 构成的空间.

(2) 同单粒子的散射理论一样, 可以证明, 在多通道理论中的"渐近条件"如下: 若体系任意通道内所有粒子之间的作用势能都符合条件 [式 (24.1.3)], 则对于任意通道 α 有:

(a) 通道子空间 $\mathscr{S}^{\alpha}$ 中的每一个入射渐近态 $|\psi_{\text{in}}^{\alpha}\rangle$ 都存在一个 $t=0$ 时的真实态 $|\psi\rangle$ 满足条件

$$\mathrm{e}^{-i\hat{\boldsymbol{H}}t}|\psi\rangle\underset{t\to-\infty}{\longrightarrow}\mathrm{e}^{-i\hat{\boldsymbol{H}}^{\alpha}t}|\psi_{\text{in}}^{\alpha}\rangle \tag{24.4.12a}$$

(b) $\mathscr{S}^{\alpha}$ 中的每一个出射渐近态 $|\psi_{\text{out}}^{\alpha}\rangle$ 都存在一个 $t=0$ 时的真实态 $|\psi\rangle$, 满足条件

$$\mathrm{e}^{-i\hat{\boldsymbol{H}}t}|\psi\rangle\underset{t\to\infty}{\longrightarrow}\mathrm{e}^{-i\hat{\boldsymbol{H}}^{\alpha}t}|\psi_{\text{out}}^{\alpha}\rangle \tag{24.4.12b}$$

对于 $|\psi\rangle$ 与 $|\psi_{\text{in}}^{\alpha}\rangle$ 的联系及 $|\psi\rangle$ 与 $|\psi_{\text{out}}^{\alpha}\rangle$ 的联系, 可定义"通道 Møller 算符" $\hat{\boldsymbol{\Omega}}_{+}^{\alpha}$ 和 $\hat{\boldsymbol{\Omega}}_{-}^{\alpha}$ 为

$$|\psi\rangle=\hat{\boldsymbol{\Omega}}_{+}^{\alpha}|\psi_{\text{in}}^{\alpha}\rangle=\lim_{t\to-\infty}\mathrm{e}^{i\hat{\boldsymbol{H}}t}\mathrm{e}^{-i\hat{\boldsymbol{H}}^{\alpha}t}|\psi_{\text{in}}^{\alpha}\rangle \tag{24.4.13a}$$

和

$$|\psi\rangle=\hat{\boldsymbol{\Omega}}_{-}^{\alpha}|\psi_{\text{out}}^{\alpha}\rangle=\lim_{t\to\infty}\mathrm{e}^{i\hat{\boldsymbol{H}}t}\mathrm{e}^{-i\hat{\boldsymbol{H}}^{\alpha}t}|\psi_{\text{out}}^{\alpha}\rangle \tag{24.4.13b}$$

如果散射体系的始态是在第 α 通道的入射渐态 $|\phi\rangle(\in\mathscr{S}^{\alpha})$, 经过碰撞体系最后变成第 α' 通道的出射渐近态 $|\phi'\rangle(\in\mathscr{S}^{\alpha'})$. 这一散射过程的概率应当为

$$w(\phi',\alpha'\leftarrow\phi,\alpha)=|\langle\phi'|\hat{\boldsymbol{\Omega}}_{-}^{\alpha'\dagger}\hat{\boldsymbol{\Omega}}_{+}^{\alpha}|\phi\rangle|^2 \tag{24.4.14}$$

(3) 在多通道理论中, 与单粒子散射理论一样可以证明, 任意真实的散射态与 N 个粒子全体结合在一起的任意束缚态一定是正交的; 从不同入射道的入射渐近态演化来的真实散射态之间也一定是正交的; 将要演化成不同通道的出射渐近态的真实散射态之间也一定是正交的. 这就是多通道情况下的正交定理. 也可叙述如下:

$|\phi\rangle$ 为任意一个所有 N 个粒子全部结合在一起的束缚态. 令

$$|\psi\rangle = \hat{\boldsymbol{\Omega}}_+^{\alpha}|\psi_{\text{in}}^{\alpha}\rangle$$

式中

$$|\psi_{\text{in}}^{\alpha}\rangle \in \mathscr{S}^{\alpha}$$

$$|\psi'\rangle = \hat{\boldsymbol{\Omega}}_+^{\alpha'}|\psi_{\text{in}}^{\alpha'}\rangle$$

式中

$$|\psi_{\text{in}}^{\alpha'}\rangle \in \mathscr{S}^{\alpha'} \text{ 且 } \alpha' \neq \alpha$$

则

$$\langle\phi|\psi\rangle = \langle\phi|\psi'\rangle = \langle\psi|\psi'\rangle = 0$$

同样, 令

$$|\chi\rangle = \Omega_-^{\alpha}|\psi_{\text{out}}^{\alpha}\rangle$$

式中

$$|\psi_{\text{out}}^{\alpha}\rangle \in \mathscr{S}^{\alpha}$$

$$|\chi'\rangle = \Omega_-^{\alpha'}|\psi_{\text{out}}^{\alpha'}\rangle$$

式中

$$|\psi_{\text{out}}^{\alpha'}\rangle \in \mathscr{S}^{\alpha'} \text{ 且 } \alpha' \neq \alpha$$

则

$$\langle\phi|\chi\rangle = \langle\phi|\chi'\rangle = \langle\chi|\chi'\rangle = 0 \tag{24.4.15}$$

正交定理的另一形式如下:

令全体 $|\phi\rangle$ 构成的空间记为 $\mathscr{B}$, $\hat{\boldsymbol{\Omega}}_\pm^{\alpha}$ 的值域记为 $\mathscr{R}_\pm^{\alpha}$(全体 $|\psi\rangle$ 构成的空间记为 $\mathscr{R}_+^{\alpha}$, 全体 $|\chi\rangle$ 构成的空间记为 $\mathscr{R}_-^{\alpha}$), 则

$$\left.\begin{aligned}&\mathscr{B} \perp \mathscr{R}_\pm^{\alpha} \qquad \forall\alpha\\ \text{和}\qquad &\mathscr{R}_+^{\alpha} \perp \mathscr{R}_+^{\alpha'}, \mathscr{R}_-^{\alpha} \perp \mathscr{R}_-^{\alpha'} \qquad \forall\alpha,\alpha'(\alpha\neq\alpha')\end{aligned}\right\} \tag{24.4.16}$$

特殊情况 $\mathscr{R}_+^{\alpha} \perp \mathscr{R}_-^{\alpha'}$ 意味着从入射道 α 演化来的真实散射态是决不会将来演化到出射道 α' 去的. 这是从 α 道 $\rightarrow \alpha'$ 道禁阻的特例. 若 $\mathscr{R}_+^{\alpha} = \mathscr{R}_-^{\alpha}$, 则意味着从入

射道 α 演化来的真实散射态将来只能且必须演化到同一通道的出射渐近态去, 这是只能作弹性碰撞的特例. 一般说来, $\mathscr{R}_+^\alpha \neq \mathscr{R}_-^\alpha$. 若 $\mathscr{R}_+^\alpha$ 与 $\mathscr{R}_-^0, \cdots, \mathscr{R}_-^n$ 几个子空间都有些重叠, 显然会发生非弹性和反应碰撞.

以上谈的真实态 $|\psi\rangle$ 是从某一特定的入射道演化来的 [式 (24.4.13a)], 或者谈的是这样的一种真实态 $|\psi\rangle$, 它将来要演化到某一特定的出射道去的 [式 (24.4.13b)]. 现在要推广到入射时就不只是一个通道的入射态, 而是散射定态 $|\psi\rangle$ 所对应的入射渐近态可以是所有可能入射道的渐近态的叠加, 即

$$\mathrm{e}^{-i\hat{\boldsymbol{H}}t}|\psi\rangle \underset{t\to-\infty}{\longrightarrow} \sum_{\alpha=0}^{n} \mathrm{e}^{-i\hat{\boldsymbol{H}}^\alpha t}|\psi_{\text{in}}^\alpha\rangle \tag{24.4.17}$$

式中, $|\psi_{\text{in}}^\alpha\rangle \in \mathscr{S}^\alpha$. 于是

$$|\psi\rangle = \sum_{\alpha=0}^{n} \hat{\boldsymbol{\Omega}}_+^\alpha |\psi_{\text{in}}^\alpha\rangle \tag{24.4.18}$$

一般说来, 真实散射态所对应的入射渐近态要用集合 $\{|\psi_{\text{in}}^0\rangle, \cdots, |\psi_{\text{in}}^\alpha\rangle, \cdots, |\psi_{\text{in}}^n\rangle\}$ 来表示, 记为 $|\Psi_{\text{in}}\rangle$

$$|\Psi_{\text{in}}\rangle \equiv \{|\psi_{\text{in}}^0\rangle, \cdots, |\psi_{\text{in}}^\alpha\rangle, \cdots, |\psi_{\text{in}}^n\rangle\} \tag{24.4.19}$$

式 (24.4.13a) 只是特例 $|\Psi_{\text{in}}\rangle = \{0, \cdots, 0, |\psi_{\text{in}}^\alpha\rangle, 0, \cdots, 0\}$ 而已.

同样, 散射定态 $|\psi\rangle$ 将要演化变成的出射渐近态可以是所有可能的出射道的渐近态的叠加

$$\mathrm{e}^{-i\hat{\boldsymbol{H}}t}|\psi\rangle \underset{t\to\infty}{\longrightarrow} \sum_{\alpha=0}^{n} \mathrm{e}^{-i\hat{\boldsymbol{H}}^\alpha t}|\psi_{\text{out}}^\alpha\rangle \tag{24.4.20}$$

式中, $|\psi_{\text{out}}^\alpha\rangle \in \mathscr{S}^\alpha$. 于是

$$|\psi\rangle = \sum_{\alpha=0}^{n} \hat{\boldsymbol{\Omega}}_-^\alpha |\psi_{\text{out}}^\alpha\rangle \tag{24.4.21}$$

一般说来, 真实的散射态所对应的出射渐近态要用集合

$$|\Psi_{\text{out}}\rangle \equiv \{|\psi_{\text{out}}^0\rangle, \cdots, |\psi_{\text{out}}^\alpha\rangle, \cdots, |\psi_{\text{out}}^n\rangle\} \tag{24.4.22}$$

来表示. 式 (24.4.13b) 只是特例 $|\Psi_{\text{out}}\rangle = \{0, \cdots, 0, |\psi_{\text{out}}^\alpha\rangle, 0, \cdots, 0\}$ 而已. 若第 β 通道因达不到阈能而不开放, 则集合 $|\Psi_{\text{out}}\rangle$ 中的 $|\psi_{\text{out}}^\beta\rangle = 0$.

总之, 每个真实的散射态都是既满足渐近行为

又满足

$$\left.\begin{aligned} \hat{\boldsymbol{U}}(t)|\psi\rangle &\underset{t\to-\infty}{\longrightarrow} \sum_{\alpha=0}^{n} \hat{\boldsymbol{U}}^\alpha(t)|\psi_{\text{in}}^\alpha\rangle \\ \hat{\boldsymbol{U}}(t)|\psi\rangle &\underset{t\to\infty}{\longrightarrow} \sum_{\alpha=0}^{n} \hat{\boldsymbol{U}}^\alpha(t)|\psi_{\text{out}}^\alpha\rangle \end{aligned}\right\} \tag{24.4.23}$$

[式中 $\hat{\boldsymbol{U}}^{\alpha}(t)=\mathrm{e}^{-i\hat{\boldsymbol{H}}^{\alpha}t}\forall\alpha$] 的一种状态.

显然, 不能认为体系的每个状态都是一种散射态, 因为还可以是所有 N 个粒子结合在一起的束缚态. 可以证明: 全体散射态 $|\psi\rangle$ 构成的空间 $\mathscr{R}$ 与全体这种束缚态构成的空间 $\mathscr{B}$ 一起就构成了 N 粒子体系全体体系状态的 Hilbert 空间 $\mathscr{H}$, 即

$$\mathscr{H}=\mathscr{R}\oplus\mathscr{B}$$

和

$$\mathscr{R}=\mathscr{R}_{+}^{0}\oplus\cdots\oplus\mathscr{R}_{+}^{n}=\mathscr{R}_{-}^{0}\oplus\cdots\oplus\mathscr{R}_{-}^{n}$$

这样的理论称为是“渐近完备的”. 渐近完备性保证了对应关系 [式 (24.4.23)] 的成立.

通道 Møller 算符 $\hat{\boldsymbol{\Omega}}_{\pm}^{\alpha}$ 的定义域 $\mathscr{D}(\hat{\boldsymbol{\Omega}}_{\pm}^{\alpha})=\mathscr{S}^{\alpha}$, 而值域 $\mathscr{R}(\hat{\boldsymbol{\Omega}}_{\pm}^{\alpha})=\mathscr{R}_{\pm}^{\alpha}$. 它们是从 $\mathscr{S}^{\alpha}$ 映射到 $\mathscr{R}_{\pm}^{\alpha}$ 的等模算符, 即

$$\hat{\boldsymbol{\Omega}}_{\pm}^{\alpha}:\mathscr{S}^{\alpha}\rightarrow\mathscr{R}_{\pm}^{\alpha}$$

24.4.2 散射算符 $\hat{S}$

因为普遍的入射渐近态应表示为集合 $|\varPsi_{\text{in}}\rangle=\{|\psi_{\text{in}}^{0}\rangle,\cdots,|\psi_{\text{in}}^{n}\rangle\}$, 而同一通道的全体 $|\psi_{\text{in}}^{\alpha}\rangle$ 构成 $\mathscr{S}^{\alpha}$ 空间. 现将全体入射渐近态 $|\varPsi_{\text{in}}\rangle$ 构成的空间记为 $\mathscr{H}_{\text{as}}$ 可见, $\mathscr{H}_{\text{as}}$ 是 $\{\mathscr{S}^{\alpha}\}$ 的直和空间

$$\mathscr{H}_{\text{as}}=\mathscr{S}^{0}\oplus\cdots\oplus\mathscr{S}^{n}$$

由于同一通道的全体 $|\psi_{\text{in}}^{\alpha}\rangle$ 构成的空间 $\mathscr{S}^{\alpha}$ 就是该通道的全体 $|\psi_{\text{out}}^{\alpha}\rangle$ 构成的空间, 因此就可称空间 $\mathscr{H}_{\text{as}}$ 为多通道散射体系全体渐近态矢量构成的空间, 即多通道体系的每个入射 (或出射) 渐近态与空间 $\mathscr{H}_{\text{as}}$ 中的矢量是一一对应的.

对于 $t=0$ 时的散射真实态 $|\psi\rangle=\sum\limits_{\alpha=0}^{n}\hat{\boldsymbol{\Omega}}_{+}^{\alpha}|\psi_{\text{in}}^{\alpha}\rangle$, 定义线性算符 $\hat{\boldsymbol{\Omega}}_{+}$ 为

$$|\psi\rangle\equiv\hat{\boldsymbol{\Omega}}_{+}|\varPsi_{\text{in}}\rangle=\hat{\boldsymbol{\Omega}}_{+}\{|\psi_{\text{in}}^{0}\rangle,\cdots,|\psi_{\text{in}}^{n}\rangle\}=\sum_{\alpha=0}^{n}\hat{\boldsymbol{\Omega}}_{+}^{\alpha}|\psi_{\text{in}}^{\alpha}\rangle \tag{24.4.24}$$

可见, 算符 $\hat{\boldsymbol{\Omega}}_{+}$ 就是映射 $\mathscr{H}_{\text{as}}\rightarrow\mathscr{R}$. 同样, 对于 $t=0$ 时的真实态 $|\psi\rangle=\sum\limits_{\alpha=0}\hat{\boldsymbol{\Omega}}_{-}^{\alpha}|\psi_{\text{out}}^{\alpha}\rangle$, 定义线性算符 $\hat{\boldsymbol{\Omega}}_{-}$ 为

$$|\psi\rangle\equiv\hat{\boldsymbol{\Omega}}_{-}|\varPsi_{\text{out}}\rangle=\hat{\boldsymbol{\Omega}}_{-}\{|\psi_{\text{out}}^{0}\rangle,\cdots,|\psi_{\text{out}}^{n}\rangle\}=\sum_{\alpha=0}^{n}\hat{\boldsymbol{\Omega}}_{-}^{\alpha}|\psi_{\text{out}}^{\alpha}\rangle \tag{24.4.25}$$

$\hat{\boldsymbol{\Omega}}_{-}$ 也是映射 $\mathscr{H}_{\text{as}}\rightarrow\mathscr{R}$. $\hat{\boldsymbol{\Omega}}_{+}$ 和 $\hat{\boldsymbol{\Omega}}_{-}$ 都是等模算符, 即

$$\hat{\boldsymbol{\Omega}}_{\pm}^{\dagger}\hat{\boldsymbol{\Omega}}_{\pm}=\mathbf{1} \tag{24.4.26}$$

一般说来, $\hat{\boldsymbol{\Omega}}_{\pm}\hat{\boldsymbol{\Omega}}_{\pm}^{\dagger} \neq \mathbf{1}$. 因为每个散射态都既要在 $t \to -\infty$ 时具有一定的入射渐近态, 又要在 $t \to \infty$ 时具有一定的出射渐近态, 所以 $|\Psi_{\rm out}\rangle$ 可通过 $|\psi\rangle$ 与 $|\Psi_{\rm in}\rangle$ 联系起来, 即

$$|\Psi_{\rm out}\rangle = \hat{\boldsymbol{\Omega}}_{-}^{\dagger}|\psi\rangle = \hat{\boldsymbol{\Omega}}_{-}^{\dagger}\hat{\boldsymbol{\Omega}}_{+}|\Psi_{\rm in}\rangle$$

于是散射算符 $\hat{S}$ 在多通道问题中定义为

$$\hat{\boldsymbol{S}} \equiv \hat{\boldsymbol{\Omega}}_{-}^{\dagger}\hat{\boldsymbol{\Omega}}_{+} \tag{24.4.27a}$$

即

$$|\Psi_{\rm out}\rangle = \hat{\boldsymbol{S}}|\Psi_{\rm in}\rangle \tag{24.4.27b}$$

$\hat{\boldsymbol{S}}$ 是 $\mathscr{H}_{\rm as} \to \mathscr{H}_{\rm as}$ 的映射, 是酉算符 ($\hat{\boldsymbol{S}}^{\dagger}\mathbf{S} = \hat{\boldsymbol{S}}\hat{\boldsymbol{S}}^{\dagger} = \mathbf{1}$).

现在我们可以将描述从指定入射道到指定出射道的概率表示式 (24.4.14) 推广到普遍的多通道体系, 由入射渐近态 $|\Phi\rangle$ $(\in \mathscr{H}_{\rm as})$ 变成出射渐近态 $|\Phi'\rangle(\in \mathscr{H}_{\rm as})$ 的概率为

$$w(\Phi' \leftarrow \Phi) = |\langle\Phi'|\hat{\boldsymbol{S}}|\Phi\rangle|^2 \tag{24.4.28}$$

通常实验中将散射体系的始态按排在某一个指定的通道上, 即

$$|\Phi\rangle = \{0, \cdots, 0, |\phi\rangle, 0, \cdots, 0\} \qquad (\text{其中 } \phi \in \mathscr{S}^{\alpha})$$

虽然出射态 $\hat{\boldsymbol{S}}|\Phi\rangle$ 分布在多个通道, 但是实验中可以用特种探测器或能谱等方法测定在某一指定通道内的终态, 即

$$|\Phi'\rangle = \{0, \cdots, 0, |\phi'\rangle, 0, \cdots, 0\} \qquad (\text{其中 } |\phi'\rangle \in \mathscr{S}^{\alpha'})$$

这时从第 α 通道的入射渐近态 $|\phi\rangle$ 散射后到达第 α' 通道的入射渐近态 $|\phi'\rangle$ 的概率

$$w(\phi', \alpha' \leftarrow \phi, \alpha) = |\langle\phi', \alpha'|\hat{\boldsymbol{S}}|\phi, \alpha\rangle|^2 = |\langle\phi', \alpha'|\hat{\boldsymbol{\Omega}}_{-}^{\alpha'\dagger}\hat{\boldsymbol{\Omega}}_{+}^{\alpha}|\phi, \alpha\rangle|^2 \tag{24.4.29}$$

24.4.3　多通道体系的动量表示

先讨论 $\mathscr{H}_{\rm as}$ 空间动量表示的基, 这是单粒子散射理论用 $\{|\boldsymbol{p}\rangle\}$ 为基的推广.

由于 $\mathscr{H}_{\rm as}$ 是全体 $|\Psi_{\rm in}\rangle$ 或全体 $|\Psi_{\rm out}\rangle$ 构成的空间, 这时体系中每个集团一定都在作自由运动. n_α 为第 α 通道中作自由运动的集团的总数, 再记 $\underline{\underline{\boldsymbol{p}}}$ 为第 α 通道内各集团质心动量 $\boldsymbol{p}_1, \cdots, \boldsymbol{p}_\mu, \cdots, \boldsymbol{p}_{n_\alpha}$ 的集合, 即

$$\underline{\underline{\boldsymbol{p}}} \equiv (\boldsymbol{p}_1, \cdots, \boldsymbol{p}_\mu, \cdots, \boldsymbol{p}_{n_\alpha})$$

从式 (24.4.10) 和式 (24.4.7) 可以看出, $\underline{\underline{p}}$ 和 α 能代表 $\hat{\boldsymbol{H}}^{\alpha}$ 的全部特征. 记 $\{|\underline{\underline{p}},\alpha\rangle\}$ 为 $\hat{\boldsymbol{H}}^{\alpha}$ 的本征态

$$\hat{\boldsymbol{H}}^{\alpha}|\underline{\underline{p}},\alpha\rangle = E_{p}^{\alpha}|\underline{\underline{p}},\alpha\rangle = \left(\sum_{\mu=1}^{n_\alpha}\frac{\boldsymbol{p}_\mu^2}{2m_\mu}+E_{\text{inner}}^{\alpha}\right)|\underline{\underline{p}},\alpha\rangle \tag{24.4.30}$$

式中, 本征值 $E_{\underline{\underline{p}}}^{\alpha}$ 等于第 α 通道内各集团质心平动能之和 (由 $\underline{\underline{p}}$ 表征) 加上 α 表征的各集团内部运动能量之和 $E_{\text{inner}}^{\alpha}$. 这样, 对于指定的通道 α, 集合 $\{|\underline{\underline{p}},\alpha\rangle:$ 所有 $\underline{\underline{p}}\}$ 是子空间 $\mathscr{S}^{\alpha}$ 中动量表示的基. 由于 $\mathscr{H}_{\text{as}}=\mathscr{S}^{0}\oplus\cdots\oplus\mathscr{S}^{n}$, 因此空间 $\mathscr{H}_{\text{as}}$ 中动量表示的基就是所有通道 α 的子空间 $\mathscr{S}^{\alpha}$ 的动量表示的基的集合, 即

$$\{0,\cdots,0,|\underline{\underline{p}},\alpha\rangle,0,\cdots,0:\ \text{所有}\ \alpha,\ \text{所有}\ \underline{\underline{p}}\}$$

其中一个, 如 $\{0,\cdots,0,|\underline{\underline{p}},\alpha\rangle,0,\cdots,0\}$ 表示动量 $\underline{\underline{p}}$ 全在第 α 通道的那种渐近态 $|\Psi_{\text{in}}\rangle$ 或 $|\Psi_{\text{out}}\rangle$. 现若简记

$$\{|\underline{\underline{p}},\alpha\rangle\}\equiv\{0,\cdots,0,|\underline{\underline{p}},\alpha\rangle,0,\cdots,0\}$$

(注意与 $\mathscr{S}^{\alpha}$ 的基的区分), 则 $\mathscr{H}_{\text{as}}$ 的动量表示的基为

$$\{|\underline{\underline{p}},\alpha\rangle:\alpha=0(1)n,\ \text{所有}\ \underline{\underline{p}}\} \tag{24.4.31}$$

它的正交“归一”化和封闭关系为

$$\langle\underline{\underline{p}}',\boldsymbol{\alpha}'|\underline{\underline{p}},\alpha\rangle=\delta(\underline{\underline{p}}'-\underline{\underline{p}})\delta_{\alpha'\alpha} \tag{24.4.32}$$

和

$$\sum_{\alpha=0}^{n}\int \mathrm{d}\underline{\underline{p}}|\underline{\underline{p}},\alpha\rangle\langle\underline{\underline{p}},\alpha|=\mathbf{1} \tag{24.4.33}$$

由于第 α 道的质心动量集合 $\underline{\underline{p}}$ 是 $3n_\alpha$ 维的, 因此这里的 $\delta(\underline{\underline{p}}'-\underline{\underline{p}})$ 是 $3n_\alpha$ 维的 Dirac δ 函数, 同时微体积元 $\mathrm{d}\underline{\underline{p}}$ 也是 $3n_\alpha$ 维的. 式 (24.4.33) 的 $\mathbf{1}$ 是 $\mathscr{H}_{\text{as}}$ 空间的单位算符.

24.4.4 能量守恒与壳面 T 矩阵

散射算符 $\hat{S}$ 将入射渐近态 $|\Psi_{\text{in}}\rangle=\{|\psi_{\text{in}}^{\alpha}\rangle:$ 所有 $\alpha\}$ 与出射渐近态 $|\Psi_{\text{out}}\rangle=\{|\psi_{\text{out}}^{\alpha}\rangle:$ 所有 $\alpha\}$ 联系起来了. 虽然 $\hat{S}$ 所具有的全部信息还不足以求出散射态, 好在实验探测到的数据已经是远离势场 $V(\boldsymbol{r})$ 作用范围后的分布, 而不是整条“运动轨迹”. 散射算符 $\hat{S}$ 已经包含了散射实验的所有有用信息, 以下任务是如何在多通道体系中将 $\hat{S}$ 与微分截面、总截面联系起来.

(1) 求证：对于 $\mathscr{S}^\alpha$ 空间中的任意态矢量都有通道 Møller 算符的易位关系式

$$\hat{\boldsymbol{H}}\hat{\boldsymbol{\Omega}}_\pm^\alpha = \hat{\boldsymbol{\Omega}}_\pm^\alpha \hat{\boldsymbol{H}}^\alpha \qquad \forall\alpha \tag{24.4.34}$$

证明：因为 $\hat{\boldsymbol{\Omega}}_\pm^\alpha$ 的定义域 $\mathscr{D}(\hat{\boldsymbol{\Omega}}_\pm^\alpha) = \mathscr{S}^\alpha$，所以对于 $\mathscr{S}^\alpha$ 中任意矢量都有 $\hat{\boldsymbol{\Omega}}_\pm^\alpha = \lim\limits_{t\to\mp\infty} \mathrm{e}^{i\hat{\boldsymbol{H}}t}\mathrm{e}^{-i\hat{\boldsymbol{H}}^\alpha t}$. 所以，对任意实数 τ，都有

$$\mathrm{e}^{i\hat{\boldsymbol{H}}\tau}\hat{\boldsymbol{\Omega}}_\pm^\alpha = \left[\lim_{t\to\mp\infty} \mathrm{e}^{i\hat{\boldsymbol{H}}(\tau+t)}\mathrm{e}^{-i\hat{\boldsymbol{H}}^\alpha(\tau+t)}\right]\mathrm{e}^{i\hat{\boldsymbol{H}}^\alpha\tau} = \hat{\boldsymbol{\Omega}}_\pm^\alpha \mathrm{e}^{i\hat{\boldsymbol{H}}^\alpha\tau}$$

将上式对 τ 求导后，令 $\tau = 0$，得

$$\hat{\boldsymbol{H}}\hat{\boldsymbol{\Omega}}_\pm^\alpha = \hat{\boldsymbol{\Omega}}_\pm^\alpha \hat{\boldsymbol{H}}^\alpha \qquad \forall\alpha$$

易位关系式的 Hermite 共轭式为

$$\hat{\boldsymbol{\Omega}}_\pm^{\alpha\dagger}\hat{\boldsymbol{H}} = \hat{\boldsymbol{H}}^\alpha \hat{\boldsymbol{\Omega}}_\pm^{\alpha\dagger} \qquad \forall\alpha \tag{24.4.35}$$

(2) 动量表示下 $\boldsymbol{S}$ 的矩阵元. 由于 $\hat{\boldsymbol{S}}$ 代表 $\mathscr{H}_{\text{as}} \to \mathscr{H}_{\text{as}}$ 的映射关系，因此采用 $\mathscr{H}_{\text{as}}$ 的动量表示的基 $\{|\underline{\underline{\boldsymbol{p}}},\alpha\rangle :$ 所有 α, 所有 $\underline{\underline{\boldsymbol{p}}}\}$. 从式 (24.4.29) 可以看出，矩阵元 $\langle\underline{\underline{\boldsymbol{p}}}',\alpha'|\hat{\boldsymbol{S}}|\underline{\underline{\boldsymbol{p}}},\alpha\rangle$ 的模方就是从始态 $|\underline{\underline{\boldsymbol{p}}},\alpha\rangle$ 经散射而到达终态 $|\underline{\underline{\boldsymbol{p}}}',\alpha'\rangle$ 的概率.

求证：

$$(E'-E)\langle\underline{\underline{\boldsymbol{p}}}',\alpha'|\hat{\boldsymbol{S}}|\underline{\underline{\boldsymbol{p}}},\alpha\rangle = 0$$

式中

$$E' \equiv E_{\underline{\underline{\boldsymbol{p}}}'}^{\alpha'} \text{和} E = E_{\underline{\underline{\boldsymbol{p}}}}^\alpha \tag{24.4.36}$$

[上式相当于可以把 $\langle\underline{\underline{\boldsymbol{p}}}',\alpha'|\hat{\boldsymbol{S}}|\underline{\underline{\boldsymbol{p}}},\alpha\rangle$ 写成

$$\langle\underline{\underline{\boldsymbol{p}}}',\alpha'|\hat{\boldsymbol{S}}|\underline{\underline{\boldsymbol{p}}},\alpha\rangle = \delta(E'-E)\cdot(\text{其他因子})$$]

证明：由于

$$E\langle\underline{\underline{\boldsymbol{p}}}',\alpha'|\hat{\boldsymbol{S}}|\underline{\underline{\boldsymbol{p}}},\alpha\rangle = \langle\underline{\underline{\boldsymbol{p}}}',\alpha'|\hat{\boldsymbol{\Omega}}_-^{\alpha'\dagger}\hat{\boldsymbol{\Omega}}_+^\alpha\hat{\boldsymbol{H}}^\alpha|\underline{\underline{\boldsymbol{p}}},\alpha\rangle$$

再利用易位关系式

$$\hat{\boldsymbol{\Omega}}_-^{\alpha'\dagger}\hat{\boldsymbol{\Omega}}_+^\alpha\hat{\boldsymbol{H}}^\alpha = \hat{\boldsymbol{\Omega}}_-^{\alpha'\dagger}\hat{\boldsymbol{H}}\hat{\boldsymbol{\Omega}}_+^\alpha = \hat{\boldsymbol{H}}^{\alpha'}\hat{\boldsymbol{\Omega}}_-^{\alpha'\dagger}\hat{\boldsymbol{\Omega}}_+^\alpha = \hat{\boldsymbol{H}}^{\alpha'}\hat{\boldsymbol{S}}$$

得

$$E\langle\underline{\underline{\boldsymbol{p}}}',\alpha'|\hat{\boldsymbol{S}}|\underline{\underline{\boldsymbol{p}}},\alpha\rangle = \langle\underline{\underline{\boldsymbol{p}}}',\alpha'|\hat{\boldsymbol{H}}^{\alpha'}\hat{\boldsymbol{S}}|\underline{\underline{\boldsymbol{p}}},\alpha\rangle = E'\langle\underline{\underline{\boldsymbol{p}}}',\alpha'|\hat{\boldsymbol{S}}|\underline{\underline{\boldsymbol{p}}},\alpha\rangle$$

式 (24.4.36) 表明散射算符 $\hat{\boldsymbol{S}}$ 有保持总能量守恒的性质. 又从体系势能 V 只取决于粒子之间的相对位置可知体系有空间位置平移不变性, 于是 $\hat{\boldsymbol{S}}$ 必与总动量算符 $\sum_{i=1}^{N}\hat{\boldsymbol{p}}_i$ 对易. 进而 $\hat{\boldsymbol{S}}$ 的矩阵元可写成

$$\langle \underline{\underline{\boldsymbol{p}}}', \alpha' | \hat{\boldsymbol{S}} | \underline{\underline{\boldsymbol{p}}}, \alpha \rangle = \delta(E' - E)\delta^3(\boldsymbol{p}' - \boldsymbol{p}) \cdot \text{(其他因子)}$$

式中, $\boldsymbol{p}'$ 和 $\boldsymbol{p}$ 分别是状态 $|\underline{\underline{\boldsymbol{p}}}', \alpha'\rangle$ 和 $|\underline{\underline{\boldsymbol{p}}}, \alpha'\rangle$ 的体系总动量.

又因为 $\hat{\boldsymbol{S}} = \mathbf{1}$ 相当于不发生散射, 所以散射算符 $\hat{\boldsymbol{S}}$ 总能够被写成

$$\hat{\boldsymbol{S}} = \mathbf{1} + \hat{\boldsymbol{R}} \tag{24.4.37}$$

第一项代表不散射项, 余算符 $\hat{\boldsymbol{R}}$ 代表散射作用. 算符 $\hat{\boldsymbol{R}}$ 也与 $\hat{\boldsymbol{S}}$ 一样要保持能量和总动量守恒, 所以算符 $\hat{\boldsymbol{R}}$ 的动量表示矩阵元也有因子 $\delta(E' - E)\delta^3(\boldsymbol{p}' - \boldsymbol{p})$. 于是从式 (24.4.37) 可写成

$$\langle \underline{\underline{\boldsymbol{p}}}', \alpha' | \hat{\boldsymbol{S}} | \underline{\underline{\boldsymbol{p}}}, \alpha \rangle = \delta(\underline{\underline{\boldsymbol{p}}}' - \underline{\underline{\boldsymbol{p}}})\delta_{\alpha'\alpha} + \delta(E' - E)\delta^3(\boldsymbol{p}' - \boldsymbol{p}) \cdot \text{(其他因子)} \tag{24.4.38}$$

显然式 (24.4.38) 中的 (其他因子) 与体系的质心运动无关, 而只与在质心坐标系中体系各集团的运动 (称为相对运动) 有关.

所以将体系 Hamilton 算符 $\hat{\boldsymbol{H}}$ 分为体系质心运动的 Hamilton 算符 $\hat{\boldsymbol{H}}_{\mathrm{cm}} = \hat{\boldsymbol{P}}^2 \Big/ \left(2\sum_{i=1}^{N} m_i\right)$(式中 $\hat{\boldsymbol{P}}$ 为体系质心的动量) 和体系内相对运动的 Hamilton 算符 $\hat{\boldsymbol{H}}_{\mathrm{r}}$(即在质心坐标系看各集团运动的总能量)

$$\hat{\boldsymbol{H}} = \hat{\boldsymbol{H}}_{\mathrm{cm}} + \hat{\boldsymbol{H}}_{\mathrm{r}} \tag{24.4.39}$$

这样, $\hat{\boldsymbol{H}}$ 所有的本征态构成的空间 $\mathscr{H}$ 是 $\hat{\boldsymbol{H}}_{\mathrm{cm}}$ 的所有本征态构成的空间 $\mathscr{H}_{\mathrm{cm}}$ 和 $\hat{\boldsymbol{H}}_{\mathrm{r}}$ 所有本征态构成的空间 $\mathscr{H}_{\mathrm{r}}$ 的张量积空间

$$\mathscr{H} = \mathscr{H}_{\mathrm{cm}} \otimes \mathscr{H}_{\mathrm{r}}$$

相应地, 由于散射问题与体系的质心运动无关, $\boldsymbol{S}$ 可写为

$$\hat{\boldsymbol{S}} = \mathbf{1}_{\mathrm{cm}} \otimes \hat{\boldsymbol{S}}_{\mathrm{r}}$$

式中, 算符 $\hat{\boldsymbol{S}}_{\mathrm{r}}$ 描写散射过程中体系内各粒子的相对运动, 它只取决于 $\hat{\boldsymbol{H}}_{\mathrm{r}}$. 对散射感兴趣的全部有用信息还全包含在 $\hat{\boldsymbol{S}}_{\mathrm{r}}$ 内, 以后只要在质心坐标系中讨论散射算符 $\hat{\boldsymbol{S}}_{\mathrm{r}}$ 即可.

对于处于第 α 道的体系, 描写其运动状态除了通道指标 α 之外, 还要用其中 n_α 个集团的动量 $(\boldsymbol{p}_1, \boldsymbol{p}_2, \cdots, \boldsymbol{p}_{n_\alpha})$. 后者也可以改为用质心动量 $\boldsymbol{P}$ 和集团相对运动的 $(n_\alpha - 1)$ 个动量 $\boldsymbol{p}_{1\mathrm{r}}, \boldsymbol{p}_{2\mathrm{r}}, \cdots, \boldsymbol{p}_{(n_\alpha-1)\mathrm{r}}$ 来表征. 令

$$\underline{\boldsymbol{p}} \equiv (\boldsymbol{p}_{1\mathrm{r}}, \boldsymbol{p}_{2\mathrm{r}}, \cdots, \boldsymbol{p}_{(n_\alpha-1)\mathrm{r}}) \tag{24.4.40}$$

由于式 (24.4.38) 中的其他因子只与相对运动有关, 因此它可写为

$$\langle \underline{\underline{\boldsymbol{p}}}', \alpha' | \hat{\boldsymbol{S}} | \underline{\underline{\boldsymbol{p}}}, \alpha \rangle = \delta(\underline{\underline{\boldsymbol{p}}}' - \underline{\underline{\boldsymbol{p}}})\delta_{\alpha'\alpha} - \delta(E' - E)\delta^3(\boldsymbol{p}' - \boldsymbol{p}) 2\pi i t(\underline{\boldsymbol{p}}', \alpha' \leftarrow \underline{\boldsymbol{p}}, \alpha) \tag{24.4.41}$$

式 (24.4.41) 可看作是函数 $t(\underline{\boldsymbol{p}}', \alpha', \leftarrow \underline{\boldsymbol{p}}, \alpha)$ 的定义. 撇开体系的质心运动之后体系状态 $|\underline{\underline{\boldsymbol{p}}}, \alpha\rangle$ 就可用 $|\underline{\boldsymbol{p}}, \alpha\rangle$ 来表示. 相应地, $\hat{\boldsymbol{S}}$ 改为 $\hat{\boldsymbol{S}}_\mathrm{r}$, $\hat{\boldsymbol{\Omega}}_\pm^\alpha$ 改为 $\hat{\boldsymbol{\Omega}}_{\pm\mathrm{r}}^\alpha$ 等. 式 (24.4.41) 在质心坐标系就成为

$$\langle \underline{\boldsymbol{p}}', \alpha' | \hat{\boldsymbol{S}}_\mathrm{r} | \underline{\boldsymbol{p}}, \alpha \rangle = \delta(\underline{\boldsymbol{p}}' - \underline{\boldsymbol{p}})\delta_{\alpha'\alpha} - \delta(E' - E) 2\pi i \, t(\underline{\boldsymbol{p}}', \alpha' \leftarrow \underline{\boldsymbol{p}}, \alpha) \tag{24.4.42}$$

式 (24.4.42) 中 $t(\underline{\boldsymbol{p}}', \alpha' \leftarrow \underline{\boldsymbol{p}}, \alpha)$ 称为壳面 $\boldsymbol{T}$ 矩阵元. 这是因为因子 $\delta(E' - E)$ 相当于在动量空间的球壳上. 把 $t(\underline{\boldsymbol{p}}', \alpha' \leftarrow \underline{\boldsymbol{p}}, \alpha)$ 和 $\langle \underline{\boldsymbol{p}}', \alpha' | \hat{\boldsymbol{S}}_\mathrm{r} | \underline{\boldsymbol{p}}, \alpha \rangle$ 中的 α' 和 α 分别看作矩阵的行指标和列指标, 这样它们就都是“通道空间”中的矩阵的元素. 每个矩阵元又是相对运动的动量集合 $\underline{\boldsymbol{p}}'$ 和 $\underline{\boldsymbol{p}}$ 的函数. 壳面 $\boldsymbol{T}$ 矩阵和 $\boldsymbol{S}_\mathrm{r}$ 矩阵的维数等于开放的通道数. 如果没有通道是开放的, 则不存在 $\boldsymbol{S}_\mathrm{r}$ 矩阵. 在单通道问题 (弹性碰撞) 中 $\boldsymbol{S}_\mathrm{r}$ 矩阵只是 1×1 矩阵 $\langle \underline{\boldsymbol{p}}', \alpha' | \hat{\boldsymbol{S}}_\mathrm{r} | \underline{\boldsymbol{p}}, \alpha \rangle$. 当通道全部开放时壳面 $\boldsymbol{T}$ 矩阵和 $\boldsymbol{S}_\mathrm{r}$ 矩阵达到最高维数.

24.4.5 截面

令散射体系的入射渐近态 $|\phi\rangle$ 在第 α 通道, $|\phi\rangle \in \mathscr{S}^\alpha$[若入射道的 $n_\alpha = 2$, 则 $|\phi\rangle$ 的动量空间波函数 $\phi(\underline{\boldsymbol{p}})$ 只是两个起始粒子相对运动动量 $\boldsymbol{p}$ 的函数, 于是 $\underline{\boldsymbol{p}} \to \boldsymbol{p}$. 实验中 $\phi(\boldsymbol{p})$ 往往集中分布在平均入射动量 $\boldsymbol{p}_0$ 附近]. 这样, 体系的渐近始态为

$$|\varPsi_\mathrm{in}\rangle \equiv |\varPhi\rangle = \{0, \cdots, 0, |^\alpha\phi\rangle, 0, \cdots, 0\} \tag{24.4.43}$$

散射之后渐近终态落在第 α' 通道, 并且相对动量落入 $\mathrm{d}\underline{\boldsymbol{p}}'$ 范围内的概率为

$$w(\mathrm{d}\underline{\boldsymbol{p}}', \alpha' \leftarrow \phi, \alpha) = \mathrm{d}\underline{\boldsymbol{p}}' |\langle \underline{\boldsymbol{p}}', \alpha' | \varPsi_\mathrm{out}\rangle|^2 = \mathrm{d}\underline{\boldsymbol{p}}' |\langle \underline{\boldsymbol{p}}', \alpha' | \hat{\boldsymbol{S}}_\mathrm{r} | \varPhi\rangle|^2 \tag{24.4.44}$$

这里引用了分离掉体系的质心运动后, 有

$$|\varPsi_\mathrm{out}\rangle = \hat{\boldsymbol{S}}_\mathrm{r} |\varPsi_\mathrm{in}\rangle \tag{24.4.45}$$

$\underline{\boldsymbol{p}}'$ 为渐近终态中相对运动动量的集合, 当终态所在的第 α' 通道的集团数为 n'_α 时, 终态集团之间相对运动的自由度为 $3(n'_a - 1)$. $\underline{\boldsymbol{p}}'$ 为 $3(n'_\alpha - 1)$ 维. 于是 $\mathrm{d}\underline{\boldsymbol{p}}'$ 为 $3(n'_\alpha - 1)$ 维动量空间的微体积元. 当考虑始态在第 α 通道的 $|\phi\rangle$ 态散射后终态落在 $3(n'_a - 1)$ 维动量空间中某一有限体积 Δ' 的概率时, 则只要将式 (24.4.44) 在 Δ' 区域内积分

$$w(\Delta', \alpha' \leftarrow \phi, \alpha) = \int_{\Delta'} \mathrm{d}\underline{\boldsymbol{p}}' |\langle \underline{\boldsymbol{p}}', \alpha' | \hat{\boldsymbol{S}}_{\mathrm{r}} | \Phi \rangle|^2 \tag{24.4.46}$$

即可.

现在假定, 始态和终态的集团数都是 2. 因而 $\underline{\boldsymbol{p}}$ 和 $\underline{\boldsymbol{p}}'$ 是三维向量, 记为 $\boldsymbol{p}$ 和 $\boldsymbol{p}'$. 同单粒子问题一样, 我们在实验中很难准确知道粒子源发出的入射波 $|\phi\rangle$[或 $\phi(\boldsymbol{p})$], 人们可以重复多次发出入射粒子. 再假定, 每次发出的入射波包 $\phi(\boldsymbol{p})$ 只是在垂直于入射方向 ($\boldsymbol{p}_0$) 的平面上有一随机变化的横向位移 $\boldsymbol{\rho}$(图 24.2.1). 在 $\boldsymbol{\rho}$ 处发出的入射波记为 $|\phi_{\boldsymbol{\rho}}\rangle$, 它与在 $\boldsymbol{\rho} = 0$ 处发出的入射波 $|\phi\rangle$ 有一相因子 $\mathrm{e}^{-i\boldsymbol{\rho}\cdot\boldsymbol{p}}$ 的差别 [式 (24.2.16)].

这样重复发出的入射始态都在同一通道 $\boldsymbol{\alpha}$, 而碰撞参数 $\boldsymbol{\rho}$ 可以不同. 散射后落入第 α' 道, 并且在动量空间中的 Δ' 区域内的次数为

$$N(\Delta', \alpha') = \sum_i w(\Delta', \alpha' \leftarrow \phi_{\boldsymbol{\rho}_i}, \alpha)$$

这里对散射次数求和.

再设 $\boldsymbol{\rho}$ 为连续变化的, 并且令 n_{in} 为单位横截面上入射的次数 (称为入射密度, 实验中往往为常数), 则

$$N(\Delta', \alpha') = \int \mathrm{d}^2\rho\, n_{\mathrm{in}} w(\Delta', \alpha' \leftarrow \phi_{\boldsymbol{\rho}}, \alpha) = n_{\mathrm{in}} \sigma(\Delta', \alpha' \leftarrow \phi, \alpha) \tag{24.4.47}$$

与以前微分截面的定义相比可得, 在上述入射条件下出射在第 α' 通道 Δ' 区域内的微分截面为

$$\sigma(\Delta', \alpha' \leftarrow \phi, \alpha) = \int \mathrm{d}^2\rho\; w(\Delta', \alpha' \leftarrow \phi_{\boldsymbol{\rho}}, \alpha) \tag{24.4.48}$$

$\mathrm{d}^2\rho$ 是在 $\boldsymbol{\rho}$ 的所在平面 ($\perp \boldsymbol{p}_0$) 上的面积元.

考虑到式 (24.2.16) 和 $\mathscr{S}^\alpha$ 中的完备关系式

$$\mathbf{1}_\alpha = \int \mathrm{d}\underline{\boldsymbol{p}} |\underline{\boldsymbol{p}}, \alpha\rangle\langle\underline{\boldsymbol{p}}, \alpha|$$

还有 $n_\alpha = 2$, 可写出

$$\begin{aligned}\langle \underline{\boldsymbol{p}}', \alpha' | \hat{\boldsymbol{S}}_{\mathrm{r}} | \phi_{\boldsymbol{\rho}} \rangle &= \int \mathrm{d}^3 p \langle \underline{\boldsymbol{p}}', \alpha' | \hat{\boldsymbol{S}}_{\mathrm{r}} | \boldsymbol{p}, \alpha \rangle \langle \boldsymbol{p}, \alpha | \phi_{\boldsymbol{\rho}} \rangle \\ &= \int \mathrm{d}^3 p \langle \underline{\boldsymbol{p}}', \alpha' | \hat{\boldsymbol{S}}_{\mathrm{r}} | \boldsymbol{p}, \alpha \rangle \mathrm{e}^{-i\boldsymbol{\rho}\cdot\boldsymbol{p}} \phi(\boldsymbol{p})\end{aligned} \tag{24.4.49}$$

由于实验中探测器都不放在粒子束直射的位置, 这样式 (24.4.42) 代入式 (22.4.49) 时第一项 (未散射项) 对积分没有贡献, 故得

$$\langle \underline{\boldsymbol{p}}', \alpha' | \hat{\boldsymbol{S}}_{\mathrm{r}} | \phi_{\boldsymbol{\rho}} \rangle = -2\pi i \int \mathrm{d}^3 p \delta(E' - E)\ t(\underline{\boldsymbol{p}}', \alpha' \leftarrow \boldsymbol{p}, \alpha) \mathrm{e}^{-i\boldsymbol{\rho}\cdot\boldsymbol{p}} \phi(\boldsymbol{p})$$

将式 (24.4.49) 代入式 (24.4.46) 和式 (24.4.48), 得到微分截面

$$\begin{aligned}\sigma(\varDelta', \alpha' \leftarrow \phi, \alpha) = &\int \mathrm{d}^2\rho |-2\pi i|^2 \int_{\varDelta'} \mathrm{d}\underline{\boldsymbol{p}}' \\ &\times \left[\int \mathrm{d}^3 p \delta(E' - E)\ t(\underline{\boldsymbol{p}}', \alpha' \leftarrow \boldsymbol{p}, \alpha) \phi(\boldsymbol{p}) \mathrm{e}^{-i\boldsymbol{\rho}\cdot\boldsymbol{p}}\right] \\ &\times \left[\int \mathrm{d}^3 p'' \delta(E - E'')\ t^*(\underline{\boldsymbol{p}}', \alpha' \leftarrow \boldsymbol{p}'', \alpha) \phi^*(\boldsymbol{p}'') \mathrm{e}^{i\boldsymbol{\rho}\cdot\boldsymbol{p}''}\right]\end{aligned} \tag{24.4.50}$$

令 $\boldsymbol{p}_\perp$ 和 $\boldsymbol{p}''_\perp$ 分别为 $\boldsymbol{p}$ 和 $\boldsymbol{p}''$ 在垂直于入射方向 $\boldsymbol{p}_0$ 的平面上的投影, 于是面积分

$$\int \mathrm{d}^2\rho \mathrm{e}^{i\boldsymbol{\rho}\cdot(\boldsymbol{p}''-\boldsymbol{p})} = (2\pi)^2 \delta^2(\boldsymbol{p}''_\perp - \boldsymbol{p}_\perp)$$

再考虑到

$$\delta(E' - E)\delta(E' - E'') = 2m\delta(E' - E)\delta(\boldsymbol{p}^2 - \boldsymbol{p}''^2)$$

和

$$\begin{aligned}\delta(\boldsymbol{p}^2 - \boldsymbol{p}''^2)\delta^2(\boldsymbol{p}''_\perp - \boldsymbol{p}_\perp) &= \delta(p_{/\!/}^2 - p''^2_{/\!/})\delta^2(\boldsymbol{p}''_\perp - \boldsymbol{p}_\perp) \\ &= \frac{1}{2p_{/\!/}}[\delta(p_{/\!/} + p''_{/\!/}) + \delta(p_{/\!/} - p''_{/\!/})]\delta^2(\boldsymbol{p}''_\perp - \boldsymbol{p}_\perp)\end{aligned}$$

式中, $p_{/\!/}$ 和 $p''_{/\!/}$ 分别是 $\boldsymbol{p}$ 和 $\boldsymbol{p}''$ 在入射方向 $\boldsymbol{p}_0$ 上的投影 $\boldsymbol{p}_{/\!/}$ 和 $\boldsymbol{p}''_{/\!/}$ 的绝对值, 即 $p_{/\!/} \equiv |\boldsymbol{p}_{/\!/}| \geqslant 0$ 和 $p''_{/\!/} \equiv |\boldsymbol{p}''_{/\!/}| \geqslant 0$, 因此上式中的 $\delta(p_{/\!/} + p''_{/\!/})$ 只有当 $p_{/\!/} = p''_{/\!/} = 0$ 时 $\delta(p_{/\!/} + p''_{/\!/})$ 才不为 0, 而这时式 (24.4.50) 中的被积函数的因子 $\phi(\boldsymbol{p})\phi^*(\boldsymbol{p}'')$ 在入射波包 $\phi(\boldsymbol{p})$ 的动量分布在 $\boldsymbol{p}_0$ 附近足够狭的情况下, 有

$$[\phi(\boldsymbol{p})\phi^*(\boldsymbol{p}'')]_{p_{/\!/} = p''_{/\!/} = 0} \cong 0$$

所以, 只有 $\delta(p_{/\!/} - p''_{/\!/})$ 项对式 (24.4.50) 中的积分有贡献, 于是

$$\sigma(\varDelta', \alpha' \leftarrow \phi, \alpha) = (2\pi)^4 \int \mathrm{d}\underline{\boldsymbol{p}}' \int \mathrm{d}^3 p \frac{m}{p_{/\!/}} \delta(E' - E) |t(\underline{\boldsymbol{p}}', \alpha' \leftarrow \boldsymbol{p}, \alpha)|^2 |\phi(\boldsymbol{p})|^2$$

由于 $\phi(\boldsymbol{p})$ 的动量分布足够窄, 中心在 $\boldsymbol{p}_0$, 则对 $\mathrm{d}^3 p$ 的积分有贡献的区域实际上只是 $\boldsymbol{p}_0$ 附近的狭小区域. 在此狭小区域内 $|t(\underline{\boldsymbol{p}}', \alpha' \leftarrow \boldsymbol{p}, \alpha)|^2$ 和 $p_{/\!/}$ 都可认为是不变的. 再利用 $\phi(\boldsymbol{p})$ 的归一化, 可将上式改写为

$$\sigma(\varDelta', \alpha' \leftarrow \boldsymbol{p}, \alpha) = (2\pi)^4 \frac{m}{p} \times \int_{\varDelta'} \mathrm{d}\underline{\boldsymbol{p}}' \delta(E' - E) |t(\underline{\boldsymbol{p}}', \alpha' \leftarrow \boldsymbol{p}, \alpha)|^2 \tag{24.4.51}$$

可见, 结果已经与入射波 $\phi(\boldsymbol{p})$ 的具体形状无关, 避免了问题的复杂化. 入射波包的特征只是在结果中体现为波包中心位置 $\boldsymbol{p}_0$ 决定了式 (24.4.51) 的 $\boldsymbol{p}$, $\boldsymbol{p}_0=\boldsymbol{p}$. 因此式 (24.4.51) 中原有的 ϕ 改为 $\boldsymbol{p}$.

若取 Δ' 为第 α' 通道的整个 $\underline{\boldsymbol{p}}'$ 空间, 则对应的微分截面为 σ(所有 $\underline{\boldsymbol{p}}',\alpha'\leftarrow\boldsymbol{p},\alpha)$, 记为 $\sigma(\alpha'\leftarrow\boldsymbol{p},\alpha)$

$$\sigma(\alpha'\leftarrow\boldsymbol{p},\alpha)=(2\pi)^4\frac{m}{p}\int_{(\underline{\boldsymbol{p}}'\text{空间})}\mathrm{d}\underline{\boldsymbol{p}}'\delta(E'-E)|t(\underline{\boldsymbol{p}}',\alpha'\leftarrow\boldsymbol{p},\alpha)|^2 \qquad (24.4.52)$$

再考虑总截面

$$\sigma(\boldsymbol{p},\alpha)\equiv\sigma(\text{所有}\underline{\boldsymbol{p}}',\text{所有}\alpha'\leftarrow\boldsymbol{p},\alpha)=\sigma(\text{所有}\alpha'\leftarrow\boldsymbol{p},\alpha)$$

故有

$$\begin{aligned}\sigma(\boldsymbol{p},\alpha)&=\sum_{\alpha'}\sigma(\alpha'\leftarrow\boldsymbol{p},\alpha)\\&=\sum_{\alpha'}(2\pi)^4\frac{m}{p}\int_{(\underline{\boldsymbol{p}}'\text{空间})}\mathrm{d}\underline{\boldsymbol{p}}'\delta(E'-E)|t(\underline{\boldsymbol{p}}',\alpha'\leftarrow\boldsymbol{p},\alpha)|^2\end{aligned} \qquad (24.4.53)$$

式中, 非弹性碰撞加上反应碰撞的总截面为

$$\sigma_{(\text{非}\,+\,\text{反})}(\boldsymbol{p},\alpha)=\sum_{\alpha'(\neq\alpha)}\sigma(\alpha'\leftarrow\boldsymbol{p},\alpha) \qquad (24.4.54)$$

反应碰撞的总截面为

$$\sigma_{\text{反应}}(\boldsymbol{p},\alpha)=\sum_{\left(\substack{\text{对属于反应碰撞}\\\text{的通道 }\alpha'\text{ 加和}}\right)}\sigma(\alpha'\leftarrow\boldsymbol{p},\alpha) \qquad (24.4.55)$$

现在讨论本节开始时介绍的“三粒子 —— 四通道 —— 二体始态 a+(bc)”的例子:

(1) 终态集团数为 2 的情况. 这时终态相对运动动量 $\underline{\boldsymbol{p}}'$ 为三维矢量, 记为 $\boldsymbol{p}'$. 小区域 $\Delta'=p'^2\mathrm{d}p'\mathrm{d}\Omega$. 于是式 (24.4.51) 可写为

$$\begin{aligned}\sigma(\mathrm{d}\Omega,\alpha\leftarrow\boldsymbol{p},\alpha)=&(2\pi)^4\frac{m}{p}\mathrm{d}\Omega\int_0^\infty\mathrm{d}p'p^2\\&\times\delta\left[\left(\frac{p'^2}{2m'}+W_{\alpha'}\right)-\left(\frac{p^2}{2m}+W_\alpha\right)\right]|t(\boldsymbol{p}',\alpha'\leftarrow\boldsymbol{p},\alpha)|^2\end{aligned}$$

式中, W_α 和 $W_{\alpha'}$ 分别是第 α 和 α' 通道的阈能, 即

$$E=\frac{p^2}{2m}+W_\alpha \qquad (24.4.56)$$

m 和 m' 分别是第 α 和第 α' 通道的折合质量. 由于

$$\sigma(\mathrm{d}\Omega,\alpha'\leftarrow\boldsymbol{p},\alpha)=\left(\frac{\mathrm{d}\sigma}{\mathrm{d}\Omega}\right)\mathrm{d}\Omega$$

因此

$$\begin{aligned}\frac{\mathrm{d}\sigma}{\mathrm{d}\Omega}&=(2\pi)^4\frac{m}{p}\int_0^\infty\mathrm{d}p'p'^2\delta\left[\frac{p'^2}{2m'}-\frac{p^2}{2m}-(W_\alpha-W_{\alpha'})\right]|t(\boldsymbol{p}',\alpha'\leftarrow\boldsymbol{p},\alpha)|^2\\&=(2\pi)^4\frac{m}{p}\int_0^\infty\mathrm{d}p'p'm'\left\{\delta\left[p'-\sqrt{\frac{m'}{m}p^2+2m'(W_\alpha-W_{\alpha'})}\right]\right.\\&\quad\left.+\delta\left[p'+\sqrt{\frac{m'}{m}p^2+2m'(W_\alpha-W_{\alpha'})}\right]\right\}|t(\boldsymbol{p}',\alpha'\leftarrow\boldsymbol{p},\alpha)|^2\end{aligned}$$

第二个 δ 函数对积分贡献为 0, 所以对于始态和终态集团数都为 2 的散射过程, 无论弹性、非弹性或反应碰撞都有

$$\left.\begin{aligned}&\frac{\mathrm{d}\sigma}{\mathrm{d}\Omega}(\boldsymbol{p}',\alpha'\leftarrow\boldsymbol{p},\alpha)=(2\pi)^4mm'\frac{p'}{p}|t(\boldsymbol{p}',\alpha'\leftarrow\boldsymbol{p},\alpha)|^2\\&\text{而且其中满足}\\&\frac{p'^2}{2m'}-\frac{p^2}{2m}=W_\alpha-W_{\alpha'}\end{aligned}\right\}\tag{24.4.57}$$

在弹性碰撞的特例中, $\alpha=\alpha'$, 且 $m=m'$. 虽然这时 $p=p'$, 但方向可以不同, 还有角分布问题

$$\frac{\mathrm{d}\sigma}{\mathrm{d}\Omega}(p\boldsymbol{e}_{p'},\alpha\leftarrow\boldsymbol{p},\alpha)=(2\pi)^4m^2|t(p\boldsymbol{e}_{p'}\leftarrow\boldsymbol{p},\alpha)|^2$$

对于始态和终态都是二体的场合定义散射振幅为

$$f(\boldsymbol{p}',\alpha'\leftarrow\boldsymbol{p},\alpha)\equiv-(mm')^{1/2}(2\pi)^2t(\boldsymbol{p}',\alpha'\leftarrow\boldsymbol{p},\alpha)\tag{24.4.58}$$

式 (24.4.58) 是对式 (24.2.13) 的推广. 代入式 (24.4.57), 得出在任意始态和终态都是二体的散射过程中

$$\frac{\mathrm{d}\sigma}{\mathrm{d}\Omega}(\boldsymbol{p}',\alpha'\leftarrow\boldsymbol{p},\alpha)=\frac{p'}{p}|f(\boldsymbol{p}',\alpha'\leftarrow\boldsymbol{p},\alpha)|^2\tag{24.4.59}$$

在二体弹性碰撞的特例中有

$$\frac{\mathrm{d}\sigma}{\mathrm{d}\Omega}=|f(p\boldsymbol{e}_{p'},\alpha\leftarrow\boldsymbol{p},\alpha)|^2$$

这就是以前对单粒子势场中散射导出的式 (24.2.24).

(2) 终态集团数大于 2 的情况. 如以过程 a+(bc)→a+b+c 为例, 再作简化, 讨论 $m_{\mathrm{c}} \gg m_{\mathrm{a}}$ 或 m_{b} 的情况. 可见, 终态相对运动动量 $\underline{\boldsymbol{p}}'$ 是六维的, 即

$$\underline{\boldsymbol{p}}' = (\boldsymbol{p}_{\mathrm{a}}, \boldsymbol{p}_{\mathrm{b}})$$

如果把测量 a 粒子的探测器放在方位 $\mathrm{d}\Omega_{\mathrm{a}}$ 上，而且可以测量不同能量的 a 粒子; 把测量 b 粒子的探测器放在方位 $\mathrm{d}\Omega_{\mathrm{b}}$ 上, 而且该探测器接上单道或多道能量分析器, 可以测定能谱。如果测 $E_{\mathrm{b}} \to E_{\mathrm{b}} + \mathrm{d}E_{\mathrm{b}}$ 的 b 粒子, 则从始态 $|\boldsymbol{p}, \alpha\rangle$ 到终态在 α' 道, 而出射的 a 粒子方位在 $\mathrm{d}\Omega_{\mathrm{a}}$ 中, 同时出射的 b 粒子方位在 $\mathrm{d}\Omega_{\mathrm{b}}$ 处, 其能量范围在 $E_{\mathrm{b}} \to E_{\mathrm{b}} + \mathrm{d}E_{\mathrm{b}}$ 中的微分截面为

$$\sigma(\mathrm{d}\Omega_{\mathrm{a}}, \mathrm{d}\Omega_{\mathrm{b}}, \mathrm{d}E_{\mathrm{b}}; \alpha' \leftarrow \boldsymbol{p}; \alpha) = \left(\frac{\partial^3 \sigma}{\partial \Omega_{\mathrm{a}} \partial \Omega_{\mathrm{b}} \partial E_{\mathrm{b}}}\right) \mathrm{d}\Omega_{\mathrm{a}} \mathrm{d}\Omega_{\mathrm{b}} \mathrm{d}E_{\mathrm{b}}$$

若只限定 a 粒子在方位 $\mathrm{d}\Omega_{\mathrm{a}}$ 处, 则这时的微分截面

$$\frac{\partial \sigma}{\partial \Omega_{\mathrm{a}}} = \int \mathrm{d}\Omega_{\mathrm{b}} \int \mathrm{d}E_{\mathrm{b}} \left(\frac{\partial^3 \sigma}{\partial \Omega_{\mathrm{a}} \partial \Omega_{\mathrm{b}} \partial E_{\mathrm{b}}}\right)$$

若只限定 b 粒子的能量范围在 $E_{\mathrm{b}} \to E_{\mathrm{b}} + \mathrm{d}E_{\mathrm{b}}$, 则这种情况下微分截面为

$$\frac{\partial \sigma}{\partial E_{\mathrm{b}}} = \int \mathrm{d}\Omega_{\mathrm{b}} \int \mathrm{d}\Omega_{\mathrm{a}} \left(\frac{\partial^3 \sigma}{\partial \Omega_{\mathrm{a}} \partial \Omega_{\mathrm{b}} \partial E_{\mathrm{b}}}\right)$$

24.4.6 多通道散射的不含时理论

以上讲的多通道散射体系的含时理论把微分截面的求算问题归结为 $\boldsymbol{S}_{\mathrm{r}}$ 矩阵或壳面 $\boldsymbol{T}$ 矩阵的求算. 现在要讲的不含时理论是对多通道体系从给定的势能 $V(\boldsymbol{r})$ 的形式来求算壳面 $\boldsymbol{T}$ 矩阵. 讨论还是在质心坐标系下进行.

1. 多通道的散射定态 $|\underline{\boldsymbol{p}}, \alpha\pm\rangle$

令

$\underline{\boldsymbol{p}} \equiv$(第 α 通道中 n_α 个集团的 $(n_\alpha - 1)$ 个相对运动动量的集合)

$\hat{\boldsymbol{H}} \equiv$(总 Hamilton 算符中相对于体系质心运动的部分)

$\hat{\boldsymbol{H}}^\alpha \equiv$ (第 α 通道内各集团相对于体系质心作自由运动的 Hamilton 算符)

$|\underline{\boldsymbol{p}}, \alpha\rangle \equiv$(第 α 通道中相对运动动量为 $\underline{\boldsymbol{p}}$ 的自由态)

$\hat{\boldsymbol{H}}^\alpha$ 的本征方程为

$$\hat{\boldsymbol{H}}^\alpha |\underline{\boldsymbol{p}}, \alpha\rangle = E^\alpha_{\underline{\boldsymbol{p}}} |\underline{\boldsymbol{p}}, \alpha\rangle \qquad \forall \underline{\boldsymbol{p}} \text{ 和 } \alpha \tag{24.4.60a}$$

本征态集 $\{|\underline{\boldsymbol{p}}, \alpha\rangle\}$ 总可以选成是正交“归一”的, 即

$$\langle \underline{\boldsymbol{p}}', \alpha' | \underline{\boldsymbol{p}}, \alpha\rangle = \delta(\underline{\boldsymbol{p}}' - \underline{\boldsymbol{p}}) \delta_{\alpha'\alpha} \tag{24.4.60b}$$

通道 Hamilton 算符 $\hat{\boldsymbol{H}}^{\alpha}$ 还表征了体系处于第 α 通道时状态的时间演化.

多通道的散射定态定义为

$$|\underline{\boldsymbol{p}}, \alpha\pm\rangle \equiv \hat{\boldsymbol{\Omega}}^{\alpha}_{\pm\mathrm{r}}|\underline{\boldsymbol{p}}, \alpha\rangle \tag{24.4.61}$$

其 Hermite 共轭式为

$$\langle\underline{\boldsymbol{p}}, \alpha\pm| = \langle\underline{\boldsymbol{p}}, \alpha|\hat{\boldsymbol{\Omega}}^{\alpha\dagger}_{\pm\mathrm{r}} \tag{24.4.62}$$

式中, $\hat{\boldsymbol{\Omega}}^{\alpha}_{\pm\mathrm{r}}$ 是质心坐标系中的通道 Møller 算符. $\hat{\boldsymbol{\Omega}}^{\alpha}_{\pm}, \hat{\boldsymbol{\Omega}}_{\pm}$ 和 $\hat{\boldsymbol{S}}$ 在撇开体系质心运动之后变为对应的 $\hat{\boldsymbol{\Omega}}^{\alpha}_{\pm\mathrm{r}}, \hat{\boldsymbol{\Omega}}_{\pm\mathrm{r}}$ 和 $\hat{\boldsymbol{S}}_{\mathrm{r}}$. 前者的许多性质也继承下来了, 如

$$\left.\begin{aligned}
&\hat{\boldsymbol{\Omega}}^{\alpha}_{\pm\mathrm{r}} = \lim_{t\to\mp\infty} \mathrm{e}^{i\hat{\boldsymbol{H}}t}\mathrm{e}^{-i\hat{\boldsymbol{H}}^{\alpha}t}\\
&|\boldsymbol{\psi}\rangle = \hat{\boldsymbol{\Omega}}_{+\mathrm{r}}|\varPsi_{\mathrm{in}}\rangle = \hat{\boldsymbol{\Omega}}_{+\mathrm{r}}\{\cdots, |\psi^{\alpha}_{\mathrm{in}}\rangle, \cdots\} = \sum_{\alpha} \hat{\boldsymbol{\Omega}}^{\alpha}_{+\mathrm{r}}|\psi^{\alpha}_{\mathrm{in}}\rangle\\
&|\boldsymbol{\psi}\rangle = \hat{\boldsymbol{\Omega}}_{-\mathrm{r}}|\varPsi_{\mathrm{out}}\rangle = \hat{\boldsymbol{\Omega}}_{-\mathrm{r}}\{\cdots, |\psi^{\alpha}_{\mathrm{out}}\rangle, \cdots\} = \sum_{\alpha} \hat{\boldsymbol{\Omega}}^{\alpha}_{-\mathrm{r}}|\psi^{\alpha}_{\mathrm{out}}\rangle\\
&\hat{\boldsymbol{H}}\hat{\boldsymbol{\Omega}}^{\alpha}_{\pm\mathrm{r}} = \hat{\boldsymbol{\Omega}}^{\alpha}_{\pm\mathrm{r}}\hat{\boldsymbol{H}}^{\alpha}\\
&\hat{\boldsymbol{\Omega}}^{\dagger}_{\pm\mathrm{r}}\hat{\boldsymbol{\Omega}}_{\pm\mathrm{r}} = \mathbf{1}\\
&\hat{\boldsymbol{S}}_{\mathrm{r}} = \hat{\boldsymbol{\Omega}}^{\dagger}_{-\mathrm{r}}\hat{\boldsymbol{\Omega}}_{+\mathrm{r}}\\
&|\varPsi_{\mathrm{out}}\rangle = \hat{\boldsymbol{S}}_{\mathrm{r}}|\varPsi_{\mathrm{in}}\rangle\\
&\hat{\boldsymbol{S}}^{\dagger}_{\mathrm{r}}\hat{\boldsymbol{S}}_{\mathrm{r}} = \hat{\boldsymbol{S}}_{\mathrm{r}}\hat{\boldsymbol{S}}^{\dagger}_{\mathrm{r}} = \mathbf{1}
\end{aligned}\right\} \tag{24.4.63}$$

式中所有量都是在质心坐标系中的.

由于 $\hat{\boldsymbol{H}}\hat{\boldsymbol{\Omega}}^{\alpha}_{\pm\mathrm{r}} = \hat{\boldsymbol{\Omega}}^{\alpha}_{\pm\mathrm{r}}\hat{\boldsymbol{H}}^{\alpha}$, 再根据

$$\hat{\boldsymbol{H}}|\underline{\boldsymbol{p}}, \alpha\pm\rangle = \hat{\boldsymbol{H}}\hat{\boldsymbol{\Omega}}^{\alpha}_{\pm\mathrm{r}}|\underline{\boldsymbol{p}}, \alpha\rangle = \hat{\boldsymbol{\Omega}}^{\alpha}_{\pm\mathrm{r}}\hat{\boldsymbol{H}}^{\alpha}|\underline{\boldsymbol{p}}, \alpha\rangle = \hat{\boldsymbol{\Omega}}^{\alpha}_{\pm\mathrm{r}}E^{\alpha}_{\underline{\boldsymbol{p}}}|\underline{\boldsymbol{p}}, \alpha\rangle$$

故得

$$\hat{\boldsymbol{H}}|\underline{\boldsymbol{p}}, \alpha\pm\rangle = E^{\alpha}_{\underline{\boldsymbol{p}}}|\underline{\boldsymbol{p}}, \alpha\pm\rangle \tag{24.4.64a}$$

可见, $|\underline{\boldsymbol{p}}, \alpha\pm\rangle$ 是相对运动的总 Hamilton 算符 $\hat{\boldsymbol{H}}$ 的本征态, 对应的本征值与第 α 通道中相对运动动量也为 $\underline{\boldsymbol{p}}$ 的自由态 $|\underline{\boldsymbol{p}}, \alpha\rangle$(这是 $\hat{\boldsymbol{H}}^{\alpha}$ 的本征态) 对应的本征值相同. 由于 $\hat{\boldsymbol{H}}$ 是 Hermite 的, 因此本征态集 $\{|\underline{\boldsymbol{p}}, \alpha+\rangle\}$ 和 $\{|\underline{\boldsymbol{p}}, \alpha-\rangle\}$ 总是可以选成正交“归一”的, 即

$$\left.\begin{aligned}
&\langle\underline{\boldsymbol{p}}', \alpha' + |\underline{\boldsymbol{p}}, \alpha+\rangle = \delta_{\alpha'\alpha}\delta(\underline{\boldsymbol{p}}' - \underline{\boldsymbol{p}})\\
\text{和}\quad&\\
&\langle\underline{\boldsymbol{p}}', \alpha' - |\underline{\boldsymbol{p}}, \alpha-\rangle = \delta_{\alpha'\alpha}\delta(\underline{\boldsymbol{p}}' - \underline{\boldsymbol{p}})
\end{aligned}\right\} \tag{24.4.64b}$$

式中, $\delta(\underline{\boldsymbol{p}}' - \underline{\boldsymbol{p}})$ 是 $3(n_\alpha - 1)$ 维的 Dirac δ 函数.

式 (24.4.64a) 说明可以从 Schrödinger 方程这个微分方程着手求得 $|\underline{\boldsymbol{p}},\alpha\pm\rangle$. 求得的 $|\underline{\boldsymbol{p}},\alpha\pm\rangle$, 其物理意义从式 (24.4.61) 可见: 从属于第 α 通道的相对运动动量为 $\underline{\boldsymbol{p}}$ 的渐近始态, 按真实过程演化到 $t=0$ 时的态就是 $|\underline{\boldsymbol{p}},\alpha+\rangle$; 而 $|\underline{\boldsymbol{p}},\alpha-\rangle$ 可以说是 $t=0$ 时的一种真实态, 它最终会演化成属于第 α 通道的相对运动动量为 $\underline{\boldsymbol{p}}$ 的渐近终态. 当然 $|\underline{\boldsymbol{p}},\alpha\pm\rangle$ 与单粒子时的 $|\boldsymbol{p}\pm\rangle$[式 (24.3.56)] 一样, 虽然本身都是非正常态矢量不直接代表真实的物理状态, 但是它们都可以在态叠加原理下, 通过展开代表真实物理状态的正常态矢量而起作用.

从式 (24.4.63) 中的

$$\hat{\boldsymbol{\Omega}}^{\alpha}_{\pm\mathrm{r}}=\lim_{t\to\mp\infty}\hat{\boldsymbol{U}}^{\dagger}(t)\hat{\boldsymbol{U}}^{\alpha}(t)=\lim_{t\to\mp\infty}\mathrm{e}^{i\hat{\boldsymbol{H}}t}\mathrm{e}^{-i\hat{\boldsymbol{H}}^{\alpha}t}$$

与函数

$$f(t)=f(t=0)+\int_0^t \mathrm{d}\tau\left[\frac{\mathrm{d}f(\tau)}{\mathrm{d}\tau}\right]$$

相似, 可以根据 $[\hat{\boldsymbol{U}}^{\dagger}(t)\hat{\boldsymbol{U}}^{\alpha}(t)]_{t=0}=\mathbf{1}$ 和

$$\frac{\mathrm{d}}{\mathrm{d}t}[\hat{\boldsymbol{U}}^{\dagger}(t)\hat{\boldsymbol{U}}^{\alpha}(t)]=i\hat{\boldsymbol{U}}^{\dagger}(t)\hat{\boldsymbol{V}}^{\alpha}\hat{\boldsymbol{U}}^{\alpha}(t)$$

得到, 对于 $\mathscr{S}^{\alpha}$ 空间中的任意态矢量 $|\phi\rangle$, 都有

$$\hat{\boldsymbol{U}}^{\dagger}(t)\hat{\boldsymbol{U}}^{\alpha}(t)|\phi\rangle=\left[\mathbf{1}+i\int_0^t \mathrm{d}\tau\hat{\boldsymbol{U}}^{\dagger}(\tau)\hat{\boldsymbol{V}}^{\alpha}\hat{\boldsymbol{U}}^{\alpha}(\tau)\right]|\phi\rangle \tag{24.4.65}$$

式中

$$\hat{\boldsymbol{V}}^{\alpha}\equiv\hat{\boldsymbol{H}}-\hat{\boldsymbol{H}}^{\alpha} \tag{24.4.66}$$

因此

$$\hat{\boldsymbol{\Omega}}^{\alpha}_{\pm\mathrm{r}}|\phi\rangle=\left(\mathbf{1}+i\int_0^{\mp\infty}\mathrm{d}t\mathrm{e}^{i\hat{\boldsymbol{H}}t}\hat{\boldsymbol{V}}^{\alpha}\mathrm{e}^{-i\hat{\boldsymbol{H}}^{\alpha}t}\right)|\phi\rangle \tag{24.4.67}$$

$\hat{\boldsymbol{V}}^{\alpha}$ 称为第 α 通道的散射势, 等于第 α 通道内各自由运动的集团靠拢时它们之间的势能之和. 若 $\hat{\boldsymbol{V}}^{\alpha}=0$, 则入射态不发生散射.

为了防止式 (24.4.67) 中积分值不确定或发散, 考虑到在真实的散射过程中 $V^{\alpha}(\boldsymbol{r})$ 的作用范围很小, 只有在 $t=0$ 前后不长的范围内势场 $V^{\alpha}(\boldsymbol{r})$ 才比较显著. 故与单粒子理论中一样, 采用渐寝方法 (绝势方法), 引入阻尼因子 $\mathrm{e}^{-\varepsilon|t|}$, ε 为任意小的正实数. 所以

$$\hat{\boldsymbol{\Omega}}^{\alpha}_{\pm\mathrm{r}}=\mathbf{1}+\lim_{\varepsilon\to0+}i\int_0^{\mp\infty}\mathrm{d}t\mathrm{e}^{-\varepsilon|t|}\mathrm{e}^{i\hat{\boldsymbol{H}}t}\hat{\boldsymbol{V}}^{\alpha}\mathrm{e}^{-i\hat{\boldsymbol{H}}^{\alpha}t} \tag{24.4.68}$$

利用 $\hat{\boldsymbol{H}}^{\alpha}|\underline{\boldsymbol{p}},\alpha\rangle = E^{\alpha}_{\underline{\boldsymbol{p}}}|\underline{\boldsymbol{p}},\alpha\rangle$, 简记 $E \equiv E^{\alpha}_{\underline{\boldsymbol{p}}}$, 得

$$|\underline{\boldsymbol{p}},\alpha\pm\rangle = \hat{\boldsymbol{\Omega}}^{\alpha}_{\pm\mathrm{r}}|\underline{\boldsymbol{p}},\alpha\rangle = |\underline{\boldsymbol{p}},\alpha\rangle + \lim_{\varepsilon\to 0^+} i\int_0^{\mp\infty} \mathrm{d}t\mathrm{e}^{-i(E\pm i\varepsilon-\hat{\boldsymbol{H}})t}\hat{\boldsymbol{V}}^{\alpha}|\underline{\boldsymbol{p}},\alpha\rangle$$

考虑到 $\hat{\boldsymbol{V}}^{\alpha}|\underline{\boldsymbol{p}},\alpha\rangle$ 与 t 无关, 对 t 积分得

$$|\underline{\boldsymbol{p}},\alpha\pm\rangle = |\underline{\boldsymbol{p}},\alpha\rangle + \hat{\boldsymbol{G}}(E\pm i0)\hat{\boldsymbol{V}}^{\alpha}|\underline{\boldsymbol{p}},\alpha\rangle \tag{24.4.69}$$

这里定义 Green 算符

$$\hat{\boldsymbol{G}}(z) \equiv (z-\hat{\boldsymbol{H}})^{-1} \tag{24.4.70}$$

参数 z 是任意复数. 又记 $\hat{\boldsymbol{G}}(E\pm i0) \equiv \lim\limits_{\varepsilon\to 0^+}\hat{\boldsymbol{G}}(E\pm i\varepsilon)$.

现在可以通过 $\boldsymbol{S}_{\mathrm{r}}$ 矩阵求 $\boldsymbol{T}$ 矩阵了. 先求动量表示中 $\boldsymbol{S}_{\mathrm{r}}$ 矩阵元. 由 $\langle\underline{\boldsymbol{p}},\alpha\pm| = \langle\underline{\boldsymbol{p}},\alpha|\hat{\boldsymbol{\Omega}}^{\alpha\dagger}_{\pm\mathrm{r}}$[式 (24.4.62)], 得

$$\langle\underline{\boldsymbol{p}}',\alpha'|\hat{\boldsymbol{S}}_{\mathrm{r}}|\underline{\boldsymbol{p}},\alpha\rangle = \langle\underline{\boldsymbol{p}}',\alpha'|\hat{\boldsymbol{\Omega}}^{\alpha'\dagger}_{-\mathrm{r}}\hat{\boldsymbol{\Omega}}^{\alpha}_{+\mathrm{r}}|\underline{\boldsymbol{p}},\alpha\rangle = \langle\underline{\boldsymbol{p}}',\alpha'-|\underline{\boldsymbol{p}},\alpha+\rangle \tag{24.4.71}$$

再根据式 (24.4.69) 和 $\hat{\boldsymbol{G}}^{\dagger}(z) = \hat{\boldsymbol{G}}(z^*)$, 可得

$$|\underline{\boldsymbol{p}},\alpha+\rangle = |\underline{\boldsymbol{p}},\alpha-\rangle + [\hat{\boldsymbol{G}}(E+i0)-\hat{\boldsymbol{G}}(E-i0)]\hat{\boldsymbol{V}}^{\alpha}|\underline{\boldsymbol{p}},\alpha\rangle \tag{24.4.72}$$

和

$$\langle\underline{\boldsymbol{p}}',\alpha'-| = \langle\underline{\boldsymbol{p}}',\alpha'+| + \langle\underline{\boldsymbol{p}}',\alpha'|\hat{\boldsymbol{V}}^{\alpha'}[\hat{\boldsymbol{G}}(E'+i0)-\hat{\boldsymbol{G}}(E'-i0)] \tag{24.4.73}$$

式中, $E' \equiv E^{\alpha}_{\underline{\boldsymbol{p}}'}$. 注意式 (24.4.73) 中为 $\hat{\boldsymbol{V}}^{\alpha'}$ 而不是 $\hat{\boldsymbol{V}}^{\alpha}$. 从式 (24.4.71) 和式 (24.4.72) 可得

$$\langle\underline{\boldsymbol{p}}',\alpha'|\hat{\boldsymbol{S}}_{\mathrm{r}}|\underline{\boldsymbol{p}},\alpha\rangle = \langle\underline{\boldsymbol{p}}',\alpha'-|\underline{\boldsymbol{p}},\alpha-\rangle + \langle\underline{\boldsymbol{p}}',\alpha'-|[\hat{\boldsymbol{G}}(E+i0)-\hat{\boldsymbol{G}}(E-i0)]\hat{\boldsymbol{V}}^{\alpha}|\underline{\boldsymbol{p}},\alpha\rangle$$

根据 $\{|\underline{\boldsymbol{p}},\alpha-\rangle\}$ 的正交“归一”性 [式 (24.4.64b)] 和由式 (24.4.64a) 得到的 $\hat{\boldsymbol{G}}(z)|\underline{\boldsymbol{p}}',\alpha'-\rangle = (z-E')^{-1}|\underline{\boldsymbol{p}},\alpha-\rangle$, 求得

$$\begin{aligned}\langle\underline{\boldsymbol{p}}',\boldsymbol{\alpha}'|\hat{\boldsymbol{S}}_{\mathrm{r}}|\underline{\boldsymbol{p}},\alpha\rangle =&\delta(\underline{\boldsymbol{p}}'-\underline{\boldsymbol{p}})\delta_{\alpha'\alpha}\\&+\left(\frac{1}{E-E'+i0}-\frac{1}{E-E'-i0}\right)\langle\underline{\boldsymbol{p}}',\alpha'-|\hat{\boldsymbol{V}}^{\alpha}|\underline{\boldsymbol{p}},\alpha\rangle\end{aligned}$$

根据关于 δ 函数的展式 (24.3.29), 得

$$\langle\underline{\boldsymbol{p}}',\alpha'|\hat{\boldsymbol{S}}_{\mathrm{r}}|\underline{\boldsymbol{p}},\alpha\rangle = \delta(\underline{\boldsymbol{p}}'-\underline{\boldsymbol{p}})\delta_{\alpha'\alpha} - 2\pi i\delta(E'-E)\langle\underline{\boldsymbol{p}}',\alpha'-|\hat{\boldsymbol{V}}^{\alpha}|\underline{\boldsymbol{p}},\alpha\rangle \tag{24.4.74}$$

同样, 从式 (24.4.73) 出发, 按同样方法可得

$$\langle \underline{\boldsymbol{p}}', \boldsymbol{\alpha}' | \hat{\boldsymbol{S}}_{\mathrm{r}} | \underline{\boldsymbol{p}}, \alpha \rangle = \delta(\underline{\boldsymbol{p}}' - \underline{\boldsymbol{p}})\delta_{\alpha'\alpha} - 2\pi i \delta(E' - E)\langle \underline{\boldsymbol{p}}', \alpha' | \hat{\boldsymbol{V}}^{\alpha'} | \underline{\boldsymbol{p}}, \alpha + \rangle \tag{24.4.75}$$

与式 (24.4.42) 相比得壳面 $\boldsymbol{T}$ 矩阵元.

$$t(\underline{\boldsymbol{p}}', \alpha' \leftarrow \underline{\boldsymbol{p}}, \alpha) = \langle \underline{\boldsymbol{p}}', \alpha' - | \hat{\boldsymbol{V}}^{\alpha} | \underline{\boldsymbol{p}}, \alpha \rangle \tag{24.4.76a}$$

或

$$= \langle \underline{\boldsymbol{p}}', \alpha' | \hat{\boldsymbol{V}}^{\alpha'} | \underline{\boldsymbol{p}}, \alpha + \rangle \tag{24.4.76b}$$

前者取始态通道 α 的散射势 $\hat{\boldsymbol{V}}^{\alpha}$, 后者取终态通道 α' 的散射势 $\hat{\boldsymbol{V}}^{\alpha'}$.

2. 多通道问题中的 Lippmann-Schwinger 方程

从式 (24.4.76a) 和式 (24.4.76b) 可以看出, 多通道散射问题的全部有用信息现在都在 $|\underline{\boldsymbol{p}}', \alpha' - \rangle$ 或 $|\underline{\boldsymbol{p}}, \alpha + \rangle$ 中. 而根据

$$|\underline{\boldsymbol{p}}, \alpha \pm \rangle = |\underline{\boldsymbol{p}}, \alpha \rangle + \hat{\boldsymbol{G}}(E \pm i0)\hat{\boldsymbol{V}}^{\alpha} |\underline{\boldsymbol{p}}, \alpha \rangle$$

可见要求出 $|\underline{\boldsymbol{p}}, \alpha \pm \rangle$, 就需要先求 Green 函数 $\hat{\boldsymbol{G}}(z)$. 这并不容易, 因为求 $\hat{\boldsymbol{G}}(z)$ 涉及势能项.

利用任意算符 $\hat{\boldsymbol{A}}$ 和 $\hat{\boldsymbol{B}}$ 的恒等式

$$\hat{\boldsymbol{A}}^{-1} = \hat{\boldsymbol{B}}^{-1} + \hat{\boldsymbol{B}}^{-1}(\hat{\boldsymbol{B}} - \hat{\boldsymbol{A}})\hat{\boldsymbol{A}}^{-1}$$

若令 $\hat{\boldsymbol{A}} = z - \hat{\boldsymbol{H}}$ 和 $\hat{\boldsymbol{B}} = z - \hat{\boldsymbol{H}}^{\alpha}$, 则得

$$\hat{\boldsymbol{G}}(z) = \hat{\boldsymbol{G}}^{\alpha}(z) + \hat{\boldsymbol{G}}^{\alpha}(z)\hat{\boldsymbol{V}}^{\alpha}\hat{\boldsymbol{G}}(z) \tag{24.4.77}$$

这里定义“通道 Green 算符”

$$\hat{\boldsymbol{G}}^{\alpha}(z) \equiv (z - \hat{\boldsymbol{H}}^{\alpha})^{-1} \tag{24.4.78}$$

参数 z 为任意复数. 若令 $\hat{\boldsymbol{A}} = z - \hat{\boldsymbol{H}}^{\alpha}$ 和 $\hat{\boldsymbol{B}} = z - \hat{\boldsymbol{H}}$, 则得

$$\hat{\boldsymbol{G}}(z) = \hat{\boldsymbol{G}}^{\alpha}(z) + \hat{\boldsymbol{G}}(z)\hat{\boldsymbol{V}}^{\alpha}\hat{\boldsymbol{G}}^{\alpha}(z) \tag{24.4.79}$$

式 (24.4.77) 和式 (24.4.79) 称为 $\hat{\boldsymbol{G}}(z)$ 的 Lippmann-Schwinger 方程.

将 $\hat{\boldsymbol{G}}^{\alpha}(E \pm i0)\hat{\boldsymbol{V}}^{\alpha}$ 左乘式 (24.4.69) 两边, 再用式 (24.4.77), 得

$$\hat{\boldsymbol{G}}^{\alpha}(E \pm i0)\hat{\boldsymbol{V}}^{\alpha} |\underline{\boldsymbol{p}}, \alpha \pm \rangle = \hat{\boldsymbol{G}}(E \pm i0)\hat{\boldsymbol{V}}^{\alpha} |\underline{\boldsymbol{p}}, \alpha \rangle \tag{24.4.80}$$

再将式 (24.4.80) 代回式 (24.4.69), 就得到以下关于 $|\underline{\boldsymbol{p}},\alpha\pm\rangle$ 的 Lippmann-Schwinger 方程:

$$|\underline{\boldsymbol{p}},\alpha\pm\rangle = |\underline{\boldsymbol{p}},\alpha\rangle + \hat{\boldsymbol{G}}^{\alpha}(E\pm i0)\hat{\boldsymbol{V}}^{\alpha}|\underline{\boldsymbol{p}},\alpha\pm\rangle \tag{24.4.81}$$

式 (24.4.81) 实际上是一个积分方程 (在上式第二项夹入封闭关系

$$\mathbf{1} = \int \mathrm{d}\underline{\boldsymbol{p}}'|\underline{\boldsymbol{p}}',\alpha\rangle\langle\underline{\boldsymbol{p}}',\alpha|$$

就可看出), 可以求解 $|\underline{\boldsymbol{p}},\alpha\pm\rangle$. 它已经把解微分方程时所要的初始条件或终结条件考虑进去了. 由于式 (24.4.81) 右边还有 $|\underline{\boldsymbol{p}},\alpha\pm\rangle$, 因此要用迭代法求解. 这就开辟了求解散射定态 $|\underline{\boldsymbol{p}},\alpha\pm\rangle$ 的第二条途径 (第一条途径是解 Schrödinger 方程 [式 (24.4.63a)]). 不过, 多通道时的 Lippmann-Schwinger 方程并不容易解, 原因在于, 当 $\alpha\neq 0$ 时, $\hat{\boldsymbol{H}}^{\alpha}$ 中还有势能项, 是各集团内部的势能之和. 所以, 一般说来, $\hat{\boldsymbol{G}}^{\alpha}(z)$ 还是不容易求解的.

将式 (24.4.81) 迭代后, 又代入式 (24.4.76b), 得壳面 $\boldsymbol{T}$ 矩阵元

$$t(\underline{\boldsymbol{p}}',\alpha'\leftarrow\underline{\boldsymbol{p}},\alpha) = \langle\underline{\boldsymbol{p}}',\alpha'|\hat{\boldsymbol{V}}^{\alpha'}\sum_{n=0}^{\infty}[\hat{\boldsymbol{G}}^{\alpha}(E+i0)\hat{\boldsymbol{V}}^{\alpha}]|\underline{\boldsymbol{p}},\alpha\rangle \tag{24.4.82}$$

这样就完成了多通道体系散射问题的不含时理论的一种形式.

3. $\boldsymbol{T}$ 算符

不含时理论的另一种本质上相同的形式是写成跃迁算符 $\hat{\boldsymbol{T}}$.

从壳面 $\boldsymbol{T}$ 矩阵元 $t(\underline{\boldsymbol{p}}',\alpha'\leftarrow\underline{\boldsymbol{p}},\alpha) = \langle\underline{\boldsymbol{p}}',\alpha'-|\hat{\boldsymbol{V}}^{\alpha}|\underline{\boldsymbol{p}},\alpha\rangle$ 出发, 利用 $\langle\underline{\boldsymbol{p}}',\alpha'-| = \langle\underline{\boldsymbol{p}}',\alpha'| + \langle\underline{\boldsymbol{p}}',\alpha'|\hat{\boldsymbol{V}}^{\alpha'}\hat{\boldsymbol{G}}(E'+i0)$[式 (24.4.69)], 得

$$t(\underline{\boldsymbol{p}}',\alpha'\leftarrow\underline{\boldsymbol{p}},\alpha) = \langle\underline{\boldsymbol{p}}',\alpha'|\hat{\boldsymbol{V}}^{\alpha} + \hat{\boldsymbol{V}}^{\alpha'}\hat{\boldsymbol{G}}(E'+i0)\hat{\boldsymbol{V}}^{\alpha}|\underline{\boldsymbol{p}},\alpha\rangle$$

再定义通道 α 和 α' 之间的 $\hat{\boldsymbol{T}}$ 算符

$$\hat{\boldsymbol{T}}^{\alpha'\alpha}(z) \equiv \hat{\boldsymbol{V}}^{\alpha} + \hat{\boldsymbol{V}}^{\alpha'}\hat{\boldsymbol{G}}(z)\hat{\boldsymbol{V}}^{\alpha} \tag{24.4.83}$$

z 为任意复数. 于是

$$t(\underline{\boldsymbol{p}}',\alpha'\leftarrow\underline{\boldsymbol{p}},\alpha) = \langle\underline{\boldsymbol{p}}',\alpha'|\hat{\boldsymbol{T}}^{\alpha'\alpha}(E'+i0)|\underline{\boldsymbol{p}},\alpha\rangle \tag{24.4.84}$$

另外, 可以从壳面 $\boldsymbol{T}$ 矩阵元 $t(\underline{\boldsymbol{p}}',\alpha'\leftarrow\underline{\boldsymbol{p}},\alpha) = \langle\underline{\boldsymbol{p}}',\alpha'|\hat{\boldsymbol{V}}^{\alpha'}|\underline{\boldsymbol{p}},\alpha+\rangle$ 出发, 利用式 (24.4.69), 得

$$t(\underline{\boldsymbol{p}}',\alpha'\leftarrow\underline{\boldsymbol{p}},\alpha) = \langle\underline{\boldsymbol{p}}',\alpha'|\hat{\tilde{\boldsymbol{T}}}^{\alpha'\alpha}(E+i0)|\underline{\boldsymbol{p}},\alpha\rangle \tag{24.4.85}$$

式中, 算符 $\hat{\hat{\boldsymbol{T}}}^{\alpha'\alpha}(z)$ 定义为

$$\hat{\hat{\boldsymbol{T}}}^{\alpha'\alpha}(z) \equiv \hat{\boldsymbol{V}}^{\alpha'} + \hat{\boldsymbol{V}}^{\alpha'}\hat{\boldsymbol{G}}(z)\hat{\boldsymbol{V}}^{\alpha} \tag{24.4.86}$$

z 为任意复数. 从定义来看, 这两种 $\hat{T}$ 算符 $\hat{\boldsymbol{T}}^{\alpha'\alpha}(z)$ 和 $\hat{\hat{\boldsymbol{T}}}^{\alpha'\alpha}(z)$ 都有两个通道指标, 一般说来, 它们是不同的. 这是因为 α' 通道与 α 通道中全体粒子组合成集团的情况可以不同, 于是 $\hat{\boldsymbol{H}}^{\alpha} \neq \hat{\boldsymbol{H}}^{\alpha'}$ 和 $\hat{\boldsymbol{V}}^{\alpha} \neq \hat{\boldsymbol{V}}^{\alpha'}$. 但是, 在求算壳面 $\boldsymbol{T}$ 矩阵的情况下, 总有 $E' = E$, 所以

$$\langle \underline{\boldsymbol{p}}', \alpha'|\hat{\boldsymbol{T}}^{\alpha'\alpha} - \hat{\hat{\boldsymbol{T}}}^{\alpha'\alpha}|\underline{\boldsymbol{p}}, \alpha\rangle = \langle \underline{\boldsymbol{p}}', \alpha'|\hat{\boldsymbol{H}}^{\alpha'} - \hat{\boldsymbol{H}}^{\alpha}|\underline{\boldsymbol{p}}, \alpha\rangle = (E' - E)\langle \underline{\boldsymbol{p}}', \alpha'|\underline{\boldsymbol{p}}, \alpha\rangle = 0$$

于是, 对于求算壳面 $\boldsymbol{T}$ 矩阵来说, 用 $\hat{\boldsymbol{T}}^{\alpha'\alpha}$ 和用 $\hat{\hat{\boldsymbol{T}}}^{\alpha'\alpha}$ 都一样. 以下用算符 $\hat{\boldsymbol{T}}^{\alpha'\alpha}$.

将 $\hat{\boldsymbol{G}}^{\alpha'}(z)$ 左乘式 (24.4.83), 利用 Green 算符的 Lippmann-Schwinger 方程 [式 (24.4.80)], 得

$$\hat{\boldsymbol{G}}^{\alpha'}(z)\hat{\boldsymbol{T}}^{\alpha'\alpha}(z) = \hat{\boldsymbol{G}}(z)\hat{\boldsymbol{V}}^{\alpha} \tag{24.4.87}$$

代入 $\hat{T}^{\alpha'\alpha}(z)$ 的定义式, 得

$$\hat{\boldsymbol{T}}^{\alpha'\alpha}(z) = \hat{\boldsymbol{V}}^{\alpha} + \hat{\boldsymbol{V}}^{\alpha'}\hat{\boldsymbol{G}}^{\alpha'}(z)\hat{\boldsymbol{T}}^{\alpha'\alpha}(z) \tag{24.4.88}$$

式 (24.4.88) 称为 $\hat{\boldsymbol{T}}$ 算符的 Lippmann-Schwinger 方程, 又是个要用迭代求解的方程. 迭代后得到

$$\begin{aligned}\hat{\boldsymbol{T}}^{\alpha'\alpha}(z) &= [\mathbf{1} + \hat{\boldsymbol{V}}^{\alpha'}\hat{\boldsymbol{G}}^{\alpha'}(z) + (\hat{\boldsymbol{V}}^{\alpha'}\hat{\boldsymbol{G}}^{\alpha'}(z))^2 + \cdots]\hat{\boldsymbol{V}}^{\alpha} \\ &= \left[\sum_{n=0}^{\infty}(\hat{\boldsymbol{V}}^{\alpha'}\hat{\boldsymbol{G}}^{\alpha'}(z))^n\right]\hat{\boldsymbol{V}}^{\alpha}\end{aligned} \tag{24.4.89}$$

称为 $\hat{\boldsymbol{T}}^{\alpha'\alpha}(z)$ 算符的 Born 级数. 再代入式 (24.4.84), 得到壳面 $\boldsymbol{T}$ 矩阵

$$t(\underline{\boldsymbol{p}}', \alpha' \leftarrow \underline{\boldsymbol{p}}, \alpha) = \langle \underline{\boldsymbol{p}}', \alpha'|\left[\sum_{n=0}^{\infty}(\hat{\boldsymbol{V}}^{\alpha'}\hat{\boldsymbol{G}}^{\alpha'}(E' + i0))^n\right]\hat{\boldsymbol{V}}^{\alpha}|\underline{\boldsymbol{p}}, \alpha\rangle$$

即

$$\begin{aligned}t(\underline{\boldsymbol{p}}', \alpha' \leftarrow \underline{\boldsymbol{p}}, \alpha) =& \langle \underline{\boldsymbol{p}}', \alpha'|\hat{\boldsymbol{V}}^{\alpha}|\underline{\boldsymbol{p}}, \alpha\rangle \\ &+ \langle \underline{\boldsymbol{p}}', \alpha'|\hat{\boldsymbol{V}}^{\alpha'}\hat{\boldsymbol{G}}^{\alpha'}(E' + i0)\hat{\boldsymbol{V}}^{\alpha}|\underline{\boldsymbol{p}}, \alpha\rangle + \cdots \\ &+ \langle \underline{\boldsymbol{p}}', \alpha'|[\hat{\boldsymbol{V}}^{\alpha'}\hat{\boldsymbol{G}}^{\alpha'}(E + i0)]^n\hat{\boldsymbol{V}}^{\alpha}|\underline{\boldsymbol{p}}, \alpha\rangle + \cdots\end{aligned} \tag{24.4.90}$$

若改用 $\hat{\hat{\boldsymbol{T}}}^{\alpha'\alpha}$, 则用类似方法, 依次可得

$$\hat{\hat{\boldsymbol{T}}}^{\alpha'\alpha}(z)\hat{\boldsymbol{G}}^{\alpha}(z)=\hat{\boldsymbol{V}}^{\alpha'}\hat{\boldsymbol{G}}(z) \tag{24.4.91}$$

$$\hat{\hat{\boldsymbol{T}}}^{\alpha'\alpha}(z)=\hat{\hat{\boldsymbol{T}}}^{\alpha'\alpha}(z)\hat{\boldsymbol{G}}^{\alpha}(z)\hat{\boldsymbol{V}}^{\alpha}+\hat{\boldsymbol{V}}^{\alpha'} \tag{24.4.92}$$

$$\hat{\hat{\boldsymbol{T}}}^{\alpha'\alpha}(z)=\hat{\boldsymbol{V}}^{\alpha'}\sum_{n=0}^{\infty}[\hat{\boldsymbol{G}}^{\alpha}(z)\hat{\boldsymbol{V}}^{\alpha}]^n \tag{24.4.93}$$

再代入式 (24.4.85), 得

$$t(\underline{\boldsymbol{p}}',\alpha'\leftarrow\underline{\boldsymbol{p}},\alpha)=\langle\underline{\boldsymbol{p}}',\alpha'|\hat{\boldsymbol{V}}^{\alpha'}\sum_{n=0}^{\infty}[\hat{\boldsymbol{G}}^{\alpha}(E+i0)\hat{\boldsymbol{V}}^{\alpha}]^n|\underline{\boldsymbol{p}},\alpha\rangle$$

这就是以前导出的式 (24.4.82), 也是与式 (24.4.90) 一致的. 这样就完成了多通道体系散射问题不含时理论的第二种形式.

参考文献

[1] Joachain C J. Quantum Collision Theory. London: Elsevier Science Publishing Company, 1975

[2] Taylor J R. Scattering Theory——The Quantum Theory on Nonrelativistic Collisions. New York: John Wiley, 1972

[3] Schiff L I. Quantum Mechanics. 3rd ed. New York: McGraw-Hill, 1968

[4] A. 梅西亚. 量子力学. 苏汝铿, 汤家镛译. 北京: 科学出版社, 1986

[5] Merzbacher E. Quantum Mechanics. New York: Wiley, 1970

[6] Ziman J M. Elements of Advanced Quantum Theory. Chambridge, 1969

[7] Faddeev L D. Mathematical Aspects of the Three-Body Problem in Quantum Scattering Theory. Jerusalem: Israel Program for Scientific Translation, 1965

[8] Schechter M. Operator Methods in Quantum Mechanics. New York: Elsevier North Holland, 1981

[9] Lippmann B A, Schwinger J. Phys Rev. 1950, 79: 469

[10] Hunziker W. Mathematical Theory of Multiparticle Systems, in Lectures in Theoretical Physics, Vol. X-A (Barut and Brittin, eds.). New York: Gordon and Breach Science Publishers, 1968

第 25 章

光化学基元过程理论

25.1 基本知识

25.2 含时微扰法

25.3 光的吸收

25.4 矩阵元 H'_{ba} 的讨论

25.5 密度矩阵方法

一个光化学过程中, 其机理涉及各种基元过程. 本章介绍量子力学的含时微扰理论, 得出光化学基元过程的微观理论, 也简要介绍用密度矩阵的方法推演出激发态浓度变化的速率方程.

25.1　基 本 知 识

25.1.1　光化学基元过程

按照能量递增的次序, 将分子的单重态记为 S_0, $S_1\cdots$; 三重态记为 $T_1,\cdots$ 分子的发光过程实际上包含如下几种物理基元过程 (图 25.1.1):

(1) 吸收: $S_0 \xrightarrow[h\nu]{k_a} S_1$, 速率常数记为 k_a.

(2) 发射荧光: $S_1 \xrightarrow[h\nu']{k_r} S_0$, 速率常数记为 k_r.

(3) 内转换 (internal conversion, IC): $S_1 \xrightarrow{k_{ic}} S_0$, 速率常数 k_{ic}.

(4) 系间窜跃 (intersystem crossing, ISC): $S_1 \xrightarrow{k_{isc}} T_1$, 速率常数 k_{isc}.

(5) 三重态到单重态的系间窜跃: $T_1 \xrightarrow{k'_{isc}} S_1$, 速率常数 k'_{isc}.

(6) 发射磷光: $T_1 \xrightarrow{k'_r} S_0$, 速率常数 k'_r.

其中内转换和系间窜跃过程都是非辐射跃迁过程, 是不发光的. 荧光的寿命为 $10^{-6}\sim 10^{-9}$s, 磷光的寿命为 $10^{-3}\sim 10$s.

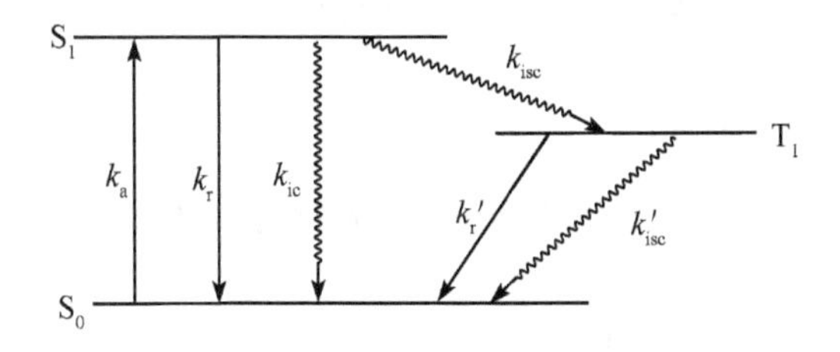

图 25.1.1　光化学基元过程

25.1.2　单重激发态 S_1

根据如图 25.1.1 所示的全部基元过程, 单重激发态 S_1 的浓度增速可以唯象地写为

$$\frac{\mathrm{d}\,[S_1]}{\mathrm{d}t} = k_a\,[S_0] - (k_r + k_{isc} + k_{ic})\,[S_1] \tag{25.1.1}$$

式 (25.1.1) 称为速率方程. 显然, 我们需要从微观理论上导出这个方程, 还要研究该速率方程是否在所有的时间尺度上都成立. 如果在光照一段时间之后停止照射, 于

是此后式 (25.1.1) 中吸收一项应当消失, 即此时速率方程应当为

$$\frac{\mathrm{d}\,[\mathrm{S}_1]}{\mathrm{d}t} = -k_{\mathrm{S}_1}\,[\mathrm{S}_1] \tag{25.1.2}$$

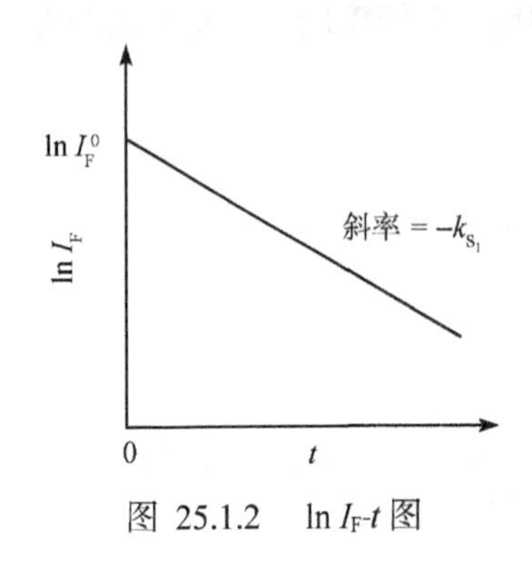

图 25.1.2 ln I_F-t 图

式中

$$k_{\mathrm{S}_1} \equiv k_{\mathrm{r}} + (k_{\mathrm{isc}} + k_{\mathrm{ic}}) \tag{25.1.3}$$

第一项表示发光, 第二项内转换和系间窜跃都是不发光的过程, 此时电子能量转变为振动能, 即转变为声子. 将式 (25.1.2) 对时间积分得到单重激发态 S_1 的浓度为

$$[\mathrm{S}_1] = [\mathrm{S}_1]_0\,\mathrm{e}^{-k_{\mathrm{S}_1}t} \tag{25.1.4}$$

式中, $[\mathrm{S}_1]_0$ 为单重激发态 S_1 的起始浓度. 于是, 荧光强度 I_{F} 随时间的变化为

$$I_{\mathrm{F}} = I_{\mathrm{F}}^0\mathrm{e}^{-k_{\mathrm{S}_1}t} = I_{\mathrm{F}}^0\mathrm{e}^{-t/\tau_{\mathrm{S}_1}} \tag{25.1.5}$$

式中, 单重激发态 S_1 的寿命 τ_{S_1} 定义为

$$\tau_{\mathrm{S}_1} \equiv 1/k_{\mathrm{S}_1} \tag{25.1.6}$$

式 (25.1.5) 表明 $\ln I_{\mathrm{F}}$-t 图 (图 25.1.2) 应当为直线, 斜率为 $-k_{\mathrm{S}_1}$. 若不呈直线, 则表示其中还有其他基元过程存在. 若单重激发态 S_1 的寿命 τ_{S_1} 很小, 则激发态 S_1 存在的时间很短, 于是就不能发生任何光化学过程.

25.1.3 三重激发态 T_1

根据如图 25.1.1 所示的全部基元过程, 用唯象角度分析, 三重激发态 T_1 的浓度增速为

$$\frac{\mathrm{d}\,[\mathrm{T}_1]}{\mathrm{d}t} = k_{\mathrm{isc}}\,[\mathrm{S}_1] - (k'_{\mathrm{r}} + k'_{\mathrm{isc}})\,[\mathrm{T}_1] \tag{25.1.7}$$

若 S_1 寿命很短, 则 $\dfrac{\mathrm{d}\,[\mathrm{T}_1]}{\mathrm{d}t} \approx -k_{\mathrm{T}_1}\,[\mathrm{T}_1]$, 式中 $k_{\mathrm{T}_1} \equiv k'_{\mathrm{r}} + k'_{\mathrm{isc}}$. 再积分, 得

$$[\mathrm{T}_1] = [\mathrm{T}_1]_0\,\mathrm{e}^{-k_{\mathrm{T}_1}t} \tag{25.1.8}$$

式中, $[\mathrm{T}_1]_0$ 为三重激发态 T_1 的起始浓度. 式 (25.1.8) 又告诉我们磷光强度 I_{P} 随时间的变化为

$$I_{\mathrm{P}} = I_{\mathrm{P}}^0\mathrm{e}^{-k_{\mathrm{T}_1}t} = I_{\mathrm{P}}^0\mathrm{e}^{-t/\tau_{\mathrm{T}_1}} \tag{25.1.9}$$

式中, 三重激发态 T_1 的寿命 τ_{T_1} 定义为

$$\tau_{\mathrm{T}_1} \equiv 1/k_{\mathrm{T}_1} \tag{25.1.10}$$

25.1.4　实验结果

实验中关于激发态寿命 τ 的结果包括以下几种效应:

(1) 温度效应: 温度升高往往导致激发态寿命的缩短.

(2) 氘效应: 例如, 正常苯 (C_6H_6) 的磷光寿命小于氘化苯 (C_6D_6) 的磷光寿命, 即 $\tau_{C_6H_6} < \tau_{C_6D_6}$. 前者振动能级间距约为 $3000cm^{-1}$, 而后者的振动能级间距约为 $2000cm^{-1}$. 这里发生电子能量转化为振动能量的过程延长了滞留在后者激发态的时间.

(3) 重原子效应或顺磁效应: 如 Ar 气中 C_6H_6 的磷光寿命大于它在 Xe 气中的磷光寿命. 加入重离子 (如铁离子), 由于自旋–轨道耦合加强, 加速了能量转移过程, 磷光寿命缩短.

(4) 波长效应 (图 25.1.3): 用不同波长 λ 的光照射固体, 结果寿命却几乎相同. 其原因是固体振动能级之间的弛豫作用相当强, 造成寿命 τ 与 λ 无关的现象. 但是在小分子或稀薄气体中粒子之间的碰撞概率很小, 难于进行振动弛豫, 结果寿命 τ 就与波长 λ 有关.

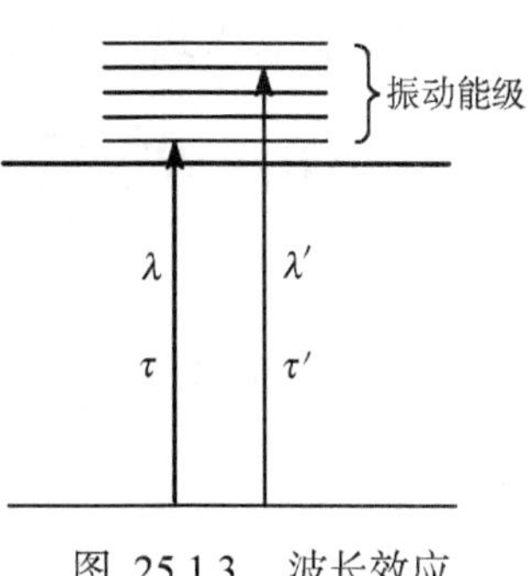

图 25.1.3　波长效应

25.2　含时微扰法

25.2.1　Fermi 黄金规则

从含时 Schrödinger 方程出发

$$i\hbar\frac{\partial}{\partial t}\left|\Psi(q,t)\right\rangle = \hat{\boldsymbol{H}}\left|\Psi(q,t)\right\rangle \tag{25.2.1}$$

式中, $\hat{\boldsymbol{H}} = \hat{\boldsymbol{H}}_0 + \hat{\boldsymbol{H}}'$. $\hat{\boldsymbol{H}}_0$ 为未照光即未受微扰时体系的总能量算符, 照光时体系 Hamilton 量增加 $\hat{\boldsymbol{H}}'$, 即 $\hat{\boldsymbol{H}}'$ 是外场对速率过程的微扰. 无微扰时, 体系状态由 $\hat{\boldsymbol{H}}_0$ 的定态 Schrödinger 方程决定

$$\hat{\boldsymbol{H}}_0|\psi_n\rangle = E_n\left|\psi_n\right\rangle \tag{25.2.2}$$

先解未扰动时的含时 Schrödinger 方程

$$i\hbar\frac{\partial}{\partial t}\left|\psi_n^0(q,t)\right\rangle = \hat{\boldsymbol{H}}\left|\psi_n^0(q,t)\right\rangle \tag{25.2.3}$$

其解为

$$\left|\psi_n^0(q,t)\right\rangle = \left|\psi_n(q)\right\rangle \mathrm{e}^{-itE_n/\hbar} \tag{25.2.4}$$

可以用扰动前的完备集 $\left\{\left|\psi_n^0(q,t)\right\rangle\right\}$ 来展开扰动后的态 $|\Psi(q,t)\rangle$

$$|\Psi(q,t)\rangle = \sum_n c_n(t)\left|\psi_n^0(q,t)\right\rangle \tag{25.2.5}$$

从 $|\Psi(q,t)\rangle$ 的归一化条件得

$$\sum_n |c_n(t)|^2 = 1 \tag{25.2.6}$$

将式 (25.2.6) 代入式 (25.2.5), 得

$$\left(\hat{\boldsymbol{H}}_0 + \hat{\boldsymbol{H}}'\right)\sum_n c_n\left|\psi_n^0\right\rangle = i\hbar\sum_n\left\{\left(\frac{\partial c_n}{\partial t}\right)\left|\psi_n^0\right\rangle + c_n\frac{\partial}{\partial t}\left|\psi_n^0\right\rangle\right\}$$

即

$$\sum_n c_n\hat{\boldsymbol{H}}_0\left|\psi_n^0\right\rangle + \sum_n c_n\hat{\boldsymbol{H}}'\left|\psi_n^0\right\rangle = i\hbar\sum_n\left\{\left(\frac{\partial c_n}{\partial t}\right)\left|\psi_n^0\right\rangle + c_n\frac{\partial}{\partial t}\left|\psi_n^0\right\rangle\right\}$$

引用式 (25.2.3), 得

$$\sum_n c_n\hat{\boldsymbol{H}}'\left|\psi_n^0\right\rangle = i\hbar\sum_n\left(\frac{\partial c_n}{\partial t}\right)\left|\psi_n^0\right\rangle$$

再利用 $\left\{\left|\psi_n^0\right\rangle\right\}$ 的归一化关系, 将上式两边被 $\left\langle\psi_m^0\right|(\cdot)$ 作用, 得

$$i\hbar\frac{\partial c_m}{\partial t} = \sum_n\left\langle\psi_m^0\middle|\hat{\boldsymbol{H}}'\middle|\psi_n^0\right\rangle c_n \qquad \forall m \tag{25.2.7}$$

至此演绎还是严格的, 未引入任何近似. 可是非常难解, 故引入微扰参数 λ, $\hat{\boldsymbol{H}}'$ 换成 $\lambda\hat{\boldsymbol{H}}'$. λ 在 0、1 之间任意变动, 0 相当于未扰动体系, 1 相当于微扰体系. 于是式 (25.2.7) 可写为

$$i\hbar\frac{\partial c_m}{\partial t} = \lambda\sum_n\left\langle\psi_m^0\middle|\hat{\boldsymbol{H}}'\middle|\psi_n^0\right\rangle c_n \tag{25.2.8}$$

我们的目的在于求系数 $\{c_n\}$, 继而求得 $|\Psi(q,t)\rangle$. 为此将 $c_m(t)$ 展开成 λ 的幂级数

$$c_m(t) = c_m^{(0)}(t) + \lambda c_m^{(1)}(t) + \lambda^2 c_m^{(2)}(t) + \cdots \tag{25.2.9}$$

代入式 (25.2.8), 得

$$\begin{aligned} & i\hbar\left\{\frac{\partial c_m^{(0)}}{\partial t} + \lambda\frac{\partial c_m^{(1)}}{\partial t} + \lambda^2\frac{\partial c_m^{(2)}}{\partial t} + \cdots\right\} \\ & = \lambda\sum_n\langle\psi_m^0|\hat{\boldsymbol{H}}'|\psi_n^0\rangle\left\{c_n^{(0)} + \lambda c_n^{(1)}(t) + \lambda^2 c_n^{(2)} + \cdots\right\} \end{aligned}$$

因为微扰参数 λ 可以任意变动, 所以依次比较等式两边的 $\lambda^0, \lambda, \lambda^2, \cdots$ 次项的系数, 得

$$\begin{cases} i\hbar \dfrac{\partial c_m^{(0)}}{\partial t} = 0 \\ i\hbar \dfrac{\partial c_m^{(1)}}{\partial t} = \sum\limits_n \left\langle \psi_m^0 \left| \hat{\boldsymbol{H}}' \right| \psi_n^0 \right\rangle c_n^{(0)} \\ i\hbar \dfrac{\partial c_m^{(2)}}{\partial t} = \sum\limits_n \left\langle \psi_m^0 \left| \hat{\boldsymbol{H}}' \right| \psi_n^0 \right\rangle c_n^{(1)} \\ \cdots \end{cases} \tag{25.2.10}$$

式 (25.2.10) 这组微分方程组需有初始条件才能有解. 设光照之前 $(t < 0)$ 体系处于 $|\psi_k\rangle$ 态, 即

$$|\varPsi(q, t=0)\rangle = \sum_n c_n(0) \left|\psi_n^0(q, 0)\right\rangle = \sum_n c_n(0) |\psi_n(q)\rangle = |\psi_k\rangle$$

故

$$\begin{cases} c_k(0) = 1 \\ c_n(0) = 0 \qquad \forall n \neq k \end{cases} \tag{25.2.11}$$

再根据式 (25.2.9), 得

$$\begin{cases} 1 = c_k(0) = c_k^{(0)}(0) + \lambda c_k^{(1)}(0) + \lambda^2 c_k^{(2)}(0) + \cdots \\ 0 = c_n(0) = c_n^{(0)}(0) + \lambda c_n^{(1)}(0) + \lambda^2 c_n^{(2)}(0) + \cdots \qquad \forall n \neq k \end{cases}$$

上式应该对于任意 λ 均成立, 故有

$$\begin{cases} \begin{cases} c_k^{(0)}(0) = 1 \\ c_k^{(1)}(0) = c_k^{(2)}(0) = \cdots = 0 \end{cases} \\ c_n^{(0)}(0) = c_n^{(1)}(0) = c_n^{(2)}(0) = \cdots = 0 \qquad \forall n \neq k \end{cases} \tag{25.2.12}$$

这样式 (25.2.10) 微分方程组的每一个方程都有初始条件了, 于是可以求解.

1. 零阶解 $\left\{c_m^{(0)}\right\}$

根据式 (25.2.10)

$$i\hbar \frac{\partial c_m^{(0)}}{\partial t} = 0 \qquad \forall m \tag{25.2.13}$$

积分即可. 设积分常数为 $\alpha_m^{(0)}$, 故

$$c_m^{(0)}(t) = \alpha_m^{(0)} \qquad \forall m \tag{25.2.14}$$

$\alpha_m^{(0)}$ 与时间无关, 故从式 (25.2.14) 和初始条件式 (25.2.12), 得到各零阶系数

$$\begin{cases} c_k^{(0)}(t) = 1 \\ c_n^{(0)}(t) = 0 \qquad \forall n \neq k \end{cases} \tag{25.2.15}$$

2. 一阶解 $\left\{c_m^{(1)}\right\}$

根据式 (25.2.10) 和式 (25.2.15), 得

$$i\hbar\frac{\partial c_m^{(1)}}{\partial t} = \left\langle \psi_m^0 \left| \hat{\boldsymbol{H}}' \right| \psi_k^0 \right\rangle \quad \forall m \tag{25.2.16}$$

和零阶系数, 可见式 (25.2.16) 右边都是已知的, 积分后再引用初始条件式 (25.2.12) 求得一阶系数. 同理, 求得二阶系数、三阶系数等. 通常对于单光子过程求到一阶系数就可以了, 而多光子过程则需高阶系数. 注意, 到现在我们还没有限定微扰 Hamilton 量 $\hat{\boldsymbol{H}}'$ 的形式.

先讨论 $\hat{\boldsymbol{H}}'$ 不含时的情况. 根据式 (25.2.4) 和式 (25.2.16), 得

$$i\hbar\frac{\partial c_m^{(1)}}{\partial t} = \left\langle \psi_m \mathrm{e}^{-itE_m/\hbar} \left| \hat{\boldsymbol{H}}' \right| \psi_k \mathrm{e}^{-itE_k/\hbar} \right\rangle = \mathrm{e}^{it(E_m - E_k)/\hbar} \left\langle \psi_m \left| \hat{\boldsymbol{H}}' \right| \psi_k \right\rangle$$

即

$$i\hbar\frac{\partial c_m^{(1)}}{\partial t} = \mathrm{e}^{i\omega_{mk}t} H'_{mk} \tag{25.2.17}$$

式中, $\omega_{mk} \equiv (E_m - E_k)/\hbar$; $H'_{mk} \equiv \left\langle \psi_m \left| \hat{\boldsymbol{H}}' \right| \psi_k \right\rangle$ 与时间无关. 将式 (25.2.17) 积分, 利用初始条件式 (25.2.12) 中的 $c_m^{(1)}(0) = 0 \quad \forall m$, 得

$$c_m^{(1)}(t) = \frac{H'_{mk}}{\hbar\omega_{mk}} \left(1 - \mathrm{e}^{i\omega_{mk}t}\right) \tag{25.2.18}$$

再由式 (25.2.9) 和零阶解结果式 (25.2.15), 得

$$c_m(t) = \lambda c_m^{(1)}(t) + O\left(\lambda^2\right) \qquad (m \neq k) \tag{25.2.19}$$

t 时刻体系处于 $|\psi_m\rangle$ 态 $(m \neq k)$ 的概率 $P_m(t) = |c_m(t)|^2$ 的一阶近似为

$$\begin{aligned} |c_m(t)|^2 &= \lambda^2 \left|c_m^{(1)}(t)\right|^2 + O\left(\lambda^3\right) \approx \lambda^2 \left|c_m^{(1)}(t)\right|^2 \\ &= \lambda^2 \frac{|H'_{mk}|^2}{(\hbar\omega_{mk})^2} \left(1 - \mathrm{e}^{i\omega_{mk}t}\right)\left(1 - \mathrm{e}^{-i\omega_{mk}t}\right) \end{aligned}$$

真实的微扰体系相当于 $\lambda = 1$, 故

$$|c_m(t)|^2 = \frac{2|H'_{mk}|^2}{\hbar^2} \left\{ \frac{1 - \cos(\omega_{mk}t)}{\omega_{mk}^2} \right\} = \frac{2|H'_{mk}|^2}{\hbar^2} f(\omega_{mk}) \tag{25.2.20}$$

这里令函数

$$f(\omega)=\frac{1-\cos(\omega t)}{\omega^2}=\frac{2\sin^2(\omega t/2)}{\omega^2} \tag{25.2.21}$$

函数 $f(\omega)$ 有两个性质:

(1) 利用 $\lim\limits_{\theta\to 0}\sin\theta=\theta$, 可知当 $\omega\to 0$ 时 $f(\omega)$ 有最大值

$$\lim_{\omega\to 0}f(\omega)=\frac{2(\omega t/2)^2}{\omega^2}=\frac{t^2}{2} \tag{25.2.22}$$

(2) 因为 $\omega=\dfrac{2n\pi}{t}(n=0,\pm 1,\pm 2,\cdots)$ 时 $\sin\dfrac{\omega t}{2}=0$, 可见此时 $f(\omega)=0$. 所以, $f(\omega)$ 的曲线如图 25.2.1 所示.

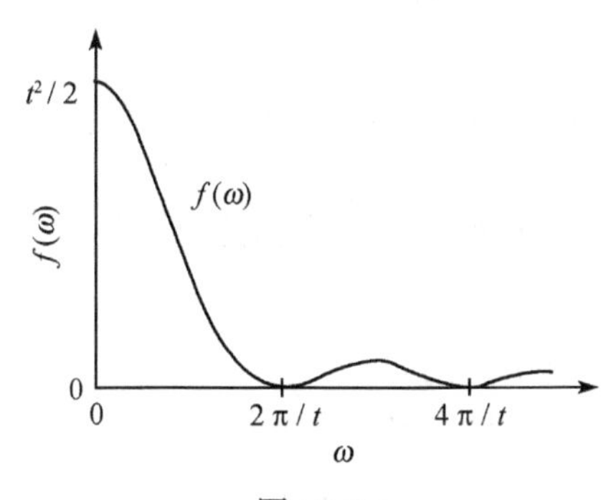

图 25.2.1

当 $t\to\infty$ 时, $f(\omega)$ 越来越窄, 正比于 δ 函数, 即

$$\delta(\omega)=\lim_{t\to\infty}\frac{1-\cos(\omega t)}{\pi t\omega^2}=\lim_{t\to\infty}\frac{f(\omega)}{\pi t}$$

所以, 当 t 很大时

$$|c_m(t)|^2=\frac{2\pi t}{\hbar^2}|H'_{mk}|^2\delta(\omega_{mk}) \tag{25.2.23}$$

于是, 从始态 $|\psi_k\rangle$ 跃迁到 $|\psi_m\rangle$ 态的跃迁概率为

$$\frac{\mathrm{d}P_m}{\mathrm{d}t}=\frac{\mathrm{d}}{\mathrm{d}t}|c_m(t)|^2=\frac{2\pi}{\hbar^2}|H'_{mk}|^2\delta(\omega_{mk})\equiv k_{k\to m} \tag{25.2.24}$$

$k_{k\to m}$ 称为 “细致速率常数”(detailed rate constant) 或 “态–态速率常数”(state-state rate constant). 实验中很难测定. 通常我们只测量始态 $|\psi_k\rangle$ 的变化, 故引入 “单能级速率常数”(single level rate constant)

$$k_k\equiv\sum_m k_{k\to m} \tag{25.2.25}$$

这里对终态加和. 该始态 $|\psi_k\rangle$ 的寿命为

$$\tau_k \equiv \frac{1}{k_k} \tag{25.2.26}$$

有时实验测定的是 "平均速率常数" k_r. 例如, 压力较大时, 始态不只是一个 $|\psi_k\rangle$ 态, 而是一个 Boltzmann 分布, 则

$$k_r = \sum_k P_k k_k = \sum_m \sum_k P_k k_{k\to m} \tag{25.2.27}$$

式中, 起始时 $|\psi_k\rangle$ 态的概率为 (取为 Gibbs 正则分布)

$$P_k = \frac{1}{Q}\mathrm{e}^{-\beta E_k} \tag{25.2.28}$$

结合式 (25.2.24) 和 $\delta(\hbar\omega_{mk}) = \frac{1}{\hbar}\delta(\omega_{mk})$ 得到

$$k_r = \sum_m \sum_k P_k k_{k\to m} = \frac{2\pi}{\hbar^2}\sum_m \sum_k P_k \left|H'_{mk}\right|^2 \delta(\omega_{mk})$$

即

$$k_r = \frac{2\pi}{\hbar}\sum_m \sum_k P_k \left|H'_{mk}\right|^2 \delta(E_m - E_k) \tag{25.2.29}$$

这就是著名的 "Fermi 的黄金规则", 式中矩阵元 $H'_{mk} \equiv \left\langle \psi_m \middle| \hat{\boldsymbol{H}}' \middle| \psi_k \right\rangle$. 基组 $\{|\psi_m\rangle\}$ 是未受微扰的体系的 Hamilton 量 $\hat{\boldsymbol{H}}_0$ 的定态 Schrödinger 方程的本征态集

$$\hat{\boldsymbol{H}}_0 |\psi_m\rangle = |\psi_m\rangle E_m \tag{25.2.30}$$

从式 (25.2.29) 可见, 欲求平均速率常数 k_r, 需先求 $\hat{\boldsymbol{H}}_0$ 的本征态集 $\{|\psi_m\rangle\}$ 及其能级 $\{E_m\}$. 实际上, 通常在 Born-Oppenheimer 近似 (绝热近似) 下求得.

25.2.2 弛豫速率常数的普遍表式

上述处理方法可以应用到如下几个方面:

1. 电子弛豫

将 S_0 态用激光激发到电子激发态 S_1, 然后通过 IC 或 ISC 弛豫. 例如, 在苯的情况下电子能量 (约为 $3\times10^4\mathrm{cm}^{-1}$) 转变为分子的振动能. 因为每个 C—H 键的振动能量约为 $3\times10^3\mathrm{cm}^{-1}$, 如果全部集中到一个 C—H 振动模上, 就要达到振动量子数 $v=10$, 局部就非常热. 当然这种能量分布的概率是相当小的. 现在要求算电子能量转移时哪种振动能量分布是最可几的.

始态 ψ_k 现在记为 ψ_{av}, 对应的能量为 E_{av}. a 指电子态 S_1, v 指振动量子数. 当 $T=0\text{K}$ 时, $v=0$. 终态 ψ_m 现在记为 $\psi_{bv'}$, 对应的能量为 $E_{bv'}$. 在 IC 中 b 就是 S_0 态. 所以, 根据式 (25.2.29), 电子弛豫 $a \to b$ 的速率常数为

$$k_r = \frac{2\pi}{\hbar}\sum_{v,v'} P_{av}\left|H'_{bv',av}\right|^2 \delta\left(E_{bv'}-E_{av}\right) \tag{25.2.31}$$

式中, 矩阵元

$$H'_{bv',av} = \left\langle \psi_{bv'} \left| \hat{\boldsymbol{H}}' \right| \psi_{av} \right\rangle = \iint \psi^*_{bv'} \hat{\boldsymbol{H}}' \psi_{av} \mathrm{d}q\mathrm{d}Q \tag{25.2.32}$$

这里要对所有电子坐标 q 和核坐标 Q 积分.

2. 激发能转移

若用 D 表示能量给体, A 表示能量受体, 加 $*$ 号表示它们各自的激发态. 当 D^* 与 A 之间距离较近时, 会发生能量转移过程

$$\mathrm{D}^* + \mathrm{A} \longrightarrow \mathrm{D} + \mathrm{A}^* \tag{25.2.33}$$

例如, 有单重态–单重态之间的能量转移

$$^1\mathrm{D}^* + {}^1\mathrm{A} \longrightarrow {}^1\mathrm{D} + {}^1\mathrm{A}^*$$

以及单重态–三重态之间的能量转移

$$^3\mathrm{D}^* + {}^1\mathrm{A} \longrightarrow {}^3\mathrm{D} + {}^1\mathrm{A}^*$$

这些都属于光化学的基元过程.

对于这些过程, 都可以用式 (25.2.1) 或式 (25.2.2) 求算速率常数, 公式中始态 k(或 av) 和终态 m(或 bv') 在这里分别为 $(\mathrm{D}^*+\mathrm{A})$ 这个整体和 $(\mathrm{D}+\mathrm{A}^*)$.

3. 电子转移过程

$$\mathrm{D}^* + \mathrm{A} \longrightarrow \mathrm{D}^+ + \mathrm{A}^- \tag{25.2.34}$$

也可以用式 (25.2.31) 的方法求速率常数. 其中始态为 $(\mathrm{D}^*+\mathrm{A})$, 终态为 $(\mathrm{D}^+ + \mathrm{A}^-)$. 在 Born-Oppenheimer 近似下式 (25.2.32) 中的始态、终态可写为电子波函数 $\boldsymbol{\Phi}$ 和核振动波函数 $\boldsymbol{\Theta}$ 之积, 于是

$$\begin{aligned} H'_{bv',av} &= \iint \left[\boldsymbol{\Phi}_b(q,Q)\,\boldsymbol{\Theta}_{bv'}(Q)\right]^* \hat{\boldsymbol{H}}' \left[\boldsymbol{\Phi}_a(q,Q)\,\boldsymbol{\Theta}_{av}(Q)\right] \mathrm{d}q\mathrm{d}Q \\ &= \int \mathrm{d}Q\, \boldsymbol{\Theta}^*_{bv'}(Q)\, H'_{ba}\, \boldsymbol{\Theta}_{av}(Q) \end{aligned} \tag{25.2.35}$$

式中, 矩阵元

$$H'_{ba}(Q) \equiv \int \mathrm{d}q\, \boldsymbol{\Phi}_b^*(q,Q)\,\hat{\boldsymbol{H}}'\,\boldsymbol{\Phi}_a(q,Q) \tag{25.2.36}$$

如果核坐标 $\{Q_i\}$ 振动幅度足够小的话, 我们可以将矩阵元 $H'_{ba}(Q)$ 在平衡核位置 $(Q=0)$ 处作 Taylor 展开

$$H'_{ba}(Q) = H'_{ba}(0) + \sum_i \left(\frac{\partial H'_{ba}}{\partial Q_i}\right)_0 Q_i + \cdots$$

式中, $\left(\frac{\partial H'_{ba}}{\partial Q_i}\right)_0$ 就是跃迁力. 若 $H'_{ba}(0) \neq 0$ 且它在微振动中是个大项, 于是

$$H'_{bv',av} = H'_{ba}(0) \int \mathrm{d}Q\, \boldsymbol{\Theta}_{bv'}^*(Q)\, \boldsymbol{\Theta}_{av}(Q) \tag{25.2.37}$$

这就是说, 对于一个允许的电子跃迁, 将原为核坐标函数的 H'_{ba} 近似看作为常数, 称之为 "Condon 近似". 此时得到

$$|H'_{bv',av}|^2 = |H'_{ba}(0)|^2 F_{bv',av} \tag{25.2.38}$$

式中

$$F_{bv',av} \equiv |\langle \boldsymbol{\Theta}_{bv'}|\boldsymbol{\Theta}_{av}\rangle|^2 = \left|\int \mathrm{d}Q\, \boldsymbol{\Theta}_{bv'}^*(Q)\, \boldsymbol{\Theta}_{av}(Q)\right|^2 \tag{25.2.39}$$

称为 Franck-Condon 因子 (以下有时简称为 F-C 因子). 进而, 我们得到在 Born-Oppenheimer 近似和 Condon 近似下的跃迁速率常数

$$k_r = \frac{2\pi}{\hbar} |H'_{ba}|^2 \sum_{v,v'} P_{av} F_{bv',av} \delta(E_{bv'} - E_{av}) \tag{25.2.40}$$

式中, 温度对跃迁速率常数的影响体现在始态的概率分布 P_{av} 中. 显然, 在对跃迁速率常数的求算过程中, 现在的问题是如何求出 F-C 因子.

25.2.3 Franck-Condon 因子

这里以双原子分子为例, 并用简谐振子模型近似. 振子的电子–振动始态 av 与终态 bv' 可以有三种情况:

(1) 始态与终态的键长不同 $(Q \neq Q')$, 且振动频率也不同 $(\omega \neq \omega')$. 这种情况称为 "位移–变形振子"[图 25.2.2(a)].

(2) 振动的势能曲线形状相同, 但是跃迁后键长改变了 $(Q \neq Q',\ \omega = \omega')$, 称为 "位移振子"[图 25.2.2(b)].

(3) 跃迁前后键长不变, 可是振动频率有变化 $(Q = Q',\ \omega \neq \omega')$, 称为 "变形振子"[图 25.2.2(c)].

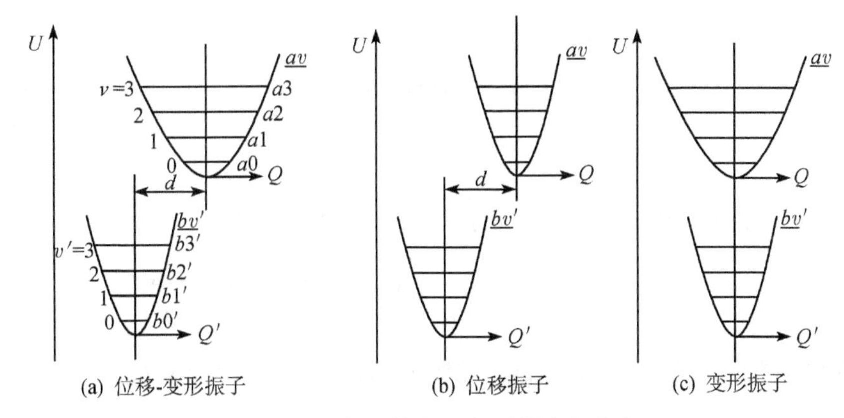

图 25.2.2 振子的电子–振动始态与终态

(a) $U_a = \frac{1}{2}\omega^2 Q^2$, $U_b = \frac{1}{2}\omega'^2 Q'^2$ 和 $Q' = Q + d$;

(b) $U_a = \frac{1}{2}\omega^2 Q^2$, $U_b = \frac{1}{2}\omega^2 Q'^2$ 和 $Q' = Q + d$;

(c) $U_a = \frac{1}{2}\omega^2 Q^2$, $U_b = \frac{1}{2}\omega'^2 Q^2$ 和 $Q' = Q$

谐振子的波函数为

$$\boldsymbol{\Theta}_{av} = N_{av} H_v\left(\sqrt{\alpha} Q\right) \mathrm{e}^{-\alpha Q^2/2} \qquad v = 0, 1, 2, \cdots \tag{25.2.41}$$

式中

$$\alpha = \omega/\hbar \tag{25.2.42}$$

归一化系数

$$N_{av} = \left(\frac{\sqrt{\alpha/\pi}}{2^v \cdot v!}\right)^{1/2} \tag{25.2.43}$$

可见核质量已经考虑在其中了. H_v 为 Hermite 多项式. 振动基态 $(v = 0)$ 的 $H_0 = 1$. $H_v(z)$ 的最高幂次为 z^v. 始态 av 的振动势能曲线 $U_a = \frac{1}{2}\omega Q^2$, 终态 bv' 的振动势能为 $U_b = \frac{1}{2}\omega' Q'^2$. 跃迁前后键长的变化即 “位移” 为

$$d \equiv Q' - Q \tag{25.2.44}$$

讨论:

1. 最简单的 F-C 因子 $F_{b0',a0}$

$F_{b0',a0}$ 表示从电子–振动态 $(a, v = 0)$ 跃迁到 $(b, v' = 0)$ 的 F-C 因子. 这里将讨论最普遍的 “位移–变形振子”. 从式 (25.2.39)、式 (25.2.41) 和式 (25.2.44) 且注意到

$H_0(z)=1$, 得

$$F_{b0',a0}=\left|\langle\boldsymbol{\Theta}_{b0'}\,|\boldsymbol{\Theta}_{a0}\rangle\right|^2 \tag{25.2.45}$$

和

$$\begin{aligned}\langle\boldsymbol{\Theta}_{b0'}\,|\boldsymbol{\Theta}_{a0}\rangle &= N_{b0'}N_{a0}\int_{-\infty}^{\infty}dQ\mathrm{e}^{-\frac{1}{2}\left[\alpha Q^2+\alpha'(Q+d)^2\right]}\\ &= N_{b0'}N_{a0}\int_{-\infty}^{\infty}dQ\mathrm{e}^{\left[-\left(\frac{\alpha+\alpha'}{2}\right)Q^2-Q\alpha' d-\frac{1}{2}\alpha' d^2\right]}\end{aligned}$$

利用配成平方的办法和 Gauss 函数的积分公式, 可作以下标准型的 Gauss 积分:

$$\int_{-\infty}^{\infty}\mathrm{d}x\mathrm{e}^{-ax^2-bx}=\int_{-\infty}^{\infty}\mathrm{d}x\mathrm{e}^{-a\left[\left(x+\frac{b}{2a}\right)^2-\frac{b^2}{4a^2}\right]}=\mathrm{e}^{\frac{b^2}{4a}}\sqrt{\frac{\pi}{a}} \tag{25.2.46}$$

所以

$$\langle\boldsymbol{\Theta}_{b0'}\,|\boldsymbol{\Theta}_{a0}\rangle=N_{b0'}N_{a0}\mathrm{e}^{-\alpha' d^2/2}\sqrt{\frac{2\pi}{\alpha+\alpha'}}\mathrm{e}^{-\frac{\alpha'^2 d^2}{2(\alpha+\alpha')}}$$

从式 (25.2.43) 归一化系数的表式得 $N_{b0'}=\left(\frac{\alpha'}{\pi}\right)^{1/4}$、$N_{a0}=\left(\frac{\alpha}{\pi}\right)^{1/4}$, 于是

$$F_{b0',a0}=\left[\frac{4\alpha\alpha'}{(\alpha+\alpha')^2}\right]^{1/2}\mathrm{e}^{-\frac{\alpha\alpha' d^2}{(\alpha+\alpha')}} \tag{25.2.47}$$

式 (25.2.47) 是普遍的, 可见最简单的 F-C 因子 $F_{b0',a0}$ 取决于 α、α' 和 d 值. 在位移振子的特例中

$$F_{b0',a0}|_{\text{位移振子}}=\mathrm{e}^{-\alpha d^2/2} \tag{25.2.48}$$

式 (25.2.48) 是光谱中常用的. 在变形振子的情况下, 由于 $d=0$、$\alpha\neq\alpha'$, 因此

$$F_{b0',a0}|_{\text{变形振子}}=\frac{2\sqrt{\alpha\alpha'}}{\alpha+\alpha'} \tag{25.2.49}$$

当既不发生位移, 也没有变形时, 即 $d=0$、$\alpha=\alpha'$, 则 $F_{b0',a0}=1$.

2. 位移振子的 F-C 因子 $F_{bv',a0}$

现在讨论双原子分子在电子–振动始态和终态分别为 $(a,v=0)$ 和 (b,v') 的情况下位移振子的 F-C 因子. 由式 (25.2.39), 得

$$F_{bv',a0}=\left|\langle\boldsymbol{\Theta}_{bv'}\,|\boldsymbol{\Theta}_{a0}\rangle\right|^2 \tag{25.2.50}$$

在简谐振子的近似下, 还因为 $H_{a0}=1$、$\alpha=\alpha'$ 和 $Q'=Q+d$, 可得

$$\begin{aligned}\langle \boldsymbol{\Theta}_{bv'}|\boldsymbol{\Theta}_{a0}\rangle &= N_{bv'}N_{a0}\int_{-\infty}^{\infty}\mathrm{d}Q\left[H_{bv'}\left(\sqrt{\alpha}Q'\right)\mathrm{e}^{-\alpha Q'^2/2}\right]\left(H_{a0}\mathrm{e}^{-\alpha Q^2/2}\right)\\ &= N_{bv'}N_{a0}\int_{-\infty}^{\infty}\mathrm{d}QH_{bv'}\left[\sqrt{\alpha}\left(Q+d\right)\right]\mathrm{e}^{-\alpha\left[(Q+d)^2+\frac{d^2}{4}\right]}\\ &= N_{bv'}N_{a0}\mathrm{e}^{-\alpha d^2/4}\int_{-\infty}^{\infty}d\bar{Q}H_{v'}\left(\sqrt{\alpha}\bar{Q}+\frac{\sqrt{\alpha}d}{2}\right)\mathrm{e}^{-\alpha\bar{Q}^2}\end{aligned}\tag{25.2.51}$$

式中, 简记 $H_{bv'}=H_{v'}$, 且定义

$$\bar{Q}\equiv Q+\frac{d}{2}\tag{25.2.52}$$

至于 $H_{v'}\left(\sqrt{\alpha}\bar{Q}+\frac{\sqrt{\alpha}d}{2}\right)$, 可以利用 Hermite 多项式的性质

$$\frac{\mathrm{d}}{\mathrm{d}z}H_n\left(z\right)=2nH_{n-1}\left(z\right)\qquad n=1,2,\cdots\tag{25.2.53}$$

将 $H_n\left(z+\Delta z\right)$ 在 z 处作 Taylor 展开, 同时注意到 $H_n\left(z\right)$ 多项式中最高幂次为 z^n, 于是得

$$\begin{aligned}H_n\left(z+\Delta z\right)&= H_n\left(z\right)+\frac{\mathrm{d}H_n\left(z\right)}{\mathrm{d}z}\Delta z+\frac{1}{2!}\frac{\mathrm{d}^2H_n\left(z\right)}{\mathrm{d}z^2}\left(\Delta z\right)^2\\ &\quad+\cdots+\frac{1}{n!}\frac{\mathrm{d}^nH_n\left(z\right)}{\mathrm{d}z^n}\left(\Delta z\right)^n\\ &= H_n\left(z\right)+2nH_{n-1}\left(z\right)\Delta z+\frac{2^2n\left(n-1\right)}{2!}H_{n-2}\left(z\right)\left(\Delta z\right)^2\\ &\quad+\cdots+\frac{2^nn!}{n!}H_0\left(z\right)\left(\Delta z\right)^n\end{aligned}$$

代入式 (25.2.51), 得

$$\begin{aligned}\langle \boldsymbol{\Theta}_{bv'}|\boldsymbol{\Theta}_{a0}\rangle =&N_{bv'}N_{a0}\mathrm{e}^{-\alpha d^2/4}\int_{-\infty}^{\infty}\mathrm{d}\bar{Q}\left[H_{v'}\left(\sqrt{\alpha}\bar{Q}\right)\right.\\ &\left.+\cdots+\frac{2^{v'}v'!}{v'!}H_0\left(\sqrt{\alpha}\bar{Q}\right)\left(\frac{\sqrt{\alpha}d}{2}\right)^{v'}\right]\mathrm{e}^{-\alpha\bar{Q}^2}\end{aligned}$$

再利用 Hermite 多项式的正交性质

$$\int_{-\infty}^{\infty}\mathrm{d}z\mathrm{e}^{-z^2}H_n\left(z\right)H_{n'}\left(z\right)=\delta_{nn'}2^nn!\sqrt{\pi}\tag{25.2.54}$$

还根据 $H_0\left(z\right)=1$, 得

$$\langle \boldsymbol{\Theta}_{bv'}|\boldsymbol{\Theta}_{a0}\rangle=N_{bv'}N_{a0}\mathrm{e}^{-\alpha d^2/4}\left(\sqrt{\alpha d}\right)^{v'}\int_{-\infty}^{\infty}\mathrm{d}\bar{Q}\mathrm{e}^{-\alpha\bar{Q}^2}=\frac{\left(\sqrt{\alpha d}\right)^{v'}}{\left(2^{v'}v'!\right)^{1/2}}\mathrm{e}^{-\alpha d^2/4}$$

再平方得到位移振子的 F-C 因子

$$F_{bv',a0}\big|_{\text{位移振子}} = \frac{\left(\alpha d^2\right)^{v'}}{2^{v'}v'!}\mathrm{e}^{-\alpha d^2/2} = \frac{S^{v'}}{v'!}\mathrm{e}^{-S} \tag{25.2.55}$$

式中, 定义耦合常数 S 为

$$S \equiv \frac{1}{2}\alpha d^2 = \frac{\omega d^2}{2\hbar} \tag{25.2.56}$$

它表征电子–振动始态与终态之间的关联, 无量纲. 可以证明, 对于位移振子有

$$\sum_{v'=0}^{\infty} F_{bv',a0} = \sum_{v'=0}^{\infty} \frac{S^{v'}}{v'!}\mathrm{e}^{-S} = 1 \tag{25.2.57}$$

当 $v'=0$ 时, 式 (25.2.55) 就还原为位移振子的 $F_{b0',a0}$ 表式 [式 (25.2.48)].

3. Franck-Condon 原理

根据式 (25.2.55) 和式 (25.2.40), 可以在位移振子的情况下导出著名的 Franck-Condon 原理. 首先式 (25.2.40) 说明了跃迁速率常数 k_r 与 Franck-Condon 因子有关. 若 v' 较大, 可以对 v' 求导, 得到最可几的 v' 值, 即发生最可几跃迁的终态振动量子数 v' 值.

在位移振子的情况下, 先对式 (25.2.55) 取自然对数, 得

$$\ln F_{bv',a0} = v'\ln S - \ln v'! - S \approx v'\ln S - v'\ln v' + v' - S \tag{25.2.58}$$

这里用了简化的 Stirling 公式

$$\ln n! \approx n\ln n - n \tag{25.2.59}$$

将式 (25.2.58) 对 v' 求导, 取导数为零

$$\frac{1}{F_{bv',a0}}\frac{\partial F_{bv',a0}}{\partial v'} = \ln S - \ln v' = 0$$

从而求得最可几的 v' 值

$$v'_{\max} = S = \frac{1}{2}\alpha d^2 \tag{25.2.60}$$

以上是对位移振子的讨论. 在垂直跃迁的时候 (图 25.2.3), 记与 U_a 极小处 $(Q=0)$ 对应 U_b 的振动量子数为 $v'_\perp$, 故此处 $U_b = \left(v'_\perp + \dfrac{1}{2}\right)\hbar\omega$. 而此处 $U_b = \dfrac{1}{2}\omega^2 Q'^2 = \dfrac{1}{2}\omega^2\left(Q+d\right)^2 = \dfrac{1}{2}\omega^2 d^2$, 于是

$$U_b = \frac{1}{2}\omega^2 d^2 = \left(v'_\perp + \frac{1}{2}\right)\hbar\omega \approx v'_\perp\hbar\omega$$

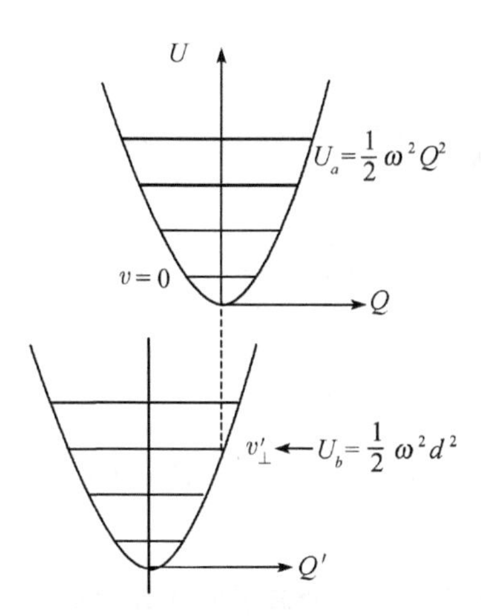

图 25.2.3 垂直跃迁和最可几跃迁

即

$$v'_\perp \approx \frac{1}{2}\left(\frac{\omega}{\hbar}\right)d^2 = \frac{1}{2}\alpha d^2 = v'_{\max} \tag{25.2.61}$$

这样就证明了位移振子的垂直跃迁就是最可几的跃迁, 这就是 Franck-Condon 原理. 在不是位移振子的条件下, Franck-Condon 原理仍然成立.

以上讨论的是双原子分子的情况, 以下推广到多原子分子的情况, 即多个振动自由度 ($3N-6$ 或 $3N-5$) 的情况.

25.2.4 多原子分子的速率常数

现在回到跃迁速率常数 k_r 的表式 [式 (25.2.40)], 其中因子 $\delta(E_{bv'}-E_{av})$ 表示能量守恒关系. 始态的电子–振动能量 E_{av} 为体系电子状态能量 E_a 和该体系中所有振子能量之和

$$E_{av} = E_a + \sum_i \left(v_i + \frac{1}{2}\right)\hbar\omega_i \tag{25.2.62a}$$

同样, 终态有

$$E_{bv'} = E_b + \sum_i \left(v'_i + \frac{1}{2}\right)\hbar\omega'_i \tag{25.2.62b}$$

若振动弛豫足够快, 则始态的概率分布可取为 Boltzmann 分布

$$P_{av} = \frac{1}{Q}\mathrm{e}^{-E_{av}/kT} \tag{25.2.63}$$

式中, 总的振动配分函数

$$\begin{aligned}Q &= \sum_{v_1}\cdots\sum_{v_M} \mathrm{e}^{-\left[E_a+\sum\limits_i^M \left(v_i+\frac{1}{2}\right)\hbar\omega_i\right]/kT} \\ &= \mathrm{e}^{-E_a/kT}\sum_{v_1,\cdots,v_M}\prod_i^M \mathrm{e}^{-\left(v_i+\frac{1}{2}\right)\hbar\omega_i/kT} = \mathrm{e}^{-E_a/kT}\prod_i^M Q_i\end{aligned} \tag{25.2.64}$$

式中, 单个振子的配分函数记为

$$Q_i = \sum_{v_i=0}^{\infty} \mathrm{e}^{-\left(v_i+\frac{1}{2}\right)\hbar\omega_i/kT} \tag{25.2.65}$$

这里总的振动配分函数 Q 分解为单个振子的配分函数 Q_i 的乘积. 同样, 始态的概率分布 P_{av} 也可以分解为各个振子的 Boltzmann 因子的乘积

$$P_{av} = \frac{\mathrm{e}^{-\left[E_a+\sum\limits_i^M \left(v_i+\frac{1}{2}\right)\hbar\omega_i\right]/kT}}{\mathrm{e}^{-E_a/kT}\prod\limits_i^M Q_i} = \frac{\mathrm{e}^{-\left[\sum\limits_i^M \left(v_i+\frac{1}{2}\right)\hbar\omega_i\right]/kT}}{\prod\limits_i^M Q_i} = \prod_i^M \frac{\mathrm{e}^{-\left(v_i+\frac{1}{2}\right)\hbar\omega_i/kT}}{Q_i}$$

即

$$P_{av} = \prod_i^M P_{av_i} \tag{25.2.66}$$

式中

$$P_{av_i} \equiv \frac{\mathrm{e}^{-\left(v_i+\frac{1}{2}\right)\hbar\omega_i/kT}}{Q_i} \tag{25.2.67}$$

从式 (25.2.66) 和式 (25.2.67) 可见, 始态的概率分布 P_{av} 与电子能量 E_a 无关, 只取决于在振动态上的分布. 由于各个振子的配分函数 Q_i 可以用等比递减级数和的公式来简化, 即

$$Q_i = \sum_{v_i=0}^{\infty} \mathrm{e}^{-\left(v_i+\frac{1}{2}\right)\hbar\omega_i/kT} = \mathrm{e}^{-\hbar\omega_i/2kT}\sum_{v_i=0}^{\infty} \mathrm{e}^{-v_i\hbar\omega_i/kT} = \frac{\mathrm{e}^{-\hbar\omega_i/2kT}}{1-\mathrm{e}^{-\hbar\omega_i/kT}}$$

于是式 (25.2.67) 可写为

$$P_{av_i} = \mathrm{e}^{-v_i\hbar\omega_i/kT}\left(1-\mathrm{e}^{-\hbar\omega_i/kT}\right) \tag{25.2.68}$$

温度 $T = 0\mathrm{K}$ 时, P_{av_i} 具有以下性质:

$$\lim_{T\to 0} P_{av_i} = \delta_{v0} \tag{25.2.69}$$

即此时所有振子都处于基态. 所以式 (25.2.40) 的跃迁速率常数 k_r 在温度 $T=0\mathrm{K}$ 时为

$$\lim_{T\to 0} k_r = \lim_{T\to 0} \frac{2\pi}{\hbar} \left|H'_{ba}\right|^2 \sum_{v'} F_{bv',a0}\delta\left(E_{bv'}-E_{a0}\right) \tag{25.2.70}$$

现在讨论多原子分子的 Franck-Condon 因子. 因为式 (25.2.39), 即

$$F_{bv',av} = \left|\left\langle \boldsymbol{\Theta}_{bv'} \middle| \boldsymbol{\Theta}_{av} \right\rangle\right|^2 \tag{25.2.71a}$$

式中, 多原子分子始态和终态的核振动波函数分别为

$$\boldsymbol{\Theta}_{av} = \prod_i \chi_{av_i}\left(Q_i\right) \tag{25.2.71b}$$

$$\boldsymbol{\Theta}_{bv'} = \prod_i \chi_{bv'_i}\left(Q'_i\right) \tag{25.2.71c}$$

即分解成所有简正振子波函数之积. 对应地, 总的振动能等于各振子能量之和. 例如, 自由度 $f=2$ 时

$$\boldsymbol{\Theta}_{av} = \chi_{av_1}\left(Q_1\right)\chi_{av_2}\left(Q_2\right)$$

$$\boldsymbol{\Theta}_{bv'} = \chi_{bv'_1}\left(Q'_1\right)\chi_{bv'_2}\left(Q'_2\right)$$

于是

$$\begin{aligned}\left\langle \boldsymbol{\Theta}_{bv'} \middle| \boldsymbol{\Theta}_{av} \right\rangle &= \iint \mathrm{d}Q_1\mathrm{d}Q_2\, \boldsymbol{\Theta}_{bv'}\boldsymbol{\Theta}_{av} = \int \mathrm{d}Q_1 \chi_{bv'_1}\chi_{av_1} \int \mathrm{d}Q_2 \chi_{bv'_2}\chi_{av_2} \\ &= \left\langle \chi_{bv'_1} \middle| \chi_{av_1} \right\rangle \left\langle \chi_{bv'_2} \middle| \chi_{av_2} \right\rangle\end{aligned}$$

可见, 多振动自由度体系的 F-C 因子 $F_{bv',av}$ 可以分解为各自由度振子的 F-C 因子 $F_{bv'_i,av_i}$ 之积

$$F_{bv',av} = \prod_{i=1}^{3N-6} F_{bv'_i,av_i} \tag{25.2.72}$$

式中, v 和 v' 分别表示始态和终态中各自由度的振子的振动量子数的集合, 即

$$v \equiv \left\{v_1, v_2, \cdots, v_{3N-6}\right\} \tag{25.2.73a}$$

$$v' \equiv \left\{v'_1, v'_2, \ldots, v'_{3N-6}\right\} \tag{25.2.73b}$$

若始态时各振动态均处于基态, 则跃迁速率常数为

$$k_r = \frac{2\pi}{\hbar}\left|H'_{ba}\right|^2 \sum_{v'} \left(\prod_i F_{bv'_i,a0_i}\right) \delta\left(E_{bv'}-E_{a0}\right) \tag{25.2.74}$$

又若各振子均为位移振子 [式 (25.2.55)], 则

$$F_{bv'_i,a0_i}=\frac{S_i^{v'_i}}{v'_i!}\mathrm{e}^{-S_i} \tag{25.2.75}$$

式中, 耦合常数 S_i 为

$$S_i\equiv\frac{\omega_i d_i^2}{2\hbar} \tag{25.2.76}$$

实例 —— 苯的磷光寿命中的同位素效应.

苯 (C_6H_6 或 C_6D_6) 的电子基态与第一激发态的能量差折合波数 $3\times10^4\mathrm{cm}^{-1}$. 每个 C—H 键的振动能量约合波数 $\tilde{\omega}_{\mathrm{C-H}}\approx3\times10^3\mathrm{cm}^{-1}$. 每个 C—D 键的振动能量 $\tilde{\omega}_{\mathrm{C-D}}\approx2\times10^3\mathrm{cm}^{-1}$. 始态 $3\times10^4\mathrm{cm}^{-1}$ 的电子能量要分配在终态的 6 个 C—H 键或 C—D 键上, 于是要对各种分布可能性加和.

一种分布的可能性是将所有的 $3\times0^4\mathrm{cm}^{-1}$ 能量都集中在 C_6H_6 终态的一个振动模上 (如 v'_1). 所以, $v'\equiv\{10,0,0,0,0,0\}$, 即 $v'_1=10$、$v'_2=v'_3=v'_4=v'_5=v'_6=0$. 于是体系的 F-C 因子

$$F_{bv',a0}=\prod_i F_{bv'_i,a0_i}=\frac{\mathrm{S}_1^{10}\mathrm{e}^{-\mathrm{S}_1}}{10!}\frac{\mathrm{e}^{-S_2}}{0!}\cdots\frac{\mathrm{e}^{-S_6}}{0!} \tag{25.2.77a}$$

若能量在 C_6H_6 终态振动模上分布为 $v'\equiv\{2,2,2,1,1,2\}$, 则

$$F_{bv',a0}=\frac{\mathrm{S}_1^2\mathrm{e}^{-\mathrm{S}_1}}{2!}\frac{S_2^2\mathrm{e}^{-S_2}}{2!}\frac{S_3^2\mathrm{e}^{-S_3}}{2!}\frac{S_4\mathrm{e}^{-S_4}}{1!}\frac{S_5\mathrm{e}^{-S_5}}{1!}\frac{S_6^2\mathrm{e}^{-S_6}}{2!} \tag{25.2.77b}$$

式 (25.2.77b) 的 F-C 因子要大于式 (25.2.77a) 所示的集中分布方式. 显然, 集中分布的跃迁速率常数最小, 而最可几的是终态振动能均匀分布的方式.

在 C_6D_6 的情况下, $\tilde{\omega}_{\mathrm{C-D}}\approx2\times10^3\mathrm{cm}^{-1}$. 同样的分析可得集中分布 $v'\equiv\{15,0,0,0,0,0\}$ 的 F-C 因子最小, 而最可几的跃迁速率也是发生在均匀分布 $v'\equiv\{3,2,3,2,3,2\}$. 但后者与 C_6H_6 的均匀分布相比, 由于

$$\frac{1}{(3!)^3(2!)^3}<\frac{1}{(2!)^4(1!)^2}$$

可见, 就能预期 C_6D_6 的 F-C 因子小于 C_6H_6 的 F-C 因子, 于是解释了苯 (C_6D_6) 的磷光寿命 τ 大于苯 (C_6H_6) 的磷光寿命. 这是一种同位素效应.

综上所述, 我们根据对 F-C 因子的估计可以定性估计跃迁速率常数, 判断可能发生的过程和能量传递后在各个振动模上的分布.

25.2.5 Lorentz 峰形

Lorentz 峰形的定义为

$$D(\omega) \equiv \frac{1}{\pi} \frac{\gamma}{\gamma^2 + (\omega - \omega_0)^2} \tag{25.2.78}$$

式中, γ 称为阻尼系数. 此峰形如图 25.2.4 所示, 极大值在 $\omega = \omega_0$ 处, 峰高

$$D(\omega_0) = \frac{1}{\pi\gamma} \tag{25.2.79}$$

半高峰位 $\omega_{1/2}$ 处有关系式

$$D\left(\omega_{1/2}\right) = \frac{1}{2\pi\gamma} = \frac{\gamma}{\pi\left[\gamma^2 + \left(\omega_{1/2} - \omega_0\right)^2\right]} \tag{25.2.80}$$

由此求得

$$\omega_{1/2} = \omega_0 \pm \gamma \tag{25.2.81}$$

即半高宽为 2γ.

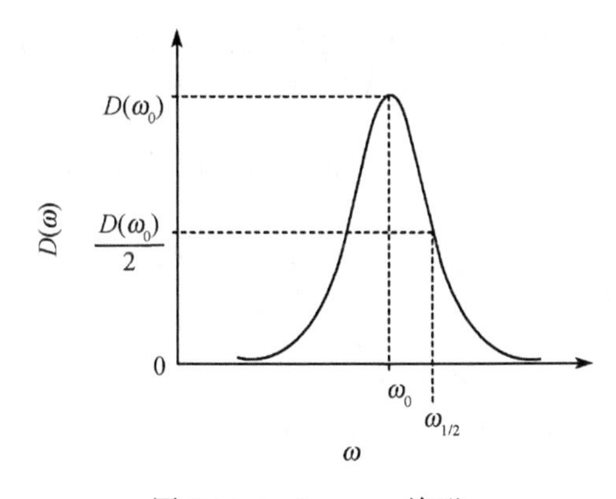

图 25.2.4　Lorentz 峰形

Lorentz 峰形的性质:

(1) 阻尼很小时还原为 Dirac δ 函数

$$\lim_{\gamma \to 0} D(\omega) = \delta(\omega - \omega_0) \tag{25.2.82}$$

(2) 归一化条件

$$\int_{-\infty}^{\infty} \mathrm{d}\omega D(\omega) = 1 \tag{25.2.83}$$

“强度函数” I 的定义如下:

$$I \equiv \int_{-\infty}^{\infty} \mathrm{d}t\, \mathrm{e}^{it\Delta\omega - \gamma|t|} \tag{25.2.84}$$

式中, $\Delta\omega \equiv \omega - \omega_0$.

容易证明

$$I = \frac{2\gamma}{\Delta\omega^2 + \gamma^2} = 2\pi D(\omega) \tag{25.2.85}$$

从而 Lorentz 峰形 $D(\omega)$ 可写成如下的积分表示:

$$D(\omega) = \frac{1}{2\pi}\int_{-\infty}^{\infty} \mathrm{d}t\, \mathrm{e}^{it\Delta\omega - \gamma|t|} \tag{25.2.86}$$

当振动不存在阻尼时, 式 (25.2.86) 就变成 $\delta(\omega - \omega_0)$ 的积分表示

$$\lim_{\gamma\to 0} D(\omega) = \frac{1}{2\pi}\int_{-\infty}^{\infty} \mathrm{d}t\, \mathrm{e}^{it(\omega-\omega_0)} = \delta(\omega - \omega_0) \tag{25.2.87}$$

25.2.6 $T = 0\mathrm{K}$ 时位移振子的跃迁速率常数

假定起始振动状态均在基态, 且该多原子分子的振子均为位移振子, 则根据式 (25.2.74) 和式 (25.2.75), 可得 $T = 0\mathrm{K}$ 时位移振子的跃迁速率常数

$$k_r = \frac{2\pi}{\hbar}\left|H'_{ba}\right|^2 \sum_{v'}\left(\prod_i \frac{S_i^{v'_i}}{v'_i!}\mathrm{e}^{-S_i}\right)\delta(E_{bv'} - E_{a0}) \tag{25.2.88}$$

由于 $\delta(E_{bv'} - E_{a0}) = \delta(\hbar\omega_{bv',a0}) = \frac{1}{\hbar}\delta(\omega_{bv',a0})$, 以及 $\delta(\omega_{bv',a0})$ 的积分表示

$$\delta(\omega_{bv',a0}) = \frac{1}{2\pi}\int_{-\infty}^{\infty} \mathrm{d}t\, \mathrm{e}^{i\omega_{bv',a0}t} = \frac{1}{2\pi}\int_{-\infty}^{\infty} \mathrm{d}t\, \mathrm{e}^{\frac{it}{\hbar}\left[E_b + \sum\limits_i \left(v'_i + \frac{1}{2}\right)\hbar\omega_i - E_a - \sum\limits_i \frac{1}{2}\hbar\omega_i\right]} \tag{25.2.89}$$

式中, 加和号是对所有振动自由度加和, 又因为是位移振子, 所以只有一套角频率 $\{\omega_i\}$. 再将式 (25.2.89) 代入式 (25.2.88), 得

$$\begin{aligned} k_r &= \frac{\left|H'_{ba}\right|^2}{\hbar^2}\sum_{\{v'_i\}}\prod_i \frac{S_i^{v'_i}}{v'_i!}\mathrm{e}^{-S_i}\int_{-\infty}^{\infty}\mathrm{d}t\, \mathrm{e}^{\frac{it}{\hbar}(E_b - E_a)}\mathrm{e}^{\sum\limits_i v'_i\hbar\omega_i} \\ &= \frac{\left|H'_{ba}\right|^2}{\hbar^2}\sum_{\{v'_i\}}\prod_i \frac{S_i^{v'_i}\mathrm{e}^{-S_i}}{v'_i!}\int_{-\infty}^{\infty}\mathrm{d}t\, \mathrm{e}^{it\omega_{ba}}\prod_i \mathrm{e}^{itv'_i\omega_i} \\ &= \frac{\left|H'_{ba}\right|^2}{\hbar^2}\int_{-\infty}^{\infty}\mathrm{d}t\, \mathrm{e}^{it\omega_{ba}}\prod_i\left\{\sum_{v'_i=0}^{\infty}\frac{S_i^{v'_i}\mathrm{e}^{-S_i}}{v'_i!}\mathrm{e}^{itv'_i\omega_i}\right\} \end{aligned} \tag{25.2.90}$$

式中, $\omega_{ba} \equiv (E_b - E_a)/\hbar$.

因为 $S_i \equiv \frac{\omega_i d_i^2}{2\hbar}$ 与 v'_i 无关, 且

$$\sum_{v'_i=0}^{\infty}\frac{S_i^{v'_i}\mathrm{e}^{-S_i}}{v'_i!}\mathrm{e}^{itv'_i\omega_i} = \mathrm{e}^{-S_i}\sum_{v'_i=0}^{\infty}\frac{\left(S_i\mathrm{e}^{it\omega_i}\right)^{v'_i}}{v'_i!} = \mathrm{e}^{-S_i}\mathrm{e}^{S_i\mathrm{e}^{it\omega_i}} = \mathrm{e}^{S_i\left(\mathrm{e}^{it\omega_i}-1\right)}$$

所以

$$k_r = \frac{|H'_{ba}|^2}{\hbar^2} \int_{-\infty}^{\infty} \mathrm{d}t \, \mathrm{e}^{it\omega_{ba}} \prod_i \mathrm{e}^{S_i\left(\mathrm{e}^{it\omega_i}-1\right)}$$

即

$$k_r = \frac{|H'_{ba}|^2}{\hbar^2} \int_{-\infty}^{\infty} \mathrm{d}t \, \mathrm{e}^{\left\{it\omega_{ba}+\sum\limits_i S_i\left(\mathrm{e}^{it\omega_i}-1\right)\right\}} \tag{25.2.91}$$

式 (25.2.91) 的积分分两种情况讨论: ① $S_i > 1$ 的 “强耦合” 的情况; ② $S_i \leqslant 1$ 的 “弱耦合” 的情况.

1. 强耦合的情况 ——$S_i > 1$

令

$$f(t) \equiv \sum_i S_i \left(\mathrm{e}^{it\omega_i} - 1\right) \tag{25.2.92}$$

将 $f(t)$ 在 $t=0$ 处作 Taylor 展开

$$f(t) = f(0) + f'(0)\,t + \frac{1}{2!} f''(0)\,t^2 + \cdots \tag{25.2.93}$$

因为

$$f(0) = 0$$
$$f'(0) = i\sum_i S_i\omega_i$$
$$f''(0) = -\sum_i S_i\omega_i^2$$
$$\cdots$$

所以代入式 (25.2.93), 略去 $O\left(t^3\right)$ 项, 再代入式 (25.2.91), 用 Gauss 积分公式式 (25.2.46), 得

$$\begin{aligned} k_r &= \frac{|H'_{ba}|^2}{\hbar^2} \int_{-\infty}^{\infty} \mathrm{d}t \, \mathrm{e}^{\left[-\frac{t^2}{2}\sum\limits_i S_i\omega_i^2 + it\left(\omega_{ba}+\sum\limits_i S_i\omega_i\right)\right]} \\ &= \frac{|H'_{ba}|^2}{\hbar^2} \sqrt{\frac{2\pi}{\sum\limits_i S_i\omega_i^2}} \exp\left[\frac{\left(\omega_{ba}+\sum\limits_i S_i\omega_i\right)^2}{2\sum\limits_i S_i\omega_i^2}\right] \end{aligned} \tag{25.2.94}$$

这个结果是 Marcus 等人对 $T=0\mathrm{K}$ 时的位移振子导出的, 得到的速率常数呈 Gauss 峰形. 式 (25.2.94) 在电子传递能量中就要用到.

2. 弱耦合的情况 ——$S_i \leqslant 1$

先介绍一种求解积分的近似方法 —— 最陡下降法.

以下积分 (Gamma 积分)

$$\Gamma(n)=\int_0^{\infty}\mathrm{d}x x^n\mathrm{e}^{-x}=n! \qquad (n\text{ 为正整数}) \tag{25.2.95}$$

这是一个解析解. 现在要用另一种方法来近似求解. 因为 Gauss 函数是可积的, 即

$$\int_{-\infty}^{\infty}\mathrm{d}x\mathrm{e}^{-a^2x^2}=\frac{\sqrt{\pi}}{a} \tag{25.2.96}$$

关于一类具有如图 25.2.5 所示形状的函数 $f(x)$, 考虑定积分 $\int_0^{\infty}\mathrm{d}x f(x)$.

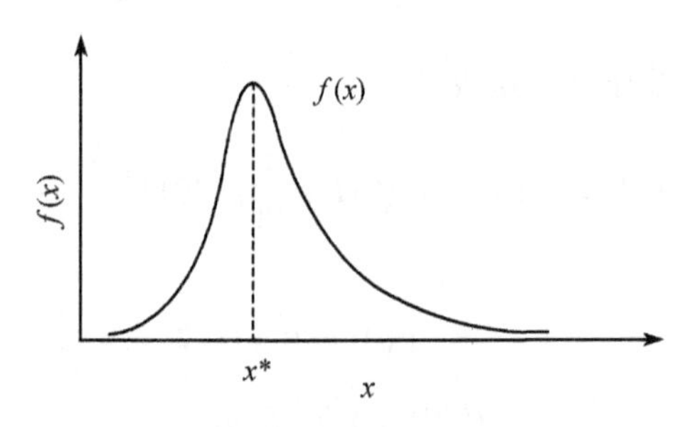

图 25.2.5　最陡下降法

做法是在极大值 x^* 处作 Taylor 展开, 配一个最好的 Gauss 函数, 然后用 Gauss 积分公式式 (25.2.96). 令 $F(x)$ 满足

$$\mathrm{e}^{F(x)}=f(x) \tag{25.2.97}$$

对于近似求解式 (25.2.95), $f(x)=x^n\mathrm{e}^{-x}$, 故

$$F(x)=\ln f(x)=\ln\left(x^n\mathrm{e}^{-x}\right)=n\ln x-x$$

$f(x)$ 的极值 $\dfrac{\mathrm{d}\left(x^n\mathrm{e}^{-x}\right)}{\mathrm{d}x}=nx^{n-1}\mathrm{e}^{-x}-x^n\mathrm{e}^{-x}=0$, 故 $x^*=n$. 将 $F(x)$ 在 x^* 处作 Taylor 展开

$$F(x)=F(x^*)+F'(x^*)(x-x^*)+\frac{1}{2!}F''(x^*)(x-x^*)^2+\cdots$$

实际上, $f(x)$ 的极值 x^* 就是 $F(x)$ 的极值, 故一阶导数项为零.

因为

$$F\left(x^{*}\right)=n\ln n-n$$

$$F'\left(x^{*}\right)=0$$

$$F''\left(x^{*}\right)=-\frac{1}{n}\qquad (注意F''\left(x^{*}\right)<0)$$

略去高阶项, 得

$$F\left(x\right)\approx F\left(x^{*}\right)+\frac{1}{2!}F''\left(x^{*}\right)\left(x-x^{*}\right)^{2}$$

然后代入式 (25.2.95), 得

$$\begin{aligned}n!\approx\int_{0}^{\infty}\mathrm{d}x\mathrm{e}^{F(x)}&=\int_{0}^{\infty}\mathrm{d}x\mathrm{e}^{\left[F(x^{*})+\frac{1}{2!}F''(x^{*})(x-x^{*})^{2}\right]}\\&=\mathrm{e}^{F(x^{*})}\int_{0}^{\infty}\mathrm{d}x\mathrm{e}^{\frac{1}{2}F''(x^{*})(x-x^{*})^{2}}\approx\mathrm{e}^{F(x^{*})}\int_{-\infty}^{\infty}\mathrm{d}x\mathrm{e}^{\frac{1}{2}F''(x^{*})(x-x^{*})^{2}}\end{aligned}$$

令 $\xi\equiv x-x^{*}$, 并利用 Gauss 积分公式 $\int_{-\infty}^{\infty}\mathrm{d}x\mathrm{e}^{-ax^{2}}=\sqrt{\frac{\pi}{a}}$, 得

$$n!\approx\mathrm{e}^{F(x^{*})}\int_{-\infty}^{\infty}\mathrm{d}\xi\mathrm{e}^{\frac{1}{2}F''(x^{*})\xi^{2}}=\mathrm{e}^{F(x^{*})}\sqrt{-\frac{2\pi}{F''\left(x^{*}\right)}}$$

即

$$n!\approx\sqrt{2\pi n}\left(\frac{n}{\mathrm{e}}\right)^{n}$$

这就是用最陡下降法求得的 Stirling 高级近似公式.

以下用最陡下降法求解式 (25.2.91).

$$k_{r}=\frac{\left|H_{ba}'\right|^{2}}{\hbar^{2}}\int_{-\infty}^{\infty}\mathrm{d}t\,\mathrm{e}^{\left[it\omega_{ba}+\sum\limits_{i}S_{i}\left(\mathrm{e}^{it\omega_{i}}-1\right)\right]}.$$

令

$$F\left(t\right)=it\omega_{ba}+\sum_{i}S_{i}\left(\mathrm{e}^{it\omega_{i}}-1\right)\tag{25.2.98}$$

所以

$$F'\left(t\right)=i\omega_{ba}+\sum_{i}S_{i}i\omega_{i}\mathrm{e}^{it\omega_{i}}$$

$$F''\left(t\right)=-\sum_{i}S_{i}\omega_{i}^{2}\mathrm{e}^{it\omega_{i}}\tag{25.2.99}$$

令 $F'(t^*)=0$, 得到 $i\omega_{ba}+\sum_i S_i i\omega_i \mathrm{e}^{it^*\omega_i}=0$, 即

$$\sum_i S_i\omega_i \mathrm{e}^{it^*\omega_i}=-\omega_{ba}=\omega_{ab} \tag{25.2.100}$$

因为 $E_a-E_b=\hbar\omega_{ab}>0$, 所以 $F''(t^*)=-\sum_i S_i\omega_i^2\mathrm{e}^{it^*\omega_i}<0$, 从而满足极大值条件, 于是可以采用最陡下降法.

将 $F(t)$ 在 t^* 处作 Taylor 展开, 略去三阶及以上项, 得

$$F(t)\approx F(t^*)+\frac{1}{2!}F''(t^*)(t-t^*)^2$$

进而

$$\begin{aligned}k_r&=\frac{|H'_{ba}|^2}{\hbar^2}\int_{-\infty}^{\infty}\mathrm{d}t\,\mathrm{e}^{\left[F(t^*)+\frac{1}{2}F''(t^*)(t-t^*)^2\right]}=\frac{|H'_{ba}|^2}{\hbar^2}\mathrm{e}^{F(t^*)}\int_{-\infty}^{\infty}\mathrm{d}t\,\mathrm{e}^{\frac{1}{2}F''(t^*)(t-t^*)^2}\\&=\frac{|H'_{ba}|^2}{\hbar^2}\mathrm{e}^{F(t^*)}\sqrt{\frac{2\pi}{-F''(t^*)}}\end{aligned}$$

将式 (25.2.98) 和式 (25.2.99) 在 t^* 处的取值代入上式, 得

$$k_r=\frac{|H'_{ba}|^2}{\hbar^2}\mathrm{e}^{\left[it^*\omega_{ba}+\sum_i S_i\left(\mathrm{e}^{it^*\omega_i}-1\right)\right]}\sqrt{\frac{2\pi}{\sum_i S_i\omega_i^2\mathrm{e}^{it^*\omega_i}}} \tag{25.2.101}$$

现在需要从式 (25.2.100) 求 t^*. 先定义平均角频率 $\bar{\omega}$ 为

$$\omega_{ab}=\sum_i S_i\omega_i\mathrm{e}^{it^*\omega_i}\equiv S\bar{\omega}\mathrm{e}^{it^*\bar{\omega}} \tag{25.2.102}$$

即

$$\frac{\omega_{ab}}{\bar{\omega}}=S\mathrm{e}^{it^*\bar{\omega}} \tag{25.2.103}$$

式中, 各振子耦合常数之和 $S\equiv\sum_i S_i$. 于是求得

$$t^*=\frac{1}{i\bar{\omega}}\ln\frac{\omega_{ab}}{S\bar{\omega}} \tag{25.2.104}$$

式 (25.2.101) 中的

$$\begin{aligned}it^*\omega_{ba}+\sum_i S_i\left(\mathrm{e}^{it^*\omega_i}-1\right)&=i\omega_{ba}\left(\frac{1}{i\bar{\omega}}\ln\frac{\omega_{ab}}{S\bar{\omega}}\right)+\sum_i S_i\mathrm{e}^{it^*\omega_i}-S\\&=\frac{\omega_{ba}}{\bar{\omega}}\ln\frac{\omega_{ab}}{S\bar{\omega}}+S\mathrm{e}^{it^*\bar{\omega}}-S\end{aligned}$$

故

$$\mathrm{e}^{\left[it^*\omega_{ba}+\sum\limits_i S_i\left(\mathrm{e}^{it^*\omega_i}-1\right)\right]}\approx \mathrm{e}^{\left[\frac{\omega_{ba}}{\bar{\omega}}\ln\frac{\omega_{ab}}{S\bar{\omega}}+S\mathrm{e}^{it^*\bar{\omega}}-S\right]}=\mathrm{e}^{\left[\frac{\omega_{ba}}{\bar{\omega}}\ln\frac{\omega_{ab}}{S\bar{\omega}}+\frac{\omega_{ba}}{\bar{\omega}}-S\right]}$$
$$=\mathrm{e}^{\left[\frac{\omega_{ba}}{\bar{\omega}}\left(\ln\frac{\omega_{ab}}{S\bar{\omega}}+1\right)-S\right]} \tag{25.2.105}$$

式 (25.2.101) 中

$$\sqrt{\frac{2\pi}{\sum\limits_i S_i\omega_i^2\mathrm{e}^{it^*\omega_i}}}\approx\sqrt{\frac{2\pi}{S\bar{\omega}^2\mathrm{e}^{it^*\bar{\omega}}}}=\sqrt{\frac{2\pi}{\bar{\omega}^2\dfrac{\omega_{ab}}{\bar{\omega}}}}=\sqrt{\frac{2\pi}{\bar{\omega}\omega_{ab}}} \tag{25.2.106}$$

进而由式 (25.2.101), 得

$$k_r=\frac{\left|H'_{ba}\right|^2}{\hbar^2}\sqrt{\frac{2\pi}{\bar{\omega}\omega_{ab}}}\mathrm{e}^{\left[\frac{\omega_{ba}}{\bar{\omega}}\left(\ln\frac{\omega_{ab}}{S\bar{\omega}}+1\right)-S\right]} \tag{25.2.107}$$

这就是能隙定律的表式. 可见若能隙 ω_{ab} 变宽, 则跃迁速率常数 k_r 下降.

25.2.7 $T\neq 0$K 时位移振子的跃迁速率常数

温度高于绝对零度时要考虑 Boltzmann 因子. 根据 Born-Oppenheimer 近似和 Condon 近似下的跃迁速率常数表式 [式 (25.2.40)]

$$k_r=\frac{2\pi}{\hbar}\left|H'_{ba}\right|^2\sum_{v,v'}P_{av}F_{bv',av}\delta\left(E_{bv'}-E_{av}\right) \tag{25.2.108}$$

式中, 电子–振动始态的 Boltzmann 因子 P_{av} 可以分解为多原子分子中各振子的 Boltzmann 因子的乘积 [式 (25.2.66)]

$$P_{av}=\prod_i^M P_{av_i} \tag{25.2.109}$$

假定各振子均为谐振子, 则由式 (25.2.68) 为

$$P_{av_i}=\frac{\mathrm{e}^{-v_i\hbar\omega_i/kT}}{1-\mathrm{e}^{-\hbar\omega_i/kT}}=2\mathrm{sh}\left(\frac{\hbar\omega_i}{2kT}\right)\mathrm{e}^{-\left(v_i+\frac{1}{2}\right)\hbar\omega_i/kT} \tag{25.2.110}$$

又体系的振动波函数等于各振子振动波函数的乘积 [式 (25.2.71b) 和式 (25.2.71c)], 即 $\boldsymbol{\Theta}_{av}=\prod\limits_i\chi_{av_i}\left(Q_i\right)$ 和 $\boldsymbol{\Theta}_{bv'}=\prod\limits_i\chi_{bv'_i}\left(Q'_i\right)$, 所以多振动自由度体系的 Franck-Condon 因子 $F_{bv',av}$ 可分解为各自由度振子的 Franck-Condon 因子 $F_{bv'_i,av_i}$ 的乘积 [式 (25.2.72)]

$$F_{bv',av}=\left|\left\langle\boldsymbol{\Theta}_{bv'}\left|\boldsymbol{\Theta}_{av}\right.\right\rangle\right|^2=\prod_i F_{bv'_i,av_i} \tag{25.2.111}$$

式中

$$F_{bv'_i,av_i} \equiv \left|\left\langle \chi_{bv'_i} \middle| \chi_{av_i} \right\rangle\right|^2 \tag{25.2.112}$$

因为这里 $v \neq 0$, 所以难以用 $v = 0$ 时的方法求算 $F_{bv',av}$.

先利用 δ 函数的积分表式, 得

$$\begin{aligned}\delta\left(E_{bv'} - E_{av}\right) &= \frac{1}{\hbar}\delta\left(\omega_{bv',av}\right) \\ &= \frac{1}{2\pi\hbar}\int_{-\infty}^{\infty} \mathrm{d}t \mathrm{e}^{it\omega_{bv',av}} \\ &= \frac{1}{2\pi\hbar}\int_{-\infty}^{\infty} \mathrm{d}t \mathrm{e}^{\frac{it}{\hbar}\left[E_b + \sum\limits_i \left(v'_i + \frac{1}{2}\right)\hbar\omega'_i - E_a - \sum\limits_i \left(v_i + \frac{1}{2}\right)\hbar\omega_i\right]}\end{aligned}$$

即

$$\delta\left(E_{bv'} - E_{av}\right) = \frac{1}{2\pi\hbar}\int_{-\infty}^{\infty} \mathrm{d}t \mathrm{e}^{it\omega_{ba}} \prod_i \mathrm{e}^{it\left[\left(v'_i + \frac{1}{2}\right)\omega'_i - \left(v_i + \frac{1}{2}\right)\omega_i\right]} \tag{25.2.113}$$

上面运用了式 (25.2.62a) 和式 (25.2.62b). 现在代入式 (25.2.108), 得

$$\begin{aligned}k_r &= \frac{1}{\hbar^2}\left|H'_{ba}\right|^2 \sum_{v,v'}\left(\prod_i P_{av_i} F_{bv'_i,av_i}\right)\int_{-\infty}^{\infty} \mathrm{d}t \mathrm{e}^{it\omega_{ba}} \prod_i \mathrm{e}^{it\left[\left(v'_i + \frac{1}{2}\right)\omega'_i - \left(v_i + \frac{1}{2}\right)\omega_i\right]} \\ &= \frac{1}{\hbar^2}\left|H'_{ba}\right|^2 \int_{-\infty}^{\infty} \mathrm{d}t \mathrm{e}^{it\omega_{ba}} \sum_{v,v'}\prod_i P_{av_i} F_{bv'_i,av_i} \mathrm{e}^{it\left[\left(v'_i + \frac{1}{2}\right)\omega'_i - \left(v_i + \frac{1}{2}\right)\omega_i\right]}\end{aligned}$$

因为 $\sum\limits_v$ 是指 $\sum\limits_{v_1=0}^{\infty}\cdots\sum\limits_{v_M=0}^{\infty}$, $\sum\limits_{v'}$ 是指 $\sum\limits_{v'_1=0}^{\infty}\cdots\sum\limits_{v'_M=0}^{\infty}$ (M 为振子总数), 所以 $\sum\limits_{v,v'}\prod\limits_{i=1}^{M}(\cdots) = \prod\limits_{i=1}^{M}\sum\limits_{v_i=0}^{\infty}\sum\limits_{v'_i=0}^{\infty}(\cdots)$, 因而跃迁速率常数

$$k_r = \frac{1}{\hbar^2}\left|H'_{ba}\right|^2 \int_{-\infty}^{\infty} \mathrm{d}t \mathrm{e}^{it\omega_{ba}} \prod_i G_i(t) \tag{25.2.114}$$

式中

$$G_i(t) \equiv \sum_{v_i=0}^{\infty}\sum_{v'_i=0}^{\infty} P_{av_i} F_{bv'_i,av_i} \mathrm{e}^{it\left[\left(v'_i + \frac{1}{2}\right)\omega'_i - \left(v_i + \frac{1}{2}\right)\omega_i\right]} \tag{25.2.115}$$

显然在 $T = 0\mathrm{K}$ 和位移振子的情况下 ($v_i = 0, \omega_i = \omega'_i$), 根据式 (25.2.110) $P_{a0_i}\big|_{T=0} = 1$, 又根据式 (25.2.75) $F_{bv'_i,a0_i} = \dfrac{S_i^{v'_i}}{v'_i!}\mathrm{e}^{-S_i}$, 所以此时式 (25.2.115) 变为

$$\begin{aligned}G_i(t)\big|_{\substack{T=0\\ \text{位移振子}}} &= \sum_{v'_i=0}^{\infty} P_{a0_i} F_{bv'_i,a0_i} \mathrm{e}^{itv'_i\omega_i} = \sum_{v'_i=0}^{\infty} \frac{S_i^{v'_i}}{v'_i!}\mathrm{e}^{-S_i}\mathrm{e}^{itv'_i\omega_i} \\ &= \mathrm{e}^{-S_i}\sum_{v'_i=0}^{\infty}\frac{1}{v'_i!}\left(S_i \mathrm{e}^{it\omega_i}\right)^{v'_i} = \mathrm{e}^{-S_i}\mathrm{e}^{S_i \mathrm{e}^{it\omega_i}}\end{aligned}$$

即

$$G_i(t)\Big|_{\substack{T=0\\ \text{位移振子}}} = \mathrm{e}^{S_i\left(\mathrm{e}^{it\omega_i}-1\right)} \tag{25.2.116}$$

这样, 式 (25.2.114) 就还原为 $T = 0\mathrm{K}$ 和位移振子的情况下跃迁速率常数 k_r 的式 (25.2.91), 验证了式 (25.2.114) 和式 (25.2.115) 的普遍意义.

现在继续讨论 $T \neq 0\mathrm{K}$ 时位移振子的情况.

既然是位移振子, 则 $\omega_i = \omega_i'$. 此时的 Boltzmann 因子可从式 (25.2.110) 得到, Franck-Condon 因子 F_{bv_i',av_i} 从式 (25.2.112) 得到, 于是

$$\begin{aligned}G_i(t) &= 2\mathrm{sh}\left(\frac{\hbar\omega_i}{2kT}\right)\sum_{v_i=0}^{\infty}\sum_{v_i'=0}^{\infty}\mathrm{e}^{-\left(v_i+\frac{1}{2}\right)\hbar\omega_i/kT}\left|\left\langle\chi_{bv_i'}\middle|\chi_{av_i}\right\rangle\right|^2\mathrm{e}^{it\left[\left(v_i'+\frac{1}{2}\right)\omega_i'-\left(v_i+\frac{1}{2}\right)\omega_i\right]}\\ &= 2\mathrm{sh}\left(\frac{\hbar\omega_i}{2kT}\right)\sum_{v_i=0}^{\infty}\sum_{v_i'=0}^{\infty}\mathrm{e}^{-\left(v_i+\frac{1}{2}\right)\lambda_i}\mathrm{e}^{-\left(v_i'+\frac{1}{2}\right)\mu_i}\left|\left\langle\chi_{bv_i'}\middle|\chi_{av_i}\right\rangle\right|^2\end{aligned} \tag{25.2.117}$$

式中

$$\begin{cases}\lambda_i \equiv \dfrac{\hbar\omega_i}{kT} + it\omega_i\\[2mm] \mu_i \equiv -it\omega_i\end{cases} \tag{25.2.118}$$

而式中两个简正振动波函数之间的重叠积分

$$\left\langle\chi_{bv_i'}\middle|\chi_{av_i}\right\rangle = \int_{-\infty}^{\infty}\mathrm{d}Q_i\chi_{bv_i'}^*\left(Q_i'\right)\chi_{av_i}\left(Q_i\right)$$

若简正模的波函数取实数, 则

$$\left|\left\langle\chi_{bv_i'}\middle|\chi_{av_i}\right\rangle\right|^2 = \int_{-\infty}^{\infty}\int_{-\infty}^{\infty}\mathrm{d}Q_i\mathrm{d}\bar{Q}_i\chi_{bv_i'}\left(Q_i'\right)\chi_{bv_i'}\left(\bar{Q}_i'\right)\chi_{av_i}\left(Q_i\right)\chi_{av_i}\left(\bar{Q}_i\right)$$

代入式 (25.2.117), 先求和再求积分, 得

$$\begin{aligned}G_i(t) &= 2\mathrm{sh}\left(\frac{\hbar\omega_i}{2kT}\right)\sum_{v_i=0}^{\infty}\sum_{v_i'=0}^{\infty}\mathrm{e}^{-\left(v_i+\frac{1}{2}\right)\lambda_i}\mathrm{e}^{-\left(v_i'+\frac{1}{2}\right)\mu_i}\\ &\quad\times\int_{-\infty}^{\infty}\int_{-\infty}^{\infty}\mathrm{d}Q_i\mathrm{d}\bar{Q}_i\chi_{bv_i'}\left(Q_i'\right)\chi_{bv_i'}\left(\bar{Q}_i'\right)\chi_{av_i}\left(Q_i\right)\chi_{av_i}\left(\bar{Q}_i\right)\\ &= 2\mathrm{sh}\left(\frac{\hbar\omega_i}{2kT}\right)\int_{-\infty}^{\infty}\int_{-\infty}^{\infty}\mathrm{d}Q_i\mathrm{d}\bar{Q}_i\left[\sum_{v_i=0}^{\infty}\mathrm{e}^{-\left(v_i+\frac{1}{2}\right)\lambda_i}\chi_{av_i}\left(Q_i\right)\chi_{av_i}\left(\bar{Q}_i\right)\right]\\ &\quad\times\left[\sum_{v_i'=0}^{\infty}\mathrm{e}^{-\left(v_i'+\frac{1}{2}\right)\mu_i}\chi_{bv_i'}\left(Q_i'\right)\chi_{bv_i'}\left(\bar{Q}_i'\right)\right]\end{aligned} \tag{25.2.119}$$

从简谐振子波函数的表式 [式 (25.2.41)~ 式 (25.2.43)] 可知

$$\chi_{av_i}(Q_i) = N_{av_i} H_{v_i}(\sqrt{\alpha_i} Q_i)\, \mathrm{e}^{-\alpha_i Q_i^2/2} \tag{25.2.120}$$

式中

$$\alpha_i = \omega_i/\hbar \tag{25.2.121}$$

归一化系数

$$N_{av_i} = \left(\frac{\sqrt{\alpha_i/\pi}}{2^{v_i} v_i!}\right)^{1/2} \tag{25.2.122}$$

再利用 Hermite 多项式的 Mehler 公式

$$\begin{aligned}&\sum_{n=0}^{\infty} \frac{\mathrm{e}^{-\left(n+\frac{1}{2}\right)t}}{\sqrt{\pi} 2^n n!} H_n(x) H_n(x') \mathrm{e}^{-\left(x^2+x'^2\right)/2} \\ &= \frac{1}{(2\pi \mathrm{sh} t)^{1/2}} \exp\left[-\frac{\left(x^2+x'^2\right)}{4} \mathrm{th}\frac{t}{2} - \frac{\left(x^2-x'^2\right)}{4} \mathrm{cth}\frac{t}{2}\right]\end{aligned} \tag{25.2.123}$$

将式 (25.2.119) 中积分的因子演绎下去, 如

$$\begin{aligned}&\sum_{v_i=0}^{\infty} \mathrm{e}^{-\left(v_i+\frac{1}{2}\right)\lambda_i} \chi_{av_i}(Q_i) \chi_{av_i}(\bar{Q}_i) \\ &= \sum_{v_i=0}^{\infty} \mathrm{e}^{-\left(v_i+\frac{1}{2}\right)\lambda_i} \frac{\sqrt{\alpha_i/\pi}}{2^{v_i} v_i!} H_{v_i}(\sqrt{\alpha_i} Q_i) H_{v_i}(\sqrt{\alpha_i} \bar{Q}_i) \mathrm{e}^{-\alpha_i\left(Q_i^2+\bar{Q}_i^2\right)/2} \\ &= \frac{\sqrt{\alpha_i}}{(2\pi \mathrm{sh}\lambda_i)^{1/2}} \exp\left\{-\frac{\alpha_i}{4}\left[\left(Q_i+\bar{Q}_i\right)^2 \mathrm{th}\frac{\lambda_i}{2} + \left(Q_i-\bar{Q}_i\right)^2 \mathrm{cth}\frac{\lambda_i}{2}\right]\right\}\end{aligned}$$

于是式 (25.2.119) 可写为

$$\begin{aligned}G_i(t) = &\frac{2\alpha_i \mathrm{sh}\left(\dfrac{\hbar\omega_i}{2kT}\right)}{\left(4\pi^2 \mathrm{sh}\lambda_i \mathrm{sh}\mu_i\right)^{1/2}} \int_{-\infty}^{\infty}\int_{-\infty}^{\infty} \mathrm{d}Q_i \mathrm{d}\bar{Q}_i \exp\left\{-\frac{\alpha_i}{4}\left[\left(Q_i+\bar{Q}_i\right)^2 \mathrm{th}\frac{\lambda_i}{2}\right.\right. \\ &\left.\left.+\left(Q_i-\bar{Q}_i\right)^2 \mathrm{cth}\frac{\lambda_i}{2} + \left(Q_i'+\bar{Q}_i'\right)^2 \mathrm{th}\frac{\mu_i}{2} + \left(Q_i'-\bar{Q}_i'\right)^2 \mathrm{cth}\frac{\mu_i}{2}\right]\right\}\end{aligned} \tag{25.2.124}$$

对于位移振子 $Q_i' = Q_i + d_i$ 和 $\bar{Q}_i' = \bar{Q}_i + d_i$, 所以

$$\left\{\begin{aligned} Q_i' + \bar{Q}_i' &= Q_i + \bar{Q}_i + 2d_i \\ Q_i' - \bar{Q}_i' &= Q_i - \bar{Q}_i \end{aligned}\right. \tag{25.2.125}$$

将式 (25.2.124) 作如下的积分变换：

$$\begin{cases} x \equiv Q_i + \bar{Q}_i \\ y \equiv Q_i - \bar{Q}_i \end{cases} \tag{25.2.126}$$

积分的体积元关系为

$$\mathrm{d}Q_i\mathrm{d}\bar{Q}_i = \left\| \begin{matrix} \dfrac{\partial Q_i}{\partial x} & \dfrac{\partial \bar{Q}_i}{\partial x} \\ \dfrac{\partial Q_i}{\partial y} & \dfrac{\partial \bar{Q}_i}{\partial y} \end{matrix} \right\| \mathrm{d}x\mathrm{d}y = \frac{1}{2}\mathrm{d}x\mathrm{d}y \tag{25.2.127}$$

于是式 (25.2.124) 可写为

$$\begin{aligned} G_i(t) =& \frac{\alpha_i \mathrm{sh}\left(\dfrac{\hbar\omega_i}{2kT}\right)}{(4\pi^2\mathrm{sh}\lambda_i\mathrm{sh}\mu_i)^{1/2}} \int_{-\infty}^{\infty}\int_{-\infty}^{\infty} \mathrm{d}x\mathrm{d}y \\ & \times \exp\left\{-\frac{\alpha_i}{4}\left[x^2\mathrm{th}\frac{\lambda_i}{2} + y^2\left(\mathrm{cth}\frac{\lambda_i}{2} + \mathrm{cth}\frac{\mu_i}{2}\right) + (x+2d_i)^2\,\mathrm{th}\frac{\mu_i}{2}\right]\right\} \end{aligned}$$

先对 dy 积分

$$\int_{-\infty}^{\infty} \mathrm{d}y\, \mathrm{e}^{-\frac{\alpha_i}{4}\left(\mathrm{cth}\frac{\lambda_i}{2} + \mathrm{cth}\frac{\mu_i}{2}\right)y^2} = \sqrt{\frac{\pi}{\dfrac{\alpha_i}{4}\left(\mathrm{cth}\dfrac{\lambda_i}{2} + \mathrm{cth}\dfrac{\mu_i}{2}\right)}} \tag{25.2.128}$$

于是

$$\begin{aligned} G_i(t) =& \frac{\alpha_i \mathrm{sh}\left(\dfrac{\hbar\omega_i}{2kT}\right)}{(4\pi^2\mathrm{sh}\lambda_i\mathrm{sh}\mu_i)^{1/2}} \sqrt{\frac{4\pi}{\alpha_i\left(\mathrm{cth}\dfrac{\lambda_i}{2} + \mathrm{cth}\dfrac{\mu_i}{2}\right)}} \\ & \times \int_{-\infty}^{\infty} \mathrm{d}x \exp\left\{-\frac{\alpha_i}{4}\left(\mathrm{th}\frac{\lambda_i}{2} + \mathrm{th}\frac{\mu_i}{2}\right)x^2 - \left(\alpha_i d_i \mathrm{th}\frac{\mu_i}{2}\right)x - \left(\alpha_i d_i^2 \mathrm{th}\frac{\mu_i}{2}\right)\right\} \end{aligned} \tag{25.2.129}$$

再利用 Gauss 函数的积分公式 [式 (25.2.46)]

$$\int_{-\infty}^{\infty} \mathrm{d}x\mathrm{e}^{-ax^2-bx} = \int_{-\infty}^{\infty} \mathrm{d}x\mathrm{e}^{-a\left[\left(x+\frac{b}{2a}\right)^2 - \frac{b^2}{4a^2}\right]} = \mathrm{e}^{\frac{b^2}{4a}}\sqrt{\frac{\pi}{a}}$$

以及双曲函数的关系, 得

$$G_i(t) = \frac{\alpha_i \mathrm{sh}\left(\dfrac{\hbar\omega_i}{2kT}\right)}{(4\pi^2\mathrm{sh}\lambda_i\mathrm{sh}\mu_i)^{1/2}} \sqrt{\frac{4\pi}{\alpha_i\left(\mathrm{cth}\dfrac{\lambda_i}{2} + \mathrm{cth}\dfrac{\mu_i}{2}\right)}}$$

$$\times \exp\left[-\alpha_i d_i^2 \text{th}\frac{\mu_i}{2} + \frac{\left(\alpha_i d_i \text{th}\frac{\mu_i}{2}\right)^2}{\alpha_i\left(\text{th}\frac{\lambda_i}{2} + \text{th}\frac{\mu_i}{2}\right)}\right]\sqrt{\frac{\pi}{\frac{\alpha_i}{4}\left(\text{th}\frac{\lambda_i}{2} + \text{th}\frac{\mu_i}{2}\right)}}$$

$$= \exp\left[-\frac{\alpha_i d_i^2 \text{th}\frac{\lambda_i}{2}\text{th}\frac{\mu_i}{2}}{\text{th}\frac{\lambda_i}{2} + \text{th}\frac{\mu_i}{2}}\right] = \exp\left[-\frac{\alpha_i d_i^2 \text{sh}\frac{\lambda_i}{2}\text{sh}\frac{\mu_i}{2}}{\text{sh}\frac{\lambda_i + \mu_i}{2}}\right]$$

$$= \exp\left\{-S_i\left[\text{cth}\left(\frac{\lambda_i + \mu_i}{2}\right) - \text{csch}\left(\frac{\lambda_i + \mu_i}{2}\right)\text{ch}\left(\frac{\lambda_i - \mu_i}{2}\right)\right]\right\}$$

即

$$G_i(t) = \exp\left\{-S_i\left[\text{cth}\left(\frac{\hbar\omega_i}{2kT}\right) - \text{csch}\left(\frac{\hbar\omega_i}{2kT}\right)\text{ch}\left(\frac{\hbar\omega_i}{2kT} + it\omega_i\right)\right]\right\} \qquad (25.2.130)$$

代入式 (25.2.114), 得到 $T \neq 0\text{K}$ 时的跃迁速率常数

$$k_r = \frac{|H'_{ba}|^2}{\hbar^2}\int_{-\infty}^{\infty}\text{d}t\,\exp\left\{it\omega_{ba} - \sum_i S_i\left[\text{cth}\left(\frac{\hbar\omega_i}{2kT}\right) - \text{csch}\left(\frac{\hbar\omega_i}{2kT}\right)\text{ch}\left(\frac{\hbar\omega_i}{2kT} + it\omega_i\right)\right]\right\} \qquad (25.2.131)$$

若 $T = 0\text{K}$, 则式 (25.2.131) 中

$$\lim_{T\to 0}\text{cth}\left(\frac{\hbar\omega_i}{2kT}\right) = \lim_{T\to 0}\frac{\text{e}^{\hbar\omega_i/2kT} + \text{e}^{-\hbar\omega_i/2kT}}{\text{e}^{\hbar\omega_i/2kT} - \text{e}^{-\hbar\omega_i/2kT}} = 1$$

且

$$\lim_{T\to 0}\text{csch}\left(\frac{\hbar\omega_i}{2kT}\right)\text{ch}\left(\frac{\hbar\omega_i}{2kT} + it\omega_i\right) = \lim_{T\to 0}\frac{\text{e}^{\frac{\hbar\omega_i}{2kT} + it\omega_i} + \text{e}^{-\frac{\hbar\omega_i}{2kT} - it\omega_i}}{\text{e}^{\hbar\omega_i/2kT} - \text{e}^{-\hbar\omega_i/2kT}} = \text{e}^{it\omega_i}$$

因而还原到 $T = 0\text{K}$ 位移振子的式 (25.2.91), 验证了式 (25.2.131) 的普遍性.

与 $T = 0\text{K}$ 的位移振子情况一样, $T \neq 0\text{K}$ 的位移振子也有两种情况, 即 $S_i > 1$ 的 "强耦合" 情况和 $S_i \leqslant 1$ 的 "弱耦合" 情况.

与 $T = 0\text{K}$ 时类似, 用最陡下降法处理式 (25.2.131) 中的积分. 令

$$f(t) = -\sum_i S_i\left[\text{cth}\left(\frac{\hbar\omega_i}{2kT}\right) - \text{csch}\left(\frac{\hbar\omega_i}{2kT}\right)\text{ch}\left(\frac{\hbar\omega_i}{2kT} + it\omega_i\right)\right]$$

所以

$$f'(t) = i\sum_i S_i\omega_i\text{csch}\left(\frac{\hbar\omega_i}{2kT}\right)\text{sh}\left(\frac{\hbar\omega_i}{2kT} + it\omega_i\right)$$

$$f''(t) = -\sum_i S_i\omega_i^2 \operatorname{csch}\left(\frac{\hbar\omega_i}{2kT}\right) \operatorname{ch}\left(\frac{\hbar\omega_i}{2kT} + it\omega_i\right)$$

将 $f(t)$ 在极值 $t=0$ 处作 Taylor 展开

$$f(t) = 0 + t\left(i\sum_i S_i\omega_i\right) - \frac{t^2}{2}\sum_i S_i\omega_i^2 \operatorname{cth}\left(\frac{\hbar\omega_i}{2kT}\right) + O\left(t^3\right)$$

略去三次及以上高次项, 代入式 (25.2.131), 得到标准型的 Gauss 积分形式

$$\begin{aligned} k_r &= \frac{|H'_{ba}|^2}{\hbar^2}\int_{-\infty}^{\infty} \mathrm{d}t \exp\left[-\frac{t^2}{2}\sum_i S_i\omega_i^2 \operatorname{cth}\left(\frac{\hbar\omega_i}{2kT}\right) + it\left(\omega_{ba} + \sum_i S_i\omega_i\right)\right] \\ &= \frac{|H'_{ba}|^2}{\hbar^2}\sqrt{\frac{2\pi}{\sum_i S_i\omega_i^2 \operatorname{cth}\left(\frac{\hbar\omega_i}{2kT}\right)}} \exp\left[-\frac{\left(\omega_{ba} + \sum_i S_i\omega_i\right)^2}{2\sum_i S_i\omega_i^2 \operatorname{cth}\left(\frac{\hbar\omega_i}{2kT}\right)}\right] \end{aligned} \tag{25.2.132}$$

式 (25.2.132) 是 Levich 导出的, 很有用处, 尤其是在电子转移问题上. 在高温 $\left(\frac{\hbar\omega_i}{2kT} \ll 1\right)$ 时, 由于

$$\begin{aligned} \lim_{T\to\infty} \operatorname{cth}\left(\frac{\hbar\omega_i}{2kT}\right) &= \lim_{T\to\infty} \frac{\mathrm{e}^{\hbar\omega_i/2kT} + \mathrm{e}^{-\hbar\omega_i/2kT}}{\mathrm{e}^{\hbar\omega_i/2kT} - \mathrm{e}^{-\hbar\omega_i/2kT}} \\ &\approx \frac{\left(1 + \frac{\hbar\omega_i}{2kT}\right) + \left(1 - \frac{\hbar\omega_i}{2kT}\right)}{\left(1 + \frac{\hbar\omega_i}{2kT}\right) - \left(1 - \frac{\hbar\omega_i}{2kT}\right)} = \frac{2kT}{\hbar\omega_i} \end{aligned}$$

因此高温下式 (25.2.132) 可写为 Arrhenius 的形式

$$k_r\big|_{\text{高温}} = \frac{|H'_{ba}|^2}{\hbar^2}\sqrt{\frac{\pi\hbar}{kT\sum_i S_i\omega_i}} \exp\left[-\frac{\hbar\left(\omega_{ba} + \sum_i S_i\omega_i\right)^2}{4kT\sum_i S_i\omega_i}\right] = A\mathrm{e}^{-\Delta E_{\mathrm{a}}/kT} \tag{25.2.133}$$

式中, 频率因子

$$A = \frac{|H'_{ba}|^2}{\hbar^2}\sqrt{\frac{\pi\hbar}{kT\sum_i S_i\omega_i}} \tag{25.2.134a}$$

活化能

$$\Delta E_{\mathrm{a}} = \frac{\hbar\left(\omega_{ba} + \sum_i S_i\omega_i\right)^2}{4\sum_i S_i\omega_i} \tag{25.2.134b}$$

以上是关于多个振动模式的公式, Marcus 曾经对只有一个振动模的情况得到如下结果:

$$k_r = A\exp\left[-\frac{\hbar\left(\omega_{ba} + S\omega\right)^2}{4kTS\omega}\right] \tag{25.2.135}$$

称为 Marcus 方程. 当然它只对位移振子成立, 式中

$$\hbar\omega_{ba} = \Delta G = -kT\ln\frac{Q_b}{Q_a} \tag{25.2.136}$$

ΔG 为 Gibbs 自由能增量. 活化能为

$$\Delta E_{\mathrm{a}} = \frac{\hbar\left(\omega_{ba} + S\omega\right)^2}{4S\omega} \tag{25.2.137}$$

式 (25.2.137) 还可从如下途径导出: 对于位移振子的电子–振动状态的势能曲线, 可以认为都是谐振子, 故这两条势能曲线总能够相交, 如图 25.2.6 所示.

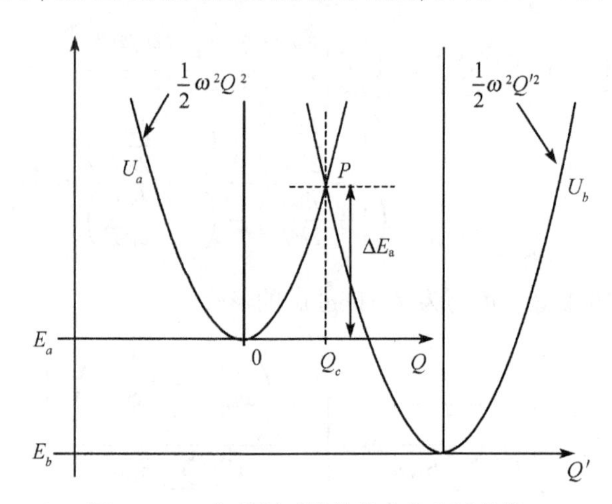

图 25.2.6 位移振子的势能曲线和活化能

设 $Q' = Q + d$. 由于

$$\begin{cases} U_a = E_a + \dfrac{1}{2}\omega^2 Q^2 \\ U_b = E_b + \dfrac{1}{2}\omega^2 Q'^2 \end{cases}$$

两条势能曲线的交点记为 P, $U_a(P) = U_b(P)$, 即

$$E_a + \frac{1}{2}\omega^2 Q_c^2 = E_b + \frac{1}{2}\omega^2 (Q_c + d)^2$$

解上式得

$$Q_c = \frac{1}{\omega^2 d}\left(E_a - E_b - \frac{1}{2}\omega^2 d^2\right) \tag{25.2.138}$$

从始态到终态的活化能为

$$\Delta E_{\mathrm{a}} = U_a(Q_c) - E_a = \frac{1}{2}\omega^2 Q_c^2 \tag{25.2.139}$$

考虑到耦合常数 $S = \dfrac{\omega^2 d^2}{2\hbar}$ 和式 (25.2.138) 和式 (25.2.139), 就可以导出活化能的式 (25.2.137).

以上是一个自由度位移振子时的活化能讨论. 如果是多个自由度的位移振子, 可以证明势能面的交叉点是个极值点.

证明: 采用 Lagrange 不定乘子法. 此时势能面为

$$\begin{cases} U_a = E_a + \dfrac{1}{2}\displaystyle\sum_i \omega_i^2 Q_i^2 \\ U_b = E_b + \dfrac{1}{2}\displaystyle\sum_i \omega_i^2 Q_i'^2 \end{cases} \tag{25.2.140}$$

式中, $Q_i' = Q_i + d_i \, \forall i$.

我们的问题是通过改变 $\{Q_i\}$, 在满足 $U_a - U_b = 0$(交叉) 的条件下, 找到使得 U_a 达到最小的那一点. 为此, 定义新的泛函

$$U_a' \equiv U_a' - \lambda\{(U_a - U_b)\} \tag{25.2.141}$$

λ 为不定乘子. 极值时,$\dfrac{\partial U_a'}{\partial Q_j} = 0$, $\forall j = 1, 2, \cdots, M$, 所以

$$\begin{aligned} 0 = \frac{\partial U_a'}{\partial Q_j} = \frac{\partial}{\partial Q_j}&\left\{\left(E_a + \frac{1}{2}\sum_i \omega_i^2 Q_i^2\right)\right. \\ &\left.+\lambda\left[\left(E_a + \frac{1}{2}\sum_i \omega_i^2 Q_i^2\right) - \left(E_b + \frac{1}{2}\sum_i \omega_i^2 (Q_i + d_i)^2\right)\right]\right\} \\ = \omega_j^2 Q_j &+ \lambda\left\{\omega_j^2 Q_j - \omega_j^2 (Q_j + d_j)\right\} \end{aligned}$$

于是, 极值点 $\{Q_j(c)\}$ 为

$$Q_j(c) = \lambda d_j \qquad \forall j = 1, 2, \cdots, M \tag{25.2.142}$$

代入约束条件就可求得不定乘子 λ

$$U_a(c) = E_a + \frac{1}{2}\sum_i \omega_i^2 Q_i(c)^2 = U_b(c) = E_b + \frac{1}{2}\sum_i \omega_i^2 (Q_i(c) + d_i)^2$$

即

$$E_a + \frac{1}{2}\sum_i \omega_i^2 (\lambda d_i)^2 = E_b + \frac{1}{2}\sum_i \omega_i^2 (\lambda d_i + d_i)^2$$

从中得

$$\lambda = \frac{E_a - E_b - \frac{1}{2}\sum_i \omega_i^2 d_i^2}{\sum_i \omega_i^2 d_i^2} \tag{25.2.143}$$

和

$$Q_j(c) = \frac{\mathrm{d}_j \left(E_a - E_b - \frac{1}{2}\sum_i \omega_i^2 d_i^2\right)}{\sum_i \omega_i^2 d_i^2} \qquad \forall j = 1, 2, \cdots, M \tag{25.2.144}$$

最后得到活化能

$$\Delta E_{\mathrm{a}} = U_a(c) - E_a = \frac{1}{2}\sum_i \omega_i^2 Q_i(c)^2 = \frac{1}{2}\sum_i \omega_i^2 \left[\frac{d_i \left(E_a - E_b - \frac{1}{2}\sum_i \omega_i^2 d_i^2\right)}{\sum_i \omega_i^2 d_i^2}\right]^2$$

考虑到 $E_b - E_a = \hbar\omega_{ba}$ 和 $S_i = \dfrac{\omega_i d_i^2}{2\hbar}$, 故 $\sum_i \omega_i^2 d_i^2 = 2\hbar \sum_i \omega_i S_i$. 于是上式可进一步写为

$$\Delta E_{\mathrm{a}} = \frac{1}{2}\left(\sum_i \omega_i^2 d_i^2\right) \frac{\left(-\hbar\omega_{ba} - \frac{1}{2}\sum_i \omega_i^2 d_i^2\right)^2}{\left(\sum_i \omega_i^2 d_i^2\right)^2} = \hbar \sum_i \omega_i S_i \frac{\left(\hbar\omega_{ba} + \hbar\sum_i \omega_i S_i\right)^2}{\left(2\hbar\sum_i \omega_i S_i\right)^2}$$

即

$$\Delta E_{\mathrm{a}} = \frac{\hbar\left(\omega_{ba} + \sum_i \omega_i S_i\right)^2}{4\sum_i \omega_i S_i} \tag{25.2.145}$$

式 (25.2.145) 与式 (25.2.134b) 相同. 这里采用的是势能面交叉点的极值原理, 而过去是采用把跃迁速率常数配成 Arrhenius 形式导出的.

粒子在一维固体中的扩散问题可以用以上跃迁理论来处理.

粒子 A 在一维固体中受到的势能可以看成一连串等高的二次势能曲线的叠加 (图 25.2.7). 在任意相邻格点之间, 从左向右或从右向左的跃迁速率常数 k_r 应当是相同的. 因而在第 n 个格点处物质 A 的浓度 C_n 的增加速率为

$$\frac{\mathrm{d}C_n}{\mathrm{d}t} = k_r\left(C_{n+1} + C_{n-1}\right) - 2k_rC_n \tag{25.2.146}$$

浓度 C_n 也就是浓度 $C(x)$ 在 $x = nl$ 处的值 $C(nl)$. 同理

$$\begin{cases} C_{n+1} = C\left((n+1)\,l\right) \\ C_{n-1} = C\left((n-1)\,l\right) \end{cases}$$

根据在 $x = nl$ 处的 Taylor 展开

$$C_{n-1} = C(nl) + \frac{\mathrm{d}C_n}{\mathrm{d}x}(-l) + \frac{1}{2!}\frac{\mathrm{d}^2C_n}{\mathrm{d}x^2}(-l)^2 + \cdots$$

$$C_{n+1} = C(nl) + \frac{\mathrm{d}C_n}{\mathrm{d}x}l + \frac{1}{2!}\frac{\mathrm{d}^2C_n}{\mathrm{d}x^2}l^2 + \cdots$$

两式相加, 略去三次及以上高次项, 得

$$C_{n-1} + C_{n+1} = 2C_n + \frac{\mathrm{d}^2C_n}{\mathrm{d}x^2}l^2$$

代入式 (25.2.146), 得

$$\frac{\mathrm{d}C_n}{\mathrm{d}t} = k_rl^2\frac{\mathrm{d}^2C_n}{\mathrm{d}x^2}$$

与 Fick 第二定律相比, 求得一维固体中粒子的扩散系数为

$$D = k_rl^2 \tag{25.2.147}$$

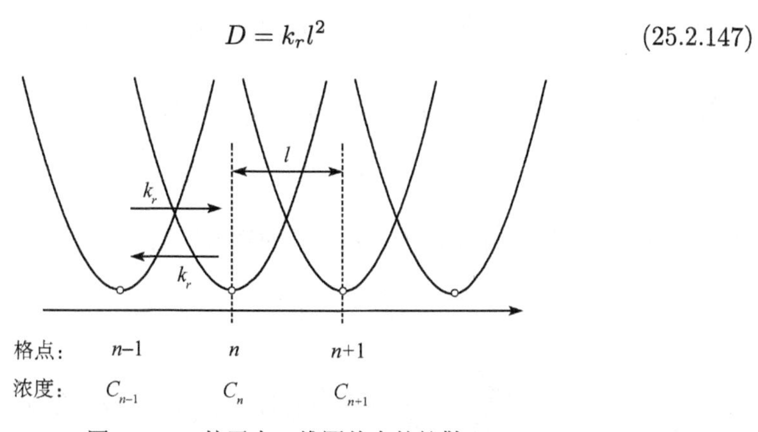

图 25.2.7 粒子在一维固体中的扩散

25.3 光的吸收

25.3.1 量子理论

现在讨论在光的照射下, 分子从基态 (如 S_0) 激发到激发态 (如 S_1) 的过程. 设分子对光的吸收速率常数为 k_a(图 25.3.1). 从含时 Schrödinger 方程出发

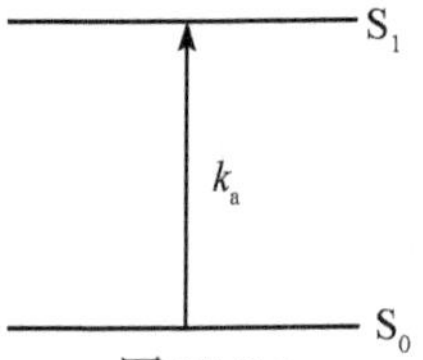

$$i\hbar\frac{\partial\Psi}{\partial t}=\hat{\boldsymbol{H}}\Psi \tag{25.3.1}$$

图 25.3.1

式中, 分子的 Hamilton 量 $\hat{\boldsymbol{H}}=\hat{\boldsymbol{H}}_0+\hat{\boldsymbol{H}}'$, $\hat{\boldsymbol{H}}'$ 是微扰量. 未受微扰时满足方程

$$i\hbar\frac{\partial\psi_n^0}{\partial t}=\hat{\boldsymbol{H}}_0\psi_n^0 \qquad \forall n \tag{25.3.2}$$

其解 $\psi_n^0(q,t)$ 可写为

$$\psi_n^0(q,t)=\psi_n(q)\,\mathrm{e}^{-itE_n/\hbar} \tag{25.3.3}$$

式中, q 代表电子的位置, $\psi_n(q)$ 为未受微扰时的定态 Schrödinger 方程的解

$$\hat{\boldsymbol{H}}_0\psi_n(q)=\psi_n(q)\,E_n \tag{25.3.4}$$

用 $\{\psi_n^0\}$ 展开含时 Schrödinger 方程的解 $\boldsymbol{\Psi}$, 记展开系数为 $\{c_n(t)\}$

$$\boldsymbol{\Psi}=\sum_n c_n(t)\,\psi_n^0(q,t) \tag{25.3.5}$$

代入式 (25.3.1), 得

$$i\hbar\frac{\partial c_m}{\partial t}=\sum_n\left\langle\psi_m^0\left|\hat{\boldsymbol{H}}'\right|\psi_n^0\right\rangle \qquad \forall m \tag{25.3.6}$$

引入微扰参量 λ, 将 $\hat{\boldsymbol{H}}'$ 换为 $\lambda\hat{\boldsymbol{H}}'$. 相应地, 展开系数 $c_m(t)$ 可展开为 λ 的幂级数

$$c_m(t)=c_m^{(0)}(t)+\lambda c_m^{(1)}(t)+\lambda^2c_m^{(2)}(t)+\cdots \tag{25.3.7}$$

代入式 (25.3.6), 等式两边 λ 的各幂次项的系数应当相等, 于是得到

$$i\hbar\frac{\partial c_m^{(0)}}{\partial t}=0 \qquad (\lambda^0\ \text{次项}) \tag{25.3.8a}$$

$$i\hbar\frac{\partial c_m^{(1)}}{\partial t}=\sum_n c_n^{(0)}\left\langle\psi_m^0\left|\hat{\boldsymbol{H}}'\right|\psi_n^0\right\rangle \qquad (\lambda^1\ \text{次项}) \tag{25.3.8b}$$

$$\cdots$$

设分子受光照射时, 始态为 ψ_k^0. 所以

$$i\hbar\frac{\partial c_m^{(1)}}{\partial t}=\left\langle\psi_m^0\left|\hat{\boldsymbol{H}}'\right|\psi_k^0\right\rangle \tag{25.3.9}$$

通常受光照射时电场与分子偶极矩的相互作用要比磁场与分子磁矩的作用强得多, 故微扰为

$$\hat{\boldsymbol{H}}'=-\boldsymbol{\mu}\cdot\boldsymbol{E}_0\cos\omega t \tag{25.3.10}$$

式中, $\boldsymbol{\mu}$ 为分子电偶极矩算符, $\boldsymbol{E}_0\cos\omega t$ 为单色光的交变电场强度, ω 为光的角频率. 将式 (25.3.3) 和式 (25.3.10) 代入矩阵元 $\left\langle\psi_m^0\left|\hat{\boldsymbol{H}}'\right|\psi_k^0\right\rangle$, 得

$$\begin{aligned}\left\langle\psi_m^0\left|\hat{\boldsymbol{H}}'\right|\psi_k^0\right\rangle&=\left\langle\psi_m(q)\,\mathrm{e}^{-itE_m/\hbar}\left|-\boldsymbol{\mu}\cdot\boldsymbol{E}_0\cos\omega t\right|\psi_k(q)\,\mathrm{e}^{-itE_k/\hbar}\right\rangle\\&=\int dq\left\{\psi_m(q)\,\mathrm{e}^{-itE_m/\hbar}\right\}^*(-\boldsymbol{\mu}\cdot\boldsymbol{E}_0\cos\omega t)\left\{\psi_k(q)\,\mathrm{e}^{-itE_k/\hbar}\right\}\\&=-\langle\psi_m\left|\boldsymbol{\mu}\right|\psi_k\rangle\cdot\boldsymbol{E}_0\cos\omega t\mathrm{e}^{it(E_m-E_k)/\hbar}\end{aligned}$$

根据

$$\hbar\omega_{mk}=E_m-E_k \tag{25.3.11}$$

令

$$\boldsymbol{\mu}_{mk}\equiv\langle\psi_m\left|\boldsymbol{\mu}\right|\psi_k\rangle \tag{25.3.12}$$

故

$$\left\langle\psi_m^0\left|\hat{\boldsymbol{H}}'\right|\psi_k^0\right\rangle=-\boldsymbol{\mu}_{mk}\cdot\boldsymbol{E}_0\cos\omega t\mathrm{e}^{it\omega_{mk}} \tag{25.3.13}$$

$\boldsymbol{\mu}_{mk}$ 称为电偶极跃迁矩阵元. 将式 (25.3.13) 代入式 (25.3.9), 得

$$\frac{\partial c_m^{(1)}}{\partial t}=-\frac{1}{2i\hbar}\boldsymbol{\mu}_{mk}\cdot\boldsymbol{E}_0\left\{\mathrm{e}^{it(\omega_{mk}+\omega)}+\mathrm{e}^{it(\omega_{mk}-\omega)}\right\}$$

再积分

$$\int\mathrm{d}c_m^{(1)}=-\frac{1}{2i\hbar}\boldsymbol{\mu}_{mk}\cdot\boldsymbol{E}_0\int\left\{\mathrm{e}^{it(\omega_{mk}+\omega)}+\mathrm{e}^{it(\omega_{mk}-\omega)}\right\}\mathrm{d}t$$

得

$$c_m^{(1)}(t)=\frac{1}{2\hbar}\boldsymbol{\mu}_{mk}\cdot\boldsymbol{E}_0\left\{\frac{\mathrm{e}^{it(\omega_{mk}+\omega)}}{\omega_{mk}+\omega}+\frac{\mathrm{e}^{it(\omega_{mk}-\omega)}}{\omega_{mk}-\omega}\right\}+\alpha_m^{(1)} \tag{25.3.14}$$

$\alpha_m^{(1)}$ 为待定的积分常数.

设 $t=0$ 时开始光照, 即

$$\begin{cases}c_m(0)=0 & \forall m\,(\neq k)\\ c_k(0)=1\end{cases} \tag{25.3.15}$$

也就是 $c_m^{(1)}(0)=0 \quad \forall m\,(\neq k)$, 由此可以确定待定常数 $\alpha_m^{(1)}$

$$0=c_m^{(1)}(0)=\frac{1}{2\hbar}\boldsymbol{\mu}_{mk}\cdot\boldsymbol{E}_0\left\{\frac{1}{\omega_{mk}+\omega}+\frac{1}{\omega_{mk}-\omega}\right\}+\alpha_m^{(1)}$$

即

$$\alpha_m^{(1)}=-\frac{1}{2\hbar}\boldsymbol{\mu}_{mk}\cdot\boldsymbol{E}_0\left\{\frac{1}{\omega_{mk}+\omega}+\frac{1}{\omega_{mk}-\omega}\right\}$$

代入式 (25.3.14), 得

$$c_m^{(1)}(t)=\frac{1}{2\hbar}\boldsymbol{\mu}_{mk}\cdot\boldsymbol{E}_0\left\{\frac{\mathrm{e}^{it(\omega_{mk}+\omega)}-1}{\omega_{mk}+\omega}+\frac{\mathrm{e}^{it(\omega_{mk}-\omega)}-1}{\omega_{mk}-\omega}\right\} \qquad \forall m\,(\neq k) \tag{25.3.16}$$

式中, 第一项表示发射, 第二项表示吸收. 所以, 关于光的吸收问题, 有

$$c_m(t)\approx c_m^{(1)}(t)=\frac{1}{2\hbar}\boldsymbol{\mu}_{mk}\cdot\boldsymbol{E}_0\left\{\frac{\mathrm{e}^{it(\omega_{mk}-\omega)}-1}{\omega_{mk}-\omega}\right\} \qquad \forall m\,(\neq k) \tag{25.3.17}$$

再取复平方, 得

$$\begin{aligned}|c_m(t)|^2&=\frac{1}{4\hbar^2}\left|\boldsymbol{\mu}_{mk}\cdot\boldsymbol{E}_0\right|^2\frac{\left(\mathrm{e}^{it(\omega_{mk}-\omega)}-1\right)\left(\mathrm{e}^{-it(\omega_{mk}-\omega)}-1\right)}{(\omega_{mk}-\omega)^2}\\&=\frac{1}{2\hbar^2}\left|\boldsymbol{\mu}_{mk}\cdot\boldsymbol{E}_0\right|^2\frac{1-\cos(\omega_{mk}-\omega)t}{(\omega_{mk}-\omega)^2} \qquad \forall m\,(\neq k)\end{aligned} \tag{25.3.18}$$

当时间 t 值较大时, 式 (25.3.18) 可写为 δ 函数

$$|c_m(t)|^2=\frac{1}{2\hbar^2}\left|\boldsymbol{\mu}_{mk}\cdot\boldsymbol{E}_0\right|^2\pi t\delta(\omega_{mk}-\omega) \qquad \forall m\,(\neq k) \tag{25.3.19}$$

由此, 可得到从 k 态 ψ_k^0 跃迁到 m 态的吸收速率常数

$$k_{a,k\to m}=\frac{\mathrm{d}}{\mathrm{d}t}|c_m(t)|^2=\frac{\pi}{2\hbar^2}\left|\boldsymbol{\mu}_{mk}\cdot\boldsymbol{E}_0\right|^2\delta(\omega_{mk}-\omega) \qquad \forall m\,(\neq k) \tag{25.3.20}$$

更加精确的演绎可将式 (25.3.20) 的 δ 峰形修正为 Lorentz 峰形, 即

$$\delta(\omega_{mk}-\omega)\to\frac{\gamma_{mk}}{\pi\left[\gamma_{mk}^2+(\omega_{mk}-\omega)^2\right]} \tag{25.3.21}$$

式中

$$\left\{\begin{aligned}\gamma_m&=1/\tau_m\\\gamma_{mk}&=\frac{1}{2}(\gamma_m+\gamma_k)+\gamma_{mk}^{(d)}\end{aligned}\right. \tag{25.3.22}$$

式中, τ_m 为 m 态的寿命. 当 k 态 ψ_k^0 为基态时, 由于 $\tau_k \to \infty$, 故 $\gamma_k = 0$. 总之, 比式 (25.3.20) 更为精确的 $k_{a,k\to m}$ 为

$$k_{a,k\to m} = \frac{\pi}{2\hbar^2} \left|\boldsymbol{\mu}_{mk} \cdot \boldsymbol{E}_0\right|^2 D\left(\omega_{mk} - \omega\right) \tag{25.3.23}$$

式中, Lorentz 峰形

$$D\left(\omega_{mk} - \omega\right) = \frac{\gamma_{mk}}{\pi\left[\gamma_{mk}^2 + \left(\omega_{mk} - \omega\right)^2\right]} \tag{25.3.24}$$

25.3.2 分子的随机取向

以上讨论的是一个分子在光场中对光的吸收. 但是, 一个介质可以认为其中各个分子的偶极矩 $\boldsymbol{\mu}$ 相对于外电场 $\boldsymbol{E}_0 \cos\omega t$ 的取向是随机的. 所以式 (25.3.23) 中的 $\left|\boldsymbol{\mu}_{mk} \cdot \boldsymbol{E}_0\right|^2$ 应当修正为对取向角 θ 的平均值 $\left\langle\left|\boldsymbol{\mu}_{mk} \cdot \boldsymbol{E}_0\right|^2\right\rangle$. 取向角 θ 是 $\boldsymbol{\mu}_{mk}$ 和 $\boldsymbol{E}_0$ 的夹角

$$\begin{aligned}\left\langle\left|\boldsymbol{\mu}_{mk} \cdot \boldsymbol{E}_0\right|^2\right\rangle &= \left\langle\left|\boldsymbol{\mu}_{mk}\right|^2\right\rangle \left\langle\left|\boldsymbol{E}_0\right|^2\right\rangle \left\langle\cos^2\theta\right\rangle \\ &= \left\langle\left|\boldsymbol{\mu}_{mk}\right|^2\right\rangle \left\langle\left|\boldsymbol{E}_0\right|^2\right\rangle \frac{1}{4\pi} \int_0^{2\pi} \mathrm{d}\phi \int_0^{\pi} \sin\theta \mathrm{d}\theta \cos^2\theta\end{aligned}$$

即

$$\left\langle\left|\boldsymbol{\mu}_{mk} \cdot \boldsymbol{E}_0\right|^2\right\rangle = \frac{1}{3} \left\langle\left|\boldsymbol{\mu}_{mk}\right|^2\right\rangle \left\langle\left|\boldsymbol{E}_0\right|^2\right\rangle \tag{25.3.25}$$

又因为光强度

$$I = \frac{c}{8\pi} \left|\boldsymbol{E}_0\right|^2$$

所以从 k 态 ψ_k^0 跃迁到 m 态的吸收速率常数

$$k_{a,k\to m} = \frac{4\pi^2}{3\hbar^2 c} I \left|\boldsymbol{\mu}_{mk}\right|^2 D\left(\omega_{mk} - \omega\right) \tag{25.3.26}$$

简化的近似解为

$$k_{a,k\to m} = \frac{4\pi^2}{3\hbar^2 c} I \left|\boldsymbol{\mu}_{mk}\right|^2 \delta\left(\omega_{mk} - \omega\right) \tag{25.3.27}$$

25.3.3 光吸收速率常数与吸收系数

根据 5.4 节介绍的 Lambert-Beer 定律, 光强 I 透过厚度 $\mathrm{d}l$、浓度为 c 的介质后, 强度减弱为

$$-\mathrm{d}I = \alpha(\omega) I c \,\mathrm{d}l \tag{25.3.28}$$

式中, 比例系数 $\alpha(\omega)$ 称为吸收系数. 设在光通过的区域内 (厚度 dl、面积 A) 有 N 个分子, 且假定光的吸收只是由于跃迁 $k \to m$ 造成的. 于是, 总的吸收光的能量的速率为

$$Nk_{a,k\to m}\hbar\omega = A\left|\mathrm{d}I\right| = \alpha_{k\to m}(\omega)\,IcA\mathrm{d}l$$

这里把 $\alpha(\omega)$ 记为 $\alpha_{k\to m}(\omega)$. 由于 $N = cA\mathrm{d}l$, 因此

$$\alpha_{k\to m}(\omega) = \frac{\hbar\omega}{I}k_{a,k\to m} = \frac{4\pi^2\omega}{3\hbar c}\left|\boldsymbol{\mu}_{mk}\right|^2 D(\omega_{mk}-\omega) \tag{25.3.29}$$

$\alpha_{k\to m}(\omega)$ 称为 "单能级–单能级吸收系数". 还可以定义另两种吸收系数:

(1) 将 $\alpha_{k\to m}(\omega)$ 对终态加和得到 "单能级吸收系数"

$$\alpha_k(\omega) \equiv \sum_m \alpha_{k\to m}(\omega) = \frac{4\pi^2\omega}{3\hbar c}\sum_m \left|\boldsymbol{\mu}_{mk}\right|^2 D(\omega_{mk}-\omega) \tag{25.3.30}$$

(2) 将 $\alpha_k(\omega)$ 对始态加权加和得到 "平均吸收系数"

$$\alpha(\omega) \equiv \sum_k P_k\alpha_k(\omega) = \frac{4\pi^2\omega}{3\hbar c}\sum_k\sum_m P_k\left|\boldsymbol{\mu}_{mk}\right|^2 D(\omega_{mk}-\omega) \tag{25.3.31}$$

$\alpha(\omega)$ 就是实验中测得的物理量. P_k 是分子处于 k 态的概率, 热平衡时可取为 Boltzmann 分布.

25.3.4 电偶极矩矩阵元

由上述得知, 欲求态–态吸收速率常数 $k_{a,k\to m}$ 和各种吸收系数 [$\alpha_k(\omega)$, $\alpha_{k\to m}(\omega)$ 和 $\alpha(\omega)$], 就要先求电偶极矩矩阵元 $\boldsymbol{\mu}_{mk} \equiv \langle\psi_m|\boldsymbol{\mu}|\psi_k\rangle$[式 (25.3.12)]. 这里 $\{\psi_n(q)\}$ 为未受微扰时的定态 Schrödinger 方程的解 [式 (25.3.4)].

以下将在绝热近似 (Born-Oppenheimer 近似) 的基础上进行求算平均吸收系数 $\alpha(\omega)$ 的讨论. 在绝热近似的考虑下, 体系的电子–振动定态波函数可以分离为电子波函数与振动波函数两部分的乘积. 因此, 始态 $\psi_k(q,Q)$ 记为 $\psi_{av}(q,Q)$(a 为电子量子数的集合, v 为振动量子数的集合)

$$\psi_k \to \psi_{av} = \boldsymbol{\Phi}_a(q,Q)\,\boldsymbol{\Theta}_{av}(Q) \tag{25.3.32a}$$

终态 $\psi_m(q,Q)$ 记为 $\psi_{bv'}(q,Q)$

$$\psi_m \to \psi_{bv'} = \boldsymbol{\Phi}_b(q,Q)\,\boldsymbol{\Theta}_{bv'}(Q) \tag{25.3.32b}$$

将式 (25.3.32a) 和式 (25.3.32b) 代入式 (25.3.12) 和式 (25.3.31), 得到从电子态 a 到电子态 b 的平均吸收系数

$$\alpha(\omega) = \frac{4\pi^2\omega}{3\hbar c}\sum_v\sum_{v'} P_{av}\left|\boldsymbol{\mu}_{bv',av}\right|^2 D(\omega_{bv',av}-\omega) \tag{25.3.33}$$

式中

$$\boldsymbol{\mu}_{bv',av} \equiv \langle \psi_{bv'} | \boldsymbol{\mu} | \psi_{av} \rangle \overset{\text{B-O}}{\approx} \iint \mathrm{d}q\mathrm{d}Q \left[\boldsymbol{\Phi}_b(q,Q)\, \boldsymbol{\Theta}_{bv'}(Q) \right]^* \boldsymbol{\mu} \left[\boldsymbol{\Phi}_a(q,Q)\, \boldsymbol{\Theta}_{av}(Q) \right]$$
$$= \int \mathrm{d}Q\, \boldsymbol{\Theta}^*_{bv'}(Q)\, \boldsymbol{\mu}_{ba} \boldsymbol{\Theta}_{av}(Q)$$

即

$$\boldsymbol{\mu}_{bv',av} = \langle \boldsymbol{\Theta}_{bv'} | \boldsymbol{\mu}_{ba} | \boldsymbol{\Theta}_{av} \rangle \tag{25.3.34}$$

式中

$$\boldsymbol{\mu}_{ba} \equiv \int \mathrm{d}q\, \boldsymbol{\Phi}^*_b(q,Q)\, \boldsymbol{\mu} \boldsymbol{\Phi}_a(q,Q) \tag{25.3.35}$$

$\boldsymbol{\mu}_{ba}$ 只是核坐标 $Q \equiv \{Q_i\}$ 的函数, 与电子坐标无关. 将 $\boldsymbol{\mu}_{ba}(Q)$ 在平衡核位置 (记为 0) 处展开

$$\boldsymbol{\mu}_{ba}(Q) = \boldsymbol{\mu}_{ba}(0) + \sum_i \left(\frac{\partial \boldsymbol{\mu}_{ba}}{\partial Q_i} \right)_0 Q_i + O\left(\{Q_i^2\}\right) \tag{25.3.36}$$

若 $\boldsymbol{\mu}_{ba}(0) \neq 0$, 则称为 “允许跃迁”. 若 $\boldsymbol{\mu}_{ba}(0) = 0$ 且 $\left(\frac{\partial \boldsymbol{\mu}_{ba}}{\partial Q_i} \right)_0 \neq 0$, 则称为 “对称性禁阻、电子–振动允许跃迁”.

先讨论允许跃迁的情况.

此时 $\boldsymbol{\mu}_{ba}(Q) \approx \boldsymbol{\mu}_{ba}(0)$, 因而

$$\boldsymbol{\mu}_{bv',av} \approx \boldsymbol{\mu}_{ba}(0) \langle \boldsymbol{\Theta}_{bv'} | \boldsymbol{\Theta}_{av} \rangle$$

取复平方, 再考虑到 Franck-Condon 因子 [式 (25.2.39)], 得

$$\left| \boldsymbol{\mu}_{bv',av} \right|^2 = \left| \boldsymbol{\mu}_{ba}(0) \right|^2 F_{bv',av} \tag{25.3.37}$$

进而式 (25.3.33) 可写为

$$\alpha(\omega) = \frac{4\pi^2 \omega}{3\hbar c} \left| \boldsymbol{\mu}_{ba}(0) \right|^2 \sum_v \sum_{v'} P_{av} F_{bv',av} D\left(\omega_{bv',av} - \omega \right) \tag{25.3.38}$$

式 (25.3.38) 与跃迁速率常数 k_r 的表式 [式 (25.2.40)] 非常相似, 两者的区别仅在于矩阵元的平方和峰形. 如果谱带没有重叠, 那么式 (25.3.38) 的峰形也可以采用 δ 函数的峰形. 但是无论采用怎么样的峰形, 均可采用峰形的积分表示, 然后分别对温度 $T = 0\mathrm{K}$ 和 $T \neq 0\mathrm{K}$ 两种情况处理.

1. $T = 0\mathrm{K}$ 时位移振子的平均吸收系数

因为 $T = 0\mathrm{K}$, 各个多原子分子的简正振子均在基态, 即 $v = 0$. 显然概率 $P_{a0} = 1$, 于是

$$\alpha(\omega)|_{T\to 0\mathrm{K}}=\frac{4\pi^2\omega}{3\hbar c}\left|\boldsymbol{\mu}_{ba}(0)\right|^2\sum_{v'}F_{bv',a0}\delta\left(\omega_{bv',a0}-\omega\right) \tag{25.3.39}$$

这里为方便计采用 δ 峰形. 对于位移振子, 根据式 (25.2.72) 和式 (25.2.75), 得

$$F_{bv',a0}=\prod_i F_{bv_i',a0_i}=\prod_i\frac{S_i^{v_i'}}{v_i'!}\mathrm{e}^{-S_i} \tag{25.3.40}$$

这里对该体系的所有振动模累乘. 峰形 $\delta\left(\omega_{bv',a0}-\omega\right)$ 可写成积分表示

$$\delta\left(\omega_{bv',a0}-\omega\right)=\frac{1}{2\pi}\int_{-\infty}^{\infty}\mathrm{d}t\mathrm{e}^{it\left(\omega_{bv',a0}-\omega\right)} \tag{25.3.41}$$

由于 $\omega_{bv',a0}=\left(E_{bv'}-E_{a0}\right)/\hbar$, 始态能量 $E_{a0}=E_a+\sum_i\frac{1}{2}\hbar\omega_i$, 终态能量 $E_{bv'}=E_b+\sum_i\left(v_i'+\frac{1}{2}\right)\hbar\omega_i$[式 (25.2.62a) 和式 (25.2.62b)], 得

$$\omega_{bv',a0}=\omega_{ba}+\sum_i v_i'\omega_i \tag{25.3.42}$$

另

$$\omega_{ba}'\equiv\omega_{ba}-\omega \tag{25.3.43}$$

于是式 (25.3.41) 可写为

$$\delta\left(\omega_{bv',a0}-\omega\right)=\frac{1}{2\pi}\int_{-\infty}^{\infty}\mathrm{d}t\mathrm{e}^{it\omega_{ba}'}\prod_i\mathrm{e}^{itv_i'\omega_i} \tag{25.3.44}$$

进而代入式 (25.3.39), 得到 $T=0\mathrm{K}$ 时位移振子的平均吸收系数

$$\alpha(\omega)|_{T\to 0\mathrm{K}}=\frac{2\pi\omega}{3\hbar c}\left|\boldsymbol{\mu}_{ba}(0)\right|^2\sum_{v'}\left(\prod_i\frac{S_i^{v_i'}}{v_i'!}\mathrm{e}^{-S_i}\right)\int_{-\infty}^{\infty}\mathrm{d}t\mathrm{e}^{it\omega_{ba}'}\prod_i\mathrm{e}^{itv_i'\omega_i} \tag{25.3.45}$$

先把两个累乘合并, 然后根据 $\sum_{v'}(\cdots)=\sum_{\{v_i'\}}(\cdots)=\sum_{v_1'}\sum_{v_2'}\cdots\sum_{v_i'}\cdots(\cdots)$, 利用 $\sum_{\{v_i'\}}\prod_i(\cdots)=\prod_i\sum_{v_i'=0}^{\infty}(\cdots)$, 即

$$\begin{aligned}\alpha(\omega)|_{T\to 0\mathrm{K}}&=\frac{2\pi\omega}{3\hbar c}\left|\boldsymbol{\mu}_{ba}(0)\right|^2\int_{-\infty}^{\infty}\mathrm{d}t\mathrm{e}^{it\omega_{ba}'}\sum_{\{v_i'\}}\prod_i\left(\frac{S_i^{v_i'}}{v_i'!}\mathrm{e}^{-S_i}\mathrm{e}^{itv_i'\omega_i}\right)\\&=\frac{2\pi\omega}{3\hbar c}\left|\boldsymbol{\mu}_{ba}(0)\right|^2\int_{-\infty}^{\infty}\mathrm{d}t\mathrm{e}^{it\omega_{ba}'}\prod_i\left(\sum_{v_i'=0}^{\infty}\frac{S_i^{v_i'}}{v_i'!}\mathrm{e}^{-S_i}\mathrm{e}^{itv_i'\omega_i}\right)\end{aligned} \tag{25.3.46}$$

式中, $\sum_{v_i'=0}^{\infty}\frac{S_i^{v_i'}}{v_i'!}\mathrm{e}^{-S_i}\mathrm{e}^{itv_i'\omega_i}=\mathrm{e}^{-S_i}\sum_{v_i'=0}^{\infty}\frac{1}{v_i'!}\left(S_i\mathrm{e}^{it\omega_i}\right)^{v_i'}=\mathrm{e}^{-S_i}\mathrm{e}^{S_i\mathrm{e}^{it\omega_i}}=\mathrm{e}^{S_i\left(\mathrm{e}^{it\omega_i}-1\right)}$. 进而式 (25.3.46) 等于

$$\begin{aligned}\alpha(\omega)|_{T\to 0\mathrm{K}}&=\frac{2\pi\omega}{3\hbar c}\left|\boldsymbol{\mu}_{ba}(0)\right|^2\int_{-\infty}^{\infty}\mathrm{d}t\mathrm{e}^{it\omega_{ba}'}\prod_i\mathrm{e}^{S_i\left(\mathrm{e}^{it\omega_i}-1\right)}\\&=\frac{2\pi\omega}{3\hbar c}\left|\boldsymbol{\mu}_{ba}(0)\right|^2\int_{-\infty}^{\infty}\mathrm{d}t\exp\left\{it\omega_{ba}'+\sum_i S_i\left(\mathrm{e}^{it\omega_i}-1\right)\right\}\end{aligned}$$

再根据式 (25.3.43), 得到 $T=0\mathrm{K}$ 时多自由度位移振子对频率为 ω 的光的平均吸收系数

$$\alpha(\omega)|_{T\to 0\mathrm{K}}=\frac{2\pi\omega}{3\hbar c}\left|\boldsymbol{\mu}_{ba}(0)\right|^2\int_{-\infty}^{\infty}\mathrm{d}t\exp\left[it(\omega_{ba}-\omega)+\sum_i S_i\left(\mathrm{e}^{it\omega_i}-1\right)\right]\tag{25.3.47}$$

式 (25.3.47) 积分的计算要分两种情况：① 强耦合 ($S_i>1$) 的情况; ② 弱耦合 ($S_i\leqslant 1$) 的情况. 现在以强耦合为例讨论.

强耦合 (记为 S.C.) 时, 将式 (25.3.47) 中指数 $it(\omega_{ba}-\omega)+\sum\limits_i S_i\left(\mathrm{e}^{it\omega_i}-1\right)$ 展开成时间 t 的幂级数, 化为标准型的 Gauss 积分 $\int_{-\infty}^{\infty}\mathrm{d}x\mathrm{e}^{-ax^2-bx}=\int_{-\infty}^{\infty}\mathrm{d}x\mathrm{e}^{-a\left[\left(x+\frac{b}{2a}\right)^2-\frac{b^2}{4a^2}\right]}=\mathrm{e}^{\frac{b^2}{4a}}\sqrt{\frac{\pi}{a}}$[式 (25.2.46)].

令 $f(t)\equiv it\omega_{ba}'+\sum\limits_i S_i\left(\mathrm{e}^{it\omega_i}-1\right)$. 因为 $\mathrm{e}^{it\omega_i}-1=it\omega_i-\frac{1}{2}t^2\omega_i^2+\cdots$, 略去高次项. 最后得到

$$\begin{aligned}\alpha(\omega)|_{\substack{T\to 0\mathrm{K}\\ \mathrm{S.C.}}}&\approx\frac{2\pi\omega}{3\hbar c}\left|\boldsymbol{\mu}_{ba}(0)\right|^2\int_{-\infty}^{\infty}\mathrm{d}t\exp\left[it\left(\omega_{ba}'+\sum_i S_i\omega_i\right)-\frac{1}{2}t^2\sum_i S_i\omega_i^2\right]\\&=\frac{2\pi\omega}{3\hbar c}\left|\boldsymbol{\mu}_{ba}(0)\right|^2\sqrt{\frac{2\pi}{\sum\limits_i S_i\omega_i^2}}\exp\left[-\frac{\left(\omega_{ba}-\omega+\sum\limits_i S_i\omega_i\right)^2}{2\sum\limits_i S_i\omega_i^2}\right]\end{aligned}\tag{25.3.48}$$

可见, 强耦合时平均吸收系数的频率响应呈 Gauss 曲线, 其极大值位于

$$\omega_{\max}=\omega_{ba}+\sum_i S_i\omega_i\tag{25.3.49}$$

式中, $\sum_i S_i\omega_i$ 称为 "Stoke 位移".

对于 Gauss 型分布 $F(\omega) = N\mathrm{e}^{-(\omega-\omega_{\max})^2/\Delta^2}$, 显然 $F(\omega_{\max}) = N$. 将半峰高处的频率记为 $\omega_{1/2}$. $\omega_{1/2}$ 满足 $\dfrac{F(\omega_{\max})}{2} = \dfrac{N}{2} = N\mathrm{e}^{-\left(\omega_{1/2}-\omega_{\max}\right)^2/\Delta^2}$. 由此得到 Gauss 型峰的 "半高宽" 为

$$\Delta\omega = 2\left|\omega_{1/2} - \omega_{\max}\right| = 2\sqrt{\ln 2}\,\Delta \tag{25.3.50}$$

与式 (25.3.48) 比较, 得到 $T = 0\mathrm{K}$ 时多自由度强耦合位移振子的平均吸收系数 $\alpha(\omega)|_{\substack{T\to 0\mathrm{K}\\ S.C.}}$ 的半高宽

$$\Delta\omega = 2\sqrt{2\ln 2\sum_i S_i\omega_i^2} \tag{25.3.51}$$

可以利用式 (25.3.51), 从实验测到的峰形计算出 $\{S_i\}$ 值. 这样得到的 $\{S_i\}$ 值可以用于其他场合.

2. $T \neq 0\mathrm{K}$ 时位移振子的平均吸收系数

这里的讨论类似于 25.2.7 节的内容. 我们从普遍的式 (25.3.38) 开始, 平均吸收系数为

$$\alpha(\omega) = \frac{4\pi^2\omega}{3\hbar c}\left|\boldsymbol{\mu}_{ba}(0)\right|^2\sum_v\sum_{v'}P_{av}F_{bv',av}D\left(\omega_{bv',av} - \omega\right)$$

式中的 Boltzmann 分布 P_{av} 等于各振子 P_{av_i} 之积, $P_{av} = \prod_i P_{av_i}$[式 (25.2.66)], Franck-Condon 因子也可以写成各振子的 F-C 因子的累乘, $F_{bv',av} = \prod_i F_{bv'_i,av_i}$ [式 (25.2.72)]. 又如果采用 δ 峰形, 于是

$$\begin{aligned}\alpha(\omega) &= \frac{4\pi^2\omega}{3\hbar c}\left|\boldsymbol{\mu}_{ba}(0)\right|^2\sum_v\sum_{v'}P_{av}F_{bv',av}\delta\left(\omega_{bv',av} - \omega\right)\\ &= \frac{4\pi^2\omega}{3\hbar c}\left|\boldsymbol{\mu}_{ba}\right|^2\sum_v\sum_{v'}\left\{\prod_i P_{av_i}F_{bv'_i,av_i}\right\}\frac{1}{2\pi}\int_{-\infty}^{\infty}\mathrm{d}t\mathrm{e}^{it\left(\omega_{bv',av}-\omega\right)}\end{aligned} \tag{25.3.52}$$

再根据电子-振动能级能量 E_{av} 和 $E_{bv'}$ 的表式 [式 (25.2.62a) 和式 (25.2.62b)], 得

$$\omega_{bv',av} = \frac{1}{\hbar}\left(E_{bv'} - E_{av}\right) = \omega_{ba} + \sum_i\left[\left(v'_i + \frac{1}{2}\right)\omega'_i - \left(v_i + \frac{1}{2}\right)\omega_i\right] \tag{25.3.53}$$

令

$$\omega'_{ba} \equiv \omega_{ba} - \omega \tag{25.3.54}$$

于是, 同样利用 $\sum_{\{v_i'\}}\prod_i(..)=\prod_i\sum_{v_i'=0}^{\infty}(..)$, 得

$$\alpha(\omega)=\frac{4\pi^2\omega}{3\hbar c}|\boldsymbol{\mu}_{ba}|^2\frac{1}{2\pi}\int_{-\infty}^{\infty}\mathrm{d}t\mathrm{e}^{it\omega_{ba}'}\prod_i\left\{\sum_{v_i=0}^{\infty}\sum_{v_i'=0}^{\infty}P_{av_i}F_{bv_i',av_i}\mathrm{e}^{it\left[\left(v_i'+\frac{1}{2}\right)\omega_i'-\left(v_i+\frac{1}{2}\right)\omega_i\right]}\right\}$$

令

$$G_i(t)\equiv\sum_{v_i=0}^{\infty}\sum_{v_i'=0}^{\infty}P_{av_i}F_{bv_i',av_i}\mathrm{e}^{it\left[\left(v_i'+\frac{1}{2}\right)\omega_i'-\left(v_i+\frac{1}{2}\right)\omega_i\right]}\tag{25.3.55}$$

式 (25.3.55) 与式 (25.2.115) 是相同的. 因而

$$\alpha(\omega)=\frac{4\pi^2\omega}{3\hbar c}|\boldsymbol{\mu}_{ba}|^2\frac{1}{2\pi}\int_{-\infty}^{\infty}\mathrm{d}t\mathrm{e}^{it\omega_{ba}'}\prod_i G_i(t)\tag{25.3.56}$$

根据, $T\neq 0\mathrm{K}$ 时位移振子的表式 [式 (25.2.130)]

$$G_i(t)=\exp\left\{-S_i\left[\mathrm{cth}\left(\frac{\hbar\omega_i}{2kT}\right)-\mathrm{csc\,h}\left(\frac{\hbar\omega_i}{2kT}\right)\mathrm{ch}\left(\frac{\hbar\omega_i}{2kT}+it\omega_i\right)\right]\right\}\tag{25.3.57}$$

得到平均吸收系数

$$\begin{aligned}\alpha(\omega)=&\frac{4\pi^2\omega}{3\hbar c}|\boldsymbol{\mu}_{ba}|^2\frac{1}{2\pi}\int_{-\infty}^{\infty}\mathrm{d}t\exp\left\{it\omega_{ba}'-\sum_i S_i\right.\\&\left.\times\left[\mathrm{cth}\left(\frac{\hbar\omega_i}{2kT}\right)-\mathrm{csc\,h}\left(\frac{\hbar\omega_i}{2kT}\right)\mathrm{ch}\left(\frac{\hbar\omega_i}{2kT}+it\omega_i\right)\right]\right\}\end{aligned}\tag{25.3.58}$$

在强耦合 ($S_i>1$) 的情况下, 同引用最陡下降法处理式 (25.2.131) 中的积分得到式 (25.2.132) 一样, 从式 (25.3.58) 也同理可得

$$\alpha(\omega)|_{\mathrm{S.C.}}=\frac{4\pi^2\omega}{3\hbar c}\frac{|\boldsymbol{\mu}_{ba}|^2}{\sqrt{2\pi\sum_i S_i\omega_i^2\mathrm{cth}\left(\frac{\hbar\omega_i}{2kT}\right)}}\exp\left[-\frac{\left(\omega_{ba}'+\sum_i S_i\omega_i\right)^2}{2\sum_i S_i\omega_i^2\mathrm{cth}\left(\frac{\hbar\omega_i}{2kT}\right)}\right]\tag{25.3.59}$$

令

$$\Delta^2\equiv 2\sum_i S_i\omega_i^2\mathrm{cth}\left(\frac{\hbar\omega_i}{2kT}\right)\tag{25.3.60}$$

根据式 (25.3.59)、式 (25.3.54) 和式 (25.3.60), 得

$$\frac{\alpha(\omega)}{\omega}=\frac{4\pi^2}{3\hbar c}\frac{|\boldsymbol{\mu}_{ba}|^2}{\Delta\sqrt{\pi}}\exp\left[-\frac{\left(\omega_{ba}+\sum_i S_i\omega_i-\omega\right)^2}{\Delta^2}\right] \tag{25.3.61}$$

可见, $\dfrac{\alpha(\omega)}{\omega}$ 是个 Gauss 峰. 此峰的特征为

(1) 峰位. 吸收峰峰位在

$$\omega_{\max}=\omega_{ba}+\sum_i S_i\omega_i \tag{25.3.62}$$

处, 与 $T=0$ 时的式 (25.3.49) 相同, 即强耦合时吸收峰位不受温度影响.

(2) 峰宽. 低温时, $\lim\limits_{T\to 0}\operatorname{cth}\left(\dfrac{\hbar\omega_i}{2kT}\right)=1$, 所以从式 (25.3.59) 和式 (25.3.60) 可见低温时吸收峰宽随温度的影响很小. 高温时, $\lim\limits_{T\to\infty}\operatorname{cth}\left(\dfrac{\hbar\omega_i}{2kT}\right)=\lim\limits_{T\to\infty}\dfrac{\mathrm{e}^{\hbar\omega_i/2kT}+\mathrm{e}^{-\hbar\omega_i/2kT}}{\mathrm{e}^{\hbar\omega_i/2kT}-\mathrm{e}^{-\hbar\omega_i/2kT}}=\dfrac{2kT}{\hbar\omega_i}$. 所以从式 (25.3.61) 可见, 高温时吸收峰宽随温度升高而加宽.

(3) 峰面积. 因为式 (25.3.62), 故吸收峰可写为

$$\frac{\alpha(\omega)}{\omega}=\frac{4\pi^2}{3\hbar c}\frac{|\boldsymbol{\mu}_{ba}|^2}{\Delta\sqrt{\pi}}\mathrm{e}^{-\frac{(\omega_{\max}-\omega)^2}{\Delta^2}} \tag{25.3.63}$$

峰面积为

$$\int_{-\infty}^{\infty}\mathrm{d}\omega\frac{\alpha(\omega)}{\omega}=\frac{4\pi^2}{3\hbar c}|\boldsymbol{\mu}_{ba}|^2\frac{1}{\Delta\sqrt{\pi}}\int_{-\infty}^{\infty}\mathrm{d}\omega\,\mathrm{e}^{-\frac{(\omega_{\max}-\omega)^2}{\Delta^2}}=\frac{4\pi^2}{3\hbar c}|\boldsymbol{\mu}_{ba}|^2 \tag{25.3.64}$$

这里的演绎引用了 Gauss 积分公式 $\displaystyle\int_{-\infty}^{\infty}\mathrm{e}^{-ax^2}\mathrm{d}x=\sqrt{\frac{\pi}{a}}$. 从式 (25.3.64) 可知, 吸收峰 $\dfrac{\alpha(\omega)}{\omega}$ 的峰面积为 $\dfrac{4\pi^2}{3\hbar c}|\boldsymbol{\mu}_{ba}|^2$, 所以可从吸收峰面积求得 $|\boldsymbol{\mu}_{ba}|^2$. 在 "对称性禁阻、电子–振动允许跃迁" 的情况下, 因为 $\boldsymbol{\mu}_{ba}(Q)\approx\sum\limits_i\left(\dfrac{\partial\boldsymbol{\mu}_{ba}}{\partial Q_i}\right)_0 Q_i$, 随着温度的升高, 振动加剧, 吸收峰面积随之增大.

25.4　矩阵元 H'_{ba} 的讨论

在 Born-Oppenheimer 近似和 Condon 近似下的跃迁速率常数 [式 (25.2.40)] 为

$$k_r=\frac{2\pi}{\hbar}|H'_{ba}|^2\sum_{v,v'}P_{av}F_{bv',av}\delta(E_{bv'}-E_{av}) \tag{25.4.1}$$

本章将讨论在几种能量转移、无辐射跃迁等过程中影响式 (25.4.1) 中矩阵元 H'_{ba} 的因素.

25.4.1　三重态–三重态跃迁

三重态–三重态之间激发能的转移可写为

$$^3\mathrm{D}^* + {}^1\mathrm{A} \longrightarrow {}^1\mathrm{D} + {}^3\mathrm{A}^* \tag{25.4.2}$$

D 为能量给体, A 为能量受体. 根据矩阵元 H'_{ba} 的定义

$$H'_{ba} \equiv \int \mathrm{d}q \boldsymbol{\Phi}_b^* \hat{\boldsymbol{H}}' \boldsymbol{\Phi}_a = \left\langle b \left| \hat{\boldsymbol{H}}' \right| a \right\rangle \tag{25.4.3}$$

式中, a 为电子始态, b 为电子终态. 过程式 (25.4.2) 中电子始态为 $({}^3\mathrm{D}^* + {}^1\mathrm{A})$ 这个整体, 电子终态为 $({}^1\mathrm{D} + {}^3\mathrm{A}^*)$. 三重态 $\mathrm{S}=1$, 于是 $M_\mathrm{S}=1,0,-1$. 若用体系电子状态的最简单的表式, 即用单电子波函数 χ 构成 Slater 行列式波函数, 可写为

三种可能的始态

$$^3\boldsymbol{\Phi}_a(M_\mathrm{S}=1) = \left|\chi_\mathrm{D}^+ \chi_{\mathrm{D}^*}^+ \chi_\mathrm{A}^+ \chi_\mathrm{A}^-\right| \tag{25.4.4a}$$

$$^3\boldsymbol{\Phi}_a(M_\mathrm{S}=-1) = \left|\chi_\mathrm{D}^- \chi_{\mathrm{D}^*}^- \chi_\mathrm{A}^+ \chi_\mathrm{A}^-\right| \tag{25.4.4b}$$

$$^3\boldsymbol{\Phi}_a(M_\mathrm{S}=0) = \frac{1}{\sqrt{2}}\left\{\left|\chi_\mathrm{D}^+ \chi_{\mathrm{D}^*}^- \chi_\mathrm{A}^+ \chi_\mathrm{A}^-\right| - \left|\chi_\mathrm{D}^- \chi_{D^*}^+ \chi_\mathrm{A}^+ \chi_\mathrm{A}^-\right|\right\} \tag{25.4.4c}$$

终态

$$^3\boldsymbol{\Phi}_b(M_\mathrm{S}=1) = \left|\chi_\mathrm{D}^+ \chi_\mathrm{D}^- \chi_\mathrm{A}^+ \chi_{\mathrm{A}^*}^+\right| \tag{25.4.4d}$$

式中, χ 的上标表示该电子的自旋状态 [注: 由于 Pauli 原理, 式 (25.4.4.d) 中第三个单电子轨道不能是 $\chi_{\mathrm{A}^*}^+$, 故只能是 χ_A^+]. 将 $^3\boldsymbol{\Phi}_b(M_\mathrm{S}=1)$ 与三个始态相比, 它只有与 $^3\boldsymbol{\Phi}_a(M_\mathrm{S}=1)$ 的体系行列式波函数相差两个单电子自旋轨道, 与其余始态相差的单电子自旋轨道的个数更多. 根据行列式波函数中的 Slater-Condon 规则可知, 要使 $H'_{ba} = \left\langle b \left| \hat{\boldsymbol{H}}' \right| a \right\rangle \neq 0$, 微扰算符 $\hat{\boldsymbol{H}}'$ 必须是双电子算符才有可能. 所以 $\hat{\boldsymbol{H}}'$ 是电子–电子互作用算符 $\sum\limits_{i<j} \dfrac{\mathrm{e}^2}{r_{ij}}$. 这时只有 $^3\boldsymbol{\Phi}_b(M_\mathrm{S}=1)$ 与 $^3\boldsymbol{\Phi}_a(M_\mathrm{S}=1)$ 之间的矩阵元 H'_{ba} 不为零. 根据 Slater-Condon 规则

$$\begin{aligned} H'_{ba} &= \langle {}^3\boldsymbol{\Phi}_b(M_\mathrm{S}=1) | \hat{\boldsymbol{H}}' | {}^3\boldsymbol{\Phi}_a(M_\mathrm{S}=1) \rangle \\ &= \left\langle \left|\chi_\mathrm{D}^+ \chi_\mathrm{D}^- \chi_\mathrm{A}^+ \chi_{\mathrm{A}^*}^+\right| \left| \sum_{i<j} \frac{e^2}{r_{ij}} \right| \left|\chi_\mathrm{D}^+ \chi_{\mathrm{D}^*}^+ \chi_\mathrm{A}^+ \chi_\mathrm{A}^-\right| \right\rangle \\ &= \left\langle \chi_\mathrm{D}^- \chi_{\mathrm{A}^*}^+ \left| \frac{e^2}{r_{12}} \right| \chi_{\mathrm{D}^*}^+ \chi_\mathrm{A}^- \right\rangle - \left\langle \chi_\mathrm{D}^- \chi_{\mathrm{A}^*}^+ \left| \frac{e^2}{r_{12}} \right| \chi_\mathrm{A}^- \chi_{\mathrm{D}^*}^+ \right\rangle \end{aligned}$$

第一项自旋正交故积分值为零, 于是

$$H'_{ba} = -\left\langle \chi_{\mathrm{D}}^{-}\chi_{\mathrm{A}^*}^{+} \left| \frac{e^2}{r_{12}} \right| \chi_{\mathrm{A}}^{-}\chi_{\mathrm{D}^*}^{+} \right\rangle \tag{25.4.5}$$

可见三重态–三重态激发能转移的 H'_{ba} 是一种交换作用, 它的作用强度取决于能量给体 D 与能量受体 A 之间的距离 R. 因为难以得到式 (24.4.5) 的严格解, 所以 Foster 将它取值为 $|H'_{ba}|^2 \propto \mathrm{e}^{-\beta R}$.

25.4.2 单重态–单重态跃迁

单重态–单重态之间激发能的转移可写为

$$^1\mathrm{D}^* + {}^1\mathrm{A} \longrightarrow {}^1\mathrm{D} + {}^1\mathrm{A}^* \tag{25.4.6}$$

该过程的跃迁速率常数 k_r 公式中的 H'_{ba} 也可作如上类似的讨论. 电子始态 a 为 $(^1\mathrm{D}^* + {}^1\mathrm{A})$, 电子终态 b 为 $(^1\mathrm{D} + {}^1\mathrm{A}^*)$. 波函数分别为

始态

$$^1\boldsymbol{\Phi}_a = \frac{1}{\sqrt{2}}\left\{\left|\chi_{\mathrm{D}}^{+}\chi_{\mathrm{D}^*}^{-}\chi_{\mathrm{A}}^{+}\chi_{\mathrm{A}}^{-}\right| - \left|\chi_{\mathrm{D}}^{-}\chi_{\mathrm{D}^*}^{+}\chi_{\mathrm{A}}^{+}\chi_{\mathrm{A}}^{-}\right|\right\} \tag{25.4.7a}$$

终态

$$^1\boldsymbol{\Phi}_b = \frac{1}{\sqrt{2}}\left\{\left|\chi_{\mathrm{D}}^{+}\chi_{\mathrm{D}}^{-}\chi_{\mathrm{A}}^{+}\chi_{\mathrm{A}^*}^{-}\right| - \left|\chi_{\mathrm{D}}^{+}\chi_{\mathrm{D}}^{-}\chi_{\mathrm{A}}^{-}\chi_{\mathrm{A}^*}^{+}\right|\right\} \tag{25.4.7b}$$

两个体系波函数之间有两个不同的单电子自旋轨道, 所以单电子算符的矩阵元必为零, 而微扰算符 $\hat{\boldsymbol{H}}'$ 必须是双电子的电子–电子互作用算符 $\sum\limits_{i<j}\dfrac{e^2}{r_{ij}}$, 所以

$$\begin{aligned} H'_{ba} = &\left\langle {}^1\boldsymbol{\Phi}_b \left| \sum_{i<j}\frac{e^2}{r_{ij}} \right| {}^1\boldsymbol{\Phi}_a \right\rangle = \frac{1}{2}\Big\langle \left|\chi_{\mathrm{D}}^{+}\chi_{\mathrm{D}}^{-}\chi_{\mathrm{A}}^{+}\chi_{\mathrm{A}^*}^{-}\right| - \left|\chi_{\mathrm{D}}^{+}\chi_{\mathrm{D}}^{-}\chi_{\mathrm{A}}^{-}\chi_{\mathrm{A}^*}^{+}\right| \\ &\left| \sum_{i<j}\frac{e^2}{r_{ij}} \right| \left|\chi_{\mathrm{D}}^{+}\chi_{\mathrm{D}^*}^{-}\chi_{\mathrm{A}}^{+}\chi_{\mathrm{A}}^{-}\right| - \left|\chi_{\mathrm{D}}^{-}\chi_{\mathrm{D}^*}^{+}\chi_{\mathrm{A}}^{+}\chi_{\mathrm{A}}^{-}\right| \Big\rangle \end{aligned} \tag{25.4.8}$$

展开后得到四项, 如第一项

$$\begin{aligned} &\left\langle \left|\chi_{\mathrm{D}}^{+}\chi_{\mathrm{D}}^{-}\chi_{\mathrm{A}}^{+}\chi_{\mathrm{A}^*}^{-}\right| \left| \sum_{i<j}\frac{e^2}{r_{ij}} \right| \left|\chi_{\mathrm{D}}^{+}\chi_{\mathrm{D}^*}^{-}\chi_{\mathrm{A}}^{+}\chi_{\mathrm{A}}^{-}\right| \right\rangle \\ &= \left\langle \chi_{\mathrm{D}}^{-}\chi_{\mathrm{A}^*}^{-} \left| \frac{e^2}{r_{12}} \right| \chi_{\mathrm{D}^*}^{-}\chi_{\mathrm{A}}^{-} \right\rangle - \left\langle \chi_{\mathrm{D}}^{-}\chi_{\mathrm{A}^*}^{-} \left| \frac{e^2}{r_{12}} \right| \chi_{\mathrm{A}}^{-}\chi_{\mathrm{D}^*}^{-} \right\rangle \\ &= \left\langle \chi_{\mathrm{D}}\chi_{\mathrm{A}^*} \left| \frac{e^2}{r_{12}} \right| \chi_{\mathrm{D}^*}\chi_{\mathrm{A}} \right\rangle - \left\langle \chi_{\mathrm{D}}\chi_{\mathrm{A}^*} \left| \frac{e^2}{r_{12}} \right| \chi_{\mathrm{A}}\chi_{\mathrm{D}^*} \right\rangle \end{aligned} \tag{25.4.9}$$

以上演绎的第一步是因为始态与终态相差两个单电子自旋轨道, 第二步对自旋加和. 如此类推, 可以求得式 (25.4.8) 为

$$
\begin{aligned}
H'_{ba} &= \left\langle {}^1\boldsymbol{\Phi}_b \left| \sum_{i<j} \frac{e^2}{r_{ij}} \right| {}^1\boldsymbol{\Phi}_a \right\rangle \\
&= 2\left\langle \chi_{\mathrm{D}}\chi_{\mathrm{A}^*} \left| \frac{e^2}{r_{12}} \right| \chi_{\mathrm{D}^*}\chi_{\mathrm{A}} \right\rangle - \left\langle \chi_{\mathrm{D}}\chi_{\mathrm{A}^*} \left| \frac{e^2}{r_{12}} \right| \chi_{\mathrm{A}}\chi_{\mathrm{D}^*} \right\rangle
\end{aligned} \tag{25.4.10}
$$

式 (25.4.10) 第一项代表了 Coulomb 作用, 这是一种长程作用, 随间距 R 的增大下降较慢. 第二项代表交换作用, 当浓度较小的时候, 受体与给体的间距变大, 则相互作用就会很快下降. 所以 Foster 把此项略去, 得

$$
H'_{ba} \approx 2\left\langle \chi_{\mathrm{D}}\chi_{\mathrm{A}^*} \left| \frac{e^2}{r_{12}} \right| \chi_{\mathrm{D}^*}\chi_{\mathrm{A}} \right\rangle \tag{25.4.11}
$$

受体 A 与给体 D 之间的相互作用如图 25.4.1 所示. 当浓度不太高的情况下, $\boldsymbol{R}$ 远大于 $|\boldsymbol{r}_1|$ 和 $|\boldsymbol{r}_2|$. 于是可作如下近似:

因为 $\boldsymbol{R}+\boldsymbol{r}_2=\boldsymbol{r}_1+\boldsymbol{r}_{12}$, 即 $\boldsymbol{r}_{12}=\boldsymbol{R}+(\boldsymbol{r}_2-\boldsymbol{r}_1)$. 所以

$$
|\boldsymbol{r}_{12}|^2=\boldsymbol{R}^2+2\boldsymbol{R}\cdot(\boldsymbol{r}_2-\boldsymbol{r}_1)+(\mathbf{r}_2-\boldsymbol{r}_1)^2 \tag{25.4.12}
$$

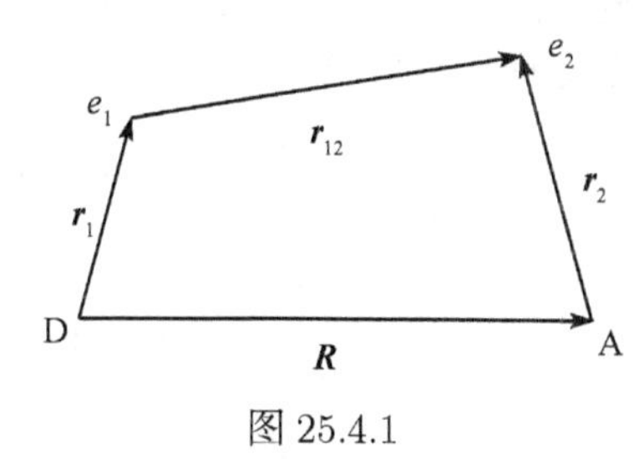

图 25.4.1

$$
\begin{aligned}
\frac{1}{r_{12}} = \frac{1}{|\boldsymbol{r}_{12}|} &= \left[\boldsymbol{R}^2+2\boldsymbol{R}\cdot(\boldsymbol{r}_2-\boldsymbol{r}_1)+(\boldsymbol{r}_2-\boldsymbol{r}_1)^2\right]^{-1/2} \\
&= \frac{1}{R}\left[1+\frac{2\boldsymbol{R}\cdot(\boldsymbol{r}_2-\boldsymbol{r}_1)+(\boldsymbol{r}_2-\boldsymbol{r}_1)^2}{R^2}\right]^{-1/2}
\end{aligned} \tag{25.4.13}
$$

与 R^2 相比, $2\boldsymbol{R}\cdot(\boldsymbol{r}_2-\boldsymbol{r}_1)$ 是一阶小项, $(\boldsymbol{r}_2-\boldsymbol{r}_1)^2$ 是二阶小项. 再用 Taylor 展开

$$
f(x)=f(0)+f'(0)x+\frac{1}{2!}f''(0)x^2+\cdots
$$

得到近似式

$$
(1+x)^{-1/2}=1-\frac{x}{2}+\frac{3}{8}x^2+\cdots \tag{25.4.14}
$$

然后式 (25.4.13) 可简化为

$$
\frac{1}{r_{12}}=\frac{1}{R}\left[1-\frac{\boldsymbol{R}\cdot(\boldsymbol{r}_2-\boldsymbol{r}_1)}{R^2}-\frac{(\boldsymbol{r}_2-\boldsymbol{r}_1)^2}{2R^2}+\frac{3}{2}\frac{[\boldsymbol{R}\cdot(\boldsymbol{r}_2-\boldsymbol{r}_1)]^2}{R^4}+\cdots\right] \tag{25.4.15}
$$

代入式 (25.4.11), 得

$$H'_{ba} \approx 2\left\langle \chi_{\mathrm{D}}\chi_{\mathrm{A}^*}\left|\frac{e^2}{R}\right|\chi_{\mathrm{D}^*}\chi_{\mathrm{A}}\right\rangle - 2\left\langle \chi_{\mathrm{D}}\chi_{\mathrm{A}^*}\left|\frac{e^2\boldsymbol{R}\cdot(\boldsymbol{r}_2-\boldsymbol{r}_1)}{R^3}\right|\chi_{\mathrm{D}^*}\chi_{\mathrm{A}}\right\rangle$$
$$-\left\langle \chi_{\mathrm{D}}\chi_{\mathrm{A}^*}\left|\frac{e^2(\boldsymbol{r}_2-\boldsymbol{r}_1)^2}{R^3}\right|\chi_{\mathrm{D}^*}\chi_{\mathrm{A}}\right\rangle + 3\left\langle \chi_{\mathrm{D}}\chi_{\mathrm{A}^*}\left|\frac{e^2[\boldsymbol{R}\cdot(\boldsymbol{r}_2-\boldsymbol{r}_1)]^2}{R^5}\right|\chi_{\mathrm{D}^*}\chi_{\mathrm{A}}\right\rangle \tag{25.4.16}$$

第一项为零, 原因是 $\frac{e^2}{R}$ 为常数, 而因正交关系 $\langle\chi_{\mathrm{D}}|\chi_{\mathrm{D}^*}\rangle = \langle\chi_{\mathrm{A}^*}|\chi_{\mathrm{A}}\rangle = 0$. 第二项也为零, 这也是根据该正交关系得到的

$$(\text{第二项}) = -2\left\langle \chi_{\mathrm{D}}\chi_{\mathrm{A}^*}\left|\frac{e^2\boldsymbol{R}\cdot\boldsymbol{r}_2}{R^3}\right|\chi_{\mathrm{D}^*}\chi_{\mathrm{A}}\right\rangle + 2\left\langle \chi_{\mathrm{D}}\chi_{\mathrm{A}^*}\left|\frac{e^2\boldsymbol{R}\cdot\boldsymbol{r}_1}{R^3}\right|\chi_{\mathrm{D}^*}\chi_{\mathrm{A}}\right\rangle$$
$$= -2\langle\chi_{\mathrm{D}}|\chi_{\mathrm{D}^*}\rangle\frac{e^2\boldsymbol{R}}{R^3}\cdot\langle\chi_{\mathrm{A}^*}|\boldsymbol{r}_2|\chi_{\mathrm{A}}\rangle + 2\langle\chi_{\mathrm{A}^*}|\chi_{\mathrm{A}}\rangle\frac{e^2\boldsymbol{R}}{R^3}\cdot\langle\chi_{\mathrm{D}}|\boldsymbol{r}_1|\chi_{\mathrm{D}^*}\rangle = 0$$

同理, 第三项中由于 $(\boldsymbol{r}_2-\boldsymbol{r}_1)^2 = r_2^2 + r_1^2 + 2\boldsymbol{r}_2\cdot\boldsymbol{r}_1$, 故为三个子项之和, 其中只有交叉项不为零, 即

$$(\text{第三项}) = -\left\langle \chi_{\mathrm{D}}\chi_{\mathrm{A}^*}\left|\frac{e^2(\boldsymbol{r}_2-\boldsymbol{r}_1)^2}{R^3}\right|\chi_{\mathrm{D}^*}\chi_{\mathrm{A}}\right\rangle = 2\frac{e^2}{R^3}\langle\chi_{\mathrm{D}}\chi_{\mathrm{A}^*}|\boldsymbol{r}_2\cdot\boldsymbol{r}_1|\chi_{\mathrm{D}^*}\chi_{\mathrm{A}}\rangle$$
$$= \frac{2}{R^3}\langle\chi_{\mathrm{D}}|e\boldsymbol{r}_1|\chi_{\mathrm{D}^*}\rangle\cdot\langle\chi_{\mathrm{A}^*}|e\boldsymbol{r}_2|\chi_{\mathrm{A}}\rangle = \frac{\boldsymbol{\mu}_{\mathrm{D}}\cdot\boldsymbol{\mu}_{\mathrm{A}}}{R^3} \tag{25.4.17}$$

式中, 跃迁矩定义为

$$\boldsymbol{\mu}_{\mathrm{D}} \equiv \sqrt{2}\langle\chi_{\mathrm{D}}|e\boldsymbol{r}_1|\chi_{\mathrm{D}^*}\rangle = \sqrt{2}\int \mathrm{d}q_1\chi_{\mathrm{D}}^*(e\boldsymbol{r}_1)\chi_{\mathrm{D}^*} \tag{25.4.18a}$$

$$\boldsymbol{\mu}_{\mathrm{A}} \equiv \sqrt{2}\langle\chi_{\mathrm{A}^*}|e\boldsymbol{r}_2|\chi_{\mathrm{A}}\rangle = \sqrt{2}\int \mathrm{d}q_2\chi_{\mathrm{A}^*}^*(e\boldsymbol{r}_2)\chi_{\mathrm{A}} \tag{25.4.18b}$$

第四项, 由于 $[\boldsymbol{R}\cdot(\boldsymbol{r}_2-\boldsymbol{r}_1)]^2 = (\boldsymbol{R}\cdot\boldsymbol{r}_2)^2 + (\boldsymbol{R}\cdot\boldsymbol{r}_1)^2 - 2(\boldsymbol{R}\cdot\boldsymbol{r}_1)(\boldsymbol{R}\cdot\boldsymbol{r}_2)$, 也同样可以看出只有交叉项不为零, 即

$$(\text{第四项}) = -6\left\langle \chi_{\mathrm{D}}\chi_{\mathrm{A}^*}\left|\frac{e^2(\boldsymbol{R}\cdot\boldsymbol{r}_1)(\boldsymbol{R}\cdot\boldsymbol{r}_2)}{R^5}\right|\chi_{\mathrm{D}^*}\chi_{\mathrm{A}}\right\rangle$$
$$= -\frac{6}{R^5}\boldsymbol{R}\cdot\langle\chi_{\mathrm{D}}|(e\boldsymbol{r}_1)|\chi_{\mathrm{D}^*}\rangle\,\boldsymbol{R}\cdot\langle\chi_{\mathrm{A}^*}|(e\boldsymbol{r}_2)|\chi_{\mathrm{A}}\rangle$$
$$= -\frac{3}{R^5}(\boldsymbol{R}\cdot\boldsymbol{\mu}_{\mathrm{D}})(\boldsymbol{R}\cdot\boldsymbol{\mu}_{\mathrm{A}}) \tag{25.4.19}$$

最后

$$H'_{ba} \approx 2\left\langle \chi_{\mathrm{D}}\chi_{\mathrm{A}^*}\left|\frac{e^2}{r_{12}}\right|\chi_{\mathrm{D}^*}\chi_{\mathrm{A}}\right\rangle = \frac{\boldsymbol{\mu}_{\mathrm{D}}\cdot\boldsymbol{\mu}_{\mathrm{A}}}{R^3} - \frac{3}{R^5}(\boldsymbol{R}\cdot\boldsymbol{\mu}_{\mathrm{D}})(\boldsymbol{R}\cdot\boldsymbol{\mu}_{\mathrm{A}}) \tag{25.4.20}$$

矩阵元 H'_{ba} 代表了电偶极–电偶极的相互作用. 从式 (25.4.20) 可知, H'_{ba} 取决于 $\boldsymbol{\mu}_{\mathrm{D}}$、$\boldsymbol{\mu}_{\mathrm{A}}$ 的相对取向, 且

$$\left|H'_{ba}\right|^2 \propto R^{-6} \tag{25.4.21}$$

为何在式 (25.4.18a) 跃迁矩的定义 $\boldsymbol{\mu}_{\mathrm{D}} = \sqrt{2}\int \mathrm{d}q_1 \chi_{\mathrm{D}}^* (e\boldsymbol{r}_1)\chi_{\mathrm{D}^*}$ 中出现 $\sqrt{2}$ 呢? 如图 25.4.2 所示, 单重态的电子给体 D 受激发成为单重态的 D*. 电子始态 ${}^1\boldsymbol{\Phi}_a$ 可写成

$${}^1\boldsymbol{\Phi}_a = \left|\chi_{\mathrm{D}}^+ \chi_{\mathrm{D}}^-\right| \tag{25.4.22}$$

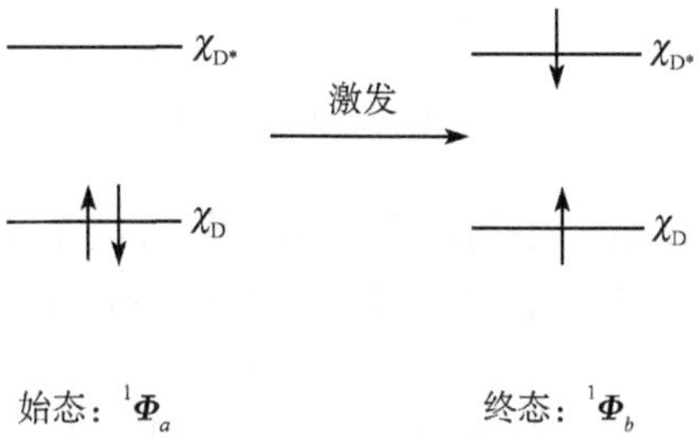

χ_{D^*} 激发 χ_{D^*}

χ_{D} χ_{D}

始态：${}^1\boldsymbol{\Phi}_a$ 终态：${}^1\boldsymbol{\Phi}_b$

图 25.4.2

电子终态 ${}^1\boldsymbol{\Phi}_b$ 为

$${}^1\boldsymbol{\Phi}_b = \frac{1}{\sqrt{2}}\left\{\left|\chi_{\mathrm{D}}^+ \chi_{\mathrm{D}^*}^-\right| - \left|\chi_{\mathrm{D}}^- \chi_{\mathrm{D}^*}^+\right|\right\} \tag{25.4.23}$$

所以跃迁矩为

$$\boldsymbol{\mu}_{ba} = \left\langle {}^1\boldsymbol{\Phi}_b \left|\mu\right| {}^1\boldsymbol{\Phi}_a \right\rangle = \left\langle \frac{1}{\sqrt{2}}\left\langle \left|\chi_{\mathrm{D}}^+ \chi_{\mathrm{D}^*}^-\right| - \left|\chi_{\mathrm{D}}^- \chi_{\mathrm{D}^*}^+\right| \right\rangle \left| \sum_i e\boldsymbol{r}_i \right| \left|\chi_{\mathrm{D}}^+ \chi_{\mathrm{D}}^-\right| \right\rangle \tag{25.4.24}$$

根据单电子算符的 Slater-Condon 规则, 式 (25.4.24) 可写为

$$\begin{aligned}
\boldsymbol{\mu}_{ba} &= \frac{1}{\sqrt{2}}\left\langle \left|\chi_{\mathrm{D}}^+ \chi_{\mathrm{D}^*}^-\right| \left| \sum_i e\boldsymbol{r}_i \right| \left|\chi_{\mathrm{D}}^+ \chi_{\mathrm{D}}^-\right| \right\rangle - \frac{1}{\sqrt{2}}\left\langle \left|\chi_{\mathrm{D}}^- \chi_{\mathrm{D}^*}^+\right| \left| \sum_i e\boldsymbol{r}_i \right| \left|\chi_{\mathrm{D}}^+ \chi_{\mathrm{D}}^-\right| \right\rangle \\
&= \frac{1}{\sqrt{2}}\left\langle \chi_{\mathrm{D}}^+ \middle| \chi_{\mathrm{D}}^+ \right\rangle \left\langle \chi_{\mathrm{D}^*}^- \left| e\boldsymbol{r}_2 \right| \chi_{\mathrm{D}}^- \right\rangle + \frac{1}{\sqrt{2}}\left\langle \left|\chi_{\mathrm{D}^*}^+ \chi_{\mathrm{D}}^-\right| \left| \sum_i e\boldsymbol{r}_i \right| \left|\chi_{\mathrm{D}}^+ \chi_{\mathrm{D}}^-\right| \right\rangle \\
&= \frac{1}{\sqrt{2}}\left\langle \chi_{\mathrm{D}^*}^- \left| e\boldsymbol{r}_2 \right| \chi_{\mathrm{D}}^- \right\rangle + \frac{1}{\sqrt{2}}\left\langle \chi_{\mathrm{D}^*}^+ \left| e\boldsymbol{r}_1 \right| \chi_{\mathrm{D}}^+ \right\rangle \left\langle \chi_{\mathrm{D}}^- \middle| \chi_{\mathrm{D}}^- \right\rangle
\end{aligned}$$

即

$$\boldsymbol{\mu}_{ba} = \sqrt{2}\left\langle \chi_{\mathrm{D}^*}^+ \left| e\boldsymbol{r}_1 \right| \chi_{\mathrm{D}}^+ \right\rangle \tag{25.4.25}$$

可见因子 $\sqrt{2}$ 的存在.

25.4.3 非辐射跃迁过程的 H'_{ba}

电子弛豫 $a \to b$ 的速率常数 $k_r = \frac{2\pi}{\hbar}\sum_{v,v'} P_{av}\left|H'_{bv',av}\right|^2 \delta\left(E_{bv'} - E_{av}\right)$[式 (25.2.31)], 在 Born-Oppenheimer 近似和 Condon 近似下, 由于 $\left|H'_{bv',av}\right|^2 = \left|H'_{ba}(0)\right|^2 F_{bv',av}$, 故有式 (25.2.40)

$$k_r = \frac{2\pi}{\hbar}\left|\boldsymbol{H}'_{ba}\right|^2 \sum_{v,v'} P_{av} F_{bv',av} \delta\left(E_{bv'} - E_{av}\right) \tag{25.4.26a}$$

式中

$$H'_{bv',av} = \left\langle \psi_{bv'} \left| \hat{\boldsymbol{H}}' \right| \psi_{av} \right\rangle = \int \mathrm{d}q\mathrm{d}Q\, \psi^*_{bv'}(q,Q)\, \hat{\boldsymbol{H}}' \psi_{av}(q,Q) \tag{25.4.26b}$$

回顾上册 5.1 节: 整个体系 (包括原子核和电子) 的总波函数 $\boldsymbol{\Psi}_{\mathrm{T}}(q,Q)$ 可写成电子波函数 $\{\boldsymbol{\Phi}_a(q,Q)\}$ 和核波函数 (振动波函数)$\{\boldsymbol{\Theta}_a(Q)\}$ 的线性组合 [参见式 (5.1.32)]

$$\boldsymbol{\Psi}_{\mathrm{T}}(q,Q) = \sum_a \boldsymbol{\Phi}_a(q,Q)\, \boldsymbol{\Theta}_a(Q) \tag{25.4.27}$$

式中, q 和 Q 分别为电子位置和核位置. 在非相对论量子力学中, 总波函数 $\boldsymbol{\Psi}_{\mathrm{T}}(q,Q)$ 服从定态 Schrödinger 方程

$$\hat{\boldsymbol{H}}_{\mathrm{T}} \boldsymbol{\Psi}_{\mathrm{T}} = \boldsymbol{\Psi}_{\mathrm{T}} E_{\mathrm{T}} \tag{25.4.28}$$

总 Hamilton 算符 $\hat{\boldsymbol{H}}_{\mathrm{T}}$ 由核动能算符 $\hat{\boldsymbol{T}}_{\mathrm{N}}$、电子动能算符 $\hat{\boldsymbol{T}}_{\mathrm{e}}$ 和势能算符 $\hat{\boldsymbol{V}}(q,Q)$ 之和组成

$$\hat{\boldsymbol{H}}_{\mathrm{T}} = \hat{\boldsymbol{T}}_{\mathrm{N}} + \hat{\boldsymbol{T}}_{\mathrm{e}} + \hat{\boldsymbol{V}}(q,Q) \tag{25.4.29}$$

式中

$$\hat{\boldsymbol{H}}_{\mathrm{e}} \equiv \hat{\boldsymbol{T}}_{\mathrm{e}} + \hat{\boldsymbol{V}}(q,Q) \tag{25.4.30}$$

称为电子的 Hamilton 算符. 代入式 (25.4.27) 和式 (25.4.28), 得

$$\left(\hat{\boldsymbol{T}}_{\mathrm{N}} + \hat{\boldsymbol{H}}_{\mathrm{e}}\right) \sum_a \boldsymbol{\Phi}_a(q,Q)\, \boldsymbol{\Theta}_a(Q) = E_{\mathrm{T}} \sum_a \boldsymbol{\Phi}_a(q,Q)\, \boldsymbol{\Theta}_a(Q)$$

因为电子的 Hamilton 算符 $\hat{\boldsymbol{H}}_{\mathrm{e}}$ 中的微分运算只是对于电子位置 q 的微分, 与核位置 Q 无关, 所以

$$\hat{\boldsymbol{T}}_{\mathrm{N}} \sum_a \boldsymbol{\Phi}_a \boldsymbol{\Theta}_a + \sum_a \boldsymbol{\Theta}_a(Q)\, \hat{\boldsymbol{H}}_{\mathrm{e}} \boldsymbol{\Phi}_a(q,Q) = E_{\mathrm{T}} \sum_a \boldsymbol{\Phi}_a(q,Q)\, \boldsymbol{\Theta}_a(Q) \tag{25.4.31}$$

而本征方程

$$\hat{\boldsymbol{H}}_{\mathrm{e}} \boldsymbol{\Phi}_a(q,Q) = E_a(Q)\, \boldsymbol{\Phi}_a(q,Q) \tag{25.4.32}$$

相当于在固定的核位置 Q 时电子的 Schrödinger 定态方程, 式中 a 为此时表征电子运动的所有量子数. 于是式 (25.4.31) 可写为

$$\hat{\boldsymbol{T}}_{\mathrm{N}}\sum_a \boldsymbol{\Phi}_a\boldsymbol{\Theta}_a+\sum_a \boldsymbol{\Theta}_a(Q)\,E_a(Q)\,\boldsymbol{\Phi}_a(q,Q)=E_{\mathrm{T}}\sum_a \boldsymbol{\Phi}_a(q,Q)\,\boldsymbol{\Theta}_a(Q) \tag{25.4.33}$$

其中核动能算符 $\hat{\boldsymbol{T}}_{\mathrm{N}}$ 为

$$\hat{\boldsymbol{T}}_{\mathrm{N}}=-\sum_i \frac{\hbar^2}{2M_i}\frac{\partial^2}{\partial Q_i^2} \tag{25.4.34}$$

这里对所有的核加和, M_i 为第 i 号核的质量. 于是式 (25.4.31) 等式左边第一项为

$$\begin{aligned}
\hat{\boldsymbol{T}}_{\mathrm{N}}\sum_a \boldsymbol{\Phi}_a\boldsymbol{\Theta}_a&=\sum_a \hat{\boldsymbol{T}}_{\mathrm{N}}(\boldsymbol{\Phi}_a\boldsymbol{\Theta}_a)=-\sum_a\sum_i \frac{\hbar^2}{2M_i}\frac{\partial^2}{\partial Q_i^2}(\boldsymbol{\Phi}_a\boldsymbol{\Theta}_a)\\
&=-\sum_i \frac{\hbar^2}{2M_i}\sum_a\left(\frac{\partial^2\boldsymbol{\Theta}_a}{\partial Q_i^2}\boldsymbol{\Phi}_a+2\frac{\partial\boldsymbol{\Theta}_a}{\partial Q_i}\frac{\partial\boldsymbol{\Phi}_a}{\partial Q_i}+\boldsymbol{\Theta}_a\frac{\partial^2\boldsymbol{\Phi}_a}{\partial Q_i^2}\right)\\
&=\sum_a \boldsymbol{\Phi}_a\left(\sum_i -\frac{\hbar^2}{2M_i}\frac{\partial^2}{\partial Q_i^2}\right)\boldsymbol{\Theta}_a+\sum_a\left[\sum_i -\frac{\hbar^2}{2M_i}\left(2\frac{\partial\boldsymbol{\Theta}_a}{\partial Q_i}\frac{\partial\boldsymbol{\Phi}_a}{\partial Q_i}+\boldsymbol{\Theta}_a\frac{\partial^2\boldsymbol{\Phi}_a}{\partial Q_i^2}\right)\right]\\
&=\sum_a \boldsymbol{\Phi}_a\hat{\boldsymbol{T}}_{\mathrm{N}}\boldsymbol{\Theta}_a+\sum_a\left[\sum_i -\frac{\hbar^2}{2M_i}\left(2\frac{\partial\boldsymbol{\Theta}_a}{\partial Q_i}\frac{\partial\boldsymbol{\Phi}_a}{\partial Q_i}+\boldsymbol{\Theta}_a\frac{\partial^2\boldsymbol{\Phi}_a}{\partial Q_i^2}\right)\right]
\end{aligned} \tag{25.4.35}$$

定义算符 $\hat{\boldsymbol{H}}'_{\text{B-O}}$ 为

$$\hat{\boldsymbol{H}}'_{\text{B-O}}\{\boldsymbol{\Theta}_a\boldsymbol{\Phi}_a\}\equiv-\sum_i \frac{\hbar^2}{2M_i}\left(2\frac{\partial\boldsymbol{\Theta}_a}{\partial Q_i}\frac{\partial\boldsymbol{\Phi}_a}{\partial Q_i}+\boldsymbol{\Theta}_a\frac{\partial^2\boldsymbol{\Phi}_a}{\partial Q_i^2}\right) \tag{25.4.36}$$

它代表核运动和电子运动之间的耦合, 称为 Born-Oppenheimer 耦合算符. 于是式 (25.4.35) 变为

$$\hat{\boldsymbol{T}}_{\mathrm{N}}\sum_a \boldsymbol{\Phi}_a\boldsymbol{\Theta}_a=\sum_a[\boldsymbol{\Phi}_a\hat{\boldsymbol{T}}_{\mathrm{N}}\boldsymbol{\Theta}_a+\hat{\boldsymbol{H}}'_{\text{B-O}}(\boldsymbol{\Phi}_a\boldsymbol{\Theta}_a)]$$

或

$$\hat{\boldsymbol{T}}_{\mathrm{N}}\{\boldsymbol{\Phi}_a\boldsymbol{\Theta}_a\}=\boldsymbol{\Phi}_a\hat{\boldsymbol{T}}_{\mathrm{N}}\boldsymbol{\Theta}_a+\hat{\boldsymbol{H}}'_{\text{B-O}}\{\boldsymbol{\Phi}_a\boldsymbol{\Theta}_a\} \tag{25.4.37}$$

同时式 (25.4.33) 可写为

$$\sum_a\left[\boldsymbol{\Phi}_a\hat{\boldsymbol{T}}_{\mathrm{N}}\boldsymbol{\Theta}_a+\hat{\boldsymbol{H}}'_{\text{B-O}}(\boldsymbol{\Phi}_a\boldsymbol{\Theta}_a)\right]+\sum_a E_a\boldsymbol{\Phi}_a\boldsymbol{\Theta}_a=E_{\mathrm{T}}\sum_a \boldsymbol{\Phi}_a\boldsymbol{\Theta}_a \tag{25.4.38}$$

因为 $\{\boldsymbol{\Phi}_a\}$ 是电子 Schrödinger 定态方程的解, 所以可以是正交归一的. 将式 (25.4.38) 两边被 $\langle\boldsymbol{\Phi}_b|(..)\rangle$ 作用, 且注意到 $\hat{\boldsymbol{T}}_{\mathrm{N}}\boldsymbol{\Theta}_a$ 只与核位置 Q 有关, 与电子位置 q 无关, 所以

$$\hat{\boldsymbol{T}}_{\mathrm{N}}\boldsymbol{\Theta}_b+\sum_a\left\{\int \mathrm{d}q\,\boldsymbol{\Phi}_b^*\hat{\boldsymbol{H}}'_{\text{B-O}}\boldsymbol{\Phi}_a\right\}\boldsymbol{\Theta}_a+E_b\boldsymbol{\Theta}_b=E_{\mathrm{T}}\boldsymbol{\Theta}_b\qquad\forall b \tag{25.4.39}$$

到目前为止对此多电子体系未引入近似. 如果忽略核运动和电子运动之间的耦合, 即在假定 $\hat{\boldsymbol{H}}'_{\text{B-O}} = 0$ 的情况下, 可以不计式 (25.4.39) 左边的第二项, 则

$$\hat{\boldsymbol{T}}_{\mathrm{N}}\boldsymbol{\Theta}_b = (E_{\mathrm{T}} - E_b)\,\boldsymbol{\Theta}_b \qquad \forall b \tag{25.4.40}$$

式 (25.4.40) 的物理意义是在所有电子组成的势能下所有核的运动方程. 这就是所谓 Born-Oppenheimer 近似或 "绝热近似". 在核运动和电子运动之间耦合不太小的情况下, 即 $\hat{\boldsymbol{H}}'_{\text{B-O}} \neq 0$ 时, 则出现 "非绝热效应".

现在将 $\hat{\boldsymbol{H}}'_{\text{B-O}}$ 作为微扰法中的 $\hat{\boldsymbol{H}}'$, 通过式 (25.4.26a) 和式 (25.4.26b), 考虑核运动和电子运动之间的耦合是如何影响电子态之间的跃迁速率常数 k_r 的, 即非绝热效应.

根据式 (25.4.26b)

$$H'_{bv',av} = \left\langle \psi_{bv'} \middle| \hat{\boldsymbol{H}}'_{\text{B-O}} \middle| \psi_{av} \right\rangle = \left\langle \boldsymbol{\Phi}_b\boldsymbol{\Theta}_{bv'} \middle| \hat{\boldsymbol{H}}'_{\text{B-O}} \middle| \boldsymbol{\Phi}_a\boldsymbol{\Theta}_{av} \right\rangle \tag{25.4.41}$$

为了简化核运动和电子运动之间的耦合作用, 略去式 (25.4.36) 中相对较小的第二项, 又把核质量 M_i 通过变换吸收到 Q_i 里去, 故近似有

$$\hat{\boldsymbol{H}}'_{\text{B-O}}\left\{\boldsymbol{\Phi}_a\boldsymbol{\Theta}_{av}\right\} \approx -\hbar^2 \sum_i \frac{\partial\boldsymbol{\Phi}_a}{\partial Q_i}\frac{\partial\boldsymbol{\Theta}_{av}}{\partial Q_i} \tag{25.4.42}$$

代入式 (25.4.41), 得

$$\begin{aligned} H'_{bv',av} &\approx \left\langle \boldsymbol{\Phi}_b\boldsymbol{\Theta}_{bv'} \middle| -\hbar^2 \sum_i \frac{\partial\boldsymbol{\Phi}_a}{\partial Q_i}\frac{\partial\boldsymbol{\Theta}_{av}}{\partial Q_i} \right\rangle \\ &= -\hbar^2 \sum_i \int \mathrm{d}Q\, \boldsymbol{\Theta}^*_{bv'} \left\{ \int \mathrm{d}q\, \boldsymbol{\Phi}^*_b \frac{\partial\boldsymbol{\Phi}_a}{\partial Q_i} \right\} \frac{\partial\boldsymbol{\Theta}_{av}}{\partial Q_i} \end{aligned} \tag{25.4.43}$$

在所有的加和项中有一项是最重要的, 记为第 j 项, 满足 $\left\langle \boldsymbol{\Phi}_b \middle| \dfrac{\partial\boldsymbol{\Phi}_a}{\partial Q_j} \right\rangle \neq 0$, 于是发生电子能量转移到振动能量的允许的非辐射跃迁 (这种跃迁的选律由分子的对称性来考虑). 于是式 (25.4.43) 简化为

$$H'_{bv',av} \approx -\hbar^2 \int \mathrm{d}Q\, \boldsymbol{\Theta}^*_{bv'} \frac{\partial\boldsymbol{\Theta}_{av}}{\partial Q_j} \left\langle \boldsymbol{\Phi}_b \middle| \frac{\partial\boldsymbol{\Phi}_a}{\partial Q_j} \right\rangle \tag{25.4.44}$$

进一步假定 $\left\langle \boldsymbol{\Phi}_b \middle| \dfrac{\partial\boldsymbol{\Phi}_a}{\partial Q_j} \right\rangle$ 与核坐标无关 (Condon 近似), 则

$$H'_{bv',av} \approx -\hbar^2 \left\langle \boldsymbol{\Phi}_b \middle| \frac{\partial\boldsymbol{\Phi}_a}{\partial Q_j} \right\rangle \int \mathrm{d}Q\, \boldsymbol{\Theta}^*_{bv'} \frac{\partial\boldsymbol{\Theta}_{av}}{\partial Q_j} \tag{25.4.45}$$

根据多振动自由度体系中振动核波函数可以分解成所有简正振子波函数 $\{\chi_{av_k}\}$ 之积 [式 (25.2.71b)]

$$\boldsymbol{\Theta}_{av} = \prod_k \chi_{av_k}(Q_k)$$

于是

$$\frac{\partial \boldsymbol{\Theta}_{av}}{\partial Q_j} = \frac{\partial \chi_{av_j}}{\partial Q_j} \prod_{k(\neq j)} \chi_{av_k}(Q_k)$$

于是式 (25.4.45) 中的积分项为

$$\begin{aligned}\int \mathrm{d}Q\, \boldsymbol{\Theta}_{bv'}^* \frac{\partial \boldsymbol{\Theta}_{av}}{\partial Q_j} &= \int \prod_n \mathrm{d}Q_n \left\{ \prod_m \chi_{bv'_m}(Q_m) \right\}^* \frac{\partial \chi_{av_j}}{\partial Q_j} \prod_{k(\neq j)} \chi_{av_k}(Q_k) \\ &= \left\{ \int \mathrm{d}Q_j \chi_{bv'_j}^* \frac{\partial \chi_{av_j}}{\partial Q_j} \right\} \prod_{k(\neq j)} \int \mathrm{d}Q_k \chi_{bv'_k}^* \chi_{av_k} \end{aligned} \tag{25.4.46}$$

代入式 (25.4.45), 再求复平方得

$$|H'_{bv',av}|^2 = \hbar^4 \left| \left\langle \boldsymbol{\Phi}_b \left| \frac{\partial \boldsymbol{\Phi}_a}{\partial Q_j} \right. \right\rangle \right|^2 \left| \left\langle \chi_{bv'_j} \left| \frac{\partial \chi_{av_j}}{\partial Q_j} \right. \right\rangle \right|^2 \prod_{k(\neq j)} \left| \left\langle \chi_{bv'_k} | \chi_{av_k} \right\rangle \right|^2 \tag{25.4.47}$$

从式 (25.2.71a) 和式 (25.2.71b) 可见, 式 (25.4.47) 的 $\prod\limits_{k(\neq j)} \left| \left\langle \chi_{bv'_k} | \chi_{av_k} \right\rangle \right|^2$ 是一个 Franck-Condon 因子. 造成电子能量转移到振动能量的振动模 Q_j 称为 “促进模”, 它与选律有关. 而所有其他的振动模 $\{Q_{k(\neq j)}\}$ 称为 “接受模”.

25.4.4 $\left\langle \boldsymbol{\Phi}_b \left| \frac{\partial \boldsymbol{\Phi}_a}{\partial Q_j} \right. \right\rangle$ 的求算

根据式 (25.4.29) 和式 (25.4.32), $\boldsymbol{\Phi}_a$、$\boldsymbol{\Phi}_b$ 是 $\hat{\boldsymbol{H}}_{\mathrm{T}} = \hat{\boldsymbol{T}}_{\mathrm{N}} + \hat{\boldsymbol{H}}_{\mathrm{e}}$ 中电子 Hamilton 算符 $\hat{\boldsymbol{H}}_{\mathrm{e}}$ 的本征函数

$$\hat{\boldsymbol{H}}_{\mathrm{e}} \boldsymbol{\Phi}_a(q,Q) = E_a(Q)\, \boldsymbol{\Phi}_a(q,Q) \tag{25.4.32}$$

将 $\boldsymbol{\Phi}_a(q,Q)$ 在平衡核位置处作 Taylor 展开

$$\boldsymbol{\Phi}_a(q,Q) = \boldsymbol{\Phi}_a^0(q) + \sum_i \left(\frac{\partial \boldsymbol{\Phi}_a}{\partial Q_i} \right)_0 Q_i + \cdots \tag{25.4.48}$$

电子 Hamilton 算符 $\hat{\boldsymbol{H}}_{\mathrm{e}}$ 中的势能项才与振动有关, 即

$$\hat{\boldsymbol{H}}_{\mathrm{e}} = \hat{\boldsymbol{T}}_{\mathrm{e}} + \hat{\boldsymbol{V}}(q,Q) = \hat{\boldsymbol{T}}_{\mathrm{e}} + \hat{\boldsymbol{V}}(q,0) + \sum_i \left(\frac{\partial \hat{\boldsymbol{V}}}{\partial Q_i} \right)_0 Q_i + \cdots \tag{25.4.49}$$

这里把势能项 $\hat{\boldsymbol{V}}(q,Q)$ 在平衡核位置处作了展开, 略去高次项.

令

$$\hat{\boldsymbol{H}}_{\mathrm{e}}^{0} \equiv \hat{\boldsymbol{T}}_{\mathrm{e}} + \hat{\boldsymbol{V}}(q,0) \tag{25.4.50}$$

所以

$$\hat{\boldsymbol{H}}_{\mathrm{e}} = \hat{\boldsymbol{H}}_{\mathrm{e}}^{0} + \hat{\boldsymbol{H}}'_{\mathrm{e}} \tag{25.4.51}$$

式中

$$\hat{\boldsymbol{H}}'_{\mathrm{e}} \equiv \sum_{i} \left(\frac{\partial \hat{\boldsymbol{V}}}{\partial Q_i}\right)_0 Q_i \tag{25.4.52}$$

称为 "电–振耦合项", 表示电子运动与核运动之间的耦合. 于是代入式 (25.4.32), 得

$$\left(\hat{\boldsymbol{H}}_{\mathrm{e}}^{0} + \hat{\boldsymbol{H}}'_{\mathrm{e}}\right) \boldsymbol{\Phi}_a(q,Q) = E_a(Q)\, \boldsymbol{\Phi}_a(q,Q) \tag{25.4.53}$$

这个方程可以用微扰法来解, 把 $\hat{\boldsymbol{H}}'_{\mathrm{e}}$ 看作微扰. 先解电子–振动未耦合时的方程的解

$$\hat{\boldsymbol{H}}_{\mathrm{e}}^{0} \boldsymbol{\Phi}_a^0(q,Q) = E_a^0(Q)\, \boldsymbol{\Phi}_a^0(q,Q) \tag{25.4.54}$$

得到解集 $\left\{\boldsymbol{\Phi}_a^0(q,Q)\right\}$, 其实未扰动时的 $\boldsymbol{\Phi}_a^0$ 就是 $\boldsymbol{\Phi}_a(q,0)$. 再由微扰法求解微扰后的波函数

$$\boldsymbol{\Phi}_a(q,Q) = \boldsymbol{\Phi}_a^0 + \sum_{c(\neq a)} \frac{\left\langle \boldsymbol{\Phi}_c^0 \middle| \hat{\boldsymbol{H}}'_{\mathrm{e}} \middle| \boldsymbol{\Phi}_a^0 \right\rangle}{E_a^0 - E_c^0} \boldsymbol{\Phi}_c^0 + \cdots \tag{25.4.55}$$

将式 (25.4.52) 代入, 得

$$\boldsymbol{\Phi}_a(q,Q) = \boldsymbol{\Phi}_a(q,0) + \sum_i \sum_{c(\neq a)} \frac{\left\langle \boldsymbol{\Phi}_c^0 \middle| \left(\frac{\partial \hat{\boldsymbol{V}}}{\partial Q_i}\right)_0 \middle| \boldsymbol{\Phi}_a^0 \right\rangle}{E_a^0 - E_c^0} \boldsymbol{\Phi}_c^0 Q_i \tag{25.4.56}$$

与式 (25.4.48) 相比, 得

$$\left(\frac{\partial \boldsymbol{\Phi}_a}{\partial Q_i}\right)_0 = \sum_{c(\neq a)} \frac{\left\langle \boldsymbol{\Phi}_c^0 \middle| \left(\frac{\partial \hat{\boldsymbol{V}}}{\partial Q_i}\right)_0 \middle| \boldsymbol{\Phi}_a^0 \right\rangle}{E_a^0 - E_c^0} \boldsymbol{\Phi}_c^0 \tag{25.4.57}$$

所以

$$\left\langle \boldsymbol{\Phi}_b \middle| \frac{\partial \boldsymbol{\Phi}_a}{\partial Q_j} \right\rangle = \sum_{c(\neq a)} \frac{\left\langle \boldsymbol{\Phi}_c^0 \middle| \left(\frac{\partial \hat{\boldsymbol{V}}}{\partial Q_i}\right)_0 \middle| \boldsymbol{\Phi}_a^0 \right\rangle}{E_a^0 - E_c^0} \left\langle \boldsymbol{\Phi}_b \middle| \boldsymbol{\Phi}_c^0 \right\rangle \tag{25.4.58}$$

在所有的 $\left\{\boldsymbol{\Phi}_{c(\neq a)}^0\right\}$ 中, 一般地说 $\boldsymbol{\Phi}_b^0$ 最接近于 $\boldsymbol{\Phi}_b$, 即只有 $\left\langle\boldsymbol{\Phi}_b\left|\boldsymbol{\Phi}_b^0\right.\right\rangle$ 的值最大且近于 1, 故有如下近似:

$$\left\langle\boldsymbol{\Phi}_b\left|\frac{\partial\boldsymbol{\Phi}_a}{\partial Q_j}\right.\right\rangle\approx\frac{\left\langle\boldsymbol{\Phi}_b^0\left|\left(\frac{\partial\hat{\boldsymbol{V}}}{\partial Q_i}\right)_0\right|\boldsymbol{\Phi}_a^0\right\rangle}{E_a^0-E_b^0} \tag{25.4.59}$$

25.4.5　对称性禁阻跃迁

根据式 (25.2.31), 电子弛豫 $a\to b$ 的跃迁速率常数 $k_r=\dfrac{2\pi}{\hbar}\sum\limits_{v,v'}P_{av}\left|H'_{bv',av}\right|^2\times\delta\left(E_{bv'}-E_{av}\right)$. 而在 Born-Oppenheimer 近似和 Condon 近似下, 故有式 (25.2.40) $k_r=\dfrac{2\pi}{\hbar}\left|H'_{ba}\right|^2\sum\limits_{v,v'}P_{av}F_{bv',av}\delta\left(E_{bv'}-E_{av}\right)$. 再根据式 (25.4.20) 和式 (25.4.24) 可知, 矩阵元 H'_{ba} 与跃迁矩 $\boldsymbol{\mu}_{ba}(Q)=\langle\boldsymbol{\Phi}_b\left|\boldsymbol{\mu}\right|\boldsymbol{\Phi}_a\rangle$ 有关. 跃迁矩大, 则 $\left|H'_{ba}\right|^2$ 值大, 从而跃迁速率常数 k_r 也变大. 跃迁矩为零时, 跃迁速率常数 k_r 也为零.

将跃迁矩 $\boldsymbol{\mu}_{ba}$ 在平衡核位置处展开, 即

$$\boldsymbol{\mu}_{ba}(Q)=\boldsymbol{\mu}_{ba}(0)+\sum_i\left(\frac{\partial\boldsymbol{\mu}_{ba}}{\partial Q_i}\right)_0Q_i+\cdots \tag{25.4.60}$$

因为 $\boldsymbol{\mu}_{ba}(Q)=\langle\boldsymbol{\Phi}_b\left|\boldsymbol{\mu}\right|\boldsymbol{\Phi}_a\rangle$, 在考虑电子–振动耦合的情况下, 其中始态 $\boldsymbol{\Phi}_a$、终态 $\boldsymbol{\Phi}_b$ 应当是存在振动微扰时的电子状态 [式 (25.4.55)], 即

$$\boldsymbol{\Phi}_a(q,Q)=\boldsymbol{\Phi}_a^0+\sum_{c(\neq a)}\frac{\left\langle\boldsymbol{\Phi}_c^0\left|\hat{\boldsymbol{H}}'_{\mathrm{e}}\right|\boldsymbol{\Phi}_a^0\right\rangle}{E_a^0-E_c^0}\boldsymbol{\Phi}_c^0$$

$$\boldsymbol{\Phi}_b(q,Q)=\boldsymbol{\Phi}_b^0+\sum_{d(\neq b)}\frac{\left\langle\boldsymbol{\Phi}_d^0\left|\hat{\boldsymbol{H}}'_{\mathrm{e}}\right|\boldsymbol{\Phi}_b^0\right\rangle}{E_b^0-E_d^0}\boldsymbol{\Phi}_d^0$$

故

$$\begin{aligned}\boldsymbol{\mu}_{ba}(Q)&=\left\langle\boldsymbol{\Phi}_b^0+\sum_{d(\neq b)}\frac{\left\langle\boldsymbol{\Phi}_d^0\left|\hat{\boldsymbol{H}}'_{\mathrm{e}}\right|\boldsymbol{\Phi}_b^0\right\rangle}{E_b^0-E_d^0}\boldsymbol{\Phi}_d^0\right|\boldsymbol{\mu}\left|\boldsymbol{\Phi}_a^0+\sum_{c(\neq a)}\frac{\left\langle\boldsymbol{\Phi}_c^0\left|\hat{\boldsymbol{H}}'_{\mathrm{e}}\right|\boldsymbol{\Phi}_a^0\right\rangle}{E_a^0-E_c^0}\boldsymbol{\Phi}_c^0\right\rangle\\&=\langle\boldsymbol{\Phi}_b^0|\boldsymbol{\mu}|\boldsymbol{\Phi}_a^0\rangle+\sum_{d(\neq b)}\frac{\left\langle\boldsymbol{\Phi}_d^0\left|\hat{\boldsymbol{H}}'_{\mathrm{e}}\right|\boldsymbol{\Phi}_b^0\right\rangle}{E_b^0-E_d^0}\langle\boldsymbol{\Phi}_d^0\left|\boldsymbol{\mu}\right|\boldsymbol{\Phi}_a^0\rangle\\&\quad+\sum_{c(\neq a)}\frac{\left\langle\boldsymbol{\Phi}_c^0\left|\hat{\boldsymbol{H}}'_{\mathrm{e}}\right|\boldsymbol{\Phi}_a^0\right\rangle}{E_a^0-E_c^0}\langle\boldsymbol{\Phi}_b^0\left|\boldsymbol{\mu}\right|\boldsymbol{\Phi}_c^0\rangle+\cdots\end{aligned} \tag{25.4.61}$$

其中式 (25.4.61) 右边第一项 $\left\langle \boldsymbol{\Phi}_b^0 \left| \boldsymbol{\mu} \right| \boldsymbol{\Phi}_a^0 \right\rangle = \boldsymbol{\mu}_{ba}(0)$, 上述所谓考虑对称性其实就是分析在振动平衡位置的不同始态、终态时 $\left\langle \boldsymbol{\Phi}_b^0 \left| \boldsymbol{\mu} \right| \boldsymbol{\Phi}_a^0 \right\rangle$ 是否为零的讨论. 而式 (25.4.61) 右边的其余项 $\left[\sum_i \left(\frac{\partial \boldsymbol{\mu}_{ba}}{\partial Q_i} \right)_0 Q_i \right]$ 代表电子运动与核振动运动耦合的贡献. 若 $\left\langle \boldsymbol{\Phi}_b^0 \left| \boldsymbol{\mu} \right| \boldsymbol{\Phi}_a^0 \right\rangle = 0$ 而 $\left(\frac{\partial \boldsymbol{\mu}_{ba}}{\partial Q_i} \right)_0 \neq 0$, 则这种情况称为对称性禁阻和电子–振动允许的跃迁.

25.5 密度矩阵方法

25.5.1 量子 Liouville 方程

我们知道体系的量子状态都是可以用 Hilbert 空间中的向量来表示的, 现在特称为 "纯态". 两个纯态叠加得到的态仍然是 Hilbert 空间中的向量, 故还是纯态. 这种态的叠加称为 "相干叠加".

根据 17.5 节的分析, 把体系处于纯态的情况推广到处于混合态: 体系并不处于一个确定的纯态中, 而是可以处于一系列纯态 $\{\Psi_k : k = 1(1)\infty\}$, 对应的出现概率为 $\{w_k : k = 1(1)\infty\}$. 总概率满足

$$\sum_k^{all} w_k = 1 \tag{25.5.1}$$

且不失普遍性, 可以认为 $\{\boldsymbol{\Psi}_k : k = 1(1)\infty\}$ 是已经归一化的、互相线性无关的 (这里尚未要求这组纯态 $\{\boldsymbol{\Psi}_k\}$ 是某一特定的厄米算符的本征态集). 可见, 纯态仅是混合态的一个特例. 形成混合态的称为 "不相干叠加".

定义 "密度算符" 为

$$\boldsymbol{\rho} \equiv \sum_k^{all} \left| \boldsymbol{\Psi}_k \right\rangle w_k \left\langle \boldsymbol{\Psi}_k \right| \tag{25.5.2}$$

密度算符 $\boldsymbol{\rho}$ 是描述混合态状态的工具.

先求物理量 A 在混合态时的平均值. 在混合态中, 求一个物理量的平均值实际上通过两次平均, 即第一次是 "量子平均", 求出 A 在每一个纯态 $\left| \boldsymbol{\Psi}_k \right\rangle$ 时的平均值 $\left\langle \boldsymbol{\Psi}_k \left| \hat{\boldsymbol{A}} \right| \boldsymbol{\Psi}_k \right\rangle$; 第二次是 "统计平均", 求各量子平均以不同概率出现时的平均值, 即

$$\langle A \rangle = \sum_k^{all} w_k \left\langle \boldsymbol{\Psi}_k \left| \hat{\boldsymbol{A}} \right| \boldsymbol{\Psi}_k \right\rangle \tag{25.5.3}$$

设在 $\left| \boldsymbol{x} \right\rangle$ 表示中, 密度算符 $\boldsymbol{\rho}$ 和物理量 A 对应的算符 $\hat{\boldsymbol{A}}$ 的矩阵元分别为

$$\langle \boldsymbol{x}|\boldsymbol{\rho}|\boldsymbol{x}'\rangle \equiv \rho(\boldsymbol{x};\boldsymbol{x}') \equiv (\boldsymbol{\rho})_{\boldsymbol{x}\boldsymbol{x}'} \tag{25.5.4a}$$

$$\left\langle \boldsymbol{x}\left|\hat{\boldsymbol{A}}\right|\boldsymbol{x}'\right\rangle \equiv A(\boldsymbol{x};\boldsymbol{x}') \equiv (\boldsymbol{A})_{\boldsymbol{x}\boldsymbol{x}'} \tag{25.5.4b}$$

利用 $|\boldsymbol{x}\rangle$ 表示的正交归一本征向量集 $\{...|\boldsymbol{x}\rangle...|\boldsymbol{x}'\rangle...\}$ 的封闭关系

$$\underset{\boldsymbol{x}}{\mathsf{S}}|\boldsymbol{x}\rangle\langle\boldsymbol{x}| = \mathbf{1} \tag{25.5.5}$$

密度算符 $\boldsymbol{\rho}$ 的矩阵表示称为"密度矩阵"$\boldsymbol{\rho}$.

可以证明密度算符 $\boldsymbol{\rho}$ 具有如下性质:

(1) $tr\boldsymbol{\rho} = 1$. (25.5.6a)

(2) $\boldsymbol{\rho}^{\dagger} = \boldsymbol{\rho}$, 即"厄米性". (25.5.6b)

(3) $\boldsymbol{\rho} \geqslant 0$, 表示密度算符是"正算符", 即密度算符的本征值均为非负值. (25.5.6c)

(4) $tr\boldsymbol{\rho}^2 \leqslant 1$, 等号仅在纯态时成立. (25.5.6d)

又可从式 (25.5.2) 证明, 任意物理量的平均值 $\langle A\rangle$ 也可写为密度算符 $\boldsymbol{\rho}$ 和算符 $\hat{\boldsymbol{A}}$ 的矩阵表示 $\boldsymbol{\rho}$ 和 $\boldsymbol{A}$ 乘积的迹, 即

$$\langle A\rangle = \mathrm{tr}(\boldsymbol{\rho}\boldsymbol{A}) = \mathrm{tr}(\boldsymbol{A}\boldsymbol{\rho}) \tag{25.5.7}$$

从含时 Schrödinger 方程

$$i\hbar\frac{\partial}{\partial t}|\boldsymbol{\Psi}_k(t)\rangle = \hat{\boldsymbol{H}}|\boldsymbol{\Psi}_k(t)\rangle \tag{25.5.8}$$

出发, 又可证明对于描述混合态状态的密度算符 $\boldsymbol{\rho}$ 随时间的变化服从"量子 Liouville 方程"

$$i\hbar\frac{\partial\boldsymbol{\rho}(t)}{\partial t} = \left[\hat{\boldsymbol{H}},\boldsymbol{\rho}(t)\right] = \hbar\hat{\boldsymbol{L}}\,\boldsymbol{\rho}(t) \tag{25.5.9}$$

式中

$$\left[\hat{\boldsymbol{H}},\boldsymbol{\rho}\right] \equiv \hat{\boldsymbol{H}}\rho - \rho\hat{\boldsymbol{H}} \tag{25.5.10}$$

量子 Liouville 算符

$$\hat{\boldsymbol{L}}(\cdot\cdot) \equiv \frac{1}{\hbar}\left[\hat{\boldsymbol{H}},(\cdot\cdot)\right] \tag{25.5.11}$$

设体系的 Hamilton 量 $\hat{\boldsymbol{H}}$ 分为未扰动的部分 $\hat{\boldsymbol{H}}_0$ 和对速率过程的微扰部分 $\hat{\boldsymbol{H}}'$

$$\hat{\boldsymbol{H}} = \hat{\boldsymbol{H}}_0 + \hat{\boldsymbol{H}}' \tag{25.5.12}$$

其定态 Schrödinger 方程设为

$$\hat{\boldsymbol{H}}|\boldsymbol{\Psi}_k\rangle = E_k|\boldsymbol{\Psi}_k\rangle \qquad \forall k \tag{25.5.13}$$

故描述体系混合态状态的密度算符 $\boldsymbol{\rho}$ 为

$$\boldsymbol{\rho}=\sum_{k}^{all}|\boldsymbol{\Psi}_k\rangle\,w_k\,\langle\boldsymbol{\Psi}_k| \tag{25.5.14}$$

设 $\{|\psi_n(q)\rangle\}$ 是未扰动 Hamilton 量 $\hat{\boldsymbol{H}}_0$ 的定态 Schrödinger 方程的解, 即

$$\hat{\boldsymbol{H}}_0|\psi_n\rangle=\varepsilon_n|\psi_n\rangle \tag{25.5.15}$$

的解, 而 $\left\{\left|\psi_n^0(q,t)\right\rangle\right\}$ 是对应的含时 Schrödinger 方程

$$i\hbar\frac{\partial\left|\psi_n^0\right\rangle}{\partial t}=\hat{\boldsymbol{H}}_0\left|\psi_n^0\right\rangle \tag{25.5.16}$$

的解. 可以证明

$$\left|\psi_n^0(q,t)\right\rangle=|\psi_n(q)\rangle\,\mathrm{e}^{-it\varepsilon_n/\hbar} \tag{25.5.17}$$

现在选用未扰动时定态 Schrödinger 方程的解 $\{|\psi_n(q)\rangle\}$ 作基的表示, 在此表示中密度算符 $\boldsymbol{\rho}$ 的矩阵元为

$$\boldsymbol{\rho}_{nm}(t)=\langle\psi_n|\boldsymbol{\rho}|\psi_m\rangle \tag{25.5.18}$$

将式 (25.5.14) 代入, 得

$$\boldsymbol{\rho}_{nm}(t)=\sum_{k}^{all}\langle\psi_n|\boldsymbol{\Psi}_k\rangle\,w_k\,\langle\boldsymbol{\Psi}_k|\psi_m\rangle \tag{25.5.19}$$

在此表示中, 体系的微扰 Hamilton 量 $\hat{\boldsymbol{H}}'$ 和总的 Hamilton 量 $\hat{\boldsymbol{H}}$ 的矩阵元分别为

$$H'_{nm}\equiv\left\langle\psi_n\left|\hat{\boldsymbol{H}}'\right|\psi_m\right\rangle \tag{25.5.20}$$

$$H_{nm}\equiv\left\langle\psi_n\left|\hat{\boldsymbol{H}}\right|\psi_m\right\rangle=\left\langle\psi_n\left|\hat{\boldsymbol{H}}_0+\hat{\boldsymbol{H}}'\right|\psi_m\right\rangle=\varepsilon_n\delta_{nm}+H'_{nm} \tag{25.5.21}$$

式 (25.5.21) 演绎中引用了式 (25.5.15).

25.5.2 Pauli 主方程

根据态–态跃迁的 Fermi 黄金规则, n 态跃迁到 m 态 (或者 m 态跃迁到 n 态) 的速率常数 k_r 为

$$k_{nm}=\frac{2\pi}{\hbar}\left|H'_{mn}\right|^2\delta(\varepsilon_m-\varepsilon_n) \tag{25.5.22}$$

式 (25.5.22) 中的 δ 函数使得跃迁和弛豫只能发生在等能面上.

单位时间内 n 态概率的增加等于从所有其他态 (m 态) 进入 n 态的速率减去从 n 态走出去到所有其他态 (m 态) 的速率, 即

$$\frac{\partial \rho_{nn}}{\partial t}=\sum_{m} k_{nm}\left(\rho_{mm}-\rho_{nn}\right) \tag{25.5.23}$$

式 (25.5.23) 称为 "Pauli 主方程". 平衡时 $\frac{\partial \rho_{nn}}{\partial t}=0$, 于是 $\rho_{mm}^{(\mathrm{eq})}=\rho_{nn}^{(\mathrm{eq})}$. 这是孤立体系的情况.

Pauli 主方程讨论的是孤立体系的情况. 但是我们需要讨论的是处于热浴 (用上标或下标 "b" 表示) 环境中的体系 (用上标或下标 "s" 表示). 不过, 如果把热浴和体系一起看也是一个孤立体系. 根据式 (25.5.9)

$$i\hbar\frac{\partial \boldsymbol{\rho}(t)}{\partial t}=\left[\hat{\boldsymbol{H}}, \boldsymbol{\rho}(t)\right]=\hbar \hat{\boldsymbol{L}} \boldsymbol{\rho}(t) \tag{25.5.24}$$

式中, 孤立体系的 Hamilton 量 $\hat{\boldsymbol{H}}$ 可以分为体系的、热浴的和相互作用的 Hamilton 量三者之和

$$\hat{\boldsymbol{H}}=\hat{\boldsymbol{H}}_{\mathrm{s}}+\hat{\boldsymbol{H}}_{\mathrm{b}}+\hat{\boldsymbol{H}}_{1} \tag{25.5.25}$$

根据式 (25.5.11), 与该 Hamilton 量对应的量子 Liouville 算符为

$$\hat{\boldsymbol{L}}=\hat{\boldsymbol{L}}_{\mathrm{s}}+\hat{\boldsymbol{L}}_{\mathrm{b}}+\hat{\boldsymbol{L}}_{1} \equiv \hat{\boldsymbol{L}}_{0}+\hat{\boldsymbol{L}}_{1} \tag{25.5.26}$$

对式 (25.5.24) 作 Laplace 变换, 得

$$\boldsymbol{\rho}(p)=\left(p+i \hat{\boldsymbol{L}}\right)^{-1} \boldsymbol{\rho}(t=0) \tag{25.5.27}$$

式中

$$\boldsymbol{\rho}(p) \equiv \int_{0}^{\infty} \mathrm{d} t \mathrm{e}^{-p t} \boldsymbol{\rho}(t) \tag{25.5.28}$$

定义算符 $\hat{\boldsymbol{M}}(p)$ 为

$$\left(p+i \hat{\boldsymbol{L}}\right)^{-1}=\left(p+i \hat{\boldsymbol{L}}_{0}\right)^{-1}\left\{1+\hat{\boldsymbol{M}}(p)\left(p+i \hat{\boldsymbol{L}}_{0}\right)^{-1}\right\} \tag{25.5.29}$$

代入式 (25.5.27), 得

$$\boldsymbol{\rho}(p)=\left(p+i \hat{\boldsymbol{L}}_{0}\right)^{-1}\left\{1+\hat{\boldsymbol{M}}(p)\left(p+i \hat{\boldsymbol{L}}_{0}\right)^{-1}\right\} \boldsymbol{\rho}(0) \tag{25.5.30}$$

将孤立体系的密度算符 $\boldsymbol{\rho}$ 对热浴的状态求迹 [$\mathrm{tr}_{\mathrm{b}}(\cdot\cdot)$, 也就是把热浴子空间平均掉, 投影到体系的子空间], 就可以得到体系的密度算符 $\boldsymbol{\rho}^{(\mathrm{s})}$, 即

$$\boldsymbol{\rho}^{(\mathrm{s})}=\mathrm{tr}_{\mathrm{b}}\{\boldsymbol{\rho}\} \tag{25.5.31a}$$

其矩阵表示为

$$\boldsymbol{\rho}_{n_s m_s}^{(s)}=\sum_{n_b}\boldsymbol{\rho}_{n_s n_b m_s n_b}(t) \tag{25.5.31b}$$

式中孤立体系密度算符 $\boldsymbol{\rho}$ 的矩阵表示的每个指标又包括两个部分, 一个指体系, 另一个指热浴; 例如 $n_s n_b$ 和 $m_s n_b$.

假定在时间 $t=0$ 时, 体系与热浴之间没有相互作用, 此后才有相互作用 $\hat{\boldsymbol{H}}'$ 的. 于是孤立体系的密度算符 $\boldsymbol{\rho}(0)$ 应当是体系密度算符与热浴密度算符之积 (总 "状态" 是各组成 "状态" 之积)

$$\boldsymbol{\rho}(0)=\boldsymbol{\rho}^{(s)}(0)\,\boldsymbol{\rho}^{(b)}(0) \tag{25.5.32}$$

将式 (25.5.30) 两边被 $\mathrm{tr_b}(\cdot\cdot)$ 作用, 消去热浴变量的作用; 再根据式 (25.5.31a) 和初始条件式 (25.5.32), 得

$$\boldsymbol{\rho}^{(s)}(p)=\left(p+i\hat{\boldsymbol{L}}_s\right)^{-1}\left\{1+\left\langle\hat{\boldsymbol{M}}(p)\right\rangle\left(p+i\hat{\boldsymbol{L}}_s\right)^{-1}\right\}\boldsymbol{\rho}^{(s)}(0) \tag{25.5.33}$$

式中

$$\left\langle\hat{\boldsymbol{M}}(p)\right\rangle\equiv\mathrm{tr_b}\left\{\hat{\boldsymbol{M}}(p)\,\boldsymbol{\rho}^{(b)}(0)\right\} \tag{25.5.34}$$

令

$$\left\langle\hat{\boldsymbol{M}}_{(c)}(p)\right\rangle\equiv\left\{1+\left\langle\hat{\boldsymbol{M}}(p)\right\rangle\left(p+i\hat{\boldsymbol{L}}_s\right)^{-1}\right\}^{-1}\left(-\left\langle\hat{\boldsymbol{M}}(p)\right\rangle\right) \tag{25.5.35}$$

则式 (25.5.33) 可改写为

$$\boldsymbol{\rho}^{(s)}(p)=\left\{p+i\hat{\boldsymbol{L}}_s+\left\langle\hat{\boldsymbol{M}}_{(c)}(p)\right\rangle\right\}^{-1}\boldsymbol{\rho}^{(s)}(0) \tag{25.5.36}$$

即

$$p\boldsymbol{\rho}^{(s)}(p)-\boldsymbol{\rho}^{(s)}(0)=-i\hat{\boldsymbol{L}}_s\boldsymbol{\rho}^{(s)}(p)-\left\langle\hat{\boldsymbol{M}}_{(c)}(p)\right\rangle\boldsymbol{\rho}^{(s)}(p) \tag{25.5.37}$$

对式 (25.5.37) 两边作反 Laplace 变换, 得

$$\frac{\partial\boldsymbol{\rho}^{(s)}(t)}{\partial t}=-i\hat{\boldsymbol{L}}_s\boldsymbol{\rho}^{(s)}(t)-\int_0^t\mathrm{d}\tau\left\langle\hat{\boldsymbol{M}}_{(c)}(\tau)\right\rangle\boldsymbol{\rho}^{(s)}(t-\tau) \tag{25.5.38}$$

这里 $\left\langle\hat{\boldsymbol{M}}_{(c)}(p)\right\rangle$ 是 $\left\langle\hat{\boldsymbol{M}}_{(c)}(t)\right\rangle$ 的 Laplace 变换, 即 $\left\langle\hat{\boldsymbol{M}}_{(c)}(p)\right\rangle\equiv\int_0^\infty\mathrm{d}t\mathrm{e}^{-pt}\left\langle\hat{\boldsymbol{M}}_{(c)}(t)\right\rangle$. $\left\langle\hat{\boldsymbol{M}}_{(c)}(t)\right\rangle$ 称为记忆函数. 因为算符 $\mathrm{e}^{a\frac{\mathrm{d}}{\mathrm{d}x}}$ 相当于位移量为 a 的位移算符, 即 $\mathrm{e}^{a\frac{\mathrm{d}}{\mathrm{d}x}}\{f(x)\}=f(x+a)$, 所以式 (25.5.38) 又可写为

$$\frac{\partial\boldsymbol{\rho}^{(s)}(t)}{\partial t}=-i\hat{\boldsymbol{L}}_s\boldsymbol{\rho}^{(s)}(t)-\int_0^t\mathrm{d}\tau\left\langle\hat{\boldsymbol{M}}_{(c)}(\tau)\right\rangle\mathrm{e}^{-\tau\frac{\mathrm{d}}{\mathrm{d}t}}\left\{\boldsymbol{\rho}^{(s)}(t)\right\} \tag{25.5.39}$$

引用算符近似式 $\dfrac{\partial}{\partial t} \approx -i\hat{\boldsymbol{L}}_{\mathrm{s}}$, 于是

$$\frac{\partial \boldsymbol{\rho}^{(\mathrm{s})}(t)}{\partial t} = -i\hat{\boldsymbol{L}}_{\mathrm{s}}\boldsymbol{\rho}^{(\mathrm{s})}(t) - \int_0^t \mathrm{d}\tau \left\langle \hat{\boldsymbol{M}}_{(c)}(\tau) \right\rangle \mathrm{e}^{i\tau\hat{\boldsymbol{L}}_{\mathrm{s}}} \left\{ \boldsymbol{\rho}^{(\mathrm{s})}(t) \right\} \tag{25.5.40}$$

式 (25.5.39) 称为 "广义主方程"(GME). 可以由此得到密度算符 $\boldsymbol{\rho}^{(\mathrm{s})}(t)$ 的矩阵表示的对角元和非对角元服从的方程. 对角元方程描述体系出现概率的时间演化, 非对角元方程提供体系的相位信息, 决定光谱的峰形和峰移. 定义如下算符:

$$\boldsymbol{\Gamma} \equiv \int_0^\infty \mathrm{d}\tau \left\langle \hat{\boldsymbol{M}}_{(c)}(\tau) \right\rangle \mathrm{e}^{-i\tau\hat{\boldsymbol{L}}_{\mathrm{s}}} \tag{25.5.41}$$

称为阻尼算符. 于是在 Markov 近似下 (场与分子作用的时间尺度要远小于体系密度算符演化的时间尺度), 广义主方程式 (25.5.40) 变成为

$$\frac{\partial \boldsymbol{\rho}^{(\mathrm{s})}(t)}{\partial t} = -i\hat{\boldsymbol{L}}_{\mathrm{s}}\boldsymbol{\rho}^{(\mathrm{s})}(t) - \boldsymbol{\Gamma}\boldsymbol{\rho}^{(\mathrm{s})}(t) \tag{25.5.42a}$$

即

$$i\hbar\frac{\partial \boldsymbol{\rho}^{(\mathrm{s})}(t)}{\partial t} = \left[\hat{\boldsymbol{H}}_{\mathrm{s}}, \boldsymbol{\rho}^{(\mathrm{s})}(t)\right] - i\hbar\boldsymbol{\Gamma}\boldsymbol{\rho}^{(\mathrm{s})}(t) \tag{25.5.42b}$$

第二项 $-i\hbar\boldsymbol{\Gamma}\boldsymbol{\rho}^{(\mathrm{s})}(t)$ 来自体系与热浴之间的相互作用, 描述体系是如何恢复平衡的.

以下以一个二能级体系为例说明之 (图 25.5.1):

式 (25.5.28) 的对角元方程为

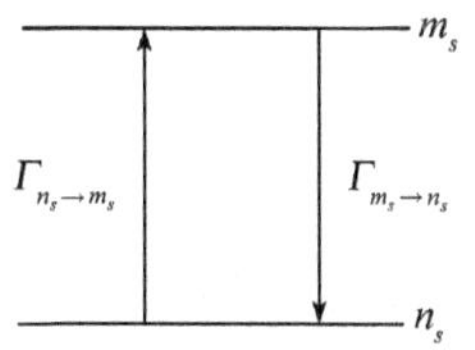

$$i\hbar\frac{\partial \rho^{(\mathrm{s})}_{n_{\mathrm{s}}n_{\mathrm{s}}}(t)}{\partial t} = \left\{\hat{\boldsymbol{H}}_{\mathrm{s}}\boldsymbol{\rho}^{(\mathrm{s})} - \boldsymbol{\rho}^{(\mathrm{s})}\hat{\boldsymbol{H}}_{\mathrm{s}}\right\}_{n_{\mathrm{s}}n_{\mathrm{s}}} - i\hbar\left(\boldsymbol{\Gamma}\boldsymbol{\rho}^{(\mathrm{s})}\right)_{n_{\mathrm{s}}n_{\mathrm{s}}} \tag{25.5.43}$$

m_s

$\Gamma_{n_s \to m_s}$　　$\Gamma_{m_s \to n_s}$

n_s

图 25.5.1

而右边第一项 $= \displaystyle\sum_{m_{\mathrm{s}}} \left\{ \left(\hat{\boldsymbol{H}}_{\mathrm{s}}\right)_{n_{\mathrm{s}}m_{\mathrm{s}}} \rho^{(\mathrm{s})}_{m_{\mathrm{s}}n_{\mathrm{s}}} - \rho^{(\mathrm{s})}_{n_{\mathrm{s}}m_{\mathrm{s}}} \left(\hat{\boldsymbol{H}}_{\mathrm{s}}\right)_{m_{\mathrm{s}}n_{\mathrm{s}}} \right\}$,

而 $\left(\hat{\boldsymbol{H}}_{\mathrm{s}}\right)_{n_{\mathrm{s}}m_{\mathrm{s}}} = \left\langle n_{\mathrm{s}} \left| \hat{\boldsymbol{H}}_{\mathrm{s}} \right| m_{\mathrm{s}} \right\rangle = \delta_{n_{\mathrm{s}}m_{\mathrm{s}}}\varepsilon_{m_{\mathrm{s}}}$, 所以式 (25.5.42) 右边第一项为零. 于是

$$\frac{\partial \rho^{(\mathrm{s})}_{n_{\mathrm{s}}n_{\mathrm{s}}}(t)}{\partial t} = -\left(\boldsymbol{\Gamma}\boldsymbol{\rho}^{(\mathrm{s})}\right)_{n_{\mathrm{s}}n_{\mathrm{s}}} = -\Gamma_{n_{\mathrm{s}}\to m_{\mathrm{s}}}\rho^{(\mathrm{s})}_{n_{\mathrm{s}}n_{\mathrm{s}}} + \Gamma_{m_{\mathrm{s}}\to n_{\mathrm{s}}}\rho^{(\mathrm{s})}_{m_{\mathrm{s}}m_{\mathrm{s}}} \tag{25.5.44}$$

右边第一项表示从 n_{s} 态 → m_{s} 态, 离开 n_{s} 态故为负号. 第二项表示从 m_{s} 态进入 n_{s} 态故为正号. 根据 Fermi 黄金规则和密度矩阵对角元的性质, 对热浴作平均 (求迹) 后的平均速率常数 $\Gamma_{n_{\mathrm{s}}\to m_{\mathrm{s}}}$ 可写为

$$\Gamma_{n_{\mathrm{s}}\to m_{\mathrm{s}}} = \frac{2\pi}{\hbar}\sum_{n_{\mathrm{b}},m_{\mathrm{b}}} \rho^{(b)}_{n_{\mathrm{b}}n_{\mathrm{b}}}(0) \left|H'_{m_{\mathrm{s}}m_{\mathrm{b}},n_{\mathrm{s}}n_{\mathrm{b}}}\right|^2 \delta\left(\varepsilon_{m_{\mathrm{s}}m_{\mathrm{b}}} - \varepsilon_{n_{\mathrm{s}}n_{\mathrm{b}}}\right) \tag{25.5.45}$$

这里对热浴的始态 n_b 和终态 m_b 作了平均. $\rho_{n_\mathrm{b}n_\mathrm{b}}^{(b)}(0)$ 为热浴的始态分布. δ 函数表示整个孤立体系即体系加热浴的能量守恒. 同理

$$\Gamma_{m_\mathrm{s}\to n_\mathrm{s}} = \frac{2\pi}{\hbar}\sum_{n_\mathrm{b},m_\mathrm{b}}\rho_{m_\mathrm{b}m_\mathrm{b}}^{(b)}(0)\left|H'_{n_\mathrm{s}n_\mathrm{b},m_\mathrm{s}m_\mathrm{b}}\right|^2\delta\left(\varepsilon_{m_\mathrm{s}m_\mathrm{b}}-\varepsilon_{n_\mathrm{s}n_\mathrm{b}}\right) \tag{25.5.46}$$

式中, $\rho_{m_\mathrm{b}m_\mathrm{b}}^{(b)}(0)$ 为热浴的始态分布. 这样就直接从主方程得到了跃迁速率方程和跃迁速率常数, 避免了以前推导中引入的近似.

当平衡时, 式 (25.5.43) 中 $\dfrac{\partial\rho_{n_\mathrm{s}n_\mathrm{s}}^{(\mathrm{s})}}{\partial t}=0$, 于是

$$\Gamma_{n_\mathrm{s}\to m_\mathrm{s}}\rho_{n_\mathrm{s}n_\mathrm{s}}^{(\mathrm{s})}(\mathrm{eq.}) = \Gamma_{m_\mathrm{s}\to n_\mathrm{s}}\rho_{m_\mathrm{s}m_\mathrm{s}}^{(\mathrm{s})}(\mathrm{eq.}) \tag{25.5.47}$$

这就是体系平衡内的动态平衡.

求证: $\dfrac{\rho_{n_\mathrm{s}n_\mathrm{s}}^{(\mathrm{s})}(\mathrm{eq.})}{\rho_{m_\mathrm{s}m_\mathrm{s}}^{(\mathrm{s})}(\mathrm{eq.})}$ 为 Boltzmann 因子.

证明: 若热浴很大, 它的温度可视为不变, 于是 $\rho_{m_\mathrm{b}m_\mathrm{b}}^{(\mathrm{b})}(0)$ 服从 Boltzmann 分布, 即

$$P_{m_\mathrm{b}} = \rho_{m_\mathrm{b}m_\mathrm{b}}^{(\mathrm{b})}(0) = \frac{\mathrm{e}^{-\varepsilon_{m_\mathrm{b}}/kT}}{Q_\mathrm{b}} \tag{25.5.48}$$

又因为孤立体系的能量守恒, 所以

$$\varepsilon_{m_\mathrm{s}m_\mathrm{b}} = \varepsilon_{n_\mathrm{s}n_\mathrm{b}}$$

即

$$\varepsilon_{m_\mathrm{s}} + \varepsilon_{m_\mathrm{b}} = \varepsilon_{n_\mathrm{s}} + \varepsilon_{n_\mathrm{b}} \tag{25.5.49}$$

代入式 (25.5.48), 得

$$P_{m_\mathrm{b}} = \rho_{m_\mathrm{b}m_\mathrm{b}}^{(b)}(0) = \frac{\mathrm{e}^{-\varepsilon_{n_\mathrm{b}}/kT}}{Q_\mathrm{b}}\mathrm{e}^{-(\varepsilon_{n_\mathrm{s}}-\varepsilon_{m_\mathrm{s}})/kT} = \rho_{n_\mathrm{b}n_\mathrm{b}}^{(\mathrm{b})}(0)\,\mathrm{e}^{-(\varepsilon_{n_\mathrm{s}}-\varepsilon_{m_\mathrm{s}})/kT}$$

再代入式 (25.5.46)

$$\begin{aligned}\Gamma_{m_\mathrm{s}\to n_\mathrm{s}} &= \frac{2\pi}{\hbar}\mathrm{e}^{-(\varepsilon_{n_\mathrm{s}}-\varepsilon_{m_\mathrm{s}})/kT}\sum_{n_\mathrm{b},m_\mathrm{b}}\rho_{n_\mathrm{b}n_\mathrm{b}}^{(b)}(0)\left|H'_{n_\mathrm{s}n_\mathrm{b},m_\mathrm{s}m_\mathrm{b}}\right|^2\delta\left(\varepsilon_{m_\mathrm{s}m_\mathrm{b}}-\varepsilon_{n_\mathrm{s}n_\mathrm{b}}\right)\\ &= \mathrm{e}^{-(\varepsilon_{n_\mathrm{s}}-\varepsilon_{m_\mathrm{s}})/kT}\Gamma_{n_\mathrm{s}\to m_\mathrm{s}}\end{aligned} \tag{25.5.50}$$

将式 (25.5.50) 代入式 (25.5.47), 得

$$\frac{\rho_{n_\mathrm{s}n_\mathrm{s}}^{(s)}(\mathrm{eq.})}{\rho_{m_\mathrm{s}m_\mathrm{s}}^{(s)}(\mathrm{eq.})} = \frac{\Gamma_{m_\mathrm{s}\to n_\mathrm{s}}}{\Gamma_{n_\mathrm{s}\to m_\mathrm{s}}} = \mathrm{e}^{-(\varepsilon_{n_\mathrm{s}}-\varepsilon_{m_\mathrm{s}})/kT}$$

现在讨论该二能级体系的密度矩阵的非对角元, 即讨论相位问题.

根据式 (25.5.42b), 非对角元的方程为

$$i\hbar\frac{\partial\rho^{(\mathrm{s})}_{m_\mathrm{s}n_\mathrm{s}}}{\partial t}=\left[\hat{\boldsymbol{H}}_\mathrm{s},\boldsymbol{\rho}^{(\mathrm{s})}\right]_{m_\mathrm{s}n_\mathrm{s}}-i\hbar\left(\boldsymbol{\Gamma}\boldsymbol{\rho}^{(\mathrm{s})}\right)_{m_\mathrm{s}n_\mathrm{s}}\tag{25.5.51}$$

而 右边第一项$=\left[\hat{\boldsymbol{H}}_\mathrm{s},\boldsymbol{\rho}^{(\mathrm{s})}\right]_{m_\mathrm{s}n_\mathrm{s}}=\sum\limits_{l_\mathrm{s}}\left\{\left(\hat{\boldsymbol{H}}_\mathrm{s}\right)_{m_\mathrm{s}l_\mathrm{s}}\rho^{(\mathrm{s})}_{l_\mathrm{s}n_\mathrm{s}}-\rho^{(\mathrm{s})}_{m_\mathrm{s}l_\mathrm{s}}\left(\hat{\boldsymbol{H}}_\mathrm{s}\right)_{l_\mathrm{s}n_\mathrm{s}}\right\}$. 因为 $\left(\hat{\boldsymbol{H}}_\mathrm{s}\right)_{m_\mathrm{s}l_\mathrm{s}}=\delta_{m_\mathrm{s}l_\mathrm{s}}\varepsilon_{m_\mathrm{s}}$, 所以 右边第一项$=\sum\limits_{l_\mathrm{s}}\left\{\varepsilon_{m_\mathrm{s}}\delta_{m_\mathrm{s}l_\mathrm{s}}\rho^{(\mathrm{s})}_{l_\mathrm{s}n_\mathrm{s}}-\rho^{(\mathrm{s})}_{m_\mathrm{s}l_\mathrm{s}}\delta_{l_\mathrm{s}n_\mathrm{s}}\varepsilon_{n_\mathrm{s}}\right\}=\left(\varepsilon_{m_\mathrm{s}}-\varepsilon_{n_\mathrm{s}}\right)\rho^{(\mathrm{s})}_{m_\mathrm{s}n_\mathrm{s}}=\hbar\omega_{m_\mathrm{s}n_\mathrm{s}}\rho^{(\mathrm{s})}_{m_\mathrm{s}n_\mathrm{s}}$.

代入式 (25.5.51)($\boldsymbol{\Gamma}$ 的推导不详细叙述了), 最后得

$$\frac{\partial\rho^{(\mathrm{s})}_{m_\mathrm{s}n_\mathrm{s}}}{\partial t}=-i\omega_{m_\mathrm{s}n_\mathrm{s}}\rho^{(\mathrm{s})}_{m_\mathrm{s}n_\mathrm{s}}-\Gamma_{m_\mathrm{s}n_\mathrm{s}}\rho^{(\mathrm{s})}_{m_\mathrm{s}n_\mathrm{s}}=-\left(i\omega_{m_\mathrm{s}n_\mathrm{s}}+\Gamma_{m_\mathrm{s}n_\mathrm{s}}\right)\rho^{(\mathrm{s})}_{m_\mathrm{s}n_\mathrm{s}}\tag{25.5.52}$$

式中, “相移常数”

$$\Gamma_{m_\mathrm{s}n_\mathrm{s}}=\frac{1}{2}\left(\Gamma_{n_\mathrm{s}\to m_\mathrm{s}}+\Gamma_{m_\mathrm{s}\to n_\mathrm{s}}\right)+\Gamma^{(d)}_{m_\mathrm{s}n_\mathrm{s}}\tag{25.5.53}$$

这里右边第一项为两个寿命倒数的平均值, 构成非弹性项. 第二项为弹性项, 其表式为

$$\Gamma^{(d)}_{m_\mathrm{s}n_\mathrm{s}}=\frac{\pi}{\hbar}\sum_{n_\mathrm{b},m_\mathrm{b}}\rho^{(\mathrm{b})}_{n_\mathrm{b}n_\mathrm{b}}(0)\left({H'}_{n_\mathrm{s}n_\mathrm{b},n_\mathrm{s}m_\mathrm{b}}-{H'}_{m_\mathrm{s}n_\mathrm{b},m_\mathrm{s}m_\mathrm{b}}\right)\delta\left(\varepsilon_{m_\mathrm{b}}-\varepsilon_{n_\mathrm{b}}\right)\tag{25.5.54}$$

从 H' 矩阵元的下标可以看出称其为 “弹性项” 的理由.

25.5.3　应用: 吸收与辐射

密度矩阵的理论方法能够应用在光吸收与辐射问题上. 在无辐射场的情况下为式 (25.5.42b), 而加了交变外电场后势能为

$$\hat{\boldsymbol{V}}=-\boldsymbol{\mu}\cdot\boldsymbol{E}_0\cos\omega t\tag{25.5.55}$$

于是式 (25.5.42b) 中体系的 Hamilton 量 $\hat{\boldsymbol{H}}_\mathrm{s}$ 要改为 $\left(\hat{\boldsymbol{H}}_\mathrm{s}+\hat{\boldsymbol{V}}\right)$, 即

$$\begin{aligned}i\hbar\frac{\partial\boldsymbol{\rho}^{(\mathrm{s})}}{\partial t}&=\left[\left(\hat{\boldsymbol{H}}_\mathrm{s}+\hat{\boldsymbol{V}}\right),\boldsymbol{\rho}^{(\mathrm{s})}\right]-i\hbar\boldsymbol{\Gamma}\boldsymbol{\rho}^{(\mathrm{s})}\\&=\left[\hat{\boldsymbol{H}}_\mathrm{s},\boldsymbol{\rho}^{(\mathrm{s})}\right]+\left[\hat{\boldsymbol{V}},\boldsymbol{\rho}^{(\mathrm{s})}\right]-i\hbar\boldsymbol{\Gamma}\rho^{(\mathrm{s})}\end{aligned}\tag{25.5.56}$$

先求以上算符方程的对角元方程

$$\begin{aligned}i\hbar\frac{\partial\rho^{(\mathrm{s})}_{n_\mathrm{s}n_\mathrm{s}}}{\partial t}=&\left\{\hat{\boldsymbol{H}}_\mathrm{s}\boldsymbol{\rho}^{(\mathrm{s})}-\boldsymbol{\rho}^{(\mathrm{s})}\hat{\boldsymbol{H}}_\mathrm{s}\right\}_{n_\mathrm{s}n_\mathrm{s}}\\&+\left\{\hat{\boldsymbol{V}}\rho^{(\mathrm{s})}-\boldsymbol{\rho}^{(\mathrm{s})}\hat{\boldsymbol{V}}\right\}_{n_\mathrm{s}n_\mathrm{s}}-i\hbar\left(\boldsymbol{\Gamma}\boldsymbol{\rho}^{(\mathrm{s})}\right)_{n_\mathrm{s}n_\mathrm{s}}\end{aligned}\tag{25.5.57}$$

因为现在是在 $\hat{\boldsymbol{H}}_{\rm s}$ 的本征态的表示中, 故 $\left(\hat{\boldsymbol{H}}_{\rm s}\right)_{n_{\rm s}m_{\rm s}} = \left\langle n_{\rm s}\left|\hat{\boldsymbol{H}}_{\rm s}\right|m_{\rm s}\right\rangle = \delta_{n_{\rm s}m_{\rm s}}\varepsilon_{m_{\rm s}}$, 所以

$$\begin{aligned}
\text{右边第一项} &= \sum_{m_{\rm s}}\left\{\left(\hat{\boldsymbol{H}}_{\rm s}\right)_{n_{\rm s}m_{\rm s}}\rho_{m_{\rm s}n_{\rm s}}^{(\rm s)} - \rho_{n_{\rm s}m_{\rm s}}^{(\rm s)}\left(\hat{\boldsymbol{H}}_{\rm s}\right)_{m_{\rm s}n_{\rm s}}\right\} \\
&= \sum_{m_{\rm s}}\left\{\varepsilon_{m_{\rm s}}\delta_{n_{\rm s}m_{\rm s}}\rho_{m_{\rm s}n_{\rm s}}^{(\rm s)} - \rho_{n_{\rm s}m_{\rm s}}^{(\rm s)}\varepsilon_{m_{\rm s}}\delta_{m_{\rm s}n_{\rm s}}\right\} = 0
\end{aligned}$$

所以

$$\begin{aligned}
i\hbar\frac{\partial\rho_{n_{\rm s}n_{\rm s}}^{(\rm s)}}{\partial t} &= \left\{\hat{\boldsymbol{V}}\boldsymbol{\rho}^{(\rm s)} - \boldsymbol{\rho}^{(\rm s)}\hat{\boldsymbol{V}}\right\}_{n_{\rm s}n_{\rm s}} - i\hbar\left\{\Gamma_{n_{\rm s}\to m_{\rm s}}\rho_{n_{\rm s}n_{\rm s}}^{(\rm s)} - \Gamma_{m_{\rm s}\to n_{\rm s}}\rho_{m_{\rm s}m_{\rm s}}^{(\rm s)}\right\} \\
&= \left\{\hat{\boldsymbol{V}}_{n_{\rm s}m_{\rm s}}\rho_{m_{\rm s}n_{\rm s}}^{(\rm s)} - \rho_{n_{\rm s}m_{\rm s}}^{(\rm s)}V_{m_{\rm s}n_{\rm s}}\right\} - i\hbar\left\{\Gamma_{n_{\rm s}\to m_{\rm s}}\rho_{n_{\rm s}n_{\rm s}}^{(\rm s)} - \Gamma_{m_{\rm s}\to n_{\rm s}}\rho_{m_{\rm s}m_{\rm s}}^{(\rm s)}\right\}
\end{aligned}$$

右边第一个括弧内的两项互为复共轭, 故

$$\frac{\partial\rho_{n_{\rm s}n_{\rm s}}^{(\rm s)}}{\partial t} = \frac{2}{\hbar}{\rm Im}\left(V_{n_{\rm s}m_{\rm s}}\rho_{m_{\rm s}n_{\rm s}}^{(\rm s)}\right) - \Gamma_{n_{\rm s}\to m_{\rm s}}\rho_{n_{\rm s}n_{\rm s}}^{(\rm s)} + \Gamma_{m_{\rm s}\to n_{\rm s}}\rho_{m_{\rm s}m_{\rm s}}^{(\rm s)} \tag{25.5.58}$$

式 (25.5.58) 表明在处理对角元时涉及非对角元 (右边第一项).

从式 (25.5.56) 的非对角元方程可求得

$$\frac{\partial\rho_{m_{\rm s}n_{\rm s}}^{(\rm s)}}{\partial t} = -\left(i\omega_{m_{\rm s}n_{\rm s}} + \Gamma_{m_{\rm s}n_{\rm s}}\right)\rho_{m_{\rm s}n_{\rm s}}^{(\rm s)} - \frac{i}{\hbar}V_{m_{\rm s}n_{\rm s}}\left(\rho_{n_{\rm s}n_{\rm s}}^{(\rm s)} - \rho_{m_{\rm s}m_{\rm s}}^{(\rm s)}\right) \tag{25.5.59}$$

式中

$$V_{m_{\rm s}n_{\rm s}} = -\left(\boldsymbol{\mu}_{m_{\rm s}n_{\rm s}}\cdot\boldsymbol{E}_0\right)\frac{{\rm e}^{i\omega t} + {\rm e}^{-i\omega t}}{2} \tag{25.5.60}$$

式 (25.5.59) 中右边第二项由于 $V_{m_{\rm s}n_{\rm s}}$, 故为周期性项, 于是要用旋转波近似 (RWA) 消去它, 得

$$\rho_{m_{\rm s}n_{\rm s}}^{(\rm s)}(t) = \rho_{m_{\rm s}n_{\rm s}}^{(\rm s)}(\omega)\,{\rm e}^{-it\omega_{m_{\rm s}n_{\rm s}}} \tag{25.5.61}$$

这样就可以求出非对角元. 再代入对角元方程式 (25.5.58), 得到最后结果

$$\frac{\partial\rho_{n_{\rm s}n_{\rm s}}^{(\rm s)}}{\partial t} = W_{n_{\rm s}\to m_{\rm s}}\left(\rho_{m_{\rm s}m_{\rm s}}^{(\rm s)} - \rho_{n_{\rm s}n_{\rm s}}^{(\rm s)}\right) - \Gamma_{n_{\rm s}\to m_{\rm s}}\rho_{n_{\rm s}n_{\rm s}}^{(\rm s)} - \Gamma_{m_{\rm s}\to n_{\rm s}}\rho_{m_{\rm s}m_{\rm s}}^{(\rm s)} \tag{25.5.62}$$

式中

$$W_{n_{\rm s}\to m_{\rm s}}(\omega) = \frac{1}{2\hbar^2}\left|\boldsymbol{\mu}_{m_{\rm s}n_{\rm s}}\cdot\boldsymbol{E}_0\right|^2\frac{\Gamma_{m_{\rm s}n_{\rm s}}}{\Gamma_{m_{\rm s}n_{\rm s}}^2 + \left(\omega_{m_{\rm s}n_{\rm s}} - \omega\right)^2} \tag{25.5.63}$$

这个结果与过去用微扰法导出的结果相似, 不过这里得到 Lorentz 峰形. 从峰宽又可以求出寿命.

参考文献

[1] Eyring H, Lin S H, Lin M C. Basic Chemical Kinetics. New York: Plenum Press, 1980
[2] Lin S H, Fujimura Y, Neusser H J, Schlan E W. Multiphoton Spectroscopy of Molecules. Orlando: Academic Press, 1984
[3] Cohen-Tannoudji C, Diu B, Laloë F. Quantum Mechanics. New York: John Wiley & Sons, 1977
[4] Blum K. Density Matrix Theory and Applications. New York: Plenum Press, 1981

参考文献

[1] Pyrros H. [illegible]

[2] [illegible]

[illegible]

[3] [illegible]

[illegible]

[illegible]